AF588442

Dieter Rasch und
Dieter Schott

Mathematische Statistik

Beachten Sie bitte auch weitere interessante Titel zu diesem Thema

van Emden, H.

Statistik ohne Albträume
Eine Einführung für Biowissenschaftler

2014
ISBN 978-3-527-33388-2; auch als e-Book erhältlich

Günther, M., Velten, K.

Mathematische Modellbildung und Simulation
Eine Einführung für Wissenschaftler, Ingenieure und Ökonomen

2014
Print ISBN: 978-3-527-41217-4; auch als e-Book erhältlich

Jüngel, A., Zachmann, H.G.

Mathematik für Chemiker
7. Auflage

2014
Print ISBN: 978-3-527-33622-7; auch als e-Book erhältlich

Emmert-Streib, F., Dehmer, M. (Hrsg.)

Statistical Diagnostics for Cancer
Analyzing High-Dimensional Data

2013
Print ISBN: 978-3-527-33262-5; auch als e-Book erhältlich

Rowe, Philip

Statistik für Mediziner und Pharmazeuten

2012
ISBN 978-3-527-33119-2, auch als e-Book erhältlich

Dehmer, M., Varmuza, K., Bonchev, D. (Hrsg.)

Statistical Modelling of Molecular Descriptors in QSAR/QSPR

2012
Print ISBN: 978-3-527-32434-7; auch als e-Book erhältlich

Dehmer, M., Emmert-Streib, F., Graber, A., Salvador, A. (Hrsg.)

Applied Statistics for Network Biology
Methods in Systems Biology

2011
Print ISBN: 978-3-527-32750-8; auch als e-Book erhältlich

Ziegler, A., König, I.R.

A Statistical Approach to Genetic Epidemiology
Concepts and Applications, with an e-learning platform
2. Auflage

2010
Print ISBN: 978-3-527-32389-0; auch als e-Book erhältlich

Emmert-Streib, F., Dehmer, M. (Hrsg.)

Medical Biostatistics for Complex Diseases

2010
Print ISBN: 978-3-527-32585-6; auch als e-Book erhältlich

Dieter Rasch und Dieter Schott

Mathematische Statistik

Für Mathematiker, Natur- und Ingenieurwissenschaftler

Autoren

Dieter Rasch
d_rasch@t-online.de

Dieter Schott
dieter.schott@hs-wismar.de

Bibliografische Information der Deutschen Nationalbibliothek
Die Deutsche Nationalbibliothek verzeichnet diese Publikation in der Deutschen Nationalbibliografie; detaillierte bibliografische Daten sind im Internet über http://dnb.d-nb.de abrufbar.

Umschlaggestaltung Wiley-VCH
Satz le-tex publishing services GmbH, Leipzig, Deutschland
Druck Betz-Druck GmbH, Darmstadt
Bindung Litges & Dopf Buchbinderei GmbH, Heppenheim

Print ISBN 978-3-527-33884-9
ePDF ISBN 978-3-527-69208-8
ePub ISBN 978-3-527-69210-1
Mobi ISBN 978-3-527-69211-8
oBook ISBN 978-3-527-69209-5

Gedruckt auf säurefreiem Papier.

Inhaltsverzeichnis

Vorwort

„Mathematische Statistik" hat nie an Attraktivität verloren, das gilt sowohl für das Fach als mathematische Disziplin, aber vor allem für ihre Anwendung in fast allen Bereichen der empirischen Forschung. Nun hat sich in den letzten Jahren auf einigen Teilgebieten herausgestellt, dass das, was unter gegebenen Voraussetzungen mathematisch optimal ist, praktisch nicht empfehlenswert ist, wenn man nicht sicher ist, ob solche Voraussetzungen gelten. Ein Beispiel ist der Zweistichproben-t-Test, der unter der Voraussetzung gleicher Varianzen (und Normalverteilung) in den entsprechenden Grundgesamtheiten ein optimaler (gleichmäßig bester unverfälschter) Test ist. In Anwendungen, in denen man sich der Gleichheit beider Varianzen nicht sicher ist – und das ist fast immer der Fall –, ist allerdings der approximative Welch-Test vorzuziehen. Derartige Ergebnisse sind umfangreichen Simulationsuntersuchungen zu verdanken, die in letzter Zeit eine immer größere Rolle in der Praxis spielen (siehe die acht internationalen Konferenzen zu diesem Thema seit 1994 unter http://iws.boku.ac.at.).

Deshalb haben wir uns der Aufgabe gestellt, auf der Grundlage des 1995 erschienenen Buches (Rasch, D. (1995) *Mathematische Statistik*, Joh. Ambrosius Barth, Berlin, Heidelberg) unter konsequenter Berücksichtigung der Entwicklungen der letzten Jahrzehnte ein neues Buch zu verfassen. In den Beispielen findet man neben den Handrechnungen auch Hinweise zur Anwendung des frei verfügbaren Programmpaketes R.

Der erste Teil des oben erwähnten Buches enthielt eine Einführung in die Maßtheorie und in die Wahrscheinlichkeitsrechnung, die hier vorausgesetzt werden bzw. bei Bauer, H. (2002) *Wahrscheinlichkeitstheorie*, de Gruyter, Berlin, nachgelesen werden können. Speziell werden Kenntnisse über Exponentialfamilien sowie zentrale und nichtzentrale t-, χ^2- und F- Verteilungen vorausgesetzt. Die Definition der Exponentialfamilien, die grundlegend für einige Kapitel ist, wurde jedoch wiederholt.

In der Mathematischen Statistik gehen die meisten Autoren davon aus, dass Daten bereits vorliegen und auszuwerten sind. Wir meinen aber, dass die optimale Erfassung der Daten gleichberechtigt neben der Auswertung stehen sollte. Neben der Beschreibung der statistischen Auswertungsverfahren wurde daher auch die Versuchsplanung aufgenommen. Die Planung des Stichprobenumfanges findet man bei der Beschreibung der Auswertungsverfahren, die optimale Allokation in den Kapiteln zur Regressionsanalyse. Schließlich wurde noch ein Kapitel über Versuchsanlagen eingefügt. Das Kapitel über Stutzung und Zensur wurde dagegen weggelassen.

Wir haben uns bemüht, durchgängig Deutsch zu schreiben, Anglizismen wie Bias oder gar Sprachmischungen wie Powerfunktion haben wir vermieden. Wer für Publikationen in Englisch die englischen Begriffe benötigt, kann diese in *Elsevier's Dictionary of Biometry* (Rasch *et al.*, 1994) finden, ein Werk, an dem zahlreiche Statistiker aus Deutschland, Ungarn und Polen über viele Jahre gearbeitet haben. Eine Ausnahme bildet der Begriff *Maximum Likelihood*, den man zwar (wie ein österreichischer Kollege meint) mit *maximale Plausibilität* übersetzen könnte – da aber der englische Ausdruck international allgemein verwendet wird, haben wir auf eine Übersetzung verzichtet.

Wir danken ganz herzlich Herrn Prof. Dr. Rob Verdooren (Bennekom, Niederlande), der das Manuskript gründlich durchgelesen und auf Fehler und Inkonsistenzen hingewiesen hat.

Rostock, im Frühjahr 2015 *Dieter Rasch und Dieter Schott*

1
Grundbegriffe der mathematischen Statistik

Elementare statistische Berechnungen werden schon seit Jahrtausenden durchgeführt. Das arithmetische Mittel aus einer Anzahl von Mess- oder Beobachtungswerten ist schon sehr lange bekannt.

Zuerst entstand die beschreibende Statistik mit dem Sammeln von Daten etwa bei Volkszählungen oder in Krankenregistern und deren Verdichtung in Form von Maßzahlen oder Grafiken. Die mathematische Statistik entwickelte sich ab Ende des 19. Jahrhunderts aufbauend auf der Wahrscheinlichkeitsrechnung. Anfang des 20. Jahrhunderts gehörten vor allem Karl Pearson und Sir Ronald Aymler Fisher zu ihren Pionieren. Das Buch von Fisher (1925) ist ein Meilenstein, in ihm werden die vom Autor mehrere Jahre zuvor entwickelten Grundlagen der Statistik wie die Maximum-Likelihood-Methode und die Varianzanalyse oder Begriffe wie Suffizienz und Effizienz Versuchsanstellern nahegebracht. Ein wichtiges Informationsmaß heißt noch heute Fisher-Information (siehe Abschn. 1.4).

Wir wollen auf die Details der historischen Entwicklung nicht eingehen und verweisen Interessierte auf Stigler (2000). Stattdessen beschreiben wir den heutigen Stand der Theorie. Wir wollen aber nicht vergessen, dass viele Anregungen aus Anwendungen kamen und bringen deshalb auch immer wieder Beispiele.

Die Wahrscheinlichkeitsrechnung ist zwar die Grundlage der mathematischen Statistik, aber viele praktische Probleme, in denen Aussagen über Zufallsvariablen gemacht werden sollen, sind mit der Wahrscheinlichkeitsrechnung allein nicht zu lösen. Das liegt daran, dass über die Verteilungsfunktion der Zufallsvariablen nicht alles bekannt ist und das Problem oft darin besteht, Aussagen über mindestens einen der Parameter einer Verteilungsfunktion zu machen oder dass sogar die Verteilungsfunktion gänzlich unbekannt ist. Die mathematische Statistik wird in vielen einführenden Texten als die Theorie der Auswertung von Versuchen oder Erhebungen betrachtet, d. h., man geht davon aus, dass bereits eine Zufallsstichprobe (nach Abschn. 1.1) vorliegt. Wie man auf optimalem Weg zu dieser Zufallsstichprobe gelangt, bleibt meist unberücksichtigt – dies wird gesondert in der statistischen Versuchsplanung abgehandelt. In den Anwendungen ist es klar, dass man erst den Versuch (die Erhebung) plant und dann, wenn der Versuch durchgeführt wurde, mit der Auswertung beginnt. In der Theorie ist es aber zweckmäßig, zunächst die optimale Auswertung zu ermitteln, um dann für diese den optimalen Versuchsplan zu bestimmen, z. B. den kleinsten Versuchsumfang für eine varianz-

Mathematische Statistik, 1. Auflage. Dieter Rasch und Dieter Schott.

optimale Schätzfunktion. Daher wird hier so verfahren, dass zunächst einmal die optimale Auswertung bestimmt wird und später für diese der Versuchsplan zu erarbeiten ist. Eine Ausnahme bilden dabei die sequentiellen Verfahren, bei denen Planung und Auswertung gemeinsam vorgenommen werden.

Wir müssen uns darüber im Klaren sein, dass es sich bei der Behandlung der mathematischen Statistik einerseits und bei ihrer Anwendung auf konkretes Datenmaterial andererseits um zwei völlig verschiedene Begriffssysteme handelt. In beiden treten oft die gleichen Termini auf, die es genau auseinanderzuhalten gilt. Wir sprechen davon, dass den Begriffen der empirischen Ebene (also denen der Realwelt) Modelle in der Theorie zugeordnet werden.

1.1
Grundgesamtheit und Stichprobe

1.1.1
Konkrete Stichproben und Grundgesamtheiten

In den empirischen Wissenschaften werden ein Merkmal oder auch mehrere Merkmale gleichzeitig (ein Merkmalsvektor) an bestimmten Objekten (oder Individuen) beobachtet. Aus den Beobachtungswerten sind Schlüsse auf die Gesamtheit der Merkmalswerte aller Objekte einer Gesamtheit zu ziehen. Ursache dafür ist, dass es sachliche oder ökonomische Gesichtspunkte gibt, die eine vollständige Erfassung der Merkmale aller Objekte nicht ermöglichen. Hierzu einige Beispiele:

- Die Kosten der Erfassung aller Merkmalswerte stehen in keinem Verhältnis zum Wert der Aussage (z. B. Messung der Körpergröße aller zurzeit lebenden Menschen über 18 Jahren).
- Die Erfassung der Merkmalswerte ist mit der Zerstörung der Objekte verbunden (nicht zerstörungsfreie Werkstoffprüfung wie Reißfestigkeit von Tauen oder Strümpfen).
- Die Gesamtheit der Objekte ist hypothetischer Natur, z. B. weil sie teilweise zum Untersuchungszeitpunkt nicht existieren (wie alle Produkte einer Maschine).

Die wenigen praktischen Fälle, in denen alle Objekte einer Gesamtheit beobachtet werden und auf keine umfassendere Gesamtheit geschlossen werden soll, können wir vernachlässigen, für sie benötigt man die mathematische Statistik nicht. Wir gehen also davon aus, dass aus einer Gesamtheit nur eine Teilmenge ausgewählt wird, um das Merkmal (den Merkmalsvektor) zu beobachten von dem auf die gesamte Population geschlossen werden soll. Einen solchen Teil nennen wir (konkrete) Stichprobe (der Objekte). Die Menge der an diesen Objekten gemessenen Merkmalswerte nennen wir (konkrete) Stichprobe der Merkmalswerte. Jedes Objekt der Population soll einen Merkmalswert besitzen (unabhängig davon, ob wir ihn erfassen oder nicht). Die der Population entsprechende Gesamtheit der Merkmalswerte der Objekte dieser Population nennen wir Grundgesamtheit.

Eine Population und das zu erfassende Merkmal und damit auch die Grundgesamtheit müssen eindeutig definiert sein. Populationen sind vor allem räumlich und zeitlich abzugrenzen. Von einem beliebigen Objekt der Realwelt muss prinzipiell feststehen, ob es zur Population gehört oder nicht. Wir betrachten im Folgenden einige Beispiele:

Population		**Grundgesamtheit**	
A	Färsen einer bestimmten Rasse	A_1	Jahresmilchmenge dieser Färsen
	eines bestimmten Gebietes	A_2	180-Tage-Körpermasse dieser Färsen
	in einem bestimmten Jahr	A_3	Rückenhöhe dieser Färsen
B	Bewohner einer Stadt	B_1	Blutdruck dieser Bewohner um 6:00 Uhr
	an einem bestimmten Tag	B_2	Alter der Bewohner

Es ist einleuchtend, dass Schlüsse von der Stichprobe auf die Grundgesamtheit falsch sein können. Wenn man z. B. aus der Population B die Kinder einer Kindertagesstätte auswählt, ist möglicherweise der Blutdruck, aber ganz sicher das Alter nicht auf die Population verallgemeinerbar. Generell sprechen wir von Merkmalen, sofern diese aber einen bestimmten Einfluss auf die Versuchsergebnisse haben können, nennen wir sie auch Faktoren, die (meist wenigen) Merkmalswerte heißen dann Faktorstufen, die Kombination von Faktorstufen mehrerer Faktoren heißen Faktorstufenkombinationen.

Hinsichtlich aller Faktoren, die das Merkmal in einer Grundgesamtheit beeinflussen können, sollte die Stichprobe „repräsentativ" sein. Das heißt, in der Stichprobe der Objekte sollte sich die Zusammensetzung der Population widerspiegeln. Das ist aber bei kleinen Stichproben und vielen Faktorstufenkombinationen gar nicht möglich. In Population B gibt es hinsichtlich der Faktoren Alter und Geschlecht schon etwa 200 Faktorstufenkombinationen, die sich unmöglich in einer Stichprobe von 100 Einwohnern widerspiegeln können. Wir empfehlen daher, den Begriff „repräsentative Stichprobe" nicht zu verwenden, da er nicht sauber definiert werden kann.

Stichproben sollen nicht danach beurteilt werden, welche Elemente sie enthalten, sondern danach, wie sie erhalten (gezogen) wurden. Die Art und Weise, wie eine Stichprobe erhoben wird, heißt Stichprobenverfahren. Es kann entweder auf die Objekte als Merkmalsträger oder auf die Grundgesamtheit der Merkmalswerte (z. B. in einer Datenbank) angewendet werden. Im letzteren Fall entsteht die Stichprobe der Merkmalswerte unmittelbar. Im ersteren Fall muss das Merkmal an den ausgewählten Objekten noch erfasst werden. Beide Vorgehensweisen (nicht unbedingt die entstehenden Stichproben) sind dann identisch, wenn für jedes ausgewählte Objekt der Merkmalswert erfasst wird. Davon gehen wir in diesem Kapitel aus. In zensierten Stichproben ist das nicht der Fall. Eine Stichprobe heißt zensiert, wenn der Merkmalswert nicht an allen Versuchseinheiten erfasst werden konnte. Bricht man z. B. eine Lebensdauerermittlung (z. B. von elektronischen Bauteilen) nach einer bestimmten Zeit ab, liegen Messwerte für Objekte mit längerer Lebensdauer (als die Beobachtungszeit) nicht vor.

Im Folgenden wird nicht zwischen Stichproben der Objekte und der Merkmalswerte unterschieden, die Definitionen gelten für beide.

Definition 1.1
Ein Stichprobenverfahren ist eine Vorschrift für die Auswahl einer endlichen Teilmenge, genannt Stichprobe, aus einer wohldefinierten endlichen Population (Grundgesamtheit), es heißt zufällig, wenn jedes Element der Grundgesamtheit mit der gleichen Wahrscheinlichkeit p in die Stichprobe gelangen kann. Eine (konkrete) Stichprobe ist das Ergebnis der Anwendung eines Stichprobenverfahrens. Stichproben, die das Ergebnis eines zufälligen Stichprobenverfahrens sind, heißen (konkrete) zufällige Stichproben oder (konkrete) Zufallsstichproben.

In der Stichprobentheorie (siehe z. B. Cochran und Boing 1972; Kauermann und Küchenhoff 2011 oder Quatember 2014) wird eine Vielzahl von zufälligen Stichprobenverfahren zur Verfügung gestellt. Wir verwenden ab jetzt die Begriffe Population und Grundgesamtheit synonym.

1.1.2
Stichprobenverfahren

Bei Zufallsauswahlverfahren unterscheiden wir u. a.:

- die einfache oder reine Zufallsauswahl, bei der jedes Element der Grundgesamtheit die gleiche Wahrscheinlichkeit hat, in die Stichprobe zu gelangen.
- die geschichtete Auswahl, bei der innerhalb zuvor festgelegter (disjunkter) Klassen eine zufällige Auswahl vorgenommen wird, sie ist nur dann insgesamt zufällig, wenn die Auswahlwahrscheinlichkeiten innerhalb der Klassen proportional zum Umfang der Klassen gewählt werden.
- die Klumpenauswahl, hier wird eine Grundgesamtheit in Gruppen (Klumpen) eingeteilt. Die Auswahl der Untersuchungsobjekte erfolgt nicht unter den Elementen der Grundgesamtheit, sondern unter den (disjunkten) Klumpen. In den ausgewählten Klumpen werden dann alle Elemente erfasst. Sie findet häufig in Form der Flächenstichproben Anwendung. Sie ist nur dann zufällig im Sinne der Definition 1.1, wenn die Klumpen gleich viele Elemente enthalten.
- die mehrstufige Auswahl, sie ist dadurch gekennzeichnet, dass mindestens zwei Auswahlstufen bestehen. Die Grundgesamtheit wird z. B. in zweistufiger Auswahl in Primäreinheiten in Form disjunkter Teilmengen zerlegt. Aus der Menge der Primäreinheiten erfolgt zunächst eine Zufallsauswahl. Aus jeder ausgewählten Primäreinheit erfolgt eine Zufallsauswahl von Untersuchungseinheiten (Sekundäreinheiten). Eine mehrstufige Auswahl ist dann vorteilhaft, wenn die Grundgesamtheit hierarchisch gegliedert ist (Land, Provinzen, Städ-

te in der Provinz). Sie ist nur dann zufällig im Sinne der Definition 1.1, wenn die Primäreinheiten gleich viele Sekundäreinheiten enthalten.

- die stets sequentielle Auswahl; hier liegt der Stichprobenumfang nicht vor Beginn des Auswahlprozesses fest, es wird zunächst eine kleine Stichprobe gezogen und analysiert. Es erfolgt dann eine Entscheidung, ob die vorliegende Information hinreichend ist, z. B. um eine Hypothese abzulehnen oder anzunehmen (siehe Kapitel 3), oder ob mehr Information durch Ziehung einer weiteren Einheit beschafft werden soll.

Sowohl ein zufälliges Stichprobenverfahren als auch eine willkürliche Auswahl aufs Geratewohl können zur gleichen konkreten Stichprobe führen. Ob einer konkreten Stichprobe eine zufällige oder eine willkürliche Auswahl zugrunde liegt, kann nicht anhand dieser Stichprobe beurteilt werden, sondern eben nur anhand des verwendeten Auswahlverfahrens.

Bei der reinen Zufallsauswahl wird Definition 1.1 direkt angewendet, jedes Element einer Grundgesamtheit vom Umfang N wird mit der gleichen Wahrscheinlichkeit p der Grundgesamtheit entnommen. Wir nennen die Anzahl der Elemente in einer Stichprobe den Stichprobenumfang und bezeichnen diesen in der Regel mit n.

Der praktisch wichtige Fall einer reinen Zufallsauswahl ist der, dass entnommene Elemente nicht in die Grundgesamtheit zurückgelegt werden, wie das etwa bei der Ziehung der Lottozahlen der Fall ist. Hier werden in Deutschland $n = 6$ Zahlen aus $N = 49$ gegebenen Zahlen gezogen. Bei einer uneingeschränkten Zufallsstichprobe vom Umfang n haben alle möglichen $\binom{N}{n}$ Teilmengen die gleiche Wahrscheinlichkeit $\frac{1}{\binom{N}{n}}$ dafür, in die Stichprobe zu gelangen.

Ob eine Stichprobe eine Zufallsstichprobe ist oder nicht, kann man ihr – wie gesagt – nicht ansehen. Man muss vielmehr das Verfahren betrachten, mit dem sie gezogen wurde. Allerdings wird man sofort misstrauisch, wenn extreme Stichproben auftreten. Wird aus einer Grundgesamtheit mit 10 000 Losen der Hauptgewinn während des Kaufs eines speziellen Loses gezogen, so ist das schon ungewöhnlich, kann aber, wie man im Volksmund sagt, schon mit rechten Dingen zugegangen sein, in unserer Terminologie also das Ergebnis eines Zufallsstichprobenverfahrens sein. Zieht dieselbe Person an drei aufeinanderfolgenden Verlosungen den Hauptgewinn und stellt sich dann noch heraus, dass es sich um den Bruder des Losverkäufers handelt, stellen sich berechtigte Zweifel ein. Wir weigern uns, Ereignisse mit solch geringer Wahrscheinlichkeit zu akzeptieren und vermuten, dass das zugrunde gelegte Modell falsch ist. In diesem Fall nehmen wir an, dass kein Zufallsstichprobenverfahren zugrunde gelegt wurde und Betrug im Spiel ist. Trotzdem besteht eine ganz geringe Wahrscheinlichkeit für dieses Ereignis als Ergebnis eines Zufallsstichprobenverfahrens, nämlich 1/1 000 000 000 000.

Nebenbei bemerkt bildet diese Art, Modelle (Sachverhalte) zu verwerfen, unter denen ein beobachtetes Ereignis eine sehr kleine Wahrscheinlichkeit hat und statt dessen solche Modelle zu akzeptieren, bei denen die Wahrscheinlichkeit dieses Ereignisses größer ist, die Basis für die statistischen Tests in Kapitel 3.

Bei einer Zufallsstichprobe mit Zurücklegen wird auch ein reines Stichprobenverfahren verwendet, also jedes Element hat die gleiche Wahrscheinlichkeit mit Zurücklegen gezogen zu werden. Es wird jedes gezogene und beobachtete Element in die Grundgesamtheit zurückgelegt, bevor das nächste Element gezogen wird. Das geht nur bei zerstörungsfreier Beobachtung, d. h. in solchen Fällen, bei denen sich die Stichprobeneinheit durch die Beobachtung nicht verändert (Beispiele, bei denen ein Zurücklegen nicht möglich ist, sind Zerreißproben, Untersuchungen an geschlachteten Tieren, Fällen von Bäumen, Abernten u. a.). Dieses Verfahren heißt einfaches Zufallsstichprobenverfahren mit Zurücklegen. Bei Zufallsstichprobenverfahren ohne Zurücklegen erhält man $n < N$ verschiedene Elemente, beim Zufallsstichprobenverfahren mit Zurücklegen kann dasselbe Element mehrfach in der Stichprobe auftauchen und es kann auch $n > N$ sein.

Eine mitunter praktisch einfacher zu realisierende Methode ist die systematische Auswahl mit Zufallsstart. Sie ist anwendbar, wenn die Elemente der endlichen Auswahlgrundlage von 1 bis N durchnummeriert sind und die Folge nicht mit dem Merkmal zusammenhängt. Wenn N/n ganzzahlig ist, wählt man zufällig eine Zahl i zwischen 1 und N/n aus und bildet die Stichprobe aus den Elementen $i, N/n + i, 2N/n + i, \ldots, (n-1)N/n + i$. Näheres hierzu und was zu tun ist, wenn N/n nicht ganzzahlig ist, findet man bei (Rasch *et al.*, 2008), Verfahren 1/31/1210.

Die oben erwähnte geschichtete Auswahl bietet sich dann an, wenn die Grundgesamtheit vom Umfang N auf inhaltlich relevante Weise in s Teilgesamtheiten vom Umfang $N_1, N_2, \ldots, N_s$ zerfällt. Insbesondere kann die Grundgesamtheit gelegentlich nach den Stufen eines vermuteten Störfaktors in solche Teilgesamtheiten unterteilt werden. Man bezeichnet diese Teilgesamtheiten als Schichten. Will man aus dieser Grundgesamtheit Stichproben vom Umfang n erheben, so muss man bei einem uneingeschränkten Zufallsstichprobenverfahren befürchten, dass nicht alle Schichten überhaupt bzw. zumindest nicht in angemessener Weise berücksichtigt werden. Dann ist es besser, ein geschichtetes Zufallsstichprobenverfahren durchzuführen. Man erhebt dabei jeweils Teilstichproben vom Umfang n_i $(i = 1, 2, \ldots, s)$ aus der i-ten Schicht. Die Teilstichproben werden aus der jeweiligen Schicht nach einem reinen Zufallsstichprobenverfahren gezogen. Dies entspricht, wenn n_i/n proportional zu N_i/N gewählt wird, auch insgesamt einem Zufallsstichprobenverfahren.

Während beim geschichteten Zufallsstichprobenverfahren aus jeder Teilmenge Elemente erhoben werden, werden bei der mehrstufigen Auswahl wie oben beschrieben auf jeder Stufe zufällig Teilmengen oder Elemente entnommen. Im zweistufigen Fall bestehe die Grundgesamtheit aus k disjunkten Teilmengen vom Umfang N_0, den Primäreinheiten. Es wird nun vorausgesetzt, dass sich die Merkmalswerte zwischen den Primäreinheiten nur zufällig unterscheiden, sodass nicht aus allen Primäreinheiten Elemente entnommen werden müssen. Ist der gewünschte Stichprobenumfang $n = rn_0$ mit $r < k$, so wählt man zunächst nach einem reinen Zufallsstichprobenverfahren r der k Primäreinheiten aus. Aus jeder der r in der ersten Stufe erhobenen Primäreinheiten wählt man in der zweiten Stufe nach einem reinen Zufallsstichprobenverfahren je n_0 Objekte (Sekundär-

Tab. 1.1 Anzahl K möglicher Stichproben für verschiedene Stichprobenverfahren.

Stichprobenverfahren	**Anzahl K möglicher Stichproben**
Reine Zufallsauswahl	$K = \binom{1000}{100} > 10^{140}$
Systematische Auswahl mit Zufallsstart $k = 10$	$K = 10$
Geschichtetes Stichprobenverfahren, $k = 20$, $N_i = 50$, $i = 1, \dots, 20$	$K = \left[\binom{50}{5}\right]^{20} = 2{,}118\,76 \cdot 10^{120}$
Geschichtetes Stichprobenverfahren, $k = 10$, $N_i = 100$, $i = 1, \dots, 10$	$K = \left[\binom{100}{10}\right]^{10} = 1{,}731\,030\,9 \cdot 10^{130}$
Geschichtetes Stichprobenverfahren, $k = 5$, $N_i = 200$, $i = 1, \dots, 5$	$K = \left[\binom{200}{20}\right]^{5} = 1{,}613\,587\,8 \cdot 10^{135}$
Geschichtetes Stichprobenverfahren, $k = 2$, $N_1 = 400$, $N_2 = 600$	$K = \binom{400}{40} \cdot \binom{600}{60} = 5{,}466\,241\,4 \cdot 10^{138}$
Zweistufiges Verfahren $k = 20$, $N_0 = 50$, $r = 4$	$K = \binom{20}{4} \cdot \binom{50}{25} = 6{,}124\,593\,9 \cdot 10^{17}$
Zweistufiges Verfahren $k = 20$, $N_0 = 50$, $r = 5$	$K = \binom{20}{5} \cdot \binom{50}{20} = 7{,}306\,913\,1 \cdot 10^{17}$
Zweistufiges Verfahren $k = 10$, $N_0 = 100$, $r = 2$	$K = \binom{10}{2} \cdot \binom{100}{50} = 4{,}540\,110\,5 \cdot 10^{30}$
Zweistufiges Verfahren $k = 10$, $N_0 = 100$, $r = 4$	$K = \binom{10}{4} \cdot \binom{100}{25} = 5{,}092\,904\,7 \cdot 10^{25}$
Zweistufiges Verfahren $k = 5$, $N_0 = 200$, $r = 2$	$K = \binom{5}{2} \cdot \binom{200}{50} = 4{,}538\,583\,8 \cdot 10^{48}$
Zweistufiges Verfahren $k = 2$, $N_0 = 500$, $r = 1$	$K = \binom{2}{1} \cdot \binom{500}{100} > 10^{100}$

einheiten) aus. Die Anzahl der möglichen Stichproben beträgt $\binom{k}{r} \cdot \binom{N_0}{n_0}$ und entsprechend Definition 1.1 gelangt jedes Element der Grundgesamtheit mit der gleichen Wahrscheinlichkeit $p = \frac{r}{k} \cdot \frac{n_0}{N_0}$ in die Stichprobe.

Beispiel 1.1
Aus einer Grundgesamtheit mit $N = 1000$ Objekten soll eine Zufallsstichprobe ohne Zurücklegen vom Umfang $n = 100$ gezogen werden. Tabelle 1.1 gibt für verschiedene Verfahren die Anzahl der Stichproben an, die Wahrscheinlichkeit der Auswahl ist für jedes Objekt $p = 0{,}1$.

1.2 Mathematische Modelle für Grundgesamtheit und Stichprobe

In der mathematischen Statistik werden Begriffe definiert, die als Modelle (Verallgemeinerungen) für die in der Empirie gebräuchlichen Begriffe verwendet werden. Der Grundgesamtheit, die einer Häufigkeitsverteilung der Merkmalswerte entspricht, wird als Modell die Wahrscheinlichkeitsverteilung gegenübergestellt. Die durch ein Zufallsstichprobenverfahren entstandene konkrete Stichprobe wird durch die realisierte (theoretische) Zufallsstichprobe modelliert. Diese Modellvorstellungen sind dann adäquat, wenn der Umfang N der Grundgesamtheit sehr groß im Vergleich zum Umfang n der Stichprobe ist.

Definition 1.2
Eine n-dimensionale Zufallsvariable

$$\boldsymbol{Y} = (\boldsymbol{y}_1, \boldsymbol{y}_2, \dots, \boldsymbol{y}_n)^{\mathrm{T}}, \quad n \geq 1$$

mit den Komponenten $\boldsymbol{y}_i$ heißt Zufallsstichprobe, wenn

- die $\boldsymbol{y}_i$ die gleiche durch die Verteilungsfunktion $F(y_i, \theta) = F(y, \theta)$ charakterisierte Verteilung mit dem Parameter(vektor) $\theta \in \Omega \subseteq R^p$ haben und
- die $\boldsymbol{y}_i$ voneinander stochastisch unabhängig sind, sodass für die Verteilungsfunktion $F(Y, \theta)$ von $\boldsymbol{Y}$

$$F(Y, \theta) = \prod_{i=1}^{n} F(y_i, \theta), \theta \in \Omega \subseteq R^p$$

gilt.

Die Werte $Y = (y_1, y_2, \dots, y_n)^{\mathrm{T}}$ einer Zufallsstichprobe $\boldsymbol{Y}$ heißen Realisationen. Die Gesamtheit $\{Y\}$ aller möglichen Realisationen von $\boldsymbol{Y}$ heißt Stichprobenraum.

In diesem Buch werden Zufallsvariablen fett gedruckt, und der Stichprobenraum $\{Y\}$ liegt stets im n-dimensionalen euklidischen Raum, d. h. $\{Y\} \subset R^n$.

Die Funktion

$$L(Y, \theta) = \begin{cases} f(Y, \theta) = \frac{\partial F(Y,\theta)}{\partial Y}, & \text{für kontinuierliche } y \\ p(Y, \theta), & \text{für diskrete } y \end{cases}$$

mit der Wahrscheinlichkeitsfunktion $p(Y, \theta)$ bzw. der Dichtefunktion $f(Y, \theta)$ bei gegebenem Y als Funktion von θ heißt Likelihood-Funktion.

Das Wort Zufallsstichprobe kann nun folgendes bedeuten:

- Zufallsstichprobe als Zufallsvariable $\boldsymbol{Y}$ nach Definition 1.2,
- (konkrete) Zufallsstichprobe als Teilmenge einer Population (Grundgesamtheit), die nach einem Zufallsstichprobenverfahren ausgewählt wurde.

Die Realisationen Y einer Zufallsstichprobe $\boldsymbol{Y}$ werden wir dagegen stets realisierte Zufallsstichprobe nennen.

Eine Zufallsstichprobe $\boldsymbol{Y}$ ist das mathematische Modell des reinen Zufallsstichprobenverfahrens, konkrete Zufallsstichprobe und realisierte Zufallsstichprobe entsprechen einander auch in der Symbolik.

Wir beschreiben in diesem Buch das „klassische" Vorgehen, nach dem $\boldsymbol{Y}$ mit der Verteilungsfunktion $F(Y, \theta)$ mit dem festen (nicht zufälligen) Parameter $\theta \in \Omega \subseteq R^p$ verteilt ist. Daneben gibt es das Bayessche Vorgehen, bei dem man ein zufälliges $\boldsymbol{\theta}$ annimmt, das mit einer a-priori-Verteilung mit einem als bekannt vorausgesetztem Parameter φ verteilt ist. Beim empirischen Bayesschen Vorgehen wird die a-priori-Verteilung aus bereits ermittelten Daten geschätzt.

1.3 Suffizienz und Vollständigkeit

Eine Zufallsgröße enthält gewisse Informationen über die Verteilung und deren Parameter. Vor allem für große n (etwa $n > 100$) möchte man die Elemente der Zufallsstichprobe so verdichten, dass möglichst wenige neue Zufallsvariablen möglichst viel von dieser Information enthalten. Diese unklar formulierte Wunschvorstellung soll jetzt schrittweise bis zum Konzept der minimal suffizienten Maßzahl präzisiert werden. Zunächst wiederholen wir hier die Definition einer Exponentialfamilie.

Die Verteilung einer Zufallsvariablen $\boldsymbol{y}$ mit dem Parametervektor $\theta = (\theta_1, \theta_2, \ldots, \theta_p)^{\mathrm{T}}$ gehört zu einer k-parametrischen Exponentialfamilie, wenn ihre Likelihood-Funktion in der Form

$$f(y, \theta) = h(y)\mathrm{e}^{\sum_{i=1}^{k} \eta_i(\theta)\cdot T_i(y) - B(\theta)}$$

geschrieben werden kann, wobei folgendes gilt:

- η_i und B sind reelle Funktionen von θ und B hängt nicht von y ab.
- Die Funktion $h(y)$ ist nichtnegativ und hängt nicht von θ ab.

Die Exponentialfamilie ist in kanonischer Form mit den sogenannten natürlichen Parametern η_i, falls ihre Elemente als

$$f(y, \eta) = h(y)\mathrm{e}^{\sum_{i=1}^{k} \eta_i\cdot T_i(y) - A(\eta)} \quad \text{mit} \quad \eta = (\eta_1, \ldots, \eta_k)^{\mathrm{T}}$$

geschrieben werden können.

Wir gehen von einer Verteilungsfamilie $(P_\theta, \theta \in \Omega)$ von Zufallsvariablen $\boldsymbol{y}$ mit der Verteilungsfunktion $F(y, \theta)$, $\theta \in \Omega$ aus. Die Realisationen $Y = (y_1, \ldots, y_n)^{\mathrm{T}}$ der Zufallsstichprobe

$$\boldsymbol{Y} = (\boldsymbol{y}_1, \boldsymbol{y}_2, \ldots, \boldsymbol{y}_n)^{\mathrm{T}}$$

mit wie $\boldsymbol{y}$ verteilten Komponenten liegen im Stichprobenraum $\{Y\}$. Nach Definition 1.2 ist mit $F(y, \theta)$ auch die Verteilungsfunktion $F(Y, \theta)$ einer Zufallsstichprobe $\boldsymbol{Y}$ eindeutig festgelegt.

Definition 1.3
Eine messbare Abbildung $\boldsymbol{M} = M(\boldsymbol{Y}) = [M_1(\boldsymbol{Y}), \dots, M_r(\boldsymbol{Y})]^{\mathrm{T}}$, $r \leq n$ von $\{Y\}$ auf einen Raum $\{M\}$, die nicht von $\theta \in \Omega$ abhängt, heißt (statistische) Maßzahl oder auch Statistik.

Definition 1.4
Eine Maßzahl $\boldsymbol{M}$ heißt suffizient oder erschöpfend bezüglich einer Verteilungsfamilie $(P_\theta, \theta \in \Omega)$ bzw. bezüglich $\theta \in \Omega$, falls die bedingte Verteilung einer Zufallsstichprobe $\boldsymbol{Y}$ bei gegebenem $\boldsymbol{M} = M(\boldsymbol{Y}) = M(Y)$ von θ unabhängig ist.

Beispiel 1.2
Die Komponenten einer Zufallsstichprobe $\boldsymbol{Y}$ mögen einer Zweipunktverteilung mit den Werten 1 und 0 folgen. Dabei sei $P(\boldsymbol{y}_i = 1) = p$ und $P(\boldsymbol{y}_i = 0) = 1 - p$ mit $0 < p < 1$. Dann ist $\boldsymbol{M} = M(\boldsymbol{Y}) = \sum_{i=1}^n \boldsymbol{y}_i$ suffizient bezüglich $\theta \in (0, 1) = \Omega$. Um das zu zeigen, müssen wir nachweisen, dass $P(\boldsymbol{Y} = Y | \sum_{i=1}^n \boldsymbol{y}_i = M)$ von p unabhängig ist. Nun ist $P(\boldsymbol{Y} = Y|M) = \frac{P(\boldsymbol{Y}=Y, \boldsymbol{M}=M)}{P(\boldsymbol{M}=M)}$, $M = 0, 1, \dots, n$. Aus der Wahrscheinlichkeitsrechnung wissen wir, dass $\boldsymbol{M} = M(\boldsymbol{Y}) = \sum_{i=1}^n \boldsymbol{y}_i$ binomialverteilt ist mit den Parametern n und p, also gilt:

$$P(\boldsymbol{M} = M) = \binom{n}{M} p^M (1-p)^{n-M}, \quad M = 0, 1, \dots, n$$

Ferner ist mit $y_i = 0$ oder $y_i = 1$ und $A(M) = \{Y | M(Y) = M\}$

$$\begin{aligned} P[\boldsymbol{Y} = Y, M(\boldsymbol{Y}) = M] &= P(\boldsymbol{y}_1 = y_1, \dots, \boldsymbol{y}_n = y_n) I_{A(M)}(Y) \\ &= \prod_{i=1}^n \left(\binom{1}{y_i} p^{y_i} (1-p)^{1-y_i} \right) I_{A(M)}(Y) \\ &= p^{\sum_{i=1}^n y_i} (1-p)^{n - \sum_{i=1}^n y_i} I_{A(M)}(Y) \\ &= p^M (1-p)^{n-M} \end{aligned}$$

Daher ist $P(\boldsymbol{Y} = Y|M) = \frac{1}{\binom{n}{M}}$ und das ist unabhängig von p.

Auf diese Weise ist der Nachweis der Suffizienz recht mühsam, er gelingt aber auch für kontinuierliche Verteilungen, wie das nächste Beispiel zeigt.

Beispiel 1.3
Die Komponenten $\boldsymbol{y}_i$ einer Zufallsstichprobe $\boldsymbol{Y}$ vom Umfang n seien nach $N(\mu, 1)$ mit Erwartungswert μ und Varianz $\sigma^2 = 1$ verteilt. Dann ist $\boldsymbol{M} = \sum \boldsymbol{y}_i$ suffizient bezüglich $\mu \in R^1 = \Omega$. Um das zu zeigen, vermerken wir zunächst, dass $\boldsymbol{Y}$ nach $N(\mu e_n, E_n)$ verteilt ist. Nun führen wir die eineindeutige Transformation

$$\boldsymbol{Z} = A\boldsymbol{Y} = \left(\boldsymbol{z}_1 = \sum \boldsymbol{y}_i, \boldsymbol{y}_2 - \boldsymbol{y}_1, \dots, \boldsymbol{y}_n - \boldsymbol{y}_1\right) \quad \text{mit} \quad A = \begin{pmatrix} 1 & \mathrm{e}_{n-1}^{\mathrm{T}} \\ -e_{n-1} & E_{n-1} \end{pmatrix}$$

durch, es gilt $|A| = n$. Wir schreiben $\boldsymbol{Z} = (\boldsymbol{z}_1, \boldsymbol{Z}_2) = (\sum \boldsymbol{y}_i, \boldsymbol{y}_2 - \boldsymbol{y}_1, \dots, \boldsymbol{y}_n - \boldsymbol{y}_1)$ und sehen, dass

$$\operatorname{cov}(\boldsymbol{Z}_2, \boldsymbol{z}_1) = \operatorname{cov}(\boldsymbol{Z}_2, \boldsymbol{M}) = \operatorname{cov}\left((-e_{n-1}, E_{n-1})\boldsymbol{Y}, \mathrm{e}_n^{\mathrm{T}}\boldsymbol{Y}\right) = 0_{n-1}$$

gilt.

Wegen der Normalverteilungsannahme sind damit $\boldsymbol{M}$ und $\boldsymbol{Z}_2$ stochastisch unabhängig. Damit sind $\boldsymbol{Z}_2$, aber auch $\boldsymbol{Z}_2|\boldsymbol{M}$ und auch $\boldsymbol{Z}|\boldsymbol{M}$ von μ unabhängig. Wegen der Eineindeutigkeit der Abbildung $\boldsymbol{Z} = A\boldsymbol{Y}$ ist auch $\boldsymbol{Y}|\boldsymbol{M}$ von μ unabhängig und damit ist $\boldsymbol{M} = \sum \boldsymbol{y}_i$ suffizient bezüglich $\mu \in R^1$. Mit $\boldsymbol{M} = \sum \boldsymbol{y}_i$ und einer reellen Zahl $c \neq 0$ ist stets auch $c\boldsymbol{M}$ also z. B. $\frac{1}{n} \sum \boldsymbol{y}_i = \bar{\boldsymbol{y}}$ suffizient.

Die Suffizienz spielt nun aber in der mathematischen Statistik eine so große Rolle, dass wir einfachere Methoden zum Nachweis der Suffizienz und vor allem zum Auffinden suffizienter Maßzahlen benötigen. Der nachfolgende Satz hilft uns da weiter.

Satz 1.1 Zerlegungssatz
Gegeben sei eine Verteilungsfamilie $(P_\theta, \theta \in \Omega)$ einer Zufallsstichprobe $\boldsymbol{Y}$, die von einem endlichen Maß ν dominiert wird. Die Maßzahl $M(\boldsymbol{Y})$ ist genau dann bezüglich θ suffizient, wenn die Radon-Nikodyn-Dichte f_θ von P_θ bezüglich ν in der Form

$$f_\theta(Y) = g_\theta[M(Y)]h(Y) \tag{1.1}$$

ν- fast überall geschrieben werden kann, wobei gilt: die ν-integrierbare Funktion g_θ ist nichtnegativ und messbar, h ist nichtnegativ und $h(Y) = 0$ nur für eine P_θ-Nullmenge.

Der allgemeine Beweis stammt von Halmos und Savage (1949), man findet ihn auch z. B. bei Bahadur (1955) oder Lehmann (1959).

Wir beschäftigen uns in diesem Buch nur mit diskreten und kontinuierlichen Wahrscheinlichkeitsverteilungen, die die Voraussetzungen dieses Satzes erfüllen. Den Beweis des Satzes für solche Verteilungen gibt Rasch (1995). Wir verzichten hier auf dessen Wiederholung.

Für diskrete Verteilungen bedeutet dieser Satz, dass die Wahrscheinlichkeitsfunktion die Form

$$p(Y, \theta) = g[M(Y), \theta]h(Y) \tag{1.2}$$

hat. Für kontinuierliche Verteilungen hat die Dichtefunktion die Form

$$f(Y, \theta) = g[M(Y), \theta]h(Y) \tag{1.3}$$

Korollar 1.1
Ist die Verteilungsfamilie $(P^*(\theta), \theta \in \Omega)$ der Zufallsvariablen $\boldsymbol{y}$ eine k-parametrische Exponentialfamilie mit natürlichem Parameter η und der Likelihood-Funktion

$$L^*(y,\eta) = h^*(y)\mathrm{e}^{\sum_{j=1}^{k} M_j^*(y) - A(\eta)} \tag{1.4}$$

so ist mit der Zufallsstichprobe $\boldsymbol{Y} = (\boldsymbol{y}_1, \boldsymbol{y}_2, \dots, \boldsymbol{y}_n)^{\mathrm{T}}$

$$M(\boldsymbol{Y}) = \left(\sum_{i=1}^{n} M_1^*(\boldsymbol{y}_i), \dots, \sum_{i=1}^{n} M_k^*(\boldsymbol{y}_i) \right)^{\mathrm{T}} \tag{1.5}$$

suffizient bezüglich θ.

Beweis: Es gilt

$$L(y,\eta) = \prod_{i=1}^{n} h^*(y_i)\mathrm{e}^{\sum_{j=1}^{k} \eta_j \sum_{i=1}^{n} M_j^*(y_i) - nA(\eta)} \tag{1.6}$$

und das hat die Form (1.2) bzw. (1.3) mit $h(Y) = \prod_{i=1}^{n} h^*(y_i)$ und $\theta = \eta$.

Definition 1.5
Zwei Likelihood-Funktionen $L_1(Y_1, \theta)$ und $L_2(Y_2, \theta)$ heißen äquivalent, $L_1 \sim L_2$, wenn

$$L_1(Y_1,\theta) = a(Y_1, Y_2)L_2(Y_2,\theta) \tag{1.7}$$

mit einer von θ unabhängigen Funktion $a(Y_1, Y_2)$ ist.

Dann folgt aus Satz 1.1

Korollar 1.2
$M(\boldsymbol{Y})$ ist genau dann suffizient bezüglich θ, wenn die Likelihood-Funktion $L_M(M,\theta)$ von $\boldsymbol{M} = M(\boldsymbol{Y})$ äquivalent zur Likelihood-Funktion einer Zufallsstichprobe $\boldsymbol{Y}$ ist.

Beweis: Ist $M(\boldsymbol{Y})$ suffizient, so hat mit $L(Y,\eta)$ wegen

$$L_M(M,\theta) = a(Y)L(Y,\theta), a(Y) > 0 \tag{1.8}$$

auch $L_M(M,\theta)$ die Form (1.1). Gilt andererseits (1.8), so folgt, dass die bedingte Verteilung einer Zufallsstichprobe $\boldsymbol{Y}$ bei gegebenem $M(\boldsymbol{Y}) = M$ von θ unabhängig ist.

Beispiel 1.4
Die Komponenten $\boldsymbol{y}_i$ einer Zufallsstichprobe $\boldsymbol{Y} = (\boldsymbol{y}_1, \boldsymbol{y}_2, \ldots, \boldsymbol{y}_n)^{\mathrm{T}}$ seien nach $N(\mu, 1)$ verteilt. Es gilt:

$$L(Y, \mu) = \frac{1}{\left(\sqrt{2\pi}\right)^n} \mathrm{e}^{-\frac{1}{2}(Y-\mu e_n)^{\mathrm{T}}(Y-\mu e_N)} = \frac{1}{\left(\sqrt{2\pi}\right)^n} \mathrm{e}^{-\frac{1}{2}\sum_{i=1}^n (y_i-\bar{y})^2} \mathrm{e}^{-\frac{n}{2}(\bar{y}-\mu)^2} \tag{1.9}$$

Da $M(\boldsymbol{Y}) = \bar{\boldsymbol{y}}$ nach $N(\mu, \frac{1}{n})$ verteilt ist, ist

$$L_M(\bar{y}, \mu) = \frac{\sqrt{n}}{\sqrt{2\pi}} \mathrm{e}^{-\frac{n}{2}(\bar{y}-\mu)^2} \tag{1.10}$$

und damit gilt $L_M(\bar{y}, \mu) \sim L(Y, \mu)$ und $\bar{\boldsymbol{y}}$ ist suffizient bezüglich μ.

Allgemein folgt unmittelbar aus Definition 1.4

Korollar 1.3
Ist $c > 0$ eine von θ unabhängig gewählte reelle Zahl und $M(\boldsymbol{Y})$ suffizient bezüglich θ, so ist auch $cM(\boldsymbol{Y})$ suffizient bezüglich θ.

So ist also z. B. mit $\boldsymbol{M} = \sum \boldsymbol{y}_i$ und $c = \frac{1}{n}$ auch $\frac{1}{n} \sum \boldsymbol{y}_i = \bar{\boldsymbol{y}}$ suffizient.

Man kann nun die Frage stellen, ob es unter den suffizienten Maßzahlen bezüglich einer Verteilungsfamilie $P^*(\theta), \theta \in \Omega$ solche Maßzahlen gibt, die in einem noch zu definierenden Sinne minimal sind, also möglichst wenige Komponenten enthalten. Wie das folgende Beispiel zeigt, ist diese Frage nicht abwegig.

Beispiel 1.5
Es sei $P^*(\theta), \theta \in \Omega$ die Familie der $N(\mu, \sigma^2)$-Normalverteilungen ($\sigma > 0$). Wir betrachten die Maßzahlen einer Zufallsstichprobe $\boldsymbol{Y}$ vom Umfang n:

$$M_1(\boldsymbol{Y}) = \boldsymbol{Y}$$
$$M_2(\boldsymbol{Y}) = \left(\boldsymbol{y}_1^2, \ldots, \boldsymbol{y}_n^2\right)^{\mathrm{T}}$$
$$M_3(\boldsymbol{Y}) = \left(\sum_{i=1}^r \boldsymbol{y}_i^2, \sum_{i=r+1}^n \boldsymbol{y}_i^2,\right)^{\mathrm{T}}, \quad r = 1, \ldots, n-1$$
$$M_4(\boldsymbol{Y}) = \left(\sum_{i=1}^n \boldsymbol{y}_i^2\right)$$

die alle bezüglich σ^2 suffizient sind. Das zeigt man sehr einfach mithilfe von Korollar 1.1 zum Zerlegungssatz. Die Likelihood-Funktion von $M_1(\boldsymbol{Y})$ und $\boldsymbol{Y}$ sind identisch (und damit äquivalent). Da mit den $\boldsymbol{y}_i$ auch die $\boldsymbol{y}_i^2$ unabhängig sind und die $\frac{y_i^2}{\sigma^2} = \chi_i^2$ nach $CQ(1)$ χ^2-verteilt sind, folgt nach der Transformation $y_i^2 = \sigma^2 \chi_i^2$

$$L_M(M_2(Y), \sigma^2) \sim L(Y, \sigma^2) = \frac{1}{(2\pi\sigma^2)^{\frac{n}{2}}} \mathrm{e}^{-\frac{1}{2\sigma^2}\sum_{i=1}^n y_i^2} \tag{1.11}$$

Analog verfährt man mit $M_3(\boldsymbol{Y})$ und $\boldsymbol{M}_4(\boldsymbol{Y})$.

Sicher stellt $M_4(\boldsymbol{Y})$ die weitestgehende Zusammenfassung der Komponenten einer Zufallsstichprobe $\boldsymbol{Y}$ dar und ist gegenüber den anderen Maßzahlen vorzuziehen.

Definition 1.6
Eine bezüglich θ suffiziente Maßzahl $M^*(\boldsymbol{Y})$ heißt minimal suffizient bezüglich θ, wenn sie sich als eine Funktion jeder anderen suffizienten Maßzahl $M(\boldsymbol{Y})$ darstellen lässt.

Betrachten wir Beispiel 1.5, so ist

$$M_4(\boldsymbol{Y}) = M_1^{\mathrm{T}}(\boldsymbol{Y}) M_1(\boldsymbol{Y}) = \mathrm{e}_n^{\mathrm{T}} M_2 = \begin{pmatrix} 1 & 1 \end{pmatrix} M_3 \,, \quad r = 1, \dots, n-1$$

Damit kann $M_4(\boldsymbol{Y})$ als Funktion aller suffizienten Maßzahlen des Beispiels geschrieben werden. Für $M_1(\boldsymbol{Y})$, $M_2(\boldsymbol{Y})$ und $M_3(\boldsymbol{Y})$ gilt das nicht, sie sind keine Funktionen von $M_4(\boldsymbol{Y})$. $M_4(\boldsymbol{Y})$ ist die einzige Maßzahl des Beispiels 1.5, die minimal suffizient bezüglich σ^2 sein könnte. Wir werden sehen, dass sie tatsächlich diese Eigenschaft besitzt. Wie kann man nun aber die Minimalsuffizienz feststellen? Wir überlegen uns, dass man mithilfe einer Maßzahl $M(\boldsymbol{Y})$ den Stichprobenraum in elementefremde Teilmengen derart zerlegen kann, dass alle Y, für die $M(Y)$ den gleichen Wert M ergibt, derselben Teilmenge angehören. Umgekehrt ist durch eine gegebene Zerlegung auch die Maßzahl definiert. Wir definieren nun eine Zerlegung, von der wir zeigen werden, dass durch sie eine minimal suffiziente Maßzahl gegeben ist.

Definition 1.7
Es sei $Y_0 \in \{Y\}$ ein fester Punkt im Stichprobenraum (ein bestimmter Wert einer realisierten Zufallsstichprobe), der die Realisationen einer Zufallsstichprobe $\boldsymbol{Y}$ mit Komponenten aus einer Familie $(P^*(\theta), \theta \in \Omega)$ von Wahrscheinlichkeitsverteilungen enthält. Über die Likelihood-Funktion $L(Y, \theta)$ wird durch

$$M(Y_0) = \{Y : L(Y, \theta) \sim L(Y_0, \theta)\} \tag{1.12}$$

eine Teilmenge in $\{Y\}$ definiert. Lassen wir Y_0 den ganzen Stichprobenraum $\{Y\}$ durchlaufen, so wird eine Zerlegung erzeugt. Diese Zerlegung heißt Likelihood-Zerlegung, die ihr entsprechende Maßzahl $M_{\mathrm{L}}(\boldsymbol{Y})$ für die $M_{\mathrm{L}}(\boldsymbol{Y}) =$ konst. für alle $Y \in M(\boldsymbol{Y}_0)$ und für jedes $\boldsymbol{Y}_0$ gilt, heißt Likelihood-Maßzahl.

Bevor wir mit dieser Methode minimal suffiziente Maßzahlen für einige Beispiele konstruieren, formulieren wir den

Satz 1.2
Die Likelihood-Maßzahl $M_L(\boldsymbol{Y})$ ist minimal suffizient bezüglich θ.

Beweis: Für die Likelihood-Maßzahl $M_L(\boldsymbol{Y})$ gilt mit $Y_1, Y_2 \in \{Y\}$

$$M_L(\boldsymbol{Y}_1) = M_L(\boldsymbol{Y}_2)$$

genau dann, wenn $L(Y_1, \theta) \sim L(Y_2, \theta)$ ist. Damit ist $L(Y, \theta)$ eine Funktion von $M_L(\boldsymbol{Y})$ der Form

$$L(Y, \theta) = a(Y)g^*(M_L(\boldsymbol{Y}), \theta) \tag{1.13}$$

und nach dem Zerlegungssatz ist $M_L(\boldsymbol{Y})$ suffizient bezüglich θ. Ist $M(\boldsymbol{Y})$ eine beliebige andere bezüglich θ suffiziente Maßzahl und gilt für zwei Punkte $Y_1, Y_2 \in \{Y\}$ die Beziehung $M(\boldsymbol{Y}_1) = M(\boldsymbol{Y}_2)$ sowie $L(Y_i, \theta) > 0$ mit $i = 1, 2$, so folgt ebenfalls aus dem Zerlegungssatz

$$L(Y_1, \theta) = h(Y_1)g(M(\boldsymbol{Y}_1), \theta) = h(Y_2)g(M(\boldsymbol{Y}_2), \theta)$$

wegen $M(\boldsymbol{Y}_1) = M(\boldsymbol{Y}_2)$ und $L(Y_2, \theta) = h(Y_2)g(M(\boldsymbol{Y}_2), \theta)$ bzw. $g(M(\boldsymbol{Y}_2), \theta) = \frac{L(Y_2,\theta)}{h(Y_2)}$.

Damit wird $L(Y_1, \theta)$ zu

$$L(Y_1, \theta) = \frac{h(Y_1)}{h(Y_2)} L(Y_2, \theta), h(Y_2) > 0$$

sodass $L(Y_1, \theta) \sim L(Y_2, \theta)$ ist. Das ist aber gerade die Bedingung dafür, dass $M(\boldsymbol{Y}_1) = M(\boldsymbol{Y}_2)$ ist. Folglich ist $M_L(\boldsymbol{Y})$ eine Funktion von $M(\boldsymbol{Y})$, wie $M(\boldsymbol{Y})$ auch gewählt wird und damit minimal suffizient.

Wir demonstrieren das Verfahren an zwei Beispielen.

Beispiel 1.6
Die Komponenten $\boldsymbol{y}_i$ einer Zufallsstichprobe $\boldsymbol{Y}$ seien nach $B(N, p)$, N fest, $0 < p < 1$ binomialverteilt. Es ist eine bezüglich p minimal suffiziente Maßzahl gesucht. Die Likelihood-Funktion ist

$$L(Y, p) = \prod_{i=1}^{n} \binom{N}{y_i} p^{y_i}(1-p)^{(N-y_i)}, \quad y_i = 0, 1, \dots, N$$

Für alle $Y_0 = (y_{01}, \dots, y_{0N})^T \in \{Y\}$ mit $L(Y_0, p) > 0$ ist

$$\frac{L(Y, p)}{L(Y_0, p)} = \frac{\prod_{i=1}^{n} \binom{N}{y_i}}{\prod_{i=1}^{n} \binom{N}{y_{0i}}} \left(\frac{p}{1-p}\right)^{\sum_{i=1}^{n}(y_i - y_{0i})}$$

Damit ist $M(Y_0)$ auch durch $M(Y_0) = \{Y : \sum_{i=1}^n y_i = \sum_{i=1}^n y_{0i}\}$ definiert, da gerade dort $L(Y, p) \sim L(Y_0, p)$ gilt. Folglich ist $M(\boldsymbol{Y}) = \sum_{i=1}^n \boldsymbol{y}_i$ eine minimal suffiziente Maßzahl.

Beispiel 1.7

Die Komponenten $\boldsymbol{y}_i$ einer Zufallsstichprobe $\boldsymbol{Y} = (\boldsymbol{y}_1, \boldsymbol{y}_2, \dots, \boldsymbol{y}_n)^{\mathrm{T}}$ seien gammaverteilt. Dann ist für $y_i > 0$

$$L(Y, a, k) = \frac{a^{nk}}{[\Gamma(k)]^n} \mathrm{e}^{-a \sum_{i=1}^n y_i} \prod_{i=1}^n y_i^{k-1}$$

Für alle $Y_0 = (y_{01}, \dots, y_{0N})^{\mathrm{T}} \in \{Y\}$ mit $L(Y_0, a, k) > 0$ ist

$$\frac{L(Y, a, k)}{L(Y_0, a, k)} = \mathrm{e}^{-a(\sum_{i=1}^n y_i - \sum_{i=1}^n y_{0i})} \frac{\prod_{i=1}^n y_i^{k-1}}{\prod_{i=1}^n y_{0i}^{k-1}}$$

Ist a vorgegeben, so ist $\prod_{i=1}^n \boldsymbol{y}_i$ minimal suffizient bezüglich k. Ist k bekannt, so ist $\sum \boldsymbol{y}_i$ minimal suffizient bezüglich a. Sind a und k unbekannte Parameter, so ist $(\prod_{i=1}^n \boldsymbol{y}_i, \sum_{i=1}^{\boldsymbol{n}} \boldsymbol{y}_i)$ minimal suffizient bezüglich (a, k).

Allgemein gilt:

Satz 1.3

Ist $(P^*(\theta), \theta \in \Omega)$ eine k-parametrische Exponentialfamilie mit der Likelihood-Funktion in kanonischer Form

$$L(y, \theta) = \mathrm{e}^{\sum_{i=0}^k \eta_i M_i(y) - A(\eta)} h(y)$$

wobei die Dimension des Parameterraumes gleich k ist (d. h., die $\eta_1, \dots, \eta_k$ linear unabhängig sind), dann ist

$$M(\boldsymbol{Y}) = \left(\sum_{i=1}^n M_1(\boldsymbol{y}_i), \dots, \sum_{i=1}^n M_k(\boldsymbol{y}_i) \right)^{\mathrm{T}}$$

minimal suffizient bezüglich $(P^*(\theta), \theta \in \Omega)$.

Beweis: Die Suffizienz von $M(\boldsymbol{Y})$ folgt aus Korollar 1.1 zum Zerlegungssatz, und die Minimalsuffizienz folgt aus der Tatsache, dass $M(\boldsymbol{Y})$ die Likelihood-Maßzahl ist, denn es ist genau dann $L(Y, \theta) \sim L(Y_0, \theta)$, wenn

$$\sum_{j=1}^k \eta_j \sum_{i=1}^n [M_j(\boldsymbol{y}_i) - M_j(\boldsymbol{y}_{0i})] = 0$$

gilt, und wegen der linearen Unabhängigkeit der η_i ist das nur dann der Fall, wenn $M(\boldsymbol{Y}) = M(\boldsymbol{Y}_0)$ gilt.

Beispiel 1.8
Es sei $(P^*(\theta), \theta \in \Omega)$ die Familie der zweidimensionalen Normalverteilungen mit der Zufallsvariablen $\binom{\boldsymbol{x}}{\boldsymbol{y}}$, dem Erwartungswertvektor $\mu = \binom{\mu_x}{\mu_y}$ und der Kovarianzmatrix $\Sigma = \begin{pmatrix} \sigma_x^2 & 0 \\ 0 & \sigma_y^2 \end{pmatrix}$. Das ist eine vierparametrische Exponentialfamilie mit den natürlichen Parametern

$$\eta_1 = \frac{\mu_x}{\sigma_x^2}, \quad \eta_2 = \frac{\mu_y}{\sigma_y^2}, \quad \eta_3 = -\frac{1}{2\sigma_x^2}, \quad \eta_4 = -\frac{1}{2\sigma_y^2}$$

und den Faktoren

$$M_1\left[\begin{pmatrix} \boldsymbol{x} \\ \boldsymbol{y} \end{pmatrix}\right] = \boldsymbol{x}, \quad M_2\left[\begin{pmatrix} \boldsymbol{x} \\ \boldsymbol{y} \end{pmatrix}\right] = \boldsymbol{y},$$

$$M_3\left[\begin{pmatrix} \boldsymbol{x} \\ \boldsymbol{y} \end{pmatrix}\right] = \boldsymbol{x}^2, \quad M_4\left[\begin{pmatrix} \boldsymbol{x} \\ \boldsymbol{y} \end{pmatrix}\right] = \boldsymbol{y}^2,$$

$$A(\eta) = \frac{1}{2}\left(\frac{\mu_x^2}{\sigma_x^2} + \frac{\mu_y^2}{\sigma_y^2}\right)$$

Ist $\dim(\Omega) = 4$, so ist

$$\boldsymbol{M} = \left(\sum_{i=1}^n \boldsymbol{M}_{1i}, \quad \sum_{i=1}^n \boldsymbol{M}_{2i}, \quad \sum_{i=1}^n \boldsymbol{M}_{3i}, \quad \sum_{i=1}^n \boldsymbol{M}_{4i}\right)^{\mathrm{T}}$$

minimal suffizient bezüglich $(P^*(\theta), \theta \in \Omega)$. Nehmen wir an, $(\check{P}^*(\theta), \theta \in \Omega) \subseteq (P^*(\theta), \theta \in \Omega)$ sei die Teilfamilie von $(P^*(\theta), \theta \in \Omega)$, für die $\sigma_x^2 = \sigma_y^2 = \sigma^2$ gilt, dann ist $\dim(\Omega) = 3$, und $\boldsymbol{M}$ ist nicht minimal suffizient bezüglich $\check{P}^*(\theta), \theta \in \Omega$.

Die natürlichen Parameter von $\check{P}^*(\theta), \theta \in \Omega$ sind

$$\eta_1 = \frac{\mu_x}{\sigma^2}, \quad \eta_2 = \frac{\mu_y}{\sigma^2}, \quad \eta_3 = -\frac{1}{2\sigma^2}$$

ferner ist $A(\eta) = \frac{1}{2\sigma^2}(\mu_x^2 + \mu_y^2)$ und die Faktoren der η_i sind

$$\check{M}_1\left[\begin{pmatrix} \boldsymbol{x} \\ \boldsymbol{y} \end{pmatrix}\right] = \boldsymbol{x}, \quad \check{M}_2\left[\begin{pmatrix} \boldsymbol{x} \\ \boldsymbol{y} \end{pmatrix}\right] = \boldsymbol{y}, \quad \check{M}_3\left[\begin{pmatrix} \boldsymbol{x} \\ \boldsymbol{y} \end{pmatrix}\right] = \boldsymbol{x}^2 + \boldsymbol{y}^2$$

Bezüglich $\check{P}^*(\theta), \theta \in \Omega$ ist

$$\check{\boldsymbol{M}} = \left(\sum_{i=1}^n \check{\boldsymbol{M}}_{1i}, \quad \sum_{i=1}^n \check{\boldsymbol{M}}_{2i}, \quad \sum_{i=1}^n \check{\boldsymbol{M}}_{3i}\right)^{\mathrm{T}}$$

minimal suffizient.

Wie in Kapitel 6 am Beispiel des Modells II der Varianzanalyse gezeigt wird, ist das Ergebnis von Satz 1.3 auch in komplizierteren Modellen geeignet, minimal suffiziente Maßzahlen zu finden.

Eine für die Schätztheorie weitere wichtige Eigenschaft ist die Vollständigkeit bzw. beschränkte Vollständigkeit, die wir gemeinsam durch folgende Definition einführen.

Definition 1.8
Eine Verteilungsfamilie $P = (P_\theta, \theta \in \Omega)$ mit der Verteilungsfunktion $F(y, \theta), \theta \in \Omega$ heißt vollständig, wenn für jede P-integrierbare Funktion $h(\boldsymbol{y})$ der Zufallsvariablen $\boldsymbol{y}$ aus

$$E[h(\boldsymbol{y})] = \int h(y)\,\mathrm{d}F(y) = 0 \quad \text{für alle} \quad \theta \in \Omega \tag{1.14}$$

die Beziehung

$$P_\theta[h(\boldsymbol{y}) = 0] = 1 \quad \text{für alle} \quad \theta \in \Omega \tag{1.15}$$

folgt. Folgt (1.15) aus (1.14) nur für beschränkte Funktionen $h(y)$, so heißt $P = (P_\theta, \theta \in \Omega)$ beschränkt vollständig.

Wir wollen ein Beispiel für eine vollständige Verteilungsfamilie betrachten.

Beispiel 1.9
Es sei P die Familie $\{P_p\}$, $p \in (0,1)$ der Binomialverteilungen mit der Wahrscheinlichkeitsfunktion

$$p(y, p) = \binom{n}{y} p^y (1-p)^{n-y} = \binom{n}{y} v^y (1-p)^n\,, \quad 0 < p < 1$$
$$y = 0, 1, \dots, n\,, \quad v = \frac{p}{1-p}$$

Integrierbarkeit von $h(y)$ bedeutet Endlichkeit von $(1-p)^n \sum_{y=0}^{n} h(y)\binom{n}{y} v^y$ und aus (1.14) folgt

$$\sum_{y=0}^{n} h(y)\binom{n}{y} v^y = 0 \quad \text{für alle} \quad p \in (0,1)$$

Das ist ein Polynom n-ten Grades in v, das höchstens n reelle Nullstellen besitzt. Damit diese Gleichung für alle $v \in R^+$ erfüllt ist, muss $\binom{n}{y} h(y)$ für $y = 0, 1, \dots, n$ verschwinden, und da alle $\binom{n}{y} > 0$ sind, impliziert das $P_\theta[h(\boldsymbol{y}) = 0] = 1$ für alle $p \in (0,1)$.

Satz 1.4
Eine k-parametrische Exponentialfamilie der Verteilung der suffizienten Maßzahl ist unter den Voraussetzungen von Satz 1.3 ($\dim(\Omega)) = k$) vollständig.

Den Beweis findet man bei Lehmann (1959, S. 132).

Definition 1.9
Gegeben sei eine Zufallsstichprobe $\boldsymbol{Y} = (\boldsymbol{y}_1, \boldsymbol{y}_2, \dots, \boldsymbol{y}_n)^{\mathrm{T}}$, deren Komponenten einer Verteilung aus der Familie

$$P^* = (P_\theta, \theta \in \Omega)$$

folgen. Eine Maßzahl $M(\boldsymbol{Y})$, deren Verteilung von θ unabhängig ist, heißt Hilfsmaßzahl. Ist P die Familie der durch die Maßzahl $M(\boldsymbol{Y})$ aus P^* induzierten Verteilungen und ist P vollständig und $M(\boldsymbol{Y})$ suffizient bezüglich P^*, so heißt $M(\boldsymbol{Y})$ vollständig suffizient.

Beispiel 1.10
Es sei P^* die Familie der Normalverteilungen $N(\mu, 1)$ mit Erwartungswert $\mu = \theta$ und Varianz 1, d. h., es gilt $\Omega = R^1$. Das ist eine einparametrische Exponentialfamilie mit $\dim(\Omega) = 1$, die nach Satz 1.4 vollständig ist. Ist $\boldsymbol{Y} = (\boldsymbol{y}_1, \boldsymbol{y}_2, \dots, \boldsymbol{y}_n)^{\mathrm{T}}$ eine Zufallsstichprobe mit Komponenten aus P^*, so ist $M_1(\boldsymbol{Y}) = \bar{\boldsymbol{y}}$ nach $N(\mu, \frac{1}{n})$ verteilt. Die Familie der Verteilungen von P^* ist folglich auch vollständig. Wegen Satz 1.3 ist $\bar{\boldsymbol{y}}$ minimal suffizient und damit vollständig suffizient. Die durch $(n-1)M_2(\boldsymbol{Y}) = \sum \boldsymbol{y}_i^2 - n\bar{\boldsymbol{y}}^2$ induzierte Verteilungsfamilie der $CQ(n-1)$-Verteilungen (χ^2-Verteilungen mit $n-1$ Freiheitsgraden) ist von μ unabhängig. Folglich ist $\boldsymbol{s}^2 = \frac{1}{n-1}\sum_{i=1}^n (\boldsymbol{y}_i - \bar{\boldsymbol{y}})^2$ bezüglich $\mu = \theta$ eine Hilfsmaßzahl.

Wir schließen diesen Abschnitt ab mit

Satz 1.5
Es sei $\boldsymbol{Y}$ eine Zufallsstichprobe mit Komponenten aus $P = (P_\theta, \theta \in \Omega)$ und $M_1(\boldsymbol{Y})$ beschränkt vollständig suffizient bezüglich P. Ist ferner $M_2(\boldsymbol{Y})$ eine Maßzahl mit einer von θ unabhängigen Verteilung, so sind $M_1(\boldsymbol{Y})$ und $M_2(\boldsymbol{Y})$ unabhängig.

Beweis: Es sei $\{Y_0\} \subset \{Y\}$ eine Teilmenge des Stichprobenraumes $\{Y\}$. $M_2(\boldsymbol{Y})$ bildet $\{Y\}$ auf $\{M\}$ und $\{Y_0\}$ auf $\{M_0\}$ ab. Da die Verteilung von $M_2(\boldsymbol{Y})$ von θ unabhängig ist, ist $P[M_2(\boldsymbol{Y}) \in \{M_0\}]$ von θ unabhängig. Darüber hinaus ist wegen der Suffizienz von $M_1(\boldsymbol{Y})$ bezüglich θ auch $P[M_2(\boldsymbol{Y}) \in \{M_0\}|M_1(\boldsymbol{Y})]$ von θ unabhängig. Wir betrachten die Maßzahl

$$h(M_1(\boldsymbol{Y})) = P[M_2(\boldsymbol{Y}) \in \{M_0\}|M_1(\boldsymbol{Y})] - P[M_2(\boldsymbol{Y}) \in \{M_0\}]$$

die von $M_1(\boldsymbol{Y})$ abhängt, sodass analog zu (1.14)

$$E_\theta[h(M_1(\boldsymbol{Y}))] = E_\theta[P[M_2(\boldsymbol{Y}) \in \{M_0\}]M_1(\boldsymbol{Y}) - P[M_2(\boldsymbol{Y}) \in \{M_0\}]] = 0$$

für alle $\theta \in \Omega$ folgt. Da $M_1(\boldsymbol{Y})$ beschränkt vollständig ist, gilt für alle $\theta \in \Omega$ mit Wahrscheinlichkeit 1 analog zu (1.15) $P[M_2(\boldsymbol{Y}) \in \{M_0\}|M_1(\boldsymbol{Y})] - P[M_2(\boldsymbol{Y}) \in \{M_0\}] = 0$ und das bedeutet, dass $M_1(\boldsymbol{Y})$ und $M_2(\boldsymbol{Y})$ unabhängig sind.

1.4
Der Informationsbegriff in der Statistik

Bei der heuristischen Einführung suffizienter Maßzahlen in Abschn. 1.2 war davon die Rede, dass eine Maßzahl die Information einer Stichprobe weitgehend ausschöpfen sollte. Suffizient wird daher auch mit erschöpfend übersetzt. Was soll aber unter der Information einer Stichprobe eigentlich verstanden werden? Der Informationsbegriff wurde von R.A. Fisher in die Statistik eingeführt, und seine Definition ist auch heute noch von großer Bedeutung. Wir sprechen in diesem Zusammenhang von der Fisher-Information. Ein weiterer Informationsbegriff stammt von Kullback und Leibler (1951), wir wollen aber hier nicht weiter auf diese Definition eingehen. Wir beschränken uns in diesem Abschnitt zunächst auf Verteilungsfamilien

$$P = (P_\theta, \theta \in \Omega), \Omega \subset R^1$$

mit reellen Parametern θ. Mit $L(y, \theta)$ wird die Likelihood-Funktion ($\boldsymbol{Y} = \boldsymbol{y}$) von P bezeichnet.

Definition 1.10
Es sei $\boldsymbol{y}$ nach $P = (P_\theta, \theta \in \Omega)$, $\Omega \subset R^1$ verteilt. Weiter sei folgende Voraussetzung V1 erfüllt:

1. Ω ist ein offenes Intervall.
2. Für jedes $y \in \{Y\}$ und für jedes $\theta \in \Omega$ existiert $\frac{\partial}{\partial\theta} L(y, \theta)$ und ist endlich. Die Menge der Punkte, in denen $L(y, \theta) = 0$ ist, hängt nicht von θ ab.
3. Für jedes $\theta \in \Omega$ existiert ein $\varepsilon > 0$ und eine positive P_θ-integrierbare Funktion $k(y, \theta)$ derart, dass für alle θ_0 in einer ε-Umgebung von θ
$$\left| \frac{L(y, \theta) - L(y, \theta_0)}{\theta - \theta_0} \right| \leq k(y, \theta_0)$$
gilt.
4. $\frac{\partial}{\partial\theta} L(y, \theta)$ ist quadratisch P_θ-integrierbar und es ist für alle $\theta \in \Omega$
$$0 < E\left\{ \left[\frac{\partial}{\partial\theta} \ln L(\boldsymbol{y}, \theta) \right]^2 \right\}$$

Dann heißt

$$I(\theta) = E\left\{ \left[\frac{\partial}{\partial\theta} \ln L(\boldsymbol{y}, \theta) \right]^2 \right\} \tag{1.16}$$

die Fisher-Information der Verteilung P_θ bzw. von $\boldsymbol{y}$.

Aus der dritten Bedingung von V1 folgt, dass P_θ-Integration und Differentiation nach θ für $L(y, \theta)$ vertauscht werden können, und wegen

$$\frac{\partial}{\partial\theta} \ln L(y, \theta) = \frac{\frac{\partial}{\partial\theta} L(y, \theta)}{L(y, \theta)}$$

ist

$$E_\theta\left[\frac{\partial}{\partial\theta}\ln L(\boldsymbol{y},\theta)\right]=\int\limits_Y \frac{\partial}{\partial\theta}\ln L(y,\theta)L(y,\theta)\,\mathrm{d}y=\frac{\partial}{\partial\theta}\int\limits_Y L(y,\theta)\,\mathrm{d}y=\frac{\partial}{\partial\theta}1=0$$

für alle $\theta \in \Omega$. Damit ist

$$I(\theta)=\operatorname{var}\left\{\frac{\partial}{\partial\theta}\ln L(\boldsymbol{y},\theta)\right\} \tag{1.17}$$

Es existiere nun auch die zweite Ableitung von $\ln L(y,\theta)$ nach θ für alle y und θ, und es sei $\int_Y L(y,\theta)\,\mathrm{d}P_\theta$ zweifach differenzierbar, wobei man Integration und zweifache Ableitung vertauschen kann. Dann gilt wegen

$$\begin{aligned}\frac{\partial^2}{\partial\theta^2}\ln L(y,\theta) &= \frac{L(y,\theta)\frac{\partial^2}{\partial\theta^2}L(y,\theta)-\left(\frac{\partial}{\partial\theta}L(\boldsymbol{y},\theta)\right)^2}{(L(y,\theta))^2}\\ &= \frac{\frac{\partial^2}{\partial\theta^2}L(y,\theta)}{L(y,\theta)}-\left[\frac{\frac{\partial}{\partial\theta}L(\boldsymbol{y},\theta)}{L(y,\theta)}\right]^2\end{aligned}$$

und

$$0=\frac{\partial^2}{\partial\theta^2}\int \ln L(y,\theta)\,\mathrm{d}P_\theta=\int\frac{\partial^2}{\partial\theta^2}\ln L(y,\theta)\,\mathrm{d}P_\theta$$

die Beziehung

$$E_\theta\left[\frac{\partial^2}{\partial\theta^2}\ln L(\boldsymbol{y},\theta)\right]=-E_\theta\left\{\left[\frac{\partial}{\partial\theta}\ln L(\boldsymbol{y},\theta)\right]^2\right\}=-I(\theta)$$

und damit

$$I(\theta)=-E_\theta\left[\frac{\partial^2}{\partial\theta^2}\ln L(\boldsymbol{y},\theta)\right] \tag{1.18}$$

Wir geben je ein Beispiel für eine diskrete und eine kontinuierliche Verteilung.

Beispiel 1.11

Es sei P die Familie der Binomialverteilungen mit gegebenem n und $\Omega=(0,1)$. Die Likelihood-Funktion ist

$$L(y,p)=\binom{n}{y}p^y(1-p)^{n-y}$$

Die Voraussetzung V1 ist erfüllt, denn das Quadrat von $\frac{\partial}{\partial p}\ln L(y,p)=\frac{y}{p}-\frac{n-y}{1-p}$ besitzt nach Übergang zu zufälligem $\boldsymbol{y}$ den endlichen Erwartungswert

$$I(p)=E_p\left\{\left[\frac{\partial}{\partial p}\ln L(\boldsymbol{y},p)\right]^2\right\}=\sum_{y=0}^{n}\left(\frac{y}{p}-\frac{n-y}{1-p}\right)^2\binom{n}{y}p^y(1-p)^{n-y}$$

und daraus folgt

$$I(p) = \frac{n}{p(1-p)}, \quad 0 < p < 1$$

Beispiel 1.12
Es sei P die Familie der $N(\mu, \sigma^2)$-Verteilungen mit bekanntem σ^2. Wir haben $\Omega = R^1$, und die Likelihood-Funktion hat die Form $L(y, \mu) = \frac{1}{\sigma\sqrt{2\pi}} e^{-\frac{1}{2\sigma^2}(y-\mu)^2}$. Auch für diese Verteilung ist V1 erfüllt. Wir erhalten $\frac{\partial}{\partial\mu} L(y, \mu) = \frac{1}{\sigma^2}(y - \mu)$ und $I(\mu) = \frac{1}{\sigma^4} E[(\boldsymbol{y} - \mu)^2] = \frac{1}{\sigma^4} \operatorname{var}(\boldsymbol{y}) = \frac{1}{\sigma^2}$.

Wir beweisen nun die Additivitätseigenschaft der Fisher-Information.

Satz 1.6
Existiert für eine Familie P von Wahrscheinlichkeitsverteilungen mit $\Omega = R^1$ die Fisher-Information $I(\theta) = I_1(\theta)$ und ist $\boldsymbol{Y} = (\boldsymbol{y}_1, \boldsymbol{y}_2, \ldots, \boldsymbol{y}_n)^{\mathrm{T}}$ eine Zufallsstichprobe mit Komponenten $\boldsymbol{y}_i$ $(i = 1, \ldots, n)$, die nach $P_i \in P$ verteilt sind, so ist die Fisher-Information $I_n(\theta)$ der Verteilung von $\boldsymbol{Y}$ durch

$$I_n(\theta) = nI_1(\theta) \tag{1.19}$$

gegeben.

Beweis: Aus Definition 1.2 folgt, dass die Likelihood-Funktion $L_n(Y, \theta)$ einer Zufallsstichprobe $\boldsymbol{Y}$ gleich

$$L_n(Y, \theta) = \prod_{i=1}^{n} L(y_i, \theta)$$

ist. Damit ist

$$\ln L_n(Y, \theta) = \sum_{i=1}^{n} \ln L(y_i, \theta)$$

und

$$\frac{\partial}{\partial\theta} \ln L_n(Y, \theta) = \sum_{i=1}^{n} \frac{\partial}{\partial\theta} \ln L(y_i, \theta)$$

Folglich wird wegen (1.17)

$$I_n(\theta) = \operatorname{var}\left\{\frac{\partial}{\partial\theta} \ln L_n(\boldsymbol{Y}, \theta)\right\} = \sum_{i=1}^{n} \operatorname{var}\left\{\frac{\partial}{\partial\theta} \ln L(\boldsymbol{y}_i, \theta)\right\} = nI_1(\theta)$$

Satz 1.7
Es sei $M(\boldsymbol{Y})$ eine suffiziente Maßzahl bezüglich der Verteilung $P_\theta \in P$, $\Omega \subseteq R^1$ der Komponenten der Zufallsstichprobe $\boldsymbol{Y} = (\boldsymbol{y}_1, \boldsymbol{y}_2, \dots, \boldsymbol{y}_n)^{\mathrm{T}}$. Die Verteilung P_θ erfülle die Bedingung V1 von Definition 1.10. Dann existiert die Fisher-Information

$$I_M(\theta) = \left\{ \left[\frac{\partial}{\partial\theta} \ln L_M(\boldsymbol{M}, \theta) \right]^2 \right\} \tag{1.20}$$

von $\boldsymbol{M} = M(\boldsymbol{Y})$, wobei $L_M(M, \theta)$ die Likelihood-Funktion von $\boldsymbol{M}$ ist, und es gilt

$$I_n(\theta) = I_M(\theta) \tag{1.21}$$

Beweis: Nach (1.2) bzw. (1.3) ist

$$L(Y, \theta) = h(Y)g(M(Y), \theta)$$

und damit

$$\frac{\partial}{\partial\theta} \ln L(Y, \theta) = \frac{\partial}{\partial\theta} \ln g(M(Y), \theta)$$

da $h(Y)$ nach Voraussetzung von θ unabhängig ist. Wegen Korollar 1.1 von Satz 1.1 gilt für die Likelihood-Funktion $L_M(M, \theta)$ von $\boldsymbol{M}$ auch Bedingung V1 von Definition 1.10, und damit existiert $I_M(\theta)$ von (1.20). Wegen der Äquivalenz von $L_M(M, \theta)$ und $L(Y, \theta)$ folgt weiterhin die Behauptung wegen $\frac{\partial}{\partial\theta} \ln L_M(M, \theta) = \frac{\partial}{\partial\theta} \ln g(M, \theta)$.

Folglich ist die Fisher-Information einer suffizienten Maßzahl gleich der der Zufallsstichprobe.

Ist $\theta \in \Omega \subseteq R^p$, so geben wir folgende

Definition 1.11
Es sei $\boldsymbol{y}$ nach $P_\theta \in P$, $\Omega \subseteq R^p$, $\theta = (\theta_1, \dots, \theta_p)^{\mathrm{T}}$ verteilt, und für jede Komponente θ_i $(i = 1, \dots, p)$ mögen die Bedingungen 2 bis 4 von V1 in Definition 1.10 erfüllt sein. Ω sei ein offenes Intervall im R^p. Ferner existiere der Erwartungswert von $\frac{\partial}{\partial\theta_i} \ln L(\boldsymbol{y}, \theta) \frac{\partial}{\partial\theta_j} \ln L(\boldsymbol{y}, \theta)$ für alle θ und alle $i, j = 1, \dots, p$. Dann heißt die quadratische Matrix der Ordnung p

$$I(\theta) = (I_{i,j}(\theta)), \quad i, j = 1, \dots, p$$

mit

$$I(\theta) = E\left\{ \frac{\partial}{\partial\theta_i} \ln L(\boldsymbol{y}, \theta) \frac{\partial}{\partial\theta_j} \ln L(\boldsymbol{y}, \theta) \right\}$$

die (Fishersche) Informationsmatrix bezüglich P_θ.

Beispiel 1.13
Die Zufallsvariable $\boldsymbol{y}$ sei nach $N(\mu, \sigma^2)$ verteilt mit $\theta = (\mu, \sigma^2)^T \in R^1 \times R^+ = \Omega$. Dann ist

$$\ln L(y,\theta) = -\ln\sqrt{2\pi} - \frac{1}{2}\ln\sigma^2 - \frac{1}{2\sigma^2}(y-\mu)^2$$

und die Voraussetzung von Definition 1.11 ist mit $\theta_1 = \mu$ und $\theta_2 = \sigma^2$ erfüllt. Es ist

$$\frac{\partial}{\partial\mu}\ln L(y,\theta) = \frac{y-\mu}{\sigma^2} \quad \text{und} \quad \frac{\partial}{\partial\sigma^2}\ln L(y,\theta) = -\frac{1}{2\sigma^2} + \frac{1}{2\sigma^4}(y-\mu)^2$$

Wegen $E[(\boldsymbol{y}-\mu)^2] = \mathrm{var}(\boldsymbol{y}) = \sigma^2$ ist $I_{11}(\theta) = \frac{1}{\sigma^2}$, und weil die Schiefe $\gamma_3 = 0$ ist und wegen $E(\boldsymbol{y}-\mu) = 0$ ist $I_{12}(\theta) = I_{21}(\theta) = 0$. Ferner gilt:

$$\left[\frac{\partial}{\partial\sigma^2}\ln L(y,\theta)\right]^2 = \frac{1}{4\sigma^4} - \frac{2}{4\sigma^6}(y-\mu)^2 + \frac{1}{4\sigma^8}(y-\mu)^4$$

und daher ist wegen $E[(\boldsymbol{y}-\mu)^4] = 3\sigma^4$ (denn es ist $\gamma_2 = 0$)

$$I_{22} = E\left\{\left[\frac{\partial}{\partial\sigma^2}\ln L(\boldsymbol{y},\theta)\right]^2\right\} = \frac{1}{\sigma^4}\left[\frac{1}{4} - \frac{1}{2} + \frac{3}{4}\right] = \frac{1}{2\sigma^4}$$

und wir erhalten

$$I(\theta) = \begin{pmatrix} \frac{1}{\sigma^2} & 0 \\ 0 & \frac{1}{2\sigma^4} \end{pmatrix}$$

Definieren wir dagegen $\theta_1 = \mu$ und $\theta_2 = \sigma$, so ist $\frac{\partial}{\partial\sigma}\ln L(y,\theta) = -\frac{1}{\sigma} + \frac{1}{\sigma^2}(y-\mu)^2$. Während I_{11}, I_{12} und I_{21} unverändert bleiben, wird

$$I_{22} = E\left\{\left[\frac{\partial}{\partial\sigma}\ln L(\boldsymbol{y},\theta)\right]^2\right\} = \frac{1}{\sigma^2}[1-2+3] = \frac{2}{\sigma^2}$$

und damit ist

$$I(\theta) = \begin{pmatrix} \frac{1}{\sigma^2} & 0 \\ 0 & \frac{2}{\sigma^2} \end{pmatrix}$$

Aus diesem Beispiel ersieht man, dass die Fisher-Information nicht invariant gegenüber Parametertransformationen ist. Aus der Kettenregel der Differenzialrechnung folgt allgemein der

Satz 1.8
Es sei $\psi = h(\theta)$ eine in $\Omega \subseteq R^1$ monotone und bezüglich θ differenzierbare Funktion, h bilde Ω auf Π ab. Dann existiert die nach ψ differenzierbare Umkehrfunktion $\theta = g(\psi)$. Unter den Voraussetzungen von Definition 1.10 sei $I(\theta)$ die Fisher-Information der Verteilung $P_0 \in \Pi$. Die Fisher-Information $I^*(\psi)$ der Verteilung P_ψ (d. h., P_θ geschrieben mit dem transformierten Parameter) ist dann

$$I^*(\psi) = I(\theta)\left(\frac{\mathrm{d}}{\mathrm{d}\psi}g(\psi)\right)^2 \tag{1.22}$$

In Beispiel 1.13 war (für festes μ) $\theta = \sigma^2$, $\psi = \sqrt{\theta} = \sigma$ und $\frac{\mathrm{d}\theta}{\mathrm{d}\psi} = 2\psi = 2\sigma$. Nach Satz 1.8 ist also mit $I(\sigma^2) = \frac{1}{\sigma^2}$

$$I^*(\psi) = I(\sigma^2)4\sigma^2 = \frac{2}{\sigma^2}$$

In Kapitel 2 benötigen wir folgende Ungleichung:

Satz 1.9 Ungleichung von Rao und Cramér
Es gelte Bedingung VI von Definition 1.10 für die Komponenten der Zufallsstichprobe $\boldsymbol{Y}$, deren Likelihood-Funktion $L(Y, \theta)$ ist. Die Menge $\{Y_0\} = \{Y \in \{Y\} : L(Y, \theta) = 0\}$ der Punkte des Stichprobenraumes, für die $L(Y, \theta) = 0$ ist, hänge nicht von θ ab. Es sei $P_\theta \in P = (P_\theta, \theta \in \Omega), \Omega \subseteq R^1$ die Verteilung der Komponenten, und $M(\boldsymbol{Y})$ sei eine Maßzahl mit Erwartungswert $E[M(\boldsymbol{Y})]$ und Varianz $\operatorname{var}[M(\boldsymbol{Y})]$, die den Stichprobenraum $\{Y\}$ in Ω abbildet. Dann gilt die Rao-Cramér-Ungleichung

$$\operatorname{var}[M(\boldsymbol{Y})] \geq \frac{\left(\frac{\mathrm{d}E[M(\boldsymbol{Y})]}{\mathrm{d}\theta}\right)^2}{nI(\theta)} \tag{1.23}$$

Beweis: Mit $M(\boldsymbol{Y}) = \boldsymbol{M}$ ist $E = E[\boldsymbol{M} - E(\boldsymbol{M})] = 0$, sodass

$$\frac{\mathrm{d}E}{\mathrm{d}\theta} = -\int_{\{Y\}} \frac{\mathrm{d}E[M(\boldsymbol{Y})]}{\mathrm{d}\theta}\,\mathrm{d}P_\theta + \int_{\{Y\}} (\boldsymbol{M} - \boldsymbol{E}(\boldsymbol{M}))\frac{\mathrm{d}}{\mathrm{d}\theta}L(Y, \theta)\,\mathrm{d}P_\theta = 0$$

bzw.

$$\frac{\mathrm{d}E}{\mathrm{d}\theta} = -\frac{\mathrm{d}E[M(\boldsymbol{Y})]}{\mathrm{d}\theta}\int_{\{Y\}} \mathrm{d}P_\theta + \int_{\{Y\}} (\boldsymbol{M} - \boldsymbol{E}(\boldsymbol{M}))\frac{\mathrm{d}}{\mathrm{d}\theta}\ln L(Y, \theta)\,\mathrm{d}Y = 0$$

gilt. Daraus folgt

$$E\left\{(\boldsymbol{M} - \boldsymbol{E}(\boldsymbol{M}))\frac{\mathrm{d}}{\mathrm{d}\theta}\ln L(Y, \theta)\right\} = \frac{\mathrm{d}E(\boldsymbol{M})}{\mathrm{d}\theta}$$

Wegen der Schwarzschen Ungleichung folgt weiter

$$\left\{\frac{\mathrm{d}E(\boldsymbol{M})}{\mathrm{d}\theta}\right\}^2 = \left\{E[(\boldsymbol{M} - E(\boldsymbol{M}))]\frac{\mathrm{d}}{\mathrm{d}\theta}\ln L(Y, \theta)\right\}^2$$
$$\leq E\left[(\boldsymbol{M} - E(\boldsymbol{M}))^2 E\left\{\left[\frac{\mathrm{d}}{\mathrm{d}\theta}\ln L(\boldsymbol{Y}, \theta)\right]^2\right\}\right]$$

und das ergibt wegen (1.16) den Beweis.

Ist speziell $E(\boldsymbol{M}) = \theta$, so hat die Rao-Cramér-Ungleichung die Form

$$\operatorname{var}[M(\boldsymbol{Y})] \geq \frac{1}{nI(\theta)} \tag{1.24}$$

Wir beweisen noch

Satz 1.10
Ist $\boldsymbol{y}$ nach einer einparametrischen Exponentialfamilie verteilt, und ist $g(\theta) = \eta = E(\boldsymbol{M})$, so gilt:

$$I^*(\eta) = \frac{1}{\text{var}(\boldsymbol{M})} \tag{1.25}$$

Beweis: Da die Bedingung V1 von Definition 1.10 erfüllt ist, existiert $I(\eta)$, und wegen

$$\frac{\mathrm{d}}{\mathrm{d}\eta} \ln L(Y, \eta) = M(Y) - \frac{\mathrm{d}}{\mathrm{d}\eta} A(\eta)$$

und nach Satz 1.8 ist $\text{var}(\boldsymbol{M}) = I^*(\eta) = I(\theta)[\text{var}(\boldsymbol{M})]^2$, und daraus folgt die Behauptung.

Aus der Schwarzschen Ungleichung für zweite Momente für jede Maßzahl $M(\boldsymbol{Y})$ mit endlichem zweiten Moment und eine beliebige Funktion $h(\boldsymbol{Y}, \theta)$, deren zweites Moment ebenfalls existiert, folgt:

$$\text{var}(\boldsymbol{M}) \geq \frac{\text{cov}^2[\boldsymbol{M}, \boldsymbol{h}(\boldsymbol{Y}, \theta)]}{\text{var}[h(\boldsymbol{Y}, \theta)]}$$

Satz 1.11
Es sei $M(\boldsymbol{Y})$ eine Maßzahl mit dem Erwartungswert $g(\theta)$ und existierendem zweiten Moment, und $h_j(\boldsymbol{Y}, \theta)$, $j = 1, \ldots, r$ seien Funktionen, deren zweite Momente existieren. Mit

$$c_j = \text{cov}(M(\boldsymbol{Y}), \boldsymbol{h}_j) \,, \quad \sigma_{ij} = \text{cov}(\boldsymbol{h}_i, \boldsymbol{h}_j) \,, \quad c^{\mathrm{T}} = (c_1, \ldots, c_r)$$

und $\Sigma = (\sigma_{ij})$, $|\Sigma| \neq 0$ gilt dann stets

$$\text{var}(\boldsymbol{M}) \geq c^{\mathrm{T}} \Sigma^{-1} c \tag{1.26}$$

Beweis: Die Behauptung folgt aus $\frac{c^{\mathrm{T}} \Sigma^{-1} c}{\text{var}(\boldsymbol{y})} \leq 1$.

Mithilfe von (1.26) lässt sich die Rao-Cramér-Ungleichung (1.24) auf den p-dimensionalen Fall verallgemeinern.

Satz 1.12
Die Komponenten einer Zufallsstichprobe $\boldsymbol{Y} = (\boldsymbol{y}_1, \boldsymbol{y}_2, \ldots, \boldsymbol{y}_n)^{\mathrm{T}}$ seien nach

$$P_\theta \in P = (P_\theta, \theta \in \Omega) \,, \quad \Omega \subseteq R^p \,, \quad \theta^{\mathrm{T}} = (\theta_1, \ldots, \theta_p) \,, \quad p > 1$$

verteilt. $L(Y, \theta)$ sei die Likelihood-Funktion von $\boldsymbol{Y}$. Ferner seien die Voraussetzungen von Definition 1.10 erfüllt, und die Menge der Punkte in $\{Y\}$, für die

$L(Y, \theta) = 0$ ist, hänge nicht von θ ab. Es sei $M(Y)$ eine Maßzahl, deren Erwartungswert $E[M(\boldsymbol{Y})] = w(\theta)$ existiert und nach den θ_i ableitbar ist. Dann gilt

$$\text{var}[M(\boldsymbol{Y})] \geq a^{\mathrm{T}} I^{-1} a$$

wobei I^{-1} die Inverse von $I(\theta)$ und a der Vektor der Ableitungen von $w(\theta)$ nach den θ_i ist.

Beweis: Da $I(\theta)$ positiv definit ist und damit I^{-1} existiert, folgt die Behauptung mit $h_j = \frac{\mathrm{d}}{\mathrm{d}\theta_j}$ aus (1.26) und nach Definition 1.11.

1.5 Statistische Entscheidungstheorie

Wir formulieren zunächst das allgemeine statistische Entscheidungsproblem und gehen von einer Menge von Zufallsvariablen $\{\boldsymbol{y}_t\}$ mit $t \in R^1$ aus, deren Verteilung $P_\theta \in P = (P_\theta, \theta \in \Omega)$, $\dim\{\Omega\} = p$ zumindest teilweise unbekannt ist.

Wir beschränken uns hier auf den Fall, dass ausschließlich Aussagen über $\psi = g(\theta)$ zu machen sind, wobei Ω durch g auf Z abgebildet wird und $\dim(Z) = s$ ist. Z heißt Zustandsraum.

Für die Aussagen über ψ steht dem Statistiker eine Menge $\{E\}$ von Entscheidungen zur Verfügung, $\{E\}$ heißt Entscheidungsraum. Für jedes feste t_i sei $Y_{t_i} = (\boldsymbol{y}_{t_i 1}, \ldots, \boldsymbol{y}_{t_i n_i})^{\mathrm{T}}$ eine Zufallsstichprobe vom Umfang n_i.

Die Gesamtheit der Ergebnisse eines Versuches, anhand dessen eine Entscheidung zu fällen (d. h. aus $\{E\}$ auszuwählen) ist, sei mit

$$N = \sum_{i=1}^{k} n_i, A_k = (Y_{t_i}, \ldots, Y_{t_k}) \in \prod_{i=1}^{k} \{Y_{t_i}\} = \{Y_{k,N}\}$$

die Realisation einer Zufallsvariablen $\boldsymbol{A}_k = (\boldsymbol{Y}_{t_i}, \ldots, \boldsymbol{Y}_{t_k})$.

Nun sei $d \in D$ eine messbare Abbildung von $\{Y_{k,N}\}$ auf E, die jedem A_k eine Entscheidung $d(A_k)$ zuordnet, d heißt Entscheidungsfunktion, und D ist die Menge der zugelassenen Entscheidungsfunktionen. A_k wird von der Verteilung von $\boldsymbol{A}_k$ und den k-Tupeln $\mathfrak{S}_k = (t_1, \ldots, t_k)$ dem Spektrum des Versuchs, und $\mathfrak{N}_k = (n_1, \ldots, n_k)$, der Belegung des Spektrums, abhängen. Mit

$$\begin{pmatrix} \mathfrak{S}_k \\ \mathfrak{N}_k \end{pmatrix} = \begin{pmatrix} t_1, \ldots, t_k \\ n_1, \ldots, n_k \end{pmatrix} \in V_n$$

bezeichnen wir den konkreten Versuchsplan, der Element einer Menge V zugelassener Versuchspläne sei. Außerdem sei eine Verlustfunktion L als messbare Abbildung von $E \times Z \times R^1$ in den R^m gegeben (ihre Festlegung und damit die von m ist ein außermathematisches Problem), d. h., es ist

$$L = L[d(A_k), \psi, f(M)] , \quad d(A_k) \in E, \psi \in Z \tag{1.27}$$

mit der nichtnegativen reellen Funktion $f(M)$.

Die Funktion L gibt den Verlust an, der eintritt, wenn $d(A_k)$ gewählt wird und ψ der Wert im transformierten Parameterraum ist, $f(M)$ entspricht den Kosten für die Realisierung von $M = (d, \mathfrak{S}_k, \mathfrak{N}_k)$. Die Aufgabe der Statistik besteht in der Bereitstellung von Methoden zur Auswahl von Tripeln $M = (d, \mathfrak{S}_k, \mathfrak{N}_k)$, die ein Risikofunktion R genanntes Funktional $R(d, \mathfrak{S}_k, \mathfrak{N}_k, \psi, f(M))$ des zufälligen Verlustes minimieren. Wir werden mit d entweder eine Entscheidungsfunktion (bei festem n) oder eine Folge von Entscheidungsfunktionen gleicher Struktur, deren Elemente sich nur hinsichtlich des Stichprobenumfanges n unterscheiden, bezeichnen. Wir wollen annehmen, dass

$$R(d, \mathfrak{S}_k, \mathfrak{N}_k, \psi, f(M)) = F(d, \mathfrak{S}_k, \mathfrak{N}_k, \psi) + f(\mathfrak{S}_k, \mathfrak{N}_k) \tag{1.28}$$

gilt, wobei f nicht von d abhängt und d^* die Entscheidungsfunktion (Folge von Entscheidungsfunktionen) ist, für die

$$\min_{d \in D}(d, \mathfrak{S}_k, \mathfrak{N}_k, \psi) = F\left(d^*, \mathfrak{S}_k, \mathfrak{N}_k, \psi\right) \tag{1.29}$$

gilt. Dann kann R in zwei Schritten minimiert werden. Zunächst bestimmt man d^* so, dass (1.29) erfüllt ist; im zweiten Schritt bestimmt man $(\mathfrak{S}_k^*, \mathfrak{N}_k^*)$ so, dass

$$R\left(d^*, \mathfrak{S}_k^*, \mathfrak{N}_k^*, \psi, f(\mathfrak{S}_k^*, \mathfrak{N}_k^*)\right) = \min_{\binom{\mathfrak{S}_k}{\mathfrak{N}_k} \in V} R\left(d^*, \mathfrak{S}_k, \mathfrak{N}_k, \psi, f(\mathfrak{S}_k, \mathfrak{N}_k)\right)$$

gilt.

Definition 1.12
Ein Tripel $M^* \in V \times D$ heißt lokal R-optimal an der Stelle $\psi_0 \in Z$ bezüglich $V \times D$, wenn für alle $M \in V \times D$

$$R[M^*, \psi_0, f(M^*)] \leqslant R[M, \psi_0, f(M)]$$

gilt. Ist M^* für alle $\psi_0 \in Z$ lokal R-optimal, so heißt M^* global R-optimal.

Beispiel 1.14
Es sei $k = 1$ und $\boldsymbol{y}_{t_1} = \boldsymbol{y}$ nach $N(\mu, \sigma^2)$ verteilt. Dann ist $\theta = \binom{\mu}{\sigma^2} \in \Omega = R^1 \times R^+$ und $\boldsymbol{A}_1 = \boldsymbol{Y}$. Ferner sei $\psi = g(\theta) = \mu \in R^1$ und $d(\boldsymbol{Y}) = \hat{\boldsymbol{\mu}}$ eine statistische Maßzahl mit Realisationen im $R^1 = E$. Es sei D die Klasse der statistischen Maßzahlen mit endlichem zweiten Moment und Realisationen in R^1. Als Verlustfunktion wählen wir

$$L[\hat{\mu}, \mu, f(T)] = c_1(\hat{\mu} - \mu)^2 + c_2 nK\,, \quad c_1, c_2, K > 0$$

wobei K die Kosten einer Messung darstellen. Als Risiko R wird der erwartete zufällige Verlust

$$R(\hat{\mu}, n, \mu, Kn) = E[c_1(\mu - \hat{\boldsymbol{\mu}})^2 + c_2 nK] = c_2 nK + c_1[\operatorname{var}(\hat{\boldsymbol{\mu}}) + B(\hat{\boldsymbol{\mu}})^2]$$

gewählt, in dem $B(\hat{\boldsymbol{\mu}}) = E(\hat{\boldsymbol{\mu}}) - \mu$ ist. In der Klasse D ist für die Entscheidung $\hat{\mu} = \psi_0$ zusammen mit $n = 0$ lokal R-optimal, für (ψ_0, n) ist R gleich 0. Um diesen unbefriedigenden trivialen Fall auszuschließen, kann man D einschränken. Mit $D_E \subset D$ bezeichnen wir die Teilmenge in D, für die $B(\hat{\boldsymbol{\mu}}) = 0$ ist. Dann wird

$$R(\hat{\mu}, n, \mu, Kn) = c_2 nK + c_1 \operatorname{var}(\hat{\boldsymbol{\mu}}) , \quad \hat{\mu} \in D_E$$

und hat die Form (1.28). Wir werden in Kapitel 2 sehen, dass $\operatorname{var}(\hat{\boldsymbol{\mu}})$ für $\hat{\boldsymbol{\mu}}^* = \bar{\boldsymbol{y}}$ zum Minimum wird.

Da $\operatorname{var}(\bar{\boldsymbol{y}}) = \frac{\sigma^2}{n}$ ist, gilt daher im Ergebnis des ersten Schrittes der Minimierung von R

$$\min_{d \in D_E} c_1 \operatorname{var}(\hat{\boldsymbol{\mu}}) = \frac{c_1}{n}\sigma^2$$

und es ist

$$R(\hat{\mu}, n, \mu, Kn) = c_2 Kn + \frac{c_1}{n}\sigma^2$$

Leiten wir die rechte Seite nach n ab und setzen die Ableitung gleich 0, so erhalten wir $n^* = \sigma\sqrt{\frac{c_1}{Kc_2}}$, und das hängt ebenso wie $\bar{\boldsymbol{y}}$ nicht von $\psi = \mu$ ab, und wegen der Konvexität der Ableitungsfunktion handelt es sich tatsächlich um ein Minimum. Daher ist die in Z global (jedoch in Ω wegen der Abhängigkeit von σ lokal) R-optimale Lösung des Entscheidungsproblems in $E \times Z$ gegeben durch

$$M^* = \left(\bar{y}, n^* = \sigma\sqrt{\frac{c_1}{Kc_2}}\right)$$

Wählen wir $\psi = g(\theta) = \sigma^2 > 0$, dann ist $E = R^+$, $k = 1$, $\boldsymbol{A}_1 = \boldsymbol{Y}$ und $N = n$. Die Verlustfunktion sei

$$L[d(Y), \sigma^2, f(M)] = c_1(\sigma^2 - d)^2 + c_2 nK , \quad c_i > 0 , \quad K > 0$$

Wählen wir als Risiko wieder

$$R(d(Y), n, \sigma^2, Kn) = R = E(\boldsymbol{L}) = c_1 E\left\{(\sigma^2 - d(\boldsymbol{Y}))^2\right\} + c_2 nK$$

so ist das wieder von der Form (1.28). Schränken wir uns aus zum vorigen Fall analogen Gründen auf die $d \in D_E$ ein, für die $E[d(\boldsymbol{Y})] = \sigma^2$ gilt, so ist, wie wir in Kapitel 2 sehen werden, der erste Summand von R für

$$d(\boldsymbol{Y}) = \boldsymbol{s}^2 = \frac{1}{n-1}\sum_{i=1}^{n}(\boldsymbol{y}_i - \bar{\boldsymbol{y}})^2$$

minimal.

Da $\frac{s^2}{\sigma^2}(n-1)$ nach $CQ(n-1)$ verteilt ist und damit die Varianz $2(n-1)$ hat, ist

$$\operatorname{var}(\boldsymbol{s}^2) = \frac{2\sigma^4}{n-1}$$

und es ist nach dem ersten Schritt der Optimierung

$$R(\boldsymbol{s}^2, n, \sigma^2, Kn) = c_1 \frac{2\sigma^4}{n-1} + c_2 nK$$

Das R-optimale n ergibt sich zu

$$n^* = 1 + \sigma^2 \sqrt{\frac{2c_1}{Kc_2}}$$

und die lokale R-optimale Lösung des Entscheidungsproblems ist

$$M^* = \left(\boldsymbol{s}^2, n^* = 1 + \sigma^2 \sqrt{\frac{2c_1}{Kc_2}} \right)$$

Weiterführende theoretische Details und weitere Anwendungsfälle werden in den folgenden Kapiteln bei der Wahl des minimalen Stichprobenumfangs behandelt. Wir wollen davon ausgehen, dass d bei festem $\mathfrak{S}_k$ und $\mathfrak{N}_k$ bezüglich einer bestimmten Risikofunktion R-optimal zu wählen ist. Bezüglich der optimalen Wahl von $\binom{\mathfrak{S}_k}{\mathfrak{N}_k}$ verweisen wir auf die Kapitel 8 und 9 zur Regressionsanalyse. Wir schreiben daher

$$R(d, \psi) = E\{L[d(\boldsymbol{Y}), \psi]\} = r(d, \tau) \tag{1.30}$$

Um trivial lokal R-optimale Entscheidungsfunktionen d zu vermeiden, wurde in Beispiel 1.14 eine Einschränkung auf eine Teilklasse $D_E \subseteq D$ vorgenommen. Hier sollen zwei weitere allgemeine Vorgehensweisen zur Überwindung solcher Probleme vorgestellt werden.

Definition 1.13

Es sei $\boldsymbol{\theta}$ eine Zufallsvariable mit Realisationen $\theta \in \Omega$ mit der Wahrscheinlichkeitsverteilung P_τ, $\tau \in \mathfrak{T}$. Bezüglich P_τ möge der Erwartungswert von (1.30)

$$\int_\Omega R(d, \psi)\, \mathrm{d}\Pi_\tau = r(d, \tau) \tag{1.31}$$

der Bayessches Risiko bezüglich der a-priori-Verteilung P_τ genannt wird, existieren.

Eine Entscheidungsfunktion $d_0(\boldsymbol{Y})$, die

$$r(d_0, \tau) = \min_{d \in D}[r(d, \tau)]$$

erfüllt, heißt Bayessche Entscheidungsfunktion bezüglich der a-priori-Verteilung P_τ.

Definition 1.14
Eine Entscheidungsfunktion $d_0 \in D$ heißt Minimax-Entscheidungsfunktion, wenn

$$\max_{\theta \in \Omega} R(d_0, \psi) = \min_{d \in D} \max_{\theta \in \Omega} R(d, \psi) \tag{1.32}$$

gilt.

Definition 1.15
Es seien $d_1, d_2 \in D$ Entscheidungsfunktionen für ein bestimmtes Entscheidungsproblem mit der Risikofunktion $R(d, \psi)$ mit $\psi = g(\theta)$, $\theta \in \Omega$. Dann heißt d_1 nicht schlechter als d_2, wenn $R(d_1, \psi) \leqslant R(d_2, \psi)$ für alle $\theta \in \Omega$ gilt, d_1 heißt besser als d_2, wenn neben $R(d_1, \psi) \leqslant R(d_2, \psi)$ für alle $\theta \in \Omega$ für wenigstens ein $\theta^* \in \Omega$ die Ungleichung $R(d_1, \psi^*) < R(d_2, \psi^*)$ mit $\psi^* = g(\theta^*)$ gilt. Eine Entscheidungsfunktion d heißt zulässig in D, wenn es in D keine Entscheidungsfunktion gibt, die besser als d ist. Ist eine Entscheidungsfunktion nicht zulässig, so heißt sie unzulässig.

Eine weitere Darstellung der Entscheidungstheorie ist hier nicht erforderlich. Wir werden in Kapitel 2 die Theorie der Punktschätzungen behandeln, dort ist $d(\boldsymbol{Y}) = S(\boldsymbol{Y})$ eine Entscheidungsfunktion. In der Testtheorie in Kapitel 3 ist $d(\boldsymbol{Y})$ die Wahrscheinlichkeit für die Ablehnung einer Nullhypothese und in der Konfidenzschätzung ein Bereich in Ω, der den Wert θ der Verteilung P_θ mit einer vorgegebenen Wahrscheinlichkeit überdeckt. Auswahlregeln und multiple Vergleichsprozeduren sind andere Spezialfälle von Entscheidungsfunktionen.

1.6 Übungsaufgaben

Aufgabe 1.1
Um das Durchschnittseinkommen der Bewohner einer Großstadt zu schätzen, wird das Einkommen der Besitzer jedes 20. Privatanschlusses in einem Telefonbuch ermittelt.
Handelt es sich bei dieser Stichprobe um eine Zufallsstichprobe der Bevölkerung der Stadt?

Aufgabe 1.2
Aus einer Grundgesamtheit mit den Elementen 1, 2, 3 kann man mit Zurücklegen $3^4 = 81$ verschiedene Stichproben vom Umfang $n = 4$ auswählen. Man schreibe alle möglichen Stichproben auf, berechne $\bar{y}$ und s^2 und stelle die Häufigkeitsverteilung von $\bar{y}$ und s^2 als Streifendiagramm dar.

Aufgabe 1.3

Man beweise, dass die jeweilige Maßzahl $M(\boldsymbol{Y})$ suffizient bezüglich θ ist, wobei $\boldsymbol{Y} = (\boldsymbol{y}_1, \boldsymbol{y}_2, \dots, \boldsymbol{y}_n)^{\mathrm{T}}$ $n \geq 1$ eine Zufallsstichprobe aus einer Grundgesamtheit mit der Verteilung P_θ mit $\theta \in \Omega$ ist, indem man die bedingte Verteilung von $\boldsymbol{Y}$ bei gegebenem $M(\boldsymbol{Y})$ bildet.

a) $M(\boldsymbol{Y}) = \sum_{i=1}^{n} \boldsymbol{y}_i$ und P_θ ist die Poisson-Verteilung mit dem Parameter $\theta \in \Omega \subset R^+$.
b) $M(\boldsymbol{Y}) = (\boldsymbol{y}_{(1)}, \boldsymbol{y}_{(n)})^{\mathrm{T}}$ und P_θ ist die Gleichverteilung im Intervall $(\theta, \theta + 1)$ mit $\theta \in \Omega \subset R^1$.
c) $M(\boldsymbol{Y}) = \boldsymbol{y}_{(n)}$ und P_θ ist die Gleichverteilung im Intervall $(0, \theta)$ mit $\theta \in \Omega = R^+$.
d) $M(\boldsymbol{Y}) = \sum_{i=1}^{n} \boldsymbol{y}_i$ und P_θ ist die Exponentialverteilung mit dem Parameter $\theta \in \Omega = R^+$.

Aufgabe 1.4

Es sei $\boldsymbol{Y} = (\boldsymbol{y}_1, \boldsymbol{y}_2, \dots, \boldsymbol{y}_n)^{\mathrm{T}}$ $n \geq 1$ eine Zufallsstichprobe aus einer Grundgesamtheit mit der Verteilung P_θ, $\theta \in \Omega$. Man bestimme mithilfe des Korollars 1.1 zum Zerlegungssatz eine suffiziente Maßzahl bezüglich θ, wenn P_θ, $\theta \in \Omega$ die Dichtefunktion

a) $f(y, \theta) = \theta y^{\theta-1}, 0 < y < 1; \theta \in \Omega = R^+$
b) der Weibull-Verteilung

$$f(y, \theta) = \theta a(\theta y)^{a-1} \mathrm{e}^{-(\theta y)^a}, \quad y \geq 0, \quad \theta \in \Omega = R^+, a > 0 \text{ bekannt}$$

c) der Pareto-Verteilung

$$f(y, \theta) = \frac{\theta a^\theta}{y^{\theta+1}}, \quad y > a > 0, \quad \theta \in \Omega = R^+ \text{ bekannt}$$

besitzt.

Aufgabe 1.5

Man bestimme eine minimal suffiziente Maßzahl $M(\boldsymbol{Y})$ für den Parameter θ, wenn $\boldsymbol{Y} = (\boldsymbol{y}_1, \boldsymbol{y}_2, \dots, \boldsymbol{y}_n)^{\mathrm{T}}$ $n \geq 1$ eine Zufallsstichprobe aus einer Grundgesamtheit mit der folgenden Verteilung P_θ ist:

a) geometrische Verteilung mit der Wahrscheinlichkeitsfunktion

$$p(y, p) = p(1-p)^{y-1}, \quad y = 1, 2, \dots, 0 < p < 1$$

b) hypergeometrische Verteilung mit der Wahrscheinlichkeitsfunktion

$$p(y, M, N, n) = \frac{\binom{M}{y}\binom{N-M}{n-y}}{\binom{N}{n}}, \quad n \in \{1, \dots, N\}$$

c) negative Binomialverteilung mit der Wahrscheinlichkeitsfunktion

$$p(y,p,r) = \binom{y-1}{r-1} p^r (1-p)^{y-r}\,, \quad 0 < p < 1, y \geq r \text{ ganz},$$
$$r \in \{0,1,\dots\}$$

und i) $\theta = p$ und b bekannt; ii) $\theta^{\mathrm{T}} = (p,r)$.

d) Betaverteilung mit der Dichtefunktion

$$f(y,\theta) = \frac{1}{B(a,b)} y^{a-1}(1-y)^{b-1}\,, \quad 0 < y < 1\,, \quad 0 < a, b < \infty$$

und i) $\theta = a$ aber b bekannt; ii) $\theta = b$ aber a bekannt.

Aufgabe 1.6
Man beweise, dass die folgenden Verteilungsfamilien $\{P_\theta, \theta \in \Omega\}$ vollständig sind:

a) P_θ ist die Poisson-Verteilung mit dem Parameter $\theta \in \Omega = R^+$.
b) P_θ ist die Gleichverteilung im Intervall $(0,\theta)$, $\theta \in \Omega = R^+$.

Aufgabe 1.7
Es sei $\boldsymbol{Y} = (\boldsymbol{y}_1, \boldsymbol{y}_2, \dots, \boldsymbol{y}_n)^{\mathrm{T}}$ $n \geq 1$ eine Zufallsstichprobe, deren Komponenten im Intervall $(0,\theta)$, $\theta \in \Omega = R^+$ gleichverteilt sind. Man zeige, dass $M(\boldsymbol{Y}) = \boldsymbol{y}_{(n)}$ vollständig suffizient ist.

Aufgabe 1.8
Es besitze $\boldsymbol{y}$ die diskrete Verteilung P_θ mit der Wahrscheinlichkeitsfunktion

$$p(y,\theta) = P(\boldsymbol{y} = y) = \begin{cases} \theta & \text{für } y = -1 \\ (1-\theta)^2\theta^y & \text{für } y = 0,1,2 \end{cases}$$

Man zeige, dass die entsprechende Verteilungsfamilie mit $\theta \in (0,1)$ beschränkt vollständig, aber nicht vollständig ist.

Aufgabe 1.9
Gegeben sei eine einparametrische Exponentialfamilie mit der Dichte- oder Wahrscheinlichkeitsfunktion

$$f(y,\theta) = h(y)\mathrm{e}^{\{\eta(\theta)M(y)-B(\theta)\}}\,, \theta \in \Omega$$

a) Man drücke die Fisher-Information dieser Verteilung durch die Funktionen $\eta(\theta)$ und $B(\theta)$ aus.
b) Man benutze das Ergebnis von a) zur Berechnung von $I(\theta)$ für die
   (i) Binomialverteilung mit dem Parameter $\theta = p$,
   (ii) Poisson-Verteilung mit dem Parameter $\theta = \lambda$,
   (iii) Exponentialverteilung mit dem Parameter θ,
   (iv) Normalverteilung $N(\mu, \sigma^2)$ mit $\theta = \sigma, \mu$ fest.

Aufgabe 1.10
Es seien die Voraussetzungen aus Definition 1.11 erfüllt. Außerdem mögen die zweiten Ableitungen $\frac{\partial^2}{\partial\theta_i\partial\theta_j}L(y,\theta)$ für alle $i, j = 1, \ldots, p$ und $y \in \{Y\}$ und ihre Erwartungswerte für zufälliges $\boldsymbol{y}$ existieren, und es sei $\int_{\{Y\}} L(y,\theta)\,dy$ zweimal differenzierbar, wobei Integration und Differentiation vertauscht werden können. Man beweise, dass dann die Elemente der Informationsmatrix in Definition 1.11 die Gestalt

a) $I_{i,j}(\theta) = \operatorname{cov}\left[\frac{\partial}{\partial\theta_i}\ln L(\boldsymbol{y},\theta), \frac{\partial}{\partial\theta_j}\ln L(\boldsymbol{y},\theta)\right]$

b) $I_{i,j}(\theta) = -E\left[\frac{\partial^2}{\partial\theta_i\partial\theta_j}\ln L(\boldsymbol{y},\theta)\right]$

besitzen.

Aufgabe 1.11
Es sei $\boldsymbol{Y} = (\boldsymbol{y}_1, \boldsymbol{y}_2, \ldots, \boldsymbol{y}_n)^{\mathrm{T}}$ eine Zufallsstichprobe aus einer Grundgesamtheit mit der Verteilung P_θ, $\theta \in \Omega$ und $M(\boldsymbol{Y})$ eine gegebene Maßzahl. Man berechne $E[M(\boldsymbol{Y})]$, $\operatorname{var}[M(\boldsymbol{Y})]$, die Fisher-Information $I(\theta)$ der Verteilung und die Rao-Cramér-Schranke für $\operatorname{var}[M(\boldsymbol{Y})]$.
Gilt in der Rao-Cramér-Ungleichung das Gleichheitszeichen, wenn

a) P_θ die Poisson-Verteilung mit dem Parameter $\theta \in R^+$ und

$$M(\boldsymbol{Y}) = \begin{cases} 1 & \text{für}\, y = 0 \\ 0 & \text{sonst} \end{cases}$$

ist (hier ist $n = 1$, d. h. $\boldsymbol{y} = \boldsymbol{Y}$);

b) P_θ die Poisson-Verteilung mit dem Parameter $\theta \in R^+$ und $M(\boldsymbol{Y}) = (1 - \frac{1}{n})^{n\bar{y}}$. (Verallgemeinerung von a) auf den Fall $n > 1$) ist;

c) $f(y,\theta) = \theta y^{\theta-1}$, $0 < y < 1$, $\theta \in R^+$ die Dichtefunktion von P_θ und $M(\boldsymbol{Y}) = -\frac{1}{n}\sum_{i=1}^{n}\ln \boldsymbol{y}_i$ ist?

Aufgabe 1.12
In einem Gebiet soll nach Öl gebohrt werden. Der Besitzer der Bohrrechte muss sich auf eine Strategie aus $E = \{E_1, E_2, E_3\}$ festlegen. Dabei bedeute: E_1 – Bohrung wird selbst durchgeführt, E_2 – die Bohrrechte werden verkauft, E_3 – ein Teil der Bohrrechte wird veräußert.
Es ist jedoch nicht bekannt, ob in dem Gebiet tatsächlich Öl vorkommt.
Es sei $\Omega = \{\theta_1, \theta_2\}$ wobei $\theta = \theta_1$ – Öl ist dort vorhanden, $\theta = \theta_2$ – Öl ist dort nicht vorhanden, bedeuten soll. Die Verlustfunktion $L(d,\theta)$ hat für die Entscheidungen $d = E_i$, $i = 1, 2, 3$ und $\theta = \theta_j$, $j = 1, 2$, die Form

	E_1	E_2	E_3
θ_1	0	10	5
θ_2	12	1	6

Die Entscheidung wird aufgrund von Gutachten über die geologischen Verhältnisse in dem Gebiet getroffen: Das Ergebnis der Gutachten sei durch $y \in \{0, 1\}$ gekennzeichnet.
Die Wahrscheinlichkeitsfunktion – in Abhängigkeit von θ – der Zufallsvariablen $\boldsymbol{y}$ sei $p_\theta(y)$ mit den Werten

	$y = 0$	$y = 1$
θ_1	0,3	0,7
θ_2	0,6	0,4

$\boldsymbol{y}$ gibt also die aus dem „Zufallsexperiment" der geologischen Gutachten erhaltene Information über das Vorhandensein ($y = 1$) oder Fehlen ($y = 0$) von Ölvorkommen in dem Gebiet an. Die Menge D der Entscheidungsfunktionen $d(\boldsymbol{y})$ enthalte alle nur möglichen 3^2 diskreten Funktionen:

	1	2	3	4	5	6	7	8	9
$d_i(0)$	E_1	E_1	E_1	E_2	E_2	E_2	E_3	E_3	E_3
$d_i(1)$	E_1	E_2	E_3	E_1	E_2	E_3	E_1	E_2	E_3

a) Man bestimme das Risiko $R(d(\boldsymbol{y}), \theta) = E_\theta[L\{d(\boldsymbol{y}), \theta\}]$ für alle obigen 18 Fälle.
b) Man ermittle die Minimax-Entscheidungsfunktion.
c) Nach Meinung von Experten der Bohrtechnik ist die Wahrscheinlichkeit, bei der Niederbringung einer Bohrung in diesem Gebiet auf Öl zu stoßen, gleich 0,2. Dann kann $\boldsymbol{\theta}$ als Zufallsvariable mit der Wahrscheinlichkeitsfunktion

θ	θ_1	θ_2
$\pi(\theta)$	0,2	0,8

betrachtet werden. Man bestimme für jede Entscheidungsfunktion das Bayessche Risiko $r(d_i, \pi)$ und anschließend die Bayessche Entscheidungsfunktion.

Aufgabe 1.13
Es sollen die Behandlungsstrategien beim Einsatz zweier Medikamente M_1 und M_2 beurteilt werden. Drei derartige Strategien stehen zur Verfügung: E_1 – Behandlung mit dem blutdruckerhöhenden Medikament M_1; E_2 – Behandlung ohne Medikamente; E_3 – Behandlung mit dem blutdrucksenkenden Medikament M_2; θ charakterisiert den (geeignet transformierten) Blutdruck eines Patienten: $\theta < 0$ zu niedriger Blutdruck, $\theta = 0$ Blutdruck normal, $\theta > 0$ zu hoher Blutdruck.

Die Verlustfunktion ist folgendermaßen definiert:

	E_1	E_2	E_3
$\theta < 0$	0	c	$b+c$
$\theta = 0$	b	0	b
$\theta > 0$	$b+c$	c	0

Bei einem Patienten wird der Blutdruck gemessen. Die Messung $\boldsymbol{y}$ sei nach $N(\theta, 1)$ verteilt und wird n-mal unabhängig voneinander durchgeführt: $\boldsymbol{Y} = (\boldsymbol{y}_1, \boldsymbol{y}_2, \ldots, \boldsymbol{y}_n)^{\mathrm{T}}$, aufgrund dieser Stichprobe wird die Entscheidungsfunktion

$$d_{r,s} = \begin{cases} E_1\,, & \text{falls } \bar{y} < r \\ E_2\,, & \text{falls } r \leq \bar{y} \leq s \\ E_3\,, & \text{falls } \bar{y} > s \end{cases}$$

definiert.

a) Man bestimme die Risikofunktion $R(d_{r,s}(\bar{\boldsymbol{y}}), \theta) = E\{L[d_{r.s}(\bar{\boldsymbol{y}}), \theta]\}$.
b) Man skizziere die Risikofunktion im Fall $b = c = 1$, $n = 1$ für i) $r = -s = -1$; ii) $r = -\frac{1}{2}s = -1$.

Für welche Werte von θ ist die Entscheidungsfunktion $d_{-1,1}(y)$ der Funktion $d_{-1,2}(y)$ vorzuziehen?

Literatur

Bahadur, R.R. (1955) Statistics and subfields. *Ann. Math. Stat.*, **26**, 490–497.

Blackwell, D. (1947) Conditional expectations and unbiased sequential estimation. *Ann. Math. Stat.*, **18**, 105–110.

Cochran, W.G. und Boing, W. (1972) *Stichprobenverfahren*, De Gruyter, Berlin, New York.

Fisher, R.A. (1925) *Statistical Methods for Research Workers*, Oliver & Boyd, Edinburgh.

Halmos, P.R. und Savage, L.J. (1949) Application of the Radon-Nykodin theorem to the theory of sufficient statistics. *Ann. Math. Stat.*, **20**, 225–241.

Kauermann, G. und Küchenhoff, H. (2011) *Stichproben: Methoden und praktische Umsetzung mit R*, Springer, Heidelberg.

Kullback, S. und Leibler, R.A. (1951) On information and sufficiency. *Ann. Math. Stat.*, **22**, 79–86.

Lehmann, E.L. und Romano, J.P. (2008) *Testing Statistical Hypothesis*, Springer, Heidelberg.

Lehmann, E.L. und Scheffé, H. (1950) Completeness, similar regions and unbiased estimation. *Sankhya*, **10**, 305–340.

Quatember, A. (2014) *Datenqualität in Stichprobenerhebungen*, Springer, Berlin.

Rao, C. R. (1945) Information and accuracy attainable in estimation of statistical parameters. *Bull. Calc. Math. Soc.*, **37** (3), 81–91.

Rasch, D. (1995) *Mathematische Statistik*, Joh. Ambrosius Barth, Berlin, Heidelberg

Rasch, D., Tiku, M.L. und Sumpf, D. (Hrsg.) (1994) *Elsevier's Dictionary of Biometry*, Elsevier, Amsterdam, London, New York.

Rasch, D., Herrendörfer, G., Bock, J., Victor, N. und Guiard, V. (Hrsg.) (2008) *Verfahrensbibliothek Versuchsplanung und -aus-*

wertung, 2. verbesserte Auflage in einem Band mit CD, R. Oldenbourg, München, Wien
(frühere Auflagen mit den Herausgebern Rasch, Herrendörfer, Bock, Busch (1978, 1981), Deutscher Landwirtschaftsverlag Berlin und (1995, 1996) Oldenbourg, München Wien).

Stigler, S.M. (1986, 1990) *The History of Statistics: The Measurement of Uncertainty Before 1900*, Harvard University Press, Cambridge.

2
Punktschätzung

In diesem Kapitel wollen wir uns mit den sogenannten Punktschätzungen beschäftigen. Die Problemstellung lässt sich folgendermaßen beschreiben: Die Verteilung P_θ einer Zufallsvariablen $\boldsymbol{y}$ sei Element einer Familie $P = (P_\theta, \theta \epsilon \Omega)$, $\Omega \subseteq R^p$, $p \geq 1$ und anhand der Realisation Y einer Zufallsstichprobe $\boldsymbol{Y} = (\boldsymbol{y}_1, \boldsymbol{y}_2, \dots, \boldsymbol{y}_n)^T, n \geq 1$ soll eine Aussage über den Wert einer vorgegebenen reellen Funktion $\psi = g(\theta) \in Z$ gemacht werden. Häufig ist $g(\theta) = \theta$. Wir möchten die Aussage über $g(\theta)$ möglichst genau machen, was das bedeuten soll, hängt von der Wahl der Verlustfunktion nach Abschn. 1.4 ab. Wir werden eine Maßzahl $M(\boldsymbol{Y})$ definieren, die den Wert $M(Y)$ annimmt, wenn $\boldsymbol{Y} = Y$ ist und $M(Y)$ den Schätzwert von $\psi = g(\theta)$ nennen.

Das Wort Punktschätzung rührt daher, dass durch jede Realisation $M(Y)$ von $M(\boldsymbol{Y})$ ein Punkt im Raum Z der möglichen Werte von $g(\theta)$ definiert ist.

Die Problematik von Bereichsschätzungen wird im Anschluss an die Testtheorie im Kapitel 3 diskutiert.

Mit $L[g(\theta), M(Y)] = L(\psi, M)$ bezeichnen wir eine Verlustfunktion, die den Wert $L(\psi_0, M)$ annimmt, falls ψ den Wert ψ_0 und $\boldsymbol{Y}$ den Wert Y (d. h. $\boldsymbol{M} = M(\boldsymbol{Y})$ den Wert $M = M(Y)$) annimmt.

Obwohl sich viele der Aussagen dieses Kapitels auf beliebige konvexe Verlustfunktionen verallgemeinern lassen, wollen wir vorwiegend die gebräuchlichste Verlustfunktion, die quadratische Verlustfunktion, ohne Kosten verwenden. Wenn es nicht ausdrücklich anders vermerkt ist, ist unsere Verlustfunktion

$$L(\psi, M) = \|\psi - M\|^2 , \quad \psi \in Z , \quad M \in D \tag{2.1}$$

das Quadrat der L_2-*Norm* des Vektors $\psi - M$, von der wir voraussetzen wollen, dass sie P_θ-integrierbar ist. Dann können wir die Risikofunktion als den Erwartungswert

$$R(\psi, M) = E(\|\psi - \boldsymbol{M}\|^2) = \int_{\{Y\}} \|\psi - M(Y)\|^2 \, \mathrm{d}P_\theta \tag{2.2}$$

des zufälligen Verlustes definieren. $R(\psi, M)$ ist das Risiko (der erwartete Verlust oder der mittlere Verlust), das auftritt, wenn man die Maßzahl $M(\boldsymbol{Y}) \in D$ zur Schätzung von $\psi = g(\theta) \in Z$ verwendet. Auf die Wahl einer geeigneten Menge D

Mathematische Statistik, 1. Auflage. Dieter Rasch und Dieter Schott.

von Maßzahlen kommen wir noch zurück. Zunächst soll durch die folgende Definition gesichert werden, dass die Differenz $\psi - M$ einen Sinn hat.

Definition 2.1
Es sei $\boldsymbol{Y} = (\boldsymbol{y}_1, \boldsymbol{y}_2, \dots, \boldsymbol{y}_n)^\mathrm{T}$ eine Zufallsstichprobe vom Umfang $n \geq 1$ mit Komponenten $\boldsymbol{y}_i$, deren Verteilung P_θ Element der Familie $P = (P_\theta, \theta \in \Omega)$ ist. Eine statistische Maßzahl heißt Schätzfunktion (im engeren Sinne) oder auch Schätzung $\boldsymbol{S} = S(\boldsymbol{Y})$ bezüglich der reellen Funktion $g(\theta) = \psi$ mit $\psi \in Z$, wenn $\boldsymbol{S}$ den Stichprobenraum in eine Teilmenge von Z abbildet. Mit D bezeichnen wir die Menge aller Schätzfunktionen bezüglich $g(\theta)$ basierend auf Stichproben vom Umfang n.

Es sind zu Definition 2.1 zwei Bemerkungen zu machen. Wir gehen hier bei der Suche nach optionalen Schätzfunktionen stets davon aus, dass n fest und nicht selbst Gegenstand der Optimierungsaufgabe ist. Wir nehmen daher an, dass bei einer Gesamtoptimierung im Sinne von Abschn. 1.4. stets n und $\boldsymbol{S} \in D$ getrennt optimal gewählt werden können. Wenn wir dann von „der Schätzfunktion" sprechen, meinen wir die Schätzfunktion für ein festes n; das arithmetische Mittel beispielsweise

$$\bar{y} = \frac{1}{n} \sum_{i=1}^{n} \boldsymbol{y}_i$$

ist für jedes n eine Schätzfunktion. Andererseits wollen wir aber Aussagen über das Grenzverhalten z. B. der arithmetischen Mittel machen. Dann sprechen wir von der Folge $\{S(\boldsymbol{Y}_n)\}$ von Schätzfunktionen $S(\boldsymbol{Y}_n)$, $n = 1, 2, \dots$, also etwa von der Folge $\{\bar{\boldsymbol{y}} = \frac{1}{n} \sum_{i=1}^{n} \boldsymbol{y}_i\}$ der arithmetischen Mittel. Der Kürze wegen behalten wir den eingebürgerten Sprachgebrauch „das arithmetische Mittel ist konsistent" für „die Folge der arithmetischen Mittel ist konsistent" bei.

Zweitens ist die Forderung, dass $\boldsymbol{S}$ nur Schätzfunktion ist, wenn $\boldsymbol{S}$ den Raum $\{Y\}$ in einen Raum $\{M(Y)\} \subset Z$ messbar abbildet, manchmal hinderlich. Mitunter lässt man daher auch solche Maßzahlen $\boldsymbol{M}$ als Schätzfunktionen zu, für die $Z \subseteq \{M(Y)\}$, $\dim(Z) = \dim(\{M(Y)\})$ gilt. Praktisch treten solche Fälle z. B. im Modell II der Varianzanalyse (Kapitel 6) auf. Dort werden Varianzkomponenten, die nach Definition nichtnegativ sind, durch Maßzahlen geschätzt, die negative Werte annehmen können.

In der nichtlinearen Regression sprechen wir auch von Schätzfunktionen, wenn die Abbildung nicht messbar ist. Wir wollen solche Maßzahlen in beiden Fällen Schätzfunktionen im weiteren Sinne nennen.

Man könnte nun als Aufgabe der Schätztheorie formulieren, solche Schätzfunktionen zu finden, die $R(\psi, S)$-optimal sind (d. h., unter allen $S(\boldsymbol{Y}) \in D$ den Wert von $R(\psi, S)$ minimieren). Da aber $R(\psi, S)$ für $\psi = \psi_0$ dann minimal – nämlich gleich 0 – wird, wenn $S(Y) = \psi_0$ für alle $Y \in \{Y\}$ gesetzt wird, hat ein so formuliertes Problem keine Lösung, die gleichmäßig (für alle $\psi \in Z$) R-optimal ist. Aus diesem Dilemma kann man, wie in Abschn. 1.4. beschrieben, herauskommen, indem man sich entweder auf eine Teilklasse $D_0 \subset D$ beschränkt und die R-optimale

Schätzfunktion in D_0 sucht oder analog zum Bayesschen Vorgehen ein gewogenes Risiko, das sogenannte Bayessche Risiko

$$R_B(\psi) = \int\limits_Z R(\psi, S)\,\mathrm{d}P_\lambda \tag{2.3}$$

bezüglich eines auf 1 normierten Maßes P_λ minimiert, wobei $P_\lambda(\lambda \in K)$ eine Gewichtsfunktion ist, die einmal so gewählt wird, dass das Integral in (2.3) existiert und andererseits die Wichtigkeit einzelner θ-Werte misst. Im Fall zufälliger $\boldsymbol{\theta}$ ist P_λ das Wahrscheinlichkeitsmaß der Zufallsvariablen $g(\boldsymbol{\theta})$, d. h. die a-priori-Verteilung von $\boldsymbol{\psi} = g(\boldsymbol{\theta})$.

Schließlich wird oft ein dritter Weg beschritten, der in der Suche nach einer Minimax-Schätzfunktion besteht, einer Schätzfunktion $S(\boldsymbol{Y})$ also, für die

$$R(\tilde{\psi}, \tilde{S}) = \min_{S \in D} \max_{\psi \in Z} R(\psi, S) \tag{2.4}$$

gilt.

Wir gehen, wie bereits in Abschn. 1.4. angedeutet, in diesem Buch den ersten Weg. Dabei wählen wir in Abschn. 2.1. die Teilklasse $D'_E = D_0 \subseteq D$ der erwartungstreuen Schätzfunktionen, mitunter schränken wir uns auch auf lineare (D_L), lineare erwartungstreue (D_{LE}), quadratische (D_Q) oder quadratische erwartungstreue (D_{QE}) Schätzfunktionen ein.

2.1 Optimale erwartungstreue Schätzfunktionen

Wir setzen voraus, dass alle in diesem Kapitel verwendeten Schätzfunktionen $\boldsymbol{S}$ stets P_θ-integrierbar sind, d. h., für jedes $P_\theta \in P = (P_\theta, \theta \in \Omega)$ und für jedes $\boldsymbol{S}$ existiert der Erwartungswert

$$E[S(\boldsymbol{Y})] = \int\limits_{\{Y\}} S(Y)\,\mathrm{d}F_\theta(Y) \tag{2.5}$$

Dabei ist $F_\theta(Y)$ immer die Verteilungsfunktion der Zufallsstichprobe $\boldsymbol{Y} = (\boldsymbol{y}_1, \boldsymbol{y}_2, \dots, \boldsymbol{y}_n)^\mathrm{T}$ (also des Produktmaßes der Verteilungen P_θ der $\boldsymbol{y}_i$).

Definition 2.2
Eine Schätzfunktion $S(\boldsymbol{Y})$ basierend auf einer Zufallsstichprobe $\boldsymbol{Y} = (\boldsymbol{y}_1, \boldsymbol{y}_2, \dots, \boldsymbol{y}_n)^\mathrm{T}$ vom Umfang $n \geq 1$ heißt bezüglich $\psi = g(\theta)$ erwartungstreu, falls für alle $\theta \in \Omega$

$$E[S(\boldsymbol{Y})] = g(\theta) \tag{2.6}$$

gilt. Mit D'_E bezeichnen wir die Klasse der erwartungstreuen Schätzfunktionen eines Schätzproblems. Die Differenz $v_n(\theta) = E[S(\boldsymbol{Y})] - g(\theta)$ heißt Verzerrung von $S(\boldsymbol{Y})$.

Eine Maßzahl $U(Y)$ heißt erwartungstreu bezüglich 0, falls für alle $\theta \in \Omega$

$$E[U(Y)] = 0 \tag{2.7}$$

gilt.

In den Definitionen und Sätzen bedeutet „für alle $\theta \in \Omega$“ natürlich immer „für alle $P_\theta \in P$“, d. h., für alle Maße P_θ bezüglich derer das Integral in (2.5) gebildet werden kann. Zunächst zeigen wir an einem Beispiel, dass es Schätzprobleme gibt, für die die Klasse D'_E nicht leer ist.

Beispiel 2.1
Die Komponenten $\boldsymbol{y}_i$ der Zufallsstichprobe $\boldsymbol{Y} = (\boldsymbol{y}_1, \boldsymbol{y}_2, \dots, \boldsymbol{y}_n)^T$ seien nach $N(\mu, \sigma^2)$ verteilt. Dann ist $\theta = (\mu, \sigma^2)^T$. Es sei $\mu = \psi_1 = g_1(\theta) = (1\,0)^T\theta = \mu$ und $\sigma = \psi_2 = g_2(\theta) = (0\,1)^T\theta = \sigma^2$. Wir betrachten

$$S_1(Y) = \bar{\boldsymbol{y}} \quad \text{und} \quad S_2(Y) = \frac{1}{n-1}\sum_{i=1}^{n}(\boldsymbol{y}_i - \bar{\boldsymbol{y}})^2 = \boldsymbol{s}^2$$

Wir wissen, dass $\bar{\boldsymbol{y}}$ nach $N(\mu, \frac{\sigma^2}{n})$ und $\boldsymbol{X}^2 = \sigma\frac{(n-1)s^2}{\sigma^2}$ nach $CQ(n-1)$ verteilt sind. Folglich ist $E(\bar{\boldsymbol{y}}) = \mu$ (für alle θ), und wegen $E(\boldsymbol{X}^2) = n - 1$ ist $E(\boldsymbol{s}^2) = \sigma^2$. Folglich ist $\bar{\boldsymbol{y}}$ erwartungstreu bezüglich μ, und $\boldsymbol{s}^2$ ist erwartungstreu bezüglich σ^2.

Andererseits müssen nicht für alle Schätzprobleme erwartungstreue Schätzfunktionen existieren, wie das nächste Beispiel zeigt.

Beispiel 2.2
Die Zufallsvariable $\boldsymbol{Y} = \boldsymbol{y}$ sei $B(n, p)$-verteilt $(0 < p < 1)$, n sei bekannt und $\psi = g(p) = 1/p$. Der Stichprobenraum ist $\{Y\} = \{0, 1, \dots, n\}$. Wenn es eine erwartungstreue Schätzfunktion $S(\boldsymbol{y})$ bezüglich $1/p$ gäbe, müsste

$$E[S(\boldsymbol{y})] = \sum_{y=0}^{n}\binom{n}{y}p^y(1-p)^{n-y}S(y)$$

gleich $1/p$ sein. Das ist aber unmöglich, denn $E[S(\boldsymbol{y})]$ strebt mit $p \to 0$ gegen $S(0)$, aber $1/p$ strebt mit $p \to 0$ gegen ∞.

Es gilt offensichtlich der

Satz 2.1
Ist $S_0(\boldsymbol{Y})$ eine erwartungstreue Schätzfunktion bezüglich $\psi = g(\theta)$, so ist jede andere erwartungstreue Schätzfunktion $S(\boldsymbol{Y})$ bezüglich ψ von der Gestalt

$$S(\boldsymbol{Y}) = S_0(\boldsymbol{Y}) - U(\boldsymbol{Y}) \tag{2.8}$$

mit einer bezüglich 0 erwartungstreuen Maßzahl $U(\boldsymbol{Y})$.

Diesen Satz wollen wir verwenden, um $R(\psi, S)$-optimale Schätzfunktionen $S(\boldsymbol{Y}) \in D'_{\mathrm{E}}$ zu finden. Zunächst stellt man fest, dass für $S(\boldsymbol{Y}) \in D'_{\mathrm{E}}$

$$R(\psi, S) = \mathrm{var}(\boldsymbol{S})$$

gilt, d. h., es soll die varianzoptimale erwartungstreue Schätzfunktion gefunden werden. Ist nun $\boldsymbol{S}_0$ eine erwartungstreue Schätzfunktion bezüglich ψ und haben $\boldsymbol{S}_0$, $\boldsymbol{S}$ und $\boldsymbol{U}$ jeweils eine endliche Varianz, so gilt

$$\mathrm{var}(\boldsymbol{S}) = \mathrm{var}(\boldsymbol{S}_0 - \boldsymbol{U}) = E\left[(\boldsymbol{S}_0 - \boldsymbol{U})^2\right] - \psi^2 \tag{2.9}$$

und die varianzoptimale Schätzfunktion kann man finden, indem man $E(\boldsymbol{S}_0 - \boldsymbol{U})^2$ minimiert.

Das Vorgehen soll an einem Beispiel demonstriert werden.

Beispiel 2.3

Es sei $\boldsymbol{Y} = \boldsymbol{y}$ und $\boldsymbol{y}$ nehme die Werte $-1, 0, 1, \ldots$ mit den Wahrscheinlichkeiten $P(\boldsymbol{y} = -1) = p$, $P(\boldsymbol{y} = y) = p^y(1-p)^2$ für $y = 0, 1, \ldots$ an, wobei $0 < p = \theta < 1$ ist. Da $\sum_{k=0}^{\infty} x^k = \frac{1}{1-x}$ für $|x| < 1$ gilt, ist damit eine Verteilung definiert, denn es ist

$$p + \sum_{k=0}^{\infty} p^k (1-p)^2 = 1$$

Ist $U(y) = -yU(-1)$ für $y = 0, 1, \ldots$ mit $U(-1) \in R^1$, so ist $U(\boldsymbol{y})$ erwartungstreu bezüglich 0, denn wegen

$$\sum_{k=1}^{\infty} kx^{k-1} = \frac{1}{(1-x)^2} \quad \text{für} \quad |x| < 1$$

ist

$$E[U(\boldsymbol{y})] = U(-1)\left[p + 0 - (1-p)^2 p \sum_{y=1}^{\infty} y p^{y-1}\right] = 0$$

Andererseits folgt aus $E[U(\boldsymbol{y})] = 0$, dass $U(y) = -yU(-1)$ für $y = 0, 1, \ldots$ sein muss, denn in

$$pU(-1) + (1-p)^2 U(0) + (1-p)^2 p \sum_{y=1}^{\infty} U(y) p^{y-1} = 0$$

konvergiert die Reihe für $U(y) = y \cdot \text{konst.}$ (konst. bedeutet hier und im Folgenden einen konstanten Faktor), und als Lösung ergibt sich $U(0) = 0$, $U(y) = -yU(-1)$.

Anderenfalls konvergiert die Reihe nicht oder nicht unabhängig von p.

a) Es sei nun $\psi = g(p) = p$. Dann ist beispielsweise $S_0(y)$ mit

$$S_0(y) = \begin{cases} 1 & \text{für} \quad y = -1 \\ 0 & \text{sonst} \end{cases}$$

erwartungstreu bezüglich p, und $S(\boldsymbol{y})$ aus (2.8) ist eine varianzoptimale erwartungstreue Schätzfunktion, weil sie wegen (2.9)

$$Q = \sum_{y=-1}^{\infty} P(\boldsymbol{y} = y)[S_0(y) + yU(-1)]^2$$

minimiert. An der Stelle $p = p_0$ wird Q zu

$$Q_0 = p_0[1 - U(-1)]^2 + 0 + \sum_{y=-1}^{\infty} [yU(-1)]^2 p_0^y (1 - p_0)^2$$

Leiten wir Q_0 nach $U(-1)$ ab und setzen die Ableitung gleich 0, so erhält man als varianzoptimalen Wert (die zweite Ableitung ist positiv) das Minimum

$$U_0(-1) = \frac{1 - p_0}{2}$$

d. h., es existiert nur eine vom Parameterwert p_0 abhängige varianzoptimale erwartungstreue Schätzfunktion.

Die Situation ist günstiger, wenn wir eine andere Funktion $g(p)$ betrachten.

b) Es sei $\psi = g(p) = (1 - p)^2$. Wir wollen also $(1 - p)^2$ (und nicht p selbst) erwartungstreu schätzen. Eine erwartungstreue Schätzfunktion ist beispielsweise $S_0(\boldsymbol{y})$ mit

$$S_0(y) = \begin{cases} 1 & \text{für} \quad y = 0 \\ 0 & \text{sonst} \end{cases}$$

$U(\boldsymbol{y})$ ist natürlich als erwartungstreue Schätzung von 0 für alle Funktionen g gleich, und analog zu Fall (a) ist das Minimum von

$$Q_0 = p_0[U(-1)]^2 + (1 - p_0)^2 1^2 + (1 - p_0) \sum_{y=-1}^{\infty} [yU(-1)]^2 p_0^y$$

zu bestimmen. Die zweite Ableitung von Q_0 nach $U(-1)$ ist positiv. Das ergibt als Lösung $U(-1) = 0$. Damit ist $S(\boldsymbol{y}) = S_0(\boldsymbol{y})$ für jedes $p_0 \in (0, 1)$ eine varianzoptimale erwartungstreue Schätzfunktion für $(1 - p)^2$.

Die Eigenschaft der Schätzfunktion im Fall (b) des Beispiels 2.3 wollen wir besonders hervorheben und geben daher die

Definition 2.3
Es sei $\boldsymbol{Y} = (\boldsymbol{y}_1, \boldsymbol{y}_2, \dots, \boldsymbol{y}_n)^T$ eine Zufallsstichprobe mit nach $P_\theta \in P = (P_\theta, \theta \in \Omega)$ verteilten Komponenten und $\tilde{S}(\boldsymbol{Y})$ eine erwartungstreue Schätzfunktion bezüglich $g(\theta) = \psi$ mit endlicher Varianz. $D_E \subseteq D'_E$ sei die Klasse aller erwartungstreuen

Schätzfunktionen mit endlicher positiver Varianz, D'_{E} die Klasse erwartungstreuer Schätzfunktionen. Gilt

$$\operatorname{var}[\tilde{S}(\boldsymbol{Y})] = \min_{S(\boldsymbol{Y})\in D_{\mathrm{E}}} \operatorname{var}_{\theta_0}[S(\boldsymbol{Y})]\,, \quad \theta_0 \in \Omega \tag{2.10}$$

so heißt $\tilde{S}(\boldsymbol{Y})$ lokal varianzoptimale erwartungstreue Schätzfunktion (LVES) an der Stelle $\theta = \theta_0$.

Definition 2.4
Gilt (2.10) für alle $\theta_0 \in \Omega$, so heißt $\tilde{S}(\boldsymbol{Y})$ gleichmäßig varianzoptimale erwartungstreue Schätzfunktion (GVES).

Die in Definition 2.3 eingeführte Klasse D_{E} wird im gleichen Sinne weiter verwendet. Der folgende Satz gibt eine notwendige und hinreichende Bedingung dafür, dass eine Schätzfunktion eine GVES ist.

Satz 2.2
Die Komponenten der Zufallsstichprobe $\boldsymbol{Y} = (\boldsymbol{y}_1, \boldsymbol{y}_2, \dots, \boldsymbol{y}_n)^{\mathrm{T}}$ mögen nach $P_\theta \in P = (P_\theta, \theta \in \Omega)$ verteilt sein, und es sei $S(\boldsymbol{Y}) \in D_{\mathrm{E}}$. Ferner seien D^0_{E} die erwartungstreuen Schätzfunktionen bezüglich 0 mit endlichem zweiten Moment. Notwendig und hinreichend dafür, dass $S(\boldsymbol{Y})$ eine GVES bezüglich $g(\theta)$ ist, ist

$$E[S(\boldsymbol{Y})U(\boldsymbol{Y})] = 0 \quad \text{für alle} \quad U(\boldsymbol{Y}) \in D^0_{\mathrm{E}} \quad \text{und alle} \quad \theta \in \Omega \tag{2.11}$$

Beweis: Ist $S(\boldsymbol{Y})$ eine GVES bezüglich $g(\theta)$, so ist mit $U(\boldsymbol{Y}) \in D^0_{\mathrm{E}}$, $\theta_0 \in \Omega$ und $\lambda \in R^1$ der Ausdruck $S^*(\boldsymbol{Y}) = S(\boldsymbol{Y}) + \lambda U(\boldsymbol{Y})$ erwartungstreu bezüglich $g(\theta)$ und

$$\operatorname{var}_{\theta_0}[S^*(\boldsymbol{Y})] = \operatorname{var}_{\theta_0}[S(\boldsymbol{Y}) + \lambda U(\boldsymbol{Y})] \geq \operatorname{var}_{\theta_0}[S^*(\boldsymbol{Y})] \quad \text{für alle} \quad \lambda \in R^1$$

Daraus folgt aber

$$\lambda^2 \operatorname{var}_{\theta_0}[U(\boldsymbol{Y})] + 2\lambda \operatorname{cov}_{\theta_0}[S(\boldsymbol{Y}), U(\boldsymbol{Y})] \geq 0 \quad \text{für alle} \quad \lambda \in R^1$$

Gilt das Gleichheitszeichen, so hat die quadratische Gleichung in λ die Lösungen

$$\lambda_1 = 0\,, \quad \lambda_2 = -\frac{2\operatorname{cov}_{\theta_0}[S(\boldsymbol{Y}), U(\boldsymbol{Y})]}{\operatorname{var}_{\theta_0}[U(\boldsymbol{Y})]}$$

Damit der Ausdruck aber für beliebige λ nichtnegativ ist, muss $\operatorname{cov}_{\theta_0}[S(\boldsymbol{Y}), U(\boldsymbol{Y})] = E_{\theta_0}[S(\boldsymbol{Y})U(\boldsymbol{Y})] = 0$ sein. Diese Herleitung ist vom speziellen Parameter θ_0 unabhängig und gilt damit überall in Ω.

Es sei nun andererseits für alle $U(\boldsymbol{Y}) \in D_{\mathrm{E}}^{0}$

$$E[S(\boldsymbol{Y})U(\boldsymbol{Y})] = 0$$

und $S'(\boldsymbol{Y})$ eine andere bezüglich $g(\theta)$ erwartungstreue Schätzfunktion. Ist $S'(\boldsymbol{Y})$ nicht aus D_{E}, d. h. aus $D'_{\mathrm{E}} \backslash D_{\mathrm{E}}$, so ist trivialerweise $\operatorname{var}[S(\boldsymbol{Y})] < \operatorname{var}[S'(\boldsymbol{Y})]$. Es sei also $S'(\boldsymbol{Y}) \in D_{\mathrm{E}}$. Dann ist aber $S(\boldsymbol{Y}) - S'(\boldsymbol{Y}) \in D_{\mathrm{E}}^{0}$, denn mit $S(\boldsymbol{Y}) \in D_{\mathrm{E}}$ und $S'(\boldsymbol{Y}) \in D_{\mathrm{E}}$ hat auch $S(\boldsymbol{Y}) - S'(\boldsymbol{Y})$ endliche Varianz, da

$$\operatorname{var}[S(\boldsymbol{Y}) - S'(\boldsymbol{Y})] = \operatorname{var}[S(\boldsymbol{Y})] + \operatorname{var}[S'(\boldsymbol{Y})] - 2\operatorname{cov}[S(\boldsymbol{Y}), S'(\boldsymbol{Y})]$$

gilt. Nun ist aber mit $\operatorname{var}[S(\boldsymbol{Y})]$ und $\operatorname{var}[S'(\boldsymbol{Y})]$ die ganze rechte Seite endlich, und das ergibt die Behauptung, dass $S(\boldsymbol{Y}) - S'(\boldsymbol{Y}) \in D_{\mathrm{E}}^{0}$ ist. Aus der Voraussetzung folgt

$$E\{S(\boldsymbol{Y})[S(\boldsymbol{Y}) - S'(\boldsymbol{Y})]\} = E\{\boldsymbol{S}[\boldsymbol{S} - \boldsymbol{S}']\} = 0$$

bzw.

$$E(\boldsymbol{S}^2) = E(\boldsymbol{S}\boldsymbol{S}')$$

Nun ist

$$\begin{aligned}\operatorname{cov}(\boldsymbol{S}, \boldsymbol{S}') &= E\{[\boldsymbol{S} - g(\theta)][\boldsymbol{S}' - g(\theta)]\} = E(\boldsymbol{S}\boldsymbol{S}') - g(\theta)^2 = E(\boldsymbol{S}^2) - \psi^2 \\ &= \operatorname{var}(\boldsymbol{S})\end{aligned}$$

Weiter gilt (Schwarzsche Ungleichung):

$$[\operatorname{var}(\boldsymbol{S})]^2 = \operatorname{cov}(\boldsymbol{S}, \boldsymbol{S}')^2 \leq \operatorname{var}(\boldsymbol{S})\operatorname{var}(\boldsymbol{S}')$$

und daraus folgt, wie behauptet

$$\operatorname{var}(\boldsymbol{S}) \leq \operatorname{var}(\boldsymbol{S}')$$

Wir wollen das Ergebnis dieses Satzes an Beispiel 2.3 demonstrieren.

Beispiel 2.3 Fortsetzung
Wir wollen alle GVES bestimmen. Da D_{E}^{0} nur Elemente der Form $U(\boldsymbol{y}) = -\boldsymbol{y}U(-1)$ enthält und wegen (2.11) ist notwendig und hinreichend für eine GVES, dass $E_p(S(\boldsymbol{y})) = 0$ für alle $p \in (0, 1)$ gilt, sofern $U(-1) \neq 0$ ist, d. h., $S(\boldsymbol{y})$ gehört zu D_{E}^{0} und hat daher die Form $U(\boldsymbol{y}) = S(\boldsymbol{y})\boldsymbol{y} = -\boldsymbol{y}U(-1) = \boldsymbol{y}S(-1)$.

Diese Bedingung ist erfüllt, wenn $S(0)$ beliebig reell und $S(y) = S(-1)$ für $y = 1, 2, \ldots$ ist.

Setzen wir $S(-1) = a$, $S(0) = b$ (a, b reell), so wird

$$\begin{aligned}E_p(\boldsymbol{S}) &= pS(-1) + (1-p)^2 S(0) + \sum_{y=1}^{\infty} p^y (1-p)^2 S(-1) \\ &= pa + b(1-p)^2 + (1-p)^2 a \frac{p}{1-p} = b(1-p)^2 + a[1 - (1-p)^2] \\ &= a + (b-a)(1-p)^2\end{aligned}$$

Folglich muss $g(p)$, wenn es eine GVES besitzen soll, die Form $a + (b - a)(1 - p)^2$ haben, $g(p) = p$ ist aber nicht von dieser Form, und folglich können wir auch keine GVES finden.

Der folgende Satz ist von grundlegender Bedeutung für Schätzfunktionen aus D_E.

Satz 2.3 Rao (1945); Blackwell (1947); Lehmann und Scheffé (1950)
Die Komponenten der Zufallsstichprobe $\boldsymbol{Y} = (\boldsymbol{y}_1, \boldsymbol{y}_2, \ldots, \boldsymbol{y}_n)^\mathrm{T}$ seien nach $P_\theta \in P = (P_\theta, \theta \in \Omega)$ verteilt, und $S(\boldsymbol{Y}) \in D_\mathrm{E}$ sei erwartungstreu bezüglich $g(\theta) = \psi$. Existiert eine suffiziente Maßzahl $M(\boldsymbol{Y})$ bezüglich P_θ, dann ist

$$\hat{\psi}(\boldsymbol{Y}) = E[S(\boldsymbol{Y})|M(\boldsymbol{Y})] = h[M(\boldsymbol{Y})] \tag{2.12}$$

erwartungstreu bezüglich ψ und es gilt

$$\mathrm{var}[\hat{\psi}(\boldsymbol{Y})] \le \mathrm{var}[S(\boldsymbol{Y})] \quad \text{für alle} \quad \theta \in \Omega$$

Ist $M(\boldsymbol{Y})$ vollständig minimal suffizient, dann ist $\hat{\psi}(\boldsymbol{Y})$ mit Wahrscheinlichkeit 1 die eindeutig bestimmte erwartungstreue Schätzfunktion von $g(\theta)$ mit Minimalvarianz für jedes $\theta \in \Omega$.

Beweis: Wegen der Suffizienz von $M(\boldsymbol{Y})$ hängt der Erwartungswert in (2.12) nicht von θ ab und ist folglich eine Schätzfunktion. Aus der Erwartungstreue von $S(\boldsymbol{Y})$ folgt weiter über

$$E[\hat{\psi}(\boldsymbol{Y})] = E\{E[S(\boldsymbol{Y})|M(\boldsymbol{Y})]\} = E[S(\boldsymbol{Y})] = \psi$$

die Erwartungstreue von $\hat{\psi}(\boldsymbol{Y})$. Es folgt ferner

$$\mathrm{var}[S(\boldsymbol{Y})] = E\{\mathrm{var}[S(\boldsymbol{Y})|M(\boldsymbol{Y})] + \mathrm{var}\{E[S(\boldsymbol{Y})|M(\boldsymbol{Y})]\}\}$$

Der zweite Summand ist aber gerade $\mathrm{var}[\hat{\psi}(\boldsymbol{Y})]$ und der erste ist nichtnegativ. Das ergibt den zweiten Teil der Behauptung.

Es sei nun $M(\boldsymbol{Y})$ zusätzlich vollständig und $\hat{\psi}(\boldsymbol{Y}) = h[M(\boldsymbol{Y})]$. Ferner sei $M^*(\boldsymbol{Y})$ eine beliebige von $M(\boldsymbol{Y})$ abhängige Schätzfunktion aus D_E, sodass $M^*(\boldsymbol{Y}) = t[M(\boldsymbol{Y})]$ ist. Dann gilt für alle $\theta \in \Omega$:

$$E[\hat{\psi}(\boldsymbol{Y})] = E[M^*(\boldsymbol{Y})] \quad \text{bzw.} \quad E\{h[M(\boldsymbol{Y})] - t[M(\boldsymbol{Y})]\} = 0$$

und daraus folgt wegen der Vollständigkeit von $M(\boldsymbol{Y})$, dass (mit Wahrscheinlichkeit 1) $h = t$ ist, und das schließt den Beweis ab.

Aus Abschn. 1.3. folgt, dass es für den Fall, dass P_θ eine k-parametrische Exponentialfamilie vom vollen Rang ist, genügt, eine Schätzfunktion $\boldsymbol{S} \in D_\mathrm{E}$ mit einem Vektor

$$M(\boldsymbol{Y}) = \{M_1(\boldsymbol{Y}), \ldots, M_k(\boldsymbol{Y})\}^\mathrm{T}$$

über (2.12) die mit Wahrscheinlichkeit 1 eindeutige GVES $\hat{\psi}$ zu finden.

Wir wollen die Anwendbarkeit dieses Satzes an Beispielen demonstrieren.

Beispiel 2.4
Es sei $\boldsymbol{Y} = (\boldsymbol{y}_1, \boldsymbol{y}_2, \ldots, \boldsymbol{y}_n)^{\mathrm{T}}$ eine Zufallsstichprobe.

a) Die Komponenten von $\boldsymbol{Y}$ seien nach $N(\mu, 1)$ verteilt, d. h., es ist $\theta = \mu$. Ist $g(\theta) = \mu$, so ist $\bar{\boldsymbol{y}} \in D_{\mathrm{E}}$. Da $\bar{\boldsymbol{y}}$ vollständig minimal suffizient bezüglich der $N(\mu, 1)$-Familie ist, ist $\bar{\boldsymbol{y}}$ mit Wahrscheinlichkeit 1 die einzige GVES bezüglich μ.
b) Die Komponenten von $\boldsymbol{Y}$ seien nach $N(0, \sigma^2)$ verteilt, und $\sum_{i=1}^{n} \boldsymbol{y}_i^2 = \boldsymbol{SQ}_y$ ist bezüglich dieser Familie vollständig minimal suffizient. Es ist $\theta = \sigma^2$ und es sei $g(\theta) = \sigma^2$. Da $\boldsymbol{SQ}_y/\sigma^2$ nach $CQ(n)$ verteilt ist, ist $\boldsymbol{SQ}_y/n$ mit Wahrscheinlichkeit 1 die einzige GVES bezüglich σ^2.
c) Die Komponenten von $\boldsymbol{Y}$ seien nach $N(\mu, \sigma^2)$ verteilt. Dann ist $\theta = \binom{\mu}{\sigma^2}$, und es sei auch $g(\theta) = \binom{\mu}{\sigma^2} = \theta$. Dann ist $\boldsymbol{H} = (\sum_{i=1}^{n} \boldsymbol{y}_i, \sum_{i=1}^{n} \boldsymbol{y}_i^2)^{\mathrm{T}}$ vollständig minimal suffizient bezüglich θ. Die Maßzahl

$$M = \left[\bar{\boldsymbol{y}}, \sum_{i=1}^{n} (\boldsymbol{y}_i - \bar{\boldsymbol{y}})^2\right]^{\mathrm{T}}$$

ist äquivalent zu $\boldsymbol{H}$ in dem Sinne, dass $H(\boldsymbol{Y}_1) = H(\boldsymbol{Y}_2)$ dann und nur dann gilt, wenn $M(\boldsymbol{Y}_1) = M(\boldsymbol{Y}_2)$ ist. Hierfür braucht man nur $\sum_{i=1}^{n} (\boldsymbol{y}_i - \bar{\boldsymbol{y}})^2 = \sum_{i=1}^{n} \boldsymbol{y}_i^2 - n\bar{\boldsymbol{y}}^2$ zu beachten. Folglich ist auch $M(\boldsymbol{Y})$ vollständig minimal suffizient bezüglich θ. Da $1/\sigma^2 \sum_{i=1}^{n} (\boldsymbol{y}_i - \bar{\boldsymbol{y}})^2$ nach $CQ(n-1)$ verteilt ist, folgt, dass $(\bar{\boldsymbol{y}}, \boldsymbol{s}^2)$ mit $\boldsymbol{s}^2 = 1/(n-1) \sum_{i=1}^{n} (\boldsymbol{y}_i - \bar{\boldsymbol{y}})^2$ mit Wahrscheinlichkeit 1 die einzige GVES bezüglich (μ, σ^2) ist.

Beispiel 2.5
Die Komponenten einer Zufallsstichprobe $\boldsymbol{Y} = (\boldsymbol{y}_1, \boldsymbol{y}_2, \ldots, \boldsymbol{y}_n)^{\mathrm{T}}$ seien zweipunktverteilt, o. B. d. A. sei $P(\boldsymbol{y} = 0) = 1 - p$, $P(\boldsymbol{y} = 1) = p$; $0 < p < 1$. Die Likelihood-Funktion

$$L(Y, p) = p^{\sum_{i=1}^{n} y_i} (1-p)^{n - \sum_{i=1}^{n} y_i}$$

zeigt, dass die Verteilung von $\boldsymbol{Y}$ zu einer einparametrischen Exponentialfamilie gehört, und $M(\boldsymbol{Y}) = \sum_{i=1}^{n} \boldsymbol{y}_i$ ist vollständig suffizient. Wegen $E(\boldsymbol{y}_i) = p$ ist $E[M(\boldsymbol{Y})] = np$ und $\frac{M(\boldsymbol{Y})}{n} = \bar{\boldsymbol{y}}$ ist GVES bezüglich $p = g(\theta)$. Ist $g(\theta) = \mathrm{var}(\boldsymbol{y}_i) = p(1-p)$ so ist, da ja $\boldsymbol{M} = M(\boldsymbol{Y})$ nach $B(n, p)$ verteilt ist, $S(\boldsymbol{Y}) = \frac{1}{n-1}(1 - \bar{\boldsymbol{y}})\boldsymbol{M}$ wegen

$$E(\bar{\boldsymbol{y}} - \bar{\boldsymbol{y}}^2) = E(\bar{\boldsymbol{y}}) - E(\bar{\boldsymbol{y}}^2) = p - [\mathrm{var}(\bar{\boldsymbol{y}}) + p^2]$$

erwartungstreu bezüglich $p(1-p)$ und folglich GVES. Es ist nämlich $\operatorname{var}(\bar{y}) = \frac{p(1-p)}{n}$ und damit ergibt sich

$$\begin{aligned} E\left[\frac{1}{n-1}(1-\bar{y})\boldsymbol{M}\right] &= \frac{n}{n-1}E[\bar{y}(1-\bar{y})] = \frac{n}{n-1}\left[\frac{n-1}{n}(p-p^2)\right] \\ &= p(1-p) \end{aligned}$$

$S(\boldsymbol{Y})$ ist (mit Wahrscheinlichkeit 1 eindeutig bestimmte) GVES.

Beispiel 2.6

Die Komponenten der Zufallsstichprobe $\boldsymbol{Y} = (\boldsymbol{y}_1, \boldsymbol{y}_2, \ldots, \boldsymbol{y}_n)^{\mathrm{T}}$ seien nach $N(\mu, \sigma^2)$ verteilt, μ sei bekannt, und es sei $g(\theta) = \sigma^t$. Die Schätzfunktion $S(\boldsymbol{Y}) = \sum_{i=1}^n (\boldsymbol{y}_i - \mu)^2$ ist vollständig minimal suffizient, und $\boldsymbol{X}^2 = \frac{1}{\sigma^2}\boldsymbol{S}(\boldsymbol{Y})$ ist $CQ(n)$-verteilt. Nun sind die Komponenten und Momente von $\boldsymbol{X}^2$ nur von n abhängig, d. h., es gilt

$$E(\boldsymbol{X}^{2r}) = c(n, 2r) \quad \text{bzw.} \quad E[S^r(\boldsymbol{Y})] = \sigma^{2r} c(n, 2r)$$

und folglich ist $[S(\boldsymbol{Y})]^{t/2} \frac{1}{c(n,t)}$ GVES bezüglich σ^t.

Der Faktor $c(n, 2r)$ ist aus der Wahrscheinlichkeitsrechnung bekannt, es gilt:

$$c(n, 2r) = \frac{\Gamma\left(\frac{n}{2} + r\right) 2^r}{\Gamma\left(\frac{n}{2}\right)} \tag{2.13}$$

Für $t = 1$ bzw. $r = 1/2$ ergibt sich die GVES bezüglich σ aus

$$\frac{\sqrt{S(\boldsymbol{Y})}}{c(n, 1)} = \frac{\Gamma\left(\frac{n}{2}\right)\sqrt{\sum_{i=1}^n (\boldsymbol{y}_i - \mu)^2}}{\sqrt{2}\Gamma\left(\frac{n+1}{2}\right)} \tag{2.14}$$

Für $t = 2$ bzw. $r = 1$ ergibt sich die GVES bezüglich σ^2 aus

$$\frac{S(\boldsymbol{Y})}{c(n, 2)} = \frac{1}{n}\sum_{i=1}^n (\boldsymbol{y}_i - \mu)^2$$

Ist nun μ unbekannt, so ist $(\bar{\boldsymbol{y}}, (n-1)\boldsymbol{s}^2)$ nach Beispiel 2.4 vollständig minimal suffizient bezüglich $\theta^{\mathrm{T}} = (\mu, \sigma^2)$ und $\bar{\boldsymbol{y}}$ ist GVES bezüglich μ. Da $\frac{(n-1)\boldsymbol{s}^2}{\sigma^2}$ nach $CQ(n-1)$ verteilt ist, erhält man die GVES bezüglich σ^2 über

$$E(\boldsymbol{s}^{2r}) = \frac{2^r\Gamma\left(\frac{n-1}{2} + r\right)}{\Gamma\left(\frac{n-1}{2}\right)(n-1)^r}\sigma^{2r} \tag{2.15}$$

Für $r = 1/2$ folgt daraus

$$E(\boldsymbol{s}) = \frac{\sqrt{2}\Gamma\left(\frac{n}{2}\right)}{\Gamma\left(\frac{n-1}{2}\right)\sqrt{n-1}}\sigma$$

sodass

$$\boldsymbol{s}\frac{\Gamma\left(\frac{n-1}{2}\right)\sqrt{n-1}}{\sqrt{2}\Gamma\left(\frac{n}{2}\right)} \tag{2.16}$$

GVES bezüglich σ ist. Für $r = 1$ folgt, dass $\boldsymbol{s}^2$ GVES bezüglich σ^2 ist.

Beispiel 2.7
Die Komponenten einer Zufallsstichprobe $\boldsymbol{Y} = (\boldsymbol{y}_1, \boldsymbol{y}_2, \dots, \boldsymbol{y}_n)^{\mathrm{T}}$ mögen nach $P(\lambda)$ $(0 < \lambda < \infty)$ verteilt sein. Es sei $g(\lambda) = \frac{\mathrm{e}^{-\lambda}\lambda^k}{k!}$ $(k = 0, 1, 2, \dots)$, ein Wert der Wahrscheinlichkeitsfunktion für ein gegebenes k, zu schätzen. Eine erwartungstreue Schätzung, basierend auf dem ersten Element $\boldsymbol{y}_1$ einer Zufallsstichprobe $\boldsymbol{Y}$ ist mit $\boldsymbol{I} = \{\boldsymbol{Y}, \boldsymbol{y}_1 = \boldsymbol{k}\}$ durch

$$S_1(\boldsymbol{Y}) = g(\boldsymbol{y}_1)I(\boldsymbol{Y}) \quad (k = 0, 1, 2, \dots)$$

gegeben, d. h., $S_1(\boldsymbol{Y})$ ist für $y_1 = k$ gleich $\frac{\mathrm{e}^{-\lambda}\lambda^k}{k!}$ und sonst 0. Da $M(\boldsymbol{Y}) = \sum_{i=1}^{n} \boldsymbol{y}_i$ vollständig minimal suffizient bezüglich λ ist, können wir eine GVES $S_2(\boldsymbol{Y})$ nach

$$S_2(\boldsymbol{Y}) = E[S_1(\boldsymbol{Y})|M(\boldsymbol{Y})] = P[\boldsymbol{y}_1 = k|M(\boldsymbol{Y})]$$

errechnen. Für alle $M = M(Y)$ ist die bedingte Verteilung von $\boldsymbol{y}_1$ bei gegebenem Wert von M eine Binomialverteilung mit $n = M$ und $p = 1/n$. Das ist leicht einzusehen. Da die $\boldsymbol{y}_i$ unabhängig und identisch verteilt sind, hat bei fester Summe M jedes $\boldsymbol{y}_i$ die Wahrscheinlichkeit

$$\binom{M}{a}\left(\frac{1}{n}\right)^a\left(1-\frac{1}{n}\right)^{n-a}$$

den Wert a $(a = 0, \dots, M)$ anzunehmen. Folglich ist die GVES gleich

$$S_2(\boldsymbol{Y}) = \begin{cases} 0 & \text{für} \quad M(\boldsymbol{Y}) = 0\,,\ k > 0 \\ 1 & \text{für} \quad M(\boldsymbol{Y}) = 0\,,\ k = 0 \\ \binom{M}{k}\left(\frac{1}{n}\right)^k\left(\frac{n-1}{n}\right)^{n-k} & \text{für} \quad M(\boldsymbol{Y}) > 0\,,\ k = 0, \dots, M \end{cases}$$

Satz 2.4
Ist eine Zufallsstichprobe $\boldsymbol{Y} = (\boldsymbol{y}_1, \boldsymbol{y}_2, \dots, \boldsymbol{y}_n)^{\mathrm{T}}$ nach $N(\mu, \Sigma)$-verteilt mit $\mu = (\mu_1, \dots, \mu_k)^{\mathrm{T}} \in R^k$, $\mathrm{Rg}(\Sigma) = k$ und $|\Sigma| > 0$, so ist die GVES des $\frac{k(k+3)}{2}$-dimensionalen Parametervektors $\theta = (\mu_1, \dots, \mu_k, \sigma_1^2, \dots, \sigma_k^2, \sigma_{i,j})^{\mathrm{T}}$, $i < j, j = 2, \dots, k$ auf der Basis einer Zufallsstichprobe $\boldsymbol{X} = (\boldsymbol{Y}_1, \dots, \boldsymbol{Y}_{\boldsymbol{n}})^{\mathrm{T}}$ mit Komponenten $\boldsymbol{Y}_i$, die wie $\boldsymbol{Y}$ verteilt sind, durch

$$\boldsymbol{\theta} = (\bar{\boldsymbol{y}}_{1.}, \dots, \bar{\boldsymbol{y}}_{k.}, \boldsymbol{s}_1^2, \dots, \boldsymbol{s}_k^2, \boldsymbol{s}_{ij})^{\mathrm{T}}\,, \quad i < j, j = 2, \dots, k$$

mit

$$\bar{\boldsymbol{y}}_{i.} = \frac{1}{n}\sum_{j=1}^{n} \boldsymbol{y}_{ij}\,, \quad \boldsymbol{s}_i^2 = \frac{1}{n-1}\sum_{j=1}^{n}(\boldsymbol{y}_{ij} - \bar{\boldsymbol{y}}_{i.})^2\,,$$

$$\boldsymbol{s}_{jk} = \frac{1}{n-1}\sum_{i=1}^{n}(\boldsymbol{y}_{ij} - \bar{\boldsymbol{y}}_{j.})(\boldsymbol{y}_{ik} - \bar{\boldsymbol{y}}_{k.})$$

gegeben.

Beweis: Ist $k = 2$, so ist die Familie der zweidimensionalen Normalverteilungen mit positiv definiter Kovarianzmatrix eine fünfparametrische Exponentialfamilie und

$$M_2(X) = (\bar{\boldsymbol{y}}_{1.}, \bar{\boldsymbol{y}}_{2.}, \boldsymbol{SQ}_1, \boldsymbol{SQ}_2, \boldsymbol{SP}_{12})^{\mathrm{T}}$$

ist bezüglich dieser Familie eine vollständig minimal suffiziente Maßzahl mit

$$\boldsymbol{SQ}_i = \sum_{j=1}^{n}(\boldsymbol{y}_{ij} - \bar{\boldsymbol{y}}_{i.})^2\,, \quad i = 1, 2$$

und

$$\boldsymbol{SP}_{1,2} = \sum_{j=1}^{n}(\boldsymbol{y}_{1j} - \bar{\boldsymbol{y}}_{1.})(\boldsymbol{y}_{2j} - \bar{\boldsymbol{y}}_{2.})$$

Die Randverteilungen der $\boldsymbol{y}_{ij}$, $i = 1, 2$ sind $N(\mu_i, \sigma_i^2)$-Verteilungen mit den GVES $\bar{\boldsymbol{y}}_{i.}$ und

$$\boldsymbol{s}_i^2 = \frac{1}{n-1}\boldsymbol{SQ}_i$$

Wenn wir zeigen, dass $E(\boldsymbol{SP}_{1,2}) = (n-1)\sigma_{1,2}$ gilt, ist der Beweis des Satzes für $k = 2$ vollständig, denn die fünf Parameter werden dann erwartungstreu durch eine Schätzfunktion geschätzt, die nur von der suffizienten Maßzahl $M_2(\boldsymbol{X})$ abhängt.

Nun ist aber nach Definition

$$\sigma_{1,2} = E[(\boldsymbol{y}_1 - \mu_1)(\boldsymbol{y}_2 - \mu_2)] = E(\boldsymbol{y}_1\boldsymbol{y}_2) - \mu_1\mu_2$$

Andererseits ist

$$\boldsymbol{SP}_{1,2} = \sum_{j=1}^{n} \boldsymbol{y}_{1j}\boldsymbol{y}_{2j} - n\bar{\boldsymbol{y}}_{1.}\bar{\boldsymbol{y}}_{2.}$$

und

$$\begin{aligned} E(\boldsymbol{SP}_{1,2}) &= \sum_{j=1}^{n} E(\boldsymbol{y}_{1j}\boldsymbol{y}_{2j}) - nE(\bar{\boldsymbol{y}}_{1.}\bar{\boldsymbol{y}}_{2.}) \\ &= n(\sigma_{12} + \mu_1\mu_2) - \frac{1}{n}[n(\sigma_{12} + \mu_1\mu_2) + n(n-1)\mu_1\mu_2] = \sigma_{12}(n-1) \end{aligned}$$

denn da die y_{1j} und y_{2j} für $i \neq j$ unabhängig sind, gilt

$$E(y_{1j}y_{2j}) = \mu_1\mu_2$$

Ist $k > 2$, so folgt $\boldsymbol{X}$ einer $\frac{k(k+3)}{2}$-parametrischen Exponentialfamilie mit der analog zum Fall $k = 2$ definierten vollständig minimal suffizienten Maßzahl

$$M_k(\boldsymbol{X}) = (\bar{y}_1, \dots, \bar{y}_k, \boldsymbol{SQ}_1, \dots, \boldsymbol{SQ}_k, \boldsymbol{SP}_{12}, \dots, \boldsymbol{SP}_{k-1,k})^{\mathrm{T}}$$

Alle $\frac{k(k+3)}{2}$ Parameter können aus zweidimensionalen Randverteilungen erwartungstreu und nur in Abhängigkeit von $M_k(\boldsymbol{X})$ geschätzt werden, und das vervollständigt den Beweis.

Mitunter will man die Varianz beliebiger Schätzfunktionen aus D_{E} mit der Varianz der GVES vergleichen. Hierzu geben wir die

Definition 2.5
Es seien $S_0(\boldsymbol{Y})$ und $S(\boldsymbol{Y})$ Schätzfunktionen aus D'_{E} bezüglich $g(\theta)$ und $S_0(\boldsymbol{Y})$ sei eine GVES. Dann heißt der Quotient

$$E_0 = \frac{\operatorname{var}(S_0(\boldsymbol{Y}))}{\operatorname{var}(S(\boldsymbol{Y}))}$$

die relative Effizienz von $S(\boldsymbol{Y})$. Alle GVES heißen effiziente Schätzfunktionen.

Wenn keine GVES existiert, sucht man oft nach besten linearen oder auch besten quadratischen Schätzfunktionen in dem Sinne, dass eine Maßzahl in der Klasse D_{L} der linearen, in der Klasse D_{LE} der linearen erwartungstreuen, in der Klasse D_{Q} der quadratischen oder in der Klasse D_{QE} der quadratischen erwartungstreuen Schätzfunktionen zu minimieren ist. Die besten linearen oder quadratischen Schätzfunktionen und die besten linearen Vorhersagen werden in den Kapiteln über lineare Modelle behandelt. Lineare Schätzfunktionen werden zur Schätzung fester Effekte in linearen Modellen benutzt. Quadratische Schätzfunktionen verwendet man dagegen zur Schätzung der Varianzkomponenten der zufälligen Effekte in linearen Modellen.

2.2
Varianzinvariante Schätzung

In Anwendungen der Statistik werden Messungen in einer bestimmten Skala vorgenommen, deren Wahl mitunter willkürlich ist. So werden in der biologischen Wirkstoffprüfung Konzentrationen von Lösungen direkt oder in einer logarithmischen Skala erfasst. Temperaturen werden in Celsius-, Réaumur- oder Kelvingraden angegeben, Winkel in Alt- oder Neugrad gemessen usw. Zwei Messverfahren mögen sich z. B. lediglich durch eine additive Konstante c unterscheiden, es gilt also $y_i^* = y_i + c$ für die Realisationen von Zufallsstichproben $\boldsymbol{Y}^*$ bzw. $\boldsymbol{Y}$. Sind die Komponenten $\boldsymbol{y}_i^*$ bzw. $\boldsymbol{y}_i$ dieser Zufallsstichproben nach P_{θ^*} bzw. P_θ verteilt und ist $\theta^* = \theta + c$, dann gilt für jede Schätzfunktion $\boldsymbol{S}$

$$S(\boldsymbol{Y}^*) = S(\boldsymbol{Y}) + c$$

und

$$\operatorname{var}[S(\boldsymbol{Y}^*)] = \operatorname{var}[S(\boldsymbol{Y})]$$

Die Varianzen der Schätzfunktionen beider Probleme sind gleich groß, und wir sagen, das Schätzproblem ist gegenüber Translationen varianzinvariant.

Definition 2.6
Eine Zufallsvariable $\boldsymbol{y}$ nehme Werte $y \in \{Y\}$ im Stichprobenraum $\{Y\}$ an und besitze eine Verteilung $P_\theta \in P = (P_\theta, \theta \in \Omega)$. Es sei ferner h eine eineindeutige messbare Abbildung von $\{Y\}$ auf $\{Y\}$ derart, dass für jedes $\theta \in \Omega$ die Verteilung P_{θ^*} von $h(\boldsymbol{y}) = \boldsymbol{z}$ ebenfalls aus $P = (P_\theta, \theta \in \Omega)$ ist, wobei mit θ auch $\tilde{h}(\theta) = \tilde{\theta}$ den gesamten Parameterraum überstreicht. Wir sagen dann, $P_\theta \in P = (P_\theta, \theta \in \Omega)$ sei gegenüber h invariant, und $\tilde{h}$ sei die durch h induzierte Abbildung von Ω in sich. Ist nun $\{T\}$ eine Klasse von Transformationen, gegenüber der $P_\theta \in P = (P_\theta, \theta \in \Omega)$ invariant ist, und $H(\{T\}) = H$ die Menge aller Transformationen, die durch Hintereinanderausführung einer endlichen Anzahl von Transformationen von $\{T\}$ bzw. aus der Menge der zu den Elementen von $\{T\}$ inversen Funktionen besteht, so ist $P_\theta \in P = (P_\theta, \theta \in \Omega)$ gegenüber H invariant, und H ist die durch $\{T\}$ erzeugte Gruppe.

Ohne Beschränkung der Allgemeinheit werden wir daher voraussetzen, dass eine Klasse von Transformationen eine Gruppe mit dem Hintereinanderausführen als Verknüpfung ist. Im Folgenden sei H stets eine Gruppe eineindeutiger Abbildungen von $\{T\}$ auf sich. Dann gilt, falls $P = (P_\theta, \theta \in \Omega)$ gegenüber H invariant ist

$$E_\theta[h(\boldsymbol{y})] = E_{\tilde{h}(\theta)}[\boldsymbol{y}] \tag{2.17}$$

denn es ist

$$E_\theta[h(\boldsymbol{y})] = \int_{\{Y\}} h(y)\,\mathrm{d}P_\theta = \int_{\{Y\}} y\,\mathrm{d}P_{\tilde{h}(\theta)} = E_{\tilde{h}(\theta)}[\boldsymbol{y}]$$

Beispiel 2.8
Die Familie der Normalverteilungen $N(\mu, \sigma^2)$ mit $\theta^{\mathrm{T}} = (\mu, \sigma^2)$ ist gegenüber der Gruppe der reellen affinen Transformationen invariant. Ist $\boldsymbol{z} = h(\boldsymbol{y}) = a + b\boldsymbol{y}$, $(a, b \in R^1)$ und ist $\boldsymbol{y}$ nach $N(\mu, \sigma^2)$ verteilt, so ist $\boldsymbol{z}$ bekanntlich nach $N(\mu^*, \sigma^{*2})$ verteilt mit $\mu^* = a + b\mu$, $\sigma^{*2} = b^2\sigma^2$, und mit θ^{T} überstreicht auch $\theta^{*\mathrm{T}} = (\mu^*, \sigma^{*2})$ für festes a und b ganz Ω.

Definition 2.7
Es sei $\boldsymbol{Y} = (\boldsymbol{y}_1, \boldsymbol{y}_2, \dots, \boldsymbol{y}_n)^{\mathrm{T}}$ eine Zufallsstichprobe mit realisierten Komponenten $y_i \in \{Y\}$ und H eine Transformationsgruppe wie oben festgelegt. Die $\boldsymbol{y}_i$ seien nach $P_\theta \in P = (P_\theta, \theta \in \Omega)$ verteilt, und P sei gegenüber H invariant. Dann heißt eine Maßzahl $M(\boldsymbol{Y}) = M(\boldsymbol{y}_1, \dots, \boldsymbol{y}_n)$ invariant bezüglich H, falls mit $\tilde{h}(M) = M[h(y_1), \dots, h(y_n)]$ für alle $h \in H$

$$\tilde{h}[M(\boldsymbol{Y})] = M(\boldsymbol{y}_1, \dots, \boldsymbol{y}_n) \tag{2.18}$$

gilt. Ist $M(\boldsymbol{Y})$ eine Schätzfunktion und gilt

$$h[M(\boldsymbol{Y})] = \tilde{h}[M(\boldsymbol{Y})] \tag{2.19}$$

so heißt $M(\boldsymbol{Y})$ äquivariant (bezüglich H).

Die in Definition 2.6 eingeführten induzierten Transformationen $\tilde{h}$ von Ω auf Ω bilden eine Gruppe $\tilde{H}$, wenn h die Gruppe H durchläuft.

Die Komponenten der Zufallsstichprobe $\boldsymbol{Y}$ mögen nach $N(\mu, \sigma^2)$ verteilt sein, und H sei die Gruppe der in Beispiel 2.8 eingeführten reellen affinen Transformationen. Die Schätzfunktion (minimal suffizient und vollständig) $S^{\mathrm{T}}(\boldsymbol{Y}) = (\bar{\boldsymbol{y}}_., \boldsymbol{s}^2)$ ist äquivariant, denn nach Beispiel 2.8 ist

$$\tilde{h}(\theta^{\mathrm{T}}) = \theta^{*\mathrm{T}} = (a + b\mu, b^2\sigma^2) \quad \text{und} \quad \tilde{h}[S^{\mathrm{T}}(\boldsymbol{Y})] = (a + b\bar{\boldsymbol{y}}, b^2\boldsymbol{s}^2)$$

Definition 2.8
Ist in einem Schätzproblem $g(\theta) = \psi \in Z$ zu schätzen und folgt für alle $h \in H$ aus $g(\theta_1) = g(\theta_2)$ stets $g[\tilde{h}(\theta_1)] = g[\tilde{h}(\theta_2)]$ und ist ferner für jede Schätzfunktion $S(\boldsymbol{Y}) \in D_{\mathrm{E}}$ bezüglich $g(\theta)$

$$\|g[\tilde{h}(\theta)] - \tilde{h}[S(Y)]\|^2 = \|g(\theta) - [S(Y)]\|^2$$

für alle $h \in H$, $\theta \in \Omega$, so heißt, das Schätzproblem gegenüber H invariant (bezüglich des quadratischen Verlustes).

Satz 2.5
Ist $S(\boldsymbol{Y})$ eine äquivariante Schätzfunktion mit endlicher Varianz in einem Schätzproblem, das gegenüber einer Gruppe H von Transformationen invariant ist, dann gilt

$$\mathrm{var}_{\tilde{h}(\theta)}[S(\boldsymbol{Y})] = \mathrm{var}_\theta[S(\boldsymbol{Y})] \tag{2.20}$$

Beweis: Es ist

$$\mathrm{var}_{\tilde{h}(\theta)}[S(\boldsymbol{Y})] = \int\limits_{\{Y\}} \|g[\tilde{h}(\theta)] - \tilde{h}[S(Y)]\|^2 \,\mathrm{d}P_{\tilde{h}(\theta)} = E_{\tilde{h}(\theta)}\{\|g[\tilde{h}(\theta)] - \tilde{h}[S(\boldsymbol{Y})]\|^2\}$$

Aus (2.17) und der Invarianz des Schätzproblems folgt

$$\mathrm{var}_{\tilde{h}(\theta)}[S(\boldsymbol{Y})] = E_\theta\{\|g(\theta) - S(\boldsymbol{Y})\|^2\} = \mathrm{var}_\theta[S(\boldsymbol{Y})]$$

Korollar 2.1
Unter den Voraussetzungen von Satz 2.5 ist die Varianz aller bezüglich H äquivarianten Schätzfunktionen in Ω konstant (also nicht von θ abhängig), falls die Gruppe H über Ω transitiv ist.

Beweis: Die Transitivität einer Transformationsgruppe H über Ω bedeutet, dass es zu jedem beliebigen Paar $(\theta_1, \theta_2) \in \Omega$ eine Transformation $\tilde{h} \in H$ gibt, die θ_1 in θ_2 überführt. Daraus folgt nach Satz 2.5 für jedes solche Paar

$$\mathrm{var}_{\theta_1}[S(\boldsymbol{Y})] = \mathrm{var}_{\theta_2}[S(\boldsymbol{Y})] = \text{konst.}$$

Es sei $P = (P_\theta, \theta \in \Omega)$ eine Gruppenfamilie, die invariant gegenüber einer Gruppe H von Transformationen ist, für die $\tilde{H}$ transitiv über Ω wirkt, wobei aus $g(\theta_1) \neq g(\theta_2)$ stets $\tilde{h}[g(\theta_1)] \neq \tilde{h}[g(\theta_2)]$ folgt. Ist die Verteilung von $\boldsymbol{y}$ durch P_{θ_0} mit beliebigem $\theta_0 \in \Omega$ gegeben, so ist die durch $h(y)$ mit $h \in H$ induzierte Menge von Verteilungen gerade die Gruppenfamilie P. Damit ist eine Gruppenfamilie invariant gegenüber der diese Familie definierenden Gruppe von Transformationen. So sind speziell die Lagefamilien invariant gegenüber Translationen.

Gesucht werden äquivariante Schätzfunktionen mit minimaler mittlerer quadratischer Abweichung. Ist D_A die Klasse der äquivarianten Schätzfunktionen mit existierendem zweiten Moment und wählt man für R in (2.2) die mittlere quadratische Abweichung MQA$[S(\boldsymbol{Y})]$, so heißt eine Schätzfunktion $S_0(\boldsymbol{Y}) \in D_\mathrm{A}$, für die

$$\mathrm{MQA}[S_0(\boldsymbol{Y})] = \inf_{S(\boldsymbol{Y}) \in D_\mathrm{A}} \mathrm{MQA}[S(\boldsymbol{Y})]$$

gilt, äquivariante Schätzfunktion mit minimaler MQA.

Beispiel 2.9
Die Komponenten einer Zufallsstichprobe $\boldsymbol{Y}$ seien nach $N(\mu, \sigma^2)$ verteilt, $\theta^\mathrm{T} = (\mu, \sigma^2) \in \Omega = R \times R^+$. Wie in Beispiel 2.8 sei H die Gruppe der affinen Transformationen. $M^\mathrm{T}(Y) = (\bar{\boldsymbol{y}}, \boldsymbol{SQ}_y)$ mit $\boldsymbol{SQ}_y = \sum_{i=1}^n (\boldsymbol{y}_i - \bar{\boldsymbol{y}})^2$ ist minimal suffizient bezüglich θ. Für $g_1(\theta) = \mu$ sei $\hat{\mu}(\bar{\boldsymbol{y}}, \boldsymbol{SQ}_y)$ äquivariant, und für $g_2(\theta) = \sigma^2$ sei $\hat{\sigma}^2(\bar{\boldsymbol{y}}, \boldsymbol{SQ}_y)$ äquivariant, d. h., es muss für alle $h \in H$, $\tilde{h} \in H$

$$h[\hat{\mu}(\bar{\boldsymbol{y}}, \boldsymbol{SQ}_y)] = a + b\hat{\mu}(\bar{\boldsymbol{y}}, \boldsymbol{SQ}_y) = \hat{\mu}(a + b\bar{\boldsymbol{y}}, b^2\boldsymbol{SQ}_y) = \tilde{h}[\hat{\mu}(\bar{\boldsymbol{y}}, \boldsymbol{SQ}_y)]$$

bzw. analog

$$\tilde{h}[\hat{\sigma}^2(\bar{\boldsymbol{y}}, \boldsymbol{SQ}_y)] = b^2\hat{\sigma}^2(\bar{\boldsymbol{y}}, \boldsymbol{SQ}_y)$$

gelten. Ist $a = -\bar{y}$, $b = 1$, so wird $\tilde{h}[M^{\mathrm{T}}(Y)] = (0, \boldsymbol{SQ}_y)$ und man kann alle äquivarianten Schätzfunktionen bezüglich μ in der Form $\hat{\mu}(\bar{\boldsymbol{y}}, \boldsymbol{SQ}_y) = \bar{\boldsymbol{y}} + w(\boldsymbol{SQ}_y)$ und alle äquivarianten Schätzfunktionen bezüglich σ^2 in der Form $\hat{\sigma}^2(\bar{\boldsymbol{y}}, \boldsymbol{SQ}_y) = \alpha \boldsymbol{SQ}_y$ mit geeignet gewählten w und α schreiben. Da $\bar{\boldsymbol{y}}$ und $\boldsymbol{SQ}_y$ unabhängig sind, gilt

$$\mathrm{MQA}[\bar{\boldsymbol{y}} + w(\boldsymbol{SQ}_y)] = \mathrm{var}(\bar{\boldsymbol{y}}) + w^2 E[\boldsymbol{SQ}_y]$$

und das wird minimal, sofern $\boldsymbol{SQ}_y = 0$ ist, sodass $\bar{\boldsymbol{y}}$ die äquivariante Schätzfunktion mit minimaler MQA bezüglich μ ist. Andererseits ist

$$\mathrm{MQA}[\alpha \boldsymbol{SQ}_y] = E\left[(\alpha \boldsymbol{SQ}_y - \sigma^2)^2\right] = \alpha^2 E(\boldsymbol{SQ}_y^2) - 2\alpha\sigma^2 E(\boldsymbol{SQ}_y) + \sigma^4$$

Da $\frac{SQ_y}{\sigma^2}$ nach $CQ(n-1)$ verteilt ist, ist $E(\boldsymbol{SQ}_y) = (n-1)\sigma^2$, $\mathrm{var}(\boldsymbol{SQ}_y) = 2(n-1)\sigma^4$ und folglich ist

$$\mathrm{MQA}[\alpha \boldsymbol{SQ}_y] = \alpha^2\sigma^4(n-1)(n+1) - 2\alpha\sigma^4(n-1) + \sigma^4$$

und das wird für $\alpha = \frac{1}{n+1}$ minimal. Folglich ist

$$\check{\sigma}^2 = \frac{\boldsymbol{SQ}_y}{n+1}$$

die äquivariante Schätzfunktion mit minimaler MQA bezüglich σ^2.

2.3 Methoden zur Konstruktion und Verbesserung von Schätzfunktionen

In den Abschn. 2.1 und 2.2 wurden Schätzfunktionen daraufhin untersucht, ob sie bestimmte Optimalitätskriterien erfüllen. Man musste aber zunächst eine oder mehrere Schätzfunktionen haben, um mit ihnen arbeiten zu können. Wir wollen hier Methoden betrachten, mit denen man Schätzfunktionen konstruieren kann.

2.3.1 Maximum-Likelihood-Methode

Wir setzen voraus, dass die Likelihood-Funktion $L(Y, \theta)$ für alle $Y \in \{Y\}$ ein eindeutig bestimmtes Supremum bezüglich $\theta \in \Omega$ besitzt. Der Leser möge den zweifachen Gebrauch der Funktion $L(.,.)$ sowohl für die Verlust- als auch die Likelihood-Funktion entschuldigen – beide sind allgemein üblich.

Definition 2.9 Fisher (1925)
Die Komponenten der Zufallsstichprobe $\boldsymbol{Y}$ mögen der Verteilung $P_\theta \in P = (P_\theta, \theta \in \Omega)$ folgen, $L(Y, \theta)$ sei die Likelihood-Funktion.

Eine Schätzfunktion $S_{\mathrm{ML}}(\boldsymbol{Y})$ heißt Maximum-Likelihood-Schätzfunktion oder Maximum-Likelihood-Schätzung oder kurz ML-Schätzung bezüglich

$g(\theta) = \psi \in Z$, falls ihre Realisation für jede Realisation Y von $\boldsymbol{Y}$ durch

$$L\{Y, g[S_{\mathrm{ML}}(Y)]\} = \max_{\psi \in Z} L(Y, \psi) = \max_{\theta \in \Omega} L[Y, g(\theta)] \tag{2.21}$$

definiert ist.

Es ist klar, dass äquivalente Likelihood-Funktionen zur gleichen Menge von ML-Schätzungen führen. Für viele Standardverteilungen existiert, wie vorausgesetzt, genau eine ML-Schätzung. Mitunter verursacht ihre Ermittlung erhebliche numerische Probleme. Bei Exponentialfamilien vereinfachen sich die Rechnungen, wenn man das Supremum von $\ln L(Y, \theta)$ ermittelt, was wegen der Monotonie der Logarithmusfunktion zur gleichen Lösung führt.

Folgt die Verteilung der Komponenten einer Zufallsstichprobe $\boldsymbol{Y}$ einer k-parametrischen Exponentialfamilie mit natürlichem Parameter η, so ist

$$\ln L(Y, \eta) = \sum_{i=1}^{k} \eta_j M_j(Y) - nA(\eta) + \ln h(Y)$$

mit $M_j(Y) = \sum_{i=1}^{n} M_j(y_i)$.

Ist nun $\psi = g(\theta) = \eta$ mit $\eta = (\eta_1, \ldots, \eta_k)^{\mathrm{T}}$, so erhält man, falls $A(\eta)$ nach den η_j differenzierbar ist, über die Lösung des Gleichungssystems

$$\frac{\partial}{\partial \eta_j} A(\eta) = \frac{1}{n} \sum_{i=1}^{n} M_j(y_i)\,, \quad j = 1, \ldots, k \tag{2.22}$$

die ML-Schätzung von η.

Existieren die Erwartungswerte von $M_j(\boldsymbol{Y})$, so gilt, da $\boldsymbol{Y}$ Zufallsstichprobe ist,

$$\frac{\partial}{\partial \eta_j} A(\eta) = E[M_j(\boldsymbol{y}_i)]\,, \quad i = 1, \ldots, n$$

sodass

$$E\left\{\frac{\partial}{\partial \eta_j} A[S_{\mathrm{ML}}(\boldsymbol{Y})]\right\} = \frac{\partial}{\partial \eta_j} A(\eta)\,, \quad j = 1, \ldots, k$$

gilt. Ist $A(\eta)$ darüber hinaus zweifach partiell nach η differenzierbar und die Matrix der partiellen Ableitungen

$$\left(\frac{\partial^2 A(\eta)}{\partial \eta_j \partial \eta_l}\right)$$

an der Stelle $\eta = S_{\mathrm{ML}}(Y)$ positiv definit (für alle $\eta = \psi \in Z$), so besitzt (2.22) die eindeutige Lösung $S_{\mathrm{ML}}(Y)$, und diese ist minimal suffizient.

Beispiel 2.10
Es sei $\boldsymbol{Y} = (\boldsymbol{y}_1, \boldsymbol{y}_2, \dots, \boldsymbol{y}_n)^{\mathrm{T}}$ eine Zufallsstichprobe mit Komponenten $\boldsymbol{y}_i$, die einer Zweipunktverteilung folgen, und zwar nehme $\boldsymbol{y}_i$ $(i = 1, \dots, n)$ den Wert 1 mit der Wahrscheinlichkeit p und den Wert 0 mit Wahrscheinlichkeit $1 - p$ an ($\Omega = (0; 1), \theta = p$). Dann ist mit $\boldsymbol{y} = \sum_{i=1}^{n} \boldsymbol{y}_i$ und $g(p) = p$

$$L(Y, p) = \prod_{i=1}^{n} p^{y_i}(1-p)^{1-y_i} = p^{y}(1-p)^{n-y}, \quad y = 0, 1, \dots, n$$

Diese Likelihood-Funktion ist äquivalent der Likelihood-Funktion einer Zufallsstichprobe $\boldsymbol{Y}$ vom Umfang 1 aus einer $B(n, p)$-Verteilung. Wegen

$$\frac{\partial \ln L(Y, p)}{\partial p} = \frac{y}{p} - \frac{n-y}{1-p}$$

erhalten wir durch Nullsetzen dieser Ableitung die Lösung $p = \frac{y}{n}$, und das liefert wegen der Negativität der zweiten Ableitung nach p ein Maximum. Die eindeutig bestimmte ML-Schätzung ist

$$S_{\mathrm{ML}}(\boldsymbol{Y}) = \frac{\boldsymbol{y}}{n} = \hat{\boldsymbol{p}}$$

Beispiel 2.11
Die Komponenten der Zufallsstichprobe seien nach $N(\mu, \sigma^2)$ verteilt, $\theta = (\mu, \sigma^2)^{\mathrm{T}} \in \Omega = R \times R^+$. Dann ist

$$\ln L(Y, \theta) = -\frac{n}{2} \ln 2\pi - \frac{n}{2} \ln \sigma^2 - \frac{1}{2\sigma^2} \sum_{i=1}^{n} (y_i - \mu)^2$$

a) Es ist $g(\theta) = \theta$. Wegen

$$\frac{\partial \ln L(Y, \theta)}{\partial \mu} = \frac{1}{\sigma^2} \sum_{i=1}^{n} (y_i - \mu)$$

bzw.

$$\frac{\partial \ln L(Y, \theta)}{\partial \sigma^2} = -\frac{n}{2\sigma^2} + \frac{1}{2\sigma^4} \sum_{i=1}^{n} (y_i - \mu)^2$$

erhält man als eindeutige Lösungen des Gleichungssystems, das nach Nullsetzen beider rechter Seiten entsteht

$$S(\boldsymbol{Y}) = \left[\bar{y}, \frac{1}{n} \sum_{i=1}^{n} (\boldsymbol{y}_i - \bar{\boldsymbol{y}})^2\right]^{\mathrm{T}}$$

und, da die zweite Ableitung von $\ln L(Y, \theta)$ an dieser Stelle negativ definit ist, die ML-Schätzung

$$S_{\mathrm{ML}}(\boldsymbol{Y}) = \left[\bar{\boldsymbol{y}}, \frac{1}{n} \sum_{i=1}^{n} (\boldsymbol{y}_i - \bar{\boldsymbol{y}})^2\right]^{\mathrm{T}} = (\tilde{\boldsymbol{\mu}}, \tilde{\boldsymbol{\sigma}}^2)^{\mathrm{T}}$$

b) Es sei $g(\theta) = (\mu, \sigma)^{\mathrm{T}}$. Anstelle von

$$\frac{\partial \ln L(Y, \theta)}{\partial \sigma^2} = -\frac{n}{2\sigma^2} + \frac{1}{2\sigma^4} \sum_{i=1}^{n} (\boldsymbol{y}_i - \boldsymbol{\mu})^2$$

erhalten wir jetzt

$$\frac{\partial \ln L(Y, \theta)}{\partial \sigma} = -\frac{n}{\sigma} + \frac{1}{\sigma^3} \sum_{i=1}^{n} (\boldsymbol{y}_i - \boldsymbol{\mu})^2$$

und nach Nullsetzen die ML-Schätzung

$$S_{\mathrm{ML}}(\boldsymbol{Y}) = \left[\bar{\boldsymbol{y}}, \sqrt{\frac{1}{n} \sum_{i=1}^{n} (\boldsymbol{y}_i - \bar{\boldsymbol{y}})^2} \right]^{\mathrm{T}} = (\tilde{\boldsymbol{\mu}}, \tilde{\boldsymbol{\sigma}})^{\mathrm{T}}$$

Da die $N(\mu, \sigma^2)$-Verteilungen eine Exponentialfamilie mit den natürlichen Parametern

$$\eta_1 = \frac{\mu}{\sigma^2}, \quad \eta_2 = -\frac{1}{2\sigma^2}$$

bilden, lässt sich $\ln L(Y, \theta)$ in der Form

$$\ln L(Y, \theta) = \ln L^*(Y, \eta) = -\frac{n}{2} \ln 2\pi + \eta_1 M_1 + \eta_2 M_2 - nA(\eta)$$

schreiben, wobei

$$M_1 = \sum_{i=1}^{n} y_i, \quad M_2 = \sum_{i=1}^{n} y_i^2 \quad \text{und} \quad A(\eta) = -\frac{\eta_1^2}{4\eta_2} + \frac{1}{2} \ln\left(-\frac{1}{2\eta_2}\right)$$

ist. Leiten wir nun $\ln L^*(Y, \eta)$ nach η_1 und η_2 ab, so erhalten wir mit $S_{\mathrm{ML}}^{\mathrm{T}}(Y) = (\tilde{\eta}_1, \tilde{\eta}_2)$ nach Nullsetzen der Ableitungen

$$\frac{1}{2} \frac{\tilde{\eta}_1}{\tilde{\eta}_2} = -\frac{M_1}{n}, \quad -\frac{\tilde{\eta}_1^2}{4\tilde{\eta}_2^2} = \frac{1}{2\tilde{\eta}_2} = -\frac{M_2}{n}$$

und die Lösungen

$$\tilde{\eta}_1 = \frac{\tilde{\mu}}{\tilde{\sigma}^2}, \quad \tilde{\eta}_2 = -\frac{1}{2\tilde{\sigma}^2}$$

Ferner ist $(\frac{\partial^2 A(\eta)}{\partial \eta_1 \partial \eta_2})$ positiv definit, sodass $(\tilde{\eta}_1, \tilde{\eta}_2)$ bzw. $(\tilde{\mu}, \tilde{\sigma}^2)$ minimal suffiziente Schätzungen sind.

Numerische Probleme treten oft auf, wenn die entstehenden Gleichungen nichtlinear sind bzw. wenn $L(Y, \theta)$ nicht bezüglich θ differenzierbar ist.

Als Folgerung aus dem Zerlegungssatz erhält man

Satz 2.6
Ist die Maßzahl $M(\boldsymbol{Y})$ unter den Bedingungen von Definition 2.9 bezüglich P_θ suffizient, so ist eine ML-Schätzung $S_{\mathrm{ML}}(\boldsymbol{Y})$ bezüglich θ eine nur von $M(\boldsymbol{Y})$ abhängige Schätzfunktion.

2.3.2 Methode der kleinsten Quadrate

Ist die Form der Verteilungsfunktion der Familie $P = (P_\theta, \theta \in \Omega)$ unbekannt bzw. (wie im Fall nichtparametrischer Familien) nicht hinreichend spezifiziert, so ist die Maximum-Likelihood-Methode nicht anwendbar. Für die folgende Methode benötigen wir ein Modell für die Komponenten $\boldsymbol{y}_i$ der Zufallsstichprobe. Das Schätzproblem besteht dann in der Schätzung der Modellparameter. Für die $\boldsymbol{y}_i$ schreiben wir

$$\boldsymbol{y}_i = E(\boldsymbol{y}_i) + \boldsymbol{e}_i = f(\theta) + \boldsymbol{e}_i \tag{2.23}$$

mit einer bekannten reellen Funktion f und zufälligen „Fehlergliedern" $\boldsymbol{e}_i$. Wir setzen damit voraus, dass wir für den Erwartungswert $E(\boldsymbol{y}_i)$ der $\boldsymbol{y}_i$ ein parametrisches Modell $f(\theta)$ kennen. Zu schätzen haben wir den Modellparameter θ und gegebenenfalls die Verteilungsparameter von $\boldsymbol{e}_i$. Da $\boldsymbol{Y} = (\boldsymbol{y}_1, \boldsymbol{y}_2, \dots, \boldsymbol{y}_n)^{\mathrm{T}}$ eine Zufallsstichprobe ist, haben alle $\boldsymbol{e}_i$ die gleiche Verteilung und sind unabhängig, d. h., $\boldsymbol{e} = (\boldsymbol{e}_1, \dots, \boldsymbol{e}_n)^{\mathrm{T}}$ ist ein Vektor von identisch unabhängig verteilten Komponenten.

Wir wissen außerdem, dass $E(\boldsymbol{e}_i) = 0$ ist. Wir wollen uns darauf beschränken, θ und $\mathrm{var}(\boldsymbol{e}_i) = \sigma^2$ zu schätzen. Die Modellvorstellung (2.23) stammt aus der Fehlerrechnung. Misst man einen Gegenstand n-mal und ist der Messvorgang fehlerbehaftet, so werden die Messwerte y_i um den Messfehler e_i vom tatsächlichen Wert μ abweichen (in diesem Fall ist $f(\theta) = \mu$).

Wie kann man nun eine Aussage über μ aus den n Einzelmessungen y_i erhalten?

Gauß, aber auch schon Legendre haben die Methode der kleinsten Quadrate (MKQ) vorgeschlagen, die den Wert von $\theta \in \Omega$ zu ermitteln gestattet, für den $\sum_{i=1}^n e_i^2$ ein Minimum wird. Dementsprechend geben wir die

Definition 2.10
Eine messbare Maßzahl $S_{\mathrm{Q}}(\boldsymbol{Y})$, deren Realisation $S_{\mathrm{Q}}(Y)$ die Bedingung

$$\sum_{i=1}^{n} \{y_i - f[S_{\mathrm{Q}}(Y)]\}^2 = \min_{\theta \in \Omega} \sum_{i=1}^{n} \{y_i - f(\theta)\}^2 \tag{2.24}$$

erfüllt, heißt Schätzfunktion nach der Methode der kleinsten Quadrate bezüglich $\theta \in \Omega$ oder kurz: MKQ-Schätzung von $\theta \in \Omega$. Die Varianz $\sigma^2 = \mathrm{var}(\boldsymbol{e}_i)$ schätzt man, falls $\dim(\Omega) < n$ gilt, gewöhnlich durch

$$\boldsymbol{s}^2 = \frac{\sum_{i=1}^n \{\boldsymbol{y}_i - f[S_{\mathrm{Q}}(\boldsymbol{Y})]\}^2}{n\text{-}\dim(\Omega)} \tag{2.25}$$

Die MKQ-Schätzung wird vor allem in der Theorie der linearen (und auch der nichtlinearen) Modelle verwendet. In diesen Modellen ist $\boldsymbol{Y}$ keine Zufallsstichprobe, da einzelne Komponenten einer Zufallsstichprobe $\boldsymbol{Y}$ unterschiedliche Erwartungswerte haben. Im Fall eines einfachen linearen Modells z. B. ist

$$\boldsymbol{y}_i = \beta_0 + \beta_1 x_i + \boldsymbol{e}_i \quad (i = 1, \dots, n)$$

und für $\beta_1 \neq 0$ ist $E(\boldsymbol{y}_i)$ von x_i abhängig, und damit ist der Vektor $\boldsymbol{Y} = (\boldsymbol{y}_1, \dots, \boldsymbol{y}_n)^{\mathrm{T}}$ keine Zufallsstichprobe. Die Parameter des Modells lassen sich aber trotzdem nach der Methode der kleinsten Quadrate schätzen. Wir verweisen hier auf die Kapitel 4 und 8, in denen die Parameterschätzung in linearen Modellen behandelt wird. Verallgemeinerungen der Methode der kleinsten Quadrate sind auch für abhängige $\boldsymbol{e}_i$ mit beliebiger, aber bekannter positiv definiter Kovarianzmatrix möglich.

2.3.3
Minimum-χ^2-Methode

Diese Methode ist anwendbar, wenn die Beobachtungswerte Häufigkeiten von Beobachtungen sind, die in eine endliche Anzahl einander ausschließender Teilmengen fallen, deren Vereinigung die Gesamtheit möglicher Realisationen einer Komponente einer Zufallsstichprobe $\boldsymbol{Y}$ darstellt. Dabei ist es gleichgültig, ob die Klassen die möglichen Realisationen einer diskreten Zufallsvariablen (natürliche Klassen) oder Teilmengen von Werten kontinuierlicher Zufallsvariablen sind. In jedem Fall seien $\boldsymbol{n}_1, \dots, \boldsymbol{n}_k$ die Anzahl der Komponenten einer Zufallsstichprobe $\boldsymbol{Y}$, die in die k Klassen fallen. Wegen

$$\sum_{i=1}^{k} n_i = n$$

sind die $\boldsymbol{n}_i$ nicht unabhängig. Die $\psi_1 = g_1(\theta), \dots, \psi_k = g_k(\theta)$ seien die aus der Verteilung P_θ berechneten Wahrscheinlichkeiten dafür, dass ein Element einer Zufallsstichprobe $\boldsymbol{Y}$ in einer der k Klassen liegt.

Definition 2.11
Eine Schätzfunktion $S_0(\boldsymbol{Y})$, für deren Realisationen

$$\chi^2 = \sum_{i=1}^{k} \frac{\{n_i - ng_i[S_0(Y)]\}^2}{ng_i[S_0(Y)]} = \min_{\theta \in \Omega} \sum_{i=1}^{k} \frac{\{n_i - ng_i(\theta)\}^2}{ng_i(\theta)} \tag{2.26}$$

gilt, heißt Minimum-χ^2-Schätzfunktion.

Der Name Minimum-χ^2-Schätzfunktion rührt daher, dass χ^2 asymptotisch nach $CQ(n-k)$ verteilt ist. Sind die $g_i(\theta)$ nach θ differenzierbar, dann kann man die Ableitungen von X^2 nach den Komponenten von θ gleich 0 setzen und erhält wegen der Konvexität der Funktion (2.26) ein Minimum. Das führt zu

$$\sum_{i=1}^{k} \left\{ \frac{n_i - ng_i[S_0(Y)]}{g_i[S_0(Y)]} + \frac{(n_i - ng_i[S_0(Y)])^2}{2n(g_i[S_0(Y)])^2} \right\} \left. \frac{\partial g_i(\theta)}{\partial \theta_i} \right|_{\theta=S_0(Y)} = 0 \qquad (2.27)$$

Das Gleichungssystem (2.27) ist schwierig zu lösen. Der zweite Summand in der äußeren Klammer kann oft ohne große Nachteile vernachlässigt werden, sodass man anstelle von (2.27) häufig

$$\sum_{i=1}^{k} \frac{n_i - ng_i[S_0(Y)]}{g_i[S_0(Y)]} \left. \frac{\partial g_i(\theta)}{\partial \theta_i} \right|_{\theta=S_0(Y)} = 0 \qquad (2.28)$$

löst. Dieses Verfahren nennt man auch modifizierte Minimum-χ^2-Methode.

2.3.4 Momentenmethode

Wenn für die Verteilung $P_\theta \in P = (P_\theta, \theta \in \Omega)$, $\dim(\Omega) = p$ der Komponenten einer Zufallsstichprobe $\boldsymbol{Y}$ gerade p Produktmomente als explizite Funktionen von θ bekannt sind, kann man die Momentenmethode verwenden.

Definition 2.12
Ist $n \geq p$, so heißt eine Schätzfunktion $S_{\mathrm{M}}(\boldsymbol{Y})$, deren Realisation $S_{\mathrm{M}}(Y)$ Lösung eines Gleichungssystems

$$m'_r = \mu'_r[S_{\mathrm{M}}(Y)] , \quad r = 1, \dots, p \qquad (2.29)$$

ist, Schätzfunktion nach der Momentenmethode. In (2.29) ist μ'_r das gewöhnliche r-te Moment, und es gilt weiter

$$m'_r = \frac{1}{n} \sum_{i=1}^{n} y_i^r$$

Beispiel 2.12
Es sei $\boldsymbol{Y}$ eine Zufallsstichprobe aus einer nichtzentralen $CQ(\nu, \lambda)$-Verteilung, ν und λ seien unbekannt. Bekanntlich gilt:

$$E(\boldsymbol{y}_i) = \nu + \lambda , \quad \operatorname{var}(\boldsymbol{y}_i) = 2(\nu + 2\lambda) , \quad i = 1, \dots, n$$

Da $\operatorname{var}(\boldsymbol{y}_i) = E(\boldsymbol{y}_i^2) - [E(\boldsymbol{y}_i)]^2$ ist, folgt wegen $p = 2$ mit $r = 1$ und $r = 2$ aus (2.29)

$$\bar{y} = \hat{\nu} + \hat{\lambda} \quad \text{und} \quad \frac{1}{n} \sum_{i=1}^{n} y_i^2 = 2(\hat{\nu} + 2\hat{\lambda}) + (\hat{\nu} + \hat{\lambda})^2$$

Als Lösung dieses Gleichungssystems erhalten wir $\boldsymbol{S}_M^{\mathrm{T}} = (\hat{\boldsymbol{\nu}}, \hat{\boldsymbol{\lambda}})$ mit

$$\hat{\boldsymbol{\nu}} = 2\bar{\boldsymbol{y}} - \frac{1}{2}\left[\frac{1}{n}\sum_{i=1}^{n} \boldsymbol{y}_i^2 - \bar{\boldsymbol{y}}^2\right], \quad \hat{\boldsymbol{\lambda}} = \frac{1}{2}\left[\frac{1}{n}\sum_{i=1}^{n} \boldsymbol{y}_i^2 - \bar{\boldsymbol{y}}^2\right] - \bar{\boldsymbol{y}}$$

2.3.5 Jackknife-Schätzungen

Diese Methode setzt voraus, dass bereits eine Schätzfunktion $S(\boldsymbol{Y})$ für ein Schätzproblem vorliegt. Die Schätzfunktion soll verbessert werden. Wir beschränken uns hier auf solche Fälle, in denen $S(\boldsymbol{Y})$ bezüglich $g(\theta) = \psi$ nicht erwartungstreu ist, sondern die Verzerrung $E[S(\boldsymbol{Y})] - g(\theta) = v_n(\theta)$ hat. Wir suchen nach einer Möglichkeit, $v_n(\theta)$ zu verringern.

Definition 2.13
Es sei mit den Bezeichnungen dieses Abschnittes $S_n(\boldsymbol{Y})$ eine Schätzfunktion aus allen n Elementen einer Zufallsstichprobe $\boldsymbol{Y}$ bezüglich $g(\theta)$ und $S_{n-1}(\boldsymbol{Y}^{(i)})$ ein Element der gleichen Folge von Schätzfunktionen basierend auf

$$\boldsymbol{Y}^{(i)} = (\boldsymbol{y}_1, \dots, \boldsymbol{y}_{i-1}, \boldsymbol{y}_{i+1}, \dots, \boldsymbol{y}_n)^{\mathrm{T}}$$

Dann heißt

$$J[S(\boldsymbol{Y})] = nS_n(\boldsymbol{Y}) - \frac{n-1}{n}\sum_{i=1}^{n} S_{n-1}(\boldsymbol{Y}^{(i)}) \tag{2.30}$$

die Jackknife-Schätzung erster Ordnung bezüglich $g(\theta)$, basierend auf $S_n(\boldsymbol{Y})$.

Besitzen $S_n(\boldsymbol{Y})$ und $S_{n-1}(\boldsymbol{Y}^{(i)})$ endliche Erwartungswerte und ist die Verzerrung von $S_n(\boldsymbol{Y})$ von der Form

$$v_n(\theta) = \sum_{l=1}^{\infty} \frac{a_l(\theta)}{n^l}$$

so gilt

$$E\{J[S(\boldsymbol{Y})] - g(\theta)\} = nv_n(\theta) - (n-1)v_{n-1}(\theta) = \sum_{l=1}^{\infty} \frac{a_l(\theta)}{n^{l-1}} - \sum_{l=1}^{\infty} \frac{a_l(\theta)}{(n-1)^{l-1}}$$
$$= -\frac{a_2(\theta)}{n(n-1)} - \sum_{l=2}^{\infty} a_{l+1}(\theta)\left[\frac{1}{(n-1)^l} - \frac{1}{n^l}\right]$$

womit sich die Ordnung der Verzerrung von $O(\frac{1}{n})$ auf $O(\frac{1}{n^2})$ verringert hat.

Beispiel 2.13
Es sei $\boldsymbol{Y}$ eine Zufallsstichprobe, deren Komponenten den Erwartungswert μ besitzen. Es sei $g(\theta) = \mu$ und $S_n(\boldsymbol{Y}) = \bar{\boldsymbol{y}}_n$. Dann ist die Jackknife-Schätzung basierend auf $\bar{\boldsymbol{y}}_n$ durch $J(\bar{\boldsymbol{y}}_{n.}) = \bar{\boldsymbol{y}}_{n.}$ gegeben. In der Tat ist

$$J(\bar{y}_n) = n\bar{\boldsymbol{y}}_n - \frac{n-1}{n}\sum_{i=1}^{n} \bar{\boldsymbol{y}}_n^{(i)} = \bar{y}_n$$

2.3.6
Auf Ordnungsmaßzahlen basierende Schätzfunktionen

Die Schätzfunktionen dieses Abschnittes dienen vor allem zur Schätzung von Lageparametern. Zunächst sollen Maßzahlen eingeführt werden, die für manche Schätz- (aber auch Test-)probleme von Bedeutung sind.

2.3.6.1 Ordnungs- und Rangmaßzahlen

Definition 2.14
Es sei $\boldsymbol{Y}$ eine Zufallsstichprobe vom Umfang $n > 1$ aus einer bestimmten Verteilungsfamilie.

Ordnen wir die Elemente der Realisation Y der Größe nach und bezeichnen das j-te Element dieser geordneten Menge mit $y_{(j)}$, sodass $y_{(1)} \leq \cdots \leq y_{(n)}$ gilt, dann ist

$$Y_{(.)} = (y_{(1)}, \cdots, y_{(n)})^{\mathrm{T}}$$

eine Funktion der Realisation von $\boldsymbol{Y}$, und $S^*(\boldsymbol{Y}) = \boldsymbol{Y}_{(.)} = (\boldsymbol{y}_{(1)}, \ldots, \boldsymbol{y}_{(n)})^{\mathrm{T}}$ heißt Ordnungsmaßzahlvektor, die Komponente $\boldsymbol{y}_{(i)}$ heißt die i-te Ordnungsmaßzahl und $\boldsymbol{y}_{(n)} - \boldsymbol{y}_{(1)} = \boldsymbol{w}$ heißt die Spannweite von $\boldsymbol{Y}$.

Mit $Y \in \{Y\}$ gilt auch $Y_{(.)} \in \{Y\}$, d. h., durch $S^*(\boldsymbol{Y})$ wird der Stichprobenraum $\{Y\}$ in sich abgebildet.

Satz 2.7
Es sei $\boldsymbol{Y}$ eine Zufallsstichprobe mit kontinuierlichen Komponenten, deren Verteilungsfunktion $F(y)$ und deren Dichtefunktion $f(y)$ ist. Dann ist die Dichtefunktion $h(Y_{(.)})$ durch

$$h(Y_{(.)}) = n!\prod_{i=1}^{n} f(y_{(i)}) \tag{2.31}$$

gegeben. Ist $1 \leq k \leq n$ und $\boldsymbol{R}_k = (\boldsymbol{y}_{(i_1)}, \dots, \boldsymbol{y}_{(i_k)})^{\mathrm{T}}$ der Vektor einer k-elementigen Teilmenge von $\boldsymbol{Y}_{(.)}$, so ist die Dichtefunktion $h(R_k)$ von $\boldsymbol{R}_k$ durch

$$h(R_k) = \frac{n!}{\prod_{j=1}^{k+1}(i_j - i_{j-1} - 1)} \prod_{j=1}^{k+1} [F(y_{(i_j)}) - F(y_{(i_{j-1})})]^{i_j - i_{j-1} - 1} \prod_{j=1}^{k} f(y_{(i_j)}) \tag{2.32}$$

gegeben, wobei $i_0 = 0$, $i_{k+1} = k + 1$, $y_{(i_0)} = -\infty$ und $y_{(k+1)} = +\infty$ zu setzen ist und

$$y_{(i_1)} \leq \dots \leq y_{(i_k)}$$

gilt.

Wir wollen hier nur den Grundgedanken des Beweises skizzieren. Es sei $B_{i_j} = (y_{(i_{j-1})}, y_{(i_j)})$ und E das folgende Ereignis:

Von den Komponenten einer Zufallsstichprobe Y (bzw. $Y_{(.)}$) liegen $i_1 - 1$ in B_{i_1}, $i_2 - i_1 - 1$ in $B_{i_2}, \dots, k - i_k$ in B_k. Ist P_{i_j} die Wahrscheinlichkeit dafür, dass $\boldsymbol{y} \in B_{i_j}$ ist, so gilt $P_{i_j} = \int_{B_{i_j}} f(y)\,\mathrm{d}y = F(y_{(i_j)}) - F(y_{(i_{j-1})})$.

Nun ist

$$P(E) = n! \frac{P_{i_1}^{i_1-1} P_{i_2}^{i_2-i_1-1} \dots P_{i_k}^{k-i_k}}{(i_1 - 1)!(i_2 - i_1 - 1)! \dots (k - i_k)!}$$

Damit erhält man (2.32) und für $k = n$ auch (2.31).

Korollar 2.2
Die Dichtefunktion der i-ten Ordnungsmaßzahl ist

$$h(y_{(i)}) = \frac{n!}{(i-1)!(n-i)!} [F(y_{(i)})]^{i-1} [1 - F(y_{(i)})]^{n-1} f(y_{(i)}) \tag{2.33}$$

Speziell gilt:

$$h(y_{(1)}) = n[1 - F(y_{(1)})]^{n-1} f(y_{(1)}) \tag{2.34}$$

und

$$h(y_{(n)}) = n[F(y_{(n)})]^{n-1} f(y_{(n)}) \tag{2.35}$$

Definition 2.15
Mit den Bezeichnungen von Definition 2.14 seien die n positiven ganzen Zahlen $r_i = r(y_{(i)})$ durch $y_i = y_{(r_i)}$ definiert. Die r_i heißen die Rangzahlen oder Ränge der y_i $(i = 1, \dots, n)$. Der Vektor $\boldsymbol{R} = (\boldsymbol{r}_1 \dots, \boldsymbol{r}_n)^{\mathrm{T}} = [r(\boldsymbol{y}_1), \dots, r(\boldsymbol{y}_n)]^{\mathrm{T}}$ heißt Rangmaßzahlvektor der Zufallsstichprobe $\boldsymbol{Y}$, die Komponenten $r(\boldsymbol{y}_i)$ heißen Rangmaßzahlen.

2.3.6.2 L-Schätzungen

L-Schätzungen sind gewogene Mittelwerte von Ordnungsmaßzahlen (L wie Linearkombination).

Definition 2.16

Ist $\boldsymbol{Y}$ eine Zufallsstichprobe und $\boldsymbol{Y}_{(.)}$ der entsprechende Ordnungsmaßzahlvektor, so heißt

$$L(\boldsymbol{Y}) = S_{\text{L}}(\boldsymbol{Y}) = \sum_{i=1}^{n} c_i \boldsymbol{y}_{(i)}\,; \quad c_i \geq 0\,, \quad \sum_{i=1}^{n} c_i = 1 \tag{2.36}$$

eine L-Schätzung.

Bezüglich welchen Parameters $L(\boldsymbol{Y})$ eine Schätzfunktion sein soll, muss jeweils noch angegeben werden. Es handelt sich jedoch vorwiegend um Lageparameter. Das liegt vor allem an den Bedingungen $c_i \geq 0$, $\sum_{i=1}^{n} c_i = 1$. Linearkombinationen in den Ordnungsmaßzahlen ohne diese Einschränkung können auch zur Schätzung anderer Parameter dienen, sie werden jedoch meist nicht L-Schätzungen genannt.

So erhält man mit $c_1 = -1$, $c_2 = \cdots = c_{n-1} = 0$, $c_n = 1$ die Spannweite $S(\boldsymbol{Y}) = \boldsymbol{w} = \boldsymbol{y}_{(n)} - \boldsymbol{y}_{(1)}$, die eine Schätzfunktion bezüglich $\sigma = \sqrt{\text{var}(\boldsymbol{y})}$ in Verteilungen mit existierendem zweiten Moment ist.

Beispiel 2.14 Getrimmter Mittelwert

Setzt man in (2.36) mit $t < \frac{n}{2}$

$$c_1 = \cdots = c_t = c_{n-t+1} = \cdots = c_n = 0 \quad \text{und} \quad c_{t+1} = \cdots = c_{n-t} = \frac{1}{n-2t}$$

so erhält man das sogenannte $\frac{t}{n}$-getrimmte Mittel

$$L_{\text{T}}(\boldsymbol{Y}) = \frac{1}{n-2t} \sum_{i=t+1}^{n-t} \boldsymbol{y}_{(i)} \tag{2.37}$$

Es wird verwendet, wenn einige Messwerte der realisierten Stichprobe stark von Beobachtungsfehlern beeinflusst sein können (sogenannte Ausreißer). Ist $n = 2t + 1$, so ist das $\frac{t}{n}$-getrimmte Mittel der Stichprobenmedian

$$L_{\text{M}}(\boldsymbol{Y}) = \boldsymbol{y}_{(t+1)} = \boldsymbol{y}_{(n-t)} \tag{2.38}$$

Beispiel 2.15 Winsorisiertes Mittel

Verzichtet man nicht, wie in Beispiel 2.14, auf die t kleinsten und auf die t größten Beobachtungswerte, sondern schiebt sie auf den Wert $y_{(t+1)}$ bzw. $y_{(n-t)}$, so erhält man das sogenannte $\frac{t}{n}$-winsorisierte Mittel

$$L_W(Y) = \frac{1}{n}\left[\sum_{i=t+1}^{n-t} y_{(i)} + t y_{(t+1)} + t y_{(n-t)}\right]$$

$$c_1 = \cdots = c_t = c_{n-t+1} = \cdots = c_n = 0 \quad \text{und} \quad c_{t+1} = \cdots = c_{n-t} = \frac{1}{n} \tag{2.39}$$

Den Median in Stichproben geraden Umfangs $n = 2t$ kann man als 1/2-winsorisiertes Mittel

$$L_W(Y) = \frac{1}{2}(y_{(t+1)} + y_{(n-t)}) \tag{2.40}$$

definieren.

Definition 2.17
Der Median y_{med} einer Zufallsstichprobe vom Umfang $n \geq 2$ ist durch

$$y_{\text{med}} = \text{Med}(Y) = \begin{cases} y_{(n-t)} & \text{für} \quad n = 2t+1 \\ \frac{1}{2}(y_{(t+1)} + y_{(n-t)}) & \text{für} \quad n = 2t \end{cases}$$

definiert.

Für $n = 2t + 1$ bzw. $t = \frac{n-1}{2}$ ist $\text{Med}(Y) = L_T(Y)$.

2.3.6.3 M-Schätzungen

Definition 2.18
Eine Schätzfunktion $S(Y) = M(Y)$, die für jede Realisation Y einer Zufallsstichprobe Y den Ausdruck

$$\sum_{i=1}^{n} \rho(y_i - S(Y)) \tag{2.41}$$

minimiert, wobei für geeignet gewähltes k

$$\rho(t) = \begin{cases} \frac{1}{2}t^2 & \text{für} \quad |t| \leq k \\ k|t| - \frac{1}{2}k^2 & \text{für} \quad |t| > k \end{cases} \tag{2.42}$$

gilt, heißt M-Schätzung.

Huber (1964) führte die M-Schätzungen ein für den Fall, dass die Verteilungen der Komponenten y_i einer Zufallsstichprobe Y die Form

$$F(y) = (1 - \varepsilon)G(y) + \varepsilon H(y)$$

haben, wobei $0 < \varepsilon < 1$ ist und G und H bekannte Verteilungen sind. Für $0 < \varepsilon < 1/2$ heißt F durch H verschmutzte Verteilung G.

2.3.6.4 R-Schätzungen

Definition 2.19
Es sei $\boldsymbol{Y}$ eine Zufallsstichprobe und $\boldsymbol{Y}_{(.)}$ der entsprechende Ordnungsmaßzahlvektor von $\boldsymbol{Y}$. Für $1 \leq j \leq k \leq n$ sei

$$m_{jk} = \frac{1}{2}(y_{(j)} + y_{(k)})$$

und $d_1, \ldots, d_n$ seien n gegebene nichtnegative Zahlen. Die Größen

$$w_{jk} = \frac{d_{n-(k-j)}}{\sum_{i=1}^{n} i d_i}, \quad 1 \leq j \leq k \leq n$$

definieren die Wahrscheinlichkeiten einer $\frac{1}{2}n(n+1)$-Punktverteilung, d. h. einer diskreten Verteilung mit $\frac{1}{2}n(n+1)$ möglichen Werten m_{jk} (sie bilden das Spektrum), die mit positiven Wahrscheinlichkeiten w_{jk} auftreten. Ist $R(Y)$ der Median dieser Verteilung, so heißt nach Übergang zu Zufallsvariablen $R(\boldsymbol{Y})$ eine R-Schätzung.

Dass die w_{jk} eine Wahrscheinlichkeitsverteilung definieren, ist leicht einzusehen. Zunächst sind die w_{jk} nichtnegativ und, da die Zähler nie größer als der Nenner sein können, auch nicht größer als 1. Für die $\frac{1}{2}n(n+1)$ Paare (j, k) tritt n-mal der Zähler d_n, $(n-1)$-mal d_{n-1} usw. und einmal (nämlich für das Paar $j = 1, k = n$) der Zähler d_1 auf.

Beispiel 2.16 Hodges-Lehmann-Schätzfunktion
Es sei $d_1 = \cdots = d_n = 1$. Dann ist $R(\boldsymbol{Y})$ der Median der $\boldsymbol{m}_{jk}$. Diese Schätzfunktion heißt Hodges-Lehmann-Schätzfunktion.

2.4 Eigenschaften von Schätzfunktionen

Konstruiert man wie in Abschn. 2.1 R-optimale Schätzfunktionen, so weiß man im Falle der globalen R-Optimalität, dass die gefundene Schätzfunktion im Sinne der R-Optimierung die beste ist. Man will nun mitunter wissen, wie sich diese optimalen Schätzfunktionen hinsichtlich anderer Kriterien verhalten. Wichtiger ist eine Bewertung von Schätzfunktionen, die nach einer der in Abschn. 2.3 beschrieben Methoden konstruiert wurden. Kann man über Eigenschaften dieser Schätzfunktionen Aussagen treffen?

Was tut man, wenn R-optimale Lösungen nicht existieren, so wie das in Beispiel 2.2 der Fall war? Kann man Schätzfunktionen finden, die zumindest asymptotisch (d. h. für $n \to \infty$) gewisse gewünschte Eigenschaften haben? Einige Ergebnisse zu solchen Problemen sollen hier beschrieben werden.

2.4.1 Kleine Stichproben

Man wird sofort fragen, wann eine Stichprobe klein ist. Die Bezeichnung ist ein Terminus technicus der Statistik geworden, man meint eigentlich damit Stichproben von einer solchen Größe, die exakte Verfahren erfordert und die näherungsweise Verwendung asymptotischer Ergebnisse ausschließt. Das gilt vor allem bei Stichproben von Umfängen $n < 50$. Bei größeren Stichproben kann man teilweise in guter Näherung asymptotische Aussagen für Folgen von Stichproben für $n \to \infty$ nutzen. Von welchem n an das möglich ist, hängt vom Problem ab. Wir werden im Kapitel 9 über nichtlineare Regression sehen, dass es Fälle gibt, in denen asymptotische Aussagen schon für $n = 4$ ausgenutzt werden können. Die Regel ist das aber keinesfalls, und meist ist nicht bekannt, wo die Grenze der Anwendbarkeit liegt. In diesem Abschnitt wollen wir Eigenschaften beschreiben, die für jedes $n > 1$ gelten. Zu solchen Eigenschaften gehört die Erwartungstreue (Definition 2.2) oder die Eigenschaft, in Ω lokal varianzoptimal erwartungstreu zu sein (Definition 2.3). Existiert keine lokal varianzoptimale erwartungstreue Schätzfunktion, so kann man die relative Effizienz in Definition 2.5 auf beliebige Schätzfunktionen in D_{E} ausdehnen, die der Bedingung V1 in Definition 1.10 genügen, und die Varianz in Definition 2.5 durch die untere Schranke der Rao-Cramér-Ungleichung ersetzen, siehe Satz 1.9, Formel (1.23).

Alle Zufallsstichproben und Schätzfunktionen dieses Abschnittes mögen die Bedingung V1 von Definition 1.10 erfüllen, die Komponenten einer Zufallsstichprobe $\boldsymbol{Y}$ seien nach $P_\theta \in P = (P_\theta, \theta \in \Omega)$, $\dim(\Omega) = 1$ verteilt. Wir geben folgende

Definition 2.20
Es seien $\boldsymbol{S}_1 = S_1(\boldsymbol{Y})$ und $\boldsymbol{S}_2 = S_2(\boldsymbol{Y})$ zwei erwartungstreue Schätzfunktionen basierend auf der Zufallsstichprobe $\boldsymbol{Y}$ bezüglich $g(\theta)$. Dann heißt

$$e(\boldsymbol{S}_1, \boldsymbol{S}_2) = \frac{\operatorname{var}[S_1(\boldsymbol{Y})]}{\operatorname{var}[S_2(\boldsymbol{Y})]} \tag{2.43}$$

relative Effizienz von $\boldsymbol{S}_2$ bezüglich $\boldsymbol{S}_1$. Für jede erwartungstreue Schätzfunktion $\boldsymbol{S} = S(\boldsymbol{Y})$ bezüglich $g(\theta)$ heißt

$$e(\boldsymbol{S}) = \frac{\left(\frac{\partial g(\theta)}{\partial \theta}\right)^2}{I_n(\theta)\operatorname{var}(S(\boldsymbol{Y}))} \tag{2.44}$$

Effizienzfunktion, wobei $I_n(\theta)$ die Fisher-Information ist (siehe (1.16)).

Die in (2.43) und (2.44) eingeführten Effizienzbegriffe sind nicht an die Existenz einer GVES gebunden, sie erfordern schwächere Voraussetzungen, wie z. B. die Existenz der zweiten Momente von $\boldsymbol{S}_2$ und $\boldsymbol{S}_1$ in (2.43) oder die Voraussetzungen von Satz 1.8 bezüglich $g(\theta)$ in (2.44). Letztere Gleichung misst die Varianz aller $S(\boldsymbol{Y}) \in D_{\mathrm{E}}$ an der unteren Schranke der Rao-Cramér-Ungleichung für $\mathrm{d}E[M(\boldsymbol{Y})] = \mathrm{d}\theta$. Mitunter möchte man Schätzfunktionen mit unterschiedlicher Verzerrung hinsichtlich des Risikos (2.2), das auf dem quadratischen Verlust in (2.1) aufbaut, vergleichen.

Definition 2.21
Ist $S(\boldsymbol{Y})$ eine Schätzfunktion bezüglich $g(\theta) = \psi$ mit der Verzerrung $v_n = v_n(\theta)$ nach Definition 2.2 und existiert das zweite Moment von $S(\boldsymbol{Y})$, so heißt

$$\mathrm{MQA}[S(\boldsymbol{Y})] = E\{[\psi - S(\boldsymbol{Y})]^2\} = \mathrm{var}[S(\boldsymbol{Y})] + v_n^2 \tag{2.45}$$

mittlere quadratische Abweichung von $S(\boldsymbol{Y})$. Für zwei Schätzfunktionen, deren zweite Momente existieren, heißt

$$r(\boldsymbol{S}_1, \boldsymbol{S}_2) = \frac{\mathrm{MQA}[S_1(\boldsymbol{Y})]}{\mathrm{MQA}[S_2(\boldsymbol{Y})]} \tag{2.46}$$

relative mittlere quadratische Abweichung von $S_2(\boldsymbol{Y})$ bezüglich $S_1(\boldsymbol{Y})$. Dass es außerhalb von D_E Schätzfunktionen gibt, deren mittlere quadratische Abweichung kleiner als die der GVES ist, zeigt

Beispiel 2.17
Sind die Komponenten einer Zufallsstichprobe $\boldsymbol{Y} = (\boldsymbol{y}_1, \boldsymbol{y}_2, \ldots, \boldsymbol{y}_n)^\mathrm{T}$ $(n > 1)$ nach $N(\mu, \sigma^2)$ verteilt und ist $g(\theta) = \sigma^2$, so ist $\boldsymbol{s}^2$ eine GVES bezüglich σ^2 (siehe Beispiel 2.4c). Aus der Formel für die Varianz der χ^2-Verteilung folgt, dass $\mathrm{var}(\boldsymbol{s}^2) = \frac{2\sigma^4}{n-1}$ ist. Die Maximum-Likelihood-Schätzfunktion

$$\tilde{\boldsymbol{\sigma}}^2 = \frac{n-1}{n}\boldsymbol{s}^2$$

hat die Verzerrung $v_n(\sigma^2) = -\frac{\sigma^2}{n}$ und die Varianz

$$\mathrm{var}(\tilde{\boldsymbol{\sigma}}^2) = \frac{(n-1)^2}{n^2}\mathrm{var}(\boldsymbol{s}^2) = \frac{2(n-1)}{n^2}\sigma^4$$

Folglich ist

$$\mathrm{MQA}(\boldsymbol{s}^2) = \mathrm{var}(\boldsymbol{s}^2) = \frac{2\sigma^4}{n-1} \quad \text{und}$$
$$\mathrm{MQA}(\tilde{\boldsymbol{\sigma}}^2) = \mathrm{var}(\tilde{\boldsymbol{\sigma}}^2) + v_n^2(\tilde{\boldsymbol{\sigma}}^2) = \frac{2n-1}{n^2}\sigma^4$$

Wir erhalten

$$r(\tilde{\boldsymbol{\sigma}}^2, \boldsymbol{s}^2) = \frac{(2n-1)(n-1)}{2n^2} = \frac{2n^2-3n+1}{2n^2} < 1$$

d. h., $\mathrm{MQA}(\tilde{\boldsymbol{\sigma}}^2)$ ist stets kleiner als $\mathrm{MQA}(\boldsymbol{s}^2)$. Damit ist $\tilde{\boldsymbol{\sigma}}^2$ bezüglich der Risikofunktion $R(\psi, S)$ gleichmäßig in Ω besser als $\boldsymbol{s}^2$ (und $\boldsymbol{s}^2$ damit unzulässig im Sinne von Definition 1.15). Trotzdem wird $\boldsymbol{s}^2$ in den Anwendungen fast ausschließlich benutzt. Die äquivariante Schätzfunktion mit minimaler MQA ist nach Beispiel 2.9

$$\check{\boldsymbol{\sigma}}^2 = \frac{n-1}{n+1}\boldsymbol{s}^2$$

mit der Verzerrung $-\frac{2}{n+1}\sigma^2$. Folglich ist

$$\text{MQA}(\tilde{\boldsymbol{\sigma}}^2) = \text{var}(\tilde{\boldsymbol{\sigma}}^2) + \frac{4}{(n+1)^2}\sigma^4 = \frac{2}{n+1}\sigma^4$$

und wir erhalten wegen $n > 1$

$$r(\check{\boldsymbol{\sigma}}^2, \tilde{\boldsymbol{\sigma}}^2) = \frac{2n^2}{(2n-1)(n+1)} = \frac{2n^2}{2n^2+n-1} < 1$$

Unter den drei Schätzfunktionen hat $\check{\boldsymbol{\sigma}}^2$ die größte Verzerrung, aber die kleinste MQA.

Definition 2.22
Ist $S_1(\boldsymbol{Y})$ erwartungstreue Schätzfunktion von $\psi_1 = g_1(\theta)$ und $S_2(\boldsymbol{Y})$ erwartungstreue Schätzfunktion von $\psi_2 = g_2(\theta)$, so heißt

$$e_{\psi_1\psi_2}(\boldsymbol{S}_1, \boldsymbol{S}_2) = \left(\frac{\mathrm{d}g_1(\theta)/\mathrm{d}\theta}{\mathrm{d}g_2(\theta)/\mathrm{d}\theta}\right)^2 \frac{\text{var}[S_1(\boldsymbol{Y})]}{\text{var}[S_2(\boldsymbol{Y})]} \tag{2.47}$$

Pitmann-Effizienz von $S_2(\boldsymbol{Y})$ bezüglich $S_1(\boldsymbol{Y})$ (Pitmann, 1979). Hierbei wurde die Existenz der Ableitungen von g_1 und g_2 und der zweiten Momente der Schätzfunktionen vorausgesetzt.

Für $g_1 = g_2$ reduziert sich (2.47) auf (2.43).

2.4.2 Asymptotische Eigenschaften

Mitunter ist es nützlich, das Grenzverhalten von Folgen von Schätzfunktionen für $n \to \infty$ zu untersuchen. Wir sagen kurz, eine Schätzfunktion besitze eine asymptotische Eigenschaft, wenn die entsprechende Folge von Schätzfunktionen diese Eigenschaft besitzt. Wir gehen stets von einer Folge $\boldsymbol{Y}_1, \boldsymbol{Y}_2, \ldots$ von Zufallsstichproben $\boldsymbol{Y}_n = (\boldsymbol{y}_1, \boldsymbol{y}_2, \ldots, \boldsymbol{y}_n)^{\mathrm{T}}$ mit $n = 1, 2, \ldots$ aus.

Definition 2.23
Es sei $\boldsymbol{S}_1, \boldsymbol{S}_2, \ldots$ mit $\boldsymbol{S}_n = S(\boldsymbol{Y}_n)$ eine Folge $\{\boldsymbol{S}_n\}$ von Schätzfunktionen bezüglich $g(\theta)$. Dann heißt $\{\boldsymbol{S}_n\}$ konsistent, wenn diese Folge für alle $\theta \in \Omega$ stochastisch gegen $g(\theta)$ konvergiert, d. h., wenn für alle $\varepsilon > 0$

$$\lim_{n\to\infty} P\{\|\boldsymbol{S}_n - g(\theta)\| \geq \varepsilon\} = 0$$

gilt. Ferner heißt die Folge $\{\boldsymbol{S}_n\}$ asymptotisch erwartungstreu, wenn für die Verzerrung $v_n(\theta) = E(\boldsymbol{S}_n) - g(\theta)$

$$\lim_{n\to\infty} v_n(\theta) = 0$$

gilt.

Die Eigenschaft der Konsistenz ist kaum geeignet, konkurrierende Schätzfunktionen zu bewerten. So sind die Schätzfunktionen $\boldsymbol{s}^2$, $\tilde{\boldsymbol{\sigma}}^2$ und $\breve{\boldsymbol{\sigma}}^2$ von Abschn. 2.4.1 (in der Familie der Normalverteilungen) konsistent bezüglich σ^2, sie sind auch alle asymptotisch erwartungstreu. Für jedes $n > 1$ ist aber

$$\text{MQA}(\breve{\boldsymbol{\sigma}}^2) < \text{MQA}(\tilde{\boldsymbol{\sigma}}^2) < \text{MQA}(\boldsymbol{s}^2)$$

Definition 2.24
Es sei $\{\boldsymbol{S}_{1,n}\}$ eine Folge von Schätzfunktionen bezüglich $g(\theta)$, und $\sqrt{n}[\boldsymbol{S}_{1,n} - g(\theta)]$ sei asymptotisch nach $N(0, \sigma_1^2)$ verteilt. Ferner sei $\{\boldsymbol{S}_{2,n}\}$ eine andere Folge von Schätzfunktionen bezüglich $g(\theta)$ derart, dass $\sqrt{n}[\boldsymbol{S}_{2,n} - g(\theta)]$ asymptotisch nach $N(0, \sigma_2^2)$ verteilt ist. Dann heißt der Quotient

$$e_A(\boldsymbol{S}_1, \boldsymbol{S}_2) = \frac{\sigma_1^2}{\sigma_2^2} \tag{2.48}$$

die asymptotische relative Effizienz von $\{\boldsymbol{S}_{2,n}\}$ bezüglich $\{\boldsymbol{S}_{1,n}\}$. Dabei heißt σ_i^2 asymptotische Varianz von $\{\boldsymbol{S}_{i,n}\}$ $(i = 1, 2)$.

Eine allgemeine Definition der asymptotischen relativen Effizienz zweier Folgen von Schätzfunktionen kann auch für den Fall gegeben werden, dass die Grenzverteilungen nicht Normalverteilungen sind.

Beispiel 2.18
Wir wollen die asymptotische relative Effizienz des Stichprobenmedians bezüglich des arithmetischen Mittels betrachten und gehen von Lagefamilien von Verteilungen P_θ aus. Ist $F(y - \theta)$ die Verteilungsfunktion und $L(y, \theta) = f(y)$ die Dichtefunktion der Komponenten der Zufallsstichprobe $\boldsymbol{Y} = (\boldsymbol{y}_1, \boldsymbol{y}_2, \dots, \boldsymbol{y}_n)^{\mathrm{T}}$, so ist θ für $F(0) = 1/2$ und $f(0) > 0$ der Median der Verteilung P_θ. Es sei

$$\boldsymbol{S}_{2,n} = \tilde{\boldsymbol{y}}_n = \begin{cases} \boldsymbol{y}_{(m+1)} & \text{für} \quad n = 2m+1 \\ \frac{1}{2}[\boldsymbol{y}_{(m)} + \boldsymbol{y}_{(m+1)}] & \text{für} \quad n = 2m \end{cases}$$

der Median von $\boldsymbol{Y} = \boldsymbol{Y}_n$.

Wir zeigen, dass $\sqrt{n}(\tilde{\boldsymbol{y}}_n - \theta)$ asymptotisch nach $N\left(0, \frac{1}{4f^2(0)}\right)$ verteilt ist. Es sei zunächst $n = 2m + 1$. Da die Verteilung von $\tilde{\boldsymbol{y}}_n - \theta$ von θ unabhängig ist, gilt für reelles c

$$P_\theta\{\sqrt{n}(\tilde{\boldsymbol{y}}_n - \theta) \le c\} = P_0\{\sqrt{n}\tilde{\boldsymbol{y}}_n \le c\} = P_0\{\tilde{\boldsymbol{y}}_n \le \frac{c}{\sqrt{n}}\}$$

Ist w_n die Anzahl der Realisationen y_i die größer als $\frac{c}{\sqrt{n}}$ sind, so gilt $\tilde{y}_n \le \frac{c}{\sqrt{n}}$ genau dann, wenn $w_n \le m = \frac{n-1}{2}$ ist. Nun ist aber $\boldsymbol{w}_n$ nach $B(n, p_n)$ verteilt mit $p_n = 1 - F(\frac{c}{\sqrt{n}})$, sodass

$$\begin{aligned} P_\theta\{\sqrt{n}(\tilde{\boldsymbol{y}}_n - \theta) \le c\} &= P_0\left\{\boldsymbol{w}_n \le \frac{n-1}{2}\right\} \\ &= P_0\left\{\frac{\boldsymbol{w}_n - np_n}{\sqrt{np_n(1-p_n)}} \le \frac{1/2(n-1) - np_n}{\sqrt{np_n(1-p_n)}}\right\} \end{aligned}$$

ist. Wenden wir die Berry-Esseen-Ungleichung (Berry, 1941; Esseen, 1944) (siehe auch Lehmann und Romano, 2008) an (für die Binomialverteilung existiert das dritte Moment), so strebt mit $n \to \infty$ die Differenz (Φ Verteilungsfunktion der $N(0, 1)$-Verteilung)

$$P_0\left\{\boldsymbol{w}_n \le \frac{n-1}{2}\right\} - \Phi[u_n]\,, \quad u_n = \frac{1/2(n-1) - np_n}{\sqrt{np_n(1-p_n)}}$$

gegen 0. Es gilt

$$\lim_{n\to\infty} u_n = \lim_{n\to\infty} \frac{1}{\sqrt{p_n(1-p_n)}}\left[\sqrt{n}\left(\frac{1}{2} - p_n\right) - \frac{1}{2\sqrt{n}}\right]$$

Für $n \to \infty$ strebt $F(\frac{c}{\sqrt{n}})$ gegen $F(0) = 1/2$ und damit $p_n(1-p_n)$ gegen $\frac{1}{4}$. Somit ist

$$\lim_{n\to\infty} u_n = 2 \lim_{n\to\infty}\left[\sqrt{n}\left(\frac{1}{2} - p_n\right)\right] = 2c \lim_{n\to\infty} \frac{F\left(\frac{c}{\sqrt{n}}\right) - F(0)}{\frac{c}{\sqrt{n}}}$$

Der Grenzwert der rechten Seite der Gleichung ist aber gerade die erste Ableitung von $F(y)$ an der Stelle $y = 0$, d. h.

$$\lim_{n\to\infty} u_n = 2c f(0)$$

Folglich strebt $P\{\sqrt{n}(\boldsymbol{y}_{(m)} - \theta) \le c\}$ mit $n \to \infty$ gegen $\Phi[2cf(0)]$. Ist $\boldsymbol{y}$ nach $N(0, \sigma^2)$ verteilt, so ist

$$\Phi\left(\frac{c}{\sigma}\right) = P\left(\frac{\boldsymbol{y}}{\sigma} \le \frac{c}{\sigma}\right) = P(\boldsymbol{y} < c)$$

und umgekehrt folgt aus $P(\boldsymbol{y} < c) = \Phi(\frac{c}{\sigma})$, dass $\boldsymbol{y}$ nach $N(0, \sigma^2)$ verteilt ist. Folglich ist $\sqrt{n}(\boldsymbol{y}_{(m)} - \theta)$ asymptotisch nach $N(0, \frac{1}{4f^2(0)})$ verteilt. Man kann sich nun überlegen (siehe Lehmann und Romano, 2008), dass dies auch für den Fall gerader n und damit für beliebige n gilt.

Betrachten wir nun andererseits das arithmetische Mittel

$$S_{1n} = \bar{y} = \frac{1}{n} \sum_{i=1}^{n} y_i$$

Bekanntlich ist $\bar{y}$ mit Erwartungswert θ und Varianz $\frac{\sigma^2}{n}$ verteilt, sodass $\sqrt{n}(\bar{y} - \theta)$ den Erwartungswert 0 und Varianz σ^2 hat. Folglich strebt die Verteilung von $\sqrt{n}(\bar{y} - \theta)$ gegen eine $N(0, \sigma^2)$-Verteilung. Nach (2.48) ist

$$e_A(\bar{y}, \tilde{y}) = 4\sigma^2 f^2(0)$$

Ist y nach $N(\mu, 1)$ verteilt, so ist $f(0) = \frac{1}{\sqrt{2\pi}}$ und wir erhalten

$$e_A(\bar{y}, \tilde{y}) = \frac{4}{2\pi} \approx 0{,}6366$$

Bahadur (1964) konnte zeigen, dass unter bestimmten Regularitätsbedingungen, die hier nicht im Einzelnen angeführt werden sollen, für Schätzfunktionen $S_n(y)$ bezüglich θ, für die $\sqrt{n}[S_n(y) - \theta]$ asymptotisch nach $N(0, \sigma^2(\theta))$ verteilt ist, stets

$$\sigma^2(\theta) \geq \frac{1}{I(\theta)} \tag{2.49}$$

gilt, wobei $I(\theta)$ die Fisher-Information bezüglich P_θ ist.

Definition 2.25

Es sei $S_n(y)$ Schätzfunktion bezüglich $\theta \in \Omega$, und die Fisher-Information bezüglich P_θ möge existieren. Ferner sei $\sqrt{n}[S_n(y) - \theta]$ asymptotisch nach $N(0, \sigma^2(\theta))$ verteilt. Gilt für $\sigma^2(\theta)$ in (2.49) das Gleichheitszeichen, so heißt $S_n(y)$ beste asymptotisch normalverteilte Schätzfunktion oder kurz: BAN-Schätzung.

Ist $\theta^T = (\theta_1, \ldots, \theta_p)$ und $I(\theta)$ die in Abschn. 1.4 definierte Informationsmatrix, die existieren und positiv definit sein soll, so heißt eine (vektorielle) Schätzfunktion S_n bezüglich θ eine BAN-Schätzung, falls $\sqrt{n}[S_n - \theta]$ asymptotisch nach $N[0_n, I^{-1}(\theta)]$ verteilt ist.

Ohne Beweis formulieren wir den

Satz 2.8

Es sei $L(y, \theta)$ die Likelihood-Funktion der Komponenten der Folge von Zufallsstichproben $\{Y_n\}$, und $\ln L(y, \theta)$ möge partielle Ableitungen nach allen Komponenten von θ besitzen. Für hinreichend kleine ε sei für alle $\theta_0 \in \Omega$ mit $|\theta_0 - \theta| < \varepsilon$ das Supremum von

$$\left| \frac{\partial^2}{\partial\theta_i \partial\theta_j} \ln L(y, \theta_0) - \frac{\partial^2}{\partial\theta_i \partial\theta_j} \ln L(y, \theta) \right|$$

bezüglich y durch eine nach den Komponenten von θ integrierbare Funktion beschränkt. Die Folge $\{\tilde{\boldsymbol{\theta}}_n\}$ von Maximum-Likelihood-Schätzfunktionen sei konsistent. Ebenso existiere die Informationsmatrix $I(\theta)$ und sei positiv definit. Dann ist $\{\tilde{\boldsymbol{\theta}}_n\}$ eine BAN-Schätzung bezüglich θ.

BAN-Schätzungen sind im Allgemeinen nicht eindeutig. Zum Beispiel sind die Schätzfunktionen $\boldsymbol{s}^2$, $\check{\boldsymbol{\sigma}}^2$ und $\tilde{\boldsymbol{\sigma}}^2$ von Abschn. 2.4.1 BAN-Schätzungen.

2.5 Übungsaufgaben

Aufgabe 2.1

Es sei $\boldsymbol{y}$ eine Zufallsvariable, die die Werte $-1, 0, 1, 2, 3$ mit den Wahrscheinlichkeiten $P(\boldsymbol{y} = -1) = 2p(1-p)$, $P(\boldsymbol{y} = k) = p^k(1-p)^{3-k}$, $0 < p < 1$, $k = 0, 1, 2, 3$ annimmt.

a) Man zeige, dass damit eine Wahrscheinlichkeitsverteilung für $\boldsymbol{y}$ definiert ist.
b) Man gebe die allgemeine Gestalt aller Funktionen $U(\boldsymbol{y})$ an, die bezüglich 0 erwartungstreu sind.
c) Man ermittle auf der Grundlage von Satz 2.3 lokal varianzoptimale erwartungstreue Schätzfunktionen für p und für $p(1-p)$.
d) Sind die unter c) erhaltenen LVES auch GVES? Man überprüfe die notwendige und hinreichende Bedingung (2.11).

Aufgabe 2.2

Es sei

$$Y = (\boldsymbol{y}_1, \boldsymbol{y}_2, \dots, \boldsymbol{y}_n)^{\mathrm{T}} \quad n \geq 1$$

eine Zufallsstichprobe aus einer binomialverteilten Grundgesamtheit mit den Parametern N und p, $0 < p < 1$, N fest. Man bestimme die gleichmäßig varianzoptimale erwartungstreue Schätzfunktion für a) p und für b) $p(1-p)$.

Aufgabe 2.3

Es sei

$$Y = (\boldsymbol{y}_1, \boldsymbol{y}_2, \dots, \boldsymbol{y}_n)^{\mathrm{T}} \quad n \geq 1$$

eine Zufallsstichprobe, für deren Komponenten die zweiten Momente existieren und gleich sind, d. h. $\mathrm{var}(\boldsymbol{y}) = \sigma^2 < \infty$.

a) Man zeige, dass

$$S(Y) = \frac{1}{n-1} \sum_{i=1}^{n} (\boldsymbol{y}_i - \bar{\boldsymbol{y}})^2$$

erwartungstreu bezüglich σ^2 ist.

b) Die Zufallsvariablen $\boldsymbol{y}_i$ mögen die Werte 0 und 1 mit den Wahrscheinlichkeiten $P(\boldsymbol{y}_i = 0) = 1 - p$ bzw. $P(\boldsymbol{y}_i = 1) = p, 0 < p < 1$ annehmen. Man beweise, dass in diesem Fall $S(\boldsymbol{Y})$ eine gleichmäßig varianzoptimale erwartungstreue Schätzfunktion bezüglich $p(1-p)$ ist.

Aufgabe 2.4
Es sei

$$\boldsymbol{Y} = (\boldsymbol{y}_1, \boldsymbol{y}_2, \dots, \boldsymbol{y}_n)^{\mathrm{T}} \quad n \geq 1$$

eine Zufallsstichprobe, deren Komponenten die Verteilung P_θ besitzen.
Man berechne sowohl die Maximum-Likelihood-Schätzfunktion bezüglich θ als auch unter Verwendung der ersten gewöhnlichen Momente von P_θ die Schätzfunktion nach der Momentenmethode, wenn P_θ die Gleichverteilung im Intervall

a) $(0, \theta)$,
b) $(\theta, 2\theta)$,
c) $(\theta, \theta + 1)$

ist.

Aufgabe 2.5
Es sei

$$\boldsymbol{Y} = (\boldsymbol{y}_1, \boldsymbol{y}_2, \dots, \boldsymbol{y}_n)^{\mathrm{T}} \quad n \geq 1$$

eine Zufallsstichprobe aus einer im Intervall $(0, \theta)$, $\theta \in R^+$ gleichverteilten Grundgesamtheit. $S_{\mathrm{ML}}(\boldsymbol{Y})$ und $S_{\mathrm{M}}(\boldsymbol{Y})$ seien die in Aufgabe 2.4a) ermittelten Schätzfunktionen.

a) Sind die Schätzfunktionen $S_{\mathrm{ML}}(\boldsymbol{Y})$ und $S_{\mathrm{M}}(\boldsymbol{Y})$ erwartungstreu bezüglich θ? Wenn nicht, so ändere man diese so ab, dass erwartungstreue Schätzfunktionen $\check{S}_{\mathrm{ML}}(\boldsymbol{Y})$ und $\tilde{S}_{\mathrm{M}}(\boldsymbol{Y})$ entstehen.
b) Man bestimme die GVES bezüglich θ und die relative Effizienz von $\check{S}_{\mathrm{ML}}(\boldsymbol{Y})$ und $\tilde{S}_{\mathrm{M}}(\boldsymbol{Y})$.

Aufgabe 2.6
Gegeben seien drei stochastisch unabhängige Zufallsstichproben

$$\boldsymbol{X} = (\boldsymbol{x}_1, \boldsymbol{x}_2, \dots, \boldsymbol{x}_n)^{\mathrm{T}}, \boldsymbol{Y} = (\boldsymbol{y}_1, \boldsymbol{y}_2, \dots, \boldsymbol{y}_n)^{\mathrm{T}} \quad \text{und} \quad \boldsymbol{Z} = (\boldsymbol{z}_1, \boldsymbol{z}_2, \dots, \boldsymbol{z}_n)^{\mathrm{T}}$$

Die Zufallsvariablen $\boldsymbol{x}_i$, $\boldsymbol{y}_i$, $\boldsymbol{z}_i$ seien nach $N(a, \sigma_a^2)$, $N(b, \sigma_b^2)$, $N(c, \sigma_c^2)$ verteilt. Weiterhin seien σ_a^2, σ_b^2, σ_c^2 bekannt, und es gelte $c = a + b$.

a) Man bestimme ML-Schätzfunktionen für a, b, c, wobei zur Schätzung nur die Stichprobe aus der Grundgesamtheit Verwendung findet, deren Erwartungswert zu schätzen ist.
b) Man berechne mit der Maximum-Likelihood-Methode Schätzfunktionen für a, b, c, wenn zur Schätzung die vereinigte Stichprobe und $c = a + b$ verwendet wird.

c) Man ermittle die Erwartungswerte und Varianzen der ML-Schätzfunktionen aus a) und b).

Aufgabe 2.7
Es bestehe die Aufgabe, den Parameter θ in dem Modell

$$\boldsymbol{y}_i = f_i(x_i, \theta) + \boldsymbol{e}_i \,, \quad i = 1, \ldots, n$$

zu schätzen. Dabei sei bekannt, dass die Zufallsgrößen $\boldsymbol{e}_i$ nach $N(0, \sigma^2)$ verteilt und stochastisch unabhängig sind. Man zeige, dass unter diesen Bedingungen die Maximum-Likelihood-Methode und die Methode der kleinsten Quadrate äquivalent sind.

Aufgabe 2.8

a) Es sei

$$\boldsymbol{Y} = (\boldsymbol{y}_1, \boldsymbol{y}_2, \ldots, \boldsymbol{y}_n)^{\mathrm{T}} \quad n \geq 1$$

eine Zufallsstichprobe mit $E(\boldsymbol{y}_i) = \theta < \infty$. Man ermittle die MKQ-Schätzung des Erwartungswertes θ.

b) Man schätze nach der Methode der kleinsten Quadrate die Parameter α und β des linearen Modells

$$\boldsymbol{y}_i = \alpha + \beta x_i + \boldsymbol{e}_i \,, \quad i = 1, \ldots, n$$

wobei für mindestens ein Paar (i, j) der Indizes $x_i \neq x_j$ gilt.

Aufgabe 2.9
Es sei

$$\boldsymbol{Y} = (\boldsymbol{y}_1, \boldsymbol{y}_2, \ldots, \boldsymbol{y}_n)^{\mathrm{T}} \quad n \geq 1$$

eine Zufallsstichprobe, deren Komponenten in $(0, \theta)$ gleichverteilt sind, und $S(\boldsymbol{Y}) = \boldsymbol{y}_{(n)}$ die Maximum-Likelihood-Schätzfunktion bezüglich θ. Man berechne die Verzerrung dieser Schätzfunktion.

Aufgabe 2.10
Es seien $\boldsymbol{y}_1, \boldsymbol{y}_2, \ldots, \boldsymbol{y}_n$ unabhängige, identisch verteilte, positive Zufallsvariable mit $E(\boldsymbol{y}_i) = \mu > 0$, $\operatorname{var}(\boldsymbol{y}_i) = \sigma^2 < \infty$ und $\boldsymbol{x}_1, \boldsymbol{x}_2, \ldots, \boldsymbol{x}_n$ unabhängige, identisch verteilte Zufallsvariable mit $E(\boldsymbol{x}_i) = \eta > 0$, $\operatorname{var}(\boldsymbol{x}_i) = \tau^2 < \infty$. Weiterhin sei

$$\operatorname{cov}(\boldsymbol{x}_i, \boldsymbol{y}_j) = \begin{cases} \rho\sigma\tau & \text{für} \quad i = j \\ 0 & \text{für} \quad i \neq j \end{cases} \,, \quad i, j = 1, \ldots, n \,, \quad |\rho| < 1$$

Zu schätzen ist $g(\theta) = \frac{\eta}{\mu}$. Man zeige, dass die Schätzfunktion $\frac{\bar{x}}{\bar{y}}$ und ihre Jackknife-Schätzung bezüglich $g(\theta)$ Verzerrungen der Ordnung $O(1/n)$ bzw. $O(1/n^2)$ besitzen.

Aufgabe 2.11

Es sei

$$Y = (y_1, y_2, \dots, y_n)^T, \quad n \geq 1$$

eine Zufallsstichprobe, deren Komponenten im Intervall $[\mu - \alpha; \mu + \alpha]$ gleichverteilt sind.

a) Man bestimme den Erwartungswert der i-ten Ordnungsmaßzahl ($i = 1, \dots, n$).
b) Man zeige, dass der Stichprobenmedian (siehe Definition 2.17) in diesem Fall erwartungstreue Schätzfunktion bezüglich μ ist.

Aufgabe 2.12

Die Zufallsstichprobe

$$Y = (y_1, y_2, \dots, y_n)^T$$

vom Umfang $n > 2$ sei aus einer mit dem Parameter $\alpha > 0$ exponentialverteilten Grundgesamtheit.

a) Man gebe die Effizienzfunktion für die bezüglich α erwartungstreuen Schätzfunktionen an.
b) Man bestimme, ausgehend von der ML-Schätzung für α, eine erwartungstreue Schätzfunktion und berechne deren relative Effizienz.

Aufgabe 2.13

Man zeige, dass die ML-Schätzfunktion aus Aufgabe 2.12 b) asymptotisch erwartungstreu und konsistent ist.

Aufgabe 2.14

Es seien $y_1, y_2, \dots, y_n$ unabhängige, identisch nach $N(\theta, 2\theta)$ verteilte Zufallsvariable. Man bestimme die ML-Schätzfunktion des Parameters $\theta > 0$ und prüfe deren Konsistenz.

Literatur

Bahadur, R.R. (1964) On Fisher's bound for asymptotic variances. *Ann. Math. Stat.*, **35**, 1545–1552.

Berry, A.C. (1941) The accuracy of the Gaussian approximation to the sum of independent variables. *Trans. Am. Math. Soc.*, **49**, 122–136.

Blackwell, D. (1947) Conditional expectations and unbiased sequential estimation. *Ann. Math. Stat.*, **18**, 105–110.

Esseen, C.-G., (1944) Fourier analysis of distribution functions. A mathematical study of the Laplace-Gaussian law. Dissertation. *Acta Math.*, **77**, 1–125.

Fisher, R.A. (1925) *Statistical Methods for Research Workers*, Oliver & Boyd, Edinburgh.

Lehmann, E.L. und Romano, J.P. (2008) *Testing Statistical Hypothesis*, Springer, Heidelberg.

Lehmann, E.L. und Scheffé, H. (1950) Completeness, similar regions and unbiased estimation. *Sankhya*, **10**, 305–340.

Pitmann, E.J.G. (1979) *Some Basic Theory for Statistical Inference*, Chapman and Hall, London

Rao, C.R. (1945) Information and accuracy attainable in estimation of statistical parameters. *Bull. Calc. Math. Soc.*, **37**, 81–91.

3
Statistische Tests und Konfidenzschätzungen

3.1
Grundbegriffe der Testtheorie

Es gibt Fälle, in denen das Ziel einer Untersuchung weder darin besteht, bestimmte Kenngrößen zu ermitteln (Parameter zu schätzen) oder etwas auszuwählen, sondern aus bestimmten Überlegungen abgeleitete Hypothesen (Annahmen, Vermutungen, oft auch Wunschvorstellungen) am praktischen Material zu erproben oder zu überprüfen. Man geht dann wieder so vor, dass man ein mathematisches Modell aufstellt und die Hypothese in den Modellparametern formuliert. Wir wollen mit einem Beispiel beginnen:

Speisekartoffeln werden unter anderem auf Braunfäule geprüft, und da man hierfür eine zu prüfende Kartoffel aufschneidet, ist es klar, dass man nicht die gesamte Produktion prüfen kann. Man entnimmt der produzierten Menge von Kartoffeln also zufällig eine bestimmte Anzahl n zu untersuchender Kartoffeln und entscheidet, falls die Anzahl r zu beanstandender Kartoffeln kleiner oder gleich einer Zahl c ist, das Prädikat Speisekartoffeln zu vergeben, und sonst nicht. Es handelt sich um ein typisches statistisches Problem, da von einer Zufallsstichprobe (die n untersuchten Kartoffeln) auf eine Grundgesamtheit (die insgesamt von diesem Erzeuger in einem bestimmten Jahr produzierten Kartoffeln) geschlossen wird.

Die oben beschriebene Situation ist etwas komplizierter als die bei Schätz- und Auswahlproblemen, da offensichtlich zwei Fehlentscheidungen mit unterschiedlicher Wirkung auftreten können (wir nehmen an, ein Posten Kartoffeln kann als Speisekartoffel eingestuft werden, wenn der Anteil p von beschädigten oder faulen Kartoffeln kleiner oder gleich 3 % ist). Wir nennen die Wahrscheinlichkeit, den Fehler erster Art zu begehen (Speisekartoffeln fälschlich als Futterkartoffeln einzustufen), Risiko erster Art α und entsprechend Risiko zweiter Art β die Wahrscheinlichkeit, den Fehler zweiter Art zu begehen (Futterkartoffeln fälschlich als Speisekartoffeln einzustufen).

Die beiden Fehler haben unterschiedliche Auswirkungen. Falls Speisekartoffeln höher bezahlt werden als Futterkartoffeln, führt der Fehler erster Art dazu, dass der Erzeuger für seine Bemühungen, gute Qualität zu produzieren, nicht belohnt wird; das Risiko erster Art heißt daher auch Produzentenrisiko. Der Fehler zweiter

Mathematische Statistik, 1. Auflage. Dieter Rasch und Dieter Schott.

Art führt dazu, dass die Verbraucher für ihr Geld schlechte Qualität erhalten; das Risiko zweiter Art heißt daher auch Konsumentenrisiko. Die Größe von α und β hängt von n und c ab, bzw. n und c müssen bei Vorgabe von α und β geeignet gewählt werden.

Allgemein ist ein statistischer Test ein Verfahren, das aufgrund einer Zufallsstichprobe eine Entscheidung über die Annahme oder Ablehnung einer Hypothese über den unbekannten Parameter der Verteilung einer Zufallsvariablen gestattet. Wir werden im Folgenden annehmen, dass zwei Hypothesen möglich sind. Die eine Hypothese nennen wir Nullhypothese H_0, die andere Alternativhypothese H_A. Die Hypothese H_0 ist richtig, wenn H_A falsch ist, und umgekehrt. Hypothesen können zusammengesetzt oder einfach sein. Eine einfache Hypothese legt den Parameterwert θ eindeutig fest, z. B. ist die Hypothese H: $\theta = \theta_0$ einfach. Eine zusammengesetzte Hypothese lässt zu, dass der Parameter θ mehrere mögliche Werte annehmen kann.

Beispiele für zusammengesetzte Nullhypothesen sind:

$$\begin{aligned} &H_0 : \theta = \theta_0 \quad \text{oder} \quad \theta = \theta_1 \\ &H_0 : \theta < \theta_1 \\ &H_0 : \theta \neq \theta_0 \end{aligned}$$

Es sei $\boldsymbol{Y}$ eine Zufallsstichprobe vom Umfang n, die Verteilung ihrer Komponenten stamme aus einer Familie $P = \{P_\theta, \theta \in \Omega\}$ von Verteilungen. Die Nullhypothese sei H_0: $\theta \in \omega = \Omega_0 \subset \Omega$. Die Alternativhypothese sei H_A: $\theta \in \Omega_A = \Omega \setminus \omega \subset \Omega$. Wir bezeichnen mit d_0 die Annahme von H_0 und mit d_A die Ablehnung von H_0. Ein nichtrandomisierter statistischer Test (ein Prüfverfahren) besteht nun darin, dass für jede mögliche Realisation Y der Zufallsstichprobe $\boldsymbol{Y}$ im Stichprobenraum $\{Y\}$ feststeht, ob d_0 oder d_A entschieden wird. Durch so einen Test wird der Stichprobenraum in zwei elementefremde Teilmengen $\{Y_0\}$ und $\{Y_A\}$ zerlegt ($\{Y_0\} \cap \{Y_A\} = \{\emptyset\}, \{Y_0\} \cup \{Y_A\} = \{Y\}$), sodass

$$d(Y) = \begin{cases} d_0 & \text{für} \quad Y \in \{Y_0\} \\ d_A & \text{für} \quad Y \in \{Y_A\} \end{cases}$$

ist. $\{Y_0\}$ heißt Annahmebereich, $\{Y_A\}$ heißt kritischer Bereich oder Ablehnungsbereich. Wir betrachten einen einfachen Fall zur Veranschaulichung. Es sei θ ein eindimensionaler Parameter in $\Omega = (-\infty, \infty)$. Es soll angenommen werden, eine zufällige Variable $\boldsymbol{y}$ habe die Verteilung P_θ. Für den Parameter werden zwei einfache Hypothesen, die Nullhypothese H_0: $\theta = \theta_0$ und die Alternativhypothese H_A: $\theta = \theta_1$ mit $\theta_0 < \theta_1$ aufgestellt. Aufgrund der Realisation einer Zufallsstichprobe $\boldsymbol{Y} = (\boldsymbol{y}_1, \dots, \boldsymbol{y}_n)^T$ soll zwischen beiden Hypothesen entschieden werden. Wir berechnen aus der Stichprobe eine Schätzfunktion $\hat{\boldsymbol{\theta}}$, deren Verteilungsfunktion mit $G(\hat{\theta}, \theta)$ bekannt ist. Dabei sei $\hat{\boldsymbol{\theta}}$ eine kontinuierliche Variable mit der Dichtefunktion $g(\hat{\theta}, \theta)$, die natürlich vom wahren Wert des Parameters abhängt. Folglich hat $\hat{\boldsymbol{\theta}}$ unter der Nullhypothese die Dichtefunktion $g(\hat{\theta}, \theta_0)$ und unter der Alternativhypothese die Dichtefunktion $g(\hat{\theta}, \theta_1)$. Nehmen wir zur Veranschaulichung

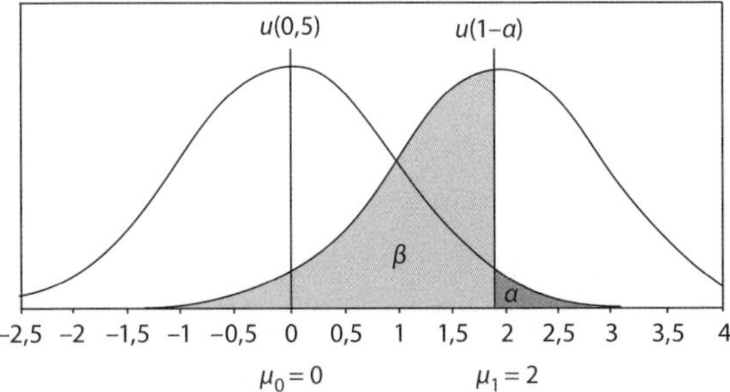

Abb. 3.1 Dichtefunktionen der Schätzfunktion des Lageparameters μ in Abhängigkeit vom Hypothesenwert $\mu = 0$, bzw. $\mu = 2$.

des Folgenden an, $\boldsymbol{y}$ sei mit dem unbekannten Erwartungswert $\theta = \mu$ und bekannter Varianz σ^2 normalverteilt. Dann sind die Bilder der Dichten $g(\hat{\theta}, \theta_1)$ und $g(\hat{\theta}, \theta_0)$ von der gleichen Art. Das eine ist lediglich gegenüber dem anderen auf der θ-Achse verschoben, wie Abb. 3.1 zeigt. Wir verwenden $\hat{\boldsymbol{\theta}} = \bar{\boldsymbol{y}}$.

Beide Hypothesen sind einfache Hypothesen. In diesem Fall wird mit dem Mittelwert $\bar{\boldsymbol{y}}$ aus der Zufallsstichprobe $\boldsymbol{Y}$ meist die folgende Prüfzahl verwendet:

$$\boldsymbol{u} = \frac{\bar{\boldsymbol{y}} - \mu_0}{\sigma}\sqrt{n}$$

Es wird also vom (zufälligen) Stichprobenmittelwert $\bar{\boldsymbol{y}}$ der Nullhypothesenwert μ_0 subtrahiert und die Differenz durch die Standardabweichung $\frac{\sigma}{\sqrt{n}}$ von $\bar{\boldsymbol{y}}$ dividiert.

Damit hat $\boldsymbol{u} = \frac{\bar{\boldsymbol{y}}-\mu_0}{\sigma}\sqrt{n}$ die Varianz 1 und unter der Nullhypothese den Erwartungswert 0. Gilt die Alternativhypothese, so ist $E(\boldsymbol{u}) = \frac{\mu_1-\mu_0}{\sigma}\sqrt{n}$. Die Größe $\lambda = \frac{\mu_1-\mu_0}{\sigma}\sqrt{n}$ nennen wir Nichtzentralitätsparameter.

Um mithilfe der Realisation u von $\boldsymbol{u}$ eine Testentscheidung zu definieren, bestimmen wir für das gewählte α mit $0 < \alpha < 1$ das $(1-\alpha)$-Quantil $u(1-\alpha) = u_{1-\alpha}$ der Standardnormalverteilung. Dann ist die Entscheidung: Lehne H_0 ab, falls $u > u(1-\alpha)$ (dem sogenannten kritischen Wert) ist, den wir allgemein mit θ_k bezeichnen, und nimm anderenfalls (also für $u \leq u(1-\alpha)$) die Nullhypothese an.

Diese Entscheidungsregel ist in Abb. 3.1 veranschaulicht. Im Koordinatensystem sind die Werte $\mu_0 = 0$ und $\mu_1 = 2$ auf der u-Achse (mit u als einer bestimmten Realisation von $\boldsymbol{u}$) aufgetragen. Mit jedem der beiden Werte als Erwartungswert finden wir die Kurven der Dichtefunktion der Standardnormalverteilung. An der zu $\mu_0 = 0$ gehörigen Kurve ist der kritische Wert, das Quantil $u(1-\alpha)$, markiert, darüber eine senkrechte Gerade, die bestimmte Flächenteile von beiden Kurven abtrennt. In der Abbildung wurde $\alpha = 0{,}025$ gewählt, sodass $u(1-\alpha) = 1{,}96$ ist.

Diese Entscheidung, die Nullhypothese abzulehnen, wenn das aus den Realisationen der Zufallsstichprobe, also aus den Beobachtungswerten berechnete $u > 1{,}96$ ist, kann falsch sein, da ein solcher Wert auch erhalten werden könnte, wenn $\mu > 0$ ist.

Kehren wir wieder zum allgemeinen Fall zurück. Die Wahrscheinlichkeit, mit der ein Schätzwert von $\theta > \theta_\text{k}$ bei Gültigkeit der Nullhypothese erhalten wird, ist gleich dem Integral

$$\int_{\theta_k}^{\infty} g(\hat{\theta}, \theta_0)\,\mathrm{d}\hat{\theta} = \alpha$$

Der Wert von α wird durch den Inhalt der dunkleren Fläche unter der Kurve von $g(\hat{\theta}, \theta_0)$ dargestellt. Lehnt man die Nullhypothese ab, obwohl sie richtig ist, so begeht man einen Fehler, den Fehler erster Art. Die maximale Wahrscheinlichkeit, mit der die Ablehnung der Nullhypothese in einem Test fälschlich erfolgt, heißt Risiko erster Art α oder Irrtumswahrscheinlichkeit und wird oft auch Signifikanzniveau genannt, und man sagt, die Alternativhypothese besitze eine Signifikanz von $(1 - \alpha) \cdot 100\,\%$. Ein Test erscheint umso besser, je kleiner sein Risiko erster Art ist. In praktischen Untersuchungen erscheint in den meisten Fällen ein Risiko erster Art von $\alpha = 0{,}05$ gerade noch akzeptabel. Warum konstruiert man den Test nun nicht so, dass α einen vom Anwender des Tests gewünschten kleinen Wert, etwa $\alpha = 0{,}000\,01$, hat? Abbildung 3.1 macht anschaulich klar, dass die Grenze θ_k (in der Abbildung $u(1 - \alpha)$) zwischen den beiden Bereichen umso weiter nach rechts rückt, je kleiner α (d. h. der Flächeninhalt unter der Kurve von $g(\hat{\theta},\theta_0)$ rechts von $u(1 - \alpha)$) werden soll. Damit wird aber die Wahrscheinlichkeit, einen anderen Fehler zu begehen, größer. Berechnen wir nämlich aus der Realisation der Stichprobe einen Schätzwert $\hat{\theta} < \theta_k$, so wird die Nullhypothese angenommen, obwohl dieser Wert auch denkbar wäre, wenn die Alternativhypothese richtig und die Nullhypothese folglich falsch ist. Nehmen wir die Nullhypothese an, obwohl sie falsch ist, so begehen wir ebenfalls einen Fehler, den Fehler zweiter Art. Die Wahrscheinlichkeit β, mit der die Nullhypothese fälschlich angenommen wird, d. h. die Wahrscheinlichkeit dafür, einen Fehler zweiter Art zu begehen, heißt Risiko zweiter Art. Das Risiko zweiter Art entspricht in Abb. 3.1 dem Inhalt der hellen Fläche unter der Kurve von $g(\hat{\theta}, \theta_1)$ links von θ_k. Man erhält seinen Wert durch Integration der Dichtefunktion $g(\hat{\theta}, \theta_1)$ von $-\infty$ bis θ_k

$$\int_{-\infty}^{\theta_k} g(\hat{\theta}, \theta_1)\,\mathrm{d}\hat{\theta} = \beta$$

Aus Abb. 3.1 geht klar hervor, dass man α für einen bestimmten Test und einen festen Stichprobenumfang nur verkleinern kann, wenn man gewillt ist, eine Vergrößerung von β in Kauf zu nehmen. Die Risiken erster und zweiter Art lassen sich bei festem Stichprobenumfang nicht beide gleichzeitig beliebig klein halten. Es ist bei der Anwendung statistischer Tests fälschlicherweise üblich, das Hauptaugenmerk auf das Risiko erster Art zu richten. Das Risiko zweiter Art bleibt nicht selten unbeachtet. Das kann aber schlimme Folgen haben, nämlich dann, wenn die fälschliche Annahme der Nullhypothese ernste Konsequenzen haben kann (etwa „Genmais hat keine schädlichen Nebenwirkungen“ bzw. „Atomkraftwerke sind absolut sicher“). Daher sollte man versuchen, beide Risiken zu kontrollieren, was immer gelingen kann, wenn man den Stichprobenumfang entsprechend wählt.

Tab. 3.1 Die Entscheidungen bei einem statistischen Test im Zusammenhang mit dem wahren Sachverhalt (H_0 Nullhypothese, H_A Alternativhypothese).

Wahrer Sachverhalt	Entscheidung	Ergebnis der Entscheidung	Wahrscheinlichkeit des Ergebnisses
H_0 richtig (H_A falsch)	H_0 angenommen (H_A abgelehnt)	richtige Entscheidung	Sicherheitswahrscheinlichkeit $1-\alpha$
	H_0 abgelehnt (H_A angenommen)	Fehler erster Art	Irrtumswahrscheinlichkeit, Risiko erster Art α
H_0 falsch (H_A richtig)	H_0 angenommen (H_A abgelehnt)	Fehler zweiter Art,	Risiko zweiter Art β
	H_0 abgelehnt (H_A angenommen)	richtige Entscheidung	Güte $1-\beta$

Man wird vorsichtshalber diejenige Hypothese Nullhypothese nennen, bei der eine zu Unrecht erfolgte Ablehnung die schlimmeren Konsequenzen hat. Die verschiedenen Situationen und Entscheidungen mit ihren Folgen sind in Tab. 3.1 zusammengefasst.

Wenn man nun nach dem Vorliegen der Versuchsergebnisse, d. h. der Realisation $\hat{\theta}$ der Maßzahl $\hat{\boldsymbol{\theta}}$, nicht gleich entscheidet, welche der beiden Hypothesen anzunehmen ist, sondern einen Zufallsmechanismus (eine Art Münzwurf) benutzt, der mit der Wahrscheinlichkeit $1 - k(Y) = 1 - k(\hat{\theta})$ die Nullhypothese und mit der Wahrscheinlichkeit $k(\hat{\theta})$ die Alternativhypothese annimmt, wenn $Y \in \{Y\}$ beobachtet (bzw. $\hat{\theta}$ berechnet) wurde, hat man eine Verallgemeinerung der gerade beschriebenen Situation vorliegen. Obwohl der Anwender statistischer Methoden kaum damit einverstanden sein wird, es nach einem sorgfältig geplanten und oft kostenaufwendigen Versuch dem Zufall zu überlassen, welche der beiden Hypothesen anzunehmen ist, wird die Testtheorie zunächst auf dem Konzept eines derartigen randomisierten Tests aufgebaut. Die Bedeutung des Neyman-Pearson-Lemmas in Abschn. 3.2 liegt eben gerade darin, dass es zeigt, dass man bei kontinuierlichen Verteilungen mit nichtrandomisierten Tests auskommt.

Definition 3.1

Es sei $\boldsymbol{Y}$ mit $Y \in \{Y\}$ eine Zufallsstichprobe, deren Komponenten nach $P_\theta \in P = \{P_\theta, \theta \in \Omega\}$ verteilt sind. Es sei $k(\boldsymbol{Y})$ eine messbare Abbildung des Stichprobenraumes $\{Y\}$ auf das Intervall $(0, 1)$. Sie heißt kritische Funktion. Wenn $k(\boldsymbol{Y})$ die Wahrscheinlichkeit für die Ablehnung von H_0: $\theta \in \omega$ (d. h. die Annahme von H_A: $\theta \in \Omega \backslash \omega$) angibt, falls $\boldsymbol{Y}$ den Wert $Y \in \{Y\}$ annimmt, definiert die kritische Funktion einen statistischen Test für das Hypothesenpaar (H_0, H_A). Die Funktion $k(\boldsymbol{Y})$ wird kurz ein Test genannt. Der Test $k(\boldsymbol{Y})$ heißt randomisiert, wenn er nicht mit Wahrscheinlichkeit 1 nur die Werte 0 oder 1 annimmt.

Wir wollen nun die Risiken erster und zweiter Art für derartige allgemeine Tests $k(\boldsymbol{Y})$ definieren. Wir betrachten in diesem Kapitel nur solche $k(\boldsymbol{Y})$, deren Erwartungswerte für alle $\theta \in \Omega$ existieren. Dabei bedeutet stets $E[k(\boldsymbol{Y})|\theta]$, dass der Erwartungswert bezüglich der Verteilung $P_\theta \in P$ gebildet wird.

Definition 3.2
Ist $k(\boldsymbol{Y})$ ein statistischer Test zur Prüfung des Hypothesenpaares (H_0, H_A) aus Definition 3.1, so heißt

$$E[k(\boldsymbol{Y})|\theta \in \omega] = \int_{\{Y\}} k(Y)\,\mathrm{d}P_\theta = \alpha(\theta)\,, \quad P_\theta \in P\,, \theta \in \omega \tag{3.1}$$

Risikofunktion erster Art und

$$1 - E[k(\boldsymbol{Y})|\theta \in \Omega \setminus \omega] = \beta(\theta) \tag{3.2}$$

Risikofunktion zweiter Art. Die Funktion

$$\pi(\theta) = \int_{\{Y\}} k(Y)\,\mathrm{d}P_\theta\,, \quad P_\theta \in P\,, \quad \theta \in \Omega$$

heißt Gütefunktion des Tests. Ferner heißt

$$\max_{\theta \in \Omega} \alpha(\theta) = \alpha$$

Signifikanzniveau des Tests $k(\boldsymbol{Y})$. Ein Test mit dem Signifikanzniveau α heißt auch kurz ein α-Test (alpha-Test).

Gilt $\alpha(\theta) = \alpha$ für alle $\theta \in \omega$, so heißt der Test $k(\boldsymbol{Y})$ dann α-ähnlich, α-gleich oder kurz ähnlich.

Sind $\bar{\omega}$ bzw. $\overline{\Omega \setminus \omega}$ die abgeschlossenen Mengen von ω bzw. $\Omega \setminus \omega$ und ist $\bar{\omega} \cap \overline{\Omega \setminus \omega} = \Omega^*$ der gemeinsame Rand beider Teilmengen, so heißt $k(Y)$ α-ähnlich (oder α-gleich) auf dem Rand, bzw. α-randgleich, falls mit P_θ-Wahrscheinlichkeit 1 gerade $E[k(\boldsymbol{Y})|\theta \in \Omega^*] = \alpha$ gilt.

Definition 3.3
Gilt für ein Testproblem $\omega = \{\theta_0\}$ und $\Omega \setminus \omega = \{\theta_\mathrm{A}\}$, d. h., sind sowohl die Null- als auch die Alternativhypothese einfach, so heißt $k^*(Y)$ bester α-Test, falls für alle α im Intervall $(0, 1)$

$$\max_{k(Y) \in K_\alpha} E[k(\boldsymbol{Y})|\theta_\mathrm{A}] = E[k^*(\boldsymbol{Y})|\theta_\mathrm{A}] = \alpha$$

gilt, wenn K_α die Klasse aller α-Tests ist.

Nach Definition 3.2 ist für das in Definition 3.3 betrachtete Hypothesenpaar

$$H_0 : \theta = \theta_0\,, \quad H_\mathrm{A} : \theta = \theta_\mathrm{A}$$

ein α-Test $k(\boldsymbol{Y}) \in K_\alpha$ ein Test, für den

$$E[k(\boldsymbol{Y})|\theta_0] = \alpha \tag{3.3}$$

gilt.

Definition 3.4
Ein α-Test $k^*(\boldsymbol{Y})$ zur Prüfung von H_0: $\theta \in \omega$ gegen H_A: $\theta \in \Omega \backslash \omega$ heißt gleichmäßig bester α-Test, falls für jeden anderen Test $k(\boldsymbol{Y})$ mit einem Signifikanzniveau nicht größer als α und für alle $\alpha \in (0, 1)$

$$E[k^*(\boldsymbol{Y})|\theta \in \Omega \setminus \omega] \geq E[k(\boldsymbol{Y})|\theta \in \Omega \setminus \omega] \tag{3.4}$$

gilt. Der Test $k^*(\boldsymbol{Y})$ heißt dann kurz ein gleichmäßig bester Test (GB-Test).

Definition 3.5
Ist $k(u\boldsymbol{Y})$ bezüglich $H_0 : \theta \in \omega$; $H_\text{A} : \theta \in \Omega \setminus \omega$ ein α-Test und gilt für seine Gütefunktion $\pi(\theta) \geq \alpha$ für alle $\theta \in \Omega \setminus \omega$ und für alle $\alpha \in (0, 1)$, so heißt $k(\boldsymbol{Y})$ ein unverfälschter α-Test. Ist $K_{u\alpha}$ die Klasse aller unverfälschten α-Tests und gilt

$$\max_{k(\boldsymbol{Y}) \in K_{u\alpha}} E[k(\boldsymbol{Y})|\theta_\text{A}] = E[k^{**}(\boldsymbol{Y})|\theta_\text{A}] \quad \text{für alle} \quad \theta_\text{A} \in \Omega \setminus \omega$$

so heißt $k^{**}(\boldsymbol{Y})$ ein gleichmäßig bester unverfälschter α-Test (GBU-Test).

Es gilt folgendes Lemma, das wir in den weiteren Abschnitten benötigen werden:

Lemma 3.1
Es sei (H_0, H_A) ein Hypothesenpaar mit H_0: $\theta \in \omega$, H_A: $\theta \in \Omega \setminus \omega$ für den Parameter θ der Verteilungsfamilie $P = \{P_\theta, \theta \in \Omega\}$, für das jeder Test eine in θ stetige Gütefunktion $\pi(\theta)$ besitzen möge. Ist $k(\boldsymbol{Y})$ bezüglich (H_0, H_A) in der Klasse $\{K_{\Omega^*}\}$ aller α-randgleichen Tests der gleichmäßig beste α-Test, so ist er auch ein gleichmäßig bester unverfälschter α-Test.

Der Beweis ergibt sich, weil aufgrund der Stetigkeit von $\pi(\theta)$ die Klasse K_{Ω^*} die Klasse der unverfälschten α-Tests enthält und weil, da $k(\boldsymbol{Y})$ die Ungleichung (3.4) für alle $k^*(\boldsymbol{Y}) \in K_{\Omega^*}$ erfüllt, diese Ungleichung erst recht für alle $k^*(\boldsymbol{Y}) \in K_{u\alpha}$ erfüllt ist. Ferner ist $k(\boldsymbol{Y})$ aus $K_{u\alpha}$, weil er als gleichmäßig bester α-Test in K_{Ω^*} Ungleichung (3.4) auch für $\alpha = k^*(\boldsymbol{Y}) \in K_{\Omega^*}$ erfüllt; damit kann seine Güte in $\Omega \setminus \omega$ nie unter der von $k^*(\boldsymbol{Y})$, d. h. nicht unter α, liegen.

Beispiel 3.1
Es sei $\boldsymbol{Y} = (\boldsymbol{y}_1, \boldsymbol{y}_2, \dots, \boldsymbol{y}_n)^\text{T}$ eine Zufallsstichprobe vom Umfang $n > 1$ aus einer $N(\mu, \sigma^2)$-Verteilung ($\mu \in R^1 = \Omega$, σ^2 bekannt). Es sei $\omega = (-\infty, a]$ und $\Omega \setminus \omega =$

(a, ∞). Dann ist $\boldsymbol{u} = \frac{\bar{y}-a}{\sigma}\sqrt{n}$ nach $N[(\mu - a)\frac{\sqrt{n}}{\sigma}, 1]$ verteilt. Wir betrachten den Test $k(\boldsymbol{Y})$ mit

$$k(Y) = \begin{cases} 0 & \text{für} \quad u \leq u_{0,95} \\ 1 & \text{für} \quad u > u_{0,95} \end{cases}$$

Dabei ist $u_{0,95} = 1{,}6449$ und $\Phi(u_{0,95}) = 0{,}95$. Das ist ein 0,05-Test, denn es gilt

$$P\{\boldsymbol{u} > u_{0,95} | \mu \leq a\} \leq 0{,}05$$

Da ferner $P\{\boldsymbol{u} > u_{0,95} | \mu > a\} > 0{,}05$ ist, ist das ein unverfälschter 0,05-Test. Für jedes andere α im Intervall $(0, 1)$ ist

$$k(Y) = \begin{cases} 0 & \text{für} \quad u \leq u_{1-\alpha} \\ 1 & \text{für} \quad u > u_{1-\alpha} \end{cases}$$

ein unverfälschter α-Test, wie man sich leicht klarmachen kann.

Es sei (mit $\delta \geq 0$) $\mu = a + \delta$, dann ist für $\alpha = 0{,}05$ die Gütefunktion

$$\pi(\delta) = P\left\{\boldsymbol{u} > 1{,}6449 - \frac{\sqrt{n}\delta}{\sigma}\right\}$$

Für einige δ-Werte und $n = 9$, 16 und 25 wurde $\pi(\delta)$ berechnet (Tab. 3.2).

Tab. 3.2 Werte der Gütefunktion des Beispiels 3.1 für $n = 9$, 16 und 25, $\sigma = 1$ und einige δ-Werte.

δ	$\pi(\delta), n = 9$	$\pi(\delta), n = 16$	$\pi(\delta), n = 25$
0	0,05	0,05	0,05
0,1	0,0893	0,1066	0,1261
0,2	0,1480	0,1991	0,2595
0,3	0,2282	0,3282	0,4424
0,4	0,3282	0,4821	0,6387
0,5	0,4424	0,6387	0,8038
0,6	0,5616	0,7749	0,9123
0,7	0,6755	0,8760	0,9682
0,8	0,7749	0,9400	0,9907
0,9	0,8543	0,9747	0,9978
1,0	0,9123	0,9907	0,9996
1,1	0,9510	0,9971	0,9999
1,2	0,9747	0,9992	1,0000

In den Anwendungen wird δ als praktisch interessierende Mindestdifferenz zum Nullhypothesenwert gewählt. Möchte man eine solche Differenz höchstens mit Wahrscheinlichkeit β übersehen, d. h. mit Wahrscheinlichkeit $1 - \beta$ entdecken, muss man den Stichprobenumfang entsprechend festlegen. Wir betrachten wieder den allgemeinen Fall, dass $\boldsymbol{Y}$ eine Zufallsstichprobe vom Umfang n aus einer $N(\mu, \sigma^2)$-Verteilung ist.

Es sei $\mu = a + \delta$ mit $\delta > 0$, dann muss für $\alpha = 0{,}05$ und wenn dann β mit 0,1 festgelegt wird

$$1{,}6449 - \frac{\sqrt{n}\delta}{\sigma}$$

gleich dem 0,1-Quantil $-1{,}2816$ der Standardnormalverteilung sein, d. h. es gilt

$$1{,}6449 - \frac{\sqrt{n}\delta}{\sigma} = -1{,}2816$$

Wir müssen also diese Gleichung nach n auflösen.

Wenn wir $\delta = \sigma$ wählen, ergibt das

$$1{,}6449 - \sqrt{n} = -1{,}2816$$

und wir suchen die kleinste ganze Zahl n größer gleich der Lösung dieser Gleichung (Aufrundungsfunktion CEIL(x) oder, wie wir hier verwenden werden $\lceil x \rceil$). Im Beispiel ist $n = \lceil (1{,}6449 + 1{,}2816)^2 \rceil = \lceil 8{,}56 \rceil$ und das ist 9. Allgemein gilt für den Stichprobenumfang bei Vorgabe von α, β, σ und δ

$$n = \left\lceil (u_{1-\alpha} + u_{1-\beta})^2 \frac{\sigma^2}{\delta^2} \right\rceil$$

3.2 Das Neyman-Pearson-Lemma

Der folgende sehr bedeutsame Satz wurde von den Autoren als Lemma eingeführt.

Satz 3.1 Neyman-Pearson-Lemma (Neyman und Pearson, 1933)
Es sei $L(Y, \theta)$ die Likelihood-Funktion der Zufallsstichprobe $\boldsymbol{Y} = (\boldsymbol{y}_1, \dots, \boldsymbol{y}_n)^T$ mit $Y \in \{Y\}$ und $\theta \in \Omega = \{\theta_0, \theta_A\}$ mit $\theta_0 \neq \theta_A$. Ferner sei die Nullhypothese H_0: $\theta = \theta_0$ gegen die Alternativhypothese H_A: $\theta = \theta_A$ zu prüfen und $c \geq 0$ sei eine Konstante. Dann gilt:

(1) Jeder Test $k(\boldsymbol{Y})$ der Form

$$k(Y) = \begin{cases} 1 & \text{für} \quad L(Y, \theta_A) > cL(Y, \theta_0) \\ \gamma(Y) & \text{für} \quad L(Y, \theta_A) = cL(Y, \theta_0) \\ 0 & \text{für} \quad L(Y, \theta_A) < cL(Y, \theta_0) \end{cases} \tag{3.5}$$

mit $0 \leq \gamma(Y) \leq 1$ ist für ein gewisses $\alpha = \alpha[c, \gamma(Y)]$ ein bester α-Test ($0 \leq \alpha \leq 1$).

Der Test $k(Y)$ mit

$$k(Y) = \begin{cases} 1 & \text{für} \quad L(Y, \theta_0) = 0 \\ 0 & \text{für} \quad L(Y, \theta_0) > 0 \end{cases} \tag{3.6}$$

ist ein bester 0-Test, und der Test

$$k(Y) = \begin{cases} 1 & \text{für} \quad L(Y, \theta_A) > 0 \\ 0 & \text{für} \quad L(Y, \theta_A) = 0 \end{cases} \tag{3.7}$$

ist ein bester 1-Test.

(2) Zur Prüfung von H_0 gegen H_A existieren für jedes $\alpha \in (0, 1)$ Konstanten $c = c_\alpha$, $\gamma(Y) = \gamma_\alpha$ derart, dass der entsprechende Test $k(\boldsymbol{Y})$ in der Form (3.5) bester α-Test ist.

(3) Ist $k(\boldsymbol{Y})$ bester α-Test [$\alpha \in (0, 1)$], so ist er mit Wahrscheinlichkeit 1 von der Form (3.5) (genauer: außer auf der Menge $\{Y : L(Y, \theta_A) = cL(Y, \theta_0)\}$ vom P_θ-Maß 0), sofern es keinen α_0-Test $k^*(\boldsymbol{Y})$ mit $\alpha_0 < \alpha$ und $E[k^*(\boldsymbol{Y})|\theta_A] = 1$ gibt.

Beweis:

Behauptung (1)

Ist $\alpha = 0$, gilt für $k(\boldsymbol{Y})$ die Beziehung (3.6), und ist $k'(Y)$ ein anderer α-Test, so gilt

$$E[k'(\boldsymbol{Y})|\theta_0] = \int_{B_0} k'(Y)\,\mathrm{d}P_{\theta_0} = 0$$

wenn $B_0 = \{Y : L(Y, \theta_0) > 0\}$ ist. Wenn $L(Y, \theta_0) > 0$ ist, muss folglich $k'(\boldsymbol{Y})$ mit Wahrscheinlichkeit 1 gleich 0 sein. Mit $B_A = \{Y\} \setminus B_0$ ist daher

$$E[k(Y)|\theta_A] - E[k'(Y)|\theta_A] = \int_{\{Y\}} [k(Y) - k'(Y)]\,\mathrm{d}P_{\theta_A}$$

$$= \int_{B_0 \cup B_A} [k(Y) - k'(Y)]\,\mathrm{d}P_{\theta_A}$$

$$= \int_{B_A} [k(Y) - k'(Y)]\,\mathrm{d}P_{\theta_A} = \int_{B_A} [1 - k'(Y)]\,\mathrm{d}P_{\theta_A} \geq 0$$

und damit folgt die Behauptung (1) aus (3.6) für $\alpha = 0$. Ganz analog folgt die Behauptung (1) für $\alpha = 1$ aus (3.7). Daher betrachten wir jetzt α-Tests mit $0 < \alpha < 1$ und zeigen, dass sie, falls sie (3.5) erfüllen, beste α-Tests sind.

Es sei $k(\boldsymbol{Y})$ ein α-Test der Form (3.5), d. h., es gelte neben (3.5)

$$E[k(\boldsymbol{Y})|\theta_0] = \alpha \tag{3.8}$$

Ist $k'(\boldsymbol{Y})$ ein beliebiger Test, dessen Signifikanzniveau nicht größer als α ist, so müssen wir zeigen, dass

$$E[k(\boldsymbol{Y})|\theta_{\mathrm{A}}] \geq E[k'(\boldsymbol{Y})|\theta_{\mathrm{A}}] \tag{3.9}$$

gilt.

Für $L(Y, \theta_{\mathrm{A}}) > cL(Y, \theta_0)$ ist $1 = k(Y) \geq k'(Y)$, und für $L(Y, \theta_{\mathrm{A}}) < cL(Y, \theta_0)$ ist $0 = k(Y) \leq k'(Y)$. Folglich gilt

$$[L(Y, \theta_{\mathrm{A}}) - cL(Y, \theta_0)][k(Y) - k'(Y)] \geq 0$$

Damit ist auch

$$[k(Y) - k'(Y)][\mathrm{d}P_{\theta_{\mathrm{A}}} - c\,\mathrm{d}P_{\theta_0}] \geq 0$$

bzw.

$$E[k(\boldsymbol{Y})|\theta_{\mathrm{A}}] - E[k'(\boldsymbol{Y})|\theta_{\mathrm{A}}] \geq c\{E[k(\boldsymbol{Y})|\theta_0] - E[k'(\boldsymbol{Y})|\theta_0]\} \geq 0$$

und daraus folgt (3.9).

Behauptung (2)
Für $\alpha = 0$ und $\alpha = 1$ haben (3.6) bzw. (3.7) die Form (3.5) mit $c_0 = \infty$ $(0 \cdot \infty = 0)$, $\gamma_0 = 0$ bzw. $c_1 = 0$, $\gamma_1 = 0$. Wir beschränken uns daher auf $0 < \alpha < 1$.

Setzen wir in (3.5) für $\gamma(Y) = \gamma$, so sollen c_α und γ_α so bestimmt werden können, dass

$$\alpha = E[k(\boldsymbol{Y})|\theta_0] = 1 \cdot P[L(\boldsymbol{Y}, \theta_{\mathrm{A}}) > c_\alpha L(\boldsymbol{Y}, \theta_0)] + \gamma_\alpha P[L(\boldsymbol{Y}, \theta_{\mathrm{A}}) = c_\alpha L(\boldsymbol{Y}, \theta_0)]$$

bzw. mit

$$\boldsymbol{q} = \frac{L(\boldsymbol{Y}, \theta_{\mathrm{A}})}{L(\boldsymbol{Y}, \theta_0)}$$

dann

$$\alpha = 1 - P[\boldsymbol{q} \leq c_\alpha|\theta_0] + \gamma_\alpha P[\boldsymbol{q} = c_\alpha|\theta_0]$$

gilt. Im kontinuierlichen Fall wählen wir für c_α das $(1 - \alpha)$-Quantil der Verteilung von $\boldsymbol{q}$ und $\gamma_\alpha = 0$. Ist $\boldsymbol{q}$ diskret, so existiert ein c_α derart, dass

$$P[\boldsymbol{q} < c_\alpha|\theta_0] \leq 1 - \alpha \leq P[\boldsymbol{q} \leq c_\alpha|\theta_0] \tag{3.10}$$

gilt. Wir setzen, falls nicht in (3.10) in beiden Fällen das Gleichheitszeichen gilt (d. h., falls $P[\boldsymbol{q} = c_\alpha|\theta_0] > 0$ ist)

$$\gamma_\alpha = \frac{P[\boldsymbol{q} \leq c_\alpha|\theta_0] - (1 - \alpha)}{P[\boldsymbol{q} = c_\alpha|\theta_0]} \tag{3.11}$$

Sollte der Nenner von (3.11) verschwinden, so verfahren wir wie im kontinuierlichen Fall und schreiben $k(\boldsymbol{Y})$ in der Form (3.5).

Behauptung (3)
Da $0 < \alpha < 1$ vorausgesetzt wurde, nehmen wir an, $k(\boldsymbol{Y})$ sei ein bester α-Test der Form (3.5) mit $c = c_\alpha$ und $\gamma(Y) = \gamma_\alpha$ aus (3.10) bzw. (3.11) mit dem α-Quantil c_α von $\boldsymbol{q}$ und $\gamma_\alpha = 0$. Es sei $k'(\boldsymbol{Y})$ ein beliebiger bester α-Test. Dann muss sowohl

$$E[k(\boldsymbol{Y})|\theta_0] = E[k'(\boldsymbol{Y})|\theta_0] = \alpha$$

als auch

$$E[k(\boldsymbol{Y})|\theta_{\mathrm{A}}] = E[k'(\boldsymbol{Y})|\theta_{\mathrm{A}}]$$

gelten, d. h., es muss

$$\int_{\{Y\}} [k(\boldsymbol{Y}) - k'(\boldsymbol{Y})]\,\mathrm{d}P_\theta = 0\,, \qquad \theta \in \{\theta_0, \theta_{\mathrm{A}}\}$$

bzw.

$$\int_{\{Y\}} [k(\boldsymbol{Y}) - k'(\boldsymbol{Y})][\mathrm{d}P_{\theta_{\mathrm{A}}} - c_\alpha\,\mathrm{d}P_{\theta_0}] = 0$$

gelten, und daraus folgt die Behauptung. Gibt es einen α_0-Test $k^*(\boldsymbol{Y})$ mit $\alpha_0 < \alpha$ und $E[k^*(\boldsymbol{Y})|\theta_{\mathrm{A}}] = 1$, so ist dieser Schluss nicht möglich.

Folgendes Korollar kann aus dem Neyman-Pearson-Lemma hergeleitet werden.

Korollar 3.1
Mit $\beta = E[k(\boldsymbol{Y})|\theta_{\mathrm{A}}]$ folgt unter den allgemeinen Voraussetzungen von Satz 3.1 für den besten α-Test $k(\boldsymbol{Y})$ stets $\alpha < \beta$, sofern $L(Y, \theta_0) \neq L(Y, \theta_{\mathrm{A}})$ ist.

Beweis: Für den α-Test $k^*(Y) \equiv \alpha$ gilt $E[k^*(\boldsymbol{Y})|\theta_{\mathrm{A}}] = \alpha$ und für den besten α-Test $k(\boldsymbol{Y})$ folglich $\alpha \leq \beta$. Wäre $\alpha = \beta$, so wäre $k^*(\boldsymbol{Y}) \equiv \alpha$ bester α-Test und müsste wegen (3) in Satz 3.1 mit Wahrscheinlichkeit 1 von der Form (3.5) sein. Beides geht aber nur, wenn $L(Y, \theta_0)$ mit Wahrscheinlichkeit 1 gleich $L(Y, \theta_{\mathrm{A}})$ ist, und das bedeutet einen Widerspruch zur Voraussetzung.

Satz 3.1 lässt sich wie folgt verallgemeinern (für den Beweis siehe Lehmann 1959, S. 84–87).

Korollar 3.2
Es sei K die Menge aller kritischen Funktionen $k(\boldsymbol{Y})$ einer Zufallsstichprobe $\boldsymbol{Y}$ bezüglich einer Verteilung $P_\theta \in P = \{P_\theta, \theta \in \Omega\}$. Ferner seien $g_1, \ldots, g_m$ und g_0 im R^n definierte reelle P_θ-integrierbare Funktionen, und es existiere zu gegebenen reellen Konstanten $c_1, \ldots, c_m$ ein $k(\boldsymbol{Y}) \in K$ derart, dass

$$\int_{\{Y\}} k(Y) g_i(Y)\,\mathrm{d}P_\theta = c_i\,, \quad i = 1, \ldots, m$$

ist. Es sei $K_c \subset K$ die Klasse der $k(\boldsymbol{Y})$, für die diese Gleichung erfüllt ist. Dann gilt:

(1)
Es existiert in K_c ein Element $k^*(\boldsymbol{Y})$ mit

$$\int_{\{Y\}} k^*(Y)g_0(Y)\,\mathrm{d}P_\theta = \max_{k(Y)\in K_c} \int_{\{Y\}} k(Y)g_0(Y)\,\mathrm{d}P_\theta$$

(2)
Für (1) ist die Existenz von reellen Konstanten $k_1, \ldots, k_m$ und einer Funktion $\gamma(Y)$ mit $0 < \gamma(Y) < 1$ derart, dass für alle $Y \in \{Y\}$

$$k^*(\boldsymbol{Y}) = \begin{cases} 1 & \text{für} \quad g_0 > \sum_{i=1}^m k_i g_i \\ \gamma(Y) & \text{für} \quad g_0 = \sum_{i=1}^m k_i g_i \\ 0 & \text{für} \quad g_0 < \sum_{i=1}^m k_i g_i \end{cases}$$

gilt, hinreichend.

(3)
Falls $k^*(\boldsymbol{Y}) \in K_c$ die hinreichende Bedingung (2) mit nichtnegativen k_i erfüllt, dann gilt

$$\int_{\{Y\}} k^*(Y)g_0(Y)\,\mathrm{d}P_\theta = \max_{k(Y)\in K_c^*} \int_{\{Y\}} k(Y)g_0(Y)\,\mathrm{d}P_\theta$$

wobei $K_c^* \subset K_c$ die Menge der kritischen Funktionen $k(Y)$ ist (Definition 3.1) mit

$$\int_{\{Y\}} k(Y)g_i(Y)\,\mathrm{d}P_\theta \le c_i\,, \quad i = 1, \ldots, m$$

(4)
Die Menge $M \subset R^m$ der Punkte

$$\left(\int_{\{Y\}} k(Y)g_1(Y)\,\mathrm{d}P_\theta, \ldots, \int_{\{Y\}} k(Y)g_m(Y)\,\mathrm{d}P_\theta\right)^{\mathrm{T}}$$

die von den Funktionen g_i erzeugt wird, ist für ein $k(\boldsymbol{Y}) \in K_c$ konvex und abgeschlossen. Ist $c = (c_1, \ldots, c_m)^{\mathrm{T}}$ innerer Punkt von M, so existieren m Konstanten $k_1, \ldots, k_{\mathrm{m}}$ und ein $k^*(\boldsymbol{Y}) \in K_c$, sodass (2) gilt. Eine notwendige Bedingung für ein $k^*(\boldsymbol{Y}) \in K_c$ derart, dass die Gleichung in (3) gilt, ist, dass $k^*(\boldsymbol{Y})$ mit Wahrscheinlichkeit 1 die in (2) angegebene Form hat.

Für $m = 1$ erhält man die Aussagen von Satz 3.1.

Beispiel 3.2

Es sei $\boldsymbol{Y}$ eine Zufallsstichprobe vom Umfang n aus einer $N(\mu, \sigma^2)$-Verteilung, σ^2 sei bekannt. Außerdem sei bekannt, dass $\mu \in \{a, b\}$ ist, d. h., μ kann entweder den Wert a oder den Wert $b \neq a$ annehmen. Es soll H_0: $\mu = a$ gegen H_A: $\mu = b$ getestet werden. Da die Komponenten von $\boldsymbol{Y}$ kontinuierlich verteilt sind, hat ein bester α-Test für dieses Hypothesenpaar nach Satz 3.1 die Form (3.5) mit $\gamma_\alpha = 0$ $(0 < \alpha < 1)$. Außerdem ist

$$L(Y, \theta_0) = L(Y, a) = \frac{1}{(2\pi\sigma^2)^{\frac{n}{2}}} \mathrm{e}^{-\frac{1}{2\sigma^2}\left(\sum_{i=1}^n y_i^2 - 2a\sum_{i=1}^n y_i + na^2\right)}$$

und

$$L(Y, \theta_A) = L(Y, b) = \frac{1}{(2\pi\sigma^2)^{\frac{n}{2}}} \mathrm{e}^{-\frac{1}{2\sigma^2}\left(\sum_{i=1}^n y_i^2 - 2b\sum_{i=1}^n y_i + nb^2\right)}$$

sowie

$$q = \frac{L(Y, b)}{L(Y, a)} = \mathrm{e}^{\frac{1}{\sigma^2}\left[n\bar{y}(b-a) - \frac{n}{2}(a+b)(b-a)\right]}$$

Die Größe c_α in (3.5) ist so zu wählen, dass $1 - \alpha = P(\boldsymbol{q} < c_\alpha) = P(\ln \boldsymbol{q} < \ln c_\alpha)$ ist. Wegen

$$\ln q = \frac{1}{\sigma^2}\left[n\bar{y}(b-a) - \frac{n}{2}(a+b)(b-a)\right]$$

ist $\ln q < \ln c_\alpha$ gleichbedeutend mit

$$\bar{y}\begin{cases} < \frac{\sigma^2 \ln c_\alpha}{n(b-a)} + \frac{(a+b)}{2} & \text{für} \quad a < b \\ > \frac{\sigma^2 \ln c_\alpha}{n(b-a)} + \frac{(a+b)}{2} & \text{für} \quad a > b \end{cases}$$

Da

$$\boldsymbol{u} = \frac{\bar{\boldsymbol{y}} - \mu}{\sigma}\sqrt{n} \tag{3.12}$$

nach $N(0, 1)$ verteilt ist, gilt mit dem $(1 - \alpha)$-Quantil $u_{1-\alpha}$ der Standardnormalverteilung unter H_0

$$P\left(\frac{\bar{\boldsymbol{y}} - a}{\sigma}\sqrt{n} < u_{1-\alpha}\right) = 1 - \alpha$$

bzw.

$$P\left(\bar{y} < \frac{\sigma}{\sqrt{n}}u_{1-\alpha} + a\right) = 1 - \alpha$$

Für den Fall $a < b$ ist unter H_0

$$\frac{\sigma}{\sqrt{n}}u_{1-\alpha} + a = \frac{\sigma^2 \ln c_\alpha}{n(b-a)} + \frac{(a+b)}{2} \quad \text{bzw.} \quad c_\alpha = \mathrm{e}^{\frac{1}{\sigma}u_{1-\alpha}\sqrt{n}(b-a) - \frac{n}{2\sigma^2}(a-b)^2}$$

Analog ist für $a > b$

$$c_\alpha = e^{\frac{1}{\sigma}u_\alpha\sqrt{n}(b-a)-\frac{n}{2\sigma^2}(a-b)^2}$$

Das ergibt den folgenden

Satz 3.2
Ist die Zufallsstichprobe $\boldsymbol{Y} = (\boldsymbol{y}_1, \boldsymbol{y}_2, \dots, \boldsymbol{y}_n)^{\mathrm{T}}$ mit bekanntem $\sigma^2 > 0$ nach $N(\mu e_n, \sigma^2 E_n)$ verteilt und kann μ nur die Werte a und b $(a \neq b)$ annehmen und ist H_0: $\mu = a$ gegen H_{A}: $\mu = b$ zu testen, so ist durch (3.5) mit $\gamma_\alpha = 0$ und

$$c_\alpha = e^{\frac{1}{\sigma}u_{1-\alpha}\sqrt{n}(b-a)-\frac{n}{2\sigma^2}(a-b)^2}$$

ein bester α-Test $k(\boldsymbol{Y})$ gegeben, der mit $\boldsymbol{u}$ aus (3.12) auch in der Form

$$k(Y) = \begin{cases} 1 & \text{für} \quad |u| > u_{1-\alpha} \\ 0 & \text{sonst} \end{cases}$$

geschrieben werden kann, d. h. H_0 wird abgelehnt, falls $|u| > u_{1-\alpha}$ ist.

Dieser Test ist einseitig, da ja bekannt ist, ob $b > a$ oder $b < a$ gilt. Der Test entspricht dem in Beispiel 3.1 heuristisch abgeleiteten Test, daher ist der dort bestimmbare Stichprobenumfang stets der kleinstmögliche.

Im nächsten Beispiel betrachten wir eine diskrete Zufallsvariable.

Beispiel 3.3
Die Zufallsvariablen $\boldsymbol{y}_i$ seien mit den Werten 0 und 1 voneinander unabhängig nach $B(1, p)$ zweipunktverteilt, wobei $p = P(\boldsymbol{y}_i = 1)$ und $1 - p = P(\boldsymbol{y}_i = 0)$ mit $p \in \{p_0, p_{\mathrm{A}}\}$; $i = 1, \dots, n$ ist. Es soll die Nullhypothese H_0: $p = p_0$ gegen H_{A}: $p = p_{\mathrm{A}}$ getestet werden. Dann ist $\boldsymbol{y} = \sum_{i=1}^n \boldsymbol{y}_i$ nach $B(n, p)$ binomialverteilt, und es gilt für $\boldsymbol{Y} = (\boldsymbol{y}_1, \dots, \boldsymbol{y}_n)^{\mathrm{T}}$

$$L(Y, p) = \binom{n}{y} p^y (1-p)^{n-y}$$

Nach Satz 3.1 existiert ein bester α-Test der Form (3.5). Wir wollen γ_α und c_α bestimmen.

Wegen

$$q = \frac{L(Y, p_{\mathrm{A}})}{L(Y, p_0)} = \left(\frac{p_{\mathrm{A}}}{p_0}\right)^y \left(\frac{1-p_{\mathrm{A}}}{1-p_0}\right)^{n-y} \tag{3.13}$$

gilt

$$\ln q = y[\ln p_{\mathrm{A}} - \ln(1-p_{\mathrm{A}}) - \ln p_0 + \ln(1-p_0)] + n[\ln(1-p_{\mathrm{A}}) - \ln(1-p_0)]$$

Fall A: Für das gewählte α existiert ein y^* derart, dass die Verteilungsfunktion F der $B(n, p_0)$-Verteilung an der Stelle y^* den Wert $F(y^*, p_0) = 1 - \alpha$ hat. Dann setzen wir in (3.5) zunächst $\gamma_\alpha = 0$ und berechnen c_α aus

$$c_\alpha = \left(\frac{p_A}{p_0}\right)^{y^*} \left(\frac{1-p_A}{1-p_0}\right)^{n-y^*} \tag{3.14}$$

Fall B: Für das gewählte α existiert solch ein Wert nicht, es gibt aber im Fall $p_A > p_0$ ein y^* derart, dass $F(y^*, p_0) < 1 - \alpha \leq F(y^* + 1, p_0)$ gilt. Dann wählen wir nach (3.11)

$$\gamma_\alpha = \frac{F(y^* + 1, p_0) - (1 - \alpha)}{\binom{n}{y^*} p_0^{y^*} (1 - p_0)^{n-y^*}} \tag{3.15}$$

und c_α wird wieder nach (3.14) berechnet.

Ist $p_A < p_0$, so existiert ein y^* derart, dass $F(y^*, p_0) \leq \alpha < F(y^* + 1, p_0)$ gilt, und wir wählen

$$\gamma_\alpha = \frac{\alpha - F(y^*, p_0)}{\binom{n}{y^*} p_0^{y^*} (1 - p_0)^{n-y^*}} \tag{3.16}$$

und c_α wird wieder nach (3.14) berechnet. Wir können den Test daher auch unmittelbar in y schreiben.

Für $p_A > p_0$ ist

$$k(y) = \begin{cases} 1 & \text{für} \quad y > y^* \\ \gamma_\alpha & \text{für} \quad y = y^* \quad (\gamma_\alpha \text{ aus (3.15)}) \\ 0 & \text{für} \quad y < y^* \end{cases}$$

Für $p_A < p_0$ ist

$$k(y) = \begin{cases} 1 & \text{für} \quad y < y^* \\ \gamma_\alpha & \text{für} \quad y = y^* \quad (\gamma_\alpha \text{ aus (3.16)}) \\ 0 & \text{für} \quad y > y^* \end{cases}$$

Ist $n = 10$ und H_0: $p = 0{,}5$ gegen H_A: $p = 0{,}1$ zu testen, so ergibt sich wegen $0{,}1 < 0{,}5$ der Wert $y^* = 3$ nach (3.16) und für $\alpha = 0{,}1$

$$\gamma_{0,1} = \frac{0{,}1 - 0{,}05469}{0{,}117\,19} = 0{,}3866$$

und $k(y)$ hat die Form

$$k(y) = \begin{cases} 1 & \text{für} \quad y < 3 \\ 0{,}3866 & \text{für} \quad y = 3 \\ 0 & \text{für} \quad y > 3 \end{cases}$$

d. h., für $y < 3$ wird H_0: $p = 0{,}5$ abgelehnt, für $y = 3$ wird H_0 mit Wahrscheinlichkeit 0,3866 abgelehnt, und für $y > 3$ wird H_0 angenommen. Den Zufallsprozess bei der Annahme für $y = 3$ kann man auf einem Rechner simulieren. Man erzeugt mit einem Zufallszahlengenerator, der im Intervall (0, 1) gleichverteilte Pseudozufallszahlen erzeugt, einen Wert v. Ist $v < 0{,}3866$, so lehnt man H_0 ab und nimmt H_0 sonst an.

Solch ein Test ist ein bester 0,1-Test.

Damit gilt der

Satz 3.3

Ist $\boldsymbol{y}$ nach $B(n, p)$ verteilt, so ist ein bester α-Test für H_0: $p = p_0$ gegen H_A: $p_A < p_0$ durch

$$k^-(\boldsymbol{y}) = \begin{cases} 1 & \text{für} \quad y < y^- \\ \gamma_\alpha^- & \text{für} \quad y = y^- \qquad (\gamma_\alpha^- \text{ aus (3.16)}) \\ 0 & \text{für} \quad y > y^- \end{cases} \tag{3.17}$$

und für H_0: $p = p_0$ gegen H_A: $p_A > p_0$ durch

$$k^+(\boldsymbol{y}) = \begin{cases} 1 & \text{für} \quad y > y^+ \\ \gamma_\alpha^+ & \text{für} \quad y = y^+ \qquad (\gamma_\alpha^+ \text{ aus (3.15)}) \\ 0 & \text{für} \quad y < y^+ \end{cases} \tag{3.18}$$

gegeben, wobei y^- durch

$$F(y^-, p_0) \le \alpha < F(y^- + 1, p_0)$$

und y^+ durch

$$F(y^+, p_0) < 1 - \alpha \le F(y^+ + 1, p_0)$$

festgelegt sind. $F(y, p)$ ist die Verteilungsfunktion der $B(n, p)$-Verteilung.

Der Beweis ist dem Beispiel 3.3 zu entnehmen.

Nach Möglichkeit versucht man, randomisierte Tests zu vermeiden. Es ist einem Anwender schwerlich klarzumachen, dass er es nach einer äußerst sorgfältigen Versuchsdurchführung in manchen Fällen dem Zufall überlassen soll, welchen Schluss er aus den Ergebnissen zieht.

3.3
Tests für zusammengesetzte Alternativhypothesen und einparametrische Verteilungsfamilien

Der Satz 3.1 gestattet es, beste Tests für einseitige Null- und Alternativhypothesen zu finden. Wie man den Satz auf zusammengesetzte Hypothesen übertragen kann, soll in diesem Abschnitt erläutert werden.

3.3.1
Verteilungen mit monotonem Likelihood-Quotienten und gleichmäßig beste Tests für einseitige Hypothesen

Das Neyman-Pearson-Lemma setzt voraus, dass sowohl die Nullhypothese als auch die Alternativhypothese einfach ist und der Parameterraum nur aus zwei Punkten besteht. Das entspricht aber kaum praktischen Gegebenheiten. Wir wollen nun schrittweise diese Einengung abbauen, müssen damit aber gleichzeitig den Gültigkeitsbereich erweiterter Aussagen einschränken. Wir betrachten zunächst den Fall $\Omega \subset R^1$ und einseitige Hypothesen. Wir demonstrieren die Problematik an einem Beispiel.

Beispiel 3.4
Die Komponenten der Zufallsstichprobe $\boldsymbol{Y} = (\boldsymbol{y}_1, \boldsymbol{y}_2, \dots, \boldsymbol{y}_n)^{\mathrm{T}}$ seien nach $N(\mu, \sigma^2)$, $\sigma^2 > 0$ und bekannt, verteilt. Es ist H_0: $\mu \in (-\infty, a]$ gegen H_{A}: $\mu \in (a, \infty)$, zu testen.

Für einen α-Test muss

$$\max_{-\infty<\mu\leq a} E[k(\boldsymbol{Y})|\mu] = \alpha$$

gelten. Für das Hypothesenpaar

$$H_0^* : \mu = a \,; \quad H_{\mathrm{A}}^* : \mu = b > a$$

ist ein bester α-Test definiert – siehe Satz 3.2. Da $k(\boldsymbol{Y})$ ein bester Test für jedes $b \in (a, \infty)$ ist, ist $k(\boldsymbol{Y})$ ein gleichmäßig bester α-Test für $H_0^* : \mu = a$ gegen $H_{\mathrm{A}} : \mu \in (a, \infty)$ bzw. ein gleichmäßig bester α-Test für H_0 gegen H_{A} in der Klasse K_α aller α-Tests. Da nun

$$\boldsymbol{u} = \frac{\sqrt{n}}{\sigma}(\bar{\boldsymbol{y}} - a)$$

nach $N[\frac{\sqrt{n}}{\sigma}(\mu - a), 1]$ verteilt ist und

$$E[k(\boldsymbol{Y})|\mu] = P\left[\frac{\sqrt{n}}{\sigma}(\bar{\boldsymbol{y}} - a) > u_{1-\alpha}\right]$$

gilt, wächst $E[k(\boldsymbol{Y})|\mu]$ monoton in μ und hat für $\mu = a$ den Wert α und für $\mu \leq a$ einen Wert $\leq \alpha$. Da $k(\boldsymbol{Y})$ gleichmäßig bester Test in der Klasse K_α ist, ist er gleichmäßig bester Test für das Hypothesenpaar H_0: $\mu \in (-\infty, a]$, $\sigma^2 > 0$ gegen H_A: $\mu \in (a, \infty)$, $\sigma^2 > 0$, denn die Klasse der Tests, für die $E[k(\boldsymbol{Y})|\mu] \leq \alpha$ für alle $\mu \in (-\infty, a]$ ist, ist eine Teilmenge von K_α.

Damit gilt der

Satz 3.4
Soll unter den Voraussetzungen von Satz 3.2 H_0: $\mu \leq a$ gegen H_A: $\mu > a$ geprüft werden, so ist

$$k(\boldsymbol{Y}) = \begin{cases} 1 & \text{für} \quad \frac{\bar{y}-a}{\sigma}\sqrt{n} \geq u_{1-\alpha} \\ 0 & \text{sonst} \end{cases} \tag{3.19}$$

ein gleichmäßig bester α-Test. Analog ist

$$k(\boldsymbol{Y}) = \begin{cases} 1 & \text{für} \quad \frac{\bar{y}-a}{\sigma}\sqrt{n} < u_{\alpha} \\ 0 & \text{sonst} \end{cases}$$

ein gleichmäßig bester α-Test für H_0: $\mu \geq a$ gegen H_A: $\mu < a$.

Jetzt betrachten wir normalverteilte Zufallsstichproben mit bekanntem Erwartungswert.

Beispiel 3.5
Die Komponenten der Zufallsstichprobe $\boldsymbol{Y} = (\boldsymbol{y}_1, \boldsymbol{y}_2, \ldots, \boldsymbol{y}_n)^T$ seien nach $N(\mu, \sigma^2)$ verteilt, μ sei bekannt. Es ist $H_0 : \sigma^2 \leq \sigma_0^2$ gegen $H_A : \sigma^2 = \sigma_A^2 > \sigma_0^2$ zu testen. Dann ist

$$\boldsymbol{q}(n) = \frac{1}{\sigma^2}\boldsymbol{Q}(n) = \frac{1}{\sigma^2}\sum_{i=1}^{n}(\boldsymbol{y}_i - \mu)^2$$

mit n Freiheitsgraden nach $CQ(n)$ zentral χ^2-verteilt. Für das Hypothesenpaar $\{H_0^* : \sigma^2 = \sigma_0^2, H_A : \sigma^2 = \sigma_A^2 > \sigma_0^2\}$ ist nach Satz 3.1 mit dem $(1-\alpha)$-Quantil $CQ(n|1-\alpha)$ der $CQ(n)$-Verteilung

$$k^*(\boldsymbol{Y}) = \begin{cases} 1 & \text{für} \quad Q(n) \geq \sigma_0^2 CQ(n|1-\alpha) \\ 0 & \text{sonst} \end{cases}$$

ein bester α-Test. Das gilt für beliebige $\sigma_A^2 > \sigma_0^2$, und damit ist $k^*(\boldsymbol{Y})$ gleichmäßig bester α-Test für das Hypothesenpaar (H_0^*, H_A).

Nun gilt aber

$$E[k^*(\boldsymbol{Y})|\sigma^2] = P\{\sigma^2\boldsymbol{q}(n) \geq \sigma_0^2 CQ(n|1-\alpha)\} \leq \alpha$$

für alle $\sigma^2 \leq \sigma_0^2$. Ferner ist für $0 < \sigma_1^2 < \sigma_2^2 \leq \sigma_0^2$

$$\left\{ q(n) \geq \frac{\sigma_0^2}{\sigma_1^2} CQ(n|1-\alpha) \right\} \subset \left\{ q(n) \geq \frac{\sigma_0^2}{\sigma_2^2} CQ(n|1-\alpha) \right\}$$

Damit folgt

$$E[k^*(\boldsymbol{Y})|\sigma_1^2] \leq E[k^*(\boldsymbol{Y})|\sigma_2^2] \leq E[k^*(\boldsymbol{Y})|\sigma_0^2]$$

bzw.

$$\max_{\sigma^2 \leq \sigma_0^2} E[k^*(\boldsymbol{Y})|\sigma^2] = \alpha \tag{3.20}$$

Folglich ist $k^*(\boldsymbol{Y})$ ein gleichmäßig bester α-Test für das Hypothesenpaar (H_0, H_A).

Das fassen wir in einen Satz zusammen:

Satz 3.5

Die Komponenten der Zufallsstichprobe $\boldsymbol{Y} = (\boldsymbol{y}_1, \boldsymbol{y}_2, \dots, \boldsymbol{y}_n)^T$ seien nach $N(\mu, \sigma^2)$ verteilt, $\sigma^2 > 0$, μ sei bekannt. Dann ist ein gleichmäßig bester α-Test des Hypothesenpaares

a) $H_0 : \sigma^2 \leq \sigma_0^2$; $H_A : \sigma^2 = \sigma_A^2 > \sigma_0^2$
b) $H_0 : \sigma^2 \geq \sigma_0^2$; $H_A : \sigma^2 = \sigma_A^2 < \sigma_0^2$

mit

$$\boldsymbol{q}(n) = \frac{1}{\sigma^2} \boldsymbol{Q}(n) = \frac{1}{\sigma^2} \sum_{i=1}^{n} (\boldsymbol{y}_i - \mu)^2$$

gegeben durch

a)

$$k^+(\boldsymbol{Y}) = \begin{cases} 1 & \text{für} \quad Q(n) \geq \sigma_0^2 CQ(n|1-\alpha) \\ 0 & \text{sonst} \end{cases} \tag{3.21}$$

b)

$$k^-(\boldsymbol{Y}) = \begin{cases} 1 & \text{für} \quad Q(n) \leq \sigma_0^2 CQ(n|\alpha) \\ 0 & \text{sonst} \end{cases} \tag{3.22}$$

Für den Beweis des Satzes ist maßgeblich, dass der Quotient

$$\frac{L(Y, \sigma_A^2)}{L(Y, \sigma_0^2)} = \left(\frac{\sigma_0^2}{\sigma_A^2} \right)^{\frac{n}{2}} \mathrm{e}^{-\frac{Q(n)}{2} \left(\frac{1}{\sigma_A^2} - \frac{1}{\sigma_0^2} \right)}$$

in Q monoton wachsend ist, sofern $\sigma_0^2 < \sigma_A^2$, bzw. monoton fallend ist, sofern $\sigma_0^2 > \sigma_A^2$ gilt.

Eine derartige Eigenschaft ist generell bedeutsam für die Existenz eines α-Tests bei einseitigen Hypothesen über reelle Parameter.

Definition 3.6
Eine Verteilungsfamilie $P = \{P_\theta, \theta \in \Omega \subset R^1\}$ hat einen monotonen Likelihood-Quotienten, falls der Quotient

$$\frac{L(y, \theta_2)}{L(y, \theta_1)} = \mathrm{LQ}(y|\theta_1, \theta_2) \,; \quad \theta_1 < \theta_2$$

an den Stellen, an denen wenigstens eine der beiden Likelihood-Funktionen $L(y, \theta_1)$ bzw. $L(y, \theta_2)$ positiv ist, monoton nicht fallend (isoton) oder monoton nicht wachsend (antiton) in y ist. (Dabei wird $\mathrm{LQ}(y|\theta_1, \theta_2)$ für $L(y, \theta_1) = 0$ gleich ∞ gesetzt.)

Satz 3.6
Ist P eine einparametrische Exponentialfamilie in kanonischer Form mit dem Parameter $\theta \in \Omega \subset R^1$, dann hat P einen monotonen Likelihood-Quotienten, sofern der im Exponenten der Likelihood-Funktion stehende Faktor $T(y)$ monoton in y und der Faktor $\eta(\theta)$ monoton in θ ist.

Beweis: Es sei $\theta_1 < \theta_2$. Dann ist $\mathrm{LQ}(y|\theta_1, \theta_2) = r(y)\mathrm{e}^{T(y)[\eta(\theta_2)-\eta(\theta_1)]}$ mit $r(y) \geq 0$, und die Behauptung ist sofort ablesbar.

Damit können wir für einparametrische Exponentialfamilien und für einseitige Hypothesen wegen der folgenden Sätze gleichmäßig beste α-Tests konstruieren.

Satz 3.7 Karlin (1957)
Es sei $P = \{P_\theta, \theta \in \Omega \subset R^1\}$ eine Familie mit isotonem bzw. antitonem Likelihood-Quotienten. Ist $g(y)$ P_θ-integrierbar und isoton (antiton) in $y \in \{Y\}$, so ist $E[g(\boldsymbol{y})|\theta]$ isoton (antiton) bzw. antiton (isoton) in θ. Es gilt für die Verteilungsfunktion $F(y, \theta)$ von $\boldsymbol{y}$ im Fall der Isotonie von LQ und g für alle $\theta < \theta'$ und $y \in \{Y\}$

$$F(y, \theta) \geq F(y, \theta')$$

und im Fall der Antitonie von LQ und g für alle $\theta < \theta'$ und $y \in \{Y\}$

$$F(y, \theta) \leq F(y, \theta')$$

Beweis: Ohne Beschränkung der Allgemeinheit wird der Satz für den Fall der Isotonie gezeigt. Es sei stets $\theta < \theta'$ und M^+ und M^- seien zwei Mengen aus dem Stichprobenraum $\{Y\}$ wie folgt

$$M^+ = \{y : L(y, \theta') > L(y, \theta)\} \,, \quad M^- = \{y : L(y, \theta') < L(y, \theta)\}$$

Da $\mathrm{LQ}(y|\theta_1, \theta_2)$ isoton in y ist, folgt mit $y \in M^-$, $y' \in M^+$, dass $y < y'$ ist. Dann ergibt sich aus der Isotonie von $g(y)$

$$a = \max_{y \in M^-} g(y) \leq \min_{y \in M^+} g(y) = b$$

Daher gilt

$$\begin{aligned} D = E[g(\boldsymbol{y})|\theta'] - E[g(\boldsymbol{y})|\theta] &= \int_{\{Y\}} g(y)(\mathrm{d}P_{\theta'} - \mathrm{d}P_\theta) = \int_{M^-} g(y)(\mathrm{d}P_{\theta'} - \mathrm{d}P_\theta) \\ &+ \int_{M^+} g(y)(\mathrm{d}P_{\theta'} - \mathrm{d}P_\theta) \geq a \int_{M^-} (\mathrm{d}P_{\theta'} - \mathrm{d}P_\theta) + b \int_{M^+} (\mathrm{d}P_{\theta'} - \mathrm{d}P_\theta) \end{aligned} \tag{3.23}$$

Nun ist aber trivialerweise für jedes $\theta^* \in \Omega$

$$\int_{\{Y\}} \mathrm{d}P_{\theta^*} = \int_{M^-} \mathrm{d}P_{\theta^*} + \int_{M^+} \mathrm{d}P_{\theta^*} = 1 - P\{L(\boldsymbol{y}|\theta') = L(\boldsymbol{y}|\theta)|\theta = \theta'\}$$

und das ergibt für $\theta^* = \theta'$

$$\int_{M^-} \mathrm{d}P_{\theta'} = -\int_{M^+} \mathrm{d}P_{\theta'} + 1 - P\{L(\boldsymbol{y}|\theta') = L(\boldsymbol{y}|\theta)|\theta = \theta'\}$$

bzw. für $\theta^* = \theta$

$$-\int_{M^-} \mathrm{d}P_\theta = \int_{M^+} \mathrm{d}P_\theta - 1 + P\{L(\boldsymbol{y}|\theta') = L(\boldsymbol{y}|\theta)|\theta = \theta'\}$$

Damit wird

$$\int_{M^-} (\mathrm{d}P_{\theta'} - \mathrm{d}P_\theta) = -\int_{M^+} (\mathrm{d}P_{\theta'} - \mathrm{d}P_\theta)$$

und das in (3.23) eingesetzt führt zu

$$D \geq (b - a) \int_{M^+} (\mathrm{d}P_{\theta'} - \mathrm{d}P_\theta) \geq 0$$

wegen $b > a$ und wegen der Definition von M^+. Damit ist die Isotonie von $E[g(\boldsymbol{y})|\theta]$ in θ nachgewiesen, da stets $\theta' > \theta$ sein sollte.

Mit $g(y) = \varphi_t(y)$, $t \in R^1$ und

$$\varphi_t(y) = \begin{cases} 1 & \text{für} \quad y > t \\ 0 & \text{sonst} \end{cases}$$

ist $\varphi_t(y)$ isoton in y, und es gilt wegen des ersten Teiles des Beweises

$$E[\varphi_t(\boldsymbol{y})|\theta] \leq E[\varphi_t(\boldsymbol{y})|\theta']$$

Aus

$$E[\varphi_t(\boldsymbol{y})|\theta] = P(\boldsymbol{y} > t) = 1 - F(t, \theta)$$

folgt der zweite Teil der Behauptung.

Satz 3.8

Es sei $P = \{P_\theta, \theta \in \Omega \subset R^1\}$ eine Verteilungsfamilie der Komponenten $\boldsymbol{y}_1, \ldots, \boldsymbol{y}_n$ einer Zufallsstichprobe $\boldsymbol{Y}$ und $\boldsymbol{M} = M(\boldsymbol{Y})$ eine bezüglich P suffiziente Maßzahl.

Die Verteilungsfamilie P^M von $\boldsymbol{M}$ besitze einen isotonen Likelihood-Quotienten. Dann ist mit dem $(1-\alpha)$-Quantil $M_{1-\alpha}$ der Verteilung von $\boldsymbol{M}$

$$k(\boldsymbol{Y}) = \begin{cases} 1 & \text{für} \quad M > M_{1-\alpha} \\ \gamma_\alpha & \text{für} \quad M = M_{1-\alpha} \\ 0 & \text{für} \quad M < M_{1-\alpha} \end{cases} \tag{3.24}$$

ein Test mit folgenden Eigenschaften:

(1) $k(\boldsymbol{Y})$ ist ein GB-Test für H_0: $\theta \leq \theta_0$ gegen H_A: $\theta = \theta_A > \theta_0$ und $0 < \alpha < 1$. (Analog lässt sich ein Test für H_0: $\theta \geq \theta_0$ gegen H_A: $\theta = \theta_A < \theta_0$ formulieren).

(2) Für alle $\alpha \in (0, 1)$ existiert ein M_0^α und ein γ_α mit $-\infty \leq M_0^\alpha \leq \infty, 0 \leq \gamma_\alpha \leq 1$ und M_0^α aus

$$P\{\boldsymbol{M} < M_0^\alpha|\theta_0\} \leq 1 - \alpha \leq P\{\boldsymbol{M} \leq M_0^\alpha|\theta_0\}$$

sodass der zugehörige Test $k(\boldsymbol{Y})$ in (3.24) mit γ_α und $M_0^\alpha = M_{1-\alpha}$ ein GB-α-Test für H_0 gegen H_A ist.

(3) Die Gütefunktion $E[k(\boldsymbol{Y})|\theta]$ ist isoton in $\theta \in \Omega$.

Beweis: Nach Satz 3.1 hat ein bester α-Test für H_0^*: $\theta = \theta_0$ gegen H_A^*: $\theta = \theta_A$ die Form

$$k(M) = \begin{cases} 1 & \text{für} \quad c_\alpha L_M(M, \theta_0) < L_M(M, \theta_A) \\ \gamma(M) & \text{für} \quad c_\alpha L_M(M, \theta_0) = L_M(M, \theta_A) \\ 0 & \text{für} \quad c_\alpha L_M(M, \theta_0) > L_M(M, \theta_A) \end{cases}$$

wobei $L_M(M, \theta)$ die Likelihood-Funktion von $\boldsymbol{M}$ ist. Da aus $M > M_0$ stets

$$\mathrm{LQ}_M(M|\theta_0, \theta_A) \geq \mathrm{LQ}_M(M_0|\theta_0, \theta_A)$$

wegen der Isotonie von LQ_M folgt, folgt aus

$$LQ_M(M|\theta_0, \theta_A) = \frac{L_M(M, \theta_A)}{L_M(M, \theta_0)} \begin{cases} > \\ = \\ < \end{cases} c_\alpha = \frac{L_M(M_0^\alpha, \theta_A)}{L_M(M_0^\alpha, \theta_0)}$$

stets $M \begin{cases} > \\ = \\ < \end{cases} M_0^\alpha$, und damit ist $k(\boldsymbol{M})$ nur eine andere Schreibweise von $k^*(\boldsymbol{M})$ und folglich bester α-Test für (H_0^*, H_A^*), wobei $M_0^\alpha = M_{1-\alpha}$ und γ_α nach dem Beweis von Satz 3.1 nur entsprechend festzulegen sind. Da $k^*(M)$ isoton in M ist, ist die Gütefunktion $E[k^*(\boldsymbol{M})|\theta]$ nach Satz 3.7 isoton in θ. Damit ist Behauptung (3) gezeigt.

Ferner ist

$$\max_{\theta \le \theta_0} E[k^*(\boldsymbol{M})|\theta] = \alpha$$

und $k(\boldsymbol{Y}) = k^*(\boldsymbol{M})$ in (3.24) ist GB-α-Test. Damit ist Behauptung (1) bewiesen.

Setzen wir $M_0^\alpha = M_{1-\alpha}$ für ein festes $\alpha \in (0,1)$ mit dem $(1-\alpha)$-Quantil $M_{1-\alpha}$ der Verteilung von $\boldsymbol{M}$ für θ_0, so ist für $0 = P(\boldsymbol{M} = M_{1-\alpha}|\theta_0)$ (und z. B. für kontinuierliche Verteilungen) $\gamma_\alpha = 0$, und Behauptung (2) ist bewiesen. Sonst wählt man analog zu (3.10) das M_0^α so, dass

$$P(\boldsymbol{M} < M_0^\alpha|\theta_0) < (1-\alpha) \le P(\boldsymbol{M} \le M_0^\alpha|\theta_0)$$

gilt, setzt in (3.24) $M_{1-\alpha} = M_0^\alpha$ und bestimmt γ_α analog zu (3.11) aus

$$\gamma_\alpha = \frac{P(\boldsymbol{M} \le M_{1-\alpha}|\theta_0) - (1-\alpha)}{P(\boldsymbol{M} = M_{1-\alpha}|\theta_0)}$$

und damit folgt Behauptung (2) allgemein.

Korollar 3.3

Sind die Komponenten einer Zufallsstichprobe $\boldsymbol{Y} = (\boldsymbol{y}_1, \boldsymbol{y}_2, \dots, \boldsymbol{y}_n)^T$ nach einer Verteilung aus einer einparametrischen Exponentialfamilie mit $\theta \in \Omega \subset R^1$ verteilt und ist der natürliche Parameter $\eta(\theta)$ monoton wachsend, so kann H_0: $\theta \le \theta_0$ gegen H_A: $\theta = \theta_A > \theta_0$ mithilfe eines GB-Tests $k(\boldsymbol{Y})$ der Form (3.24) für jedes $\alpha \in (0,1)$ getestet werden.

Man überlegt sich leicht, wie man die Fälle H_0: $\theta \le \theta_0$ gegen H_A: $\theta = \theta_A > \theta_0$ und antitonem $\eta(\theta)$ behandeln kann.

Beispiel 3.6

Die Zufallsvariable $\boldsymbol{y}$ sei $B(n, p)$-verteilt. Es ist anhand einer Stichprobe vom Umfang 1

$$\text{Fall A:} \quad H_0: p \le p_0 \quad \text{gegen} \quad H_A: p = p_A, p_A > p_0$$
$$\text{Fall B:} \quad H_0: p \ge p_0 \quad \text{gegen} \quad H_A: p = p_A, p_A < p_0$$

zu prüfen. Man kann auch von $\boldsymbol{Y} = (\boldsymbol{y}_1, \boldsymbol{y}_2, \dots, \boldsymbol{y}_n)^T$ mit $\boldsymbol{y}_i$ nach $B(1, p)$ ausgehen, da $\sum_{i=1}^n \boldsymbol{y}_i$ suffizient ist. Die Verteilung gehört für festes n zu einer einparametrischen Exponentialfamilie mit natürlichem Parameter

$$\eta = \eta(p) = \ln\left(\frac{p}{1-p}\right)$$

der isoton in p ist. Die Likelihood-Funktion lautet

$$L(y, \eta) = \binom{n}{y} e^{y\eta(p) - n\ln(1-p)}$$

und wir haben $\boldsymbol{M} = \boldsymbol{y}$. Nach Satz 3.6 hat $\boldsymbol{y}$ einen monotonen Likelihood-Quotienten. Damit ist $k^*(\boldsymbol{y})$ für Fall A nach (3.18) mit γ_α^+ aus (3.15) (für $y^* = y^+$) und $k^*(\boldsymbol{y})$ für Fall B nach (3.17) mit γ_α^- aus (3.16) und mit $y^* = y^-$ zu wählen. Diese Tests sind GB-Tests für das jeweilige α.

Ist θ ein Vektor und sollen einseitige Hypothesen über Komponenten dieses Vektors bei unbekannten Werten der übrigen Komponenten getestet werden, so existieren GB-Tests nur in Ausnahmefällen. Das Gleiche gilt für den Fall einfacher Nullhypothesen und zweiseitiger Alternativhypothesen bereits im Fall $\theta \in R^1$. In Abschn. 3.3.2 wird zunächst der letztere Fall betrachtet, während in Abschn. 3.4 Tests für mehrparametrische Verteilungsfamilien bereitgestellt werden.

Für den Fall einer zusammengesetzten Alternativhypothese und einer im gewissen Sinne zweiseitigen Nullhypothese existieren jedoch GB-Tests, wie der folgende Satz zeigt:

Satz 3.9
Für den Parameter θ der Verteilungsfamilie $P = \{P_\theta, \theta \in \Omega \subset R^1\}$ betrachten wir das Hypothesenpaar H_0, H_A mit

$$H_0 : \theta \leq \theta_1 \quad \text{oder} \quad \theta \geq \theta_2\,, \quad \theta_1 < \theta_2\,; \quad \theta_1, \theta_2 \in \Omega$$
$$H_\mathrm{A} : \theta_1 < \theta < \theta_2\,; \quad \theta_1 < \theta_2\,; \quad \theta_1, \theta_2 \in \Omega$$

Ist P eine Exponentialfamilie und θ der natürliche Parameter (bisher η), so ist auch die Verteilung der Zufallsstichprobe $\boldsymbol{Y} = (\boldsymbol{y}_1, \boldsymbol{y}_2, \ldots, \boldsymbol{y}_n)^\mathrm{T}$ aus einer Exponentialfamilie mit der suffizienten Maßzahl $\boldsymbol{T} = T(\boldsymbol{Y})$ und natürlichem Parameter $\theta = \eta$. Dann gilt:

(1) Es existiert ein gleichmäßig bester α-Test für H_0, H_A der Form

$$h(T) = k(Y) = \begin{cases} 1 & \text{für} \quad c_{1\alpha} < T < c_{2\alpha}\,; \quad c_{1\alpha} < c_{2\alpha} \\ \gamma_{i\alpha} & \text{für} \quad T = c_{i\alpha}\,; \quad i = 1, 2 \\ 0 & \text{sonst} \end{cases} \tag{3.25}$$

wobei die $c_{i\alpha}$ und $\gamma_{i\alpha}$ so zu wählen sind, dass

$$E[h(\boldsymbol{T})|\theta_1] = E[h(\boldsymbol{T})|\theta_2] = \alpha \tag{3.26}$$

gilt. (Wir sagen dann, es sei $h(\boldsymbol{T}) \in K_\alpha$).

(2) $h(\boldsymbol{T})$ aus (1) ist ein Test, für den $E[h(\boldsymbol{T})|\theta]$ für alle $\theta < \theta_1$ und $\theta > \theta_2$ in der Klasse K_α aller Tests, die (3.26) erfüllen, minimal ist.

(3) Für $0 < \alpha < 1$ existiert in (θ_1, θ_2) ein Punkt θ_0 derart, dass die Gütefunktion $\pi(\theta)$ von $k(\boldsymbol{Y})$ aus (1) an dieser Stelle ihr Maximum hat und monoton in $|\theta - \theta_0|$ fällt, sofern kein Paar (T_1, T_2) existiert, für das für alle $\theta \in \Omega$

$$P(\boldsymbol{T} = T_1|\theta) + P(\boldsymbol{T} = T_2|\theta) = 1$$

gilt.

Den Beweis dieses Satzes findet man bei Lehmann (1959, S. 102–103). Er basiert auf dem Korrolar 3.2 von Satz 3.1 für $m = 2$. Für praktische Tests spielt dieser Satz kaum eine Rolle.

Vertauscht man in Satz 3.9 Null- und Alternativhypothese, genauer: Betrachten wir unter den Voraussetzungen von Satz 3.9 das Hypothesenpaar H_0, H_A mit

$$H_0 : \theta_1 \leq \theta \leq \theta_2 \,; \quad \theta_1, \theta_2 \in \Omega \subset R^1$$
$$H_\text{A} : \theta < \theta_1 \quad \text{oder} \quad \theta > \theta_2 \,; \quad \theta_1 < \theta_2 \,; \quad \theta_1, \theta_2 \in \Omega \subset R^1$$

so existiert kein GB-Test, aber, wie wir jetzt zeigen werden, ein GBU-Test.

3.3.2 GBU-Tests für zweiseitige Alternativhypothesen

Die Voraussetzungen von Satz 3.9 mögen gelten, wir betrachten aber das gerade definierte Hypothesenpaar (H_0, H_A). Wir wollen zeigen, dass

$$h(T) = k(Y) = \begin{cases} 1 & \text{für} \quad T < c_{1\alpha} \quad \text{oder} \quad T > c_{2\alpha} \,; \quad c_{1\alpha} < c_{2\alpha} \\ \gamma'_{i\alpha} & \text{für} \quad T = c_{i\alpha} \,; \quad i = 1, 2 \\ 0 & \text{sonst} \end{cases} \tag{3.27}$$

ein GBU-Test für dieses Paar ist, wenn die $c_{i\alpha}$ und $\gamma'_{i\alpha}$ so gewählt werden, dass (3.26) gilt. Da $k(\boldsymbol{Y})$ eine beschränkte messbare Funktion ist, ist $E[k(\boldsymbol{Y})|\theta]$ stetig in θ und Differenziation nach θ und Integration (Erwartungswertbildung) können vertauscht werden. Wegen der Stetigkeit sind alle Voraussetzungen von Lemma 3.1 in Abschn. 3.1 erfüllt, wobei $\Omega^* = \{\theta_1, \theta_2\}$ ist. Wir haben $E[k(\boldsymbol{Y})|\theta']$ für alle $k(\boldsymbol{Y}) \in K_\alpha$ für irgendein θ' außerhalb $[\theta_1, \theta_2]$ zu maximieren bzw. $E[\lambda(\boldsymbol{Y})|\theta']$ mit $\lambda(\boldsymbol{Y}) = 1 - k(\boldsymbol{Y})$ außerhalb von $[\theta_1, \theta_2]$ zu minimieren, wobei $\lambda(\boldsymbol{Y})$ in der Klasse $K_{1-\alpha}$ der Tests liegt, für die

$$E[\lambda(\boldsymbol{Y})|\theta_1] = E[\lambda(\boldsymbol{Y})|\theta_2] = 1 - \alpha$$

gilt.

Aus Satz 3.9 folgt, dass $\lambda(\boldsymbol{Y})$ die Form (3.25) und damit $k(\boldsymbol{Y}) = 1 - \lambda(\boldsymbol{Y})$ die Form (3.27) hat, wobei die $\gamma'_{i\alpha}$ in (3.27) gleich $1 - \gamma_{i\alpha}$ in (3.25) zu setzen sind.

Folglich ist der Test (3.27) ein GB-α-Test in K_α und wegen Lemma 3.1 auch ein GBU-α-Test.

Damit gilt der

Satz 3.10
Ist $P = \{P_\theta, \theta \in \Omega \subset R^1\}$ eine Exponentialfamilie mit der suffizienten Maßzahl $T(\boldsymbol{Y})$ und $k(\boldsymbol{Y})$ ein Test der Form (3.27) für das Hypothesenpaar (H_0, H_A) mit

$$H_0 : \theta_1 \le \theta \le \theta_2\ ; \quad \theta_1 < \theta_2\ ; \quad \theta_1, \theta_2 \in \Omega \subset R^1$$

und

$$H_A : \theta < \theta_1 \quad \text{oder} \quad \theta > \theta_2\ ; \quad \theta_1, \theta_2 \in \Omega \subset R^1$$

so ist $k(\boldsymbol{Y})$ ein GBU-α-Test.

In den Anwendungen wird meist ein Hypothesenpaar (H_0, H_A) mit der einfachen Nullhypothese H_0: $\theta = \theta_0$ und H_A: $\theta \neq \theta_0$ getestet. Dann gilt:

Satz 3.11
Wird unter den Voraussetzungen von Satz 3.10 das Hypothesenpaar (H_0, H_A) mit

$$H_0 : \theta = \theta_0\ , \quad \theta_0 \in \Omega \subset R^1$$

und

$$H_A : \theta \neq \theta_0\ , \quad \theta_0 \in \Omega \subset R^1$$

mit einem Test $k(\boldsymbol{Y})$ der Form (3.27) geprüft, wobei die $c_{i\alpha}$ und $\gamma'_{i\alpha}$ so bestimmt werden, dass

$$E[k(\boldsymbol{Y})|\theta_0] = \alpha \tag{3.28}$$

und

$$E[T(\boldsymbol{Y})k(\boldsymbol{Y})|\theta_0] = \alpha E[T(\boldsymbol{Y})|\theta_0] \tag{3.29}$$

gilt, so ist $k(\boldsymbol{Y})$ ein GBU-α-Test.

Beweis: Bedingung (3.28) sichert, dass $k(\boldsymbol{Y})$ ein α-Test ist. Damit $k(\boldsymbol{Y})$ unverfälscht ist, muss $E[k(\boldsymbol{Y})|\theta]$ an der Stelle θ_0 ein Minimum haben. Notwendig hierfür ist, dass

$$D(\theta) = \frac{\partial}{\partial\theta} E[k(\boldsymbol{Y})|\theta] = \int\limits_{\{Y\}} \frac{\partial}{\partial\theta} k(Y)\,\mathrm{d}P_\theta$$

an der Stelle $\theta = \theta_0$ gleich 0 ist. Da nach Voraussetzung $L(Y, \theta) = C(\theta)\mathrm{e}^{\theta\mathrm{T}} h(Y) \sim L_T(T, \theta)$ gilt, ist mit $C' = \frac{\partial C}{\partial\theta}$

$$\frac{\partial}{\partial\theta} L_T(T, \theta) = \frac{C'(\theta)}{C(\theta)} L_T(T, \theta) + T L_T(T, \theta)$$

und folglich

$$D = D(\theta) = \frac{C'(\theta)}{C(\theta)} E[k(\boldsymbol{Y})|\theta] + E[T(\boldsymbol{Y})k(\boldsymbol{Y})|\theta]$$

Aus

$$0 = \frac{\partial}{\partial\theta} \int_{\{Y\}} \mathrm{d}P_\theta = \frac{C'(\theta)}{C(\theta)} \int_{\{Y\}} \mathrm{d}P_\theta + E[T(\boldsymbol{Y})|\theta]$$

folgt

$$\frac{C'(\theta)}{C(\theta)} = -E[T(\boldsymbol{Y})|\theta]$$

und das führt wegen (3.28) mit $\theta = \theta_0$ zu

$$0 = -\alpha E[T(\boldsymbol{Y})|\theta_0] + E[T(\boldsymbol{Y})k(\boldsymbol{Y})|\theta_0]$$

und damit zu (3.29). Damit folgt (3.29) aus der Unverfälschtheit.

Es sei nun M die Menge der Punkte $\{E[k(\boldsymbol{Y})|\theta_0], E[T(\boldsymbol{Y})k(\boldsymbol{Y})|\theta_0]\}$ für die Gesamtheit aller kritischen Funktionen $k(Y)$ (siehe Definition 3.1) auf $\{Y\}$. Dann ist M konvex und enthält für $0 < u < 1$ alle Punkte $\{u, uE[T(\boldsymbol{Y})|\theta_0]\}$ und alle Punkte (α, x_2) mit $x_2 > \alpha E[T(\boldsymbol{Y})|\theta_0]$. Das folgt aus der Tatsache, dass es Tests mit $E[k(\boldsymbol{Y})|\theta_0] = \alpha$ gibt, für die $D(\theta) > 0$ ist. Analog folgt, dass M auch Punkte (α, x_1) mit $x_1 < \alpha E[T(\boldsymbol{Y})|\theta_0]$ enthält, sodass $(\alpha, \alpha E[T(\boldsymbol{Y})|\theta_0])$ ein innerer Punkt von M ist. Damit folgt aus Korollar 3.2 Teil (4) zu Satz 3.1 (Abschn. 3.2) die Existenz zweier Konstanten k_1, k_2, und eines Tests $k(\boldsymbol{Y})$, der (3.28) und (3.29) erfüllt und für den $k(Y) = 1$ genau dann gilt, wenn $C(\theta_0)(k_1 + k_2 T)\mathrm{e}^{\theta_0 T} < C(\theta')\mathrm{e}^{\theta' T}$ ist. Die T-Werte, die diese Ungleichung erfüllen, liegen entweder unter- bzw. oberhalb einer reellen Konstanten oder außerhalb eines Intervalles $[c_{1\alpha}, c_{2\alpha}]$. Der Test kann aber nicht die Struktur (3.24) des Satzes 3.8 bzw. die ihr für den antitonen Fall entsprechende Struktur haben, da die Aussage (3) des Satzes im Widerspruch zu (3.29) steht, und damit hat der GBU-Test die Form (3.27).

Beispiel 3.7

Es sei P die Familie der Poisson-Verteilungen mit $\boldsymbol{Y} = (\boldsymbol{y}_1, \dots, \boldsymbol{y}_n)^\mathrm{T}$ und der Likelihoodfunktion

$$L(Y,\lambda) = \prod_{i=1}^{n} \frac{1}{y_i!} \mathrm{e}^{\ln\lambda \sum_{i=1}^{n} y_i - \lambda n}, \quad y_i = 0, 1, 2, \dots; \quad \lambda \in R^+$$

mit dem natürlichen Parameter $\ln\lambda$. Das Hypothesenpaar H_0: $\lambda = \lambda_0$, H_A: $\lambda \neq \lambda_0$ ist zu testen. Die Likelihood-Funktion der suffizienten Maßzahl $\boldsymbol{T} = \sum_{i=1}^{n} \boldsymbol{y}_i$ ist

$$L_T(T,\theta) = \frac{1}{T!} \mathrm{e}^{\theta T - A(\theta)}$$

und definiert ebenfalls eine Verteilung aus einer einparametrischen Exponentialfamilie mit $\theta = \ln(n\lambda)$ und $A(\theta) = \mathrm{e}^{\theta}$ $[C(\theta) = \mathrm{e}^{-A(\theta)}]$. Das Hypothesenpaar (H_0, H_A) kann auch in der Form

$$H_0 : \theta = \theta_0 \quad \text{mit} \quad \theta_0 = \ln(n\lambda_0)\,; \quad H_A : \theta \neq \theta_0$$

geschrieben werden. Damit sind alle Voraussetzungen des Satzes 3.11 erfüllt, und (3.27) ist ein GBU-α-Test für (H_0, H_A), wenn die $c_{i\alpha}$ und $\gamma'_{i\alpha}$ $(i = 1, 2)$ so bestimmt werden, dass (3.28) und (3.29) erfüllt sind. Folglich muss wegen

$$TL_T(T, \lambda) = n\lambda L_T(T-1, \lambda) \quad (T = 1, 2, \ldots)$$

und wenn wir im Folgenden o. B. d. A. $n = 1$ setzen mit

$$E(\boldsymbol{T}|\theta_0) = \lambda_0 = \mathrm{e}^{\theta_0}$$

das Gleichungssystem

$$\begin{aligned}\alpha &= P(\boldsymbol{T} < c_{1\alpha}|\theta_0) + P(\boldsymbol{T} > c_{2\alpha}|\theta_0) + \gamma'_{1\alpha}L_T(c_{1\alpha}, \theta_0) + \gamma'_{2\alpha}L_T(c_{2\alpha}, \theta_0)\\ \alpha &= P(\boldsymbol{T} - 1 < c_{1\alpha}|\theta_0) + P(\boldsymbol{T} - 1 > c_{2\alpha}|\theta_0) + \gamma'_{1\alpha}L_T(c_{1\alpha} - 1, \theta_0)\\ &\quad + \gamma'_{2\alpha}L_T(c_{2\alpha} - 1, \theta_0)\end{aligned} \tag{3.30}$$

gelöst werden.

Damit gilt der

Satz 3.12
Ist $\boldsymbol{y}$ nach $P(\lambda)$ verteilt, so hat ein GBU-α-Test für das Hypothesenpaar H_0, H_A mit

$$H_0 : \lambda = \lambda_0\,, \quad \lambda_0 \in R^+\,, \quad H_A : \lambda \neq \lambda_0$$

die Form (3.27), wobei die Konstanten $c_{i\alpha}$ und $\gamma'_{i\alpha}$ Lösungen von (3.30) mit $c_{i\alpha}$ aus der Menge der natürlichen Zahlen sind und $0 \le \gamma'_{i\alpha} \le 1$ ist.

Beispiel 3.7 Fortsetzung
Das Auffinden der Konstanten $c_{i\alpha}$ und $\gamma'_{i\alpha}$ erfordert einige Rechenarbeit. Der Lösungsweg soll an einem numerischen Beispiel veranschaulicht werden. Wir wollen $H_0 : \lambda = 10$ gegen $H_A : \lambda \neq 10$ testen. Die Werte von den Wahrscheinlichkeits- und Likelihood-Funktionen berechnen wir z. B. mit Excel oder R. Wir wählen $\alpha = 0{,}1$ und suchen zunächst mögliche (c_1, c_2)-Paare.

Für $c_1 = 4$, $c_2 = 15$ folgt aus (3.30) das Gleichungssystem

$$\begin{aligned}0{,}006\,206 &= 0{,}018\,917\gamma'_1 + 0{,}034\,718\gamma'_2\\ 0{,}013\,773 &= 0{,}007\,567\gamma'_1 + 0{,}052\,077\gamma'_2\end{aligned}$$

und den nicht zulässigen Lösungen $\gamma_1' = -0{,}215$, $\gamma_2' = 0{,}296$. Auch die Paare (4, 16) und (5, 15) führen zu nicht zulässigen (γ_1', γ_2')-Werten.

Lediglich $c_1 = 5$, $c_2 = 16$ und $\gamma_1' = 0{,}697$, $\gamma_2' = 0{,}799$ lösen das Problem. Damit hat (3.27) die Form

$$k(y) = \begin{cases} 1 & \text{für} \quad y < 4 \quad \text{oder} \quad y > 15 \\ 0{,}697 & \text{für} \quad y = 4 \\ 0{,}799 & \text{für} \quad y = 15 \\ 0 & \text{sonst} \end{cases}$$

und $k(y)$ ist der gleichmäßig beste unverfälschte 0,1-Test.

Beispiel 3.8

Es sei $\boldsymbol{y}$ nach $B(n, p)$ verteilt. Anhand einer Beobachtung $\boldsymbol{y} = \boldsymbol{Y}$ soll H_0: $p = p_0$ gegen H_A: $p \neq p_0$, $p_0 \in (0, 1)$ getestet werden. Der natürliche Parameter ist $\eta = \ln \frac{p}{1-p}$, und $\boldsymbol{y}$ ist suffizient bezüglich der Familie der Binomialverteilungen. Folglich ist der GBU-α-Test durch (3.27) gegeben, wobei die $c_{i\alpha}$ und $\gamma_{i\alpha}'$ $(i = 1, 2)$ aus (3.28) und (3.29) zu bestimmen sind. Die Gleichung (3.28) hat mit

$$L_n(y|p) = \binom{n}{y} p^y (1-p)^{n-y}$$

die Form

$$\sum_{y=0}^{c_{1\alpha}-1} L_n(y|p_0) + \sum_{y=c_{2\alpha}+1}^{n} L_n(y|p_0) + \gamma_{1\alpha}' L_n(c_{1\alpha}|p_0) + \gamma_{2\alpha}' L_n(c_{2\alpha}|p_0) = \alpha \tag{3.31}$$

und wegen $yL_n(y|p) = npL_{n-1}(y-1|p)$ und $E(\boldsymbol{y}|p_0) = np_0$ wird (3.29) zu

$$\begin{aligned} &\sum_{y=0}^{c_{1\alpha}-1} L_{n-1}(y-1|p_0) + \sum_{y=c_{2\alpha}+1}^{n} L_{n-1}(y-1|p_0) + \gamma_{1\alpha}' L_{n-1}(c_{1\alpha}-1|p_0) \\ &\quad + \gamma_{2\alpha}' L_{n-1}(c_{2\alpha}-1|p_0) = \alpha \end{aligned} \tag{3.32}$$

Die Lösung dieses Gleichungssystems erhält man mit einem Statistikprogramm, z. B. mit R. Weitere Ergebnisse findet man bei Fleiss *et al.* (2003).

Beispiel 3.9

Ist $\boldsymbol{Y} = (\boldsymbol{y}_1, \dots, \boldsymbol{y}_n)^{\mathrm{T}}$ eine Zufallsstichprobe, deren Komponenten nach $N(0, \sigma^2)$ verteilt sind, so ist der natürliche Parameter $\eta = -\frac{1}{2\sigma^2}$ und $\sum_{i=1}^{n} \boldsymbol{y}_i^2 = T(\boldsymbol{Y}) = \boldsymbol{T}$ ist suffizient bezüglich der Familie der $N(0, \sigma^2)$-Verteilungen. Dabei ist $\boldsymbol{T}$ mit der Dichtefunktion $\frac{1}{\sigma^2} g_n(\frac{T}{\sigma^2})$ verteilt, wenn $g_n(x)$ die Dichtefunktion einer

$CQ(n)$-Verteilung ist. Damit ist die Verteilungsfamilie von $\boldsymbol{T}$ eine einparametrische Exponentialfamilie (in Abhängigkeit von σ^2). Dann ist

$$h(T) = k(Y) = \begin{cases} 1 & \text{für} \quad T < c_{1\alpha}\sigma_0^2 \quad \text{oder} \quad T > c_{2\alpha}\sigma_0^2 \\ 0 & \text{sonst} \end{cases}$$

für das Hypothesenpaar (H_0, H_A) mit $H_0 : \sigma^2 = \sigma_0^2\ (0 < \sigma_0^2 < \infty)$ gegen $H_A : \sigma^2 \neq \sigma_0^2$ mit nichtnegativen $c_{i\alpha}$; $i = 1, 2$ für die

$$\int_{c_{1\alpha}}^{c_{2\alpha}} g_n(x)\,\mathrm{d}x = 1 - \alpha$$

$$\int_{c_{1\alpha}}^{c_{2\alpha}} x g_n(x)\,\mathrm{d}x = (1-\alpha)E\left[\frac{\boldsymbol{T}}{\sigma_0^2}|\sigma_0^2\right] = n(1-\alpha) \tag{3.33}$$

gilt, ein GBU-α-Test.

Eine symmetrische Aufteilung führt aber unter den Bedingungen des folgenden Korollars zu Satz 3.11 zu einem GBU-Test (diese Bedingungen sind für Beispiel 3.9 natürlich nicht erfüllt).

Korollar 3.4
Ist unter den Voraussetzungen von Satz 3.11 die Verteilung der suffizienten Maßzahl $\boldsymbol{T} = T(\boldsymbol{Y})$ für $\theta = \theta_0$ symmetrisch bezüglich einer Konstanten m, so ist durch (3.27), $c_{2\alpha} = 2m - c_{1\alpha}$, $\gamma_\alpha = \gamma'_{1\alpha} = \gamma'_{2\alpha}$ und

$$P\{T(\boldsymbol{Y}) < c_{1\alpha}|\theta_0\} + \gamma_\alpha P\{T(\boldsymbol{Y}) = c_{1\alpha}|\theta_0\} = \frac{\alpha}{2} \tag{3.34}$$

ein GBU-α-Test gegeben.

Beweis: Zunächst ist (3.28) wegen

$$P\{T(\boldsymbol{Y}) < m - x\} = P\{T(\boldsymbol{Y}) > m + x\}$$

für $x = m - c_{1\alpha}$ erfüllt, wenn $c_{1\alpha}$ das $\alpha/2$-Quantil der Verteilung von $\boldsymbol{T}$ ist. Andererseits ist

$$E\{T(\boldsymbol{Y})k(\boldsymbol{Y})|\theta_0\} = E\{[T(\boldsymbol{Y}) - m]k(\boldsymbol{Y})|\theta_0\} + mE\{k(\boldsymbol{Y})|\theta_0\}$$

und da der erste Summand der rechten Seite für ein $k(\boldsymbol{Y})$, das die obigen Voraussetzungen erfüllt (Symmetrie), verschwindet, gilt $mE\{k(\boldsymbol{Y})|\theta_0\} = m\alpha$, und folglich ist wegen $E\{T(\boldsymbol{Y})|\theta_0\} = m$ auch (3.29) erfüllt.

Beispiel 3.10
Ist $\boldsymbol{Y} = (\boldsymbol{y}_1, \boldsymbol{y}_2, \dots, \boldsymbol{y}_n)^{\mathrm{T}}$ eine Zufallsstichprobe, deren Komponenten nach $N(\mu, \sigma^2)$ mit bekanntem σ^2 verteilt sind, so ist $\boldsymbol{T} = T(\boldsymbol{Y}) = \sum_{i=1}^{n} \boldsymbol{y}_i$ suffizient bezüglich μ. Die Maßzahl $\frac{1}{n}\boldsymbol{T} = \bar{\boldsymbol{y}}$ ist nach $N(\mu, \frac{\sigma^2}{n})$. d. h. bezüglich μ symmetrisch verteilt. Damit ist ein GBU-α-Test für das Hypothesenpaar H_0, H_{A} mit H_0: $\mu = \mu_0$, H_{A}: $\mu \neq \mu_0$ durch

$$k(Y) = \begin{cases} 1 & \text{für} \quad u < u_{\frac{\alpha}{2}} \quad \text{oder} \quad u > u_{1-\frac{\alpha}{2}} \\ 0 & \text{sonst} \end{cases} \tag{3.35}$$

gegeben, wenn u_P das P-Quantil der Standardnormalverteilung und $\boldsymbol{u} = \frac{\bar{\boldsymbol{y}}-\mu_0}{\sigma}\sqrt{n}$ ist, d. h., in der Schreibweise von (3.27) erhält man

$$c_{1\alpha} = \mu_0 + u_{\frac{\alpha}{2}} \frac{\sigma}{\sqrt{n}} \quad \text{und} \quad c_{2\alpha} = \mu_0 - u_{\frac{\alpha}{2}} \frac{\sigma}{\sqrt{n}} = \mu_0 + u_{1-\frac{\alpha}{2}} \frac{\sigma}{\sqrt{n}}$$

3.4 Tests für mehrparametrische Verteilungsfamilien

In mehreren Beispielen wurde von normalverteilten $\boldsymbol{y}_i$ ausgegangen, wobei entweder μ oder σ^2 als bekannt vorausgesetzt wurde. In den Anwendungen sind aber meist beide Parameter unbekannt, und bei der Prüfung von Hypothesen über einen Parameter ist der unbekannte andere Parameter eine Störgröße oder ein Störparameter. Wir beschreiben hier vor allem eine Möglichkeit, α-Tests zu konstruieren, die auf dem gemeinsamen Rand der zu beiden Hypothesen gehörenden abgeschlossenen Teilmengen von Ω von einer suffizienten Maßzahl bezüglich der Störparameter unabhängig sind, und diskutieren am Schluss des Abschnitts kurz eine weitere Möglichkeit. Wir benötigen das Konzept α-ähnlicher bzw. auf dem gemeinsamen Rand Ω^* von ω und $\Omega \backslash \omega$ α-ähnlicher Tests aus Definition 3.2 und beginnen mit einem Beispiel.

Beispiel 3.11
Der Vektor $\boldsymbol{Y} = (\boldsymbol{y}_1, \boldsymbol{y}_2, \dots, \boldsymbol{y}_n)^{\mathrm{T}}$ sei eine Zufallsstichprobe, deren Komponenten nach $N(\mu, \sigma^2)$ verteilt sind. Es ist die Nullhypothese H_0: $\mu = \mu_0$, σ^2 beliebig, gegen H_{A}: $\mu \neq \mu_0$, σ^2 beliebig zu testen. Die Maßzahl

$$\boldsymbol{t}(\mu) = \frac{\bar{\boldsymbol{y}} - \boldsymbol{\mu}}{\boldsymbol{s}}\sqrt{n}$$

ist eine Funktion der suffizienten Maßzahl $\boldsymbol{M} = (\bar{\boldsymbol{y}}, \boldsymbol{s}^2)^{\mathrm{T}}$ und nach $t(n-1)$ zentral t-verteilt. Hier und in den weiteren Beispielen ist $\boldsymbol{s}^2 = \frac{1}{n-1}\sum_{i=1}^{n}(\boldsymbol{y}_i - \bar{\boldsymbol{y}})^2$ die Stichprobenvarianz, die erwartungstreue Schätzung der Varianz σ^2. Die Maßzahl $\boldsymbol{t}(\mu_0)$ ist nach $t(n-1; \frac{\mu-\mu_0}{\sigma}\sqrt{n})$ nichtzentral t-verteilt. Der Test

$$k(Y) = \begin{cases} 1 & \text{für} \quad |t(\mu_0)| > t(n-1|1-\frac{\alpha}{2}) \\ 0 & \text{sonst} \end{cases} \tag{3.36}$$

ist daher ein α-Test, wenn $t(n-1|1-\frac{\alpha}{2})$ das $(1-\frac{\alpha}{2})$-Quantil der zentralen t-Verteilung mit $n-1$ Freiheitsgraden ist. Da Ω^* hier die durch $\mu = \mu_0$ definierte Gerade in der positive (μ, σ^2)-Halbebene $(\sigma^2 > 0)$ darstellt und $P\{k(\boldsymbol{Y}) = 1|\mu_0\} = \alpha$ für alle σ^2 gilt, ist $k(\boldsymbol{Y})$ auf Ω^* ein α-ähnlicher Test.

3.4.1 Allgemeine Theorie

Definition 3.7
Wir gehen von einer Zufallsstichprobe $\boldsymbol{Y} = (\boldsymbol{y}_1, \boldsymbol{y}_2, \ldots, \boldsymbol{y}_n)^{\mathrm{T}}$ aus der Familie $P = \{P_\theta, \theta \in \Omega\}$ der Verteilungen P_θ aus und schreiben $\Omega_0 = \omega$ und $\Omega_{\mathrm{A}} = \Omega \backslash \omega$, für die durch die Null- bzw. Alternativhypothese definierten Teilmengen in Ω. Mit $\Omega^* = \bar{\Omega}_0 \cap \bar{\Omega}_{\mathrm{A}}$ bezeichnen wir den gemeinsamen Rand der abgeschlossenen Mengen $\bar{\Omega}_0$ und $\bar{\Omega}_{\mathrm{A}}$. Es sei $P^* \subset P$ die Teilfamilie $P^* = \{P_\theta, \theta \in \Omega^* \subset \Omega\}$ auf diesem gemeinsamen Rand. Es möge eine (nicht triviale) suffiziente Maßzahl $T(\boldsymbol{Y})$ bezüglich Ω^* existieren, sodass $E[k(\boldsymbol{Y})\,|\,T(\boldsymbol{Y})]$ von $\theta \in \Omega^*$ unabhängig ist, d. h., $k(\boldsymbol{Y})$ sei α-randgleich mit

$$\alpha = E[k(\boldsymbol{Y})|T(\boldsymbol{Y}), \theta \in \Omega^*] \tag{3.37}$$

Ein Test $k(\boldsymbol{Y})$, für den die Gleichung (3.37) gilt, heißt ein α-Test mit Neyman-Struktur.

Folglich sind Tests mit Neyman-Struktur immer α-ähnlich auf Ω^*, sie haben aber die zusätzliche Eigenschaft, dass sich α als bedingter Erwartungswert bei gegebenem Wert $T(Y)$ der suffizienten Maßzahl $T(\boldsymbol{Y})$ nach (3.37) berechnen lässt. Da der bedingte Erwartungswert in (3.37) für jede durch $T(\boldsymbol{Y}) = T(Y) = T$ definierte Fläche von $\theta \in \Omega^*$ unabhängig ist, kann man das Testproblem dieses Abschnittes auf solche der vorhergehenden Abschnitte für jeden T-Wert einzeln zurückführen (sofern (3.37) gilt). Wir werden folglich GB-Tests oder GBU-Tests in der Menge aller Tests mit Neyman-Struktur suchen, indem wir uns zunächst bemühen, eine bezüglich P^* suffiziente Maßzahl zu finden. Zunächst möchte man aber wissen, ob für ein Testproblem Tests mit Neyman-Struktur existieren. Hierzu dient der

Satz 3.13
Ist mit den Bezeichnungen von Definition 3.7 die Maßzahl $T(\boldsymbol{Y})$ suffizient bezüglich P^*, so hat ein α-randgleicher Test $k(\boldsymbol{Y})$ genau dann mit Wahrscheinlichkeit 1 Neyman-Struktur bezüglich $T(\boldsymbol{Y})$, falls die Familie P_T der Verteilungen von $T(\boldsymbol{Y})$ beschränkt vollständig (Definition 1.8) ist.

Beweis:

a) P_T sei beschränkt vollständig, und $k^*(\boldsymbol{Y})$ sei α-randgleich. Dann ist $E[k(\boldsymbol{Y}) - \alpha|\theta \in \Omega^*] = 0$. Nun sei

$$d(\boldsymbol{Y}) = k(\boldsymbol{Y}) - \alpha = E[k^*(\boldsymbol{Y}) - \alpha|T(\boldsymbol{Y}), \theta \in \Omega^*]$$

Wegen der Suffizienz von $T(\boldsymbol{Y})$ ist $E[d(\boldsymbol{Y})|P_T] = 0$. Da kritische Funktionen $k(\boldsymbol{Y})$ nach Definition beschränkt sind, folgt aus der beschränkten Vollständigkeit die Behauptung.

b) Wenn P_T nicht beschränkt vollständig ist, existieren eine Funktion f und ein reelles $C > 0$, sodass $|f[T(Y)]| \leq C$ mit $E\{f[T(Y)]|\theta \in \Omega^*\} = 0$, aber mit positiver Wahrscheinlichkeit $f[T(Y)] \neq 0$ für mindestens ein Element aus P_T gilt. Mit $\frac{1}{C}\min(\alpha, 1-\alpha) = K$ ist

$$k(\boldsymbol{Y}) = h[T(\boldsymbol{Y})] = Kf[T(\boldsymbol{Y})] + \alpha$$

wegen $0 \leq k(Y) \leq 1$ für alle $Y \in \{Y\}$ ein Test und wegen

$$E[k(\boldsymbol{Y})|\theta \in \Omega^*] = KE\{f[T(\boldsymbol{Y})]|\theta \in \Omega^*\} + \alpha = \alpha$$

auf dem Rand $\Omega^*\alpha$-ähnlich. Da aber für Elemente von P_T für die $f(T) \neq 0$ gilt, $k(Y) \neq \alpha$ ist, hat der Test keine Neyman-Struktur.

Nun können wir mithilfe der Sätze 1.3 und 1.4 und von Lemma 3.1 die Probleme dieses Abschnittes für k-parametrische Exponentialfamilien lösen. Es können auch für weitere Verteilungsfamilien Lösungen gefunden werden, hierauf wollen wir aber nicht eingehen.

Satz 3.14

Ist in Definition 3.7 der Vektor $\theta = (\lambda, \theta_2, \dots, \theta_k)^{\mathrm{T}}, \lambda \in R^1$ und H_0: $\lambda \in \tilde{\Omega}_0 \subset R^1, \theta_2, \dots, \theta_k$ beliebig und H_{A}: $\lambda \notin \tilde{\Omega}_0 \subset R^1, \theta_2, \dots, \theta_k$ beliebig und ist P eine k-parametrische Exponentialfamilie mit natürlichen Parametern $\eta_1, \dots, \eta_k$, wobei wir $\eta_1 = \lambda$ und $T_1(\boldsymbol{Y}) = S(\boldsymbol{Y}) = \boldsymbol{S}$ setzen, so existieren GBU-α-Tests für (H_0, H_{A}), und zwar ist für $\tilde{\Omega}_0 = (-\infty, \lambda_0]$ der GBU-α-Test von der Gestalt

$$k(Y) = h(S|T^*) = \begin{cases} 1 & \text{für } S > c_\alpha(T^*) \\ \gamma_\alpha(T^*) & \text{für } S = c_\alpha(T^*) \\ 0 & \text{sonst} \end{cases} \tag{3.38}$$

und für $\tilde{\Omega}_0 = [\lambda_0, \infty)$ von der Gestalt

$$k(Y) = h(S|T^*) = \begin{cases} 1 & \text{für } S < c_\alpha(T^*) \\ \gamma_\alpha(T^*) & \text{für } S = c_\alpha(T^*) \\ 0 & \text{sonst} \end{cases} \tag{3.39}$$

und für $\tilde{\Omega}_0 = [\lambda_1, \lambda_2]$ von der Gestalt

$$k(Y) = h(S|T^*) = \begin{cases} 1 & \text{für } S < c_{1\alpha}(T^*) \text{ oder } S > c_{2\alpha}(T^*) \\ \gamma_{i\alpha}(T^*), (i = 1, 2) & \text{für } S = c_{i\alpha}(T^*) \\ 0 & \text{sonst} \end{cases} \tag{3.40}$$

Dabei sind die Konstanten in (3.38) und (3.39) so zu bestimmen, dass

$$E[h(\boldsymbol{S}|\boldsymbol{T}^*)|\boldsymbol{T}^* = T^*, \theta \in \tilde{\Omega}_0] = \alpha$$

für alle T^* gilt. Die Konstanten in (3.40) sind so zu bestimmen, dass

$$E[h(\boldsymbol{S}|\boldsymbol{T}^*)|\boldsymbol{T}^* = T^*, \theta \in \tilde{\Omega}_0] = \alpha$$

gilt bzw. im Fall $\lambda_1 = \lambda_2 = \lambda_0$ die beiden Gleichungen

$$E[h(\boldsymbol{S}|\boldsymbol{T}^*)|\boldsymbol{T}^* = T^*, \lambda = \lambda_0] = \alpha$$

und

$$E[\boldsymbol{S}h(\boldsymbol{S}|\boldsymbol{T}^*)|\boldsymbol{T}^* = T^*, \lambda = \lambda_0] = \alpha E[\boldsymbol{S}|\boldsymbol{T}^* = T^*, \lambda = \lambda_0]$$

mit Wahrscheinlichkeit 1 (analog zu (3.28) und (3.29)) erfüllt sind.

Beweis: Für die drei Nullhypothesen ist Ω^* durch $\Omega^* = \{\theta : \lambda = \lambda_0, \eta_2, \dots, \eta_k,$ beliebig$\}$, falls $\tilde{\Omega}_0 = (-\infty, \lambda_0], \tilde{\Omega}_0 = [\lambda_0, \infty)$ bzw. $\tilde{\Omega}_0 = \{\lambda_0\}$ ist, und durch $\Omega^* = \{\theta : \lambda = \lambda_1$ oder $\lambda = \lambda_2, \eta_2, \dots, \eta_k,$ beliebig$\}$, falls $\tilde{\Omega}_0 = [\lambda_1, \lambda_2], \lambda_1 \neq \lambda_2$ ist, gegeben. Nach den Sätzen 1.3 und 1.4 ist $\boldsymbol{T}$ vollständig (und erst recht beschränkt vollständig) suffizient bezüglich P und damit auch bezüglich P^*. Die bedingte Verteilung von $\boldsymbol{S}$ für $\boldsymbol{T}^* = T^*$ gehört zu einer einparametrischen Exponentialfamilie mit dem Parameterraum $\Omega \cap R^1 = \tilde{\Omega}_0$. Im Fall einseitiger Hypothesen ist nach dem Korollar 3.3 zu Satz 3.8 der Test $k(\boldsymbol{Y})$ in (3.38) bzw. (3.39), in Analogie zu (3.24) gebildet, bei entsprechender Wahl der Konstanten ein GB-α-Test für bekannte $\eta_2, \dots, \eta_k$. Wegen der Suffizienz von $T(\boldsymbol{Y})$ können diese Konstanten unabhängig von $\eta_2, \dots, \eta_k$ bestimmt werden, sodass $k(\boldsymbol{Y})$ in (3.38) bzw. (3.39) nach Satz 3.14 Neyman-Struktur hat. Sie sind damit wegen Lemma 3.1 GBU-α-Tests. Die Behauptung im zweiseitigen Fall folgt analog unter Verwendung der Sätze 3.10 und 3.11.

Beispiel 3.12
Es sei $\binom{\boldsymbol{x}}{\boldsymbol{y}}$ zweidimensional mit unabhängigen Komponenten verteilt. Die Randverteilung von $\boldsymbol{x}$ sei $P(\lambda_x)$ und die von $\boldsymbol{y}$ sei $P(\lambda_y)$, $(0 < \lambda_x, \lambda_y < \infty)$. Es ist das Hypothesenpaar (H_0, H_A) mit H_0: $\lambda_x = \lambda_y$ und H_A: $\lambda_x \neq \lambda_y$ zu prüfen. Wir erheben eine Stichprobe vom Umfang n und setzen $\boldsymbol{T} = \boldsymbol{x} + \boldsymbol{y}$. Die bedingte Verteilung von $\boldsymbol{x}$ für $\boldsymbol{T}^* = T^*$ ist eine $B(T^*, p)$-Verteilung mit $p = \frac{\lambda_x}{\lambda_x + \lambda_y}$, $\boldsymbol{T}^*$ ist nach $P(\lambda_x +$

λ_y) verteilt. Die Wahrscheinlichkeitsfunktion der zweidimensionalen Zufallsvariablen ($\boldsymbol{x}$, $\boldsymbol{T}^*$) ist daher

$$P(x, T^*|\theta, \eta_2) = \binom{T^*}{x} \frac{1}{T^*!} \mathrm{e}^{\theta x + \eta_2 T^* - \lambda_x - \lambda_y}$$

und hat mit $\theta = \ln \frac{\lambda_x}{\lambda_y}$ und $\eta_2 = \ln \lambda_y$ und mit $A(\eta) = \mathrm{e}^{\eta_2}(1 + \mathrm{e}^{\theta})$ die Form der Exponentialfamilie. Man kann (H_0, H_A) umschreiben als $H_0 : \theta = 0$, η_2 beliebig, $H_\mathrm{A} : \theta \neq 0, \eta_2$ beliebig. Damit hat der beste GBU-α-Test für (H_0, H_A) die Form (3.40). Unter H_0 (d. h. $p = 1/2$) ist die bedingte Verteilung von $\boldsymbol{x}$ unter der Bedingung $\boldsymbol{T}^* = T^*$ bezüglich $\frac{1}{2}T^*$ symmetrisch, und nach dem Korollar 3.4 zu Satz 3.11 sind die Konstanten in (3.28) bzw. (3.29) aus

$$\begin{aligned} &c_{1\alpha}(T^*) = c_\alpha, c_{2\alpha}(T^*) = T^* - c_\alpha \\ &\gamma'_{1\alpha}(T^*) = \gamma'_{2\alpha}(T^*) = \frac{\frac{\alpha}{2} - F\left(c_\alpha | T^*, p = \frac{1}{2}\right)}{P\left(c_\alpha | T^*, p = \frac{1}{2}\right)} \end{aligned} \tag{3.41}$$

zu berechnen. In (3.41) ist c_α die größte ganze Zahl, für die die Verteilungsfunktion $F(x_\alpha | T^*, p = \frac{1}{2})$ der $B(T^*, \frac{1}{2})$-Verteilung nicht größer als $\frac{\alpha}{2}$ ist. Weiter ist $P(x_\alpha | T^*, p = \frac{1}{2})$ die Wahrscheinlichkeitsfunktion der $B(T^*, \frac{1}{2})$-Verteilung.

Damit gilt der

Satz 3.15
Sind $\boldsymbol{x}$ und $\boldsymbol{y}$ voneinander unabhängig nach $P(\lambda_x)$ bzw. $P(\lambda_y)$ verteilt und ist H_0: $\lambda_x = \lambda_y$ gegen H_A: $\lambda_x \neq \lambda_y$ zu testen, so ist durch (3.40) ein GBU-α-Test gegeben, wenn die Konstanten nach (3.41) mit den Bezeichnungen von Beispiel 3.12 bestimmt werden.

Der folgende Satz gestattet die einfache Konstruktion weiterer Tests. Die bisherige Theorie führt noch nicht zu dem in der Praxis häufig angewendeten t-Test nach (3.36) in Beispiel 3.11.

Satz 3.16
Existiert unter den Voraussetzungen von Satz 3.14 eine Funktion $g(S, T^*)$, die für alle T^* in S isoton ist, und ist $\boldsymbol{g} = g(\boldsymbol{S}, \boldsymbol{T}^*)$ unter H_0 von T^* unabhängig, so gelten die Aussagen von Satz 3.14 für die Tests

$$k(Y) = r(g) = \begin{cases} 1 & \text{für} \quad g > c_\alpha \\ \gamma_\alpha & \text{für} \quad g = c_\alpha \\ 0 & \text{sonst} \end{cases} \tag{3.42}$$

im Fall $\tilde{\Omega}_0 = (-\infty, \lambda_0]$,

$$k(Y) = r(g) = \begin{cases} 1 & \text{für} \quad g < c_\alpha \\ \gamma_\alpha & \text{für} \quad g = c_\alpha \\ 0 & \text{sonst} \end{cases} \tag{3.43}$$

im Fall $\tilde{\Omega}_0 = [\lambda_0, \infty)$ und

$$k(Y) = r(g) = \begin{cases} 1 & \text{für} \quad g < c_{1\alpha} \quad \text{oder} \quad g > c_{2\alpha} \\ \gamma_{i\alpha} & \text{für} \quad g = c_{i\alpha}, (i = 1, 2) \\ 0 & \text{sonst} \end{cases} \tag{3.44}$$

im Fall $\tilde{\Omega}_0 = [\lambda_1, \lambda_2]$, wenn c_α und γ_α in (3.42) bzw. (3.43) so bestimmt werden, dass $k(\boldsymbol{Y})$ ein α-Test ist und für (3.44) Bedingungen analog zu den beiden letzten Gleichungen von Satz 3.14 erfüllt sind.

Beweis: Nach den Vorschriften zur Bestimmung der Konstanten gilt zunächst $E[r(\boldsymbol{g})|H_0] = \alpha$, d. h. beispielsweise für den Test in (3.42)

$$P(\boldsymbol{g} > c_\alpha) + \gamma_\alpha P(\boldsymbol{g} = c_\alpha) = \alpha$$

Da $\boldsymbol{g}$ von $\boldsymbol{T}^*$ unabhängig ist, wenn $\lambda = \lambda_0$ ist, sind c_α und γ_α von $\boldsymbol{T}^*$ unabhängig.

Da ferner $g(S, T^*)$ für jedes T^* in S isoton ist, sind die Tests in (3.42) und in (3.38) und analog die Tests in (3.43) und in (3.39) äquivalent (d. h., ihre Ablehnungsbereiche im Stichprobenraum $\{Y\}$ sind identisch). Der gleiche Schluss lässt sich im zweiseitigen Fall bezüglich der Tests in (3.44) und (3.40) führen. Dabei ist anstelle der beiden letzten Gleichungen von Satz 3.14 nur die äquivalente Forderung

$$E[r(\boldsymbol{g})|T^*, \lambda_0] = \alpha$$
$$E[\boldsymbol{g}r(\boldsymbol{g})|T^*, \lambda_0] = \alpha E[\boldsymbol{g}|T^*, \lambda_0]$$

zu setzen.

Wir wollen diesen Satz benutzen, um zu zeigen, dass der t-Test in Beispiel 3.11 ein GBU-Test ist.

Beispiel 3.11 Fortsetzung
Wir wissen aus Kapitel 1, dass $(\sum_{i=1}^n \boldsymbol{y}_i, \sum_{i=1}^n \boldsymbol{y}_i^2)^{\mathrm{T}} = \boldsymbol{T}$ bezüglich der Familie der $N(\mu, \sigma^2)$-Verteilungen minimal suffizient ist. Wir setzen mit den Bezeichnungen von Satz 3.14

$$\boldsymbol{S} = \bar{\boldsymbol{y}} = \frac{1}{n}\sum_{i=1}^n \boldsymbol{y}_i \quad \text{und} \quad \boldsymbol{T}^* = \sum_{i=1}^n \boldsymbol{y}_i^2$$

wobei $\boldsymbol{T}^*$ vollständig suffizient bezüglich P^* (also z. B. bezüglich der Familie der $N(\mu_0, \sigma^2)$-Verteilungen) ist. Ferner sei

$$\boldsymbol{t} = \boldsymbol{g} = g(\boldsymbol{S}, \boldsymbol{T}^*) = \frac{\sqrt{n}(\boldsymbol{S} - \mu)}{\sqrt{\frac{1}{n-1}(\boldsymbol{T}^* - n\boldsymbol{S}^2)}} = \frac{\bar{\boldsymbol{y}} - \mu}{\boldsymbol{s}}\sqrt{n} \tag{3.45}$$

Wir wissen, dass $\boldsymbol{g}$ für $\mu = \mu_0$ nach $t(n-1)$ verteilt ist, und zwar unabhängig von $\sigma^2 \in R^+$. Andererseits ist $\frac{1}{\sigma^2}\boldsymbol{T}^*$ für bekanntes $\mu = \mu_0$ nach $CQ(n)$ verteilt. Damit folgt aus Satz 1.5 die Unabhängigkeit von $\boldsymbol{g}$ und $\boldsymbol{T}^*$ für alle $\theta \in \Omega^*$ (d. h. für $\mu = \mu_0$). Damit sind die Voraussetzungen von Satz 3.16 erfüllt, denn g ist für jedes T^* isoton in S und folglich ist der t-Test ein GBU-α-Test.

Damit gilt der von W.S. Gosset (1908) unter dem Pseudonym Student publizierte Test.

Satz 3.17 Student (1908)
Sind die $n > 1$ Komponenten einer Zufallsstichprobe $\boldsymbol{Y} = (\boldsymbol{y}_1, \boldsymbol{y}_2, \dots, \boldsymbol{y}_n)^T$ nach $N(\mu, \sigma^2)$ verteilt, so ist der sogenannte t-Test (Student-Test) zur Prüfung von H_0: $\mu = \mu_0$, σ^2 beliebig, von der Form

$$k(Y) = \begin{cases} 1 & \text{für} \quad t > t(n-1|1-\alpha) \\ 0 & \text{sonst} \end{cases}$$

für H_A: $\mu > \mu_0$, σ^2 beliebig, bzw. von der Form

$$k(Y) = \begin{cases} 1 & \text{für} \quad t < -t(n-1|1-\alpha) \\ 0 & \text{sonst} \end{cases}$$

für H_A: $\mu < \mu_0$, σ^2 beliebig, bzw. von der Form

$$k(Y) = \begin{cases} 1 & \text{für} \quad |t| > t\left(n-1|1-\frac{\alpha}{2}\right) \\ 0 & \text{sonst} \end{cases}$$

für H_A: $\mu \neq \mu_0$, σ^2 beliebig, ein GBU-α-Test, wenn $t(n-1|P)$ das P-Quantil der zentralen t-Verteilung mit $n-1$ Freiheitsgraden ist.

Wir wollen zunächst zeigen, wie man den Stichprobenumfang analog zu Beispiel 3.1 zweckmäßig festlegt und berechnen, wie groß eine Stichprobe sein muss, um bei vorgegebenen Risiken erster und zweiter Art eine als praktisch interessierende vorgegebene Differenz zum Nullhypothesenwert zu erkennen. Wir setzen voraus, dass $\boldsymbol{Y} = (\boldsymbol{y}_1, \boldsymbol{y}_2, \dots, \boldsymbol{y}_n)^T$ für jedes $n > 1$ eine Zufallsstichprobe ist, deren Komponenten nach $N(\mu, \sigma^2)$ verteilt sind.

Es ist die Nullhypothese H_0: $\mu = \mu_0$, σ^2 beliebig, gegen

a) H_A: $\mu > \mu_0$, σ^2 beliebig oder
b) H_A: $\mu < \mu_0$, σ^2 beliebig oder
c) H_A: $\mu \neq \mu_0$, σ^2 beliebig

zu testen.

Die Testgröße

$$\boldsymbol{t}(\mu) = \frac{\bar{\boldsymbol{y}} - \mu}{\boldsymbol{s}} \sqrt{n}$$

in (3.45) ist unter H_0 zentral t-verteilt, allgemein ist sie nichtzentral t-verteilt mit dem Nichtzentralitätsparameter $\lambda = \frac{\mu - \mu_0}{\sigma} \sqrt{n}$.

Weil eigentlich jede Differenz der Parameter unter der Nullhypothese (μ_0) einerseits und unter der Alternativhypothese (μ_1) andererseits signifikant werden kann, sobald der Stichprobenumfang nur hinreichend groß ist, ist ein signifikantes Ergebnis allein noch nicht inhaltlich aussagekräftig. Es sagt streng genommen gar nichts aus, denn es könnte die Differenz auch sehr klein sein, z. B. $|\mu_1 - \mu_0| = 0{,}000\,01$. Deshalb sind Untersuchungen so zu planen, dass festgelegt wird, welche Differenz zum Parameterwert der Nullhypothese (μ_0) praktisch relevant ist. Wir haben bei der Definition des Risikos zweiter Art β so getan, als ob nur ein Wert μ_1 für die Alternativhypothese möglich ist. In den meisten Anwendungen sind jedoch für μ_1 bei zweiseitigen Fragestellungen alle Werte ungleich μ_0, bei einseitigen Fragestellungen alle Werte kleiner bzw. größer als μ_0 denkbar. Nun ergibt sich aber für jeden Wert von μ_1 ein anderer Wert für das Risiko zweiter Art β; und zwar ist β umso kleiner, je bedeutender die Differenz $\mu_1 - \mu_0$ ist. Die Größe $E = (\mu_1 - \mu_0)/\sigma$, also die relative oder standardisierte praktisch relevante Differenz wird (relative) Effektgröße genannt.

Ein wesentlicher Schritt bei der Planung einer Untersuchung ist also die Vorgabe der praktisch interessierenden Mindestabweichung $\delta = \mu_1 - \mu_0$. Ist δ nämlich einmal festgelegt, kann – sofern auch ein bestimmtes Risiko erster Art α und ein bestimmtes Risiko zweiter Art β gewählt wurde, der Stichprobenumfang berechnet werden. Die Festlegung von α, β und δ nennt man die Genauigkeitsforderung. Es geht darum, alle Differenzen $\mu_1 - \mu_0$, die gleich diesem δ oder größer sind, möglichst nicht zu übersehen. Anders gesagt, solche Differenzen nicht zu erkennen, soll nur mit einer Wahrscheinlichkeit β oder einer kleineren Wahrscheinlichkeit geschehen.

Die gesuchte Stichprobengröße, die die gestellte Genauigkeitsforderung erfüllt, ist nun aus der Gütefunktion zu entnehmen. Sie gibt je Stichprobenumfang für alle möglichen Werte von δ die *Güte*, also die Wahrscheinlichkeit an, die Nullhypothese abzulehnen, wenn tatsächlich die Alternativhypothese gilt. Wenn die Nullhypothese gilt, hat die Gütefunktion den Wert α. Es wäre nun unfair, die Güte eines Tests bei $\alpha = 0{,}01$ mit der eines Tests bei $\alpha = 0{,}05$ zu vergleichen, da größeres α bedeutet, dass auch die Güte an allen Stellen der Alternativhypothese größer ist. Deswegen vergleicht man nur solche Tests miteinander, die das gleiche α einhalten.

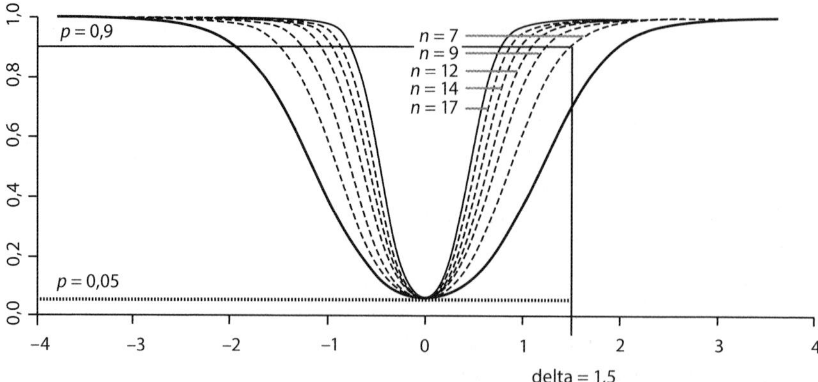

Abb. 3.2 Die Gütefunktionen des t-Tests zur Prüfung der Nullhypothese $H_0 : \mu = \mu_0$ gegen $H_A: \mu \neq \mu_0$, bei einem Risiko erster Art von $\alpha = 0{,}05$ für $n = 5$ (untere fett gedruckte Kurve) und weitere n-Werte bis $n = 20$ (obere fett gedruckte Kurve). Zum Beispiel bei einer Güte von 0,9 kann man auf der Abszisse die relative Effektgröße ablesen; sie ist bei $n = 7$ etwa 1,5.

Für die Berechnung des erforderlichen Stichprobenumfanges suchen wir zunächst alle Gütefunktionen zu allen möglichen Stichprobenumfängen heraus, die an der Stelle μ_0, also dem Wert des Parameters unter der Nullhypothese, die Wahrscheinlichkeit α haben. Nun suchen wir die Stelle der praktisch relevanten Mindestdifferenz δ auf. Von allen Gütefunktionen wählen wir nun diejenige aus, welche an dieser Stelle die Wahrscheinlichkeit $1 - \beta$ aufweist, das ist die Wahrscheinlichkeit für die berechtigte Ablehnung der Nullhypothese; also ist an dieser Stelle die Wahrscheinlichkeit, nicht abzulehnen, also einen Fehler zweiter Art zu begehen, β. Der dieser Gütefunktion entsprechende Umfang n ist zu wählen. Bei zweiseitiger Fragestellung legt man entsprechend die Stellen $-\delta$ und $+\delta$ fest. Man entnimmt der Abb. 3.2, dass größere Abweichungen als δ mit noch geringerer Wahrscheinlichkeit übersehen werden. Dann hilft man sich am besten wie folgt: Man teilt die zu erwartende Spannweite des untersuchten Merkmals, also die Differenz zwischen denkbar größter und kleinster Merkmalsausprägung, durch 6 (da bei einer Normalverteilung zwischen $\mu_0 - 3\sigma$ und $\mu_0 + 3\sigma$ etwa 99 % der Verteilung liegt) und verwendet das Ergebnis als Schätzung für σ.

Ein Problem ergibt sich daraus, dass im Fall unbekannter Varianz σ^2 diese zwar durch die Stichprobenvarianz geschätzt werden kann, damit aber die Untersuchungsplanung eigentlich schon Beobachtungswerte als bekannt voraussetzt.

Hinweis auf das Programmpaket R

Praktisch benutzt man zur Bestimmung des gesuchten Stichprobenumfangs bei gegebenen Werten von α, β und δ einschlägige Programme; wir verwenden hier vorwiegend R. Das Programmpaket R ist eine Adaption der Programmiersprache S, die seit 1976 von *John Chambers* und Kollegen in den *Bell Laboratories* in Entwicklung ist. Die Funktionalität von R kann durch frei verfügbare Pakete beliebig und von jedermann erweitert werden; und auch spezielle statistische Methoden sowie bestimmte Prozeduren von C und FORTRAN können implementiert werden. Derartige bereits existierende Pakete werden im Internet in standardisierten Archiven zur Verfügung gestellt. Als bekanntestes Archiv sei hier CRAN (*Comprehensive R Archive Network*) genannt, ein Servernetz, das vom *R Development Core Team* betreut wird. In diesem Netz ist auch das Versuchsplanungsprogrammpaket OPDOE (Optimal Design of Experiments) enthalten, das ausführlich in dem Buch von Rasch *et al.* (2011b) beschrieben wurde.

Bis auf wenige Ausnahmen existieren in R Umsetzungen für alle Auswertungs- und Planungsverfahren der Statistik.

Das Programmpaket R ist kostenlos unter http://cran.r-project.org/ verfügbar, und zwar für die Betriebssysteme Linux, MacOS X und Windows. Die Installation unter Microsoft Windows erfolgt über „Windows“, von wo aus „base“ zu wählen ist, worauf man zur Installationsseite gelangt. Mit „Download R 2.X.X für Windows“ (X steht für die jeweils aktuelle Versionsnummer) kann die Setup-Datei heruntergeladen werden. Nach Starten dieser Datei führt der Setup-Assistent durch die einzelnen Installationsschritte. Für die Zwecke dieses Buches können alle Standardeinstellungen übernommen werden. Näheres zu R findet der Leser unter http://www.r-project.org/.

In R wird nach Starten des Programms das Eingabefenster geöffnet, mit der Eingabeaufforderung in rot: „>“. Hier können Befehle eingegeben und mit der Enter-Taste ausgeführt werden. Die Ausgabe wird direkt unter der Befehlszeile dargestellt. Der Nutzer kann aber auch der Übersichtlichkeit wegen einen Zeilenumbruch sowie Texteinrückungen vornehmen, was alles nichts am Funktionsablauf ändert – beim Zeilenumbruch muss die nächste Zeile mit „+“ fortgesetzt werden. Eine Befehlsfolge kann zum Beispiel so lauten:

```
> cbind(u1_t1.tab, u1_t1.pro, u1_t1.cum)}
```

Eine besondere Arbeitsumgebung in R stellt der Workspace (Arbeitsplatz) dar. Darin sind verschiedene (Berechnungs-)*Objekte* zu speichern, die im Laufe der aktuellen Sitzung mit R erstellt wurden. Solche Objekte enthalten Ergebnisse von Berechnungen, aber auch Datensätze. Das Laden eines Workspace’ geschieht über das Menü

```
Datei - Lade Workspace...
```

Zur Bestimmung des Stichprobenumfanges beschreiben wir das Vorgehen für Handrechnungen und geben das R-Programm an.

Die Prüfzahl (3.45) ist nichtzentral t-verteilt mit $n-1$ Freiheitsgraden und dem Nichtzentralitätsparameter $\lambda = [(\mu - \mu_0)\sqrt{n}]/\sigma$. Unter der Nullhypothese $\mu = \mu_0$ ist $\lambda = 0$. Mit dem $(1-\alpha)$-Quantil $t(n-1|1-\alpha)$ der zentralen t-Verteilung mit $n-1$ Freiheitsgraden und dem β-Quantil der entsprechenden nichtzentralen t-Verteilung $t(n-1,\lambda|\beta)$ erhalten wir im Fall a) aus $1-\pi(\mu) = P(\boldsymbol{t} < t(n-1,\lambda|1-\alpha)) = \beta$ die Forderung:

$$t(n-1|1-\alpha) = t(n-1,\lambda|\beta)$$

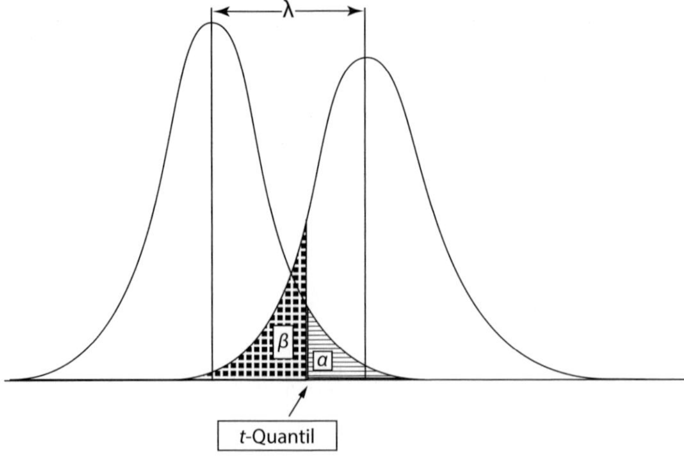

Abb. 3.3 Grafische Darstellung der zwei Risiken (α und β).

In Worten: Das $(1-\alpha)$-Quantil der zentralen t-Verteilung (der Verteilung bei Gültigkeit der Nullhypothese) muss gleich dem β-Quantil der nichtzentralen t-Verteilung mit Nichtzentralitätsparameter λ sein, wobei λ von der Mindestdifferenz δ abhängt. Wir veranschaulichen dies durch Abb. 3.3.

Wir verwenden eine Approximation, die zur Bestimmung von Stichprobenumfängen bei Handrechnungen hinreichend genau ist, und zwar

$$t(n-1,\lambda|\beta) \approx t(n-1|\beta)+\lambda = -t(n-1|1-\beta)+\frac{\delta}{\sigma}\sqrt{n}$$

Daraus ergibt sich analog zu Beispiel 3.1 approximativ für das minimale n mit der Aufrundungsfunktion $\lceil x \rceil$

$$n = \left\lceil [t(n-1|1-\alpha)+t(n-1|1-\beta)]^2 \frac{\sigma^2}{\delta^2} \right\rceil$$

Daraus kann n nach Festlegung von α, β, δ und σ iterativ bestimmt werden. Wird $\delta = \sigma$ vorgegeben, sollen also Abweichungen von mindestens einer Standardabweichung höchstens mit der Wahrscheinlichkeit β übersehen werden, so ergibt sich für $\alpha = 0{,}05$ und für $\beta = 0{,}2$ nach Iterationen beginnend mit $t(\infty|0{,}95) = 1{,}6449$; $t(\infty|0{,}8) = 0{,}8416$ das Ergebnis über

$$\begin{aligned}
n_{(1)} &= \lceil [1{,}6449 + 0{,}8416]^2 \rceil = \lceil 6{,}18 \rceil = 7\\
&\quad t(6|0{,}95) = 1{,}9432\ , \quad t(6|0{,}8) = 0{,}957\ ;\\
n_{(2)} &= \lceil [1{,}9432 + 0{,}9057]^2 \rceil = \lceil 8{,}11 \rceil = 9\\
&\quad t(8|0{,}95) = 1{,}8595\ , \quad t(8|0{,}8) = 0{,}8889\ ;\\
n_{(3)} &= \lceil [1{,}9432 + 0{,}9057]^2 \rceil = \lceil 7{,}56 \rceil = 8\\
&\quad t(7|0{,}95) = 1{,}8946\ , \quad t(7|0{,}8) = 0{,}896\ ;\\
n_{(4)} &= \lceil [1{,}8946 + 0{,}896]^2 \rceil = \lceil 7{,}78 \rceil = 8
\end{aligned}$$

Tab. 3.3 Werte von n in Abhängigkeit von $\delta = c \cdot \sigma$ für $\alpha = 0{,}05$, $\beta = 0{,}20$; im Fall der zweiseitigen Alternative (d. h. $P = 1 - \alpha/2$).

d	$0{,}04 \cdot \sigma$	$1/10 \cdot \sigma$	$1/5 \cdot \sigma$	$1/4 \cdot \sigma$	$1/3 \cdot \sigma$	$1/2 \cdot \sigma$	$1 \cdot \sigma$
n	4908	787	199	128	73	34	10

Damit ist das gesuchte $n = 8$. Im zweiseitigen Fall ergibt sich mit R nach Tab. 3.3 $n = 10$. Im Falle einer zweiseitigen Alternative wird in den Quantilen $1 - \alpha$ durch $1 - \alpha/2$ ersetzt.

In Tab. 3.3 werden Versuchsumfänge für eine zweiseitige Alternative für $\alpha = 0{,}05$ und für $\beta = 0{,}2$ und verschiedene δ angegeben, wie man sie z. B. mit dem Programm OPDOE (nach der exakten Formel) über

```
> size.t.test(delta=1, sd=1, sig.level=0.05, power = 0.8,
+type:"one.sample", alternative = "two.sided")
```

für unseren hier betrachteten Fall erhalten kann. Hier bedeuten sd = σ, sig.level = α und power = $1 - \beta$, eine neue Zeile muss stets mit „+" beginnen.

Mit den bisherigen Ergebnissen kann der Leser für viele der in den Anwendungen üblichen Tests nachweisen, dass sie GBU-α-Tests sind.

Beispiel 3.13

Unter den Bedingungen von Beispiel 3.11 ist H_0: $\sigma^2 = \sigma_0^2$, μ beliebig, gegen eine ein- bzw. zweiseitige Alternativhypothese zu testen. Wir beschränken uns auf H_A: $\sigma^2 \neq \sigma_0^2$, μ beliebig. Mit

$$\lambda = -\frac{1}{2\sigma^2}, \quad \eta_2 = \frac{n\mu}{\sigma^2}, \quad \boldsymbol{S} = \sum_{i=1}^{n} \boldsymbol{y}_i^2, \quad \boldsymbol{T}^* = \bar{\boldsymbol{y}}$$

und

$$\boldsymbol{g} = g(\boldsymbol{S}, \boldsymbol{T}^*) = \frac{1}{\sigma_0^2}[\boldsymbol{S} - n\boldsymbol{T}^{*2}] = \frac{1}{\sigma_0^2}\sum_{i=1}^{n}(\boldsymbol{y}_i - \bar{\boldsymbol{y}})^2$$

ist g für jedes T^* isoton in $\boldsymbol{S}$. Außerdem ist $\bar{\boldsymbol{y}}$ vollständig suffizient bezüglich der Familie der $N(\mu, \sigma_0^2)$-Verteilungen (also bezüglich P^*). Da $\boldsymbol{g}$ nach $CQ(n-1)$ verteilt ist, ist

$$k(\boldsymbol{Y}) = \begin{cases} 1 & \text{für} \quad g < c_{1\alpha} \quad \text{oder} \quad g > c_{2\alpha} \\ 0 & \text{sonst} \end{cases}$$

ein GBU-α-Test, wenn $c_{1\alpha}$ und $c_{2\alpha}$ aus (3.32) und (3.33) mit $n - 1$ anstelle von n bestimmt werden.

Nun soll anhand eines Beispiels diskutiert werden, ob es immer günstig ist, nach GBU-Tests zu suchen. Die Ausschaltung von Störgrößen $\eta_2, \dots, \eta_k$, wie sie in diesem Abschnitt beschrieben wurde, ist nur eine von mehreren Möglichkeiten. Wir können auch den Test so konstruieren, dass die Bedingung

$$\max_{\theta \in \Omega_0} E[k(\boldsymbol{Y})|\theta] = \alpha$$

erfüllt ist. Wir wollen für folgenden Fall beide Möglichkeiten nutzen. Die Zufallsvariablen $\boldsymbol{x}$ und $\boldsymbol{y}$ seien voneinander unabhängig nach $B(1, p_x)$ bzw. nach $B(1, p_y)$ verteilt (folgen also je einer Zweipunktverteilung) mit

$$\begin{aligned} &P(\boldsymbol{x} = 0) = p_x\,, \quad P(\boldsymbol{x} = 1) = 1 - p_x\,, \quad 0 < p_x < 1 \\ &P(\boldsymbol{y} = 0) = p_y\,, \quad P(\boldsymbol{y} = 1) = 1 - p_y\,, \quad 0 < p_y < 1 \end{aligned}$$

Es soll die Nullhypothese H_0: $p_x = p_y = p$, p beliebig in $\Omega^* = (0, 1)$ gegen H_A: $p_x < p_y$; p_x, p_y beliebig in (0, 1) mit einem Risiko erster Art α für $0 < \alpha < 0{,}25$ geprüft werden. Die Menge der möglichen Realisationen von $(\boldsymbol{x}, \boldsymbol{y})$ ist

$$\{Y\} = \{(x, y) : x = 0, 1\,, \quad y = 0, 1\}$$

Der Rand Ω^* ist die Menge der möglichen p-Werte, also $\Omega^* = (0, 1)$, d. h. die Diagonale im Quadrat $(0, 1) \times (0, 1)$.

Zunächst konstruieren wir einen Test, der die obige Maximumbedingung erfüllt.

Da $\Omega_0 = \Omega^*$ ist, muss

$$\max_{p \in (0,1)} E[k(\boldsymbol{Y})|p] = \alpha$$

gelten, und das ist für $\alpha < 0{,}25$ (mit $c_\alpha = 0$)

$$k_1(Y) = \begin{cases} 4\alpha & \text{für} \quad (x, y) = (0, 1) \\ 0 & \text{sonst} \end{cases}$$

der Fall, denn es ist

$$E[k_1(\boldsymbol{Y})] = 4\alpha P(\boldsymbol{x} = 0\,, \ \boldsymbol{y} = 1) = 4\alpha p_x(1 - p_y)$$

Unter der Nullhypothese ist dies gleich $4\alpha(1 - p)$. Dieser Ausdruck nimmt sein Maximum für $p = 1/2$ an und hat dort gerade den Wert α. Damit ist $k_1(\boldsymbol{Y})$ ein α-Test.

Nun konstruieren wir einen GBU-α-Test. Es gilt

$$\begin{aligned} p_{xy} &= P(\boldsymbol{x} = x, \boldsymbol{y} = y) = \binom{1}{x} p_x^x (1 - p_x)^{1-x} \binom{1}{y} p_y^y (1 - p_y)^{1-y} \\ &= p_x^x p_y^y (1 - p_x)^{1-x} (1 - p_y)^{1-y} \end{aligned}$$

Mit $\boldsymbol{T}^* = \boldsymbol{x} + \boldsymbol{y}$, $\boldsymbol{S} = \boldsymbol{x}$ folgt analog zu Beispiel 3.12 aus (3.37), dass unter H_0

$$P(\boldsymbol{x} = x, \boldsymbol{T}^* = T^*, p_x = p_y) = \frac{1}{\binom{2}{T^*}}$$

ist. Mit $c_\alpha = 0$ ist

$$k_2(Y) = \begin{cases} 2\alpha & \text{für} \quad x = 0, y = 1 \\ \alpha & \text{für} \quad x = y \\ 0 & \text{für} \quad x = 1, y = 0 \end{cases}$$

die Realisation eines GBU-α-Tests, da

$$E[k_2(\boldsymbol{Y})] = 2\alpha p_y(1 - p_x) + \alpha[p_x p_y + (1 - p_x)(1 - p_y)] + 0 = \alpha(1 + p_y - p_x)$$

ist, und das ist unter der Nullhypothese gleich α. Vergleicht man die Gütefunktionen $\pi_1(p_x, p_y)$ und $\pi_2(p_x, p_y)$ beider Tests, die durch

$$\pi_1(p_x, p_y) = 4\alpha p_x(1 - p_y) ; \quad \pi_2(p_x, p_y) = \alpha(1 - p_x + p_y)$$

gegeben sind, so folgt („besser" bedeutet hier größere Güte):

$k_2(\boldsymbol{Y})$ ist besser als $k_1(\boldsymbol{Y})$, falls $4p_x(1 - p_y) > 1 + p_y - p_x$ ist ,

$k_1(\boldsymbol{Y})$ ist nicht unverfälscht, falls $4p_x(1 - p_y) < 1$ ist

Der Parameterraum ist durch $p_x \leq p_y$ gegeben. Man überlegt sich, dass für einen beträchtlichen Teil dieses Parameterraumes der verfälschte Test $k_1(\boldsymbol{Y})$ besser als $k_2(\boldsymbol{Y})$ ist. Wenn man die Vorinformation hat, dass Unterschiede zwischen p_x und p_y relativ groß sind bzw. dass nur größere Unterschiede interessant sind, würde man $k_1(\boldsymbol{Y})$ gegenüber $k_2(\boldsymbol{Y})$ vorziehen.

3.4.2 Das Zweistichprobenproblem – Eigenschaften verschiedener Tests und Robustheit

Die Beispiele für GBU-α-Tests, die wir im Folgenden betrachten wollen, sind von so großer praktischer Bedeutung, dass der Problematik ein eigener Abschnitt gewidmet wird. Stellvertretend für alle anderen Tests dieses Kapitels soll an diesen Problemen auch der Vergleich mit anderen (nicht GBU-)Tests behandelt und auf die Folgen von Abweichungen von den Verteilungsvoraussetzungen eingegangen werden. Wir betrachten zwei unabhängige Zufallsstichproben $\boldsymbol{Y}_1 = (\boldsymbol{y}_{11}, \dots, \boldsymbol{y}_{1n_1})^{\mathrm{T}}$, $\boldsymbol{Y}_2 = (\boldsymbol{y}_{21}, \dots, \boldsymbol{y}_{2n_2})^{\mathrm{T}}$, wobei die $\boldsymbol{y}_{ij}$ nach $N(\mu_i \sigma_i^2)$ verteilt sein mögen. Es soll die Nullhypothese

$$H_0 : \mu_1 = \mu_2 = \mu \,, \quad \sigma_1^2, \sigma_2^2 \text{ beliebig}$$

gegen

$$H_{\mathrm{A}} : \mu_1 \neq \mu_2 \,, \quad \sigma_1^2, \sigma_2^2 \text{ beliebig}$$

geprüft werden. Die GBU-α-Tests für einseitige Alternativen im Falle $\sigma_1^2 = \sigma_2^2$ mag der Leser selbst konstruieren. Zum anderen soll

$$H_0 : \sigma_1^2 = \sigma_2^2 = \sigma^2 \,, \quad \mu_1, \mu_2 \text{ beliebig}$$

gegen

$$H_A : \sigma_1^2 \neq \sigma_2^2 \,, \quad \mu_1, \mu_2 \quad \text{beliebig}$$

getestet werden. Da hier zwei Zufallsstichproben aus verschiedenen Verteilungen vorliegen, spricht man vom Zweistichprobenproblem. Für jedes Paar (i, j), $1 \leq i \leq n_1$, $1 \leq j \leq n_2$ ist $\binom{y_{1i}}{y_{2j}}$ zweidimensional normalverteilt mit dem Erwartungswertvektor $\binom{\mu_1}{\mu_2}$ und der Kovarianzmatrix

$$\begin{pmatrix} \sigma_1^2 & 0 \\ 0 & \sigma_2^2 \end{pmatrix}$$

Das ist eine vierparametrische Exponentialfamilie. Der Zufallsvektor $\boldsymbol{Y} = \binom{Y_1}{Y_2}$ hat daher ebenfalls eine Verteilung aus einer vierparametrischen Exponentialfamilie mit den natürlichen Parametern

$$\eta_k = \frac{n_k \mu_k}{\sigma_k^2} \quad (k = 1, 2) \,; \quad \eta_3 = -\frac{1}{2\sigma_1^2} \,, \quad \eta_4 = -\frac{1}{2\sigma_2^2}$$

und den vollständig suffizienten Maßzahlen

$$T_i(\boldsymbol{Y}) = \bar{\boldsymbol{y}}_i \,, \quad i = 1, 2 \,; \quad T_3(\boldsymbol{Y}) = \sum_{i=1}^{n_1} \boldsymbol{y}_{1i}^2 \,; \quad T_4(\boldsymbol{Y}) = \sum_{j=1}^{n_2} \boldsymbol{y}_{2j}^2$$

3.4.2.1 Vergleich zweier Erwartungswerte

Für das Hypothesenpaar (H_0, H_A) bezüglich der Erwartungswerte können wir allgemein keinen GBU-α-Test konstruieren. Das gelingt nur für den Spezialfall $\sigma_1^2 = \sigma_2^2 = \sigma^2$ (Varianzhomogenität).

GBU-α-Test bei Varianzhomogenität für Normalverteilungen

Wir wollen einen Test für

$$H_0 : \mu_1 = \mu_2 = \mu \,, \quad \sigma_1^2 = \sigma_2^2 = \sigma^2 \text{ beliebig}$$

gegen

$$H_A : \mu_1 \neq \mu_2 \,, \quad \sigma_1^2 = \sigma_2^2 = \sigma^2 \text{ beliebig}$$

konstruieren. Die gemeinsame Verteilung einer Zufallsgröße $\boldsymbol{Y} = \binom{Y_1}{Y_2}$ ist dann Element einer dreiparametrischen Exponentialfamilie, die mit den natürlichen Parametern

$$\eta_1 = \lambda = \frac{\mu_1 - \mu_2}{\left(\frac{1}{n_1} + \frac{1}{n_2}\right)\sigma^2} \,; \quad \eta_2 = \frac{n_1\mu_1 + n_2\mu_2}{(n_1 + n_2)\sigma^2} \,, \quad \eta_3 = -\frac{1}{2\sigma^2}$$

und den Maßzahlen

$$S = \bar{y}_1 - \bar{y}_2 \,; \quad T_1^* = n_1\bar{y}_1 + n_2\bar{y}_2 \,; \quad T_2^* = \sum_{i=1}^{n_1} y_{1i}^2 + \sum_{j=1}^{n_2} y_{2j}^2$$

geschrieben werden kann.

Außerdem ist $(T_1^*, T_2^*) = T^*$ vollständig suffizient bezüglich P^* (d. h., für den Fall $\mu_1 = \mu_2 = 0$, für den P^* eine zweiparametrische Exponentialfamilie ist). Damit existiert nach Satz 3.14 ein GBU-a-Test für unser Problem. Wir betrachten

$$g = g(S, T^*) = \frac{S}{\sqrt{T_2^* - \frac{1}{n_1+n_2} T_1^* - \frac{n_1 n_2}{n_1+n_2} S^2}} = \frac{\bar{y}_1 - \bar{y}_2}{s\sqrt{n_1 + n_2 - 2}}$$

$$= \frac{\frac{1}{\sigma}(\bar{y}_1 - \bar{y}_2)}{\frac{s}{\sigma}\sqrt{n_1 + n_2 - 2}} \tag{3.46}$$

mit

$$s^2 = \frac{\sum_{i=1}^{n_1} (y_{1i} - \bar{y}_1)^2 + \sum_{j=1}^{n_2} (y_{2i} - \bar{y}_2)^2}{n_1 + n_2 - 2}$$

Nun hängt die Verteilung von g unter H_0 weder von dem Wert $\mu = \mu_1 = \mu_2$ noch von σ^2 ab, da der Zähler von g nach $N(0, \frac{n_1+n_2}{n_1 n_2})$ und das Quadrat des Nenners davon unabhängig nach $CQ(n_1 + n_2 - 2)$ verteilt ist, sodass nach Satz 1.5 die Zufallsvariable g von T unabhängig ist. Nun ist

$$t = \frac{\bar{y}_1 - \bar{y}_2}{s} \sqrt{\frac{n_1 n_2}{n_1 + n_2}} \tag{3.47}$$

nach $t[n_1 + n_2 - 2; \frac{\mu_1 - \mu_2}{\sigma}\sqrt{\frac{n_1 n_2}{n_1+n_2}}]$ verteilt. Der GBU-α-Test für H_0 gegen H_A mit t aus (3.47) hat damit die Form

$$k(Y) = \begin{cases} 1 & \text{für} \quad |t| > t\left(n_1 + n_2 - 2 | 1 - \frac{\alpha}{2}\right) \\ 0 & \text{sonst} \end{cases}$$

Dieser Test heißt Zweistichproben-t-Test.

Beispiel 3.14 optimaler Stichprobenumfang

Wir wollen den optimalen (d. h. den kleinsten Gesamtumfang beider Stichproben) so bestimmen, dass die Genauigkeitsvorgaben $\alpha = 0{,}05$; $\beta = 0{,}1$ und $\sigma = \delta = \mu_1 - \mu_2$ eingehalten werden. Bei gegebenem Gesamtumfang $N = n_1 + n_2$ wird $\sqrt{\frac{n_1 n_2}{n_1+n_2}}$ in (3.47) maximal, wenn $n_1 = n_2 = n$ gewählt wird, was wir auch tun wollen. Dann wird bei obigen Genauigkeitsvorgaben der Nichtzentralitätsparameter der t-Verteilung

$$\lambda = \frac{\mu_1 - \mu_2}{\sigma}\sqrt{\frac{n_1 n_2}{n_1 + n_2}} = \frac{\delta}{\sigma}\sqrt{\frac{n}{2}}$$

Analog zum Einstichprobenfall muss nun

$$t\left[2(n-1);\sqrt{\frac{n}{2}}|\beta\right]=t\left[2(n-1);\sqrt{\frac{n}{2}}|P\right]$$

sein, und daraus kann man mit dem Programm OPDOE in CRAN – R den Umfang n einer Stichprobe berechnen. Bei einseitigen Alternativen ist $P = 1 - \alpha$ und bei einer zweiseitigen Alternative ist $P = 1 - \alpha/2$ zu setzen.

Das R-Programm ist gegenüber dem Einstichprobenproblem nur leicht abzuändern:

```
> size.t.test(delta=1, sd=1, sig.level=0.05, power = 0.8,
+type="two.sample", alternative = "two.sided")
```

Für Handrechnungen verwenden wir wieder die Näherung

$$n=\left\lceil [t(2(n-1)|P)+t(2(n-1)|1-\beta)]^2\frac{2\sigma^2}{\delta^2}\right\rceil$$

Warnung: Am Ende dieses Abschnittes wollen wir ausdrücklich darauf hinweisen, dass der Zweistichproben-t-Test in den Anwendungen besser nicht verwendet werden sollte. Das geht aus einem Artikel von Rasch *et al.* (2011a) hervor und wird im Abschnitt Robustheit erläutert. Anstelle des gerade beschriebenen Zweistichproben-t-Tests ist immer der im Folgenden beschriebene Welch-Test zu benutzen.

Welch-Test

Ist die Voraussetzung, dass die unbekannten Varianzen der Grundgesamtheiten, aus denen die beiden Stichproben stammen, gleich sind, nicht erfüllt oder nicht absolut sicher, so wendet man für praktische Zwecke am besten einen approximativen t-Test an, d. h. einen Test, dessen Prüfzahl näherungsweise t-verteilt ist. Dieser Test ist für praktische Zwecke hinreichend genau. Er ist ein sogenannter konservativer Test, d. h. ein Test, der gewährleistet, dass das Risiko erster Art keinesfalls größer als das gewünschte α ist.

Die Verteilung von

$$\boldsymbol{t}^*=\frac{\bar{\boldsymbol{y}}_1-\bar{\boldsymbol{y}}_2-(\mu_1-\mu_2)}{\sqrt{\frac{\boldsymbol{s}_1^2}{n_1}+\frac{\boldsymbol{s}_2^2}{n_2}}},\quad \boldsymbol{s}_k^2=\frac{1}{n_k-1}\sum_{i=1}^{n_k}(\boldsymbol{y}_{ik}-\bar{\boldsymbol{y}}_k)^2,\quad k=1,2$$

für den Fall, dass über die beiden Varianzen nichts bekannt ist, wurde von Welch (1947) hergeleitet. Es gilt der

Satz 3.18 Welch

Sind $\boldsymbol{Y}_1=(\boldsymbol{y}_{11},\dots,\boldsymbol{y}_{1n_1})^{\mathrm{T}}$, $\boldsymbol{Y}_2=(\boldsymbol{y}_{21},\dots,\boldsymbol{y}_{2n_2})^{\mathrm{T}}$ zwei unabhängige Zufallsstichproben, wobei die $\boldsymbol{y}_{ij}$ nach $N(\mu_i,\sigma_i^2)$ verteilt sind, und setzt man

$$\gamma = \frac{\frac{\sigma_1^2}{n_1}}{\frac{\sigma_1^2}{n_1} + \frac{\sigma_2^2}{n_2}} , \quad \boldsymbol{b} = \frac{(n_1 - 1)\frac{\boldsymbol{s}_1^2}{\sigma_1^2}}{(n_1 - 1)\frac{\boldsymbol{s}_1^2}{\sigma_1^2} + (n_2 - 1)\frac{\boldsymbol{s}_2^2}{\sigma_2^2}}$$

und

$$p(b) = \frac{1}{B\left(\frac{n_1-1}{2}, \frac{n_2-1}{2}\right)} b^{\frac{n_1-1}{2}-1}(1-b)^{\frac{n_2-1}{2}-1}$$

mit Werten $B(\frac{n_1-1}{2}, \frac{n_2-1}{2})$ der Betafunktion, so ist die Verteilungsfunktion von $\boldsymbol{t}^*$, falls $\mu_1 = \mu_2$ ist, durch

$$F(t^*) = \int_0^1 H_{n_1+n_2-2}\left\{\sqrt{n_1 + n_2 - 2}\frac{\gamma b}{n_1 - 1} + \frac{(1-\gamma)(1-b)}{n_2 - 1}\right\} p(b)\,\mathrm{d}b$$

gegeben, wobei $H_{n_1+n_2-2}$ die Verteilungsfunktion der zentralen t-Verteilung mit $n_1 + n_2 - 2$ Freiheitsgraden ist.

Den Beweis findet der Leser bei Welch (1947) bzw. bei Trickett und Welch (1954). Die Bestimmung des kritischen Wertes t_p^* kann nur iterativ erfolgen. Eine Iterationsmethode findet man bei Trickett und Welch (1954) und Tabellen bei Aspin (1949).

In erster Näherung verwendet man häufig zur Prüfung der Nullhypothese

$$H_0 : \mu_1 = \mu_2 = \mu \,, \quad \sigma_1^2, \sigma_2^2 \text{ beliebig}$$

gegen

$$H_\text{A} : \mu_1 \neq \mu_2 \,, \quad \sigma_1^2, \sigma_2^2 \text{ beliebig}$$

die Prüfzahl

$$\boldsymbol{t}^* = \frac{\bar{\boldsymbol{y}}_1 - \bar{\boldsymbol{y}}_2}{\sqrt{\frac{\boldsymbol{s}_1^2}{n_1} + \frac{\boldsymbol{s}_2^2}{n_2}}}$$

und lehnt H_0 ab, falls $|t^*|$ größer als das entsprechende Quantil der zentralen t-Verteilung mit

$$f = \frac{\left(\frac{s_1^2}{n_1} + \frac{s_2^2}{n_2}\right)^2}{\frac{s_1^4}{n_1^2(n_1-1)} + \frac{s_2^4}{n_2^2(n_2-1)}}$$

Freiheitsgraden ist.

Beispiel 3.14 optimaler Stichprobenumfang – Fortsetzung
Wir wollen den Umfang jeder der beiden Stichproben so bestimmen, dass die Genauigkeitsvorgaben $\alpha = 0{,}05$; $\beta = 0{,}1$; $\sigma_x = C\sigma_y$ mit bekanntem C und $\delta = \mu_1 - \mu_2 = 0{,}9\sigma_y$ eingehalten werden. Daraus kann man mit dem Programm OPDOE in CRAN – R den Umfang beider Stichprobe berechnen. Bei einseitigen Alternativen ist $P = 1 - \alpha$ und bei einer zweiseitigen Alternative ist $P = 1 - \alpha/2$ zu setzen.

Das R-Programm ist gegenüber dem t-Test nur leicht abzuändern.

Für Handrechnungen verwenden wir $n_y = \frac{\sigma_y}{\sigma_x} n_x$ und wieder die Näherung

$$n_x \approx \left\lceil [t(f^*|P) + t(f^*|1-\beta)]^2 \frac{\sigma_x(\sigma_x + \sigma_y)}{\delta^2} \right\rceil$$

Die Daten dieses Beispiels liefern für $\sigma_x = 4\sigma_y$ die Werte $n_x = 105$, $n_y = 27$.

Wilcoxon-Mann-Whitney-Test

Wenn wir nicht wissen, ob die Komponenten der Stichproben eines Zweistichprobenproblems Normalverteilungen folgen, aber die Verteilungen kontinuierlich sind, alle Momente existieren und sich allenfalls im Erwartungswert unterscheiden, dann kann man bei

$$H_0 : \mu_1 = \mu_2 = \mu \;, \quad \text{alle höheren Momente gleich, aber beliebig}$$

gegen

$$H_A : \mu_1 \neq \mu_2 \;, \quad \text{alle höheren Momente gleich, aber beliebig}$$

die Nullhypothese auch in der Form

$$H_0 : f_1(y) = f_2(y)$$

schreiben, wenn $f_1(y)$, $f_2(y)$ die Dichten der beiden Verteilungen sind. Sind aber höhere Momente der beiden Verteilungen verschieden (ist z. B. $\sigma_1^2 \neq \sigma_2^2$ oder die Schiefen bzw. die Exzesswerte der beiden Verteilungen sind verschieden), so folgt aus der Ablehnung der Nullhypothese nichts über die Erwartungswerte. Wenn aber die Gleichheit aller k-ten Momente ($k \geq 2$) beider Verteilungen vorausgesetzt werden kann, so kann man nichtparametrische Tests zur Prüfung von H_0 verwenden. Diese Tests werden in diesem Buch allgemein nicht behandelt (siehe dazu Bagdonavicius *et al.* (2011) bzw. Rasch *et al.* (2011c)). Wir wollen lediglich einen speziellen Vertreter, den Wilcoxon-Test (Mann-Whitney-Test) beschreiben (Wilcoxon, 1945; Mann und Whitney, 1947).

Es sei für $i = 1, \ldots, n_1$; $j = 1, \ldots, n_2$

$$d_{ij} = \begin{cases} 1 & \text{für } y_{2j} < y_{1i} \\ 0 & \text{für } y_{2j} > y_{1i} \end{cases}$$

Die Gleichheit tritt bei kontinuierlichen Zufallsvariablen mit Wahrscheinlichkeit 0 auf.

Wie in praktischen Fällen bei Gleichheit (Bindungen) vorgegangen wird, findet man z. B. bei Rasch *et al.* (2011c).

Die Prüfzahl $\boldsymbol{U}$ ist dann

$$\boldsymbol{U} = \sum_{i=1}^{n_1} \sum_{j=1}^{n_2} \boldsymbol{d}_{ij}$$

Sind $F_i(y_i)$ die Verteilungsfunktionen der $\boldsymbol{y}_{ij}$ $(i = 1, 2)$ und ist

$$p = P(\boldsymbol{y}_2 < \boldsymbol{y}_1) = \int_{-\infty}^{\infty} \int_{-\infty}^{y_1} f_2(y_2) f_1(y_1)\,\mathrm{d}y_2\,\mathrm{d}y_1 = \int_{-\infty}^{\infty} F_2(t) f_1(t)\,\mathrm{d}t$$

so folgt aus $H_0 : f_1(y) = f_2(y)$,

$$p = \int_{-\infty}^{\infty} F_1(t) f_1(t)\,\mathrm{d}t = \frac{1}{2}$$

Die $n_1 n_2$ Zufallsvariablen $\boldsymbol{d}_{ij}$ sind nach $B(1, p)$ verteilt mit $E(\boldsymbol{d}_{ij}) = p$ und $\operatorname{var}(\boldsymbol{d}_{ij}^2) = p(1 - p)$. Mann und Whitney (1947) konnten zeigen, dass

$$E(\boldsymbol{U}|H_0) = \frac{n_1 n_2}{2}\ ; \quad \operatorname{var}(\boldsymbol{U}|H_0) = \frac{n_1 n_2 (n_1 + n_2 + 1)}{12}$$

gilt. Ferner ist unter H_0 die Verteilung von $\boldsymbol{U}$ symmetrisch zu $\frac{n_1 n_2}{2}$. Damit ist mit $\boldsymbol{U}' = n_1 n_2 - \boldsymbol{U}$

$$k_U(Y) = \begin{cases} 1 & \text{für} \quad U < c_{\alpha/2} \quad \text{oder} \quad U' < c_{\alpha/2} \\ 0 & \text{sonst} \end{cases}$$

ein α-Test, wenn $c_{\alpha/2}$ so festgelegt wird, dass $P(\boldsymbol{U} < c_{\alpha/2}|H_0) = \alpha/2$ gilt. Die Größe

$$\boldsymbol{W} = \boldsymbol{U} + \frac{n_1(n_1 + 1)}{2}$$

ist gleich der Summe der Ränge der n_1 Zufallsvariablen $\boldsymbol{y}_{1i}$ in dem Vektor der Ränge des kombinierten Zufallsvektors $\boldsymbol{Y} = \binom{Y_1}{Y_2}$, und das ist die Prüfzahl des Wilcoxon-Tests. Damit ist $k_U(Y)$ äquivalent mit dem Test

$$k_W(Y) = \begin{cases} 1 & \text{für} \quad W < W_{U\alpha/2} \quad \text{oder} \quad W > W_{O\alpha/2} \\ 0 & \text{sonst} \end{cases}$$

Für die Quantile $W_{U\alpha/2}$ und $W_{O\alpha/2}$ dieses Tests kann man näherungsweise für $n_i > 20$ die Quantile der Standardnormalverteilung verwenden, für kleinere n berechnet man sie mit R.

Robustheit

Robustheitsfragen werden in diesem Buch nicht ausführlich behandelt, sondern nur für die Tests erläutert. Hier folgt nur so viel, wie zum Verständnis der speziellen Problemstellung erforderlich ist. Robustheit eines statistischen Verfahrens bedeutet relative Unempfindlichkeit der wünschenswerten Eigenschaften des Verfahrens gegen Abweichungen von den Voraussetzungen. Wir wollen die Robustheit der Verfahren in Abschn. 3.4.2.1 gegenüber Nichtnormalität und Varianzungleichheit untersuchen. Ausführlich werden Robustheitsfragen auch für Konfidenzschätzungen und Auswahlverfahren bei Rasch und Guiard (2004) diskutiert.

Definition 3.8

Es sei $\boldsymbol{k}_\alpha$ in der Klasse G_1 von Verteilungen der Zufallsstichprobe $\boldsymbol{Y}$ vom Umfang n ein α-Test $(0 < \alpha < 1)$ für ein Hypothesenpaar (H_0, H_A). Ferner sei G_2 eine G_1 umfassende Klasse von Verteilungen derart, dass sie wenigstens eine Verteilung enthält, die nicht alle Voraussetzungen für den Beweis dafür, dass $\boldsymbol{k}_\alpha$ ein α-Test ist, erfüllt. Für die Elemente g von $G_2 \backslash G_1$ sei $\alpha(n, g)$ das Risiko erster Art von $\boldsymbol{k}_\alpha$. Dann heißt $\boldsymbol{k}_\alpha$ für den Stichprobenumfang n gegenüber G_2 ε-robust, falls für alle Verteilungen $g \in G_2$

$$\max_{g \in G_2 \backslash G_1} |\alpha(n, g) - \alpha| = \max_{g \in G_2} |\alpha(n, g) - \alpha| \le \varepsilon$$

gilt.

Natürlich verschwindet für alle $g \in G_1$ die Differenz $\alpha(n, g) - \alpha$. Elemente aus $G_2 \backslash G_1$ sind für den (Zweistichproben-)t-Test und den Wilcoxon-Test Verteilungen mit $\sigma_1^2 \ne \sigma_2^2$ und für den t-Test und den Welch-Test Nichtnormalverteilungen. Rasch und Guiard (2004) berichten über umfangreiche Simulationsexperimente, in denen die Robustheit des t-Tests gegenüber 87 Verteilungen des Fleishman-Systems (Fleishman, 1978), des t-Tests und des Wilcoxon-Tests bei ungleichen Varianzen untersucht wurde. Es ergab sich, dass sowohl der Einstichproben-t-Test als auch der Zweistichproben-t-Test als auch die entsprechenden Konfidenzintervalle nach Abschn. 3.5 äußerst robust gegen Abweichungen von der Normalverteilung sind. Dagegen zeigen Rasch *et al.* (2011a), dass es beim Zweistichproben-t-Test weder sinnvoll ist, in einem Vortest zu prüfen, ob die Varianzen beider Zufallsstichproben gleich sind, noch den t-Test überhaupt anzuwenden, sondern generell den Welch-Test zu benutzen. Dessen Güte ist fast identisch mit der des Zweistichproben-t-Tests, falls beide Varianzen gleich sind, und im Falle ungleicher Varianzen hält er die vorgegebenen Risiken auch für nicht normale Verteilungen mit einer Schiefe $|\gamma_1| < 3$ im Sinne der 20 %-Robustheit ein. Der Wilcoxon-Test kann in den meisten Fällen nicht empfohlen werden.

3.4.2.2 Vergleich zweier Varianzen

Ein GBU-α-Test

Ein GBU-α-Test für das Hypothesenpaar

$$H_0 : \sigma_1^2 = \sigma_2^2 \quad \mu_1, \mu_2 \text{ beliebig gegen } \quad H_A : \sigma_1^2 \neq \sigma_2^2 \quad \mu_1, \mu_2 \text{ beliebig}$$

existiert für Zufallsstichproben $\boldsymbol{Y}_1 = (\boldsymbol{y}_{11}, \dots, \boldsymbol{y}_{1n_1})^T$, $\boldsymbol{Y}_2 = (\boldsymbol{y}_{21}, \dots, \boldsymbol{y}_{2n_2})^T$, bei denen die $\boldsymbol{y}_{ij}$ nach $N(\mu_i, \sigma_i^2)$ verteilt sind. Der Zufallsvektor $\boldsymbol{Y} = \binom{Y_1}{Y_2}$ hat eine Verteilung aus einer vierparametrischen Exponentialfamilie mit den natürlichen Parametern

$$\eta_1 = \lambda = -\frac{1}{2}\left(\frac{1}{\sigma_1^2} - \frac{1}{\sigma_2^2}\right), \eta_2, \eta_3, \eta_4$$

und den suffizienten Maßzahlen $\boldsymbol{S}$, $\boldsymbol{T}^* = (\boldsymbol{T}_1^*, \boldsymbol{T}_2^*, \boldsymbol{T}_3^*)^T$ mit

$$\boldsymbol{S} = \sum_{j=1}^{n_2} \boldsymbol{y}_{2j}^2 , \quad \boldsymbol{T}_1^* = \sum_{i=1}^{n_1} \boldsymbol{y}_{1i}^2 + \frac{\sigma_1^2}{\sigma_2^2} \sum_{j=1}^{n_2} \boldsymbol{y}_{2j}^2 , \quad \boldsymbol{T}_2^* = \bar{\boldsymbol{y}}_1 , \quad \boldsymbol{T}_3^* = \bar{\boldsymbol{y}}_2$$

Unter H_0 ist $\frac{\sigma_1^2}{\sigma_2^2} = 1$, und die Zufallsvariable

$$\boldsymbol{F} = \frac{\sum_{i=1}^{n_1} (\boldsymbol{y}_{1i} - \bar{\boldsymbol{y}}_1)^2 \frac{n_2 - 1}{\sigma_1^2}}{\sum_{i=1}^{n_2} (\boldsymbol{y}_{2i} - \bar{\boldsymbol{y}}_2)^2 \frac{n_1 - 1}{\sigma_2^2}}$$

hängt nicht von μ_1, μ_2 und $\sigma_1^2 = \sigma_2^2 = \sigma^2$ ab. Damit ist $\boldsymbol{F}$ unabhängig von $\boldsymbol{T}^*$. Satz 3.16 ist folglich anwendbar. Da unter H_0 die Zufallsvariable $\boldsymbol{F}$ zentral nach $F(n_1 - 1, n_2 - 1)$ verteilt ist, ist durch

$$k(Y) = \begin{cases} 1 & \text{falls} \quad F < F\left(n_1 - 1, n_2 - 1 | \frac{\alpha}{2}\right) \\ & \text{oder} \quad F > F\left(n_1 - 1, n_2 - 1 | 1 - \frac{\alpha}{2}\right) \\ 0 & \text{sonst} \end{cases}$$

ein GBU-α-Test gegeben, wenn $F(n_1 - 1, n_2 - 1 | P)$ das P-Quantil der F-Verteilung mit $n_1 - 1, n_2 - 1$ Freiheitsgraden ist. Dieser F-Test ist sehr empfindlich gegenüber Abweichungen von der Normalverteilung, an seiner Stelle sollte man in den Anwendungen deshalb besser den Levene-Test verwenden.

Levene-Test

Die extreme Nichtrobustheit des F-Tests zum Vergleich zweier Varianzen nach Abschn. 3.4.2.2 wurde bereits von Box (1953) erwähnt. Auf umfangreiche Simulationsexperimente zu dieser Frage gehen Rasch und Guiard (2004) ein. Da Nichtrobustheit aufgrund der Boxschen Ergebnisse schon bei relativ geringen Abweichungen von der Normalverteilung zu erwarten ist, wird vorgeschlagen, generell folgenden Test von Levene (1960) zu verwenden.

Für $j = 1, 2$ bilde man

$$z_{ij} = (y_{ij} - \bar{y}_{.j})^2\,, \quad i = 1, \dots, n_j$$

sowie

$$SQ_{\text{zwischen}} = \sum_{j=1}^{2} (\bar{z}_{.j} - \bar{z}_{..})^2\,, \quad SQ_{\text{innerhalb}} = \sum_{j=1}^{2} \sum_{i=1}^{n_j} (z_{ij} - \bar{z}_{.j})^2$$

mit $\bar{z}_{.j} = \frac{1}{n_j} \sum_{i=1}^{n_j} z_{ij}$, $\bar{z}_{..} = \frac{1}{n_1+n_2} \sum_{j=1}^{2} \sum_{i=1}^{n_j} z_{ij}$

Man lehne H_0 ab, falls

$$F^* = \frac{SQ_{\text{zwischen}}}{SQ_{\text{innerhalb}}}(n_1 + n_2 - 2) > F\left(1, n_1 + n_2 - 2 | 1 - \frac{\alpha}{2}\right)$$

ist.

3.4.3 Tabellenanhang

Wir geben hier noch eine Übersicht zur Bestimmung des Stichprobenumfanges zur Hypothesenprüfung.

Tab. 3.4 Approximative Stichprobenumfänge zur Prüfung von *Hypothesen* bei gegebenen Risiken α und β für eine gegebene Mindestdifferenz δ ($P = 1 - \alpha$ für einseitige Tests, $P = 1 - \alpha/2$ für zweiseitige Tests).

Parameter	**Stichprobenumfang**
μ	$n \approx \left\lceil \left[\{t(n-1; P) + t(n-1; 1-\beta)\} \frac{\sigma}{\delta} \right]^2 \right\rceil$
$\mu_x - \mu_y$ gepaarte Beobachtungen	$n \approx \left\lceil \left[\{t(n-1; P) + t(n-1; 1-\beta)\} \frac{\sigma_\Delta}{\delta} \right]^2 \right\rceil$
$\mu_x - \mu_y$ unabhängige Stichproben, gleiche Varianzen	$n \approx \left\lceil 2 \left[\{t(n-1; P) + t(n-1; 1-\beta)\} \frac{\sigma}{\delta} \right]^2 \right\rceil$
$\mu_x - \mu_y$ unabhängige Stichproben, ungleiche Varianzen	$n_x \approx \left\lceil \frac{\sigma_x(\sigma_x+\sigma_y)}{\delta^2} [\{t(f^*; P) + t(f^*, 1-\beta)\}]^2 \right\rceil$
Wahrscheinlichkeit p	$n = \left\lceil \frac{[u_{1-\alpha}\sqrt{p_0(1-p_0)} + u_{1-\beta}\sqrt{p_1(1-p_1)}]^2}{(p_1-p_0)^2} \right\rceil$
Wahrscheinlichkeiten, $H_0 : p_1 = p_2$	$n = \left\lceil \frac{1}{\delta^2} \left[\begin{array}{c} u(P)\sqrt{(p_1+p_2)\left(1-\frac{1}{2}(p_1+p_2)\right)} \\ +u(1-\beta)\sqrt{p_1(1-p_1)+p_2(1-p_2)} \end{array} \right]^2 \right\rceil$

3.5 Konfidenzschätzungen

In den Anwendungen wird man sich selten mit der Punktschätzung für einen unbekannten Parameter begnügen, sondern vielmehr bemüht sein, die Varianz der Schätzung zu berechnen oder zu schätzen. Ist die Varianz der Schätzung klein, so vertraut man dem entsprechenden Schätzwert.

Definition 3.9
Es sei $\boldsymbol{Y} = (\boldsymbol{y}_1, \boldsymbol{y}_2, \dots, \boldsymbol{y}_n)^{\mathrm{T}}$ eine Zufallsstichprobe mit Realisationen $Y \in \{Y\}$, deren Komponenten nach $P_\theta \in P = \{P_\theta, \theta \in \Omega\}$ verteilt sind. Es sei $S(\boldsymbol{Y})$ eine messbare Abbildung des Stichprobenraumes auf den Parameterraum und $K(\boldsymbol{Y})$ eine zufällige Menge mit Realisationen $K(Y)$ in Ω. Ferner sei P^S ein durch $S(\boldsymbol{Y})$ induziertes Wahrscheinlichkeitsmaß. Dann heißt $K(\boldsymbol{Y})$ ein Konfidenzbereich bezüglich θ zum Koeffizienten (Konfidenzkoeffizienten) $1-\alpha$ falls

$$P^S[\theta \in K(\boldsymbol{Y})] = P[\theta \in K(\boldsymbol{Y})] \geq 1-\alpha \quad \text{für alle} \quad \theta \in \Omega \tag{3.48}$$

gilt. Ist $\Omega \subset R^1$ und $K(Y)$ für alle $Y \in \{Y\}$ zusammenhängend, so heißt $K(\boldsymbol{Y})$ ein Konfidenzintervall. Die Realisation $K(Y)$ eines Konfidenzbereiches heißt realisierter Konfidenzbereich.

Die Konstruktion von Konfidenzbereichen wird Intervallschätzung genannt und neben die Punktschätzung gestellt. Wie wir aber sehen werden, gibt es bezüglich der Optimalität von Konfidenzbereichen Analogien zur Testtheorie, deren Ausnutzung vieles vereinfacht. Darum behandeln wir diesen Gegenstand im Kapitel über Tests.

Beispiel 3.15
Die $n > 1$ Komponenten einer Zufallsstichprobe $\boldsymbol{Y} = (\boldsymbol{y}_1, \boldsymbol{y}_2, \dots, \boldsymbol{y}_n)^{\mathrm{T}}$ seien nach $N(\mu, \sigma^2)$ verteilt, σ^2 sei bekannt. Wir betrachten die messbare Abbildung $S(\boldsymbol{Y}) = \bar{\boldsymbol{y}}$ von $\{Y\}$ auf $\Omega = R^1$. Das Mittel $\bar{\boldsymbol{y}}$ folgt einer $N(\mu, \frac{\sigma^2}{n})$-Verteilung. Ein Konfidenzbereich $K(\boldsymbol{Y})$ bezüglich μ zum Koeffizienten $1-\alpha$ sollte die Eigenschaft (wir schreiben P für P^S) $P[\mu \in K(\boldsymbol{Y})] = 1-\alpha$ besitzen. Wir wollen fordern, dass $K(\boldsymbol{Y})$ zusammenhängend, in diesem Fall also ein Intervall $K(\boldsymbol{Y}) = [\hat{\boldsymbol{\mu}}_{\mathrm{u}}, \hat{\boldsymbol{\mu}}_{\mathrm{o}}]$, ist. Folglich muss

$$P(\hat{\boldsymbol{\mu}}_{\mathrm{u}} \leq \mu \leq \hat{\boldsymbol{\mu}}_{\mathrm{o}}) = 1-\alpha$$

gelten. Da $\bar{\boldsymbol{y}}$ nach $N(\mu, \frac{\sigma^2}{n})$-verteilt ist, gilt für $\alpha_1 + \alpha_2 = \alpha$, $\alpha_1 \geq 0$, $\alpha_2 \geq 0$

$$P\left\{u_{\alpha_1} \leq \frac{\bar{\boldsymbol{y}} - \mu}{\sigma}\sqrt{n} \leq u_{1-\alpha_2}\right\} = 1-\alpha_1-\alpha_2 = 1-\alpha$$

Daraus folgt

$$P\left\{\bar{y} - \frac{\sigma}{\sqrt{n}}u_{1-\alpha_2} \leq \mu \leq \bar{y} - \frac{\sigma}{\sqrt{n}}u_{\alpha_1}\right\} = 1 - \alpha$$

sodass $\hat{\boldsymbol{\mu}}_\mathrm{u} = \bar{\boldsymbol{y}} - \frac{\sigma}{\sqrt{n}}u_{1-\alpha_2}$ und $\hat{\boldsymbol{\mu}}_\mathrm{o} = \bar{\boldsymbol{y}} - \frac{\sigma}{\sqrt{n}}u_{\alpha_1}$ gilt. Zu vorgegebenem $1 - \alpha$ gibt es unendlich viele Konfidenzintervalle je nach Wahl von α_1 und $\alpha_2 = \alpha - \alpha_1$. Ist $\alpha_1 = 0$ bzw. $\alpha_2 = 0$, so sind die Konfidenzintervalle einseitig (nur eine Seite ist zufällig). Je mehr die Werte von α_1 und α_2 voneinander abweichen, desto größer wird die erwartete Breite $E(\hat{\boldsymbol{\mu}}_\mathrm{o} - \hat{\boldsymbol{\mu}}_\mathrm{u}) = \frac{\sigma}{\sqrt{n}}(u_{1-\alpha_2} - u_{\alpha_1})$. So ist z. B. für $\alpha_1 = 0$ oder auch für $\alpha_2 = \alpha$ die Breite unendlich. Endliche Konfidenzintervalle ergeben sich für den Fall $\alpha_1 > 0$, $\alpha_2 > 0$.

Um aus der Vielzahl von möglichen Konfidenzintervallen wünschenswerte auswählen zu können, wollen wir zunächst fordern, dass $K(\boldsymbol{Y})$ zusammenhängend ist. Ist $K(\boldsymbol{Y})$ mit Wahrscheinlichkeit 1 endlich, so sind bei festem α solche Konfidenzintervalle zu bevorzugen, die die kleinste Breite oder die kleinste erwartete Breite haben, und dies für alle $\theta \in \Omega$.

3.5.1 Einseitige Konfidenzintervalle in einparametrischen Verteilungsfamilien

Definition 3.10
Die Komponenten einer Zufallsstichprobe $\boldsymbol{Y} = (\boldsymbol{y}_1, \boldsymbol{y}_2, \dots, \boldsymbol{y}_n)^\mathrm{T}$ seien nach $P_\theta \in P = \{P_\theta, \theta \in \Omega\}$ verteilt, wobei $\Omega = (\theta_1, \theta_2)$ sei und die Werte $-\infty$ für θ_1, und ∞ für θ_2 zugelassen sind. Dann heißen

$$\boldsymbol{K}_\mathrm{L} = K_\mathrm{L}(\boldsymbol{Y}) = [\theta_\mathrm{u}(\boldsymbol{Y}), \theta_2)$$

und

$$\boldsymbol{K}_\mathrm{R} = K_\mathrm{R}(\boldsymbol{Y}) = (\theta_1, \theta_\mathrm{o}(\boldsymbol{Y})]$$

einseitige Konfidenzintervalle bezüglich θ zum Koeffizienten $1 - \alpha$, falls

$$P_\theta\{\theta \in \boldsymbol{K}_\mathrm{L}\} \geq 1 - \alpha \quad \text{bzw.} \quad P_\theta\{\theta \in \boldsymbol{K}_\mathrm{R}\} \geq 1 - \alpha \tag{3.49}$$

gilt. $\boldsymbol{K}_\mathrm{L}$ heißt ein linksseitiges und $\boldsymbol{K}_\mathrm{R}$ ein rechtsseitiges Konfidenzintervall. Ein linksseitiges (rechtsseitiges) Konfidenzintervall zum Koeffizienten $1 - \alpha$ heißt gleichmäßig trennschärfstes Konfidenzintervall (GT-$(1 - \alpha)$-Intervall), wenn für jedes $\theta^* < \theta$ $[\theta^* > \theta]$; $\theta^* \in \Omega$ die Wahrscheinlichkeit

$$P_\theta\{\theta_\mathrm{u}(\boldsymbol{Y}) \leq \theta^*\} \quad \text{bzw.} \quad P_\theta\{\theta_\mathrm{o}(\boldsymbol{Y}) \geq \theta^*\}$$

unter der Bedingung (3.49) minimal wird. Ein zweiseitiges Konfidenzintervall $K(\boldsymbol{Y})$, für das (3.48) gilt, heißt gleichmäßig trennschärfstes Konfidenzintervall (GT-$(1 - \alpha)$-Intervall), wenn für jedes $\theta^* \neq \theta$, $\theta^* \in \Omega$ die Wahrscheinlichkeit $P_\theta\{\theta^* \in K(\boldsymbol{Y})\}$ minimal wird.

Man kann nun zeigen, dass eine enge Beziehung zwischen GB-α-Tests und GT-$(1-\alpha)$-Intervallen besteht. Zunächst stellen wir ganz allgemein den Zusammenhang zwischen α-Tests und Konfidenzintervallen zum Koeffizienten $1-\alpha$ dar.

Satz 3.19

Die Komponenten einer Zufallsstichprobe $\boldsymbol{Y} = (\boldsymbol{y}_1, \boldsymbol{y}_2, \dots, \boldsymbol{y}_n)^{\mathrm{T}}$ seien nach $P_\theta \in P = \{P_\theta, \theta \in \Omega\}$ verteilt. Für jedes $\theta_0 \in \Omega \subset R^1$ sei $\{Y_0\} \subset \{Y\}$ der in Abschnitt 3.1 eingeführte Bereich des Stichprobenraumes $\{Y\}$, in dem die Nullhypothese H_0: $\theta = \theta_0$ angenommen wird. Für jedes $Y \in \{Y\}$ sei $K(Y)$ folgende Teilmenge des Parameterraumes:

$$K(Y) = \{\theta \in \Omega : Y \in \{Y_0\}\} \tag{3.50}$$

Dann ist $K(\boldsymbol{Y})$ ein $(1-\alpha)$-Konfidenzintervall, falls durch $\{Y_0\}$ ein Test mit einem Risiko erster Art nicht größer als α definiert wurde. Ist ferner durch $\{Y_0\}$ ein GB-α-Test definiert, so ist $K(\boldsymbol{Y})$ ein GT-$(1-\alpha)$-Intervall.

Beweis: Es gilt $\theta \in K(Y)$ genau dann, falls $Y \in \{Y_0\}$ ist, und folglich ergibt sich

$$P_\theta\{\theta \in K(\boldsymbol{Y})\} = P_\theta\{\boldsymbol{Y} \in \{Y_0\}\} \geq 1-\alpha$$

Ist $K^*(\boldsymbol{Y})$ ein anderes $(1-\alpha)$-Konfidenzintervall bezüglich θ, und ist $\{Y_0^*\} = \{\boldsymbol{Y}, \theta \in K^*(Y)\}$, so erhält man analog

$$P_\theta\{\theta \in K^*(\boldsymbol{Y})\} = P_\theta\{\boldsymbol{Y} \in \{Y_0^*\}\} \geq 1-\alpha$$

d. h., $\{Y_0^*\}$ definiert einen weiteren Test mit maximalem Risiko erster Art α. Da aber $\{Y_0\}$ einen GB-Test definiert, ist

$$P_\theta\{\theta \in K^*(\boldsymbol{Y})|\theta_0\} \geq P_\theta\{\theta \in K(\boldsymbol{Y})|\theta_0\}$$

für alle $\theta \neq \theta_0 \in \Omega$ und folglich auch

$$P_\theta\{\theta \in K^*(\boldsymbol{Y})\} \geq P_\theta\{\theta \in K(\boldsymbol{Y})\} \quad \text{für alle } \theta \neq \theta_0$$

Die durch den Satz aufgezeigte Äquivalenz bedeutet folglich, dass ein realisiertes Konfidenzintervall zum Koeffizienten $1-\alpha$ eine Teilmenge ω von Ω derart enthält, dass H_0: $\theta = \theta_0$ für alle $\theta_0 \in \omega$ angenommen werden würde, wenn Y eine Realisation von $\boldsymbol{Y}$ ist.

Aus diesem Satz und aus Satz 3.8 bzw. dessen Korollar 3.3 folgt

Satz 3.20

Ist unter den Voraussetzungen von Satz 3.8 P^* eine Familie kontinuierlicher Verteilungen mit Verteilungsfunktionen $F_\theta(T)$, so existiert zu jedem α mit $0 \leq \alpha \leq 1$

ein GT-$(1-\alpha)$-Intervall $K_L(\boldsymbol{Y})$ nach Definition 3.10. Hat die Gleichung

$$F_\theta(T) = P_\theta\{T(\boldsymbol{Y}) < T\} = 1-\alpha$$

eine Lösung $\hat{\theta} \in \Omega$, dann ist diese eindeutig, und es gilt $\theta_u(\boldsymbol{Y}) = \hat{\boldsymbol{\theta}}$.

Beweis: Da die Elemente von P^* kontinuierliche Verteilungen sind, existiert zu jedem θ_0 ein $T_{1-\alpha} = T_{1-\alpha}(\theta_0)$ derart, dass $P^*_\theta\{T(\boldsymbol{Y}) > T_{1-\alpha}\} = \alpha$ gilt, und wegen (3.24) ist durch $Y_A(\theta_0) = \{T, T > T_{1-\alpha}(\theta_0)\}$ der Ablehnungsbereich eines GB-α-Tests für H_0: $\theta = \theta_0$ gegen H_A: $\theta = \theta_A$ gegeben. Dann ist $Y_0(\theta_0) = \{T, T \leq T_{1-\alpha}(\theta_0)\}$ der entsprechende Annahmebereich. Ferner sei $K(Y)$ durch (3.50) gegeben. Da $T_{1-\alpha}(\theta_0)$ in θ_0 streng monoton ist (der Test ist unverfälscht), besteht $K(Y)$ aus allen den $\theta \in \Omega$, für die $\theta_u(Y) \leq \theta$ mit $\theta_u(Y) = \min_{\theta\in\Omega}\{\theta, T(Y)\} \leq T_{1-\alpha}(\theta_0)\}$ ist, und damit folgt die erste Behauptung aus Satz 3.20.

Aus dem Korollar 3.1 von Satz 3.1 folgt, dass $F_\theta(T)$ in θ für jedes feste T streng antiton ist, sofern $0 < F_\theta(T) < 1$ für dieses T gilt. Folglich kann $F_\theta(T) = 1-\alpha$ höchstens eine Lösung haben. Eine solche Lösung $\hat{\theta}$ liege vor, d. h., es sei $F_{\hat{\theta}}(T) = 1-\alpha$. Dann muss $T_{1-\alpha}(\hat{\theta}) = T$ sein, und die Ungleichungen $T \leq T_{1-\alpha}(\theta)$ und $T_{1-\alpha}(\hat{\theta}) \leq T_{1-\alpha}(\theta)$ bzw. $\hat{\theta} \leq \theta$ sind äquivalent, sodass $\theta_u(Y) = \hat{\theta}$ folgt. Damit erhalten wir $\theta_u(Y)$ durch Auflösung der Gleichung $T(Y) = T_{1-\alpha}(\theta)$ nach θ.

Beispiel 3.16

Wir wollen unter den Bedingungen von Beispiel 3.4 ein GT-$(1-\alpha)$-Intervall für μ angeben. Nun ist $T(\boldsymbol{Y}) = \bar{\boldsymbol{y}}$ nach $N(\mu, \frac{\sigma^2}{n})$-verteilt und folglich $T_{1-\alpha}(\mu)$ das $(1-\alpha)$-Quantil einer $N(\mu, \frac{\sigma^2}{n})$-Verteilung. Da $\theta = \mu$ ist, müssen wir zunächst die Gleichung $F_\mu[T(Y)] = 1-\alpha$ lösen. Wegen $T_{1-\alpha}(\mu) = \mu + \frac{\sigma}{\sqrt{n}}u_{1-\alpha}$ hat das gesuchte GT-$(1-\alpha)$-Intervall bezüglich μ die Gestalt $[\bar{\boldsymbol{y}} - \frac{\sigma}{\sqrt{n}}u_{1-\alpha}, \infty)$.

Beispiel 3.17

Aus der Zufallsstichprobe des Beispiels 3.5 soll ein einseitiges Konfidenzintervall zum Koeffizienten $1-\alpha$ für σ^2 (μ bekannt) konstruiert werden. Mit der suffizienten Maßzahl $T(\boldsymbol{Y}) = \sum_{i=1}^n (\boldsymbol{y}_i - \mu)^2$ ist folglich der Bereich Y_0, in dem H_0: $\sigma^2 = \sigma_0^2$ angenommen wird, nach (3.21) durch $T(Y) < \sigma_0^2 CQ(n|1-\alpha)$ gegeben. Damit ist $K(\boldsymbol{Y})$ bzw. $\sigma_u^2(\boldsymbol{Y})$ durch

$$\sigma_u^2(\boldsymbol{Y}) = \min_{\sigma^2\in\Omega}\{\sigma^2, T(\boldsymbol{Y}) < \sigma_0^2 CQ(n|1-\alpha)\}$$

gegeben. Damit ist $[\sigma_u^2(\boldsymbol{Y}), \infty)$ mit

$$\sigma_u^2(\boldsymbol{Y}) = \frac{\sum_{i=1}^n (\boldsymbol{y}_i - \mu)^2}{CQ(n|1-\alpha)}$$

für jedes α $(0 < \alpha < 1)$ ein GT-$(1-\alpha)$-Intervall bezüglich σ^2.

Analog kann der Leser als Übung weitere GB-α-Tests zu GT-$(1-\alpha)$-Intervallen umformen.

Ist die Verteilung von $T(\boldsymbol{Y})$ unter den Voraussetzungen von Satz 3.8 diskret, so hat man es mit randomisierten Tests zu tun, die zu sogenannten randomisierten Konfidenzintervallen führen. Diese wollen wir hier allgemein nicht weiter behandeln. Allerdings werden in der Praxis Konfidenzintervalle für den Parameter p der Binomialverteilung, also für eine Wahrscheinlichkeit p sehr oft benötigt. Wir verweisen hierzu auf Fleiss *et al.* (2003) bzw. auf die zweiseitigen Intervalle in Abschn. 3.5.2.

3.5.2
Zweiseitige Konfidenzintervalle in einparametrischen und Konfidenzintervalle in mehrparametrischen Verteilungsfamilien

Definition 3.11
Ein zweiseitiges Konfidenzintervall $K(\boldsymbol{Y})$ zum Koeffizienten $1-\alpha$ heißt gleichmäßig trennschärfstes Intervall, falls $K(\boldsymbol{Y})$ aus der Klasse

$$K_\alpha = \{K(\boldsymbol{Y}), P_\theta[\theta \in K(\boldsymbol{Y})] \geq 1-\alpha \quad \text{für alle} \quad \theta \in \Omega\} \tag{3.51}$$

stammt und die Bedingung

$$P_\theta[\theta^* \in K(\boldsymbol{Y})] = \min_{K^*(Y)\in K_\alpha} P_\theta\{\theta^* \in K^*(\boldsymbol{Y})\} \quad \text{für alle} \quad \theta^* \neq \theta \in \Omega \tag{3.52}$$

erfüllt.

Analog zu Abschn. 3.5.1. kann man für kontinuierliche Verteilungen zweiseitige gleichmäßig trennschärfste $(1-\alpha)$-Intervalle mithilfe von GB-α-Tests für H_0: $\theta = \theta_0$ gegen $H_\mathrm{A} : \theta \neq \theta_0$ konstruieren.

Im Allgemeinen existieren aber derartige Tests nicht für alle α, und deshalb führen wir eine schwächere Optimalitätsbedingung analog zu den GBU-Tests ein.

Definition 3.12
Ein $(1-\alpha)$-Konfidenzintervall $K(\boldsymbol{Y}) = [\boldsymbol{u}, \boldsymbol{o}]$ heißt unverzerrt, falls es in K_α liegt und

$$P_\theta[\theta^* \in K(\boldsymbol{Y})] \leq 1-\alpha \quad \text{für alle} \quad \theta^* \neq \theta \in \Omega \tag{3.53}$$

gilt. Wir sagen kurz, $K(\boldsymbol{Y})$ sei ein U-$(1-\alpha)$-Intervall. $K(\boldsymbol{Y})$ heißt ein gleichmäßig trennschärfstes unverzerrtes $(1-\alpha)$-Konfidenzintervall, wenn es die Bedingungen (3.51) und (3.53) erfüllt und einer Bedingung analog zu (3.52) genügt, wobei das Minimum über die Klasse $\tilde{K}_\alpha \subset K_\alpha$ zu bilden ist, wenn $\tilde{K}_\alpha$ die Klasse der $K(\boldsymbol{Y})$ ist, die sowohl (3.51) als auch (3.53) erfüllen. Wir nennen gleichmäßig trennschärfste unverzerrte $(1-\alpha)$-Konfidenzintervalle kurz GTU-$(1-\alpha)$-Intervalle.

Falls $\theta = (\lambda, \eta_2, \dots, \eta_k)^\mathrm{T}$ ein Parametervektor ist und ein Konfidenzintervall bezüglich der reellen Komponente λ zu konstruieren ist, können wir mit $\eta^* =$

$(\eta_2, \dots, \eta_k)^{\mathrm{T}}$ die Definitionen 3.9 und 3.3 verallgemeinern, indem wir die Forderung „für alle θ“ durch „für alle λ und η^*“ ersetzen. Es ist nun leicht einzusehen, dass wir, falls ein GBU-α-Test existiert, mit dem in Abschn. 3.5.1. beschriebenem Verfahren ein GTU-$(1-\alpha)$-Intervall konstruieren können. Wir wollen das an einigen Beispielen demonstrieren, vorher aber noch bemerken, dass GTU-$(1-\alpha)$-Intervalle für kontinuierliche Verteilungen die Bedingung

$$P_\theta[\theta \in K(\boldsymbol{Y})] = 1 - \alpha$$

erfüllen.

Beispiel 3.18

Wir wollen unter den Bedingungen von Beispiel 3.9 ein GTU-$(1-\alpha)$-Intervall für σ^2 konstruieren und verwenden dafür die suffiziente Maßzahl $T(\boldsymbol{Y}) = \sum_{i=1}^n \boldsymbol{y}_i^2$. Dann sei

$$\{Y_0\}(\sigma_0^2) = A(\sigma^2) = \left\{\sigma^2, c_{1\alpha} \le \frac{1}{\sigma^2} T(Y) \le c_{2\alpha}\right\}$$

wobei $c_{1\alpha}$ und $c_{2\alpha}$ (3.33) und (3.34) erfüllen. Damit ist nach Übergang zu Zufallsvariablen und wegen

$$A(\sigma^2) = \left\{\sigma^2, \frac{1}{c_{2\alpha}} \le \frac{\sigma^2}{T(Y)} \le \frac{1}{c_{1\alpha}}\right\}$$

das Intervall

$$K(\boldsymbol{Y}) = \left[\frac{1}{c_{2\alpha}} \sum_{i=1}^n \boldsymbol{y}_i^2, \frac{1}{c_{1\alpha}} \sum_{i=1}^n \boldsymbol{y}_i^2\right]$$

ein zweiseitiges GTU-$(1-\alpha)$-Intervall für σ^2.

Beispiel 3.19

Auf der Grundlage von Beispiel 3.11 soll ein GTU-$(1-\alpha)$-Intervall für den Erwartungswert μ einer Normalverteilung mit unbekannter Varianz konstruiert werden. Wegen (3.36) ist

$$\begin{aligned}\{\boldsymbol{Y}_0\} &= \boldsymbol{A}(\mu)\\ &= \left\{\mu, -t\left(n-1\middle|1-\frac{\alpha}{2}\right) \le \frac{\bar{\boldsymbol{y}}-\mu}{\boldsymbol{s}}\sqrt{n} \le t\left(n-1\middle|1-\frac{\alpha}{2}\right)\right\}\end{aligned}$$

und folglich

$$K(\boldsymbol{Y}) = \left[\bar{\boldsymbol{y}} - t\left(n-1\middle|1-\frac{\alpha}{2}\right)\frac{\boldsymbol{s}}{\sqrt{n}}; \bar{\boldsymbol{y}} + t\left(n-1\middle|1-\frac{\alpha}{2}\right)\frac{\boldsymbol{s}}{\sqrt{n}}\right]$$

ein GTU-$(1-\alpha)$-Intervall für μ.

Beispiel 3.20
Auf der Grundlage von Beispiel 3.15 ist ein GTU-$(1-\alpha)$-Intervall für $\mu_1 - \mu_2$ zu konstruieren. Aus (3.46) und der anschließend angegebenen Form des GBU-α-Tests $K(Y)$ folgt, wenn man im Zähler von (3.46) noch $\mu_1 - \mu_2$ (was unter H_0 gleich 0 ist) einfügt, dass

$$K(\boldsymbol{Y}) = \left[\bar{\boldsymbol{y}}_1 - \bar{\boldsymbol{y}}_2 - t\left(n_1+n_2-2 \left| 1-\frac{\alpha}{2}\right.\right) s\sqrt{\frac{n_1+n_2}{n_1 n_2}}\,,\right.$$

$$\left.\bar{\boldsymbol{y}}_1 - \bar{\boldsymbol{y}}_2 + t\left(n_1+n_2-2 \left| 1-\frac{\alpha}{2}\right.\right) s\sqrt{\frac{n_1+n_2}{n_1 n_2}}\right]$$

ein GTU-$(1-\alpha)$-Intervall ist. Auch hier schlagen wir vor, besser auf dem Welch-Test basierende Konfidenzintervalle zu verwenden.

Wenn die das Merkmal modellierende Verteilung diskret ist, wie das für die Binomialverteilung der Fall ist, sind exakte Tests für alle α immer randomisierte Tests. Wenn man nun die Forderung etwas abschwächt und ein Konfidenzintervall sucht, das mindestens mit Wahrscheinlichkeit $1-\alpha$ den Parameter p überdeckt, so kann man ein exaktes Intervall $K(\boldsymbol{Y}) = [\boldsymbol{u}, \boldsymbol{o}]$ nach Clopper und Pearson (1934) wie folgt konstruieren. Ist $[u, o]$ ein realisiertes Konfidenzintervall und y der beobachtete Wert der nach $B(n, p)$ binomialverteilten Zufallsvariablen $\boldsymbol{y}$, so können die Grenzen u und o so bestimmt werden, dass

$$\sum_{i=y}^{n} \binom{n}{i} u^i (1-u)^{n-i} = \alpha_1$$

und

$$\sum_{i=0}^{y} \binom{n}{i} o^i (1-o)^{n-i} = \alpha_2$$

ist, wobei $\alpha_1 + \alpha_2 = \alpha$ mit vorgegebenen und damit von y unabhängigen α_1 und α_2 ist.

Für $y = 0$ sind $u = 0$ und $o = 1 - (\frac{\alpha}{2})^{\frac{1}{n}}$ und für $y = n$ sind $u = (\frac{\alpha}{2})^{\frac{1}{n}}$ und $o = 1$ zu setzen.

Die übrigen Werte kann man nach Stevens (1950) mithilfe der Wahrscheinlichkeitsfunktion p_{Beta} der Betaverteilung mit Parametern x und $n - x - 1$ berechnen, z. B. mit R über den Befehl

```
u< -qbeta(alfa/2,X,n-X+1)
```

bzw.

```
o< -qbeta(1-alfa/2,X+1,n-X)
```

Mit dem R-Befehl binom.test kann man die Clopper-Pearson-Intervalle berechnen, in SPSS gibt es über das Menü keine Konfidenzintervalle.

Für $n \geq 10$ und für alle p ist die minimale Überdeckungswahrscheinlichkeit mindestens $1-(\alpha_1-\alpha_2)-0{,}005$, meist jedoch größer als $1-\alpha$ und damit konservativ, wie Pires und Amado (2008) zeigen konnten. Diese Autoren verglichen 20 Methoden der Konstruktion von zweiseitigen Konfidenzintervallen hinsichtlich der Überdeckungswahrscheinlichkeit und der erwarteten Intervallbreite mithilfe umfangreicher Simulationsexperimente. Es ergaben sich leichte Vorteile einer Methode von Agresti und Coull (1998) gegenüber den Clopper-Pearson-Intervallen, auf die wir aber hier nicht eingehen wollen.

Den erforderlichen Stichprobenumfang kann man mit R über den Befehl `size.prop.confint` erhalten, in dem Konfidenzintervalle über die Normalapproximation berechnet werden (siehe Rasch *et al.*, 2011a, S. 31).

3.5.3
Tabellenanhang

Wir geben hier eine Übersicht über Stichprobenumfangsbestimmungen für Konfidenzschätzungen. Dabei ist zu beachten, dass man bei Lageparametern entweder die Breite oder, falls diese zufällig ist, die erwartete Breite des Intervalls als unter einer Schranke 2δ liegend vorgibt.

Tab. 3.5 Versuchsumfang zur Konstruktion zweiseitiger $(1-\alpha)$-Konfidenzintervalle mit halber erwarteter Breite δ.

Parameter	**Stichprobenumfang**
μ	$n = \left\lceil t^2\left(n-1; 1-\frac{\alpha}{2}\right) \frac{2\cdot\Gamma^2\left(\frac{n}{2}\right)}{\Gamma^2\left(\frac{n-1}{2}\right)(n-1)} \frac{\sigma^2}{\delta^2} \right\rceil$
p	mit R über `size.prop.confint`
$\mu_x-\mu_y$ gepaarte Beobachtungen	$n = \left\lceil t^2\left(n-1; 1-\frac{\alpha}{2}\right) \frac{2\cdot\Gamma^2\left(\frac{n}{2}\right)}{\Gamma^2\left(\frac{n-1}{2}\right)(n-1)} \frac{\sigma_\Delta^2}{\delta^2} \right\rceil$
$\mu_x-\mu_y$ unabhängige Stichproben, gleiche Varianzen	$n = \left\lceil 2\sigma^2 \frac{t^2\left(2n-2; 1-\frac{\alpha}{2}\right)}{\delta^2(2n-2)} \frac{2\Gamma^2\left(\frac{2n-1}{2}\right)}{\Gamma^2(n-1)} \right\rceil$
$\mu_x-\mu_y$ unabhängige Stichproben, ungleiche Varianzen	$n_x = \left\lceil \frac{\sigma_x(\sigma_x+\sigma_y)}{\delta^2} t^2\left(f^*; 1-\frac{\alpha}{2}\right) \right\rceil ; n_y = \left\lceil \frac{\sigma_y}{\sigma_x} n_x \right\rceil$

3.6 Sequentielle Tests

3.6.1 Einführung

Bisher war eine Stichprobe vom festen Umfang n vorgegeben. Es ist Aufgabe der statistischen Versuchsplanung, n so festzulegen, dass der Test gewissen Genauigkeitsforderungen des Anwenders genügt. Wir haben dies in den vorigen Abschnitten demonstriert.

Zur Prüfung der Nullhypothese, dass der Erwartungswert einer Normalverteilung mit unbekannter Varianz einen bestimmten Wert annimmt gegen eine einseitige Alternative, war bei Vorgabe der Risiken α, β und der Mindestdifferenz δ der Stichprobenumfang aus

$$n = \left\lceil [t(n-1|1-\alpha) + t(n-1|1-\beta)]^2 \frac{\sigma^2}{\delta^2} \right\rceil \tag{3.54}$$

nach Abschn. 3.4.1 zu berechnen. Abgesehen davon, dass (3.54) nur iterativ lösbar ist, kann man (3.54) nur verwenden, wenn Vorinformationen über σ^2 vorliegen. Nach einem von Stein (1945) vorgeschlagenen Verfahren sollte man ein zweistufiges Experiment durchführen. Mit einer Stichprobe vom Umfang $n_0 > 1$ schätzt man zunächst σ^2 durch die Varianz dieser Stichprobe s_0^2 und berechnet dann den Stichprobenumfang n des Gesamtverfahrens nach (3.54) und führt $n - n_0$ weitere Messungen in einem nachfolgenden Experiment durch. Aus theoretischen Gründen muss man im zweiten Schritt nach dem Steinschen Originalverfahren mindestens noch eine Messung durchführen. Die Vereinfachung in diesem Abschnitt, nach der für $n - n_0 \leq 0$ keinesfalls weitere Beobachtungen erhoben werden, führt jedoch näherungsweise auch zu einem α-Test mit akzeptabler Güte.

Da die beiden Teile des Versuches aufeinanderfolgend durchgeführt werden, nennt man solche Versuche sequentiell. Mitunter ist es sogar vertretbar, alle Messungen so nacheinander durchzuführen, dass nach jeder Messung eine Prüfzahl berechnet wird. Sequentielles Testen dieser Art kann dann angewendet werden, wenn die Beobachtungen einer Zufallsvariablen in einer Untersuchung zeitlich nacheinander vorgenommen werden. Typische Beispiele sind Laboruntersuchungen im Einzelversuch, psychologisches Diagnostizieren mit Einzelverfahren oder die Behandlung von Patienten und Klienten in Kliniken oder entsprechenden Institutionen sowie bestimmte Verfahren der statistischen Qualitätskontrolle, wo dieses Vorgehen auch zuerst benutzt wurde (Dodge und Romig, 1929). Die grundsätzliche Idee besteht darin, die bereits vorliegenden Beobachtungswerte schon auszuwerten, bevor die nächsten erhoben werden.

Es ergeben sich dabei z. B. für einen Test der Hypothese H_0: $\mu = \mu_0$ gegen H_A: $\mu > \mu_0$ (für die (3.54) den Versuchsumfang zu berechnen gestattet) bei jedem

Schritt der Auswertung folgende drei Möglichkeiten:

- H_0 annehmen,
- H_0 ablehnen,
- die Untersuchung fortsetzen.

Der Vorteil sequentiellen Testens gegenüber den Tests mit fest vorgegebenem Umfang ist, dass über viele Untersuchungen hinweg durchschnittlich im Mittel weniger Untersuchungseinheiten erhoben werden müssen. Dabei kann aber eben nur bei anfangs festgelegten Werten von α, β und δ eine Entscheidung zwischen diesen drei Möglichkeiten getroffen werden. Beim sequentiellen Testen sind die Genauigkeitsvorgaben zwingend, während man sich beim Vorgehen mit festem Umfang das Nachdenken vor dem Versuch leider ersparen kann.

Wir werden hier die Theorie sequentieller Tests nur kurz abhandeln und dies aus zwei Gründen. Einmal ist der bisher unübertroffene Text von A. Wald (1947) inzwischen nachgedruckt und wieder verfügbar (Wald, 2004), und neuere Ergebnisse findet man bei Ghosh und Sen (1991) sowie DeGroot (2005). Andererseits empfehlen wir nicht die Anwendung dieser allgemeinen Theorie, sondern geschlossene Pläne, die im Endlichen mit Sicherheit (und nicht nur mit Wahrscheinlichkeit 1) enden.

Zunächst folgen aber einige Definitionen.

Definition 3.13

Gegeben sei eine Folge $\boldsymbol{S} = \{\boldsymbol{y}_1, \boldsymbol{y}_2, \dots\}$ von Zufallsvariablen (ein stochastischer Prozess) mit identisch und stochastisch unabhängig nach $P_\theta \in P = \{P_\theta, \theta \in \Omega\}$ verteilten Komponenten. Der Parameterraum Ω bestehe aus zwei verschiedenen Elementen θ_0 und θ_A. Es gelte $y_i \in \{Y\} \subset R^1$. Zur Prüfung des Hypothesenpaares H_0: $\theta = \theta_0$; H_A: $\theta = \theta_\text{A}$ möge für jedes n in obiger Folge eine Zerlegung $\{M_0^n, M_\text{A}^n, M_\text{F}^n\}$ von

$$\{Y^n\} = \{y_1\} \times \{y_2\} \times \cdots \times \{y_n\} \subset R^n$$

mit

$$M_0^n \cup M_\text{A}^n \cup M_\text{F}^n = M_\text{F}^{n-1} x\{y_n\} = \{Y^n\}$$

vorliegen. Dann definieren $M_0^n, M_\text{A}^n, M_\text{F}^n$ $(n = 1, 2, \dots)$ zusammen mit der Vorschrift

$$(y_1, \dots, y_n) \in \begin{cases} M_0^n & \text{Annahme von} \quad H_0 : \theta = \theta_0 \\ M_\text{A}^n & \text{Ablehnung von} \quad H_0 : \theta = \theta_0 \\ M_\text{F}^n & \text{Fortsetzen, beobachte} \quad y_{n+1} \end{cases}$$

einen sequentiellen Test bezüglich H_0: $\theta = \theta_0$; H_A: $\theta = \theta_\text{A}$. M_0^n und M_A^n heißen abschließende Entscheidungen. Das Paar (α, β) der Risiken wird die Strenge eines sequentiellen Tests genannt.

Definition 3.14

Gegeben sei eine Folge von $\boldsymbol{S} = \{\boldsymbol{y}_1, \boldsymbol{y}_2, \dots\}$ von Zufallsvariablen mit identisch und stochastisch unabhängig nach $P_\theta \in P = \{P_\theta, \theta \in \Omega\}$ verteilten Komponenten. Der Raum Ω bestehe aus den beiden verschiedenen Elementen θ_0 und θ_A. Ein sequentieller Test zur Prüfung von H_0: $\theta = \theta_0$ gegen H_A: $\theta = \theta_A$, der auf dem Quotienten

$$\mathbf{LQ}_n = \frac{L(\boldsymbol{Y}^{(n)}|\theta_A)}{L(\boldsymbol{Y}^{(n)}|\theta_0)}$$

der Likelihood-Funktionen $L(\boldsymbol{Y}^{(n)}|\theta)$ beider Parameterwerte und den ersten n Elementen $\boldsymbol{Y}^{(n)} = \{\boldsymbol{y}_1, \boldsymbol{y}_2, \dots, \boldsymbol{y}_n\}$ von $\boldsymbol{S}$ basiert, heißt sequentieller Likelihood-Quotienten-Test (SLQT), wenn für gewisse Zahlen A und B mit $0 < B < 1 < A$ die Zerlegung von $\{Y^{(n)}\}$ lautet:

$$M_0^n = \{Y^{(n)} : \mathrm{LQ}_n \le B\}, \quad M_A^n = \{Y^{(n)} : \mathrm{LQ}_n \ge A\},$$
$$M_F^n = \{Y^{(n)} : B < \mathrm{LQ}_n < A\}$$

Satz 3.21

Ein SLQT, der mit Wahrscheinlichkeit 1 zu einer abschließenden Entscheidung mit der Strenge (α, β) gelangt, erfüllt mit A und B aus Definition 3.14 die Bedingungen:

$$A \le \frac{1-\beta}{\alpha} \tag{3.55}$$

$$B \ge \frac{\beta}{1-\alpha} \tag{3.56}$$

Häufig werden in den Anwendungen approximativ in (3.55) und (3.56) die Gleichheitszeichen zur Berechnung der Schranken A und B verwendet. Die Tests werden dann approximative Tests genannt.

Aus der Theorie ist zu entnehmen, dass SLQT kaum zu empfehlen sind, sie enden unter bestimmten Voraussetzungen mit Wahrscheinlichkeit 1. Auf der anderen Seite sind sie insofern beste Tests für eine gegebene Strenge, als der Erwartungswert des Stichprobenumfanges – der mittlere Umfang MSU – für solche Tests minimal und kleiner ist als der Umfang für Tests mit festem Umfang. Da bei SLQT nicht feststeht, bei welchem maximalen Stichprobenumfang der Test sicher endet, nennt man solche Tests offene Sequenzialtests. Daneben gibt es geschlossene Sequenzialtests, für solche gibt es einen maximalen Stichprobenumfang – dies erkauft man sich aber mit einem etwas größeren MSU.

3.6.2
Walds sequentieller Likelihood-Quotienten-Test für einparametrische Exponentialfamilien

Alle Ergebnisse werden ohne Beweis gegeben, die Beweise findet man bei Wald (2004). Ein Teil der Resultate basiert auf einem unveröffentlichten Manuskript von B. Schneider (1994), dem wir für die Erlaubnis danken, es nutzen zu dürfen.

Gegeben sei eine Folge $\boldsymbol{S} = \{\boldsymbol{y}_1, \boldsymbol{y}_2, \dots\}$ von identisch und unabhängig verteilten Zufallsvariablen, die wie $\boldsymbol{y}$ mit der Likelihood-Funktion $f(y, \theta)$ verteilt sind. Zu testen ist die Nullhypothese

$$H_0 : \theta = \theta_0 \; [f(y, \theta) = f(y, \theta_0)]$$

gegen die Alternative

$$H_A : \theta = \theta_1 \; [f(y, \theta) = f(y, \theta_1)]$$

mit $\theta_0 \neq \theta_1, \theta_0, \theta_1 \in \Omega \subset R^1$.

Der realisierte Likelihood-Quotient nach n Beobachtungen ist dann

$$\mathrm{LQ}_n = \prod_{i=1}^{n} \frac{f(y_i; \theta_1)}{f(y_i; \theta_0)} ; \quad n > 1 \tag{3.57}$$

Zu klären sind die Fragen:

- Wie wählen wir A und B in (3.55) und (3.56)?
- Welches ist der mittlere Umfang $E(\boldsymbol{n}|\theta)$ der Folge $\boldsymbol{y}_1, \boldsymbol{y}_2, \dots$?

Wald verwendete folgende Approximation für A, B. Wenn die nominellen Risiken erster und zweiter Art durch α_{nom} und β_{nom} gegeben sind, dann sind die erreichten (aktuellen) Risiken α_{act} und β_{act} gegeben durch

$$\alpha_{\text{act}} \leq \frac{1}{A} = \alpha_{\text{nom}} ; \quad \beta_{\text{act}} \leq B = \beta_{\text{nom}}$$

und das bedeutet, der im vorigen Abschnitt eingeführte approximative Test ist konservativ. Das führt uns zu den Beziehungen in (3.55) und (3.56), die Schranken werden Wald-Schranken genannt.

Beispiel 3.21

Angenommen, die nominellen Risiken erster und zweiter Art sind 0,05 bzw. 0,1. Dann ergäbe (3.55) und (3.56) die Werte $A = 18$ und $B = 0{,}105\,36$. Folglich ist solange fortzufahren, bis $0{,}103\,56 < \mathrm{LQ}_n < 18$ ist. In einem Koordinatensystem mit n auf der Abszisse und LQ_n auf der Ordinate liegt der Fortsetzungsbereich zwischen zwei Parallelen.

Die approximative Gütefunktion des SLQT ist

$$\pi(\theta) \approx \frac{\left(\frac{1-\beta}{\alpha}\right)^{h(\theta)} - 1}{\left(\frac{1-\beta}{\alpha}\right)^{h(\theta)} - \left(\frac{\beta}{1-\alpha}\right)^{h(\theta)}} \quad \text{für} \quad h(\theta) \neq 0 \tag{3.58}$$

In (3.58) ist $h(\theta)$ eine Funktion die durch

$$\int\limits_{\{Y\}} \left(\frac{f(y, \theta_1)}{f(y, \theta_0)}\right)^{h(\theta)} \cdot f(y, \theta)\,\mathrm{d}y = 1$$

und im diskreten Fall durch

$$\sum_{\forall y_i} \left(\frac{f(y_i, \theta_1)}{f(y_i, \theta_0)} \right)^{h(\theta)} \cdot f(y_i, \theta) = 1$$

eindeutig definiert ist.

Wald konnte zeigen, dass für sequentielle Likelihood-Quotienten-Tests unter allen sequentiellen Tests mit Risiken nicht größer als α_{nom} und β_{nom} der erwartete (mittlere) Stichprobenumfang MSU minimal ist, sofern eine der zwei Hypothesen richtig ist.

Mit den Bezeichnungen

$$z = \ln \frac{f(\boldsymbol{y}, \theta_1)}{f(\boldsymbol{y}, \theta_0)}\,; \quad \boldsymbol{z}_i = \ln \frac{f(\boldsymbol{y}_i, \theta_1)}{f(\boldsymbol{y}_i, \theta_0)} \tag{3.59}$$

gilt $\ln \text{LQ}_n = \sum \boldsymbol{z}_i$.

Für $E(|\boldsymbol{z}|) < \infty$ konnte Wald

$$E(\boldsymbol{n}|\theta) \approx \frac{\pi(\theta) \ln A + [1 - \pi(\theta)] \ln B}{E(\boldsymbol{z}|\theta)}\,, \quad \text{falls} \quad E(\boldsymbol{z}|\theta) \neq 0 \tag{3.60}$$

zeigen.

Die Formeln (3.58) und (3.60) sind exakt. Das Experiment endet, falls im letzten Schritt in $\alpha_{\text{act}} \leq \frac{1}{A} = \alpha_{\text{nom}}; \beta_{\text{act}} \leq B = \beta_{\text{nom}}$ für eines der Ungleichheitszeichen ein Gleichheitszeichen steht.

Eine Näherung für $E(\boldsymbol{n}|\theta)$ gab Wijsman (1991):

$$E(\boldsymbol{n}|\theta_0) \approx \frac{1}{E(\boldsymbol{z}|\theta_0)} \left[\frac{A-1}{A-B} \ln B + \frac{1-B}{A-B} \ln A \right] \tag{3.61}$$

bzw. allgemein

$$E(\boldsymbol{n}|\theta) \approx \frac{1}{E(\boldsymbol{z}|\theta)} \left[\frac{(A-1) \cdot B}{A-B} \ln B + \frac{A \cdot (1-B)}{A-B} \ln A \right] \tag{3.62}$$

Die erste Ableitung von $A(\theta)$ aus einer Exponentialfamilie ergibt den Erwartungswert und die zweite Ableitung ergibt die Varianz von $\boldsymbol{y}$.

Wald (2004) bewies, dass im kontinuierlichen Fall für ein θ^* mit $E(\boldsymbol{z}|\theta^*) = 0$ in (3.58) $h(\theta^*) = 0$ ist und

$$E(\boldsymbol{n}|\theta^*) \approx \frac{|\ln A| \cdot |\ln B|}{E(\boldsymbol{z}^2|\theta^*)} \quad \text{falls} \quad h(\theta^*) = 0 \tag{3.63}$$

folgt.

Beispiel 3.22

Wir betrachten eine einparametrische Exponentialfamilie $f(y, \theta) = h(y)\mathrm{e}^{y\eta - A(\eta)}$. Es sei

$$H_0 : \theta = \theta_0(\eta) = \eta_0$$

gegen

$$H_A : \theta = \theta_1(\eta = \eta_1)\,, \quad \theta_0 < \theta_1(\eta_0 < \eta_1)$$

mit $\eta_i = \eta(\theta_i); i = 0, 1$ zu testen. Für $\theta_0 > \theta_1$ bezeichnen wir die Hypothesen um.

Die z_i sind (realisationsweise) $z_i = (\eta_1 - \eta_0)y_i - [A(\eta_1) - A(\eta_0)]$. Wir fahren fort, solange

$$\ln B < (\eta_1 - \eta_0)\sum y_i - n[A(\eta_1) - A(\eta_0)] < \ln A$$

und da $\eta_1 - \eta_0 > 0$ ist

$$b_\text{u}^n = \frac{\ln B + n[A(\eta_1) - A(\eta_0)]}{\eta_1 - \eta_0} < \sum y_i < \frac{\ln A + n[A(\eta_1) - A(\eta_0)]}{\eta_1 - \eta_0} = b_\text{o}^n \tag{3.64}$$

gilt.

Für $\eta_1 - \eta_0 < 0$ setzen wir fort, falls

$$b_\text{u}^n > \sum y_i > b_\text{o}^n$$

gilt mit den Grenzen b_u^n und b_o^n aus (3.64). Wir beschränken uns auf den Fall $\eta_1 - \eta_0 > 0$.

Im diskreten Fall realisiert sich die Verteilungsfunktion des Zufallsprozesses zwischen den beiden Parallelen als Treppenfunktion, und wir können nicht garantieren, dass wir im letzten Schritt die Wald-Schranke genau treffen. In solchen Fällen ist ein Algorithmus von Young (1994) nützlich, der jetzt folgt.

Angenommen der Test geht bis zur n-ten Beobachtung. Die Wahrscheinlichkeit dafür, einen Wert t_n von $\boldsymbol{t}_n = \sum \boldsymbol{y}_i$ zu erhalten, nachdem n Einheiten beobachtet wurden, ist die Summe der Wahrscheinlichkeitsfolge, für die $b_\text{u}^i \le \boldsymbol{t}_i \le b_\text{o}^i$; $i = 1, 2, \ldots, n-1$ und $\boldsymbol{t}_n = t_n$ gilt. Wir schreiben diese Wahrscheinlichkeit als:

$$\begin{aligned} P(\boldsymbol{t}_n = t) &= \sum_{j=b_\text{u}^{n-1}}^{b_\text{o}^{n-1}} P(\boldsymbol{t}_n = t_n | \boldsymbol{t}_{n-1} = j) \cdot P(\boldsymbol{t}_{n-1} = j) \\ &= \sum_{j=b_\text{u}^{n-1}}^{b_\text{o}^{n-1}} f(t_n - j; \theta) \cdot P(\boldsymbol{t}_{n-1} = j) \end{aligned}$$

Wir beginnen mit $P(\boldsymbol{t}_0 = 0) = 1$ und berechnen alle weiteren Wahrscheinlichkeiten durch Rekursion.

Für festes n ist die Wahrscheinlichkeit dafür, H_A bei der n-ten Beobachtung anzunehmen,

$$\begin{aligned} P\left(\boldsymbol{t}_n > b_\text{u}^n\right) &= \sum_{j=b_\text{u}^{n-1}}^{b_\text{o}^{n-1}} \sum_{k=b_\text{u}^n - j + 1}^{\infty} f(k; \theta) \cdot P(\boldsymbol{t}_{n-1} = j) \\ &= \sum_{j=b_\text{u}^{n-1}}^{b_\text{o}^{n-1}} [1 - F(b_\text{o}^n - j; \theta)] \cdot P(\boldsymbol{t}_{n-1} = j) \end{aligned} \tag{3.65}$$

wobei F die Verteilungsfunktion ist.

Für festes n ist die Wahrscheinlichkeit dafür, H_0 bei der n-ten Beobachtung anzunehmen

$$P(\boldsymbol{t}_n < b_l^n) = k = \sum_{j=b_\text{u}^{n-1}}^{b_\text{o}^{n-1}} \sum_{k=0}^{b_\text{u}^n - j - 1} f(k;\theta) \cdot P(\boldsymbol{t}_{n-1} = j)$$

$$= \sum_{j=b_\text{u}^{n-1}}^{b_\text{o}^{n-1}} [F(b_0^n - j - 1;\theta)] \cdot P(\boldsymbol{t}_{n-1} = j) \tag{3.66}$$

Die Gütefunktion ist durch $\sum_{i=1}^{n} P(\boldsymbol{t}_i < b_\text{u}^i)$ gegeben, falls das Verfahren mit Schritt n endet, und die Wahrscheinlichkeit für das Ereignis ist gleich $P(\boldsymbol{t}_n < b_\text{u}^n) + P(\boldsymbol{t}_n > b_\text{o}^n)$.

In den folgenden Beispielen verwenden wir einseitige Hypothesen mit $\alpha = 0{,}05$, $\beta = 0{,}1$ und $\delta = \theta_1 - \theta_0 = 0{,}1$.

Beispiel 3.23 Normalverteilung mit bekannter Varianz
Falls $\boldsymbol{y}$ nach $N(\mu;\sigma^2)$ verteilt ist mit bekanntem σ^2, dann ist

$$\boldsymbol{z} = \ln \frac{1}{2\sigma^2}\left[2\boldsymbol{y}(\mu_1 - \mu_0) + \mu_0^2 - \mu_1^2\right] \quad \text{und}$$

$$E(\boldsymbol{z}|\mu) = \ln \frac{1}{2\sigma^2}\left[2\mu(\mu_1 - \mu_0) + \mu_0^2 - \mu_1^2\right]$$

Wir testen

$$H_0 : \mu = \mu_0$$

gegen die Alternative

$$H_\text{A} : \mu = \mu_1 ; \quad \mu_0 \neq \mu_1 ; \quad \mu \in R^1$$

Für $\mu_0 - \mu_1 = \sigma$ und $\theta = \mu$ erhalten wir für $h(\theta) = h(\mu)$ in (3.58)

$$\int \left(\mathrm{e}^{-\frac{1}{2\sigma^2}[2y\sigma - \sigma^2]}\right)^{h(\mu)} \cdot \frac{1}{\sigma\sqrt{2\pi}} \mathrm{e}^{-\frac{1}{2\sigma^2}(y-\mu)^2}\,\mathrm{d}y = 1$$

und $E(\boldsymbol{n}|\mu)$ und $\pi(\mu)$ durch ein R-Programm in OPDOE als Funktion von μ.

3.6.3
Test über Mittelwerte für unbekannte Varianzen

Wir haben nun eine zweiparametrische Exponentialfamilie und müssen das Verfahren aus Abschn. 3.6.1 darauf anpassen.

Wir haben einen Störparameter, und die Methode kann nicht direkt verwendet werden. Der Parametervektor einer Exponentialfamilie ist $\theta = (\theta_1, \theta_2)^\text{T}$. Zu testen ist für $\varphi_0 < \varphi_1$

$$H_0 : \varphi(\theta) \le \varphi_0\,; \quad \varphi \in R^1$$

gegen

$$H_A : \varphi(\theta) \ge \varphi_1\,; \quad \varphi \in R^1$$

oder

$$H_0 : \varphi(\theta) = \varphi_0\,; \quad \varphi \in R^1$$

gegen

$$H_A : \varphi(\theta) \ne \varphi_1\,; \quad \varphi \in R^1$$

In diesem Buch betrachten wir die eindimensionale Normalverteilung, der entsprechende Test heißt sequentieller t-Test.

3.6.3.1 Der sequentielle *t*-Test

Die Normalverteilung einer zufälligen Variablen $\boldsymbol{y}$ ist eine zweiparametrische Exponentialfamilie mit Parametervektor $\theta = (\mu; \sigma^2)^{\mathrm{T}}$ und log-Likelihood-Funktion

$$l(\mu; \sigma^2) = -\ln\sqrt{2\pi} - \ln\sigma - \frac{1}{2\sigma^2}(y-\mu)^2$$

Wir schreiben $\varphi(\theta) = \frac{\mu}{\sigma}$ und testen

$$H_0 : \frac{\mu}{\sigma} \le \varphi_0 \quad \text{gegen} \quad H_A : \frac{\mu}{\sigma} \ge \varphi_1$$

oder

$$H_0 : \frac{\mu}{\sigma} = \varphi_0 \quad \text{gegen} \quad H_A : \frac{\mu}{\sigma} \ne \varphi_1$$

Ersetzen wir, wie im Falle des festen Stichprobenumfangs in Abschn. 3.6.2 den Störparameter durch seinen Schätzwert, so ist LQ_n in Definition 3.14 kein Likelihood-Quotient.

Wir betrachten eine Folge

$$\boldsymbol{u}_1 = u_1(\boldsymbol{y}_1)\,; \quad \boldsymbol{u}_2 = u_2(\boldsymbol{y}_1; \boldsymbol{y}_2), \ldots$$

sodass für jedes $n > 1$ die bedingte Likelihood-Funktion $f_{\mathrm{u}}^{(n)}(u_1, u_2, \ldots, u_n; \varphi)$ von $(\boldsymbol{u}_1, \boldsymbol{u}_2, \ldots, \boldsymbol{u}_n)$ nur über $\varphi(\theta)$ von θ abhängt.

Dann verwenden wir die Theorie von Abschn. 3.6.1 mit

$$\mathrm{LQ}_n^* = \prod_{i=1}^{n} \frac{f_{\mathrm{u}}^{(n)}(u_i, \varphi_1)}{f_{\mathrm{u}}^{(n)}(u_i, \varphi_0)}\,, \quad n > 1 \tag{3.67}$$

anstelle von

$$\lambda_n = \prod_{i=1}^{n} \frac{f(y_i;\theta_1)}{f(y_i;\theta_0)}; \quad n > 1$$

Wie wir die Folge $\boldsymbol{u}_1 = u_1(\boldsymbol{y}_1)$; $\boldsymbol{u}_2 = u_2(\boldsymbol{y}_1; \boldsymbol{y}_2), \ldots$ wählen, wird im Folgenden erklärt.

Lehmann (1959) formulierte das Prinzip invarianter Tests. Multiplizieren wir μ und σ mit einer positiven reellen Zahl c, bleiben die Hypothesen $H_0 : \frac{\mu}{\sigma} \leq \varphi_0$ und $H_A : \frac{\mu}{\sigma} \geq \varphi_1$ unverändert, da sie invariant gegen affine Transformationen sind. Die zufälligen Variablen $\boldsymbol{y}_i^* = c\boldsymbol{y}_i$ sind normalverteilt mit Erwartungswert $c\mu$ und Standardabweichung $c\sigma$. Daher ist die Familie der Verteilungen von $\boldsymbol{y}_1, \boldsymbol{y}_2, \ldots, \boldsymbol{y}_n$ für jedes $n \geq 1$ die gleiche wie die von $c\boldsymbol{y}_1, c\boldsymbol{y}_2, \ldots, c\boldsymbol{y}_n$. Also sowohl die Hypothesen als auch die Familie der Verteilungen sind invariant gegen affine Transformationen. Der sequentielle t-Test kann nun nach Eisenberg und Ghosh (1991) wie folgt durchgeführt werden.

Spezialisiere LQ_n^* in (3.67) für den Fall einer Normalverteilung zu

$$\mathrm{LQ}_n^* = \mathrm{e}^{-\frac{1}{2}(n-v_n^2)(\varphi_1^2-\varphi_0^2)} \frac{\int_0^\infty t^{n-1} \mathrm{e}^{-\frac{1}{2}(t-v_n\varphi_1)^2}\,\mathrm{d}t}{\int_0^\infty t^{n-1} \mathrm{e}^{-\frac{1}{2}(t-v_n\varphi_0)^2}\,\mathrm{d}t} \tag{3.68}$$

und löse $\mathrm{LQ}_n^* = \frac{\beta}{1-\alpha}$ und $\mathrm{LQ}_n^* = \frac{1-\beta}{\alpha}$. Wir nennen die Lösungen v_u^n und v_o^n. Berechne

$$v_n = \frac{\sum_{i=1}^n y_i}{\sqrt{\sum_{i=1}^n y_i^2}} \tag{3.69}$$

und setze fort, solange $v_\mathrm{u}^n < v_n < v_\mathrm{o}^n$ gilt. Nimm H_0 an, falls $v_n \leq v_\mathrm{u}^n$ und verwirf H_0, falls $v_n \geq v_\mathrm{o}^n$ ist.

3.6.3.2 **Approximation der Likelihood-Funktion für die Konstruktion eines approximativen *t*-Tests**

Die Verwendung von Funktionen $\boldsymbol{z}$ und $\boldsymbol{v}$ führt zu einfachen sequentiellen Tests.

Die Folge $\boldsymbol{y}_1, \boldsymbol{y}_2, \ldots$ von identisch verteilten und unabhängigen zufälligen Variablen sei wie $\boldsymbol{y}$ verteilt mit Likelihood-Funktion $f(y;\theta)$. Wir entwickeln $l(y;\theta) = \ln f(y;\theta)$ nach Taylor an der Stelle $\theta = 0$:

$$l(y;\theta) = l(y;0) + \theta \cdot l_\theta(y;0) + \frac{1}{2}\theta^2 l_{\theta\theta}(y;0) + O(\theta^3) \tag{3.70}$$

Wir setzen

$$z = l_\theta(y;0) = \left.\frac{\partial \ln(y,\theta)}{\partial\theta}\right|_{\theta=0} \tag{3.71}$$

$$-v = l_{\theta\theta}(y;0) = \left.\frac{\partial^2 \ln(y,\theta)}{\partial\theta^2}\right|_{\theta=0} \tag{3.72}$$

Vernachlässigen wir Glieder mit $O(\theta^3)$, erhalten wir

$$l(y;\theta) = \text{konst.} + \theta \cdot z - \frac{1}{2}\theta^2 v \tag{3.73}$$

Falls die Likelihood-Funktion auch von einem Vektor von Störparametern $\tau = (\tau_1, \dots, \tau_k)^T$ abhängt, schlug Whitehead (1997) vor, diesen durch den Vektor seiner Maximum-Likelihood-Schätzwerte zu ersetzen.

Die Likelihood-Funktion ist dann $f(y;\theta,\tau)$, und wir haben $l(y;\theta,\tau) = \ln f(y;\theta,\tau)$.

Für den Maximum-Likelihood-Schätzwert von τ schreiben wir $\tilde{\tau}(\theta)$ und für $\theta = 0$ dann $\tilde{\tau} = \tilde{\tau}(0)$. Der Maximum-Likelihood-Schätzwert von τ ist die Lösung des Gleichungssystems

$$\frac{\partial}{\partial \tau} l(y;\theta,\tau) = 0$$

da $l(y;\theta,\tau)$ konvex in τ ist. Wir entwickeln $\tilde{\tau}(\theta)$ nach Taylor. An der Stelle $\theta = 0$ ergibt das

$$\tilde{\tau}(\theta) = \tilde{\tau} + \theta \cdot \left.\frac{\partial}{\partial \theta}\tilde{\tau}(\theta)\right|_{\theta=0} + O(\theta^2) \tag{3.74}$$

Der Vektor $\tilde{\tau}_\theta = \frac{\partial}{\partial \theta}\tilde{\tau}(\theta)$ ist der Vektor der ersten Ableitung von $\tilde{\tau}(\theta)$ nach θ. Die Matrix der zweiten Ableitungen von $\ln f(y;\theta,\tau)$ nach τ_i und τ_j für $\tau = \tilde{\tau}$ ist $M_{\tau\tau}(y,\theta,\tilde{\tau}(\theta))$.

Nach einigen Umformungen (siehe Whitehead, 1997) können wir mit

$$l_\theta(y;0,\tilde{\tau}) = \left.\frac{\partial \ln(y,\theta,\tilde{\tau})}{\partial \theta}\right|_{\theta=0} \quad ; \quad l_{\theta\tau}(y;0,\tilde{\tau}) = \left.\frac{\partial^2 \ln(y,\theta,\tau)}{\partial \theta \cdot \partial \tau}\right|_{\theta=0;\tau=\tilde{\tau}}$$

$$l_{\theta\theta}(y;0,\tilde{\tau}) = \left.\frac{\partial^2 \ln(y,\theta,\tilde{\tau})}{\partial \theta^2}\right|_{\theta=0}$$

schreiben:

$$z = l_\theta(y;0,\tilde{\tau}) \tag{3.75}$$

$$v = -l_{\theta\theta}(y;0,\tilde{\tau}) - l_{\theta\tau}(y;0,\tilde{\tau})^T \cdot M_{\tau\tau}(y,\theta,\tilde{\tau}(\theta)) \cdot l_{\theta\tau}(y;0,\tilde{\tau}) \tag{3.76}$$

Mit den z- und v-Werten in (3.71) und (3.72) ohne Störparameter oder (3.75) und (3.76) mit Störparameter(n) können wir eindeutig approximative SLQTs angeben.

Nach der Beobachtung von n Elementen $\boldsymbol{y}_1, \boldsymbol{y}_2, \dots, \boldsymbol{y}_n$, die wie $\boldsymbol{y}$ mit der log-Likelihood-Funktion $l(y;\theta,\tau) = \ln f(y;\theta,\tau)$ verteilt sind, schreiben wir die z-Funktion in (3.71) bzw. (3.75) als

$$z_n = \sum_{i=1}^{n} z_i = \sum_{i=1}^{n} l_\theta(y_i;0,\tilde{\tau})$$

wobei wir den Schätzwert des Störparameters null setzen, wenn es keinen gibt.

Dabei ist z_n der effiziente Wert und charakterisiert die Abweichung von der Nullhypothese.

Die v-Funktion hängt mit der Fisher-Informationsmatrix

$$I(\theta) = -\sum_{i=1}^{n} E_\theta \left\{ \frac{\partial^2 l(\boldsymbol{y}_i, \theta, \tilde{\tau})}{\partial \theta^2} \right\} = n \cdot i(\theta)$$

zusammen, wobei

$$\boldsymbol{i}(\theta) = -\frac{\partial^2 l(\boldsymbol{y}, \theta, \tilde{\tau})}{\partial \theta^2}$$

die Information einer Beobachtung mit $i(\theta) = E_\theta(\boldsymbol{i}(\theta))$ ist.

Nun schreiben wir $v = nE[\boldsymbol{i}(\theta)]|_{\theta=0}$. Da Likelihood-Schätzungen asymptotisch normalverteilt sind, ist auch

$$\boldsymbol{z}_n = \sum_{i=1}^{n} \boldsymbol{z}_i = \sum_{i=1}^{n} l_\theta(\boldsymbol{y}_i; 0, \tilde{\tau})$$

näherungsweise asymptotisch normalverteilt mit Erwartungswert θv und Varianz v.

Nach der Beobachtung von n Elementen $\boldsymbol{y}_1, \boldsymbol{y}_2, \ldots, \boldsymbol{y}_n$, die wie $\boldsymbol{y}$ mit der log-Likelihood-Funktion $l(y; \theta, \tau) = \ln f(y; \theta, \tau)$ verteilt sind, schreiben wir die v-Funktionen (3.72) und (3.76) als

$$v_n = \sum_{i=1}^{n} \left\{ -l_{\theta\theta}(y_i; 0, \tilde{\tau}) - l_{\theta\tau}(y_i; 0, \tilde{\tau})^{\mathrm{T}} \cdot M_{\tau\tau}(y_i, \theta, \tilde{\tau}(\theta)) \cdot l_{\theta\tau}(y_i; 0, \tilde{\tau}) \right\}$$

Um die Nullhypothese

$$H_0 : \theta = \theta_0 \,; \quad \theta_0 \in \Omega \subset R^1$$

gegen die Alternative

$$H_{\mathrm{A}} : \theta = \theta_1 \neq \theta_0 \,; \quad \theta_1 \in \Omega \subset R^1$$

zu testen, verwenden wir den approximativen SLQT wie folgt:

Führe weitere Beobachtungen durch, solange

$$a_{\mathrm{u}} = \frac{1}{\theta_1} \ln \frac{\beta}{1-\alpha} < z_n - bv_n < a_{\mathrm{o}} = \frac{1}{\theta_1} \ln \frac{1-\beta}{\alpha}$$

gilt mit $b = \frac{1}{2}\theta_1$. Nimm $H_{\mathrm{A}} : \theta = \theta_1 > 0$ an, falls $z_n - bv_n > a_{\mathrm{o}}$ und nimm $H_{\mathrm{A}} : \theta = \theta_1 < 0$ an, falls $z_n - bv_n < a_{\mathrm{u}}$, und nimm ansonsten H_0 an.

Die Gütefunktion ist

$$\pi(\theta) = \frac{1 - \left(\frac{\beta}{1-\alpha}\right)^{1-2\frac{\theta}{\theta_1}}}{\left(\frac{1-\beta}{\alpha}\right)^{1-2\frac{\theta}{\theta_1}} - \left(\frac{\beta}{1-\alpha}\right)^{1-2\frac{\theta}{\theta_1}}} \quad \text{für} \quad \theta \neq 0{,}5\theta_1$$

und

$$\pi(\theta) = \frac{\ln\left(\frac{1-\alpha}{\beta}\right)}{\ln\left(\frac{1-\beta}{\alpha}\right) + \ln\left(\frac{1-\alpha}{\beta}\right)} \quad \text{für} \quad \theta = 0{,}5\theta_1$$

Der erwartete Stichprobenumfang beträgt

$$E(\boldsymbol{n}|\theta) = \frac{\ln\frac{1-\beta}{\alpha}\left\{1 - \left(\frac{\beta}{1-\alpha}\right)^{1-2\frac{\theta}{\theta_1}}\right\} - \ln\frac{\beta}{1-\alpha}\left\{1 - \left(\frac{1-\beta}{\alpha}\right)^{1-2\frac{\theta}{\theta_1}}\right\}}{\theta_1(\theta - 0{,}5\theta_1)\left\{\left(\frac{1-\beta}{\alpha}\right)^{1-2\frac{\theta}{\theta_1}} - \left(\frac{\beta}{1-\alpha}\right)^{1-2\frac{\theta}{\theta_1}}\right\}}$$

falls $\theta \neq 0{,}5\theta_1$

und

$$E(\boldsymbol{n}|\theta) = \frac{1}{\theta_1^2}\ln\frac{1-\beta}{\alpha} \cdot \ln\frac{\beta}{1-\alpha}, \quad \text{falls} \quad \theta = 0{,}5\theta_1$$

Die Nullhypothese $H_0 : \theta = 0$ ist keine Einschränkung der Allgemeinheit. Um z. B. $H_0 : \mu = \mu_0 \neq 0$ zu prüfen, subtrahieren wir μ_0 von allen Beobachtungen und erhalten obige Form der Nullhypothese.

Wir behandeln die Normalverteilung mit unbekannter Varianz unter Verwendung der Approximation dieses Abschnitts. Wir betrachten

$$H_0 : \mu = 0\,; \quad \sigma^2 \text{ beliebig}$$

gegen die Alternative

$$H_A : \mu = \mu_1\,, \quad \mu_1 \neq 0\,; \quad \mu_1 \in \Omega \subset R^1$$

Dann ist $\tau = \sigma^2$ und mit $\theta = \frac{\mu}{\sigma}$ ergibt sich

$$\begin{aligned} l_\theta(y_1; y_2; \ldots; y_n; \theta) &= -\frac{1}{2}n \cdot \ln(2\pi\sigma) - \frac{1}{2\sigma^2}\sum_{i=1}^{n}(y_i - \mu)^2 \\ &= -\frac{1}{2}n \cdot \ln(2\pi\sigma) - \frac{1}{2}\sum_{i=1}^{n}\left(\frac{y_i}{\sigma} - \theta\right)^2 \end{aligned} \tag{3.77}$$

Der effiziente Wert ist

$$z_n = \frac{\sum_{i=1}^n y_i}{\sqrt{\frac{1}{n}\sum_{i=1}^n y_i^2}} \tag{3.78}$$

Die v-Funktion ist

$$v_n = n - \frac{z_n^2}{2n} \tag{3.79}$$

Die Werte z_n und v_n findet man für einige Verteilungen in Tab. 3.6

Tab. 3.6 z_n und v_n einiger Verteilungen.

Verteilung	log-Likelihood	Hypothesen	z_n	v_n
Normal, σ bekannt	$-\frac{n}{2}\ln(2\pi\sigma) - \frac{1}{2}\sum_{i=1}^{n}\left[\frac{y_i}{\sigma} - \mu\right]^2$	$H_0 : \mu = 0$ $H_A : \mu = \mu_1$	$z_n = \frac{\sum_{i=1}^{n} y_i}{\sigma}$	$v_n = n$
Normal, σ unbekannt	$-\frac{n}{2}\ln(2\pi\sigma) - \frac{1}{2}\sum_{i=1}^{n}\left[\frac{y_i}{\sigma} - \mu\right]^2$	$H_0 : \mu = 0$ $H_A : \mu = \mu_1$	$z_n = \frac{\sum_{i=1}^{n} y_i}{\sqrt{\frac{1}{n}\sum_{i=1}^{n} y_i^2}}$	$v_n = n - \frac{z_n^2}{2n}$
Bernoulli	$n\ln\frac{p}{1-p} + n\ln(1-p)$	$H_0 : p = p_0$	$z_n = \frac{y - np_0}{p_0(1-p_0)}$	$v_n = \frac{n}{p_0(1-p_0)}$

3.6.4 Approximative Tests für das Zweistichprobenproblem

Wir haben zwei Verteilungen mit Lageparametern θ_1, θ_2 und einem gemeinsamen Störparameter σ_1^2. Sequentiell werden zwei zufällige Stichproben $(\boldsymbol{y}_{i1}, \ldots, \boldsymbol{y}_{in_i})$ $(i = 1, 2)$ vom Umfang n_i erhoben, um die Nullhypothese

$$H_0 : \theta_1 = \theta_2$$

gegen eine der folgenden Alternativhypothesen

a) $H_A: \theta_1 > \theta_2$
b) $H_A: \theta_1 < \theta_2$
c) $H_A: \theta_1 \neq \theta_2$

zu testen. Folgende Reparametrisierung ist angebracht

$$\theta = \frac{1}{2}(\theta_1 - \theta_2)\,; \quad \varphi = \frac{1}{2}(\theta_1 + \theta_2)$$

Die log-Likelihood-Funktion beider Stichproben ist dann

$$l(\boldsymbol{y}_1, \boldsymbol{y}_2; \theta, \varphi, \psi) = l^{(y_1)}(\boldsymbol{y}_1; \theta_1, \psi) + l^{(y_2)}(\boldsymbol{y}_2; \theta_2, \psi)$$

Lassen wir zur Vereinfachung die Argumente der Funktionen weg, ergibt sich für die Ableitungen

$$\begin{aligned}
l_\theta &= l_{\theta 1}^{(y1)} - l_{\theta 2}^{(y2)} \\
l_\varphi &= l_{\theta 1}^{(y1)} + l_{\theta 2}^{(y2)} \\
l_\psi &= l_{\psi}^{(y1)} + l_{\psi}^{(y2)} \\
l_{\theta\theta} &= l_{\theta 1\theta 1}^{(y1)} + l_{\theta 2\theta 2}^{(y2)} \\
l_{\theta\varphi} &= l_{\theta 1\theta 1}^{(y1)} - l_{\theta 2\theta 2}^{(y2)} \\
l_{\theta\psi} &= l_{\theta 1\psi}^{(y1)} - l_{\theta 2\psi}^{(y2)} \\
l_{\varphi\psi} &= l_{\theta 1\psi}^{(y1)} + l_{\theta 2\psi}^{(y2)} \\
l_{\psi\psi} &= l_{\psi\psi}^{(y1)} + l_{\psi\psi}^{(y2)}
\end{aligned}$$

Die Schätzwerte $\hat{\phi}$; $\hat{\psi}$ sind Lösungen von

$$l_{\theta_1}^{(y1)}(\hat{\phi}, \hat{\psi}) + l_{\theta_2}^{(y2)}(\hat{\phi}, \hat{\psi}) = 0 \quad \text{und} \quad l_{\psi_1}^{(y1)}(\hat{\phi}, \hat{\psi}) + l_{\psi_2}^{(y2)}(\hat{\phi}, \hat{\psi}) = 0$$

Damit können wir wie in Abschn. 3.6.2 beschrieben fortfahren. Einzelheiten teilen wir nicht mit, da wir uns stärker den Dreieckstests in Abschn. 3.6.4 zuwenden werden.

Man kann aber allgemein nicht sagen, dass sequentielle Tests in jedem Fall günstiger als nicht sequentielle sind. Das gilt allenfalls für den mittleren Stichprobenumfang. In einem sequentiellen Test könnte das tatsächliche n für eine abschließende Entscheidung höher sein als das für Tests mit fest vorgegebenem Umfang. Außerdem muss man bei sequentiellen Versuchen den Zeitfaktor in Betracht ziehen. Ein sequentieller Versuch dauert mindestens n-mal so lange wie ein Versuch mit festem Umfang n. Dort, wo die Daten aber ohnehin sequentiell anfallen (z. B. bei medizinischen Untersuchungen an Patienten mit nicht allzu häufigen Krankheiten) sind Auswertungen nach jeder Beobachtung sicher den anderen Verfahren vorzuziehen. Als spezielle geschlossene Tests führen wir im Folgenden die Dreieckstests ein.

3.6.5
Sequentielle Dreieckstests

Die Werte der Entscheidungsmaßzahlen der Dreieckstests entsprechen denen der approximativen Tests des vorigen Abschnittes. Als Funktion der sukzessiven Zeitpunkte bzw. Stichprobenumfänge bilden sie in einem Koordinatensystem mit den (gegebenenfalls transformierten) Zeitpunkten oder Umfängen als Abszisse und den Werten der Entscheidungsstatistik als Ordinate einen „Sequenzpfad“. Die Grundgesamtheit ist die Gesamtheit aller möglichen Pfade. Im Koordinatensystem wird ein „Fortsetzungsbereich“ in Form eines Dreiecks festgelegt, der den Nullpunkt der Zeitachse enthält. Solange der Pfad im Fortsetzungsbereich verläuft, wird die Stichprobenerhebung fortgesetzt. Erreicht oder überschreitet er eine der Grenzen des Bereichs, dann wird die Datenerhebung beendet und je nach der Stelle, an der die Grenze erreicht oder überschritten wird, entweder die Nullhypothese angenommen oder abgelehnt. Die Grenzen müssen so konstruiert sein, dass bei Gültigkeit von H_0 die Grenze, die zur Ablehnung von H_0 führt, höchstens mit Wahrscheinlichkeit α und bei Gültigkeit von H_A die Grenze, die zur Annahme von H_0 führt, höchstens mit Wahrscheinlichkeit β erreicht wird. Es soll darauf hingewiesen werden, dass nicht nach jedem neu erhobenen Stichprobenwert eine Auswertung vorgenommen werden und mit der Fortsetzung der Datenerhebung solange gewartet werden muss, bis das Auswertungsergebnis vorliegt. Der Sequenzpfad ist unabhängig davon, ob eine Auswertung erfolgt oder nicht. Man kann also durchaus die Auswertungen auf einige vorher vereinbarte Zeitpunkte bzw. Stichprobengrößen beschränken oder zu ad hoc gewählten Zeitpunkten vornehmen.

Beim sequentiellen Dreieckstest ist gegebenenfalls durch Reparametrisierung der zu testende Parameter θ so zu wählen, dass er für den Referenzwert der Nullhypothese den Wert 0 annimmt. Den Sequenzpfad bilden zwei Größen z und v, die aus der Likelihood-Funktion $L(\theta)$ wie in Abschn. 3.6.3 beschrieben abgeleitet werden. Wie dort bereits dargelegt, werden die Größen z und v_n mit den Ableitungen (Differentialen) des Logarithmus von $L(\theta)$ nach θ an der Stelle $\theta = 0$ gebildet. Dabei ist z die erste Ableitung von $l(\theta) = \ln L(\theta)$ und v die negative zweite Ableitung nach θ an der Stelle 0. Setzt man in die Likelihood-Funktion statt der Stichprobenwerte die Zufallsgrößen ein, deren Realisationen die Stichprobe darstellt, dann ist $\boldsymbol{z}$ eine Zufallsgröße, die bei nicht zu kleinem Stichprobenumfang und nicht zu großen Beträgen von θ ungefähr eine Normalverteilung mit dem Erwartungswert θv und der Varianz v besitzt. Sie kann somit als ein Maß für die Abweichung des Parameters θ vom Wert 0 der Nullhypothese angesehen werden. Die Größe $\boldsymbol{v}$ charakterisiert den Informationsgehalt der Strichprobe bezüglich des Parameters θ. Dieser Informationsgehalt nimmt mit zunehmendem Stichprobenumfang zu, d. h. v ist eine monoton wachsende Funktion des Stichprobenumfangs.

In Dreieckstests ist der Fortsetzungsbereich abgeschlossen und ein Dreieck. Sie basieren auf den asymptotischen Tests des vorigen Abschnitts.

Im Einstichprobenproblem testen wir

$$H_0 : \theta = \theta_0$$

gegen

$$H_A : \theta = \theta_1$$

Mit der Folge $(z_n; v_n)$ definiert in (3.75) und (3.76) ist der Fortsetzungsbereich durch

$$\begin{aligned} -a + 3bv_n < z_n < a + bv_n \quad &\text{für} \quad \theta_1 > 0 \\ -a + bv_n < z_n < a + 3bv_n \quad &\text{für} \quad \theta_1 < 0 \end{aligned}$$

gegeben.

Die Nullhypothese $H_0 : \theta = \theta_0$ wird angenommen, falls

$$z_n \geq a + bv_n \quad \text{für} \quad \theta_1 > 0$$

und falls

$$z_n \leq -a + bv_n \quad \text{für} \quad \theta_1 < 0$$

Falls z_n den Fortsetzungsbereich verlässt oder auf die Grenzen trifft, wird H_A: $\theta = \theta_1$ angenommen. Die Konstanten a und b werden wie folgt bestimmt:

$$a = \left(1 + \frac{u_{1-\beta}}{u_{1-\alpha}}\right) \frac{\ln \frac{\alpha}{2}}{\theta_1} \tag{3.80}$$

$$b = \frac{\theta_1}{4} \tag{3.81}$$

Die beiden Grenzgeraden treffen sich im Punkt

$$(v_{\max}; z_{\max}) = \left(\frac{a}{b}; 2a\right)$$

Wird dieser Punkt erreicht, akzeptieren wir $H_A : \theta = \theta_1$. Dieser Punkt entspricht dem maximalen Stichprobenumfang. Dieser ist größer als der Umfang von Versuchen mit festem Umfang bei gleicher Genauigkeitsvorgabe, letzterer ist aber größer als der mittlere Stichprobenumfang (MSU) des Dreieckstests.

Es folgen einige Spezialfälle, die alle mit dem R-Programm OPDOE gelöst werden können.

Wir betrachten zunächst das Problem von Beispiel 3.11. Es sei $F = (\boldsymbol{y}_1, \boldsymbol{y}_2, \dots)$ eine Folge mit Komponenten, die wie $\boldsymbol{y}$ nach $N(\mu, \sigma^2)$ verteilt sind. Es ist die Nullhypothese H_0: $\mu = \mu_0$, σ^2 beliebig, gegen H_A: $\mu = \mu_1$, σ^2 beliebig, zu testen. Dann erhalten wir

$$z_n = \frac{\sum_{i=1}^n y_i}{\sqrt{\frac{\sum_{i=1}^n y_i^2}{n}}} , \quad v_n = n - \frac{z_n^2}{2n}$$

Die Grenzen des Dreiecks ergeben sich aus (3.80) und (3.81) für $\theta_1 = \frac{\mu_1 - \mu_0}{\sigma}$.

Im Zweistichprobenproblem ist analog zu Abschn. 3.4.2.1

$$H_0 : \mu_1 = \mu_2 = \mu , \quad \sigma_1^2 = \sigma_2^2 = \sigma^2 \text{ beliebig}$$

gegen

$$H_A : \mu_1 \neq \mu_2 , \quad \sigma_1^2 = \sigma_2^2 = \sigma^2 \text{ beliebig}$$

zu testen. Wir setzen $\theta_1 = \frac{\mu_1 - \mu_2}{\sigma}$ und berechnen aus den n_1 und n_2 Beobachtungen den Maximum-Likelihood-Schätzwert

$$\tilde{\boldsymbol{\sigma}}_n^2 = \frac{\sum_{i=1}^{n_1} (\boldsymbol{y}_{1i} - \bar{\boldsymbol{y}}_1)^2 + \sum_{i=1}^{n_2} (\boldsymbol{y}_{2i} - \bar{\boldsymbol{y}}_2)^2}{n_1 + n_2}$$

Dann setzen wir

$$z_n = \frac{n_1 n_2}{n_1 + n_2} \frac{\bar{\boldsymbol{y}}_1 - \bar{\boldsymbol{y}}_2}{\tilde{\boldsymbol{\sigma}}_n} , \quad v_n = \frac{n_1 n_2}{n_1 + n_2} \frac{z_n^2}{2(n_1 + n_2)}$$

Die Konstanten a und b ergeben sich wieder aus (3.80) und (3.81). Analog kann man weitere Tests aus der allgemeinen Theorie ableiten. Näheres, die R-Programme und Zahlenbeispiele mit den zugehörigen Dreiecken, findet man in Rasch *et al.* (2011b). Einen Fall wollen wir ausführlicher darstellen, da er aus dem üblichen Rahmen fällt und auch erst kürzlich von Schneider *et al.* (2014) untersucht wurde.

3.6.6
Ein sequentieller Dreieckstest für den Korrelationskoeffizienten

Die Verteilung $F(x, y)$ eines zweidimensionalen kontinuierlichen Zufallsvektors $(\boldsymbol{x}, \boldsymbol{y})$ habe endliche zweite Momente σ_x^2, σ_y^2 und σ_{xy}. Damit existiert auch der

Korrelationskoeffizient $\rho = \sigma_{xy}/(\sigma_x\sigma_y)$ (siehe Abschn. 8.5). Es soll die Nullhypothese H_0: $\rho \leq \rho_0$ (bzw. $\rho \geq \rho_0$) gegen die Alternative H_A: $\rho > \rho_0$ (bzw. $\rho < \rho_0$) getestet werden, wobei die Wahrscheinlichkeit H_0 zu verwerfen, obwohl $\rho \leq \rho_0$ (bzw. $\rho \geq \rho_0$) gilt, gerade $\leq \alpha$ und die Wahrscheinlichkeit H_A zu verwerfen, obwohl $\rho = \rho_1 > \rho_0$ (bzw. $\rho = \rho_1 < \rho_0$) gilt, gerade $\leq \beta$ sein soll.

Der aus k Datenpaaren (x_i, y_i), $i = 1, \ldots, k$ als Realisationen von $(\boldsymbol{x}, \boldsymbol{y})$ berechnete empirische Korrelationskoeffizient $r = s_{xy}/(s_x s_y)$ ist ein Schätzwert für den Parameter ρ (wobei s_{xy}, s_x^2, s_y^2 die empirische Kovarianz und die empirischen Varianzen sind). Es ist naheliegend, $\boldsymbol{r}$ als Testgröße einzusetzen. Die Verteilung von $\boldsymbol{r}$ wurde unter der Annahme einer zweidimensionalen Normalverteilung von Fisher (1915) hergeleitet. Er konnte dabei zeigen, dass sie nur von n und ρ abhängt. Später (Fisher, 1921), hat er die transformierte Größe

$$\boldsymbol{z} = \frac{1}{2} \ln\left(\frac{1+\boldsymbol{r}}{1-\boldsymbol{r}}\right) \tag{3.82}$$

als Testgröße eingeführt und gezeigt, dass die Verteilung dieser Größe bereits bei kleinem k gut durch eine Normalverteilung approximiert werden kann. Nach Cramér (1946) genügt bereits $k = 10$, um für den Bereich $-0{,}8 \leq \rho \leq +0{,}8$ eine sehr gute Anpassung an eine Normalverteilung zu erhalten.

Wir verwenden aber $\boldsymbol{u} = 2\boldsymbol{z}$.

Für Erwartungswert und Varianz der Verteilung von $\boldsymbol{u}$ gilt approximativ:

$$E(\boldsymbol{u}) = \zeta(\rho) = \ln\frac{1+\rho}{1-\rho} + \frac{\rho}{k-1}\,; \quad \operatorname{var}(\boldsymbol{u}) = \frac{4}{k-3} \tag{3.83}$$

Für einen Dreieckstest zu Hypothesen über den Korrelationskoeffizienten ρ ist die Folge der Datenpaare (x_i, y_i) nicht geeignet, da ihre Likelihood-Funktion nicht nur von ρ, sondern auch noch von den Erwartungswerten und Varianzen der beiden Variablen abhängt (insgesamt fünf Parameter), die sich aus einem Datenpaar allein nicht schätzen lassen. Dafür sind mindestens drei Datenpaare erforderlich. Dies legt den Gedanken nahe, mit der Folge der Datenpaare (x_i, y_i) zunächst sukzessive Teilstichproben der frei wählbaren Länge k zu bilden und mit den Daten jeder Teilstichprobe j eine Prüfzahl zu berechnen, die eine bekannte, vom Parameter ρ abhängige Verteilung besitzt. Hierfür ist die z-Maßzahl von Fisher geeignet (aber hier in der transformierten Form $\boldsymbol{u} = 2\boldsymbol{z}$). Wie oben angegeben, ist diese für nicht zu kleine Stichprobenumfänge k approximativ normalverteilt mit dem Erwartungswert $\zeta(\rho)$ und der Varianz $4/(k-3)$ (Formel (3.83)). Da beim Dreieckstest als Nullhypothese der Parameterwert 0 erwartet wird, werden zum Testen der Hypothese $\rho = \rho_0$ die u-Werte in u^*-Werte transformiert, die für $\rho = \rho_0$ den Erwartungswert 0 und die Varianz 1 haben. Ausgangspunkt des Dreieckstests ist also die Folge der Werte

$$u_j^* = \left(u_j - \ln\frac{1+\rho_0}{1-\rho_0} - \frac{\rho_0}{k-1}\right)\frac{\sqrt{k-3}}{4}$$

für $j = 1, 2, \ldots$ Der Erwartungswert von $\boldsymbol{u}_j^*$ ist der zu testende Parameter θ:

$$\theta = E(\boldsymbol{u}_j^*) = \left(\ln \frac{1+\rho}{1-\rho} - \ln \frac{1+\rho_0}{1-\rho_0} + \frac{\rho - \rho_0}{k-1} \right) \frac{\sqrt{k-3}}{2} \tag{3.84}$$

Für $\rho = \rho_0$ ist wie gewünscht $\theta = 0$. Der Wert für $\rho = \rho_1$ wird mit θ_1 bezeichnet.

Die aus den konsekutiv erhobenen Teilstichproben j mit den empirischen Korrelationskoeffizienten r_j berechneten Größen u_j^* sind Realisationen unabhängiger, normalverteilter Zufallsgrößen mit dem Erwartungswert θ und der Varianz 1. Liegen m konsekutive Werte u_j^* vor, dann ist der Logarithmus der mit diesen m Größen gebildeten Likelihood-Funktion:

$$l(\theta) = \text{konst.} - \frac{1}{2} \sum_{j=1}^{m} \left(u_j^* - \theta \right)^2 \tag{3.85}$$

Um in der üblichen Schreibweise für Dreieckstests zu bleiben, setzen wir ab jetzt wieder z für u. Damit ergeben sich die Testgrößen:

$$z_m = \frac{\mathrm{d}l(\theta)}{\mathrm{d}\theta} = \sum_{j=1}^{m} u_j^*, \quad v_m = -\frac{\mathrm{d}^2 l(\theta)}{\mathrm{d}\theta^2} = m \tag{3.86}$$

Den Sequenzpfad bilden die in einem (z, v)-Koordinatensystem eingetragenen Punkte (z_m, v_m), die bei den Auswertungsschritten $m = 1, 2, 3, \ldots$ erhalten werden.

Der Fortsetzungsbereich ist ein Dreieck, dessen Seiten durch zwei Größen a und c bestimmt sind, die von α, β, k und θ_1 abhängen:

$$a = \frac{\left(1 + \frac{u_{1-\beta}}{u_{1-\alpha}}\right) \ln\left(\frac{1}{2\alpha}\right)}{\theta_1}, \quad c = \frac{\theta_1}{2\left(1 + \frac{u_{1-\beta}}{u_{1-\alpha}}\right)} \tag{3.87}$$

Dabei sind die u_P die P-Quantile der standardisierten Normalverteilung. Die eine Seite des Dreiecks liegt auf der z-Achse und reicht von a bis $-a$. Die beiden anderen Seiten werden von den Geraden

$$G_1 : z = a + cv \quad \text{und} \quad G_2 : z = -a + 3cv \tag{3.88}$$

gebildet, die sich im Punkt

$$v_{\max} = \frac{a}{c}, \quad z_{\max} = 2a \tag{3.89}$$

schneiden.

Für $\theta = \theta_1 > 0$ sind $a > 0$ und $c > 0$. Die obere, von a auf der z-Achse ausgehende Seite des Dreiecks hat den Anstieg c und die untere, von $-a$ ausgehende Seite den Anstieg $3c$ zur v-Achse. Bei $\theta_1 < 0$ sind $a < 0$ und $c < 0$. Die obere, von

$-a$ ausgehende Seite hat den Anstieg $3c$ und die untere, von a ausgehende den Anstieg c zur v-Achse.

Die Entscheidungsregel lautet: Setze die Beobachtung solange fort, bis z_m den Wert $a + cv_m$ erreicht oder unterschreitet, und nimm H_0 an, falls

$$\begin{aligned} & -a + 3cv_m < z_m < a + cv_m \quad \text{für} \quad \theta_1 > 0 \\ \text{oder} \quad & -a + 3cv_m > z_m > a + cv_m \quad \text{für} \quad \theta_1 < 0 \end{aligned} \tag{3.90}$$

ist. Bei $\theta_1 > 0$ ist H_A anzunehmen, wenn z_m bei v_m die Gerade $z = a + cv_m$ erreicht oder überschreitet und H_0, wenn z_m bei v_m den Wert $z = -a + v_m$ erreicht oder unterschreitet. Bei $\theta_1 < 0$ ist H_A anzunehmen, wenn z_m den Wert $z = -a + 3cv_m$ erreicht oder überschreitet. Wird die Spitze des Dreiecks exakt erreicht, dann ist die Alternative anzunehmen.

Beispiel 3.24

Wir wollen die Nullhypothese $\rho \leq 0{,}6$ gegen die Alternativhypothese $\rho > 0{,}6$ mit $\alpha = 0{,}05$, $\beta = 0{,}2$ und $\rho_1 - \rho_0 = 0{,}1$ testen. Ferner wird $k = 12$ gewählt. Das bedeutet, aus Stichproben von je zwölf Elementen wird je ein Korrelationskoeffizient berechnet.

Dann ist für $\rho_1 = 0{,}7$ und für $\rho_0 = 0{,}6$

$$\zeta(0{,}7) = \ln\left(\frac{1+0{,}7}{1-0{,}7}\right) + \frac{0{,}7}{11} = 1{,}798$$

und

$$\zeta(0{,}6) = \ln\left(\frac{1+0{,}6}{1-0{,}6}\right) + \frac{0{,}6}{11} = 1{,}441$$

Daraus erhalten wir wegen $\sqrt{k-3} = 3$ nach (3.84)

$$\theta_1 = \frac{3}{2}(1{,}798 - 1{,}4444) = 0{,}5355$$

Die Seiten des Dreiecks ergeben sich wegen $u_{0,8} = 0{,}8416$ und $u_{0,95} = 1{,}6449$ nach (3.87) aus

$$a = \frac{\left(1 + \frac{0{,}8416}{1{,}6449}\right) \ln\left(\frac{1}{0{,}1}\right)}{0{,}5355} = 6{,}50$$

und

$$c = \frac{0{,}5355}{2\left(1 + \frac{0{,}8416}{1{,}6449}\right)} = 0{,}1771$$

Ferner ist nach (3.89)

$$v_{\max} = \frac{6{,}50}{0{,}1771} = 36{,}7\,, \quad z_{\max} = 13$$

(siehe Abb. 3.4). Den Versuchsumfang n_{fest} bei einem Test mit festem Stichprobenumfang für entsprechende Genauigkeitsvorgaben kann mit dem Programm R oder iterativ nach

$$n_i = \left\lceil 3 + 4\left(\frac{u_{1-\alpha} + u_{1-\beta}}{\ln\left(\frac{1+\rho_1}{1-\rho_1}\right) - \ln\left(\frac{1+\rho_0}{1-\rho_0}\right) + \frac{\rho_1-\rho_0}{n_{i-1}-1}} \right)^2 \right\rceil$$

berechnet werden, wobei am Ende des Iterationsprozesses das Ergebnis n_{fest} genannt wird.

Wie gut die Approximation solcher Tests ist, wurde von Schneider *et al.* (2014) sowie Rasch und Yanagida (2015) untersucht.

Simulationen wurden mit 10 000 Wiederholungen (Berechnungen der Testgrößen) mit verschiedenen k, zweidimensional normalverteilten Zufallszahlen $\boldsymbol{x}$ und $\boldsymbol{y}$ mit $\mu_x = \mu_y = 0$ und $\sigma_x^2 = \sigma_y^2 = 1$ und einem Korrelationskoeffizienten $\sigma_{xy} = \rho$, nominellen Risiken $\alpha_{\text{nom}} = 0{,}05$, $\beta_{\text{nom}} = 0{,}1$ und $0{,}2$ und einigen Werten von ρ_0, ρ_1 durchgeführt. Als Kriterien für die Qualität des Tests berechnet man

a) die relative Häufigkeit H_A zu Unrecht abzulehnen, falls $\rho = \rho_0$ ist. Dies ist ein Schätzwert des aktuellen Risikos α_{act}.
b) die relative Häufigkeit H_A zu verwerfen, falls $\rho = \rho_1$ ist. Dies ist ein Schätzwert des aktuellen Risikos zweiter Art β_{act}.

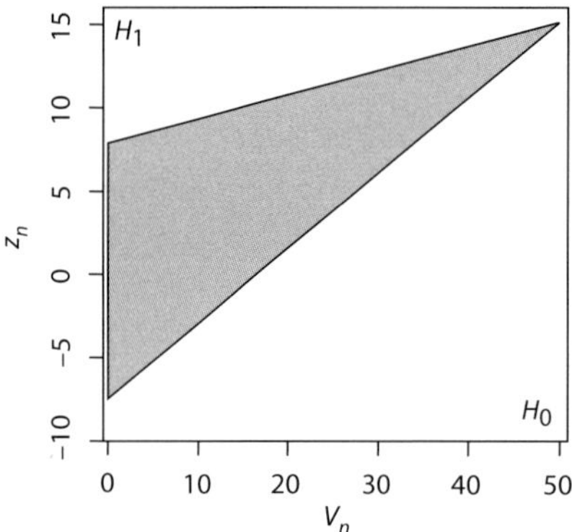

Abb. 3.4 Graph des Dreiecks von Beispiel 3.24.

c) die mittlere Anzahl von Teilstichproben zur Berechnung von r und z bis zum Stopp für ρ_0 und ρ_1.
d) die mittlere Anzahl von Paaren (x, y), also der MSU für ρ_0 und ρ_1 ist die mittlere Anzahl von Paaren (x, y) über alle 10 000 Wiederholungen.

Im Einzelfall kann der Stichprobenumfang über oder unter dem Wert von MSU liegen. Einige Ergebnisse findet man in Tab. 3.7. Dort sind die zwei Werte von k, für die α_{act} gerade unter oder gerade über 0,05 liegt, mit Ausnahme eines Falles, wo $\alpha_{\text{act}} = 0{,}05$ genau erreicht wurde, dargestellt. Tabelle 3.8 gibt die k-Werte wieder, die α_{act} und β_{act} einhalten. Der MSU hängt stark vom Wert von ρ ab. Das zeigt das folgende Beispiel.

Beispiel 3.25
In Tab. 3.7 betrachten wir den Fall mit $\alpha_{\text{act}} = 0{,}05$, $\rho_0 = 0{,}6$, $\rho_1 = 0{,}75$, $\alpha = 0{,}05$, $\beta = 0{,}1$ und $k = 20$. Simuliert wurden die Werte $\rho = 0{,}05; 0{,}1; 0{,}15; 0{,}2; 0{,}25; 0{,}3; 0{,}35; 0{,}4; 0{,}45; 0{,}5; 0{,}55; 0{,}65; 0{,}7; 0{,}8; 0{,}85; 0{,}9$ und $0{,}95$. In 10 000 Wiederholungen wurden der MSU und die relative Häufigkeit, H_0 zu verwerfen, in Abb. 3.5 demonstriert. Die MSU-Kurve strebt für $\rho \to 0$ gegen 30 und für $\rho \to 1$ gegen 20 und hat ihr Maximum zwischen $\rho = 0{,}6$ und $\rho = 0{,}75$.

Wie man aus Abb. 3.5 sieht, liegt das Maximum der empirischen MSU-Funktion zwischen den Hypothesenwerten, ist aber kleiner als n_{fest}. Die empirische Gütefunktion findet man in Abb. 3.6.

Wie man aus den Beispielen erkennt, sind die optimalen k-Werte in relativ großen Bereichen zu finden, und die Risiken zweiter Art sind konservativ.

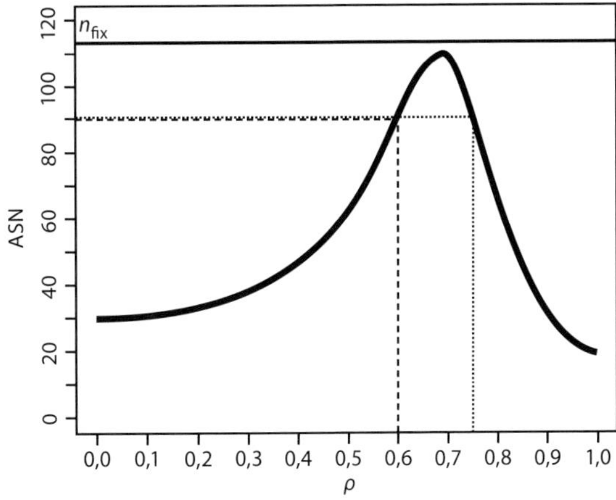

Abb. 3.5 Graph der MSU(ASN)-Kurve von Beispiel 3.25.

Tab. 3.7 Simulationsergebnisse für $\alpha = 0{,}05$.

	$\rho_0 = 0{,}5, \rho_1 = 0{,}7$				$\rho_0 = 0{,}6, \rho_1 = 0{,}75$			$\rho_0 = 0{,}6, \rho_1 = 0{,}8$				$\rho_0 = 0{,}7, \rho_1 = 0{,}8$			
	$\beta = 0{,}1$		$\beta = 0{,}2$		$\beta = 0{,}1$	$\beta = 0{,}2$		$\beta = 0{,}1$		$\beta = 0{,}2$		$\beta = 0{,}1$		$\beta = 0{,}2$	
k	12	16	12	16	20	12	16	12	16	12	16	20	50	16	20
α_{act}	0,060	0,049	0,053	0,042	0,050	0,063	0,052	0,052	0,041	0,048	0,038	0,064	0,036	0,064	0,057
β_{act}	0,043	0,053	0,114	0,130	0,049	0,103	0,112	0,040	0,047	0,109	0,117	0,044	0,053	0,102	0,112
$MSU\|\rho_0$	74,2	71,5	55,7	54,5	90,0	71,4	67,9	49	47	37,1	37,0	128,7	131,8	98,2	96,1
$MSU\|\rho_1$	72,2	72,3	62,1	62,3	90,0	77,0	76,1	48,2	49,1	41,6	42,8	124,3	137,0	104,9	105,5
n_{fest}	88	88	65	65	113	82	82	56	56	41	41	164	164	119	119

	$\rho_0 = 0{,}7, \rho_1 = 0{,}9$				$\rho_0 = 0{,}8, \rho_1 = 0{,}9$				$\rho_0 = 0{,}9, \rho_1 = 0{,}95$			
	$\beta = 0{,}1$		$\beta = 0{,}2$		$\beta = 0{,}1$		$\beta = 0{,}2$		$\beta = 0{,}1$		$\beta = 0{,}2$	
k	8	12	6	8	16	20	12	16	16	20	16	20
α_{act}	0,058	0,041	0,066	0,047	0,054	0,045	0,059	0,047	0,058	0,048	0,051	0,041
β_{act}	0,029	0,039	0,059	0,085	0,038	0,046	0,094	0,110	0,039	0,040	0,106	0,108
$MSU\|\rho_0$	28,2	25,8	24,9	21,2	56,9	56,2	44,7	43,3	61,6	60,8	46,4	46,9
$MSU\|\rho_1$	26,3	25,9	25,2	23,1	55,4	56,4	47,8	48,4	58,8	60,3	51,6	52,7
n_{fest}	27	27	20	20	65	65	48	48	70	70	51	51

Tab. 3.8 Zulässige Ergebnisse für die simulierten δ, ρ_0, und β für $\alpha = 0{,}05$.

$\beta = 0{,}1$			$\beta = 0{,}2$		
ρ_0	δ	k	ρ_0	δ	k
0,5	0,1	50	0,5	0,1	$20 < k < 50$
0,5	0,15	$20 < k < 50$	0,5	0,15	20
0,5	0,2	$12 < k < 16$	0,5	0,2	$12 < k < 16$
0,6	0,1	$20 < k < 50$	0,6	0,1	$20 < k < 50$
0,6	0,15	20	0,6	0,15	$12 < k < 16$
0,6	0,2	$12 < k < 16$	0,6	0,2	$12 < k < 16$
0,7	0,1	$20 < k < 50$	0,7	0,1	$16 < k < 20$
0,7	0,15	$12 < k < 16$	0,7	0,15	$8 < k < 12$
0,7	0,2	$8 < k < 12$	0,7	0,2	$6 < k < 8$
0,8	0,05	50	0,8	0,05	$20 < k < 50$
0,8	0,1	$16 < k < 20$	0,8	0,1	$12 < k < 16$
0,8	0,15	8	0,8	0,15	$6 < k < 8$
0,9	0,05	$16 < k < 20$	0,9	0,05	$16 < k < 20$

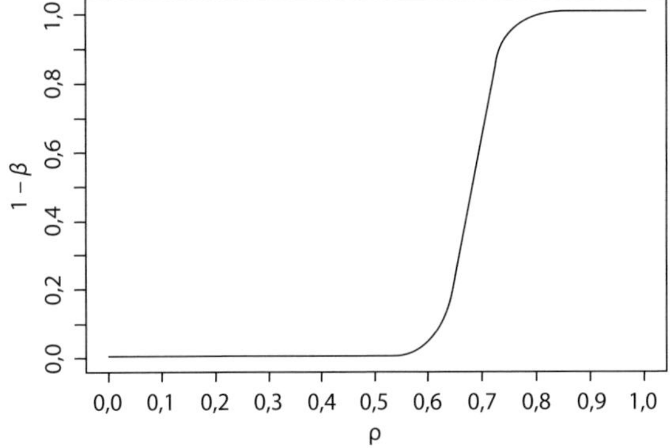

Abb. 3.6 Die empirische Gütefunktion von Beispiel 3.25.

Tab. 3.9 Empirischer MSU in Abhängigkeit von ρ in Beispiel 3.25.

ρ	0,60	0,65	0,70	0,75
MSU(ρ)	89,98	110,094	115,01	89,98

Deshalb haben Rasch und Yanagida (2015) Tabellen erarbeitet, aus denen ein Anwender entnehmen kann, welcher k-Wert zu wählen ist und wie man das nominelle Risiko zweiter Art erhöhen muss, um das gewünschte Risiko zweiter Art als aktuelles Risiko zu erhalten, sodass MSU minimal wird.

3.7 Bemerkungen zur Interpretation

Als Ergebnis eines statistischen Tests entscheiden wir uns für eine von zwei Möglichkeiten, nämlich für die Annahme oder für die Ablehnung einer Nullhypothese. Ein Konfidenzintervall $K(\boldsymbol{Y})$ überdeckt den unbekannten Parameter einer Verteilung mit einer bestimmten Wahrscheinlichkeit, die Tests $k(\boldsymbol{Y})$ sind mit Wahrscheinlichkeiten für fälschliche Ablehnung (Risiko erster Art) oder fälschliche Annahme (Risiko zweiter Art) mit der Nullhypothese verbunden. Für die mathematische Theorie ist damit alles klar. Was kann man nun aber für ein realisiertes Konfidenzintervall $K(Y)$ aussagen, und wie ist der Wert $k(Y)$ einer kritischen Funktion $k(\boldsymbol{Y})$, der im nichtrandomisierten Fall entweder zur Annahme oder zur Ablehnung von H_0 führt, zu bewerten? Auf keinen Fall kann man für die Realisation von $K(\boldsymbol{Y})$ oder z. B. bei der Annahme von H_0 noch irgendwelche Wahrscheinlichkeitsaussagen machen. Solche Aussagen beziehen sich auf die Konstruktionsmethode für Konfidenzintervalle und Tests, nicht aber auf die Realisationen. Es ist z. B. Unsinn, wenn man sagen würde, dass das realisierte Intervall $K(Y) = (4{,}756; 29{,}560)$ mit einer Wahrscheinlichkeit von 0,95 den Parameter σ^2 enthält. Dieser Parameter ist nach unserem Verständnis und damit als Voraussetzung für alle hier erfolgten Ableitungen eine nichtnegative reelle Zahl, die zwar unbekannt ist, aber einen festen Wert hat. Damit liegt sie entweder in $K(Y)$ oder nicht.

Niemand würde behaupten, die Zahl 12 läge mit Wahrscheinlichkeit 0,95 im Intervall (4,756; 29,560). Trotzdem gibt es Bücher der angewandten Statistik, vor allem aber Ausdrucke von einigen statistischen Programmpaketen, in denen behauptet wird, dass ein realisiertes Intervall einen unbekannten Parameter mit bestimmter Wahrscheinlichkeit enthält. Entsprechend kann man auch nicht behaupten, wenn man eine Nullhypothese aufgrund eines Versuchsergebnisses abgelehnt hat, dass diese Entscheidung mit der Wahrscheinlichkeit α falsch sei. Diese Entscheidung ist entweder falsch oder richtig. Was man sagen kann ist nur, dass man sie mit einem Verfahren erhalten hat, das mit Wahrscheinlichkeit α zu falschen Ablehnungen führt. Wenn man mit einem idealen Würfel würfelt, erhält man mit einer Wahrscheinlichkeit von 0,5 eine gerade Zahl. Hat man aber z. B. eine 3 gewürfelt, hat es keinen Sinn mehr zu behaupten, die 3 wäre mit Wahrscheinlichkeit 0,5 gerade. Ebenso unsinnig sind solche Behauptungen für realisierte Testergebnisse oder Konfidenzintervalle.

Man wähle daher α (bzw. β) so klein, dass man sich bei der Ablehnung (bzw. Annahme) von H_0 bzw. bei Vorliegen von $K(Y)$ so verhalten kann, als wäre H_0 falsch (bzw. H_A richtig) oder als läge θ in $K(Y)$. Hat man im Laufe seiner Forschungsarbeiten viele derartige Entscheidungen zu treffen, wird man etwa in 100 α (bzw. 100 β) Prozent der Fälle einen Fehler begangen haben. Das entspricht weitgehend der Realität. Wir alle sind uns, wenn wir am Straßenverkehr teilnehmen, des Risikos eigenen oder fremden Fehlverhaltens bewusst (natürlich ist hier α wesentlich kleiner als 0,05), aber wir sind zur Teilnahme praktisch gezwungen, ebenso wie ein Forscher aus seinem Versuch einen Schluss ziehen muss, auch wenn er weiß, dass er falsch sein kann. Wichtig ist, dass man beide Risiken kontrollieren kann. Das geht beim Risiko zweiter Art nur, wenn man den Stichprobenumfang vor dem Versuch entsprechend bestimmt bzw. sequentiell testet.

Der Leser sollte sich also davor hüten, Wahrscheinlichkeitsaussagen auf Einzelfälle zu übertragen.

3.8 Übungsaufgaben

Aufgabe 3.1

Es seien P_0 und P_1 die Rechteckverteilungen über den Intervallen $(0,1)$ bzw. $(1,2)$. Es ist die Hypothese H_0, dass die Verteilung P_0 vorliegt, gegen die Hypothese H_A, dass die Verteilung P_1 vorliegt, mit einer Beobachtung y zu prüfen. Dazu stehen die folgenden Tests bei gegebenem $\alpha \in (0,1)$ zur Verfügung:

$$k_1(y) = \begin{cases} \alpha & \text{für} \quad y \in (0,1) \\ 1 & \text{für} \quad y \in (1,2) \end{cases} \quad \text{und} \quad k_2(y) = \begin{cases} 0 & \text{für}\, y \in [\alpha, 1) \\ 1 & \text{für}\, y \in (0,\alpha) \cup (1,2) \end{cases}$$

a) Man zeige, dass diese Tests beste α-Tests sind.
b) Man stelle diese Tests – falls möglich – in der Form (3.5) dar. Widerspricht das Ergebnis der Aussage (3) des Neyman-Pearson-Lemmas (Satz 3.1)? Ist einer der Tests randomisiert?

Aufgabe 3.2

Es ist für die geometrische Verteilung mit der Wahrscheinlichkeitsfunktion $P(\boldsymbol{y} = k) = p^{k-1}(1-p), k = 1, 2, \dots; 0 < p < 1$ die Hypothese $H_0 : p = p_0$ gegen $H_A : p = p_1\ (p_0 \neq p_1)$ aufgrund einer Zufallsstichprobe $\boldsymbol{Y} = (\boldsymbol{y}_1, \boldsymbol{y}_2, \dots, \boldsymbol{y}_n)^T$ zu testen.

a) Man formuliere den besten α-Test mithilfe der Testgröße $\bar{\boldsymbol{y}}$.
b) Für den Fall $n = 1, \alpha = 0{,}05, p_0 = 0{,}5, p_1 = 0{,}1$ bestimme man die Größen $c_\alpha, \gamma(Y)$ und β für diesen Test.

Aufgabe 3.3

Für die Poisson-Verteilung ist aufgrund einer Zufallsstichprobe $\boldsymbol{Y} = (\boldsymbol{y}_1, \boldsymbol{y}_2, \dots, \boldsymbol{y}_n)^T$ vom Umfang $n = 10$ die Hypothese $H_0 : \lambda = \lambda_0 = 0{,}1$ gegen die Hypothese $H_A : \lambda = \lambda_1 = 1$ zu testen. Man bestimme den besten α-Test mit $\alpha = 0{,}01$ und berechne das Risiko zweiter Art β für diesen Test.

Aufgabe 3.4

Die Lebensdauer $\boldsymbol{y}$ gewisser technischer Geräte sei exponentialverteilt mit der Dichte $f(y) = \lambda e^{-\lambda y}, y > 0$. Aufgrund einer Zufallsstichprobe $\boldsymbol{Y} = (\boldsymbol{y}_1, \boldsymbol{y}_2, \dots, \boldsymbol{y}_n)^T$ soll die Hypothese $H_0 : \lambda = \lambda_0$ gegen die Hypothese $H_A : \lambda = \lambda_1, \lambda_0 \neq \lambda_1$ geprüft werden. Man bestimme den besten α-Test.

Aufgabe 3.5
Man formuliere und beweise Satz 3.8 über den GB-Test $H_0 : \theta \leq \theta_0$ gegen H_A : $\theta = \theta_A > \theta_0$ im Fall antitoner Likelihood-Quotienten der Verteilungsfamilie der suffizienten Maßzahl $\boldsymbol{M} = M(\boldsymbol{Y})$.

Aufgabe 3.6
Unter den Voraussetzungen von Aufgabe 3.4 bestimme man

a) den GB-α-Test von $H_0 : \lambda \leq \lambda_0$ gegen $H_A : \lambda = \lambda_1 > \lambda_0$,
b) die Gütefunktion dieses Tests,
c) im Fall $\lambda_0 = 0{,}01$, $\alpha = 0{,}05$ das Testergebnis aufgrund der Stichprobe: 170,8; 211,7; 73,5; 52,1; 11,8; 22,1; 167,6; 26,7; 77,5; 17,3.

Aufgabe 3.7
Es sei $\boldsymbol{Y} = (\boldsymbol{y}_1, \boldsymbol{y}_2, \ldots, \boldsymbol{y}_n)^{\mathrm{T}}$ eine Zufallsstichprobe, deren Komponenten im Intervall $(0, \theta)$ gleichverteilt sind. Mit $y_{(n)} = \max(y_1, \ldots, y_n)$ sei

$$k_c(\boldsymbol{Y}) = \begin{cases} 1 & \text{für} \quad y_{(n)} \geq c \\ 0 & \text{sonst} \end{cases} \qquad (c > 0)$$

die kritische Funktion eines Tests für das Hypothesenpaar (H_0, H_A).

a) Man bestimme die Gütefunktion $\pi(\theta)$ für $k_c(\boldsymbol{Y})$ und zeige, dass $\pi(\theta)$ monoton nicht wachsend in θ ist.
b) Es ist $H_0 : \theta \leq \frac{1}{2}$ gegen $H_A : \theta > \frac{1}{2}$ mit dem Signifikanzniveau $\alpha = 0{,}05$ zu testen. Bei welchem Wert c ist $k_c(\boldsymbol{Y})$ ein α-Test für (H_0, H_A)?
c) Man skizziere die Gütefunktion des Tests aus b) im Fall $n = 20$. Ist der Test unverfälscht?
d) Wie groß ist n zu wählen, damit der Test aus b) für $\theta = 0{,}6$ ein Risiko zweiter Art von 0,02 besitzt?

Aufgabe 3.8
Die Komponenten der Zufallsstichprobe $\boldsymbol{Y} = (\boldsymbol{y}_1, \boldsymbol{y}_2, \ldots, \boldsymbol{y}_n)^{\mathrm{T}}$ besitzen die Rayleigh-Verteilung mit der Dichtefunktion

$$f(y, \theta) = \frac{y}{\theta^2} \mathrm{e}^{-\frac{y^2}{2\theta^2}}, \quad y > 0, \quad \theta > 0$$

Es ist die Hypothese $H_0 : \theta \leq \theta_0 = 1$ gegen $H_A : \theta > \theta_0$ zu testen.

a) Man zeige, dass ein GB-α-Test für (H_0, H_A) existiert und ermittle für große n unter Verwendung des zentralen Grenzwertsatzes näherungsweise die kritische Funktion dieses Tests.
b) Man bestimme für große n näherungsweise die Gütefunktion dieses Tests.

Aufgabe 3.9

Es seien die Voraussetzungen von Aufgabe 3.4 erfüllt.

a) Man zeige, dass für die Hypothesen $H_0 : \lambda = \lambda_0, H_A : \lambda \neq \lambda_0$ ein GBU-α-Test existiert.
b) Man ermittle im Fall $n = 1$ das Gleichungssystem, aus dem sich die Konstanten $c_{i\alpha}$, $i = 1, 2$, die die kritische Funktion dieses Tests beschreiben, ermitteln lassen.
c) Man zeige beispielsweise im Fall $\lambda_0 = 10$, $\alpha = 0{,}05$, $n = 1$, dass der entsprechende Test bei symmetrischer Aufteilung von α verfälscht ist, indem man die Gütefunktion dieses Tests an der Stelle $\lambda = 10{,}1$ berechnet.

Aufgabe 3.10

Es sei p die Wahrscheinlichkeit für das Eintreten eines Ereignisses A. Aufgrund einer großen Stichprobe vom Umfang n, bei der h_n-mal das Ergebnis A auftrat, soll die Hypothese $H_0 : p = p_0$ gegen die Hypothese $H_A : p \neq p_0$ getestet werden.

a) Man konstruiere unter Verwendung des Grenzwertsatzes von Moivre-Laplace einen näherungsweisen GBU-α-Test für diese Hypothesen.
b) Eine Münze mit Bild und Zahl auf ihren Seiten wurde 10 000-mal geworfen, dabei fiel 5280-mal die Zahl. Man überprüfe mithilfe von a), ob man berechtigt ist anzunehmen, dass die Münze nicht gleich oft Bild bzw. Zahl zeigt ($\alpha = 0{,}001$).
c) Mit einem Würfel wird 200-mal gewürfelt, dabei fällt 40-mal eine 6. Kann man (mit einer Irrtumswahrscheinlichkeit von 0,05) behaupten, dass bei diesem Würfel Sechsen mit der Wahrscheinlichkeit $p = \frac{1}{6}$ auftreten?

Aufgabe 3.11

Der Milchfettgehalt von 280 zufällig ausgewählten Jungkühen einer Rinderrasse wurde ermittelt. Es ergab sich ein Mittelwert der Stichprobe von $\bar{y} = 3{,}61\,\%$. Wir setzen voraus, dass die Zufallsvariable $\boldsymbol{y}$, die diesen Fettgehalt modelliert, normalverteilt ist.

a) Die Varianz des Fettgehaltes sei bekannt, und zwar sei $\sigma^2 = 0{,}09$. Man prüfe die Hypothese, dass der durchschnittliche Fettgehalt der Milch von Jungkühen dieser Rasse $\mu_0 = 3{,}5\,\%$ beträgt, gegen die Alternative, dass er höher als 3,5 % ist, bei $\alpha = 0{,}01$.
b) Wie groß ist die Wahrscheinlichkeit dafür, dass Abweichungen des Populationsmittels μ um 0,05 % Fettgehalt von $\mu_0 = 3{,}5\,\%$ zur Ablehnung der Nullhypothese in a) führen?
c) Welche Abweichungen δ zwischen dem Wert μ und $\mu_0 = 3{,}5\,\%$ führen in dem Test aus a) mit einer Wahrscheinlichkeit größer als 0,9 zur Ablehnung der Nullhypothese?
d) Es sei die Varianz des Fettgehalts unbekannt. Aufgrund der Stichprobe ergab sich als Schätzwert der Varianz $s^2 = 0{,}076\,673$. Man teste die in a) angegebenen Hypothesen bei $\alpha = 0{,}01$.

Aufgabe 3.12
Nach Angabe des Herstellers eines bestimmten PKW-Typs ist der Benzinverbrauch im Stadtverkehr annähernd normalverteilt mit dem Erwartungswert $\mu = 9{,}5\,\mathrm{l}/100\,\mathrm{km}$ und der Varianz $\sigma^2 = (2{,}5\,\mathrm{l}/100\,\mathrm{km})^2$. Im Interesse der Käufer sollen die Angaben des Herstellers geprüft werden. Dazu wurde bei 25 Wagen dieses Typs der Benzinverbrauch mit folgendem Ergebnis gemessen:

- mittlerer Benzinverbrauch: $9{,}9\,\mathrm{l}/100\,\mathrm{km}$,
- Stichprobenvarianz $(3{,}2\,\mathrm{l}/100\,\mathrm{km})^2$.

Testen Sie die Aussagen des Herstellers über die beiden Parameter getrennt ($\alpha = 0{,}05$).

Aufgabe 3.13
Der Milchfettgehalt von Jersey-Kühen liegt im Allgemeinen bedeutend höher als der von Schwarzbunten. Es ist zu prüfen, ob die Variabilität des Fettgehalts bei beider Rassen gleich ist oder nicht. Eine Zufallsstichprobe von $n_1 = 25$ Jerseys ergab den Schätzwert $s_1^2 = 0{,}128$ und eine davon unabhängige Zufallsstichprobe von $n_2 = 31$ Schwarzbunten den Schätzwert $s_2^2 = 0{,}072$. Der Fettgehalt wird in beiden Rassen als normalverteilt vorausgesetzt. Prüfe mit $\alpha = 0{,}05$ die Hypothese $H_0 : \sigma_1^2 = \sigma_2^2$ gegen die Alternative

a) $H_A : \sigma_1^2 > \sigma_2^2$,
b) $H_A : \sigma_1^2 \neq \sigma_2^2$.

Aufgabe 3.14
Wie groß muss der Umfang n der Zufallsstichprobe $\boldsymbol{Y} = (\boldsymbol{y}_1, \boldsymbol{y}_2, \dots, \boldsymbol{y}_n)^{\mathrm{T}}$ sein, deren Komponenten im Intervall $(0, \theta)$, $\theta \in R^+$ gleichverteilt sind, damit das zufällige Intervall $(\boldsymbol{y}_{(1)}, \boldsymbol{y}_{(n)})$ der Ordnungsmaßzahlen den Parameter $\frac{\theta}{2}$ mit einer Wahrscheinlichkeit von 0,999 überdeckt?

Aufgabe 3.15
Es sei $\boldsymbol{Y} = (\boldsymbol{y}_1, \boldsymbol{y}_2, \dots, \boldsymbol{y}_n)^{\mathrm{T}}$ eine Zufallsstichprobe, deren Komponenten im Intervall $(0, \theta_0)$, θ_0 unbekannt, gleichverteilt sind. Es sollen Konfidenzintervalle $K(\boldsymbol{Y})$ bezüglich θ zum Konfidenzkoeffizienten $1 - \alpha$ der Form $K(\boldsymbol{Y}) = [\boldsymbol{y}_{(n)} c_1(\alpha_1), \boldsymbol{y}_{(n)} c_2(\alpha_2)]$ konstruiert werden, wobei $\alpha = \alpha_1 + \alpha_2$; $0 \le \alpha_1, \alpha_2 < \frac{1}{2}$ gilt und $c_1(\alpha_1), c_2(\alpha_2)$ Konstanten sind.

a) Man gebe die drei Konfidenzintervalle $K_1(\boldsymbol{Y})$ für $\alpha_1, \alpha_2 < \frac{1}{2}$ beliebig, $K_2(\boldsymbol{Y})$ für $\alpha_1 = 0, \alpha_2 = \alpha$ und $K_3(\boldsymbol{Y})$ für $\alpha_1 = \alpha, \alpha_2 = 0$ an.
b) Man berechne die erwartete Länge $2\delta_i$ der Konfidenzintervalle $K_i(\boldsymbol{Y})$ ($i = 1, 2, 3$) aus a). Welches der Intervalle hat die kleinste erwartete Länge?
c) $W(\theta, \theta_0) = P(\theta \in K(\boldsymbol{Y}|\theta_0)$ heißt Kennfunktion der Konfidenzschätzung $K(\boldsymbol{Y})$. Man berechne die Kennfunktionen $W_i(\theta, \theta_0)$ der Intervalle $K_i(\boldsymbol{Y})$ ($i = 1, 2, 3$) aus a) und skizziere diese für $\theta_0 = 10$, $n = 16$, $\alpha = 0{,}06$ sowie $\alpha_1 = 0{,}04$ im Fall des Intervalls $K_1(\boldsymbol{Y})$. Welche der Konfidenzintervalle sind unverzerrt?

Aufgabe 3.16

a) Man bestimme unter den Bedingungen der Aufgabe 3.4 die einseitigen GT-$(1-\alpha)$-Konfidenzintervalle bezüglich λ.

b) Man ermittle die Realisationen dieser Konfidenzintervalle aufgrund der Stichprobe aus Aufgabe 3.6 mit $\alpha = 0{,}05$.

Aufgabe 3.17

Es seien die Voraussetzungen aus Abschn. 3.4.2 erfüllt.

Man ermittle das GTU-$(1-\alpha)$-Konfidenzintervall für $\frac{\sigma_1^2}{\sigma_2^2}$.

Aufgabe 3.18

Die Wahrscheinlichkeit p $(0 < p < 1)$ für das Auftreten eines fehlerhaften Stücks in einer Serie von Erzeugnissen sei unbekannt. Es soll die Hypothese $H_0 : p = p_0$ gegen die Alternative $H_A : p = p_1$ mit $p_0 \neq p_1$ getestet werden. Wir verwenden dabei den folgenden sequentiellen Test: Es sei n_0 eine feste ganze positive Zahl. Wir wählen nacheinander unabhängige Elemente für die Stichprobe aus. Ist das k-te Stück $(k \leq n_0)$ fehlerhaft, so lehnen wir H_0 ab. Sind jedoch n_0 Stück fehlerfrei, so wird H_0 akzeptiert.

a) Man bestimme die Gütefunktion dieses Tests.

b) Man ermittle den mittleren Stichprobenumfang $E(\boldsymbol{n}|p)$.

c) Im Fall $p_0 = 0{,}01$; $p_1 = 0{,}1$; $n_0 = 10$ berechne man α, β und $E(\boldsymbol{n}|p_i)$ $(i = 0, 1)$ für diesen Test.

Aufgabe 3.19

Die Komponenten des Zufallsvektors $\boldsymbol{Y} = (\boldsymbol{y}_1, \boldsymbol{y}_2, \dots)^{\mathrm{T}}$ seien voneinander unabhängig nach $N(\mu, \sigma^2)$ verteilt. Es soll die Nullhypothese $H_0 : \mu = \mu_0$ mit einem 0,05-t-Test geprüft werden. Wie groß ist der minimale Stichprobenumfang für ein Risiko zweiter Art von 0,1, wenn bei Verwendung der Approximationsformel

a) bei einer einseitigen Alternative H_A die praktisch interessierende Mindestdifferenz $\delta = \frac{1}{4}\sigma$ ist.

b) bei einer zweiseitigen Alternative H_A die praktisch interessierende Mindestdifferenz $\delta = \frac{1}{2}\sigma$ ist.

Aufgabe 3.20

Die Komponenten der Zufallsvektoren $\boldsymbol{Y}_i = (\boldsymbol{y}_{i1}, \boldsymbol{y}_{i2}, \dots)^{\mathrm{T}}$; $i = 1, 2$ seien voneinander unabhängig nach $N(\mu_i, \sigma_i^2)$ verteilt. Ob $\sigma_1^2 = \sigma_2^2$ ist, ist nicht bekannt. Es soll die Nullhypothese $H_0 : \mu_1 = \mu_0$ mit einem 0,05-t-Test geprüft werden.

a) Welche Testgröße sollte verwendet werden?

b) Wie groß ist der minimale Stichprobenumfang für ein Risiko zweiter Art von 0,1 bei Verwendung der Approximationsformel, wenn
   (i) bei einer einseitigen Alternative H_A die praktisch interessierende Mindestdifferenz $\delta = \frac{1}{4}\sigma$ ist?

(ii) bei einer zweiseitigen Alternative H_A die praktisch interessierende Mindestdifferenz $\delta = \frac{1}{2}\sigma$ ist?

Aufgabe 3.21

Wir betrachten zwei unabhängige Zufallsstichproben $\boldsymbol{Y}_1 = (\boldsymbol{y}_{11}, \dots, \boldsymbol{y}_{1n_1})^T$, $\boldsymbol{Y}_2 = (\boldsymbol{y}_{21}, \dots, \boldsymbol{y}_{2n_2})^T$, wobei die $\boldsymbol{y}_{ij}$ nach $N(\mu_i, \sigma_i^2)$ verteilt sein mögen. Es soll die Nullhypothese

$$H_0 : \mu_1 = \mu_2 = \mu\,, \quad \sigma_1^2\,, \sigma_2^2 \text{ beliebig}$$

gegen

$$H_A : \mu_1 \neq \mu_2\,, \quad \sigma_1^2, \sigma_2^2 \text{ beliebig}$$

geprüft werden. Es ist der *GBU*-α-Test für einseitige Alternativen im Falle $\sigma_1^2 = \sigma_2^2$ zu konstruieren.

Literatur

Agresti, A. und Coull, B.A. (1998) The analysis of contingency tables under inequality constraints. *J. Stat. Plan. Inf.*, **107**, 45–73.

Aspin, A.A. (1949) Tables for use in comparisons whose accuracy involves two variances seperately estimated. *Biometrika*, **36**, 290–296.

Bagdonavicius, V., Kruopis, J., und Nikulin, M.S. (2011) *Non-Parametric Tests for Complete Data*, ISTE and John Wiley & Sons, Inc., London und Hoboken.

Box, G.E.P. (1953) Non-normality and tests on variances. *Biometrika*, **40**, 318–335.

Clopper, C.J. und Pearson, E.S. (1934) The use of confidence or fiducial limits illustrated in the case of the binomial. *Biometrika*, **26**, 404–413.

Cramér, H. (1946) *Mathematical Methods of Statistics*, Princeton Press, Princeton.

DeGroot, M.H. (2005) *Sequential Sampling in Optimal Statistical Decisions*, Wiley, New York.

Dodge, H.F. and Romig, H.G. (1929) A method of sampling inspections. *Bell-System Tech. J.*, **8**, 613–631.

Eisenberg, B. und Ghosh, B.K. (1991) The sequential probability ratio test, in *Handbook of Sequential Analysis*, Kap. 3 (Hrsg. B.K. Ghosh und P.K. Sen), Marcel Dekker, New York.

Fisher, R.A. (1915) Frequency distribution of the values of the correlation coefficient in samples from an indefinitely large population. *Biometrika*, **10**, 507–521.

Fisher, R.A. (1921) On the „probable error“ of a coefficient of correlation deduced from a small sample. *Metron*, **1**, 3–32.

Fleishman, A.J. (1978) A method for simulating non-normal distributions. *Psychometrika*, **43**, 521–532.

Fleiss, J.L., Levin, B. und Paik, M.C. (2003) *Statistical Methods for Rates and Proportions*, 3. Aufl., John Wiley & Sons, Inc., Hoboken.

Ghosh, B.K. and Sen, P.K. (1991) *Handbook of Sequential Analysis*, Marcel Dekker, New York.

Karlin, S. (1957) Polyå type distributions II. *Ann. Math. Stat.*, **28**, 281–308.

Lehmann, E.L. (1959, 2008) *Testing Statistical Hypothesis*, John Wiley & Sons, Inc., Hoboken.

Levene, H. (1960) Robust tests for equality of variances, *Contr. To Probability and Statistics*, Stanford Univ. Press, S. 278–292.

Mann, H.H. und Whitney, D.R. (1947) On a test whether one of two random variables is stochastically larger than the other, *Ann. Math. Stat.*, **18**, 50–60.

Neyman, J. und Pearson, E.S. (1933) On the problem of the most efficient tests of statistical hypothesis. *Philos. Trans. R. Soc. Lond. A*, **231**, 289–337.

Pires und Amado (2008) Interval Estimators for a Binomial Proportion: Comparison of Twenty Methods, *REVSTAT – Stat. J.*, **6** (2), 165–197.

Rasch, D. (1995) *Mathematische Statistik*, Johann Ambrosius Barth, Leipzig.

Rasch D. und Guiard, V. (2004) The robustness of parametric statistical methods. *Psychol. Sci.*, **46**, 175–208.

Rasch, D. und Yanagida, T. (2015) A modified sequential triangular test of a correlation coefficient's null-hypothesis, Proc. 8th Int. Workshop Simul. Vienna, 21–25 September, 2015.

Rasch, D., Kubinger, K.D und Moder, K. (2011a) The two-sample *t* test: pre-testing its assumptions does not pay-off. *Stat. Pap.*, **52**, 219–231.

Rasch, D., Pilz, J., Verdooren, R.L. und Gebhardt, A. (2011b) *Optimal Experimental Design with R*, Chapman and Hall, Boca Raton.

Rasch, D., Kubinger, K.D. und Yanagida, T. (2011c) *Statistics in Psychology using R and SPSS*, John Wiley & Sons, Inc., Hoboken.

Schneider, B., Rasch, D. Kubinger, K.D. und Yanagida, T. (2014) A sequential triangular test of a correlation coefficient's null-hypothesis: $0 < \rho \leq \rho_0$. *Stat. Pap.*, **56**, 689–699, doi: 10.1007/s00362-014-0604-8

Stein, C. (1945) A two sample test for a linear hypothesis whose power is independent of the variance. *Ann. Math. Stat.*, **16**, 243–258.

Stevens, W.L. (1950) Fiducial limits of the parameter of a discontinuous distribution. *Biometrika*, **37**, 117–129.

Student (Gosset, W.S.) (1908) The probable error of a mean. *Biometrika*, **6**, 1–25.

Trickett, W.H. und Welch, B.L. (1954) On the comparison of two means: Further discussion of iterative methods for calculating tables. *Biometrika*, **41**, 361–374.

Wald, A. (1947) *Sequential Analysis*, Dover Publ., New York, (Nachdruck: 1947 John Wiley & Sons, New York).

Welch, B.L. (1947) The generalization of Students problem when several different population variances are involved. *Biometrika*, **34**, 28–35.

Whitehead, J. (1997) *The Design and Analysis of Sequential Clinical Trials*, 2. revidierte Aufl., repr. 2000. John Wiley & Sons, New York.

Wijsman, R.A. (1991) Stopping times: termination, moments, distribution, in *Handbook of Sequential Analysis*, Kap. 4, (Hrsg. B.K. Ghosh und P.K. Sen), Marcel Dekker, New York.

Wilcoxon, F. (1945) Individual comparisons by ranking methods. *Biometrics Bull.*, **1**, 80–82.

Young, L.Y. (1994) Computation of some exact properties of Wald's SPRT when sampling from a class of discrete distributions. *Biom. J.*, **36**, 627–637.

4 Lineare Modelle – Allgemeine Theorie

4.1 Lineare Modelle mit festen Effekten

Die Theorie der linearen statistischen Modelle spielt in den Anwendungen eine bedeutende Rolle. Vor allem sind es die Standardverfahren der Varianz- und Regressionsanalyse, die sich in der Auswertung biologischer und technischer Versuche einen festen Platz erobert haben.

In diesem Kapitel wird die allgemeine Theorie zu den Verfahren der Varianz- und Regressionsanalyse mit festen Effekten eingeführt. Im Folgenden bezeichnet $\Omega \subset R^n$ einen p-dimensionalen Vektorraum ($p < n$), θ sei ein $(n \times 1)$-Vektor, der Parametervektor genannt wird, und Komponenten (Parameter) θ_i $(i = 1, \dots, n)$ derart hat, dass θ im linearen Teilraum Ω liegt, der Parameterraum genannt wird. Ferner sei $\boldsymbol{Y}$ eine n-dimensionale Zufallsvariable (ein Zufallsvektor) mit den Komponenten $\boldsymbol{y}_i$ $(i = 1, \dots, n)$ und Realisationen Y aus dem n-dimensionalen (euklidischen) Stichprobenraum R^n. Schließlich sei $\boldsymbol{e}$ eine n-dimensionale Zufallsvariable mit $E(\boldsymbol{e}) = 0_n$, $\text{var}(\boldsymbol{e}) = \sigma^2 V$ mit symmetrischer und positiv definiter Matrix V der Ordnung und des Ranges n. Für die Konstruktion von Tests und Konfidenzintervallen wird später vorausgesetzt, dass $\boldsymbol{e}$ (und damit auch $\boldsymbol{Y}$) n-dimensional normalverteilt ist.

Definition 4.1
Die Gleichung

$$\boldsymbol{Y} = \theta + \boldsymbol{e} \tag{4.1}$$

einschließlich der Nebenbedingungen $\theta \in \Omega$, $E(\boldsymbol{e}) = 0_n$, $\text{var}(\boldsymbol{e}) = \sigma^2 V$ wird allgemeines lineares Modell (mit festen Effekten) genannt. Ist $\omega \subset \Omega$ ein linearer Teilraum von Ω, so wird die Hypothese $H_0\colon \theta \in \omega$ linear genannt.

Aus der Definition der linearen Hypothese folgt sofort, dass $H_A\colon \theta \notin \omega$ keine lineare Hypothese ist, da $\Omega \setminus \omega$ kein linearer Teilraum von Ω ist; denn Linearkombinationen von Elementen aus $\Omega \setminus \omega$ können z. B. in ω liegen. Wir nehmen im Folgenden o. B. d. A. an, dass $V = E_n$ ist. Dass dies tatsächlich keine Einschränkung bedeutet, falls V bekannt ist, soll jetzt gezeigt werden. Da V symmetrisch

Mathematische Statistik, 1. Auflage. Dieter Rasch und Dieter Schott.

und positiv definit ist, existiert stets eine nichtsinguläre Matrix P, sodass $V = P^{\mathrm{T}}P$ gilt. Wir setzen nun $\boldsymbol{Z} = (P^{\mathrm{T}})^{-1}\boldsymbol{Y}$, wobei $E(\boldsymbol{Z}) = (P^{\mathrm{T}})^{-1}E(\boldsymbol{Y}) = (P^{\mathrm{T}})^{-1}\theta = \lambda$ wird. Ferner ist

$$\mathrm{var}(\boldsymbol{Z}) = (P^{\mathrm{T}})^{-1}E[(\boldsymbol{Y} - \theta)(\boldsymbol{Y} - \theta)^{\mathrm{T}}]P^{-1}$$

oder

$$\mathrm{var}(\boldsymbol{Z}) = (P^{\mathrm{T}})^{-1}\,\mathrm{var}(\boldsymbol{Y})P^{-1} = \sigma^2 E_n$$

Die Modellgleichung

$$\boldsymbol{Z} = \lambda + \boldsymbol{e}^*$$

$$\text{mit} \quad \boldsymbol{e}^* = (P^{\mathrm{T}})^{-1}\boldsymbol{e} \quad (\lambda \in \Omega^*), \quad E(\boldsymbol{e}^*) = 0_n, \quad \mathrm{var}(\boldsymbol{e}^*) = \sigma^2 E_n$$

hat damit die Form von (4.1). Da Ω durch $\lambda = (P^{\mathrm{T}})^{-1}\theta$ auf Ω^* abgebildet wird und dim $(\Omega) = \dim(\Omega^*)$ ist, liegt λ wieder in einem p-dimensionalen linearen Teilraum. Da durch $(P^{\mathrm{T}})^{-1}$ die Elemente von ω auf Elemente von ω^* abgebildet werden, sodass $\dim(\omega) = \dim(\omega^*) = p$ und $\omega^* \subset \Omega^*$ gilt, bleibt die Linearität einer Hypothese ebenfalls erhalten. Damit sind wir in der Lage, ein lineares Modell so zu beschreiben, dass $V = E_n$ ist.

4.1.1 Methode der kleinsten Quadrate

Die Schätzung des Parametervektors soll zunächst nach der Methode der kleinsten Quadrate (vgl. Abschn. 2.3.2) vorgenommen werden. Eine Schätzfunktion nach der Methode der kleinsten Quadrate (kurz MKS) $\hat{\boldsymbol{\theta}}$ für θ ist eine Schätzfunktion, für deren Realisationen $\hat{\theta}$

$$\|\hat{e}\|^2 = \|Y - \hat{\theta}\|^2 = \inf_{\theta\in\Omega} \|Y - \theta\|^2 = \inf_{\theta\in\Omega} (Y - \theta)^{\mathrm{T}}(Y - \theta) \tag{4.2}$$

gilt.

Es gilt der aus der Approximationstheorie bekannte

Satz 4.1
Eine Realisation $\hat{\theta}$ der MKS $\hat{\boldsymbol{\theta}}$, die (4.2) erfüllt, ist die orthogonale Projektion von Y (der Realisation von $\boldsymbol{Y}$) auf Ω.

Beweis: Es sei $c_1, \ldots, c_p$ eine orthonormale Basis von Ω, und es gelte $k_i = Y^{\mathrm{T}}c_i$.

Nun ist Y in der Form

$$Y = \sum_{i=1}^{p} k_i c_i + Y - \sum_{i=1}^{p} k_i c_i = c + b \quad \text{mit} \quad c = \sum_{i=1}^{p} k_i c_i$$

darstellbar. Wegen $c_j^{\mathrm{T}} b = 0$ ist $Y = c + b$ die Zerlegung von Y in zwei orthogonale Vektoren $c \in \Omega$, $b \in \Omega^{\perp}$.

Diese Zerlegung ist eindeutig. Gäbe es nämlich eine weitere Zerlegung $Y = c^* + b^*$, so wäre $c + b = c^* + b^*$ oder $c - c^* = b^* - b$. Da $c - c^* \in \Omega$ und $b^* - b \in \Omega^\perp$ ist, muss $c - c^* = b^* - b = 0$ gelten. Der eindeutig bestimmte Vektor c ist die orthogonale Projektion von Y auf Ω.

Zu zeigen ist noch $c = \hat{\theta}$. Wegen $Y - \hat{\theta} = Y - c + c - \hat{\theta}$ ist

$$\|Y - \hat{\theta}\|^2 = \|Y - c\|^2 + \|c - \hat{\theta}\|^2 + 2(Y - c)^{\mathrm{T}}(c - \hat{\theta}) \tag{4.3}$$

Da $c - \hat{\theta} \in \Omega$ und $b = Y - c \in \Omega^\perp$ ist, verschwindet der dritte Summand auf der rechten Seite von (4.3), und (4.3) wird für $c = \hat{\theta}$ zum Minimum.

Satz 4.2

Der MKS-Vektor $\hat{\theta}$, der (4.2) erfüllt, kann aus einer Realisation Y des Beobachtungsvektors $\boldsymbol{Y}$ durch die lineare Transformation

$$\hat{\theta} = AY \tag{4.4}$$

mit einer (symmetrischen) idempotenten Matrix A vom Rang p erhalten werden.[1)]

Ist andererseits A eine idempotente Matrix der Ordnung n vom Rang p, so ist die lineare Transformation AY mit $Y \in R^n$ die orthogonale Projektion des R^n auf einen p-dimensionalen Vektorraum.

Beweis: Wir beweisen zunächst, dass (4.4) gilt, wobei A idempotent vom Rang p ist. Nach dem Beweis von Satz 4.1 gilt

$$\hat{\theta} = \sum_{i=1}^{p} k_i c_i = \sum_{i=1}^{p} c_i Y^{\mathrm{T}} c_i \tag{4.5}$$

Da $Y^{\mathrm{T}} c_i = c_i^{\mathrm{T}} Y$ ist, wird daraus

$$\hat{\theta} = (c_1, \ldots, c_p)(c_1, \ldots, c_p)^{\mathrm{T}} Y$$

Mit $C = (c_1 \ldots, c_p)$ und $A = CC^{\mathrm{T}}$ ist damit $\hat{\theta}$ in der Form (4.4) geschrieben. Da $A^{\mathrm{T}} = (CC^{\mathrm{T}})^{\mathrm{T}} = CC^{\mathrm{T}} = A$ ist und wegen der Orthonormalität der $c_i (C^{\mathrm{T}} C = E_p)$ auch $A^{\mathrm{T}} A = CC^{\mathrm{T}} CC^{\mathrm{T}} = A$ gilt, ist A idempotent.

Ferner ist $\mathrm{Rg}(A) = \mathrm{Rg}(C) = p$.

Wir beweisen nun den zweiten Teil des Satzes. Es sei A idempotent von der Ordnung n und vom Rang p. Zu jeder idempotenten $(n \times n)$-Matrix vom Rang p gibt es eine orthogonale Matrix C derart, dass $C^{\mathrm{T}} AC = E_p \otimes 0_{n-p,n-p}$ ist. Folglich kann A in der Form $A = (c_1 \ldots c_p)(c_1 \ldots c_p)^{\mathrm{T}}$ dargestellt werden, und die c_i $(i = 1, \ldots, p)$ bilden eine Basis eines p-dimensionalen Vektorraumes.

Für die Schätzung von Parametern aus linearen Modellen bei unbekannter Form der Verteilung wird meist die Methode der kleinsten Quadrate verwendet. Eine Rechtfertigung für dieses Vorgehen gibt das sogenannte Gauß-Markoff-Theorem.

1) Wir lassen den Zusatz (symmetrisch) in Zukunft weg, da alle idempotenten Matrizen in diesem Buch symmetrisch sind.

Satz 4.3 Gauß-Markoff-Theorem
Ist $L = a^{\mathrm{T}}\theta$ eine Linearform in dem Parametervektor $\theta \in \Omega$ des Modells (4.1), deren Wertebereich der R^1 ist, so existiert für $a^{\mathrm{T}}\theta$ in der Klasse aller linearen Schätzfunktionen mit beschränkter mittlerer quadratischer Abweichung $E(\boldsymbol{QA})$ eine eindeutig bestimmte Schätzfunktion mit kleinstem $E(\boldsymbol{QA})$; diese Schätzfunktion ist die MKS und hat die Form $a^{\mathrm{T}}AY$ mit A aus (4.4).

Beweis: Es sei $t^{\mathrm{T}}\boldsymbol{Y}$ eine lineare Schätzfunktion für $a^{\mathrm{T}}\theta = L$. Wir betrachten die zu minimierende Größe

$$E(\boldsymbol{QA}) = E(t^{\mathrm{T}}\boldsymbol{Y} - a^{\mathrm{T}}\theta)^2 = E(t^{\mathrm{T}}\boldsymbol{Y} - t^{\mathrm{T}}\theta + t^{\mathrm{T}}\theta - a^{\mathrm{T}}\theta)^2$$

die sich wegen $E(\boldsymbol{Y}) = \theta$ in der Form

$$E(\boldsymbol{QA}) = \mathrm{var}(t^{\mathrm{T}}\boldsymbol{Y}) + (t^{\mathrm{T}}\theta - a^{\mathrm{T}}\theta)^2$$

schreiben lässt. $E(\boldsymbol{QA})$ ist nur dann für alle θ beschränkt, wenn $t^{\mathrm{T}}\theta - a^{\mathrm{T}}\theta = 0$ für alle $\theta \in \Omega$ gilt. Die Klasse aller linearen Schätzfunktionen für $a^{\mathrm{T}}\theta$ mit beschränktem $E(\boldsymbol{QA})$ ist damit durch $t^{\mathrm{T}}\theta - a^{\mathrm{T}}\theta = 0$ charakterisiert. Die Matrix A in (4.4) ist die Matrix der orthogonalen Projektion des R^n auf Ω. Folglich ist $A\theta = \theta$, und die Klasse der linearen Schätzfunktionen mit endlichem $E(\boldsymbol{QA})$ lässt sich wegen $(t^{\mathrm{T}} - a^{\mathrm{T}})A\theta = 0$ bzw. $(t^{\mathrm{T}} - a^{\mathrm{T}})A = 0_n^{\mathrm{T}}$ durch $At = Aa$ charakterisieren. Für diese Klasse von Schätzfunktionen gilt

$$E(\boldsymbol{QA}) = \mathrm{var}(t^{\mathrm{T}}\boldsymbol{Y}) + t^{\mathrm{T}}t\sigma^2$$

Es ist nun t so zu bestimmen, dass $E(\boldsymbol{QA})$ unter der Bedingung $At = Aa$ mit A aus (4.4) minimiert wird. Wir schreiben

$$t^{\mathrm{T}}t = (t + At - At)^{\mathrm{T}}(t + At - At)$$

Das wird wegen der Idempotenz von A zu

$$t^{\mathrm{T}}t = (At)^{\mathrm{T}}(At) + [(E_n - A)t]^{\mathrm{T}}(E_n - A)t$$

und wegen $At = Aa$ zu

$$t^{\mathrm{T}}t = (Aa)^{\mathrm{T}}(Aa) + [(E_n - A)t]^{\mathrm{T}}(E_n - A)t \tag{4.6}$$

Die Größe $t^{\mathrm{T}}t$ in (4.6) und damit $E(\boldsymbol{QA})$ wird minimiert, wenn der zweite Summand in (4.6) verschwindet, d. h., wenn $t = At = Aa$ ist. Damit ergibt sich die eindeutig bestimmte Schätzfunktion $a^{\mathrm{T}}A\boldsymbol{Y}$ für $a^{\mathrm{T}}\theta$.

In vielen Formulierungen des Gauß-Markoff-Theorems wird von der Klasse der linearen erwartungstreuen Schätzfunktionen für $a^{\mathrm{T}}\theta$ ausgegangen. Unter allen diesen Schätzfunktionen ist die MKS diejenige mit der kleinsten Varianz.

Beispiel 4.1
In der Modellgleichung (4.1) sei $p = 1$, sodass (4.1) in der Form

$$\boldsymbol{Y} = e_n\theta_1 + \boldsymbol{e} \quad (y_i = \theta_1 + \boldsymbol{e}_i, i = 1, \dots, n)$$

geschrieben werden kann. Dabei ist e_n der Vektor mit lauter Einselementen. Der Parameterraum Ω hat, falls $-\infty < \theta_1 < \infty$ gilt, die Dimension 1. Den Schätzwert nach der Methode der kleinsten Quadrate erhält man als Lösung der Gleichung

$$D = \frac{\partial(Y - e_n\hat{\theta}_1)^{\mathrm{T}}(Y - e_n\hat{\theta}_1)}{\partial\hat{\theta}_1} = -2\sum_{i=1}^{n} y_i + 2n\hat{\theta}_1 = 0$$

zu $\hat{\theta}_1 = \bar{y}$ (da die zweite Ableitung des entsprechenden quadratischen Ausdruckes positiv ist). Der Parametervektor wird damit durch $\hat{\theta} = e_n\hat{\theta}_1$ geschätzt. Eine orthonormale Basis von Ω ist $c_1 = (\frac{1}{\sqrt{n}}, \dots, \frac{1}{\sqrt{n}})^{\mathrm{T}}$, sodass in der Bezeichnung des Beweises zu den Sätzen 4.1 und 4.2

$$C = c_1 \quad \text{und} \quad CC^{\mathrm{T}} = c_1^{\mathrm{T}}c_1 = A = \begin{pmatrix} \frac{1}{n} & \dots & \frac{1}{n} \\ \vdots & & \vdots \\ \frac{1}{n} & \dots & \frac{1}{n} \end{pmatrix}$$

ist. Die Zerlegung von Y, die im Beweis von Satz 4.1 vorgenommen wurde, ist mit $k = \frac{\sum y_i}{\sqrt{n}}$ und $c = \frac{\sum y_i}{\sqrt{n}}c_1$ gegeben, und es ist $c = \hat{\theta} = AY$, wie vorher allgemein gezeigt wurde. Die Varianz von $\hat{\boldsymbol{\theta}} = e_n^{\mathrm{T}}\bar{\boldsymbol{y}}$ ist

$$\operatorname{var}(\hat{\theta}) = A\sigma^2 = \begin{pmatrix} \frac{\sigma^2}{n} & \dots & \frac{\sigma^2}{n} \\ \vdots & & \vdots \\ \frac{\sigma^2}{n} & \dots & \frac{\sigma^2}{n} \end{pmatrix}$$

Man verifiziert sofort, dass A idempotent vom Rang 1 ist – siehe auch Übungsaufgabe 4.5.

Satz 4.4
Ist $\hat{\boldsymbol{\theta}}$ die MKS für θ in (4.1) mit $\operatorname{var}(\hat{\boldsymbol{\theta}}) = \sigma^2 E_n$, so ist

$$\boldsymbol{s}^2 = \frac{1}{n-p}\|\boldsymbol{Y} - \hat{\boldsymbol{\theta}}\|^2 = \frac{1}{n-p}\boldsymbol{Y}^{\mathrm{T}}(E_n - A)\boldsymbol{Y} \tag{4.7}$$

eine erwartungstreue Schätzfunktion bezüglich σ^2.

Beweis: Es ist zu zeigen, dass

$$E[\|\boldsymbol{Y} - \hat{\boldsymbol{\theta}}\|^2] = \sigma^2(n-p) \tag{4.8}$$

gilt. Wegen $\hat{\boldsymbol{\theta}} = A\boldsymbol{Y}$ und der Idempotenz von A und $E_n - A$ ist aber

$$E[\|\boldsymbol{Y} - \hat{\boldsymbol{\theta}}\|^2] = E[\boldsymbol{Y}^{\mathrm{T}}(E_n - A)\boldsymbol{Y}] = E(\boldsymbol{Y}^{\mathrm{T}}E_n\boldsymbol{Y}) - E(\boldsymbol{Y}^{\mathrm{T}}A\boldsymbol{Y})$$

Nun gilt jedoch

$$E(\boldsymbol{Y}^{\mathrm{T}} B \boldsymbol{Y}) = \mathrm{Sp}(B\Sigma) + \mu^{\mathrm{T}} B \mu$$

falls $E(\boldsymbol{Y}) = \theta = \mu$, $\mathrm{var}(\boldsymbol{Y}) = \Sigma = \sigma^2 E_n$ ist. Mit $B = E_n$ erhält man daraus

$$E(\boldsymbol{Y}^{\mathrm{T}} E_n \boldsymbol{Y}) = \sigma^2 \mathrm{Sp}(E_n) + \theta^{\mathrm{T}}\theta = \sigma^2 n + \theta^{\mathrm{T}}\theta$$

und mit $B = A$

$$E(\boldsymbol{Y}^{\mathrm{T}} A \boldsymbol{Y}) = \sigma^2 \mathrm{Sp}(A) + \theta^{\mathrm{T}} A \theta = \sigma^2 p + \theta^{\mathrm{T}}\theta$$

Die Differenz ergibt (4.8), was zu zeigen war.

4.1.2
Maximum-Likelihood-Methode

Zusätzlich zu (4.1) und den Nebenbedingungen wird in diesem Abschnitt vorausgesetzt, dass $\boldsymbol{e}$ in (4.1) nach $N(0_n, \sigma^2 E_n)$ n-dimensional normalverteilt ist und damit $\boldsymbol{Y}$ nach $N(\theta, \sigma^2 E_n)$ verteilt ist. Es soll eine MLS, eine Schätzfunktion für θ nach der Maximum-Likelihood-Methode, angegeben werden. Die Likelihood-Funktion hat die Gestalt

$$L = L(\theta, \sigma^2 \mid Y) = (2\pi\sigma^2)^{-\frac{n}{2}} \exp\left(-\frac{(Y-\theta)^{\mathrm{T}}(Y-\theta)}{2\sigma^2}\right)$$

$$\theta \in \Omega\,, \quad (\theta^{\mathrm{T}}, \sigma^2)^{\mathrm{T}} \in \Omega^*\,, \quad \Omega^* = \Omega \times (0, \infty) \tag{4.9}$$

Nach der Maximum-Likelihood-Methode ergeben sich MLS für θ und σ^2. Um diese MLS zu berechnen, wird (4.9) logarithmiert:

$$\ln L = -\frac{n}{2}\ln 2\pi - \frac{n}{2}\ln \sigma^2 - \frac{1}{2\sigma^2}(Y-\theta)^{\mathrm{T}}(Y-\theta) \tag{4.10}$$

Nun ist $\ln L$ unter der Nebenbedingung $A\theta = \theta$ (d. h. $\theta \in \Omega$) zu maximieren, wobei A die Matrix der orthogonalen Projektion des R^n auf Ω ist. Die Werte, die L bzw. $\ln L$ maximieren, bezeichnen wir mit $\tilde{\theta}$ und $\tilde{\sigma}^2$. Mit dem Lagrangeschen Multiplikator λ für $A\theta = \theta$ hat man nach dem Ableiten von $\ln L$ nach λ, θ und σ^2 das Gleichungssystem

$$\left.\begin{array}{l} -\frac{n}{2\tilde{\sigma}^2} + \frac{1}{2\tilde{\sigma}^4}(Y-\tilde{\theta})^{\mathrm{T}}(Y-\tilde{\theta}) = 0 \\ \frac{1}{\tilde{\sigma}^2}(Y-\tilde{\theta}) - (E_n - A)\lambda = 0 \\ (E_n - A)\tilde{\theta} = 0 \end{array}\right\} \tag{4.11}$$

zu lösen. Ersetzt man in den Lösungen die Realisation Y durch die Zufallsvariable $\boldsymbol{Y}$, so ergeben sich die MLS (wegen der negativen Definitheit der Matrix der zweiten Ableitungen)

$$\tilde{\sigma}^2 = \frac{1}{n}\|\boldsymbol{Y} - \tilde{\boldsymbol{\theta}}\|^2 \tag{4.12}$$

$$\tilde{\boldsymbol{\theta}} = A\boldsymbol{Y} = \hat{\boldsymbol{\theta}} \tag{4.13}$$

Die MLS $\tilde{\boldsymbol{\theta}}$ ist damit identisch mit der MKS $\hat{\boldsymbol{\theta}}$. Die MLS $\tilde{\boldsymbol{\sigma}}^2$ ist nicht erwartungstreu, aber konsistent.

Satz 4.5
Ist $\boldsymbol{Y}$ mit der Likelihood-Funktion (4.9) verteilt und $\dim(\Omega) = p$, so ist $c^{\mathrm{T}}\tilde{\boldsymbol{\theta}} = c^{\mathrm{T}}\hat{\boldsymbol{\theta}}$ für jeden Vektor $c = (c_1, \dots, c_n)^{\mathrm{T}}$ mit reellen konstanten Koeffizienten c_i die gleichmäßig varianzoptimale erwartungstreue Schätzfunktion (GVES) bezüglich $c^{\mathrm{T}}\theta$ und $\boldsymbol{s}^2$ aus (4.7) eine GVES bezüglich σ^2 (vgl. Definition 2.3).

Beweis: Die Behauptung folgt, weil $E(c^{\mathrm{T}}\hat{\boldsymbol{\theta}}) = c^{\mathrm{T}}\theta$ bzw. $E(\boldsymbol{s}^2) = \sigma^2$ gilt und $c^{\mathrm{T}}\hat{\boldsymbol{\theta}}$ und $\boldsymbol{s}^2$ vollständig suffiziente Maßzahlen sind, aus Satz 2.4 in Verbindung mit Beispiel 2.4.

4.1.3
Hypothesentests

Es soll die lineare Hypothese $H_0\colon \theta \in \omega$ mit dem $(p-q)$-dimensionalen linearen Teilraum $\omega \subset \Omega$ gegen die Alternativhypothese $\theta \notin \omega$ getestet werden. Hierfür soll ein Likelihood-Quotienten-Test konstruiert werden. Es sei

$$Q = \frac{\sup_{\theta\in\omega} L(\theta, \sigma^2 \mid Y)}{\sup_{\theta\in\Omega} L(\theta, \sigma^2 \mid Y)} \tag{4.14}$$

und $\boldsymbol{Y}$ wird wieder als nach $N(\theta, \sigma^2 E_n)$ verteilt vorausgesetzt. Nach Übergang zu Zufallsvariablen soll $\boldsymbol{Q}$ oder eine monotone Funktion von $\boldsymbol{Q}$ als Funktion von $\boldsymbol{Y}$ als Testgröße verwendet werden. Mit $\breve{\sigma}^2$ und $\breve{\theta}$ werden die Werte von σ^2 und θ bezeichnet, die die durch (4.9) gegebene Funktion L aus (4.14) über ω maximieren. Ferner sei B die idempotente Matrix der orthogonalen Projektion des R^n auf ω. Nach Übergang von den Realisationen zu den Zufallsvariablen wird in Analogie zu (4.12) und (4.13)

$$\breve{\boldsymbol{\sigma}}^2 = \frac{1}{n}\|\boldsymbol{Y} - \breve{\boldsymbol{\theta}}\|^2 \tag{4.15}$$

$$\breve{\boldsymbol{\theta}} = B\boldsymbol{Y} \tag{4.16}$$

Somit wird wegen

$$\sup_{\theta\in\omega} L(\theta, \sigma^2 \mid Y) = (2\pi\breve{\sigma}^2)^{\frac{-n}{2}} \exp\left[-\frac{1}{2}\frac{\|Y - \breve{\theta}\|^2}{\frac{1}{n}\|Y - \breve{\theta}\|^2}\right] = (2\pi\breve{\sigma}^2)^{\frac{-n}{2}} \mathrm{e}^{\frac{-n}{2}}$$

und $\sup_{\theta\in\Omega} L(\theta, \sigma^2 \mid Y) = (2\pi\tilde{\sigma}^2)^{\frac{-n}{2}} \mathrm{e}^{\frac{-n}{2}}$ der Likelihood-Quotient (4.14) nach Übergang zu Zufallsvariablen zu

$$\boldsymbol{Q} = \left(\frac{\tilde{\sigma}^2}{\breve{\sigma}^2}\right)^{\frac{n}{2}} = \left[\frac{\|\boldsymbol{Y} - A\boldsymbol{Y}\|^2}{\|\boldsymbol{Y} - B\boldsymbol{Y}\|^2}\right]^{\frac{n}{2}} = \left[\frac{\|\boldsymbol{Y} - A\boldsymbol{Y}\|}{\|\boldsymbol{Y} - B\boldsymbol{Y}\|}\right]^{n} \tag{4.17}$$

Um mit tabellierten Verteilungen arbeiten zu können, wird die monotone Funktion $F = F(Q)$ von Q betrachtet:

$$\boldsymbol{F} = (\boldsymbol{Q}^{-\frac{2}{n}} - 1)\frac{n-p}{q} = \frac{\boldsymbol{Y}^{\mathrm{T}}(A-B)\boldsymbol{Y}}{\boldsymbol{Y}^{\mathrm{T}}(E_n - A)\boldsymbol{Y}}\frac{n-p}{q} \tag{4.18}$$

Über die Verteilung von $\boldsymbol{F}$ in (4.18) gibt Satz 4.7 Auskunft.

Wir wiederholen ohne Beweis einen Satz aus der Wahrscheinlichkeitsrechnung, der hier und in den folgenden Kapiteln gebraucht wird.

Satz 4.6 Satz von Cochran (1934)
Ist $\boldsymbol{Y}$ nach $N(\mu, E_n)$ verteilt, so sind die positiv semidefiniten quadratischen Formen $\boldsymbol{Y}^{\mathrm{T}} A_i \boldsymbol{Y} (i = 1, 2, \dots, k)$ vom Rang n_i genau dann unabhängig voneinander nach $CQ(n_i, \lambda_i)$ mit den Nichtzentralitätsparametern $\lambda_i = \mu^{\mathrm{T}} A_i \mu$ verteilt, wenn wenigstens zwei der drei folgenden Bedingungen erfüllt sind:

1. Jedes A_i ist idempotent.
2. $\sum_{i=1}^k A_i$ ist idempotent.
3. $A_i A_j = 0$ für alle $i \neq j$.

Korollar 4.1
Ist $\boldsymbol{Y}$ nach $N(\mu, E_n)$ verteilt und ist $\boldsymbol{Y}^{\mathrm{T}}\boldsymbol{Y} = \sum_{i=1}^k \boldsymbol{Y}^{\mathrm{T}} A_i \boldsymbol{Y}$, so sind die quadratischen Formen $\boldsymbol{Y}^{\mathrm{T}} A_i \boldsymbol{Y} (i = 1, 2, \dots, k)$ vom Rang n_i genau dann voneinander unabhängig nach $CQ(n_i, \lambda_i)$ mit $n_i = \mathrm{Rg}(A_i)$ und den Nichtzentralitätsparametern $\lambda_i = \mu^{\mathrm{T}} A_i \mu$ verteilt, wenn entweder

- alle A_i idempotent sind oder
- $A_i A_j = 0$ für alle $i \neq j$ oder
- $\sum_{i=1}^k \mathrm{Rg}(A_i) = \mathrm{Rg}(\sum_{i=1}^k A_i) = n$ ist.

Korollar 4.2
Ist $\boldsymbol{Y}$ nach $N(\mu, \sigma^2 E_n)$ verteilt und ist $\boldsymbol{Y}^{\mathrm{T}}\boldsymbol{Y} = \sum_{i=1}^k \boldsymbol{Y}^{\mathrm{T}} A_i \boldsymbol{Y}$ mit $n_i = \mathrm{Rg}(A_i)$, dann ist jede der drei Bedingungen von Korollar 4.1 notwendig und hinreichend dafür, dass die $(1/\sigma^2)\boldsymbol{Y}^{\mathrm{T}} A_i \boldsymbol{Y} (i = 1, 2, \dots, k)$ voneinander unabhängig nach $CQ(n_i, \lambda_i)$ und den Nichtzentralitätsparametern $\lambda_i = (1/\sigma^2)\mu^{\mathrm{T}} A_i \mu$ verteilt sind.

Satz 4.7
Ist $\boldsymbol{Y}$ nach $N(\theta, \sigma^2 E_n)$ verteilt und sind A und B idempotente Matrizen der orthogonalen Projektion des R^n auf Ω bzw. auf $\omega \subset \Omega(\mathrm{Rg}(A) = p, \mathrm{Rg}(B) = p - q)$, so ist $\boldsymbol{F}$ in (4.18) nach $F(q, n-p, \lambda)$ mit $\lambda = (1/\sigma^2)\theta^{\mathrm{T}}(A - B)\theta$ nichtzentral F-verteilt mit q und $n - p$ Freiheitsgraden.

Beweis: Da A die orthogonale Projektion des R^n auf den p-dimensionalen Teilraum Ω und B die orthogonale Projektion auf den $(p-q)$-dimensionalen Teilraum $\omega \subset \Omega$ ist, gilt $AB = BA = B$. Folglich sind $E_n - A$ und $A - B$ idempotent.

Tab. 4.1 Varianztabelle zur Berechnung der Prüfzahl für den Test der Hypothese $H_0: \theta \in \omega \subset \Omega$.

Variationsursache	**Summe der Abweichungsquadrate** ***SQ***	**Freiheitsgrade** ***FG***	**Mittlere Summe der Abweichungsquadrate** $MQ = \frac{SQ}{FG}$	***E(MQ)***	***F***
Gesamt	$Y^{\mathrm{T}}Y$	n			
Nullhypothese $\theta \in \omega$	$Y^{\mathrm{T}}(A-B)Y$	q	$\frac{1}{q}Y^{\mathrm{T}}(A-B)Y$	$\sigma^2\left(1+\frac{\lambda}{q}\right)$	$F = \frac{n-p}{q}\frac{Y^{\mathrm{T}}(A-B)Y}{Y^{\mathrm{T}}(E_n-A)Y}$
Rest	$Y^{\mathrm{T}}(E_n-A)Y$	$n-p$	$\frac{1}{n-p}Y^{\mathrm{T}}(E_n-A)Y$	σ^2	
Alternativhypothese $\theta \notin \omega$	$Y^{\mathrm{T}}BY$	$p-q$			

Mit $A_1 = E_n - A$, $A_2 = A - B$ und $A_3 = B$ sind die Bedingungen des Satzes 4.6 erfüllt. Und nach dem Korollar 4.2 zu diesem Satz sind $(1/\sigma^2)\boldsymbol{Y}^{\mathrm{T}}(E_n - A)\boldsymbol{Y}$ und $(1/\sigma^2)\boldsymbol{Y}^{\mathrm{T}}(A - B)\boldsymbol{Y}$ voneinander unabhängig nach $CQ(n - p)$ und $CQ(q, \lambda)$ mit dem Nichtzentralitätsparameter $\lambda = (1/\sigma^2)\theta^{\mathrm{T}}(A - B)\theta$ verteilt, sodass die Behauptung folgt.

Weiter oben wurde sinngemäß gezeigt, dass

$$E[\boldsymbol{Y}^{\mathrm{T}}(E_n - A)\boldsymbol{Y}] = \sigma^2(n-p) \quad \text{und} \quad E[\boldsymbol{Y}^{\mathrm{T}}(A-B)\boldsymbol{Y}] = \sigma^2 q + \sigma^2\lambda$$

ist. Zur übersichtlichen Darstellung der Zwischenergebnisse zur Berechnung von F benutzt man häufig eine Varianztabelle (siehe Tab. 4.1).

Falls H_0 richtig ist, wird der Nichtzentralitätsparameter $\lambda = 0$, und $\boldsymbol{F}$ ist zentral F-verteilt mit q und $n - p$ Freiheitsgraden. H_0 wird abgelehnt, wenn $F > F_{1-\alpha}(q, n-p) = F(q, n-p \mid 1-\alpha)$ gilt, wobei das Quantil $F_{1-\alpha}(q, n-p)$ so gewählt ist, dass

$$\max P\{\boldsymbol{F} > F_{1-\alpha}(q, n-p) \mid \theta \in \omega\} = \alpha \tag{4.19}$$

gleich dem Niveau des Tests ist. Die Gütefunktion ist gegeben durch

$$\beta(\theta, \lambda) = P\left\{\frac{q\boldsymbol{F}}{q\boldsymbol{F} + n - p} > \frac{qF_{1-\alpha}(q, n-p)}{qF_{1-\alpha}(q, n-p) + n - p}\right\} \tag{4.20}$$

Man kann zeigen (Witting und Noelle, 1970, S. 37), dass dieser Test invariant gegenüber der Gruppe der affinen Transformationen des R^n ist, die das Testproblem ebenfalls invariant lassen. Von allen invarianten Tests gegenüber diesen Transformationen ist der F-Test ein gleichmäßig bester α-Test.

Durch eine geeignete Transformation des Stichprobenraumes kann jede lineare Hypothese auf eine Grundform gebracht werden.

Definition 4.2
Eine lineare Hypothese $\theta^* \in \omega$ nach Definition 4.1 heißt in kanonischer Form, wenn

$$\theta^* \in \Omega \quad \text{bedeutet, dass} \quad \theta^*_{p+1} = \cdots = \theta^*_n = 0 \quad \text{ist,}$$

und

$$\theta^* \in \omega \quad \text{bedeutet, dass} \quad \theta^*_1 = \cdots = \theta^*_q = \theta^*_{p+1} = \cdots = \theta^*_n = 0 \quad \text{ist.}$$

Satz 4.8
Jede lineare Hypothese $H_0\colon \theta \in \omega$ kann durch orthogonale Projektion der Modellgleichung (4.1) in kanonische Form überführt werden, sodass

$$\boldsymbol{Y}^{\mathrm{T}}(A - B)\boldsymbol{Y} = \boldsymbol{z}_1^2 + \cdots + \boldsymbol{z}_q^2 \quad \text{und} \quad \boldsymbol{Y}^{\mathrm{T}}(E_n - A)\boldsymbol{Y} = \boldsymbol{z}_{p+1}^2 + \cdots + \boldsymbol{z}_n^2$$

ist, und die Verteilung von (4.18) ungeändert bleibt.

Beweis: Es sei P eine orthogonale Matrix der Ordnung n. Wir setzen $\boldsymbol{Y} = P\boldsymbol{Z}$ und $\theta = P\theta^*$. Ohne Einschränkung der Allgemeinheit sei P so gewählt, dass

$$P^{\mathrm{T}}(A - B)P = \begin{pmatrix} E_q & 0 \\ 0 & 0 \end{pmatrix}, \quad P^{\mathrm{T}}BP = \begin{pmatrix} 0 & 0 & 0 \\ 0 & E_{p-q} & 0 \\ 0 & 0 & 0 \end{pmatrix}$$

und

$$P^{\mathrm{T}}(E_n - A)P = \begin{pmatrix} 0 & 0 \\ 0 & E_{n-p} \end{pmatrix}$$

wird. Eine solche Wahl von P ist stets möglich. Dann wird aus (4.1) $\boldsymbol{Z} = \theta^* + \boldsymbol{e}^*$ mit $\boldsymbol{Z} \in R^n$, $\theta^* \in \Omega$, $\boldsymbol{e}^* = P^{\mathrm{T}}\boldsymbol{e}$ und $\boldsymbol{Z}^* = (\boldsymbol{z}_1, \ldots, \boldsymbol{z}_n)^{\mathrm{T}}$. Mit B ist auch $P^{\mathrm{T}}BP$ die Matrix der orthogonalen Projektion des R^n auf einen $(p - q)$-dimensionalen Teilraum ω^*, und das bedeutet

$$H_0\colon \theta^*_i = \begin{cases} 0 & \text{für} \quad i = 1, \ldots, q, p + 1, \ldots, n \\ \text{beliebig} & \text{für} \quad i = q + 1, \ldots, p\,. \end{cases}$$

Der Übersichtlichkeit wegen wird die Dimensionen der Nullmatrizen weggelassen.

Außerdem ist

$$\boldsymbol{Y}^{\mathrm{T}}(A - B)\boldsymbol{Y} = \boldsymbol{Z}^{\mathrm{T}}P^{\mathrm{T}}(A - B)P\boldsymbol{Z} = \boldsymbol{z}_1^2 + \cdots + \boldsymbol{z}_q^2$$

und

$$\boldsymbol{Y}^{\mathrm{T}}(E_n - A)\boldsymbol{Y} = \boldsymbol{Z}^{\mathrm{T}}P^{\mathrm{T}}(E_n - A)P\boldsymbol{Z} = \boldsymbol{z}_{p+1}^2 + \cdots + \boldsymbol{z}_n^2$$

Der Nichtzentralitätsparameter des Zählers in (4.18) ist

$$\lambda = \frac{1}{\sigma^2}(\theta_1^{*2} + \dots + \theta_q^{*2})$$

Er ist genau dann gleich 0, wenn $\theta_1^* = \ldots = \theta_q^* = 0$, d. h., wenn H_0 richtig ist.

Nach diesem Satz kann (4.18) auch zur Prüfung von linearen Hypothesen dienen, die in kanonische Form überführt wurden.

Definition 4.3
Unter dem linearen Kontrast des Parametervektors θ verstehen wir eine lineare Funktion $c^T\theta$ mit $c = (c_1, \ldots, c_n)^T$, wenn $\sum_{i=1}^n c_i = 0$ gilt. Zwei lineare Kontraste $c_1^T\theta$ und $c_2^T\theta$ heißen orthogonale (lineare) Kontraste, falls $c_1^T c_2 = 0$ ist.

Wir können nun die Nullhypothese $\theta \in \Omega$ durch orthogonale Kontraste ausdrücken. Gegeben seien $n - p$ paarweise orthogonale Kontraste $c_i^T\theta$ $(i = 1, \ldots, n - p)$, die gleich 0 sind. Unter dieser Bedingung soll die Hypothese H_0, dass q weitere paarweise und zu den $c_i^T\theta$ orthogonale Kontraste $t_i^T\theta$ $(j = 1, \ldots, q)$ ebenfalls 0 sind, gegen die Alternativhypothese, dass wenigstens einer der Kontraste $t_i^T\theta$ von 0 verschieden ist, getestet werden. Wir setzen $C = (c_1, \ldots, c_{n-p})$ und $T = (t_1, \ldots, t_q)$. Nun definiert die Bedingung $C^T\theta = 0_{n-p}$ den p-dimensionalen Nullraum Ω. Folglich ist $C^T\theta = 0_{n-p}$ identisch mit $\theta \in \Omega$. Entsprechend ist $H_0: C^T\theta = 0_{n-p} \wedge T^T\theta = 0_q$ äquivalent mit $\theta \in \omega$. Also kann die Hypothese über die Kontraste mit $\boldsymbol{F}$ aus (4.18) geprüft werden. Diese Prüfzahl kann man anders schreiben, wie im folgenden Satz gezeigt wird.

Satz 4.9
Gegeben seien $n - p + q$ orthogonale Kontraste $c_i^T\theta$ $(i = 1, \ldots, n - p)$ und $t_j^T\theta$ $(j = 1, \ldots, q)$. Wir setzen $C = (c_1, \ldots c_{n-p})$ und $T = (t_1, \ldots t_q)$. Dann gilt $C^T T = 0$. Ferner sei $C^T C = D_1$ und $T^T T = D_2$, wobei D_1 und D_2 nach Voraussetzung Diagonalmatrizen sind. Ferner sei $c_i^T\theta = 0$ $(i = 1, \ldots, n - p)$ und $\boldsymbol{Y}$ nach $N(\theta, \sigma^2 E_n)$ verteilt. Die Prüfzahl der linearen Hypothese $H_0: t_j^T\theta = 0$ für alle $j = 1, \ldots, q$ $(\theta \in \omega)$ kann mit der Schätzung $\hat{\boldsymbol{\theta}}$ in der Form

$$\boldsymbol{F} = \frac{n-p}{q} \frac{\sum_{j=1}^q \frac{1}{\|t_j\|^2}(t_j^T\hat{\boldsymbol{\theta}})^2}{\boldsymbol{Y}^T(E_n - A)\boldsymbol{Y}} \tag{4.21}$$

geschrieben werden.

Beweis: Wir müssen zeigen, dass der Ausdruck $\boldsymbol{Y}^T(A - B)\boldsymbol{Y}$ im Zähler von (4.18) die Form

$$\boldsymbol{Y}^T(A - B)\boldsymbol{Y} = \sum_{j=1}^q \frac{1}{\|t_j\|^2}(t_j\hat{\boldsymbol{\theta}})^2$$

hat. Die Matrix $A - B$ ist die der orthogonalen Projektion von R^n auf $\omega^\perp \cap \Omega$, und es gilt für $\theta \in \Omega$

$$\theta = B\theta + (A - B)\theta$$

Die Spalten von T bilden eine Basis von $\omega^\perp \cap \Omega$, die von P in $A - B = PP^\mathrm{T}$ bilden sogar eine orthonormale Basis von $\omega^\perp \cap \Omega$. Folglich existiert eine nichtsinguläre Matrix H, sodass $T = PH$ bzw. $P = TH^{-1}$ und $A - B = PP^\mathrm{T} = T(H^\mathrm{T} H)^{-1} T^\mathrm{T}$ ist. Aus der Idempotenz von $A - B$ folgt aber $A - B = T(T^\mathrm{T} T)^{-1} T^\mathrm{T}$, sodass

$$\boldsymbol{Y}^\mathrm{T}(A - B)\boldsymbol{Y} = \boldsymbol{Y}^\mathrm{T} A(A - B)A\boldsymbol{Y} = \hat{\boldsymbol{\theta}}^\mathrm{T} T(T^\mathrm{T} T)^{-1} T^\mathrm{T} \hat{\boldsymbol{\theta}} Y \tag{4.22}$$

ist, und das ergibt die Behauptung, da $T^\mathrm{T} T$ eine Diagonalmatrix ist.

4.1.4 Konstruktion von Konfidenzbereichen

Wie in den vorangegangenen Abschnitten wird vorausgesetzt, dass $\boldsymbol{Y}$ nach $N(\theta, \sigma^2 E_n)$ verteilt ist. In diesem Abschnitt werden Methoden angegeben, mit denen für Linearkombinationen Konfidenzbereiche konstruiert werden können. Die Bedingung $\theta \in \Omega$ schreiben wir auch in der Form $C^\mathrm{T}\theta = 0$, $C^\mathrm{T} C = D_1$.

Satz 4.10
Ist $\boldsymbol{Y}$ ein unter der Bedingung $C^\mathrm{T}\theta = 0\,(\theta \in \Omega)$ des Modells (4.1) nach $N(\theta, \sigma^2 E_n)$ verteilter Zufallsvektor, so ist, falls $C^\mathrm{T} T = 0$ gilt, ein Konfidenzbereich für $T^\mathrm{T}\theta$ zum Koeffizienten $1 - \alpha$ durch (A Matrix der Projektion des R^n auf Ω)

$$\frac{1}{q\boldsymbol{s}^2}(\hat{\boldsymbol{\theta}}^\mathrm{T} T - \theta^\mathrm{T} T)(T^\mathrm{T} AT)^{-1}(T^\mathrm{T}\hat{\boldsymbol{\theta}} - T^\mathrm{T}\theta) \le F_{1-\alpha}(q, n - p) \tag{4.23}$$

gegeben. In (4.23) ist $\boldsymbol{s}^2$ die Schätzung für σ^2 aus (4.7) und q der Rang von T.

Beweis: Mit (4.18), (4.22) und (4.7) folgt aus Satz 4.7 und den Voraussetzungen, dass

$$\boldsymbol{F} = \frac{1}{q\boldsymbol{s}^2}(\hat{\boldsymbol{\theta}}^\mathrm{T} T - \theta^\mathrm{T} T)(T^\mathrm{T} AT)^{-1}(T^\mathrm{T}\hat{\boldsymbol{\theta}} - T^\mathrm{T}\theta)$$

wegen $E(T^\mathrm{T}\hat{\boldsymbol{\theta}}) = T^\mathrm{T}\theta$ nach $F(q, n - p)$ zentral F-verteilt ist, und damit ergibt sich die Behauptung.

Beispiel 4.2
Es sei $T = t$ ein $(n \times 1)$-Vektor, sodass $q = 1$ gilt. Dann folgt aus dem Gauß-Markoff-Theorem (Satz 4.3), dass die MKS $\hat{\boldsymbol{L}}$ von $L = t^\mathrm{T}\theta$ gleich $\hat{\boldsymbol{L}} = t^\mathrm{T}\hat{\boldsymbol{\theta}} = t^\mathrm{T} A\boldsymbol{Y}$ ist. Wir setzen $t^\mathrm{T} A = a$. Als Spezialfall von (4.23) ergibt sich wegen $T^\mathrm{T} AT = T^\mathrm{T} AAT = a^\mathrm{T} a$ für L

$$\frac{1}{\|a\|^2\boldsymbol{s}^2}(\hat{\boldsymbol{L}} - L)^2 \le F_{1-\alpha}(1, n - p) = t^2\left(n - p, 1 - \frac{\alpha}{2}\right) \tag{4.24}$$

Aus (4.24) erhält man für L das $(1 - \alpha)$-Konfidenzintervall

$$\left[\hat{\boldsymbol{L}} - \boldsymbol{s}\|a\|t\left(n - p, 1 - \frac{\alpha}{2}\right), \hat{\boldsymbol{L}} + \boldsymbol{s}\|a\|t\left(n - p, 1 - \frac{\alpha}{2}\right)\right] \tag{4.25}$$

4.1.5
Spezielle lineare Modelle

Beispiel 4.3 Regressionsanalyse
Es sei X eine $(n \times p)$-Matrix vom Rang $p < n$, sodass Ω in (4.1) der Rangraum von X ist, d. h., es gilt für ein gewisses $\beta \in R^p$

$$\theta = X\beta \tag{4.26}$$

Da mit X auch $X^{\mathrm{T}}X$ den Rang p hat, existiert $(X^{\mathrm{T}}X)^{-1}$, und aus (4.26) folgt $\beta = (X^{\mathrm{T}}X)^{-1}X^{\mathrm{T}}\theta$. Nach dem Gauß-Markoff-Theorem (Satz 4.3) erhält man aus (4.4)

$$\hat{\boldsymbol{\beta}} = (X^{\mathrm{T}}X)^{-1}X^{\mathrm{T}}A\boldsymbol{Y} \tag{4.27}$$

wobei A wieder die Matrix der orthogonalen Projektion des R^n auf Ω in (4.4) ist. Folglich existiert eine Matrix P, deren Spalten eine orthonormale Basis von Ω bilden, sodass $A = PP^{\mathrm{T}}$ ist.

Da Ω der Rangraum von X ist, ist X ebenfalls eine Basis von Ω, und es existiert eine nichtsinguläre Matrix H mit $P = XH^{-1}$. Da $A = XH^{-1}(H^{\mathrm{T}})^{-1}X^{\mathrm{T}}$ idempotent ist, muss $A = X(X^{\mathrm{T}}X)^{-1}X^{\mathrm{T}}$ sein. Setzt man dieses A in (4.27) ein, so folgt

$$\hat{\boldsymbol{\beta}} = (X^{\mathrm{T}}X)^{-1}X^{\mathrm{T}}\boldsymbol{Y} \tag{4.28}$$

Die Formel für $\boldsymbol{s}^2$ in (4.7) wird mit diesem A zu

$$\boldsymbol{s}^2 = \frac{1}{n-p}\|\boldsymbol{Y} - X(X^{\mathrm{T}}X)^{-1}X^{\mathrm{T}}\boldsymbol{Y}\|^2 = \frac{1}{n-p}\boldsymbol{Y}^{\mathrm{T}}(E_n - X(X^{\mathrm{T}}X)^{-1}X^{\mathrm{T}})\boldsymbol{Y}$$

Wir wollen annehmen, es solle die Hypothese

$$K^{\mathrm{T}}\beta = a \tag{4.29}$$

unter der Voraussetzung, dass $\boldsymbol{Y}$ nach $N(X\beta, \sigma^2 E_n)$ verteilt ist, getestet werden. K^{T} ist eine $(q \times p)$-Matrix vom Rang q und a ein $(q \times 1)$-Vektor. Die Hypothese (4.29) ist nach Definition 4.1 im Fall $a \neq 0_q$ keine lineare Hypothese. Man kann (4.29) aber wie folgt linearisieren. Wir setzen

$$Z = Y - Xc\,, \quad \theta^* = \theta - Xc\,, \quad \gamma = \beta - c$$

wobei c so gewählt wird, dass $K^{\mathrm{T}}c = a$ gilt. Für das lineare Modell

$$\boldsymbol{Z} = \theta^* + \boldsymbol{e} \tag{4.30}$$

mit $\theta^* = \theta - Xc = X\beta - Xc = X\gamma$ wird die Hypothese $H_0\colon K^{\mathrm{T}}\beta = a$ zu der linearen Hypothese

$$H_0\colon K^{\mathrm{T}}\gamma = K^{\mathrm{T}}\beta - K^{\mathrm{T}}c = 0_q$$

Die Hypothese $H_0\colon K^{\mathrm{T}}\gamma = 0$ für die Modellgleichung (4.30) können wir mithilfe der Prüfzahl (4.18) unter Verwendung der Formel (4.22) testen. Die Prüfzahl hat die Form

$$\boldsymbol{F} = \frac{\boldsymbol{Z}^{\mathrm{T}} T(T^{\mathrm{T}} T)^{-1} T^{\mathrm{T}} \boldsymbol{Z}}{\boldsymbol{Z}^{\mathrm{T}}(E_n - A)\boldsymbol{Z}} \cdot \frac{n-p}{q}$$

wobei T^{T} wie in Abschn. 4.1.3 die Matrix der Hypothese

$$H_0\colon \theta^* \in \omega \; (C^{\mathrm{T}}\theta^* = 0 \wedge T^{\mathrm{T}}\theta^* = 0)$$

ist. Die Matrix T lässt sich einfach durch K^{T} und X ausdrücken.

Wegen $\theta^* = X\gamma$ ist $\gamma = (X^{\mathrm{T}}X)^{-1}X^{\mathrm{T}}\theta^*$ und $K^{\mathrm{T}}\gamma = K^{\mathrm{T}}(X^{\mathrm{T}}X)^{-1}X^{\mathrm{T}}\theta^*$, und damit ist $T^{\mathrm{T}} = K^{\mathrm{T}}(X^{\mathrm{T}}X)^{-1}X^{\mathrm{T}}$. Aus $K^{\mathrm{T}}c = a$ folgt $c = K(K^{\mathrm{T}}K)^{-1}a$. Verwendet man außerdem $Z = Y - Xc = Y - XK(K^{\mathrm{T}}K)^{-1}a$, so wird die Prüfzahl zu

$$\begin{aligned}\boldsymbol{F} &= \frac{n-p}{q}\,\frac{(\boldsymbol{Y} - XK(K^{\mathrm{T}}K)^{-1}a)^{\mathrm{T}}X(X^{\mathrm{T}}X)^{-1}K[K^{\mathrm{T}}(X^{\mathrm{T}}X)^{-1}K]^{-1}K^{\mathrm{T}}(X^{\mathrm{T}}X)^{-1}X^{\mathrm{T}}(\boldsymbol{Y} - XK(K^{\mathrm{T}}K)^{-1}a)}{(\boldsymbol{Y} - XK(K^{\mathrm{T}}K)^{-1}a)^{\mathrm{T}}(E_n - X(X^{\mathrm{T}}X)^{-1}X^{\mathrm{T}})(\boldsymbol{Y} - XK(K^{\mathrm{T}}K)^{-1}a)} \\ &= \frac{(K^{\mathrm{T}}\hat{\boldsymbol{\beta}} - a)^{\mathrm{T}}[K^{\mathrm{T}}(X^{\mathrm{T}}X)^{-1}K]^{-1}(K^{\mathrm{T}}\hat{\boldsymbol{\beta}} - a)^{\mathrm{T}}}{\boldsymbol{Y}^{\mathrm{T}}(E_n - X(X^{\mathrm{T}}X)^{-1}X^{\mathrm{T}})\boldsymbol{Y}}\,\frac{n-p}{q}\end{aligned} \tag{4.31}$$

da $X^{\mathrm{T}}[E_n - X(X^{\mathrm{T}}X)^{-1}X^{\mathrm{T}}] = 0$ gilt.

Die Hypothese $K^{\mathrm{T}}\beta = a$, die mit dieser Prüfzahl getestet werden kann, ist sehr allgemein. Aus Satz 4.7 folgt, dass $\boldsymbol{F}$ in (4.31) nach mit $F_{1-\alpha}(1, n-p)$ mit q und Freiheitsgraden nichtzentral F-verteilt ist. Der Nichtzentralitätsparameter ist

$$\lambda = \frac{(K^{\mathrm{T}}\beta - a)^{\mathrm{T}}[K^{\mathrm{T}}(X^{\mathrm{T}}X)^{-1}K]^{-1}(K^{\mathrm{T}}\beta - a)}{\sigma^2}$$

er verschwindet, wenn die Nullhypothese richtig ist.

Beispiel 4.4 Varianzanalyse
Wie in Beispiel 4.3 sei X eine $(n \times p)$-Matrix, aber vom Rang $r < p$. Mit (4.26) folgt aus (4.1)

$$\boldsymbol{Y} = X\beta + \boldsymbol{e}$$

Da der Rang von X kleiner als p ist, existiert $(X^{\mathrm{T}}X)^{-1}$ nicht. Folglich ist β aus θ nicht eindeutig bestimmbar. Die Größen β^*, die

$$S = \|\boldsymbol{Y} - X\beta\|^2 = (\boldsymbol{Y} - X\beta)^{\mathrm{T}}(\boldsymbol{Y} - X\beta)$$

minimieren, müssen wegen

$$\frac{\partial S}{\partial \beta} = 2X^{\mathrm{T}}X\beta - 2X^{\mathrm{T}}Y$$

Lösungen der Normalgleichungen

$$X^{\mathrm{T}}X\beta^* = X^{\mathrm{T}}Y \tag{4.32}$$

sein (ein Minimum wird erreicht, da die zweite Ableitung eine positiv definite Matrix ist).

Ist G eine verallgemeinerte Inverse von $X^{\mathrm{T}}X$ in dem Sinne, dass $X^{\mathrm{T}}XGX^{\mathrm{T}}X = X^{\mathrm{T}}X$ gilt, so kann eine Lösung in der Form

$$\beta^* = GX^{\mathrm{T}}Y$$

geschrieben werden. Es hat, wie später gezeigt wird, keinen Sinn, $\boldsymbol{\beta}^*$ als Schätzfunktion für β zu bezeichnen. Selbstverständlich ist $X\boldsymbol{\beta}^* = \hat{\boldsymbol{\theta}}$ eine sinnvolle Schätzfunktion für θ, da XGX^{T} in $\hat{\boldsymbol{\theta}} = XGX^{\mathrm{T}}\boldsymbol{\beta}^*$ von der Wahl von G unabhängig ist. Für die weiteren Überlegungen wird der Begriff der schätzbaren Funktion benötigt.

Definition 4.4

Eine lineare Funktion $q^{\mathrm{T}}\beta$ eines Parametervektors β heißt schätzbar, wenn sie gleich wenigstens einer linearen Funktion $p^{\mathrm{T}}E(\boldsymbol{Y})$ des Erwartungswertvektors der Zufallsvariablen $\boldsymbol{Y}$ in der Modellgleichung

$$\boldsymbol{Y} = X\beta + \boldsymbol{e}$$

ist.

Satz 4.11

Gegeben sei eine Zufallsvariable $\boldsymbol{Y}$, für die die Modellgleichung $\boldsymbol{Y} = X\beta + \boldsymbol{e}$ mit einer $(n \times p)$-Matrix X gilt. Dann folgt:

a) Der Erwartungswert jeder Komponente von $\boldsymbol{Y}$ ist schätzbar.
b) Sind $q_j^{\mathrm{T}}\beta\,(j = 1, \ldots, k)$ schätzbare Funktionen, so ist auch $L = \sum_{j=1}^{k} c_j q_j^{\mathrm{T}}\beta$ eine schätzbare Funktion (c_j reell).
c) Die Funktion $q^{\mathrm{T}}\beta$ ist genau dann schätzbar, wenn q^{T} in der Form $q^{\mathrm{T}} = p^{\mathrm{T}}X$ mit einem gewissen p geschrieben werden kann.
d) Ist $q^{\mathrm{T}}\beta$ schätzbar, so ist $q^{\mathrm{T}}\beta^*$ von der speziellen Lösung β^* von (4.32) unabhängig.
e) Die BLES einer schätzbaren Funktion $q^{\mathrm{T}}\beta$ ist $\widehat{\boldsymbol{q}^{\mathrm{T}}\boldsymbol{\beta}} = \boldsymbol{q}^{\mathrm{T}}\boldsymbol{\beta}^*$ mit $\boldsymbol{\beta}^*$ aus (4.32).

Beweis:

a) Wählt man für p in $p^{\mathrm{T}}E(\boldsymbol{Y})$ den i-ten Einheitsvektor, so ist $E(\boldsymbol{y}_i) = p^{\mathrm{T}}E(\boldsymbol{Y})$ und damit schätzbar.
b) Aus $q_j^{\mathrm{T}}\beta = p_j^{\mathrm{T}}E(\boldsymbol{Y})$ folgt $L = \sum_{j=1}^{k} c_j p_j^{\mathrm{T}}E(\boldsymbol{Y}) = p^{\mathrm{T}}E(\boldsymbol{Y})$ mit $p = L = \sum_{j=1}^{k} c_j p_j^{\mathrm{T}}$.
c) Aus $E(\boldsymbol{Y}) = X\beta$ und $q^{\mathrm{T}}\beta = p^{\mathrm{T}}E(\boldsymbol{Y})$ folgt $q^{\mathrm{T}}\beta = p^{\mathrm{T}}X\beta$. Da die Schätzbarkeit eine von β unabhängige Eigenschaft ist, muss diese Beziehung für alle β erfüllt sein, sodass $q^{\mathrm{T}} = p^{\mathrm{T}}X$ gilt. Ist andererseits $q^{\mathrm{T}} = p^{\mathrm{T}}X$, so folgt sofort, dass $q^{\mathrm{T}}\beta$ schätzbar ist.
d) Es ist $q^{\mathrm{T}}\beta^* = p^{\mathrm{T}}X\beta^* = p^{\mathrm{T}}XGX^{\mathrm{T}}Y$. Da XGX^{T} invariant bezüglich der Wahl von G ist, ist $q^{\mathrm{T}}\beta^*$ invariant gegenüber der Wahl von β^* als Lösung von (4.32).

e) Aus (4.32) folgt, dass $q^T\beta^*$ linear in Y ist und ferner

$$E(q^T\boldsymbol{\beta}^*) = q^T E(GX^T\boldsymbol{Y}) = q^T GX^T E(\boldsymbol{Y})$$

gilt. Da wegen $\boldsymbol{Y} = X\beta + \boldsymbol{e}$ die Beziehung $E(\boldsymbol{Y}) = X\beta$ gilt, erhalten wir

$$E(q^T\boldsymbol{\beta}^*) = q^T GX^T X\beta$$

Wegen c) können wir $q^T = p^T X$ setzen, sodass $E(q^T\boldsymbol{\beta}^*) = p^T XGX^T\beta$ wird, und daraus folgt wegen $XGX^T X = X$ die Behauptung der Erwartungstreue. Das Ergebnis $q^T GX^T X = q^T$ benötigen wir gleich noch einmal in der Form $q = X^T XG^T q$. Die Varianz var($\boldsymbol{\beta}^*$) lautet

$$\text{var}(\boldsymbol{\beta}^*) = \text{var}(GX^T\boldsymbol{Y}) = GX^T\,\text{var}(\boldsymbol{Y})XG^T = GX^T XG^T\sigma^2$$

Daher ist

$$\text{var}(q^T\boldsymbol{\beta}^*) = q^T GX^T XG^T q\sigma^2 = \underbrace{q^T GX^T X}_{q^T}\, G\underbrace{X^T XG^T q}_{q}\,\sigma^2 = q^T Gq\sigma^2$$

Wir müssen zeigen, dass diese Varianz durch die Varianz beliebiger Linearkombinationen $c^T\boldsymbol{Y}$ von $\boldsymbol{Y}$ mit $E(c^T\boldsymbol{Y}) = q^T\beta$ nicht unterschritten werden kann. Aus der Erwartungstreue folgt wegen $c^T E(\boldsymbol{Y}) = c^T X\beta$ die Beziehung $c^T X = q^T$. Nun ergibt sich

$$\text{cov}(q^T\boldsymbol{\beta}^*, \boldsymbol{c}^T\boldsymbol{Y}) = q^T GX^T XG^T q\sigma^2 = q^T Gq\sigma^2$$

und

$$\begin{aligned}\text{var}(q^T\boldsymbol{\beta}^* - c^T\boldsymbol{Y}) &= \text{var}(q^T\boldsymbol{\beta}^*) + \text{var}(c^T\boldsymbol{Y}) - 2\,\text{cov}(q^T\boldsymbol{\beta}^*, c^T\boldsymbol{Y})\\ &= \text{var}(c^T\boldsymbol{Y}) - q^T Gq\sigma^2 = \text{var}(c^T\boldsymbol{Y}) - \text{var}(q^T\boldsymbol{\beta}^*)\end{aligned}$$

Da $\text{var}(q^T\boldsymbol{\beta}^* - c^T\boldsymbol{Y})$ nichtnegativ ist, folgt $\text{var}(c^T\boldsymbol{Y}) \geq \text{var}(q^T\boldsymbol{\beta}^*)$. Damit ist die Schätzung von $q^T\beta$ eine BLES.

Im Zusammenhang mit der Schätzbarkeit einer Linearkombination von θ steht die Definition der Prüfbarkeit einer Hypothese.

Definition 4.5
Eine Hypothese $H\colon K^T\beta = a$ mit β aus $\boldsymbol{Y} = X\beta + \boldsymbol{e}$ heißt prüfbar, falls mit $K = (k_1, \ldots, k_q)$ und $K^T\beta = \{k_i^T\beta\}$ die $k_i^T\beta$ für alle i schätzbare Funktionen sind, d. h., wenn K^T durch $P^T X$ darstellbar ist.

Aus der Tatsache, dass eine Hypothese prüfbar ist, folgt, dass $K^T\beta^* = a$ invariant gegenüber der Wahl einer speziellen Lösung der Normalgleichungen (4.32) ist.

Wir wollen nun die Prüfzahl für eine prüfbare Nullhypothese $H_0\colon K^T\beta = a$ angeben. Wir wissen, dass $K^T\beta^*$ eine bezüglich β^* invariante Schätzfunktion für $K^{\mathrm{T}}\beta$ ist, die erwartungstreu ist, denn es gilt (wegen $X = XGX^{\mathrm{T}}X$)

$$\begin{aligned} E(K^{\mathrm{T}}\boldsymbol{\beta}^*) &= K^{\mathrm{T}}E(\boldsymbol{\beta}^*) = K^{\mathrm{T}}GX^{\mathrm{T}}E(\boldsymbol{Y}) = K^{\mathrm{T}}GX^{\mathrm{T}}X\beta \\ &= P^{\mathrm{T}}XGX^{\mathrm{T}}X\beta = P^{\mathrm{T}}X\beta = K^{\mathrm{T}}\beta \quad (P = (p_1, \dots, p_q)) \end{aligned}$$

Wir können nun ähnlich wie in Beispiel 4.3 eine Prüfzahl für die Hypothese $K^{\mathrm{T}}\beta = a$ ableiten, wobei $\boldsymbol{Y}$ wieder als nach $N(X\beta, \sigma^2 E_N)$ verteilt vorausgesetzt wird. Alle Umformungen, die zu (4.31) führen, bleiben gültig, anstelle von $(X^{\mathrm{T}}X)^{-1}$ muss jetzt G treten. Dann hat (4.31) die Form

$$\boldsymbol{F} = \frac{(\boldsymbol{Y} - XK(K^{\mathrm{T}}K)^{-1}a)^{\mathrm{T}}XGK[K^{\mathrm{T}}GK]^{-1}K^{\mathrm{T}}GX^{\mathrm{T}}(\boldsymbol{Y} - XK(K^{\mathrm{T}}K)^{-1}a)}{(\boldsymbol{Y} - XK(K^{\mathrm{T}}K)^{-1}a)^{\mathrm{T}}(E_n - XGX^{\mathrm{T}})(\boldsymbol{Y} - XK(K^{\mathrm{T}}K)^{-1}a)} \cdot \frac{n-p}{q}$$

Es ist nur zu zeigen, dass $T^{\mathrm{T}}T = K^{\mathrm{T}}GX^{\mathrm{T}}XG^{\mathrm{T}}K = K^{\mathrm{T}}GK$ ist. Das folgt aber wegen $K^{\mathrm{T}} = P^{\mathrm{T}}X$ und $X = XGX^{\mathrm{T}}X$ bzw. aus $X^{\mathrm{T}} = X^{\mathrm{T}}XG^{\mathrm{T}}X^{\mathrm{T}}$:

$$K^{\mathrm{T}}GX^{\mathrm{T}}XG^{\mathrm{T}}K = P^{\mathrm{T}}XGX^{\mathrm{T}}XG^{\mathrm{T}}X^{\mathrm{T}}P = P^{\mathrm{T}}XGX^{\mathrm{T}}P = K^{\mathrm{T}}GK$$

Der Zähler von $\boldsymbol{F}$ lässt sich wegen

$$\begin{aligned} a &= K^{\mathrm{T}}K(K^{\mathrm{T}}K)^{-1}a = P^{\mathrm{T}}XK(K^{\mathrm{T}}K)^{-1}a = P^{\mathrm{T}}XGX^{\mathrm{T}}XK(K^{\mathrm{T}}K)^{-1}a \\ &= K^{\mathrm{T}}GX^{\mathrm{T}}XK(K^{\mathrm{T}}K)^{-1}a \end{aligned}$$

in der Form $(K^{\mathrm{T}}\boldsymbol{\beta}^* - a)^{\mathrm{T}}(K^{\mathrm{T}}GK)^{-1}(K^{\mathrm{T}}\boldsymbol{\beta}^* - a)$ schreiben. Damit wird die Prüfzahl der prüfbaren Hypothese $K^{\mathrm{T}}\beta = a$ zu

$$\boldsymbol{F} = \frac{(K^{\mathrm{T}}\boldsymbol{\beta}^* - a)^{\mathrm{T}}(K^{\mathrm{T}}GK)^{-1}(K^{\mathrm{T}}\boldsymbol{\beta}^* - a)}{\boldsymbol{Y}^{\mathrm{T}}(E_n - XGX^{\mathrm{T}})\boldsymbol{Y}} \cdot \frac{n-p}{p} \tag{4.33}$$

da $X^{\mathrm{T}}(E_n - XGX^{\mathrm{T}}) = 0$ gilt.

Nach Satz 4.7 ist $\boldsymbol{F}$ in (4.33) nach $F(q, n-p, \lambda)$ mit q und $n-p$ Freiheitsgraden nichtzentral F-verteilt. Der Nichtzentralitätsparameter ist

$$\lambda = \frac{1}{\sigma^2}(K^{\mathrm{T}}\beta - a)^{\mathrm{T}}(K^{\mathrm{T}}GK)^{-1}(K^{\mathrm{T}}\beta - a)$$

Bei Gültigkeit von H_0: $K^{\mathrm{T}}\beta = a$ ist $\lambda = 0$.

Beispiel 4.5 Kovarianzanalyse

Häufig kommt es vor, dass die Matrix X des Beispiels 4.4 einige linear unabhängige Spalten enthält, sodass X in der Form $X = (W, Z)$ dargestellt werden kann, in der W eine $(n \times s)$-Matrix vom Rang $r < s$ und Z eine $(n \times k)$-Matrix vom Rang k ist. Mit $\beta = \binom{\alpha}{\gamma}$ kann (4.1) dann in der Form

$$\boldsymbol{Y} = W\alpha + Z\gamma + \boldsymbol{e} \tag{4.34}$$

geschrieben werden.

Der Parameterraum Ω ist der Rangraum von X, d. h. $\Omega = R[X]$. Ist $R[W] \cap R[Z] = \{0\}$, so ist Ω gleich der direkten Summe $R[W] \oplus R[Z]$.

Im Folgenden wird die Unabhängigkeit der Spaltenvektoren von W einerseits und Z andererseits vorausgesetzt.

Die Modellgleichung (4.34) kann als Mischung der Modellgleichungen der Beispiele 4.3 und 4.4, selbstverständlich aber auch als Spezialfall von Beispiel 4.4 betrachtet werden. Aus (4.32) erhalten wir

$$X^{\mathrm{T}}X\beta^* = \begin{pmatrix} W^{\mathrm{T}}W & W^{\mathrm{T}}Z \\ Z^{\mathrm{T}}W & Z^{\mathrm{T}}Z \end{pmatrix} \begin{pmatrix} \alpha^* \\ \gamma^* \end{pmatrix} = \begin{pmatrix} W^{\mathrm{T}}Y \\ Z^{\mathrm{T}}Y \end{pmatrix} \tag{4.35}$$

Ist G_W eine verallgemeinerte Inverse von $W^{\mathrm{T}}W$ und G eine verallgemeinerte Inverse von $Z^{\mathrm{T}}(E_n - WG_W W^{\mathrm{T}})Z$, so erhält man α^* und γ^* aus (4.35) zu

$$\alpha^* = G_w(W^{\mathrm{T}}Y - W^{\mathrm{T}}Z\gamma^*) = G_w W^{\mathrm{T}}Y - G_w W^{\mathrm{T}}Z\gamma^* = \alpha_0^* - G_w W^{\mathrm{T}}Z\gamma^*$$

und

$$\gamma^* = GZ^{\mathrm{T}}(E_n - WG_W W^{\mathrm{T}})Y$$

Hierbei bezeichnet α_0^* eine Lösung der Normalgleichung (4.32) für den Fall $\gamma = 0$.

Da $S = E_n - WG_W W^{\mathrm{T}}$ idempotent ist, haben SZ und $Z^{\mathrm{T}}SZ = Z^{\mathrm{T}}SSZ$ den gleichen Rang. Da die Spalten von W keine Linearkombinationen der Spalten von Z sein sollen, ist $\mathrm{Rg}(SZ) = \mathrm{Rg}(Z)$, sodass $(Z^{\mathrm{T}}SZ)^{-1}$ existiert, und damit ist

$$\gamma^* = (Z^{\mathrm{T}}SZ)^{-1}Z^{\mathrm{T}}SY = \hat{\gamma}$$

Folglich ist $\gamma^* = \hat{\gamma}$ (zusammen mit dem entsprechenden α^*) nicht nur eine Lösung von (4.35), sondern die eindeutige Lösung und damit ist $\hat{\boldsymbol{\gamma}}$ eine Schätzfunktion für γ. Wir sehen, dass γ schätzbar ist, außerdem ist $q^{\mathrm{T}}\alpha$ stets schätzbar, wenn es in einem Modell mit $\gamma = 0$ schätzbar ist. Aus der Formel $\hat{\boldsymbol{\gamma}} = (Z^{\mathrm{T}}SSZ)^{-1}Z^{\mathrm{T}}S\boldsymbol{Y}$ folgt, dass $\hat{\boldsymbol{\gamma}}$ die MKS von γ im Modell $\boldsymbol{Y} = SZ\gamma + \boldsymbol{e}$ ist.

Wir wollen eine Prüfzahl für den Test der Hypothese $H_0\colon \gamma = 0$ ableiten. Setzen wir $\theta = W\alpha + Z\gamma$, so ist in (4.1) Ω ein Parameterraum von der Dimension

$$p = \mathrm{Rg}(W) + \mathrm{Rg}(Z) = r + k$$

Der linearen Hypothese $H_0\colon \gamma = 0$ entspricht der Parameterraum ω, dessen Dimension $p - q = \mathrm{Rg}(W) = r$ ist. Damit ist die Hypothese $H_0\colon \gamma = 0$ mithilfe der Prüfzahl (4.18) testbar. Es sei A die Matrix der orthogonalen Projektion des R^n auf Ω, B die der orthogonalen Projektion des R^n auf ω. Da $\Omega \cap \omega^{\perp} = R\,[(E_n - B)Z]$ gilt und $R[Z] \cap \omega = \{0\}$ ist, wird

$$A - B = (E_n - B)Z(Z^{\mathrm{T}}(E_n - B)Z)^{-1}Z^{\mathrm{T}}(E_n - B) = SZ(Z^{\mathrm{T}}SZ)^{-1}Z^{\mathrm{T}}S$$

Hieraus folgt $\boldsymbol{Y}^{\mathrm{T}}(A - B)\boldsymbol{Y} = \hat{\boldsymbol{\gamma}}^{\mathrm{T}}Z^{\mathrm{T}}S\boldsymbol{Y}$ bzw. $\boldsymbol{Y}^{\mathrm{T}}(E_n - A)\boldsymbol{Y} = \boldsymbol{Y}^{\mathrm{T}}(E_n - B)\boldsymbol{Y} - \hat{\boldsymbol{\gamma}}^{\mathrm{T}}Z^{\mathrm{T}}S\boldsymbol{Y}$. Damit wird der Test der Hypothese $H_0\colon \gamma = 0$ mit der Prüfzahl

$$\boldsymbol{F} = \frac{\hat{\boldsymbol{\gamma}}^{\mathrm{T}}Z^{\mathrm{T}}S\boldsymbol{Y}}{\boldsymbol{Y}^{\mathrm{T}}(E_n - B)\boldsymbol{Y} - \hat{\boldsymbol{\gamma}}^{\mathrm{T}}Z^{\mathrm{T}}S\boldsymbol{Y}} \cdot \frac{n - r - k}{k} \tag{4.36}$$

durchgeführt. $\boldsymbol{F}$ ist mit k und $n-r-k$ Freiheitsgraden zentral F verteilt, falls H_0 richtig ist.

Soll die Hypothese $K\alpha^{\mathrm{T}} = a$ mit der schätzbaren Funktion $K^{\mathrm{T}}\alpha$ getestet werden, so verwendet man die Prüfzahl $\boldsymbol{F}$ wie in Beispiel 4.4.

4.1.6 Die verallgemeinerte Methode der kleinsten Quadrate (VMKQ)

Mitunter kennt man die Varianz $V = \mathrm{var}(\boldsymbol{e})$ auch für den Fall, dass $V \neq E_n$, aber positiv definit ist. Zwar wurde im Anschluss an Definition 4.1 gezeigt, dass man die Theorie o. B. d. A. für $V = E_n$ entwickeln kann, aber mitunter sind Schätzformeln für beliebige positiv definite Matrizen sehr nützlich. Wir verwenden die im Anschluss an Definition 4.1 eingeführten Bezeichnungen.

Schreiben wir (4.2) mit $V = P^{\mathrm{T}}P$ und $Z = (P^{\mathrm{T}})^{-1}Y, \lambda = (P^{\mathrm{T}})^{-1}\theta, \hat{\lambda} = (P^{\mathrm{T}})^{-1}\hat{\theta}$, wobei $\Omega^* = (P^{\mathrm{T}})^{-1}\Omega$ gesetzt wird, so gilt

$$\|Z - \hat{\lambda}\|^2 = \inf_{\lambda \in \Omega^*} \|Z - \lambda\|^2$$

bzw.

$$\begin{aligned}\|Z - \hat{\lambda}\|^2 &= ((P^{\mathrm{T}})^{-1}Y - (P^{\mathrm{T}})^{-1}\hat{\theta})^{\mathrm{T}}((P^{\mathrm{T}})^{-1}Y - (P^{\mathrm{T}})^{-1}\hat{\theta}) \\ &= (Y - \hat{\theta})^{\mathrm{T}}P^{-1}(P^{\mathrm{T}})^{-1}(Y - \hat{\theta}) = (Y - \hat{\theta})^{\mathrm{T}}V^{-1}(Y - \hat{\theta})\end{aligned}$$

Da analog zu (4.4) $\hat{\lambda} = BZ$ mit einer idempotenten Matrix B vom Rang p ist, folgt aus $(P^{\mathrm{T}})^{-1}\theta = B(P^{\mathrm{T}})^{-1}Y$ nach Multiplikation beider Seiten mit P^{T}

$$\hat{\theta} = P^{\mathrm{T}}B(P^{\mathrm{T}})^{-1}Y \tag{4.37}$$

und $\hat{\theta}$ ist von der Form (4.4) mit $A = P^{\mathrm{T}}B(P^{\mathrm{T}})^{-1}$.

Betrachten wir den Fall von Beispiel 4.3 ($\hat{\theta} = X\beta, \mathrm{Rg}(X) = p$), so wird $\lambda = (P^{\mathrm{T}})^{-1}X\beta = X^*\beta$, und analog zur Ableitung von Beispiel 4.3 erhalten wir

$$B = X^*(X^{*\mathrm{T}}X^*)^{-1}X^{*\mathrm{T}} = (P^{\mathrm{T}})^{-1}X(X^{\mathrm{T}}P^{-1}(P^{\mathrm{T}})^{-1}X)^{-1}X^{\mathrm{T}}P^{-1}$$

und damit nach Übergang zu Zufallsvariablen

$$\hat{\boldsymbol{\beta}} = (X^{\mathrm{T}}V^{-1}X)^{-1}X^{\mathrm{T}}V^{-1}\boldsymbol{Y} \tag{4.38}$$

Ist V unbekannt, so wird (4.38) oft auch mit der Schätzung $\hat{\boldsymbol{V}}$ anstelle von V verwendet, d. h., wir schätzen β durch die GVES

$$\hat{\boldsymbol{\beta}} = (X^{\mathrm{T}}\hat{\boldsymbol{V}}^{-1}X)^{-1}X^{\mathrm{T}}\hat{\boldsymbol{V}}^{-1}\boldsymbol{Y} \tag{4.39}$$

Dabei ist $\hat{\boldsymbol{V}}$ die geschätzte Kovarianzmatrix von $\boldsymbol{Y}$. Wenn die Struktur von X das erlaubt (mehrfache Messungen an den einzelnen Messstellen), wird V aus den Beobachtungswerten, die zur Schätzung von β benutzt werden, geschätzt. In (4.39) ist $\hat{\boldsymbol{\beta}}$ weder linear noch erwartungstreu.

4.2 Lineare Modelle mit zufälligen Effekten – gemischte Modelle

Ist in Modellgleichung (4.1) wenigstens eine Komponente von θ zufällig und wenigstens eine Komponente ein unbekannter fester Parameter, so wird das entsprechende lineare Modell ein gemischtes Modell genannt. Die Theorie der gemischten Modelle konnte bisher nicht so einheitlich und geschlossen aufgebaut werden wie die Theorie der linearen Modelle mit festen Effekten. Das liegt nicht zuletzt auch an der Vielfalt der Modelle. Wenn wir uns θ so geordnet denken, dass $\boldsymbol{\theta}^{\mathrm{T}} = (\theta_1^{\mathrm{T}}, \boldsymbol{\theta}_2^{\mathrm{T}})$ mit dem unbekannten Parametervektor θ_1 und dem Zufallsvektor $\boldsymbol{\theta}_2$ geschrieben werden kann, so können wir die Matrix X und den Vektor β in (4.26) analog unterteilen und erhalten mit $X = (X_1, X_2)$, $\beta^{\mathrm{T}} = (\beta_{1,}^{\mathrm{T}} \beta_2^{\mathrm{T}})$, der $(n \times p_1)$-Matrix X_1, der $(n \times p_2)$-Matrix X_2 und $p_1 + p_2 = p$ folgende mögliche Modelle:

$$\boldsymbol{Y} = X_1\beta_1 + \boldsymbol{X}_2\beta_2 + \boldsymbol{e} \tag{4.40}$$

$$\boldsymbol{Y} = X_1\beta_1 + X_2\boldsymbol{\beta}_2 + \boldsymbol{e} \tag{4.41}$$

$$\boldsymbol{Y} = X_1\beta_1 + \boldsymbol{X}_2\boldsymbol{\beta}_2 + \boldsymbol{e} \tag{4.42}$$

Die drei Modelle enthalten das lineare Modell von Abschn. 4.1 für $p_2 = 0$ als Spezialfall. Ist $X_1\beta_1 = \mu e_N$ (μ reell), so werden die Modelle (4.40) bis (4.42) als Modell II bezeichnet. Alle anderen möglichen Modelle mit $p_2 > 0$ heißen gemischte Modelle (im engeren Sinne).

Entsprechend den speziellen Modellen in Abschn. 4.1.5 sind folgende Bezeichnungen üblich (nach dem Modellnamen folgt in Klammern die Nummer des Kapitels, in dem das Modell behandelt wird; um die Übersichtlichkeit zu gewährleisten, wurden die Modelle der Kovarianzanalyse nicht mit angegeben):

- Modell I der Regressionsanalyse (8): (4.40) mit $\mathrm{Rg}(X_1) = p_1 = p$, $p_2 = 0$.
- Modell II der Regressionsanalyse (8): (4.40) mit $X_1\beta_1 = \beta_0 e_N$ (β_0 reell), $(\boldsymbol{Y}_i, \boldsymbol{X}_{i,p_1+1}, \dots, \boldsymbol{X}_{ip})$ nichtsingulär $(p_2 + 1)$-dimensional verteilt, $p_2 \geq 1$.
- Gemischtes Modell der Regressionsanalyse (8): (4.40) mit $\mathrm{Rg}(X_1) = p_1 > 1$, $(\boldsymbol{Y}_i, X_{i,p_1+1}, \dots, X_{ip})$ nichtsingulär $(p_2 + 1)$-dimensional verteilt, $p_2 \geq 1$.
- Regressionsmodell I mit zufälligen Regressoren (8): (4.41) mit $\beta_1 = 0$ $(p_1 = 0)$, $\mathrm{Rg}(X_2) = p$ bzw. mit $X_1\beta_1 = \beta_0 e_N$ (β_0 reell), $\mathrm{Rg}(X_2) = p - 1$.
- Modell I der Varianzanalyse (5): (4.41) mit $X_2 = 0$ (d. h. mit $p = p_1$), $\mathrm{Rg}(X_1) < p$.
- Modell II der Varianzanalyse (6): (4.41) mit $X_1\beta_1 = \mu e_N$ (μ reell), $\mathrm{Rg}(X_2) < p - 1$.
- Gemischtes Modell der Varianzanalyse (7): (4.41) mit $p_1 > 1$, $\mathrm{Rg}(X_1) < p_1$, $p_2 \geq 1$, $\mathrm{Rg}(X_2) < p_2$.

Diese Liste enthält nicht alle möglichen, sondern nur die in der Literatur unter obigen Namen beschriebenen Modelle.

In den gemischten Modellen treten einige Probleme auf, die in den vorhergehenden Kapiteln nur kurz oder noch gar nicht behandelt wurden. Das betrifft die

Schätzung von Varianzkomponenten und die optimale Vorhersage von Zufallsgrößen. In den gemischten Modellen (4.40) und (4.41) treten folgende Aufgabenstellungen auf:

- Schätzung von β_1
- Vorhersage von $\boldsymbol{X}_2$ bzw. $\boldsymbol{\beta}_2$
- Schätzung von $\mathrm{var}(\boldsymbol{\beta}_2)$

Die Schätzung von β_1 kann prinzipiell mit den in Abschn. 4.1 beschriebenen Methoden erfolgen – es gibt jedoch auch Verfahren, β_1 und $\mathrm{var}(\boldsymbol{\beta}_2)$ gemeinsam optimal zu schätzen, wobei eine kombinierte Verlustfunktion zugrunde gelegt wird. Vorhersagemethoden werden in Abschn. 4.2.1 kurz diskutiert, Methoden zur Schätzung speziell strukturierter Varianzmatrizen $\mathrm{var}(\boldsymbol{\beta}_2)$ bilden den Gegenstand von Abschn. 4.2.2.

4.2.1 Beste lineare erwartungstreue Vorhersage (BLEV)

Wir führen hier einen neuen Begriff, den der Vorhersage, ein.

Definition 4.6
Gegeben sei Modellgleichung (4.41) mit $E(\boldsymbol{e}) = 0_N$, $V = \mathrm{var}(\boldsymbol{Y}|\boldsymbol{\beta}_2)$ sei positiv definit. Ferner sei $E(\boldsymbol{\beta}_2) = b_2$ und $\mathrm{var}(\boldsymbol{\beta}_2) = B$ (positiv definit), β_1 sei bekannt, $\mathrm{cov}(\boldsymbol{e}, \boldsymbol{\beta}_2) = 0_{N,p_2}$. Eine lineare Funktion in $\boldsymbol{Y}$ der Form

$$\boldsymbol{L} = a^{\mathrm{T}}(\boldsymbol{Y} - X_1\beta_1) \quad (a = (a_1, \dots, a_N)^{\mathrm{T}}, a_i \text{ reell}) \tag{4.43}$$

heißt erwartungstreue Vorhersage oder kurz $\boldsymbol{L}$ aus D_{EV}, falls

$$E[\boldsymbol{K} - \boldsymbol{L}] = 0 \tag{4.44}$$

gilt, und sie heißt beste lineare erwartungstreue Vorhersage oder kurz BLEV von $\boldsymbol{K} = c^{\mathrm{T}}\boldsymbol{\beta}_2$ $[c^{\mathrm{T}} = (c_1, \dots, c_{p_2})]$, falls $\boldsymbol{L}$ aus D_{EV} ist und

$$\mathrm{var}[\boldsymbol{K} - \boldsymbol{L}] = \min_{L^* \in D_{EV}} \mathrm{var}[\boldsymbol{K} - \boldsymbol{L}^*] \tag{4.45}$$

für alle V, b_2, B und $X_1\beta_1$ ist.

Analog kann man auch BLEVs für Linearkombinationen der Elemente von $\boldsymbol{X}_2$ in Modellgleichung (4.40) definieren. Wir beschränken uns hier auf den Fall der Definition 4.6, da er für alle Modelle repräsentativ ist.

Satz 4.12
Die BLEV von $\boldsymbol{c}^{\mathrm{T}}\boldsymbol{\beta}_2 = \boldsymbol{K}$ (bei unbekanntem b_2) ist unter den Bedingungen von Definition 4.6 durch

$$\boldsymbol{L} = a^{\mathrm{T}}(\boldsymbol{Y} - X_1\beta_1)$$

mit

$$a = V^{-1}X_2(X_2^{\mathrm{T}}V^{-1}X_2)^{-1}c \tag{4.46}$$

gegeben, sofern D_{EV} mindestens ein Element enthält und $X_2^{\mathrm{T}}V^{-1}X_2$ positiv definit ist. Dann ist

$$\mathrm{var}(\boldsymbol{K} - \boldsymbol{L}) = c^{\mathrm{T}}(X_2^{\mathrm{T}}V^{-1}X_2)^{-1}c \tag{4.47}$$

Beweis: Zunächst zeigen wir, dass $\boldsymbol{L} \in D_{EV}$ ist, d. h., dass (4.44) gilt. Es ist nämlich

$$\begin{aligned} E[\boldsymbol{K} - \boldsymbol{L}] &= c^{\mathrm{T}}E(\boldsymbol{\beta}_2) - a^{\mathrm{T}}E(\boldsymbol{Y} - X_1\beta_1) = c^{\mathrm{T}}b_2 - a^{\mathrm{T}}X_2b_2 \\ &= c^{\mathrm{T}}b_2 - c^{\mathrm{T}}(X_2^{\mathrm{T}}V^{-1}X_2)^{-1}X_2^{\mathrm{T}}V^{-1}X_2b_2 = 0 \end{aligned}$$

Es sei $\boldsymbol{L}^* = a^{*\mathrm{T}}(\boldsymbol{Y} - X_1\beta_1)$ ein beliebiges Element aus D_{EV}, d. h., es gilt $X_2^{\mathrm{T}}a = X_2^{\mathrm{T}}a^* = c$. Nun ist

$$\begin{aligned} \mathrm{var}\left[c^{\mathrm{T}}\boldsymbol{\beta}_2 - a^{*\mathrm{T}}(\boldsymbol{Y} - X_1\beta_1)\right] &= \mathrm{var}\left[c^{\mathrm{T}}\boldsymbol{\beta}_2 - a^{*\mathrm{T}}\boldsymbol{Y}\right] \\ &= \mathrm{var}\left[c^{\mathrm{T}}\boldsymbol{\beta}_2 - a^{\mathrm{T}}\boldsymbol{Y} + a^{\mathrm{T}}\boldsymbol{Y} - a^{*\mathrm{T}}\boldsymbol{Y}\right] \end{aligned}$$

Da

$$\mathrm{var}(\boldsymbol{Y}) = E[\mathrm{var}(\boldsymbol{Y}) \mid \boldsymbol{\beta}_2] + \mathrm{var}[E(\boldsymbol{Y} \mid \boldsymbol{\beta}_2)] = V + X_2BX_2^{\mathrm{T}}$$

bzw. analog

$$\mathrm{cov}(\boldsymbol{Y}, c^{\mathrm{T}}\boldsymbol{\beta}_2) = E\left[\mathrm{cov}(\boldsymbol{Y}, c^{\mathrm{T}}\boldsymbol{\beta}_2 \mid \boldsymbol{\beta}_2)\right] + \mathrm{cov}\left[E(\boldsymbol{Y} \mid \boldsymbol{\beta}_2), c^{\mathrm{T}}\boldsymbol{\beta}_2\right] = X_2Bc$$

gilt, ergibt sich

$$\mathrm{cov}\left[c^{\mathrm{T}}\boldsymbol{\beta}_2 - a^{\mathrm{T}}\boldsymbol{Y}, a^{\mathrm{T}}\boldsymbol{Y} - a^{*\mathrm{T}}\boldsymbol{Y}\right] = (a - a^*)^{\mathrm{T}}X_2Bc - (a - a^*)^{\mathrm{T}}Va$$

Wegen $a^{\mathrm{T}}X_2 = a^{*\mathrm{T}}X_2 = c$ ist der erste Summand gleich 0, und mit a aus (4.46) wird der zweite Summand

$$(a - a^*)^{\mathrm{T}}VV^{-1}X_2(X_2^{\mathrm{T}}V^{-1}X_2)^{-1}c = (a - a^*)^{\mathrm{T}}X_2(X_2^{\mathrm{T}}V^{-1}X_2)^{-1}c$$

ebenfalls 0. Damit ist

$$\mathrm{var}\left[c^{\mathrm{T}}\boldsymbol{\beta}_2 - a^{*\mathrm{T}}\boldsymbol{Y}\right] = \mathrm{var}\left[c^{\mathrm{T}}\boldsymbol{\beta}_2 - a^{\mathrm{T}}\boldsymbol{Y}\right] + (a - a^*)^{\mathrm{T}}\,\mathrm{var}(\boldsymbol{Y})(a - a^*)$$

bzw.

$$\mathrm{var}\left[c^{\mathrm{T}}\boldsymbol{\beta}_2 - a^{*\mathrm{T}}\boldsymbol{Y}\right] \geq \mathrm{var}\left[c^{\mathrm{T}}\boldsymbol{\beta}_2 - a^{\mathrm{T}}\boldsymbol{Y}\right]$$

was zu beweisen war.

Die Gleichung (4.47) ergibt sich wegen

$$\begin{aligned} \mathrm{var}(\boldsymbol{K} - \boldsymbol{L}) &= \mathrm{var}(\boldsymbol{K}) + \mathrm{var}(\boldsymbol{L}) - 2\,\mathrm{cov}(\boldsymbol{K}, \boldsymbol{L}) \\ &= c^{\mathrm{T}}Bc + a^{\mathrm{T}}Va + a^{\mathrm{T}}X_2BX_2^{\mathrm{T}}a - 2c^{\mathrm{T}}BX_2^{\mathrm{T}}a = a^{\mathrm{T}}Va \end{aligned}$$

nach dem Einsetzen von a aus (4.46).

Praktische Anwendungen dieses Verfahrens sind Vorhersagen von Werten des Regressanden in der linearen Regression oder auch Vorhersagen von zufälligen Effekten in gemischten Modellen der Varianzanalyse bei der Zuchtwertbestimmung von Vatertieren, wobei $X\beta_1$ oft unbekannt ist, siehe hierzu Rasch und Herrendoerfer (1989).

4.2.2 Varianzkomponentenschätzung

In den Modellen des Typs (4.41) geht es oft darum, die Varianz $\text{var}(\boldsymbol{\beta}_2)$ von $\boldsymbol{\beta}_2$ zu schätzen, wenn $\text{Rg}(X_1) < p_1$, $\text{Rg}(X_2) < p_2$ ist. Ist $B = \text{var}(\boldsymbol{\beta}_2)$ eine Diagonalmatrix, so nennt man die Diagonalelemente Varianzkomponenten, auch der Faktor σ^2 von $\text{var}(\boldsymbol{e}) = \sigma^2 E_N$ wird Varianzkomponente des Restes (des Fehlers) genannt und ist ebenfalls zu schätzen. Es gibt gute Gründe, sich auf sogenannte quadratische Schätzfunktionen zu beschränken.

Definition 4.7
Es sei $\boldsymbol{Y}$ ein Zufallsvektor, der der Modellgleichung (4.41) genügt, und $\text{var}(\boldsymbol{\beta}_2) = B$ eine Diagonalmatrix mit den Diagonalelementen $\sigma_j^2 (j = 1, \dots, p_2)$. Ferner sei $\sigma^2 = \sigma_0^2$ und $\text{cov}(\boldsymbol{\beta}_2, \boldsymbol{e}) = 0$. Die Zufallsgröße $\boldsymbol{Q} = \boldsymbol{Y}^{\text{T}} A \boldsymbol{Y}$ heißt quadratische Schätzfunktion bezüglich einer Linearkombination $W = \sum_{i=0}^{p_2} c_i \sigma_i^2$. Sie heißt quadratisch erwartungstreue Schätzfunktion bezüglich W, wenn $E(\boldsymbol{Q}) = W$ ist. $\boldsymbol{Q}$ heißt invariante quadratische Schätzfunktion, falls

$$\boldsymbol{Q} = \boldsymbol{Y}^{\text{T}} A \boldsymbol{Y} = (\boldsymbol{Y} - X_1 \beta_1)^{\text{T}} A (\boldsymbol{Y} - X_1 \beta_1) \tag{4.48}$$

(d. h., falls $AX_1 = 0$) gilt. Ferner heißt eine quadratische Schätzfunktionen $\boldsymbol{Q}$ von minimaler Norm, falls mit $C = \text{diag}(c)$, $c^{\text{T}} = (c_0, c_1, \dots, c_{p_2})$ eine beliebige Matrixnorm

$$|||C - X_2^{\text{T}} A X_2||| = |||D|||$$

mit der Matrix A aus $\boldsymbol{Q}$ minimal wird. Üblicherweise wird die euklidische Norm verwendet. Rao (1970, 1971a,b,c) führte für Schätzfunktionen, die invariant, erwartungstreu und von minimaler Norm sind, den Begriff MINQUE (**m**inimum **n**orm **q**uadratic **u**nbiased **e**stimator) ein.

Über derartige Schätzfunktionen gibt es zahlreiche Arbeiten. Für spezielle Modelle der Varianzanalyse findet man Schätzmethoden in den Kapiteln 6 und 7. Hier folgen einige Literaturhinweise zur allgemeinen Theorie.

In vielen Fällen, in denen W positiv ist, möchte man (entsprechend der Definition einer Schätzfunktion als Abbildung in den Parameterraum) keine negativen Schätzwerte zulassen.

Schätzprinzipien wie MINQUE, die Varianzanalysemethode, die in Kapitel 6 beschrieben wird, und die Maximum-Likelihood-Methode bzw. die modifizierte Maximum-Likelihood-Schätzung (REML = restricted maximum likelihood) bei normalverteilten $\boldsymbol{Y}$ haben eine positive Wahrscheinlichkeit für das Auftreten negativer Schätzwerte Verdooren (1980, 1988).

Möglichkeiten, nichtnegative erwartungstreue Schätzwerte zu garantieren, beschreibt z. B. Pukelsheim (1981) in einer Übersichtsarbeit, wo er eine hinreichende Bedingung für die Existenz entsprechender Schätzfunktionen nach dem MINQUE-Prinzip angibt; siehe auch Verdooren (1988).

Eine erste Arbeit über Methoden der Varianzkomponentenschätzung stammt von Henderson (1953). Anderson *et al.* (1984) beschreiben optimale Varianzkomponentenschätzungen bei beliebigem Exzess der Verteilung von $\boldsymbol{e}$.

Einen guten Überblick über den Stand der Entwicklung auf dem Gebiet der Varianzkomponentenschätzung geben die Bücher von Sarhai und Ojeda (2004, 2005).

4.3 Übungsaufgaben

Aufgabe 4.1

Beweisen Sie, dass für einen Parametervektor θ aus einem p-dimensionalen Teilraum Ω des R^n die Bedingung $C^{\mathrm{T}}\,\theta = 0_{n-p}$ den $(n-p)$-dimensionalen orthogonalen Raum zu Ω definiert.

Aufgabe 4.2

Man zeige, dass Lösungen β^* der Normalgleichungen $X^{\mathrm{T}}X\beta = X^{\mathrm{T}}Y$ ein Minimum ergeben, da die zweite Ableitung der entsprechenden quadratischen Norm $\|Y - X\beta\|^2$ eine positiv definite Matrix ist.

Aufgabe 4.3

Man zeige, dass mit einer verallgemeinerten Inversen G von $X^{\mathrm{T}}X$ die Beziehung $X = XGX^{\mathrm{T}}X$ gilt.

Aufgabe 4.4

Zeigen Sie, dass mit einer verallgemeinerten Inversen G von $X^{\mathrm{T}}X$ die Beziehung $X^{\mathrm{T}}(E_n - XGX^{\mathrm{T}}) = 0$ gilt.

Aufgabe 4.5

Zeigen Sie, dass die Matrix A von

$$A\sigma^2 = \begin{pmatrix} \frac{\sigma^2}{n} & \cdots & \frac{\sigma^2}{n} \\ \vdots & & \vdots \\ \frac{\sigma^2}{n} & \cdots & \frac{\sigma^2}{n} \end{pmatrix}$$

idempotent vom Rang 1 ist.

Literatur

Anderson, R.D., Henderson, H.V., Pukelsheim, F. und Searle, S.R. (1984) Best estimation of variance components from balanced data with arbitrary kurtosis, *Math. Operationsforsch. Stat.*, **15**, 163–176.

Cochran, W.G. (1934) The distribution of quadratic forms in a normal system, with applications to the analysis of covariance, *Mathematical Proceedings of the Cambridge Philosophical Society* **30**, 178–191.

Henderson, C.R. (1953) Estimation of variance and covariance components, *Biometrics*, **9**, 226–252.

Pukelsheim, F. (1981) Linear models and convex geometry aspects of non-negative variance estimation, *Math. Operationsforsch. Stat.*, **12**, 271–286.

Rao, C.R. (1970) Estimation of heteroscedastic variances in linear models, *J. Am. Stat. Ass. Soc.*, **65**, 445–456.

Rao, C.R. (1971a) Estimation of variance and covariance components in linear models, *J. Am. Stat. Ass. Soc.*, **66**, 872–875.

Rao, C.R. (1971b) Minimum variance quadratic estimation of variance components, *J. Multivariate Anal.*, **1**, 257–275.

Rao, C.R. (1971c) Estimation of variance components – MINQUE theory, *J. Multivariate Anal.*, **1**, 257–275.

Rasch, D. und Herrendörfer, G (1989) *Handbuch der Populationsgenetik und Züchtungsmethodik*, Deutscher Landwirtschaftsverlag, Berlin.

Sarhai H. und Ojeda M.M. (2004) *Analysis of Variance for Random Models, Balanced Data*, Birkhäuser, Boston, Basel, Berlin.

Sarhai H. und Ojeda M.M. (2005) *Analysis of Variance for Random Models, Unbalanced Data*, Birkhäuser, Boston, Basel, Berlin.

Verdooren, L.R. (1980): On estimation of variance components, *Stat. Neerl.*, **34**, 83–106.

Verdooren, L. R. (1988) Exact tests and confidence intervals for ratio of variance components in unbalanced two- and three-stage nested designs, *Commun. Stat. – Theory Methods*, **17**, 1197–1230.

Witting, H. und Nölle, G. (1970) *Angewandte mathematische Statistik*, Teubner, Leipzig, Stuttgart.

5
Varianzanalyse – Modelle mit festen Effekten (Modell I der Varianzanalyse)

5.1
Einführung

Häufig will der Experimentator im Versuch klären, ob unterschiedliche Werte einer oder mehrerer Variablen unterschiedliche Wirkungen am Versuchsmaterial zeigen. Die untersuchten Variablen werden im Versuch meist *Faktoren*, ihre Werte Stufen der Faktoren genannt; diese Begriffe werden auch in diesem Kapitel verwendet. Will man die Effekte mehrerer Faktoren prüfen, so besteht die klassische Methode darin, immer nur einen Faktor variieren zu lassen und alle anderen Faktoren konstant zu halten. Um die Wirkung von p Faktoren zu prüfen, muss man p Versuche durchführen. Abgesehen davon, dass dieses Vorgehen sehr arbeitsaufwendig ist, kann es sein, dass die Wirkungen der einzelnen Stufen des untersuchten Faktors davon abhängen, auf welchen Stufen die übrigen Faktoren konstant gehalten wurden, d. h., dass Wechselwirkungen zwischen den Faktoren bestehen. Der englische Statistiker R.A. Fisher hat Versuchsanlagen empfohlen, in die gleichzeitig die Stufen aller zu untersuchenden Faktoren einbezogen werden. Für die statistische Auswertung der Versuchsergebnisse solcher Anlagen (man nennt sie faktorielle Versuche – siehe Kapitel 12) hat er ein statistisches Verfahren, die Varianzanalyse, entwickelt. Die erste Arbeit hierzu war die von Fisher und Mackenzie (1923), sie entstand im Zusammenhang mit der Auswertung von Feldversuchen an seiner Arbeitsstelle in Rothamsted Experimental Station in Harpenden (UK).

Die Varianzanalyse besteht im Wesentlichen darin, dass die Summe der Quadrate der Abweichungen der Beobachtungswerte vom Gesamtmittelwert des Versuches in Komponenten zerlegt wird, von denen jede einem speziellen Faktor oder dem Versuchsfehler zugeordnet ist, und dass gleichzeitig eine entsprechende Aufteilung der zu den Summen der Abweichungsquadrate gehörenden Freiheitsgrade erfolgt. Meist führt man die Varianzanalyse durch, um statistische Hypothesen zu prüfen (Modell I), häufig jedoch auch, um die Komponenten der Varianz der Beobachtungswerte zu schätzen, die den einzelnen Faktoren zugeordnet werden können (Modell II, vgl. Kapitel 6).

Die Varianzanalyse kann auf mehrere Probleme angewendet werden, denen mathematische Modelle entsprechen, die Modell I, Modell II bzw. gemischtes

Mathematische Statistik, 1. Auflage. Dieter Rasch und Dieter Schott.

Modell genannt werden. Die Problematik, die Modell I zugrunde liegt, ist folgende: Es wurden ganz spezielle Stufen der einzelnen Faktoren bewusst ausgewählt und in den Versuch einbezogen, weil gerade diese Stufen von praktischem Interesse sind. Das Ziel des Versuches ist es festzustellen, ob die mittleren Effekte der verschiedenen Stufen (bzw. Stufenkombinationen) signifikant oder zufällig voneinander abweichen. Die Versuchsfrage kann durch einen statistischen Test beantwortet werden, wenn bestimmte Voraussetzungen erfüllt sind. Die statistischen Schlüsse beziehen sich auf die speziell ausgewählten endlich vielen Faktorstufen. Dem Modell II der Varianzanalyse liegt folgende Fragestellung zugrunde: Die Stufen der Faktoren sind zufällige Stichproben aus der Gesamtheit der möglichen Stufen. Das Ziel des Versuches ist es, eine Aussage über die Gesamtheit der Stufen eines Faktors zu machen, indem der Anteil der Gesamtvarianz geschätzt wird, der auf die Variation der einzelnen Faktoren zurückzuführen ist, bzw. eine Hypothese über diese Varianzanteile geprüft wird.

Bei den Problemen, die zu Modell I führen, geht es um die Schätzung der Effekte und Wechselwirkungen der einzelnen Faktorstufen und um die Prüfung der Signifikanz dieser Effekte, während die Probleme, die zu Modell II führen, die Schätzung der Varianzkomponenten einzelner Faktoren oder Faktorenkombinationen und das Prüfen von Hypothesen bezüglich dieser Komponenten beinhalten. Die Schätzung von Varianzkomponenten wird in Kapitel 6 behandelt.

Wir geben auch Hinweise zur Planung des Versuchsumfanges.

Bemerkungen zu Programmpaketen

Obwohl wir für die Auswertung auch Beispielsrechnungen ohne Programmpakete anbieten, gehen wir doch davon aus, dass für praktische Auswertungen vorwiegend Programmpakete wie R, SPSS oder SAS benutzt werden. Wir geben daher auch eine kurze Übersicht über das Auswertungsprogramm IBM SPSS Statistik und hinsichtlich der Berechnung des minimalen Versuchsumfanges über das R-Paket OPDOE. IBM SPSS Statistik ist äußerst umfangreich und kostenpflichtig – Informationen dazu findet man unter www.ibm.com/software/de/analytics/spss/.

Mit dem Programm R (frei erhältlich unter CRAN: http://www.r-project.org) kann man sowohl die Auswertungen vornehmen als auch mithilfe von entsprechenden Zusatzpaketen Versuchsumfänge berechnen. Man muss zunächst einmal R installieren und starten. Nun muss man für die Versuchsplanung mit dem Befehl

```
install.packages("OPDOE")
```

das Paket OPDOE installieren (dabei werden automatisch weitere Pakete nachinstalliert) und anschließend mittels

```
library("OPDOE")
```

laden. Nun kann man z. B. für den Befehl `size.anova` mittels

```
help(size.anova)
```

die Erklärung zu seinen Ein- und Ausgangsparametern lesen und mit selbstgewählten Parametern aufrufen.

Definition 5.1
Wir gehen von einem Ansatz der Form

$$\boldsymbol{Y} = \mathrm{X}\beta + \boldsymbol{e}\ , R[\mathrm{X}] = \Omega \tag{5.1}$$

aus, in dem $\boldsymbol{Y}$ eine nach $N(X\beta, \sigma^2 E_N)$ verteilte N-dimensionale Zufallsvariable, $\boldsymbol{e}$ eine nach $N(O_N, \sigma^2 E_N)$ verteilte Zufallsvariable, β ein $[(a+1)\times 1]$-Vektor von Parametern und X eine $[N \times (a+1)]$-Matrix vom Rang $p < a + 1 < N$ ist. Dann wird (5.1) die Gleichung für Modell I der Varianzanalyse genannt.

Verzichtet man bei der Parameterschätzung auf die Voraussetzung der Normalverteilung, so erhält man BLES anstelle von GVES (vgl. Kapitel 2). Dies wird im Folgenden getan. Liegt tatsächlich auch für die Punktschätzung Normalverteilung vor, so lese man GVES statt BLES. Für die Hypothesenprüfung und die Konfidenzschätzung kann auf die Normalverteilungsannahme in Definition 5.1 nicht verzichtet werden, sie wird dann stets als zugrunde liegende Verteilung vorausgesetzt.

Zur Erläuterung dieser Definition folgt ein einfaches Beispiel.

Beispiel 5.1
Aus a Grundgesamtheiten $G_1, \ldots, G_a$ mögen voneinander unabhängige Zufallsstichproben $\boldsymbol{Y}_1, \ldots, \boldsymbol{Y}_a$ von der Dimension (oder, wie wir auch sagen, vom Umfang) $n_1, \cdots, n_a$ vorliegen. Es sei $\boldsymbol{Y}_i = (\boldsymbol{y}_{i1}, \ldots, \boldsymbol{y}_{in_i})^{\mathrm{T}}$. Die $\boldsymbol{y}_i$ seien in den Grundgesamtheiten G_i nach $N(\{\mu_i\}, \sigma^2 E_{n_i})$ verteilt mit $\{\mu_i\} = (\mu_i, \ldots, \mu_i)^{\mathrm{T}}$. Außerdem schreiben wir $\mu_i = \mu + a_i\ (i = 1, \ldots, k)$. Dann gilt

$$\boldsymbol{y}_{ij} = \mu + a_i + \boldsymbol{e}_{ij} \quad (i = 1, \ldots, k; j = 1, \ldots, n_i) \tag{5.2}$$

Schreibt man dann $\beta = (\mu, a_1, \ldots, a_k)^{\mathrm{T}}$ und $\boldsymbol{Y}^{\mathrm{T}} = (\boldsymbol{Y}_1^{\mathrm{T}}, \ldots, \boldsymbol{Y}_a^{\mathrm{T}})$, so ist Y ein $(N \times 1)$-Vektor, wenn $N = \sum_{i=1}^{a} n_i$ gesetzt wird. Nun lässt sich (5.2) in der Form (5.1) schreiben, wenn $\boldsymbol{e} = (\boldsymbol{e}_{11}, \ldots, \boldsymbol{e}_{1n_1}, \ldots, \boldsymbol{e}_{a1}, \ldots, \boldsymbol{e}_{an_a})^{\mathrm{T}}$ und

$$X^{\mathrm{T}} = \left(\begin{array}{cccccccccccc} 1 & 1 & \ldots & 1 & 1 & 1 & \ldots & 1 & \ldots & 1 & 1 & \ldots & 1 \\ 1 & 1 & \ldots & 1 & 0 & 0 & \ldots & 0 & \ldots & 0 & 0 & \ldots & 0 \\ 0 & 0 & \ldots & 0 & 1 & 1 & \ldots & 1 & \ldots & 0 & 0 & \ldots & 0 \\ \vdots & \vdots & & \vdots & \vdots & \vdots & & \vdots & & \vdots & \vdots & & \vdots \\ 0 & 0 & \ldots & 0 & 0 & 0 & \ldots & 0 & \ldots & 1 & 1 & \ldots & 1 \\ \multicolumn{4}{c}{\underbrace{\hphantom{1\ 1\ \ldots\ 1}}_{n_1}} & \multicolumn{4}{c}{\underbrace{\hphantom{1\ 1\ \ldots\ 1}}_{n_2}} & & \multicolumn{4}{c}{\underbrace{\hphantom{1\ 1\ \ldots\ 1}}_{n_a}} \end{array}\right)$$

bzw. $X = (e_N, \oplus_{i=1}^a e_{n_i})$ gewählt wird. Wir verwenden hier N für die Anzahl der Komponenten.

In Kapitel 4 (Beispiel 4.4) wurde gezeigt, dass im Allgemeinen keine eindeutige MKS für β existiert, da die Normalgleichungen unendlich viele Lösungen besitzen. Mit $\boldsymbol{\beta}^*$ werde eine Lösung der Normalgleichungen

$$X^{\mathrm{T}} X \boldsymbol{\beta}^* = X^{\mathrm{T}} \boldsymbol{Y}$$

bezeichnet. Es sei $G = (X^{\mathrm{T}} X)^-$ eine verallgemeinerte Inverse von $X^{\mathrm{T}} X$. Dann gilt

$$\boldsymbol{\beta}^* = G X^{\mathrm{T}} \boldsymbol{Y} \tag{5.3}$$

Wählt man eine $[(a+1-p) \times (a+1)]$-Matrix B vom Rang $a+1-p$ derart, dass $\mathrm{Rg}\binom{X}{B} = a+1$ und

$$B\beta = 0 \tag{5.4}$$

gilt, so ist durch die Zusatzbedingung (5.4) die verallgemeinerte Inverse G von $X^{\mathrm{T}} X$ eindeutig bestimmt und gleich $G = (X^{\mathrm{T}} X + B^{\mathrm{T}} B)^{-1}$. Damit ist $\boldsymbol{\beta}^*$ unter den sogenannten Reparametrisierungsbedingungen (5.4) eindeutig bestimmt (d. h., β ist in (5.1) eindeutig definiert) und gleich der MKS (MLS)

$$\hat{\boldsymbol{\beta}} = (X^{\mathrm{T}} X + B^{\mathrm{T}} B)^{-1} X^{\mathrm{T}} \boldsymbol{Y} \tag{5.5}$$

Genauer gilt

Satz 5.1
Ist B in (5.4) eine Matrix, deren Rangraum $R[B]$ orthogonal zu dem Rangraum $R[X]$ der Matrix X in (5.1) ist, und ist $\mathrm{Rg}(H) = \mathrm{Rg}\binom{X}{B} = a+1$, so ist β in (5.1) unter der Nebenbedingung (5.4) schätzbar, und es gilt (5.5).

Beweis: Wir minimieren $r = \|Y - X\beta\|^2 + \lambda^{\mathrm{T}} B\beta$ mit $\lambda^{\mathrm{T}} = (\lambda_1, \dots, \lambda_{a+1-p})$, indem wir die ersten Ableitungen von r nach β bzw. λ gleich null setzen. Mit der Bezeichnung $\beta = \beta^*$ erhält man:

$$\begin{aligned} 2X^{\mathrm{T}} X\beta^* - 2X^{\mathrm{T}} Y + B^{\mathrm{T}} \lambda &= 0 \\ B\beta^* &= 0 \end{aligned}$$

Wegen der Konvexität von r erhält man so tatsächlich ein Minimum. Für jedes $\theta \in R[X] = \Omega$ ist β eindeutig durch $(\theta^{\mathrm{T}}, 0_{a+1-p}^{\mathrm{T}}) = H\beta$ definiert, d. h., für jedes $\theta \in \Omega$ ist $(\theta^{\mathrm{T}}, 0_{a+1-p}^{\mathrm{T}}) \in R[H]$. Da $H(H^{\mathrm{T}} H)^{-1} H^{\mathrm{T}}$ die Matrix der orthogonalen Projektion des $R^{N+a+1-p}$ auf $R[H]$ ist (vgl. Beispiel 4.3), ist

$$H(H^{\mathrm{T}} H)^{-1} H^{\mathrm{T}} \begin{pmatrix} \theta \\ 0_{a+1-p} \end{pmatrix} = \begin{pmatrix} \theta \\ 0_{a+1-p} \end{pmatrix}$$

oder einzeln geschrieben

$$X(H^T H)^{-1} X^T \theta = \theta \, , \quad B(H^T H)^{-1} X^T \theta = 0_{a+1-p}$$

für alle $\theta \in \Omega$. Somit ist $R[X(H^T H)^{-1} B^T] \perp R[X]$ und $B(H^T H)^{-1} X^T = 0$. Aus obigen Gleichungen folgt, dass $X(H^T H)^{-1} X^T$ idempotent und damit Matrix der orthogonalen Projektion des R^N in einen linearen Vektorraum V ist, der Ω umschließt.

Andererseits muss aber $V = BX(H^T H)^{-1} X^T \subset \Omega$ sein, sodass $V = \Omega$ folgt. Multipliziert man $2X^T X\beta_0 - 2X^T Y + B^T \lambda = 0$ von links mit $B(H^T H)^{-1}$, so folgt wegen $B(H^T H)^{-1} X^T = 0$ sofort

$$B(H^T H)^{-1} B^T \lambda = 0$$

Nun ist B von vollem Rang und $H^T H$ positiv definit, sodass $B(H^T H)^{-1} B^T$ nichtsingulär ist und $\lambda = 0$ sein muss. Aus den Normalgleichungen folgt daher

$$X^T \theta = X^T X \beta^* = X^T Y$$

Multiplizieren wir beide Seiten mit $X(H^T H)^{-1}$, so folgt aus den bisherigen Ergebnissen, dass $(H^T H)^{-1}$ verallgemeinerte Inverse von $X^T X$ ist, und aus (5.3) ergibt sich damit wegen $H^T H = X^T X + B^T B$ Gleichung (5.5).

Zur Veranschaulichung betrachten wir ein Beispiel.

Beispiel 5.2
In Beispiel 5.1 sei $a = 2$ und zunächst $n = n_1 = n_2$. Dann ist

$$X^T = \begin{pmatrix} 1 & \dots & 1 & 1 & \dots & 1 \\ 1 & \dots & 1 & 0 & \dots & 0 \\ 0 & \dots & 0 & 1 & \dots & 1 \end{pmatrix}$$

eine $2n$-spaltige Matrix. Ohne Beschränkung der Allgemeinheit können wir in (5.4) $B = (0, 1, 1)$ [auch $B = (0, n, n)$] setzen, d. h., (5.4) hat die Form $\sum a_i = 0$, und das ist durch geeignete Wahl von μ auch für $a \geq 2$ stets erreichbar. Nun ist mit $N = 2n$

$$X^T X = \begin{pmatrix} N & n & n \\ n & n & 0 \\ n & 0 & n \end{pmatrix} , \quad B^T B = \begin{pmatrix} 0 & 0 & 0 \\ 0 & 1 & 1 \\ 0 & 1 & 1 \end{pmatrix}$$

und

$$X^T X + B^T B = \begin{pmatrix} 2n & n & n \\ n & n+1 & 1 \\ n & 1 & n+1 \end{pmatrix}$$

ist eine Matrix vom Rang 3. Die Inverse dieser Matrix ist

$$(X^{\mathrm{T}}X + B^{\mathrm{T}}B)^{-1} = \frac{1}{4n}\begin{pmatrix} n+2 & -n & -n \\ -n & n+2 & n-2 \\ -n & n-2 & n+2 \end{pmatrix}$$

und daraus folgt aus (5.5) wegen

$$X^{\mathrm{T}}\boldsymbol{Y} = \begin{pmatrix} \boldsymbol{Y}_{..} \\ \boldsymbol{Y}_{1.} \\ \boldsymbol{Y}_{2.} \end{pmatrix}$$

schließlich

$$\hat{\boldsymbol{\beta}} = \begin{pmatrix} \bar{y}_{..} \\ \bar{y}_{1.} - \bar{y}_{..} \\ \bar{y}_{2.} - \bar{y}_{..} \end{pmatrix} = \begin{pmatrix} \hat{\boldsymbol{\mu}} \\ \hat{\boldsymbol{a}}_1 \\ \hat{\boldsymbol{a}}_2 \end{pmatrix}$$

Wir betrachten nun den Fall $n_1 \neq n_2$, für den

$$X^{\mathrm{T}}X = \begin{pmatrix} N & n_1 & n_2 \\ n_1 & n_1 & 0 \\ n_2 & 0 & n_2 \end{pmatrix}$$

ist. Für diesen Fall findet man in der Literatur gewöhnlich zwei Methoden zur Festlegung von B, und zwar wird einmal analog zum Fall mit $n = n_1 = n_2$

$$B_1 = (0, 1, 1)$$

gesetzt, zum anderen wird

$$B_2 = (0, n_1, n_2)$$

gesetzt. Die erste Wahl bedeutet wieder

$$\sum a_i = 0$$

die zweite dagegen

$$\sum n_i a_i = 0$$

Im zweiten Fall wird unterstellt, dass die a_i der Gesamtheiten (Faktorstufen) gerade so beschaffen sind, dass sie mit den Stichprobenumfängen multipliziert und summiert 0 ergeben. Besonders in mehrfaktoriellen Versuchen und wenn die n_i selbst (wie etwa bei Tierversuchen) zufällig sind, ist diese Voraussetzung nicht einleuchtend.

Im ersten Fall (B_1) erhält man wegen

$$(X^{\mathrm{T}}X + B_1^{\mathrm{T}}B_1)^{-1} = \frac{1}{4n_1n_2}\begin{pmatrix} n_1n_2 + N & n_2 - n_1 - n_1n_2 & n_1 - n_2 - n_1n_2 \\ n_2 - n_1 - n_1n_2 & n_1n_2 + N & n_1n_2 - N \\ n_1 - n_2 - n_1n_2 & n_1n_2 - N & n_1n_2 + N \end{pmatrix}$$

die Schätzfunktion

$$\hat{\boldsymbol{\beta}}_1 = \begin{pmatrix} \hat{\boldsymbol{\mu}}^{(1)} \\ \hat{\boldsymbol{a}}_1^{(1)} \\ \hat{\boldsymbol{a}}_2^{(1)} \end{pmatrix} = \begin{pmatrix} \frac{1}{2}(\bar{y}_{1.} + \bar{y}_{2.}) \\ \frac{1}{2}(\bar{y}_{1.} - \bar{y}_{2.}) \\ \frac{1}{2}(\bar{y}_{2.} - \bar{y}_{1.}) \end{pmatrix}$$

Im zweiten Fall (B_2) wird

$$(X^{\mathrm{T}}X + B_2^{\mathrm{T}}B_2)^{-1} = \frac{1}{N^2n_1n_2}\begin{pmatrix} n_1n_2(1+N) & -n_1n_2 & -n_1n_2 \\ -n_1n_2 & n_2(n_2^2 + n_1 + n_1n_2) & n_1n_2(1-N) \\ -n_1n_2 & n_1n_2(1-N) & n_1(n_1^2 + n_2 + n_1n_2) \end{pmatrix}$$

und als Schätzfunktion für β ergibt sich

$$\hat{\boldsymbol{\beta}}_2 = \begin{pmatrix} \hat{\boldsymbol{\mu}}^{(2)} \\ \hat{\boldsymbol{a}}_1^{(2)} \\ \hat{\boldsymbol{a}}_2^{(2)} \end{pmatrix} = \begin{pmatrix} \bar{y}_{..} \\ \bar{y}_{1.} - \bar{y}_{..} \\ \bar{y}_{2.} - \bar{y}_{..} \end{pmatrix}$$

Der Leser wird mit Recht fragen, welche Form er für B wählen soll. Darauf kann keine allgemeinverbindliche Antwort gegeben werden. Neben den beiden Formen B_1 und B_2 sind schließlich noch beliebig viele andere denkbar. In der Vieldeutigkeit von B spiegelt sich die Vieldeutigkeit der verallgemeinerten Inversen $(X^{\mathrm{T}}X)^-$ wider.[1] Man sollte deshalb Schätzwerte für die a_i bei ungleichen n_i nicht zu hoch bewerten.

Wie in Kapitel 4 gezeigt wurde, hängen die Tests von prüfbaren Hypothesen der a_i und die Schätzwerte schätzbarer Funktionen der a_i nicht von der speziellen Wahl von B bzw. von $(X^{\mathrm{T}}X)^-$ ab.

Da die Tests von prüfbaren Hypothesen und die Schätzung schätzbarer Funktionen der Effekte der Faktorstufen bei Modell I das Hauptanliegen darstellen, wirkt sich die Vieldeutigkeit von $(X^{\mathrm{T}}X)^-$ meist nicht auf die Beantwortung der Fragestellung aus. Wir werden also in solchen Fällen die Normalgleichungen unter solchen Nebenbedingungen lösen, die eine einfache Lösung gestatten.

Wir wollen nun die Begriffe „schätzbare Funktion“ und „prüfbare Hypothese“ für das Modell I der Varianzanalyse noch einmal neben den wichtigsten Sätzen und Aussagen zu diesem Problemkreis zusammenstellen.

1) Ausführungen zur verallgemeinerten Inversen einer Matrix findet man am Ende dieses Abschnittes.

Nach Definition 4.4 heißt eine lineare Funktion $q^T\beta$ des Parametervektors β in (5.1) schätzbar, wenn sie gleich wenigstens einer linearen Funktion $t^T E(\boldsymbol{Y})$ des Erwartungsvektors der Zufallsvariablen $\boldsymbol{Y}$ in (5.1) ist.

Dann gelten wegen Satz 4.11 für die Modellgleichung (5.1) folgende Aussagen:

a) Die linearen Funktionen von $E(\boldsymbol{Y})$ sind schätzbar.
b) Sind $q_j^T\beta$ schätzbare Funktionen ($j = 1, \dots, a$), so ist auch

$$L = \sum_{j=1}^{a} c_j q_j^T \beta \quad (c_j \text{ reell})$$

eine schätzbare Funktion.
c) $q^T\beta$ ist genau dann eine schätzbare Funktion, wenn q^T in der Form $t^T X$ mit X aus (5.1) geschrieben werden kann ($t \in R^n$).
d) Die BLES einer schätzbaren Funktion $q^T\beta$ ist

$$\widehat{q^T\boldsymbol{\beta}} = q^T\hat{\boldsymbol{\beta}} = t^T X (X^T X)^- X^T \boldsymbol{Y}$$

mit $\hat{\boldsymbol{\beta}}$ aus (5.3); sie ist unabhängig von der Wahl von $\hat{\boldsymbol{\beta}}$ und damit von $(X^T X)^-$.
e) Die Kovarianz zwischen den BLES $q_i^T\hat{\boldsymbol{\beta}}$ und $q_j^T\hat{\boldsymbol{\beta}}$ zweier schätzbarer Funktionen von $q_i^T\beta$ und $q_j^T\beta$ ist

$$\operatorname{cov}\left(q_i^T\hat{\boldsymbol{\beta}}, q_j^T\hat{\boldsymbol{\beta}}\right) = q_i^T (X^T X)^- q_j \sigma^2 \tag{5.6}$$

Man sieht, dass es für die Schätzung schätzbarer Funktionen gleichgültig ist, welche verallgemeinerte Inverse $(X^T X)^-$ in (5.3) gewählt wird, auch ihre Varianz hängt nicht von der Wahl von $(X^T X)^-$ ab, weil $\operatorname{cov}(\boldsymbol{x}, \boldsymbol{x}) = \operatorname{var}(\boldsymbol{x})$ ist.

Eng mit dem Konzept der schätzbaren Funktion hängt der Begriff der prüfbaren Hypothese zusammen.

Eine Hypothese $H : K^T\beta = a^*$ mit β aus (5.1) heißt prüfbar, wenn mit $K = (k_1, \dots, k_q)^T$ und $K^T\beta = \{k_i^T\beta\}$ ($i = 1, \dots, q$) die $k_i^T\beta$ für alle i schätzbare Funktionen sind.

Zum Abschluss folgen einige Ergebnisse über verallgemeinerte Inverse in Form von Hilfssätzen. Jede Matrix A^-, für die

$$AA^- A = A$$

gilt, heißt verallgemeinerte Inverse der Matrix A.

Lemma 5.1
Ist $(X^T X)^-$ eine verallgemeinerte Inverse der symmetrischen Matrix $X^T X$, so gilt

$$X(X^T X)^- X^T X = X\,, \quad X^T = X^T X (X^T X)^- X^T$$

Lemma 5.2
Für ein lineares Gleichungssystem der Gestalt $X^T Xx = X^T y$ (Normalgleichungen) haben alle Lösungsvektoren x die Form

$$x = (X^T X)^- X^T y$$

Lemma 5.3
Ist M eine symmetrische Matrix, die in der Gestalt

$$M = \begin{pmatrix} A & B \\ B^T & D \end{pmatrix}$$

geschrieben werden kann, so ist mit $Q = D - B^T A^- B$

$$\begin{aligned} M^- &= \begin{pmatrix} A^- + A^- BQ^- B^T A^- & -A^- BQ^- \\ -Q^- B^T A^- & Q^- \end{pmatrix} \\ &= \begin{pmatrix} A^- & 0 \\ 0 & 0 \end{pmatrix} + \begin{pmatrix} -A^- B \\ E \end{pmatrix} Q^- (-B^T A^-, E) \end{aligned}$$

eine verallgemeinerte Inverse von M, wobei E die Einheitsmatrix ist.

5.2
Varianzanalyse in einfaktoriellen Versuchen (einfache Varianzanalyse)

In diesem Abschnitt wird der Fall untersucht, dass im Versuch verschiedene „Behandlungen" oder Stufen eines Faktors A miteinander verglichen werden. Das entsprechende Auswertungsverfahren wird oft einfache Varianzanalyse genannt. In SPSS realisiert man dies über die Befehlsfolge Analysieren – Mittelwerte vergleichen – Einfaktorielle ANOVA.

5.2.1
Das Modell und Auswertungsverfahren

Wir gehen von einem Ansatz der Form (5.2) aus und nennen μ das Gesamtmittel und a_i den Effekt der i-ten Stufe des Faktors A. In Tab. 5.1 findet man ein Schema für die Beobachtungswerte eines Versuches mit a Stufen $A_1, \dots, A_a$ des Faktors A und n_i Beobachtungen in der i-ten Stufe A_i von A.

Wird der Versuch angelegt, um Aussagen über die im Versuch auftretenden Stufen A_i zu machen, so liegt ein Versuch nach Modell I vor, und wir werden auch das in Definition 5.1 eingeführte mathematische Modell I als Grundlage der Versuchsauswertung verwenden. Sind die A_i aus einer Stufengesamtheit zufällig ausgewählt, so wird das in Kapitel 6 beschriebene Modell II zugrunde gelegt.

Es gelte die Gleichung (5.2) unter den Nebenbedingungen

$$E(\boldsymbol{e}_{ij}) = 0, \quad \operatorname{cov}(\boldsymbol{e}_{ij}, \boldsymbol{e}_{kl}) = \delta_{ik}\delta_{jl}\sigma^2$$

Tab. 5.1 Beobachtungswerte y_{ij} eines Versuches, in dem a Stufen eines Faktors untersucht werden.

	Nr. der Stufen des Faktors					
	1	**2**	**…**	***i***	**…**	***a***
	y_{11}	y_{21}	$\cdots$	y_{i1}	$\cdots$	y_{a1}
	y_{12}	y_{22}	$\cdots$	y_{i2}	$\cdots$	y_{a2}
	$\vdots$	$\vdots$	$\vdots$	$\vdots$		$\vdots$
	y_{1n_1}	y_{2n_2}	$\cdots$	y_{in_i}	$\cdots$	y_{an_a}
n_i	n_1	n_2	$\dots$	n_i	$\dots$	n_a
$Y_{i.}$	$Y_{1.}$	$Y_{2.}$	$\dots$	$Y_{i.}$	$\dots$	$Y_{a.}$

Die $\boldsymbol{e}_{ij}$ und damit auch die $\boldsymbol{y}_{ij}$ seien normalverteilt. Dann gilt nach den im vorigen Abschnitt besprochenen Beispielen der

Satz 5.2
Die Lösungen $\hat{a}_i$ für die a_i $(i = 1, \dots, a)$ und $\hat{\mu}$ für μ der Normalgleichungen nach (5.5) für Modellgleichung (5.2) sind durch

$$_1\hat{\boldsymbol{\mu}} = \frac{1}{a}\sum_{i=1}^{a} \bar{y}_{i.} \tag{5.7}$$

$$_1\hat{\boldsymbol{a}}_i = \frac{a-1}{a}\bar{y}_{i.} - \frac{1}{a}\sum_{j\neq i} \bar{y}_{j.} \tag{5.8}$$

gegeben, falls in (5.4) für die Matrix $B = (0, 1, \dots, 1)$ gesetzt wird; sie sind durch

$$_2\hat{\boldsymbol{\mu}} = \bar{y}_{..} \tag{5.9}$$

$$_2\hat{\boldsymbol{a}}_i = \bar{y}_{i.} - \bar{y}_{..} \tag{5.10}$$

gegeben, falls in (5.4) für die Matrix $B = (0, n_1, \dots, n_a)$ gesetzt wird. Beide Schätzungen sind für $n_i = n\,(i = 1, \dots, a)$ identisch. Die Varianz σ^2 wird stets erwartungstreu geschätzt durch

$$\boldsymbol{s}^2 = \frac{\sum \boldsymbol{y}_{ij}^2 - \hat{\boldsymbol{\beta}}^{\mathrm{T}} X^{\mathrm{T}} \boldsymbol{Y}}{N - a}$$

Der Beweis des ersten Teils dieses Satzes folgt aus (5.5). Für $B = (0, 1, \dots, 1)$ ist

$$X^{\mathrm{T}}X + B^{\mathrm{T}}B = \begin{pmatrix} N & n_1 & n_2 & \cdots & n_a \\ n_1 & n_1+1 & 1 & \cdots & 1 \\ n_2 & 1 & n_2+1 & \cdots & 1 \\ \vdots & \vdots & \vdots & & \vdots \\ n_a & 1 & 1 & \cdots & n_a+1 \end{pmatrix}$$

Für $B = (0, n_1, \dots, n_a)$ ist

$$X^T X + B^T B = \begin{pmatrix} N & n_1 & n_2 & \cdots & n_n \\ n_1 & n_1^2 + n_1 & n_1 n_2 & \cdots & n_1 n_a \\ n_2 & n_2 n_1 & n_2^2 + n_2 & \cdots & n_2 n_a \\ \vdots & \vdots & \vdots & & \vdots \\ n_a & n_a n_1 & n_a n_2 & \cdots & n_a^2 + n_a \end{pmatrix}$$

Einfacher kann man (5.7) und (5.8) erhalten, indem man

$$\sum_{i=1}^{a} \sum_{j=1}^{n_i} (y_{ij} - \hat{\mu} - \hat{a}_i)^2$$

unter der Nebenbedingung $\sum_{i=1}^{a} a_i = 0$ minimiert. Die Lösungen (5.9) und (5.10) erhält man, wenn man

$$\sum_{i=1}^{a} \sum_{j=1}^{n_i} \left(y_{ij} - \hat{\mu} - \hat{a}_i\right)^2$$

unter der Nebenbedingung $\sum_{i=1}^{a} n_i a_i = 0$ minimiert. Es gilt

$$E({}_1\hat{\boldsymbol{\mu}}) = \frac{1}{a} \sum_{i=1}^{a} E(\bar{y}_{i.}) = \frac{1}{a} \sum_{i=1}^{a} (\mu + a_i) = \mu$$

(wegen $\sum a_i = 0$) und

$$E({}_1\hat{\boldsymbol{\alpha}}_i) = \frac{a-1}{a}(\mu + a_i) - \frac{1}{a} \sum_{j \neq i} (\mu + a_j) = \frac{a-1}{a} a_i + \frac{1}{a} a_i = a_i$$

wegen $\sum a_i = 0$ $(\sum_{j \neq i} a_j = -a_i)$.

Ebenso zeigt man die Erwartungstreue von (5.9) und (5.10) unter den jeweiligen Nebenbedingungen.

Der zweite Teil des Satzes ist ein Spezialfall von Satz 4.4 (nach Beispiel 4.4).

Schätzbare Funktionen der Modellparameter sind beispielsweise $\mu + a_i$ $(i = 1, \dots, a)$ oder $a_i - a_j$ $(i, j = 1, \dots, a; i \neq j)$. Ihre Schätzfunktionen

$$\widehat{\boldsymbol{\mu} + \boldsymbol{\alpha}_i} = \bar{y}_{i.} = {}_1\hat{\boldsymbol{\mu}} + {}_1\hat{\boldsymbol{\alpha}}_i = {}_2\hat{\boldsymbol{\mu}} + {}_2\hat{\boldsymbol{\alpha}}_i$$

bzw.

$$\widehat{\boldsymbol{\alpha}_i - \boldsymbol{\alpha}_j} = \bar{y}_{i.} - \bar{y}_{j.} = {}_1\hat{\boldsymbol{\alpha}}_i - {}_1\hat{\boldsymbol{\alpha}}_j = {}_2\hat{\boldsymbol{\alpha}}_i - {}_2\hat{\boldsymbol{\alpha}}_j$$

sind von der speziellen Wahl von B und damit von der von $(X^T X)^-$ unabhängig.

Das Anliegen bei einem Experiment, dem Modell I zugrunde liegt, ist es vor allem, die Hypothese H_0: $a_i = a_j$ für alle $i \neq j$ gegen die Alternative, dass mindestens zwei a_i verschieden sind, zu testen. Diese Hypothese entspricht der Annahme, dass die Wirkung des betrachteten Faktors auf allen a Stufen gleich ist.

Grundlage des entsprechenden Tests ist die Tatsache, dass die Summe der Quadrate der Abweichungen (SQ) der Beobachtungswerte $\boldsymbol{y}_{ij}$ vom Gesamtmittelwert des Versuches $\bar{y}_{..}$ in voneinander unabhängige Komponenten zerlegt werden kann. Die folgende einfache Aussage wird wegen ihrer Bedeutung als Satz formuliert.

Satz 5.3
Es mögen Stichproben aus a Grundgesamtheiten P_i vorliegen, und es bezeichne $\boldsymbol{y}_{ij}$ den j-ten Beobachtungswert der Stichprobe aus der i-ten Grundgesamtheit, $\bar{y}_{i.}$ den Mittelwert dieser Stichprobe, N die Gesamtzahl von Beobachtungswerten und $\bar{y}_{..}$ das Gesamtmittel des Versuches. Die Summe der Quadrate der Abweichungen der Beobachtungswerte vom Gesamtmittel des Versuches

$$\boldsymbol{SQ}_\text{G} = \sum_{i=1}^{a}\sum_{j=1}^{n_i}(\boldsymbol{y}_{ij} - \bar{y}_{..})^2 = \boldsymbol{Y}^\text{T}\boldsymbol{Y} - N\bar{y}_{..}^2 \quad \text{mit} \quad \boldsymbol{Y} = (\boldsymbol{y}_{11}, \dots, \boldsymbol{y}_{an_a})$$

lässt sich in der Form

$$\boldsymbol{Y}^\text{T}\boldsymbol{Y} - N\bar{y}_{..}^2 = \boldsymbol{Y}^\text{T}\left[E_N - X(X^\text{T}X)^- X^\text{T}\right]\boldsymbol{Y} + \boldsymbol{Y}^\text{T}X(X^\text{T}X)^- X^\text{T}\boldsymbol{Y} - N\bar{y}_{..}^2$$

bzw. als Summen von Quadraten

$$\sum_{i=1}^{a}\sum_{j=1}^{n_i}(\boldsymbol{y}_{ij} - \bar{y}_{..})^2 = \sum_{i=1}^{a}\sum_{j=1}^{n_i}(\bar{y}_{ij} - \bar{y}_{i.})^2 + \sum_{i=1}^{a}\sum_{j=1}^{n_i}(\bar{y}_{i.} - \bar{y}_{..})^2$$

schreiben.

Die linke Seite wird $\boldsymbol{SQ}$ gesamt (kurz $\boldsymbol{SQ}_\text{G}$) genannt, die beiden Komponenten der rechten Seite $\boldsymbol{SQ}$ innerhalb der Behandlungen oder Gruppen (kurz $\boldsymbol{SQ}$ innerhalb, $\boldsymbol{SQ}_\text{I}$) bzw. $\boldsymbol{SQ}$ zwischen den Behandlungen oder Gruppen (kurz $\boldsymbol{SQ}$ zwischen, $\boldsymbol{SQ}_\text{Z}$).

Häufig ist folgende Schreibweise nützlich

$$\boldsymbol{SQ}_\text{G} = \sum_{i,j} \boldsymbol{y}_{ij}^2 - \frac{1}{N}\boldsymbol{Y}_{..}^2$$

$$\boldsymbol{SQ}_\text{I} = \boldsymbol{SQ}_\text{Rest} = \sum_{i,j} \boldsymbol{y}_{ij}^2 - \sum_i \frac{\boldsymbol{Y}_{i.}^2}{n_i}$$

$$\boldsymbol{SQ}_\text{Z} = \sum_i \frac{\boldsymbol{Y}_{i.}^2}{n_i} - \frac{1}{N}\boldsymbol{Y}_{..}^2$$

Satz 5.4
Unter den Voraussetzungen von Definition 5.1 ist

$$\boldsymbol{F} = \frac{(N-a)\boldsymbol{SQ}_\text{Z}}{(a-1)\boldsymbol{SQ}_\text{I}} \tag{5.11}$$

nach $F(a-1, N-a, \lambda)$ verteilt mit $e_{N,N} = e_N e_N^{\mathrm{T}}$ und

$$\lambda = \frac{1}{\sigma^2}\beta^{\mathrm{T}}X^{\mathrm{T}}\left(X(X^{\mathrm{T}}X)^{-}X^{\mathrm{T}} - \frac{1}{N}e_{N,N}\right)X\beta$$

Gilt $H_0\colon a_1 = \cdots = a_a$, so ist $\boldsymbol{F}$ wegen $\lambda = 0$ nach $F(a-1, N-a)$ verteilt.

Beweis: Mit $\boldsymbol{Y} = (\boldsymbol{y}_1, \dots, \boldsymbol{y}_{1n_1}, \dots, \boldsymbol{y}_{a1}, \dots, \boldsymbol{y}_{an_a})^{\mathrm{T}}$ ist $\boldsymbol{Y}$ nach $N(X\beta; \sigma^2 E_N)$ verteilt. Nach Satz 5.3 ist $\boldsymbol{Y}^{\mathrm{T}}\boldsymbol{Y}$ die Summe dreier quadratischer Formen, wenn $\boldsymbol{Y}_{..} = \frac{1}{N}\boldsymbol{Y}^{\mathrm{T}}e_{N,N}\boldsymbol{Y}$ beachtet wird, d. h., es gilt

$$\boldsymbol{Y}^{\mathrm{T}}\boldsymbol{Y} = \boldsymbol{Y}^{\mathrm{T}}A_1\boldsymbol{Y} + \boldsymbol{Y}^{\mathrm{T}}A_2\boldsymbol{Y} + \boldsymbol{Y}^{\mathrm{T}}A_3\boldsymbol{Y}$$

mit

$$A_1 = E_N - X(X^{\mathrm{T}}X)^{-}X^{\mathrm{T}}, \quad A_2 = X(X^{\mathrm{T}}X)^{-}X^{\mathrm{T}} - \frac{1}{N}e_{N,N}, \quad A_3 = \frac{1}{N}e_{N,N}$$

Wegen Lemma 5.1 ist $X(X^{\mathrm{T}}X)^{-}X^{\mathrm{T}}$ idempotent vom Rang a und damit A_1 idempotent vom Rang $N-a$. Ferner ist A_3 idempotent vom Rang 1. Da e_N^{T} die erste Zeile von X^{T} ist, folgt aus Lemma 5.1 $e_N^{\mathrm{T}}X(X^{\mathrm{T}}X)^{-}X^{\mathrm{T}} = e_N^{\mathrm{T}}$ und daraus die Idempotenz von A_2; der Rang von A_2 ist $a-1$. Damit ist z. B. Bedingung 1 von Satz 4.6 ($N = n, n_1 = N-a, n_2 = a-1, n_3 = 1$) erfüllt. Folglich ist $(1/\sigma^2)\boldsymbol{Y}^{\mathrm{T}}A_1\boldsymbol{Y}$ nach $CQ(N-a, \lambda_1)$ und $(1/\sigma^2)\boldsymbol{Y}^{\mathrm{T}}A_2\boldsymbol{Y}$ davon unabhängig nach $CQ(a-1, \lambda_2)$ verteilt, wobei

$$\lambda_1 = \frac{1}{\sigma^2}\beta^{\mathrm{T}}X^{\mathrm{T}}A_1X\beta = 0$$

und

$$\lambda_2 = \lambda = \frac{1}{\sigma^2}\beta^{\mathrm{T}}X^{\mathrm{T}}\left(X(X^{\mathrm{T}}X)^{-}X^{\mathrm{T}} - \frac{1}{N}e_{N,N}\right)X\beta$$

ist. Damit ist der Beweis abgeschlossen.

Nach Satz 5.4 kann $H_0\colon a_1 = \cdots = a_a$ mit dem F-Test geprüft werden. Die Quotienten $\boldsymbol{DQ}_{\mathrm{Z}} = (\boldsymbol{SQ}_z)/(a-1)$ und $\boldsymbol{DQ}_{\mathrm{I}} = (\boldsymbol{SQ}_{\mathrm{I}})/(N-a)$ in $\boldsymbol{F}$ aus (5.11) werden durchschnittliche Quadrate der Abweichungen ($\boldsymbol{DQ}$) zwischen den Behandlungen bzw. innerhalb der Behandlungen genannt. Die Erwartungswerte dieser $\boldsymbol{DQ}$ sind

$$E(\boldsymbol{DQ}_{\mathrm{Z}}) = \sigma^2 + \frac{1}{a-1}\left[\sum_{i=1}^{a} n_i a_i^2 - \frac{1}{N}\left(\sum_{i=1}^{a} n_i a_i\right)^2\right] = \sigma^2 + \frac{1}{a-1}\boldsymbol{SQ}_a$$

bzw.

$$E(\boldsymbol{DQ}_{\mathrm{I}}) = \sigma^2$$

Unter der Reparametrisierungsbedingung $\sum_{i=1}^{a} n_i a_i = 0$ erhält man

$$E(\boldsymbol{DQ}_{\mathrm{Z}}) = \sigma^2 + \frac{1}{a-1}\sum_{i=1}^{a} n_i a_i^2$$

Tab. 5.2 Varianztabelle der einfachen Varianzanalyse Modell I ($\sum a_i = 0$).

Variationsursache	*SQ*	*FG*	*DQ*	*E(DQ)*	*F*
Zwischen den Behandlungen (Faktorstufen)	$\boldsymbol{SQ}_Z = \sum_i \frac{Y_{i.}^2}{n_i} - \frac{Y_{..}^2}{N}$	$a-1$	$\frac{\boldsymbol{SQ}_Z}{a-1}$	$\sigma^2 + \frac{SQ_a}{a-1}$	$\frac{(N-a)\boldsymbol{SQ}_Z}{(a-1)\boldsymbol{SQ}_I}$
Innerhalb der Behandlungen	$\boldsymbol{SQ}_I = \sum_{i,j} y_{ij}^2 - \sum_i \frac{Y_{i.}^2}{n_i}$	$N-a$	$\frac{\boldsymbol{SQ}_I}{N-a}$	σ^2	
Gesamt	$\boldsymbol{SQ}_G = \sum_{i,j} y_{ij}^2 - \frac{Y_{..}^2}{N}$	$N-1$			

Nunmehr ist es möglich, die einzelnen Schritte, die bei einer einfachen Varianzanalyse im Fall von Modell I durchgeführt werden müssen, zusammenzufassen.

Vorausgesetzt wurde, dass aus a systematisch ausgewählten normalverteilten Grundgesamtheiten mit den Erwartungswerten $\mu + a_i$ und gleicher Varianz σ^2, die verschiedene Stufen eines Faktors – sogenannte Behandlungen – repräsentieren, unabhängige zufällige Stichproben vom Umfang n_i ausgewählt wurden. Für die N Beobachtungswerte $\boldsymbol{y}_{ij}$ soll Modellgleichung (5.2) mit ihren Zusatzbedingungen gelten. Aus den in Tab. 5.1 enthaltenen Beobachtungswerten berechnet man zunächst die Spaltensummen $Y_{i.}$ und gibt dazu die Anzahl der Beobachtungswerte an. Die entsprechenden Mittelwerte

$$\bar{\boldsymbol{y}}_{i.} = \frac{\boldsymbol{Y}_{i.}}{n_i}$$

stellen unter der hier vorausgesetzten Normalverteilung GVES und für beliebige Verteilungen mit endlichen zweiten Momenten BLES der Größen $\mu + a_i$ dar. Um die Hypothese $a_1 = \dots = a_a$ zu testen, dass alle Behandlungseffekte gleich sind und damit alle Stichproben aus der gleichen Grundgesamtheit stammen, benötigt man die Summen $\sum_{i,j} \boldsymbol{y}_{ij}^2$, $\sum_i (\boldsymbol{Y}_{i.}^2/n_i)$ und die Größe $\boldsymbol{Y}_{..}^2/N$.

Mit diesen Größen kann man eine sogenannte Varianztabelle anfertigen, wie sie in Tab. 5.2 dargestellt wurde. In eine solche Varianztabelle werden Variationsursache (zwischen bzw. innerhalb der Behandlungen und gesamt), die SQ, die Freiheitsgrade (FG), die $\boldsymbol{DQ}$ und die $E(\boldsymbol{DQ})$ sowie die F-Prüfzahl eingetragen. Damit hat man eine übersichtliche Darstellung des Rechenganges.

In einer praktischen Varianztabelle (Rechnerausdruck) fehlt im Gegensatz zur Varianztabelle als Rechnervorschrift die Spalte $E(\boldsymbol{DQ})$, und es treten weder im Tabellenkopf noch in der Tabelle Zufallsgrößen, sondern deren Realisationen auf.

Nun sind folgende Funktionen der Parameter in β schätzbar: $\mu + a_i$, und zwar ist $\widehat{\mu + a_i} = \bar{y}_{i.} (i = 1, \dots a)$ eine GVES. Außerdem ist $\sum_{i=1}^a c_i(\mu + a_i)$ schätzbar durch die GVES $\sum_{i=1}^a c_i \bar{y}_{i.}$.

Ferner sind alle linearen Kontraste ($\sum_{i=1}^a c_i a_i$ mit $\sum c_i = 0$) wie etwa Differenzen $a_i - a_j$ $(i \neq j)$ zwischen den Komponenten von a ($c_i = 1, c_j = -1$) oder Konstruktionen der Form $2a_j - a_s - a_r$ ($c_j = 2, c_s = -1, c_r = -1, j \neq s \neq r$) schätzbar. Die Bedeutung schätzbarer Funktionen liegt darin, dass ihre Schätzfunktionen von der speziellen Wahl von $(X^{\mathrm{T}}X)^{-}$ unabhängig sind und dass eine Hypothese $H_0: K^{\mathrm{T}}\beta = a^*$ mit der in (4.33) angegebenen Prüfzahl prüfbar ist, wenn $K^{\mathrm{T}}\beta$ schätzbar ist.

Da die Hypothese $a_1 = \cdots = a_a$ in der Form $K^{\mathrm{T}}\beta = 0$ mit $\beta = (\mu, a_1, \ldots, a_a)^{\mathrm{T}}$ und der $[(a-1) \times (a+1)]$-Matrix

$$K^{\mathrm{T}} = \begin{pmatrix} 0 & 1 & -1 & 0 & \ldots & 0 \\ 0 & 1 & 0 & -1 & \ldots & 0 \\ \vdots & \vdots & \vdots & \vdots & & \vdots \\ 0 & 1 & 0 & 0 & \ldots & -1 \end{pmatrix} = (0_{a-1}, e_{a-1}, -E_{a-1})$$

geschrieben werden kann, ist sie prüfbar. Die Prüfzahl des Tests wurde in Satz 5.4 bereits angeführt; sie ist mit dem eben angegebenen K^{T} ein Spezialfall der Prüfzahl $\boldsymbol{F}$ in (4.33).

Durch Einführung von Reparametrisierungsbedingungen können sich die Aussagen über Schätzbarkeit und die MKS (BLES) ändern. Beispielsweise ist unter der Bedingung $\sum_{i=1}^{a} n_i a_i = 0$ der Parameter μ schätzbar; die MKS ist $\bar{y}_{..}$. Folglich kann dann auch die Hypothese $H_0: \mu = 0$ geprüft werden.

Auch unter der Reparametrisierungsbedingung $\sum_{i=1}^{a} a_i = 0$ ist μ schätzbar; die MKS ist dann aber $\frac{1}{a}\sum_{i=1}^{a} \bar{y}_{i.}$.

Zu der Mehrdeutigkeit von $(X^{\mathrm{T}}X)^{-}$ und der Wahl bestimmter Reparametrisierungsbedingungen folgen einige allgemeine Bemerkungen, die sinngemäß auch für mehrfache Klassifikationen zutreffen, in den folgenden Abschnitten aber nicht noch einmal angeführt werden:

- Von der speziellen Wahl von $(X^{\mathrm{T}}X)^{-}$ und damit von der Wahl der Reparametrisierungsbedingung sind unabhängig
  - die SQ, DQ und F-Werte in den Varianztabellen für prüfbare Hypothesen,
  - die Schätzungen schätzbarer Funktionen.
- In den meisten praktischen Fällen sind Schätzwerte nicht schätzbarer Funktionen nicht erforderlich. Sollen z. B. drei Futtermittel auf ihre Einsatzmöglichkeiten in der Schweinefütterung hin untersucht werden und legt man das Modell $\boldsymbol{y}_{ij} = \mu + a_i + \boldsymbol{e}_{ij}$ zugrunde, so kann man eine Einstufung der Futtermittel nach $\mu + a_1, \mu + a_2$ und $\mu + a_3$ vornehmen und man braucht nicht unbedingt die Parameter a_1, a_2 und a_3 zu schätzen.
- Ist ein Problem unabhängig von der speziellen Wahl von $(X^{\mathrm{T}}X)^{-}$, so ist es häufig für die Ableitung von Formeln von Vorteil, unter speziellen Reparametrisierungsbedingungen Normalgleichungen abzuleiten. Die Reparametrisierungsbedingungen wählt man so, dass möglichst einfache Formeln entstehen, eine sachliche Rechtfertigung der Reparametrisierungsbedingungen ist nicht erforderlich, da die Bedingungen das Endergebnis nicht beeinflussen.

Die Ergebnisse sollen anhand eines Zahlenbeispiels demonstriert werden.

Beispiel 5.3

Auf einer Rinderbesamungsstation stehen drei Bullen B_1, B_2, B_3. Es soll mithilfe von n_i Töchterleistungen $y_{ij}(i = 1, 2, 3; j = 1, \ldots, n_i)$ geprüft werden, ob bezüglich der Milchfettmengenleistung Unterschiede in der Vererbungsleistung dieser Bullen bestehen. Wir nehmen an, dass die y_{ij} Beobachtungswerte von nach $N(\mu + a_i, \sigma^2)$ voneinander unabhängig verteilten Zufallsvariablen sind und dass Modell (5.2) gilt. Tabelle 5.3 enthält die Töchterleistungen y_{ij} für die drei Bullen. Es gibt folgende Fragen:

- Wie hoch ist die Vererbungsleistung der einzelnen Bullen?
- Gilt die Nullhypothese $H_0: a_1 = a_2 = a_3$?
- Welches sind die Schätzwerte für $a_1 - a_2$ und $-8a_1 - 6a_2 + 14a_3$?
- Kann die Nullhypothese $H_0: a_1 - a_2 = 0, -8a_1 - 6a_2 + 14a_3 = 0$ angenommen werden?

Alle Tests sind mit einem Risiko erster Art von $\alpha = 0{,}05$ durchzuführen.

In diesem Beispiel folgt aus (5.1) bzw. (5.2)

$$
\begin{aligned}
y_{11} &= 120 = \mu + a_1 + e_{11}\\
y_{12} &= 155 = \mu + a_1 + e_{12}\\
y_{13} &= 131 = \mu + a_1 + e_{13}\\
y_{14} &= 130 = \mu + a_1 + e_{14}\\
y_{21} &= 153 = \mu + a_2 + e_{21}\\
y_{22} &= 144 = \mu + a_2 + e_{22}\\
y_{23} &= 147 = \mu + a_2 + e_{23}\\
y_{31} &= 130 = \mu + a_3 + e_{31}\\
y_{32} &= 138 = \mu + a_3 + e_{32}\\
y_{33} &= 122 = \mu + a_3 + e_{33}
\end{aligned}
$$

Tab. 5.3 Milchfettmengenleistung y_{ij} der Töchter von drei Bullen.

	Bulle		
	B_1	B_2	B_2
y_{ij}	120	153	130
	155	144	138
	131	147	122
	130		
n_i	4	3	3
$Y_{i.}$	536	444	390
$\bar{y}_{i.}$	134	148	130

Damit ist in (5.1)

$$Y = (120, 155, 131, 130, 153, 144, 147, 130, 138, 122)^{\mathrm{T}}$$

$$\beta = (\mu, a_1, a_2, a_3)^{\mathrm{T}}, \quad e = (e_{11}, \dots, e_{33})^{\mathrm{T}}$$

$$X = \begin{pmatrix} 1 & 1 & 0 & 0 \\ 1 & 1 & 0 & 0 \\ 1 & 1 & 0 & 0 \\ 1 & 1 & 0 & 0 \\ 1 & 0 & 1 & 0 \\ 1 & 0 & 1 & 0 \\ 1 & 0 & 1 & 0 \\ 1 & 0 & 0 & 1 \\ 1 & 0 & 0 & 1 \\ 1 & 0 & 0 & 1 \end{pmatrix} = (e_{10}, e_4 \oplus e_3 \oplus e_3)$$

$$a = 3\,, \quad n_1 = 4\,, \quad n_2 = n_3 = 3 \quad \text{und} \quad N = 10$$

Alle Hypothesen der Fragestellung sind prüfbar; die zu schätzenden Größen sind schätzbare Funktionen. Es genügt also, irgendeine verallgemeinerte Inverse von $X^{\mathrm{T}}X$ zu berechnen. In diesem Beispiel wird in Lösungsweg 1 noch einmal der Weg über die verallgemeinerte Inverse von $X^{\mathrm{T}}X$ beschrieben; Lösungsweg 2 zeigt anschließend das Vorgehen bei routinemäßigen Auswertungen mithilfe der in diesem Abschnitt abgeleiteten Formeln. In den Beispielen der folgenden Abschnitte wird in den Fällen, in denen einfache Formeln für die SQ ableitbar sind, nur noch dieser einfachere Lösungsweg angegeben.

Lösungsweg 1 (Veranschaulichung der Ableitung der Formeln am Zahlenbeispiel): Für die Berechnung von $(X^{\mathrm{T}}X)^{-}$ wird folgender Algorithmus unter Ausnutzung der Symmetrie von $X^{\mathrm{T}}X$ verwendet, der allgemein für symmetrische Matrizen anwendbar ist:

- Bestimme $\mathrm{Rg}(X^{\mathrm{T}}X) = r$.
- Suche eine nichtsinguläre $(r \times r)$-Teilmatrix vom Rang r und invertiere sie.
- Ersetze jedes Element dieser Teilmatrix von $X^{\mathrm{T}}X$ durch das Element der Inversen und die übrigen Elemente von $X^{\mathrm{T}}X$ durch Nullen.

Praktische Berechnungen werden mit einem leicht modifizierten Gaußschen Algorithmus durchgeführt. Wir berechnen zunächst

$$X^{\mathrm{T}}X = \begin{pmatrix} 10 & 4 & 3 & 3 \\ 4 & 4 & 0 & 0 \\ 3 & 0 & 3 & 0 \\ 3 & 0 & 0 & 3 \end{pmatrix}$$

Die Summe der letzten drei Zeilen ergibt die erste. Da jedoch die Teilmatrix

$$\begin{pmatrix} 4 & 0 & 0 \\ 0 & 3 & 0 \\ 0 & 0 & 3 \end{pmatrix}$$

den Rang 3 hat, ist $\mathrm{Rg}(X^{\mathrm{T}}X) = r = 3$. Außerdem ist die Inverse von

$$\begin{pmatrix} 4 & 0 & 0 \\ 0 & 3 & 0 \\ 0 & 0 & 3 \end{pmatrix}$$

gleich

$$\begin{pmatrix} \frac{1}{4} & 0 & 0 \\ 0 & \frac{1}{3} & 0 \\ 0 & 0 & \frac{1}{3} \end{pmatrix}$$

und damit

$$(X^{\mathrm{T}}X)^{-} = \begin{pmatrix} 0 & 0 & 0 & 0 \\ 0 & \frac{1}{4} & 0 & 0 \\ 0 & 0 & \frac{1}{3} & 0 \\ 0 & 0 & 0 & \frac{1}{3} \end{pmatrix}$$

Zur Probe kann man $(X^{\mathrm{T}}X)(X^{\mathrm{T}}X)^{-}X^{\mathrm{T}}X = X^{\mathrm{T}}X$ zeigen.

Um $\hat{\beta}$ zu berechnen, bilden wir $X^{\mathrm{T}}Y$. Es ist

$$X^{\mathrm{T}}Y = (Y_{..}, Y_{1.}, Y_{2.}, Y_{3.})^{\mathrm{T}} = (1370, 536, 444, 390)^{\mathrm{T}}$$

und wir erhalten

$$\hat{\beta} = (X^{\mathrm{T}}X)^{-}X^{\mathrm{T}}Y = \begin{pmatrix} 0 \\ \bar{y}_{1.} \\ \bar{y}_{2.} \\ \bar{y}_{3.} \end{pmatrix} = \begin{pmatrix} 0 \\ 134 \\ 148 \\ 130 \end{pmatrix} = \begin{pmatrix} \hat{\mu} \\ \hat{a}_1 \\ \hat{a}_2 \\ \hat{a}_3 \end{pmatrix}$$

Die Vererbungsleistung der Bullen wird durch die Schätzung $\bar{y}_{i.}$ der schätzbaren Funktion $\mu + a_i$ charakterisiert; die Schätzwerte sind 134, 148 bzw. 130.

Um die Nullhypothese $H_0\colon a_1 = a_2 = a_3$ zu prüfen, bestimmen wir die Prüfzahl (4.33)

$$\boldsymbol{F} = \frac{(K^{\mathrm{T}}\hat{\boldsymbol{\beta}} - a)^{\mathrm{T}}[K^{\mathrm{T}}(X^{\mathrm{T}}X)^{-}K]^{-1}(K^{\mathrm{T}}\hat{\boldsymbol{\beta}} - a)}{\boldsymbol{Y}^{\mathrm{T}}\left(E_n - X(X^{\mathrm{T}}X)^{-}X^{\mathrm{T}}\right)\boldsymbol{Y}} \cdot \frac{n-p}{q}$$

wobei $H_0\colon a_1 = a_2 = a_3$ in der Form $K^{\mathrm{T}}\hat{\beta} = a^*$ mit $a^* = 0$ und

$$K^{\mathrm{T}} = \begin{pmatrix} 0 & 1 & -1 & 0 \\ 0 & 1 & 0 & -1 \end{pmatrix}$$

geschrieben wird, und $p = a$, $q = a - 1$ zu setzen ist.

Die Realisation F für $\boldsymbol{F}$ in diesem Spezialfall ist dann

$$F = \frac{\begin{pmatrix} \widehat{a_1 - a_2} \\ \widehat{a_1 - a_3} \end{pmatrix}^{\mathrm{T}} \begin{pmatrix} \frac{7}{12} & \frac{3}{12} \\ \frac{3}{12} & \frac{7}{12} \end{pmatrix}^{-1} \begin{pmatrix} \widehat{a_1 - a_2} \\ \widehat{a_1 - a_3} \end{pmatrix}}{Y^{\mathrm{T}}\left(E_{10} - X(X^{\mathrm{T}}X)^{-}X^{\mathrm{T}}\right)Y} \cdot \frac{7}{2}$$

Nun ist die Inverse im Zähler

$$\frac{12}{40}\begin{pmatrix} 7 & -3 \\ -3 & 7 \end{pmatrix}$$

und der Zähler wegen $\widehat{a_i - a_j} = \bar{y}_{i.} - \bar{y}_{j.}$, d. h., $\bar{y}_{1.} - \bar{y}_{2.} = -14$, $\bar{y}_{1.} - \bar{y}_{3.} = 4$ damit

$$(-14, 4)\frac{12}{40}\begin{pmatrix} 7 & -3 \\ -3 & 7 \end{pmatrix}\begin{pmatrix} -14 \\ 4 \end{pmatrix} = 546$$

Ferner ist

$$X(X^{\mathrm{T}}X)^{-}X^{\mathrm{T}} = \frac{1}{4}e_{44} \oplus \frac{1}{3}e_{33} \oplus \frac{1}{3}e_{33}$$

Damit wird im Nenner $Y^{\mathrm{T}}E_{10}Y = \sum y_{ij}^2 = 189\,068$ und

$$Y^{\mathrm{T}}\left[\frac{1}{4}e_{44} \oplus \frac{1}{3}e_{33}\frac{1}{3}e_{33}\right]Y = \sum_{i=1}^{a} \frac{Y_{i.}^2}{n_i} = 188\,236$$

also

$$F = \frac{546}{832} \cdot \frac{7}{2} = 2{,}297$$

Nun lautet der kritische Wert der F-Verteilung nach Tab. D.5 für $\alpha = 0{,}05$ bei zwei und sieben Freiheitsgraden 4,74. Die Nullhypothese $H_0\colon a_1 = a_2 = a_3$ wird nicht abgelehnt. Der Schätzwert für $a_1 - a_2$ ist, wie erwähnt, $\bar{y}_{1.} - \bar{y}_{2.} = -14$.

Nach (5.6) kann $\mathrm{var}(\widehat{\boldsymbol{a}_1 - \boldsymbol{a}_2})$ berechnet werden. Da $a_1 - a_2$ die Form $\mathrm{q}^{\mathrm{T}}\beta$ mit $\mathrm{q}^{\mathrm{T}} = (0, 1, -1, 0)$ hat, folgt aus (5.6)

$$\begin{aligned}\mathrm{var}(\widehat{\boldsymbol{a}_1 - \boldsymbol{a}_2}) &= (0, 1, -1, 0)\begin{pmatrix} 0 & 0 & 0 & 0 \\ 0 & \frac{1}{4} & 0 & 0 \\ 0 & 0 & \frac{1}{3} & 0 \\ 0 & 0 & 0 & \frac{1}{3} \end{pmatrix}\begin{pmatrix} 0 \\ 1 \\ -1 \\ 0 \end{pmatrix}\sigma^2 \\ &= \left(\frac{1}{4} + \frac{1}{3}\right)\sigma^2 = \frac{7}{12}\sigma^2\end{aligned}$$

Die Funktion $-8a_1 - 6a_2 + 14a_3$ ist ein linearer Kontrast und schätzbar. Nach Satz 4.11 ist wegen $-8a_1 - 6a_2 + 14a_3 = (0, -8, -6, 14)\beta$ die realisierte BLES dieses linearen Kontrasts

$$(0, -8, -6, 14)\hat{\beta} = -8\bar{y}_{1.} - 6\bar{y}_{2.} + 14\bar{y}_{3.} = -140$$

Da

$$(0, -8, -6, 14)(X^{\mathrm{T}}X)^{-}\begin{pmatrix} 0 \\ 1 \\ -1 \\ 0 \end{pmatrix} = 0$$

gilt, sind die beiden Kontraste orthogonal. Nach (5.6) erhält man als Varianz des geschätzten Kontrasts die Größe $\frac{93}{3}\sigma^2 = 31\sigma^2$.

Die Nullhypothese

$$H_0\colon \begin{pmatrix} 0 & 1 & -1 & 0 \\ 0 & -8 & -6 & 14 \end{pmatrix}\beta = 0$$

wird mit der Prüfzahl (5.11) von Satz 5.4 getestet (H_0 ist identisch mit $H_0\colon a_1 = a_2 = a_3$). Mit

$$K^{\mathrm{T}} = \begin{pmatrix} 0 & 1 & -1 & 0 \\ 0 & -8 & -6 & 14 \end{pmatrix} \quad \text{und} \quad G = (X^{\mathrm{T}}X)^{-}$$

wird

$$K^{\mathrm{T}}GK = \begin{pmatrix} \frac{7}{12} & 0 \\ 0 & \frac{280}{3} \end{pmatrix} \quad \text{und} \quad (K^{\mathrm{T}}GK)^{-1} = \begin{pmatrix} \frac{12}{7} & 0 \\ 0 & \frac{3}{280} \end{pmatrix} = \frac{1}{280}\begin{pmatrix} 480 & 0 \\ 0 & 3 \end{pmatrix}$$

Die SQ im Zähler von F ist daher

$$(-14, -140)\frac{1}{280}\begin{pmatrix} 480 & 0 \\ 0 & 3 \end{pmatrix}\begin{pmatrix} -14 \\ -140 \end{pmatrix} = 336 + 210 = 546$$

Die Realisation F für $\boldsymbol{F}$ in diesem Spezialfall ist dann wieder

$$F = \frac{546}{832} \cdot \frac{7}{2} = 2{,}297$$

Im Unterschied zu der vorhergehenden Form der Nullhypothese, die mit nicht orthogonalen Kontrasten geschrieben wurde, lassen sich die Teilhypothesen

$$H_0\colon a_1 = a_2, \quad H_0\colon -8a_1 - 6a_2 + 14a_3 = 0$$

mit den Zähler-SQ 336 bzw. 210 (mit je einem Freiheitsgrad) so einzeln testen, dass der Test einer Hypothese nicht von der Gültigkeit der anderen abhängt. Für $H_0\colon a_1 = a_2$ ergibt sich die Prüfzahl

$$F = \frac{336}{832} \cdot 7 = 2{,}827$$

Tab. 5.4 Zwischenergebnisse für die Varianzanalyse des Materials in Tab. 5.3.

Bulle	$Y_{i.}$	$Y_{i.}^2$	$\frac{Y_{i.}^2}{n_i}$	$\sum y_{ij}^2$
B_1	536	287 296	71 824	72 486
B_2	444	197 136	65 712	65 754
B_3	390	152 100	50 700	50 828
Summe	1370		188 236	189 068

Tab. 5.5 Varianztabelle zur Prüfung der Hypothese $a_1 = a_2 = a_3$ von Beispiel 5.3.

Variationsursache	*SQ*	*FG*	*DQ*	*F*
Zwischen Bullen	546	2	273,00	2,297
Innerhalb Bullen	832	7	118,86	
Gesamt	1378	9		

Tab. 5.6 Tabelle zur Prüfung der Hypothesen $a_1 = a_2$ und $-8a_1 - 6a_2 + 14a_3 = 0$.

Variationsursache	*SQ*	*FG*	*DQ*	*F*
$a_1 - a_2$	336	1	336,00	2,827
$-8a_1 - 6a_2 + 14a_3$	210	1	210,00	1,767
Zwischen Bullen	546	2	273,00	2,297
Innerhalb Bullen	832	7	118,86	
Gesamt	1378	9		

und für den Test der Hypothese $H_0\colon -8a_1 - 6a_2 + 14a_3 = 0$ die Prüfzahl

$$F = \frac{210}{832} \cdot 7 = 1{,}767$$

Die beiden Teilhypothesen werden ebenfalls nicht abgelehnt.

Lösungsweg 2: Das ist der Weg, der routinemäßig bei praktischen Berechnungen abgearbeitet wird. Zunächst berechnet man die Werte in Tab. 5.3 und Tab. 5.4 sowie $Y_{..}^2 = 1\,876\,900$ und $\frac{1}{10} Y_{..}^2 = 187\,690$. Die $\bar{y}_{i.}$ sind Schätzwerte für $\mu + a_i (i = 1, 2, 3)$. Für die Prüfung der Nullhypothese $H_0\colon a_1 = a_2 = a_3$ wird eine Varianzanalyse der Form von Tab. 5.2 ohne $E(\boldsymbol{DQ})$ berechnet (Tab. 5.5). Die Werte dieser Tabelle erhält man mithilfe von Tab. 5.4 (z. B. ist 188 236 − 187 690 = 546). Die Zerlegung der SQ zwischen den Bullen in additive Komponenten bezüglich der orthogonalen Kontraste ist in Tab. 5.6 veranschaulicht.

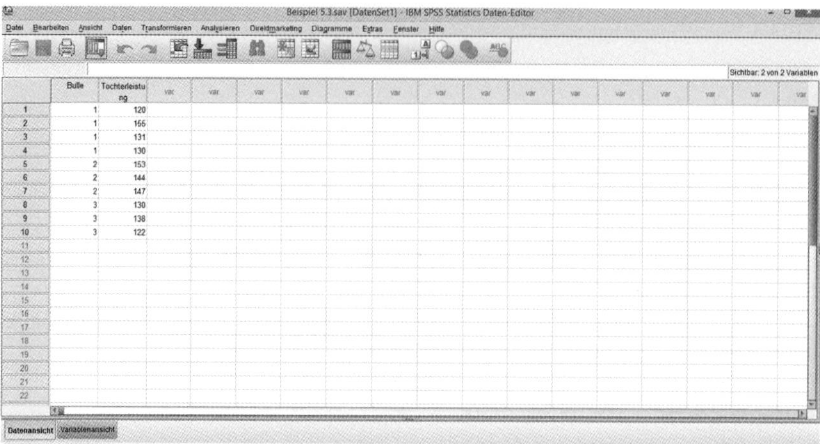

Abb. 5.1 Das SPSS-Datenblatt zu Beispiel 5.3.

Bemerkungen zu Programmpaketen.

Mit statistischen Programmpaketen wie R, SAS oder SPSS kann man die Berechnungen sicher und einfach durchführen. In R geht das über den Befehl `lm()`. Wir demonstrieren hier die Auswertung von Beispiel 5.3 mit IBM-SPSS 19 (kurz SPSS genannt). Zunächst müssen wir die Daten geeignet in eine Datenmatrix eingeben. Nach dem Start von SPSS gehen wir zur Option „Daten eingeben“ und definieren die Variablen „Bulle“ und „Töchterleistungen“. Damit haben wir zwei Spalten im Datenblatt definiert. In die erste Spalte tragen wir die Nummer des Bullen ein, die zu den Töchterleistungen gehört, also vier Einsen, drei Zweien und drei Dreien. In die zweite Spalte kommen nun die zugehörigen zehn Töchterleistungen. In Abb. 5.1 findet man Bulle als Faktor und das Datenblatt. Nun gehen wir zu „Analysieren – Mittelwerte vergleichen – einfaktorielle ANOVA“ und geben Bulle als Faktor und Töchterleistung als „abhängige Variable“ ein. Nach ok erhält man die Varianztabelle der Abb. 5.2.

In den folgenden Kapiteln verzichten wir auf die Bearbeitung durch SPSS, da die Vorgehensweise analog zu der dieses Beispiels ist.

5.2.2
Planung des Versuchsumfanges

Zur Versuchsplanung, d. h. zur Festlegung des Umfanges eines Versuches, sind wie in Kapitel 3 Genauigkeitsvorgaben erforderlich. Die im Folgenden beschriebene Vorgehensweise ist für alle Abschnitte dieses Kapitels gültig.

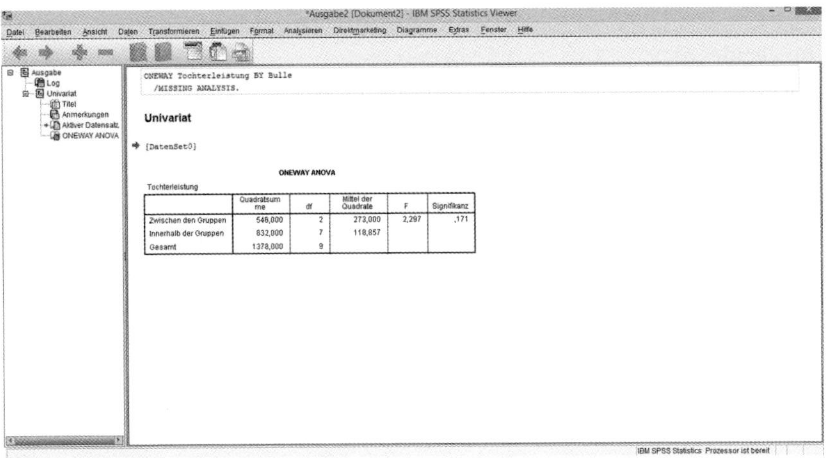

Abb. 5.2 SPSS-Varianztabelle von Beispiel 5.3.

5.2.2.1 Allgemeine Beschreibung für alle Abschnitte dieses Kapitels

Einleitend geben wir die Dichtefunktion der nichtzentralen F-Verteilung an, sie ist

$$f_{n_1,n_2,\lambda}(F) = \sum_{j=0}^{\infty} \frac{\mathrm{e}^{-\frac{\lambda}{2}} \Gamma\left(\frac{n_1}{2} + \frac{n_2}{2} + j\right) \lambda^j \cdot n_1^{\frac{n_1}{2}+j} \cdot n_2^{\frac{n_2}{2}}}{j! \cdot 2^j \cdot \Gamma\left(\frac{n_1}{2} + j\right) \cdot \Gamma\left(\frac{n_2}{2}\right)} \cdot \frac{F^{\frac{n_1}{2}+j-1}}{(n_2 + n_1 F)^{\frac{n_1}{2}+\frac{n_2}{2}+j}} I_{(0,\infty)}$$

Analog zu der Bedingung

$$t(n-1 \mid 1-\alpha) = t(n-1, \lambda \mid \beta)$$

aus Kapitel 3 verwenden wir nun für die Quantile der zentralen bzw. nichtzentralen F-Verteilung die Beziehung

$$F(f_1, f_2, 0 \mid 1-\alpha) = F(f_1, f_2, \lambda \mid \beta) \tag{5.12}$$

in der f_1 und f_2 die Freiheitsgrade des Zählers und des Nenners der Testgröße sind, α und β sind wieder die beiden Risiken und λ ist der Nichtzentralitätsparameter. Diese Gleichung spielt in allen anderen Abschnitten dieses Kapitels eine wichtige Rolle. Neben f_1, f_2, α und β gehört zur Genauigkeitsvorgabe die Differenz δ zwischen dem größten und dem kleinsten Effekt der Wirkungen (Haupt- oder Wechselwirkung in den späteren Abschnitten), die gegen null getestet werden sollen. Die Auflösung nach λ in (5.12) bezeichnen wir mit

$$\lambda = \lambda(\alpha, \beta, f_1, f_2)$$

Es seien $E_{\min}$, $E_{\max}$ das Minimum bzw. das Maximum von q auf Gleichheit zu prüfenden Effekten $E_1, E_2, \cdots, E_q$ eines festen Faktors E oder einer Wechselwirkung. Gewöhnlich standardisiert man die Genauigkeitsvorgabe $\tau = \delta/\sigma$, wenn σ nicht bekannt ist.

Ist $E_{max} - E_{min} \geq \delta$, so gilt für den Nichtzentralitätsparameter der F-Verteilung (für gerades q)

$$\lambda = \sum_{i=1}^{q} (E_i - \bar{E})^2/\sigma^2 \geq \frac{\frac{q}{2}(E_{max} - \bar{E})^2 + \frac{q}{2}(E_{min} - \bar{E})^2}{\sigma^2}$$
$$\geq q(E_{max} - E_{min})^2/(2\sigma^2) \geq q\delta^2/(2\sigma^2)$$

Lassen wir das Zwischenglied

$$\frac{\frac{q}{2}(E_{max} - \bar{E})^2 + \frac{q}{2}(E_{min} - \bar{E})^2}{\sigma^2}$$

weg, so gilt

$$\lambda = \sum_{i=1}^{q} (E_i - \bar{E})^2/\sigma^2 \geq \frac{q\delta^2}{2\sigma^2} \tag{5.13}$$

Der minimal erforderliche Versuchsumfang hängt von λ und damit von der genauen Position aller q Effekte ab. Diese ist aber für die Bestimmung des Versuchsumfangs nicht bekannt. Wir betrachten zwei Extremfälle, die günstigste (zum kleinsten minimalen Umfang n_{min} führende) und die ungünstigste (zum größten minimalen Umfang n_{max} führende) Situation. Der ungünstigste Fall ist der, der zum kleinsten Nichtzentralitätsparameter λ_{min} und zum sogenannten maximin Umfang n_{max} führt. Das ist der Fall, wenn die $q - 2$ nicht extremen Effekte gleich $(E_{max} + E_{min})/2$ sind. Für $\bar{E} = 0$, $\sum_{i=1}^{q} (E_i - \bar{E})^2 = qE^2$ entspricht das folgendem Schema.

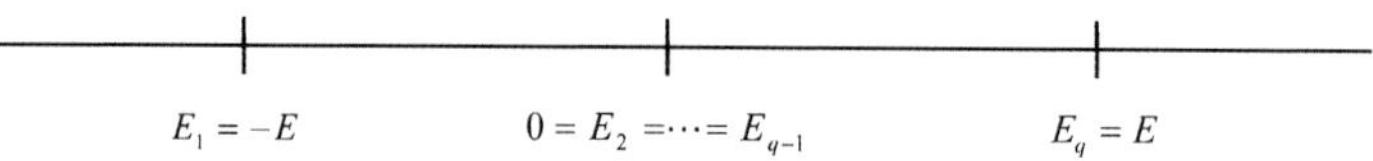

Der günstigste Fall ist der, der zum größte Nichtzentralitätsparameter λ_{max} und zum sogenannten minimin Umfang n_{min} führt. Für gerade $q = 2m$ ist das der Fall, wenn m der E_i gleich E_{min} und die m anderen E_i gleich E_{max} sind. Für ungerade $q = 2m + 1$ müssen wieder m der E_i gleich E_{min} und die m anderen E_i gleich E_{max} gesetzt werden und der verbleibende Effekt gleich einem der beiden extremen E_{min} oder E_{max}. Für $\bar{E} = 0$, $\sum_{i=1}^{q} (E_i - \bar{E})^2 = qE^2$ zeigt das folgende Schema diese Situation für gerades q

$E_1 = E_2 = \cdots = E_m = -E$ | 0 | $E_{m+1} = E_{m+2} = \cdots = E_q = E$

5.2.2.2 Der Versuchsumfang für die einfache Klassifikation

Wir bestimmen nun den mindestens erforderlichen Versuchsumfang sowohl für den günstigsten als auch für den ungünstigsten Fall, d. h., wir suchen das kleinste n (z. B. $n = 2q$), das (5.13) für $\lambda_{max} = \lambda$ bzw. für $\lambda_{min} = \lambda$ erfüllt.

Der Versuchsansteller muss sich nun für einen Umfang n im Intervall $n_{\min} \leq n \leq n_{\max}$ entscheiden, wenn er sichergehen will, muss er $n = n_{\max}$ wählen. Die Lösung der Gleichung (5.12) ist aufwendig und erfolgt vorwiegend mit Rechnerprogrammen. Das Programm OPDOE von R gestattet die Bestimmung des minimalen Versuchsumfangs für den günstigsten und den ungünstigsten Fall in Abhängigkeit von α, β, δ bzw. τ und der Anzahl der Behandlungen für alle in diesem Kapitel beschriebenen Fälle. Dabei kommt ein Algorithmus zur Anwendung, der auf Lenth (1986) und Rasch *et al.* (1997) zurückgeht. Wir demonstrieren beide Programme an einem Beispiel. Auf jeden Fall kann man zeigen, dass der minimale Versuchsumfang am kleinsten ist, wenn $n_1 = n_2 = \cdots = n_a = n$ ist, was man bei der Planung des Versuches zunächst einmal fordern kann. Die Versuchsplanungsfunktion des R-Pakets OPDOE für die Varianzanalyse heißt `size.anova()` und hat für eine einfache Varianzanalyse den Aufruf

```
> size.anova(model="a", a= ,alpha= ,beta= ,delta= ,case= )
```

Es ist der minimale Umfang einer der a Stufen des Faktors A zu bestimmen und zwar für ein Modell I. Dann werden die Risiken, die praktisch interessierende relative Mindestdifferenz δ/σ (`delta`) und die Optimierungsstrategie (`case`: `"maximin"` oder `"minimin"`) eingegeben. Bei Zahleneingaben sind unbedingt Dezimalpunkte zu verwenden (englische Notation).

Wir demonstrieren alle Programme stellvertretend für alle Klassifikationen dieses Kapitels an einem Beispiel.

Beispiel 5.4
Es sollen $n_{\min}$ und $n_{\max}$ für $a = 4$, $\alpha = 0,05$, $\beta = 0,1$ und $\delta/\sigma = 2$ berechnet werden.

Mit OPDOE von R ergibt sich

```
> size.anova(model="a", a=4, alpha=0.05, beta=0.1, delta=2,
case="minimin")
n
5
> size.anova(model"a", a=4, alpha=0.05, beta=0.1, delta=2,
case="maximin")
n
9
```

Nun muss der Anwender einen Wert von n zwischen 5 und 9 wählen.

5.3 Klassifikation nach zwei Faktoren (zweifache Varianzanalyse)

Die zweifache Varianzanalyse ist ein Auswertungsverfahren für Versuche, in denen die Wirkung von zwei Faktoren untersucht werden soll. In SPSS realisiert man diesen Fall, aber auch die dreifache Varianzanalyse, über Analysieren – Allgemeines lineares Modell – Univariat. Angenommen, es sollen verschiedene Weizensorten und verschiedene Düngemittel in ihrer Wirkung auf den Ernteertrag (z. B. pro ha) geprüft werden, dann ist einer der zu untersuchenden Faktoren der Faktor Sorte (Faktor A), der andere der Faktor Düngemittel (Faktor B). Von dem Faktor A mögen a, von dem Faktor B mögen b Stufen in den Versuch einbezogen worden sein. Bei Versuchen mit zwei Faktoren wird das Versuchsmaterial in zwei Richtungen klassifiziert; es liegt eine sogenannte Zweifachklassifikation vor. Dies kann auf verschiedene Arten geschehen:

1. Jede Stufe des Faktors A tritt in den Beobachtungswerten mit jeder Stufe des Faktors B auf. Es gibt dann $a \cdot b$ Kombinationen (Klassen) von Faktorstufen. Man sagt, Faktor A sei mit Faktor B vollständig gekreuzt bzw. es liege eine vollständige Kreuzklassifikation vor.
   a) Für jede Kombination von Faktorstufen liegt ein Beobachtungswert vor.
   b) Für jede Kombination (Klasse) (i, j) der Stufe i des Faktors A mit der Stufe j des Faktors B liegen $n_{ij} \geq 1$ Beobachtungswerte vor. Sind alle $n_{ij} = n$, so spricht man von einer Kreuzklassifikation mit gleicher Klassenbesetzung bzw. von einer balancierten Versuchsanlage.
2. Mindestens eine Stufe des Faktors A tritt (in den Beobachtungswerten) mit zwei Stufen des Faktors B auf, und mindestens eine Stufe des Faktors B tritt mit mindestens zwei Stufen des Faktors A auf, es liegt jedoch keine vollständige Kreuzklassifikation vor. Dann sagt man, Faktor A ist mit Faktor B teilweise gekreuzt, oder es liegt eine unvollständige Kreuzklassifikation vor.
3. In den Beobachtungswerten tritt jede Stufe des Faktors B nur mit einer Stufe des Faktors A auf. Dann liegt eine hierarchische Klassifikation des Faktors B innerhalb des Faktors A vor. Wir sagen, der Faktor B sei dem Faktor A untergeordnet, und schreiben $B \prec A$.

Bezeichnet man die Kombinationen der Faktorstufen (auch *Klassen* genannt) mit (i, j) $(i = 1, \dots, a; j = 1, \dots, b)$, wobei n_{ij} die Anzahl der Beobachtungswerte der Klasse (i, j) bezeichnet, so kann man die Arten der Zweifachklassifikation wie folgt charakterisieren:

$n_{ij} = 1$ für alle (i, j): vollständige Kreuzklassifikation mit einer Beobachtung pro Klasse

$n_{ij} \geq 1$ für alle (i, j): vollständige Kreuzklassifikation

$n_{ij} = n \geq 1$ für alle (i, j): vollständige Kreuzklassifikation mit gleicher Klassenbesetzung

$$\left.\begin{array}{l} n_{ij_1} \neq 0; n_{ij_2} \neq 0 \text{ für mindestens ein } i \\ n_{i_1 j} \neq 0; n_{i_2 j} \neq 0 \text{ für mindestens ein } j \\ \text{mindestens ein } n_{ij} = 0 \end{array}\right\} \text{ unvollständige Kreuzklassifikation}$$

$$\left.\begin{array}{l}\text{Falls } n_{kj} \neq 0\\ \text{gilt } n_{ij} = 0 \text{ für } i \neq k\\ (\text{mindestens ein } n_{ij} > 1,\\ \text{mindestens zwei } n_{ij} \neq 0)\end{array}\right\} \text{hierarchische Klassifikation}$$

5.3.1 Kreuzklassifikation ($A \times B$)

Die Beobachtungswerte $\boldsymbol{y}_{ij}$ einer vollständigen Kreuzklassifikation für die i-te Stufe A_i des Faktors $A(i = 1, \dots, a)$ und die j-te Stufe B_j des Faktors $B(j = 1, \dots, b)$ kann man im Fall der einfachen Klassenbesetzung in Form der Tab. 5.7, im Fall der mehrfachen (gleichen) Klassenbesetzung in Form der Tab. 5.8 anordnen, indem man den Stufen des Faktors A die Zeilen, den Stufen des Faktors B die Spalten einer Tabelle zuordnet. Auf die Spezialfälle der Tab. 5.7 und 5.8 wird am Schluss dieses Abschnitts gesondert eingegangen. Zunächst wird eine beliebige Kreuzklassifikation, die auch leere Klassen haben kann, betrachtet. Man kann sich vorstellen, dass die Zufallsgrößen $\boldsymbol{y}_{ijk}$ der Klasse (i, j) eine zufällige Stichprobe aus einer mit dieser Klasse assoziierten Grundgesamtheit darstellen. Klassenmittelwert und -varianz der Grundgesamtheit einer solchen Klasse werden wahrer Mittelwert bzw. wahre Varianz genannt. Der wahre Mittelwert der Klasse (i, j) sei η_{ij}. Es soll wieder der Fall betrachtet werden, dass die Stufen der Faktoren A und B systematisch ausgewählt wurden (Modell I).

Die Größe

$$\mu = \bar{\eta}_{..} = \frac{\sum_{i=1}^{a} \sum_{j=1}^{b} \eta_{ij}}{ab}$$

heißt Gesamtmittelwert des Versuches.

Definition 5.2
Die Differenz $a_i = \bar{\eta}_{i.} - \mu$ wird Hauptwirkung der i-ten Stufe des Faktors A, die Differenz $b_j = \bar{\eta}_{.j} - \mu$ Hauptwirkung der j-ten Stufe des Faktors B genannt.

Tab. 5.7 Beobachtungswerte y_{ij} einer vollständigen Zweifachklassifikation mit einfacher Klassenbesetzung.

		Stufen des Faktors B					
		B_1	B_2	$\cdots$	B_j	$\cdots$	B_b
Stufen des Faktors A	A_1	y_{11}	y_{12}		y_{1j}		y_{1b}
	A_2	y_{21}	y_{22}		y_{2j}		y_{2b}
	$\vdots$						
	A_i	y_{i1}	y_{i2}		y_{ij}		y_{ib}
	$\vdots$						
	A_a	y_{a1}	y_{a2}		y_{aj}		y_{ab}

Tab. 5.8 Beobachtungswerte y_{ijk} einer vollständigen Zweifachklassifikation mit mehrfacher gleicher Klassenbesetzung.

Stufen des Faktors A	Stufen des Faktors B: B_1	B_2	$\cdots$	B_j	$\cdots$	B_b
	y_{111}	y_{121}		y_{1j1}		y_{1b1}
	y_{112}	y_{122}		y_{1j2}		y_{1b2}
A_1	$\vdots$	$\vdots$		$\vdots$		$\vdots$
	y_{11n}	y_{12n}		y_{1jn}		y_{1bn}
	y_{211}	y_{221}		y_{2j1}		y_{2b1}
	y_{212}	y_{222}		y_{2j2}		y_{2b2}
A_2	$\vdots$	$\vdots$		$\vdots$		$\vdots$
	y_{21n}	y_{22n}		y_{2jn}		y_{2bn}
$\vdots$						
	y_{i11}	y_{i21}		y_{ij1}		y_{ib1}
	y_{i12}	y_{i22}		y_{ij2}		y_{ib2}
A_i	$\vdots$	$\vdots$		$\vdots$		$\vdots$
	y_{i1n}	y_{i2n}		y_{ijn}		y_{ibn}
$\vdots$						
	y_{a11}	y_{a21}		y_{aj1}		y_{ab1}
	y_{a12}	y_{a22}		y_{aj2}		y_{ab2}
A_a	$\vdots$	$\vdots$		$\vdots$		$\vdots$
	y_{a1n}	y_{a2n}		y_{ajn}		y_{abn}

Die Differenz $a_{i|j} = \eta_{ij} - \bar{\eta}_{.j}$ heißt Wirkung der i-ten Stufe des Faktors A unter der Bedingung, dass Faktor B in der j-ten Stufe auftritt. Analog heißt $b_{j|i} = \eta_{ij} - \bar{\eta}_{i.}$ Wirkung der j-ten Stufe des Faktors B unter der Bedingung, dass Faktor A in der i-ten Stufe auftritt.

Die Unterscheidung zwischen Hauptwirkung und „bedingter Wirkung" ist dann von Bedeutung, wenn die Stufen des einen Faktors in ihrer Wirkung auf die Beobachtungswerte davon abhängen, welche Stufe des anderen Faktors vorliegt. In der Varianzanalyse spricht man dann davon, dass eine Wechselwirkung zwischen den beiden Faktoren besteht. Man definiert die Effekte (Wirkungen) dieser Wechselwirkungen (kurz ebenfalls Wechselwirkungen genannt) und verwendet sie anstelle der bedingten Wirkungen.

Definition 5.3

Unter der Wechselwirkung $(a, b)_{ij}$ der i-ten Stufe des Faktors A mit der j-ten Stufe des Faktors B in einer zweifachen Varianzanalyse versteht man die Differenz zwischen der bedingten Wirkung der Stufe i des Faktors A bei gegebener Stufe j des Faktors B und der Hauptwirkung der Stufe i von A oder, was das gleiche bedeutet, die Differenz zwischen der bedingten Wirkung der Stufe j von B bei gegebener Stufe i von A und der Hauptwirkung der Stufe j von B, d. h., es gilt

$$(a,b)_{ij} = a_{i|j} - a_i = b_{j|i} - b_j = \eta_{ij} - \bar{\eta}_{i.} - \bar{\eta}_{.j} + \mu \tag{5.14}$$

Unterstellt man, dass die Zufallsvariablen $\boldsymbol{y}_{ij}$ der Kreuzklassifikation zufällig um die Klassenmittelwerte schwanken, d. h., geht man von einem Ansatz der Form

$$\boldsymbol{y}_{ijk} = \eta_{ij} + \boldsymbol{e}_{ijk}$$

mit nach $N(0, \sigma^2)$ unabhängig voneinander verteilten Fehlervariablen $\boldsymbol{e}_{ijk}$ aus, so wäre der Ansatz

$$\begin{aligned} &\boldsymbol{y}_{ijk} = \mu + a_i + b_i + (a,b)_{ij} + \boldsymbol{e}_{ijk} \,, \\ &\quad (i = 1, \dots, a; j = 1, \dots, b; k = 1, \dots, n_{ij}) \end{aligned} \tag{5.15}$$

mit $(a,b)_{ij} = 0$ für $n_{ij} = 0$ bzw. der aus (5.13) für $(a,b)_{ij} = 0$ für alle i, j hervorgehende Ansatz

$$\boldsymbol{y}_{ijk} = \mu + a_i + b_j + \boldsymbol{e}_{ijk} \,, \quad (i = 1, \dots, a; j = 1, \dots, b; k = 1, \dots n_{ij}) \tag{5.16}$$

ohne Wechselwirkungen ein Spezialfall von (5.1). Um das zu zeigen, schreiben wir

$$\begin{aligned} \boldsymbol{Y} &= (\boldsymbol{y}_{111}, \dots, \boldsymbol{y}_{11n_{11}}, \dots, \boldsymbol{y}_{1b1}, \dots, \boldsymbol{y}_{1bn_{1b}}, \dots, \boldsymbol{y}_{abn_{ab}})^{\mathrm{T}} \\ \beta &= (\mu, a_1, \dots, a_a, b_1, \dots, b_b, (a,b)_{11}, \dots, (a,b)_{1b} \\ &\qquad (a,b)_{21}, \dots, (a,b)_{2b}, \dots, (a,b)_{ab})^{\mathrm{T}} \end{aligned}$$

für (5.15) bzw.

$$\beta = (\mu, a_1, \dots, a_a, b_1, \dots, b_b)^{\mathrm{T}}$$

für (5.16) und nehmen an, dass in (5.15) r der n_{ij} gleich 0, $ab - r = t$ der n_{ij} also größer als 0 sind.

Für die Darstellung von (5.15) in Matrizenschreibweise ist β ein $[(t+a+b+1) \times 1]$-Vektor $[(a+1)(b+1) - r = t + a + b + 1]$ und X eine $\{N \times [t + a + b + 1]\}$-Matrix von Nullen und Einsen, $\boldsymbol{e}$ ist wie üblich ein $(N \times 1)$-Vektor von zufälligen Fehlern, der nach $N(0, \sigma^2 E_N)$ verteilt sein soll. Dann ist $\boldsymbol{Y}$ nach $N(X\beta, \sigma^2 E_N)$ verteilt.

5.3.1.1 **Parameterschätzung**

Bevor allgemeine Aussagen zur Schätzung der Modellparameter gemacht werden, wird ein Beispiel betrachtet.

Die Wahl der Matrix X in (5.1) veranschaulichen wir an

Beispiel 5.5
Es sei $a = b = n = 2$, sodass $r = 0$, $t = ab = 4$ und

$$\begin{aligned}\boldsymbol{Y} &= (\boldsymbol{y}_{111}, \boldsymbol{y}_{112}, \boldsymbol{y}_{121}, \boldsymbol{y}_{122}, \boldsymbol{y}_{211}, \boldsymbol{y}_{212}, \boldsymbol{y}_{221}, \boldsymbol{y}_{222})^{\mathrm{T}}\\ \boldsymbol{e} &= (\boldsymbol{e}_{111}, \boldsymbol{e}_{112}, \boldsymbol{e}_{121}, \boldsymbol{e}_{122}, \boldsymbol{e}_{211}, \boldsymbol{e}_{212}, \boldsymbol{e}_{221}, \boldsymbol{e}_{222})^{\mathrm{T}}\\ \beta &= (\mu, a_1, a_2, b_1, b_2, (a,b)_{11}, (a,b)_{12}, (a,b)_{21}, (a,b)_{22})^{\mathrm{T}}\end{aligned}$$

ist. Dann muss

$$X = \begin{pmatrix} 1 & 1 & 0 & 1 & 0 & 1 & 0 & 0 & 0\\ 1 & 1 & 0 & 1 & 0 & 1 & 0 & 0 & 0\\ 1 & 1 & 0 & 0 & 1 & 0 & 1 & 0 & 0\\ 1 & 1 & 0 & 0 & 1 & 0 & 1 & 0 & 0\\ 1 & 0 & 1 & 1 & 0 & 0 & 0 & 1 & 0\\ 1 & 0 & 1 & 1 & 0 & 0 & 0 & 1 & 0\\ 1 & 0 & 1 & 0 & 1 & 0 & 0 & 0 & 1\\ 1 & 0 & 1 & 0 & 1 & 0 & 0 & 0 & 1 \end{pmatrix}$$

sein; X ist eine Matrix vom Rang 4. Außerdem ist mit $N = abn$

$$X^{\mathrm{T}}X = \begin{pmatrix} N & bn & bn & an & an & n & n & n & n\\ bn & bn & 0 & n & n & n & n & 0 & 0\\ bn & 0 & bn & n & n & 0 & 0 & n & n\\ an & n & n & an & 0 & n & 0 & n & 0\\ an & n & n & 0 & an & 0 & n & 0 & n\\ n & n & 0 & n & 0 & n & 0 & 0 & 0\\ n & n & 0 & 0 & n & 0 & n & 0 & 0\\ n & 0 & n & n & 0 & 0 & 0 & n & 0\\ n & 0 & n & 0 & n & 0 & 0 & 0 & n \end{pmatrix} = \begin{pmatrix} 8 & 4 & 4 & 4 & 4 & 2 & 2 & 2 & 2\\ 4 & 4 & 0 & 2 & 2 & 2 & 2 & 0 & 0\\ 4 & 0 & 4 & 2 & 2 & 0 & 0 & 2 & 2\\ 4 & 2 & 2 & 4 & 0 & 2 & 0 & 2 & 0\\ 4 & 2 & 2 & 0 & 4 & 0 & 2 & 0 & 2\\ 2 & 2 & 0 & 2 & 0 & 2 & 0 & 0 & 0\\ 2 & 2 & 0 & 0 & 2 & 0 & 2 & 0 & 0\\ 2 & 0 & 2 & 2 & 0 & 0 & 0 & 2 & 0\\ 2 & 0 & 2 & 0 & 2 & 0 & 0 & 0 & 2 \end{pmatrix}$$

Die Matrix B in (5.4) muss nach den Definitionen 5.2 und 5.3 in der Form

$$B = \begin{pmatrix} 0 & N & N & 0 & 0 & 0 & 0 & 0 & 0\\ 0 & 0 & 0 & N & N & 0 & 0 & 0 & 0\\ 0 & 0 & 0 & 0 & 0 & N & N & 0 & 0\\ 0 & 0 & 0 & 0 & 0 & 0 & 0 & N & N\\ 0 & 0 & 0 & 0 & 0 & N & 0 & N & 0 \end{pmatrix}$$

gewählt werden, was den in den Definitionen implizit enthaltenen Nebenbedingungen

$$\sum_{i=1}^{a} a_i = \sum_{j=1}^{b} b_i = 0\,,\ \sum_{i=1}^{a} (a,b)_{ij} = 0 \text{ für alle } j\,,\ \sum_{j=1}^{b} (a,b)_{ij} = 0 \text{ für alle } i \tag{5.17}$$

entspricht (eine andere Wahl von B würde eine andere Definition der Effekte bedeuten). Dann ist

$$B^{\mathrm{T}}B = \begin{pmatrix} 0 & 0 & 0 & 0 & 0 & 0 & 0 & 0 & 0 \\ 0 & N^2 & N^2 & 0 & 0 & 0 & 0 & 0 & 0 \\ 0 & N^2 & N^2 & 0 & 0 & 0 & 0 & 0 & 0 \\ 0 & 0 & 0 & N^2 & N^2 & 0 & 0 & 0 & 0 \\ 0 & 0 & 0 & N^2 & N^2 & 0 & 0 & 0 & 0 \\ 0 & 0 & 0 & 0 & 0 & 2N^2 & N^2 & N^2 & 0 \\ 0 & 0 & 0 & 0 & 0 & N^2 & N^2 & 0 & 0 \\ 0 & 0 & 0 & 0 & 0 & N^2 & 0 & 2N^2 & N^2 \\ 0 & 0 & 0 & 0 & 0 & 0 & 0 & N^2 & N^2 \end{pmatrix}$$

mit $\mathrm{Rg}(B^{\mathrm{T}}B) = 5$ und damit

$$X^{\mathrm{T}}X + B^{\mathrm{T}}B = \begin{pmatrix} N & bn & bn & an & an & n & n & n & n \\ bn & N^2+bn & N^2 & n & n & n & n & 0 & 0 \\ bn & N^2 & N^2+bn & n & n & 0 & 0 & n & n \\ an & n & n & N^2+an & N^2 & n & 0 & n & 0 \\ an & n & n & N^2 & N^2+an & 0 & n & 0 & n \\ n & n & 0 & n & 0 & 2N^2+n & N^2 & N^2 & 0 \\ n & n & 0 & 0 & n & N^2 & N^2+n & 0 & 0 \\ n & 0 & n & n & 0 & N^2 & 0 & 2N^2+n & N^2 \\ n & 0 & n & 0 & n & 0 & 0 & N^2 & N^2+n \end{pmatrix}$$

$$= \begin{pmatrix} 8 & 4 & 4 & 4 & 4 & 2 & 2 & 2 & 2 \\ 4 & 68 & 64 & 2 & 2 & 2 & 2 & 0 & 0 \\ 4 & 64 & 68 & 2 & 2 & 0 & 0 & 2 & 2 \\ 4 & 2 & 2 & 68 & 64 & 2 & 0 & 2 & 0 \\ 4 & 2 & 2 & 64 & 68 & 0 & 2 & 0 & 2 \\ 2 & 2 & 0 & 2 & 0 & 130 & 64 & 64 & 0 \\ 2 & 2 & 0 & 0 & 2 & 64 & 66 & 0 & 0 \\ 2 & 0 & 2 & 2 & 0 & 64 & 0 & 130 & 64 \\ 2 & 0 & 2 & 0 & 2 & 0 & 0 & 64 & 66 \end{pmatrix}$$

Schätzfunktionen $\hat{\boldsymbol{\beta}}$ für β erhält man unter diesen Nebenbedingungen wie in Abschn. 5.2.1, indem man $(X^{\mathrm{T}}X + B^{\mathrm{T}}B)^{-1}$ bildet und $\hat{\boldsymbol{\beta}} = (X^{\mathrm{T}}X + B^{\mathrm{T}}B)^{-1}X^{\mathrm{T}}\boldsymbol{Y}$ berechnet.

Folgende allgemeine Aussage ist unabhängig von der Wahl spezieller Nebenbedingungen gültig.

Satz 5.5
Die Matrix $X^{\mathrm{T}}X$ der in der Form

$$\boldsymbol{Y} = X\beta + \boldsymbol{e}$$

geschriebenen Modellgleichung (5.15) mit der $[N \times (t + a + b + 1)]$-Matrix X hat den Rang $t > 0$, und eine Lösung der Normalgleichungen $X^T X\hat{\boldsymbol{\beta}}^* = X^T \boldsymbol{Y}$ ist durch

$$\begin{aligned}(\boldsymbol{ab})_{ij} &= \bar{y}_{ij.} \quad \text{für alle } i, j \text{ mit } n_{ij} > 0 \\ \hat{\boldsymbol{a}}_i &= 0 \text{ für alle } i, \quad \hat{\boldsymbol{b}}_j = 0 \text{ für alle } j, \quad \hat{\boldsymbol{\mu}} = 0\end{aligned} \tag{5.18}$$

gegeben.

Beweis: Wir schreiben $X = (x_1, x_2, \ldots, x_{t+a+b+1})$ mit den Spaltenvektoren x_l von X. Man überlegt sich leicht, dass

$$\sum_{l=2}^{a+1} x_l = \sum_{l=a+2}^{a+b+1} x_l = x_1$$

gilt. Addiert man von den den $(a, b)_{ij}$ entsprechenden x_l $(l = a + b + 2, \ldots, a + b + t + 1)$ diejenigen, die allen $(a, b)_{ij}$ für festes i entsprechen, so erhält man x_{i+1}. Addiert man diejenigen x_l, die allen $(a, b)_{ij}$ für ein festes j entsprechen, so erhält man x_{a+1+j}. Damit sind von den $t + a + b + 1$ Zeilen von $X^T X$ höchstens t linear unabhängig; da die letzten t Zeilen und Spalten von $X^T X$ eine Diagonalmatrix mit t von 0 verschiedenen Elementen darstellen, gilt $\text{Rg}(X^T X) = t$. Wir setzen $a + b + 1$ Werte von $\hat{\beta}$ gleich 0 und wählen hierfür $\mu, a_1, \ldots, a_a, b_1, \ldots, b_b$. Die letzten t Gleichungen des Normalgleichungssystems haben dann die Lösungen (5.18). Sind alle $(a, b)_{ij} = 0$, d. h., gilt Modellgleichung (5.14), so erhält man

Satz 5.6
Sind alle $(a, b)_{ij} = 0$, so hat die Matrix $X^T X$ der in der Form

$$\boldsymbol{Y} = X\beta + \boldsymbol{e}$$

geschriebenen Modellgleichung (5.16) mit der $[N \times (a + b + 1)]$-Matrix X den Rang $\text{Rg}(X^T X) = \text{Rg}(X) \leq a + b - 1$.

Beweis: $X^T X$ ist eine symmetrische Matrix der Ordnung $a + b + 1$. Die zweite bis $(a + 1)$-te Zeile addieren sich zur ersten, die $(a + 2)$-te bis letzte Zeile addieren sich ebenfalls zur ersten, sodass der Rang höchstens gleich $a + b - 1$ ist.

Bevor Lösungen der Normalgleichungen für Modellgleichung (5.16) angeführt werden, sollen nun zur Erläuterung der allgemeinen Ausführungen am Anfang von Abschn. 5.2 einige schätzbare Funktionen und ihre BLES für Modelle (5.15) angegeben werden.

Modelle mit Wechselwirkungen
Wir betrachten die Modellgleichung (5.15). Da $E(\boldsymbol{Y})$ eine schätzbare Funktion ist, ist

$$\eta_{ij} = \mu + a_i + b_j + (a, b)_{ij} \quad \text{für alle } i, j \text{ mit } n_{ij} > 0$$

schätzbar, und zwar ist die BLES von η_{ij}

$$\hat{\boldsymbol{\eta}}_{ij} = \hat{\boldsymbol{\mu}} + \hat{\boldsymbol{a}}_i + \hat{\boldsymbol{b}}_j + \widehat{(\boldsymbol{a},\boldsymbol{b})}_{ij} \tag{5.19}$$

da $\hat{\boldsymbol{\mu}} + \hat{\boldsymbol{a}}_i + \hat{\boldsymbol{b}}_j = 0$ und $\widehat{(\boldsymbol{a},\boldsymbol{b})}_{ij} = \bar{y}_{ij}$ ist. Aus (5.6) folgt (falls $n_{ij} > 0$ ist)

$$\text{cov}(\hat{\boldsymbol{\eta}}_{ij}, \hat{\boldsymbol{\eta}}_{kl}) = \frac{\sigma^2}{n_{ij}} \delta_{ik}\delta_{jl} \tag{5.20}$$

Es ist nun leicht einzusehen, dass Differenzen zwischen den a_i oder zwischen den b_j nicht schätzbar sind. Alle schätzbaren Funktionen der Komponenten von (5.15) ohne weitere Nebenbedingungen enthalten Wechselwirkungseffekte $(a,b)_{ij}$. Es gilt der

Satz 5.7 Searle, 1971
Die Funktion

$$L_A = a_i - a_k + \sum_{j=1}^{b} c_{ij}(b_j + (a,b)_{ij}) - \sum_{j=1}^{b} c_{kj}(b_j + (a,b)_{kj}) \quad \text{für} \quad i \neq k \tag{5.21}$$

bzw. analog

$$L_B = b_i - b_k + \sum_{j=1}^{a} d_{ji}(a_j + (a,b)_{ji}) - \sum_{j=1}^{a} d_{jk}(a_j + (a,b)_{jk}) \quad \text{für} \quad i \neq k$$

ist schätzbar, falls $c_{rs} = 0$ für $n_{rs} = 0$ bzw. $d_{rs} = 0$ für $n_{rs} = 0$ ist und

$$\sum_{j=1}^{b} c_{ij} = \sum_{j=1}^{b} c_{kj} = 1 \quad \left(\text{bzw.} \ \sum_{j=1}^{a} d_{ji} = \sum_{j=1}^{a} d_{jk} = 1\right)$$

gilt. Dann ist die BLES einer schätzbaren Funktion der Form (5.21) durch

$$\widehat{\boldsymbol{L}}_A = \sum_{j=1}^{b} c_{ij}\bar{\boldsymbol{y}}_{ij.} - \sum_{j=1}^{b} c_{kj}\bar{\boldsymbol{y}}_{kj.} \tag{5.22}$$

gegeben, und es gilt

$$\text{var}\left(\widehat{\boldsymbol{L}}_A\right) = \sigma^2 \sum_{j=1}^{b} \left(\frac{c_{ij}^2}{n_{ij}} + \frac{c_{kj}^2}{n_{kj}}\right) \tag{5.23}$$

Beweis: Eine schätzbare Funktion muss als Linearkombination in den η_{ij} darstellbar sein. Folglich gilt $c_{rs} = 0$, falls $n_{rs} = 0$ ist. Nun ist

$$\sum_{j=1}^{b} c_{ij}\eta_{ij.} - \sum_{j=1}^{b} c_{kj}\eta_{kj.}$$

als lineare Funktion der η_{ij} eine schätzbare Funktion. Wegen

$$\sum_{j=1}^{b} c_{ij}\eta_{ij} = \sum_{j=1}^{b} c_{ij}(\mu + a_i + b_j + (a,b)_{ij}) = \mu + a_i + \sum_{j=1}^{b} c_{ij}(b_j + (a,b)_{ij})$$

und der analogen Beziehung für den entsprechenden Ausdruck in den c_{kj} folgt die Schätzbarkeit von L_A sowie die Gültigkeit von (5.22) und (5.23).

Geht man von der Modellgleichung (5.16) ohne Wechselwirkungen und Nebenbedingungen aus, so ist $\eta_{ij} = E(\boldsymbol{y}_{ijk}) = \mu + a_i + b_j$ eine schätzbare Funktion, die Differenzen $a_i - a_j$ bzw. $b_i - b_j$ sind ebenfalls schätzbar.

Wir betrachten zur Veranschaulichung das

Beispiel 5.6

Aus drei Prüfperioden liegen von den Ergebnissen der Schweinemastleistungsprüfung für männliche und weibliche Nachkommen eines Ebers die Anzahl der Tage vor, in denen die Tiere von 40 auf 110 kg zunahmen. Die Werte findet man in Tab. 5.9.

Wir wollen die Modellgleichung (5.15) zugrunde legen und schreiben (5.15) ausführlich in der Form

$$\begin{pmatrix} 91 \\ 84 \\ 86 \\ 99 \\ 94 \\ 92 \\ 90 \\ 96 \\ 97 \\ 89 \\ 82 \\ 86 \end{pmatrix} = \begin{pmatrix} 1 & 1 & 0 & 0 & 1 & 0 & 1 & 0 & 0 & 0 & 0 \\ 1 & 1 & 0 & 0 & 1 & 0 & 1 & 0 & 0 & 0 & 0 \\ 1 & 1 & 0 & 0 & 1 & 0 & 1 & 0 & 0 & 0 & 0 \\ 1 & 1 & 0 & 0 & 0 & 1 & 0 & 1 & 0 & 0 & 0 \\ 1 & 0 & 1 & 0 & 1 & 0 & 0 & 0 & 1 & 0 & 0 \\ 1 & 0 & 1 & 0 & 1 & 0 & 0 & 0 & 1 & 0 & 0 \\ 1 & 0 & 1 & 0 & 1 & 0 & 0 & 0 & 1 & 0 & 0 \\ 1 & 0 & 1 & 0 & 1 & 0 & 0 & 0 & 1 & 0 & 0 \\ 1 & 0 & 1 & 0 & 0 & 1 & 0 & 0 & 0 & 1 & 0 \\ 1 & 0 & 1 & 0 & 0 & 1 & 0 & 0 & 0 & 1 & 0 \\ 1 & 0 & 0 & 1 & 1 & 0 & 0 & 0 & 0 & 0 & 1 \\ 1 & 0 & 0 & 1 & 1 & 0 & 0 & 0 & 0 & 0 & 1 \end{pmatrix} \cdot \begin{pmatrix} \mu \\ a_1 \\ a_2 \\ a_3 \\ b_1 \\ b_2 \\ (a,b)_{11} \\ (a,b)_{12} \\ (a,b)_{21} \\ (a,b)_{22} \\ (a,b)_{31} \end{pmatrix} + \begin{pmatrix} e_{111} \\ e_{112} \\ e_{113} \\ e_{121} \\ e_{211} \\ e_{212} \\ e_{213} \\ e_{214} \\ e_{221} \\ e_{222} \\ e_{311} \\ e_{312} \end{pmatrix}$$

Wir haben $r = 1, t = 3 \cdot 2 - 1 = 5$ und $N = 12$; somit ist X eine (12×11)-Matrix vom Rang 5.Wir erhalten

Tab. 5.9 Ergebnisse der Schweinemastleistungsprüfung – Mastdauer (von 40 auf 110 kg) in Tagen (für drei Prüfperioden nach Geschlechtern getrennt) für die Nachkommen eines Ebers.

		Geschlecht	
		männlich	weiblich
Prüfperioden	1	91	
		84	99
		86	
	2	94	97
		92	89
		90	
		96	
	3	82	
		86	–

$$
X^{\mathrm{T}}X = \begin{pmatrix}
12 & 4 & 6 & 2 & 9 & 3 & 3 & 1 & 4 & 2 & 2 \\
4 & 4 & 0 & 0 & 3 & 1 & 3 & 1 & 0 & 0 & 0 \\
6 & 0 & 6 & 0 & 4 & 2 & 0 & 0 & 4 & 2 & 0 \\
2 & 0 & 0 & 2 & 2 & 0 & 0 & 0 & 0 & 0 & 2 \\
9 & 3 & 4 & 2 & 9 & 0 & 3 & 0 & 4 & 0 & 2 \\
3 & 1 & 2 & 0 & 0 & 3 & 0 & 1 & 0 & 2 & 0 \\
3 & 3 & 0 & 0 & 3 & 0 & 3 & 0 & 0 & 0 & 0 \\
1 & 1 & 0 & 0 & 0 & 1 & 0 & 1 & 0 & 0 & 0 \\
4 & 0 & 4 & 0 & 4 & 0 & 0 & 0 & 4 & 0 & 0 \\
2 & 0 & 2 & 0 & 0 & 2 & 0 & 0 & 0 & 2 & 0 \\
2 & 0 & 0 & 2 & 2 & 0 & 0 & 0 & 0 & 0 & 2
\end{pmatrix}
$$

und nach (5.18)

$$
\widehat{(a,b)}_{11} = \bar{y}_{11.} = 87 \quad \widehat{(a,b)}_{12} = \bar{y}_{12.} = 99
$$
$$
\widehat{(a,b)}_{21} = \bar{y}_{21.} = 93 \quad \widehat{(a,b)}_{22} = \bar{y}_{22.} = 93
$$
$$
\widehat{(a,b)}_{31} = \bar{y}_{31.} = 84
$$

Die Funktion $L_1 = b_1 - b_2 + (a,b)_{11} - (a,b)_{12}$ ist schätzbar, da die Bedingung von Satz 5.7 erfüllt ist; die Funktion $L_2 = b_1 - b_2 + (a,b)_{21} - (a,b)_{22}$ ist ebenfalls schätzbar. Es gilt

$$
\hat{L}_1 = \bar{y}_{11.} - \bar{y}_{12.} = -6, \quad \hat{L}_2 = \bar{y}_{21.} - \bar{y}_{22.} = 6
$$

Außerdem ist $\text{var}(\hat{\boldsymbol{L}}_1) = \frac{4}{3}\sigma^2$ und $\text{var}(\hat{\boldsymbol{L}}_2) = \frac{3}{4}\sigma^2$

Modelle ohne Wechselwirkungen

Obwohl Modellgleichung (5.16) einfacher als (5.15) aufgebaut ist, lässt sich keine einfache Lösung der Normalgleichung wie im Fall von (5.15) finden. Die Matrix $X^{\mathrm{T}}X$ hat die Gestalt

$$X^{\mathrm{T}}X = \begin{pmatrix} N & n_{1.} & \dots & n_{a.} & n_{.1} & \dots & n_{.b} \\ n_{1.} & n_{1.} & & & n_{11} & \dots & n_{1b} \\ \vdots & 0 & \ddots & 0 & \vdots & & \vdots \\ n_{a.} & & & n_{a.} & n_{a1} & \dots & n_{ab} \\ n_{.1} & n_{11} & \dots & n_{a1} & n_{.1} & & \\ \vdots & \vdots & & \vdots & 0 & \ddots & 0 \\ n_{.b} & n_{1b} & \dots & n_{ab} & & & n_{.b} \end{pmatrix}$$

Um eine möglichst einfache Lösung zu erhalten, werden die Faktoren o. B. d. A. so mit A und B bezeichnet, dass $a \geq b$ gilt. Da $X^{\mathrm{T}}X$ nach Satz 5.6 höchstens den Rang $a + b - 1$ hat, können zwei Werte von β^* willkürlich gewählt werden. Wir setzen $\boldsymbol{\mu}^* = \boldsymbol{\beta}_b^* = 0$ und erhalten das reduzierte Normalgleichungssystem

$$\begin{pmatrix} n_{1.} & & 0 & n_{11} & \cdots & n_{1,b-1} \\ & \ddots & & \vdots & & \vdots \\ 0 & & n_{a.} & n_{a1} & \cdots & n_{a,b-1} \\ n_{11} & \cdots & n_{a1} & n_{.1} & & 0 \\ \vdots & & \vdots & 0 & \ddots & \\ n_{1,b-1} & \cdots & n_{a,b-1} & & & n_{.b-1} \end{pmatrix} \begin{pmatrix} \boldsymbol{a}_1^* \\ \vdots \\ \boldsymbol{a}_a^* \\ \boldsymbol{b}_1^* \\ \vdots \\ \boldsymbol{b}_{b-1}^* \end{pmatrix} = \begin{pmatrix} \boldsymbol{Y}_{1.} \\ \vdots \\ \boldsymbol{Y}_{a.} \\ \boldsymbol{Y}_{.1} \\ \vdots \\ \boldsymbol{Y}_{.b-1} \end{pmatrix}$$

Wir setzen

$$D_a = \begin{pmatrix} n_{1.} & & 0 \\ & \ddots & \\ 0 & & n_{a.} \end{pmatrix}, \quad V = \begin{pmatrix} n_{11} & \cdots & n_{1,b-1} \\ \vdots & & \vdots \\ n_{a1} & \cdots & n_{a,b-1} \end{pmatrix},$$

$$D_b = \begin{pmatrix} n_{.1} & & 0 \\ & \ddots & \\ 0 & & n_{.b-1} \end{pmatrix}$$

Dann ist die Koeffizientenmatrix des reduzierten Normalgleichungssystems in der Form

$$\begin{pmatrix} D_a & V \\ V^{\mathrm{T}} & D_b \end{pmatrix} = R$$

darstellbar. Wir setzen

$$W = -V^{\mathrm{T}} D_a^{-1} V + D_b \tag{5.24}$$

und unterstellen, dass R vom Rang $a + b - 1$ (d. h. von vollem Rang) ist und somit W^{-1} existiert. Dann erhalten wir

$$R^{-1} = \begin{pmatrix} D_a^{-1} + D_a^{-1} V W^{-1} V^{\mathrm{T}} D_a^{-1} & -D_a^{-1} V W^{-1} \\ -W^{-1} V^{\mathrm{T}} D_a^{-1} & W^{-1} \end{pmatrix}$$

sodass mit

$$\boldsymbol{v} = \boldsymbol{Y}_b - V^{\mathrm{T}} D_a^{-1} \boldsymbol{Y}_a\,, \quad \boldsymbol{v} = (v_1, \dots, v_{b-1})^{\mathrm{T}}$$

$$\boldsymbol{v}_j = \boldsymbol{Y}_{.j.} - \sum_{i=1}^{a} n_{ij} \bar{y}_{i..}\,, \quad \bar{\boldsymbol{Y}}_a = (\bar{y}_{1..}, \dots, \bar{y}_{a..})^{\mathrm{T}}$$

$$\boldsymbol{Y}_a = (\boldsymbol{Y}_{1..}, \dots, \boldsymbol{Y}_{a..})^{\mathrm{T}}\,, \quad \boldsymbol{Y}_b = (\boldsymbol{Y}_{.1.}, \dots, \boldsymbol{Y}_{.b-1.})^{\mathrm{T}}$$

der Vektor

$$_1\boldsymbol{b}^* = \begin{pmatrix} 0 \\ \bar{\boldsymbol{Y}}_a - D_a^{-1} V W^{-1} \boldsymbol{v} \\ W^{-1} \boldsymbol{v} \\ 0 \end{pmatrix} \tag{5.25}$$

der Lösungsvektor des Normalgleichungssystems und

$$(X^{\mathrm{T}} X)^{-} = \begin{pmatrix} 0 & 0_a^{\mathrm{T}} & 0_{b-1}^{\mathrm{T}} & 0 \\ 0_a & D_a^{-1} + D_a^{-1} V W^{-1} V^{\mathrm{T}} D_a^{-1} & -D_a^{-1} V W^{-1} & 0_a \\ 0_{b-1} & -W^{-1} V^{\mathrm{T}} D_a^{-1} & W^{-1} & 0_{b-1} \\ 0 & 0_a^{\mathrm{T}} & 0_{b-1}^{\mathrm{T}} & 0 \end{pmatrix} \tag{5.26}$$

die entsprechende verallgemeinerte Inverse ist.

Zu (5.25) kann man nur kommen, wenn W^{-1} existiert.

Definition 5.4

Eine (unvollständige) Kreuzklassifikation heißt zusammenhängend, falls $W = ((a, b)_{ij})$ $(i, j = 1, \dots, b - 1)$ in (5.24) nichtsingulär ist. Ist $|W| = 0$, so heißt die Kreuzklassifikation unzusammenhängend (siehe auch eine entsprechende Definition in Kapitel 12).

Beispiel 5.7

Wir betrachten eine zweifache Kreuzklassifikation mit $a = 5$, $b = 4$ und den Besetzungszahlen

		Stufen von B			
		B_1	B_2	B_3	B_4
	A_1	n	n	0	0
	A_2	n	n	0	0
Stufen von A	A_3	n	n	0	0
	A_4	0	0	m	m
	A_5	0	0	m	m

Dann ist $n_{.1} = n_{.2} = 3n$, $n_{.3} = n_{.4} = 2m$, $n_{1.} = n_{2.} = n_{3.} = 2n$, $n_{4.} = n_{5.} = 2m$, und die Matrix W ist gegeben durch

$$W = \begin{pmatrix} \frac{3}{2}n & -\frac{3}{2}n & 0 \\ -\frac{3}{2}n & \frac{3}{2}n & 0 \\ 0 & 0 & m \end{pmatrix}$$

Die erste Zeile ist gleich dem (-1)-fachen der zweiten, sodass W singulär ist. Der Ausdruck unzusammenhängende Kreuzklassifikation lässt sich an diesem Beispiel anschaulich zeigen, und zwar sieht man aus dem Schema der Besetzungszahlen, dass die Stufen A_1, A_2, A_3, B_1, B_2 und A_4, A_5, B_3, B_4 zwei jeweils völlig selbständige Kreuzklassifikationen darstellen. Belegen wir (A_2, B_3) noch mit n Beobachtungen, so wird $n_{2.} = 3n$, $n_{.3} = 2m + n$ und W zu

$$W = \begin{pmatrix} \frac{5}{3}n & -\frac{4}{3}n & -\frac{n}{3} \\ -\frac{4}{3}n & \frac{5}{3n} & -\frac{n}{3} \\ -\frac{n}{3} & -\frac{n}{3} & m + \frac{2}{3}n \end{pmatrix}$$

mit $|W| \neq 0$; die Kreuzklassifikation ist dann zusammenhängend.

Spezialfälle der zweifachen Kreuzklassifikation, wie vollständige Blockanlagen, balancierte und teilweise balancierte unvollständige Blockanlagen werden in Kapitel 12 behandelt.

5.3.1.2 Hypothesentests

In diesem Abschnitt sollen prüfbare Hypothesen und Tests dieser Hypothesen behandelt werden. Dabei werden die Modelle (5.15) und (5.16) gesondert untersucht.

Modelle ohne Wechselwirkungen

Wir gehen zunächst von dem Modellansatz (5.16) aus und unterstellen eine zusammenhängende Kreuzklassifikation (W in Definition 5.4 nichtsingulär), d. h. $\text{Rg}(X^\text{T}X) = a + b - 1$. Für eine prüfbare Hypothese $K^\text{T}b = 0$ kann die Prüfzahl $\boldsymbol{F}$ in (4.33) verwendet werden, d. h., die Prüfzahl ist durch

$$\boldsymbol{F} = \frac{\hat{\boldsymbol{\beta}}^\text{T} K[K^\text{T}(X^\text{T}X)^- K]^{-1} K^\text{T} \hat{\boldsymbol{\beta}}}{\boldsymbol{Y}^\text{T}[E_N - X(X^\text{T}X)^- X^\text{T}]\boldsymbol{Y}} \cdot \frac{n-p}{q} \tag{5.27}$$

gegeben, und $\boldsymbol{F}$ ist nach $F(n-p, q, \lambda)$ mit

$$\lambda = \frac{1}{\sigma^2} b^\text{T} K[K^\text{T}(X^\text{T}X)^- K]^{-1} K^\text{T} b\,, \quad p = \text{Rg}(X^\text{T}X)\,, \quad q = \text{Rg}(K)$$

nichtzentral F-verteilt. Aus $K^\text{T}b = 0$ folgt $\lambda = 0$. Da $K^\text{T}b = 0$ prüfbar sein soll, sind alle Zeilen von $K^\text{T}b$ schätzbare Funktionen. Um die Anwendung von (5.27) zu veranschaulichen, betrachten wir folgendes Beispiel.

Beispiel 5.8
Es soll die Hypothese $H_0: b_1 = \cdots = b_b$ geprüft werden. Zunächst ist festzustellen, ob H_0 prüfbar ist. Wir schreiben H_0 in der Form $H_0: b_j - b_b = 0\,(j = 1, \ldots, b-1)$ mit

$$K^{\mathrm{T}} = \begin{pmatrix} \overbrace{0\,0 \quad \ldots \quad 0}^{a}\;\overbrace{1 & & & -1}^{b-1} \\ & \ddots & 0 & -1 \\ \vdots\,\vdots \quad \vdots & 0 & \ddots & \vdots \\ 0\,0 \quad \ldots \quad 0 & & 1 & -1 \end{pmatrix} = (0_{b-1,a+1}, E_{b-1}, -e_{b-1})$$

sodass $K^{\mathrm{T}}(X^{\mathrm{T}}X)^{-}$ mit $(X^{\mathrm{T}}X)^{-}$ aus (5.26) zu

$$K^{\mathrm{T}}(X^{\mathrm{T}}X)^{-} = \left(0_{b-1}, -W^{-1}V^{\mathrm{T}}D_a^{-1}, W^{-1}, 0_{b-1}\right)$$

wird und $K^{\mathrm{T}}(X^{\mathrm{T}}X)^{-}K = W^{-1}$ ist. Ferner ist mit $\hat{\boldsymbol{\beta}}$ aus (5.25)

$$K^{\mathrm{T}}\hat{\boldsymbol{\beta}} = W^{-1}\boldsymbol{v}$$

und der Zähler von $\boldsymbol{F}$ wird

$$\boldsymbol{v}^{\mathrm{T}}W^{-1}(W^{-1})^{-1}W^{-1}\boldsymbol{v} = \boldsymbol{v}^{\mathrm{T}}W^{-1}\boldsymbol{v}$$

Wollte man nach dem gleichen Verfahren die Hypothese $H_0: a_1 = \cdots = a_a$ prüfen, so würde man eine andere verallgemeinerte Inverse als (5.26) berechnen müssen. Wir wählen ${}_2\hat{\mu} = 0$ und ${}_2\hat{a}_i = 0$ und erhalten ein reduziertes Normalgleichungssystem, in dessen Matrix die beiden ersten Zeilen und Spalten aus Nullen bestehen. Wir setzen

$$\tilde{D}_a = \begin{pmatrix} n_{2.} & & 0 \\ & \ddots & \\ 0 & & n_{a.} \end{pmatrix}, \quad \tilde{D}_b = \begin{pmatrix} n_{.1} & & 0 \\ & \ddots & \\ 0 & & n_{.b} \end{pmatrix}, \quad \tilde{V} = \begin{pmatrix} n_{21} & \cdots & n_{2b} \\ \vdots & & \vdots \\ n_{a1} & \cdots & n_{ab} \end{pmatrix}$$

und $\tilde{W} = \tilde{D}_a - \tilde{V}\tilde{D}_b^{-1}\tilde{V}^{\mathrm{T}}$. Die Koeffizientenmatrix

$$\tilde{R} = \begin{pmatrix} \tilde{D}_a & \tilde{V} \\ \tilde{V}^{\mathrm{T}} & \tilde{D}_b \end{pmatrix}$$

soll vom (vollen) Rang $a + b - 1$ sein, sodass $\tilde{W}^{-1}$ existiert. Dann erhalten wir

$$\tilde{R}^{-1} = \begin{pmatrix} \tilde{W}^{-1} & -\tilde{W}^{-1}\tilde{V}\tilde{D}_b^{-1} \\ -\tilde{D}_b\tilde{V}^{\mathrm{T}}\tilde{W}^{-1} & \tilde{D}_b^{-1} + \tilde{D}_b^{-1}\tilde{V}^{\mathrm{T}}\tilde{W}^{-1}\tilde{V}\tilde{D}_b^{-1} \end{pmatrix}$$

Setzen wir $\tilde{\boldsymbol{v}} = (\tilde{v}_2, \dots, \tilde{v}_{\boldsymbol{a}})^{\mathrm{T}}$ mit $\tilde{v}_i = \boldsymbol{Y}_i - \sum_{j=1}^{b} n_{ij} \bar{y}_{.j.}$, so ist analog zu (5.25)

$$
{}_2\hat{\boldsymbol{\beta}} = \begin{pmatrix} 0 \\ 0 \\ \bar{y}_b - \tilde{D}_b^{-1} \tilde{V}^{\mathrm{T}} \tilde{W}^{-1} \tilde{\boldsymbol{v}} \end{pmatrix} \tag{5.25a}
$$

mit $\bar{\boldsymbol{y}}_b = (\bar{y}_{.1}, \dots, \bar{y}_{.b})$. In diesem Fall ist

$$
(X^{\mathrm{T}} X)^{-} = \begin{pmatrix} 0_{22} & 0_{2a} & 0_{2b} \\ 0_{a2} & \tilde{W}^{-1} & \tilde{W}^{-1} \tilde{V} \tilde{D}_b^{-1} \\ 0_{b2} & -\tilde{D}_b^{-1} \tilde{V} \tilde{W}^{-1} & \tilde{D}_b^{-1} + \tilde{D}_b^{-1} \tilde{V} \tilde{W}^{-1} \tilde{V} \tilde{D}_b^{-1} \end{pmatrix} \tag{5.26a}
$$

die verallgemeinerte Inverse. Nun ist aber

$$
{}_1\hat{\boldsymbol{\beta}}^{\mathrm{T}} X^{\mathrm{T}} \boldsymbol{Y} = (\boldsymbol{Y} - \tilde{D}_b^{-1} V W^{-1} \boldsymbol{v})^{\mathrm{T}} \boldsymbol{Y}_a + (W^{-1} \boldsymbol{v})^{\mathrm{T}} \boldsymbol{Y}_b = \sum_{i=1}^{a} \frac{Y_{i..}^2}{n_{i.}} + \boldsymbol{v}^{\mathrm{T}} W^{-1} \boldsymbol{v}
$$

und

$$
{}_2\hat{\boldsymbol{\beta}}^{\mathrm{T}} X^{\mathrm{T}} \boldsymbol{Y} = \sum_{j=1}^{b} \frac{\boldsymbol{Y}_{.j.}^2}{n_{.j}} + \tilde{\boldsymbol{v}}^{\mathrm{T}} \tilde{W}^{-1} \tilde{\boldsymbol{v}}
$$

Wegen der Unabhängigkeit von $\hat{\boldsymbol{\beta}}^* = X^{\mathrm{T}} \boldsymbol{Y}$ von der speziellen Lösung $\hat{b}$ des Normalgleichungssystems muss

$$
\sum_{i=1}^{a} \frac{\boldsymbol{Y}_{i..}^2}{n_{i.}} + \tilde{\boldsymbol{v}}^{\mathrm{T}} \tilde{W}^{-1} \tilde{\boldsymbol{v}} = \sum_{j=1}^{b} \frac{\boldsymbol{Y}_{.j.}^2}{n_{.j}} + \tilde{\boldsymbol{v}}^{\mathrm{T}} \tilde{W}^{-1} \tilde{\boldsymbol{v}}
$$

gelten, sodass auch

$$
\tilde{\boldsymbol{v}}^{\mathrm{T}} \tilde{W}^{-1} \tilde{\boldsymbol{v}} = \sum_{i=1}^{a} \frac{\boldsymbol{Y}_{i..}^2}{n_{i.}} + \boldsymbol{v}^{\mathrm{T}} W^{-1} \boldsymbol{v} - \sum_{j=1}^{b} \frac{\boldsymbol{Y}_{.j.}^2}{n_{.j}}
$$

gelten muss. Folglich genügt es, eine verallgemeinerte Inverse und die zugehörige Lösung $\boldsymbol{\beta}^*$ zu berechnen.

Aus dem Zähler der F-Prüfzahl für den Test von $H_0\colon b_1 = \cdots = b_b$ erhält man einfach den Zähler der F-Testgröße zur Prüfung von $H_0\colon a_1 = \cdots = a_a$. Wegen $\hat{\boldsymbol{\beta}} = (X^{\mathrm{T}} X)^{-} X^{\mathrm{T}} \boldsymbol{Y}$ ist

$$
\boldsymbol{Y}^{\mathrm{T}} \left(E_n - X (X^{\mathrm{T}} X)^{-} X^{\mathrm{T}} \right) \boldsymbol{Y} = \boldsymbol{Y}^{\mathrm{T}} \boldsymbol{Y} - \hat{\boldsymbol{\beta}}^{\mathrm{T}} X^{\mathrm{T}} \boldsymbol{Y}
$$

und die Prüfzahlen lauten für $H_0\colon a_1 = \cdots = a_a$

$$
\boldsymbol{F} = \frac{\sum_{i=1}^{a} \frac{Y_{i..}^2}{n_{i.}} - \sum_{j=1}^{b} \frac{Y_{.j.}^2}{n_{.j}} + \tilde{\boldsymbol{v}}^{\mathrm{T}} \tilde{W}^{-1} \tilde{\boldsymbol{v}}}{\sum_{i,j,k} \boldsymbol{y}_{ijk}^2 - \sum_{i=1}^{a} \frac{Y_{i..}^2}{n_{i.}} - \tilde{\boldsymbol{v}}^{\mathrm{T}} \tilde{W}^{-1} \tilde{\boldsymbol{v}}} \cdot \frac{N - a - b + 1}{a - 1}
$$

und für $H_0\colon b_1 = \cdots = b_b$

$$\boldsymbol{F} = \frac{\boldsymbol{v}^{\mathrm{T}} W^{-1} \boldsymbol{v}}{\sum_{i,j,k} \boldsymbol{Y}_{ijk}^2 - \sum_{i=1}^{a} \frac{Y_{i..}^2}{n_{i.}} - \boldsymbol{v}^{\mathrm{T}} W^{-1} \boldsymbol{v}} \cdot \frac{N-a-b+1}{b-1}$$

Setzen wir in (5.16) $n_{ij} = n$ und betrachten damit den Spezialfall gleicher Klassenbesetzung, so ergeben sich Vereinfachungen für die Tests der Hypothesen über die a und b. Außerdem besteht die Möglichkeit, eine Varianztabelle, in der sich SQ_A, SQ_B, und SQ_{Rest} $(= SQ_{\text{R}})$ zu SQ_{Gesamt} $(= SQ_{\text{G}})$ addieren, aufzustellen.

Satz 5.8
Ist in der Modellgleichung (5.16) $n_{ij} = n \geq 1$ für alle i und j, so lässt sich die Summe der Abweichungsquadrate der $\boldsymbol{y}_{ijk}$ vom Gesamtmittel $\bar{y}_{...}$ des Versuches

$$\boldsymbol{SQ}_{\text{G}} = \boldsymbol{Y}^{\mathrm{T}}\boldsymbol{Y} - N\boldsymbol{y}_{...}^2 = \sum_{i=1}^{a}\sum_{j=1}^{b}\sum_{k=1}^{n} (\bar{\boldsymbol{y}}_{ijk} - \bar{\boldsymbol{y}}_{...})^2$$

in der Form

$$\boldsymbol{SQ}_{\text{G}} = \boldsymbol{SQ}_A + \boldsymbol{SQ}_B + \boldsymbol{SQ}_{\text{Rest}}$$

schreiben mit

$$\boldsymbol{SQ}_A = \frac{1}{bn}\sum_{i=1}^{a} \boldsymbol{Y}_{i..}^2 - \frac{1}{N}\boldsymbol{Y}_{...}^2, \quad \boldsymbol{SQ}_B = \frac{1}{an}\sum_{j=1}^{b} \boldsymbol{Y}_{.j.}^2 - \frac{1}{N}\boldsymbol{Y}_{...}^2$$

$$\boldsymbol{SQ}_{\text{Rest}} = \sum_{i=1}^{a}\sum_{j=1}^{b}\sum_{k=1}^{n} \boldsymbol{y}_{ijk}^2 - \frac{1}{bn}\sum_{i=1}^{a} \boldsymbol{Y}_{i..}^2 - \frac{1}{an}\sum_{j=1}^{b} \boldsymbol{Y}_{.j.}^2 + \frac{1}{N}\boldsymbol{Y}_{...}^2$$

$\boldsymbol{SQ}_A$, $\boldsymbol{SQ}_B$ und $\boldsymbol{SQ}_{\text{Rest}}$ sind voneinander unabhängig verteilt, und zwar ist unter Normalverteilung $(1/\sigma^2)\boldsymbol{SQ}_A$ nach $CQ(a-1, \lambda_a)$, $(1/\sigma^2)\boldsymbol{SQ}_B$ nach

Tab. 5.10 Varianzanalyse für eine Zweifachklassifikation (Modell I) nach Modell (5.16) mit $n_{ij} = n$.

Variationsursache	*SQ*	*FG*	*DQ*	*F*
Zwischen den Stufen von A	$SQ_A = \frac{1}{bn}\sum_{i=1}^{a} Y_{i..}^2 - \frac{1}{N}Y_{...}^2$	$a-1$	$\frac{SQ_A}{a-1} = DQ_A$	$\frac{DQ_A}{DQ_{\text{Rest}}} = F_A$
Zwischen den Stufen von B	$SQ_B = \frac{1}{an}\sum_{j=1}^{b} Y_{.j.}^2 - \frac{1}{N}Y_{...}^2$	$b-1$	$\frac{SQ_B}{b-1} = DQ_B$	$\frac{DQ_B}{DQ_{\text{Rest}}} = F_B$
Rest	$SQ_{\text{Rest}} = SQ_{\text{G}} - SQ_A - SQ_B$	$N-a-b+1$	$\frac{SQ_{\text{Rest}}}{N-a-b+1} = DQ_{\text{Rest}}$	
Gesamt	$SQ_{\text{G}} = \sum_{i,j,k} y_{ijk}^2 - \frac{1}{N}Y_{...}^2$	$N-1$		

Tab. 5.11 Beobachtungswerte (Lagerungsverluste in Prozenten der Trockenmasse während einer Lagerung von 300 Tagen) des Karotinlagerungsversuchs von Beispiel 5.9 und Ergebnisse der Zwischenrechnungen.

	Art der Lagerung	**Futterpflanzenart**				
		Grünroggen	**Luzerne**	$Y_{i.}$	$Y_{i.}^2$	$\sum_{j=1}^{2} y_{ij}^2$
	Glas Kühlschrank	8,39	9,44	17,83	317,9089	159,5057
	Glas Scheune	11,58	12,21	23,79	565,9641	283,1805
	Sack Kühlschrank	5,42	5,56	10,98	120,5604	60,2900
	Sack Scheune	9,53	10,39	19,92	396,8064	198,7730
$Y_{.j}$		34,92	37,60	72,52	1401,2398	
$Y_{.j}^2$		1219,4064	1413,7600	2633,1664		
$\sum_{i=1}^{4} y_{ij}^2$		324,6858	377,0634			701,7402

$CQ(b-1, \lambda_b)$ und $(1/\sigma^2)SQ_{\text{Rest}}$ nach $CQ(N-a-b+1)$ verteilt mit

$$\lambda_a = \frac{1}{\sigma^2} \sum_{i=1}^{a} (a_i - \bar{a}.)^2 , \quad \lambda_b = \frac{1}{\sigma^2} \sum_{j=1}^{b} (b_j - \bar{b}.)^2$$

Damit lässt sich eine übersichtliche Darstellung der Berechnung der Prüfzahl in Form von Tab. 5.10 angeben.

Beispiel 5.9

Zwei Futterpflanzen (Grünroggen und Luzerne) wurden hinsichtlich ihres Karotinverlustes während der Lagerung untersucht. Zu diesem Zweck wurden vier Lagerungsmöglichkeiten (Glasgefäß im Kühlschrank, Glasgefäß in einer Scheune, Sack im Kühlschrank und Sack in der Scheune) gewählt. Der Lagerungsverlust wurde mithilfe der Differenz zwischen dem Ausgangskarotingehalt und dem Karotingehalt nach 300 Tagen Lagerung (in Prozent der Trockenmasse) charakterisiert. Es war zu untersuchen, ob Lagerungsart und Pflanzenart den Lagerungsverlust beeinflussen. Bezeichnet man die Lagerungsart als Faktor A, die Pflanzenart als Faktor B, so kann man die Beobachtungswerte (Differenzen y_{ij}) in Form der Tab. 5.7 anordnen. Tabelle 5.11 enthält diese Werte. Da Futterpflanzenart und Lagerungsart bewusst ausgewählt wurden, kann man für die y_{ij} ein Modell I ansetzen; es möge (5.16) gelten.

Die Varianzanalyse erfolgt unter der Voraussetzung, dass die den Beobachtungswerten zugrunde liegenden Zufallsvariablen voneinander unabhängig mit gleicher Varianz normalverteilt sind. Tabelle 5.11 enthält außerdem Ergebnisse der Zwischenrechnung. Tabelle 5.12 stellt die Varianztabelle nach dem Schema der Tab. 5.10 dar. Wie die Ergebnisse der F-Tests zeigen, haben sowohl der Faktor Lagerungsart als auch der Faktor Futterpflanzenart Einfluss auf den Lagerungsverlust; es bestehen zwischen den Lagerungsarten, aber auch zwischen den Futterpflanzenarten signifikante Unterschiede ($\alpha = 0{,}05$).

Tab. 5.12 Varianztabelle für den Karotinlagerungsversuch von Beispiel 5.9.

Variationsursache	*SQ*	*FG*	*DQ*	*F*
Zwischen den Arten der Lagerung	43,2261	3	14,4087	186,7
Zwischen den Futterpflanzenarten	0,8978	1	0,8978	11,63
Rest	0,2315	3	0,0772	
Gesamt	44,3554	7		

Wir wollen berechnen, wie viele Proben man pro Faktorstufenkombination entnehmen müsste, um die Effekte des Faktors „Art der Lagerung" mit folgenden Genauigkeitsvorgaben testen zu können: $a = 4$, $b = 2$, $\alpha = 0,05$ $\beta = 0,1$ und $\delta/\sigma = 2$.

Programmhinweis
Mit OPDOE von R geben wir ein:

```
size.anova(model="axb", hypothesis="a", a=4, b=2,
alpha=0.05,beta=0.1, delta=2, cases="maximin")
```

bzw.

```
size.anova(model="axb", hypothesis="a", a=4, b=2,
alpha=0.05,beta=0.1, delta=2, cases="minimin")
```

und erhalten die Ausgaben

```
n
5
```

bzw.

```
n
3
```

Wir können also Versuche mit drei bis fünf Wiederholungen je Klasse planen.

Modelle mit Wechselwirkungen
Wir betrachten nun den Modellansatz (5.15) und unterstellen eine zusammenhängende Kreuzklassifikation. Auch in diesem Fall kann eine prüfbare Hypothese $K^{\mathrm{T}}b = 0$ mit der Prüfzahl (5.27) getestet werden, wenn die $\boldsymbol{y}_{ijk}$ nach $N(\mu + a_i + b_j + (a,b)_{ij}, \sigma^2)$ verteilt sind. Allerdings hat β jetzt die Form

$$\beta = (\mu, a_1 \ldots, a_a, b_1, \ldots, b_b, (a,b)_{11}, \ldots, (a,b)_{ab})^{\mathrm{T}}$$

Jede schätzbare Funktion ist eine lineare Funktion von

$$E(\boldsymbol{y}_{ijk}) = \eta_{ij} = \mu + a_i + b_j + (a,b)_{ij}$$

Eine prüfbare Hypothese $K^{\mathrm{T}}\beta = 0$ hat also Form $K^{\mathrm{T}}\beta = T^{\mathrm{T}}\eta = 0$ mit dem Vektor $\eta = (\eta_{11}, \dots, \eta_{ab})^{\mathrm{T}}$, der aus t Komponenten η_{ij}, für die $n_{ij} > 0$ ist, besteht. Damit wird (5.27) wegen (5.18) und

$$(X^{\mathrm{T}}X)^{-} = \begin{pmatrix} 0_{1+a+b,1+a+b} \\ 0_{t,1+a+b} \end{pmatrix} \begin{pmatrix} 0_{1+a+b,t} \\ D \end{pmatrix}$$

wobei D eine $(t \times t)$-Diagonalmatrix mit den Elementen $1/n_{ij}$ $(n_{ij} > 0)$ ist, d. h. wegen $K^{\mathrm{T}}(X^{\mathrm{T}}X)^{-}K = T^{\mathrm{T}}DT$ zu

$$\boldsymbol{F} = \frac{\bar{\boldsymbol{Y}}^{\mathrm{T}} T(T^{\mathrm{T}}DT)^{-1}T^{\mathrm{T}}\bar{\boldsymbol{Y}}}{\boldsymbol{Y}^{\mathrm{T}}\left[E_N - X(X^{\mathrm{T}}X)^{-}X^{\mathrm{T}}\right]\boldsymbol{Y}} \cdot \frac{N-t}{q} \tag{5.28}$$

mit $\bar{\boldsymbol{Y}} = (\bar{y}_{11.}, \dots, \bar{y}_{ab.})^{\mathrm{T}}$. In (5.28) ist q die Anzahl der (linear unabhängigen) Zeilen von K^{T} bzw. T^{T}.

Bevor wichtige Spezialfälle $(n_{ij} = 1, n_{ij} = n)$ untersucht werden, betrachten wir

Beispiel 5.10

Für die Werte der Tab. 5.9 des Beispiels 5.5 soll die Hypothese

$$H_0\colon b_1 - b_2 + (a,b)_{11} - (a,b)_{12} = 0 \quad \text{für} \quad \alpha = 0{,}05$$

geprüft werden. Nun ist H_0 äquivalent mit $\eta_{11} - \eta_{12} = 0$, sodass $T^{\mathrm{T}} = (1, -1, 0, 0, 0)$ ist. In Beispiel 5.5 ist $(X^{\mathrm{T}}X)^{-} = 0_{6,6} \oplus D$ mit

$$D = \begin{pmatrix} \frac{1}{3} & 0 & 0 & 0 & 0 \\ 0 & 1 & 0 & 0 & 0 \\ 0 & 0 & \frac{1}{4} & 0 & 0 \\ 0 & 0 & 0 & \frac{1}{2} & 0 \\ 0 & 0 & 0 & 0 & \frac{1}{2} \end{pmatrix}$$

Ferner ist $\bar{\eta} = (87, 99, 93, 93, 84)^{\mathrm{T}}$, $q = 1$, $t = 5$ und $N = 12$. Außerdem gilt

$$SQ_{\text{Rest}} = Y^{\mathrm{T}}\left[E_N - X(X^{\mathrm{T}}X)^{-}X^{\mathrm{T}}\right]Y = \sum_{i=l}^{a}\sum_{j=1}^{b}\sum_{k=1}^{n_{ij}} y_{ijk}^2 - \hat{b}^{\mathrm{T}}X^{\mathrm{T}}Y$$

und das wird mit $\hat{b} = \hat{\beta}$ aus (5.5) zu

$$SQ_{\text{Rest}} = \sum_{i=1}^{a}\sum_{j=1}^{b}\sum_{k=1}^{n_{ij}} y_{ijk}^2 - \sum_{i=1}^{a}\sum_{j=1}^{b}\frac{Y_{ij.}^2}{n_{ij}} \tag{5.29}$$

wobei stets nur Summanden für $n_{ij} > 0$ berücksichtigt werden. Im Beispiel ist

$$\sum_{i=1}^{3}\sum_{j=1}^{2}\sum_{k=1}^{n_{ij}} y_{ijk}^2 = 98\,600\,, \qquad \sum_{i=1}^{3}\sum_{j=1}^{2}\frac{Y_{ij.}^2}{n_{ij}} = 98\,514$$

und $SQ_{\text{Rest}} = 86$. Wegen

$$\bar{Y}^{\text{T}}T = \bar{y}_{11.} - \bar{y}_{12.} = -12\,, \quad T^{\text{T}}DT = \frac{4}{3}\,, \quad (T^{\text{T}}DT)^{-1} = \frac{3}{4}$$

wird F in (5.28) zu

$$F = \frac{108}{86} \cdot 7 = 8{,}791$$

Damit wird die Nullhypothese abgelehnt, denn es ist $F(1,7 \mid 0,95) = 5,59$.

Wir betrachten nun einige Spezialfälle. Zunächst sei $n_{ij} = n$, sodass $t = ab, N = abn$ und $N - t = ab(n-1)$ wird. Die Beobachtungswerte lassen sich in Form der Tab. 5.8 schreiben. Da alle Klassen besetzt sind, sind

$$A_{ik} = a_i - a_k + \frac{1}{b}\left[\sum_{j=1}^{b}(a,b)_{ij} - \sum_{j=1}^{b}(a,b)_{kj}\right] \quad (i,k = 1,\dots,a; i \neq k)$$

und

$$B_{jl} = b_j - b_l + \frac{1}{a}\left[\sum_{i=1}^{a}(a,b)_{ij} - \sum_{i=1}^{a}(a,b)_{il}\right] \quad (j,l = 1,\dots,b; j \neq l)$$

in diesem Spezialfall schätzbare Funktionen. Das ist leicht einzusehen, da z. B.

$$a_i - a_k + \frac{1}{b}\sum_{j=1}^{b}((a,b)_{ij} - (a,b)_{kj}) = \frac{1}{b}\sum_{j=1}^{b}(\eta_{ij} - \eta_{kj})$$

gilt. Die BLES der A_{ik} sind

$$\hat{\boldsymbol{A}}_{ik} = \frac{1}{b}\sum_{j=1}^{b}(\bar{\boldsymbol{y}}_{ij.} - \bar{\boldsymbol{y}}_{kj.})$$

und die BLES der B_{jl} sind analog

$$\hat{\boldsymbol{B}}_{jl} = \frac{1}{a}\sum_{i=1}^{a}(\bar{\boldsymbol{y}}_{ij.} - \bar{\boldsymbol{y}}_{il.})$$

Damit sind die Nullhypothesen

$$H_{0A}: a_i + \frac{1}{b}\sum_{j=1}^{b}(a,b)_{ij} = a_a + \frac{1}{b}\sum_{j=1}^{b}(a,b)_{aj} \quad (i = 1,\dots,a-1)$$

$$H_{0B}: b_j + \frac{1}{a}\sum_{i=1}^{a}(a,b)_{ij} = b_b + \frac{1}{a}\sum_{i=1}^{a}(a,b)_{ib} \quad (j = 1,\dots,b-1)$$

prüfbar. Ohne Beschränkung der Allgemeinheit beziehen wir uns auf H_{0A}. Wir schreiben H_{0A} in der Form

$$H_{0A}: a_i + \frac{1}{b}\sum_{j=1}^{b}(a,b)_{ij} - a_a - \frac{1}{b}\sum_{j=1}^{b}(a,b)_{aj} = 0 \quad (i = 1,\dots,a-1)$$

bzw.

$$K^{\mathrm{T}}\beta = 0$$

mit

$$K^{\mathrm{T}} = \left(0_{a-1}, E_{a-1}, -e_{a-1}, 0_{a-1,b-1}, \bigoplus_{i=1}^{a-1}\frac{1}{b}e_b^{\mathrm{T}}, -\frac{1}{b}e_{a-1,b}\right)$$

Wir betrachten hierzu das

Beispiel 5.11
Wir wollen annehmen, dass für die in Beispiel 5.5 betrachtete Klassifikation je vier Beobachtungswerte pro Klasse vorliegen. Dann ist $a = 3, b = 2$ und

$$\beta = (\mu, a_1, a_2, a_3, b_1, b_2, (a,b)_{11}, (a,b)_{12}, (a,b)_{21}, (a,b)_{22}, (a,b)_{31}, (a,b)_{32})^{\mathrm{T}}$$

Es soll die Hypothese

$$\begin{aligned} H_{\mathrm{A}}: a_1 + \frac{1}{2}((a,b)_{11} + (a,b)_{12}) &= a_2 + \frac{1}{2}((a,b)_{21} + (a,b)_{22}) \\ &= a_3 + \frac{1}{2}((a,b)_{31} + (a,b)_{32}) \end{aligned}$$

geprüft werden. Dann hat K^{T} in $K^{\mathrm{T}}\beta = 0$ die Form

$$K^{\mathrm{T}} = \begin{pmatrix} 0 & 1 & 0 & -1 & 0 & 0 & \frac{1}{2} & \frac{1}{2} & 0 & 0 & -\frac{1}{2} & -\frac{1}{2} \\ 0 & 0 & 1 & -1 & 0 & 0 & 0 & 0 & \frac{1}{2} & \frac{1}{2} & -\frac{1}{2} & -\frac{1}{2} \end{pmatrix}$$

Wenn im allgemeinen Fall K^{T} in der oben angegebenen Art vorliegt, kann $\boldsymbol{F}$ in (5.27) vereinfacht dargestellt werden. Mit $\hat{\boldsymbol{\beta}}$ aus (5.18) wird

$$\hat{\boldsymbol{\beta}}^{\mathrm{T}} K = \left(\frac{1}{b}\sum_{j=1}^{b}\left[\bar{y}_{1j.} - \bar{y}_{aj.}\right], \dots, \frac{1}{b}\sum_{j=1}^{b}\left[\bar{y}_{a-1,j.} - \bar{y}_{aj.}\right]\right)$$

Außerdem ist

$$K^{\mathrm{T}}(X^{\mathrm{T}}X)^{-}K = \frac{1}{n}K^{*T}K^{*} = \frac{1}{bn}M = \frac{1}{bn}(E_{a-1} + e_{a-1,a-1})$$

eine $[(a-1)\times(a-1)]$-Matrix vom Rang $a-1$. K^{*T} ist die aus den letzten ab Spalten von K^{T} bestehende Matrix. Subtrahiert man in M die $(i+1)$-te von der i-ten Zeile $(i = 1,\dots,a-2)$ und addiert anschließend die erste Spalte zur zweiten, die so entstandene neue zweite Spalte zur dritten usw., so sieht man, dass $|M| = a$ gilt. Damit wird

$$\left|\frac{1}{n}K^{*\mathrm{T}}K^*\right| = \frac{a}{b^{a-1}n^{a-1}}$$

Die Unterdeterminanten $(a-2)$-ter Ordnung zu den Hauptdiagonalelementen von M haben den Wert $a-1$, die übrigen den Wert -1, sodass

$$[K^{\mathrm{T}}(X^{\mathrm{T}}X)^{-}K]^{-1} = bn\begin{pmatrix} \frac{a-1}{a} & -\frac{1}{a} & \cdots & -\frac{1}{a} \\ -\frac{1}{a} & \frac{a-1}{a} & \cdots & -\frac{1}{a} \\ \vdots & \vdots & & \vdots \\ -\frac{1}{a} & -\frac{1}{a} & \cdots & \frac{a-1}{a} \end{pmatrix} = bn\left(E_{a-1} - \frac{1}{a}e_{a-1,a-1}\right)$$

gilt. Damit wird $\boldsymbol{F}$ in (5.27) zu

$$\boldsymbol{F}_A = \frac{\left(\frac{1}{bn}\sum_{i=1}^{a}\boldsymbol{Y}_{i..}^2 - \frac{1}{N}\boldsymbol{Y}_{...}^2\right)ab(n-1)}{(a-1)\boldsymbol{SQ}_{\mathrm{Rest}}} \tag{5.30}$$

Entsprechend erhält man als Prüfzahl der Nullhypothese H_{0B}

$$\boldsymbol{F}_B = \frac{\left(\frac{1}{an}\sum_{j=1}^{b}\boldsymbol{Y}_{.j.}^2 - \frac{1}{N}\boldsymbol{Y}_{...}^2\right)ab(n-1)}{(b-1)\boldsymbol{SQ}_{\mathrm{Rest}}} \tag{5.31}$$

Unter den Reparametrisierungsbedingungen

$$\sum_{j=1}^{b}(a,b)_{ij} = 0 \text{ für alle } i, \sum_{i=1}^{a}(a,b)_{ij} = 0 \text{ für alle } j$$

sind $a_i - a_k$ und $b_i - b_l$ schätzbare Funktionen mit den BLES

$$\widehat{a_i - a_k}\ . \quad = \bar{y}_{i..} - \bar{y}_{k..} \quad (i \neq k)$$

bzw.

$$\widehat{b_j - b_l} = \bar{y}_{.j.} - \bar{y}_{.l.} \quad (j \neq l)$$

und die Prüfzahlen (5.30) bzw. (5.31) können zum Test der Hypothesen

$$H'_{0A} : a_1 = \cdots = a_a \quad \text{bzw.} \quad H'_{0B} : \beta_1 = \cdots = \beta_b$$

verwendet werden. Im Fall gleicher Klassenbesetzung fordert man daher häufig die Gültigkeit der Reparametrisierungsbedingungen (5.17) und prüft die Hypothesen

$$H^*_{0A} : a_1 = \cdots = a_a (= 0)$$

$$H^*_{0B} : b_1 = \cdots = b_b (= 0)$$

$$H_{0AB} : (a,b)_{11} = \cdots = (a,b)_{ab} (= 0)$$

mit den F-Prüfzahlen (5.30), (5.31) bzw.

$$\boldsymbol{F}_{AB} = \frac{\left(\frac{1}{n}\sum_{i=1}^{a}\sum_{j=1}^{b}\boldsymbol{Y}_{ij.}^2 - \frac{1}{bn}\sum_{i=1}^{a}\boldsymbol{Y}_{i..}^2 - \frac{1}{an}\sum_{j=1}^{b}\boldsymbol{Y}_{.j.}^2 + \frac{1}{N}\boldsymbol{Y}_{...}^2\right)ab(n-1)}{(a-1)(b-1)\boldsymbol{SQ}_{\text{Rest}}} \tag{5.32}$$

Die Varianztabelle für diesen Fall ist Tab. 5.13. Wegen

$$\boldsymbol{SQ}_{\text{G}} = \boldsymbol{SQ}_A + \boldsymbol{SQ}_B + \boldsymbol{SQ}_{AB} + \boldsymbol{SQ}_{\text{Rest}}$$

sind die F-Prüfzahlen (5.30)–(5.32) bei Gültigkeit der Hypothesen H_{0A}, H_{0B} und H_{0AB} zentral nach $F[(a-1), ab(n-1)]$, $F[(b-1), ab(n-1)]$ und $F[(a-1)(b-1), ab(n-1)]$ und sonst nichtzentral F-verteilt.

Beispiel 5.12

Wir betrachten die Problemstellung von Beispiel 5.9 und die Lagerungsarten Glas und Sack, für die je vier Beobachtungswerte vorliegen, die in Tab. 5.14 enthalten sind. Tabelle 5.15 enthält Zwischenergebnisse der Rechnung, und Tab. 5.16 ist die Varianztabelle nach dem Schema der Tab. 5.13. Aufgrund der F-Tests wird H_{0A} verworfen, H_{0B} und H_{0AB} werden dagegen nicht abgelehnt.

Wir wollen nun berechnen, wie viele Wiederholungen in den vier Klassen dieses Beispiels nötig sind, um die Hypothese

$$H_{0AB}: (a,b)_{11} = \cdots = (a,b)_{22} (= 0)$$

mit den Genauigkeitsforderungen des folgenden R-Befehls zu prüfen.

```
size.anova(model="axb", hypothesis="axb", a=2, b=2,
alpha=0.05, beta=0.1, delta=2, cases="minimin")
```

Als Ergebnis erhalten wir

```
n
4
```

Der maximin Umfang ist 6.

Ein weiterer Spezialfall liegt für $n_{ij} = n = 1$ vor. Wir betrachten auch diesen Fall unter den Reparametrisierungsbedingungen (5.17). Dann gilt der

Satz 5.9 Tukey, 1949

Die Zufallsvariablen $\boldsymbol{y}_{ij}$ $(i = 1, \dots, a; j = 1, \dots, b)$ mögen in der Form (5.15) mit $n_{ij} = 1$ für alle i, j darstellbar sein, und es möge (5.17) sowie $(a,b)_{ij} = a_i b_j$ erfüllt sein. Die $\boldsymbol{e}_{ij}$ in (5.15) seien unabhängig voneinander nach $N(0, \sigma^2)$ für alle i, j verteilt.

Tab. 5.13 Varianztabelle einer zweifachen Kreuzklassifikation mit mehrfacher (gleicher) Klassenbesetzung für Modell I mit Wechselwirkungen unter den Bedingungen (5.17) ($SQ_R = SQ_{Rest}$).

Variationsursache	SQ	FG	DQ	E(DQ)	F
Zwischen den Zeilen (A)	$SQ_A = \frac{1}{bn}\sum_i Y_{i..}^2 - \frac{1}{N}Y_{...}^2$	$a-1$	$\frac{SQ_A}{a-1}$	$\sigma^2 + \frac{bn}{a-1}\sum_i a_i^2$	$\frac{ab(n-1)SQ_A}{(a-1)SQ_R}$
Zwischen den Spalten (B)	$SQ_B = \frac{1}{an}\sum_j Y_{.j.}^2 - \frac{1}{N}Y_{...}^2$	$b-1$	$\frac{SQ_B}{b-1}$	$\sigma^2 + \frac{an}{b-1}\sum_j b_j^2$	$\frac{ab(n-1)SQ_B}{(b-1)SQ_R}$
Wechselwirkungen	$SQ_{AB} = \frac{1}{n}\sum_{i.j} Y_{ij.}^2 - \frac{1}{bn}\sum_i Y_{i..}^2 - \frac{1}{an}\sum_i Y_{.j.}^2 + \frac{Y^2}{N}$	$(a-1)(b-1)$	$\frac{SQ_{AB}}{(a-1)(b-1)}$	$\sigma^2 + \frac{n\sum_{i,j}(a,b)_{ij}^2}{(a-1)(b-1)}$	$\frac{ab(n-1)SQ_{AB}}{(a-1)(b-1)SQ_R}$
Innerhalb Klassen	$SQ_R = \sum_{i,j,k} y_{ijk}^2 - \frac{1}{n}\sum_{i,j} Y_{ij.}^2$	$ab(n-1)$	$\frac{SQ_R}{ab(n-1)} = s^2$	σ^2	
Gesamt	$SQ_G = \sum_{i,j,k} y_{ijk}^2 - \frac{1}{N}Y_{...}^2$	$N-1$			

Tab. 5.14 Beobachtungswerte des Karotinlagerungsversuches von Beispiel 5.12.

Lagerungsart	Futterpflanzenart	
	Grünroggen	Luzerne
Glas	8,39	9,44
	7,68	10,12
	9,46	8,79
	8,12	8,89
Sack	5,42	5,56
	6,21	4,78
	4,98	6,18
	6,04	5,91

Tab. 5.15 Klassensummen $Y_{ij.}$ und Ergebnisse der Zwischenrechnungen für die Beobachtungswerte von Tab. 5.14.

	Lagerungsart	Futterpflanzenart				
		Grünroggen	Luzerne	$Y_{i..}$	$Y_{i..}^2$	$\sum_j Y_{ij.}^2$
	Glas	33,65	37,24	70,89	5025,3921	2519,1401
	Sack	22,65	22,43	45,08	2032,2064	1016,1274
$Y_{.j.}$		56,30	59,67	115,97	7057,5985	
$Y_{.j.}^2$		3169,6900	3560,5089	6730,1989		
$\sum_i Y_{ij.}^2$		1645,3450	1889,9225			3535,2675

Dann ist mit der Symbolik von Tab. 5.13 (für $n = 1$) mit

$$SQ_N = \left[\sum_{i=1}^{a}\sum_{j=1}^{b}(\bar{y}_{i.} - \bar{y}_{..})(\bar{y}_{.j} - \bar{y}_{..})(\bar{y}_{ij} - \bar{y}_{i.} - \bar{y}_{.j} + \bar{y}_{..})\right]^2 \frac{ab}{SQ_A SQ_B} \tag{5.33}$$

die Größe

$$F = \frac{SQ_N}{SQ_{AB} - SQ_N}[(a-1)(b-1)-1] \tag{5.34}$$

bei Gültigkeit der Nullhypothese $H_{0AB} : (a,b)_{ij} = 0$ für alle i, j nach $F[1, (a-1)(b-1)-1]$ verteilt.

Bevor dieser Satz bewiesen wird, zeigen wir die Gültigkeit von zwei Hilfssätzen.

Tab. 5.16 Varianztabelle für den Karotinlagerungsversuch von Beispiel 5.12.

Variationsursache	SQ	FG	DQ	F
Zwischen den Arten der Lagerung	41,6347	1	41,6347	101,70
Zwischen den Futterpflanzenarten	0,7098	1	0,7098	1,73
Wechselwirkungen	0,9073	1	0,9073	2,22
Innerhalb der Klassen	4,9128	12	0,4094	
Gesamt	48,1646	15		

Lemma 5.4
Unter den Voraussetzungen von Satz 5.9 gilt:

a) $\hat{\boldsymbol{\mu}} = \bar{\boldsymbol{y}}_{..}$ ist unabhängig von $\hat{a}_i = \bar{\boldsymbol{y}}_{i.} - \bar{\boldsymbol{y}}_{..}$, $\hat{b}_i = \boldsymbol{y}_{.j} - \bar{\boldsymbol{y}}_{..}$ und $\widehat{(\boldsymbol{a}, \boldsymbol{b})}_{ij} = \bar{\boldsymbol{y}}_{ij} - \bar{\boldsymbol{y}}_{i.} - \bar{\boldsymbol{y}}_{.j} + \bar{\boldsymbol{y}}_{..}$ für alle i, j.
b) $\hat{\boldsymbol{a}}_i$ und $\hat{\boldsymbol{b}}_j$ sind unabhängig für alle i und j.
c) $\hat{\boldsymbol{a}}_i$ und $\widehat{(\boldsymbol{a}, \boldsymbol{b})}_{\mathrm{kl}}$ sind unabhängig für alle i, k, l.
d) $\hat{\boldsymbol{b}}_j$und $\widehat{(\boldsymbol{a}, \boldsymbol{b})}_{\mathrm{kl}}$ sind unabhängig für alle j, k, l.
e) $\hat{\boldsymbol{\mu}}$ ist nach $N(\boldsymbol{\mu}, \frac{1}{ab}\sigma^2)$, die $\hat{\boldsymbol{a}}_i$ sind nach $N(a_i, \frac{a-1}{ab}\sigma^2)$ für alle i, die $\hat{\boldsymbol{b}}_i$ sind nach $N(b_j, \frac{b-1}{ab}\sigma^2)$ für alle j, die $\widehat{(\boldsymbol{a}, \boldsymbol{b})}_{ij}$ sind nach $N[(a, b)_{ij}, \frac{(a-1)(b-1)}{ab}\sigma^2]$ für alle i, j verteilt; die entsprechenden $\boldsymbol{SQ}$ sind damit χ^2-verteilt.

Außerdem gilt

f) $\operatorname{cov}(\hat{\boldsymbol{a}}_i, \hat{\boldsymbol{a}}_j) = -\frac{1}{ab}\sigma^2$ für $i \neq j$, $\operatorname{cov}(\hat{\boldsymbol{b}}_i, \hat{\boldsymbol{b}}_j) = -\frac{1}{ab}\sigma^2$ für $i \neq j$

$$\operatorname{cov}\left(\widehat{(\boldsymbol{a}, \boldsymbol{b})}_{ij}, \widehat{(\boldsymbol{a}, \boldsymbol{b})}_{kl}\right) = \frac{\sigma^2}{ab}(a\delta_{ik} - 1)(b\delta_{jl} - 1)$$

Beweis: Nach Voraussetzung sind die $\boldsymbol{y}_{ij}$ nach $N(\mu + a_i + b_j + (a, b)_{ij}, \sigma^2)$ verteilt. Die Schätzfunktionen sind als Linearkombinationen der $\boldsymbol{y}_{ij}$ folglich ebenfalls normalverteilt. Wegen (5.17) ist $E(\bar{\boldsymbol{y}}_{..}) = \mu$, $E(\hat{\boldsymbol{a}}_i) = a_i$, $E(\boldsymbol{b}_j) = b_j$, $E\widehat{(\boldsymbol{a}, \boldsymbol{b})}_{ij} = (a, b)_{ij}$ für alle i, j. Nun gilt z. B.

$$\operatorname{var}(\bar{\boldsymbol{y}}_{..}) = \operatorname{var}\left[\frac{1}{ab}\sum_{i=1}^{a}\sum_{j=1}^{b}\boldsymbol{y}_{ij}\right] = \frac{1}{a^2b^2}\sum_{i=1}^{a}\sum_{j=1}^{b}\operatorname{var}(\boldsymbol{y}_{ij}) = \frac{1}{ab}\sigma^2$$

und

$$\begin{aligned}\operatorname{var}(\hat{\boldsymbol{a}}_i) &= \operatorname{var}\left[\frac{a}{ab}\sum_{j=1}^{b}\boldsymbol{y}_{ij} - \frac{1}{ab}\sum_{t=1}^{a}\sum_{j=1}^{b}\boldsymbol{y}_{tj}\right] \\ &= \frac{1}{a^2b^2}\operatorname{var}\left[(a-1)\sum_{j=1}^{b}\boldsymbol{y}_{ij} - \sum_{t\neq i}^{a}\sum_{j=1}^{b}\boldsymbol{y}_{tj}\right]\end{aligned}$$

Da die beiden Ausdrücke in der eckigen Klammer nach Voraussetzung unabhängig sind, folgt

$$\operatorname{var}(\hat{\boldsymbol{a}}_i) = \frac{1}{a^2b^2}[(a-1)^2 b\sigma^2 + (a-1)b\sigma^2] = \frac{a-1}{ab}\sigma^2$$

Analog folgen die anderen Beziehungen unter f). Damit sind e) und f) bewiesen. Um die Unabhängigkeiten, die in a) bis d) behauptet werden, nachzuweisen, genügt es wegen e), die Unkorreliertheit zu zeigen.

Für a) wird z. B.

$$\operatorname{cov}(\bar{\boldsymbol{y}}_{..}, \hat{\boldsymbol{a}}_i) = \operatorname{cov}(\bar{\boldsymbol{y}}_{..}, \bar{\boldsymbol{y}}_{i.} - \bar{\boldsymbol{y}}_{..}) = \operatorname{cov}(\bar{\boldsymbol{y}}_{..}, \bar{\boldsymbol{y}}_{i.}) - \operatorname{var}(\bar{\boldsymbol{y}}_{..})$$

und das wird wegen

$$\operatorname{cov}\left(\frac{1}{ab}\sum_{i=1}^{a}\sum_{j=1}^{b}\boldsymbol{y}_{ij}, \frac{1}{b}\sum_{j=1}^{b}\boldsymbol{y}_{ij}\right) = \frac{1}{ab^2}\operatorname{cov}\left(\sum_{j=1}^{b}\boldsymbol{y}_{ij}, \sum_{j=1}^{b}\boldsymbol{y}_{ij}\right) = \frac{\sigma^2}{ab}$$

gleich 0. Den Beweis der übrigen Behauptungen in a) bis d) mag der Leser als Übung führen.

Lemma 5.5

Unter den Bedingungen von Satz 5.9 ist

$$\boldsymbol{u} = \sqrt{\boldsymbol{SQ}_N} = \frac{\sum_{i=1}^{a}\sum_{j=1}^{b}(\boldsymbol{a},\boldsymbol{b})_{ij}\boldsymbol{a}_i\boldsymbol{b}_j}{\sqrt{\sum_{i=1}^{a}\boldsymbol{a}_i^2\sum_{j=1}^{b}\boldsymbol{b}_j^2}}$$

nach $N(0, \sigma^2)$ verteilt, falls $(a, b)_{ij} = 0$ für alle i, j gilt.

Beweis: Wir betrachten zum Beweis die $(a + b + 1)$-dimensionale Zufallsvariable $(\boldsymbol{u}, \boldsymbol{a}_1, \dots, \boldsymbol{a}_a, \boldsymbol{b}_1, \dots, \boldsymbol{b}_b)$ und zeigen, dass die bedingte Verteilung von $\boldsymbol{u}$ bei gegebenen Realisationen a_i und b_j von $\boldsymbol{a}_i$ bzw. $\boldsymbol{b}_j$ unabhängig von den a_i und b_j und damit gleich der Randverteilung von $\boldsymbol{u}$ ist.

Für feste a_i, b_j ist $\boldsymbol{u}$ eine Linearkombination der nach Lemma 5.4 normalverteilten $(\boldsymbol{a}, \boldsymbol{b})_{ij}$, und folglich ist die bedingte Verteilung von $\boldsymbol{u}$ eine Normalverteilung. Es gilt $E(\widehat{(\boldsymbol{a},\boldsymbol{b})}_{ij}) = (a, b)_{ij}$, sodass unter der Voraussetzung $(a, b)_{ij} = 0$

$$E(\boldsymbol{u} \mid a_i, b_j) = 0 \quad (i = 1, \dots, a_i; j = 1, \dots, b)$$

unabhängig von a_i und b_j gilt. Wegen e) und f) von Lemma 5.4 folgt $\operatorname{var}(\boldsymbol{u} \mid a_i, b_j) = \sigma^2$. Da sowohl der Erwartungswert als auch die Varianz von $\boldsymbol{u}$ unabhängig von den Bedingungen sind und $\boldsymbol{u}$ normalverteilt ist (d. h., durch Erwartungswert und Varianz von $\boldsymbol{u}$ ist die Verteilung von $\boldsymbol{u}$ eindeutig bestimmt), folgt damit die Behauptung.

Beweis von Satz 5.9: Unter der Hypothese H_{0AB}: $(a, b)_{ij} = 0$ ist $\boldsymbol{SQ}_W$ nach $CQ[(a-1)(b-1)]$ verteilt. Wir wollen voraussetzen, dass $(a, b)_{ij} = 0$ für alle i, j erfüllt ist.

Tab. 5.17 Beobachtungswerte y_{ijk} einer zweifachen hierarchischen Klassifikation.

Stufen des Faktors A	A_1			A_2			…	A_a		
Stufen des Faktors B	B_{11}	…	B_{1b_1}	B_{21}	…	B_{2b_2}	…	B_{a1}	…	B_{ab_a}
Beobachtungswerte	y_{111}	…	$y_{1b_{11}}$	y_{211}	…	y_{2b_21}	…	y_{a11}	…	y_{ab_a1}
	y_{112}	…	$y_{1b_{12}}$	y_{212}	…	y_{2b_22}	…	y_{a12}	…	y_{ab_a2}
	⋮		⋮	⋮		⋮		⋮		⋮
	$y_{11n_{11}}$	…	$y_{1b_{1n_{1b1}}}$	$y_{21n_{21}}$	…	$y_{2b_2n_{2b_2}}$	…	$y_{a1n_{a1}}$	…	$y_{ab_an_{ab_a}}$

Aus Lemma 5.5 folgt, dass $\frac{SQ_N}{\sigma^2} = \frac{u^2}{\sigma^2}$ nach $CQ(1)$ verteilt ist. Da $\frac{SQ_W}{\sigma^2} - \frac{SQ_N}{\sigma^2}$ nichtnegativ ist (Schwarzsche Ungleichung), folgt aus Satz 4.6, dass diese Differenz nach $CQ[(a-1)(b-1)-1]$ verteilt ist. Nach Korollar 4.1 des gleichen Satzes sind $\boldsymbol{SQ}_N$ und $\boldsymbol{SQ}_W - \boldsymbol{SQ}_N$ voneinander unabhängig. Damit ist Satz 5.9 bewiesen.

Die Ergebnisse von Satz 5.9 werden in den Anwendungen häufig folgendermaßen verwendet: Mit der F-Prüfzahl des Satzes 5.9 prüft man die Hypothese H_{0AB}: $(a,b)_{ij} = 0$. Wird H_{0AB} abgelehnt, so muss ein neuer Versuch mit $n > 1$ durchgeführt werden, um H_{0A} und H_{0B} zu testen. Bei Annahme von H_{0AB} werden H_{0A} und H_{0B} (meist am gleichen Material) mit den Prüfzahlen der Tab. 5.10 getestet, d. h., bei Annahme von H_{0AB} verfährt man so, als wenn H_{0AB} tatsächlich richtig ist. Bezüglich der Problematik solcher Vortests sei der Leser auf die Spezialliteratur verwiesen.

5.3.2 Hierarchische Klassifikation ($A \succ B$)

Eine hierarchische Klassifikation ist eine Klassifikation mit über- und untergeordneten Faktoren, wobei die Stufen eines untergeordneten Faktors als weitere Unterteilung in den Abstufungen des übergeordneten Faktors aufgefasst werden können. Dabei tritt jede Stufe des untergeordneten Faktors nur in einer Stufe des übergeordneten Faktors auf. Ein Beispiel ist die Einteilung der Bundesrepublik nach Ländern (übergeordneter Faktor A) und Kreisen (untergeordneter Faktor B). Tabelle 5.17 enthält Beobachtungswerte einer zweifachen hierarchischen Klassifikation. Wie bei der Kreuzklassifikation wollen wir annehmen, dass die Zufallsvariablen $\boldsymbol{y}_{ijk}$ der Tab. 5.17 zufällig um die Erwartungswerte η_{ij} schwanken

$$\boldsymbol{y}_{ijk} = \eta_{ij} + \boldsymbol{e}_{ijk} \quad (i = 1, \dots, a; j = 1, \dots, b_i; k = 1, \dots, n_{ij})$$

und die $\boldsymbol{e}_{ijk}$ seien wieder unabhängig voneinander nach $N(0, \sigma^2)$ verteilt. Mit

$$\mu = \bar{\eta}.. = \frac{\sum_{i=1}^{a} \sum_{j=1}^{b_i} \eta_{ij} n_{ij}}{N}$$

wird der Gesamtmittelwert des Versuches definiert.

Tab. 5.18 Beobachtungswerte einer zweifachen hierarchischen Klassifikation.

	A_1		A_2		
	B_{11}	B_{12}	B_{21}	B_{22}	B_{23}
y_{ijk}	14	12	12	6	8
		15	14	5	12
		18		10	
				7	
n_{ij}	1	3	2	4	2
$N_{i.}$	4		8		

In hierarchischen Klassifikationen sind keine Wechselwirkungen definierbar. Analog zu Definition 5.2 geben wir die

Definition 5.5
Die Differenz $a_i = \bar{\eta}_{i.} - \mu$ heißt Wirkung der i-ten Stufe des Faktors A, die Differenz $b_{ij} = \eta_{ij} - \eta_{i.}$ Wirkung der j-ten Stufe von B innerhalb der i-ten Stufe von A.

Damit kann die Modellgleichung für $\boldsymbol{y}_{ijk}$ als

$$\boldsymbol{y}_{ijk} = \mu + a_i + b_{ij} + \boldsymbol{e}_{ijk} \tag{5.35}$$

geschrieben werden. Wie man leicht sieht, ist (5.35) ein Spezialfall von (5.1), wenn

$$\boldsymbol{Y} = (\boldsymbol{y}_{111}, \dots, \boldsymbol{y}_{11n_{11}}, \boldsymbol{y}_{121}, \dots, \boldsymbol{y}_{12n_{12}}, \dots, \boldsymbol{y}_{ab_a n_{ab_a}})^{\mathrm{T}}$$
$$\beta = (\mu, a_1, \dots, a_a, b_{11}, \dots, b_{ab_a})^{\mathrm{T}}$$

und

$$\boldsymbol{e} = (\boldsymbol{e}_{111}, \dots, \boldsymbol{e}_{11n_{11}}, \boldsymbol{e}_{121}, \dots \boldsymbol{e}_{12n_{12}}, \dots, \boldsymbol{e}_{ab_a n_{ab_a}})^{\mathrm{T}}$$

gesetzt wird und X eine Matrix von Nullen und Einsen derart ist, dass (5.35) gilt. Nach Voraussetzung ist $\boldsymbol{e}$ nach $N(0, \sigma^2 E_N)$ verteilt ($N = \sum_{i,j} n_{ij}$). $\boldsymbol{Y}$ und $\boldsymbol{e}$ sind $(N \times 1)$-Vektoren, β ist ein $[(a + 1 + B_.) \times 1]$-Vektor ($B_. = \sum_{i=1}^{a} b_i$).

Die Wahl der Matrix X wird in Beispiel 5.13 veranschaulicht.

Beispiel 5.13
In Tab. 5.18 sind Beobachtungswerte einer zweifachen hierarchischen Klassifikation enthalten (es handelt sich um fingierte Zahlen). Dann ist

$$\boldsymbol{Y} = (14, 12, 15, 18, 12, 14, 6, 5, 10, 7, 8, 12)^{\mathrm{T}}$$

und

$$\beta = (\mu, a_1, a_2, b_{11}, b_{12}, b_{21}, b_{22}, b_{23})^{\mathrm{T}}$$

Dann muss

$$X = \begin{pmatrix} 1 & 1 & 0 & 1 & 0 & 0 & 0 & 0 \\ 1 & 1 & 0 & 0 & 1 & 0 & 0 & 0 \\ 1 & 1 & 0 & 0 & 1 & 0 & 0 & 0 \\ 1 & 1 & 0 & 0 & 1 & 0 & 0 & 0 \\ 1 & 0 & 1 & 0 & 0 & 1 & 0 & 0 \\ 1 & 0 & 1 & 0 & 0 & 1 & 0 & 0 \\ 1 & 0 & 1 & 0 & 0 & 0 & 1 & 0 \\ 1 & 0 & 1 & 0 & 0 & 0 & 1 & 0 \\ 1 & 0 & 1 & 0 & 0 & 0 & 1 & 0 \\ 1 & 0 & 1 & 0 & 0 & 0 & 1 & 0 \\ 1 & 0 & 1 & 0 & 0 & 0 & 0 & 1 \\ 1 & 0 & 1 & 0 & 0 & 0 & 0 & 1 \end{pmatrix} = (e_{12}, e_4 \oplus e_8, e_1 \oplus e_3 \oplus e_2 \oplus e_4 \oplus e_2)$$

gesetzt werden, und $X^{\mathrm{T}}X$ wird zu

$$X^{\mathrm{T}}X = \begin{pmatrix} 12 & 4 & 8 & 1 & 3 & 2 & 4 & 2 \\ 4 & 4 & 0 & 1 & 3 & 0 & 0 & 0 \\ 8 & 0 & 8 & 0 & 0 & 2 & 4 & 2 \\ 1 & 1 & 0 & 1 & 0 & 0 & 0 & 0 \\ 3 & 3 & 0 & 0 & 3 & 0 & 0 & 0 \\ 2 & 0 & 2 & 0 & 0 & 2 & 0 & 0 \\ 4 & 0 & 4 & 0 & 0 & 0 & 4 & 0 \\ 2 & 0 & 2 & 0 & 0 & 0 & 0 & 2 \end{pmatrix}$$

Die Matrix $X^{\mathrm{T}}X$ ist von der Ordnung 8 und, wie man leicht sieht, vom Rang 5; denn die zweite und dritte Zeile ergeben summiert die erste Zeile, die vierte und fünfte Zeile addieren sich zur zweiten, und die letzten drei Zeilen ergeben summiert die dritte.

Was wir in diesem Beispiel erkannt haben, lässt sich verallgemeinern. Eine Spalte von X entspricht den Faktoren von μ; a Spalten entsprechen den Stufen von A (den a_i; $i = 1, \dots, a$), und $B_. = \sum_{i=1}^{a} b_i$ Spalten entsprechen den Stufen von B innerhalb der Stufen von A. Die Ordnung von $X^{\mathrm{T}}X$ ist aber gleich der Anzahl der Spalten von X und somit $1 + a + B_.$. Allgemein hat $X^{\mathrm{T}}X$ die Gestalt

$$X^{\mathrm{T}}X = \begin{pmatrix} N & N_{1.} & \cdots & N_{a.} & n_{11} & \cdots & n_{1b_1} & \cdots & n_{a1} & \cdots & n_{ab_a} \\ N_{1.} & N_{1.} & \cdots & 0 & n_{11} & \cdots & n_{1b_1} & \cdots & 0 & \cdots & 0 \\ \vdots & \vdots & \cdots & \vdots & \vdots & & \vdots & & \vdots & & \vdots \\ N_{a.} & 0 & \cdots & N_{a.} & 0 & \cdots & 0 & \cdots & n_{a1} & \cdots & n_{ab_a} \\ n_{11} & n_{11} & \cdots & 0 & n_{11} & \cdots & 0 & \cdots & 0 & \cdots & 0 \\ \vdots & \vdots & \cdots & \vdots & \vdots & & \vdots & & \vdots & & \vdots \\ n_{1b_1} & n_{1b_1} & \cdots & 0 & 0 & \cdots & n_{1b_1} & \cdots & 0 & \cdots & 0 \\ n_{a1} & 0 & \cdots & n_{a1} & 0 & \cdots & 0 & \cdots & n_{a1} & \cdots & 0 \\ \vdots & \vdots & \cdots & \vdots & \vdots & & \vdots & & \vdots & & \vdots \\ n_{ab_a} & 0 & \cdots & n_{ab_a} & 0 & \cdots & 0 & \cdots & 0 & \cdots & n_{ab_a} \end{pmatrix}$$

Man sieht, dass die erste Zeile die Summe der a folgenden Zeilen ist, die i-te dieser a folgenden Zeilen, d. h., die $(i + 1)$-te Zeile wiederum ist die Summe der b_i Zeilen mit der Zeilennummer $a + 1 + \sum_{j=1}^{i-1} b_j$ bis $a + 1 + \sum_{j=1}^{i} b_j$. Es gibt also $a + 1$ lineare Relationen zwischen den Zeilen von $X^{\mathrm{T}}X$. Folglich ist $\mathrm{Rg}(X^{\mathrm{T}}X)$ von $X^{\mathrm{T}}X$ kleiner oder gleich $B_.$. Es gilt aber $\mathrm{Rg}(X^{\mathrm{T}}X) = B_.$, da die $B_.$ letzten Zeilen und Spalten eine nichtsinguläre Matrix bilden. Die Inverse dieser Teilmatrix aus $B_.$ Zeilen und Spalten ist

$$\begin{pmatrix} \frac{1}{n_{11}} & & & & & & \\ & \ddots & & & & & \\ & & \frac{1}{n_{1b_1}} & & & 0 & \\ & & & \ddots & & & \\ & 0 & & & \frac{1}{n_{a1}} & & \\ & & & & & \ddots & \\ & & & & & & \frac{1}{n_{ab_a}} \end{pmatrix}$$

und somit ist eine verallgemeinerte Inverse $(X^{\mathrm{T}}X)^-$ zu $X^{\mathrm{T}}X$ durch eine Matrix der Ordnung $a + 1 + B_.$ gegeben, deren Elemente bis auf die $B_.$ letzten der Hauptdiagonalen gleich 0 sind. In der Hauptdiagonalen stehen $a + 1$ Nullen und dann die $B_.$-Werte $\frac{1}{n_{ij}} (i = 1, \dots, a; j = 1, \dots, b_i)$.

Beispiel 5.14
Wir betrachten die Matrix $X^{\mathrm{T}}X$ von Beispiel 5.13. Bilden wir $(X^{\mathrm{T}}X)^{-}$ wie vorher beschrieben, so wird

$$(X^{\mathrm{T}}X)^{-} = \begin{pmatrix} 0 & 0 & 0 & 0 & 0 & 0 & 0 & 0 \\ 0 & 0 & 0 & 0 & 0 & 0 & 0 & 0 \\ 0 & 0 & 0 & 0 & 0 & 0 & 0 & 0 \\ 0 & 0 & 0 & 1 & 0 & 0 & 0 & 0 \\ 0 & 0 & 0 & 0 & \frac{1}{3} & 0 & 0 & 0 \\ 0 & 0 & 0 & 0 & 0 & \frac{1}{2} & 0 & 0 \\ 0 & 0 & 0 & 0 & 0 & 0 & \frac{1}{4} & 0 \\ 0 & 0 & 0 & 0 & 0 & 0 & 0 & \frac{1}{2} \end{pmatrix}$$

Als Übung überprüfe der Leser, dass $X^{\mathrm{T}}X(X^{\mathrm{T}}X)^{-}X^{\mathrm{T}}X = X^{\mathrm{T}}X$ ist. Als Matrix B in (5.4) kann man z. B. eine $[(a+1)\times(a+1+\sum b_i)]$-Matrix der Gestalt

$$B = \begin{pmatrix} 0 & N & \cdots & N & 0 & \cdots & 0 & \cdots & 0 & \cdots & 0 \\ 0 & 0 & \cdots & 0 & N_{1.} & \cdots & N_{1.} & \cdots & 0 & \cdots & 0 \\ \vdots & \vdots & & \vdots & \vdots & & \vdots & & \vdots & & \vdots \\ 0 & 0 & \cdots & 0 & 0 & \cdots & 0 & \cdots & N_{a.} & \cdots & N_{a.} \end{pmatrix}$$

wählen. Das entspricht den Nebenbedingungen

$$\sum_{i=1}^{a} a_i = \sum_{j=1}^{b_i} b_{ij} = 0 \quad \text{(für alle } i\text{)}$$

Man sieht sofort, dass

$$B^{\mathrm{T}}B = \begin{pmatrix} 0 & 0 & \dots & 0 & 0 & \dots & 0 & \dots & 0 & \dots & 0 \\ 0 & N^2 & \dots & N^2 & 0 & \dots & 0 & \dots & 0 & \dots & 0 \\ \vdots & \vdots & & \vdots & \vdots & & \vdots & & \vdots & & 0 \\ 0 & N^2 & \dots & N^2 & 0 & \dots & 0 & \dots & 0 & \dots & 0 \\ 0 & 0 & \dots & 0 & N_{1.}^2 & \dots & N_{1.}^2 & & & & \\ \vdots & \vdots & & \vdots & \vdots & & \vdots & & & 0 & \\ 0 & 0 & \dots & 0 & N_{1.}^2 & \dots & N_{1.}^2 & & & & \\ \vdots & \vdots & & \vdots & & & & \ddots & & & \\ 0 & 0 & \dots & 0 & & & & & N_{a.}^2 & \dots & N_{a.}^2 \\ \vdots & \vdots & & \vdots & & 0 & & & \vdots & & \vdots \\ 0 & 0 & \dots & 0 & & & & & N_{a.}^2 & \dots & N_{a.}^2 \end{pmatrix}$$

$$= 0 \oplus N^2 e_{aa} \oplus N_1^2 e_{b_1 b_1} \oplus \cdots \oplus N_a^2 e_{b_a b_a}$$

vom Rang $a + 1$ ist. Wählt man

$$B = \begin{pmatrix} 0 & N_{1.} & \dots & N_{a.} & 0 & \dots & 0 & 0 & \dots & 0 \\ 0 & 0 & \dots & 0 & n_{11} & \dots & n_{1b_1} & 0 & \dots & 0 \\ \vdots & \vdots & & \vdots & \vdots & & \vdots & \vdots & & \vdots \\ 0 & 0 & \dots & 0 & 0 & \dots & 0 & n_{a1} & \dots & n_{ab_a} \end{pmatrix}$$

so entspricht das den Nebenbedingungen

$$\sum_{i=1}^{a} N_{i.} a_i = 0, \quad \sum_{j=1}^{b_i} n_{ij} b_{ij} = 0 \quad (\text{für alle } i) \tag{5.36}$$

Minimiert man unter diesen Nebenbedingungen

$$\sum_{i=1}^{a} \sum_{j=1}^{b_i} \sum_{k=1}^{n_{ij}} (y_{ijk} - \mu - a_i - b_{ij})^2$$

so erhält man, ohne die umständliche Berechnung von $(X^\mathrm{T} X + B^\mathrm{T} B)^{-1}$ durchführen zu müssen, die BLES (MKS)

$$\hat{\boldsymbol{\mu}} = \bar{\boldsymbol{y}}_{...}, \quad \hat{\boldsymbol{a}}_i = \bar{\boldsymbol{y}}_{i..} - \bar{\boldsymbol{y}}_{...}, \quad \hat{\boldsymbol{b}}_{ij} = \bar{\boldsymbol{y}}_{ij.} - \bar{\boldsymbol{y}}_{i..} \tag{5.37}$$

Satz 5.10
Bei einer zweifachen hierarchischen Klassifikation gilt

$$\begin{aligned} \boldsymbol{SQ}_\mathrm{G} &= \sum_{i,j,k} (\boldsymbol{y}_{ijk} - \bar{\boldsymbol{y}}_{...})^2 \\ &= \sum_{i,j,k} (\bar{\boldsymbol{y}}_{i..} - \bar{\boldsymbol{y}}_{...})^2 + \sum_{i,j,k} (\bar{\boldsymbol{y}}_{ij.} - \bar{\boldsymbol{y}}_{i..})^2 + \sum_{i,j,k} (\boldsymbol{y}_{ijk} - \bar{\boldsymbol{y}}_{ij.})^2 \end{aligned}$$

bzw.

$$\boldsymbol{SQ}_\mathrm{G} = \boldsymbol{SQ}_A + \boldsymbol{SQ}_{B \text{ in } A} + \boldsymbol{SQ}_\mathrm{Rest}$$

wobei $\boldsymbol{SQ}_A$ die $\boldsymbol{SQ}$ zwischen den A-Stufen, $\boldsymbol{SQ}_{B \text{ in } A}$ die $\boldsymbol{SQ}$ zwischen den B-Stufen innerhalb der A-Stufen und $\boldsymbol{SQ}_\mathrm{Rest}$ die $\boldsymbol{SQ}$ innerhalb der Klassen (B-Stufen) bezeichnet.

Tab. 5.19 Varianztabelle der zweifachen hierarchischen Klassifikation für Modell I.

Variationsursache	SQ	FG	DQ	E(DQ)
Zwischen A-Stufen	$\boldsymbol{SQ}_A = \sum_i \frac{Y_{i..}^2}{N_{i.}} - \frac{Y_{...}^2}{N}$	$a-1$	$\frac{SQ_A}{a-1}$	$\sigma^2 + \frac{1}{a-1}\sum_i N_{i.} a_i^2$
Zwischen B-Stufen innerhalb A-Stufen	$\boldsymbol{SQ}_{B \text{ in } A} = \sum_{i,j} \frac{Y_{ij.}^2}{n_{ij}} - \sum_i \frac{Y_{i..}^2}{N_{i.}}$	$B_. - a$	$\frac{SQ_{B \text{ in } A}}{B_.-a}$	$\sigma^2 + \frac{1}{B_.-a}\sum_{i,j} n_{ij} b_{ij}^2$
Innerhalb B-Stufen (Rest)	$\boldsymbol{SQ}_{\text{Rest}} = \sum_{i,j,k} y_{ijk}^2 - \sum_{i,j} \frac{Y_{ij.}^2}{n_{ij}}$	$N - B_.$	$\frac{SQ_{\text{Rest}}}{N-B_.}$	σ^2
Gesamt	$\boldsymbol{SQ}_G = \sum_{i,j,k} y_{ijk}^2 - \frac{Y_{...}^2}{N}$	$N-1$	$\frac{SQ_G}{N-1}$	

Die Anzahl der Freiheitsgrade der einzelnen $\boldsymbol{SQ}$ ist

$$\boldsymbol{SQ}_G : N-1 \,, \quad \boldsymbol{SQ}_A : a-1$$

$$\boldsymbol{SQ}_{B \text{ in } A} : B_. - a \,, \quad \boldsymbol{SQ}_{\text{Rest}} : N - B_.$$

Die $\boldsymbol{SQ}$ können in der Form

$$\boldsymbol{SQ}_G = \sum_{i,j,k} y_{ijk}^2 - \frac{Y_{...}^2}{N} \,, \qquad \boldsymbol{SQ}_A = \sum_i \frac{Y_{i..}^2}{N_{i.}} - \frac{Y_{...}^2}{N}$$

$$\boldsymbol{SQ}_{B \text{ in } A} = \sum_{i,j} \frac{Y_{ij.}^2}{n_{ij}} - \sum_i \frac{Y_{i..}^2}{N_{i.}} \,, \quad \boldsymbol{SQ}_{\text{Rest}} = \sum_{i,j,k} y_{ijk}^2 - \sum_{i,j} \frac{Y_{ij.}^2}{n_{ij}}$$

geschrieben werden. Die Erwartungswerte der $\boldsymbol{DQ}$ findet man in Tab. 5.19.

Dabei wurde wie im Folgenden vorausgesetzt, dass die Nebenbedingungen (5.36) gelten.

Mithilfe der Ergebnisse von Kapitel 4 erhält man den

Satz 5.11

$\boldsymbol{DQ}_A, \boldsymbol{DQ}_{B \text{ in } A}$ und $\boldsymbol{DQ}_{\text{Rest}}$ in Tab. 5.19 sind voneinander unabhängig nach $CQ(a-1, \lambda_a)$, $CQ(B_. - a, \lambda_b)$ bzw. $CQ(N - B_.)$ verteilt, wobei

$$\lambda_a = \frac{1}{\sigma^2} E(\boldsymbol{Y}^{\mathrm{T}})(B_2 - B_3)E(\boldsymbol{Y}) \,, \quad \lambda_b = \frac{1}{\sigma^2} E(\boldsymbol{Y}^{\mathrm{T}})(B_1 - B_2)E(\boldsymbol{Y})$$

ist. Dabei ist B_1 die direkte Summe von $B_.$ Matrizen C_{ij} der Ordnung n_{ij}:

$$B_1 = C_{11} \oplus \cdots \oplus C_{ab_a}$$

die Elemente von C_{ij} sind sämtlich gleich n_{ij}^{-1}. B_2 ist die direkte Summe von a Matrizen G_i der Ordnung $N_{i.}$:

$$B_2 = G_1 \oplus \cdots \oplus G_a$$

die Elemente von G_i sind alle gleich N_i^{-1}. B_3 ist Matrix der Ordnung N, deren Elemente alle gleich N^{-1} sind.

Soll der Beweis direkt geführt werden, so braucht man nur zu zeigen, dass die quadratischen Formen $\boldsymbol{SQ}_A$, $\boldsymbol{SQ}_{B \text{ in } A}$ und $\boldsymbol{SQ}_{\text{Rest}}$ die Voraussetzungen des Satzes 4.6 erfüllen. Nun ist aber

$$\sum_{i,j,k} y_{ijk}^2 = \boldsymbol{Y}^{\mathrm{T}}\boldsymbol{Y} \quad \text{und} \quad \sum_{i,j} \frac{\boldsymbol{Y}_{ij.}^2}{n_{ij}} = \boldsymbol{Y}^{\mathrm{T}} B_1 \boldsymbol{Y}$$

Ferner ist

$$\sum_i \frac{\boldsymbol{Y}_{i..}^2}{N_{i.}} = \boldsymbol{Y}^{\mathrm{T}} B_2 \boldsymbol{Y}$$

B_2 ist die direkte Summe von a Matrizen der Ordnung $N_{i.}$ mit den Elemente $N_{i.}^{-1}$. Schließlich ist

$$\frac{\boldsymbol{Y}_{\dots}^2}{N} = \boldsymbol{Y}^{\mathrm{T}} B_3 \boldsymbol{Y}$$

Nun gilt

$$\mathrm{Rg}(B_1) = B_. \,, \quad \mathrm{Rg}(B_2) = a \,, \quad \mathrm{Rg}(B_3) = 1$$

Außerdem sind B_1, B_2 und B_3 idempotent (Bedingung 1). In

$$\boldsymbol{SQ}_A = \boldsymbol{Y}^{\mathrm{T}}(B_2 - B_3)\boldsymbol{Y} \,, \quad \boldsymbol{SQ}_{B \text{ in } A} = \boldsymbol{Y}^{\mathrm{T}}(B_1 - B_2)\boldsymbol{Y} \,,$$
$$\boldsymbol{SQ}_{\text{Rest}} = \boldsymbol{Y}^{\mathrm{T}}(E_N - B_1)\boldsymbol{Y}$$

haben die Matrizen der $\boldsymbol{SQ}$ die Ränge

$$\mathrm{Rg}(B_2 - B_3) = a - 1 \,, \qquad \mathrm{Rg}(B_1 - B_2) = B. - a$$
$$\mathrm{Rg}(E_N - B_1) = N - B.$$

$(E_N - B_1) + (B_1 - B_2) + (B_2 - B_3) = E_n - B_3$ ist die Matrix der quadratischen Form $\boldsymbol{SQ}_{\mathrm{G}}$, die den Rang $N - 1$ hat. Damit sind zwei Bedingungen von Satz 4.6 erfüllt, und Satz 5.11 ist bewiesen.

Beispiel 5.15

Für die Zahlen von Beispiel 5.13 ist

$$Y = (14, 12, 15, 18, 12, 14, 6, 5, 10, 7, 8, 12)^{\mathrm{T}}$$

$$B_1 = \begin{pmatrix}
1 & 0 & 0 & 0 & 0 & 0 & 0 & 0 & 0 & 0 & 0 & 0 \\
0 & \frac{1}{3} & \frac{1}{3} & \frac{1}{3} & 0 & 0 & 0 & 0 & 0 & 0 & 0 & 0 \\
0 & \frac{1}{3} & \frac{1}{3} & \frac{1}{3} & 0 & 0 & 0 & 0 & 0 & 0 & 0 & 0 \\
0 & \frac{1}{3} & \frac{1}{3} & \frac{1}{3} & 0 & 0 & 0 & 0 & 0 & 0 & 0 & 0 \\
0 & 0 & 0 & 0 & \frac{1}{2} & \frac{1}{2} & 0 & 0 & 0 & 0 & 0 & 0 \\
0 & 0 & 0 & 0 & \frac{1}{2} & \frac{1}{2} & 0 & 0 & 0 & 0 & 0 & 0 \\
0 & 0 & 0 & 0 & 0 & 0 & \frac{1}{4} & \frac{1}{4} & \frac{1}{4} & \frac{1}{4} & 0 & 0 \\
0 & 0 & 0 & 0 & 0 & 0 & \frac{1}{4} & \frac{1}{4} & \frac{1}{4} & \frac{1}{4} & 0 & 0 \\
0 & 0 & 0 & 0 & 0 & 0 & \frac{1}{4} & \frac{1}{4} & \frac{1}{4} & \frac{1}{4} & 0 & 0 \\
0 & 0 & 0 & 0 & 0 & 0 & \frac{1}{4} & \frac{1}{4} & \frac{1}{4} & \frac{1}{4} & 0 & 0 \\
0 & 0 & 0 & 0 & 0 & 0 & 0 & 0 & 0 & 0 & \frac{1}{2} & \frac{1}{2} \\
0 & 0 & 0 & 0 & 0 & 0 & 0 & 0 & 0 & 0 & \frac{1}{2} & \frac{1}{2}
\end{pmatrix}$$

$$= \left(1 \oplus \frac{1}{3}e_{3,3} \oplus \frac{1}{2}e_{2,2} \oplus \frac{1}{4}e_{4,4} \oplus \frac{1}{2}e_{2,2}\right)$$

wobei $\oplus$ wieder für die direkte Summe steht. Natürlich ist $\mathrm{Rg}(B_1) = 5$, da jeder Summand den Rang 1 hat. Ferner ist B_2 die direkte Summe einer Matrix der Ordnung 4 mit den Elementen $\frac{1}{4}$ und der Matrix der Ordnung 8 mit den Elementen $\frac{1}{8}$, und es ist $\mathrm{Rg}(B_2) = 2$. B_3 ist eine Matrix der Ordnung 12 vom Rang 1 mit den Elementen $\frac{1}{12}$. Nun ist (Matrizen als Tabellen):

$B_2 - B_3 =$

<table>
<tr><th></th><th>1</th><th>2</th><th>3</th><th>4</th><th>5</th><th>6</th><th>7</th><th>8</th><th>9</th><th>10</th><th>11</th><th>12</th></tr>
<tr><td>1</td><td colspan="4" rowspan="4">$\frac{1}{6}$</td><td colspan="8" rowspan="4">$-\frac{1}{12}$</td></tr>
<tr><td>2</td></tr>
<tr><td>3</td></tr>
<tr><td>4</td></tr>
<tr><td>5</td><td colspan="4" rowspan="8">$-\frac{1}{12}$</td><td colspan="8" rowspan="8">$\frac{1}{24}$</td></tr>
<tr><td>6</td></tr>
<tr><td>7</td></tr>
<tr><td>8</td></tr>
<tr><td>9</td></tr>
<tr><td>10</td></tr>
<tr><td>11</td></tr>
<tr><td>12</td></tr>
</table>

$B_1 - B_2 =$

<table>
<tr><th></th><th>1</th><th>2</th><th>3</th><th>4</th><th>5</th><th>6</th><th>7</th><th>8</th><th>9</th><th>10</th><th>11</th><th>12</th></tr>
<tr><td>1</td><td>$\frac{3}{4}$</td><td colspan="4">$-\frac{1}{4}$</td><td colspan="7" rowspan="5">0</td></tr>
<tr><td>2</td><td rowspan="4">$-\frac{1}{4}$</td><td colspan="4" rowspan="4">$\frac{1}{12}$</td></tr>
<tr><td>3</td></tr>
<tr><td>4</td></tr>
<tr><td>5</td></tr>
<tr><td>6</td><td colspan="5" rowspan="7">0</td><td colspan="2" rowspan="2">$\frac{3}{8}$</td><td colspan="5" rowspan="2">$-\frac{1}{8}$</td></tr>
<tr><td>7</td></tr>
<tr><td>8</td><td colspan="2" rowspan="5">$-\frac{1}{8}$</td><td colspan="3" rowspan="3">$\frac{1}{8}$</td><td colspan="2" rowspan="3">$-\frac{1}{8}$</td></tr>
<tr><td>9</td></tr>
<tr><td>10</td></tr>
<tr><td>11</td><td colspan="3" rowspan="2">$-\frac{1}{8}$</td><td colspan="2" rowspan="2">$\frac{3}{8}$</td></tr>
<tr><td>12</td></tr>
</table>

$$E_n - B_1 = 0 \oplus \begin{pmatrix} \frac{2}{3} & -\frac{1}{3} & -\frac{1}{3} \\ -\frac{1}{3} & \frac{2}{3} & -\frac{1}{3} \\ -\frac{1}{3} & -\frac{1}{3} & \frac{2}{3} \end{pmatrix} \oplus \begin{pmatrix} \frac{1}{2} & -\frac{1}{2} \\ -\frac{1}{2} & \frac{1}{2} \end{pmatrix}$$

$$\oplus \begin{pmatrix} \frac{3}{4} & -\frac{1}{4} & -\frac{1}{4} & -\frac{1}{4} \\ -\frac{1}{4} & \frac{3}{4} & -\frac{1}{4} & -\frac{1}{4} \\ -\frac{1}{4} & -\frac{1}{4} & \frac{3}{4} & -\frac{1}{4} \\ -\frac{1}{4} & -\frac{1}{4} & -\frac{1}{4} & \frac{3}{4} \end{pmatrix} \oplus \begin{pmatrix} \frac{1}{2} & -\frac{1}{2} \\ -\frac{1}{2} & \frac{1}{2} \end{pmatrix}$$

Der Leser überprüfe als Übung, dass $B_2 - B_3$, $B_2 - B_2$ und $E_n - B_1$ idempotent sind und $(B_2 - B_3)(B_1 - B_2) = (B_2 - B_3)(E_n - B_1) = 0_{12,12}$ gilt.

Nach Satz 5.11 ist

$$\boldsymbol{F}_A = \frac{\boldsymbol{DQ}_A}{\boldsymbol{DQ}_{\text{Rest}}} \quad \text{nach} \quad F(a-1, N - B_., \lambda_a)$$

und

$$\boldsymbol{F}_B = \frac{\boldsymbol{DQ}_{A \text{ in } B}}{\boldsymbol{DQ}_{\text{Rest}}} \quad \text{nach} \quad F(B_. - a, N - B_., \lambda_b)$$

verteilt. Bei Gültigkeit von (5.36) kann $\boldsymbol{F}_A$ zur Prüfung der Hypothese $H_{0A} : a_1 = \cdots = a_a$ verwendet werden, da unter dieser Hypothese λ_a (unter Verwendung von $\sum_{i=1}^{a} N_{i.} a_i = 0$) verschwindet. Analog dient $\boldsymbol{F}_B$ zur Prüfung der Hypothese $H_{0B} : b_{i1} = \cdots = b_{ib}$, für alle i, da dann (unter Verwendung von $\sum_{j=1}^{b_i} n_{ij} b_{ij} = 0$) λ_b verschwindet. H_{0B} ist auch ohne (5.36) prüfbar.

Beispiel 5.16
Wir wollen die Varianztabelle für das Beispiel 5.12 berechnen. Es ist

$$\begin{array}{llll} Y_{11.} = 14\,, & Y_{12.} = 45\,, & & Y_{1..} = 59 \\ Y_{21.} = 26\,, & Y_{22.} = 28\,, & Y_{23.} = 20\,, & Y_{2..} = 74 \\ Y_{...} = 133 & & & \end{array}$$

Außerdem ist

$$\sum_{i.j.k} y_{ijk}^2 = 1647\,, \quad \sum_{i.j} \frac{Y_{ij.}^2}{n_{ij}} = 1605$$

$$\sum_i \frac{Y_{i..}^2}{N_{i.}} = 1545{,}75\,, \quad \frac{Y_{...}^2}{N} = 1474{,}09$$

Tab. 5.20 enthält die SQ, FG, DQ und die F-Quotienten. Die Quantilwerte für $\alpha = 0{,}05$ sind $F(1{,}7 \mid 0{,}05) = 5{,}59$ und $F(3{,}7 \mid 0{,}05) = 4,35$. Somit wird die Hypothese H_{0A} abgelehnt, die Hypothese H_{0B} jedoch nicht.

Tab. 5.20 Varianztabelle zu Beispiel 5.12.

Variationsursache	***SQ***	***FG***	***DQ***	***F***
Zwischen A	80,66	1	80,66	13,44
Zwischen B innerhalb von A	50,25	3	16,75	2,79
Rest	42	7	6,00	
Gesamt	172,91	11		

Programmhinweise
In SPSS kann man hierarchische Klassifikationen nur auswerten, wenn man in die Syntax eingreift. In SPSS müssen wir nach

Analysieren – Allgemeines lineares Modell – univariat

beide Faktoren auf Haupteffekte setzen. Nachdem wir den Schalter „Modell" betätigt haben, ist unter „Quadratsumme" unbedingt „Typ 1" zu wählen. Nach „Weiter" ist im Hauptmenü mit dem Schalter „Einfügen" in der Syntax „Design a b" in „Design a b(a)" (bedeutet B in A) zu verändern und mit „Ausführen" das SPSS-Programm 2 zu starten.

SPSS-Programm 2

```
UNIANOVA
 y BY a b
 /METHOD = SSTYPE(1)
 /INTERCEPT = INCLUDE
 /CRITERIA = ALPHA(.05)
 /DESIGN = a b(a)
```

Wir wollen nun auch für die hierarchische Klassifikation zeigen, wie man die minimalen Versuchsumfänge bestimmt und sowohl die Haupteffekte von A und $B \prec A$ mit OPDOE auf Gleichheit prüfen. Wir wählen zur Prüfung der Effekte von A:

```
> size.anova(model="a>b", hypothesis="a", a=6, b=4, alpha=0.05,
beta=0.1, delta=1, cases="minimin")
n
4
> size.anova(model="a>b", hypothesis="a", a=6, b=4, alpha=0.05,
beta=0.1, delta=1, cases="maximin")
n
9
```

Folglich sind zwischen vier und neun Beobachtungen je Stufe des Faktors B zu wählen. Zur Prüfung der Effekte des Faktors B erniedrigen wir die Genauigkeitsforderungen und erhalten

```
> size.anova(model="a>b", hypothesis="b", a=6, b=4, alpha=0.05,
beta=0.2, delta=1, cases="minimin")
n
5
> size.anova(model="a>b", hypothesis="b", a=6, b=4, alpha=0.05,
beta=0.2, delta=1, cases="maximin")
n
41
```

5.4 Dreifache Klassifikation

Das Prinzip, das der zweifachen Varianzanalyse (Zweifachklassifikation) zugrunde liegt, ist auch anwendbar, wenn mehr als zwei Faktoren gleichzeitig in einen Versuch einbezogen werden. In diesem Abschnitt soll lediglich eine kurze Darstellung des Falles von drei Faktoren gegeben werden, ohne dass die einzelnen Behauptungen bewiesen werden, zumal die Beweisprinzipien ähnlich denen des Falles mit zwei Faktoren sind und die für alle Fälle gültigen allgemeinen Aussagen in Kapitel 4 und am Anfang dieses Kapitels bewiesen wurden.

Eine Aufnahme des Falles mit drei Faktoren erfolgt deshalb, weil er einerseits auf vertretbarem Seitenumfang noch möglich ist und in den Anwendungen häufig auftritt und weil andererseits neben der Kreuzklassifikation und der hierarchischen Klassifikation ein gemischter Klassifikationstyp vorkommt. An dieser Stelle sollen einige Bemerkungen zur numerischen Auswertung von Versuchen über Varianzanalysen gemacht werden. Es wäre sicher möglich, ein allgemeines Auswertungsprogramm für beliebige Klassifikationen und Anzahlen von Faktoren nach der Theorie von Kapitel 4 bei ungleicher Klassenbesetzung zu erarbeiten. Allerdings gibt es bei der Realisierung des Programms auch mit modernen Computern beträchtliche Schwierigkeiten, da die Matrizen $X^{\mathrm{T}}X$ leicht mehrere Zehntausend Reihen haben können. Die Nutzung eines solchen Programms für einfachere Analysen wäre aber sicher viel zu umständlich, sodass dieses Programm nur für solche Fälle zu empfehlen ist, für die keine einfachen Auswertungsalgorithmen vorliegen. Solche einfachen Auswertungsalgorithmen sollen im Folgenden für einige Spezialfälle der dreifachen Varianzanalyse angegeben werden.

Probleme mit mehr als drei Faktoren lassen sich im Prinzip ähnlich behandeln (siehe hierzu Verfahren 3/51/0001 bei Rasch *et al.* (2008)).

5.4.1
Vollständige Kreuzklassifikation ($A \times B \times C$)

Angenommen, die Beobachtungswerte eines Versuches werden von drei Faktoren A, B, C mit a, b bzw. c Stufen $A_1, \dots, A_a, B_1, \dots, B_b$ bzw. $C_1, \dots, C_c$ beeinflusst. Für jede mögliche Kombination (A_i, B_j, C_k) mögen $n \geq 1$ Beobachtungswerte y_{ijkl} $(l = 1, \dots, n)$ vorliegen. Jede Stufenkombination (A_i, B_j, C_k) $(i = 1, \dots, a; j = 1, \dots, b; k = 1, \dots, c)$ stellt eine sogenannte Klasse dar, die durch (i, j, k) charakterisiert werden soll. Der Erwartungswert der mit der Klasse (i, j, k) assoziierten Grundgesamtheit sei η_{ijk}.

Analog zu Definition 5.2 wird durch

$$\bar{\eta}_{i..} = \frac{\sum_{j,k} \eta_{ijk}}{bc} \quad \text{der Erwartungswert der } i\text{-ten Stufe des Faktors } A$$

$$\bar{\eta}_{.j.} = \frac{\sum_{i,k} \eta_{ijk}}{ac} \quad \text{der Erwartungswert der } j\text{-ten Stufe des Faktors } B$$

und

$$\bar{\eta}_{..k} = \frac{\sum_{i,j} \eta_{ijk}}{ab} \quad \text{der Erwartungswert der } k\text{-ten Stufe des Faktors } C$$

definiert. Der Gesamterwartungswert ist durch

$$\mu = \bar{\eta}_{...} = \frac{\sum_{i,j,k} \eta_{ijk}}{abc}$$

die Haupteffekte der Faktoren A, B bzw. C sind durch

$$a_i = \bar{\eta}_{i..} - \mu, \quad b_j = \bar{\eta}_{.j.} - \mu \quad \text{bzw.} \quad c_k = \bar{\eta}_{..k} - \mu$$

definiert.

Wir nehmen an, der Versuch würde für eine bestimmte Stufe C_k des Faktors C durchgeführt. Dann liegt eine Zweifachklassifikation mit den Faktoren A und B vor, und die bedingten Wechselwirkungen zwischen den Stufen der Faktoren A und B für festes k sind durch

$$\eta_{ijk} - \bar{\eta}_{i.k} - \bar{\eta}_{.jk} + \bar{\eta}_{..k} \tag{5.38}$$

gegeben.

Die Wechselwirkungen $(a, b)_{ij}$ zwischen der i-ten A-Stufe und der j-ten B-Stufe sind die Mittelwerte über alle C-Stufen der Ausdrücke (5.38), d. h., es gilt

$$(a, b)_{ij} = \bar{\eta}_{ij.} - \bar{\eta}_{i..} - \bar{\eta}_{.j.} + \mu \tag{5.39}$$

Die Wechselwirkungen zwischen A-Stufen und C-Stufen $(a, c)_{ik}$ und zwischen B-Stufen und C-Stufen $(b, c)_{jk}$ sind durch

$$(a, c)_{ik} = \bar{\eta}_{i.k} - \bar{\eta}_{i..} - \bar{\eta}_{..k} + \mu \tag{5.40}$$

bzw.

$$(b, c)_{jk} = \bar{\eta}_{.jk} - \bar{\eta}_{.j.} - \bar{\eta}_{..k} + \mu \tag{5.41}$$

definiert.

Die Differenz zwischen den bedingten Wechselwirkungen zwischen den Stufen von zwei der drei Faktoren bei gegebener Stufe des dritten Faktors und der (unbedingten) Wechselwirkung dieser zwei Faktoren hängt nur von den Indizes der Stufen der Faktoren, nicht aber davon ab, für welche zwei Faktoren die Wechselwirkung berechnet wurde. Sie wird Wechselwirkung $(a, b, c)_{ijk}$ zweiter Ordnung (zwischen den Stufen dreier Faktoren) genannt. Ohne Beschränkung der Allgemeinheit ist

$$(a, b, c)_{ijk} = \eta_{ijk} - \bar{\eta}_{ij.} - \bar{\eta}_{i.k} - \bar{\eta}_{.jk} + \bar{\eta}_{i..} + \bar{\eta}_{.j.} + \bar{\eta}_{..k} - \mu \tag{5.42}$$

Die durch (5.39) bis (5.41) definierten Wechselwirkungen zwischen den Stufen zweier Faktoren nennt man auch Wechselwirkungen erster Ordnung. Beachtet man die Definitionsgleichungen der Hauptwirkungen und (5.39) bis (5.41), so folgt für η_{ijk} die Darstellung

$$\eta_{ijk} = \mu + a_i + b_j + c_k + (a, b)_{ij} + (a, c)_{ik} + (b, c)_{jk} + (a, b, c)_{ijk}$$

Unter der hier zugrunde gelegten Definition gelten die Reparametrisierungsbedingungen für jeweils alle Werte der nicht in die Summation einbezogenen Indizes

$$\begin{aligned}\sum_i a_i &= \sum_j b_j = \sum_k c_k = \sum_i (a, b)_{ij} = \sum_j (a, b)_{ij} = \sum_i (a, c)_{ik} \\ &= \sum_k (a, c)_{ik} = \sum_j (b, c)_{jk} = \sum_k (b, c)_{jk} = \sum_i (a, b, c)_{ijk} \\ &= \sum_j (a, b, c)_{ijk} = \sum_k (a, b, c)_{ijk} = 0\end{aligned} \tag{5.43}$$

Die n Beobachtungswerte $\boldsymbol{y}_{ijkl}$ in jeder Klasse mögen um die unabhängig voneinander nach $N(0, \sigma^2)$ verteilten Variablen $\boldsymbol{e}_{ijkl}$ von dem Erwartungswert der Klasse η_{ijk} abweichen, d. h., es gilt

$$\boldsymbol{y}_{ijkl} = \eta_{ijk} + \boldsymbol{e}_{ijkl}$$

bzw.

$$\boldsymbol{y}_{ijkl} = \mu + a_i + b_j + c_k + (a,b)_{ij} + (a,c)_{ik} + (b,c)_{jk} + (a,b,c)_{ijk} + \boldsymbol{e}_{ijkl} \tag{5.44}$$

Nach der Methode der kleinsten Quadrate erhält man unter (5.43) folgende Schätzungen:

$$\begin{aligned}
\bar{y}_{....} &= \frac{1}{abcn} \sum_{i,j,k,l} \boldsymbol{y}_{ijkl} \quad \text{für } \mu \text{ sowie} \\
\hat{\boldsymbol{a}}_i &= \bar{y}_{i...} - \bar{y}_{....} \\
\hat{\boldsymbol{b}}_j &= \bar{y}_{.j..} - \bar{y}_{....} \\
\hat{\boldsymbol{c}}_k &= \bar{y}_{..k.} - \bar{y}_{....} \\
\widehat{(a,b)}_{ij} &= \bar{y}_{ij..} - \bar{y}_{i...} - \bar{y}_{.j..} + \bar{y}_{....} \\
\widehat{(a,c)}_{ik} &= \bar{y}_{i.k.} - \bar{y}_{i...} - \bar{y}_{.k..} + \bar{y}_{....} \\
\widehat{(b,c)}_{jk} &= \bar{y}_{.jk.} - \bar{y}_{.j..} - \bar{y}_{..k.} + \bar{y}_{....} \\
\widehat{(a,b,c)}_{ijk} &= \bar{y}_{ijk.} - \bar{y}_{ij..} - \bar{y}_{i.k.} - \bar{y}_{.jk.} + \bar{y}_{i...} + \bar{y}_{.j..} + \bar{y}_{..k.} - \bar{y}_{....}
\end{aligned}$$

Man kann zeigen, dass sich $\boldsymbol{SQ}$-Gesamt, $\sum_{i,j,k,l}(\boldsymbol{y}_{ijkl} - \bar{y}_{....})^2$, in acht Komponenten aufspalten lässt, von denen drei den Hauptwirkungen, drei den Wechselwirkungen erster Ordnung, eine der Wechselwirkung zweiter Ordnung und eine der Restvariation in den Klassen zugeordnet werden. Die entsprechenden SQ sind der Varianztabelle (Tab. 5.21) zu entnehmen. In dieser Tabelle bezeichnet N wie stets die Gesamtanzahl der Beobachtungswerte, $N = abcn$. Der zweite Teil der Varianztabelle ist Tab. 5.22 zu entnehmen.

Folgende Hypothesen können unter (5.44) getestet werden (H_{0x} ist eine der Hypothesen $H_{0A}, \ldots, H_{0ABC}$; $\boldsymbol{SQ}_x$ sind die entsprechenden $\boldsymbol{SQ}$).

$$\begin{aligned}
H_{0A} &: a_i = 0 \quad (\text{für alle } i) \\
H_{0B} &: b_j = 0 \quad (\text{für alle } j) \\
H_{0C} &: c_k = 0 \quad (\text{für alle } k) \\
H_{0AB} &: (a,b)_{ij} = 0 \quad (\text{für alle } i, j) \\
H_{0AC} &: (a,c)_{ik} = 0 \quad (\text{für alle } i, k) \\
H_{0BC} &: (b,c)_{jk} = 0 \quad (\text{für alle } j, k) \\
H_{0ABC} &: (a,b,c)_{ijk} = 0 \quad (\text{für alle } i, j, k, \text{ falls } n > 1)
\end{aligned}$$

Tab. 5.21 Varianztabelle einer dreifachen Kreuzklassifikation mit gleicher Klassenbesetzung (Modell I), Variationsursache, ***SQ*** und *FG*.

Variationsursache	***SQ***	***FG***
Zwischen A-Stufen	$\boldsymbol{SQ}_A = \frac{1}{bcn} \sum_i \boldsymbol{Y}^2_{....} - \frac{1}{N} \boldsymbol{Y}^2_{....}$	$a - 1$
Zwischen B-Stufen	$\boldsymbol{SQ}_B = \frac{1}{acn} \sum_j \boldsymbol{Y}^2_{.j..} - \frac{1}{N} \boldsymbol{Y}^2_{....}$	$b - 1$
Zwischen C-Stufen	$\boldsymbol{SQ}_C = \frac{1}{abn} \sum_k \boldsymbol{Y}^2_{..k.} - \frac{1}{N} \boldsymbol{Y}^2_{....}$	$c - 1$
Wechselwirkungen $A \times B$	$\boldsymbol{SQ}_{AB} = \frac{1}{cn} \sum_{i,j} \boldsymbol{Y}^2_{ij..} - \frac{1}{bcn} \sum_i \boldsymbol{Y}^2_{i...} - \frac{1}{acn} \sum_j \boldsymbol{Y}^2_{.j..} + \frac{\boldsymbol{Y}^2_{....}}{N}$	$(a - 1)(b - 1)$
Wechselwirkungen $A \times C$	$\boldsymbol{SQ}_{AC} = \frac{1}{bn} \sum_{i,k} \boldsymbol{Y}^2_{i.k.} - \frac{1}{bcn} \sum_i \boldsymbol{Y}^2_{i...} - \frac{1}{abn} \sum_k \boldsymbol{Y}^2_{..k.} + \frac{\boldsymbol{Y}^2_{....}}{N}$	$(a - 1)(c - 1)$
Wechselwirkungen $B \times C$	$\boldsymbol{SQ}_{BC} = \frac{1}{an} \sum_{j,k} \boldsymbol{Y}^2_{.jk.} - \frac{1}{acn} \sum_i \boldsymbol{Y}^2_{.j..} - \frac{1}{abn} \sum_k \boldsymbol{Y}^2_{..k.} + \frac{\boldsymbol{Y}^2_{....}}{N}$	$(b - 1)(c - 1)$
Wechselwirkungen $A \times B \times C$	$\boldsymbol{SQ}_{ABC} = \boldsymbol{SQ}_G - \boldsymbol{SQ}_A - \boldsymbol{SQ}_B - \boldsymbol{SQ}_C - \boldsymbol{SQ}_{AB} - \boldsymbol{SQ}_{AC} - \boldsymbol{SQ}_{BC} - \boldsymbol{SQ}_R$	$(a - 1)(b - 1)(c - 1)$
Innerhalb der Klassen (Rest)	$\boldsymbol{SQ}_R = \sum_{i,j,k,l} \boldsymbol{y}^2_{ijkl} - \frac{1}{n} \sum_{i,j,k} \boldsymbol{Y}^2_{ijk.}$	$abc(n - 1)$
Gesamt	$\boldsymbol{SQ}_G = \sum_{i,j,k,l} \boldsymbol{y}^2_{ijkl} - \frac{\boldsymbol{Y}^2_{....}}{N}$	$(N - 1)$

Tab. 5.22 Varianztabelle einer dreifachen Kreuzklassifikation mit gleicher Klassenbesetzung (Modell I) mit ***DQ***, ***E(DQ)*** und *F*.

DQ	*E(DQ)*	*F*
$\boldsymbol{DQ}_A = \frac{\boldsymbol{SQ}_A}{a-1}$	$\sigma^2 + \frac{bcn}{a-1}\sum a_i^2$	$\frac{abc(n-1)}{a-1}\frac{\boldsymbol{SQ}_A}{\boldsymbol{SQ}_R}$
$\boldsymbol{DQ}_B = \frac{\boldsymbol{SQ}_B}{b-1}$	$\sigma^2 + \frac{acn}{b-1}\sum b_j^2$	$\frac{abc(n-1)}{b-1}\frac{\boldsymbol{SQ}_B}{\boldsymbol{SQ}_R}$
$\boldsymbol{DQ}_C = \frac{\boldsymbol{SQ}_C}{c-1}$	$\sigma^2 + \frac{abn}{c-1}\sum c_k^2$	$\frac{abc(n-1)}{c-1}\frac{\boldsymbol{SQ}_C}{\boldsymbol{SQ}_R}$
$\boldsymbol{DQ}_{AB} = \frac{\boldsymbol{SQ}_{AB}}{(a-1)(b-1)}$	$\sigma^2 + \frac{cn}{(a-1)(b-1)}\sum (a,b)_{ij}$	$\frac{abc(n-1)}{(a-1)(b-1)}\frac{\boldsymbol{SQ}_{AB}}{\boldsymbol{SQ}_R}$
$\boldsymbol{DQ}_{AC} = \frac{\boldsymbol{SQ}_{AC}}{(a-1)(c-1)}$	$\sigma^2 + \frac{bn}{(a-1)(c-1)}\sum (a,c)_{ik}$	$\frac{abc(n-1)}{(a-1)(c-1)}\frac{\boldsymbol{SQ}_{AC}}{\boldsymbol{SQ}_R}$
$\boldsymbol{DQ}_{BC} = \frac{\boldsymbol{SQ}_{BC}}{(b-1)(c-1)}$	$\sigma^2 + \frac{an}{(b-1)(c-1)}\sum (b,c)_{jk}$	$\frac{abc(n-1)}{(b-1)(c-1)}\frac{\boldsymbol{SQ}_{BC}}{\boldsymbol{SQ}_R}$
$\boldsymbol{DQ}_{ABC} = \frac{\boldsymbol{SQ}_{ABC}}{(a-1)(b-1)(c-1)}$	$\sigma^2 + \frac{n}{(a-1)(b-1)(c-1)}\sum (a,b,c)_{ijk}$	$\frac{abc(n-1)}{(a-1)(b-1)(c-1)}\frac{\boldsymbol{SQ}_{ABC}}{\boldsymbol{SQ}_R}$
$s^2 = \frac{\boldsymbol{SQ}_R}{abc(n-1)}$	σ^2	

Unter der Hypothese H_{0x} sind $(1/\sigma^2)\boldsymbol{SQ}_x$ und $(1/\sigma^2)\boldsymbol{SQ}_R$ unabhängig voneinander mit den in der Varianztabelle angegebenen Freiheitsgraden zentral χ^2-verteilt. Folglich sind die in der Spalte $\boldsymbol{F}$ der Varianztabelle (Tab. 5.22) angegebenen Prüfzahlen mit entsprechenden Freiheitsgraden zentral F-verteilt. Für $n = 1$ können alle Hypothesen bis auf H_{0ABC} unter der Voraussetzung $(a,b,c)_{ijk} = 0$ für alle i, j, k getestet werden, da dann $(1/\sigma^2)\boldsymbol{SQ}_{ABC} = (1/\sigma^2)\boldsymbol{SQ}_R$ und $(1/\sigma^2)\boldsymbol{SQ}_x$ bei Gültigkeit von H_{0x} $(x = A, B, C$ usw.) unabhängig voneinander χ^2-verteilt sind. Die Prüfzahl $\boldsymbol{F}_x$ ist dann durch

$$\boldsymbol{F}_x = \frac{(a-1)(b-1)(c-1)}{FG_x} \cdot \frac{\boldsymbol{SQ}_x}{\boldsymbol{SQ}_R}$$

gegeben.

Man kann den Ablauf der Rechenarbeiten bei einer dreifachen Varianzanalyse so durchführen, als wären drei zweifache Varianzanalysen zu berechnen. Dies soll das folgende Beispiel veranschaulichen.

Beispiel 5.17

Die Beobachtungswerte von Beispiel 5.9 kann man auch als Beobachtungswerte einer dreifachen Varianzanalyse mit einfacher Klassenbesetzung ($n = 1$) interpretieren, wenn man als Faktoren die Futterpflanze (A), den Ort der Lagerung (B – Scheune oder Kühlschrank) und das Verpackungsmaterial (C – Glas oder Sack) betrachtet (Tab. 5.23). Es ist $a = b = c = 2$ und $n = 1$. Die Beobachtungswerte der Tab. 5.23 kann man zu drei Tabellen mit Zweifachklassifika-

Tab. 5.23 Dreifachklassifikation der Beobachtungswerte von Tab. 5.14 nach Ort, Verpackung und Pflanzenart.

Ort	**Verpackung**	**Pflanzenart**	
		Grünroggen	**Luzerne**
Kühlschrank	Glas	8,39	9,44
	Sack	5,42	5,56
Scheune	Glas	11,58	12,21
	Sack	9,53	10,39

Tab. 5.24 Zweifachklassifikation der Beobachtungswerte von Tab. 5.23 nach Orten und Pflanzenarten ($Y_{ij.}$).

	Ort	**Pflanzenart**		$Y_{.j.}$	$Y_{.j.}^2$
		Roggen	**Luzerne**		
	Kühlschrank	13,81	15,00	28,81	830,0161
	Scheune	21,11	22,60	43,71	1910,5641
$Y_{i..}$		34,92	37,60	72,52	2740,5802
$Y_{i..}^2$		1219,4064	1413,76	2633,1664	

Tab. 5.25 Zweifachklassifikation der Beobachtungswerte von Tab. 5.23 nach Verpackung und Pflanzenarten ($Y_{.jk}$).

	Verpackung	**Pflanzenart**		$Y_{..k}$	$Y_{..k}^2$
		Roggen	**Luzerne**		
	Glas	19,97	21,65	41,62	1732,2244
	Sack	14,95	15,94	30,90	954,8100
$Y_{.j.}$		34,92	37,60	72,52	2687,0344
$Y_{.j.}^2$		1219,4064	1413,76	2633,1664	

tionen (zwei Faktoren) zusammenfassen, in denen die „Beobachtungswerte" in den durch Stufen der jeweiligen beiden Faktoren gebildeten Klassen die Summen der ursprünglichen Beobachtungswerte über den jeweils dritten Faktor sind (Tab. 5.24 bis 5.26). Tabelle 5.27 ist die Varianztabelle des Beispiels, die F-Tests wurden unter der Voraussetzung, dass alle Wechselwirkungen zweiter Ordnung verschwinden, mit den oben definierten $\boldsymbol{SQ}_{\mathrm{R}}$ durchgeführt. Ein Vergleich mit der Tabelle der F-Verteilung zeigt, dass lediglich zwischen den Lagerungsarten signifikante Differenzen ($\alpha = 0{,}05$) bestehen, d. h., nur die Hypothese H_{A} verworfen werden kann (Voraussetzung war, dass die Wechselwirkung zweiter Ordnung verschwindet).

Tab. 5.26 Zweifachklassifikation der Beobachtungswerte von Tab. 5.23 nach Ort und Verpackung ($Y_{i.k}$).

Ort	Verpackung Glas	Sack	$Y_{i..}$	$Y^2_{i..}$
Kühlschrank	17,83	10,98	28,81	830,0161
Scheune	23,79	19,92	43,71	1910,5641
$Y_{..k}$	41,62	30,90	72,52	2740,5802
$Y^2_{..k}$	1732,2244	954,8100	2687,0344	

Tab. 5.27 Varianztabelle zu Beispiel 5.17.

Variationsursache	SQ	FG	DQ	F
Zwischen den Orten	27,7513	1	27,7513	170,78
Zwischen den Futterpflanzenarten	0,8978	1	0,8978	5,52
Zwischen den Verpackungen	14,3648	1	14,3648	88,40
Wechselwirkung Orte × Verpackung	1,1100	1	1,11	6,83
Wechselwirkung Orte × Futterpflanzen	0,0112	1	0,0112	< 1
Wechselwirkung Futterpflanze × Verpackung	0,0578	1	0,0578	< 1
Rest	0,1625	1	0,1625	
Gesamt	44,3554	7		

Programmhinweise

Die Berechnung des Versuchsumfanges wollen wir wieder mit OPDOE demonstrieren. Einer Erläuterung bedürfen die Berechnungen, da wir die Syntax der einfachen und zweifachen Varianzanalyse verwenden werden. Wir werden Beispiele zur Prüfung der Nullhypothesen für den Faktor A und die Wechselwirkungen $A \times B$ geben.

```
> size.anova(model="axbxc",hypothesis="a",a=3,b=4,c=3,
alpha=0.05,beta=0.1,delta=0.5,cases="minimin")
n
6
> size.anova(model="axbxc",hypothesis="a",a=3,b=4,c=3,
alpha=0.05,beta=0.1,delta=0.5,cases="maximin")
n
9
> size.anova(model="axbxc",hypothesis="axb",a=3,b=4,c=3,
alpha=0.05,beta=0.1,delta=1,cases="minimin")
n
3
```

```
> size.anova(model="axbxc",hypothesis="axb",a=3,b=4,c=3,
alpha=0.05,beta=0.1,delta=1,cases="maximin")
n
12
```

5.4.2 Hierarchische Klassifikation ($C \prec B \prec A$)

Von einer dreifachen hierarchischen Klassifikation spricht man, wenn der Faktor C dem Faktor B (im Sinne von Abschn. 5.3.2) und der Faktor B wiederum dem Faktor A untergeordnet ist, d. h., wenn $C \prec B \prec A$ gilt. Wir unterstellen wieder wie in Abschn. 5.3.2, dass die Zufallsvariablen $\boldsymbol{y}_{ijkl}$ zufällig um die Erwartungswerte η_{ijk} $(i = 1, \dots, a; j = 1, \dots, b_i; k = 1, \dots, c_{ij})$ schwanken, d. h., es gelte

$$\boldsymbol{y}_{ijkl} = \eta_{ijk} + \boldsymbol{e}_{ijkl} \quad (l = 1, \dots, n_{ijk})$$

wobei die $\boldsymbol{e}_{ijkl}$ unabhängig voneinander nach $N(0, \sigma^2)$ verteilt sein sollen. Mit

$$\mu = \eta_{\dots} = \frac{\sum_{i=1}^{a} \sum_{j=1}^{b_i} \sum_{k=1}^{c_{ij}} \eta_{ijk} n_{ijk}}{N}$$

wird der Gesamtmittelwert des Versuches bezeichnet, wobei

$$N = \sum_{i=1}^{a} \sum_{j=1}^{b_i} \sum_{k=1}^{c_{ij}} n_{ijk}$$

gilt.

Wir geben in Verallgemeinerung von Definition 5.5 die

Definition 5.6
Die Differenz $a_i = \bar{\eta}_{i..} - \mu$ wird Wirkung der i-ten Stufe von A, die Differenz $b_{ij} = \bar{\eta}_{ij.} - \bar{\eta}_{i..}$ Wirkung der j-ten Stufe von B innerhalb der i-ten Stufe von A und die Differenz $c_{ijk} = \eta_{ijk} - \bar{\eta}_{ij.}$ Wirkung der k-ten Stufe von C innerhalb der j-ten Stufe von B und der i-ten Stufe von A genannt.

Dann können die Beobachtungswerte durch

$$\boldsymbol{y}_{ijkl} = \mu + a_i + b_{ij} + c_{ijk} + \boldsymbol{e}_{ijkl} \tag{5.45}$$

modelliert werden. Wir betrachten (5.45) unter den Reparametrisierungsbedingungen

$$\sum_{i=1}^{a} N_{i..} a_i = \sum_{j=1}^{b_i} N_{ij.} b_{ij} = \sum_{k=1}^{c_{ij}} n_{ijk} c_{ijk} = 0 \tag{5.46}$$

Minimiert man

$$\sum_{i=1}^{a}\sum_{j=1}^{b_i}\sum_{k=1}^{c_{ij}}\sum_{l=1}^{n_{ijk}}(y_{ijkl}-\mu-a_i-b_{ij}-c_{ijk})^2 \tag{5.47}$$

unter den Nebenbedingungen (5.46), so erhält man die BLES der Parameter

$$\hat{\boldsymbol{\mu}} = \bar{\boldsymbol{y}}_{....}\,,\quad \hat{\boldsymbol{a}}_{ii} = \bar{\boldsymbol{y}}_{i...} - \bar{\boldsymbol{y}}_{....}\,,\quad \hat{\boldsymbol{b}}_{ij} = \bar{\boldsymbol{y}}_{ij..} - \bar{\boldsymbol{y}}_{i...}\,,\quad \hat{\boldsymbol{c}}_{ijk} = \bar{\boldsymbol{y}}_{ijk.} - \bar{\boldsymbol{y}}_{ij..}$$

Es gilt folgender Satz über die Zerlegung der SQ, wobei die jeweiligen Nichtzentralitätsparameter analog zu

$$\lambda = \frac{1}{\sigma^2}\beta^{\mathrm{T}}X^{\mathrm{T}}\left(X(X^{\mathrm{T}}X)^{-}X^{\mathrm{T}} - \frac{1}{N}e_{N,N}\right)X\beta$$

aus Abschn. 5.1 berechnet werden, indem man die quadratische Form der SQ mit den entsprechenden Erwartungswerten multipliziert.

Satz 5.12

Bei einer dreifachen hierarchischen Klassifikation gilt

$$\boldsymbol{SQ}_{\mathrm{G}} = \boldsymbol{SQ}_A + \boldsymbol{SQ}_{B\text{ in }A} + \boldsymbol{SQ}_{C\text{ in }B\text{ (und }A)} + \boldsymbol{SQ}_{\mathrm{R}}$$

mit

$$\boldsymbol{SQ}_{\mathrm{G}} = \sum_{i,j,k,l}\boldsymbol{y}_{ijkl}^2 - \frac{\boldsymbol{Y}_{....}^2}{N}\,,\quad \boldsymbol{SQ}_A = \sum_i\frac{\boldsymbol{Y}_{i...}^2}{N_{i..}} - \frac{\boldsymbol{Y}_{....}^2}{N}$$

$$\boldsymbol{SQ}_{B\text{ in }A} = \sum_{i,j}\frac{\boldsymbol{Y}_{ij..}^2}{N_{ij.}} - \sum_i\frac{\boldsymbol{Y}_{i...}^2}{N_{i..}}\,,\quad \boldsymbol{SQ}_{C\text{ in }B} = \sum_{i,j,k}\frac{\boldsymbol{Y}_{ijk.}^2}{n_{ijk}} - \sum_{i,j}\frac{\boldsymbol{Y}_{ij..}^2}{N_{ij.}}$$

$$\boldsymbol{SQ}_{\mathrm{R}} = \boldsymbol{SQ}_{\mathrm{Rest}} = \sum_{i,j,k,l}\boldsymbol{y}_{ijkl}^2 - \sum_{i,j,k}\frac{\boldsymbol{Y}_{ijk.}^2}{n_{ijk}}$$

Die $(1/\sigma^2)\boldsymbol{SQ}_A$ bis $(1/\sigma^2)\boldsymbol{SQ}_{\mathrm{Rest}}$ sind paarweise unabhängig nach $CQ(a-1,\lambda_a)$, $CQ(B_.-a,\lambda_b)$, $CQ(C_{..}-B_.,\lambda_c)$ bzw. mit $C_{...}=\sum_{ijk}c_{ijk}$ ist nach $CQ(N-C_{...})$ verteilt. Die Nichtzentralitätsparameter λ_a,λ_b und λ_c verschwinden unter den Nullhypothesen H_{0A}: $a_i=0 (i=1,\dots,a)$, H_{0B}: $b_{ij}=0$ $(i=1,\dots a; j=1,\dots,b_i)$, H_{0C}: $c_{ijk}=0$ $(i=1,\dots a; j=1,\dots,b_i; k=1,\dots,c_{ij})$, sodass das Ergebnis von Satz 5.12 zur Konstruktion von F-Prüfzahlen verwendet werden kann. Tabelle 5.28 enthält die SQ und DQ zur Berechnung der F-Prüfzahlen. Bei Gültigkeit von H_{0A} ist $\boldsymbol{F}_A$ nach $F(a-1,N-C_{..})$ verteilt. Gilt H_{0B}, so ist $\boldsymbol{F}_B$ nach $F(B_.-a,N-C_{..})$ verteilt, schließlich ist $\boldsymbol{F}_c$ bei Gültigkeit von H_{0c} nach $F(C_{..}-B_.,N-C_{..})$ verteilt.

Tab. 5.28 Varianztabelle einer dreifachen hierarchischen Klassifikation für Modell I.

Variationsursache	***SQ***	***FG***	***DQ***	***E(DQ)* [unter (5.46)]**	***F***
Zwischen A	$\sum_i \frac{Y_{i...}^2}{N_{i..}} - \frac{Y_{....}^2}{N}$	$a-1$	$\frac{SQ_A}{a-1}$	$\sigma^2 + \frac{1}{a-1}\sum_{i=1} N_{i..} a_i^2$	$\frac{DQ_A}{DQ_{\text{Rest}}} = F_A$
Zwischen B in A	$\sum_{i,j} \frac{Y_{ij..}^2}{N_{ij.}} - \sum_i \frac{Y_{i...}^2}{N_{i..}}$	$B_. - a$	$\frac{SQ_{B\text{ in }A}}{B_. - a}$	$\sigma^2 + \frac{1}{B_. - a}\sum_{i,j} N_{ij.} b_{ij}^2$	$\frac{DQ_{B\text{ in }A}}{DQ_{\text{Rest}}} = F_B$
Zwischen C in B und A	$\sum_{i,j,k} \frac{Y_{ijk.}^2}{n_{ijk}} - \sum_{i,j} \frac{Y_{ij..}^2}{N_{ij.}}$	$C_{..} - B_.$	$\frac{SQ_{C\text{ in }B}}{C_{..} - B_.}$	$\sigma^2 + \frac{1}{C_{..} - B_.}\sum_{i,j,k} n_{ijk} c_{ijk}^2$	$\frac{DQ_{C\text{ in }B}}{DQ_{\text{Rest}}} = F_C$
Rest	$\sum_{i,j,k,l} y_{ijkl}^2 - \sum_{i,j,k} \frac{Y_{ijk.}^2}{n_{ijk}}$	$N - C_{..}$	$\frac{SQ_{\text{Rest}}}{N - C_{..}}$	σ^2	
Gesamt	$\sum_{i,j,k,l} y_{ijkl}^2 - \frac{Y_{....}^2}{N}$	$N-1$			

Programmhinweise

Bei der Auswertung von Beobachtungswerten muss man in SPSS analog zu Abschn. 5.3.2 wieder in die Syntax eingreifen. Die minimale Klassenbesetzung wollen wir für die drei Tests über Haupteffekte mit R berechnen.

```
> size.anova(model="a>b>c",hypothesis="a",a=2,b=2,c=3,
alpha=0.01,beta=0.1,delta=0.5,cases="minimin")
n
21
> size.anova(model="a>b>c",hypothesis="a",a=2,b=2,c=3,
alpha=0.01,beta=0.1,delta=1,cases="minimin")
n
6
> size.anova(model="a>b>c",hypothesis="b",a=2,b=2,c=3,
alpha=0.01,beta=0.1,delta=1,cases="minimin")
n
7
> size.anova(model="a>b>c",hypothesis="c",a=2,b=2,c=3,
alpha=0.01,beta=0.1,delta=1,cases="minimin")
n
10
```

Die maximin Werte möge der Leser als Übungsaufgabe berechnen.

5.4.3 Gemischte Klassifikation

Bei Versuchen, in denen drei Faktoren geprüft werden, ist neben der Kreuzklassifikation und der hierarchischen Klassifikation ein weiterer Klassifikationstyp, die sogenannte gemischte (teilweise hierarchische) Klassifikation möglich, wobei es bei der dreifachen Varianzanalyse zwei gemischte Klassifikationen gibt (Rasch *et al.*, 1971).

Kreuzklassifikation zwischen zwei Faktoren, von denen einer einem dritten Faktor hierarchisch untergeordnet ist $((B \prec A) \times C)$

Angenommen, die Nachkommen von Sauen werden einer Mastleistungsprüfung unterzogen, a Eber wurden an je b Sauen angepaart, und aus jeder Paarung wird ein männlicher und ein weiblicher Nachkomme geprüft. Das untersuchte Merkmal y sei die Zunahme in einem Mastabschnitt. Das Material ist dreifach klassifiziert nach Faktor Eber (A), Sau (B) und Geschlecht (C). Nimmt man an, dass jede Sau nur einem Eber angepaart wurde, so ist der Faktor B dem Faktor A untergeordnet, bezüglich A und B liegt eine hierarchische Klassifikation vor. Da für jede $B + C$-Kombination Beobachtungswerte vorliegen, sind B und C kreuzklassifiziert.

Es wird von folgendem additiven Modell für die Beobachtungswerte y_{ijkl} ausgegangen:

$$\begin{cases} \boldsymbol{y}_{ijkl} = \mu + a_i + b_{ij} + c_k + (a,c)_{ik} + (b,c)_{jk(i)} + \boldsymbol{e}_{ijkl} \\ (i = 1,\dots,a; j = 1,\dots,b; k = 1,\dots,c; l = 1,\dots,n) \end{cases} \tag{5.48}$$

in dem μ das allgemeine (theoretische) Versuchsmittel, a_i den Effekt der i-ten Stufe von A, b_{ij} den Effekt der j-ten Stufe von B in der i-ten Stufe von A, c_k den Effekt der k-ten Stufe von C, $(ac)_{ik}$ bzw. $(bc)_{jk(i)}$ den Effekt der Wechselwirkung zwischen A_i und C_k bzw. B_j und C_k innerhalb der i-ten Stufe von A und $\boldsymbol{e}_{ijkl}$ die Zufallsfehler bezeichnen. Auf der rechten Seite von (5.48) sind alle Größen bis auf $\boldsymbol{e}_{ijkl}$ konstant. Modellgleichung (5.48) wird unter den Nebenbedingungen für jeweils alle Werte der nicht in die Summation einbezogenen Indizes

$$\begin{aligned} \sum_{i=1}^{a} a_i = \sum_{j=1}^{b} b_{ij} = \sum_{k=1}^{c} c_k = \sum_{i=1}^{a} (a,c)_{ik} \\ = \sum_{k=1}^{c} (a,c)_{ik} = \sum_{j=1}^{b} (b,c)_{jk} = \sum_{k=1}^{c} (b,c)_{jk(i)} = 0 \end{aligned} \tag{5.49}$$

und

$$E(\boldsymbol{e}_{ijkl}) = 0\,, \quad E(\boldsymbol{e}_{ijkl}\boldsymbol{e}_{i'j'k'l'}) = \delta_{ii'}\delta_{jj'}\delta_{kk'}\delta_{ll'}\sigma^2\,, \quad \sigma^2 = \operatorname{var}(\boldsymbol{e}_{ijkl}) \tag{5.50}$$

(für alle i, j, k, l) betrachtet.

Allgemein kann die Anordnung der Beobachtungswerte

$$y_{ijkl} \quad (i = 1,\dots,a; j = 1,\dots,b; k = 1,\dots,c; l = 1,\dots,n)$$

der Tab. 5.29 entnommen werden (wir beschränken uns auf eine für alle A-Stufen gleiche Anzahl von B-Stufen und auf gleiche Klassenbesetzung). Für die Summe der Abweichungsquadrate der nach Tab. 5.29 angeordneten zufälligen Größen

$$\boldsymbol{y}_{ijkl} \quad (i = 1,\dots,a; j = 1,\dots,b; k = 1,\dots,c; l = 1,\dots,n)$$

von ihrem arithmetischen Mittel

$$\boldsymbol{SQ}_{\mathrm{G}} = \sum_{i,j,k,l} (\boldsymbol{y}_{ijkl} - \bar{\boldsymbol{y}}_{....})^2 = \sum_{i,j,k,l} \boldsymbol{y}_{ijkl}^2 - \frac{\boldsymbol{Y}_{....}^2}{N}, \quad (N = abcn)$$

gilt

$$\boldsymbol{SQ}_{\mathrm{G}} = \boldsymbol{SQ}_A + \boldsymbol{SQ}_{B \text{ in } A} + \boldsymbol{SQ}_C + \boldsymbol{SQ}_{A\times C} + \boldsymbol{SQ}_{B\times C \text{ in } A} + \boldsymbol{SQ}_{\mathrm{Rest}}$$

wobei

$$\boldsymbol{SQ}_A = \frac{1}{bcn} \sum_{i=1}^{a} \boldsymbol{Y}_{i...}^2 - \frac{\boldsymbol{Y}_{....}^2}{N}$$

die $\boldsymbol{SQ}$ zwischen den Stufen von A,

$$\boldsymbol{SQ}_{B \text{ in } A} = \frac{1}{cn} \sum_{i=1}^{a} \sum_{j=1}^{b} \boldsymbol{Y}_{ij..}^2 - \frac{1}{bcn} \sum_{i=1}^{a} \boldsymbol{Y}_{i...}^2$$

die $\boldsymbol{SQ}$ zwischen den Stufen von B innerhalb der Stufen von A,

$$\boldsymbol{SQ}_C = \frac{1}{abn} \sum_{k=1}^{c} \boldsymbol{Y}_{..k.}^2 - \frac{\boldsymbol{Y}_{....}^2}{N}$$

die $\boldsymbol{SQ}$ zwischen den Stufen von C,

$$\boldsymbol{SQ}_{A\times C} = \frac{1}{bn} \sum_{i=1}^{a} \sum_{k=1}^{c} \boldsymbol{Y}_{i.k.}^2 - \frac{1}{bcn} \sum_{i=1}^{a} \boldsymbol{Y}_{i...}^2 - \frac{1}{abn} \sum_{k=1}^{c} \boldsymbol{Y}_{..k.}^2 + \frac{\boldsymbol{Y}_{....}^2}{N}$$

die $\boldsymbol{SQ}$ für die Wechselwirkungen $A \times C$,

$$\boldsymbol{SQ}_{B\times C \text{ in } A} = \frac{1}{n} \sum_{i=1}^{a} \sum_{j=1}^{b} \sum_{k=1}^{c} \boldsymbol{Y}_{ijk.}^2 - \frac{1}{cn} \sum_{i=1}^{a} \sum_{j=1}^{b} \boldsymbol{Y}_{ij..}^2 - \frac{1}{bn} \sum_{i=1}^{a} \sum_{k=1}^{c} \boldsymbol{Y}_{i.k.}^2 + \frac{1}{bcn} \sum_{i=1}^{a} \boldsymbol{Y}_{i...}^2$$

die $\boldsymbol{SQ}$ für die Wechselwirkungen $B \times C$ innerhalb der Stufen von A und

$$\boldsymbol{SQ}_{\mathrm{Rest}} = \sum_{i,j,k,l} \boldsymbol{y}_{ijkl}^2 - \frac{1}{n} \sum_{i=1}^{a} \sum_{j=1}^{b} \sum_{k=1}^{c} \boldsymbol{Y}_{ijk.}^2$$

die $\boldsymbol{SQ}$ innerhalb der Klassen sind. Die $N - 1$ Freiheitsgrade von $\boldsymbol{SQ}_{\mathrm{G}}$ können entsprechend den Komponenten von $\boldsymbol{SQ}_{\mathrm{G}}$ in sechs Komponenten zerlegt werden. Diese Komponenten findet man in Tab. 5.30 neben den Komponenten der $\boldsymbol{SQ}_{\mathrm{G}}$. Die dritte Spalte der Tab. 5.30 enthält die $\boldsymbol{DQ}$, die aus den $\boldsymbol{SQ}$ durch Division durch die Freiheitsgrade hervorgehen.

Tab. 5.29 Beobachtungswerte einer gemischten dreifachen Klassifikation B mit C kreuzklassifiziert, B und A hierarchisch $((B \prec A) \times C)$.

Stufen von A	**Stufen von B**	**Stufen von C**			
		C_1	C_2	$\cdots$	C_c
A_1	B_{11}	y_{1111}	y_{1121}	$\cdots$	y_{11c1}
		y_{1112}	y_{1122}	$\cdots$	y_{11c2}
		$\vdots$	$\vdots$		$\vdots$
		y_{111n}	y_{112n}	$\cdots$	y_{11cn}
	B_{12}	y_{1211}	y_{1221}	$\cdots$	y_{12c1}
		y_{1212}	y_{1222}	$\cdots$	y_{12c2}
		$\vdots$	$\vdots$		$\vdots$
		y_{121n}	y_{122n}	$\cdots$	y_{12cn}
	$\vdots$	$\vdots$	$\vdots$		$\vdots$
	B_{1b}	y_{1b11}	y_{1b21}	$\cdots$	y_{1bc1}
		y_{1b12}	y_{1b22}	$\cdots$	y_{1bc2}
		$\vdots$	$\vdots$		$\vdots$
		y_{1b1n}	y_{1b2n}	$\cdots$	y_{1bcn}
A_2	B_{21}	y_{2111}	y_{2121}	$\cdots$	y_{21c1}
		y_{2112}	y_{2122}	$\cdots$	y_{21c2}
		$\vdots$	$\vdots$		$\vdots$
		y_{211n}	y_{212n}	$\cdots$	y_{21cn}
	B_{22}	y_{2211}	y_{2221}	$\cdots$	y_{22c1}
		y_{2212}	y_{2222}	$\cdots$	y_{22c2}
		$\vdots$	$\vdots$		$\vdots$
		y_{221n}	y_{222n}	$\cdots$	y_{22cn}
	$\vdots$	$\vdots$	$\vdots$		$\vdots$
	B_{2b}	y_{2b11}	y_{2b21}	$\cdots$	y_{2bc1}
		y_{2b12}	y_{2b22}	$\cdots$	y_{2bc2}
		$\vdots$	$\vdots$		$\vdots$
		y_{2b1n}	y_{2b2n}	$\cdots$	y_{2bcn}
	$\vdots$	$\vdots$	$\vdots$		$\vdots$
A_a	B_{a1}	y_{a111}	y_{a121}	$\cdots$	y_{a1c1}
		y_{a112}	y_{a122}	$\cdots$	y_{a1c2}
		$\vdots$	$\vdots$		$\vdots$
		y_{a11n}	y_{a12n}	$\cdots$	y_{a1cn}
	B_{a2}	y_{a211}	y_{a221}	$\cdots$	y_{a2c1}
		y_{a212}	y_{a222}	$\cdots$	y_{a2c2}
		$\vdots$	$\vdots$		$\vdots$
		y_{a21n}	y_{a22n}	$\cdots$	y_{a2cn}
	$\vdots$	$\vdots$	$\vdots$		$\vdots$
	B_{ab}	y_{ab11}	y_{ab21}	$\cdots$	y_{abc1}
		y_{ab12}	y_{ab22}	$\cdots$	y_{abc2}
		$\vdots$	$\vdots$		$\vdots$
		y_{ab1n}	y_{ab2n}	$\cdots$	y_{abcn}

Sollen Hypothesen über die Konstanten in Modellgleichung (5.48) getestet werden, so wird zusätzlich vorausgesetzt, dass die $\boldsymbol{e}_{ijkl}$ normalverteilt sind. Die Hypothesen lassen sich dann mithilfe von F-Tests prüfen; die Wahl des richtigen Tests für eine bestimmte Hypothese wird ohne umfangreiche Ableitungen heuristisch möglich, wenn man die Erwartungswerte der $\boldsymbol{DQ}$ kennt. Aus diesem Grunde und auch um den Anteil der einzelnen Effekte an der Gesamtvariation der $\boldsymbol{y}_{ijkl}$ schätzen zu können, benötigt man die Erwartungswerte der $\boldsymbol{DQ}$. Diese $E(\boldsymbol{DQ})$ sind in der letzten Spalte der Tab. 5.30 enthalten. Stellvertretend für die Ableitung aller $E(\boldsymbol{DQ})$ soll die Ableitung für $E(\boldsymbol{DQ}_A)$ skizziert werden. Es gilt

$$E(\boldsymbol{DQ}_A) = \frac{1}{a-1}E(\boldsymbol{SQ}_A) = \frac{1}{a-1}\left[E\left(\frac{1}{bcn}\sum_{i=1}^{a}\boldsymbol{Y}_{i...}^2\right) - E\left(\frac{\boldsymbol{Y}_{....}^2}{N}\right)\right]$$

Nun werden für die $\boldsymbol{y}_{ijkl}$ die rechten Seiten der Modellgleichung (5.48) eingesetzt.
Dann ist

$$\boldsymbol{Y}_{i...} = bcn\mu + bcna_i + cn\sum_{j=1}^{b} b_{ij} + bn\sum_{k=1}^{c} c_k + bn\sum_{k=1}^{c}(a,c)_{ik} + n\sum_{j=1}^{b}\sum_{k=1}^{c}(b,c)_{ijk} + \sum_{j=1}^{b}\sum_{k=1}^{c}\sum_{l=1}^{n}\boldsymbol{e}_{jikl}$$

und wegen (5.49)

$$\boldsymbol{Y}_{i...} = bcn\mu + bcna_i + \sum_{j=1}^{b}\sum_{k=1}^{c}\sum_{l=1}^{n}\boldsymbol{e}_{ijkl}$$

Analog erhält man unter Beachtung von (5.49)

$$\boldsymbol{Y}_{....} = abcn\mu + \sum_{i,j,k,l}\boldsymbol{e}_{ijkl}$$

Nun ergibt sich für $E(\boldsymbol{Y}_{i...}^2)$ die Gleichung

$$E(\boldsymbol{Y}_{i...}^2) = b^2c^2n^2\mu^2 + b^2c^2n^2a_i^2 + 2b^2c^2n^2\mu a_i + bcn\sigma^2$$

und für $E(\boldsymbol{Y}_{....}^2)$ die Gleichung

$$E(\boldsymbol{Y}_{....}^2) = N^2\mu^2 + N\sigma^2$$

Mit diesen beiden Ausdrücken folgt

$$E(\boldsymbol{DQ}_A) = \frac{bcn}{a-1}\sum_{i=1}^{a}a_i^2 + \sigma^2$$

Die Hypothese $H_{0A}: a_i = 0$ kann mithilfe der Prüfzahl $\boldsymbol{F}_A = (\boldsymbol{DQ}_A)/(\boldsymbol{DQ}_{\text{Rest}})$ getestet werden, die unter H_{0A} mit $a-1$ und $N-abc$ Freiheitsgraden F-verteilt

Tab. 5.30 Varianztabelle für eine dreifache gemischte Klassifikation $(B \prec A) \times C$ für Modell I $(n > 1)$.

Variationsursache	***SQ***
Zwischen den Stufen von A	$SQ_A = \frac{1}{bcn} \sum_{i=1}^{a} Y_{i...}^2 - \frac{1}{N} Y_{....}^2$
Zwischen den Stufen von B innerhalb der Stufen von A	$SQ_{B \text{ in } A} = \frac{1}{cn} \sum_{i=1}^{a} \sum_{j=1}^{b} Y_{ij..}^2 - \frac{1}{bcn} \sum_{i=1}^{a} Y_{i...}^2$
Zwischen den Stufen von C	$SQ_C = \frac{1}{abn} \sum_{k=1}^{a} Y_{..k.}^2 - \frac{1}{N} Y_{....}^2$
Wechselwirkungen $A \times C$	$SQ_{A\times C} = \frac{1}{bn} \sum_{i=1}^{a} \sum_{k=1}^{c} Y_{i.k.}^2 - \frac{1}{bcn} \sum_{i=1}^{a} Y_{i...}^2 - \frac{1}{abn} \sum_{k=1}^{c} Y_{..k.}^2 + \frac{1}{N} Y_{....}^2$
Wechselwirkungen $B \times C$ innerhalb der Stufen von A	$SQ_{B\times C \text{ in } A} = \frac{1}{n} \sum_{i=1}^{a} \sum_{j=1}^{b} \sum_{k=1}^{c} Y_{ijk.}^2 - \frac{1}{cn} \sum_{i=1}^{a} \sum_{j=1}^{b} Y_{ij..}^2 - \frac{1}{bn} \sum_{i=1}^{a} \sum_{k=1}^{c} Y_{i.k.}^2 + \frac{1}{bcn} \sum_{i=1}^{a} Y_{i...}^2$
Rest	$SQ_{\text{Rest}} = \sum_{i=1}^{a} \sum_{j=1}^{b} \sum_{k=1}^{c} \sum_{l=1}^{n} y_{ijkl}^2 + \frac{1}{n} \sum_{i=1}^{a} \sum_{j=1}^{b} \sum_{k=1}^{c} Y_{ijk.}^2$
Gesamt	$SQ_G = \sum_{i=1}^{a} \sum_{j=1}^{b} \sum_{k=1}^{c} \sum_{l=1}^{n} y_{ijkl}^2 - \frac{1}{N} Y_{....}^2$

FG	***DQ***	***E(DQ)* [unter (5.49)]**
$a-1$	$DQ_A = \frac{SQ_A}{a-1}$	$\sigma^2 + \frac{bcn}{a-1} \sum_{i=1}^{a} a_i^2$
$a(b-1)$	$DQ_{B \text{ in } A} = \frac{SQ_{B \text{ in } A}}{a(b-1)}$	$\sigma^2 + \frac{cn}{a(b-1)} \sum_{i=1}^{a} \sum_{j=1}^{b} b_{ij}^2$
$c-1$	$DQ_C = \frac{SQ_c}{c-1}$	$\sigma^2 + \frac{abn}{c-1} \sum_{k=1}^{c} c_k^2$
$(a-1)(c-1)$	$DQ_{A\times C} = \frac{SQ_{A\times C}}{(a-1)(c-1)}$	$\sigma^2 + \frac{bn}{(a-1)(c-1)} \sum_{i=1}^{a} \sum_{k=1}^{c} (a,c)_{ik}^2$
$a(b-1)(c-1)$	$DQ_{B\times C \text{ in } A} = \frac{SQ_{B\times C \text{ in } A}}{a(b-1)(c-1)}$	$\sigma^2 + \frac{n}{a(b-1)(c-1)} \sum_{i=1}^{a} \sum_{j=1}^{b} \sum_{k=1}^{c} (b,c)_{jk(i)}^2$
$N-abc$	$DQ_{\text{Rest}} = \frac{SQ_{\text{Rest}}}{abc(n-1)}$	σ^2
$N-1$		

ist. Falls die Nullhypothese richtig ist, haben Zähler und Nenner von $\boldsymbol{F}_A$ (nach Tab. 5.30) den gleichen Erwartungswert. Allgemein gilt, dass ein Quotient zweier DQ nur dann bei Gültigkeit einer bestimmten Nullhypothese mit den entsprechenden Freiheitsgraden zentral F-verteilt ist, wenn Zähler und Nenner bei Gültigkeit der Hypothese den gleichen Erwartungswert haben. Die Gleichheit der Erwartungswerte ist jedoch bei ungleicher Klassenbesetzung nicht hinreichend, z. B. dann nicht, wenn die $\boldsymbol{DQ}$ nicht voneinander unabhängig sind. In diesem Fall würde man eine Prüfzahl erhalten, die nur näherungsweise F-verteilt ist. Wir unterscheiden im Folgenden nicht zwischen exakt und approximativ F-verteilten Prüfzahlen. Aus Tab. 5.30 geht hervor, dass man im vorliegenden Modell Hypothesen über jede Gruppe von Effekten $(a_i, b_{ij}, \dots, (a,b,c)_{ijk})$ prüfen kann, indem man den Quotienten aus dem entsprechenden $\boldsymbol{DQ}$ und $\boldsymbol{DQ}_{\text{Rest}}$ als Prüfzahl verwendet.

Wir geben wieder einige Beispiele für die Berechnung von Versuchsumfängen, die Symbolik von R entspricht der hier im Buch verwendeten.

```
size.anova(model="(axb)>c", hypothesis="a", a=6, b=5, c=4,
alpha=0.05, beta=0.1, delta=0.5, case="minimin")
n
3
```

Kreuzklassifikation zweier Faktoren, in der ein dritter Faktor hierarchisch untergeordnet ist $(A \times B) \prec C$

Werden Nachkommen von Fleischrindbullen (Faktor C) verschiedener Kreuzungen (Faktor A) in mehreren Jahren (Faktor B) geprüft und tritt jeder Bulle nur einmal auf, so liegt eine gemischte Klassifikation vor, deren Struktur Tab. 5.31 entnommen werden kann. Eine derartige Struktur wird im Folgenden zugrunde gelegt.

Die Summe der Abweichungsquadrate

$$\boldsymbol{SQ}_{\text{G}} = \sum_{i=1}^{a}\sum_{j=1}^{b}\sum_{k=1}^{c}\sum_{l=1}^{n}\left(\boldsymbol{y}_{ijkl} - \bar{\boldsymbol{y}}^2_{....}\right)$$

lässt sich in der Form

$$\boldsymbol{SQ}_{\text{G}} = \boldsymbol{SQ}_A + \boldsymbol{SQ}_B + \boldsymbol{SQ}_{C\text{ in }AB} + \boldsymbol{SQ}_{A\times B} + \boldsymbol{SQ}_{\text{Rest}}$$

mit

$$\boldsymbol{SQ}_A = \sum_{i=1}^{a}\frac{\boldsymbol{Y}^2_{i...}}{bcn} - \frac{\boldsymbol{Y}^2_{....}}{N}$$

der SQ zwischen den A-Stufen,

$$\boldsymbol{SQ}_B = \sum_{j=1}^{b}\frac{\boldsymbol{Y}^2_{.j..}}{acn} - \frac{\boldsymbol{Y}^2_{....}}{N}$$

der SQ zwischen den B-Stufen,

$$\boldsymbol{SQ}_{C\text{ in }AB} = \sum_{i=1}^{a}\sum_{j=1}^{b}\sum_{k=1}^{c}\frac{\boldsymbol{Y}^2_{ijk.}}{n} - \sum_{i=1}^{a}\sum_{j=1}^{b}\frac{\boldsymbol{Y}^2_{ij..}}{cn}$$

der SQ zwischen den C-Stufen innerhalb der $A \times B$-Kombinationen,

$$\boldsymbol{SQ}_{A\times B} = \sum_{i=1}^{a}\sum_{j=1}^{b}\frac{\boldsymbol{Y}^2_{ij..}}{cn} - \sum_{i=1}^{a}\frac{\boldsymbol{Y}^2_{i...}}{bcn} - \sum_{j=1}^{b}\frac{\boldsymbol{Y}^2_{.j..}}{acn} + \frac{\boldsymbol{Y}^2_{....}}{N}$$

Tab. 5.31 Beobachtungswerte einer gemischten dreifachen Klassifikation, *A* mit *B* kreuzklassifiziert, *C* in den *A* × *B*-Kombinationen hierarchisch.

Stufen von *A*	**Stufen von *B***														
	B_1				B_2					B_b					
	Stufen von *C*				**Stufen von *C***					**Stufen von *C***					
	C_{111}	C_{112}	$\cdots$	C_{11c}	C_{121}	C_{122}	$\cdots$	C_{12c}	$\cdots$	C_{1b1}	C_{1b2}	$\cdots$	C_{1bc}		
A_1	y_{1111}	y_{1121}	$\cdots$	y_{11c1}	y_{1211}	y_{1221}	$\cdots$	y_{12c1}	$\cdots$	y_{1b11}	y_{1b21}	$\cdots$	y_{1bc1}		
	y_{1112}	y_{1122}	$\cdots$	y_{11c2}	y_{1212}	y_{1222}	$\cdots$	y_{12c2}		y_{1b12}	y_{1b22}	$\cdots$	y_{1bc2}		
	$\vdots$	$\vdots$		$\vdots$	$\vdots$	$\vdots$		$\vdots$		$\vdots$	$\vdots$		$\vdots$		
	y_{111n}	y_{112n}	$\cdots$	y_{11cn}	y_{121n}	y_{122n}	$\cdots$	y_{12cn}		y_{1b1n}	y_{1b2n}	$\cdots$	y_{1bcn}		
	C_{211}	C_{212}	$\cdots$	C_{21c}	C_{221}	C_{222}	$\cdots$	C_{22c}	$\cdots$	C_{2b1}	C_{2b2}	$\cdots$	C_{2bc}		
A_2	y_{2111}	y_{2121}	$\cdots$	y_{21c1}	y_{2211}	y_{2221}	$\cdots$	y_{22c1}	$\cdots$	y_{2b11}	y_{2b21}	$\cdots$	y_{2bc1}		
	y_{2112}	y_{2122}	$\cdots$	y_{21c2}	y_{2212}	y_{2222}	$\cdots$	y_{22c2}		y_{2b12}	y_{2b22}	$\cdots$	y_{2bc2}		
	$\vdots$	$\vdots$		$\vdots$	$\vdots$	$\vdots$		$\vdots$		$\vdots$	$\vdots$		$\vdots$		
	y_{211n}	y_{212n}	$\cdots$	y_{12cn}	y_{221n}	y_{222n}	$\cdots$	y_{22cn}		y_{2b1n}	y_{2b2n}	$\cdots$	y_{2bcn}		
	$\vdots$	$\vdots$		$\vdots$	$\vdots$	$\vdots$		$\vdots$		$\vdots$	$\vdots$		$\vdots$		
	C_{a11}	C_{a12}	$\cdots$	C_{a1c}	C_{a21}	C_{a22}	$\cdots$	C_{a2c}	$\cdots$	C_{ab1}	C_{ab2}	$\cdots$	C_{abc}		
A_a	y_{a111}	y_{a121}	$\cdots$	y_{a1c1}	y_{a211}	y_{a221}	$\cdots$	y_{a2c1}	$\cdots$	y_{ab11}	y_{ab21}	$\cdots$	y_{abc1}		
	y_{a112}	y_{a122}	$\cdots$	y_{a1c2}	y_{a212}	y_{a222}	$\cdots$	y_{a2c2}		y_{ab12}	y_{ab22}	$\cdots$	y_{abc2}		
	$\vdots$	$\vdots$		$\vdots$	$\vdots$	$\vdots$		$\vdots$		$\vdots$	$\vdots$		$\vdots$		
	y_{a11n}	y_{a12n}	$\cdots$	y_{a1cn}	y_{a21n}	y_{a22n}	$\cdots$	y_{a2cn}		y_{ab1n}	y_{ab2n}	$\cdots$	y_{abcn}		

der SQ für die Wechselwirkungen zwischen Faktor *A* und Faktor *B* und

$$SQ_{\text{Rest}} = \sum_{i=1}^{a} \sum_{j=1}^{b} \sum_{k=1}^{c} \sum_{l=1}^{n} y_{ijkl}^2 - \sum_{i=1}^{a} \sum_{j=1}^{b} \sum_{k=1}^{c} \frac{Y_{ijk.}^2}{n}$$

darstellen. Auch bei diesem Klassifikationstyp sprechen wir von Modell I, wenn die Stufen aller Faktoren fest vorgegeben sind, und die Beobachtungswerte durch die Modellgleichung

$$\begin{aligned} \boldsymbol{y}_{ijkl} &= \mu + a_i + b_j + c_{ijk} + (a,b)_{ij} + \boldsymbol{e}_{ijkl} \\ &(i = 1, \ldots, a; j = 1, \ldots b; k = 1, \ldots, c; l = 1, \ldots, n) \end{aligned} \tag{5.51}$$

dargestellt werden können.

Alle Größen auf der rechten Seite von (5.51) bis auf $\boldsymbol{e}_{ijkl}$ sind nicht zufällig. Für die $\boldsymbol{e}_{ijkl}$ mögen die Voraussetzungen (5.50) erfüllt sein, analog zu (5.49) wird außerdem gefordert, dass für jeweils alle Werte der nicht in die Summation einbezogenen Indizes

$$\sum_{i=1}^{a} a_i = \sum_{j=1}^{b} b_j = \sum_{k=1}^{c} c_{ijk} = \sum_{i=1}^{a} (a,b)_{ij} = \sum_{j=1}^{b} (a,b)_{ij} = 0 \tag{5.52}$$

gilt.

Tab. 5.32 Varianztabelle und Erwartungswerte der ***DQ*** für Modell I einer dreifachen Varianzanalyse mit einer gemischten Klassifikation, in der zwei Faktoren kreuzklassifiziert sind $(A \times B)$ und der dritte Faktor (C) hierarchisch in den $A \times B$-Kombinationen angeordnet ist.

Variationsursache	*SQ*	*FG*	*DQ*	*E(DQ)* [unter (5.52)]
Zwischen A-Stufen	$SQ_A = \sum_{i=1}^{a} \frac{Y_{i...}^2}{bcn} - \frac{Y_{....}^2}{N}$	$a-1$	$\boldsymbol{DQ}_A = \frac{SQ_A}{a-1}$	$\sigma^2 + \frac{bcn}{a-1} \sum_{i=1}^{a} a_i^2$
Zwischen B-Stufen	$SQ_B = \sum_{j=1}^{a} \frac{Y_{.j..}^2}{acn} - \frac{Y_{....}^2}{N}$	$b-1$	$\boldsymbol{DQ}_B = \frac{SQ_B}{b-1}$	$\sigma^2 + \frac{acn}{b-1} \sum_{j=1}^{b} b_j^2$
Zwischen C-Stufen in $A \times B$-Kombinationen	$SQ_{C\text{ in }AB} = \sum_{i=1}^{a} \sum_{j=1}^{b} \sum_{k=1}^{c} \frac{Y_{ijk.}^2}{n} - \sum_{i=1}^{a} \sum_{j=1}^{b} \frac{Y_{ij..}^2}{cn}$	$ab(c-1)$	$\boldsymbol{DQ}_{C\text{ in }AB} = \frac{SQ_{C\text{ in }AB}}{ab(c-1)}$	$\sigma^2 + \frac{n}{ab(c-1)} \sum_{i=1}^{a} \sum_{j=1}^{b} \sum_{k=1}^{c} c_{ijk}^2$
Wechselwirkungen $A \times B$	$SQ_{A\times B} = \sum_{i=1}^{a} \sum_{j=1}^{b} \frac{Y_{ij..}^2}{cn} - \sum_{i=1}^{a} \frac{Y_{i...}^2}{bcn} - \sum_{j=1}^{b} \frac{Y_{.j..}^2}{acn} + \frac{Y_{....}^2}{N}$	$(a-1)(b-1)$	$\boldsymbol{DQ}_{A\times B} = \frac{SQ_{A\times B}}{(a-1)(b-1)}$	$\sigma^2 + \frac{cn}{(a-1)(b-1)} \sum_{i=1}^{a} \sum_{j=1}^{b} (a,b)_{ij}^2$
Rest	$SQ_{\text{Rest}} = \sum_{i=1}^{a} \sum_{j=1}^{b} \sum_{k=1}^{c} \sum_{l=1}^{n} y_{ijkl}^2 - \sum_{i=1}^{a} \sum_{j=1}^{b} \sum_{k=1}^{c} \frac{Y_{ijk.}^2}{n}$	$N-abc$	$\boldsymbol{DQ}_{\text{Rest}} = \frac{SQ_{\text{Rest}}}{N-abc}$	σ^2
Gesamt	$SQ_G = \sum_{i=1}^{a} \sum_{j=1}^{b} \sum_{k=1}^{c} \sum_{l=1}^{n} y_{ijkl}^2 - \frac{Y_{....}^2}{N}$	$N-1$		

Die Erwartungswerte der $\boldsymbol{DQ}$ für dieses Modell sind in Tab. 5.32 aufgeführt. Die Hypothesen

$$H_{0A}: a_i = 0\,, \quad H_{0B}: b_j = 0\,, \quad H_{0c}: c_{ijk} = 0\,, \quad \text{und} \quad H_{0AB}: (a,b)_{ij} = 0$$

lassen sich prüfen, indem man die Prüfzahl F als Quotient aus dem DQ_A, DQ_B, DQ_c bzw. DQ_{AB} (als Zähler) und DQ_{Rest} (als Nenner) berechnet.

Programmhinweise

Auch hier wollen wir minimal benötigte Versuchsumfänge mit R berechnen, die Vorgehensweise entspricht der früherer Abschnitte.

```
> size.anova(model="(axb)>c", hypothesis="b", a=6, b=5, c=4,
+ alpha=0.05, beta=0.1, delta=0.5, case="minimin")
n
3
> size.anova(model="(axb)>c", hypothesis="b", a=6, b=5, c=4,
+ alpha=0.05, beta=0.1, delta=0.5, case="maximin")
n
6
```

5.5 Übungsaufgaben

Aufgabe 5.1

Beweisen Sie die Teile a) bis d) von Lemma 5.4.

Aufgabe 5.2

Werten Sie die Beobachtungswerte der Tab. 5.14 mit SPSS oder R aus, d. h., berechnen Sie die Varianztabelle und alle F-Werte.

Aufgabe 5.3

Werten Sie die Beobachtungswerte der Tab. 5.18 mit SPSS oder R aus, d. h., berechnen Sie die Varianztabelle und alle F-Werte.

Aufgabe 5.4

Beweisen Sie die Gültigkeit von $X(X^\mathrm{T}X)^- X^\mathrm{T}X = X$.

Aufgabe 5.5

Überprüfen Sie, dass in Beispiel 5.15 die Differenzen $B_2 - B_3$, $B_1 - B_2$ und $E_n - B_1$ idempotent sind und $(B_2 - B_3)(B_1 - B_2) = (B_2 - B_3)(E_n - B_1) = 0$ gilt.

Aufgabe 5.6

Installieren und laden Sie in R das Programmpaket OPDOE.

Aufgabe 5.7

Berechnen Sie mit OPDOE von R für $\alpha = 0.025$, $\beta = 0.1$ und $\delta/\sigma = 1$ die Werte maximin und minimin der einfachen Varianzanalyse für $a = 6$.

Aufgabe 5.8

Berechnen Sie mit OPDOE von R für $\alpha = 0.05, \beta = 0.1$ und $\delta/\sigma = 1$ die Werte maximin und minimin der zweifachen Kreuzklassifikation zur Prüfung des Faktors A für $a = 6$ und $b = 4$.

Aufgabe 5.9

Berechnen Sie mit OPDOE von R für $\alpha = 0.05$, $\beta = 0.1$ und $\delta/\sigma = 1$ die Werte maximin und minimin der zweifachen hierarchischen Klassifikation zur Prüfung der Faktoren A und B für $a = 6$ und $b = 4$.

Aufgabe 5.10

Berechnen Sie mit OPDOE von R für $\alpha = 0.05$, $\beta = 0.1$ und $\delta/\sigma = 1$ die Werte maximin und minimin der zweifachen Kreuzklassifikation zur Prüfung der Wechselwirkungen $A \times B$ für $a = 6$ und $b = 4$.

Aufgabe 5.11

Berechnen Sie mit OPDOE von R für $\alpha = 0.05$, $\beta = 0.1$ und $\delta/\sigma = 0.5$ die Werte maximin und minimin der dreifachen Kreuzklassifikation zur Prüfung des Faktors A für $a = 6$, $b = 5$ und $c = 4$.

Literatur

Fisher, R.A. und Mackenzie, W.A. (1923) Studies in crop variation. II. The manurial response of different potato varieties. *J. Agr. Sci.*, **13**, 311–320.

Lenth. R.V. (1986) Computing non-central Beta probabilities. *Appl. Stat.* **36**, 241–243.

Rasch, D. (1971) Gemischte Klassifikation der dreifachen Varianzanalyse. *Biom. Z.*, **13**, 1–20.

Rasch. D., Wang. M. und Herrendörfer, G. (1997) Determination of the size of an experiment for the F-test in the analysis of variance. Model I. Advances in Statistical Software 6. The 9th Conference on the Scientific Use of Statistical Software, Heidelberg.

Rasch, D., Herrendörfer, G., Bock, J., Victor, N. und Guiard, V. Hrsg. (2008) *Verfahrensbibliothek Versuchsplanung und -auswertung*, 2. verbesserte Auflage in einem Band mit CD, R. Oldenbourg Verlag München Wien (frühere Auflagen mit den Herausgebern Rasch, Herrendörfer, Bock, Busch (1978, 1981), Deutscher Landwirtschaftsverlag Berlin und (1995, 1996) Oldenbourg Verlag München Wien).

Searle, S.R. (1971, 2012), *Linear Models*, John Wiley & Sons, New York, Hoboken.

Tukey, J.W. (1949) One degree of freedom for nonadditivity. *Biometrics*, **5**, 232–242.

6 Varianzanalyse – Schätzung von Varianzkomponenten (Modell II der Varianzanalyse)

6.1 Einführung – lineare Modelle mit zufälligen Effekten

In diesem Kapitel werden Modelle der Varianzanalyse betrachtet, in denen alle Faktoren zufällig sind; wir betrachten also den Fall von Modell II. Unser Augenmerk richten wir aber nicht nur wie in Kapitel 5 vor allem auf die Prüfung bestimmter Hypothesen, sondern wir diskutieren Methoden zur Schätzung der Varianzkomponenten. Dabei wird der bisher am besten untersuchte Fall der einfachen Varianzanalyse im Vordergrund stehen. Wir verwenden die Bezeichnungen von Abschn. 5.1 und betrachten formal die gleichen Modelle, die auch in Kapitel 5 zugrunde gelegt wurden. Der Unterschied besteht darin, dass die Effekte der Modelle jetzt als Zufallsvariable aufgefasst werden. Man geht davon aus, dass z. B. aus einer Gesamtheit P_A von (unendlich vielen) Stufen des Faktors A genau a Stufen zufällig ausgewählt werden, sodass $\alpha_1, \dots, \alpha_a$, die Effekte dieser Stufen, Zufallsvariable sind.

Die Begriffe Hauptwirkung bzw. Wechselwirkung werden analog zu den in Kapitel 5 definierten Begriffen verwendet; diese Effekte sind jetzt lediglich Zufallsvariable.

Modelle, in denen einige Effekte fest, andere zufällig sind, werden in Kapitel 7 behandelt. Ein Teil der in diesem Abschnitt enthaltenen Ergebnisse wird in Kapitel 7 benutzt. Im vorliegenden Kapitel werden zahlreiche Begriffe aus Kapitel 5 verwendet, ohne dass sie noch einmal definiert werden.

Definition 6.1
Es sei $\boldsymbol{Y} = (\boldsymbol{y}_1, \dots, \boldsymbol{y}_N)^{\mathrm{T}}$ ein N-dimensionaler Zufallsvektor und $\boldsymbol{\beta} = (\mu, \boldsymbol{\beta}_1, \dots, \boldsymbol{\beta}_k)^{\mathrm{T}}$ ein Vektor, dessen Elemente bis auf μ zufällige Variable sind. Ferner ist X wie in (5.1) eine $N \times (k+1)$-Matrix vom Rang $p < k+1$. Der Vektor $\boldsymbol{e}$ ist ein weiterer N-dimensionaler Zufallsvektor der Fehler. Dann wird

$$\boldsymbol{Y} = X\boldsymbol{\beta} + \boldsymbol{e} \tag{6.1}$$

Mathematische Statistik, 1. Auflage. Dieter Rasch und Dieter Schott.

allgemeines Modell II der Varianzanalyse genannt, wenn Folgendes gilt:

$$\mathrm{var}(\boldsymbol{e}) = \sigma^2 E_N\,, \quad \mathrm{cov}(\boldsymbol{\beta}, \boldsymbol{e}) = 0_{k+1,N} \quad \text{und} \quad E(\boldsymbol{e}) = 0_N\,, \quad E(\boldsymbol{\beta}) = \begin{pmatrix} \mu \\ 0_k \end{pmatrix}$$

Wir schreiben (6.1) in der Form

$$\boldsymbol{Y} = \mu \boldsymbol{e}_N + Z\boldsymbol{\gamma} + \boldsymbol{e} \tag{6.2}$$

wobei Z aus der zweiten bis $(k+1)$-ten Spalte von X und γ aus dem zweiten bis $(k+1)$-ten Element von β besteht. Dann ist $E(\boldsymbol{Y}) = \mu \boldsymbol{e}_N$.

Treten in $\boldsymbol{\beta}$ von (6.1) Effekte von r Faktoren und Faktorkombinationen auf, so kann

$$\boldsymbol{\gamma}^{\mathrm{T}} = \left(\boldsymbol{\gamma}_{A1}^{\mathrm{T}}, \boldsymbol{\gamma}_{A2}^{\mathrm{T}}, \dots, \boldsymbol{\gamma}_{Ar}^{\mathrm{T}}\right) \quad \text{und} \quad Z = (Z_{A1}, Z_{A2}, \dots, Z_{Ar})$$

gesetzt werden. In einer zweifachen Kreuzklassifikation mit Wechselwirkungen und den Faktoren A und B wäre z. B. $r = 3$, $A = A_1$, $B = A_2$ und $AB = A_3$. Wir haben allgemein

$$\boldsymbol{Y} = \mu \boldsymbol{e}_N + \sum_{i=1}^{r} Z_{A_i} \boldsymbol{\gamma}_{A_i} + \boldsymbol{e} \tag{6.3}$$

Definition 6.2

Gleichung (6.3) wird unter den Nebenbedingungen von Definition 6.1 und der zusätzlichen Forderung, dass alle Elemente von $\boldsymbol{\gamma}_{A_i}$ unkorreliert sind und die gleiche Varianz σ_i^2 besitzen, d. h., dass $\mathrm{var}(\boldsymbol{\gamma}_{A_i}) = \sigma_i^2 E_{a_i}$ ist, wenn a_i die Anzahl der Stufen des Faktors A_i ist, und dass $\mathrm{cov}(\boldsymbol{\gamma}_{A_i}, \boldsymbol{\gamma}_{A_j}) = 0_{a_i a_j}$ für alle $i, j (i \neq j)$ gilt, spezielles Modell II der Varianzanalyse genannt; σ_i^2 und σ^2 heißen Varianzkomponenten.

Nach Definition 6.2 ist

$$\mathrm{var}(\boldsymbol{Y}) = \sum_{i=1}^{r} Z_{A_i} Z_{A_i}^{\mathrm{T}} \sigma_i^2 + \sigma^2 E_N \tag{6.4}$$

Satz 6.1

Ist $\boldsymbol{Y}$ eine N-dimensionale Zufallsvariable, für die (6.3) ein Modell II der Varianzanalyse nach Definition 6.2 ist, so gilt für die quadratische Form $\boldsymbol{Y}^{\mathrm{T}} A \boldsymbol{Y}$ mit einer $N \times N$-Matrix A

$$E(\boldsymbol{Y}^{\mathrm{T}} A \boldsymbol{Y}) = \mu^2 \boldsymbol{e}_N^{\mathrm{T}} A \boldsymbol{e}_N + \sum_{i=1}^{r} \sigma_i^2 \mathrm{Sp}\left(A Z_{A_i} Z_{A_i}^{\mathrm{T}}\right) + \sigma^2 \mathrm{Sp}(A) \tag{6.5}$$

Beweis: Es gilt

$$E(\boldsymbol{Y}^{\mathrm{T}} A \boldsymbol{Y}) = \mathrm{Sp}[A\,\mathrm{var}(\boldsymbol{Y})] + E(\boldsymbol{Y}^{\mathrm{T}}) A E(\boldsymbol{Y})$$

und das wird wegen $E(\boldsymbol{Y}) = \mu \boldsymbol{e}_N$ und (6.4) zu (6.5).

Satz 6.1 gestattet die Berechnung der Erwartungswerte der durchschnittlichen Abweichungsquadrate $E(\boldsymbol{DQ})$ einer Varianzanalyse nach Modell II und ist damit von großer Bedeutung für eine wichtige Methode zur Schätzung der Komponenten σ_i^2 und von σ^2.

Von Henderson (1953); Rao (1970, 1971a); Hartley und Rao (1967); Harville (1977); Drygas (1980); Searle *et al.* (1992) u. a. wurden Methoden der Varianzkomponentenschätzung entwickelt, die z. T. auch für gemischte Modelle anwendbar sind (Kapitel 7). Hendersons Varianzanalysemethode besteht darin, dass eine Varianzanalyse wie für das korrespondierende Modell I durchgerechnet wird, und zwar bis zur Berechnung der $\boldsymbol{DQ}$. Dann werden für Modell II unter Verwendung von (6.5) die $E(\boldsymbol{DQ})$ berechnet. Die $E(\boldsymbol{DQ})$ sind Funktionen der Varianzkomponenten σ_i^2. Die $E(\boldsymbol{DQ})$ werden mit den beobachteten DQ gleichgesetzt und die so entstandenen Gleichungen nach den σ_i^2 aufgelöst. Die Lösungen werden als Schätzwerte $\hat{\sigma}_i^2 = s_i^2$ der σ_i^2 verwendet.

Da bei der Lösung des Gleichungssystems Differenzen zwischen den DQ gebildet werden, können nach dieser Methode negative Schätzwerte für die Varianzkomponenten auftreten. Liegt der Wert einer Varianzkomponente nahe bei 0, so muss man bei erwartungstreuen Schätzfunktionen sogar relativ häufig mit negativen Schätzwerten rechnen. Negative Schätzwerte können daher darauf hinweisen, dass die geschätzte Komponente sehr klein ist. Sie können aber auch verursacht werden, wenn das Modell nicht passend gewählt wird (nichtadditive Effekte). Die Interpretation negativer Schätzwerte ist daher in mehrere Richtungen möglich, siehe Verdooren (1982).

Die Methode von Henderson wird im folgenden Abschnitt für verschiedene Klassifikationen behandelt. Im Zusammenhang damit werden auch Tests für Hypothesen über die Varianzkomponenten mitgeteilt. Neben dieser Methode sind hauptsächlich drei weitere in der Anwendung. Für normalverteilte $\boldsymbol{Y}$ kann man die Maximum-Likelihood-Methode benutzen oder eine Version davon, die eingeschränkte Maximum-Likelihood-Methode EML (engl. REML, was für restricted maximum-likelihood steht). Außerdem gibt es die MINQUE-Methode, in der eine Matrixnorm minimiert wird. Jede dieser vier Methoden kann man mit SPSS über „Analysieren – Allgemeines lineares Modell – Varianzkomponenten“ aufrufen. Dann findet man unter Optionen das folgende Fenster aus Abb. 6.1.

Vor der Behandlung von Spezialfällen werden einige Aussagen über die approximative Verteilung von Linearkombinationen von χ^2-verteilten Zufallsvariablen gemacht. Die Zufallsvariablen $\boldsymbol{u}_1, \dots, \boldsymbol{u}_k$ seien voneinander unabhängig, und die $\frac{n_i \boldsymbol{u}_i}{\sigma_i^2}$ seien nach $CQ(n_i)$ verteilt. Die Varianz der Linearkombination

$$\boldsymbol{z} = \sum_{i=1}^{k} c_i \boldsymbol{u}_i \quad \left(c_i \quad \text{so, dass} \quad \sum_{i=1}^{k} c_i \sigma_i^2 > 0 \right)$$

ist dann

$$\operatorname{var}(\boldsymbol{z}) = 2 \sum_{i=1}^{k} c_i^2 \frac{\sigma_i^4}{n_i}$$

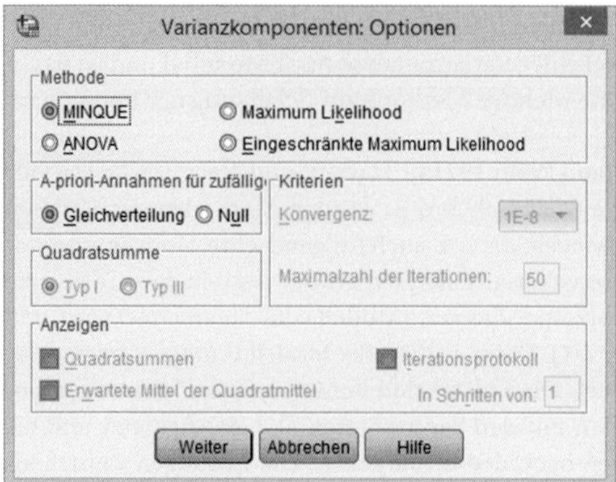

Abb. 6.1 In SPSS verfügbare Methoden der Varianzkomponentenschätzung.

Wir dividieren $\boldsymbol{z}$ durch die gewogene Varianz $\sigma_{\mathrm{W}}^2 = \sum_{i=1}^{k} c_i \sigma_i^2, \sigma_{\mathrm{W}}^2 > 0$ und wollen $\frac{n\boldsymbol{z}}{\sigma_{\mathrm{W}}^2}$ für ein gewisses n durch eine χ^2-Verteilung $CQ(n)$ approximieren, die die gleiche Varianz wie $\frac{n\boldsymbol{z}}{\sigma_{\mathrm{W}}^2}$ hat. Das erreichen wir, indem wir (nach Satterthwaite, 1946)

$$n = \frac{\sigma_{\mathrm{W}}^4}{\sum_{i=1}^{k} c_i^2 \frac{\sigma_i^4}{n_i}}$$

setzen. Wir fassen dieses Ergebnis zusammen.

Satz 6.2
Sind die Zufallsvariablen $\frac{n_i \boldsymbol{u}_i}{\sigma_i^2}$ unabhängig voneinander nach $CQ(n_i)$ verteilt, so hat die Zufallsvariable $\frac{n\boldsymbol{z}}{\sigma_{\mathrm{W}}^2}$ mit

$$\boldsymbol{z} = \sum_{i=1}^{k} c_i \boldsymbol{u}_i \,, \quad \sigma_{\mathrm{W}}^2 = \sum_{i=1}^{k} c_i \sigma_i^2 > 0 \quad \text{und} \quad n = \frac{\sigma_{\mathrm{W}}^4}{\sum_{i=1}^{k} c_i^2 \frac{\sigma_i^4}{n_i}}$$

die gleiche Varianz wie eine nach $CQ(n)$ verteilte Variable.

Wir haben diesen Satz bereits beim Welch-Test in Kapitel 3 verwendet.

Mithilfe von Satz 6.2 lässt sich begründen, dass man Linearkombinationen von unabhängigen χ^2-verteilten Zufallsvariablen durch eine χ^2-Verteilung mit geeignet gewählten Freiheitsgraden approximiert. Zum Beispiel ist nach Satz 6.2 durch

$$\left[\frac{n\boldsymbol{z}}{CQ\left(n, 1 - \frac{\alpha}{2}\right)}, \frac{n\boldsymbol{z}}{CQ\left(n, \frac{\alpha}{2}\right)}\right] \tag{6.6}$$

ein approximatives Konfidenzintervall zum Koeffizienten $1-\alpha$ für σ_W^2 gegeben, wenn σ_W^2, z und n wie in Satz 6.2 angegeben gewählt werden. Welch (1956) konnte zeigen, dass für $n > 0$ ein besseres approximatives Konfidenzintervall als (6.6) gefunden werden kann. Nach Welch ist (6.6) dann durch

$$\left[\frac{nz}{A_{1-\frac{\alpha}{2}}}, \frac{nz}{A_{\frac{\alpha}{2}}}\right] \tag{6.7}$$

zu ersetzen, wobei

$$A_\gamma = CQ(n,\gamma) - \frac{2}{3}\left(2u_{1-\alpha}^2 + 1\right)\left[z\frac{\sum_{i=1}^k \frac{c_i^3 u_i^3}{n_i^2}}{\left(\sum_{i=1}^k \frac{c_i^2 u_i^2}{n_i}\right)^2} - 1\right]$$

ist. Eine in manchen Fällen noch bessere approximative Konfidenzabschätzung wird von Graybill und Wang (1980) empfohlen.

6.2
Einfache Klassifikation

Wir betrachten Gleichung (6.3) für den Fall $r = 1$ und setzen $\boldsymbol{\gamma}_{A1} = (\boldsymbol{\alpha}_1, \dots, \boldsymbol{\alpha}_a)^{\mathrm{T}}$ und $\sigma_i^2 = \sigma_a^2$. Dann kann (6.3) in der Form

$$\boldsymbol{y}_{ij} = \mu + \boldsymbol{\alpha}_i + \boldsymbol{e}_{ij} \quad (i = 1, \dots, a\,; \quad j = 1, \dots, n_i) \tag{6.8}$$

geschrieben werden. Die Nebenbedingungen von Definition 6.1 lauten $\operatorname{var}(\boldsymbol{e}_{ij}) = \sigma^2$, $\operatorname{var}(\boldsymbol{\alpha}_i) = \sigma_a^2$; die $\boldsymbol{\alpha}_i$ sind voneinander unabhängig, und die $\boldsymbol{e}_{ij}$ sind unabhängig voneinander und von den $\boldsymbol{\alpha}_i$.

Aus Beispiel 5.1 (in dem die spezielle Form von X aus (6.8) angegeben ist) und (6.4) folgt

$$V = \operatorname{var}(\boldsymbol{Y}) = \bigoplus_{i=1}^{a} \left(e_{n_i n_i}\sigma_a^2 + E_{n_i}\sigma^2\right) \tag{6.9}$$

Für den Fall $a = 3$, $n_1 = n_2 = n_3 = 2$ hat diese direkte Summe die Form

$$V = \left(e_{2,2}\sigma_a^2 + E_2\sigma^2\right) \oplus \left(e_{2,2}\sigma_a^2 + E_2\sigma^2\right) \oplus \left(e_{2,2}\sigma_a^2 + E_2\sigma^2\right)$$
$$= \begin{bmatrix} \sigma_a^2+\sigma^2 & \sigma_a^2 & 0 & 0 & 0 & 0 \\ \sigma_a^2 & \sigma_a^2+\sigma^2 & 0 & 0 & 0 & 0 \\ 0 & 0 & \sigma_a^2+\sigma^2 & \sigma_a^2 & 0 & 0 \\ 0 & 0 & \sigma_a^2 & \sigma_a^2+\sigma^2 & 0 & 0 \\ 0 & 0 & 0 & 0 & \sigma_a^2+\sigma^2 & \sigma_a^2 \\ 0 & 0 & 0 & 0 & \sigma_a^2 & \sigma_a^2+\sigma^2 \end{bmatrix}$$

Lemma 6.1
Hat die Matrix V_i die Gestalt

$$V_i = e_{n_i n_i}\sigma_a^2 + E_{n_i}\sigma^2$$

so gilt für ihre Determinante

$$|V_i| = (\sigma^2)^{n_i - 1}\left(n_i\sigma_a^2 + \sigma^2\right) \tag{6.10}$$

Ferner gilt

$$V_i^{-1} = \frac{1}{\sigma^2}\left(E_{n_i} - \frac{\sigma_a^2}{\sigma^2 + n_i\sigma_a^2} e_{n_i n_i}\right)$$

Den Beweis findet man z. B. bei Rasch und Herrendörfer (1986, S. 60).

Lemma 6.2
Die Eigenwerte von

$$V = \bigoplus_{i=1}^{a}\left(e_{n_i n_i}\sigma_a^2 + E_{n_i}\sigma^2\right)$$

sind

$$\lambda_k = \begin{cases} n_k\sigma_a^2 + \sigma^2 & (k = 1, \dots, a) \\ \sigma^2 & (k = a+1, \dots, N) \end{cases}$$

Die orthogonalen Eigenvektoren sind

$$\tau_k = \begin{cases} e_{n_k} & (k = 1, \dots, a) \\ s_k & (k = a+1, \dots, N) \end{cases}$$

mit $(s_k) = S_N = \bigoplus_{i=1}^{a} S_i$, wobei S_i eine $n_i \times (n_i - 1)$-Matrix mit

$$S_i = \begin{pmatrix} 1 & 1 & 1 & \dots & 1 \\ -1 & 1 & 1 & \dots & 1 \\ & -2 & 1 & \dots & 1 \\ & & -3 & \dots & 1 \\ & & & & \vdots \\ & 0 & & & -(n_i - 1) \end{pmatrix}$$

und $N = \sum_{i=1}^{a} n_i$ ist.

Beweis: Es gilt

$$|V - \lambda E_N| = \prod_{i=1}^{a} |V_i - \lambda E_{n_i}| = \prod_{i=1}^{a} |e_{n_i n_i}\sigma_a^2 + E_{n_i}(\sigma^2 - \lambda)|$$

und folglich wegen Lemma 6.1

$$|V - \lambda E_N| = \prod_{i=1}^{a} \left\{(\sigma^2 - \lambda)^{n_i - 1}\left(n_i\sigma_a^2 + \sigma^2 - \lambda\right)\right\}$$
$$= (\sigma^2 - \lambda)^{N-a}\prod_{i=1}^{a}(n_i\sigma_a^2 + \sigma^2 - \lambda)$$

Dieser Ausdruck hat die $(N - a)$-fache Nullstelle $\lambda = \sigma^2$ und a Nullstellen $\lambda = n_i\sigma_a^2 + \sigma^2$, und das ergibt den ersten Teil der Behauptung.

Orthogonale Eigenvektoren müssen die Bedingungen $V\boldsymbol{r}_k = \lambda_k\boldsymbol{r}_k$ und $\boldsymbol{r}_k^{\mathrm{T}}\boldsymbol{r}_{k'} = 0$ $(k \neq k')$ erfüllen. Wir setzen $R = (\boldsymbol{r}_1, \dots, \boldsymbol{r}_N) = (T_N, S_N)$, wobei T_N eine $(N \times a)$-Matrix und S_N eine $N \times (N - a)$-Matrix ist. Mit $T_N = \bigoplus_{i=1}^{a} e_{n_i}$ gilt

$$VT_N = T_N \bigoplus_{i=1}^{a} \lambda_i$$

Außerdem sind die Spalten von T_N orthogonal, und somit sind die Spalten von T_N die Eigenvektoren der k ersten Eigenwerte. Für die $N - a$ Eigenwerte $\lambda_k = \sigma^2$ $(k = a + 1, \dots, N)$ muss

$$V\boldsymbol{r}_k = \sigma^2\boldsymbol{r}_k \quad (k = a + 1, \dots, N)$$

bzw.

$$(V - \sigma^2 E_N)\boldsymbol{r}_k = 0 \quad (k = a + 1, \dots, N)$$

oder

$$\sigma_a^2 T_N T_N^{\mathrm{T}}\boldsymbol{r}_k = 0 \quad (k = a + 1, \dots, N)$$

gelten. Mit $S_N = \bigoplus_{i=1}^{a} S_i = (\boldsymbol{r}_{a+1}, \dots, \boldsymbol{r}_N)$ ist die letzte Bedingung erfüllt, falls $e_{n_i-1,n_i} S_i = 0$ gilt. Wegen der Orthogonalitätsforderung muss außerdem

$$S_i^{\mathrm{T}} S_i = \begin{pmatrix} 2 & 0 & \dots & 0 \\ 0 & 6 & \dots & 0 \\ \vdots & \vdots & & \vdots \\ 0 & 0 & \dots & n_i(n_i - 1) \end{pmatrix}$$

gelten. Mit

$$S_i = \begin{pmatrix} 1 & 1 & 1 & \dots & 1 \\ -1 & 1 & 1 & \dots & 1 \\ & -2 & 1 & \dots & 1 \\ & & -3 & \dots & 1 \\ & & & & \vdots \\ & 0 & & & -(n_i - 1) \end{pmatrix}$$

sind beide Bedingungen erfüllt. Außerdem sind die Spalten von T_N und S_N orthogonal.

6.2.1
Schätzung der Varianzkomponenten

Für den Fall der einfachen Klassifikation sollen mehrere Schätzmethoden beschrieben und verglichen werden. Die Varianzanalysemethode ist die einfachste und stammt vom Erfinder der Varianzanalyse R.A. Fisher. In Hendersons grundlegender Arbeit von 1953 wurde sie als Methode I bezeichnet.

6.2.1.1 Varianzanalysemethode

In Tab. 5.2 findet man die $\boldsymbol{SQ}$, FG und $\boldsymbol{DQ}$ einer einfachen Varianzanalyse. Diese Größen sind unabhängig vom Modell. Dagegen sind die $E(\boldsymbol{DQ})$ für Modell II von denen des Modells I verschieden. Zu beachten ist auch, dass für Modell II die $\boldsymbol{y}_{ij}$ nach (6.8) innerhalb der Klassen nicht unabhängig sind. Es gilt nämlich

$$\operatorname{cov}(\boldsymbol{y}_{ij}, \boldsymbol{y}_{ik}) = E[(\boldsymbol{y}_{ij} - \mu)(\boldsymbol{y}_{ik} - \mu)] = E[(\boldsymbol{a}_i + \boldsymbol{e}_{ij})(\boldsymbol{a}_i + \boldsymbol{e}_{ik})]$$

und daraus folgt wegen der Nebenbedingungen von Modell II

$$\operatorname{cov}(\boldsymbol{y}_{ij}, \boldsymbol{y}_{ik}) = E(\boldsymbol{a}_i^2) = \sigma_a^2$$

Man nennt $\operatorname{cov}(\boldsymbol{y}_{ij}, \boldsymbol{y}_{ik})$ Kovarianz innerhalb der Klassen.

Definition 6.3

Der Korrelationskoeffizient zwischen zwei verschiedenen Zufallsvariablen $\boldsymbol{y}_{ij}$ und $\boldsymbol{y}_{ik}$ aus der gleichen Klasse i (Stichprobe aus der Population i) eines Versuches, dem Modell II der Varianzanalyse nach (6.8) zugrunde liegt, wird Korrelationskoeffizient innerhalb der Klassen (Innerklassenkorrelationskoeffizient) genannt und ist durch

$$\rho_{\mathrm{I}} = \frac{\sigma_a^2}{\sigma_a^2 + \sigma^2}$$

gegeben. Der Korrelationskoeffizient innerhalb der Klassen ρ_{I} ist von der speziellen Klasse i unabhängig.

Es ergibt sich nun für $E(\boldsymbol{DQ}_{\mathrm{Z}})$ ein anderer Ausdruck als in Modell I. $E(\boldsymbol{DQ}_{\mathrm{Rest}}) = E(\boldsymbol{DQ}_{\mathrm{I}})$ ist wie vorher gleich σ^2. Für $E(\boldsymbol{DQ}_{\mathrm{Z}})$ nach Modell (6.8) folgt

$$E(\boldsymbol{DQ}_{\mathrm{Z}}) = \frac{1}{a-1}\left(E\left[\sum_i \frac{\boldsymbol{Y}_{i.}^2}{n_i}\right] - E\left[\frac{\boldsymbol{Y}_{..}^2}{N}\right]\right)$$

Zunächst soll $E(\boldsymbol{Y}_{i.}^2)$ berechnet werden. Nach den Modellvoraussetzungen gilt

$$E\left(\boldsymbol{Y}_{i.}^2\right) = E\left[\left(n_i\mu + n_i\boldsymbol{a}_i + \sum_j \boldsymbol{e}_{ij}\right)^2\right] = n_i^2\mu^2 + n_i^2\sigma_a^2 + n_i\sigma^2$$

und damit folgt

$$E\left(\sum_i \frac{\boldsymbol{Y}_{i.}^2}{n_i}\right) = N\mu^2 + N\sigma_a^2 + a\sigma^2$$

Für $E(\frac{Y_{..}^2}{N})$ erhält man wegen $\boldsymbol{Y}_{..} = N\mu + \sum_{i=1}^{a} n_i \boldsymbol{a}_i + \sum_{i,j} \boldsymbol{e}_{ij}$

$$E\left(\frac{\boldsymbol{Y}_{..}^2}{N}\right) = N\mu^2 + \frac{1}{N}\sum n_i^2\sigma_a^2 + \sigma^2$$

Damit ergibt sich für den gesuchten Erwartungswert von $\boldsymbol{DQ}_z$

$$E(\boldsymbol{DQ}_z) = \frac{1}{a-1}\left[\sigma_a^2\left(N - \frac{\sum n_i^2}{N}\right)\right] + \sigma^2 \tag{6.11}$$

Sind in (6.8) alle $n_i = n$, so erhält man wegen $\sum n_i^2 = n^2 a$ und $N = a \cdot n$

$$E(\boldsymbol{DQ}_z) = \sigma^2 + n\sigma_a^2$$

Dann kann man eine erwartungstreue Schätzung für σ_a^2 einfach aus $\boldsymbol{DQ}_z$ und $\boldsymbol{DQ}_\mathrm{I}$ nach

$$s_a^2 = \frac{1}{n}(\boldsymbol{DQ}_z - \boldsymbol{DQ}_\mathrm{I})$$

bzw.

$$\boldsymbol{s}_a^2 = \frac{1}{n}\left[\frac{1}{a-1}\left(\sum_i \frac{\boldsymbol{Y}_{i.}^2}{n} - \frac{\boldsymbol{Y}_{..}^2}{N}\right) - \frac{1}{N-a}\left(\sum_{i,j} \boldsymbol{y}_{ij}^2 - \sum_i \frac{\boldsymbol{Y}_{i.}^2}{n}\right)\right]$$

erhalten. Allgemein ist $\boldsymbol{s}_a^2$ durch

$$\boldsymbol{s}_a^2 = \frac{a-1}{N - \frac{\sum n_i^2}{N}}(\boldsymbol{DQ}_z - \boldsymbol{DQ}_\mathrm{I}) \tag{6.12}$$

gegeben. Diese Schätzfunktion kann negative Werte annehmen.

Diese Vorgehensweise, die berechneten $\boldsymbol{DQ}$ mit dem $E(\boldsymbol{DQ})$ gleichzusetzen, heißt Varianzanalysemethode und kann für beliebige Klassifikationen angewendet werden. Die aus dieser Vorschrift nach Übergang zu Zufallsvariablen entstehenden Schätzfunktionen sind nach Definition erwartungstreu.

Besteht man auf einer echten Schätzung (Abbildung in den R^+) und verwendet $\max(0, \boldsymbol{s}_a^2)$ als Schätzfunktionen, so geht die Erwartungstreue verloren, aber die MQA wird kleiner als für $\boldsymbol{s}_a^2$. Die Matrix A der quadratischen Form $Y^\mathrm{T} A Y = \sum_{i=1}^{a} \frac{Y_{i.}^2}{n_i} - \frac{Y_{..}^2}{N}$ lautet

$$A = \bigoplus_{i=1}^{a} \frac{1}{n_i} e_{n_i n_i} - \frac{1}{N} e_{NN}$$

Wegen (6.9) ist

$$\begin{aligned}\mathrm{Sp}[A\,\mathrm{var}(\boldsymbol{Y})] &= \sum_{i=1}^{a}\sum_{j=1}^{n_i}\left[\sigma_a^2 - \frac{n_i}{N}\sigma_a^2 + \frac{1}{n_i}\sigma^2 - \frac{1}{N}\sigma^2\right]\\ &= \sigma_a^2\left(N - \sum_{i=1}^{a}\frac{n_i^2}{N}\right) + \sigma^2(a-1)\end{aligned}$$

außerdem ist $E[\boldsymbol{Y}^{\mathrm{T}}]AE[\boldsymbol{Y}] = 0$ wegen $E[\boldsymbol{Y}] = \mu e_N$. Damit erhalten wir aus (6.5) wieder (6.11). Die Matrizen A und var[$\boldsymbol{Y}$] sind für höhere Klassifikationen unübersichtlich. Für den Fall gleicher Klassenbesetzung gibt es ganz einfache Regeln zur Berechnung der $E(\boldsymbol{DQ})$, die in Kapitel 7 für den allgemeineren Fall des gemischten Modells angegeben und dort auch auf den Fall von Modell II spezialisiert werden. Die beiden dort angeführten Methoden werden nur für den Fall ungleicher Klassenbesetzung wirklich benötigt.

6.2.1.2 Schätzfunktionen im Fall normalverteilter *Y*

Wir wollen jetzt voraussetzen, dass der Vektor $\boldsymbol{Y}$ der $\boldsymbol{y}_{ij}$ in (6.8) nach $N(\mu e_N, V)$ mit V aus (6.9) verteilt ist. Ferner gelte $n_i = n$ $(i = 1, \dots, a)$, d. h. $N = an$. Wegen (6.10) und Lemma 6.1 ist dann $|V| = (\sigma^2)^{a(n-1)}(\sigma^2 + n\sigma_a^2)^a$ und

$$V^{-1} = \oplus_i \frac{1}{\sigma^2}\left(E_n - \frac{\sigma_a^2}{\sigma^2 + n\sigma_a^2}e_{nn}\right)$$

mit a Summanden in der direkten Summe. Die Dichtefunktion von $\boldsymbol{Y}$ ist folglich

$$f\left(Y|\mu,\sigma^2,\sigma_a^2\right) = \frac{1}{(2\pi)^{N/2}|V|^{1/2}}\exp\left[-\frac{1}{2}(Y-\mu e_N)^{\mathrm{T}}V^{-1}(Y-\mu e_N)\right]$$

$$= \frac{\exp\left[-\frac{1}{2\sigma^2}(Y-\mu e_N)^{\mathrm{T}}(Y-\mu e_N) + \frac{\sigma_a^2}{2\sigma^2(\sigma^2+n\sigma_a^2)}(Y-\mu e_N)^{\mathrm{T}}\oplus e_{nn}(Y-\mu e_N)\right]}{(2\pi)^{-\frac{N}{2}}(\sigma^2)^{\frac{a}{2}(n-1)}(\sigma^2+n\sigma_a^2)^{\frac{a}{2}}}$$

Wegen

$$\begin{aligned}(Y-\mu e_N)^{\mathrm{T}}(Y-\mu e_N) &= \sum_{i,j}(y_{ij} - \bar{y}_{i.} + \bar{y}_{i.} - \mu)^2 = \sum_{i,j}(y_{ij} - \bar{y}_{i.})^2\\ &\quad + n\sum_{i=1}^{a}(\bar{y}_{i.} - \mu)^2\end{aligned}$$

bzw.

$$\begin{aligned}(\boldsymbol{Y}-\mu e_N)^{\mathrm{T}}\oplus_{i=1}^{a}(e_{nn})(\boldsymbol{Y}-\mu e_N) &= n^2\sum_i\left(\bar{y}_{i.} - \bar{y}_{..} + \bar{y}_{..} - \mu\right)^2\\ &= n^2\sum_{i=1}^{a}(\bar{y}_{i.} - \bar{y}_{..})^2 + an^2(\bar{y}_{..} - \mu)^2\end{aligned}$$

wird diese Dichte zu

$$f(Y|\mu,\sigma^2,\sigma_a^2) = \frac{\exp\left[-\frac{1}{2}\left(\frac{SQ_\mathrm{I}}{\sigma^2} + \frac{SQ_Z}{\sigma^2+n\sigma_a^2} + \frac{an(\bar{y}_{..}-\mu)^2}{\sigma^2+n\sigma_a^2}\right)\right]}{(2\pi)^{\frac{N}{2}}(\sigma^2)^{\frac{a}{2}(n-1)}(\sigma^2+n\sigma_a^2)^{\frac{a}{2}}} = L$$

mit Formeln SQ_I und SQ_Z, die nach Satz 5.3 stehen.

Wir können die Maximum-Likelihood-Schätzungen $\tilde{\sigma}^2$, $\tilde{\sigma}_a^2$ und $\tilde{\mu}$ erhalten, indem wir die Ableitungen von $\ln L$ nach den drei unbekannten Parametern bilden und erhalten nach Nullsetzen der Ableitungen

$$0 = \frac{-an}{\tilde{\sigma}^2+n\tilde{\sigma}_a^2}(\bar{y}_{..}-\tilde{\mu})$$

$$0 = -\frac{a(n-1)}{2\tilde{\sigma}^2} - \frac{a}{2\left(\tilde{\sigma}^2+n\tilde{\sigma}_a^2\right)} + \frac{SQ_\mathrm{I}}{2\tilde{\sigma}^4} + \frac{SQ_Z}{2\left(\tilde{\sigma}^2+n\tilde{\sigma}_a^2\right)^2}$$

$$0 = -\frac{na}{2\left(\tilde{\sigma}^2+n\tilde{\sigma}_a^2\right)} + \frac{nSQ_Z}{2\left(\tilde{\sigma}^2+n\tilde{\sigma}_a^2\right)^2}$$

Aus der ersten Gleichung folgt (nach Übergang zu Zufallsvariablen)

$$\tilde{\mu} = \bar{\boldsymbol{y}}_{..}$$

und aus den beiden anderen Gleichungen

$$a(\tilde{\boldsymbol{\sigma}}^2 + n\tilde{\boldsymbol{\sigma}}_a^2) = \boldsymbol{SQ}_Z$$

bzw.

$$\tilde{\boldsymbol{\sigma}}^2 = \frac{\boldsymbol{SQ}_\mathrm{I}}{a(n-1)} = \boldsymbol{s}^2 = \boldsymbol{DQ}_\mathrm{I} \tag{6.13}$$

und

$$\tilde{\boldsymbol{\sigma}}_a^2 = \frac{1}{n}\left[\frac{\boldsymbol{SQ}_Z}{a} - \boldsymbol{DQ}_\mathrm{I}\right] = \frac{1}{n}\left[\left(1-\frac{1}{a}\right)\boldsymbol{DQ}_Z - \boldsymbol{DQ}_\mathrm{I}\right] \tag{6.14}$$

Da die Matrix der zweiten Ableitungen negativ definit ist, handelt es sich tatsächlich um Maxima.

Wie man leicht sieht, sind $\tilde{\boldsymbol{\mu}}$ und $\boldsymbol{s}^2$ bezüglich μ bzw. σ^2 erwartungstreu, $\tilde{\boldsymbol{\sigma}}_a^2$ dagegen hat wegen (6.11) den Erwartungswert

$$E\left(\tilde{\boldsymbol{\sigma}}_a^2\right) = \frac{1}{n}\left[\left(1-\frac{1}{a}\right)\left(\sigma^2+n\sigma_a^2\right) - \sigma^2\right] = \sigma_a^2 - \frac{1}{an}\left(\sigma^2+n\sigma_a^2\right)$$

Da $\tilde{\sigma}_a^2$ für $(1-\frac{1}{a})\boldsymbol{DQ}_Z < \boldsymbol{DQ}_\mathrm{I}$ negative Werte annimmt, ist $(\tilde{\boldsymbol{\sigma}}^2, \tilde{\boldsymbol{\sigma}}_a^2)$ im allgemeinen keine MLS bezüglich (σ^2, σ_a^2), denn nach Kapitel 2 ist dabei das Maximum über Ω, also für alle $\theta = (\mu, \sigma^2, \sigma_a^2) \in R^1 \times (R^+)^2$, zu nehmen.

Herbach (1959) zeigte, dass dieses Maximum neben $\breve{\boldsymbol{\mu}} = \bar{\boldsymbol{y}}_{..}$ zu

$$\breve{\boldsymbol{\sigma}}_a^2 = \begin{cases} \frac{1}{n}\left[\left(1-\frac{1}{a}\right)\boldsymbol{DQ}_\mathrm{Z} - \boldsymbol{DQ}_\mathrm{I}\right], & \text{falls} \quad \left(1-\frac{1}{a}\right)\boldsymbol{DQ}_\mathrm{Z} \geq \boldsymbol{DQ}_\mathrm{I} \\ 0 & \text{sonst} \end{cases} \tag{6.15}$$

und

$$\breve{\boldsymbol{\sigma}}^2 = \begin{cases} \boldsymbol{s}^2, & \text{falls} \quad \left(1-\frac{1}{a}\right)\boldsymbol{DQ}_\mathrm{Z} \geq \boldsymbol{DQ}_\mathrm{I} \\ 0 & \text{sonst} \end{cases} \tag{6.16}$$

führt. Beide Schätzfunktionen sind nicht erwartungstreu.

Benutzt man die im Anschluss an Satz 5.3 angegebene Schreibweise von SQ_I und SQ_Z, so erhält man den Exponenten in der Exponentialfunktion von $f(Y|\mu, \sigma^2, \sigma_a^2)$ in der Gestalt

$$\begin{aligned} M = &-\frac{1}{2\sigma^2}\left[\sum_i\sum_j y_{ij}^2 - \frac{1}{n}\sum_{i=1}^a Y_{i.}^2\right] \\ &- \frac{1}{2\left(\sigma^2 + n\sigma_a^2\right)}\left[\frac{1}{n}\sum_{i=1}^a Y_{i.}^2 - \frac{1}{an}Y_{..}^2\right] - \frac{an(\bar{y}_{..} - \mu)^2}{2\left(\sigma^2 + n\sigma_a^2\right)} \\ = &\ \eta_1 M_1(Y) + \eta_2 M_2(Y) + \eta_3 M_3(Y) + A(\eta) \end{aligned}$$

wobei $A(\eta)$ als Normierungsfaktor alle Parameter enthält.

Das ist die kanonische Form einer dreiparametrischen Exponentialfamilie von vollem Rang mit

$$\eta_1 = -\frac{1}{2\sigma^2}, \quad \eta_2 = \frac{n}{2\left(\sigma^2 + n\sigma_a^2\right)}, \quad \eta_3 = \frac{na}{\sigma^2 + n\sigma_a^2}$$

und

$$M_1(Y) = \sum_{i=1}^a\sum_{j=1}^n y_{ij}^2, \quad M_2(Y) = \sum_{i=1}^a \bar{y}_{i.}^2, \quad M_3(Y) = y_{..}$$

Damit ist $(M_1(\boldsymbol{Y}), M_2(\boldsymbol{Y}), M_3(\boldsymbol{Y}))$ wegen der Aussagen der Kapitel 1 und 2 eine GVES von (η_1, η_2, η_3).

6.2.1.3 EML-Schätzung

Eine modifizierte ML-Schätzung (REML = restricted maximum likelihood) wird bei Searle *et al.* (1992) angegeben. Wir beschreiben diese Schätzung ganz allgemein in Kapitel 7 für gemischte Modelle und nennen sie hier eingeschränkte Maximum-Likelihood-Schätzung oder EML. Diese Methode besteht darin, die Likelihood-Funktion von $T\boldsymbol{Y}$ zu maximieren, wobei T eine $[(N-2) \times N]$-Matrix ist, deren Zeilen $N - a - 1$ linear unabhängige Zeilen von $E_N - X(X^\mathrm{T}X)^- X^\mathrm{T}$ sind.

Der Logarithmus der Likelihood-Funktion von TY ist:

$$\ln L - \frac{1}{2}(N-a-1)\ln(2\pi) - \frac{1}{2}(N-a-1)\ln\sigma^2 - \frac{1}{2}\ln\left(\left|\frac{\sigma_a^2}{\sigma^2}TVT^{\mathrm{T}}\right|\right)$$

$$-\frac{1}{2\sigma^2 Y^{\mathrm{T}}T^{\mathrm{T}}\frac{\sigma_a^2}{\sigma^2}TVT^{\mathrm{T}}TY}\frac{\sigma_a^2}{\sigma^2}TVT^{\mathrm{T}}$$

Nun leiten wir diese Funktion nach σ^2 und $\lambda = \frac{\sigma_a^2}{\sigma^2}$ ab, setzen diese Ableitung gleich 0 und lösen iterativ nach den Schätzwerten auf.

Da die Matrix der zweiten Ableitungen negativ definit ist, handelt es sich tatsächlich um Maxima.

Diese Methode wird in den Anwendungen zunehmend bevorzugt.

6.2.1.4 Matrixnorm-minimierende quadratische Schätzungen

Wir wollen nun quadratische Schätzfunktionen für σ_a^2 und σ^2 suchen, die erwartungstreu und gegenüber Translationen des Beobachtungsvektors invariant sind und minimale Varianz für den Fall besitzen, dass $\sigma_a^2 = \lambda\sigma^2$ mit bekanntem $\lambda > 0$ ist. Damit sind diese Schätzfunktionen im Sinne von Definition 2.3 LVES in der Klasse der translationsinvarianten quadratischen Schätzfunktionen.

Wir gehen von dem allgemeinen Modell (6.8) mit der Kovarianzmatrix $\operatorname{var}(\boldsymbol{Y}) = V$ in (6.9) aus und setzen

$$\frac{\sigma_a^2}{\sigma^2} = \lambda\,, \quad \lambda \in R^+$$

Satz 6.3 Satz von Rao

Für Modell (6.8) ist unter den dort angeführten Nebenbedingungen das Paar

$$\boldsymbol{s}_a^2 = \frac{1}{(N-1)K - L^2}\left\{\left[N-1-2\lambda L+\lambda^2 K\right]\boldsymbol{Q}_1 - (L-\lambda K)\boldsymbol{Q}_2\right\} \tag{6.17}$$

$$\boldsymbol{s}^2 = \frac{1}{(N-1)K - L^2}[K\boldsymbol{Q}_2 - (L-\lambda K)\boldsymbol{Q}_1] \tag{6.18}$$

an der Stelle $\lambda \in R^+$ eine LVES bezüglich $\binom{\sigma_a^2}{\sigma^2}$ in der Klasse K aller Schätzfunktionen der quadratischen Form $\boldsymbol{Q} = \boldsymbol{Y}^{\mathrm{T}}A\boldsymbol{Y}$, die endliche zweite Momente besitzen und gegenüber Transformationen der Form $\boldsymbol{x} = \boldsymbol{Y} + a$ mit einem konstanten $(N \times 1)$-Vektor a invariant sind. Dabei haben die Symbole $L, K, \boldsymbol{Q}_1, \boldsymbol{Q}_2$ in (6.17) und (6.18) folgende Bedeutung:

Mit

$$\tilde{\bar{\boldsymbol{y}}}_{..} = \left(\sum_{i=1}^{a}\frac{n_i}{n_i\lambda+1}\right)^{-1}\sum_{i=1}^{a}\frac{n_i}{n_i\lambda+1}\bar{\boldsymbol{y}}_{i.}$$

sowie

$$k_t = \sum_{i=1}^{a}\left(\frac{n_i}{n_i\lambda+1}\right)^t \quad (t = 1, 2, 3)$$

ist

$$L = k_1 - \frac{k_2}{k_1}, \quad K = k_2 - 2\frac{k_3}{k_1} + \frac{k_2^2}{k_1^2}$$

$$\boldsymbol{Q}_1 = \sum_{i=1}^{a} \frac{n_i^2}{(n_i\lambda + 1)^2}(\bar{\boldsymbol{y}}_{i.} - \tilde{\bar{\boldsymbol{y}}}_{..})^2 \tag{6.19}$$

und

$$\boldsymbol{Q}_2 = \boldsymbol{Q}_1 + \mathrm{SQ}_\mathrm{I} \tag{6.20}$$

mit $\boldsymbol{SQ}_\mathrm{I}$ aus Abschn. 5.2.

Der Beweis dieses Satzes stammt von Rao (1971b). Er soll hier nicht wiederholt werden, da er von Humak (1984, Band III, Satz 1.6.1, S. 168ff.) ausführlich mitgeteilt wurde.

6.2.1.5 Vergleich verschiedener Schätzfunktionen

Der Anwender steht vor der Frage, welche der angebotenen Schätzfunktionen bei praktischen Berechnungen zu verwenden sind. Schätzprinzipien, die zu negativen Schätzwerten für positiv definierte Größen und damit streng genommen nicht zu Schätzfunktionen führen, da sie nicht nur in den Parameterraum abbilden, stoßen oft auf Ablehnung. Soll aber eine Verteilung einer Maßzahl eines nahe bei 0 liegenden Parameters diesen Parameter als Erwartungswert besitzen, so ist intuitiv klar, dass sie dann auch für Werte kleiner 0 eine positive Dichte haben wird. Praktisch wird bei allen Schätzverfahren die Schätzung von σ_a^2 nach dem Herbachschen Prinzip mit einer gestutzten Schätzung analog zu (6.15) vorgenommen, aber entgegen (6.16) stets $\boldsymbol{s}^2 = \boldsymbol{DQ}_\mathrm{I}$ verwendet. Dabei gehen wünschenswerte Eigenschaften, wie z. B. die Erwartungstreue bezüglich σ_a^2, verloren.

Für den Spezialfall gleicher Klassenbesetzung $n_i = n$ $(i = 1, \dots, a)$ gilt folgender

Satz 6.4

Die Schätzfunktionen nach der Varianzanalysemethode

$$\boldsymbol{s}^2 = \boldsymbol{DQ}_\mathrm{I} \tag{6.21}$$

und $\boldsymbol{s}_a^2$ nach (6.12) und die LVES (6.17) bzw. (6.18) für (σ^2, σ_a^2) sind für $n_i = n$ identisch. In diesem Fall hängen die LVES nicht von λ ab und sind damit in der Klasse K auch GVES.

Beweis: Zunächst folgt für $n_i = n$ aus (6.12)

$$\boldsymbol{s}_a^2 = \frac{1}{n}(\boldsymbol{DQ}_z - \boldsymbol{DQ}_\mathrm{I}) \tag{6.22}$$

Die Konstanten in (6.17) und (6.18) vereinfachen sich für $n_i = n$ wie folgt:

$$k_1 = \frac{an}{n\lambda + 1}, \quad k_2 = \frac{an^2}{(n\lambda + 1)^2}, \quad k_3 = \frac{an^3}{(n\lambda + 1)^3}$$

Damit erhalten wir

$$L = \frac{(a-1)n}{n\lambda + 1}, \quad K = \frac{(a-1)n^2}{(n\lambda + 1)^2}$$

sowie

$$L - \lambda K = \frac{n(a-1)}{(n\lambda + 1)^2}, \quad (N-1)K - L^2 = \frac{(N-a)(a-1)n^2}{(n\lambda + 1)^2}$$

Schließlich ergibt sich

$$N - 1 - 2\lambda L + \lambda^2 K = N - a + \frac{a-1}{(n\lambda + 1)^2}$$

Da in unserem Spezialfall $\tilde{\bar{y}}_{..} = \bar{y}_{..}$ ist, vereinfachen sich (6.19) und (6.20) zu

$$\boldsymbol{Q}_1 = \frac{n}{(n\lambda + 1)^2} \boldsymbol{SQ}_z, \quad \boldsymbol{Q}_2 = \frac{1}{(n\lambda + 1)^2} \boldsymbol{SQ}_z + \boldsymbol{SQ}_\mathrm{I}$$

Damit wird $\boldsymbol{S}_a^2$ in (6.17) zu

$$\begin{aligned} \boldsymbol{S}_a^2 &= \frac{(n\lambda + 1)^2}{(N-a)(a-1)n^2} \left\{ \left[N - a + \frac{a-1}{(n\lambda + 1)^2} \right] \frac{n}{(n\lambda + 1)^2} \boldsymbol{SQ}_z \right. \\ &\quad \left. - \frac{n(a-1)}{(n\lambda + 1)^2} \left[\frac{1}{(n\lambda + 1)^2} \boldsymbol{SQ}_\mathrm{Z} + \boldsymbol{SQ}_\mathrm{I} \right] \right\} \\ &= \frac{1}{n} (\boldsymbol{DQ}_\mathrm{Z} - \boldsymbol{DQ}_\mathrm{I}) \end{aligned}$$

und das ist einerseits von λ unabhängig und andererseits identisch mit $\boldsymbol{s}_a^2$ in (6.12). Analog folgt aus (6.18)

$$\boldsymbol{S}^2 = \boldsymbol{DQ}_\mathrm{I} = \boldsymbol{s}^2$$

Damit ist klar, wie der Praktiker bei gleicher Klassenbesetzung ($n_i = n$) vorgeht. Analog zu (6.15) schätzt er σ_a^2 durch

$$\boldsymbol{S}_a^{*2} = \begin{cases} \boldsymbol{s}_a^2 = \frac{1}{n} (\boldsymbol{DQ}_\mathrm{Z} - \boldsymbol{DQ}_\mathrm{I}), & \text{falls} \quad \boldsymbol{DQ}_\mathrm{Z} > \boldsymbol{DQ}_\mathrm{I} \\ 0 & \text{sonst} \end{cases}$$

und σ^2 durch $\boldsymbol{DQ}_\mathrm{I}$ nach (6.21). Diese Schätzungen sind nicht erwartungstreu, haben aber kleine MQA.

Wie soll man nun bei ungleicher Klassenbesetzung, d. h. im allgemeinen Fall, vorgehen? Wie gut sind die MINQUE-Schätzungen, wenn man einen falschen λ-Wert benutzt? Oft hat man kaum einen guten Anhaltspunkt für λ. Wie stark wirkt sich die „Unbalanciertheit" (die Verschiedenheit der n_i) auf die in K für gleiche n_i vorhandene GVES-Eigenschaft aus? Hierzu sei auf empirische Ergebnisse von Ahrens (1983) verwiesen. MINQUE kann man natürlich iterativ oder adaptiv anwenden, indem man mit bestimmten a-priori-Werten für die Varianzkomponenten beginnt und die neuen Schätzwerte als a-priori-Information für den nächsten Schritt benutzt. Solch ein „iteratives MINQUE" konvergiert dann meist gegen die in Abschn. 6.2.1.3 beschriebene EML-Schätzungen, siehe hierzu Searle *et al.* (1992). Rasch und Mašata (2006) verglichen die obigen vier Methoden und einige weitere in einem Simulationsexperiment mit unbalancierten Daten. In diesem Experiment ergaben sich kaum Unterschiede, die Gesamtvarianz wurde am besten durch EML und MINQUE geschätzt.

6.2.2
Tests von Hypothesen und Konfidenzintervalle

Um Konfidenzintervalle für σ_a^2 und σ^2 und Tests von Hypothesen über diese Varianzkomponenten angeben zu können, benötigen wir wie in Abschn. 6.2.1.2 eine Zusatzbedingung in Modellgleichung (6.6) und ihren Nebenbedingungen über die Verteilung der $\boldsymbol{y}_{ij}$. Wir wollen wieder voraussetzen, dass die $\boldsymbol{y}_{ij}$ nach $N(\mu, \sigma_a^2 + \sigma^2)$ verteilt sind. Dann gilt für die Verteilung von $\boldsymbol{DQ}_{\mathrm{Z}}$ und $\boldsymbol{DQ}_{\mathrm{I}}$ folgender Satz für den Spezialfall gleicher Klassenbesetzung:

Satz 6.5
Der Zufallsvektor $\boldsymbol{Y}$ mit den durch die Modellgleichung (6.8) für $n_1 = \cdots = n_a = n$ gegebenen Komponenten $\boldsymbol{y}_{ij}$ sei nach $N(\mu e_N, V)$ verteilt. Hierbei ist $V = \mathrm{var}(\boldsymbol{Y})$ durch (6.9) gegeben. Dann sind die quadratischem Formen $\frac{SQ_{\mathrm{I}}}{\sigma^2} = \boldsymbol{u}_1$ und $\frac{SQ_{\mathrm{Z}}}{\sigma^2+n\sigma_a^2} = \boldsymbol{u}_2$ voneinander unabhängig nach $CQ[a(n-1)]$ und $CQ(a-1)$ verteilt.

Beweis: Wir schreiben

$$\boldsymbol{u}_1 = \boldsymbol{Y}^{\mathrm{T}} A_1 \boldsymbol{Y} \quad \text{mit} \quad A_1 = \frac{1}{\sigma^2}\left[E_N - \frac{1}{n}\bigoplus_{i=1}^{a} e_{nn}\right]$$

und

$$\boldsymbol{u}_2 = \boldsymbol{Y}^{\mathrm{T}} A_2 \boldsymbol{Y} \quad \text{mit} \quad A_2 = \frac{1}{\sigma^2 + n\sigma_a^2}\left[\frac{1}{n}\bigoplus_{i=1}^{a} e_{nn} - \frac{1}{N}e_{NN}\right]$$

Nun ist wegen (6.9) mit $n_i = n$

$$\begin{aligned} A_1 V &= \frac{1}{\sigma^2}\left\{\bigoplus_{i=1}^{a}\left[\sigma^2 E_n + \sigma_a^2 e_{nn}\right] - \frac{\sigma^2}{n}\bigoplus_{i=1}^{a} e_{nn} - \sigma_a^2 \bigoplus_{i=1}^{a} e_{nn}\right\} \\ &= E_N - \frac{1}{n}\bigoplus_{i=1}^{a} e_{nn} \end{aligned} \tag{6.23}$$

und das ist eine idempotente Matrix. Hierbei verwendet man mehrfach die Beziehung

$$e_{nm} e_{mr} = m e_{nr} \tag{6.24}$$

die sofort zu verifizieren ist. Weiterhin ist

$$A_2V = \frac{1}{\sigma^2 + n\sigma_a^2}\left\{\bigoplus_{i=1}^{a} e_{nn}\sigma_a^2 - \frac{n}{N}e_{NN}\sigma_a^2 + \bigoplus_{i=1}^{a} e_{nn}\sigma^2 - \frac{n}{N}e_{NN}\sigma^2\right\}$$

$$= \bigoplus_{i=1}^{a} \frac{1}{n}e_{nn} - \frac{1}{N}e_{NN} \tag{6.25}$$

Auch A_2V ist, wie man sofort sieht, idempotent.

Es bleibt noch zu zeigen, dass $A_1VA_2 = 0$ ist. Das folgt aber sofort aus

$$\left(\sigma^2 + n\sigma_a^2\right)A_1VA_2 = \left(E_N - \frac{1}{n}\bigoplus_{i=1}^{a} e_{nn}\right)\left(\frac{1}{n}\bigoplus_{i=1}^{a} e_{nn} - \frac{1}{N}e_{NN}\right) = 0$$

Da $\mathrm{Rg}(A_1) = N - a = a(n-1)$ und $\mathrm{Rg}(A_2) = a - 1$ unmittelbar aus den Formeln für A_1 und A_2 abzulesen sind und $e^{\mathrm{T}}A_1e_n = e^{\mathrm{T}}A_2e_n = 0$ gilt, folgt damit die Behauptung von Satz 6.5.

Aus Satz 6.5 folgt das

Korollar 6.1
Unter den Voraussetzungen von Satz 6.5 ist

$$\boldsymbol{F} = \frac{\boldsymbol{SQ}_{\mathrm{Z}}}{\boldsymbol{SQ}_{\mathrm{I}}}\frac{a(n-1)\sigma^2}{(a-1)\left(\sigma^2 + n\sigma_a^2\right)} \tag{6.26}$$

unter der Nullhypothese $H_0 : \sigma_a^2 = 0$ gleich

$$\boldsymbol{F} = \frac{\boldsymbol{SQ}_{\mathrm{Z}}}{\boldsymbol{SQ}_{\mathrm{I}}}\frac{a(n-1)}{a-1} \tag{6.27}$$

und nach $F[a-1,\ a(n-1)]$ verteilt.

Nach Korollar 6.1 kann $\boldsymbol{F}$ in (6.27) zur Prüfung der Nullhypothese $H_0 : \sigma_a^2 = 0$ verwendet werden. Die Prüfzahl (6.27) ist identisch mit der in (5.11); unter der jeweiligen Nullhypothese haben diese Prüfzahlen die gleiche Verteilung. Gilt die Nullhypothese nicht, so ist $\boldsymbol{F}$ in (5.11) nichtzentral F-verteilt, $\boldsymbol{F}$ in (6.27) ist im Fall $\sigma_a^2 > 0$ das $\frac{\sigma^2+n\sigma_a^2}{\sigma^2}$-fache einer zentral F-verteilten Zufallsvariablen. Man kann damit Konfidenzintervalle für die Varianzkomponenten ableiten. Weil $\boldsymbol{u}_1$ nach $CQ[a(n-1)]$ verteilt ist, ist

$$\left[\frac{\boldsymbol{SQ}_{\mathrm{I}}}{\chi^2\left[a(n-1)|1-\frac{\alpha}{2}\right]},\ \frac{\boldsymbol{SQ}_{\mathrm{I}}}{\chi^2\left[a(n-1)|\frac{\alpha}{2}\right]}\right] \tag{6.28}$$

ein $(1-\alpha)$-Konfidenzintervall für σ^2, wenn $n = n_1 = \cdots = n_a$ ist. Aus Korollar 6.1 folgt, dass

$$\left[\frac{\boldsymbol{DQ}_{\mathrm{Z}} - \boldsymbol{DQ}_{\mathrm{I}}F_{1-\frac{\alpha}{2}}}{\boldsymbol{DQ}_{\mathrm{Z}} + (n-1)\boldsymbol{DQ}_{\mathrm{I}}F_{1-\frac{\alpha}{2}}},\ \frac{\boldsymbol{DQ}_{\mathrm{Z}} - \boldsymbol{DQ}_{\mathrm{I}}F_{\frac{\alpha}{2}}}{\boldsymbol{DQ}_{\mathrm{Z}} + (n-1)\boldsymbol{DQ}_{\mathrm{I}}F_{\frac{\alpha}{2}}}\right] \tag{6.29}$$

mit $F_\varepsilon = F[a+1, a(n-1)|\varepsilon]$ ein $(1-\alpha)$-Konfidenzintervall für $\frac{\sigma_a^2}{\sigma^2+\sigma_a^2}$ ist. Man kann auch ein approximatives Konfidenzintervall für σ_a^2 erhalten, siehe Seely und Lee (1994).

6.2.3 Varianzen und Eigenschaften der Schätzverfahrens für die Varianzkomponenten

Aus der Beschreibung des Schätzverfahrens für die Varianzanalysemethode folgt, dass die Schätzfunktionen erwartungstreu bezüglich der zu schätzenden Varianzkomponenten sind. So ist wegen (6.11) und (6.12)

$$E(\boldsymbol{s}_a^2) = \sigma_a^2$$

und ohnehin gilt

$$E(\boldsymbol{s}^2) = \sigma^2$$

Um die Güte der Schätzverfahren beurteilen zu können, benötigen wir die Varianz der Schätzfunktionen $\boldsymbol{s}_a^2$ und $\boldsymbol{s}^2$. Nach dieser Methode werden alle Varianzkomponenten in Form von Linearkombinationen der $\boldsymbol{DQ}$ geschätzt. Aus Satz 6.5 folgt, dass $\boldsymbol{DQ}_\mathrm{I}$ und $\boldsymbol{DQ}_\mathrm{Z}$ stochastisch unabhängig sind, wenn alle Klassen gleich besetzt sind. In diesem Fall gilt daher wegen $\mathrm{cov}(\boldsymbol{DQ}_\mathrm{I}, \boldsymbol{DQ}_\mathrm{Z}) = 0$

$$\left.\begin{aligned} \mathrm{var}(\boldsymbol{s}^2) &= \mathrm{var}(\boldsymbol{DQ}_\mathrm{I}) \\ \mathrm{var}(\boldsymbol{s}_a^2) &= \tfrac{1}{n^2}[\mathrm{var}(\boldsymbol{DQ}_\mathrm{Z}) + \mathrm{var}(\boldsymbol{DQ}_\mathrm{I})] \end{aligned}\right\} \tag{6.30}$$

Für den Fall, dass $\boldsymbol{Y}$ nach $N(\mu e_n, V)$ verteilt ist, folgt aus Satz 6.5

$$\mathrm{var}\left(\frac{\boldsymbol{SQ}_\mathrm{I}}{\sigma^2}\right) = 2a(n-1) = \mathrm{var}\left[\frac{a(n-1)}{\sigma^2}\boldsymbol{DQ}_\mathrm{I}\right]$$

Daraus erhält man sofort

$$\mathrm{var}(\boldsymbol{s}^2) = \mathrm{var}(\boldsymbol{DQ}_\mathrm{I}) = \frac{2\sigma^4}{a(n-1)} \tag{6.31}$$

Analog ist

$$\mathrm{var}\left(\frac{\boldsymbol{SQ}_\mathrm{Z}}{\sigma^2+n\sigma_a^2}\right) = 2(a-1) = \mathrm{var}\left[\frac{a-1}{\sigma^2+n\sigma_a^2}\boldsymbol{DQ}_\mathrm{Z}\right]$$

und

$$\mathrm{var}(\boldsymbol{DQ}_\mathrm{Z}) = 2\frac{\left(\sigma^2+n\sigma_a^2\right)^2}{a-1} \tag{6.32}$$

Aus (6.31), (6.32) und (6.30) erhält man dann, wenn $\boldsymbol{Y}$ nach $N(\mu e_N, V)$ verteilt ist,

$$\mathrm{var}\left(\boldsymbol{s}_a^2\right) = \frac{2}{n^2}\left[\frac{\left(\sigma^2+n\sigma_a^2\right)^2}{a-1} + \frac{\sigma^4}{a(n-1)}\right] \tag{6.33}$$

Wir fassen die Ergebnisse nochmals zusammen:

Satz 6.6
Unter den Bedingungen von Satz 6.5 sind die Varianzen von $\boldsymbol{s}_a^2 = \frac{1}{n}(\boldsymbol{DQ}_\mathrm{Z} - \boldsymbol{DQ}_\mathrm{I})$ und $\boldsymbol{s}^2 = \boldsymbol{DQ}_\mathrm{I}$ durch (6.33) bzw. (6.31) gegeben. Ferner gilt

$$\mathrm{cov}\left(\boldsymbol{s}^2, \boldsymbol{s}_a^2\right) = \frac{-2\sigma^4}{na(n-1)} \tag{6.34}$$

Die Beziehung für die Kovarianz folgt wegen

$$\mathrm{cov}\left(\boldsymbol{s}^2, \boldsymbol{s}_a^2\right) = \mathrm{cov}\left[\boldsymbol{DQ}_\mathrm{I}, \frac{1}{n}(\boldsymbol{DQ}_\mathrm{Z} - \boldsymbol{DQ}_\mathrm{I})\right] = -\frac{1}{n}\,\mathrm{var}(\boldsymbol{DQ}_\mathrm{I})$$

und (6.31).

Schätzfunktionen für die Varianzen und Kovarianzen in (6.31), (6.33) und (6.34) kann man erhalten, indem man die in diesen Formeln auftretenden Größen σ^2 und σ_a^2 durch ihre Schätzfunktionen $\hat{\boldsymbol{\sigma}}^2 = \boldsymbol{s}^2$ und $\hat{\boldsymbol{\sigma}}_a^2 = \boldsymbol{s}_a^2$ ersetzt. Diese Schätzfunktionen für die Varianzen der Varianzkomponenten sind nicht erwartungstreu. Man sieht jedoch leicht, dass

$$\widehat{\mathrm{var}(\boldsymbol{s}^2)} = \frac{2\boldsymbol{s}^4}{a(n-1)+2} \tag{6.35}$$

$$\widehat{\mathrm{var}\left(\boldsymbol{s}_a^2\right)} = \frac{2}{n^2}\left[\frac{\left(\boldsymbol{s}^2 + n\boldsymbol{s}_a^2\right)^2}{a+1} + \frac{\boldsymbol{s}^2}{a(n-1)+2}\right] \tag{6.36}$$

und

$$\widehat{\mathrm{cov}\left(\boldsymbol{s}^2, \boldsymbol{s}_a^2\right)} = \frac{-2\boldsymbol{s}^4}{n[a(n-1)+2]} \tag{6.37}$$

erwartungstreu bezüglich $\mathrm{var}(\boldsymbol{s}^2)$, $\mathrm{var}(\boldsymbol{s}_a^2)$ und $\mathrm{cov}(\boldsymbol{s}^2, \boldsymbol{s}_a^2)$ sind. Ist nämlich $\boldsymbol{z} = \frac{f\boldsymbol{DQ}_K}{E(\boldsymbol{DQ}_K)}$ nach $CQ(f)$ verteilt, so gilt $\mathrm{var}(\boldsymbol{z}) = 2f$ und folglich

$$\mathrm{var}(\boldsymbol{DQ}_K) = \frac{2}{f}[E(\boldsymbol{DQ}_K)]^2$$

sodass

$$E\left(\boldsymbol{DQ}_K^2\right) - [E(\boldsymbol{DQ}_K)]^2 = \frac{2}{f}[E(\boldsymbol{DQ}_K)]^2$$

ist (siehe ausführlicher im Beweis zu Satz 6.10).

Im Fall ungleicher Klassenbesetzung kann Satz 6.5 nicht angewendet werden. Formel (6.31) konnte unabhängig von Satz 6.5 abgeleitet werden und gilt daher auch für ungleiche Klassenbesetzung, wenn man $a(n-1)$ durch $N-a$ ersetzt.

Die Herleitung der Formeln für $\mathrm{var}(\boldsymbol{s}_a^2)$ und $\mathrm{cov}(\boldsymbol{s}^2, \boldsymbol{s}_a^2)$ bei ungleichen n_i ist umständlich. Sie ist bei Hammersley (1949) und nach einem anderen Verfahren bei Hartley (1967) beschrieben; für den Fall $\mu = 0$ gibt Townsend (1968, Anhang IV) eine Ableitung. Für den Beweis des folgenden Satzes verweisen wir daher auf diese Literaturstellen.

Satz 6.7
Der Zufallsvektor $\boldsymbol{Y}$ mit den durch Modellgleichung (6.8) gegebenen Komponenten sei nach $N(\mu e_n, V)$ verteilt. Hierbei ist $V = \text{var}(\boldsymbol{Y})$ durch (6.9) gegeben. Dann ist für $\boldsymbol{s}_a^2$ aus (6.12)

$$\text{var}\left(\boldsymbol{s}_a^2\right) = \frac{2\left[N^2 - \sum n_i^2 + \left(\sum n_i^2\right)^2 - 2N\sum n_i^3\right]}{\left(N^2 - \sum n_i^2\right)^2}\sigma_a^4 + \frac{4N}{N^2 - \sum n_i^2}\sigma_a^2\sigma^2 + \frac{2N^2(N-1)(a-1)}{\left(N^2 - \sum n_i^2\right)^2(N-a)}\sigma^4 \tag{6.38}$$

Ferner gilt

$$\text{var}(\boldsymbol{s}^2) = \frac{2\sigma^4}{N-a} \tag{6.39}$$

$$\text{cov}\left(\boldsymbol{s}^2, \boldsymbol{s}_a^2\right) = \frac{-2(a-1)N}{(N-a)\left(N^2 - \sum n_i^2\right)}\sigma^4 \tag{6.40}$$

Für $n_i = n$ ergeben sich die Formeln (6.31) bis (6.33). Ist $\mu = 0$, so ist

$$\text{var}\left(\boldsymbol{s}_a^{*2}\right) = \frac{2}{N^2}\left[\sigma_a^4 \sum n_i^2 + 2\sigma_a^2\sigma^2 N + \sigma^4 \frac{aN}{N-a}\right] \tag{6.41}$$

wobei

$$\boldsymbol{s}_a^{*2} = \frac{a}{N}\left(\sum_{i=1}^{a} \frac{\boldsymbol{Y}_{i.}^2}{n_i} - \frac{1}{N-a}\boldsymbol{SQ}_\text{I}\right) \tag{6.42}$$

die ML-Schätzfunktion für σ_a^2 im Fall $\mu = 0_N$ ist.

Beispiel 6.1
Tabelle 6.1 enthält Milchfettmengenleistungen y_{ij} der Töchter von zehn Bullen, die zufällig aus einer Population herausgegriffen wurden. Der Anteil der Väter an der Varianz dieses Merkmals in der Population soll geschätzt werden; die Varianzen dieser Schätzfunktion und der Schätzung der Restvarianz sowie die Kovarianz zwischen beiden Schätzungen sind zu schätzen. Tabelle 6.2 stellt die Varianztabelle dar, und Tab. 6.3 enthält die Schätzwerte.

Nach der Varianzanalysemethode ist $s_a^2 = 0{,}086\,24 \cdot 85{,}67 = 7{,}388$. Der Varianztabelle entnimmt man $s^2 = 315{,}34$. Der Innerklassenkorrelationskoeffizient ρ_I wird durch

$$\rho_\text{I} = \frac{7{,}388}{322{,}728} = 0{,}023$$

geschätzt.

Tab. 6.1 Milchfettmengenleistungen y_{ij} der Töchter von zehn Bullen.

	Bulle B_1	B_2	B_3	B_4	B_5	B_6	B_7	B_8	B_9	B_{10}
	120	152	130	149	110	157	119	150	144	159
	155	144	138	107	142	107	158	135	112	105
	131	147	123	143	124	146	140	150	123	103
	130	103	135	133	109	133	108	125	121	105
	140	131	138	139	154	104	138	104	132	144
	140	102	152	102	135	119	154	150	144	129
	142	102	159	103	118	107	156	140	132	119
	146	150	128	110	116	138	145	103	129	100
	130	159	137	103	150	147	150	132	103	115
	152	132	144	138	148	152	124	128	140	146
	115	102	154		138	124	100	122	106	108
	146	160			115	142		154	152	119
n_i	12	12	11	10	12	12	11	12	12	12
$Y_{i.}$	1647	1584	1538	1227	1559	1576	1492	1593	1538	1452
$\bar{y}_{i.}$	137,25	132,00	139,82	122,70	129,92	131,33	135,64	132,75	128,17	121,00

Tab. 6.2 Varianztabelle (SPSS-Ausgabe) für das Material der Tab. 6.1 von Beispiel 6.1.

Tests der Zwischensubjekteffekte
Abhängige Variable: *y*

Quelle	**Quadratsumme vom Typ I**	**df**	**Mittel der Quadrate**	***F***	**Sig.**
Bulle	3609,106	9	401,012	1,272	0,261
Fehler	33 426,032	106	315,340[a)]		

a) MS (Fehler)

Wir berechnen die Varianztabelle mit SPSS, müssen dabei aber nach

```
Analysieren
  Allgemeines lineares Modell
    Univariat
```

den Schalter „Modell“ betätigen und die Quadratsummen auf 1 setzen. Dann erhalten wir das Ergebnis. In der SPSS-Ausgabe der Tab. 6.2 bedeutet df (degree of freedom) die Anzahl der Freiheitsgrade, und Sig. dient der Ablehnung der Nullhypothese, falls es kleiner oder gleich dem gewählten α ist.

Tab. 6.3 Ergebnisse der Varianzkomponentenschätzung nach vier Methoden.

Methode	s^2	s_a^2	$\widehat{\text{var}(s^2)}$	$\widehat{\text{var}\left(s_a^2\right)}$	$\widehat{\text{cov}\left(s^2, s_a^2\right)}$
Varianzanalyse	7,388	315,34			
MINQUE	8,171	315,35			
MML	3,248	316,03	199,45	1883,95	−161,99
EML	6,802	315,90	271,26	1882,59	−162,06

Wir wollen jetzt die Varianzkomponenten mit SPSS nach allen dort verfügbaren Methoden schätzen. Die Befehlsfolge im SPSS-Menü ist:

```
Analysieren
  Allgemeines lineares Modell
    Varianzkomponenten
```

Man setze wieder *SQ* auf Typ I. Im dann erscheinenden Fenster können wir unter Optionen die gewünschte Methode wählen (Abb. 6.1). Wir erhalten die Ergebnisse der Tab. 6.3.

Wir sehen, dass die Ergebnisse bis auf MML bei der Restvarianz nur unwesentlich voneinander abweichen.

6.3 Schätzfunktionen für Varianzkomponenten und ihre Spezialfälle der zweifachen und dreifachen Klassifikation

Wir behandeln in diesem Kapitel lediglich die einfach ohne Rechner handhabbare Varianzanalysemethode auch für den Fall ungleicher Klassenbesetzung. Im Fall ungleicher Klassenbesetzung gibt es die bereits in Abschn. 6.2 beschriebenen Schätzmethoden, die mit SPSS berechnet werden können. Doch ebenso wie in Abschn. 6.2 für den Fall der einfachen Varianzanalyse kann auch hier nicht gesagt werden, dass eine dieser Methoden in irgendeinem Sinne gleichmäßig besser ist als die Varianzanalysemethode, allerdings wird in der Praxis zunehmend die Methode EML verwendet. Der an diesen Methoden interessierte Leser sei auf Searle *et al.* (1992) und Ahrens (1983) verwiesen.

Für die weitere Diskussion benötigen wir folgende

Definition 6.4

Es sei $\boldsymbol{Y}$ eine Zufallsvariable, deren Verteilung von dem Parameter (-vektor) θ abhängt, und $\hat{\boldsymbol{\theta}}$ eine erwartungstreue Schätzfunktion bezüglich θ, die eine quadratische Funktion von $\boldsymbol{Y}$ ist. Hat $\hat{\boldsymbol{\theta}}$ unter allen erwartungstreuen Schätzfunktionen mit endlichen zweiten Momenten, die in $\boldsymbol{Y}$ quadratisch sind, Minimalvarianz, so heißt $\hat{\boldsymbol{\theta}}$ beste quadratische erwartungstreue Schätzfunktion (BQES) bezüglich θ.

6.3.1
Allgemeine Beschreibung für den Fall gleicher und ungleicher Klassenbesetzung

Definition 6.5
Bei einem speziellen Modell II der Varianzanalyse nach Definition 6.2 und für entsprechend strukturierte andere Modelle sprechen wir vom balancierten Fall, falls mit den konstanten Größen $N = n_i a_i$, n_i und a_i $(i = 1, \dots, r)$ die Matrizen Z_{A_i} von (6.3) den Bedingungen

$$e_N^{\mathrm{T}} Z_{A_i} = N_i e_{a_i}^{\mathrm{T}}\,, \quad Z_{A_i} e_{a_i} = e_N \tag{6.43}$$

genügen.

Zum balancierten Fall gehören z. B. die Kreuzklassifikationen mit gleicher Klassenbesetzung und hierarchische Klassifikationen mit gleicher Anzahl von Stufen der untergeordneten Faktoren und gleicher Klassenbesetzung.

Zum Beispiel ist im Fall der einfachen Klassifikation in (6.3) $r = 1$ und für $Z_{A_1} = Z = \bigoplus_{i=1}^{a} e_n$

$$e_N^{\mathrm{T}} Z = n e_a^{\mathrm{T}}\,, \quad Z e_a = e_N \quad (n_1 = n, a_1 = a)$$

Die allgemeine Vorgehensweise der Varianzanalysemethode im balancierten Fall besteht wie erwähnt darin, dass eine Varianztabelle (bis auf die Spalte $E(\boldsymbol{DQ})$) für das entsprechende Modell I nach Kapitel 5 aufgestellt wird. Dann werden die $E(\boldsymbol{DQ})$ für Modell II berechnet und die $\boldsymbol{DQ}$ den $E(\boldsymbol{DQ})$ formal gleichgesetzt. Die Lösungen des entstehenden Gleichungssystems sind die Schätzwerte der Varianzkomponenten. Die Schätzfunktionen ergeben sich nach Übergang zu den entsprechenden Zufallsvariablen. Die Faktoren der Varianzkomponenten in den $E(\boldsymbol{DQ})$ können nach den Regeln des Kapitels 7 erhalten werden. Wir bezeichnen mit $\boldsymbol{q} = (\boldsymbol{DQ}_1, \dots, \boldsymbol{DQ}_r)^{\mathrm{T}}$ den Vektor der $\boldsymbol{DQ}$ in einer Varianztabelle, mit $(\sigma_1^2, \dots, \sigma_r^2)^{\mathrm{T}}$ den Vektor der Varianzkomponenten und mit K die nichtsinguläre Matrix der Faktoren k_{ij}, sodass

$$E(\boldsymbol{q}) = K\left(\sigma_1^2, \dots, \sigma_r^2\right)^{\mathrm{T}}$$

gilt. Die zufälligen Lösungen von $q = K(\sigma_1^2, \dots, \sigma_r^2)^{\mathrm{T}}$ werden als Schätzfunktion $(\boldsymbol{s}_1^2, \dots, \boldsymbol{s}_r^2)^{\mathrm{T}}$ bezüglich $(\sigma_1^2, \dots, \sigma_r^2)^{\mathrm{T}}$ verwendet. Es gilt dann

$$\left(\boldsymbol{s}_1^2, \dots, \boldsymbol{s}_r^2\right)^{\mathrm{T}} = K^{-1}\boldsymbol{q} \tag{6.44}$$

Wir führen ohne Beweis den folgenden Satz an:

Satz 6.8 Graybill (1954)
In einer Varianzanalyse nach einem speziellen linearen Modell der Form (6.3) gilt im balancierten Fall:

1. Die Schätzfunktion (6.44) ist für den Fall, dass die γ_{A_i} in (6.3) endliche dritte und vierte Momente besitzen, die für alle Elemente von γ_{A_i} (und für jedes i) gleich sind, eine BQES.
2. Die Schätzfunktion (6.44) ist für normalverteilte Zufallsvariable $\boldsymbol{Y}$ die beste (erwartungstreue) Schätzfunktion.

Den Beweis dieses Satzes gab Graybill (1954).

Die Erwartungstreue folgt übrigens sofort wegen

$$E\left[\left(\boldsymbol{s}_1^2, \dots, \boldsymbol{s}_r^2\right)^{\mathrm{T}}\right] = K^{-1}E(\boldsymbol{q}) = K^{-1}K\left(\sigma_1^2, \dots, \sigma_r^2\right)^{\mathrm{T}} = \left(\sigma_1^2, \dots, \sigma_r^2\right)^{\mathrm{T}}$$

Die Varianz der Schätzfunktion (6.44) ist

$$\operatorname{var}\left[\left(\boldsymbol{s}_1^2, \dots, \boldsymbol{s}_r^2\right)^{\mathrm{T}}\right] = K^{-1}\operatorname{var}(\boldsymbol{q})(K^{\mathrm{T}})^{-1}$$

Satz 6.9
Es sei (6.3) ein spezielles Modell der Varianzanalyse nach Definition 6.2 und $\boldsymbol{Y}$ in (6.3) N-dimensional normalverteilt. Dann gilt im balancierten Fall für die $\boldsymbol{SQ}_i$ der entsprechenden Varianzanalyse (z. B. nach den Varianztabellen von Kapitel 5) mit den Freiheitsgraden v_i ($i = 1, \dots, r+1, \boldsymbol{SQ}_{r+1} = \boldsymbol{SQ}_{\text{Rest}}$):

Die Größen

$$\frac{\boldsymbol{SQ}_i}{E(\boldsymbol{DQ}_i)} = \boldsymbol{Y}^{\mathrm{T}}A_i\boldsymbol{Y}$$

mit den positiv definiten Matrizen A_i vom Rang v_i sind unabhängig voneinander nach $CQ(v_i)$ verteilt.

Den Beweis dieses Satzes erhält man mithilfe von Satz 4.6, indem man nachweist, dass A_iV idempotent ist, $A_iVA_j = 0$ für $i \neq j$ und $\mu e_n^{\mathrm{T}}A_ie_n\mu = 0$ gilt.

Satz 6.10
Ist $\boldsymbol{Y}$ in (6.3) im balancierten Fall N-dimensional normalverteilt, so ist für $(\boldsymbol{s}_1^2, \dots, \boldsymbol{s}_r^2)^{\mathrm{T}}$ aus (6.44)

$$\operatorname{var}\left[\left(\boldsymbol{s}_1^2, \dots, \boldsymbol{s}_r^2\right)^{\mathrm{T}}\right] = K^{-1}D(K^{\mathrm{T}})^{-1}$$

mit der Diagonalmatrix D, deren Elemente gleich $\frac{2}{v_i}[E(\boldsymbol{DQ}_i)]^2$ sind. Die v_i sind die Freiheitsgrade der $\boldsymbol{DQ}_i$ für $i = 1, \dots, r+1$. Ferner ist

$$\widehat{\operatorname{var}\left[(\boldsymbol{s}_1^2, \dots, \boldsymbol{s}_r^2)^{\mathrm{T}}\right]} = K^{-1}\hat{D}(K^{\mathrm{T}})^{-1}$$

mit der Diagonalmatrix $\hat{\boldsymbol{D}}$, deren Elemente durch $\frac{2}{\nu_i+2}\boldsymbol{DQ}_i^2$ gegeben sind, eine erwartungstreue Schätzfunktion für $\text{var}[(\boldsymbol{s}_1^2, \ldots, \boldsymbol{s}_r^2)^{\mathrm{T}}]$.

Beweis: Aus Satz 6.9 folgt, dass im balancierten Fall die $\frac{\nu_i \boldsymbol{DQ}_i}{E(\boldsymbol{DQ}_i)}$ $(i = 1, \ldots, r+1)$ voneinander unabhängig nach $CQ(\nu_i)$ verteilt sind. Folglich gilt wegen $\text{var}(\boldsymbol{\chi}^2) = 2n$ für nach $CQ(n)$ verteilte Zufallsvariable χ^2

$$\text{var}\left[\frac{\nu_i \boldsymbol{DQ}_i}{E(\boldsymbol{DQ}_i)}\right] = \frac{\nu_i^2}{[E(\boldsymbol{DQ}_i)]^2}\,\text{var}(\boldsymbol{DQ}_i) = 2\nu_i$$

und daraus folgt wegen $\text{cov}(\boldsymbol{DQ}_i, \boldsymbol{DQ}_j) = 0$ für alle $i \neq j$ die behauptete Form von D.

Wegen

$$\text{var}(\boldsymbol{DQ}_i) = E\left(\boldsymbol{DQ}_i^2\right) - [E(\boldsymbol{DQ}_i)]^2 = \frac{2}{\nu_i}[E(\boldsymbol{DQ}_i)]^2$$

gilt

$$E\left(\boldsymbol{DQ}_i^2\right) = [E(\boldsymbol{DQ})_i]^2 \frac{2+\nu_i}{\nu_i}$$

und somit ist $\frac{2}{\nu_i+2}\boldsymbol{DQ}_i^2$ erwartungstreu bezüglich $\frac{2}{\nu_i}[E(\boldsymbol{DQ}_i)]^2$, und es gilt $E(\hat{\boldsymbol{D}}) = D$.

Wir betrachten nun den unbalancierten Fall, d. h. solche Modelle, für die (6.43) nicht gilt. Wir beschränken uns auf die Beschreibung der analog zum balancierten Fall konstruierten Varianzanalysemethode, da sie rechnerisch relativ einfach ist und da es keine gleichmäßig bessere Methode gibt (siehe jedoch Ahrens, 1983).

Die Analogie besteht in Folgendem: Man kann die $\boldsymbol{SQ}_i$ im balancierten Fall als Linearkombinationen von Quadraten der Komponenten von $\boldsymbol{Y}$ und von Teilsummen dieser Komponenten schreiben. Wir bezeichnen diese Elemente in den als Linearkombinationen geschriebenen $\boldsymbol{SQ}_i$ mit $\boldsymbol{S}_{A_i}$, wobei die A_i die in (6.3) auftretenden Faktoren oder Faktorkombinationen sind ($\boldsymbol{S}_{A_0} = \boldsymbol{S}_\mu$ ist μ zugeordnet). Analog zu den $\boldsymbol{S}_{A_i}$ für den balancierten Fall werden entsprechende $\boldsymbol{S}_{A_i}$ in folgendem Sinne für den unbalancierten Fall berechnet:

$$\boldsymbol{S}_\mu = \frac{\boldsymbol{Y}_{\ldots}^2}{N}, \quad \boldsymbol{S}_{\text{Rest}} = \boldsymbol{Y}^{\mathrm{T}}\boldsymbol{Y} = \boldsymbol{S}_{A_{r+1}}$$

$$\boldsymbol{S}_{A_i} = \sum_{j=1}^{a_i} \frac{\boldsymbol{Y}_{.}^2(A_{ij})}{N_{.}(A_{ij})} \quad (i = 1, \ldots, r) \tag{6.45}$$

In (6.45) bezeichnet $Y_{.}(A_{ij})$ die Summe der Komponenten von $\boldsymbol{Y}$ in der j-ten Stufe des Faktors (der Faktorkombination) A_i, $N_{.}(A_{ij})$ die Anzahl der Summanden in $Y_{.}(A_{ij})$ und a_i die Anzahl der Stufen von A_i.

Die $\boldsymbol{S}_{A_i}$ werden mithilfe der für den balancierten Fall abgeleiteten Linearkombinationen zu Quasi-*SQ* zusammengefasst. Setzt man diese Quasi-*SQ* oder die entsprechenden Quasi-*DQ* mit ihren Erwartungswerten gleich, so erhält man ein Gleichungssystem, dessen Lösungen die Schätzwerte der Varianzkomponenten der Varianzanalysemethode für den unbalancierten Fall sind. Die Bezeichnung Quasi-*SQ* wurde gewählt, weil diese quadratischen Formen nicht in jedem Fall positiv definit und damit keine Summen von Abweichungsquadraten sein müssen. Für die Schätzung der Varianzkomponente ist diese Tatsache jedoch ohne Bedeutung.

Für die Herleitung des Gleichungssystems benötigen wir die Erwartungswerte der Quasi-*SQ* und damit der $\boldsymbol{S}_{A_i}$. Bezeichnen wir mit $k(\sigma_j^2, \boldsymbol{S}_{A_i})$ die Koeffizienten von σ_j^2 im Erwartungswert von $\boldsymbol{S}_{A_i}(i, j = 1, \dots, r)$, so kann man diese Koeffizienten nach einem Verfahren von Hartley (1967) (vgl. auch Hartley und Rao, 1967) berechnen. Hierzu setzen wir

$$\boldsymbol{S}_{A_i} = \sum_{j=1}^{a_i} \frac{1}{N_{.}(A_{ij})} \boldsymbol{Y}_{.}^2(A_{ij}) = \boldsymbol{Y}^{\mathrm{T}} B_i \boldsymbol{Y} = \boldsymbol{S}_{A_i}(\boldsymbol{Y})$$

und schreiben $Z_{A_i} = [\boldsymbol{z}_1(A_i), \dots, \boldsymbol{z}_{a_i}(A_i)]$ mit den Spaltenvektoren $\boldsymbol{z}_j(A_i)\,(j = 1, \dots, a_i)$. Dann gilt

$$k_{ji} = k\left(\sigma_j^2, S_{A_i}\right) = \sum_{j=1}^{a_i} S_{A_i}[\boldsymbol{z}_j(A_i)] \tag{6.46}$$

Für die Herleitung von (6.46) sei der Leser auf die Arbeit von Hartley (1967) verwiesen. Die Koeffizienten von σ^2 sind gleich a_i, und es gilt ferner

$$E(\boldsymbol{S}_{\mathrm{Rest}}) = E(\boldsymbol{Y}^{\mathrm{T}}\boldsymbol{Y}) = N\left(\mu^2 + e_{r+1}^{\mathrm{T}}\left(\sigma_1^2, \dots, \sigma_r^2\right)^{\mathrm{T}}\right)$$

Gelten nun im balancierten Fall für die Berechnung der *SQ* die Formeln

$$\begin{aligned} \boldsymbol{SQ}_i &= \sum_{j=1}^{r} c_{ij}\boldsymbol{S}_{A_j} + c_{r+1,i}\boldsymbol{S}_{\mathrm{Rest}} \\ \boldsymbol{SQ}_{\mathrm{Rest}} &= \sum_{j=1}^{r} c_{j,r+1}\boldsymbol{S}_{A_j} + c_{r+1,r+1}\boldsymbol{S}_{\mathrm{Rest}} \end{aligned} \tag{6.47}$$

so werden die Quasi-SQ ($\boldsymbol{QSQ}_i$), auch im nicht balancierten Fall nach (6.47) berechnet. Bezeichnen wir mit C die positiv definite Matrix der Koeffizienten der σ_j^2 in den Erwartungswerten der $\boldsymbol{QSQ}_i$ (i Zeilenindex, j Spaltenindex), mit a^* den Vektor der Koeffizienten von σ^2, mit Σ den Vektor der Varianzkomponenten $\sigma_i^2\,(i = 1, \dots, r)$ und mit $\boldsymbol{S}$ den Vektor der $\boldsymbol{QSQ}_i$, so erhält man das Gleichungssystem

$$E\begin{bmatrix} \boldsymbol{S} \\ \boldsymbol{SQ}_{\mathrm{Rest}} \end{bmatrix} = \begin{pmatrix} C & a^* \\ 0_r^{\mathrm{T}} & N-p \end{pmatrix} \cdot \begin{pmatrix} \Sigma \\ \sigma^2 \end{pmatrix} \tag{6.48}$$

wobei p die Anzahl der Klassen mit mindestens einem Beobachtungswert bezeichnet. Die Koeffizientenmatrix erhält man aus (6.47), (6.46) und den entsprechenden Formeln für die $\boldsymbol{SQ}$ im balancierten Fall. Aus (6.48) ergeben sich die Schätzgleichungen nach der Varianzanalysemethode in der Form

$$\begin{pmatrix} \boldsymbol{S} \\ \boldsymbol{SQ}_{\text{Rest}} \end{pmatrix} = \begin{pmatrix} C & a^* \\ 0_r^{\text{T}} & N-p \end{pmatrix} \begin{pmatrix} \hat{\boldsymbol{\Sigma}} \\ \boldsymbol{s}^2 \end{pmatrix} \tag{6.49}$$

wobei $\hat{\boldsymbol{\Sigma}}^{\text{T}} = (\boldsymbol{s}_1^2, \dots, \boldsymbol{s}_r^2)$ ist. Aus (6.49) erhält man

$$\boldsymbol{s}^2 = \frac{1}{N-p} \boldsymbol{SQ}_{\text{Rest}} \tag{6.50}$$

und

$$\hat{\boldsymbol{\Sigma}} = C^{-1}(\boldsymbol{S} - \boldsymbol{s}^2 a^*) \tag{6.51}$$

Formeln für die Varianzen (und Schätzfunktionen der Varianzen) von $\boldsymbol{s}^2$ und der $\boldsymbol{s}_i^2$ findet man bei Searle (2012).

Die Aussage von Satz 6.9 ist auf den unbalancierten Fall nur teilweise übertragbar. Man kann nur zeigen, dass $\frac{\boldsymbol{SQ}_{\text{Rest}}}{\sigma^2}$ nach $CQ(N-p)$ und unabhängig von den $\boldsymbol{s}_i^2$ verteilt ist. Im Folgenden werden einige häufig verwendete Spezialfälle behandelt.

6.3.2 Zweifache Kreuzklassifikation

Im Fall einer zweifachen Kreuzklassifikation hat das spezielle Modell der Varianzanalyse nach Definition 6.2 die Gestalt

$$\begin{aligned} &\boldsymbol{y}_{ijk} = \mu + \boldsymbol{a}_i + \boldsymbol{b}_j + (\boldsymbol{a},\boldsymbol{b})_{ij} + \boldsymbol{e}_{ijk} \\ &(i = 1, \dots, a; j = 1, \dots, b; k = 1, \dots, n_{ij}) \end{aligned} \tag{6.52}$$

mit den Nebenbedingungen, dass die $\boldsymbol{a}_i$, $\boldsymbol{b}_j$, $(\boldsymbol{a},\boldsymbol{b})_{ij}$ und $\boldsymbol{e}_{ijk}$ unkorreliert sind:

$$\begin{aligned} E(\boldsymbol{a}_i) = E(\boldsymbol{b}_j) = E((\boldsymbol{a},\boldsymbol{b})_{ij}) = E(\boldsymbol{a}_i\boldsymbol{b}_j) = E(\boldsymbol{a}_i(\boldsymbol{a},\boldsymbol{b})_{ij}) = E(\boldsymbol{b}_j(\boldsymbol{a},\boldsymbol{b})_{ij}) = 0 \\ E(\boldsymbol{e}_{ijk}) = E(\boldsymbol{a}_i\boldsymbol{e}_{ijk}) = E(\boldsymbol{b}_j\boldsymbol{e}_{ijk}) = E((\boldsymbol{a},\boldsymbol{b})_{ij}\boldsymbol{e}_{ijk}) = 0 \quad \text{für alle} \quad i,j,k \\ \text{var}(\boldsymbol{a}_i) = \sigma_a^2 \quad \text{für alle} \quad i, \qquad \text{var}(\boldsymbol{b}_j) = \sigma_b^2 \quad \text{für alle} \quad j \\ \text{var}((\boldsymbol{a},\boldsymbol{b})_{ij}) = \sigma_{ab}^2 \quad \text{für alle} \quad i,j, \qquad \text{var}(\boldsymbol{e}_{ijk}) = \sigma^2 \quad \text{für alle} \quad i,j,k \end{aligned}$$

Für die Durchführung von Tests und die Konstruktion von Konfidenzintervallen setzen wir zusätzlich voraus, dass die $\boldsymbol{y}_{ijk}$ normalverteilt sind.

Aus Satz 6.9 folgt als Spezialfall der

Satz 6.11
In einer balancierten zweifachen Kreuzklassifikation ($n_{ij} = n$ für alle i, j) nach Modell II und normalverteilten $\boldsymbol{y}_{ijk}$ sind die Summen der Abweichungsquadrate der Tab. 5.13 stochastisch unabhängig, und zwar ist

$$\frac{\boldsymbol{SQ}_A}{bn\sigma_a^2 + n\sigma_{ab}^2 + \sigma^2} \quad \text{nach} \quad CQ(a-1)$$

$$\frac{\boldsymbol{SQ}_B}{an\sigma_b^2 + n\sigma_{ab}^2 + \sigma^2} \quad \text{nach} \quad CQ(b-1)$$

$$\frac{\boldsymbol{SQ}_{AB}}{n\sigma_{ab}^2 + \sigma^2} \quad \text{nach} \quad CQ[(a-1)(b-1)]$$

verteilt.

Satz 6.11 gestattet es, folgende Hypothesen zu testen:

$$H_{\text{A0}} : \sigma_a^2 = 0\,, \quad H_{B0} : \sigma_b^2 = 0\,, \quad H_{\text{AB0}} : \sigma_{ab}^2 = 0$$

Satz 6.12
Es seien die Voraussetzungen von Satz 6.11 erfüllt. Dann ist die Prüfzahl

$$\boldsymbol{F}_A = \frac{\boldsymbol{SQ}_A}{\boldsymbol{SQ}_{AB}}(b-1)$$

das $\frac{bn\sigma_a^2+n\sigma_{ab}^2+\sigma^2}{n\sigma_{ab}^2+\sigma^2}$-fache einer nach $F[a-1,(a-1)(b-1)]$ verteilten Zufallsvariablen. Bei Gültigkeit von H_{A0} ist $\boldsymbol{F}_A$ nach $F[a-1,(a-1)(b-1)]$ verteilt.

Die Prüfzahl

$$\boldsymbol{F}_B = \frac{\boldsymbol{SQ}_B}{\boldsymbol{SQ}_{AB}}(a-1)$$

ist das $\frac{an\sigma_b^2+n\sigma_{ab}^2+\sigma^2}{n\sigma_{ab}^2+\sigma^2}$-fache einer nach $F[b-1,(a-1)(b-1)]$ verteilten Zufallsvariablen. Bei Gültigkeit von H_{B0} ist $\boldsymbol{F}_B$ nach $F[b-1,(a-1)(b-1)]$ verteilt.

Die Prüfzahl

$$\boldsymbol{F}_{AB} = \frac{\boldsymbol{SQ}_{AB}}{\boldsymbol{SQ}_{\text{Rest}}} \cdot \frac{ab(n-1)}{(a-1)(b-1)}$$

ist das $\frac{n\sigma_{ab}^2+\sigma^2}{\sigma^2}$-fache einer nach $F[(a-1)(b-1), ab(n-1)]$ verteilten Zufallsvariablen. Bei Gültigkeit von H_{AB0} ist $\boldsymbol{F}_{AB}$ nach $F[(a-1)(b-1), ab(n-1)]$ verteilt.

Den Beweis erhält man sofort aus Satz 6.11. Die Hypothesen H_{A0}, H_{B0} bzw. H_{AB0} testet man mit den Prüfzahlen $\boldsymbol{F}_A, \boldsymbol{F}_B$, bzw. $\boldsymbol{F}_{AB}$. Überschreiten die beobachteten F-Werte die $(1 - \alpha)$-Quantile der F-Verteilung mit den entsprechenden Freiheitsgraden, so besteht Anlass zu der Vermutung, dass dies auf nicht verschwindende Varianzkomponenten, über die die Nullhypothese aufgestellt wurde, zurückzuführen ist. Zu große F-Werte führen damit zur Ablehnung der entsprechenden Nullhypothese.

Um Satz 6.11 aus Satz 6.9 ableiten zu können, benötigt man die Aussagen (für den balancierten Fall)

$$\left.\begin{aligned} E(\boldsymbol{DQ}_A) &= bn\sigma_a^2 + n\sigma_{ab}^2 + \sigma^2 \\ E(\boldsymbol{DQ}_B) &= an\sigma_b^2 + n\sigma_{ab}^2 + \sigma^2 \\ E(\boldsymbol{DQ}_{AB}) &= n\sigma_{ab}^2 + \sigma^2 \\ E(\boldsymbol{DQ}_{\text{Rest}}) &= \sigma^2 \end{aligned}\right\} \tag{6.53}$$

die der Leser mithilfe der in Kapitel 7 angeführten Regeln selbst ableiten kann.

Tabelle 6.4 ist die Varianztabelle für den balancierten Fall. Mithilfe von (6.53) erhält man nach der Varianzanalysemethode folgende Schätzfunktionen für die Varianzkomponenten im balancierten Fall:

$$\left.\begin{aligned} \boldsymbol{s}^2 &= \boldsymbol{DQ}_{\text{Rest}}\,, & \boldsymbol{s}_{ab}^2 &= \tfrac{1}{n}(\boldsymbol{DQ}_{AB} - \boldsymbol{DQ}_{\text{Rest}}) \\ \boldsymbol{s}_b^2 &= \tfrac{1}{an}(\boldsymbol{DQ}_B - \boldsymbol{DQ}_{AB})\,, & \boldsymbol{s}_a^2 &= \tfrac{1}{bn}(\boldsymbol{DQ}_A - \boldsymbol{DQ}_{AB}) \end{aligned}\right\} \tag{6.54}$$

Formel (6.54) ist ein Spezialfall von (6.44), und zwar ist wegen (6.53) in (6.44)

$$K = \begin{pmatrix} bn & 0 & n & 1 \\ 0 & an & n & 1 \\ 0 & 0 & n & 1 \\ 0 & 0 & 0 & 1 \end{pmatrix}$$

Nun ist $|K| = abn^3$ und

$$K^{-1} = \frac{1}{abn}\begin{pmatrix} a & 0 & -a & 0 \\ 0 & b & -b & 0 \\ 0 & 0 & ab & -ab \\ 0 & 0 & 0 & abn \end{pmatrix}$$

Aus Satz 6.10 ergeben sich folgende Varianzen für die Schätzfunktionen $\boldsymbol{s}_a^2, \boldsymbol{s}_b^2, \boldsymbol{s}_{ab}^2$ und $\boldsymbol{s}^2$. Zunächst berechnen wir die Matrix D mithilfe von (6.53) bzw. von Tab. 6.4:

$$d_{11} = \frac{2}{a-1}\left(bn\sigma_a^2 + n\sigma_{ab}^2 + \sigma^2\right)^2\,, \quad d_{22} = \frac{2}{b-1}\left(an\sigma_b^2 + n\sigma_{ab}^2 + \sigma^2\right)^2\,,$$

$$d_{33} = \frac{2}{(a-1)(b-1)}\left(n\sigma_{ab}^2 + \sigma^2\right)^2\,, \quad d_{44} = \frac{2}{ab(n-1)}\sigma^4$$

Tab. 6.4 Ergänzung der Tab. 5.13 zur Varianztabelle einer Zweifachklassifikation mit gleicher Klassenbesetzung für Modell II.

Variationsursache	$E(DQ)$	F
Zwischen Zeilen (A)	$\sigma^2 + n\sigma^2_{ab} + bn\sigma^2_a$	$(b-1)\dfrac{\boldsymbol{SQ}_A}{\boldsymbol{SQ}_{AB}}$
Zwischen Spalten (B)	$\sigma^2 + n\sigma^2_{ab} + n\sigma^2_b$	$(a-1)\dfrac{\boldsymbol{SQ}_B}{\boldsymbol{SQ}_{AB}}$
Wechselwirkungen	$\sigma^2 + n\sigma^2_{ab}$	$\dfrac{ab(n-1)}{(a-1)(b-1)}\dfrac{\boldsymbol{SQ}_{AB}}{\boldsymbol{SQ}_{\mathrm{R}}}$
Innerhalb der Klassen	σ^2	

Daraus erhalten wir die Kovarianzmatrix V des Vektors $(\boldsymbol{s}^2_a, \boldsymbol{s}^2_b, \boldsymbol{s}^2_{ab}, \boldsymbol{s}^2)$ zu

$$\begin{bmatrix} \frac{d_{11}+d_{33}}{b^2n^2} & \frac{d_{33}}{abn^2} & \frac{-d_{33}}{bn^2} & 0 \\ \frac{d_{33}}{abn^2} & \frac{d_{22}+d_{33}}{a^2n^2} & \frac{-d_{33}}{an^2} & 0 \\ \frac{-d_{33}}{bn^2} & \frac{-d_{33}}{an^2} & \frac{d_{33}+d_{44}}{n^2} & \frac{-d_{44}}{n} \\ 0 & 0 & \frac{-d_{44}}{n} & d_{44} \end{bmatrix}$$

So ist z. B. $\mathrm{var}(\boldsymbol{s}^2) = \frac{2}{ab(n-1)}\sigma^4$ und

$$\mathrm{cov}\left(\boldsymbol{s}^2_a, \boldsymbol{s}^2_b\right) = \frac{2}{a(a-1)b(b-1)n^2}\left(n^2\sigma^4_{ab} + 2n\sigma^4_{ab}\sigma^2 + \sigma^4\right)$$

Schätzfunktionen für die Elemente der Kovarianzmatrix V sind durch die Matrix $\hat{V}$ gegeben, die man aus V erhält, indem man die d_{ii} durch die $\hat{\boldsymbol{d}}_{ii}$ ersetzt, wobei

$$\hat{\boldsymbol{d}}_{11} = \frac{2}{a+1}\boldsymbol{DQ}^2_A, \quad \hat{\boldsymbol{d}}_{22} = \frac{2}{b+1}\boldsymbol{DQ}^2_B$$
$$\hat{\boldsymbol{d}}_{33} = \frac{2}{(a-1)(b-1)+2}\boldsymbol{DQ}^2_{AB}, \quad \hat{\boldsymbol{d}}_{44} = \frac{2}{ab(n-1)+2}\boldsymbol{DQ}_{\mathrm{Rest}}$$

ist. So ist beispielsweise

$$\widehat{\mathrm{var}(\boldsymbol{s}^2)} = \frac{2}{ab(n-1)+2}\boldsymbol{DQ}^2_{\mathrm{Rest}}$$

und

$$\widehat{\mathrm{cov}\left(\boldsymbol{s}^2_a, \boldsymbol{s}^2_b\right)} = \frac{2}{[(a-1)(b-1)+2]abn^2}\boldsymbol{DQ}^2_{AB}$$

Wir betrachten nun den unbalancierten Fall; p Klassen mögen wenigstens einen Beobachtungswert enthalten ($0 < p \leq ab$). Ist $p = ab$, so sollen nicht alle n_{ij} gleich sein. Die Quasi-*SQ* haben die Form (nach (6.37)) analog zu den $\boldsymbol{SQ}$ der Tab. 5.13:

$$\left.\begin{aligned} \boldsymbol{QSQ}_A &= \boldsymbol{S}_A - \boldsymbol{S}_\mu \\ \boldsymbol{QSQ}_B &= \boldsymbol{S}_B - \boldsymbol{S}_\mu \\ \boldsymbol{QSQ}_{AB} &= \boldsymbol{S}_{AB} - \boldsymbol{S}_A - \boldsymbol{S}_B + \boldsymbol{S}_\mu \\ \boldsymbol{QSQ}_{\text{Rest}} &= \boldsymbol{S}_{\text{Rest}} - \boldsymbol{S}_{AB} \end{aligned}\right\} \tag{6.55}$$

mit

$$\left.\begin{aligned} &\boldsymbol{S}_\mu = \frac{1}{N}\boldsymbol{Y}_{...}^2, \quad \boldsymbol{S}_{\text{Rest}} = \sum_{i=1}^{a}\sum_{j=1}^{b}\sum_{k=1}^{n_{ij}} \boldsymbol{y}_{ijk}^2 \\ &\boldsymbol{S}_A = \sum_{i=1}^{a} \frac{\boldsymbol{Y}_{i..}^2}{N_{i.}}, \quad \boldsymbol{S}_B = \sum_{j=1}^{b} \frac{\boldsymbol{Y}_{.j.}^2}{N_{.j}}, \quad \boldsymbol{S}_{AB} = \sum_{i=1}^{a}\sum_{j=1}^{b}{}^{*} \frac{\boldsymbol{Y}_{ij.}^2}{n_{ij}} \end{aligned}\right\} \tag{6.56}$$

wobei Σ^* bedeuten soll, dass nur solche Summanden berücksichtigt werden, deren Nenner von 0 verschieden ist. Gleichung (6.56) ist ein Spezialfall von (6.45). Die Erwartungswerte von $\boldsymbol{S}_\mu, \boldsymbol{S}_A, \boldsymbol{S}_B, \boldsymbol{S}_{AB}$ und $E(\boldsymbol{QSQ}_{\text{Rest}}) = (N - p)\sigma^2$ können durch Einsetzen der Modellgleichung (6.52) in die Formeln (6.56) mithilfe etwas umständlicher Umformungen oder nach Formel (6.46) berechnet werden. In unserem Fall erhält man

$$\begin{aligned} E(\boldsymbol{S}_A) &= \sum_{i=1}^{a} \left\{ N_{i.}\mu^2 + E\left[N_{i.}\boldsymbol{a}_i^2 + \frac{\sum_{j=1}^{b} n_{ij}^2 \boldsymbol{b}_j^2}{N_{i.}} + \frac{\sum_{j=1}^{b} n_{ij}^2 (\boldsymbol{a},\boldsymbol{b})_{ij}^2}{N_{i.}} + \frac{\boldsymbol{E}_{i..}^2}{N_{i.}} \right] \right\} \\ &= N\mu^2 + N\sigma_a^2 + \sum_{i=1}^{a} \frac{\sum_{j=1}^{b} n_{ij}^2}{N_{i.}}\sigma_b^2 + \sum_{i=1}^{a} \frac{\sum_{j=1}^{b} n_{ij}^2}{N_{i.}}\sigma_{ab}^2 + a\sigma^2 \\ &\quad \left(\boldsymbol{E}_{i..} = \sum_{j,k} \boldsymbol{e}_{ijk} \right) \end{aligned}$$

$$E(\boldsymbol{S}_B) = N\mu^2 + N\sigma_b^2 + \sum_{j=1}^{b} \frac{\sum_{i=1}^{a} n_{ij}^2}{N_{.j}}\sigma_a^2 + \sum_{j=1}^{b} \frac{\sum_{i=1}^{a} n_{ij}^2}{N_{.j}}\sigma_{ab}^2 + b\sigma^2$$

$$E(\boldsymbol{S}_{AB}) = N\left(\mu^2 + \sigma_a^2 + \sigma_b^2 + \sigma_{ab}^2\right) + p\sigma^2$$

$$E(\boldsymbol{S}_\mu) = N\mu^2 + \frac{\sum_{i=1}^{a} N_{i.}^2}{N}\sigma_a^2 + \frac{\sum_{j=1}^{b} N_{.j}^2}{N}\sigma_b^2 + \frac{\sum_{i=1}^{a}\sum_{j=1}^{a} n_{ij}^2}{N}\sigma_{ab}^2 + \sigma^2$$

$$E(\boldsymbol{S}_{\text{Rest}}) = N\left(\mu^2 + \sigma_a^2 + \sigma_b^2 + \sigma_{ab}^2 + \sigma^2\right)$$

und damit

$$E(\boldsymbol{QSQ}_A) = \sigma^2\left[N - \frac{\sum_{i=1}^{a} N_{i.}^2}{N}\right] + \sigma_b^2\left[\sum_{i=1}^{a}\frac{\sum_{j=1}^{b} n_{ij}^2}{N_{i.}} - \frac{\sum_{j=1}^{b} N_{.j}^2}{N}\right]$$
$$+ \sigma_{ab}^2\sum_{i=1}^{a}\sum_{j=1}^{b} n_{ij}^2\left(\frac{1}{N_{i.}} - \frac{1}{N}\right) - (a-1)\sigma^2$$
$$E(\boldsymbol{QSQ}_B) = \sigma_a^2\left[\sum_{i=1}^{a}\frac{\sum_{i=1}^{a} n_{ij}^2}{N_{.j}} - \frac{\sum_{i=1}^{a} N_{i.}^2}{N}\right] + \sigma_b^2\left[N - \frac{\sum_{j=1}^{b} N_{.j}^2}{N}\right]$$
$$+ \sigma_{ab}^2\sum_{j=1}^{b}\sum_{i=1}^{a} n_{ij}^2\left(\frac{1}{N_{.j}} - \frac{1}{N}\right) + (b-1)\sigma^2$$
$$E(\boldsymbol{QSQ}_{AB}) = \sigma_a^2\left[\frac{\sum_{i=1}^{b} N_{i.}^2}{N} - \sum_{j=1}^{b}\frac{\sum_{i=1}^{a} n_{ij}^2}{N_{.j}}\right] + \sigma_b^2\left[\frac{\sum_{j=1}^{b} N_{.j}^2}{N} - \sum_{i=1}^{a}\frac{\sum_{j=1}^{b} n_{ij}^2}{N_{i.}}\right]$$
$$+ \sigma_{ab}^2\left[N - \sum_{i=1}^{a}\frac{\sum_{j=1}^{b} n_{ij}^2}{N_{i.}} - \sum_{j=1}^{b}\frac{\sum_{i=1}^{a} n_{ij}^2}{N_{.j}} + \frac{1}{N}\sum_{i=1}^{a}\sum_{j=1}^{b} n_{ij}^2\right]$$
$$+ \sigma^2(p - a - b + 1)$$
$$E(\boldsymbol{QSQ}_{\text{Rest}}) = (N - p)\sigma^2$$

Sind alle Klassen besetzt, so ist $p = ab$.

Schätzfunktionen $\boldsymbol{s}_a^2, \boldsymbol{s}_b^2, \boldsymbol{s}_{ab}^2$ und $\boldsymbol{s}^2$ nach der Varianzanalysemethode ergeben sich, wenn die $E(\boldsymbol{QSQ})$ in diesem Gleichungssystem durch die $\boldsymbol{QSQ}$ und die Varianzkomponenten durch ihre Schätzfunktionen ersetzt werden.

6.3.3
Zweifache hierarchische Klassifikation

Die zweifache hierarchische Klassifikation ist ein Spezialfall der unvollständigen zweifachen Kreuzklassifikation, sie ist maximal unzusammenhängend. Die Formeln für die Schätzfunktionen der Varianzkomponenten werden dadurch besonders einfach, sodass es sich lohnt, sie noch einmal gesondert anzuführen. Wir verwenden im Folgenden die Bezeichnung von Abschn. 5.3.2, allerdings sind die a_i und b_j in (5.35) jetzt Zufallsvariable. Die Modellgleichung (5.35) schreiben wir daher als

$$\boldsymbol{y}_{ijk} = \mu + \boldsymbol{a}_i + \boldsymbol{b}_{ij} + \boldsymbol{e}_{ijk}\,,$$
$$(i = 1, \ldots, a;\, j = 1, \ldots, b_i;\, k = 1, \ldots, n_{ij}) \tag{6.57}$$

Tab. 6.5 Spalte der $E(\boldsymbol{DQ})$ der zweifachen hierarchischen Klassifikation für Modell II (der restliche Teil der Varianztabelle ist analog zu Tab. 5.19).

Variationsursache	$E(DQ)$
Zwischen A-Stufen	$\sigma^2 + \lambda_2\sigma_b^2 + \lambda_3\sigma_a^2$
Zwischen B-Stufen innerhalb A-Stufen	$\sigma^2 + \lambda_1\sigma_b^2$
Innerhalb B-Stufen	σ^2

mit den Nebenbedingungen unkorrelierter $\boldsymbol{a}_i$, $\boldsymbol{b}_{ij}$ bzw. $\boldsymbol{e}_{ijk}$ und

$$0 = E(\boldsymbol{a}_i) = E(\boldsymbol{b}_{ij}) = \text{cov}(\boldsymbol{a}_i, \boldsymbol{b}_{ij}) = \text{cov}(\boldsymbol{a}_i, \boldsymbol{e}_{ijk}) = \text{cov}(\boldsymbol{b}_{ij}, \boldsymbol{e}_{ijk})$$

für alle i,j,k.

Die Quasi-SQ des vorigen Abschnittes werden zu echten SQ, da Satz 5.10 unabhängig vom speziellen Modell gilt. In Tab. 6.5 findet man die $E(\boldsymbol{DQ})$. In der Spalte $E(\boldsymbol{DQ})$ treten positive Koeffizienten λ_i auf, die durch

$$\left.\begin{aligned} \lambda_1 &= \frac{1}{B_. - a}\left(N - \sum_{i=1}^{a} \frac{\sum_{j=1}^{b_i} n_{ij}^2}{N_{i.}}\right) \\ \lambda_2 &= \frac{1}{a-1}\sum_{i=1}^{a}\sum_{j=1}^{b} n_{ij}^2\left(\frac{1}{N_{i.}} - \frac{1}{N}\right) \\ \lambda_3 &= \frac{1}{a-1}\left(N - \frac{1}{N}\sum_{i=1}^{a} N_{i.}^2\right) \end{aligned}\right\} \tag{6.58}$$

gegeben sind. Die Koeffizienten in (6.58) erhält man entweder durch Herleiten der $E(\boldsymbol{DQ})$ mithilfe der Modellgleichung (6.57) oder als Spezialfälle der Koeffizienten in den $E(\boldsymbol{QSQ})$ des vorigen Abschnittes. Nach der Varianzanalysemethode sind die Schätzfunktionen der Varianzkomponenten nach

$$\left.\begin{aligned} \boldsymbol{s}^2 &= \boldsymbol{DQ}_{\text{Rest}} \\ \boldsymbol{s}_b^2 &= \frac{1}{\lambda_1}(\boldsymbol{DQ}_{B\text{ in }A} - \boldsymbol{DQ}_{\text{Rest}}) \\ \boldsymbol{s}_a^2 &= \frac{1}{\lambda_3}\left(\boldsymbol{DQ}_A - \frac{\lambda_2}{\lambda_1}\boldsymbol{DQ}_{B\text{ in }A} - \left(1 - \frac{\lambda_2}{\lambda_1}\right)\boldsymbol{DQ}_{\text{Rest}}\right) \end{aligned}\right\} \tag{6.59}$$

zu berechnen.

Mit

$$\lambda_1' = (B_. - a)\lambda_1 \,, \quad \lambda_2' = (a-1)\lambda_2 \,, \quad \lambda_3' = (a-1)\lambda_3$$

$$\lambda_4 = N + \frac{1}{N}\sum_{i=1}^{a} N_{i.}^2 \,, \quad \lambda_5 = \lambda_1'^2 \left[(\lambda_4 - N)\,\lambda_4 - \frac{2}{N}\sum_{i=1}^{a} N_{i.}^3 \right]$$

$$\begin{aligned}\lambda_6 = {} & (\lambda_2' - \lambda_1' + N)\left[N\lambda_2'^2 + \left(\lambda_2'^2 - \lambda_1' + N\right)\lambda_1'^2\right] \\ & + (\lambda_1' + \lambda_2')\sum_{i=1}^{a} \frac{\left(\sum_{j=1}^{b} n_{ij}^2\right)^2}{N_{i.}^2} - 2\left(\lambda_1^2 + \lambda_2^2\right) \\ & \times \left[\lambda_2' \sum_{i=1}^{a} \frac{\sum_{j=1}^{b} n_{ij}^2}{N} + 2\frac{\lambda_1'\lambda_2'}{N}\sum_{i=1}^{a}\sum_{j=1}^{b} n_{ij}^3 + \lambda_1' \sum_{i=1}^{a} \frac{\left(\sum_{j=1}^{b} n_{ij}^2\right)^2}{NN_{i.}}\right]\end{aligned}$$

$$\begin{aligned}\lambda_7 = {} & \frac{1}{N - B_.}\left[\lambda_1'^2(N-1)(a-1) - (\lambda_1' + \lambda_2')^2(a-1)(B_. - a)\right. \\ & \left. + \lambda_1'^2(N-1)(B_. - a)\right]\end{aligned}$$

$$\lambda_8 = \lambda_1'^2 \left[\frac{1}{N}\sum_{i=1}^{a}\sum_{j=1}^{b} n_{ij}^2 \lambda_4 - \frac{2}{N}\sum_{i=1}^{a} N_{i.}\sum_{j=1}^{b} n_{ij}^2\right]$$

$$\lambda_9 = \lambda_1'^2\lambda_3', \quad \lambda_{10} = \lambda_1'\lambda_2'(\lambda_1' + \lambda_2')$$

ergeben sich folgende Formeln für die Varianzen der Varianzkomponenten unter der Voraussetzung, dass die $\boldsymbol{y}_{ijk}$ normalverteilt sind:

$$\left.\begin{aligned} \operatorname{var}(\boldsymbol{s}^2) &= \frac{2}{N - B_{i.}}\sigma^4 \\ \operatorname{var}\left(\boldsymbol{s}_a^2\right) &= \frac{2}{\lambda_1'^2\lambda_3'^2}\left(\lambda_5\sigma_a^4 + \lambda_6\sigma_b^4 + \lambda_7\sigma^4 + 2\lambda_8\sigma_a^2\sigma_b^2 + 2\lambda_9\sigma_a^2\sigma^2 + 2\lambda_{10}\sigma_b^2\sigma^2\right) \\ \operatorname{var}\left(\boldsymbol{s}_b^2\right) &= \frac{2}{\lambda_1'^2}\left[\sum_{i=1}^{a}\frac{\left(\sum_{j=1}^{b} n_{ij}^2\right)^2}{N_{i.}^2} + \sum_{i=1}^{a}\sum_{j=1}^{b} n_{ij}^2 - 2\sum_{i=1}^{a}\frac{\sum_{j=1}^{b} n_{ij}^3}{N_{i.}}\right]\sigma_b^2 \\ & + 4\lambda_1'\sigma_b^2\sigma^2 + \frac{2(B_. - a)(N-a)\sigma^4}{N - B_.} \end{aligned}\right\} \tag{6.60}$$

sowie die Kovarianzen

$$\left.\begin{aligned}
&\operatorname{cov}\left(\boldsymbol{s}_a^2, \boldsymbol{s}^2\right) = \left[\frac{\lambda_2'(B_. - a)}{\lambda_1'} - (a-1)\right]\frac{\operatorname{var}(\boldsymbol{s}^2)}{\lambda_3'}\\
&\operatorname{cov}\left(\boldsymbol{s}_b^2, \boldsymbol{s}^2\right) = -\frac{(B_. - a)\operatorname{var}(\boldsymbol{s}^2)}{\lambda_1'}\\
&\operatorname{cov}\left(\boldsymbol{s}_a^2, \boldsymbol{s}_b^2\right) =\\
&\frac{2}{\lambda_1'\lambda_3'}\left\{\sum_{i=1}^{a}\left[\sum_{j=1}^{b}\frac{n_{ij}^3}{N_{i.}} - \frac{\left(\sum_{j=1}^{b} n_{ij}^2\right)^2}{N_{i.}^2} + \frac{\left(\sum_{j=1}^{b} n_{ij}^2\right)^2}{N_{i.}N} - \frac{1}{N}\sum_{j=1}^{b} n_{ij}^3\right]\sigma_b^4\right.\\
&\qquad\left. + \frac{2(a-1)(B_. - a)}{N - B_.}\sigma^4 - \lambda_1'\lambda_2'\operatorname{var}\left(\boldsymbol{s}_b^2\right)\right\}
\end{aligned}\right\} \quad (6.61)$$

6.3.4 Dreifache Kreuzklassifikation mit gleicher Klassenbesetzung

Wir gehen aus von der Modellgleichung

$$\begin{aligned}
&\boldsymbol{y}_{ijkl} = \mu + \boldsymbol{a}_i + \boldsymbol{b}_j + \boldsymbol{c}_k + (\boldsymbol{a}, \boldsymbol{b})_{ij} + (\boldsymbol{a}, \boldsymbol{c})_{ik} + (\boldsymbol{b}, \boldsymbol{c})_{jk} + (\boldsymbol{a}, \boldsymbol{b}, \boldsymbol{c})_{ijk} + \boldsymbol{e}_{ijkl}\\
&(i = 1, \dots, a;\ j = 1, \dots, b;\ k = 1, \dots, c;\ l = 1, \dots, n)
\end{aligned} \quad (6.62)$$

mit den Nebenbedingungen, dass die Erwartungswerte aller Zufallsvariablen der rechten Seite von (6.62) gleich 0 sind und alle Kovarianzen zwischen verschiedenen Zufallsvariablen der rechten Seite von (6.62) verschwinden. Außerdem fordern wir für Tests, dass die $\boldsymbol{y}_{ijkl}$ normalverteilt sind. Tabelle 6.6 enthält die Spalte $E(\boldsymbol{DQ})$ zur Varianztabelle 5.21 für Modell II.

Tab. 6.6 Ergänzung um die Spalte $E(\boldsymbol{DQ})$ zur Varianztabelle 5.21 für Modell II.

Variationsursache	$E(\boldsymbol{DQ})$
Zwischen A-Stufen	$\sigma^2 + n\sigma_{abc}^2 + cn\sigma_{ab}^2 + bn\sigma_{ac}^2 + bcn\sigma_a^2$
Zwischen B-Stufen	$\sigma^2 + n\sigma_{abc}^2 + cn\sigma_{ab}^2 + an\sigma_{bc}^2 + acn\sigma_b^2$
Zwischen C-Stufen	$\sigma^2 + n\sigma_{abc}^2 + an\sigma_{bc}^2 + bn\sigma_{ac}^2 + abn\sigma_c^2$
Wechselwirkungen $A \times B$	$\sigma^2 + n\sigma_{abc}^2 + cn\sigma_{ab}^2$
Wechselwirkungen $A \times C$	$\sigma^2 + n\sigma_{abc}^2 + bn\sigma_{ac}^2$
Wechselwirkungen $B \times C$	$\sigma^2 + n\sigma_{abc}^2 + an\sigma_{bc}^2$
Wechselwirkungen $A \times B \times C$	$\sigma^2 + n\sigma_{abc}^2$
Innerhalb der Klassen (Rest)	σ^2

Nach der Varianzanalysemethode erhalten wir die Schätzfunktionen für die Varianzkomponenten durch Auflösung des Gleichungssystems nach diesen Funktionen

$$\begin{aligned}
\boldsymbol{DQ}_A &= \boldsymbol{s}^2 + n\boldsymbol{s}^2_{abc} + cn\boldsymbol{s}^2_{ab} + bn\boldsymbol{s}^2_{ac} + bcn\boldsymbol{s}^2_{a}\\
\boldsymbol{DQ}_B &= \boldsymbol{s}^2 + n\boldsymbol{s}^2_{abc} + cn\boldsymbol{s}^2_{ab} + an\boldsymbol{s}^2_{bc} + acn\boldsymbol{s}^2_{b}\\
\boldsymbol{DQ}_C &= \boldsymbol{s}^2 + n\boldsymbol{s}^2_{abc} + an\boldsymbol{s}^2_{bc} + bn\boldsymbol{s}^2_{ac} + abn\boldsymbol{s}^2_{c}\\
\boldsymbol{DQ}_{AB} &= \boldsymbol{s}^2 + n\boldsymbol{s}^2_{abc} + cn\boldsymbol{s}^2_{ab}\\
\boldsymbol{DQ}_{AC} &= \boldsymbol{s}^2 + n\boldsymbol{s}^2_{abc} + bn\boldsymbol{s}^2_{ac}\\
\boldsymbol{DQ}_{BC} &= \boldsymbol{s}^2 + n\boldsymbol{s}^2_{abc} + an\boldsymbol{s}^2_{bc}\\
\boldsymbol{DQ}_{ABC} &= \boldsymbol{s}^2 + n\boldsymbol{s}^2_{abc}\\
\boldsymbol{DQ}_{\text{Rest}} &= \boldsymbol{s}^2
\end{aligned}$$

Unter der Voraussetzung der Normalverteilung für die $\boldsymbol{y}_{ijkl}$ folgt aus Satz 6.9:

Satz 6.13
Gilt für die $\boldsymbol{y}_{ijkl}$ Modellgleichung (6.62) einschließlich der Nebenbedingungen über Erwartungswerte und Kovarianzen der Komponenten von $\boldsymbol{y}_{ijkl}$ und sind die $\boldsymbol{y}_{ijkl}$ mehrdimensional normalverteilt mit den Randverteilungen

$$N\left(\mu, \sigma_a^2 + \sigma_b^2 + \sigma_c^2 + \sigma_{ab}^2 + \sigma_{ac}^2 + \sigma_{bc}^2 + \sigma_{abc}^2 + \sigma^2\right)$$

so sind die $\frac{\boldsymbol{SQ}_X}{E(\boldsymbol{DQ}_X)}$ nach $CQ(FG_X)$ verteilt $(X = A, B, C, AB, AC, BC, ABC)$ mit den $\boldsymbol{SQ}_X, E(\boldsymbol{DQ}_X)$ und FG_X aus Tab. 5.21.

Aus Satz 6.13 folgt, dass die F-Größen der ersten Spalte von Tab. 6.7 die in der dritten Spalte angegebene Verteilung haben. Damit können die Hypothesen $H_{\text{AB}}: \sigma_{ab}^2 = 0, H_{\text{AC}}: \sigma_{ac}^2 = 0, H_{BC}: \sigma_{bc}^2 = 0$ und $H_{\text{ABC}}: \sigma_{abc}^2 = 0$ mit dem F-Test geprüft werden.

Für die Prüfung der Hypothese $H_{\text{A}}: \sigma_a^2 = 0, H_B: \sigma_b^2 = 0, H_C: \sigma_c^2 = 0$ benötigen wir folgenden Hilfssatz:

Lemma 6.3 Satterthwaite (1946)
Sind $\boldsymbol{z}_1, \ldots, \boldsymbol{z}_k$ unabhängig voneinander nach $CQ(n_i)E(\boldsymbol{z}_i)/n_i$ $(i = 1, \ldots, k)$ verteilt, so ist für reelle a_i

$$\boldsymbol{z} = \sum_{i=1}^{k} a_i \boldsymbol{z}_i$$

mit

$$n' = \frac{\left(\sum_{i=1}^{k} a_i z_i\right)^2}{\sum_{i=1}^{k} \frac{a_i^2}{n_i} z_i^2} \tag{6.63}$$

näherungsweise nach $CQ(n')E(\boldsymbol{z})/n'$ verteilt, falls $E(\boldsymbol{z}) > 0$ ist.

Tab. 6.7 Prüfzahlen zur Prüfung von Hypothesen und Verteilung der Prüfzahlen.

Prüfzahl	H_0	Verteilung der Prüfzahl	Verteilung der Prüfzahl unter H_0
$\boldsymbol{F}_{AB} = \dfrac{\boldsymbol{DQ}_{AB}}{\boldsymbol{DQ}_{ABC}}$	$\sigma^2_{ab} = 0$	$\dfrac{cn\sigma^2_{ab} + n\sigma^2_{abc} + \sigma^2}{n\sigma^2_{abc} + \sigma^2} F[(a-1)(b-1), (a-1)(b-1)(c-1)]$	$F[(a-1)(b-1), (a-1)(b-1)(c-1)]$
$\boldsymbol{F}_{AC} = \dfrac{\boldsymbol{DQ}_{AC}}{\boldsymbol{DQ}_{ABC}}$	$\sigma^2_{ac} = 0$	$\dfrac{bn\sigma^2_{ac} + n\sigma^2_{abc} + \sigma^2}{n\sigma^2_{abc} + \sigma^2} F[(a-1)(c-1), (a-1)(b-1)(c-1)]$	$F[(a-1)(c-1), (a-1)(b-1)(c-1)]$
$\boldsymbol{F}_{BC} = \dfrac{\boldsymbol{DQ}_{BC}}{\boldsymbol{DQ}_{ABC}}$	$\sigma^2_{bc} = 0$	$\dfrac{an\sigma^2_{bc} + n\sigma^2_{abc} + \sigma^2}{n\sigma^2_{abc} + \sigma^2} F[(b-1)(c-1), (a-1)(b-1)(c-1)]$	$F[(b-1)(c-1), (a-1)(b-1)(c-1)]$
$\boldsymbol{F}_{ABC} = \dfrac{\boldsymbol{DQ}_{ABC}}{\boldsymbol{DQ}_{\text{Rest}}}$	$\sigma^2_{abc} = 0$	$\dfrac{n\sigma^2_{abc} + \sigma^2}{\sigma^2} F[(a-1)(b-1)(c-1), N - abc]$	$F[(a-1)(b-1)(c-1), N - abc]$

Das bedeutet, dass jede Realisation z von $\boldsymbol{z}$ als Realisation einer näherungsweise nach $CQ(n')$ verteilten Zufallsvariablen betrachtet wird. Die Näherung ist relativ gut für positive a_i (siehe hierzu auch die Bemerkungen nach Satz 6.2).

Wir benötigen das folgende Korollar zu diesem Lemma:

Korollar 6.2
Sind die $\boldsymbol{DQ}_i (i = 1, \dots, k)$ voneinander unabhängig und sind die $\boldsymbol{z}_i = \frac{\boldsymbol{DQ}_i n_i}{E(\boldsymbol{DQ}_i)}$ nach $CQ(n_i)\,(i = 1, \dots, k)$ verteilt, so ist

$$\boldsymbol{F} = \frac{\sum_{i=r}^{s} \boldsymbol{DQ}_i}{\sum_{i=u}^{v} \boldsymbol{DQ}_i}$$

unter der Nullhypothese $H_0 : \sigma_x^2 = 0$ näherungsweise nach $F(n', m')$ verteilt mit

$$n' = \frac{\left(\sum_{i=r}^{s} DQ_i\right)^2}{\sum_{i=r}^{s} \frac{DQ_i^2}{n_i}}, \quad m' = \frac{\left(\sum_{i=u}^{v} DQ_i\right)^2}{\sum_{i=u}^{v} \frac{DQ_i^2}{n_i}}$$

falls

$$E\left[\sum_{i=r}^{s} \boldsymbol{DQ}_i\right] = c\sigma_x^2 + E\left[\sum_{i=u}^{v} \boldsymbol{DQ}_i\right]$$

gilt und der zweite Summand der rechten Seite positiv ist.

Gaylor und Hopper (1969) zeigten durch Simulationsstudien, dass die Differenz zwischen voneinander unabhängigen $\boldsymbol{DQ}_{\mathrm{I}}$ und $\boldsymbol{DQ}_{\mathrm{II}}$ mit den Freiheitsgraden f_{I} und f_{II}, d. h. $\boldsymbol{DQ}_D = \boldsymbol{DQ}_{\mathrm{I}} - \boldsymbol{DQ}_{\mathrm{II}}$, multipliziert mit $\frac{n_D}{E(\boldsymbol{DQ}_D)}$ näherungsweise $CQ(n_D)$-verteilt ist, wenn $\frac{\boldsymbol{DQ}_{\mathrm{I}} n_{\mathrm{I}}}{E(\boldsymbol{DQ}_{\mathrm{I}})}$ exakt (oder näherungsweise) $CQ(n_{\mathrm{I}})$-verteilt und $\frac{\boldsymbol{DQ}_{\mathrm{II}} n_{\mathrm{II}}}{E(\boldsymbol{DQ}_{\mathrm{II}})}$ exakt (oder näherungsweise) $CQ(n_{\mathrm{II}})$-verteilt ist. Dabei ist

$$n_D = \frac{(DQ_{\mathrm{I}} - DQ_{\mathrm{II}})^2}{\frac{DQ_{\mathrm{I}}^2}{n_{\mathrm{I}}} + \frac{DQ_{\mathrm{II}}^2}{n_{\mathrm{II}}}}$$

Die Approximation erwies sich als befriedigend, sofern

$$\frac{\boldsymbol{DQ}_{\mathrm{I}}}{\boldsymbol{DQ}_{\mathrm{II}}} > F(n_{\mathrm{II}}, n_{\mathrm{I}}, 0{,}975) F(n_{\mathrm{I}}, n_{\mathrm{II}}, 0{,}50)$$

gilt.

Wir verwenden dieses Korollar, um Prüfzahlen für die Nullhypothesen $H_{A0} : \sigma_a^2 = 0$, $H_{B0} : \sigma_b^2 = 0$ und $H_{C0} : \sigma_c^2 = 0$ anzugeben, die näherungsweise F-verteilt sind.

Es gelten (nach Tab. 6.6) die Beziehungen

$$E(\boldsymbol{DQ}_A) = bcn\sigma_a^2 + E(\boldsymbol{DQ}_{AB} + \boldsymbol{DQ}_{AC} - \boldsymbol{DQ}_{ABC})$$
$$E(\boldsymbol{DQ}_B) = acn\sigma_b^2 + E(\boldsymbol{DQ}_{AB} + \boldsymbol{DQ}_{BC} - \boldsymbol{DQ}_{ABC})$$
$$E(\boldsymbol{DQ}_C) = abn\sigma_c^2 + E(\boldsymbol{DQ}_{AC} + \boldsymbol{DQ}_{BC} - \boldsymbol{DQ}_{ABC})$$

sodass

$$\boldsymbol{F}_A = \frac{\boldsymbol{DQ}_A}{\boldsymbol{DQ}_{AB} + \boldsymbol{DQ}_{AC} - \boldsymbol{DQ}_{ABC}}$$

unter H_{A0} näherungsweise nach $F(a_1, a_2)$,

$$\boldsymbol{F}_B = \frac{\boldsymbol{DQ}_B}{\boldsymbol{DQ}_{AB} + \boldsymbol{DQ}_{BC} - \boldsymbol{DQ}_{ABC}}$$

unter H_{B0} näherungsweise nach $F(b_1, b_2)$ und

$$\boldsymbol{F}_C = \frac{\boldsymbol{DQ}_B}{\boldsymbol{DQ}_{BC} + \boldsymbol{DQ}_{AC} - \boldsymbol{DQ}_{ABC}}$$

unter H_{C0} näherungsweise nach $F(c_1, c_2)$ verteilt ist. Nach (6.63) ist

$$a_1 = a - 1\,, \quad b_1 = b - 1\,, \quad c_1 = c - 1$$

$$a_2 = \frac{(DQ_{AB} + DQ_{AC} - DQ_{ABC})^2}{\frac{DQ^2_{AB}}{(a-1)(b-1)} + \frac{DQ^2_{AC}}{(a-1)(c-1)} + \frac{DQ^2_{ABC}}{(a-1)(b-1)(c-1)}}$$

Analoge Formeln gelten für b_2 und c_2.

Wie Davenport und Webter (1973) zeigten, ist es mitunter günstiger, anstelle von $\boldsymbol{F}_A, \boldsymbol{F}_B$ bzw. $\boldsymbol{F}_C$ die Prüfzahlen

$$\boldsymbol{F}^*_A = \frac{\boldsymbol{DQ}_A + \boldsymbol{DQ}_{ABC}}{\boldsymbol{DQ}_{AB} + \boldsymbol{DQ}_{AC}}\,, \quad \boldsymbol{F}^*_B = \frac{\boldsymbol{DQ}_B + \boldsymbol{DQ}_{ABC}}{\boldsymbol{DQ}_{AB} + \boldsymbol{DQ}_{BC}}$$

bzw.

$$\boldsymbol{F}^*_C = \frac{\boldsymbol{DQ}_C + \boldsymbol{DQ}_{ABC}}{\boldsymbol{DQ}_{AC} + \boldsymbol{DQ}_{BC}}$$

zu verwenden. Auch hier wird die bereits beschriebene Satterthwaite-Approximation benutzt, nach der z. B. $\boldsymbol{F}^*_A$ näherungsweise nach $F(a^*_1, a^*_2)$ mit

$$a^*_1 = \frac{(DQ_A + DQ_{ABC})^2}{\frac{DQ^2_A}{a-1} + \frac{DQ^2_{ABC}}{(a-1)(b-1)(c-1)}}$$

und

$$a^*_2 = \frac{DQ^2_{AB} + DQ^2_{AC}}{\frac{DQ^2_{AB}}{(a-1)(b-1)} + \frac{DQ^2_{AC}}{(a-1)(c-1)}}$$

verteilt ist.

Für den Fall ungleicher Klassenbesetzung gehen wir von Modellgleichung (6.62) aus, lassen jetzt aber l die Werte $l = 1, \dots, n_{ijk}$ annehmen. Bilden wir analog zur zweifachen Kreuzklassifikation Quasi-*SQ* (entsprechend den *SQ* der Tab. 6.6), wie beispielsweise

$$\boldsymbol{QSQ}_A = \sum_{i=1}^{a} \frac{\boldsymbol{Y}_{i...}^2}{N_{i..}} - \frac{1}{N}\boldsymbol{Y}_{....}^2$$

$$\boldsymbol{QSQ}_{AB} = \sum_{i=1}^{a}\sum_{j=1}^{b}{}^{*} \frac{\boldsymbol{Y}_{ij..}^2}{N_{ij.}} - \sum_{i=1}^{a} \frac{\boldsymbol{Y}_{i...}^2}{N_{i..}} - \sum_{j=1}^{b} \frac{\boldsymbol{Y}_{.j..}^2}{N_{.j.}} + \frac{1}{N}\boldsymbol{Y}_{....}^2$$

wobei $\sum^*$ nur über Klassen mit $N_{ij.} > 0$ gebildet wird, so erhalten wir die Varianztabelle (Tab. 6.8).

In Tab. 6.8 bedeuten (Größen mit vertauschten Suffixen werden analog zu den hier angegebenen gebildet)

$$\lambda_{a,b} = \sum_{i=1}^{a} \frac{\sum_{j=1}^{b} N_{ij.}^2}{N_{i..}}, \quad \lambda_{a,c} = \sum_{i=1}^{a} \frac{\sum_{k=1}^{c} N_{i.k}^2}{N_{i..}}$$

$$\lambda_{b,a} = \sum_{j=1}^{b} \frac{\sum_{i=1}^{a} N_{ij.}^2}{N_{.j.}}, \quad \lambda_{b,c} = \sum_{j=1}^{b} \frac{\sum_{k=1}^{c} N_{.jk}^2}{N_{.j.}}$$

$$\lambda_{a,bc} = \sum_{i=1}^{a} \frac{\sum_{j=1}^{b}\sum_{k=1}^{c} n_{ijk}^2}{N_{i..}}, \quad \lambda_{b,ac} = \sum_{j=1}^{b} \frac{\sum_{i=1}^{a}\sum_{k=1}^{c} n_{ijk}^2}{N_{.j.}}$$

$$\lambda_{c,ab} = \sum_{k=1}^{c} \frac{\sum_{i=1}^{a}\sum_{j=1}^{b} n_{ijk}^2}{N_{..k}}$$

$$\lambda_{ab,c} = \sum_{i=1}^{a}\sum_{j=1}^{b} \frac{\sum_{k=1}^{c} n_{ijk}^2}{N_{ij.}}, \quad \lambda_{ac,b} = \sum_{i=1}^{a}\sum_{k=1}^{c} \frac{\sum_{j=1}^{b} n_{ijk}^2}{N_{i.k}}$$

$$\lambda_{bc,a} = \sum_{j=1}^{b}\sum_{k=1}^{c} \frac{n_{ijk}^2}{N_{.jk}}$$

$$k_a = \frac{1}{N}\sum_{i=1}^{a} N_{i..}^2, \quad k_b = \frac{1}{N}\sum_{j=1}^{b} N_{.j.}^2, \quad k_c = \frac{1}{N}\sum_{k=1}^{c} N_{..k}^2$$

$$k_{ab} = \frac{1}{N}\sum_{i=1}^{a}\sum_{j=1}^{b} N_{ij.}^2, \quad k_{ac} = \frac{1}{N}\sum_{i=1}^{a}\sum_{k=1}^{c} N_{i.k}^2, \quad k_{bc} = \frac{1}{N}\sum_{j=1}^{b}\sum_{k=1}^{c} N_{.jk}^2$$

$$k_{abc} = \frac{1}{N}\sum_{i=1}^{a}\sum_{j=1}^{b}\sum_{k=1}^{c} n_{ijk}^2$$

$$\nu \cdot c_A = \lambda_{b,a} + \lambda_{c,a} - \lambda_{bc,a} - k_a$$

$$\nu \cdot c_B = \lambda_{a,b} + \lambda_{c,b} - \lambda_{ac,b} - k_b$$

$$\nu \cdot c_C = \lambda_{a,c} + \lambda_{b,c} - \lambda_{ab,c} - k_c$$

$$\nu \cdot c_{AB} = \lambda_{a,b} + \lambda_{b,a} + \lambda_{c,ab} - \lambda_{ac,b} - \lambda_{bc,a} - k_{ab}$$

$$\nu \cdot c_{AC} = \lambda_{a,c} + \lambda_{b,ac} + \lambda_{c,a} - \lambda_{ab,c} - \lambda_{bc,a} - k_{ac}$$

$$\nu \cdot c_{BC} = \lambda_{a,bc} + \lambda_{b,c} + \lambda_{c,b} - \lambda_{ab,c} - \lambda_{ac,b} - k_{bc}$$

$$\nu \cdot c_{ABC} = N + \lambda_{a,bc} + \lambda_{b,ac} + \lambda_{c,ab} - \lambda_{ab,c} - \lambda_{ac,b} - \lambda_{bc,a} - k_{abc}$$

wobei

$$v = p - p_{ab} - p_{ac} - p_{bc} + a + b + c - 1$$

ist.

Aus dem Gleichungssystem, das wir aus den Koeffizienten der $E(\boldsymbol{QDQ})$ erhalten, wenn die $E(\boldsymbol{QDQ})$ durch die $\boldsymbol{QDQ}$ und die σ_x^2 durch $\boldsymbol{s}_x^2$ ersetzt werden, ergibt sich die Schätzfunktion für die σ_x^2.

6.3.5
Dreifache hierarchische Klassifikation

Der dreifachen hierarchischen Klassifikation, in der $C \prec B \prec A$ die Ordnungsrelation zwischen den Faktoren ist, liegt folgende Modellgleichung zugrunde:

$$\boldsymbol{y}_{ijkl} = \mu + \boldsymbol{a}_i + \boldsymbol{b}_{ij} + \boldsymbol{c}_{ijk} + \boldsymbol{e}_{ijkl}$$
$$(i = 1, \dots, a;\ j = 1, \dots, b_i;\ k = 1, \dots, c_{ij};\ l = 1, \dots, n_{ijk}) \tag{6.64}$$

Die Nebenbedingungen bestehen in der Forderung, dass alle Zufallskomponenten der rechten Seite von (6.64) den Erwartungswert 0 haben, untereinander unkorreliert sind und $\text{var}(\boldsymbol{a}_i) = \sigma_a^2$ für alle i, $\text{var}(\boldsymbol{b}_i) = \sigma_b^2$ für alle i, j, $\text{var}(\boldsymbol{c}_{ijk}) = \sigma_c^2$ für alle i, j, k und $\text{var}(\boldsymbol{e}_{ijkl}) = \sigma^2$ für alle i, j, k, l gilt.

Da Satz 5.12 unabhängig vom Modell gilt, findet man die $\boldsymbol{SQ}$, FG und $\boldsymbol{DQ}$ der dreifachen hierarchischen Varianzanalyse in Tab. 5.28. Für die Berechnung der $E(\boldsymbol{DQ})$ benötigen wir folgende Größen:

$$D = \sum_i N_{i..}^2, \quad E_i = \sum_j N_{ij.}^2, \quad E = \sum_i E_i$$

$$F_{ij} = \sum_k n_{ijk}^2, \quad F_i = \sum_j F_{ij}, \quad F = \sum_i F_i$$

$$\lambda_1 = \sum_{i,j} \frac{F_{ij}}{N_{ij.}}, \quad \lambda_2 = \sum_i \frac{F_i}{N_{i..}}, \quad \lambda_3 = \sum_i \frac{E_i}{N_{i..}}$$

Die $E(\boldsymbol{DQ})$ sind in Tab. 6.9 enthalten. Nach der Varianzanalysemethode ergeben sich folgende Schätzfunktionen für die Varianzkomponenten:

$$\boldsymbol{s}^2 = \boldsymbol{DQ}_{\text{Rest}}$$

$$\boldsymbol{s}_c^2 = \frac{C_{..} - B_.}{N - \lambda_1}(\boldsymbol{DQ}_{C \text{ in } B} - \boldsymbol{DQ}_{\text{Rest}})$$

$$\boldsymbol{s}_b^2 = \frac{B_. - a}{N - \lambda_3}\left(\boldsymbol{DQ}_{B \text{ in } A} - \boldsymbol{DQ}_{\text{Rest}} - \frac{\lambda_1 - \lambda_2}{B_. - a}\boldsymbol{s}_c^2\right)$$

$$\boldsymbol{s}_a^2 = \frac{a - 1}{n - \frac{D}{N}}\left(\boldsymbol{DQ}_A - \boldsymbol{DQ}_{\text{Rest}} - \frac{\lambda_2 - \frac{F}{N}}{a - 1}\boldsymbol{s}_c^2 - \frac{\lambda_3 - \frac{F}{N}}{a - 1}\boldsymbol{s}_b^2\right)$$

Die Varianzen dieser Varianzkomponenten findet der Leser bei Searle (2012). Es wird auf die zitierte Literatur verwiesen, da die Formeln sehr viel Platz einnehmen.

Tab. 6.8 Varianztabelle einer dreifachen Kreuzklassifikation für Modell II.

Variationsursache	Quasi-*SQ*	Quasi-*FG*	Quasi-*DQ*	Koeffizienten der Varianzkomponenten in den *E*(*QDQ*) σ_a^2	σ_b^2
Zwischen A-Stufen	$\boldsymbol{QSQ}_A$	$a-1$	$\boldsymbol{QDQ}_A$	$\frac{N-k_a}{a-1}$	$\frac{\lambda_{a,b}-k_b}{a-1}$
Zwischen B-Stufen	$\boldsymbol{QSQ}_B$	$b-1$	$\boldsymbol{QDQ}_B$	$\frac{\lambda_{b,a}-k_a}{b-1}$	$\frac{N-k_b}{b-1}$
Zwischen C-Stufen	$\boldsymbol{QSQ}_C$	$c-1$	$\boldsymbol{QDQ}_C$	$\frac{\lambda_{c,a}-k_a}{c-1}$	$\frac{\lambda_{c,b}-k_c}{c-1}$
Wechselwirkungen $A\times B$	$\boldsymbol{QSQ}_{AB}$	$p_{ab}-a-b+1$ [a]	$\boldsymbol{QDQ}_{AB}$	$\frac{k_a-\lambda_{b,a}}{p_{ab}-a-b+1}$	$\frac{k_b-\lambda_{a,b}}{p_{ab}-a-b+1}$
Wechselwirkungen $A\times C$	$\boldsymbol{QSQ}_{AC}$	$p_{ac}-a-c+1$ [a]	$\boldsymbol{QDQ}_{AC}$	$\frac{k_a-\lambda_{c,a}}{p_{ac}-a-c+1}$	$\frac{\lambda_{ac,b}-\lambda_{a,b}+k_a-\lambda_{a,c}}{p_{ac}-a-c+1}$
Wechselwirkungen $B\times C$	$\boldsymbol{QSQ}_{BC}$	$p_{bc}-b-c+1$ [a]	$\boldsymbol{QDQ}_{BC}$	$\frac{\lambda_{bc,a}-\lambda_{b,a}-\lambda_{c,a}+k_a}{p_{bc-b-c+1}}$	$\frac{k_c-\lambda_{b,c}}{p_{bc}-b-c+1}$
Wechselwirkungen $A\times B\times C$	$\boldsymbol{QSQ}_{ABC}$	$p-p_{ab}-p_{ac}-p_{bc}+a+b+c-1$ [a]	$\boldsymbol{QDQ}_{ABC}$	c_A	c_B
Rest	$\boldsymbol{QSQ}_{\text{Rest}}$	$N-p$	$\boldsymbol{QDQ}_{\text{Rest}}$	0	0

a) p = Anzahl der Klassen mit mindestens einer Beobachtung, p_{ab} = Anzahl der $N_{ij.}>0$, p_{bc} = Anzahl der $N_{.jk}>0$, p_{ac} = Anzahl der $N_{i.k}>0$.

Tab. 6.8 (Fortsetzung).

Variationsursache	Quasi-*SQ*	Quasi-*FG*	Quasi-*DQ*	Koeffizienten der Varianzkomponenten in den $E(QDQ)$	
σ_c^2	σ_{ab}^2	σ_{ac}^2	σ_{bc}^2	σ_{abc}^2	σ^2
$\frac{\lambda_{a,c} - k_c}{a-1}$	$\frac{\lambda_{a,b} - k_{ab}}{a-1}.$	$\frac{\lambda_{a,c} - k_{ac}}{a-1}.$	$\frac{\lambda_{a,bc} - k_{bc}}{a-1}$	$\frac{\lambda_{a,bc} - k_{abc}}{a-1}$	1
$\frac{\lambda_{b,c} - k_c}{b-1}$	$\frac{\lambda_{b,a} - k_{ab}}{b-1}$	$\frac{\lambda_{b,ac} - k_{ac}}{b-1}.$	$\frac{\lambda_{b,c} - k_{bc}}{b-1}$	$\frac{\lambda_{b,ac} - k_{abc}}{b-1}$	1
$\frac{N - k_c}{c-1}$	$\frac{\lambda_{c,ab} - k_{ab}}{c-1}$	$\frac{\lambda_{c,a} - k_{ac}}{c-1}.$	$\frac{\lambda_{b,c} - k_{bc}}{c-1}$	$\frac{\lambda_{c,ab} - k_{abc}}{c-1}$	1
$\frac{\lambda_{ab,c} - \lambda_{a,c} - \lambda_{b,c} + k_c}{p_{ab} - a - b + 1}$	$\frac{N - \lambda_{a,b} - \lambda_{b,a} + k_{ab}}{p_{ab} - a - b + 1}$	$\frac{\lambda_{ab,c} - \lambda_{a,c} - \lambda_{b,ac} + k_{ac}}{p_{ab} - a - b + 1}$	$\frac{\lambda_{ab,c} - \lambda_{a,bc} - \lambda_{b,c} + k_{bc}}{p_{ab} - a - b + 1}$	$\frac{\lambda_{ab,c} - \lambda_{a,bc} - \lambda_{b,ac} + k_{abc}}{p_{ab} - a - b + 1}$	1
$\frac{k_c - \lambda_{a,c}}{p_{ac} - a - c + 1}$	$\frac{\lambda_{ac,b} - \lambda_{a,b} - \lambda_{c,ab} + k_{ab}}{p_{ac} - a - c + 1}$	$\frac{N - \lambda_{a,c} - \lambda_{c,a} + k_{ac}}{p_{ac} - a - c + 1}$	$\frac{\lambda_{ac,b} - \lambda_{a,bc} - \lambda_{c,b} + k_{bc}}{p_{ac} - a - c + 1}$	$\frac{\lambda_{ac,b} - \lambda_{a,bc} - \lambda_{c,ab} + k_{abc}}{p_{ac} - a - c + 1}$	1
$\frac{k_c - \lambda_{b,c}}{p_{bc} - b - c + 1}$	$\frac{\lambda_{bc,a} - \lambda_{b,a} - \lambda_{c,ab} + k_{ab}}{p_{bc} - b - c + 1}$	$\frac{\lambda_{bc,a} - \lambda_{b,ac} - \lambda_{c,a} + k_{ac}}{p_{bc} - b - c + 1}$	$\frac{N - \lambda_{b,c} - \lambda_{c,b} + k_{bc}}{p_{bc} - b - c + 1}$	$\frac{\lambda_{bc,a} - \lambda_{b,ac} - \lambda_{c,ab} + k_{abc}}{p_{bc} - b - c + 1}$	1
c_C	c_{AB}	c_{AC}	c_{BC}	c_{ABC}	1
0	0	0	0	0	1

Tab. 6.9 Erwartungswerte der *DQ* einer dreifachen hierarchischen Klassifikation für Modell II.

Variationsursache	***E*(*DQ*)**
Zwischen den A-Stufen	$\sigma^2 + \sigma_c^2 \frac{\lambda_2 - \frac{F}{N}}{a-1} + \sigma_b^2 \frac{\lambda_3 - \frac{E}{N}}{a-1} + \sigma_a^2 \frac{N - \frac{D}{N}}{a-1}$
Zwischen den B-Stufen innerhalb der A-Stufen	$\sigma^2 + \sigma_c^2 \frac{\lambda_1 - \lambda_2}{B_. - a} + \sigma_b^2 \frac{N - \lambda_3}{B_. - a}$
Zwischen den C-Stufen innerhalb der B- und A-Stufen	$\sigma^2 + \sigma_c^2 \frac{N - \lambda_1}{C_{..} - B_.}$
Rest	σ^2

6.3.6 Dreifache gemischte Klassifikation

Wir betrachten die in Abschn. 5.4.3 behandelten gemischten Klassifikationen für Modell II der Varianzanalyse. Die Modellgleichung für den Typ $(B \prec A) \times C$ lautet

$$\boldsymbol{y}_{ijkl} = \mu + \boldsymbol{a}_i + \boldsymbol{b}_j + \boldsymbol{c}_k + (\boldsymbol{a}, \boldsymbol{c})_{ik} + (\boldsymbol{b}, \boldsymbol{c})_{i.jk} + \boldsymbol{e}_{ijkl}$$
$$(i = 1, \dots, a;\ j = 1, \dots, b;\ k = 1, \dots, c;\ l = 1, \dots, n) \tag{6.65}$$

Die Modellgleichung für den Typ $C \prec AB$ lautet

$$\boldsymbol{y}_{ijkl} = \mu + \boldsymbol{a}_i + \boldsymbol{b}_j + \boldsymbol{c}_{ijk} + (\boldsymbol{a}, \boldsymbol{b})_{ij} + \boldsymbol{e}_{ijkl}$$
$$(i = 1, \dots, a;\ j = 1, \dots, b;\ k = 1, \dots, c;\ l = 1, \dots, n) \tag{6.66}$$

Dabei wird wieder vorausgesetzt, dass die zufälligen Komponenten der rechten Seiten von (6.65) und von (6.66) den Erwartungswert 0 haben, unkorreliert sind und für alle Indizes die gleichen Varianzen haben:

$$\begin{aligned}
\operatorname{var}(\boldsymbol{a}_i) &= \sigma_a^2\,, \quad \operatorname{var}(\boldsymbol{b}_{ij}) = \sigma_{b\text{ in }a}^2 \left[\operatorname{var}(\boldsymbol{b}_j) = \sigma_b^2\right] \\
\operatorname{var}(\boldsymbol{c}_k) &= \sigma_c^2 \left[\operatorname{var}(\boldsymbol{c}_{ijk}) = \sigma_c^2\right] \\
\operatorname{var}((\boldsymbol{a}, \boldsymbol{c})_{ik}) &= \sigma_{ac}^2 \left[\operatorname{var}((\boldsymbol{b}, \boldsymbol{c})_{i.jk}) = \sigma_{bc\text{ in }a}^2\right] \\
\operatorname{var}(\boldsymbol{e}_{ijkl}) &= \sigma^2 \left[\operatorname{var}((\boldsymbol{a}, \boldsymbol{b})_{ij}) = \sigma_{ab}^2\right]
\end{aligned}$$

Die Zerlegung der $\boldsymbol{SQ}$ und FG kann wie in Abschn. 5.4.3 angegeben für die beiden Modelle vorgenommen werden. Um die Varianzkomponenten nach der Varianzanalysemethode schätzen zu können, benötigen wir die $E(\boldsymbol{DQ})$. Nach Rasch

(1971) gilt für den Typ $(B \prec A) \times C$

$$\left.\begin{aligned}
E(\boldsymbol{DQ}_A) &= \sigma^2 + n\sigma^2_{bc \text{ in } a} + bn\sigma^2_{ac} + cn\sigma^2_{b \text{ in } a} + bcn\sigma^2_a \\
E(\boldsymbol{DQ}_{B \text{ in } A}) &= \sigma^2 + n\sigma^2_{bc \text{ in } a} + cn\sigma^2_{b \text{ in } a} \\
E(\boldsymbol{DQ}_C) &= \sigma^2 + bn\sigma^2_{ac} + abn\sigma^2_c + n\sigma^2_{bc \text{ in } a} \\
E(\boldsymbol{DQ}_{AC}) &= \sigma^2 + bn\sigma^2_{ac} + n\sigma^2_{bc \text{ in } a} \\
E(\boldsymbol{DQ}_{BC \text{ in } A}) &= \sigma^2 + n\sigma^2_{bc \text{ in } a} \\
E(\boldsymbol{DQ}_{\text{Rest}}) &= \sigma^2
\end{aligned}\right\} \tag{6.67}$$

und für den Fall $C \prec AB$ mit

$$\left.\begin{aligned}
E(\boldsymbol{QDQ}_A) &= \sigma^2 + cn\sigma^2_{ab} + n\sigma^2_{c \text{ in } ab} + bcn\sigma^2_a \\
E(\boldsymbol{QDQ}_B) &= \sigma^2 + cn\sigma^2_{ab} + n\sigma^2_{a \text{ in } ab} + acn\sigma^2_b \\
E(\boldsymbol{QDQ}_{C \text{ in } AB}) &= \sigma^2 + n\sigma^2_{c \text{ in } ab} \\
E(\boldsymbol{QDQ}_{AB}) &= \sigma^2 + cn\sigma^2_{ab} - n\sigma^2_{c \text{ in } ab} \\
E(\boldsymbol{QDQ}_{\text{Rest}}) &= \sigma^2
\end{aligned}\right\} \tag{6.68}$$

Nach der Varianzanalysemethode erhält man die Schätzfunktion der Varianzkomponenten, indem man in (6.67) bzw. (6.68) σ^2_x durch $\boldsymbol{s}^2_x$ und $E(\boldsymbol{DQ}_x)$ durch $\boldsymbol{DQ}_x$ ersetzt und die Gleichungen nach $\boldsymbol{s}^2_x$ auflöst.

6.4 Versuchsplanung

Eine systematische Darstellung der Versuchsplanung für die einfache Varianzanalyse und Definitionen verschiedener Optimalitätskriterien gibt Herrendörfer (1976) an, auf dessen Ergebnissen dieser Abschnitt basiert. Ausgangspunkt ist Modellgleichung (6.8) mit ihren Nebenbedingungen. Außerdem mögen alle zufälligen Effekte in (6.8) normalverteilt sein. Als Schätzfunktionen für σ^2_a bzw. σ^2 wählen wir (6.12) bzw. $\boldsymbol{DQ}_\text{I}$. Wir verwenden folgende Bezeichnungen: $\Sigma^\text{T} = (\sigma^2_a, \sigma^2)$, $\hat{\boldsymbol{\Sigma}}^\text{T} = (\boldsymbol{s}^2_a, \boldsymbol{s}^2)$ mit $\boldsymbol{s}^2_a$ aus (6.12) und $\boldsymbol{s}^2 = \boldsymbol{DQ}_\text{I}$ aus Tab. 5.2.

Definition 6.6
Der Vektor $V_N = (a, n_1, \dots, n_a)_N$ heißt konkreter Versuchsplan zur Schätzung von Σ, falls $2 \le a \le N-1$, $n_i \ge 1$, $\sum_{i=1}^a n_i = N$ gilt und a und die n_i ganze Zahlen sind. ${}_0V_N = (a, n_1, \dots, n_a)_N$ heißt diskreter Versuchsplan zur Schätzung von Σ, falls $2 \le a \le N-1$, $n_i \ge 1$, $\sum_{i=1}^a n_i = N$ gilt und a und N ganze Zahlen sind, wobei die n_i aber beliebig reell sein dürfen. Mit $\{V_N\}$ bzw. $\{{}_0V_N\}$ wird die Menge der möglichen konkreten bzw. diskreten Versuchspläne für festes N bezeichnet.

Es ist sofort klar, dass $\{V_N\} \subset \{{}_0V_N\}$ gilt.

Definition 6.7
Ein Versuchsplan ${}_0V_N^* \in \{{}_0V_N\}(V_N^* \in \{V_N\})$ heißt diskreter (konkreter) A-optimaler Versuchsplan für gegebenes N, falls für diesen Versuchsplan

$$\operatorname{var}\left(\boldsymbol{s}_a^2\right) + \operatorname{var}\left(\boldsymbol{s}^2\right) = \frac{1}{w^2}[\operatorname{var}(\boldsymbol{DQ}_{\mathrm{Z}}) + \operatorname{var}(\boldsymbol{DQ}_{\mathrm{I}})] + \operatorname{var}(\boldsymbol{DQ}_{\mathrm{I}})$$

mit

$$w = \frac{1}{a-1}\left(N - \frac{1}{N}\sum_{i=1}^{a} n_i^2\right)$$

in der Klasse $\{{}_0V_N\}(\{V_N\})$ minimal wird.

Satz 6.14 Herrendörfer (1976)
Der diskrete A-optimale Versuchsplan aus $\{{}_0V_N\}$ zur Schätzung von Σ ist unter den Voraussetzungen dieses Abschnittes unter den Plänen mit gleicher Klassenbesetzung $(n_i = n)$ zu suchen.

Beweis: Die Formeln (6.38) und (6.39) sind zunächst nur für natürliche a und n_i $(i = 1, \dots, a)$ definiert. Für einen diskreten Versuchsplan lassen wir aber auch beliebige reelle $n_i \geq 1$ zu. Für festes N und a nimmt w sein Maximum für $n_i = \frac{N}{a} = \bar{n}$ an, da $n_i = \bar{n}$ gleichzeitig $\frac{1}{w^2}\operatorname{var}(\boldsymbol{DQ}_{\mathrm{Z}})$ minimiert (Hammersley, 1949) und $\operatorname{var}(\boldsymbol{DQ}_{\mathrm{I}})$ von der Aufteilung von N auf die n_i unabhängig ist. Der Satz ist bewiesen, da die Beweisführung für alle Paare (a, N) gilt.

Damit müssen wir zur Bestimmung eines diskreten A-optimalen Versuchsplanes ($n_i = \bar{n}$ hat $N = a\bar{n}$ und $w = \bar{n}$ zur Folge) den Ausdruck

$$A(N, a) = \frac{1}{\bar{n}^2}\left[\frac{2\left(\bar{n}\sigma_a^2 + \sigma^2\right)^2}{a-1} + \frac{2\sigma^4}{a(\bar{n}-1)}\right] + \frac{2\sigma^4}{a(\bar{n}-1)} \tag{6.69}$$

minimieren. Setzen wir abkürzend $\rho_{\mathrm{I}} = \rho$ für ρ_{I} aus Definition 6.3, so wird (6.69) zu

$$A(N, a) = \left\{\frac{2}{a-1}\left(\rho + \frac{1-\rho}{N}\right)^2 + \frac{4}{N-a}(1-\rho)^2 + 2\left(\frac{1-\rho}{N}\right)\left[2\rho - \frac{1-\rho}{N}(N-1)\right]\right\}\left(\sigma_a^2 + \sigma^2\right)^2$$

Aus Definition 6.3 folgt wegen $\sigma^2 > 0$ stets $0 < \rho < 1$.

Betrachtet man die zweite partielle Ableitung von $A(N, a)$ nach a, so sieht man, dass $A(N, a)$ für $1 \leq a \leq N$ von unten konvex ist und für $0 < \rho < 1$ daher genau ein relatives Minimum hat. Setzt man $\frac{\partial A(N,a)}{\partial a}$ gleich 0, so ergeben sich die beiden

Lösungen

$$a_1 = 1 + \frac{(N-1)\left(\rho + \frac{1-\rho}{N}\right)}{\rho + \frac{1-\rho}{N} - \sqrt{2}(1-\rho)} \tag{6.70}$$

und

$$a_2 = 1 + \frac{(N-1)\left(\rho + \frac{1-\rho}{N}\right)}{\rho + \frac{1-\rho}{N} + \sqrt{2}(1-\rho)} \tag{6.71}$$

Nun liegt aber a_1 nicht im Intervall $0 \leq a \leq N-1$, und damit kommt als mögliche Lösung nur a_2 aus (6.71) infrage. Ist a_2 ganz und gilt $2 \leq a_2 \leq N$, so ist der A-optimale Plan durch

$$a = \frac{N\left[N\rho + \left(1+\sqrt{2}\right)(1-\rho)\right]}{N\rho + \left(1+N\sqrt{2}\right)(1-\rho)} \tag{6.72}$$

und $\bar{n} = \frac{N}{a}$ gegeben.

Falls $a' \leq a_2 \leq a''$ mit $a'' = a' + 1$ (a', a'' ganz) gilt und nur a' oder nur a'' im Intervall $[2, N]$ liegt, ist die in diesem Intervall liegende ganze Zahl das a des A-optimalen diskreten Planes. Liegen beide Zahlen a' und a'' in $[2, N]$, so berechne man für beide Zahlen $A(N, a)$ und wähle diejenige, für die sich der kleinere Wert von $A(N, a)$ ergibt, als Lösung des Problems.

Den konkreten A-optimalen Versuchsplan bestimmt man durch systematisches Suchen in der Umgebung des diskreten A-optimalen Versuchsplanes. Bei dieser systematischen Suche ist auch a zu variieren, und natürlich können ungleiche n_i auftreten. Sätze über optimale Versuchspläne, die die Varianz einer Varianzkomponente minimieren (sogenannte C-optimale Pläne) und die kostenoptimale Wahl von N werden von Herrendörfer (1976) beschrieben. Dort und bei Rasch *et al.* (2008) findet man Tabellen optimaler Pläne und Versuchsumfänge.

6.5 Übungsaufgaben

Aufgabe 6.1

Bei Mastleistungsprüfungen werden die Nachkommen von Ebern unter einheitlichen Fütterungs- und Haltungsbedingungen auf Mast- und Schlachtleistung geprüft. Aus den Ergebnissen wird dann auf die Vererbungsleistung der Eber geschlossen. Aus den Ergebnissen einer solchen Prüfung wurden zwei Eber e_1, e_2 zufällig herausgegriffen. Von jedem Eber wurden Nachkommen aus Würfen von mehreren Sauen geprüft, und zwar lagen für e_1 drei Würfe und für e_2 drei Würfe vor. Als Leistungsmerkmal y wurde die Anzahl der Masttage (das ist die Anzahl

Tab. 6.10 Anzahl der Masttage für die Nachkommen von zwei Ebern aus einer Mastleistungsprüfung.

	Eber	e_1			e_2		
	Sauen	s_1	s_2	s_3	s_4	s_5	s_6
Nachkommen	y_{ijk}	93	107	109	89	87	81
		89	99	107	102	91	83
		97	94	104	82	85	
		105	106	97	91		
	n_{ij}	4	2	4	4	3	4
			10			11	

der Tage, die ein Nachkomme benötigt, um von 40 auf 110 kg zuzunehmen) gewählt. Es sollen die Varianzkomponenten für Eber, für Sauen (innerhalb der Eber) und innerhalb der Sauen geschätzt werden.
Tabelle 6.10 enthält die Beobachtungswerte y_{ijk}. In diesem Fall ist $a = 2$, $b_1 = 3$, $b_2 = 3$. Die $E(\boldsymbol{DQ})$ sind in Tab. 6.6 angegeben.

Aufgabe 6.2

Man bestimme den A-optimalen Versuchsplan nach (6.71) für $N = 200$ und $\rho = 0{,}5$.

Aufgabe 6.3

Man ergänze in Beispiel 6.1 bei den Bullen 3 und 7 den fehlenden Beobachtungswert um den jeweiligen Mittelwert der vorhandenen Töchterleistungen (2 Dezimalstellen), bei Bulle 4 füge man den Mittelwert der zehn Töchterleistungen zweimal ein. Man schätze die Varianzkomponenten für den entstandenen Datensatz D.

Literatur

Ahrens, H. (1983) MINQUE und ANOVA, Schätzer für Varianzkomponenten – Effizienz und Vergleich der Unbalanciertheit. *Probl. Angew. Stat. Forsch.-zentr. Tierprod. Dummerstorf*, Heft 8.

Davenport, J.M. und Webter, J.T. (1973) A comparison of some approximate F-tests. *Technometrics*, **15**, 779–789.

Drygas, H. (1980) *Hsu's Theorem in Variance Components Models*, Banach Centre Publications, 6, S. 95–107.

Gaylor, D.W. und Hopper, F.N. (1969) Estimating the degree of freedom for linear combinations of mean squares by Satterthwaite's formula. *Technometrics*, **11**, 691–706.

Graybill, F.A. (1954) On quadratic estimates of variance components. *Ann. Math. Stat.*, **25**, 367–372.

Graybill, F.A. und Wang, C.M. (1980) Confidence intervals on nonnegative linear combinations of variances. *J. Am. Stat. Assoc.*, **75**, 869–873.

Hammersley, J.M. (1949) The unbiased estimate and standard error of the interclass variance. *Metron*, **15**, 189–204.

Hartley, H.O. (1967) Expectations, variances and covariances of ANOVA mean squares by „synthesis“. *Biometrics*, **23**, 105–114.

Hartley, H.O. und Rao, J.N.K. (1967) Maximum likelihood estimation for the mixed analysis of variance model. *Biometrika*, **54**, 92–108.

Harville, D.A. (1977) Maximum-likelihood approaches to variance component estimation and to related problems. *J. Am. Stat. Assoc.*, **72**, 320–340.

Henderson, C.R. (1953) Estimation of variance and covariance components. *Biometrics*, **9**, 226–252.

Herbach, L.H. (1959) Properties of type II analysis of variance tests. *Ann. Math. Stat.*, **30**, 939–959.

Herrendörfer, G. (1976) Versuchsplanung im linearen Modell – Schätzung von Varianzkomponenten und eingeschränkte Messwerterfassung bei der Schätzung und dem Vergleich von Mittelwerten und Regressionskoeffizienten, Habilitation, Martin-Luther-Universität Halle-Wittenberg.

Humak, K.M.S. (1984) *Statistische Methoden der Modellbildung III*, Akademie-Verlag, Berlin.

Rao, C.R. (1970) Estimation of heteroscedastic variances in linear models. *J. Am. Stat. Assoc.*, **65**, 445–456.

Rao, C.R. (1971a) Estimation of variance and covariance components in linear models. *J. Am. Stat. Assoc.*, **66**, 872–875.

Rao, C.R. (1971b) Minimum variance quadratic estimation of variance components. *J. Multivar. Anal.*, **1**, 257–275.

Rasch, D. (1971) Gemischte Klassifikation der dreifachen Varianzanalyse. *Biom. Z.*, **13**, 1–20.

Rasch, D. und Herrendörfer, G. (1986) *Experimental Design-Sample Size Determination and Block Designs*, Reidel, Dordrecht.

Rasch, D. und Mašata, O. (2006) Methods of variance component estimation. *Czech. J. Anim. Sci.*, **51**, 227–235.

Rasch, D., Herrendörfer, G., Bock, J., Victor, N. und Guiard, V. (Hrsg.) (2008) *Verfahrensbibliothek Versuchsplanung und -auswertung*, 2. verbesserte Auflage in einem Band mit CD, R. Oldenbourg Verlag München Wien
(frühere Auflagen mit den Herausgebern Rasch, Herrendörfer, Bock, Busch (1978, 1981), Deutscher Landwirtschaftsverlag Berlin und (1995, 1996) Oldenbourg Verlag München Wien).

Satterthwaite, F.E. (1946) An approximate distribution of estimates of variance components. *Biom. Bull.*, **2**, 110–114.

Searle, S.R. (1971, 2012) *Linear Models*, John Wiley & Sons, New York.

Searle, S.R., Casella, E. und McCullock, C.E. (1992) *Variance Components*, John Wiley & Sons, New York.

Seely, J.F. und Lee, Y. (1994) A note on Satterthwaite confidence interval for a variance, *Commun. Stat.*, **23**, 859–869.

Townsend, E.C. (1968) Unbiased estimators of variance components in simple unbalanced designs, PhD thesis, Cornell Univ., Ithaca, USA.

Verdooren, L.R. (1982) How large is the probability for the estimate of variance components to be negative? *Biom. J.*, **24**, 339–360.

Welch, B.L. (1956) On linear combinations of several variances. *J. Am. Stat. Assoc.*, **51**, 1144–1157.

7
Varianzanalyse – Modelle mit endlichen Stufengesamtheiten und gemischte Modelle

In diesem Kapitel werden Modelle mit endlichen Stufengesamtheiten betrachtet, die zumindest bei gleicher Klassenbesetzung Modell I und Modell II als Grenzfälle enthalten. Auch die in diesem Kapitel eingeführten gemischten Modelle gehen aus Modellen mit endlichen Stufengesamtheiten als Grenzfälle hervor.

Bei gemischten Modellen können Probleme der Varianzkomponentenschätzung und der Schätzung von Effekten bzw. der Hypothesenprüfung von Effekten gleichzeitig auftreten. In Abschn. 7.3 werden einige spezielle Methoden vorgestellt, die in Abschn. 7.4 für Spezialfälle demonstriert werden.

7.1
Einführung – Modelle mit endlichen Stufengesamtheiten

Modelle mit endlichen Stufengesamtheiten sind aus zwei Gründen von Interesse. Einmal gibt es praktische Gegebenheiten, in denen die Auswahl der Stufen endlich und bekannt ist und nicht alle Stufen in die Untersuchung einbezogen werden. Hier würde die Verwendung unendlicher Stufengesamtheiten, wie sie in Modell II implizit vorausgesetzt wird, zu vermeidbaren Fehlern bei der Approximation der Wirklichkeit durch ein mathematisches Modell führen. Andererseits sind die Standardmodelle Modell I, Modell II und gemischtes Modell Spezial- oder Grenzfälle des Modells mit endlichen Stufengesamtheiten.

Definition 7.1
Sind die Elemente $\gamma_{A_k,j}$ $(j = 1, \dots, a_k)$ der Vektoren γ_{A_k} der Modellgleichung (6.3) a_k Zufallsvariable, deren Realisationen darin bestehen, dass ohne Zurücklegen aus einer Gesamtheit von $N(A_k)$ Effekten a_k Effekte ausgewählt werden, so nennen wir Modellgleichung (6.3) unter den Nebenbedingungen verschwindender Effektsummen in den Grundgesamtheiten (analog zu Modell I zu bilden) Modell mit endlichen Stufengesamtheiten der Varianzanalyse. Gilt (6.43), so sprechen wir vom balancierten Fall eines Modells mit endlichen Stufengesamtheiten.

Mathematische Statistik, 1. Auflage. Dieter Rasch und Dieter Schott.

Der Definition 7.1 liegt die Vorstellung zugrunde, dass die a_k in den Versuch einbezogenen Stufen des Faktors (oder der Faktorkombination) A_k zufällig aus einer Gesamtheit von $N(A_k) \geq a_k$ möglichen Stufen ausgewählt wurden. Dabei soll aber jede Stufe nur einmal gewählt werden dürfen, sodass eine Auswahl ohne Zurücklegen vorgeschrieben wurde. Ist $N(A_k) = a_k$, so werden alle Stufen ausgewählt, der Faktor A_k ist ein fester Faktor. Für $N(A_k) \to \infty$ geht der Faktor A_k in einen zufälligen Faktor, wie er in Modell II eingeführt wurde, über. Für den balancierten Fall kann man relativ einfache Regeln angeben, nach denen Formeln für die $\boldsymbol{SQ}$, FG, $\boldsymbol{DQ}$ und $E(\boldsymbol{DQ})$ abgeleitet werden können; diese Regeln werden in Abschn. 7.2 angeführt. Wir werden eine n-dimensionale Zufallsvariable, für die nur die Bedingung der identischen Verteilung ihrer Komponenten gilt, eine Zufallsstichprobe vom Typ 2 nennen. Eine derartig abgewandelte Definition der Zufallsstichprobe ist der Einfachheit halber in der Stichprobentheorie aus endlichen Gesamtheiten üblich (wir verzichten also auf die Unabhängigkeit der Komponenten).

In der Stichprobentheorie definiert man Varianzen endlicher Grundgesamtheiten als Summe der Abweichungsquadrate (vom Erwartungswert) dividiert durch den Umfang N, in der Varianzanalyse dagegen definiert man Quasivarianzen mit $N-1$ anstelle von N im Nenner, um Formeln zu vereinfachen. Wir folgen der letzteren Vorgehensweise und bezeichnen die Quasivarianzen mit σ^2, σ_a^2 usw., während die eigentlichen Varianzen mit $\sigma^{*2}, \sigma_a^{*2}$ usw. bezeichnet werden. Die Überführung der Varianzen in Quasivarianzen und umgekehrt wird an einem Beispiel demonstriert.

Beispiel 7.1

Es seien die Faktoren A und B dem Faktor C hierarchisch untergeordnet, selbst aber kreuzklassifiziert. Dann gilt für die Varianzkomponenten $A \times B$

$$\sigma^2_{ab \text{ in } c} = \frac{N(A) \cdot N(B)}{(N(A)-1)(N(B)-1)} \sigma^{*2}_{ab \text{ in } c} \tag{7.1}$$

Dabei gilt (bei Wechselwirkungen werden künftig in den Klammern die Trennzeichen zwischen den Faktoren weggelassen)

$$\sigma^2_{ab \text{ in } c} = \frac{\sum_{i,j} (ab)^2_{ij.k}}{(N(A)-1)(N(B)-1)} \quad \text{für alle } k \tag{7.2}$$

Also sind bis auf eventuell vorhandene übergeordnete Faktoren für jeden Faktor die $\sigma_{(\cdot)}$ mit $\frac{N(\cdot)-1}{N(\cdot)}$ zu multiplizieren, um die $\sigma^{*2}_{(\cdot)}$ zu erhalten. Für Modell II mit $\frac{N(\cdot)-1}{N(\cdot)} \to 1$ und gemischte Modelle der hierarchischen Klassifikation entfällt die Korrektur. Für Wechselwirkungsvarianzkomponenten im gemischten Modell ist im Korrekturfaktor für einen festen Faktor die Anzahl $N(\cdot)$ durch die Stufenzahl zu ersetzen; für zufällige Faktoren entfällt die Korrektur.

Beispiel 7.2
Wir betrachten ein Modell mit endlichen Stufengesamtheiten für $k = 1, 2, 3$ und setzen $A_1 = A, A_2 = B, A_3 = A \times B, a_1 = a, a_2 = b$ und $a_3 = ab$, sowie R für den Rest. Die Modellgleichung lautet für den balancierten Fall

$$\begin{aligned} &\boldsymbol{y}_{ijk} = \mu + \boldsymbol{a}_i + \boldsymbol{b}_j + (\boldsymbol{ab})_{ij} + \boldsymbol{e}_{ijk} \\ &\quad (i = 1, \dots, a; j = 1, \dots, b; k = 1, \dots, n) \end{aligned} \tag{7.3}$$

Die Nebenbedingungen seien

$$n < N(R)\,, \quad \sum_{i=1}^{N(A)} a_i = \sum_{j=1}^{N(B)} b_i = \sum_{i=1}^{N(A)} (ab)_{ij} = \sum_{j=1}^{N(B)} (ab)_{ij} = \sum_{k=1}^{N(R)} e_{ijk} = 0$$

$$\frac{1}{N(A)-1} \sum_{i=1}^{N(A)} a_i^2 = \sigma_a^2\,, \quad \frac{1}{N(B)-1} \sum_{j=1}^{N(B)} b_j^2 = \sigma_b^2$$

$$\frac{1}{[N(A)-1][N(B)-1]} \sum_{i=1}^{N(A)} \sum_{j=1}^{N(B)} (ab)_{ij}^2 = \sigma_{ab}^2\,, \quad \frac{1}{N(R)-1} \sum_{k=1}^{N(R)} e_{ijk}^2 = \sigma^2$$

für alle ungebundenen i und j. Man kann (durch Einsetzen der Modellgleichung in die Ausdrücke für die $\boldsymbol{DQ}$) ableiten, dass mit den Bezeichnungen der Tab. 5.13

$$\left.\begin{aligned} E(\boldsymbol{DQ}_A) &= \left(1 - \frac{n}{N(R)}\right)\sigma^2 + n\left(1 - \frac{b}{N(B)}\right)\sigma_{ab}^2 + nb\sigma_a^2 \\ E(\boldsymbol{DQ}_B) &= \left(1 - \frac{n}{N(R)}\right)\sigma^2 + n\left(1 - \frac{a}{N(A)}\right)\sigma_{ab}^2 + na\sigma_b^2 \\ E(\boldsymbol{DQ}_{AB}) &= \left(1 - \frac{n}{N(R)}\right)\sigma^2 + n\sigma_{ab}^2 \\ E(\boldsymbol{DQ}_{\text{Rest}}) &= \sigma^2 \end{aligned}\right\} \tag{7.4}$$

gilt. Für $N(R) \to \infty$, $N(B) \to \infty$ und $N(A) \to \infty$ erhält man die $E(\boldsymbol{DQ})$ für Modell II, siehe Formel (6.53). Für $N(R) \to \infty$, $a = N(A)$ und $b = N(B)$ erhält man die $E(\boldsymbol{DQ})$ für Modell I, siehe Tab. 5.13. Lässt man $N(R) \to \infty$, $N(B) \to \infty$ gehen und setzt $a = N(A)$, so geht das Modell dieses Beispiels in ein gemischtes Modell über (A fest, B zufällig), und wir erhalten

$$\left.\begin{aligned} E(\boldsymbol{DQ}_A) &= \sigma^2 + nb\sigma_a^2 \\ E(\boldsymbol{DQ}_B) &= \sigma^2 + na\sigma_b^2 \\ E(\boldsymbol{DQ}_{AB}) &= \sigma^2 + n\sigma_{ab}^2 \\ E(\boldsymbol{DQ}_{\text{Rest}}) &= \sigma^2 \end{aligned}\right\} \tag{7.5}$$

In (7.5) ist $\sigma_a^2 = \frac{1}{a-1} \sum_{i=1}^a a_i^2$ gesetzt worden und damit ist es keine Varianz.

An diesem Beispiel konnte die Leistungsfähigkeit von Modellen mit endlichen Stufengesamtheiten demonstriert werden. Im balancierten Fall gelingt es, einfache Regeln zur Berechnung der $E(\boldsymbol{DQ})$ aufzustellen.

7.2
Regeln zur Ableitung von *SQ, FG, DQ* und *E(DQ)* im balancierten Fall für beliebige Klassifikationen und Modelle

In den Kapiteln 5 und 6 konnten wir uns davon überzeugen, dass die Ableitung der $E(\boldsymbol{DQ})$ selbst für einfache Fälle ziemlich aufwendig ist. In diesem Abschnitt werden Regeln angegeben, die es gestatten, die Formeln für $\boldsymbol{SQ}$, FG, $\boldsymbol{DQ}$ und $E(\boldsymbol{DQ})$ im balancierten Fall einfach anzugeben.

Wir bezeichneten die t Faktoren der Varianzanalyse mit A_k; $k = 1, \dots, t$, den Umfang der Stufengesamtheit mit $N(a_k)$ und die Anzahl der ausgewählten Stufen mit a_k (bei wenigen Faktoren setzen wir $A_1 = A, A_2 = B, A_3 = C$, usw.). Ist ein Faktor A_{k_1} dem Faktor A_{k_2} untergeordnet, schreiben wir, wie schon vorher, $A_{k_1} \prec A_{k_2}$. Wir schreiben die Suffixe der Effekte in den rechten Seiten der Modellgleichungen in zwei Gruppen. Zunächst kommen die Suffixe der untergeordneten Faktoren und dann in Klammern die der übergeordneten Faktoren bzw. Faktorkombinationen; folglich ist immer $e_{k(i,j)}$, $e_{l(i,j,k)}$, usw. zu schreiben. In der Varianztabelle gibt es für jeden Faktor (einschließlich Rest) eine Zeile; außerdem gibt es Zeilen für die nach Regel 1 gebildeten Wechselwirkungen. Ist der Faktor X keinem Faktor untergeordnet, so schreiben wir $X \prec$.

Regel 1 Wechselwirkungen zwischen zwei Faktoren oder Faktorkombinationen erhält man durch symbolische Multiplikation der beteiligten Faktoren (bzw. Faktorkombinationen) links und rechts vom $\prec$-Zeichen getrennt. Dabei werden Buchstaben, die rechts vom $\prec$-Zeichen mehrfach auftreten, nur einmal geschrieben ($X \cdot X = X$). Eine Wechselwirkung gilt als nicht definiert, wenn der gleiche Buchstabe auf beiden Seiten des $\prec$-Zeichens auftritt.

Regel 2 Die Freiheitsgrade einer Zeile erhält man, indem man die Anzahl der ausgewählten Stufen der links vom $\prec$-Zeichen stehenden A_k um 1 vermindert und miteinander sowie mit der Anzahl der ausgewählten Stufen der rechts vom $\prec$-Zeichen stehenden Faktoren multipliziert.

Regel 3 Die $\boldsymbol{SQ}$ einer Zeile erhält man, indem man mithilfe der nach (6.45) gebildeten $\boldsymbol{S}_{A_k}$ ein den Freiheitsgraden entsprechendes Produkt bildet, d. h., die links vom $\prec$-Zeichen stehenden A_k führen zum Faktor $\boldsymbol{S}_{A_k} - \boldsymbol{e}$, die rechts stehenden A_k zum Faktor $\boldsymbol{S}_{A_k}$ (Die $N(A_{ij})$ sind nicht mit den $N(A_k)$ dieses Kapitels identisch). Der Fehler $\boldsymbol{e}$ verhält sich bei der Multiplikation wie ein Einselement (d. h., es ist $\boldsymbol{S}_{A_k}\boldsymbol{e} = \boldsymbol{e}\boldsymbol{S}_{A_k} = \boldsymbol{S}_{A_k}$) und ist durch $\boldsymbol{e} = \frac{1}{N}\boldsymbol{Y}^2_{\dots}$ definiert. Ferner ist die symbolische Multiplikation $S_{A_i}, S_{A_j}, = S_{A_i A_j}$ zu lesen und $S_{R,A_1,\dots,A_t} = S_R$ zu setzen.

Regel 4 Die $E(\boldsymbol{DQ})$ werden wie folgt berechnet: Man bildet eine Tabelle, deren Zeilen durch die Komponenten (mit Ausnahme von μ) der rechten Seite der Modellgleichung charakterisiert werden; die Spalten entsprechen den verschiedenen Suffixen. In ein Tabellenfeld, dessen Spaltensuffix nicht in dem die Zeile definierenden Effekt auftritt, setzt man die Anzahl der ausgewählten Stufen des den Spaltensuffixen entsprechenden Faktors ein. Tritt der Spaltensuffix in der Klammer des Zeileneffektes auf, so setzt man in das Tabellenfeld eine 1, in alle übrigen Felder

$$1 - \frac{\text{ausgewählte Stufenzahl der Spalte}}{\text{Stufenzahl der Stufengesamtheit der Spalte}}$$

Nun wird jedes $E(\boldsymbol{DQ})$ als Linearkombination von σ^2 und aller der Varianzkomponenten dargestellt, die im Suffix die oberen Grenzen derjenigen Indizes enthalten, die bei dem $\boldsymbol{DQ}$ entsprechenden Effekt vor der Klammer auftreten. Die Koeffizienten der Linearkombination erhält man aus der der Varianzkomponente entsprechenden Zeile der Tabelle durch Multiplikation der Inhalte aller der Tabellenfelder, deren Spaltensuffix nicht oder höchstens in der Klammer in dem die $\boldsymbol{DQ}$ definierenden Effekt enthalten sind; dann ist nach Beispiel 7.1 umzurechnen.

Beispiel 7.3

Gegeben sei eine zweifache Kreuzklassifikation mit endlichen Stufengesamtheiten nach Beispiel 7.2. Die Modellgleichung (7.3) wird zugrunde gelegt. Es sollen die $\boldsymbol{SQ}$, FG und $\boldsymbol{DQ}$ der Tab. 5.13 sowie die $E(\boldsymbol{DQ})$ nach den Regeln dieses Abschnittes angegeben werden. Die Varianztabelle muss die Zeilen für A, B, AB und Rest enthalten (wie üblich fügen wir noch eine Zeile Gesamt hinzu). Wir müssen zunächst die Suffixe untergeordneter Faktoren bei den Effekten in Klammern setzen. Da die Faktoren nur dem Fehler übergeordnet sind, wird aus (7.3)

$$\boldsymbol{y}_{ijk} = \mu + \boldsymbol{a}_i + \boldsymbol{b}_j + (\boldsymbol{ab})_{ij} + \boldsymbol{e}_{k(i,j)}$$

Die einzige Wechselwirkung, die existiert, ist $(A \prec)(B \prec) = AB \prec$ (z. B. ist $(R \prec AB)(B \prec) = RB \prec AB$ wegen Regel 1 nicht definiert). Die Freiheitsgrade sind nach Regel 2 (R steht für Rest)

$$\begin{aligned} A \prec &\quad : \quad a-1 \\ B \prec &\quad : \quad b-1 \\ AB \prec &\quad : \quad (a-1)(b-1) \\ R \prec AB &\quad : \quad (n-1)ab \end{aligned}$$

Die $\boldsymbol{SQ}$ sind nach Regel 3

$$A \prec \quad : \; \boldsymbol{S}_A - \frac{\boldsymbol{Y}_{...}^2}{N} = \sum_{i=1}^{a} \frac{\boldsymbol{Y}_{i..}^2}{bn} - \frac{\boldsymbol{Y}_{...}^2}{N}$$

$$B \prec \quad : \; \boldsymbol{S}_B - \frac{\boldsymbol{Y}_{...}^2}{N} = \sum_{j=1}^{b} \frac{\boldsymbol{Y}_{.j.}^2}{an} - \frac{\boldsymbol{Y}_{...}^2}{N}$$

$$\begin{aligned} AB \prec \quad : \; & (\boldsymbol{S}_A - \boldsymbol{e})(\boldsymbol{S}_B - \boldsymbol{e}) = \boldsymbol{S}_{AB} - \boldsymbol{S}_A - \boldsymbol{S}_B + \boldsymbol{e} \\ & = \sum_{i=1}^{a} \sum_{j=1}^{b} \frac{\boldsymbol{Y}_{ij.}^2}{n} - \sum_{i=1}^{a} \frac{\boldsymbol{Y}_{i..}^2}{bn} - \sum_{j=1}^{b} \frac{\boldsymbol{Y}_{.j.}}{an} + \frac{\boldsymbol{Y}_{...}^2}{N} \end{aligned}$$

$$R \prec AB \quad : \; (\boldsymbol{S}_R - \boldsymbol{e})\boldsymbol{S}_A \boldsymbol{S}_B = \boldsymbol{S}_{R,AB} - \boldsymbol{S}_{AB} = \sum_{i=1}^{a} \sum_{j=1}^{b} \sum_{k=1}^{n} y_{ijk}^2 - \sum_{i=1}^{a} \sum_{j=1}^{b} \frac{\boldsymbol{Y}_{ij.}}{n}$$

$\boldsymbol{SQ}_{\text{G}}$ ist dann die Summe aller $\boldsymbol{SQ}$:

$$\boldsymbol{SQ}_{\text{G}} = \sum_{i=1}^{a} \sum_{j=1}^{b} \sum_{k=1}^{n} y_{ijk}^2 - \frac{\boldsymbol{Y}_{...}^2}{N}$$

Um die $E(\boldsymbol{DQ})$ nach Regel 4 zu berechnen, muss zunächst die in dieser Regel erwähnte Tabelle angefertigt werden:

	i	j	k
a_i	$1 - \frac{a}{N(A)}$	b	n
b_j	a	$1 - \frac{b}{N(B)}$	n
$(ab)_{ij}$	$1 - \frac{a}{N(A)}$	$1 - \frac{b}{N(B)}$	n
$e_{k(i,j)}$	1	1	$1 - \frac{n}{N(R)}$

Der Spaltensuffix i der ersten Spalte tritt nur in b_j nicht auf, sodass im ersten Feld der zweiten Zeile a stehen muss. Da j nicht in a_i auftritt, steht im zweiten Feld der ersten Zeile b; k tritt in a_i, b_j und $(ab)_{ij}$ nicht auf, sodass die ersten drei Felder der dritten Spalte n enthalten. Die Suffixe i und j treten bei $e_{k(i,j)}$ in der Klammer auf; folglich steht in den beiden ersten Feldern der letzten Zeile eine 1. In die übrigen Felder der ersten Spalte setzten wir $1 - \frac{a}{N(A)}$, in die freien Felder der zweiten Spalte $1 - \frac{b}{N(B)}$ und in das freie Feld der letzten Spalte $1 - \frac{n}{N(R)}$.

Nun ist nach Regel 4

$$E(\boldsymbol{DQ}_A) = c_1\sigma_a^2 + c_2\sigma_{ab}^2 + c_3\sigma^2$$

mit

$$c_1 = bn\ , \quad c_2 = n\left(1 - \frac{b}{N(B)}\right)\ , \quad c_3 = 1 - \frac{n}{N(R)}$$

Ferner gilt

$$E(\boldsymbol{DQ}_B) = c_4\sigma_b^2 + c_5\sigma_{ab}^2 + c_6\sigma^2$$

mit

$$c_4 = an\ , \quad c_5 = n\left(1 - \frac{a}{N(A)}\right)\ , \quad c_6 = 1 - \frac{n}{N(R)}$$

und

$$E(\boldsymbol{DQ}_{AB}) = c_7\sigma_{ab}^2 + c_8\sigma^2$$

mit

$$c_7 = n\ , \quad c_8 = 1 - \frac{n}{N(R)}$$

sowie schließlich

$$E(\boldsymbol{DQ}_\text{R}) = \sigma^2$$

Beispiel 7.4
Nach den oben angegebenen Regeln sollen FG, $\boldsymbol{SQ}$ und $E(\boldsymbol{DQ})$ für die in Abschn. 5.4.3 beschriebene Varianzanalyse vom Typ $C \prec AB$ berechnet werden. Zunächst schreiben wir Modellgleichung (5.51) in der Form

$$\boldsymbol{y}_{ijkl} = \mu + \boldsymbol{a}_i + \boldsymbol{b}_j + \boldsymbol{c}_{k(i,j)} + (\boldsymbol{ab})_{ij} + \boldsymbol{e}_{l(i,j,k)}$$
$$(i = 1, \dots, a; j = 1, \dots, b; k = 1, \dots, c; l = 1, \dots, n)$$

Es gibt in der Varianztabelle außer für Gesamt und Rest Zeilen für $A \prec$, $B \prec$, $C \prec AB$ und $AB \prec$.

Die Freiheitsgrade nach Regel 2 sind:

$$\begin{aligned}
A \prec &: \quad a-1\\
B \prec &: \quad b-1\\
C \prec AB &: \quad (c-1)ab\\
AB \prec &: \quad (a-1)(b-1)\\
R \prec CAB &: \quad (n-1)abc
\end{aligned}$$

Die $\boldsymbol{SQ}$ nach Regel 3 betragen:

$$A \prec \quad : \quad \boldsymbol{SQ}_A = \boldsymbol{S}_A - \boldsymbol{e} = \sum_{i=1}^{a} \frac{\boldsymbol{Y}_{i...}^2}{bcn} - \frac{1}{N}\boldsymbol{Y}_{....}^2$$

$$B \prec \quad : \quad \boldsymbol{SQ}_B = \boldsymbol{S}_B - \boldsymbol{e} = \sum_{j=1}^{b} \frac{\boldsymbol{Y}_{.j..}^2}{acn} - \frac{1}{N}\boldsymbol{Y}_{....}^2$$

$$C \prec AB \quad : \quad \boldsymbol{SQ}_{C\,\text{in}\,AB} = (\boldsymbol{S}_C - \boldsymbol{e})\boldsymbol{S}_A\boldsymbol{S}_B = \boldsymbol{S}_{CAB} - \boldsymbol{S}_{AB}$$

$$= \sum_{i=1}^{a}\sum_{j=1}^{b}\sum_{k=1}^{c} \frac{\boldsymbol{Y}_{ijk.}^2}{n} - \sum_{i=1}^{a}\sum_{j=1}^{b} \frac{\boldsymbol{Y}_{ij..}}{cn}$$

$$R \quad : \quad \boldsymbol{SQ}_\text{R} = (\boldsymbol{S}_R - \boldsymbol{e})\boldsymbol{S}_A\boldsymbol{S}_B\boldsymbol{S}_C = \boldsymbol{S}_R - \boldsymbol{S}_{ABC}$$

$$= \sum_{i=1}^{a}\sum_{j=1}^{b}\sum_{k=1}^{c}\sum_{l=1}^{n} \boldsymbol{y}_{ijkl}^2 - \frac{1}{n}\sum_{i=1}^{a}\sum_{j=1}^{b}\sum_{k=1}^{c} \boldsymbol{Y}_{ijk.}^2$$

Um die $E(\boldsymbol{DQ})$ zu berechnen, stellen wir nach Regel 4 zunächst eine Tabelle auf:

	i	j	k	l
a_i	$1 - \frac{a}{N(A)}$	b	c	n
b_j	a	$1 - \frac{b}{N(B)}$	c	n
$c_{k(i,j)}$	1	1	$1 - \frac{c}{N(C)}$	n
$(ab)_{ij}$	$1 - \frac{a}{N(A)}$	$1 - \frac{b}{N(B)}$	c	n
$e_{l(i,j,k)}$	1	1	1	$1 - \frac{n}{N(R)}$

Dann ist

$$E(\boldsymbol{DQ}_A) = bcn\sigma_a^2 + n\left(1 - \frac{c}{N(C)}\right)\sigma_{c\,\text{in}\,ab}^2 + cn\left(1 - \frac{b}{N(B)}\right)\sigma_{ab}^2 + \left(1 - \frac{n}{N(R)}\right)\sigma^2$$

$$E(\boldsymbol{DQ}_B) = acn\sigma_b^2 + n\left(1 - \frac{c}{N(C)}\right)\sigma_{c\,\text{in}\,ab}^2 + cn\left(1 - \frac{a}{N(A)}\right)\sigma_{ab}^2 + \left(1 - \frac{n}{N(R)}\right)\sigma^2$$

$$E(\boldsymbol{DQ}_{C\,\text{in}\,AB}) = n\sigma_{c\,\text{in}\,ab}^2 + \left(1 - \frac{n}{N(R)}\right)\sigma^2$$

$$E(\boldsymbol{DQ}_{AB}) = n\left(1 - \frac{c}{N(C)}\right)\sigma_{c\,\text{in}\,ab}^2 + cn\sigma_{ab}^2 + \left(1 - \frac{n}{N(R)}\right)\sigma^2$$

$$E(\boldsymbol{DQ}_\text{R}) = \sigma^2$$

7.3 Varianzkomponentenschätzung in gemischten Modellen

Von gemischten Modellen der Varianzanalyse sprechen wir, wenn in der Gleichung (6.3) nicht alle γ_{A_i} Zufallsvariablen sind, aber mindestens eines der γ_{A_i} zufällig ist. Oft lässt man jedoch diese Einschränkungen auch weg und definiert die gemischten Modelle so, dass sie die Modelle I und II als Grenz-(Spezial-)fälle enthalten. Wir geben hier diese allgemeine Definition, weisen aber darauf hin, dass es sinnvoll ist, die Spezialfälle Modell I und Modell II nach den Verfahren der Kapitel 5 und 6 zu behandeln und die für gemischte Modelle entwickelten Verfahren nur zu benutzen, wenn weder Modell I noch Modell II vorliegt.

Definition 7.2
Es sei $\boldsymbol{Y} = (\boldsymbol{y}_1, \ldots, \boldsymbol{y}_N)^{\mathrm{T}}$ ein N-dimensionaler Zufallsvektor, der linear von den Effekten $\gamma_{A_i}, \ldots, \gamma_{A_s}, \boldsymbol{\gamma}_{A_{s+1}}, \ldots, \boldsymbol{\gamma}_{A_r}$ von r Faktoren bzw. Faktorkombinationen $A_i (i = 1, \ldots, r)$ mit a_i Stufen nach

$$\boldsymbol{Y} = \mu e_N + \sum_{i=1}^{s} Z_{A_i} \gamma_{A_i} + \sum_{i=s+1}^{r} Z_{A_i} \boldsymbol{\gamma}_{A_i} + \boldsymbol{e} \tag{7.6}$$

abhängt. Gleichung (7.6) wird unter den Nebenbedingungen

$$\operatorname{var}(\boldsymbol{e}) = \sigma^2 E_N\,, \quad E(\boldsymbol{e}) = 0_N\,, \quad \operatorname{cov}(\boldsymbol{\gamma}_{A_i}, \boldsymbol{e}) = 0_{a_i,N} \quad (i = s+1, \ldots, r)$$
$$\operatorname{cov}(\boldsymbol{\gamma}_{A_i}, \boldsymbol{\gamma}_{A_j}) = 0_{a_i,a_j} \quad (i, j = s+1, \ldots, r; i \neq j)\,, \quad E(\boldsymbol{\gamma}_{A_i}) = 0_{a_i}$$

gemischtes Modell der Varianzanalyse genannt.

Setzen wir in Definition 7.2

$$\beta_1 = \left(\mu, \gamma_{A_1}^{\mathrm{T}}, \ldots, \gamma_{A_s}^{\mathrm{T}}\right)^{\mathrm{T}}\,, \quad \boldsymbol{\beta}_2 = \left(\boldsymbol{\gamma}_{A_{s+1}}^{\mathrm{T}}, \ldots, \boldsymbol{\gamma}_{A_r}^{\mathrm{T}}\right)^{\mathrm{T}}\,,$$
$$X_1 = (e_N, Z_{A_1}, \ldots, Z_{A_s})\,, \quad X_2 = (Z_{A_{s+1}}, \ldots, Z_{A_r})$$

so wird aus (7.6)

$$\boldsymbol{Y} = X_1 \beta_1 + X_2 \boldsymbol{\beta}_2 + \boldsymbol{e} \tag{7.7}$$

analog zu (5.1) und (6.1). Für $X_1 = X, \beta_1 = \beta$ $(X_2 = 0)$ wird aus (7.7) Gleichung (5.1) und für $\beta_1 = \mu, X_1 = e_N, X_2 = Z, \boldsymbol{\beta}_2 = \boldsymbol{\gamma}$ Gleichung (6.2). Wir interessieren uns in diesem Kapitel für die Fälle, in denen β_1 außer μ mindestens noch eine Komponente enthält und X_2 und $\boldsymbol{\beta}_2$ von 0 verschieden sind. Wir wollen dann von echten gemischten Modellen sprechen. Das Neue an den echten gemischten Modellen ist die Tatsache, dass sowohl Aussagen über feste Effekte (z. B. Tests) als auch über Varianzkomponenten gemacht werden können.

Zunächst soll ausführlich der einfachste Fall eines echten gemischten Modells in einem Beispiel dargestellt werden.

7.3.1
Ein Beispiel für den balancierten Fall

Beispiel 7.5 Gemischtes Modell der zweifachen Kreuzklassifikation mit gleicher Klassenbesetzung
Wir betrachten zwei kreuzklassifizierte Faktoren A (fest) und B und deren Wechselwirkungen AB und setzen in Gleichung (7.6)

$$A_1 = A\,, \quad A_2 = B\,, \quad A_3 = AB$$

Dann ist $s = 1$, $r = 3$; ferner sei $a_1 = a$, $a_2 = b$ und folglich $a_3 = ab$. Aus der Forderung der gleichen Klassenbesetzung mit $n > 1$ Elementen folgt $N = abn$. Damit hat (7.6) bzw. (7.7) die Form

$$\boldsymbol{y}_{ijk} = \mu + a_i + \boldsymbol{b}_j + (\boldsymbol{ab})_{ij} + \boldsymbol{e}_{ijk} \tag{7.8}$$

Aus den Nebenbedingungen der Definition 7.2 folgen entsprechende Nebenbedingungen zu (7.8). Wir fordern zusätzlich (Fall I)

$$\begin{aligned}
&\operatorname{var}(\boldsymbol{b}_j) = \sigma_b^2 \quad \text{für alle } j\,, \quad \operatorname{cov}(\boldsymbol{b}_j, \boldsymbol{b}_k) = 0 \quad \text{für alle } j,\, k \text{ mit } j \neq k\\
&\operatorname{var}((\boldsymbol{ab})_{ij}) = \sigma_{ab}^2 \quad \text{für alle } i,\, j\,, \quad \sum_{i=1}^{a} a_i = 0\\
&\operatorname{cov}(\boldsymbol{b}_j, (\boldsymbol{ab})_{ij'}) = \operatorname{cov}(\boldsymbol{b}_{j'}, \boldsymbol{e}_{ijk}) = \operatorname{cov}((\boldsymbol{ab})_{i'j'}, \boldsymbol{e}_{ijk}) = 0
\end{aligned}$$

und

$$\operatorname{cov}((\boldsymbol{ab})_{ij}, (\boldsymbol{ab})_{ij'}) = 0 \quad (j \neq j')$$

Die Varianztabelle, die für die Spalten $\boldsymbol{SQ}$, FG und $\boldsymbol{DQ}$ vom Modell unabhängig ist, ist durch die ersten vier Spalten der Tab. 5.13 gegeben. Wir erhalten für die Erwartungswerte der $\boldsymbol{DQ}$ für Modell (7.8) die Formeln in der zweiten Spalte von Tab. 7.1 (Fall I). Werden die Reparametrisierungsbedingungen (Fall II)

$$\sum_{i=1}^{a} (\boldsymbol{ab})_{ij} = 0 \quad \text{für alle } j \tag{7.9}$$

zusätzlich gefordert, so verschwindet nicht nur $\bar{a} = \frac{1}{a}\sum_{i=1}^{a} a_i$, sondern es besteht eine Korreliertheit zwischen $(\boldsymbol{ab})_{ij}$ und $(\boldsymbol{ab})_{i'j}(i \neq i'; j = 1, \dots, b)$. Wir wollen voraussetzen, dass die Kovarianz $\operatorname{cov}((\boldsymbol{ab})_{ij}, (\boldsymbol{ab})_{i'j}) = \sigma_{ab}$ für alle j und $i \neq i'$ ist. Dann gilt auch

$$0 = \operatorname{var}\left(\sum_{i=1}^{a} (\boldsymbol{ab})_{ij}\right) = \sum_{i=1}^{a} \sigma_{ab}^{*2} + \sum_{\substack{i=1\\ i \neq i'}}^{a} \sum_{i'=1}^{a} \sigma_{ab} = a\sigma_{ab}^{*2} + a(a-1)\sigma_{ab}$$

und damit ist $\sigma_{ab} = -\frac{1}{a-1}\sigma_{ab}^{*2}$

Tab. 7.1 Erwartungswerte der ***DQ*** nach Tab. 5.13 für ein gemischtes Modell (Stufen von *A* fest) für verschiedene Nebenbedingungen.

Variationsursache	$E(DQ)$, falls $\text{cov}((ab)_{ij}, (ab)_{i,j'}) = 0$ (Fall I)	$E(DQ)$, falls $\sum_{i=1}^{a}(ab)_{ij} = 0$ für alle j (Fall II)
Zwischen den Stufen von A	$\frac{bn}{a-1}\sum_{i=1}^{a}(a_i - \bar{a})^2 + n\sigma_{ab}^2 + \sigma^2$	$\frac{bn}{a-1}\sum_{i=1}^{a} a_i^2 + \frac{na}{a-1}\sigma_{ab}^{*2} + \sigma^2$
Zwischen den Stufen von B	$an\sigma_b^2 + n\sigma_{ab}^2 + \sigma^2$	$an\sigma_b^{*2} + \sigma^2$
Wechselwirkungen $A \times B$	$n\sigma_{ab}^2 + \sigma^2$	$\frac{na}{a-1}\sigma_{ab}^{*2} + \sigma^2$
Rest	σ^2	σ^2

Daher ergeben sich unter den Bedingungen (7.9) die $E(\boldsymbol{DQ})$ in der letzten Spalte von Tab. 7.1. Von Searle (2012) wurden die Beziehungen zwischen den beiden Fällen klar herausgearbeitet. Er zeigte, dass σ_b^2 in den beiden Fällen eine andere Bedeutung hat. Um das zu sehen, schreiben wir Gleichung (7.8) für beide Fälle gesondert auf, und zwar (7.8) für Fall I und (7.8) mit $'$ versehenen Effekten für Fall II (d. h. unter den Nebenbedingungen (7.9))

$$\boldsymbol{y}_{ijk} = \mu' + a_i' + \boldsymbol{b}_j' + (\boldsymbol{ab})_{ij}' + \boldsymbol{e}_{ijk}$$

Wir schreiben (7.8) in der Form

$$\boldsymbol{y}_{ijk} = \mu + a_i + \boldsymbol{b}_j + (\boldsymbol{ab})_{.j} + (\boldsymbol{ab})_{ij} - (\boldsymbol{ab})_{.j} + \boldsymbol{e}_{ijk}$$

mit $(\boldsymbol{ab})_{.j} = a^{-1}\sum_{i=1}^{a}(\boldsymbol{ab})_{ij}$. Dann gilt $\mu' = \mu + \bar{a}$, $a_i' = a_i - \bar{a}$, $\boldsymbol{b}_j' = \boldsymbol{b}_j - \bar{\boldsymbol{b}}$ und $(\boldsymbol{ab})_{ij}' = (\boldsymbol{ab})_{ij} - (\boldsymbol{ab})_{.j}$, wie man sich leicht überzeugen kann. Somit ist

$$\sigma_b^{*2} = \sigma_{b'}^{*2} = \sigma_b^2 = \frac{1}{a}\sigma_{ab}^2\,, \quad \sigma_{ab}^{*2} = \sigma_{a'b'}^2 = \frac{a-1}{a}\sigma_{ab}^2$$

und

$$\sigma_{ab} = \text{cov}((\boldsymbol{ab})_{ij}', (\boldsymbol{ab})_{i'j'}') = -\frac{1}{a-1}\sigma_{a'b'}^2 = -\frac{1}{a-1}\sigma_{ab}^{*2}$$

und das ergibt den Übergang zwischen Spalte 2 und 3 von Tab. 7.1.

In diesem Beispiel können die Varianzkomponenten σ_b^2, σ_{ab}^2 und σ^2 geschätzt werden, da es sich um eine balancierte Anlage handelt.

Wir erhalten in Fall I aus Spalte 2 von Tab. 7.1 nach der Varianzanalysemethode

$$\left.\begin{aligned} \boldsymbol{s}^2 &= \boldsymbol{DQ}_{\text{Rest}} \\ \boldsymbol{s}_{ab}^2 &= \tfrac{1}{n}(\boldsymbol{DQ}_{AB} - \boldsymbol{DQ}_{\text{Rest}}) \\ \boldsymbol{s}_b^2 &= \tfrac{1}{an}(\boldsymbol{DQ}_B - \boldsymbol{DQ}_{AB}) \end{aligned}\right\} \tag{7.10}$$

Aus der letzten Spalte von Tab. 7.1 erhält man für Fall II die Schätzfunktionen

$$\left.\begin{aligned} \boldsymbol{s}^2 &= \boldsymbol{DQ}_{\text{Rest}} \\ \boldsymbol{s}^{*2}_{ab} &= \tfrac{a-1}{na}(\boldsymbol{DQ}_{AB} - \boldsymbol{DQ}_{\text{Rest}}) \\ \boldsymbol{s}^{*2}_{b} &= \tfrac{1}{an}(\boldsymbol{DQ}_{B} - \boldsymbol{DQ}_{\text{Rest}}) \end{aligned}\right\} \tag{7.10a}$$

Ähnlich wie in diesem Beispiel werden auch andere kreuzklassifizierte, hierarchische oder gemischt klassifizierte balancierte Anlagen des gemischten Modells behandelt; die allgemeinen Aussagen von Abschn. 6.3. sind übertragbar. Es bleibt jetzt der Fall nicht balancierter Anlagen für gemischte Modelle zu behandeln.

7.3.2 Der unbalancierte Fall

Im unbalancierten Fall verwenden wir ein Verfahren, das als Hendersons Methode III (nach Henderson, 1953) bekannt geworden ist. Ausgangspunkt soll Modellgleichung (7.7) sein. Das Grundprinzip besteht darin, dass eine quadratische Form in $\boldsymbol{Y}$ gesucht wird, deren Erwartungswert unabhängig von β_1 ist und nur die gesuchten Varianzkomponenten als Unbekannte enthält, falls die Kovarianzen zwischen den zufälligen Effekten jedes Faktors verschwinden. Hierzu beweisen wir den

Satz 7.1
Für $\boldsymbol{Y}$ gelte das gemischte Modell nach Definition 7.2 in der Form (7.7). Mit $X = (X_1, X_2)$ hängt dann der Erwartungswert der quadratischen Form

$$\boldsymbol{Y}^{\mathrm{T}}[X(X^{\mathrm{T}}X)^{-}X^{\mathrm{T}} - X_1(X_1^{\mathrm{T}}X_1)^{-}X_1^{\mathrm{T}}]\boldsymbol{Y} = \boldsymbol{Y}^{\mathrm{T}}(U - V)\boldsymbol{Y}$$

nur von den Unbekannten σ^2 und $\operatorname{var}(\boldsymbol{\beta}_2)$, aber nicht von β_1 ab, selbst dann, wenn $\boldsymbol{\beta}_1$ zufällig ist.

Beweis: Wir schreiben (6.5) für $\boldsymbol{Y}$ aus (7.7) in der Form

$$E(\boldsymbol{Y}^{\mathrm{T}}A\boldsymbol{Y}) = \operatorname{Sp}[X^{\mathrm{T}}AXE(\boldsymbol{\beta}\boldsymbol{\beta}^{\mathrm{T}})] + \sigma^2 \operatorname{Sp}(A) \tag{7.11}$$

wobei $\boldsymbol{\beta} = \binom{\beta_1}{\boldsymbol{\beta}_2}$ gesetzt wurde (da $E(\boldsymbol{\beta}_1) = \beta_1$ gilt). Dann ist wegen der Idempotenz von $X(X^{\mathrm{T}}X)^{-}X^{\mathrm{T}}$ und $X^{\mathrm{T}}X(X^{\mathrm{T}}X)^{-}X^{\mathrm{T}}X = X^{\mathrm{T}}X$

$$E(\boldsymbol{Y}^{\mathrm{T}}U\boldsymbol{Y}) = E[\boldsymbol{Y}^{\mathrm{T}}X(X^{\mathrm{T}}X)^{-}X^{\mathrm{T}}\boldsymbol{Y}] = \operatorname{Sp}[(X^{\mathrm{T}}X)E(\boldsymbol{\beta}\boldsymbol{\beta}^{\mathrm{T}})] + \sigma^2 \operatorname{Rg}(X)$$

und

$$\begin{aligned} E(\boldsymbol{Y}^{\mathrm{T}}V\boldsymbol{Y}) &= E[\boldsymbol{Y}^{\mathrm{T}}(X_1^{\mathrm{T}}(X_1^{\mathrm{T}}X_1)^{-}X_1^{\mathrm{T}})\boldsymbol{Y}] \\ &= \operatorname{Sp}[X^{\mathrm{T}}X_1(X_1^{\mathrm{T}}X_1)^{-}X_1^{\mathrm{T}}XE(\boldsymbol{\beta}\boldsymbol{\beta}^{\mathrm{T}})] + \sigma^2 \operatorname{Rg}(X_1) \end{aligned}$$

Wir schreiben nun

$$X^{\mathrm{T}}X = \begin{pmatrix} X_1^{\mathrm{T}}X_1 & X_1^{\mathrm{T}}X_2 \\ X_2^{\mathrm{T}}X_1 & X_2^{\mathrm{T}}X_2 \end{pmatrix}$$

mit der Unterteilung $(X_1, X_2) = X$ und erhalten

$$E(\boldsymbol{Y}^{\mathrm{T}} U \boldsymbol{Y}) = \mathrm{Sp}\left[\begin{pmatrix} X_1^{\mathrm{T}} X_1 & X_1^{\mathrm{T}} X_2 \\ X_2^{\mathrm{T}} X_1 & X_2^{\mathrm{T}} X_2 \end{pmatrix} E(\boldsymbol{\beta}\boldsymbol{\beta}^{\mathrm{T}})\right] + \sigma^2 \,\mathrm{Rg}(X) \tag{7.12}$$

bzw. weil $X^{\mathrm{T}} X (X^{\mathrm{T}} X)^{-} X^{\mathrm{T}} = X^{\mathrm{T}}$ gilt:

$$\begin{aligned} E(\boldsymbol{Y}^{\mathrm{T}} V \boldsymbol{Y}) &= \mathrm{Sp}\left[\begin{pmatrix} X_1^{\mathrm{T}} X_1 \\ X_2^{\mathrm{T}} X_1 \end{pmatrix} (X_1^{\mathrm{T}} X_1)^{-} (X_1^{\mathrm{T}} X_1, X_1^{\mathrm{T}} X_2) E(\boldsymbol{\beta}\boldsymbol{\beta}^{\mathrm{T}})\right] + \sigma^2 \,\mathrm{Rg}(X_1) \\ &= \mathrm{Sp}\left[\begin{pmatrix} X_1^{\mathrm{T}} X_1 & X_1^{\mathrm{T}} X_2 \\ X_2^{\mathrm{T}} X_1 & X_2^{\mathrm{T}} X_1 (X_1^{\mathrm{T}} X_1)^{-} X_1^{\mathrm{T}} X_2 \end{pmatrix} E(\boldsymbol{\beta}\boldsymbol{\beta}^{\mathrm{T}})\right] + \sigma^2 \,\mathrm{Rg}(X_1) \end{aligned}$$

Damit wird wegen $\boldsymbol{\beta} = \binom{\beta_1}{\boldsymbol{\beta}_2}$ schließlich

$$\begin{aligned} &E\left\{\boldsymbol{Y}^{\mathrm{T}}[X(X^{\mathrm{T}} X)^{-} X^{\mathrm{T}} - X_1 (X_1^{\mathrm{T}} X_1)^{-} X_1^{\mathrm{T}}]\boldsymbol{Y}\right\} \\ &\quad = \mathrm{Sp}\left\{X_2^{\mathrm{T}}[E_N - X_1 (X_1^{\mathrm{T}} X_1)^{-} X_1^{\mathrm{T}}] X_2 E(\boldsymbol{\beta}_2 \boldsymbol{\beta}_2^{\mathrm{T}})\right\} + \sigma^2[\mathrm{Rg}(X) - \mathrm{Rg}(X_1)] \end{aligned} \tag{7.13}$$

und das ergibt die Behauptung.

Hendersons Methode III besteht nun in der Ausnutzung von Satz 7.1.

Zunächst mache man sich klar, dass die Unterteilung von $\boldsymbol{\beta}$ in zwei Vektorkomponenten $\beta_1, \boldsymbol{\beta}_2$ (und damit von X in X_1, X_2) unabhängig davon erfolgen kann, ob β_1 nur feste Effekte enthält oder nicht. Satz 7.1 behält seine Gültigkeit für alle Unterteilungen von $\boldsymbol{\beta}$, für die $\mathrm{Rg}(X) - \mathrm{Rg}(X_1) > 0$ ist.

Wir bilden nun für ein gemischtes Modell mit $r - s$ zufälligen Komponenten alle quadratischen Formen vom Typ $\boldsymbol{Y}^{\mathrm{T}}(U - V)\boldsymbol{Y}$, in denen $\boldsymbol{\beta}_2$ eine, zwei, …, $r - s$ zufällige Elementegruppen und damit X_2 eine, zwei, …, $r - s$ Spaltengruppen enthält. Zusammen mit $E(\boldsymbol{D}\boldsymbol{Q}_{\mathrm{Rest}}) = \sigma^2$ erhält man mit den Erwartungswerten dieser quadratischen Formen $r - s + 1$ Gleichungen mit den unbekannten Varianzkomponenten, falls $E(\boldsymbol{\beta}_2 \boldsymbol{\beta}_2^{\mathrm{T}})$ stets eine Diagonalmatrix ist (unkorrelierte Effekte $\boldsymbol{\gamma}_{A_i}$, Fall I aus Abschn. 7.3.1).

Wir ersetzen in diesen Gleichungen $E[\boldsymbol{Y}^{\mathrm{T}}(U - V)\boldsymbol{Y}]$ durch $\boldsymbol{Y}^{\mathrm{T}}(U - V)\boldsymbol{Y}$ und die Varianzkomponenten $\sigma_i^2(\sigma^2)$ durch ihre Schätzfunktionen $\boldsymbol{s}_i^2(\boldsymbol{s}^2)$ und erhalten so Gleichungen, deren Unbekannte die gesuchten Schätzfunktionen der Varianzkomponenten sind. Diese Schätzungen können negativ sein, sind aber erwartungstreu und unabhängig von den festen Effekten. In gemischten Modellen kommt es vor, dass die Varianzkomponenten der zufälligen Effekte und auch die festen Effekte zu schätzen sind. Ist die Verteilung von $\boldsymbol{Y}$ eine Normalverteilung, so kann die Maximum-Likelihood-Methode verwendet werden. Die Likelihood-Funktion wird nach festen Effekten und den Varianzkomponenten abgeleitet. Die Ableitungen setzt man 0 und erhält ein Gleichungssystem, das iterativ lösbar ist. Die Formeln und Vorschläge für numerische Lösungen des Gleichungssystems findet der Leser bei Hartley und Rao (1967). Die numerische Lösung erfordert schnelle Rechner mit großer Speicherkapazität. Die Likelihood-Funktion muss unter der Nebenbedingung positiver Schätzungen minimiert werden (siehe auch Abschn. 6.2.1).

7.4 Varianzkomponentenschätzung in speziellen gemischten Modellen

In diesem Abschnitt werden einfache Fälle (meist balancierte Anlagen) der zwei- und dreifachen Varianzanalyse mit gemischten Modellen betrachtet.

7.4.1 Zweifache Kreuzklassifikation

Ohne Beschränkung der Allgemeinheit betrachten wir ein gemischtes Modell der zweifachen Kreuzklassifikation, in der der Faktor A fest und der Faktor B zufällig ist. Das ist bereits der in Abschn. 7.3.1, Beispiel 7.5, ausführlich beschriebene Fall. Wir haben in Abschn. 7.3.1 zwei Fälle von Zusatzvoraussetzungen betrachtet, die zu den $E(\boldsymbol{DQ})$ der Tab. 7.1 führen. Im ersten Fall ergaben sich die Schätzfunktionen (7.10), im zweiten Fall die Schätzfunktionen (7.10a). Für den unbalancierten Fall ist das allgemeine Vorgehen, das in Abschn. 7.3.2 beschrieben wurde, zu verwenden.

7.4.2 Zweifache hierarchische Klassifikation $B \prec A$

Wir gehen von der Modellgleichung

$$\boldsymbol{y}_{ijk} = \mu + \boldsymbol{a}_i + \boldsymbol{b}_{j(i)} + \boldsymbol{e}_{k(i,j)}$$
$$(i = 1, \dots, a;\ j = 1, \dots, b;\ k = 1, \dots, n) \tag{7.14}$$

mit den Nebenbedingungen aus, dass die Stufen von A, B und Rest endliche Stufengesamtheiten bilden, in denen (für alle i bzw. i, j) folgendes gilt:

$$\left.\begin{aligned}
0 = E(\boldsymbol{a}_i) &= \frac{1}{N(A)} \sum_{i=1}^{N(A)} a_i \\
= E(\boldsymbol{b}_{j(i)}) &= \frac{1}{N(B)} \sum_{j=1}^{N(B)} b_{j(i)} = \frac{1}{N(R)} \sum_{k=1}^{N(R)} e_{k(i,j)} \\
\frac{1}{N(A)-1} &\sum_{i=1}^{N(A)} a_i^2 = \sigma_a^2 \\
\frac{1}{N(B)-1} &\sum_{j=1}^{N(B)} b_{j(i)}^2 = \sigma_{b \text{ in } a}^2 \\
\frac{1}{N(R)-1} &\sum_{k=1}^{N(R)} e_{k(i,j)}^2 = \sigma^2
\end{aligned}\right\} \tag{7.15}$$

Tab. 7.2 Varianztabelle einer zweifachen balancierten hierarchischen Klassifikation für ein Modell mit endlichen Stufengesamtheiten (vgl. die Bemerkungen in Beispiel 7.1).

Variationsursache	***SQ***	***FG***	***DQ***	***E(DQ)***
Zwischen den Stufen von A	$\boldsymbol{SQ}_A = \sum_{i=1}^{a} \frac{Y_{i..}^2}{bn} - \frac{Y_{...}^2}{abn}$	$a-1$	$\frac{SQ_A}{a-1} = \boldsymbol{DQ}_A$	$bn\sigma_a^2 + n\left(1-\frac{b}{N(B)}\right) \times \sigma_{b\text{ in }a}^2 + \left(1-\frac{n}{N(R)}\right)\sigma^2$
Zwischen den Stufen von B innerhalb von A	$\boldsymbol{SQ}_{B\text{ in }A} = \sum_{i=1}^{a} \sum_{j=1}^{b} \frac{Y_{ij.}^2}{n} - \sum_{i=1}^{a} \frac{Y_{i..}^2}{bn}$	$a(b-1)$	$\frac{SQ_{B\text{ in }A}}{a(b-1)} = \boldsymbol{DQ}_{B\text{ in }A}$	$n\sigma_{b\text{ in }a}^2 + \left(1-\frac{n}{N(R)}\right)\sigma^2$
Rest	$\boldsymbol{SQ}_{\text{Rest}} = \sum_{i=1}^{a} \sum_{j=1}^{b} \sum_{k=1}^{n} y_{ijk}^2 - \sum_{i=1}^{a} \sum_{j=1}^{b} \frac{Y_{ij.}^2}{n}$	$ab(n-1)$	$\frac{SQ_{\text{Rest}}}{ab(n-1)} = \boldsymbol{DQ}_{\text{Rest}}$	$\left(1-\frac{n}{N(R)}\right)\sigma^2$
Gesamt	$\boldsymbol{SQ}_{\text{G}} = \sum_{i=1}^{a} \sum_{j=1}^{b} \sum_{k=1}^{n} y_{ijk}^2 - \frac{Y_{...}^2}{abn}$	$abn-1$		

Außerdem sollen alle Kovarianzen zwischen verschiedenen Komponenten in (7.14) (z. B. zwischen $\boldsymbol{a}_i$ und $\boldsymbol{b}_{j(i)}$) verschwinden. Wir wollen die Varianztabelle nach den in Abschn. 7.2 angeführten Regeln aufstellen. Außer der Zeile für Gesamt hat diese Varianztabelle drei Zeilen: Stufen von A, Stufen von B in A, Rest (Tab. 7.2). Die Freiheitsgrade wurden nach Regel 2, die $\boldsymbol{SQ}$ nach Regel 3 ermittelt. Um nach Regel 4 die $E(\boldsymbol{DQ})$ angeben zu können, stellen wir folgende Hilfstabelle auf:

	i	*j*	*k*
a_i	$1 - \frac{a}{N(A)}$	b	n
$b_{j(i)}$	1	$1 - \frac{b}{N(B)}$	n
$e_{k(i,j)}$	1	1	$1 - \frac{n}{N(R)}$

Damit ergeben sich folgende Formeln für die $E(\boldsymbol{DQ})$:

$$\left.\begin{aligned} E(\boldsymbol{DQ}_A) &= bn\sigma_a^2 + n\left(1 - \frac{b}{N(B)}\right)\sigma_{b\text{ in }a}^2 + \left(1 - \frac{n}{N(R)}\right)\sigma^2 \\ E(\boldsymbol{DQ}_{B\text{ in }A}) &= n\sigma_{b\text{ in }a}^2 + \left(1 - \frac{n}{N(R)}\right)\sigma^2 \\ E(\boldsymbol{DQ}_{\text{Rest}}) &= \left(1 - \frac{n}{N(R)}\right)\sigma^2 \end{aligned}\right\} \tag{7.16}$$

Wir lassen $N(R)$ gegen ∞ gehen, sodass die Faktoren bei σ^2 in (7.16) alle gleich 1 werden, und erhalten

$$\left.\begin{aligned} E(\boldsymbol{DQ}_A) &= bn\sigma_a^2 + n\left(1 - \frac{b}{N(B)}\right)\sigma_{b\text{ in }a}^2 + \sigma^2 \\ E(\boldsymbol{DQ}_B) &= n\sigma_{b\text{ in }a}^2 + \sigma^2 \\ E(\boldsymbol{DQ}_{\text{Rest}}) &= \sigma^2 \end{aligned}\right\} \tag{7.17}$$

Setzt man in (7.17) $N(B) = b$, so ergeben sich die $E(\boldsymbol{DQ})$ für Modelle I in Tab. 5.19 für den balancierten Fall ($n_i = n, b_i = b$). Für $N(B) \to \infty$ erhält man aus (7.17) die $E(\boldsymbol{DQ})$ für Modell II der Tab. 6.5 für den balancierten Fall (bei entsprechender Definition von σ_a^2 bzw. $\sigma_{b\text{ in }a}^2$). Hier interessieren uns jedoch vor allem gemischte Modelle. Während es bei der Kreuzklassifikation gleichgültig (und nur eine Frage der Nummerierung der Faktoren) ist, welcher Faktor zufällig und welcher fest ist, sind bei der hierarchischen Klassifikation zwei gemischte Modelle zu unterscheiden.

Tab. 7.3 $E(\boldsymbol{DQ})$ für gemischte Modelle der zweifachen hierarchischen Klassifikation.

Variationsursache	*A* zufällig, *B* fest	*A* fest, *B* zufällig
Zwischen den Stufen von A	$bn\sigma_a^2 + \sigma^2$	$\frac{bn}{a-1}\sum_{i=1}^{a} a_i^2 + \sigma^2$
Zwischen den Stufen von B innerhalb der Stufen von A	$\frac{n}{a(b-1)}\sum_{i=1}^{a}\sum_{j=1}^{b} b_{j(i)}^2 + \sigma^2$	$n\sigma_{b\text{ in }a}^2 + \sigma^2$
Rest	σ^2	σ^2

7.4.2.1 Stufen von *A* zufällig ausgewählt

Zunächst betrachten wir den Fall, dass die Stufen von A zufällig, und die Stufen von B fest sind, dem die Modellgleichung

$$\begin{aligned} &\boldsymbol{y}_{ijk} = \mu + \boldsymbol{a}_i + b_{j(i)} + \boldsymbol{e}_{k(i.j)} \\ &\quad (i = 1,\dots,a; j = 1,\dots,b; k = 1,\dots,n) \end{aligned} \tag{7.18}$$

mit den entsprechenden Nebenbedingungen zugrunde liegt

(Erwartungswerte aller Zufallsvariablen sind 0, $\text{var}(\boldsymbol{a}_i) = \sigma_a^2$ für alle i; $\text{var}(\boldsymbol{e}_{k(i,j)}) = \sigma^2$ für alle i, j, k; alle Kovarianzen zwischen verschiedenen Zufallsvariablen der rechten Seite von (7.18) verschwinden, $\sum_{j=1}^{b} b_{j(i)} = 0$)

Die $E(\boldsymbol{DQ})$ erhält man aus (7.17) für $N(B) = b$; sie sind in Spalte 2 von Tab. 7.3 enthalten. Die Schätzfunktionen der Varianzkomponenten sind durch

$$\boldsymbol{s}^2 = \boldsymbol{DQ}_{\text{Rest}}\,, \quad \boldsymbol{s}_a^2 = \frac{1}{bn}(\boldsymbol{DQ}_A - \boldsymbol{DQ}_{\text{Rest}}) \tag{7.19}$$

gegeben.

7.4.2.2 Stufen von *B* zufällig ausgewählt

Sind die Stufen A fest, diejenigen von B zufällig ausgewählt, so gehen wir von Modellgleichung

$$\boldsymbol{y}_{ijk} = \mu + a_i + \boldsymbol{b}_{j(i)} + \boldsymbol{e}_{k(i,j)}\,, \quad (i = 1,\dots,a; j = 1,\dots,b; k = 1,\dots,n) \tag{7.20}$$

aus. Außerdem sollen folgende Nebenbedingungen erfüllt sein:

$$\begin{aligned} &\text{var}(\boldsymbol{b}_{j(i)}) = \sigma_{b\text{ in }a}^2 && \text{für alle } i, j \\ &\text{var}(\boldsymbol{e}_{k(i,j)}) = \sigma^2 && \text{für alle } i, j, k \\ &\textstyle\sum_{i=1}^{a} a_i = 0 \end{aligned}$$

Die Erwartungswerte aller Zufallsvariablen sind 0 und alle Kovarianzen zwischen verschiedenen Zufallsvariablen der rechten Seite von (7.19) verschwinden.

Die $E(\boldsymbol{DQ})$ für diesen Fall ergeben sich aus (7.17); sie sind in der letzten Spalte von Tab. 7.3 enthalten. Die Schätzfunktionen für σ^2 und $\sigma_{b\text{ in }a}^2$ sind folglich

$$\boldsymbol{s}^2 = \boldsymbol{DQ}_{\text{Rest}}\,, \quad \boldsymbol{s}_{b\text{ in }a}^2 = \frac{1}{n}(\boldsymbol{DQ}_{B\text{ in }A} - \boldsymbol{DQ}_{\text{Rest}}) \tag{7.21}$$

Beispiel 7.6
Wir betrachten im Folgenden einen praktisch aufgetretenen Fall einer zweifachen hierarchischen Klassifikation mit gemischtem Modell. Es soll geprüft werden, ob eine Aminosäueresupplementierung von Aufzuchtrationen von Jungebern (7 Monate alt) eine signifikante Erhöhung der Spermaproduktion (Gesamtzahl Spermien je Ejakulat in Mrd.) der Eber bewirkt. Es werden $a = 2$ Fütterungsgruppen (mit und ohne Supplementierung) gebildet, in denen je $b_1 = b_2 = b$ zufällig aus der Population herausgegriffene Eber stehen. Je Eber werden c Ejakulate untersucht. Hierbei handelt es sich um eine zweifache hierarchische Klassifikation mit dem Faktor Fütterung (fest) und Eber (zufällig).

Bei den gemischten Modellen wollen wir uns auf Darstellungen analog zu Fall II von Abschn. 7.3.1 beschränken, schreiben aber entsprechend den Bemerkungen nach Beispiel 7.1 anstelle von $\frac{a}{a-1}\sigma_{ab}^{*2}$ die Quasivarianzkomponente σ_{ab}^2. Dann ist

$$E(\boldsymbol{DQ}_A) = \frac{bn}{a-1}\sum_{i=1}^{a} a_i^2 + n\sigma_{ab}^2 + \sigma^2$$

$$E(\boldsymbol{DQ}_B) = an\sigma_b^2 + \sigma^2 , \quad E(\boldsymbol{DQ}_{AB}) = n\sigma_{ab}^2 + \sigma^2$$

zu schreiben.

7.4.3
Dreifache Kreuzklassifikation

Zur Berechnung der eigentlichen Varianzkomponenten sind nach Beispiel 7.1 entsprechende Rückrechnungen erforderlich; die Quasivarianzkomponenten werden im Folgenden auch kurz Varianzkomponenten genannt.

Die genaue Formulierung der Nebenbedingungen der Modelle kann der Leser entsprechend den vorhergehenden Abschnitten selbst vornehmen. Wir geben lediglich die $E(\boldsymbol{DQ})$ für ein Modell mit endlichen Stufengesamtheiten und bei beiden Typen von balancierten gemischten Modellen an. Im unbalancierten Fall liefert die Methode Henderson III bei zwei zufälligen Faktoren keine eindeutige Lösung, der Fall wird deshalb hier nicht behandelt. Es wird empfohlen, die in Abschn. 6.2.1.3 erwähnte EML-Methode zu verwenden.

Das Modell für endliche Stufengesamtheiten ist

$$\left.\begin{aligned} \boldsymbol{y}_{ijkl} &= \mu + \boldsymbol{a}_i + \boldsymbol{b}_j + \boldsymbol{c}_k + (\boldsymbol{ab})_{ij} + (\boldsymbol{ac})_{ik} \\ &\quad + (\boldsymbol{bc})_{jk} + (\boldsymbol{abc})_{ijk} + \boldsymbol{e}_{ijkl} \\ &(i = 1, \dots, a; j = 1, \dots, b; k = 1, \dots, c; l = 1, \dots, n) \end{aligned}\right\} \tag{7.22}$$

wobei die Summen über alle Effekte der Stufengesamtheit gleich 0 sein sollen.

Die $\boldsymbol{SQ}$, FG und $\boldsymbol{DQ}$ der dreifachen Kreuzklassifikation sind bereits in Tab. 5.21 enthalten. Um die $E(\boldsymbol{DQ})$ für Modellgleichung (7.22) zu erhalten, wird zunächst die folgende Tabelle angefertigt:

	i	j	k	l
a_i	$1-\frac{a}{N(A)}$	b	c	n
b_j	a	$1-\frac{b}{N(B)}$	c	n
c_k	a	b	$1-\frac{c}{N(C)}$	n
$(ab)_{ij}$	$1-\frac{a}{N(A)}$	$1-\frac{b}{N(B)}$	c	n
$(ac)_{ik}$	$1-\frac{a}{N(A)}$	b	$1-\frac{c}{N(C)}$	n
$(bc)_{jk}$	a	$1-\frac{b}{N(B)}$	$1-\frac{c}{N(C)}$	n
$(abc)_{ijk}$	$1-\frac{a}{N(A)}$	$1-\frac{b}{N(B)}$	$1-\frac{c}{N(C)}$	n
$e_{l(i,j,k)}$	1	1	1	$1-\frac{n}{N(R)}$

Daraus ergeben sich nach $N(R) \to \infty$ die $E(\boldsymbol{DQ})$ der zweiten Spalte der Tab. 7.4. In der dreifachen Kreuzklassifikation gibt es zwei Typen von gemischten Modellen. Im ersten Typ sind die Stufen eines Faktors (wir wählen o. B. d. A. den Faktor C) zufällig ausgewählt. Im zweiten Typ sind die Stufen von zwei Faktoren (wir wählen o. B. d. A. die Faktoren B und C) zufällig ausgewählt.

Die Modellgleichung des ersten Typs (A, B fest, C zufällig) hat die Form

$$\boldsymbol{y}_{ijkl} = \mu + a_i + b_j + \boldsymbol{c}_k + (ab)_{ij} + (\boldsymbol{ac})_{ik} + (\boldsymbol{bc})_{jk} + (\boldsymbol{abc})_{ijk} + \boldsymbol{e}_{l(i,j,k)}$$
$$(i = 1, \dots, a; j = 1, \dots, b; k = 1, \dots, c; l = 1, \dots, n) \tag{7.23}$$

Setzen wir in den $E(\boldsymbol{DQ})$ für das Modell mit endlichen Stufengesamtheiten $N(A) = a, N(B) = b$ und lassen $N(C)$ gegen ∞ streben, so ergeben sich die $E(\boldsymbol{DQ})$ für die Modellgleichung (7.23), die in der dritten Spalte der Tab. 7.4 enthalten sind. Daraus erhalten wir folgende Schätzfunktionen der Varianzkomponenten:

$$\left.\begin{aligned} \boldsymbol{s}^2 &= \boldsymbol{DQ}_{\text{Rest}}\,, & \boldsymbol{s}^2_{abc} &= \tfrac{1}{n}(\boldsymbol{DQ}_{ABC} - \boldsymbol{DQ}_{\text{Rest}}) \\ \boldsymbol{s}^2_{bc} &= \tfrac{1}{an}(\boldsymbol{DQ}_{BC} - \boldsymbol{DQ}_{\text{Rest}})\,, & \boldsymbol{s}^2_{ac} &= \tfrac{1}{bn}(\boldsymbol{DQ}_{AC} - \boldsymbol{DQ}_{\text{Rest}}) \\ \boldsymbol{s}^2_{c} &= \tfrac{1}{abn}(\boldsymbol{DQ}_{C} - \boldsymbol{DQ}_{\text{Rest}}) \end{aligned}\right\} \tag{7.24}$$

Die Modellgleichung des zweiten Typs (A fest, B, C zufällig) hat die Form

$$\boldsymbol{y}_{ijkl} = \mu + a_i + \boldsymbol{b}_j + \boldsymbol{c}_k + (\boldsymbol{ab})_{ij} + (\boldsymbol{ac})_{ik} + (\boldsymbol{bc})_{jk} + (\boldsymbol{abc})_{ijk} + \boldsymbol{e}_{l(i,j,k)}$$
$$(i = 1, \dots, a; j = 1, \dots, b; k = 1, \dots, c; l = 1, \dots, n) \tag{7.25}$$

Setzen wir in den $E(\boldsymbol{DQ})$ für das Modell mit endlichen Stufengesamtheiten $N(A) = a$ und lassen $N(B)$ und $N(C)$ gegen ∞ streben, so ergeben sich die $E(\boldsymbol{DQ})$ für die Modellgleichung (7.25), die in der letzten Spalte von Tab. 7.4 enthalten sind.

Tab. 7.4 $E(DQ)$ einer dreifachen Kreuzklassifikation für ein Modell mit endlichen Stufengesamtheiten und zwei gemischte Modelle (vgl. die Bemerkungen in Beispiel 7.1).

Variationsursache	**Modell mit endlichen Stufengesamtheiten** $[N(R) \to \infty]$	***A*, *B* fest, *C* zufällig; Modellgleichung (7.23)**	***A* fest, *B*, *C* zufällig; Modellgleichung (7.25)**
Stufen von A	$bcn\sigma_a^2 + cn\left(1 - \frac{b}{N(B)}\right)\sigma_{ab}^2 + bn\left(1 - \frac{c}{N(C)}\right)\sigma_{ac}^2 + n\left(1 - \frac{b}{N(B)}\right)\left(1 - \frac{c}{N(C)}\right)\sigma_{abc}^2 + \sigma^2$	$\frac{bcn}{a-1}\sum_{i=1}^{a} a_i^2 + bn\sigma_{ac}^2 + \sigma^2$	$\frac{bcn}{a-1}\sum_{i=1}^{a} a_i^2 + cn\sigma_{ab}^2 + bn\sigma_{ac}^2 + n\sigma_{abc}^2 + \sigma^2$
Stufen von B	$acn\sigma_b^2 + cn\left(1 - \frac{a}{N(A)}\right)\sigma_{ab}^2 + an\left(1 - \frac{c}{N(C)}\right)\sigma_{bc}^2 + n\left(1 - \frac{a}{N(A)}\right)\left(1 - \frac{c}{N(C)}\right)\sigma_{abc}^2 + \sigma^2$	$\frac{acn}{b-1}\sum_{j=1}^{b} b_j^2 + an\sigma_{bc}^2 + \sigma^2$	$acn\sigma_b^2 + an\sigma_{bc}^2 + \sigma^2$
Stufen von C	$abn\sigma_c^2 + bn\left(1 - \frac{a}{N(A)}\right)\sigma_{ac}^2 + an\left(1 - \frac{b}{N(B)}\right)\sigma_{bc}^2 + n\left(1 - \frac{a}{N(A)}\right)\left(1 - \frac{b}{N(B)}\right)\sigma_{abc}^2 + \sigma^2$	$abn\sigma_c^2 + \sigma^2$	$abn\sigma_c^2 + an\sigma_{bc}^2 + \sigma^2$
Wechselwirkung $A \times B$	$cn\sigma_{ab}^2 + n\left(1 - \frac{c}{N(C)}\right)\sigma_{abc}^2 + \sigma^2$	$\frac{cn}{(a-1)(b-1)}\sum_{i=1}^{a}\sum_{j=1}^{b}(ab)_{ij}^2 + n\sigma_{abc}^2 + \sigma^2$	$cn\sigma_{ab}^2 + n\sigma_{abc}^2 + \sigma^2$
Wechselwirkung $A \times C$	$bn\sigma_{ac}^2 + n\left(1 - \frac{b}{N(B)}\right)\sigma_{abc}^2 + \sigma^2$	$bn\sigma_{ac}^2 + \sigma^2$	$bn\sigma_{ac}^2 + n\sigma_{abc}^2 + \sigma^2$
Wechselwirkung $B \times C$	$an\sigma_{bc}^2 + n\left(1 - \frac{a}{N(A)}\right)\sigma_{abc}^2 + \sigma^2$	$an\sigma_{bc}^2 + \sigma^2$	$an\sigma_{bc}^2 + \sigma^2$
Wechselwirkung $A \times B \times C$	$n\sigma_{abc}^2 + \sigma^2$	$n\sigma_{abc}^2 + \sigma^2$	$n\sigma_{abc}^2 + \sigma^2$
Rest	σ^2	σ^2	σ^2

Daraus ergeben sich folgende Schätzfunktionen der Varianzkomponenten:

$$\left.\begin{array}{ll} \boldsymbol{s}^2 = \boldsymbol{DQ}_{\text{Rest}} & \boldsymbol{s}^2_{abc} = \frac{1}{n}(\boldsymbol{DQ}_{ABC} - \boldsymbol{DQ}_{\text{Rest}}) \\ \boldsymbol{s}^2_{bc} = \frac{1}{an}(\boldsymbol{DQ}_{BC} - \boldsymbol{DQ}_{\text{Rest}})\,, & \\ \boldsymbol{s}^2_{ac} = \frac{1}{bn}(\boldsymbol{DQ}_{AC} - \boldsymbol{DQ}_{ABC})\,, & \boldsymbol{s}^2_{ab} = \frac{1}{cn}(\boldsymbol{DQ}_{AB} - \boldsymbol{DQ}_{ABC}) \\ \boldsymbol{s}^2_a = \frac{1}{abn}(\boldsymbol{DQ}_C - \boldsymbol{DQ}_{BC})\,, & \boldsymbol{s}^2_b = \frac{1}{acn}(\boldsymbol{DQ}_B - \boldsymbol{DQ}_{BC}) \end{array}\right\} \tag{7.26}$$

7.4.4 Dreifache hierarchische Klassifikation

Bei der dreifachen hierarchischen Klassifikation gibt es sechs gemischte Modelle. Um Platz zu sparen, werden auch in diesem Abschnitt die Nebenbedingungen nicht angegeben. Sie sind analog zu denen von Abschn. 7.4.2 zu formulieren (Die Summen über alle festen Effekte eines Faktor sollen verschwinden, Kovarianzen zwischen verschiedenen Zufallsvariablen der rechten Seiten der Modelle sind 0 usw.). In diesem Abschnitt wird das Modell für endliche Stufengesamtheiten behandelt, und die $E(\boldsymbol{DQ})$ werden nach den Regeln von Abschn. 7.2 berechnet. Anschließend folgen die sechs balancierten gemischten Modelle, deren $E(\boldsymbol{DQ})$ aus denen des Modells mit endlichen Stufengesamtheiten vom Leser selbst berechnet werden können; sie sind summarisch in Tab. 7.5 bzw 7.6 aufgeführt. Außerdem werden die Schätzfunktionen angegeben. Die $\boldsymbol{SQ}$, FG und $\boldsymbol{DQ}$ findet man in Tab. 5.28. Wir betrachten für das Modell mit endlichen Stufengesamtheiten die Modellgleichung

$$\begin{array}{l} \boldsymbol{y}_{ijkl} = \mu + \boldsymbol{a}_i + \boldsymbol{b}_{j(i)} + \boldsymbol{c}_{k(i,j)} + \boldsymbol{e}_{l(i,j,k)} \\ \quad (i = 1, \dots, a; j = 1, \dots, b; k = 1, \dots, c; l = 1, \dots, n) \end{array} \tag{7.27}$$

Nach Regel 4 in Abschn. 7.2 erhält man die Hilfstabelle

	i	j	k	l
a_i	$1 - \frac{a}{N(A)}$	b	c	n
$b_{j(i)}$	1	$1 - \frac{b}{N(B)}$	c	n
$c_{k(i,j)}$	1	1	$1 - \frac{c}{N(C)}$	n
$e_{l(i,j,k)}$	1	1	1	$1 - \frac{n}{N(R)}$

und daraus die $E(\boldsymbol{DQ})$ der Tab. 7.5. Wir geben die sechs gemischten Modelle an:

I. Stufen von A zufällig ausgewählt, Stufen von B, C fest,
II. Stufen von B zufällig ausgewählt, Stufen von A, C fest,
III. Stufen von C zufällig ausgewählt, Stufen von A, B fest,
IV. Stufen von B und C zufällig ausgewählt, Stufen von A fest,
V. Stufen von A und C zufällig ausgewählt, Stufen von B fest,
VI. Stufen von A und B zufällig ausgewählt, Stufen von C fest.

Tab. 7.5 $E(DQ)$ für eine balancierte dreifache hierarchische Klassifikation – Modell mit endlichen Stufengesamtheiten und gemischte Modelle mit einem zufälligen Faktor.

Variationsursache	Modell mit endlichen Stufengesamtheiten (vgl. Beispiel 7.1)	*A* zufällig, *B*, *C* fest (I)	*B* zufällig, *A*, *C* fest (II)	*C* zufällig, *A*, *B* fest (III)
Zwischen A	$bcn\sigma_a^2 + cn\left(1 - \frac{b}{N(B)}\right)\sigma_{b \text{ in } a}^2$ $+n\left(1 - \frac{c}{N(C)}\right)\sigma_{c \text{ in } b}^2 + \sigma^2$	$bcn\sigma_a^2 + \sigma^2$	$\frac{bcn}{a-1}\sum_{i=1}^a a_i^2 + cn\sigma_{b \text{ in } a}^2 + \sigma^2$	$\frac{bcn}{a-1}\sum_{i=1}^a a_i^2 + n\sigma_{c \text{ in } b}^2 + \sigma^2$
Zwischen B in A	$cn\sigma_{b \text{ in } a}^2 + n\left(1 - \frac{c}{N(C)}\right)\sigma_{c \text{ in } b}^2 + \sigma^2$	$\frac{cn}{a(b-1)}\sum_{i,j} b_{j(i)}^2 + \sigma^2$	$cn\sigma_{b \text{ in } a}^2 + \sigma^2$	$\frac{cn}{a(b-1)}\sum_{i,j} b_{j(i)}^2 + n\sigma_{c \text{ in } b}^2 + \sigma^2$
Zwischen C in B und A	$n\sigma_{c \text{ in } a}^2 + \sigma^2$	$\frac{n}{ab(c-1)}\sum_{i,j,k} c_{k(i,j)}^2 + \sigma^2$	$\frac{n}{ab(c-1)}\sum_{i,j,k} c_{k(i,j)}^2 + \sigma^2$	$n\sigma_{c \text{ in } b}^2 + \sigma^2$
Rest	σ^2	σ^2	σ^2	σ^2

Tab. 7.6 *E*(***DQ***) für eine balancierte dreifache hierarchische Klassifikation – Modell mit einem festen Faktor.

Variationsursache	*A* fest, *B*, *C* zufällig (IV)	*B* fest, *A*, *C* zufällig (V)	*C* fest, *A*, *B* zufällig (VI)
Zwischen A	$\frac{bcn}{a-1}\sum_{i=1}^{a} a_i^2 + cn\sigma^2_{b \text{ in } a} + n\sigma^2_{c \text{ in } b} + \sigma^2$	$bcn\sigma_a^2 + n\sigma^2_{c \text{ in } b} + \sigma^2$	$bcn\sigma_a^2 + cn\sigma^2_{b \text{ in } a} + \sigma^2$
Zwischen B in A	$cn\sigma^2_{b \text{ in } a} + n\sigma^2_{c \text{ in } b} + \sigma^2$	$\frac{cn}{a(b-1)}\sum_{i,j} b^2_{j(i)} + n\sigma^2_{c \text{ in } b} + \sigma^2$	$cn\sigma^2_{b \text{ in } a} + \sigma^2$
Zwischen C in B und A	$n\sigma^2_{c \text{ in } b} + \sigma^2$	$n\sigma^2_{c \text{ in } b} + \sigma^2$	$\frac{n}{ab(c-1)}\sum_{i,j,k} c^2_{k(i,j)} + \sigma^2$
Rest	σ^2	σ^2	σ^2

Die Schätzfunktionen sind

$$\boldsymbol{s}^2 = \boldsymbol{DQ}_{\text{Rest}} \quad \text{für alle sechs Fälle}$$

sowie

$$\text{für Fall I} \quad \boldsymbol{s}_a^2 = \frac{1}{bcn}(\boldsymbol{DQ}_A - \boldsymbol{DQ}_{\text{Rest}}) \tag{7.28}$$

$$\text{für Fall II} \quad \boldsymbol{s}^2_{b \text{ in } a} = \frac{1}{cn}(\boldsymbol{DQ}_{B \text{ in } A} - \boldsymbol{DQ}_{\text{Rest}}) \tag{7.29}$$

$$\text{für Fall III} \quad \boldsymbol{s}^2_{c \text{ in } b} = \frac{1}{n}(\boldsymbol{DQ}_{C \text{ in } B} - \boldsymbol{DQ}_{\text{Rest}}) \tag{7.30}$$

für Fall IV

$$\left.\begin{aligned} \boldsymbol{s}^2_{c \text{ in } b} &= \tfrac{1}{n}(\boldsymbol{DQ}_{C \text{ in } B} - \boldsymbol{DQ}_{\text{Rest}}) \\ \boldsymbol{s}^2_{b \text{ in } a} &= \tfrac{1}{cn}(\boldsymbol{DQ}_{B \text{ in } A} - \boldsymbol{DQ}_{C \text{ in } B}) \end{aligned}\right\} \tag{7.31}$$

für Fall V

$$\left.\begin{aligned} \boldsymbol{s}^2_{c \text{ in } b} &= \tfrac{1}{n}(\boldsymbol{DQ}_{C \text{ in } B} - \boldsymbol{DQ}_{\text{Rest}}) \\ \boldsymbol{s}^2_a &= \tfrac{1}{bcn}(\boldsymbol{DQ}_A - \boldsymbol{DQ}_{C \text{ in } B}) \end{aligned}\right\} \tag{7.32}$$

für Fall VI

$$\left.\begin{aligned} \boldsymbol{s}^2_{b \text{ in } a} &= \tfrac{1}{cn}(\boldsymbol{DQ}_{B \text{ in } A} - \boldsymbol{DQ}_{\text{Rest}}) \\ \boldsymbol{s}^2_a &= \tfrac{1}{bcn}(\boldsymbol{DQ}_A - \boldsymbol{DQ}_{B \text{ in } A}) \end{aligned}\right\} \tag{7.33}$$

Tab. 7.7 $E(DQ)$ der gemischten Klassifikation $(B \prec A) \times C$-Modell mit endlichen Stufengesamtheiten ($N(R) \to \infty$) (vgl. Beispiel 7.1).

Variationsursache	$E(DQ)$
Zwischen A	$bcn\sigma_a^2 + cn\left(1 - \frac{b}{N(B)}\right)\sigma_{b \text{ in } a}^2 + bn\left(1 - \frac{c}{N(C)}\right)\sigma_{ac}^2 + n\left(1 - \frac{b}{N(B)}\right)\left(1 - \frac{c}{N(C)}\right)\sigma_{bc \text{ in } a}^2 + \sigma^2$
Zwischen B in A	$cn\sigma_{b \text{ in } a}^2 + n\left(1 - \frac{c}{N(C)}\right)\sigma_{bc \text{ in } a}^2 + \sigma^2$
Zwischen C	$abn\sigma_c^2 + bn\left(1 - \frac{a}{N(A)}\right)\sigma_{ac}^2 + n\left(1 - \frac{b}{N(B)}\right)\sigma_{bc \text{ in } a}^2 + \sigma^2$
Wechselwirkung $A \times C$	$bn\sigma_{ac}^2 + n\left(1 - \frac{b}{N(B)}\right)\sigma_{bc \text{ in } a}^2 + \sigma^2$
Wechselwirkung $B \times C$ in A	$n\sigma_{bc \text{ in } a}^2 + \sigma^2$
Rest	σ^2

7.4.5 Dreifache gemischte Klassifikation

In den Kapiteln 5 und 6 wurden gemischte Klassifikationen mit drei Faktoren betrachtet. Für die beiden Typen der gemischten dreifachen Klassifikation sollen hier die gemischten Modelle betrachtet werden.

7.4.5.1 Der Typ $(B \prec A) \times C$

Für den in Abschn. 5.4.3 behandelten balancierten Fall der gemischten Klassifikation (Modellgleichung (5.45)) werden zunächst die $E(\boldsymbol{DQ})$ für das Modell mit endlichen Stufengesamtheiten abgeleitet. Die $E(\boldsymbol{DQ})$ findet man in Tab. 7.7.

Die Hilfstabelle der Regel 4 in Abschn. 7.2 hat die Form

	i	j	k	l
a_i	$1 - \frac{a}{N(A)}$	b	c	n
$b_{j(i)}$	1	$1 - \frac{b}{N(B)}$	c	n
c_k	a	b	$1 - \frac{c}{N(C)}$	n
$(ac)_{ik}$	$1 - \frac{a}{N(A)}$	b	$1 - \frac{c}{N(C)}$	n
$(bc)_{jk(i)}$	1	$1 - \frac{b}{N(B)}$	$1 - \frac{c}{N(C)}$	n
$e_{l(i,j,k)}$	1	1	1	$1 - \frac{n}{N(R)}$

Tab. 7.8 $E(DQ)$ der gemischten Klassifikation $(B \prec A) \times C$ – Modelle mit einem festen Faktor (vgl. Beispiel 7.1).

Variationsursache	*A* fest, *B*, *C* zufällig	*B* fest, *A*, *C* zufällig	*C* fest, *A*, *B* zufällig
Zwischen A	$\frac{bcn}{a-1}\sum_i a_i^2 + cn\sigma^2_{b \text{ in } a} + bn\sigma^2_{ac} + n\sigma^2_{bc \text{ in } a} + \sigma^2$	$bcn\sigma^2_a + bn\sigma^2_{ac} + \sigma^2$	$bcn\sigma^2_a + cn\sigma^2_{b \text{ in } a} + \sigma^2$
Zwischen B in A	$cn\sigma^2_{b \text{ in } a} + n\sigma^2_{bc \text{ in } a} + \sigma^2$	$\frac{cn}{a(b-1)}\sum_{i,j} b^2_{j(i)} + n\sigma^2_{bc \text{ in } a} + \sigma^2$	$cn\sigma^2_{b \text{ in } a} + \sigma^2$
Zwischen C	$abn\sigma^2_c + n\sigma^2_{bc \text{ in } a} + \sigma^2$	$abn\sigma^2_c + bn\sigma^2_{ac} + \sigma^2$	$\frac{abn}{c-1}\sum_k c_k^2 + bn\sigma^2_{ac} + n\sigma^2_{bc \text{ in } a} + \sigma^2$
Wechselwirkung $A \times C$	$bn\sigma^2_{ac} + n\sigma^2_{bc \text{ in } a} + \sigma^2$	$bn\sigma^2_{ac} + \sigma^2$	$bn\sigma^2_{ac} + n\sigma^2_{bc \text{ in } a} + \sigma^2$
Wechselwirkung $B \times C$ in A	$n\sigma^2_{bc \text{ in } a} + \sigma^2$	$n\sigma^2_{bc \text{ in } a} + \sigma^2$	$n\sigma^2_{bc \text{ in } a} + \sigma^2$
Rest	σ^2	σ^2	σ^2

Tab. 7.9 $E(\boldsymbol{DQ})$ der gemischten Klassifikation $(B \prec A) \times C$ – Modelle mit einem zufälligen Faktor (vgl. Beispiel 7.1).

Variationsursache	*A* zufällig, *B*, *C* fest	*B* zufällig, *A*, *C* fest	*C* zufällig, *A*, *B* fest
Zwischen A	$bcn\sigma_a^2 + \sigma^2$	$\frac{bcn}{a-1} \sum_i a_i^2 + cn\sigma_{b \text{ in } a}^2 + \sigma^2$	$\frac{bcn}{a-1} \sum_i a_i^2 + bn\sigma_{ac}^2 + \sigma^2$
Zwischen B in A	$\frac{cn}{a(b-1)} \sum_{i,j} b_{j(k)}^2 + \sigma^2$	$cn\sigma_{b \text{ in } a}^2 + \sigma^2$	$\frac{cn}{a(b-1)} \sum_{i,j} b_{j(i)}^2 + n\sigma_{bc \text{ in } a}^2 + \sigma^2$
Zwischen C	$\frac{abn}{c-1} \sum_k c_k^2 + bn\sigma_{ac}^2 + \sigma^2$	$\frac{abn}{c-1} \sum_k c_k^2 + n\sigma_{bc \text{ in } a}^2 + \sigma^2$	$abn\sigma_c^2 + \sigma^2$
Wechselwirkung $A \times C$	$bn\sigma_{ac}^2 + \sigma^2$	$\frac{bn}{(a-1)(c-1)} \sum_{i,k} (ac)_{ik}^2 + n\sigma_{bc \text{ in } a}^2 + \sigma^2$	$bn\sigma_{ac}^2 + \sigma^2$
Wechselwirkung $B \times C$ in A	$\frac{n}{a(b-1)(c-1)} \sum_{i,j,k} (bc)_{jk(i)}^2 + \sigma^2$	$n\sigma_{bc \text{ in } a}^2 + \sigma^2$	$n\sigma_{bc \text{ in } a}^2 + \sigma^2$
Rest	σ^2	σ^2	σ^2

Für die sechs gemischten Modelle sind die $E(\boldsymbol{DQ})$ aus den Tab. 7.8 und 7.9 abzulesen. Es ergeben sich die Schätzfunktionen in (7.34) bis (7.39) für die Varianzkomponenten neben $\boldsymbol{s}^2 = \boldsymbol{DQ}_{\text{Rest}}$.

- A fest, B, C zufällig

$$\left.\begin{aligned} \boldsymbol{s}^2_{bc\text{ in }a} &= \frac{1}{n}(\boldsymbol{DQ}_{B\times C\text{ in }A} - \boldsymbol{DQ}_{\text{Rest}}) \\ \boldsymbol{s}^2_a &= \frac{1}{bn}(\boldsymbol{DQ}_{A\times C} - \boldsymbol{DQ}_{B\times C\text{ in }A}) \\ \boldsymbol{s}^2_c &= \frac{1}{abn}(\boldsymbol{DQ}_C - \boldsymbol{DQ}_{B\times C\text{ in }A}) \\ \boldsymbol{s}^2_{b\text{ in }a} &= \frac{1}{cn}(\boldsymbol{DQ}_{B\text{ in }A} - \boldsymbol{DQ}_{B\times C\text{ in }A}) \end{aligned}\right\} \tag{7.34}$$

- B fest, A, C zufällig

$$\left.\begin{aligned} \boldsymbol{s}^2_{bc\text{ in }a} &= \frac{1}{n}(\boldsymbol{DQ}_{B\times C\text{ in }A} - \boldsymbol{DQ}_{\text{Rest}}) \\ \boldsymbol{s}^2_{ac} &= \frac{1}{bn}(\boldsymbol{DQ}_{A\times C} - \boldsymbol{DQ}_{\text{Rest}}) \\ \boldsymbol{s}^2_c &= \frac{1}{abn}(\boldsymbol{DQ}_C - \boldsymbol{DQ}_{A\times C}) \\ \boldsymbol{s}^2_a &= \frac{1}{bcn}(\boldsymbol{DQ}_A - \boldsymbol{DQ}_{A\times C}) \end{aligned}\right\} \tag{7.35}$$

- C fest, A, B zufällig

$$\left.\begin{aligned} \boldsymbol{s}^2_{bc\text{ in }a} &= \frac{1}{n}(\boldsymbol{DQ}_{B\times C\text{ in }A} - \boldsymbol{DQ}_{\text{Rest}}) \\ \boldsymbol{s}^2_{ac} &= \frac{1}{bn}(\boldsymbol{DQ}_{A\times C} - \boldsymbol{DQ}_{B\times C\text{ in }A}) \\ \boldsymbol{s}^2_{b\text{ in }a} &= \frac{1}{cn}(\boldsymbol{DQ}_{B\text{ in }A} - \boldsymbol{DQ}_{\text{Rest}}) \\ \boldsymbol{s}^2_a &= \frac{1}{bcn}(\boldsymbol{DQ}_A - \boldsymbol{DQ}_{B\text{ in }A}) \end{aligned}\right\} \tag{7.36}$$

- A zufällig B, C fest

$$\left.\begin{aligned} \boldsymbol{s}^2_{ac} &= \frac{1}{bn}(\boldsymbol{DQ}_{A\times C} - \boldsymbol{DQ}_{\text{Rest}}) \\ \boldsymbol{s}^2_a &= \frac{1}{bcn}(\boldsymbol{DQ}_A - \boldsymbol{DQ}_{\text{Rest}}) \end{aligned}\right\} \tag{7.37}$$

- B zufällig A, C fest

$$\left.\begin{aligned} \boldsymbol{s}^2_{bc\text{ in }a} &= \frac{1}{n}(\boldsymbol{DQ}_{B\times C\text{ in }A} - \boldsymbol{DQ}_{\text{Rest}}) \\ \boldsymbol{s}^2_b &= \frac{1}{cn}(\boldsymbol{DQ}_{B\text{ in }A} - \boldsymbol{DQ}_{\text{Rest}}) \end{aligned}\right\} \tag{7.38}$$

- C zufällig A, B fest

$$\left.\begin{aligned} \boldsymbol{s}^2_{bc\text{ in }a} &= \frac{1}{n}(\boldsymbol{DQ}_{B\times C\text{ in }A} - \boldsymbol{DQ}_{\text{Rest}}) \\ \boldsymbol{s}^2_{ac} &= \frac{1}{bn}(\boldsymbol{DQ}_{A\times C} - \boldsymbol{DQ}_{\text{Rest}}) \\ \boldsymbol{s}^2_c &= \frac{1}{abn}(\boldsymbol{DQ}_C - \boldsymbol{DQ}_{\text{Rest}}) \end{aligned}\right\} \tag{7.39}$$

7.4.5.2 Der Typ $C \prec AB$

Für den Typ $C \prec AB$ der gemischten Klassifikation wurden die $E(\boldsymbol{DQ})$ für das Modell mit endlichen Stufengesamtheiten in Abschn. 7.2, Beispiel 7.4 abgeleitet. Es gibt folgende Typen von gemischten Modellen:

Fall I: C fest, A oder B (o. B. d. A. wählen wir A) fest,

Fall II: C fest, A und B zufällig,

Fall III: C zufällig, A und B fest,

Fall IV: C zufällig, A oder B (o. B. d. A. wählen wir A) zufällig.

Die $E(\boldsymbol{DQ})$ für diese vier Fälle sind in Tab. 7.10 enthalten. Es ergeben sich folgende Schätzfunktionen (außer $\boldsymbol{s}^2 = \boldsymbol{DQ}_{\text{Rest}}$) für die Varianzkomponenten:

Fall I

$$\left.\begin{aligned} \boldsymbol{s}_{ab}^2 &= \frac{1}{cn}(\boldsymbol{DQ}_{A\times B} - \boldsymbol{DQ}_{\text{Rest}}) \\ \boldsymbol{s}_{b}^2 &= \frac{1}{acn}(\boldsymbol{DQ}_{B} - \boldsymbol{DQ}_{\text{Rest}}) \end{aligned}\right\} \tag{7.40}$$

Fall II

$$\left.\begin{aligned} \boldsymbol{s}_{ab}^2 &= \frac{1}{cn}(\boldsymbol{DQ}_{A\times B} - \boldsymbol{DQ}_{\text{Rest}}) \\ \boldsymbol{s}_{b}^2 &= \frac{1}{acn}(\boldsymbol{DQ}_{B} - \boldsymbol{DQ}_{A\times B}) \\ \boldsymbol{s}_{a}^2 &= \frac{1}{bcn}(\boldsymbol{DQ}_{A} - \boldsymbol{DQ}_{A\times B}) \end{aligned}\right\} \tag{7.41}$$

Fall III

$$\boldsymbol{s}_{c\text{ in }ab}^2 = \frac{1}{n}(\boldsymbol{DQ}_{C\text{ in }A\times C} - \boldsymbol{DQ}_{\text{Rest}}) \tag{7.42}$$

Fall IV

$$\left.\begin{aligned} \boldsymbol{s}_{c\text{ in }ab}^2 &= \frac{1}{n}(\boldsymbol{DQ}_{C\text{ in }A\times C} - \boldsymbol{DQ}_{\text{Rest}}) \\ \boldsymbol{s}_{ab}^2 &= \frac{1}{cn}(\boldsymbol{DQ}_{A\times B} - \boldsymbol{DQ}_{C\text{ in }A\times B}) \\ \boldsymbol{s}_{a}^2 &= \frac{1}{bcn}(\boldsymbol{DQ}_{A} - \boldsymbol{DQ}_{C\text{ in }A\times C}) \end{aligned}\right\} \tag{7.43}$$

7.5 Tests für feste Effekte und Varianzkomponenten

In diesem Abschnitt wollen wir voraussetzen, dass alle Zufallsgrößen in (7.6) normalverteilt sind. Außerdem mögen im allgemeinen analog zu (7.9) Reparametrisierungsbedingungen derart gelten, dass alle festen Effekte identifizierbar (definiert) sind. Wir wollen die Hypothesen (o. B. d. A. beschränken wir uns auf den Fall $i = 1$ bzw. $i = s + 1$)

$$H_{0F} : \gamma_{A1} = 0_{a1}\,, \quad \text{gegen} \quad H_{AF} : \gamma_{A1} \neq 0_{a1} \tag{7.44}$$

Tab. 7.10 $E(DQ)$ für gemischte Modelle der gemischten dreifachen Klassifikation vom Typ $C \prec AB$ (vgl. die Bemerkungen zu Beispiel 7.1).

Variationsursache	*B* zufällig, *A*, *C* fest	*A*, *B* zufällig, *C* fest	*C* zufällig, *A*, *B* fest	*A*, *C* zufällig, *B* fest
Zwischen A	$\frac{bcn}{a-1}\sum_i a_i^2 + cn\sigma_{ab}^2 + \sigma^2$	$bcn\sigma_a^2 + cn\sigma_{ab}^2 + \sigma^2$	$\frac{bcn}{a-1}\sum_i a_i^2 + n\sigma_{c\,\text{in}\,ab}^2 + \sigma^2$	$bcn\sigma_a^2 + n\sigma_{c\,\text{in}\,ab}^2 + \sigma^2$
Zwischen B	$acn\sigma_b^2 + \sigma^2$	$acn\sigma_b^2 + cn\sigma_{ab}^2 + \sigma^2$	$\frac{acn}{b-1}\sum_j b_j^2 + n\sigma_{c\,\text{in}\,ab}^2 + \sigma^2$	$\frac{acn}{b-1}\sum_j b_j^2 + n\sigma_{c\,\text{in}\,ab}^2 + cn\sigma_{ab}^2 + \sigma^2$
Zwischen C in $A \times B$	$\frac{n}{ab(c-1)}\sum_{i,j,k} c_{k(i,j)}^2 + \sigma^2$	$\frac{n}{ab(c-1)}\sum_{i,j,k} c_{k(i,j)}^2 + \sigma^2$	$n\sigma_{c\,\text{in}\,ab}^2 + \sigma^2$	$n\sigma_{c\,\text{in}\,ab}^2 + \sigma^2$
Wechselwirkung $A \times B$	$cn\sigma_{ab}^2 + \sigma^2$	$cn\sigma_{ab}^2 + \sigma^2$	$n\sigma_{c\,\text{in}\,ab}^2 + \frac{cn\sum_{i,j}(ab)_{ij}^2}{(a-1)(b-1)} + \sigma^2$	$n\sigma_{c\,\text{in}\,ab}^2 + cn\sigma_{ab}^2 + \sigma^2$
Rest	σ^2	σ^2	σ^2	σ^2

bzw.

$$H_{0V} : \sigma^2_{s+1} = 0 \,, \quad \text{gegen} \quad H_{AV} : \sigma^2_{s+1} \neq 0 \tag{7.45}$$

prüfen. Mit

$$\boldsymbol{SQ}_i = \boldsymbol{Y}^{\mathrm{T}} T_i \boldsymbol{Y} \quad (i = 1, \dots, r+1) \tag{7.46}$$

sollen die $\boldsymbol{SQ}$ des Faktors A_i ($\boldsymbol{SQ}_{r+1} = \boldsymbol{SQ}_{\mathrm{Rest}}$) bezeichnet werden, wobei T_i eine idempotente Matrix vom Rang $\mathrm{Rg}(T_i) = f_i$ ist. Für die in diesem Kapitel behandelten Spezialfälle können die $\boldsymbol{SQ}_i$ und f_i aus den Varianztabellen abgelesen werden.

Mit

$$\boldsymbol{DQ}_i = \frac{1}{f_i} \boldsymbol{SQ}_i \quad (i = 1, \dots, r+1) \tag{7.47}$$

werden die entsprechenden $\boldsymbol{DQ}$ bezeichnet. Hierbei ist $\boldsymbol{DQ}_{r+1} = \boldsymbol{DQ}_{\mathrm{Rest}}$, $f_{r+1} = f_{\mathrm{Rest}}$.

Man kann nun zur Prüfung von H_{0F} eine Prüfzahl

$$\boldsymbol{F}_1 = \frac{\boldsymbol{Y}^{\mathrm{T}} T_1 \boldsymbol{Y}}{f_1 \sum_{i=s+1}^{r+1} c_i \boldsymbol{DQ}_i} = \frac{\boldsymbol{DQ}_1}{\sum_{i=s+1}^{r+1} c_i \boldsymbol{DQ}_i} \tag{7.48}$$

derart finden, dass unter H_{0F} für geeignete c_i

$$E(\boldsymbol{DQ}_1 | H_{0F}) = E\left[\sum_{i=s+1}^{r+1} c_i \boldsymbol{DQ}_i\right]$$

gilt. Eine entsprechende Aussage gilt, wenn H_{0V} mithilfe von

$$\boldsymbol{F}_{s+1} = \frac{\boldsymbol{DQ}_{s+1}}{\sum_{i=s+2}^{r+1} k_j \boldsymbol{DQ}_j} \tag{7.49}$$

geprüft werden soll und die k_j so gewählt wurden, dass

$$E(\boldsymbol{DQ}_{s+1} | H_{0V}) = E\left[\sum_{j=s+2}^{r} k_j \boldsymbol{DQ}_j\right]$$

ist.

Die Freiheitsgrade der Prüfzahlen (7.48) bzw. (7.49) sind für Fälle, in denen nur ein $k_i (i = s+1, \dots, r)$ bzw. $k_j (j = s+2, \dots, r+1)$ von 0 verschieden und gleich 1 ist, durch (f_1, f_i) bzw. (f_{s+1}, f_j) gegeben. Anderenfalls kann man approximativ mit (f_1, f_F^*) bzw. (f_{s+1}, f_V^*) arbeiten, indem man nach dem Korollar 6.2 zu Lemma 6.3 die Nennerfreiheitsgrade aus den $\boldsymbol{DQ}$ schätzt. Seifert (1980, 1981) schlug zur Prüfung von H_{0F} bzw. H_{0V} ein anderes Vorgehen vor, das für gemischte Modelle exakte α-Tests liefert und im balancierten Fall zu einfacheren Formeln führt. Das Prinzip besteht darin, den Quotienten zweier unabhängiger quadratischer Formen $\boldsymbol{Y}^{\mathrm{T}}B_1\boldsymbol{Y}$ und $\boldsymbol{Y}^{\mathrm{T}}B_2\boldsymbol{Y}$ als Prüfzahl zu verwenden, wobei $\boldsymbol{Y}^{\mathrm{T}}B_2\boldsymbol{Y}$ zentral χ^2-verteilt ist mit g_2 Freiheitsgraden und $\boldsymbol{Y}^{\mathrm{T}}B_1\boldsymbol{Y}$ unter H_{0F} (H_{0V}) zentral χ^2-verteilt ist mit g_1 Freiheitsgraden. Damit ist die Prüfzahl

$$\boldsymbol{F} = \frac{\boldsymbol{Y}^{\mathrm{T}}B_1\boldsymbol{Y}}{\boldsymbol{Y}^{\mathrm{T}}B_2\boldsymbol{Y}}\frac{g_2}{g_1} \tag{7.50}$$

unter $H_{0F}(H_{0V})$ nach $F(g_1, g_2)$ zentral F-verteilt. Diese Verfahren sind auch für Modell I bzw. Modell II anwendbar ($s = 0, r = 0$).

Für einige Spezialfälle werden im Folgenden die Formeln zur Berechnung von Prüfzahlen angegeben.

Beispiel 7.7 Zweifache Kreuzklassifikation ohne Wechselwirkungen
Die $\boldsymbol{SQ}, \boldsymbol{DQ}$ und FG findet man in Tab. 5.10. Es ist $s = 1, r = 2, a_1 = a, a_2 = b, a_3 = n$, und die Modellgleichung entspricht (7.8) für $(ab)_{ij} = 0$.

Wir prüfen $H_{0F} : a_i = 0$ mit

$$\boldsymbol{F}_1 = \frac{\boldsymbol{DQ}_A}{\boldsymbol{DQ}_{\text{Rest}}}$$

wie bei Modell I und lehnen H_{0F} ab, falls $\boldsymbol{F}_1 > F(a-1, N-a-b+1|1-\alpha)$ ist. Entsprechend wird $H_{0V} : \sigma_b^2 = 0$ abgelehnt, falls

$$\boldsymbol{F}_2 = \frac{\boldsymbol{DQ}_B}{\boldsymbol{DQ}_{\text{Rest}}}$$

den Wert $F(b-1, N_a - b + 1|1-\alpha)$ überschreitet.

Beispiel 7.8
Wir betrachten das Modell (5.45) für den Fall, dass außer μ und a_i alle Größen Zufallsvariable sind. Tabelle 5.30 ist die Varianztabelle, ihre letzte Spalte ist jedoch durch die erste Spalte von Tab. 7.8 zu ersetzen. Wir prüfen $H_{0V} : \sigma_x^2 = 0$ mit der unter H_{0V} mit f_x und $a(b-1)(c-1)$ Freiheitsgraden verteilten Prüfzahl

$$\boldsymbol{F}_{2x} = \frac{\boldsymbol{DQ}_x}{\boldsymbol{DQ}_{B\times C \text{ in } A}}$$

wobei $x = B$ in A mit $f_x = a(b-1), x = C$ mit $f_x = c - 1$ und $x = A \times C$ mit $f_x = (a-1)(c-1)$ gewählt werden kann. Um $H_{0F} : a_i = 0\,(i = 1, \dots, a)$ zu prüfen, berechnen wir die Prüfzahl (7.50), wobei (mit einer gewissen Willkür bezüglich der Bevorzugung von $l = 1$ und $l = 2$)

$$\boldsymbol{Y}^{\mathrm{T}}B_1\boldsymbol{Y} = \frac{p}{2bcn} \times \sum_{i=1}^{a}\left[\sqrt{n}\boldsymbol{Y}_{i...} + \sqrt{n}(\boldsymbol{Y}_{i..1} - \boldsymbol{Y}_{i..2}) - \frac{\sqrt{n}}{a}\boldsymbol{Y}_{....} - \frac{\sqrt{n}}{a}(\boldsymbol{Y}_{...1} - \boldsymbol{Y}_{...2})\right]^2$$

und, falls $c \leq b$ gilt, z. B.

$$Y^T B_2 Y = \frac{1}{bcn} \sum_{i=1}^{a} \sum_{k=1}^{c} \left[\sqrt{c} Y_{i.k.} + \sqrt{b} Y_{i.k.} - \frac{\sqrt{c}}{a} Y_{..k.} - \frac{\sqrt{b}}{a} Y_{..k.} \right.$$
$$\left. - \frac{1}{\sqrt{c}} Y_{i...} - \frac{\sqrt{b}}{c} \sum_{l=1}^{c} Y_{il..} + \frac{\sqrt{b}}{ac} \sum_{l=1}^{c} Y_{.l..} + \frac{1}{a\sqrt{c}} Y_{....} \right]^2$$

mit $p = \min[(a-1)(c-1), a(b-1)]$ gesetzt wird. Ist $c > b$, so ist $Y^T B_2 Y$ anders zu berechnen. Die Prüfzahl ist unter $H_{0F} : a_i = 0$ mit $a - 1$ und p Freiheitsgraden zentral F-verteilt.

7.6 Übungsaufgaben

Aufgabe 7.1

Man verwende Datensatz D aus Aufgabe 6.3. Die zehn Bullen sind zufällig in zwei Gruppen einzuteilen, die beiden Gruppen werden als zwei Orte, als Stufen eines festen Faktors interpretiert. Welches Modell liegt vor? Den entstehenden Datensatz nennen wir D1.

Aufgabe 7.2

Prüfen Sie für Datensatz D1 aus Aufgabe 7.1 die Nullhypothese, dass keine Unterschiede zwischen den Orten bestehen.

Aufgabe 7.3

Schätzen Sie in Datensatz D1 aus Aufgabe 7.1 die Varianzkomponenten des Faktors Bulle.

Literatur

Hartley, H.O. und Rao, J.N.K. (1967) Maximum likelihood estimation for the mixed analysis of variance model. *Biometrika*, **54**, 92–108.

Henderson, C.R. (1953) Estimation of variance and covariance components. *Biometrics*, **9**, 226–252.

Searle, S.R. (1971, 2012) *Linear Models*, John Wiley & Sons, New York.

Seifert, B. (1980) Prüfung linearer Hypothesen über die festen Effekte in balancierten gemischten Modellen der Varianzanalyse. Diss. Sektion Mathematik, Humboldt Universität Berlin.

Seifert, B. (1981) Explicit formulae of exact tests in mixed balanced ANOVA-models. *Biometrics*, **23**, 535–550.

8
Regressionsanalyse – Lineare Modelle mit nicht zufälligen Regressoren und zufälligen Regressoren

8.1
Einführung

In diesem Kapitel werden Zusammenhänge zwischen zwei und mehreren Größen mit statistischen Methoden beschrieben.

Abhängigkeiten zwischen Größen werden in den Formulierungen zahlreicher Naturgesetze angegeben. So besteht eine Abhängigkeit der Fallhöhe h eines unter dem Einfluss der Schwerkraft (im Vakuum) fallenden Körpers und der Fallzeit t in der Form $h = \alpha t^2$, und der durch diese Formel gegebene Zusammenhang ist eine spezielle Funktion, ein sogenannter funktionaler Zusammenhang. Ähnliche Gleichungen lassen sich für den Zusammenhang zwischen Druck und Temperatur oder zwischen Helligkeit und Entfernung von einer Lichtquelle angeben. Die Beziehung $h = \alpha t^2$ gilt streng, d. h., zu jedem Wert von t gibt es ein eindeutig bestimmtes h oder, mit anderen Worten, bei entsprechender Messgenauigkeit ergeben gleiche t-Werte stets den gleichen h-Wert. Man könnte also α berechnen, indem man einen Versuch durchführt (t vorgibt und h misst) und aus dem Messergebnis α berechnet, wenn der Messfehler vernachlässigt werden kann. Die h-Werte zu verschiedenen t-Werten liegen auf einer Kurve (Parabel), wenn man t auf der Abszissenachse und h auf der Ordinatenachse aufträgt. Man könnte bei diesem Beispiel aber auch bei vorgegebener Fallhöhe h die Fallzeit t messen und aus diesem Ergebnis α berechnen. Bei funktionalen Zusammenhängen ist es daher gleichgültig, welche Variable vorgegeben und welche gemessen wird, wenn nicht andere Gesichtspunkte (Messgenauigkeit, Aufwand bei der Messung), die mit dem Zusammenhang selbst nichts zu tun haben, zur Bevorzugung einer dieser Variablen führen.

Nun gibt es in der Natur Ereignisse und Variablen, zwischen denen kein funktionaler Zusammenhang besteht, die aber doch voneinander abhängig sind. Betrachten wir beispielsweise Widerristhöhe und Alter oder Widerristhöhe und Brustumfang eines Rindes. Obwohl es offensichtlich keine Formel gibt, nach der man aus der Widerristhöhe den Brustumfang oder das Alter von Rindern berechnen kann, besteht zwischen beiden aber doch ganz offensichtlich ein Zusammenhang. Dies erkennt man, wenn von einigen Rindern beide Maße vorliegen

Mathematische Statistik, 1. Auflage. Dieter Rasch und Dieter Schott.

und das Wertepaar eines jeden Rindes in einem Koordinatensystem durch einen Punkt repräsentiert wird. Die Gesamtheit dieser Punkte liegt nicht wie im Fall der funktionalen Abhängigkeit auf einer Kurve, sie bildet vielmehr eine Punktwolke. In einer solchen Punktwolke ist häufig ein klarer Trend erkennbar, der auf das Vorhandensein eines Zusammenhanges schließen lässt. Derartige Zusammenhänge, die nicht streng funktional sind, werden stochastisch genannt, und ihre Untersuchung ist Hauptgegenstand der Regressionsanalyse.

Auch wenn ein funktionaler Zusammenhang zwischen zwei Merkmalen besteht, kann es vorkommen, dass sich bei der grafischen Darstellung der gemessenen Wertepaare eine Punktwolke ergibt, und zwar ist das dann der Fall, wenn die Merkmalswerte nicht ohne größere Messfehler beobachtet werden können.

Die Punktwolke selbst gibt nur einen Anhaltspunkt für die Art der Beziehung zwischen zwei Variablen und suggeriert ihre Existenz. Es ist jedoch erforderlich, diese Beziehung präzise durch eine formelmäßige Darstellung zu erfassen. Dies kann durch sogenannte Ausgleichsfunktionen (Ausgleichskurven) erfolgen. Die einzelnen Beobachtungsdaten (Punkte) weichen von der Ausgleichskurve ab, sie variieren um diese Kurve.

Man muss bei den stochastischen Zusammenhängen zwei wichtige Spezialfälle unterscheiden, die für den Fall von zwei Variablen x, y charakterisiert werden sollen – die Verallgemeinerung auf mehr als zwei Variablen sei dem Leser überlassen. Im ersten Spezialfall sei x eine nicht zufällige Variable. Für jeden Wert x_i von x sei $\boldsymbol{y}$ um einen bestimmten, im Allgemeinen von x_i abhängigen Erwartungswert $E(\boldsymbol{y} \mid x_i) = f(x_i)$ verteilt, d. h., $\boldsymbol{y}$ ist eine Familie von Zufallsvariablen, und der Zusammenhang zwischen $\boldsymbol{y}$ und x lässt sich in der Form

$$\boldsymbol{y}_i = \boldsymbol{y}(x_i) = f(x_i) + \boldsymbol{e}_i \tag{8.1}$$

bzw.

$$\boldsymbol{y} = f(x) + \boldsymbol{e}$$

schreiben. Alle in diesem Kapitel auftretenden Funktionen werden als differenzierbar vorausgesetzt. Hierbei sind die $\boldsymbol{e}_i$ Zufallsvariable. In diesem Fall spricht man von dem Modell I der Regressionsanalyse. Als Beispiel könnte man den Zusammenhang zwischen der Widerristhöhe $\boldsymbol{y}$ und dem Alter x beim Rind nennen.

Natürlich kann man auch die funktionalen Zusammenhänge, in denen nur die Messwerte einer Variablen (etwa y) stark von Messfehlern beeinflusst werden, in Form von Gleichung (8.1) schreiben und mit dem Modell I der Regressionsanalyse behandeln. Ist der funktionale Zusammenhang zwischen y und x durch

$$y = g(x)$$

gegeben und ist x ohne Fehler messbar, während die Messwerte der y_i durch $\eta_i - e_i$ gegeben sind, so ist

$$\boldsymbol{\eta}_i - \boldsymbol{e}_i = g(x_i) \quad \text{bzw.} \quad \boldsymbol{\eta}_i = g(x_i) + \boldsymbol{e}_i$$

und diese Beziehung ist vom Typ der Gleichung (8.1).

Sind jedoch in funktionalen Zusammenhängen die Messwerte beider Variablen mit Messfehlern behaftet, so ist keine Zurückführung auf Modell I (oder ein anderes Modell) der Regressionsanalyse möglich. Dieser Fragenkomplex wurde ausführlich von Madansky (1959) und in Humak (1984) behandelt.

Im zweiten Spezialfall seien $\boldsymbol{x}$ und $\boldsymbol{y}$ Zufallsvariable, die nach einer zweidimensionalen Verteilung mit der Dichtefunktion $g(x, y)$ mit den Randerwartungswerten μ_x, μ_y, den Randvarianzen σ_x^2, σ_y^2 und der Kovarianz σ_{xy} verteilt sind. Unter der Regression von $\boldsymbol{x}$ auf $\boldsymbol{y}$ bzw. $\boldsymbol{y}$ auf $\boldsymbol{x}$ versteht man den bedingten Erwartungswert $E(\boldsymbol{x} \mid y)$ bzw. $E(\boldsymbol{y} \mid x)$. Ist $g(x, y)$ die Dichtefunktion einer zweidimensionalen Normalverteilung, so sind die bedingten Erwartungswerte $E(\boldsymbol{x} \mid y)$ bzw. $E(\boldsymbol{y} \mid x)$ lineare Funktionen von y bzw. x, d. h. es gilt

$$E(\boldsymbol{x} \mid y) = \alpha + \beta y, \quad E(\boldsymbol{y} \mid x) = \alpha^* + \beta^* x$$

Die Zufallsvariablen $\boldsymbol{x}$ bzw. $\boldsymbol{y}$ weichen um $\boldsymbol{e}$ bzw. $\boldsymbol{e}^*$ von $E(\boldsymbol{x} \mid y)$ bzw. $E(\boldsymbol{y} \mid x)$ ab, d. h., man kann die stochastische Abhängigkeit zwischen $\boldsymbol{x}$ und $\boldsymbol{y}$ entweder in der Form

$$\boldsymbol{x} = E(\boldsymbol{x} \mid y) + \boldsymbol{e} = \alpha + \beta y + \boldsymbol{e} \tag{8.2}$$

oder in der Form

$$\boldsymbol{y} = E(\boldsymbol{y} \mid x) + \boldsymbol{e}^* = \alpha^* + \beta^* x + \boldsymbol{e}^* \tag{8.3}$$

schreiben. Die Gleichungen (8.2) und (8.3) sind nicht ineinander überführbar, d. h.,

$$\boldsymbol{y} = \frac{x - \alpha - \boldsymbol{e}}{\beta} = \frac{x}{\beta} - \frac{\alpha}{\beta} - \frac{\boldsymbol{e}}{\beta} \quad \text{und} \quad \boldsymbol{y} = \alpha^* + \beta^* x + \boldsymbol{e}^*$$

sind voneinander verschieden. Das sieht man sofort ein, wenn man sich die Bedeutung von α, β, α^* und β^* klarmacht.

Einen Ansatz der Form $\boldsymbol{x} = E(\boldsymbol{x} \mid \boldsymbol{y}) + \boldsymbol{e}$ bzw. der Form $\boldsymbol{y} = E(\boldsymbol{y} \mid \boldsymbol{x}) + \boldsymbol{e}^*$ nennt man Modell II der Regressionsanalyse. Ein Beispiel wäre der bereits erwähnte Zusammenhang zwischen Widerristhöhe und Brustumfang beim Rind.

An den genannten Beispielen wird der Unterschied zwischen beiden Modellen deutlich. Während bei der Abhängigkeit Widerristhöhe/Alter das Alter als (nicht zufällige) Variable angesehen werden kann und die Widerristhöhe in Abhängigkeit vom Alter und nicht das Alter in Abhängigkeit von der Widerristhöhe betrachtet wird, hat man es bei der Abhängigkeit Widerristhöhe/Brustumfang mit zwei Merkmalen bzw. zwei dieser modellierende Zufallsvariablen zu tun, und es gibt keine Variable, die von vornherein als „Argument" einer Regressionsfunktion ausgezeichnet wäre, d. h., es sind zwei Ansätze analog zu (8.2) und (8.3) möglich. Dies zeigt, dass ein funktionales Denken nicht auf Regressionen (nach Modell II) übertragen werden kann.

Sowohl die Funktion $y = f(x)$ von (8.1) als auch die Funktionen $E(\boldsymbol{x} \mid \boldsymbol{y})$ bzw. $E(\boldsymbol{y} \mid \boldsymbol{x})$ nennt man Regressionsfunktionen. Die Argumentvariable nennt man Regressor oder Einflussgröße (häufig – vor allem in Programmpaketen – wird auch der irreführenden Ausdruck unabhängige Variable verwendet), die Variable $\boldsymbol{y}$ in (8.1), $\boldsymbol{x}$ in (8.2) bzw. $\boldsymbol{y}$ in (8.3) heißt Regressand oder Zielgröße (oder abhängige Variable). In diesem Kapitel wird davon ausgegangen, dass die Regressionsfunktion eine lineare Funktion des Parameters ist.

Die Theorie des ersten Teiles dieses Kapitels ist ein Spezialfall der Theorie linearer Modelle in Kapitel 4.

Definition 8.1

Es sei X eine $[n \times (k+1)]$-Matrix vom Rang $k+1 < n$ und $\Omega = R[X]$ der Rangraum von X. Ferner sei $\beta \in \Omega$ ein Vektor von Parametern $\beta_j (j = 0, \dots, k)$ und $\boldsymbol{Y} = \boldsymbol{Y}_n$ eine n-dimensionale Zufallsvariable. Gelten weiterhin für das Fehlerglied $\boldsymbol{e}$ die Beziehungen $E(\boldsymbol{e}) = 0_n$ und $\text{var}(\boldsymbol{e}) = \sigma^2 E_n$, dann wird die Gleichung

$$\boldsymbol{Y} = X\beta + \boldsymbol{e} \quad (Y \in R^n, \beta \in \Omega = R[X]) \tag{8.4}$$

mit $X = (e_n, X^*)$ Modell I der linearen Regression mit k Regressoren in Standardform genannt.

Die Gleichung (8.4) ist, wie in Beispiel 4.3 gezeigt wurde, ein Spezialfall von Gleichung (4.1). Wie in Kapitel 4 gezeigt wurde, lässt sich der Fall $\text{var}(\boldsymbol{e}) = V\sigma^2$ mit positiv definiter Matrix V auf (8.4) zurückführen. Wir betrachten zunächst (8.4), geben später aber auch Formeln für den Fall $\text{var}(\boldsymbol{e}) = V\sigma^2$ an.

8.2 Parameterschätzung

8.2.1 Methode der kleinsten Quadrate

Für Modell I der Regression gilt der

Satz 8.1

Die BLES von β und eine erwartungstreue Schätzfunktion für σ^2 sind durch

$$\boldsymbol{b} = \hat{\boldsymbol{\beta}} = (X^{\mathrm{T}}X)^{-1}X^{\mathrm{T}}\boldsymbol{Y} \tag{8.5}$$

und

$$\begin{aligned} s^2 &= \frac{1}{n-k-1}||\boldsymbol{Y} - X(X^{\mathrm{T}}X)^{-1}X^{\mathrm{T}}\boldsymbol{Y}||^2 \\ &= \frac{1}{n-k-1}\boldsymbol{Y}^{\mathrm{T}}(E_n - X(X^{\mathrm{T}}X)^{-1}X^{\mathrm{T}})\boldsymbol{Y} \end{aligned} \tag{8.6}$$

gegeben.

Der Beweis folgt unmittelbar aus Beispiel 4.3.

Satz 8.2
Ist $\boldsymbol{Y}$ in (8.4) nach $N(X\beta, \sigma^2 E_n)$ verteilt, so ist die MLS von β durch (8.5) und die MLS von σ^2 durch

$$\tilde{\boldsymbol{\sigma}}^2 = \frac{1}{n}||\boldsymbol{Y}^{\mathrm{T}} - X(X^{\mathrm{T}}X)^{-1}X^{\mathrm{T}}\boldsymbol{Y}||^2 \tag{8.7}$$

gegeben. Die Größen $\boldsymbol{b}$ aus (8.5) und $\boldsymbol{s}^2$ aus (8.6) sind suffizient bezüglich β und σ^2. Ferner ist $\boldsymbol{b}$ nach $N[\beta, \sigma^2(X^{\mathrm{T}}X)^{-1}]$ und $\frac{n-k-1}{\sigma^2}\boldsymbol{s}^2$ unabhängig von $\boldsymbol{b}$ nach $CQ(n-k-1)$ verteilt.

Beweis: Dass $\boldsymbol{b}$ aus (8.5) und $\tilde{\boldsymbol{\sigma}}^2$ aus (8.7) MLS von β und σ^2 sind, folgt aus Beispiel 4.3 in Verbindung mit (4.12) und (4.13). Mit $\mu = X\beta, \Sigma = \sigma^2 E_n$ und $A = (X^{\mathrm{T}}X)^{-1}X^{\mathrm{T}}$ folgt, dass $\boldsymbol{b}$ mit

$$E(\boldsymbol{b}) = A\mu = (X^{\mathrm{T}}X)^{-1}X^{\mathrm{T}}X\beta = \beta$$

und

$$\mathrm{var}(\boldsymbol{b}) = A\Sigma A^{\mathrm{T}} = (X^{\mathrm{T}}X)^{-1}X^{\mathrm{T}}\sigma^2 E_n X(X^{\mathrm{T}}X)^{-1} = \sigma^2(X^{\mathrm{T}}X)^{-1}$$

$(k+1)$-dimensional normalverteilt ist.

Um zu zeigen, dass $(n-k-1)\boldsymbol{s}^2/\sigma^2$ nach $CQ(n-k-1)$ verteilt ist, muss $E_n - X(X^{\mathrm{T}}X)^{-1}X^{\mathrm{T}} = K$ idempotent vom Rang $n-k-1$ und $\lambda = 1/\sigma^2\beta^{\mathrm{T}}X^{\mathrm{T}}KX\beta = 0$ sein. Die Idempotenz von K ist offensichtlich. Da mit X auch $X^{\mathrm{T}}X$ und $X(X^{\mathrm{T}}X)^{-1}X^{\mathrm{T}}$ vom Rang $k+1$ sind, gibt es wegen der Idempotenz von $X(X^{\mathrm{T}}X)^{-1}X^{\mathrm{T}} = B$ eine orthonormale Matrix T, sodass $T^{\mathrm{T}}BT$ eine Diagonalmatrix mit $k+1$ Einsen und $n-k-1$ Nullen ist. Folglich ist $\mathrm{Rg}(K) = n-k-1$. Schließlich ist

$$\sigma^2\lambda = \beta^{\mathrm{T}}X^{\mathrm{T}}(E_n - X(X^{\mathrm{T}}X)^{-1}X^{\mathrm{T}})X\beta = 0$$

Damit sind $\boldsymbol{b}$ und $\boldsymbol{Y}^{\mathrm{T}}K\boldsymbol{Y}$ wegen $(X^{\mathrm{T}}X)^{-1}X^{\mathrm{T}}K = 0_{k+1,n}$ voneinander unabhängig.

Es bleibt nur noch die Suffizienz von $\boldsymbol{b}$ und $\boldsymbol{s}^2$ nachzuweisen. Dies ist gelungen, wenn die Likelihood-Funktion $L(Y, \beta, \sigma^2)$ in der Form (1.3) geschrieben werden kann. Nach Voraussetzung ist

$$L(Y, \beta, \sigma^2) = \frac{1}{\left(\sigma\sqrt{2\pi}\right)^n}\exp\left[-\frac{1}{2\sigma^2}\|Y - X\beta\|^2\right]$$

Nun gilt aber die Identität

$$\begin{aligned}\|Y - X\beta\|^2 &= \|Y - Xb\|^2 + (b-\beta)^{\mathrm{T}}(X^{\mathrm{T}}X)(b-\beta)\\ &= (n-k-1)s^2 + r(\beta, b)\end{aligned}$$

mit einem gewissen $r(\beta, b)$, sodass

$$L(Y, \beta, \sigma^2) = \frac{1}{\left(\sigma\sqrt{2\pi}\right)^n}\exp\left[-\frac{1}{2\sigma^2}[(n-k-1)s^2 + r(\beta, b)]\right]$$

die Form (1.3) mit $f = L$ und $h(Y) = 1$ hat. Damit ist der Satz bewiesen.

Beispiel 8.1

Ist in (8.4) die Anzahl der Regressoren $k = 1$, so spricht man von der linearen Regression mit einem Regressor oder auch von einfacher linearer Regression. Mit $k = 1$ ist

$$X^{\mathrm{T}} = \begin{pmatrix} 1 & 1 & \dots & 1 \\ x_1 & x_2 & \dots & x_n \end{pmatrix} \quad \text{und} \quad \beta^{\mathrm{T}} = (\beta_0, \beta_1)$$

und (8.4) wird zu

$$\boldsymbol{y}_i = \beta_0 + \beta_1 x_i + \boldsymbol{e}_i \quad (i = 1, \dots, n) \tag{8.8}$$

$\mathrm{Rg}(X) = k + 1 = 2$ bedeutet, dass wenigstens zwei der x_i verschieden sein müssen. Wir wollen die Schätzfunktionen für die Koeffizienten β_0 und β_1 angeben. Nach der Methode der kleinsten Quadrate ist eine empirische Regressionsgerade $\hat{y} = b_0 + b_1 x$ in der x, y-Ebene als Schätzung einer „wahren" Regressionsgeraden $y = \beta_0 + \beta_1 x$ so durch die Gesamtheit der Punkte (x_i, y_i), die Punktwolke genannt wird, zu legen, dass

$$S = \sum_{i=1}^{n} (y_i - \beta_0 - \beta_1 x_i)^2$$

zu einem Minimum wird. Wir bezeichnen die Werte von β_0 und β_1, die S minimieren, mit b_0 und b_1 und erhalten folgende Gleichungen nach Nullsetzen der partiellen Ableitungen von S nach β_0 und β_1 und Übergang zu Zufallsvariablen $\boldsymbol{y}_i$:

$$\boldsymbol{b}_1 = \frac{\sum_{i=1}^{n} x_i \boldsymbol{y}_i - \frac{\sum_{i=1}^{n} x_i \sum_{i=1}^{n} \boldsymbol{y}_i}{n}}{\sum_{i=1}^{n} x_i^2 - \frac{\left(\sum_{i=1}^{n} x_i\right)^2}{n}} = \frac{n \sum_{i=1}^{n} x_i \boldsymbol{y}_i - \sum_{i=1}^{n} x_i \sum_{i=1}^{n} \boldsymbol{y}_i}{n \sum_{i=1}^{n} x_i^2 - \left(\sum_{i=1}^{n} x_i\right)^2} \tag{8.9}$$

$$\boldsymbol{b}_0 = \bar{\boldsymbol{y}} - \boldsymbol{b}_1 \bar{x} \quad \text{mit} \quad \bar{\boldsymbol{y}} = \frac{\sum \boldsymbol{y}_i}{n} \quad \text{und} \quad \bar{x} = \frac{\sum x_i}{n} \tag{8.10}$$

Wegen der Konvexität von S wird dabei ein Minimum erreicht.

Analog zu den bereits aus der Varianzanalyse bekannten Abkürzungen für die Summe der Abweichungsquadrate

$$SQ_x = \sum x^2 - \frac{\left(\sum x\right)^2}{n}$$

bzw.

$$\boldsymbol{SQ}_y = \sum \boldsymbol{y}^2 - \frac{\left(\sum \boldsymbol{y}\right)^2}{n}$$

soll als Abkürzung für die Summe der Abweichungsprodukte

$$\sum x\boldsymbol{y} - \frac{\sum x \sum \boldsymbol{y}}{n} = \sum (x - \bar{x})(\boldsymbol{y} - \bar{\boldsymbol{y}})$$

das Symbol $\boldsymbol{SP}_{xy}$ verwendet werden ($SP_{xx} = SQ_x$). Dann kann man

$$\boldsymbol{b}_1 = \frac{\boldsymbol{SP}_{xy}}{\boldsymbol{SQ}_x}$$

schreiben.

Die Gleichungen (8.9) und (8.10) können natürlich auch unmittelbar als Spezialfälle von (8.5) erhalten werden. Wir bilden (alle Summen laufen von $i = 1$ bis $i = n$)

$$X^{\mathrm{T}}X = \begin{pmatrix} n & \sum x_i \\ \sum x_i & \sum x_i^2 \end{pmatrix}, \quad X^{\mathrm{T}}\boldsymbol{Y} = \begin{pmatrix} \sum \boldsymbol{y}_i \\ \sum x_i \boldsymbol{y}_i \end{pmatrix}$$

Nun ist

$$(X^{\mathrm{T}}X)^{-1} = \frac{1}{|X^{\mathrm{T}}X|}\begin{pmatrix} \sum x_i^2 & -\sum x_i \\ -\sum x_i & n \end{pmatrix}$$

mit der Determinante $|X^{\mathrm{T}}X| = n\sum x_i^2 - (\sum x_i)^2$, und daraus ergeben sich (8.9) und (8.10).

Eine Schätzfunktion $\boldsymbol{s}^2$ für σ^2 ist nach (8.6) durch

$$\boldsymbol{s}^2 = \frac{\sum_{i=1}^{n}(\boldsymbol{y}_i - \boldsymbol{b}_0 - \boldsymbol{b}_1 x_i)^2}{n-2} = \frac{\boldsymbol{SQ}_y - \frac{\boldsymbol{SP}_{xy}^2}{SQ_x}}{n-2} \tag{8.11}$$

gegeben. Die Darstellung (8.11) folgt aus (8.6) wegen

$$\boldsymbol{Y}^{\mathrm{T}}(E_n - X(X^{\mathrm{T}}X)^{-1}X^{\mathrm{T}})\boldsymbol{Y} = \sum y_i^2 - \boldsymbol{Y}^{\mathrm{T}}X(X^{\mathrm{T}}X)^{-1}X^{\mathrm{T}}\boldsymbol{Y}$$

wenn man $X^{\mathrm{T}}\boldsymbol{Y} = (\boldsymbol{Y}^{\mathrm{T}}X)^{\mathrm{T}}$ und $(X^{\mathrm{T}}X)^{-1}$ wie oben angegeben einsetzt.

Trägt man in einem rechtwinkligen Koordinatensystem auf der Abszissenachse die Werte der Variablen x und auf der Ordinatenachse die Realisationen y_i der Zufallsvariablen $\boldsymbol{y}$ (bzw. der geschätzten Erwartungswerte $\hat{y}_i$) ab, so wird durch

$$\hat{y}_i = b_0 + b_1 x_i \quad (i = 1, \dots, n) \tag{8.12}$$

eine Gerade mit dem Anstieg b_1 in diesem Koordinatensystem gegeben, die die Ordinatenachse bei b_0 schneidet. Diese Gerade wird (geschätzte) Regressionsgerade genannt. Sie verbindet die geschätzten Erwartungswerte $\hat{y}_i$ für die verschiedenen Werte von x_i. Trägt man die Beobachtungswerte (x_i, y_i) als Punkte im Koordinatensystem ein, so erhält man einen Punkteschwarm. Von allen Geraden, die man durch diesen Punkteschwarm legen kann, ist die Regressionsgerade diejenige, für die die Summe der Quadrate der zur Ordinatenachse parallelen Strecken zwischen den Punkten und der Geraden in der Stichprobe ein Minimum ist. Der Wert von b_1 bzw. β_1 gibt an, um wie viele Einheiten sich y im Mittel ändert, wenn x um eine Einheit zunimmt. Bezüglich der Verteilung von $\boldsymbol{b}_0$ und $\boldsymbol{b}_1$ gilt eine Folgerung zu Satz 8.1:

Korollar 8.1
Die Schätzfunktionen $\boldsymbol{b}_0$ nach (8.10) und $\boldsymbol{b}_1$ nach (8.9) sind bei Gültigkeit von Modellgleichung (8.8) und deren Nebenbedingungen mit den Erwartungswerten

$$E(\boldsymbol{b}_0) = \beta_0 \,, \quad E(\boldsymbol{b}_1) = \beta_1 \tag{8.13}$$

den Varianzen

$$\sigma_0^2 = \text{var}(\boldsymbol{b}_0) = \frac{\sigma^2 \sum x_j^2}{n \sum (x_j - \bar{x})^2}, \quad \sigma_1^2 = \text{var}(\boldsymbol{b}_1) = \frac{\sigma^2}{\sum (x_j - \bar{x})^2} \tag{8.14}$$

und der Kovarianz

$$\text{cov}(\boldsymbol{b}_0, \boldsymbol{b}_1) = -\frac{\sigma^2 \sum x_j}{n \sum (x_j - \bar{x})^2} \tag{8.15}$$

verteilt; mit $\boldsymbol{Y}$ sind auch $\boldsymbol{b}_0$ und $\boldsymbol{b}_1$ normalverteilt.

Natürlich braucht man sich (im Sinne von Kapitel 2) nicht auf quadratische Verlustfunktionen zu beschränken. Anstelle der Summe der Abweichungsquadrate kann man z. B. die Summe der p-ten Potenzen der Beträge der Abweichungen

$$S^* = \sum_{i=1}^{n} |y_i - \beta_0^* - \beta_1^* x_i|^p$$

minimieren (L_p-Norm). Dies geschah historisch sogar vor der Benutzung der MKQ-Schätzungen bereits durch Bošković, einem Physiker aus Ragusa (Italien), der für astronomische Berechnungen von 1750 bis 1753 eine Rechenmethode zur Ausgleichung kleiner Abweichungen entwickelte, indem er die Absolutsumme der Restfehler minimierte, also eine L_1-Norm verwendete. Bei Carl Friedrich Gauß finden sich Notizen über Boškovićs Arbeiten zur „Bahnbestimmung der Himmelskörper" (vgl. Eisenhart, 1961). Eine moderne Darstellung der Parameterschätzung nach der L_1-Verlustfunktion, Iterationsverfahren und asymptotische Eigenschaften der Schätzungen findet man bei Bloomfield und Steiger (1983), für weitere p-Werte bei Gonin und Money (1989).

Sind k Regressoren $x_1, \dots, x_k$ gegeben, die die Werte $x_{i1}, \dots, x_{ik}$ ($i = 1, \dots, n$) annehmen, so wird (8.4) für $k > 1$ Modellgleichung der mehrfachen linearen Regression genannt. Dann sind die Komponenten $\boldsymbol{b}_i = \hat{\boldsymbol{\beta}}_i$ von $\hat{\boldsymbol{\beta}}$ in (8.5) die Schätzfunktionen, deren Realisationen

$$S = \sum_{i=1}^{n} \left(y_i - \beta_0 - \sum_{j=1}^{k} \beta_j x_{ij} \right)^2$$

minimieren. Die rechte Seite der Gleichung

$$\hat{\boldsymbol{y}}_i = \widehat{\boldsymbol{E}(\boldsymbol{y}_i)} = \boldsymbol{b}_0 + \boldsymbol{b}_1 x_{i1} + \dots + \boldsymbol{b}_k x_{ik} \tag{8.16}$$

heißt Schätzfunktion für den Erwartungswert der $\boldsymbol{y}_i$. Die Gleichung in den Realisationen

$$\hat{y}_i = \widehat{E(\boldsymbol{y}_i)} = b_0 + b_1 x_{i1} + \cdots + b_k x_{ik}$$

beschreibt eine Hyperebene, die geschätzte Regressionsebene genannt wird. Die $\boldsymbol{b}_i$ bzw. b_i werden mehrfache Regressionskoeffizienten genannt. Für $\boldsymbol{s}^2$ setzen wir

$$\boldsymbol{s}^2 = \frac{\sum_{i=1}^{n} (\boldsymbol{y}_i - \hat{\boldsymbol{y}}_i)^2}{n-k-1} \tag{8.17}$$

Mit (8.4) lassen sich auch nichtlineare Abhängigkeiten zwischen $\boldsymbol{Y}$ und einem Regressor $x = x_1$ (oder auch mehreren Regressoren) erfassen, wenn diese Nichtlinearität von ganz spezieller Natur ist.

Wir beschränken uns hier auf einen Regressor; die Übertragung auf mehrere Regressoren ist sehr einfach und wird dem Leser überlassen. In Verallgemeinerung von (8.8) gelte

$$\boldsymbol{y}_i = f(x_i) + \boldsymbol{e}_i \tag{8.18}$$

In (8.8) war $f(x) = \beta_0 + \beta_1 x$.

Definition 8.2

Gegeben seien $k+1$ linear unabhängige Funktionen $g_i(x)$ $(x \in B \subset R^1; g_0(x) \equiv 1)$, von denen mindestens eine nichtlinear in x ist. Lässt sich die nichtlineare Regressionsfunktion mit den $k+1$ (unbekannten) Parametern α_i in der Form

$$f(x) = f(x, \alpha_0, \ldots, \alpha_k) = \sum_{i=1}^{k} \alpha_i g_i(x) \tag{8.19}$$

darstellen, wobei die (bekannten) Funktionen $g_i(x)$ von den Parametern α_i unabhängig sind, so soll die in den α_i lineare Funktion $f(x)$ quasilineare Regressionsfunktion genannt werden.

Die Nichtlinearität einer quasilinearen Regressionsfunktion bezieht sich damit lediglich auf den Regressor und nicht auf die Parameter.

Die Regressionsanalyse mit quasilinearen Regressionsfunktionen kann sehr einfach auf die mehrfache lineare Regressionsanalyse zurückgeführt werden. Setzt man nämlich in (8.19)

$$g_i(x) = x_i \tag{8.20}$$

so wird

$$f(x, \alpha_0, \ldots, \alpha_k) = \sum_{i=0}^{k} \alpha_i x_i \quad \text{mit} \quad x_0 = 1$$

sodass (8.18) in der Form

$$\boldsymbol{y}_i = \sum_{j=0}^{k} \alpha_j x_{ij} + \boldsymbol{e}_i \quad (i = 1, \ldots , n; x_{0j} = 1)$$

geschrieben werden kann, und diese Modellgleichung ist bis auf die Symbolik identisch mit (8.4). Damit ist der Fall quasilinearer Regressionsfunktionen auf den Fall der mehrfachen linearen Regressionsfunktion zurückgeführt.

Obwohl die Behandlung quasilinearer Regressionsfunktionen durch die Zurückführung auf mehrfache lineare Regressionsfunktionen theoretisch geklärt ist, soll ein praktisch wichtiger Spezialfall noch ausführlicher betrachtet werden, da sich Vereinfachungen in der Rechenarbeit anbieten. Bei diesem Spezialfall handelt es sich um die sogenannten polynomialen Regressionsfunktionen.

Definition 8.3
Sind die $g_i(x)$ in (8.19) Polynome i-ten Grades in x, d. h., hat $f(x, \alpha_0, \ldots , \alpha_k)$ die Gestalt

$$f(x, \alpha_0, \ldots , \alpha_k) = \sum_{j=0}^{k} \alpha_j P_j(x) = \sum_{j=0}^{k} \beta_j x^j = P(x, \beta_0, \ldots , \beta_k) \tag{8.21}$$

so heißen $f(x, \alpha_0, \ldots , \alpha_k)$ bzw. $P(x, \beta_0, \ldots , \beta_k)$ polynomiale Regressionsfunktionen.

Nach Definition 8.2 kann man die Modellgleichung der polynomialen Regression wie folgt angeben:

$$\boldsymbol{y}_i = \sum_{j-0}^{k} \beta_j x_i^j + \boldsymbol{e}_i \quad (i = 1, \ldots , n) \tag{8.22}$$

Sind die n vorgegebenen Werte x_i des Regressors x äquidistant, d. h., gilt

$$x_i = a + ih \quad (i = 1, \ldots , n; h = \text{konst.}) \tag{8.23}$$

so ergeben sich große Rechenerleichterungen, wenn man in (8.21) für die $P_j(x)$ orthogonale Polynome in $i - \bar{i}$ verwendet, da die Werte dieser Polynome tabelliert sind (z. B. bei Fisher und Yates, 1949).

Das Vorgehen soll zunächst für eine in x quadratische Regressionsfunktion veranschaulicht werden; anschließend wird das Verfahren für Regressionsfunktionen beliebigen Grades in x erläutert.

Beispiel 8.2 Orthogonale Polynome für polynomiale Regressionen zweiten Grades
Ist die Regressionsfunktion in (8.21) ein Polynom zweiten Grades in x, so folgt aus (8.22)

$$\boldsymbol{y}_i = \beta_0 + \beta_1 x_i + \beta_2 x_i^2 + \boldsymbol{e}_i \quad (i = 1, \ldots , n) \tag{8.24}$$

und dies soll in der Form

$$\boldsymbol{y}_i = \alpha_0 + \alpha_1 P_1(i - \bar{i}) + \alpha_2 P_2(i - \bar{i}) + \boldsymbol{e}_i \qquad (8.25)$$

geschrieben werden. P_1 und P_2 sollen orthogonale Polynome sein, d. h., es soll die Beziehung

$$\sum_{i=1}^{n} P_1(i - \bar{i}) P_2(i - \bar{i}) = 0$$

und ferner $\sum_{i=1}^{n} P_j(i - \bar{i}) = 0,\ j = 1, 2$ gelten.

Da $\bar{i} = \frac{1}{n} \sum_{i=1}^{n} i = \frac{n(n+1)}{2n} = \frac{n+1}{2}$ gilt, ist außerdem

$$P_1(i - \bar{i}) = P_1\left(i - \frac{n+1}{2}\right) = c_0 + c_1\left(i - \frac{n+1}{2}\right) \quad (c_1 \neq 0) \qquad (8.26)$$

und

$$P_2(i - \bar{i}) = P_2\left(i - \frac{n+1}{2}\right) = d_0 + d_1\left(i - \frac{n+1}{2}\right) + d_2\left(i - \frac{n+1}{2}\right)^2$$
$$(d_2 \neq 0) \qquad (8.27)$$

Dabei sind c_0, c_1, d_0, d_1 und d_2 so zu wählen, dass die Bedingungen

$$\sum_{i=1}^{n} P_1 P_2 = 0$$

und

$$\sum_{i=1}^{n} P_1 = \sum_{i=1}^{n} P_2 = 0$$

erfüllt sind.

Aus (8.23) und (8.24) ergibt sich

$$\boldsymbol{y}_i = \beta_0 + \beta_1(a + ih) + \beta_2(a + ih)^2 + \boldsymbol{e}_i \qquad (8.28)$$

Andererseits folgt aus (8.25) bis (8.27)

$$\begin{aligned} \boldsymbol{y}_i = \alpha_0 &+ \alpha_1\left[c_0 + c_1\left(i - \frac{n+1}{2}\right)\right] \\ &+ \alpha_2\left[d_0 + d_1\left(i - \frac{n+1}{2}\right) + d_2\left(i - \frac{n+1}{2}\right)^2\right] + \boldsymbol{e}_i \end{aligned} \qquad (8.29)$$

Multipliziert man in (8.28) und (8.29) alle Klammern aus und ordnet nach Potenzen von i, so ergibt ein Vergleich der Koeffizienten dieser Potenzen

$$\begin{aligned} \beta_0 + a\beta_1 + a^2\beta_2 &= \alpha_0 + \alpha_1\left(c_0 - c_1\frac{n+1}{2}\right) \\ &\quad + \alpha_2\left(d_0 - d_1\frac{n+1}{2} + d_2\frac{(n+1)^2}{4}\right) \\ h\beta_1 + 2ah\beta_2 &= \alpha_1 c_1 + \alpha_2(d_1 - (n+1)d_2), \quad h^2\beta_2 = d_2\alpha_2 \end{aligned} \qquad (8.30)$$

Gleichung (8.30) vereinfacht sich, wenn man c_0, c_1, d_0, d_1, d_2, wie oben erwähnt, wählt.

Es soll $\sum P_1 = \sum P_2 = \sum P_1 P_2 = 0, c_1 \neq 0, d_2 \neq 0$ sein. Dann gilt

$$\sum P_1 = \sum c_0 + c_1 \sum \left(i - \frac{n+1}{2}\right) = nc_0$$

d. h., es muss $c_0 = 0$ sein. Ferner ist

$$\sum P_2 = nd_0 + d_2 \left(\sum_{i=1}^{n} i^2 - \frac{n(n+1)^2}{4} \right) = nd_0 + d_2 \frac{n(n-1)(n+1)}{12}$$

da die Summe der Quadratzahlen von 1 bis n gleich $\frac{n(n+1)(2n+1)}{6}$ ist. Damit $\sum P_2 = 0$ wird, muss wegen $d_2 \neq 0$

$$d_0 = -d_2 \frac{(n-1)(n+1)}{12}$$

sein. Ähnlich folgt $d_1 = 0$ aus $\sum P_1 P_2 = 0$.

Die orthogonalen Polynome P_1 und P_2 haben somit die Form

$$P_1\left(i - \frac{n+1}{2}\right) = c_1\left(i - \frac{n+1}{2}\right) \tag{8.31}$$

$$P_2\left(i - \frac{n+1}{2}\right) = d_2\left[\left(i - \frac{n+1}{2}\right)^2 - \frac{(n-1)(n+1)}{12}\right] \tag{8.32}$$

Es empfiehlt sich, c_1 und d_2 so zu wählen, dass jedes Polynom ganzzahlige Koeffizienten hat. In den Tafeln von Fisher und Yates sind P_1, P_2 $\sum P_1^2$ und $\sum P_2^2$ tabelliert.

Schätzt man die α_i nach der Methode der kleinsten Quadrate, so erhält man, wenn man in (8.30) die Parameter durch ihre Schätzwerte ersetzt, nach dem Gauß-Markoff-Theorem (Satz 4.3) erwartungstreue Schätzungen mit Minimalvarianz für die β_i, sodass man Modellgleichung (8.24) durch (8.25) ersetzen kann.

Wir betrachten nun den allgemeinen Fall der quasilinearen polynomialen Regression und nehmen o. B. d. A. an, dass (8.21) bereits in der Form $P(x, \beta_0, \dots, \beta_k) = \sum_{j=0}^{k} \beta_j x^j$ vorliegt.

Wir haben gezeigt, dass

$$\boldsymbol{y}_i = \beta_0 + \sum_{j=1}^{k} \beta_j x_i^j + \boldsymbol{e}_i \quad (i = 1, \dots, n) \tag{8.33}$$

die Form (8.4) hat, wenn $x_{ij} = x_i^j$ gesetzt wird. Es bleibt nur noch zu zeigen, dass

$$X = \begin{pmatrix} 1 & x_1 & x_1^2 & \dots & x_1^k \\ 1 & x_2 & x_2^2 & \dots & x_2^k \\ \vdots & \vdots & \vdots & & \vdots \\ 1 & x_n & x_n^2 & \dots & x_n^k \end{pmatrix}$$

den Rang $k + 1$ hat. Das ist sicher dann der Fall, wenn wenigstens $k + 1$ der x_i ($i = 1, \dots, n$) voneinander verschieden sind und $k + 1 < n$ gilt. Diese Bedingungen sollen erfüllt sein (Voraussetzung für polynomiale Regression). Damit kann Satz 8.1 auch für quasilineare Regressionen angewendet werden.

Für$X^T X$ und $X^T \boldsymbol{Y}$ erhalten wir

$$X^T X = \begin{pmatrix} n & \sum x_i & \sum x_i^2 & \dots & \sum x_i^k \\ \sum x_i & \sum x_i^2 & \sum x_i^3 & \dots & \sum x_i^{k+1} \\ \sum x_i^2 & \sum x_i^3 & \sum x_i^4 & \dots & \sum x_i^{k+2} \\ \vdots & \vdots & \vdots & & \vdots \\ \sum x_i^k & \sum x_i^{k+1} & \sum x_i^{k+2} & \dots & \sum x_i^{2k} \end{pmatrix} \quad \text{und} \quad X^T \boldsymbol{Y} = \begin{pmatrix} \sum \boldsymbol{y}_i \\ \sum x_i \boldsymbol{y}_i \\ \sum x_i^2 \boldsymbol{y}_i \\ \vdots \\ \sum x_i^k \boldsymbol{y}_i \end{pmatrix}$$

Für äquidistante x_i ist, wie dem Beispiel 8.2 für $k = 2$ zu entnehmen war, die Benutzung von Orthogonalpolynomen numerisch vorteilhaft. Wir werden diesen Spezialfall näher betrachten.

Satz 8.3

Sind in Modell (8.33) die x_i äquidistant, d. h. in der Form (8.23) darstellbar, und sind $P_j(i - \frac{n+1}{2})$ Polynome j-ten Grades in $i - \frac{n+1}{2}$ ($j = 0, \dots, k; i = 1, \dots, n$) derart, dass

$$\sum_{j=0}^{k} \beta_j x_i^j = \sum_{j=0}^{k} \alpha_j P_j \left(i - \frac{n+1}{2} \right) , \quad P_0 \left(i - \frac{n+1}{2} \right) \equiv 1 \tag{8.34}$$

gilt, so ist eine MKS des Vektors $\alpha = (\alpha_0, \dots, \alpha_k)^T$ durch

$$\hat{\boldsymbol{a}} = \left(\bar{\boldsymbol{y}}, \frac{\sum \boldsymbol{y}_i P_1 \left(i - \frac{n+1}{2} \right)}{\sum P_1^2 \left(i - \frac{n+1}{2} \right)}, \dots, \frac{\sum \boldsymbol{y}_i P_k \left(i - \frac{n+1}{2} \right)}{\sum P_k^2 \left(i - \frac{n+1}{2} \right)} \right)^T \tag{8.35}$$

gegeben. Die MKS für $\beta = (\beta_0, \dots, \beta_k)^T$ ist

$$\boldsymbol{b} = U^{-1} W \boldsymbol{a} \tag{8.36}$$

wobei U und W die aus (8.34) (durch Koeffizientenvergleich) erhaltenen Matrizen sind, für die

$$U\beta = Wa \tag{8.37}$$

gilt.

Beweis: Mit

$$X = \begin{pmatrix} 1 & P_1 \left(1 - \frac{n+1}{2} \right) & \dots & P_k \left(1 - \frac{n+1}{2} \right) \\ 1 & P_1 \left(2 - \frac{n+1}{2} \right) & \dots & P_k \left(2 - \frac{n+1}{2} \right) \\ \vdots & \vdots & & \vdots \\ 1 & P_1 \left(n - \frac{n+1}{2} \right) & \dots & P_k \left(n - \frac{n+1}{2} \right) \end{pmatrix}$$

ist die rechte Seite von (8.34) mit $P_0 \equiv 1$ als $X\alpha$ darstellbar, und damit wird (8.33) in der Form $\boldsymbol{Y} = X\alpha + \boldsymbol{e}$ darstellbar; das ist eine Gleichung der Form (8.4). Also ist (8.35) ein Spezialfall von (8.5), da

$$X^{\mathrm{T}}X = \begin{pmatrix} n & \sum P_{1i} & \dots & \sum P_{ki} \\ \sum P_{1i} & \sum P_{1i}^2 & \dots & \sum P_{1i}P_{ki} \\ \vdots & & & \vdots \\ \sum P_{ki} & \sum P_{ki}P_{1i} & \dots & \sum P_{ki}^2 \end{pmatrix} \quad \left(P_{ji} = P_j\left(i - \frac{n+1}{2}\right)\right)$$

gilt,

$$(X^{\mathrm{T}}X)^{-1} = \begin{pmatrix} \frac{1}{n} & & & 0 \\ & \frac{1}{\sum P_{1i}^2} & & \\ & & \ddots & \\ 0 & & & \frac{1}{\sum P_{ki}^2} \end{pmatrix}$$

eine Diagonalmatrix ist und

$$X^{\mathrm{T}}\boldsymbol{Y} = \begin{pmatrix} \sum \boldsymbol{y}_i \\ \sum \boldsymbol{y}_i P_{1i} \\ \dots \\ \sum \boldsymbol{y}_i P_{ki} \end{pmatrix}$$

gilt. Die Gleichung (8.36) folgt aus dem Gauß-Markoff-Theorem (Satz 4.3). $X^{\mathrm{T}}X$ kann bei geeigneter Wahl der Koeffizienten in

$$P_j\left(i - \frac{n+1}{2}\right) = \\ k_{0j} + k_{1j}\left(i - \frac{n+1}{2}\right) + k_{2j}\left(i - \frac{n+1}{2}\right)^2 + \dots + k_{jj}\left(i - \frac{n+1}{2}\right)^j$$

zu einer Diagonalmatrix gemacht werden. Damit sind die Werte der Polynome eindeutig durch i, j und n bestimmt und liegen tabelliert vor.

Beispiel 8.3
In einem Karotinlagerungsversuch sollte festgestellt werden, ob die Veränderung des Karotingehaltes im Mähweidegras von der Lagerungsart abhängt. Zu diesem Zweck lagerte man das Mähweidegras u. a. im Sack auf dem Boden und im Glas im Kühlschrank. Während der Lagerungszeit in Tagen wurden Proben entnommen, deren Karotingehalt bestimmt wurde. Tabelle 8.1 enthält die Untersuchungsergebnisse für beide Lagerungsarten.

Der Zusammenhang zwischen Karotingehalt und Dauer der Lagerung möge durch ein Modell in Form von Gleichung (8.8) darstellbar sein, die Nebenbedingungen und die Zusatzvoraussetzung für dieses Modell seien erfüllt. Es handelt

Tab. 8.1 Karotingehalt (in mg/100g Trockenmasse) y von Mähweidegras in Abhängigkeit von der Dauer der Lagerung x (in Tagen) für zwei Lagerungsarten.

j	x_j	Lagerung im Sack auf dem Boden y_{1j}	Lagerung im Glas im Kühlschrank y_{2j}
1	1	31,25	31,25
2	60	28,71	30,47
3	124	23,67	20,34
4	223	18,13	11,84
5	303	15,53	9,45
$\sum$	711	117,29	103,35

Tab. 8.2 Zwischenergebnisse für die Berechnung der Schätzwerte der Regression beim Karotinlagerungsversuch von Mähweidegras (Sack-Boden).

j	x_j	y_{1j}	$x_j y_{1j}$	x_j^2	$\hat{y}_{1j}$	$y_{1j} - \hat{y}_{1j}$	$(y_{1j} - \hat{y}_{1j})^2$
1	1	31,25	31,25	1	31,161	0,089	0,0081
2	60	28,71	1722,60	3600	27,942	0,768	0,5898
3	124	23,67	2935,08	15 376	24,451	−0,781	0,6100
4	223	18,13	4042,99	49 729	19,050	−0,920	0,8464
5	303	15,53	4705,59	91 809	14,686	0,844	0,7123
	711	117,29	13 437,51	160 515			2,7666

sich sicher um einen Zusammenhang, der durch Modell I beschrieben werden kann, da die Lagerungsdauer keine Zufallsvariable, sondern eine Größe ist, deren Werte vom Experimentator vorgegeben wurden.

Es sollen Schätzwerte für $\beta_{i0}, \beta_{i1}, E(\boldsymbol{y}_{ij})$, var$(\hat{\boldsymbol{\beta}}_{i0})$, var$(\hat{\boldsymbol{\beta}}_{i1})$ und cov$(\hat{\boldsymbol{\beta}}_{i0}, \hat{\boldsymbol{\beta}}_{i1})$ für $i = 1$ und $i = 2$ angegeben werden.

Für $i = 1$ (Sack, Boden) wurde der Rechengang in Tab. 8.2 dargestellt, die Berechnung der Schätzwerte für $i = 2$ sei dem Leser als Übung überlassen. Die Größe

$$\sum_{j=1}^{n} (y_j - \hat{y}_j)^2$$

kann man meist einfacher berechnen, da

$$\sum (y_j - \hat{y}_j)^2 = \sum y_j^2 - \frac{\left(\sum y_j\right)^2}{n} - \frac{\left(\sum x_j y_j - \frac{\sum x_j \sum y_j}{n}\right)^2}{\sum x_j^2 - \frac{\left(\sum x_j\right)^2}{n}}$$

ist. Nach den Schätzformeln (8.9) und (8.10) erhält man aus den Summen der Tab. 8.2 die Schätzwerte

$$b_{11} = \frac{5 \cdot 13\,437{,}51 - 711 \cdot 117{,}29}{5 \cdot 160\,515 - 711^2} = \frac{-16\,205{,}64}{297\,054} = -0{,}054\,55$$

$$b_{10} = \frac{1}{5}(117{,}29 + 0{,}054\,55 \cdot 711) = 31{,}216$$

Die Schätzwerte $\hat{y}_{1j}$ für $E(\boldsymbol{y}_{1j})$ sind in Tab. 8.2 aufgeführt. Weiter ist

$$\sigma_{10}^2 = \text{var}(\boldsymbol{b}_{10}) = 0{,}5404\sigma^2$$

$$\sigma_{11}^2 = \text{var}(\boldsymbol{b}_{11}) = 0{,}000\,016\,8\sigma^2$$

$$\sigma_{12}^{(1)} = \text{cov}(\boldsymbol{b}_{10}, \boldsymbol{b}_{11}) = -0{,}002\,394\sigma^2$$

diese Größen hängen nicht von den y_j ab, sie sind daher für beide Stichproben gleich (aufgrund der Gleichheit der x_j).

Da wir $s^2 = \frac{2{,}7666}{3} = 0{,}922\,03$ erhalten, werden die Schätzwerte von σ_{10}^2, σ_{11}^2 und $\sigma_{12}^{(1)}$ zu

$$s_{10}^2 = 0{,}4983 \quad s_{11}^2 = 1{,}549 \cdot 10^{-5}, \quad s_{12}^{(1)} = 2{,}207 \cdot 10^{-3}$$

Für $i = 2$ ergibt sich entsprechend

$$b_{21} = -0{,}080\,98\,, \quad b_{20} = 32{,}185$$

und für die Restvarianz

$$s_2^2 = \frac{22{,}340\,3}{3} = 7{,}446\,8$$

Damit erhält man

$$s_{20}^2 = 4{,}024\,3, \quad s_{21}^2 = 0{,}000\,125\,1, \quad s_{12}^{(2)} = 0{,}017\,83$$

Die Gleichungen der beiden geschätzten Regressionsgeraden haben die Form

$$i = 1:\ \hat{y}_{1j} = 31{,}216 - 0{,}054\,55x_j \quad (1 \le x_j \le 303)$$
$$i = 2:\ \hat{y}_{2j} = 32{,}185 - 0{,}080\,98x_j \quad (1 \le x_j \le 303)$$

Es ist vorteilhaft, für derartige geschätzte Regressionsfunktionen den Bereich des Regressors anzugeben, aus dem die der Schätzung zugrunde liegenden Werte stammen, da von einer Extrapolation der Regressionskurve (auch bei anderen Modellen) abzuraten ist, wenn man nicht ganz sicher ist, dass der im Regressionsmodell angesetzte Funktionstyp auch außerhalb dieses Intervalls passend ist. Die beiden geschätzten Regressionsgeraden wurden in Abb. 8.1 dargestellt.

Bei der Berechnung mit SPSS ist zu beachten, dass im Gegensatz zur Varianzanalyse bei der Regressionsanalyse nicht zwischen Modellen mit festen und zufälligen Einflussgrößen unterschieden wird. Daher wird der in Abschn. 8.5 definierte Korrelationskoeffizient immer auch für Modell I berechnet, wo er völlig sinnlos ist und einfach übersehen werden muss. Wir wählen in SPSS (nach der Dateneingabe) die Menüfolge: Analysieren – Regression – linear. Dann erscheinen die Begriffe „abhängige“ und „unabhängige“ Variable, die entsprechend zu bedienen sind. Nach „ok“ findet man die Regressionskoeffizienten unter „Koeffizienten“.

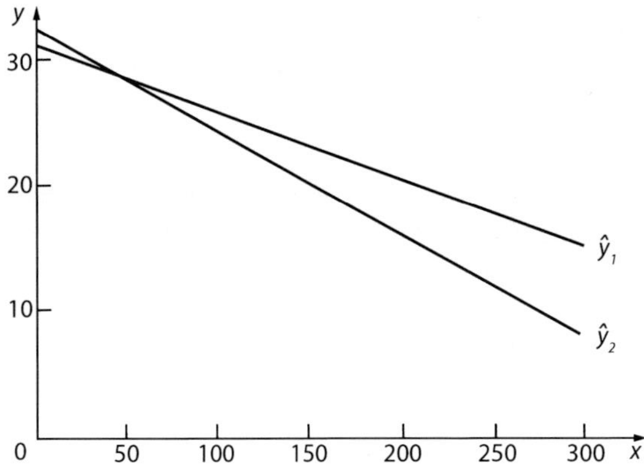

Abb. 8.1 Geschätzte Regressionsgeraden des Beispiels 8.3.

8.2.2 Optimale Versuchsplanung

In diesem Abschnitt werden Verfahren zur optimalen Wahl von X in Modellgleichung (8.4) behandelt, wenn β geschätzt werden soll. Dabei wird davon ausgegangen, dass der Umfang n des Versuches festliegt und β bzw. $X\beta$ nach der MKS geschätzt werden soll. Rasch und Herrendörfer (1982) beschreiben die Probleme, die auftreten, wenn gleichzeitig X, n und die Schätzung optimal zu wählen sind.

Wir schreiben $X = (x_1, \dots, x_n)^{\mathrm{T}}$ und bezeichnen mit B den Bereich des R^{k+1}, in dem die Zeilenvektoren x_i^{T} von X liegen, B heißt Versuchsbereich. Mit $\{L_n\}$ bezeichnen wir die Menge der X, für die $x_i \in B$ gilt. Wir nennen X jetzt eine Versuchsplanmatrix. Im Unterschied zu diskreten und stetigen Versuchsplänen, die im Folgenden eingeführt werden, wollen wir unter X die Versuchsplanmatrix eines konkreten Versuchsplanes verstehen. Im Weiteren wird X kurz Versuchsplan genannt.

In den Arbeiten zur Theorie der optimalen Versuchsplanung, z. B. Kiefer (1959); Fedorov (1971); Melas (2006), spielen die folgenden Definitionen eine besondere Rolle.

Definition 8.4
Jede Menge von Paaren

$$\xi_m = \begin{Bmatrix} x_1 & x_2 & \cdots & x_m \\ p_1 & p_2 & \cdots & p_m \end{Bmatrix} \tag{8.38}$$

mit $x_i \in B, 0 < p_i \leq 1$ $(i = 1, \dots, m), x_i \neq x_j$ für $i \neq j$ $(i, j = 1, \dots, m)$ und $\sum_{i=1}^{m} p_i = 1$ heißt diskreter m-Punkt-Versuchsplan; die p_i heißen Gewichte; $x_1, \dots, x_m$ heißt Spektrum von ξ_m.

Definition 8.5
Jedes Wahrscheinlichkeitsmaß ξ auf dem messbaren Raum (B, B) heißt stetiger Versuchsplan.

Damit ist ein diskreter Versuchsplan der Spezialfall eines stetigen Versuchsplanes für ein diskretes Wahrscheinlichkeitsmaß. Ein konkreter Versuchsplan hat die Form eines diskreten Versuchsplanes mit $p_i = \frac{k_i}{n}$, $\sum k_i = n$ und k_i ganzzahlig.

Das Problem besteht darin, einen konkreten – in theoretischen Vorarbeiten oft aber auch einen diskreten oder stetigen – Versuchsplan so zu konstruieren, dass die Kovarianzmatrix von $\hat{\boldsymbol{\beta}}$ bestimmten Optimalitätskriterien genügt. Die in diesem Abschnitt behandelten Optimalitätskriterien entsprechen Forderungen an ein Funktional Φ, das $(X^{\mathrm{T}}X)^{-1}$ in den R^1 abbildet. Wir definieren die Optimalität für konkrete Versuchspläne, die Definitionen für diskrete und stetige Versuchspläne kann sich der Leser leicht selbst analog aufschreiben.

Definition 8.6
Ein konkreter Versuchsplan X^* heißt Φ-optimal für ein Regressionsmodell $\boldsymbol{Y} = X\beta + \boldsymbol{e}$ mit $E(\boldsymbol{e}) = 0_n$, $\mathrm{var}(e) = \sigma^2 E_n$, festes n und B, falls

$$\min_{X\in\{L_n\}} \Phi[(X^{\mathrm{T}}X)^{-1}] = \Phi[(X^{*\mathrm{T}}X^*)^{-1}] \tag{8.39}$$

gilt. Speziell heißt ein Φ-optimaler Versuchsplan mit $M = (X^{\mathrm{T}}X)^{-1}$ für

- $\Phi(M) = |M|$ D-optimal,
- $\Phi(M) = \mathrm{Sp}(M)$ A-optimal,
- $\Phi(M) = \max_{x\in B} x^{\mathrm{T}}Mx$ G-optimal,
- $\Phi(M) = \lambda_{\max}(M)$ E-optimal mit $\lambda_{\max}$ als maximalem Eigenwert von M,
- $\Phi(M) = c^{\mathrm{T}}Mc$ C-optimal mit $c = (c_1, \dots, c_p)^{\mathrm{T}}$, $p = k + 1$.

Die C-Optimalität ist dann von Bedeutung, wenn die Varianz eines linearen Kontrasts $c^{\mathrm{T}}\beta$ des Parametervektors minimiert werden soll. Soll eine Extrapolation der Versuchsergebnisse aus dem Versuchsbereich B in einen Bereich B^* vorgenommen werden (Prognose), so ist bei der G-Optimalität B durch B^* zu ersetzen.

Nach einem Satz von Kiefer (1959) sind diskrete oder stetige (aber nicht immer konkrete!) Versuchspläne genau dann D-optimal, wenn sie G-optimal sind. Aus demselben Satz von Kiefer folgt, dass für spezielle B (z. B. im R^2) das Spektrum diskreter D-optimaler (und damit G-optimaler) Pläne nur aus solchen Punkten besteht, in denen $\mathrm{var}(\hat{\boldsymbol{y}})$ maximal ist, d. h., für die

$$\max_{x\in B} x^{\mathrm{T}}(X^{\mathrm{T}}X)^{-1}x = \frac{k+1}{n}$$

gilt.

Wir wollen uns hier auf die Behandlung der G- bzw. D-Optimalität für die einfache lineare Regression beschränken.

Eine systematische Untersuchung von Konstruktionsmöglichkeiten für konkrete optimale Versuchspläne wurde von Jung (1973) vorgelegt, dessen Ergebnisse im

Folgenden für den Spezialfall der Modellgleichung (8.4) auszugsweise dargestellt werden sollen. Bezüglich der Beweise sei der Leser auf die Originalarbeit verwiesen.

Zunächst betrachten wir den Fall des Beispiels 8.1 für $k = 1 (p = 2)$, für den

$$(X^{\mathrm{T}}X)^{-1} = \frac{1}{|X^{\mathrm{T}}X|}\begin{pmatrix} \sum_{i=1}^{n} x_i^2 & -\sum_{i=1}^{n} x_i \\ -\sum_{i=1}^{n} x_i & n \end{pmatrix} \tag{8.40}$$

ist, mit dem Versuchsbereich $B = [a, b]$. Dann ist der Plan mit $m = 2$, dem Spektrum $\{a, b\}$ und den Gewichten $p_1 = p_2 = 1/2$ ein diskreter D-optimaler Versuchsplan. Für geradzahlige n erhält man natürlich sofort auch konkrete D-optimale (und G-optimale) Versuchspläne, in denen je die Hälfte der y-Werte an den Intervallenden zu beobachten sind. Dieser Sachverhalt ist ein Spezialfall der folgenden Sätze bezüglich der G- bzw. D-Optimalität.

Satz 8.4
Ein konkreter Versuchsplan mit der Matrix $X = (x_1, \dots, x_n)^{\mathrm{T}}$ mit $x_i^{\mathrm{T}} = (1, x_i)$, $B = \{x_i \mid x_i \in [a, b]\}$ und $n \geq 2$ ist genau dann G-optimal, wenn

a) für gerade n je $\frac{n}{2}$ der x_i die Werte a und b haben,
b) für ungerade n je $\frac{n-1}{2}$ der x_i die Werte a und b haben, und ein x_i den Wert $\frac{a+b}{2}$ hat.

Man kann zeigen, dass für ungerade n konkrete D- und G-optimale Versuchspläne nicht identisch sind. Allgemein gilt der

Satz 8.5
Unter den Voraussetzungen von Satz 8.4 ist X genau dann D-optimal, wenn

a) für gerade n je $\frac{n}{2}$ der x_i die Werte a und b haben,
b) für ungerade n je $\frac{n-1}{2}$ der x_i die Werte a und b haben und das dadurch noch nicht festgelegte x_i entweder a oder b ist.

Für den Fall $n = 5$ ist z. B. für $a = -1$ und $b = 1$

$$X_G^{\mathrm{T}} = \begin{pmatrix} 1 & 1 & 1 & 1 & 1 \\ -1 & -1 & 0 & 1 & 1 \end{pmatrix}$$

ein G-optimaler und

$$X_D^{\mathrm{T}} = \begin{pmatrix} 1 & 1 & 1 & 1 & 1 \\ -1 & -1 & 1 & 1 & 1 \end{pmatrix}$$

ein D-optimaler Versuchsplan für $x_i \in [-1, 1]$. Es ist $|X_G^{\mathrm{T}} X_G| = 20$ und $|X_D^{\mathrm{T}} X_D| = 24$.

8.3 Hypothesenprüfung

Der Parametervektor $\beta = (\beta_0, \dots, \beta_k)^{\mathrm{T}}$ liegt in einem $(k+1)$-dimensionalen Vektorraum Ω. Durch die Bedingung, dass $q < k+1$ der β_j $(j = 0, \dots, k)$ gleich 0 (oder auch gleich einer festen Zahl) sind, liegt β in einem $(k+1-q)$-dimensionalen Unterraum ω von Ω. In Satz 4.8 wird allgemein gezeigt, dass die Komponenten von β stets so nummeriert werden können, dass die ersten q Komponenten den Einschränkungen unterliegen; wir sagen dann, dass die Bedingungen in kanonischer Form vorliegen (Definition 4.2). Wir wollen uns auf den Fall $\beta_0 = \dots = \beta_{q-1} = 0$ beschränken und daran denken, dass β_0 nicht mehr das absolute Glied in dem linearen Ansatz sein muss. Es soll die Hypothese H_0, dass diese Bedingungen erfüllt sind, d. h., dass

$$\beta \in \omega \quad \text{bzw.} \quad \beta_0 = \dots = \beta_{q-1} = 0 \tag{8.41}$$

gilt, gegen die Alternative $\beta \in \Omega \backslash \omega$ getestet werden. Dann gilt

Satz 8.6
Ist $\boldsymbol{Y}$ in (8.4) nach $N(X\beta, \sigma^2 E_n)$ verteilt, so kann die Nullhypothese H_0, dass (8.41) gilt, gegen die Alternativhypothese, dass H_0 nicht gilt, mit der Prüfzahl

$$\boldsymbol{F} = \frac{n-k-1}{q} \cdot \frac{\boldsymbol{Y}^{\mathrm{T}}[X(X^{\mathrm{T}}X)^{-1}X^{\mathrm{T}} - X_1(X_1^{\mathrm{T}}X_1)^{-1}X_1^{\mathrm{T}}]\boldsymbol{Y}}{\boldsymbol{Y}^{\mathrm{T}}(E_n - X(X^{\mathrm{T}}X)^{-1}X^{\mathrm{T}})\boldsymbol{Y}} \tag{8.42}$$

geprüft werden, die bei Gültigkeit von H_0 mit q und $n-k-1$ Freiheitsgraden zentral F-verteilt ist. Hierbei ist X_1 die $[n \times (k+1-q)]$-Matrix der letzten $k+1-q$ Spalten von X.

Beweis: Der Behauptung dieses Satzes folgt unmittelbar durch Anwendung von Satz 4.7 auf Beispiel 4.3.

Dieses Ergebnis kann in einer Varianztabelle (Tab. 8.3) dargestellt werden, wobei $\hat{\boldsymbol{\beta}} = (X^{\mathrm{T}}X)^{-1}X^{\mathrm{T}}\boldsymbol{Y}$ und $\hat{\boldsymbol{\gamma}} = (X_1^{\mathrm{T}}X_1)^{-1}X_1^{\mathrm{T}}\boldsymbol{Y}$ gesetzt wird. Diese Tabelle ist ein Spezialfall von Tab. 4.1.

Ist speziell $q = 1$, so ist $\boldsymbol{F} = \boldsymbol{t}^2$ bei Gültigkeit der Nullhypothese das Quadrat einer mit $n-k-1$ Freiheitsgraden zentral t-verteilten Zufallsvariablen. In diesem Fall hat (8.42) eine besonders einfache Gestalt.

Korollar 8.2
Ist $\boldsymbol{Y}$ in (8.4) nach $N(X\beta, \sigma^2 E_n)$ verteilt, so kann die Nullhypothese $H_0\colon \beta_j = 0$ gegen $H_{\mathrm{A}}\colon \beta_j \neq 0$ $(j = 0, \dots, k)$ mit der Prüfzahl

$$\boldsymbol{t}_j = \frac{\boldsymbol{b}_j}{\boldsymbol{s}\sqrt{c_{jj}}} \tag{8.43}$$

Tab. 8.3 Varianztabelle zur Prüfung der Hypothese $H_0: \beta_0 = \beta_1 = \ldots = \beta_{q-1} = 0$.

Variationsursache	***SQ***	***FG***	***DQ***	**Prüfzahl**
Gesamt	$\boldsymbol{Y}^{\mathrm{T}}\boldsymbol{Y}$	n		
$H_0: \beta_0 = \ldots = \beta_{q-1} = 0$	$\boldsymbol{Y}^{\mathrm{T}}X\hat{\boldsymbol{\beta}} - \boldsymbol{Y}^{\mathrm{T}}X_1\hat{\boldsymbol{\gamma}} = \boldsymbol{Z}$	q	$\frac{\boldsymbol{Z}}{q}$	$\boldsymbol{F} = \frac{n-k-1}{q} \cdot \frac{\boldsymbol{Z}}{\boldsymbol{N}}$
Rest	$\boldsymbol{Y}^{\mathrm{T}}\boldsymbol{Y} - \boldsymbol{Y}^{\mathrm{T}}X\hat{\boldsymbol{\beta}} = \boldsymbol{N}$	$n-k-1$	$\frac{\boldsymbol{N}}{n-k-1}$	
Regression	$\boldsymbol{Y}^{\mathrm{T}}X_1\hat{\boldsymbol{\gamma}}$	$k+1-q$		

geprüft werden. In (8.43) ist $\boldsymbol{b}_j = \hat{\boldsymbol{\beta}}_j$ die $(j+1)$-te Komponente des geschätzten Parametervektors, $\boldsymbol{s}$ die Quadratwurzel von $\boldsymbol{s}^2$ aus (8.6) und c_{jj} das $(j+1)$-te Hauptdiagonalelement aus $C = (X^{\mathrm{T}}X)^{-1}$; $\boldsymbol{t}_j$ ist bei Gültigkeit von $H_0: \beta_j = 0$ mit $n-k-1$ Freiheitsgraden zentral t-verteilt.

Beweis: Zunächst nehmen wir an, die Hypothese läge in kanonischer Form $H_0: \beta_0 = 0$ vor. Ist x_0 die erste Spalte von X und X_1 die Matrix der k übrigen Spalten von dem einem Modell in kanonischer Form entsprechenden X, so ist $X = (x_0, X_1)$ und

$$X^{\mathrm{T}}X = \begin{pmatrix} x_0^{\mathrm{T}}x_0 & x_0^{\mathrm{T}}X_1 \\ X_1^{\mathrm{T}}x_0 & X_1^{\mathrm{T}}X_1 \end{pmatrix}$$

Wir zerlegen die symmetrische Inverse C in Teilmatrizen gleichen Typs und erhalten

$$C = \begin{pmatrix} C_{11} & C_{12} \\ C_{21} & C_{22} \end{pmatrix}$$

(C_{11} ist ein Skalar.) Dann ist

$$(X_1^{\mathrm{T}}X_1)^{-1} = C_{22} - C_{21}C_{11}^{-1}C_{12}$$

Damit wird $\boldsymbol{Z} = \boldsymbol{Y}^{\mathrm{T}}[X(X^{\mathrm{T}}X)^{-1}X^{\mathrm{T}} - X_1(X_1^{\mathrm{T}}X_1)^{-1}X_1^{\mathrm{T}}]\boldsymbol{Y}$ im Zähler von (8.42) zu

$$\boldsymbol{Y}^{\mathrm{T}}(x_0C_{11}x_0^{\mathrm{T}} + X_1C_{21}x_0^{\mathrm{T}} + x_0C_{12}X_1^{\mathrm{T}} + X_1C_{21}C_{11}^{-1}C_{12}X_1^{\mathrm{T}})\boldsymbol{Y}$$

Nun folgt aber aus (8.5) die skalare Größe

$$\boldsymbol{b}_0 = \begin{pmatrix} C_{11} & C_{12} \end{pmatrix} \begin{pmatrix} x_0^{\mathrm{T}} \\ X_1^{\mathrm{T}} \end{pmatrix} \boldsymbol{Y}$$

oder

$$\boldsymbol{b}_0^2 = \boldsymbol{Y}^{\mathrm{T}}\left(x_0C_{11}C_{11}x_0^{\mathrm{T}} + x_0C_{11}C_{12}X_1^{\mathrm{T}} + X_1C_{21}C_{11}x_0^{\mathrm{T}} + X_1C_{21}C_{12}X_1^{\mathrm{T}}\right)\boldsymbol{Y}$$

Beachtet man $\boldsymbol{b}_0^2 = \boldsymbol{b}_0^{\mathrm{T}\,2}$ und $C_{12}^{\mathrm{T}} = C_{21}$, so sieht man, dass $\boldsymbol{Z}$ als $C_{11}^{-1}\boldsymbol{b}_0^2$ geschrieben werden kann. C_{11} besteht aber nur aus einem Element c_{00}, sodass $C_{11}^{-1} = \frac{1}{c_{00}}$ ist. Folglich wird aus (8.42)

$$\boldsymbol{F} = \frac{\boldsymbol{b}_0^2}{c_{00}\boldsymbol{s}^2}$$

oder nach Übergang zu der ursprünglichen Hypothese

$$\boldsymbol{F} = \frac{\boldsymbol{b}_j^2}{c_{jj}\boldsymbol{s}^2}$$

und damit folgt die Behauptung.

Man überlegt sich leicht, dass unter der Hypothese $\beta_j = \beta_j^*$ die Prüfzahl

$$\boldsymbol{t} = \frac{\boldsymbol{b}_j - \beta_j^*}{\boldsymbol{s}\sqrt{c_{jj}}} \tag{8.44}$$

mit $n - k - 1$ Freiheitsgraden zentral t-verteilt ist.

Wir benötigen zur Prüfung von Hypothesen der Form $H_0\colon \beta = \beta^*$, in denen ω nur aus einem Punkt besteht und daher die Dimension 0 hat, den folgenden Satz.

Satz 8.7

Ist $\boldsymbol{Y}$ in (8.4) nach $N(X\beta, \sigma^2 E_n)$ verteilt, so kann die Hypothese $H_0\colon \beta = \beta^*$ gegen die Alternativhypothese $\beta \neq \beta^*$ mit der Prüfzahl

$$\begin{aligned}\boldsymbol{F} &= \frac{n-k-1}{k+1}\frac{(\boldsymbol{Y} - X\beta^*)^{\mathrm{T}}X(X^{\mathrm{T}}X)^{-1}X^{\mathrm{T}}(\boldsymbol{Y} - X\beta^*)}{\boldsymbol{Y}^{\mathrm{T}}(E_n - X(X^{\mathrm{T}}X)^{-1}X^{\mathrm{T}})\boldsymbol{Y}}\\ &= \frac{1}{\boldsymbol{s}^2(k+1)}(\boldsymbol{b} - \beta^*)^{\mathrm{T}}(X^{\mathrm{T}}X)(\boldsymbol{b} - \beta^*)\end{aligned} \tag{8.45}$$

getestet werden. $\boldsymbol{F}$ in (8.45) ist nach $F(k+1, n-k-1, \lambda)$ mit

$$\lambda = \frac{1}{\sigma^2}(\beta - \beta^*)^{\mathrm{T}}(X^{\mathrm{T}}X)(\beta - \beta^*)$$

nichtzentral F-verteilt.

Beweis: Die Umformung in (8.45) gilt wegen $X(X^{\mathrm{T}}X)^{-1}X^{\mathrm{T}} = X(X^{\mathrm{T}}X)^{-1}X^{\mathrm{T}}X(X^{\mathrm{T}}X)^{-1}X^{\mathrm{T}}$ und (8.5). Da (für $\theta = \theta^*$)

$$\max_{\theta\in\Omega} L(\theta, \sigma^2 | Y) = \frac{n^{n/2}e^{-n/2}}{(2\pi)^{n/2}\|Y - \theta^*\|^n}$$

ist, wird Q in (4.17) zu

$$\boldsymbol{Q} = \left[\frac{\|\boldsymbol{Y} - A\boldsymbol{Y}\|^2}{\|\boldsymbol{Y} - X\beta^*\|^2}\right]^{n/2}$$

Da die orthogonale Projektion A des R^n auf Ω idempotent und damit $\theta^* = A\theta^*$ ist, gilt

$$\|\boldsymbol{Y} - \theta^*\|^2 - \|\boldsymbol{Y} - A\boldsymbol{Y}\|^2 = (\boldsymbol{Y} - \theta^*)^{\mathrm{T}} A(\boldsymbol{Y} - \theta^*)$$

Die Prüfzahl $\boldsymbol{F}$ in (4.18) hat unter Beachtung von Beispiel 4.3 die Form (8.45).

Beispiel 8.4

Wir betrachten den Fall der einfachen linearen Regression des Beispiels 8.1 und verwenden auch die dort eingeführten Symbole. Wir setzen voraus, dass die $\boldsymbol{e}_i$ in (8.8) unabhängig voneinander nach $N(0, \sigma^2)$ verteilt sind. Falls σ^2 bekannt ist, kann die Hypothese $H_0 : \beta_0 = \beta_0^*$ mit der Prüfzahl

$$\boldsymbol{u}_0 = \frac{\boldsymbol{b}_0 - \beta_0^*}{\sigma_0} = \frac{\boldsymbol{b}_0 - \beta_0^*}{\sigma} \sqrt{\frac{n \sum (x_i - \bar{x})^2}{\sum x_i^2}} \tag{8.46}$$

und die Hypothese $H_0 \colon \beta_1 = \beta_1^*$ mit der Prüfzahl

$$\boldsymbol{u}_1 = \frac{\boldsymbol{b}_1 - \beta_1^*}{\sigma_1} = \frac{\boldsymbol{b}_1 - \beta_1^*}{\sigma} \sqrt{\sum (x_i - \bar{x})^2}$$

geprüft werden, da $\boldsymbol{u}_0$ und $\boldsymbol{u}_1$ bei Gültigkeit der jeweiligen Hypothese nach dem Korollar 8.1 nach $N(0, 1)$ verteilt sind. Ist σ^2 nicht bekannt, so folgt aus (8.44), dass bei Gültigkeit der Hypothese $\beta_0 = \beta_0^*$

$$\boldsymbol{t} = \frac{\boldsymbol{b}_0 - \beta_0^*}{\boldsymbol{s}} \sqrt{\frac{n \sum (x_i - \bar{x})^2}{\sum x_i^2}} = \frac{\boldsymbol{b}_0 - \beta_0^*}{\boldsymbol{s}_0} \tag{8.47}$$

zentral nach $t(n-2)$ verteilt ist; denn in Beispiel 8.1 wurde gezeigt, dass im Fall der einfachen linearen Regression

$$C = (X^{\mathrm{T}} X)^{-1} = \frac{1}{n \sum (x_i - \bar{x})^2} \begin{pmatrix} \sum x_i^2 & -\sum x_i \\ -\sum x_i & n \end{pmatrix}$$

ist, d. h. $c_{00} = \frac{\sum x_i^2}{n \sum (x_i - \bar{x})^2}$ gilt. Da $c_{11} = \frac{1}{\sum (x_i - \bar{x})^2}$ ist, folgt aus (8.44), dass bei Gültigkeit von $H_0 \colon \beta_1 = \beta_1^*$ die Prüfzahl

$$\boldsymbol{t} = \frac{\boldsymbol{b}_1 - \beta_1^*}{\boldsymbol{s}} \sqrt{\sum (x_i - \bar{x})^2} \tag{8.48}$$

nach $t(n-2)$ verteilt ist.

Die Nullhypothese $H_0 \colon \beta_0 = \beta_0^*$ (bzw. $H_0 \colon \beta_1 = \beta_1^*$) wird mit der Irrtumswahrscheinlichkeit α zugunsten der Alternativhypothese $\beta_0 > \beta_0^*$ (bzw. $\beta_1 > \beta_1^*$) abgelehnt, falls für t aus (8.47) (bzw. aus (8.48)) $t > t(n-2 \mid 1-\alpha)$ gilt; sie wird zugunsten der Alternativhypothese $\beta_0 < \beta_0^*$ (bzw. $\beta_1 < \beta_1^*$) abgelehnt, falls für t

aus (8.47) (bzw. aus (8.48)) $t < t(n-2 \mid \alpha)$ gilt. Die Nullhypothese wird bei zweiseitiger Alternativhypothese $H_A: \beta_0 \neq \beta_0^*$ (bzw. $\beta_1 \neq \beta_1^*$) abgelehnt, falls für t aus (8.47) (bzw. aus (8.48)) $|t| > t(n-2 \mid 1-\frac{\alpha}{2})$ gilt.

Die Hypothese $\beta_1 = 0$ besteht in der Annahme, dass die Zufallsvariable $\boldsymbol{y}$ von den Regressorwerten unabhängig ist.

Um die Nullhypothese $\beta = \beta^*$, d. h. $\beta_0 = \beta_0^*, \beta_1 = \beta_1^*$ zu prüfen, verwenden wir die Prüfzahl (8.45) des Satzes 8.5 und erhalten wegen

$$X^{\mathrm{T}}X = \begin{pmatrix} n & \sum x \\ \sum x & \sum x^2 \end{pmatrix}$$

als Prüfzahl

$$\boldsymbol{F} = \frac{n(\boldsymbol{b}_0 - \beta_0^*)^2 + 2\sum x_i(\boldsymbol{b}_0 - \beta_0^*)(\boldsymbol{b}_1 - \beta_1^*) + \sum x_i^2(\boldsymbol{b}_1 - \beta_1^*)^2}{2\boldsymbol{s}^2} \tag{8.49}$$

$\boldsymbol{F}$ ist dann unter der Nullhypothese zentral nach $F(2, n-2)$ verteilt. Die Nullhypothese $H_0: \beta_0 = \beta_0^*, \beta_1 = \beta_1^*$ wird mit der Irrtumswahrscheinlichkeit α abgelehnt, falls $F > F(2, n-2 \mid 1-\alpha)$ ist, wenn $F(2, n-2 \mid 1-\alpha)$ das $(1-\alpha)$-Quantil der F-Verteilung für 2 und $n-2$ Freiheitsgrade ist.

Es ist üblich, die Zwischenergebnisse bei der Berechnung der F-Prüfzahl in Form einer Varianztabelle, wie sie bereits aus Kapitel 5 bekannt ist, anzuordnen: Man zerlegt SQ gesamt, also $SQ_G = \sum_{i=1}^n (y_i - \beta_0^* - \beta_1^* x_i)^2$, d. h. die Summe der Abweichungsquadrate der Beobachtungswerte um die durch die Nullhypothese festgelegte Regressionsfunktion

$$E(\boldsymbol{y}_i)^* = \beta_0^* + \beta_1^* x_i$$

in zwei Komponenten. Die eine Komponente berücksichtigt den Teil von SQ_G, der auf Abweichungen der geschätzten Regressionsgeraden $\hat{y} = b_0 + b_1 x$ von der durch die Nullhypothese festgelegten zurückzuführen ist; diese erste Komponente wird kurz SQ-Regression ($SQ_{\text{Regr.}}$) genannt. Die andere Komponente berücksichtigt den Teil von SQ_G, der durch die Abweichungen der Beobachtungswerte y_i von den Werten $\hat{y}_i$ der geschätzten Regressionsfunktion bedingt ist; diese Komponente heißt SQ-Rest (SQ_{Rest}). Entsprechend erfolgt eine Aufteilung der Freiheitsgrade. Die einzelnen SQ sind nach Übergang zu Zufallsvariablen wie folgt definiert:

$$\boldsymbol{SQ}_G = \sum_{i=1}^n (\boldsymbol{y}_i - \beta_0^* - \beta_1^* x_i)^2$$

$$\boldsymbol{SQ}_{\text{Regr.}} = \sum_{i=1}^n (\boldsymbol{b}_0 + \boldsymbol{b}_1 x_i - \beta_0^* - \beta_1^* x_i)^2 = \sigma^2 \boldsymbol{Q}_1(\beta_0^*, \beta_1^*)$$

$$\boldsymbol{SQ}_{\text{Rest}} = \sum_{i=1}^n (\boldsymbol{y}_i - \boldsymbol{b}_0 - \boldsymbol{b}_1 x_i)^2$$

Nach einfachen Umformungen sieht man, dass $\boldsymbol{SQ}_{\text{Regr.}}$ der Zähler von $\boldsymbol{F}$ in (8.49) ist und $\boldsymbol{SQ}_{\text{Rest}} = (n-2)\boldsymbol{s}^2$ gilt, sodass man sofort die Richtigkeit der

Tab. 8.4 Varianztabelle zur Prüfung der Hypothese H_0: $\beta_0 = \beta_0^*, \beta_1 = \beta_1^*$.

Variationsursache	SQ	FG	DQ	F
Gesamt	SQ_G	n		
Regression	$SQ_{Regr.}$	2	$\frac{SQ_{Regr.}}{2}$	$\frac{SQ_{Regr.}}{2s^2}$
Rest	SQ_{Rest}	$n-2$	s^2	

Beziehung $SQ_G = SQ_{Regr.} + SQ_{Rest}$ einsieht. Die entsprechende Varianztabelle ist Tab. 8.4.

Häufig ist es von Interesse zu prüfen, ob zwei Regressionsansätze

$$y_{1i} = \beta_{10} + \beta_{11}x_{1i} + e_{1i}, \quad y_{2i} = \beta_{20} + \beta_{21}x_{2i} + e_{2i}$$

deren Parameter aus zwei Gruppen von n_1 bzw. n_2 Wertepaaren (y_{1i}, x_{1i}) bzw. (y_{2i}, x_{2i}) geschätzt wurden, den gleichen Anstieg haben. Es soll folglich die Hypothese H_0: $\beta_{11} = \beta_{21}$ getestet werden. Für die Modellgleichungen für y_{1i} und y_{2i} seien die Nebenbedingungen und die Zusatzvoraussetzung der Modellgleichung (8.8) erfüllt. Dann erhält man nach (8.9) Schätzwerte b_{i1} für $\beta_{i1} (i = 1, 2)$ aus

$$b_{i1} = \frac{n_i \sum_{j=1}^{n_i} x_{ij}y_{ij} - \sum_{j=1}^{n_i} x_{ij} \sum_{j=1}^{n_i} y_{ij}}{n_i \sum_{j=1}^{n_i} x_{ij}^2 - \left(\sum_{j=1}^{n_i} x_{ij}\right)^2} \quad (i = 1, 2)$$

und nach (8.7) Schätzwerte b_{i0} für β_{i0} aus

$$b_{i0} = \bar{y}_i - b_{i1}\bar{x}_i \quad (i = 1, 2)$$

mit

$$\bar{y}_i = \frac{\sum_{j=1}^{n_i} y_{ij}}{n_i} \quad \text{und} \quad \bar{x}_i = \frac{\sum_{j=1}^{n_i} x_{ij}}{n_i} \quad (i = 1, 2)$$

Weiter oben wurde gezeigt, dass die $\boldsymbol{b}_{i1}$ nach

$$N\left(\beta_{i1}, \frac{\sigma_i^2}{\sum_{j=1}^{n_i} (x_{ij} - \bar{x}_i)^2}\right)$$

verteilt sind, falls die $\boldsymbol{Y}_i$ nach $N(X_i\beta_i, \sigma_i^2 E_{n_i})$ verteilt sind $(i = 1, 2)$. Unter der Voraussetzung, dass die beiden Stichproben (y_{1i}, x_{1i}) und (y_{2i}, x_{2i}) voneinander unabhängig sind, sind $\boldsymbol{b}_{11}$ und $\boldsymbol{b}_{21}$ voneinander unabhängig verteilt. Es soll daher die Unabhängigkeit der beiden Stichproben vorausgesetzt werden. Ferner mögen diese Stichproben aus Grundgesamtheiten stammen, die die gleiche Varianz haben, d. h., es sei $\sigma_1^2 = \sigma_2^2 = \sigma^2$. Unter diesen Voraussetzungen ist die Differenz $\boldsymbol{b}_{11} - \boldsymbol{b}_{21}$ mit dem Mittelwert $\beta_{11} - \beta_{21}$ normalverteilt. Folglich ist

$$\boldsymbol{t} = \frac{\boldsymbol{b}_{11} - \boldsymbol{b}_{21} - (\beta_{11} - \beta_{21})}{\boldsymbol{s}_d}$$

nach $t(n_1 + n_2 - 4)$ verteilt, wobei $\boldsymbol{s}_d$ die Quadratwurzel aus

$$\boldsymbol{s}_d^2 = \frac{\sum_{j=1}^{n_1} (\boldsymbol{y}_{1j} - \boldsymbol{b}_{10} - \boldsymbol{b}_{11} x_{1j})^2 + \sum_{j=1}^{n_2} (\boldsymbol{y}_{2j} - \boldsymbol{b}_{20} - \boldsymbol{b}_{21} x_{2j})^2}{n_1 + n_2 - 4} \times \left[\frac{1}{\sum_{j=1}^{n_1} (x_{1j} - \bar{x}_1)^2} + \frac{1}{\sum_{j=1}^{n_2} (x_{2j} - \bar{x}_2)^2} \right]$$

ist. Bei Gültigkeit der Nullhypothese $\beta_{11} = \beta_{21}$ ist

$$\boldsymbol{t} = \frac{\boldsymbol{b}_{11} - \boldsymbol{b}_{21}}{\boldsymbol{s}_d}$$

nach $t(n_1 + n_2 - 4)$ verteilt, und man kann dieses $\boldsymbol{t}$ als Prüfzahl für den entsprechenden t-Test dieser Nullhypothese gegen die Alternativhypothese $\beta_{11} \neq \beta_{21}$ (oder entsprechende einseitige Alternativen) verwenden. Auch hier empfehlen wir für die Anwendungen, nicht darauf zu vertrauen, dass die beiden Varianzen gleich sind, sondern man verwende in einem approximativen Test die Prüfzahl

$$\boldsymbol{t}^* = \frac{\boldsymbol{b}_{11} - \boldsymbol{b}_{21}}{\boldsymbol{s}_d^*} \tag{8.50}$$

mit

$$\boldsymbol{s}_d^{*2} = \frac{\sum_{j=1}^{n_1} (\boldsymbol{y}_{1j} - \boldsymbol{b}_{10} - \boldsymbol{b}_{11} x_{ij})^2}{(n_1 - 2) \sum_{j=1}^{n_1} (x_{1j} - \bar{x}_1)^2} + \frac{\sum_{j=1}^{n_2} (\boldsymbol{y}_{2j} - \boldsymbol{b}_{20} - \boldsymbol{b}_{21} x_{2j})^2}{(n_2 - 2) \sum_{j=1}^{n_2} (x_{2j} - \bar{x}_2)^2} = \boldsymbol{s}_1^{*2} + s_2^{*2}$$

und lehne H_0 ab, falls $|t^*|$ größer als das entsprechende Quantil der zentralen t-Verteilung mit f Freiheitsgraden ist, wobei

$$f = \frac{\left(s_1^{*2} + s_2^{*2}\right)^2}{\frac{s_1^{*4}}{(n_1 - 2)} + \frac{s_2^{*4}}{(n_2 - 2)}}$$

ist.

Um den Rechengang für die Schätzung der Parameter und die Prüfung der Hypothesen zu veranschaulichen, wird ein einfaches Beispiel für $n = 5$ durchgerechnet.

Tab. 8.5 Varianztabelle zur Prüfung der Hypothese $H_0: \beta_{10} = 30, b_{11} = 0$ in Beispiel 8.6 für $i = 1$.

Variationsursache	*SQ*	*FG*	*DQ*	*F*
Gesamt	393,5733	5		
Regression	390,8072	2	195,50	211,9
Rest	2,7661	3	0,922 03	

Beispiel 8.5
Für das Material des Beispiels 8.3 sollen bei einer Irrtumswahrscheinlichkeit $\alpha = 0{,}05$ die Hypothesen

$$H_0\colon \beta_{10} = 30 \qquad \text{gegen} \quad H_A\colon \beta_{10} \neq 30$$

$$H_0\colon \beta_{11} = 0 \qquad \text{gegen} \quad H_A\colon \beta_{11} < 0$$

$$H_0\colon \beta_1 = \begin{pmatrix} \beta_{10} \\ \beta_{11} \end{pmatrix} = \begin{pmatrix} 30 \\ 0 \end{pmatrix} \qquad \text{gegen} \quad H_A\colon \beta_1 \neq \begin{pmatrix} 30 \\ 0 \end{pmatrix}$$

$$H_0\colon \beta_{11} = \beta_{21} \qquad \text{gegen} \quad H_A\colon \beta_{11} \neq \beta_{21}$$

einzeln getestet werden. Die einseitige Alternative ist aus dem gegebenen Sachverhalt ableitbar, weil es nicht vorstellbar ist, dass der Karotingehalt während der Lagerung ansteigt. Folglich kommen sachlich nur negative Anstiege β_{11} der Regressionsgeraden infrage.

Tabelle 8.5 ist die Varianztabelle (nach dem Muster von Tab. 8.4) für das vorliegende Beispiel. $\boldsymbol{DQ}_{\text{Rest}} = 0{,}922\,03$ ist der Schätzwert s_1^2 für σ^2.

Für die Prüfzahl der Hypothese $\beta_{10} = 30$ ergibt sich nach (8.47)

$$t = \frac{31{,}215 - 30}{0{,}7059} = 1{,}72 < t(3 \mid 0{,}975)$$

die Hypothese $\beta_{10} = 30$ kann folglich bei der Irrtumswahrscheinlichkeit 0,05 nicht abgelehnt werden.

Nach (8.48) ergibt sich als Prüfzahl für die Hypothese $\beta_{11} = 0$ der Wert

$$t = -\frac{0{,}054\,55}{0{,}003\,94} = -13{,}85 < t(3 \mid 0{,}05)$$

damit wird diese Hypothese bei der vorgegebenen Irrtumswahrscheinlichkeit von 0,05 abgelehnt.

Die Hypothese $\beta_{10} = 30, \beta_{11} = 0$ wird, wie aus der F-Prüfzahl der Tab. 8.5 zu entnehmen ist, bei dieser Irrtumswahrscheinlichkeit abgelehnt.

Zum Schluss soll nun die Hypothese, dass beide (theoretischen) Regressionsgeraden den gleichen Anstieg haben, d. h. die Hypothese $\beta_{11} = \beta_{21}$, geprüft werden. Dieser Parallelitätstest wird mit der durch (8.50) gegebenen Prüfzahl durchgeführt. Man erhält mit $f = 6{,}24$

$$t = \frac{-0{,}054\,55 + 0{,}080\,98}{\sqrt{0{,}004^2 + 0{,}011^2}} = 2{,}17 > t(6{,}24 \mid 0{,}975)$$

und die Nullhypothese, dass die beiden Regressionsgeraden parallel laufen (d. h., dass der Karotinverlust für beide Lagerungsarten gleich ist), wird mit diesem approximativen Test abgelehnt.

Der Test der Hypothese, dass einige Komponenten von β in (8.4) gleich 0 sind, wird häufig dann durchgeführt, wenn geprüft werden soll, ob einige Regressoren, d. h. einige Spalten von X in (8.4), weggelassen werden können. Mit anderen Worten dient dieser Test einer Überprüfung des Modellansatzes (8.4). In den Anwendungen ist man bestrebt, nur solche Regressorvariablen in ein Modell einzubeziehen, die einen signifikanten Einfluss auf den Regressanden haben, d. h., deren Regressionskoeffizienten signifikant von 0 verschieden sind.

Dieses Verfahren kann man auch verwenden, um den Grad eines Polynoms zu testen.

Aus (8.34) folgt, dass β_k genau dann gleich 0 ist, wenn $\alpha_k = 0$ gilt. Damit ist die Hypothese $H_0: \beta_k = 0$ identisch mit $H_0: \alpha_k = 0$ und kann aufgrund des folgenden Korollars zu Satz 8.6 geprüft werden.

Korollar 8.3
Es sei

$$\boldsymbol{Y} = X\alpha + \boldsymbol{e}$$

ein quasilinearer polynomialer Regressionsansatz k-ten Grades, in dem X die im Beweis zu Satz 8.3 angegebene Form hat und α von β in (8.33) vermittels (8.34) abhängt. Es sei $\boldsymbol{Y}$ nach $N(X\alpha, \sigma^2 E_n)$ verteilt. Die Hypothese $H_0: \alpha_k = \beta_k = 0$ kann mithilfe der Prüfzahl

$$\boldsymbol{F} = \frac{\boldsymbol{a}_k^2 \sum_{i=1}^n P_{ki}^2 (n-k-1)}{\sum_{i=1}^n \boldsymbol{y}_i^2 - \sum_{j=0}^k \boldsymbol{a}_j^2 \sum_{i=1}^n P_{ji}^2} = \frac{(n-k-1)\frac{\left(\sum_{i=1}^n \boldsymbol{y}_i P_{ki}\right)^2}{\sum_{i=1}^n P_{ki}^2}}{\sum_{i=1}^n \boldsymbol{y}_i^2 - \sum_{j=1}^k \frac{\left(\sum_{i=1}^n \boldsymbol{y}_i P_{ji}\right)^2}{\sum_{i=1}^n P_{ji}^2}} \tag{8.51}$$

geprüft werden, wenn die $\boldsymbol{a}_i$ die Komponenten der MLS $\boldsymbol{a}$ aus (8.35) sind.

Beweis: X hat die im Beweis zu Satz 8.3 angegebene Form, $X^{\mathrm{T}}X$ ist eine Diagonalmatrix. Unter Beachtung von

$$\boldsymbol{Y}^{\mathrm{T}}X(X^{\mathrm{T}}X)^{-1}X^{\mathrm{T}}\boldsymbol{Y} = \boldsymbol{Y}^{\mathrm{T}}X(X^{\mathrm{T}}X)^{-1}X^{\mathrm{T}}X(X^{\mathrm{T}}X)^{-1}X^{\mathrm{T}}\boldsymbol{Y}$$

und (8.35) wird (8.42) wegen $q = 1$ zu

$$\boldsymbol{F} = (n-k-1)\frac{\boldsymbol{a}^{\mathrm{T}}X^{\mathrm{T}}X\boldsymbol{a} - \boldsymbol{c}^{\mathrm{T}}X_1^{\mathrm{T}}X_1\boldsymbol{c}}{\boldsymbol{Y}^{\mathrm{T}}\boldsymbol{Y} - \boldsymbol{a}^{\mathrm{T}}(X^{\mathrm{T}}X)\boldsymbol{a}} \tag{8.52}$$

Hier ist X_1 die Matrix, die entsteht, wenn in X die letzte Spalte gestrichen wird, und $\boldsymbol{c}$ ist die MKS bei Gültigkeit der Nullhypothese $\alpha_k = 0$. Nun ist aber

$$\boldsymbol{a}^{\mathrm{T}}X^{\mathrm{T}}X\boldsymbol{a} = \sum_{j=0}^k \boldsymbol{a}_j^2 \sum_{i=1}^n P_{ji}^2 \tag{8.53}$$

und

$$c^T X_1^T X_1 c = \sum_{j=0}^{k-1} a_j^2 \sum_{i=1}^{n} P_{ji}^2 \tag{8.54}$$

sodass die Behauptung sofort folgt.

Der Leser kann sich leicht selbst die Folge von Prüfzahlen zur aufeinanderfolgenden Prüfung der Hypothesen $H_0\colon \alpha_k = 0, H_0\colon \alpha_{k-1} = 0, \ldots$ konstruieren (Tests am gleichen Material sind aber abhängig).

8.4 Konfidenzbereiche

Anhand der Verteilungen für die Schätzwerte verschiedener Parameter können Konfidenzbereiche konstruiert werden. Wir wollen in diesem Abschnitt Konfidenzbereiche für die Komponenten β_i von β, die Varianz σ^2, die Erwartungswerte $E(\boldsymbol{y}_i)$ und den Vektor $\beta \in \Omega$ konstruieren. Dabei gehen wir stets von der Voraussetzung aus, dass $\boldsymbol{Y}$ nach $N(X\beta, \sigma^2 E_n)$ verteilt ist und der Modellgleichung (8.4) genügt. Aus (8.44) folgt, dass für $j = 0, 1 \ldots, k$

$$P\left\{ t\left(n-k-1\middle|\frac{\alpha}{2}\right) \le \frac{\boldsymbol{b}_j - \beta_j}{\boldsymbol{s}\sqrt{c_{jj}}} \le t\left(n-k-1\middle|1-\frac{\alpha}{2}\right)\right\} = 1-\alpha \tag{8.55}$$

gilt und damit wegen der Symmetrie der t-Verteilung

$$\left[\boldsymbol{b}_j - t\left(n-k-1\middle|1-\frac{\alpha}{2}\right)\boldsymbol{s}\sqrt{c_{jj}}, \boldsymbol{b}_j + t\left(n-k-1\middle|1-\frac{\alpha}{2}\right)\boldsymbol{s}\sqrt{c_{jj}}\right] \tag{8.56}$$

ein Konfidenzintervall für die Komponente β_j zum Konfidenzkoeffizienten $1-\alpha$ ist. In (8.56) ist c_{jj} das j-te Hauptdiagonalelement von $(X^T X)^{-1}$ und $\boldsymbol{s} = \sqrt{\boldsymbol{s}^2}$ die Wurzel aus der Restvarianz nach (8.6). Nach den Voraussetzungen ist $\frac{\boldsymbol{s}^2(n-k-1)}{\sigma^2}$ nach $CQ(n-k-1)$ verteilt. Ist $\boldsymbol{\chi}^2$ eine nach $CQ(n-k-1)$ verteilte Zufallsvariable und werden $\chi^2(n-k-1 \mid \alpha_1)$ und $\chi^2(n-k-1 \mid 1-\alpha_2)$ so gewählt, dass mit $\alpha_1 + \alpha_2 = \alpha$

$$P(\boldsymbol{\chi}^2 < \chi^2(n-k-1 \mid \alpha_1)) = \alpha_1$$

und

$$P\left(\boldsymbol{\chi}^2 > \chi^2(n-k-1 \mid 1-\alpha_2)\right) = \alpha_2$$

ist, so gilt

$$P\left\{\chi^2(n-k-1 \mid \alpha_1) \le \frac{\boldsymbol{s}^2(n-k-1)}{\sigma^2} \le \chi^2(n-k-1 \mid 1-\alpha_2)\right\} = 1-\alpha$$

und ein Konfidenzintervall für σ^2 zum Konfidenzkoeffizienten $1 - \alpha$ ist durch

$$\left[\frac{\boldsymbol{s}^2(n-k-1)}{\chi^2(n-k-1 \mid 1-\alpha_2)}, \frac{\boldsymbol{s}^2(n-k-1)}{\chi^2(n-k-1 \mid \alpha_1)}\right] \tag{8.57}$$

gegeben.

Wir wählen einen Vektor $x = (x_0, \dots, x_k)^{\mathrm{T}}$ von Regressorwerten derart, dass

$$\min_i x_{ij} \le x_j \le \max_i x_{ij}$$

für $j = 0, \dots, k$ erfüllt ist. Dann ist nach dem Gauß-Markoff-Theorem (Satz 4.3) eine Schätzung $\hat{\boldsymbol{y}}$ für den Wert $y = x^{\mathrm{T}}\beta$ der Regressionsfunktion durch

$$\hat{\boldsymbol{y}} = x^{\mathrm{T}}\boldsymbol{b}$$

mit $\boldsymbol{b}$ aus (8.5) gegeben. Nun ist $\boldsymbol{b}$ nach $N(\beta, \sigma^2(X^{\mathrm{T}}X)^{-1})$ verteilt (und zwar unabhängig von $\boldsymbol{s}^2$), sodass $x^{\mathrm{T}}\boldsymbol{b}$ nach $N[x^{\mathrm{T}}\beta, x^{\mathrm{T}}(X^{\mathrm{T}}X)^{-1}x\sigma^2]$ verteilt ist. Damit ist

$$\boldsymbol{u} = \frac{x^{\mathrm{T}}(\boldsymbol{b} - \beta)}{\sigma\sqrt{x^{\mathrm{T}}(X^{\mathrm{T}}X)^{-1}x}}$$

nach $N(0, 1)$ und, weil $\frac{\boldsymbol{s}^2(n-k-1)}{\sigma^2}$ unabhängig von $\boldsymbol{u}$ nach $CQ(n-k-1)$ verteilt ist, schließlich

$$\boldsymbol{t} = \frac{x^{\mathrm{T}}(\boldsymbol{b} - \beta)}{\boldsymbol{s}\sqrt{x^{\mathrm{T}}(X^{\mathrm{T}}X)^{-1}x}}$$

nach $t(n-k-1)$ verteilt. Folglich ist

$$\left[\hat{\boldsymbol{y}} - t\left(n-k-1 \mid 1-\frac{\alpha}{2}\right)\boldsymbol{s}\sqrt{x^{\mathrm{T}}(X^{\mathrm{T}}X)^{-1}x}\,, \right.$$
$$\left. \hat{\boldsymbol{y}} + t\left(n-k-1 \mid 1-\frac{\alpha}{2}\right)\boldsymbol{s}\sqrt{x^{\mathrm{T}}(X^{\mathrm{T}}X)^{-1}x}\right] \tag{8.58}$$

ein Konfidenzintervall für $y = x^{\mathrm{T}}\beta$ zum Konfidenzkoeffizienten $1 - \alpha$. Die Konfidenzintervalle (8.56) geben für jedes einzelne j ein Intervall an, das β_j mit Wahrscheinlichkeit $1 - \alpha$ überdeckt. Aus diesen Konfidenzintervallen ist aber nicht zu entnehmen, in welchem Bereich der gesamte Parametervektor β mit vorgegebener Wahrscheinlichkeit liegt.

Ein Bereich in Ω, in dem β mit der Wahrscheinlichkeit $1 - \alpha$ liegt, heißt simultaner Konfidenzbereich für $\beta_0, \dots, \beta_k$. Wir konstruieren ihn mit der Prüfzahl $\boldsymbol{F}$ in (8.45) für den Test von $\beta = \beta^*$. Nach (8.45) gilt

$$P\left\{\frac{1}{\boldsymbol{s}^2(k+1)}(\boldsymbol{b} - \beta)^{\mathrm{T}}X^{\mathrm{T}}X(\boldsymbol{b} - \beta) \le F(k+1, n-k-1 \mid 1-\alpha)\right\} = 1 - \alpha$$

Tab. 8.6 95 %-Konfidenzgrenzen für $E(\hat{\boldsymbol{y}}_i)$ in Beispiel 8.6.

x_j	$\hat{y}_j$	K_j	Konfidenzgrenze untere	Konfidenzgrenze obere
1	31,16	0,731 84	28,92	33,40
60	27,94	0,560 12	26,23	29,65
124	24,45	0,453 40	23,06	25,84
223	19,05	0,556 68	17,35	20,75
303	14,69	0,797 01	12,25	17,12

sodass das Innere und der Rand des Ellipsoides

$$(\boldsymbol{b}-\beta)^{\mathrm{T}}X^{\mathrm{T}}X(\boldsymbol{b}-\beta)=(k+1)\boldsymbol{s}^2F(k+1,n-k-1\mid 1-\alpha)$$

der gesuchte Konfidenzbereich ist.

Beispiel 8.6

Für das Beispiel 8.3 ($i = 1$) sollen Konfidenzbereiche für β_0, β_1, σ^2, $\hat{y} = \beta_0 + \beta_1 x$ und für $\beta^{\mathrm{T}} = (\beta_0, \beta_1)$ zum Konfidenzkoeffizienten 0,95 angegeben werden. Nach (8.56) erhält man [28,97; 33,46] als Konfidenzintervall für β_0. Für $i = 1$ ergibt sich [−0,06708; −0,04202] als Konfidenzintervall für β_1. Nach (8.57) ist [0,26; 12,82] ein Konfidenzintervall für σ^2 mit $\alpha_1 = \alpha_2 = \frac{\alpha}{2}$. Das ist aber wegen der Schiefe der χ^2-Verteilung nicht die Aufteilung von α in zwei Komponenten, die zur kleinsten erwarteten Breite des Konfidenzintervalles führt.

Um ein 95 %-Konfidenzintervall für $E(\hat{\boldsymbol{y}})$ nach (8.58) zu berechnen, benötigt man für verschiedene $x_0 \in B$ die Werte von

$$K_0=\sqrt{\frac{\sum x_j^2-2x_0\sum x_j+nx_0^2}{n\sum(x_j-\bar{x})^2}}=\sqrt{x^{\mathrm{T}}(X^{\mathrm{T}}X)^{-1}x}\quad \text{mit } x^{\mathrm{T}}=(1,x_0)$$

Sie wurden in Tab. 8.6 gemeinsam mit den Konfidenzgrenzen für $E(\hat{\boldsymbol{y}}_i)$ zusammengestellt. Abbildung 8.2 enthält die geschätzte Regressionsgerade für $i = 1$ und für den Konfidenzgürtel, den man erhält, wenn man die in Tab. 8.6 angegebenen oberen und unteren Konfidenzgrenzen für $E(\hat{\boldsymbol{y}})$ jeweils verbindet. Ein Konfidenzbereich für

$$\beta=\begin{pmatrix}\beta_0\\ \beta_1\end{pmatrix}$$

erhält man in Form einer Ellipse, deren Gleichung (wenn die Schätzwerte an Stelle der Schätzfunktionen verwendet werden) durch

$$n(b_0-\beta_0)^2+2\sum x_i(b_0-\beta_0)(b_1-\beta_1)+\sum x_i^2(b_1-\beta_1)^2=$$
$$2s^2F(2,n-2|1-\alpha)$$

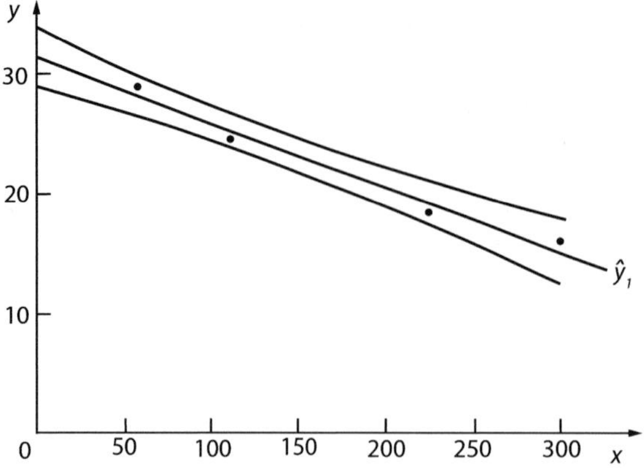

Abb. 8.2 Geschätzte Regressionsgerade mit Konfidenzbereich des Beispiels 8.6.

gegeben ist. Setzen wir die Zahlen des Beispiels 8.3 ein, so ist

$$
\begin{aligned}
&5(31{,}215 - \beta_0)^2 - 1422(31{,}215 - \beta_0)(0{,}054\,55 + \beta_1) \\
&\quad + 160\,515(0{,}054\,55 + \beta_1)^2 = 1{,}844\,06 \cdot 9{,}552
\end{aligned}
$$

die Ellipsengleichung.

Der Fall eigentlich nichtlinearer Regressionen (mit β in nichtlinearen Ansätzen) wird in Kapitel 9 behandelt.

8.5 Modelle mit zufälligen Regressoren

Wir wollen in diesem Abschnitt noch einige Bemerkungen zu dem bereits in Abschn. 8.1 eingeführten Modell II der Regression machen, in dem die Regressoren zufällige Variable sind, wobei nur der lineare Fall betrachtet wird. Eigentlich müsste Modell II der Regression in einem eigenen Kapitel behandelt werden. Um das aber auf dem Niveau der übrigen Kapitel tun zu können, müssten auch Probleme der mehrdimensionalen statistischen Analyse behandelt werden, die den Rahmen dieses Buches sprengen würden. Andererseits kann ein in den Anwendungen so bedeutendes Teilgebiet der Statistik nicht völlig übergangen werden, sodass die wichtigsten Definitionen und einige Ergebnisse ohne Beweise in diesem Abschnitt mitgeteilt werden sollen.

8.5.1 Auswertung

Definition 8.7
Ist $\boldsymbol{x} = (\boldsymbol{x}_1, \dots, \boldsymbol{x}_{k+1})$ ein $(k+1)$-dimensionaler normalverteilter Zufallsvektor und ist $\boldsymbol{X} = (\boldsymbol{x}_{ij})$ $(i = 1, \dots, k+1;\ j = 1, \dots, n)$ eine Zufallsstichprobe aus n sol-

cher Vektoren, die wie $\boldsymbol{x}$ verteilt sind, so wird die Gleichung

$$\boldsymbol{y}_j = \boldsymbol{x}_{k+1,j} = \sum_{i=0}^{k} \beta_i \boldsymbol{x}_{ij} + \boldsymbol{e}_j, x_{0j} \equiv 1 \tag{8.59}$$

unter der Zusatzvoraussetzung, dass die $\boldsymbol{e}_j$ voneinander unabhängig nach $N(0, \sigma^2)$ verteilt und von den $\boldsymbol{x}_{ij}$ unabhängig sind, Modell II der (mehrfachen) linearen Regression genannt. Definition 8.4 kann verallgemeinert werden, indem auf die Voraussetzung, dass $\boldsymbol{Y}$ normalverteilt ist, verzichtet wird. Für Tests und Bereichsschätzungen sind aber ohnehin Verteilungsannahmen erforderlich. Korrelationskoeffizienten z. B. sind aber stets definiert, solange (8.59) gilt.

Um die Parameter von (8.59) zu schätzen, verwenden wir die gleichen Schätzformeln wie für Modell I.

Eine Schätzfunktion für den Korrelationskoeffizienten $\rho_{x_i y} = \sigma_{x_i y}/\sigma_{x_i}\sigma_y$ konstruieren wir, indem wir für $\sigma_{x_i y}, \sigma^2_{x_i}$ und σ^2_y die erwartungstreuen Schätzfunktionen $\boldsymbol{s}_{x_i y}, \boldsymbol{s}^2_{x_i}$ bzw. $\boldsymbol{s}^2_y$ für Kovarianzen und Varianzen anstelle der Parameter einsetzen. Damit erhalten wir die (nicht erwartungstreue) Schätzfunktion

$$\boldsymbol{r}_{x_i y} = \frac{\boldsymbol{s}_{x_i y}}{\boldsymbol{s}_{x_i} \boldsymbol{s}_y} = \frac{\boldsymbol{SP}_{x_i y}}{\sqrt{\boldsymbol{SQ}_{x_i} \boldsymbol{SQ}_y}} \tag{8.60}$$

für den Korrelationskoeffizienten.

Zunächst wird der Spezialfall $k = 2$ betrachtet. Die Zufallsvariable $(\boldsymbol{x}_1, \boldsymbol{x}_2, \boldsymbol{x}_3)$ sei dreidimensional normalverteilt; man kann dann zeigen, dass die drei bedingten zweidimensionalen Verteilungen $f_k(x_i, x_j \mid x_k)$ $(i \neq j \neq k; i, j, k = 1, 2, 3)$ zweidimensionale Normalverteilungen mit den Korrelationskoeffizienten

$$\rho_{ij.k} = \frac{\rho_{ij} - \rho_{ik}\rho_{jk}}{\sqrt{(1-\rho^2_{ik})(1-\rho^2_{jk})}} \quad (i \neq j \neq k; i, j, k = 1, 2, 3) \tag{8.61}$$

sind, wobei ρ_{ij}, ρ_{ik} und ρ_{jk} die Korrelationskoeffizienten der drei zweidimensionalen (normalen) Randverteilungen von $(\boldsymbol{x}_i, \boldsymbol{x}_j, \boldsymbol{x}_k)$ sind. Dass diese Randverteilungen zweidimensionale Normalverteilungen sind, kann man einfach zeigen.

Der Korrelationskoeffizient (8.61) der bedingten zweidimensionalen Normalverteilung von $(\boldsymbol{x}_i, \boldsymbol{x}_j)$ bei gegebenem x_k wird partieller Korrelationskoeffizient zwischen $\boldsymbol{x}_i$ und $\boldsymbol{x}_j$ nach Ausschaltung von $\boldsymbol{x}_k$ genannt.

Die Benennung partieller Korrelationskoeffizient stammt aus den Anwendungen und hat sich eingebürgert; die Benennung bedingter Korrelationskoeffizient, die vorzuziehen wäre, soll daher hier nicht verwendet werden.

Aus (8.61) ist zu ersehen, dass der Wert von $\boldsymbol{x}_k$ keinen Einfluss auf den Korrelationskoeffizienten der bedingten Verteilung von $(\boldsymbol{x}_i, \boldsymbol{x}_j)$ hat, somit ist $\rho_{ij \cdot k}$ unabhängig von x_k. Man spricht daher davon, dass $\rho_{ij \cdot k}$ ein Maß für den Zusammenhang zwischen $\boldsymbol{x}_i$ und $\boldsymbol{x}_j$ bei Ausschaltung des Einflusses von x_k oder nach

Elimination von x_k ist. Diese Interpretation von $\rho_{ij\cdot k}$ lässt sich folgendermaßen veranschaulichen: Ausgehend von den Randverteilungen von $(\boldsymbol{x}_i, \boldsymbol{x}_k)$ und $(\boldsymbol{x}_j, \boldsymbol{x}_k)$ erhält man, da diese Randverteilungen Normalverteilungen sind, als bedingte zufällige Erwartungswerte (in Abhängigkeit von $\boldsymbol{x}_k$) dieser Randverteilungen:

$$E(\boldsymbol{x}_i \mid \boldsymbol{x}_k) = \mu_i + \beta_{ik}(\boldsymbol{x}_k - \mu_k) \tag{8.62}$$

$$E(\boldsymbol{x}_j \mid \boldsymbol{x}_k) = \mu_j + \beta_{jk}(\boldsymbol{x}_k - \mu_k) \tag{8.63}$$

wobei $\mu_l = E(\boldsymbol{x}_l)$ den Erwartungswert der eindimensionalen Randverteilung von $\boldsymbol{x}_l$ bezeichnet und β_{ik} und β_{jk} die Regressionskoeffizienten der Randverteilungen sind. Bildet man die Differenzen

$$\boldsymbol{d}_i = \boldsymbol{d}_{i\cdot k} = \boldsymbol{x}_i - \mu_i - \beta_{ik}(\boldsymbol{x}_k - \mu_k)$$

$$\boldsymbol{d}_j = \boldsymbol{d}_{j\cdot k} = \boldsymbol{x}_j - \mu_j - \beta_{jk}(\boldsymbol{x}_k - \mu_k)$$

so erhält man eine normalverteilte zweidimensionale Variable $(\boldsymbol{d}_{i\cdot k}, \boldsymbol{d}_{j\cdot k})$. Es soll gezeigt werden, dass der Korrelationskoeffizient ρ_{d_i,d_j} durch (8.61) gegeben ist.

Es gilt

$$\rho_{d_i,d_j} = \frac{\operatorname{cov}(\boldsymbol{d}_i, \boldsymbol{d}_j)}{\sqrt{\operatorname{var}(\boldsymbol{d}_i)\operatorname{var}(\boldsymbol{d}_j)}} \tag{8.64}$$

Nun ist aber wegen $\operatorname{cov}(\boldsymbol{d}_i, \boldsymbol{d}_j) = E(\boldsymbol{d}_i \cdot \boldsymbol{d}_j) - E(\boldsymbol{d}_i)E(\boldsymbol{d}_j)$

$$\operatorname{cov}(\boldsymbol{d}_i, \boldsymbol{d}_j) = E(\boldsymbol{x}_i \cdot \boldsymbol{x}_j) - \mu_i\mu_j - \beta_{ik}\sigma_{jk} - \beta_{jk}\sigma_{ik} + \beta_{ik}\beta_{jk}\sigma_k^2$$

und

$$\operatorname{cov}(\boldsymbol{d}_i, \boldsymbol{d}_j) = \sigma_{ij} - \frac{\sigma_{ik}\sigma_{jk}}{\sigma_k^2}$$

Ferner gilt

$$\sigma_{i\cdot k}^2 = \operatorname{var}(\boldsymbol{d}_i) = \sigma_i^2 + \rho_{ik}^2\sigma_i^2 - 2\rho_{ik}^2\sigma_i^2 = \sigma_i^2(1 - \rho_{ik}^2)$$

und analog

$$\sigma_{j\cdot k}^2 = \operatorname{var}(\boldsymbol{d}_j) = \sigma_j^2(1 - \rho_{jk}^2)$$

und somit gilt wie behauptet $\rho_{d_i,d_i} = \rho_{ji\cdot k}$. Nun gilt

$$\beta_{xy} = \rho\frac{\sigma_x}{\sigma_y} \tag{8.65}$$

zwischen dem Regressionskoeffizienten von $\boldsymbol{x}$ auf y und dem Korrelationskoeffizienten der normalverteilten Zufallsvariablen $(\boldsymbol{x}, \boldsymbol{y})$. Im dreidimensionalen Fall kann man zeigen, dass die Beziehung

$$\beta_j^{(i)} = \rho_{ij\cdot k}\frac{\sigma_{i\cdot k}}{\sigma_{j\cdot k}} \quad (i \neq j \neq k; i, j, k = 1, 2, 3)$$

gilt, wobei die mehrfachen (partiellen) Regressionskoeffizienten $\beta_j^{(i)}$ die Koeffizienten im Fall $k = 2$ sind. Die $\beta_j^{(i)}$ können also auch als Regressionskoeffizienten zwischen $\boldsymbol{d}_{i \cdot k}$ und $\boldsymbol{d}_{j \cdot k}$ interpretiert werden und werden in diesem Zusammenhang häufig partielle Regressionskoeffizienten genannt. Die $\beta_j^{(i)}$ geben folglich an, um wie viele Einheiten sich x_i ändert, wenn x_j um eine Einheit zunimmt, alle übrigen Regressoren jedoch ihren Wert beibehalten. Für die vierdimensionale normalverteilte Zufallsvariable $(\boldsymbol{x}_1, \boldsymbol{x}_2, \boldsymbol{x}_3, \boldsymbol{x}_4)$ kann man einen partiellen Korrelationskoeffizienten zwischen zwei Komponenten bei gegebenen Werten der beiden restlichen Komponenten definieren.

Den Ausdruck

$$\rho_{ij \cdot lk} = \rho_{ij \cdot kl} = \frac{\rho_{ij \cdot k} - \rho_{il \cdot k} \rho_{jl \cdot k}}{\sqrt{\left(1 - \rho_{i \cdot lk}^2\right)\left(1 - \rho_{j \cdot lk}^2\right)}}$$
$$(i \neq j \neq k \neq l; i, j, k, l = 1, 2, 3, 4) \tag{8.66}$$

der für die vierdimensional normalverteilte Variable $(\boldsymbol{x}_1, \boldsymbol{x}_2, \boldsymbol{x}_3, \boldsymbol{x}_4)$ definiert ist, nennt man partiellen Korrelationskoeffizienten (zweiter Ordnung) zwischen $\boldsymbol{x}_i$ und $\boldsymbol{x}_j$ nach Ausschaltung von $\boldsymbol{x}_k$ und $\boldsymbol{x}_l$.

Entsprechend kann man partielle Korrelationskoeffizienten höherer Ordnung definieren.

Schätzungen $\boldsymbol{r}_{ij \cdot k}$ und $\boldsymbol{r}_{ij \cdot kl}$ für partielle Korrelationskoeffizienten erhält man, indem man in (8.61) bzw. (8.66) die einfachen Korrelationskoeffizienten durch ihre Schätzungen ersetzt. Folglich ist z. B.

$$\boldsymbol{r}_{ij \cdot k} = \frac{\boldsymbol{r}_{ij} - \boldsymbol{r}_{ik} \boldsymbol{r}_{jk}}{\sqrt{\left(1 - \boldsymbol{r}_{ik}^2\right)\left(1 - \boldsymbol{r}_{jk}^2\right)}} \tag{8.67}$$

Ohne Beweis wird der folgende Satz formuliert.

Satz 8.8

Ist $(\boldsymbol{x}_1, \dots, \boldsymbol{x}_k)$ k-dimensional normalverteilt und gilt für irgendeinen der partiellen Korrelationskoeffizienten s-ter Ordnung $(s = k - 2)$ die Hypothese $\rho_{ij \cdot u_1 \dots u_s} = 0$ ($u_1, \dots, u_s$ sind $s = k - 2$ verschiedene Zahlen aus $1, \dots, k$, die von i und j verschieden sind), so ist die Größe

$$\boldsymbol{t} = \frac{\boldsymbol{r}_{ij \cdot u_1 \dots u_s} \sqrt{n - k}}{\sqrt{1 - \boldsymbol{r}_{ij \cdot u_1 \dots u_s}^2}} \tag{8.68}$$

nach $t(n - k)$ verteilt, wenn n Beobachtungswerte der k-dimensionalen Variablen vorliegen. Insbesondere ist für $k = 3$ $(s = 1)$ unter $H_0\colon \rho_{ij \cdot k} = 0$

$$\boldsymbol{t} = \frac{\boldsymbol{r}_{ij \cdot k} \sqrt{n - 3}}{\sqrt{1 - \boldsymbol{r}_{ij \cdot k}^2}}$$

nach $t(n-3)$ und für $k=4$ unter $H_0\colon \rho_{ij\cdot kl}=0$

$$\boldsymbol{t}=\frac{\boldsymbol{r}_{ij\cdot kl}\sqrt{n-4}}{\sqrt{1-\boldsymbol{r}^2_{ij\cdot kl}}}$$

nach $t(n-4)$ verteilt.

Nach Satz 8.8 kann man für $k=2$ die Hypothese $\rho=0$ mit der Prüfzahl (8.68) testen. Bei einer zweiseitigen Alternative ($\rho\neq 0$) wird die Nullhypothese abgelehnt, falls $|t|>t(n-2\mid 1-\frac{\alpha}{2})$ ist. Aus den Werten $t(n-2\mid 1-\frac{\alpha}{2})$ hat man direkt Ablehnungsschwellen $r(n-2\mid 1-\frac{\alpha}{2})$ für $\boldsymbol{r}$ berechnet.

Soll die Hypothese $H_0\colon \rho=\rho^*\neq 0$ geprüft werden, so kann man $\boldsymbol{r}$ durch die Fishersche Transformation

$$\boldsymbol{z}=\frac{1}{2}\ln\frac{1+r}{1-r} \tag{8.69}$$

in die Größe $\boldsymbol{z}$ überführen, die näherungsweise normalverteilt ist mit dem Erwartungswert

$$E(\boldsymbol{z})\approx\frac{1}{2}\ln\frac{1+\rho}{1-\rho}+\frac{\rho}{2(n-1)}$$

und der Varianz $\text{var}(\boldsymbol{z})\approx\frac{1}{n-3}$. Folglich ist bei Gültigkeit der Hypothese $\rho=\rho^*$

$$\boldsymbol{u}=\left[z-\frac{1}{2}\ln\frac{1+\rho^*}{1-\rho^*}-\frac{\rho^*}{2(n-1)}\right]\sqrt{n-3}$$

näherungsweise nach $N(0,1)$ verteilt. Für große n kann man anstelle von $\boldsymbol{u}$ auch

$$\boldsymbol{u}^*=\left[z-\frac{1}{2}\ln\frac{1+\rho^*}{1-\rho^*}\right]\sqrt{n-3}$$

verwenden. Es ergibt sich ein approximatives $(1-\alpha)$-Konfidenzintervall für ρ zu

$$\left[\tanh\left(\boldsymbol{z}-\frac{u_{1-\frac{\alpha}{2}}}{\sqrt{n-3}}\right),\tanh\left(\boldsymbol{z}+\frac{u_{1-\frac{\alpha}{2}}}{\sqrt{n-3}}\right)\right]$$

wenn $u_{1-\frac{\alpha}{2}}$ das $(1-\frac{\alpha}{2})$-Quantil der standardisierten Normalverteilung ist und somit $P(u>u_{1-\frac{\alpha}{2}})=\frac{\alpha}{2}$ gilt.

Ein sequentieller Test für die Hypothese $\rho=0$ wurde in Kapitel 3 beschrieben, dort wurde statt $\boldsymbol{z}=\frac{1}{2}\ln\frac{1+r}{1-r}$ lediglich $\boldsymbol{z}=\ln\frac{1+r}{1-r}$ verwendet.

Um den Wert von ρ (und damit von r) interpretieren zu können, soll die Regressionsfunktion $f(\boldsymbol{x})=E(\boldsymbol{y}\mid\boldsymbol{x})=\alpha_0+\alpha_1\boldsymbol{x}$ betrachtet werden. Dann kann ρ^2 als Maß für den Anteil der Varianz von $\boldsymbol{y}$, der durch die Regression auf $\boldsymbol{x}$ erklärt wird, interpretiert werden (entsprechend für die Regressionsfunktion $g(\boldsymbol{y})$). Nun ist die bedingte Varianz von $\boldsymbol{y}$

$$\operatorname{var}(\boldsymbol{y} \mid x) = \sigma_y^2(1 - \rho^2)$$

und

$$\frac{\operatorname{var}(\boldsymbol{y} \mid x)}{\sigma_y^2} = 1 - \rho^2$$

ist der Anteil an der Varianz von $\boldsymbol{y}$, der nicht durch die Regression auf x erklärt wird, damit ist ρ^2 der Anteil, der durch diese Regression erklärt wird. Man nennt $\rho^2 = B$ Bestimmtheitsmaß.

Konfidenzintervalle für β_0 und β_1 zu konstruieren bzw. Hypothesen über diese Parameter zu testen erscheint zunächst schwierig; denn die Schätzungen $\boldsymbol{b}_0$ und $\boldsymbol{b}_1$ sind nicht normalverteilt, wie das für Modell I der Fall war. Man kann jedoch leicht einsehen, dass die Methoden für Modell I auch für Modell II anwendbar sind. Das soll für das Beispiel der Konstruktion eines Konfidenzintervalles für β gezeigt werden, die Argumentation für Konfidenzintervalle für andere Parameter und für die statistischen Tests ist völlig analog.

Die Wahrscheinlichkeitsaussage

$$P\left[\boldsymbol{b}_0 - t\left(n-2 \mid 1-\frac{\alpha}{2}\right)s_0 \le \beta_0 \le \boldsymbol{b}_0 + t\left(n-2 \mid 1-\frac{\alpha}{2}\right)s_0\right] = 1-\alpha$$

die zu dem Konfidenzintervall (8.56) für $j = 0$ führt, ist gültig, wenn bei festen Werten $x_1, \dots, x_n$ wiederholt Stichproben von y-Werten ausgewählt werden. Im Sinne der Häufigkeitsinterpretation wird β_0 in etwa $(1-\alpha)\cdot 100\,\%$ dieser Auswahlen in dem durch (8.56) gegebenen Intervall liegen. Diese Aussage gilt für jedes beliebige n-Tupel $x_{i1}, \dots, x_{in}$, also auch für ein aus einer Verteilung zufällig ausgewähltes, denn (8.56) ist unabhängig von $x_1, \dots, x_n$, wenn nur die bedingte Verteilung der $\boldsymbol{y}_j$ normal ist. Das ist aber der Fall, da $(\boldsymbol{y}, \boldsymbol{x}_1, \dots, \boldsymbol{x}_k)$ normalverteilt sein sollte. Damit kann die Konstruktion von Konfidenzintervallen und auch das Prüfen von Hypothesen nach den angegebenen Methoden und Formeln vorgenommen werden. Allerdings weichen erwartete Breite der Konfidenzintervalle und Gütefunktionen der Tests (beide werden hier nicht angeführt) für beide Modelle voneinander ab.

Dass $[\boldsymbol{b}_i - t(n-2 \mid 1-\frac{\alpha}{2})\boldsymbol{s}_i, \boldsymbol{b}_i + t(n-2 \mid 1-\frac{\alpha}{2})\boldsymbol{s}_i]$ ein Konfidenzintervall zum Konfidenzkoeffizienten $1-\alpha$ auch für Modell II ist, kann man natürlich auch exakt beweisen, indem man einen Satz von Bartlett (1933) heranzieht, nach dem

$$\boldsymbol{t}_i = \frac{\boldsymbol{s}_x\sqrt{n-2}}{\sqrt{\boldsymbol{s}_y^2 - \boldsymbol{b}_i^2\boldsymbol{s}_x^2}}(\boldsymbol{b}_i - \beta_i)$$

nach $t(n-2)$ verteilt ist.

8.5.2 Versuchsplanung

Die Versuchsplanung für Modell II der Regressionsanalyse unterscheidet sich grundlegend von der für Modell I. Da $\boldsymbol{x}$ im Modell II eine Zufallsvariable ist, entfällt das Problem der optimalen Wahl von x. Versuchsplanung in Modell II bedeutet damit ausschließlich optimale Wahl von n in Abhängigkeit von vorgegebenen Genauigkeitsforderungen. Eine erste systematische Darstellung gaben Rasch *et al.* (2008). Auf diese Ergebnisse wird im Folgenden aufgebaut.

Zunächst sei in (8.59) $k = 1$, wir betrachten jedoch das allgemeinere Modell der Regression innerhalb von $a \geq 1$ Gruppen mit gleichem Anstieg β_1

$$\boldsymbol{y}_{hj} = \beta_{h0} + \beta_1 \boldsymbol{x}_{hj} + \boldsymbol{e}_{hj} \quad (h = 1, \dots, a; j = 1, \dots, n_h \geq 2) \tag{8.70}$$

Wir schätzen β_1 für $a > 1$ nicht durch (8.9), sondern durch

$$\boldsymbol{b}_{\mathrm{I}1} = \frac{\sum_{h=1}^{a} \boldsymbol{SP}_{x,y}^{(h)}}{\sum_{h=1}^{a} \boldsymbol{SQ}^{(h)}} = \frac{\boldsymbol{SP}_{\mathrm{I}xy}}{\boldsymbol{SQ}_{\mathrm{I}x}} \tag{8.71}$$

wobei die $\boldsymbol{SP}_{xy}^{(h)}$ und $\boldsymbol{SQ}_{x}^{(h)}$ für jede der a Gruppen wie in Beispiel 8.1 definiert sind.

Fordert man ein minimales $n = \sum_{h=1}^{a} n_h$ derart, dass $\operatorname{var}(\boldsymbol{b}_{\mathrm{I}1}) \leq C$ gilt, so ist nach Bock (1980)

$$n - a - 2 = \left\lceil \frac{\sigma^2}{C\sigma_k^2} \right\rceil$$

zu wählen. Für $a = 1$ führt das zu dem in Verfahren 3/61/3011 von Rasch *et al.* (2008) angegebenen Resultat.

Soll in (8.59) für $k = 1$ für den Erwartungswert $E(\boldsymbol{y} \mid x) = \beta_0 + \beta_1 x$ ein $(1 - \alpha)$-Konfidenzintervall derart angegeben werden, dass der Erwartungswert des Quadrates der halben Breite des Intervalles (8.58) (für $k = 1$) den Wert d^2 nicht überschreitet, so ist

$$n - 3 = \left\lceil \frac{\sigma^2}{d^2} \left[1 - \frac{2}{n\sigma_x^2} \max\left[(x_0 - \mu_0)^2, (x_1 - \mu_1)^2 \right] \; t^2\left(n - 2 \mid 1 - \frac{\alpha}{2} \right) \right] \right\rceil \tag{8.72}$$

zu wählen.

Wichtig ist der folgende Satz von Bock (1980), der ohne Beweis angegeben wird.

Satz 8.9
Soll der minimale Stichprobenumfang n für den Test der Hypothese $H_0 \colon \beta_1 = \beta_{10}$ mithilfe der t-Prüfzahl (8.48) derart bestimmt werden, dass bei gegebenem

Risiko erster Art α das Risiko zweiter Art β den Wert β^* nicht übersteigt, sofern $|\beta_1 - \beta_{10}| \leq d$ ist, so ist

$$n \approx \frac{4(u_P + u_{1-\beta^*})^2}{\left[\ln\left(1 + \frac{d\sigma_x}{\sqrt{d^2\sigma_x^2 - \sigma^2}}\right) - \ln\left(1 - \frac{d\sigma_x}{\sqrt{d^2\sigma_x^2 + \sigma^2}}\right)\right]^2} \tag{8.73}$$

zu setzen. Dabei ist $P = 1 - \alpha$ für einseitige und $P = 1 - \alpha/2$ für zweiseitige Alternativen zu wählen.

Hinsichtlich der optimalen Wahl des Stichprobenumfanges für den Vergleich zweier oder mehrerer Anstiegskoeffizienten (Parallelitätstests) wird auf Rasch *et al.* (2008) verwiesen.

8.6 Gemischte Modelle

Es ist denkbar, dass der bedingte Erwartungswert einer Komponente $\boldsymbol{y}$ einer r-dimensionalen Zufallsvariablen $(\boldsymbol{y}, \boldsymbol{x}_{k-r+2}, \dots, x_k)$ eine Funktion von $k - r$ weiteren Einflussgrößen ist. Dann würde man anstelle von (8.59) von

$$\boldsymbol{y}_j = \sum_{i=0}^{k-r+1} \beta_i x_{ij} + \sum_{i=k-r+2}^{k} \beta_i \boldsymbol{x}_{ij} + \boldsymbol{e}_j, \quad x_{0j} \equiv 1 \tag{8.74}$$

ausgehen.

Definition 8.8

Modellgleichung (8.74) wird unter der Zusatzvoraussetzung, dass die $\boldsymbol{e}_j$ voneinander unabhängig und unabhängig von den $\boldsymbol{x}_{ij}$ nach $N(0, \sigma^2)$ verteilt sind und die Vektoren $\boldsymbol{x}_j = (\boldsymbol{y}_j, \boldsymbol{x}_{k-r+2,j}, \dots, \boldsymbol{x}_{k,j})^{\mathrm{T}}$ voneinander unabhängig nach $N(\mu, \sum)$ verteilt sind mit dem Randerwartungswertvektor

$$\mu^* = \left(\sum_{i=0}^{k-r+1} \beta_i x_{ij}, \mu_{k-r+2}, \dots, \mu_k\right)^{\mathrm{T}}$$

gemischtes Modell der linearen Regression genannt ($|\sum| \neq 0$).

Es lässt sich zeigen, dass Schätzungen und Tests formal wie für Modell II durchgeführt werden können. Das Problem der Versuchsplanung besteht in der optimalen Wahl der Matrix der x_{ij} ($i = 0, \dots, k - r + 1$; $j = 1, \dots, n$) und des optimalen Versuchsumfanges n. Erste Ergebnisse hierzu findet man bei Bartko (1981).

8.7 Abschließende Bemerkungen zu den Modellen der Regressionsanalyse

Da die Schätzfunktionen für β_0 und β_1 für Modell I und für Modell II gleich sind und Tests und Konfidenzintervalle nach den gleichen Formeln konstruiert werden, mag es dem Leser überflüssig erscheinen, überhaupt eine Unterscheidung zwischen den beiden Modellen vorzunehmen. Tatsächlich wird in vielen Anleitungen zur statistischen Auswertung von Beobachtungsmaterial und in fast allen Programmpaketen eine scharfe Unterscheidung auch nicht vorgenommen. Die Gleichheit der numerischen Behandlung für beide Modelle rechtfertigt es jedoch keineswegs, eine Einführung in die Regressionsrechnung (als Teilgebiet der mathematischen Statistik) zu geben, ohne auf die Unterschiedlichkeit der Modelle hinzuweisen. Außerdem bestehen zwischen beiden Modellen Unterschiede, die auch bei numerischen Auswertungen zu beachten sind und kurz beschrieben werden sollen (für $k = 1$).

1. Für Probleme, denen Modell I zugrunde liegt, gibt es nur eine mögliche Regressionsfunktion

   $$E(\boldsymbol{y}) = \alpha_0 + \alpha_1 x$$

   während für Probleme, denen Modell II zugrunde liegt, zwei Regressionsfunktionen, und zwar

   $$E(\boldsymbol{y} \mid \boldsymbol{x}) = \alpha_0 + \alpha_1 \boldsymbol{x} \quad \text{und} \quad E(\boldsymbol{x} \mid \boldsymbol{y}) = \beta_0 + \beta_1 \boldsymbol{y}$$

   in Betracht zu ziehen sind. Daraus ergibt sich bei Modell II die Frage, welche Regressionsfunktion man wählen soll, d. h., welche der beiden Variablen als Regressor zu wählen ist. Werden die Parameter der Regressionsfunktion geschätzt, um Werte einer Variablen aus beobachteten Werten der anderen vorherzusagen, so empfiehlt es sich, die Variable, deren Werte vorhergesagt werden sollen, als Regressand zu wählen, da die entsprechende Regressionsgerade nach der Methode der kleinsten Quadrate so in den Punkteschwarm der Stichprobe gelegt wird, dass in Richtung parallel zur Achse des Regressanden die Summe der Quadrate der Abweichungen der Punkte von der Geraden minimiert wird. Ist jedoch die zweidimensionale Normalverteilung so gestutzt, dass nur für eine Variable der Bereich der Grundgesamtheit eingeschränkt ist (in der Züchtung ist das z. B. der Fall, wenn auf eine Variable selektiert wurde), so sollte diese Variable keinesfalls als Regressand verwendet werden. Wir veranschaulichen dies an einem Beispiel.

Beispiel 8.7

Wir betrachten eine fiktive Grundgesamtheit, wie sie in Abb. 8.3 dargestellt ist (es handelt sich zwar nicht, wie es die Anwendung vom Modell II fordert, um eine normale Grundgesamtheit; immerhin sind jedoch die Regressionsfunktionen

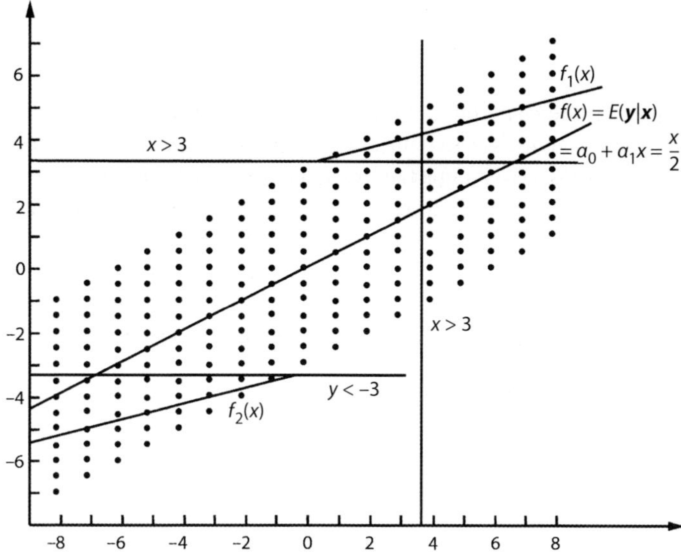

Abb. 8.3 Fiktive Grundgesamtheiten mit Stutzungen und Regressionsgeraden zu Beispiel 8.7.

$f(x)$ und $g(y)$ linear). Zunächst werde eine Stutzung bezüglich x (Regressor) vorgenommen, die Stichproben werden aus dem Teil der Population entnommen, für den $x > 3$ gilt. Der Einfachheit halber nehmen wir an, dass die Stichprobe aus der gesamten verbleibenden Grundgesamtheit besteht. Die sich ergebende Regressionsfunktion ist in diesem Fall identisch mit der Regressionsfunktion für die gesamte Grundgesamtheit ($\alpha_0 = 0, \alpha_1 = \frac{1}{2}$) und durch die Funktion $E(\boldsymbol{y} \mid \boldsymbol{x}) = \frac{1}{2}\boldsymbol{x}$ gegeben. Wird die Stutzung bezüglich y vorgenommen und die Stichprobe (d. h. die restliche Grundgesamtheit) aus dem Teil der Grundgesamtheit mit $\boldsymbol{y} > 3$ (bzw. $\boldsymbol{y} < -3$) entnommen, so erhält man nach Abb. 8.3 als Regressionsfunktionen

$$f_1(\boldsymbol{x}) = E(\boldsymbol{y} \mid \boldsymbol{x}, \boldsymbol{y} > 3) = 3{,}25 + 0{,}25\boldsymbol{x}$$

$$f_2(\boldsymbol{x}) = E(\boldsymbol{y} \mid \boldsymbol{x}, \boldsymbol{y} < -3) = -3{,}25 + 0{,}25\boldsymbol{x}$$

also völlig verzerrte Schätzwerte für $\alpha_0 = 0$ und $\alpha_1 = 0{,}5$. Die Leser können sich leicht die Auswirkungen anderer Einschränkungen bezüglich $\boldsymbol{y}$ veranschaulichen.

Aus diesem Beispiel ist zu ersehen, dass eine Stutzung bezüglich des Regressanden zu verzerrten Schätzungen führen kann, während das bei Stutzungen bezüglich des Regressors nicht der Fall ist. Dass diese Feststellung auch allgemein gültig ist, sieht man ein, wenn man beachtet, dass ein (unbedingter) Erwartungswert einer Zufallsvariablen in einer gestutzten Verteilung von dem Erwartungswert in der gesamten Verteilung im Allgemeinen (speziell auch in Normalverteilungen) verschieden ist.

2. Während für Modell I die Schätzungen $\boldsymbol{b}_0$ und $\boldsymbol{b}_1$ normalverteilt sind, ist das für Modell II nicht der Fall.

3. Während die Konfidenzintervalle für beide Werte nach den gleichen Formeln berechnet werden, ist die erwartete Intervalllänge für beide Modelle verschieden.
4. Obwohl entsprechende Hypothesen für beide Modelle mit der gleichen Prüfzahl getestet werden, handelt es sich um verschiedene Tests, da die Gütefunktionen nicht gleich sind. Damit ergibt sich auch eine andere Versuchsplanung.
5. Im Fall von Modell II kann die Regressionsanalyse durch die Berechnung des Korrelationskoeffizienten ergänzt werden, für Modell I ist eine solche Größe nicht als statistischer Schätzwert eines Populationsparameters anzusehen und in diesem Sinne nicht interpretierbar; auf ihre Berechnung sollte verzichtet werden. Wie unsinnig die (durch Programmpakete automatisch vorgenommene) Berechnung eines Stichprobenkorrelationskoeffizienten für Modell I ist, folgt aus der Tatsache, dass dessen Wert durch geeignete Wahl der x_i manipuliert werden kann.
6. In der Versuchsplanung tritt bei Modell I die Frage nach der optimalen Wahl der Matrix X auf; bei Modell II bezieht sich die Versuchsplanung nur auf die Optimierung des Stichprobenumfanges.

Bereits in der Einleitung wurde darauf hingewiesen, dass hier nur die wichtigsten Modelle der linearen Regression behandelt werden. Neben den dort erwähnten Modellen mit Fehlern in den Regressorvariablen sind noch Modelle mit zufälligen Regressionskoeffizienten β interessant. Solche Modelle treten in der Populationsmathematik auf, wenn jedes Individuum seinen Regressionskoeffizienten hat (siehe hierzu Swamy (1971) und Johansen (1984).

8.8 Übungsaufgaben

Aufgabe 8.1
Leiten Sie die Gleichungen (8.9) und (8.10) her, indem Sie, wie dort beschrieben, die partiellen Ableitungen von S nach β_0 und β_1 gleich null setzen und zu Zufallsvariablen übergehen.

Aufgabe 8.2
Man beweise Korollar 8.1.

Aufgabe 8.3
Schätzen Sie die Parameter in dem quasilinearen Regressionsmodell

$$\boldsymbol{y}_i = \beta_0 + \beta_1 \cos(2x) + \beta_2 \ln(6x) + \boldsymbol{e}_i \quad (i = 1, \dots, n)$$

Aufgabe 8.4
Berechnen Sie in Beispiel 8.3 alle Schätzwerte für die Lagerung im Glas mit SPSS.

Aufgabe 8.5

Berechnen Sie für Beispiel 8.3 den *G*- und *D*-optimalen Versuchsplan im Versuchsbereich, und geben Sie die Determinanten $|X_G^{\mathrm{T}} X_G|$ und $|X_D^{\mathrm{T}} X_D|$ an.

Literatur

Bartko, M. (1981) Versuchsplanung für Schätzungen im gemischten Modell der linearen Regression. Dissertation. Universität Rostock.

Bartlett, M.S. (1933) On the theory of statistical regression, *Proc. Roy. Soc.*, **52**, 260–276.

Bloomfield, P. und W.L. Steiger (1983) *Least Absolute Deviations, Theory, Applications and Algorithms*, Birkhäuser, Boston und Basel.

Bock, J. (1980) *Bestimmung des Stichprobenumfanges in der linearen Regressionsanalyse Modell II*, Habilitationsschrift, Universität Rostock.

Eisenhart, C. (1961) Bošković and the combination of observations, in *Roger Joseph Bošković* (Hrsg. L.L. Whyte), Fordham Univ. Press, New York.

Fedorov, V.V. (1971): *Teorija optimalnych eksperimentov*. Nauka, Moskva.

Fisher, R.A. und F. Yates (1949) *Statistical Tables for Biological, Agricultural and Medical Research.* 1. Aufl., Oliver and Boyd, Edinburgh, 6. Aufl, 1963, 1974, Longman.

Gonin, R. und Money, A.H. (1989) *Nonlinear L_p-norm Estimation*, M. Dekker, New York.

Humak, K.M.S. (1984) *Statistische Methoden der Modellbildung III*, Akademie Verlag, Berlin.

Johansen, S. (1984) *Functional Relations, Random Coefficients and Nonlinear Regression with Applications to Kinetic Data*, Springer, New York.

Jung, W. (1973) *Optimale Versuchsplanung im Hinblick auf die Konstruktion konkreter optimaler Versuchspläne*, Dissertation Bergakademie Freiberg.

Kiefer, J. (1959) Optimum Experimental Designs, *J. R. Stat. Soc.*, B **21**, 272–319.

Madansky, A. (1959) The fitting of straight lines when both variables are subject to errors, *J. Am. Stat. Assoc.* **54**, 173–203.

Melas, V.B. (2008) *Functional Approach to Optimal Experimental Design*, Springer, New York.

Rasch, D., Herrendörfer, G., Bock, J., Victor, N. und Guiard, V. (Hrsg.) (2008) *Verfahrensbibliothek Versuchsplanung und -auswertung*, 2. verbesserte Auflage in einem Band mit CD, R. Oldenbourg Verlag München Wien (frühere Auflagen mit den Herausgebern Rasch, Herrendörfer, Bock, Busch (1978, 1981), Deutscher Landwirtschaftsverlag Berlin und (1995, 1996) Oldenbourg Verlag München Wien).

Rasch, D. und Herrendörfer, G. (1982) *Statistische Versuchsplanung*, VEB Deutscher Verlag der Wissenschaften, Berlin.

Rasch, D. und Herrendörfer, G (1986) *Experimental Design-Sample Size Determination and Block Designs*, Reidel, Dordrecht.

Swamy, P.S. (1971) *Statistical Inference in Random Coefficient Regression Models*, Springer, New York.

9
Regressionsanalyse – Eigentlich nichtlineares Modell I

In diesem Kapitel sollen Schätzungen für Parameter in solchen Regressionsfunktionen angegeben werden, die nichtlinear in $x \in B \subset R$ und nicht in der Form (8.19) darstellbar sind. Wir beschränken uns hier auf den Fall reeller Regressanden x, Verallgemeinerungen auf vektorielle x sind einfach durchführbar.

Definition 9.1
Regressionsfunktionen $f(x, \theta)$ in dem Regressor $x \in B \subset R$ und dem Parametervektor

$$\theta = (\theta_1, \dots, \theta_p)^{\mathrm{T}}, \quad \theta \in \Omega \subset R^p$$

die nichtlinear in x und wenigstens einem θ_i sind und durch keine stetige Transformation der Nichtlinearitätsparameter linear oder quasilinear gemacht werden können, heißen eigentlich nichtlinear, entsprechend wollen wir von eigentlich nichtlinearer Regression sprechen. Genauer bedeutet das:

Ist $f(x, \theta)$ bezüglich θ differenzierbar und

$$\frac{\partial f(x, \theta)}{\partial \theta}$$

die erste Ableitung von $f(x, \theta)$ nach θ, so heißt die Regressionsfunktion teilweise nichtlinear, falls

$$\frac{\partial f(x, \theta)}{\partial \theta} = C(\theta) g(x, \varphi), \quad \varphi = (\theta_{i_1}, \dots, \theta_{i_r})^{\mathrm{T}} \tag{9.1}$$

und $0 < r < p$ ist, wobei $C(\theta)$ eine nicht von x und φ abhängige $(p \times p)$-Matrix ist, die so gewählt wurde, dass r minimal ist ($r = 0$ würde zur quasilinearen Regression führen). Ist $r = p$, so heißt $f(x, \theta)$ vollständig nichtlinear.

Die θ_{i_j} $(j = 1, \dots, r)$ heißen Nichtlinearitätsparameter, die übrigen Komponenten von θ heißen Linearitätsparameter.

Wir veranschaulichen die Definition an einigen Beispielen.

Mathematische Statistik, 1. Auflage. Dieter Rasch und Dieter Schott.

Beispiel 9.1
Es sei

$$f(x,\theta) = \frac{\theta_1 x}{(1-x)[\theta_2 + (1-\theta_2)x]}$$

d. h., wir haben einen Fall mit $p = 2, \theta = (\theta_1, \theta_2)^{\mathrm{T}}$.

Nun ist

$$\frac{\partial f(x,\theta)}{\partial \theta} = \begin{pmatrix} \dfrac{x}{(1-x)[\theta_2 + (1-\theta_2)x]} \\ \dfrac{-\theta_1 x}{[\theta_2 + (1-\theta_2)x]^2} \end{pmatrix} = \begin{pmatrix} 1 & 0 \\ 0 & \theta_1 \end{pmatrix} \begin{pmatrix} \dfrac{x}{(1-x)[\theta_2 + (1-\theta_2)x]} \\ \dfrac{-x}{[\theta_2 + (1-\theta_2)x]^2} \end{pmatrix}$$

Damit ist θ_1 ein Linearitätsparameter und $\varphi = \theta_2$ ein Nichtlinearitätsparameter, ferner ist $r = 1$.

Beispiel 9.2
Es sei

$$f(x,\theta) = \theta_1(x + \mathrm{e}^{-\theta_3 x}) - \theta_2 x \mathrm{e}^{-\theta_3 x}$$

mit $p = 3$. Wegen

$$\frac{\partial f(x,\theta)}{\partial \theta} = \begin{pmatrix} x + \mathrm{e}^{-\theta_3 x} \\ -x\mathrm{e}^{-\theta_3 x} \\ (-x\theta_1 + x^2\theta_2)\mathrm{e}^{-\theta_3 x} \end{pmatrix} = \begin{pmatrix} 1 & 0 & 0 \\ 0 & 1 & 0 \\ 0 & \theta_1 & \theta_2 \end{pmatrix} \begin{pmatrix} x + \mathrm{e}^{-\theta_3 x} \\ -x\mathrm{e}^{-\theta_3 x} \\ x^2\mathrm{e}^{-\theta_3 x} \end{pmatrix}$$

ist $\varphi = \theta_3$ der Nichtlinearitätsparameter, θ_1 und θ_2 sind Linearitätsparameter (d. h., es ist $r = 1$).

Während es möglich war, für lineare Modelle (z. B. Regressionsmodelle) eine allgemeine Theorie der Schätzungen und Tests darzulegen und speziell mithilfe des Gauß-Markoff-Theorems optimale Eigenschaften der MKS $\hat{\boldsymbol{\theta}}$ (Definition 9.2) nachzuweisen, steht eine entsprechend ausgearbeitete Theorie für den allgemeinen Fall nicht zur Verfügung. Im quasilinearen Fall ist die Theorie linearer Modelle, wie in Abschn. 8.2 gezeigt wurde, nach wenigen Umformungen anwendbar. Für eigentlich nichtlineare Probleme lässt sich die Situation wie folgt charakterisieren:

- Die zurzeit vorliegenden theoretischen Ergebnisse sind für die Lösung praktischer Probleme wenig hilfreich, da die Voraussetzungen entweder starke Einschränkungen bedeuten oder schwer nachprüfbar sind. Viele Verteilungsaussagen sind asymptotisch; für Spezialfälle gibt es Simulationsergebnisse.
- Die praktische Vorgehensweise führt zu numerischen Problemen bei iterativen Lösungen; über Eigenschaften und Verteilungen der Schätzfunktionen ist nur wenig bekannt. Damit fällt die Anwendung der so verstandenen Methoden der eigentlich nichtlinearen Regression mehr in das Aufgabengebiet des Numerikers als des Statistikers.
- Ein Kompromiss bietet sich dadurch an, dass man quasilineare Approximationen für das nichtlineare Problem sucht und die Parameterschätzung für das

approximative Modell durchführt. Damit verzichtet man aber auf die in vielen Anwendungen vom Fachmann geforderte Interpretierbarkeit der Parameter.

Ausgangspunkt ist die Modellgleichung

$$\boldsymbol{Y} = \eta + \boldsymbol{e} \tag{9.2}$$

mit den Nebenbedingungen $E(\boldsymbol{e}) = 0_n$ (d. h. $E(\boldsymbol{Y}) = \eta$) und $\text{var}(\boldsymbol{e}) = \sigma^2 E_n (\sigma^2 > 0)$; $\boldsymbol{Y}, \eta$ bzw. $\boldsymbol{e}$ sind Vektoren mit den Komponenten $\boldsymbol{y}_i, \eta_i$ bzw. $\boldsymbol{e}_i$ $(i = 1, \dots, n)$. Die η_i seien eigentlich nichtlineare Funktionen

$$\eta_i = f(x_i, \theta)\,, \quad \theta \in \Omega \subset R^p \quad (i = 1, \dots, n) \tag{9.3}$$

in den Regressorwerten $x_i \in B \subset R$. Wir benutzen folgende Abkürzungen:

$$\left.\begin{aligned}
&\eta(\theta) = (f(x_1, \theta), \dots, f(x_n, \theta))^{\mathrm{T}} \\
&f_j(x, \theta) = \frac{\partial f(x, \theta)}{\partial \theta_j}\,, \quad f_{jk}(x, \theta) = \frac{\partial^2 f(x, \theta)}{\partial \theta_j \partial \theta_k} \\
&F_i = F_i(\theta) = (f_1(x_i, \theta), \dots, f_p(x_i, \theta)) \\
&F = F(\theta) = (F_1(\theta), \dots, F_n(\theta))^{\mathrm{T}} = (f_j(x_i, \theta)) \\
&K_i = K_i(\theta) = (k_{jk}(x_i, \theta)) = \left(\frac{\partial^2 f(x_i, \theta)}{\partial \theta_j \partial \theta_k} \right)
\end{aligned}\right\} \tag{9.4}$$

und es sei stets $n > p$. Ferner ist

$$R(\theta) = \|\boldsymbol{Y} - \eta(\theta)\|^2 = \sum_{i=1}^{n} [y_i - f(x_i, \theta)]^2 \tag{9.5}$$

Zunächst kann man die Frage stellen, ob unterschiedliche Werte von θ stets zu unterschiedlichen Verteilungsparametern von $\boldsymbol{Y}$ führen, mit anderen Worten, ob der Parameter θ identifizierbar ist. Identifizierbarkeit ist eine notwendige Voraussetzung für die Schätzbarkeit von θ. Die Identifizierbarkeitsbedingung ist aber im eigentlich nichtlinearen Fall oft sehr einschneidend, sodass wir hier nicht weiter auf diese Problematik eingehen wollen. Wir werden folgende pragmatische Vorgehensweise wählen, die auch bei nachgewiesener Identifizierbarkeit erforderlich wäre, denn diese Eigenschaft ist im Allgemeinen für die Schätzbarkeit ohnehin nicht hinreichend.

Definition 9.2
Die Zufallsvariable $\hat{\boldsymbol{\theta}}$ heißt MKS (Methode der Kleinste-Quadrate-Schätzung) von θ, falls ihre Realisation $\hat{\theta}$ eindeutige Lösung von

$$R(\hat{\theta}) = \min_{\theta \in \Omega} R(\theta) \tag{9.6}$$

ist. In (9.6) ist $R(\theta)$ durch (9.5) gegeben. Ferner heißt

$$\hat{\boldsymbol{\eta}} = f(x, \hat{\boldsymbol{\theta}})$$

MKS von $\eta = f(x, \theta)$. Anstelle von (9.6) schreibt man auch

$$\hat{\theta} = \arg \min_{\theta \in \Omega} R(\theta)$$

Wir wollen für alle folgenden Betrachtungen voraussetzen, dass für (9.6) eindeutige Lösungen existieren. Die Schätzfunktionen der Parameter nach der Methode der kleinsten Quadrate der eigentlich nichtlinearen Regressionsfunktion sind im Allgemeinen nicht erwartungstreu, ihre exakte Verteilung ist meist unbekannt, und damit muss man für Konfidenzschätzungen und Tests einen Weg beschreiten, der die Verteilung der Schätzungen nicht benutzt bzw. auf asymptotischen Verteilungen basiert.

Die Möglichkeit, die Funktion $f(x, \theta)$ in (9.3) zu approximieren, indem man sie durch eine lineare Funktion approximiert, wurde in der Literatur mehrfach diskutiert (siehe z. B. Box und Draper, 1963; Karson *et al.*, 1969; Ermakoff, 1970; Bunke, 1973; Petersen, 1973). Man kann z. B. stetig differenzierbare $f(x, \theta)$ in eine Taylorreihe entwickeln, nach einer bestimmten Anzahl von Gliedern abbrechen und den Versuchsplan (die x_i) so wählen, dass die Diskrepanz zwischen $f(x, \theta)$ und der approximierenden quasilinearen Funktion ein Minimum wird. Die approximierende Funktion kann dann mit den Methoden von Kapitel 8 geschätzt werden. Wir wollen aber im Folgenden davon ausgehen, dass es dem Experimentator in erster Linie darauf ankommt, die Parameter einer gegebenen eigentlich nichtlinearen Funktion zu schätzen, die er meist aus einer fachlich begründeten Differentialgleichung erhalten hat und deren Parameter für ihn damit fachlich interpretierbar sind. Damit müssen direkte Verfahren zum Einsatz gelangen, auch wenn uns wenig über die statistischen Eigenschaften der Schätzungen bekannt ist. Bei den direkten Schätzmethoden liegen für Spezialfälle zahlreiche Ergebnisse vor, die sich nicht immer verallgemeinern lassen bzw. die große Rechenerleichterungen für den Spezialfall bringen.

Für den Fall, dass $f(x, \theta)$ bezüglich θ stetig differenzierbar ist, folgt durch Nullsetzen der ersten Ableitungen von (9.5) nach den Komponenten von θ das sogenannte Normalgleichungssystem

$$R_j(\hat{\theta})\eta_j(\hat{\theta})[Y - \eta(\hat{\theta})] = 0 \quad (j = 1, \dots, p) \tag{9.7}$$

mit

$$R_j(\theta) = \frac{\partial R(\theta)}{\partial \theta_j} \quad \text{und} \quad \eta_j(\theta) = [f_j(x_1, \theta), \dots, f_j(x_n, \theta)]^{\mathrm{T}}$$

und

$$f_j(x, \theta) = \frac{\partial f(x, \theta)}{\partial \theta_j}$$

9.1 Bestimmung der Schätzwerte nach der Methode der kleinsten Quadrate

In diesem Abschnitt werden zunächst numerische Methoden zur approximativen Lösung von (9.7) oder (9.6) beschrieben. Die Existenz einer eindeutigen Lösung wird im Folgenden vorausgesetzt. In Abschn. 9.1.2 werden Methoden angegeben, die keine genaue Kenntnis der zu minimierenden Funktion und vor allem nicht die Existenz der ersten Ableitung erfordern. In Abschn. 9.1.3 werden Methoden mitgeteilt, mit deren Hilfe ein zu (9.6) analoger Ausdruck in der Differentialgleichung, deren Integral $f(x, \theta)$ ist, minimiert wird.

9.1.1 Gauß-Newton-Verfahren

Wir wollen voraussetzen, dass $f(x, \theta)$ zweimal stetig bezüglich $\theta \in \Omega$ differenzierbar ist und für festes x genau ein lokales Minimum bezüglich θ besitzt, und wir entwickeln $f(x, \theta)$ um $\theta_0 \in \Omega$ in eine Taylorreihe, die nach den Gliedern erster Ordnung abgebrochen wird. Ist $f_j(x, \theta_0)$ der Wert von $f_j(x, \theta)$ an der Stelle $\theta = \theta_0$, so ist folglich

$$f(x, \theta) \approx f(x, \theta_0) + (\theta - \theta_0)\frac{\partial f(x, \theta)}{\partial \theta}|_{\theta=\theta_0} = \tilde{f}^0(x, \theta) \tag{9.8}$$

Wir approximieren nun (9.2) realisationsweise beginnend mit $l = 0$ durch

$$Y = \tilde{\eta}^{(l)} + e^{(l)}\ , \quad \tilde{\eta}^{(l)} = [\tilde{f}^{(l)}(x_1, \theta), \ldots , \tilde{f}^{(l)}(x_n, \theta)]^{\mathrm{T}} \tag{9.9}$$

und (9.9) ist linear in $\theta - \theta_l = \Delta\theta_l$. Das Gauß-Newton-Verfahren besteht nun darin, dass zunächst $\Delta\theta_0$ in (9.9) nach der Methode der kleinsten Quadrate geschätzt und aus den Schätzwerten $\Delta\hat{\theta}_0$ der Vektor $\theta_1 = \theta_0 + \nu_0\Delta\hat{\theta}_0$ gebildet wird. Um θ_1 wird dann erneut eine Taylorentwicklung analog zu (9.8) vorgenommen, dann das Modell (9.9) mit $l = 1$ angesetzt, aus dem nun die Größen $\Delta\theta_1 = \theta - \theta_1$ nach der MKQ zu schätzen sind, usw. Wenn θ_0 nahe genug an der Lösung $\hat{\theta}$ von (9.7) liegt (im Hartleyschen Algorithmus wird weiter unten präzisiert, was damit gemeint ist), konvergiert die Folge $\theta_0, \theta_1, \ldots$ gegen $\hat{\theta}$. Wird allerdings ein schlechter Anfangsvektor θ_0 gewählt, so kann das Abbrechen der Taylorreihe nach den ersten Gliedern zu starken Diskrepanzen zwischen f und $\tilde{f}$ führen, und das Verfahren konvergiert nicht gegen das globale Minimum, sondern gegen ein relatives Minimum. Ist $\theta_l \in \Omega$ der Vektor, um den im l-ten Schritt eine Taylorentwicklung vorgenommen wurde, und wird $\tilde{f}^{(l)}(x, \theta)$ analog zu (9.8) gebildet, so ist im l-ten Schritt das Normalgleichungssystem

$$F_l^{\mathrm{T}} F_l \Delta\hat{\theta}_l = F_l^{\mathrm{T}}(Y - \tilde{\eta}^{(l)}) \tag{9.10}$$

zu lösen, wobei $F_l = (f_{ij}^{(l)}) = (\tilde{f}_j^{(l)}(x_i, \theta))$ ist. Wir setzen voraus, dass die x_i so gewählt wurden, dass $F_l^{\mathrm{T}} F_l$ nichtsingulär und (9.10) damit eindeutig lösbar ist. Das Iterationsverfahren mit der Berechnung neuer Vektoren für die Taylorentwicklung nach

$$\theta_{l+1} = \theta_l + \nu_l \Delta\hat{\theta}_l \tag{9.11}$$

kann man (Konvergenz vorausgesetzt) so lange fortsetzen, bis z. B. für alle j

$$|\theta_{j,l-1} - \theta_{jl}| < \delta_j \quad (\theta_l = (\theta_{1l}, \ldots , \theta_{pl})^{\mathrm{T}})$$

gilt. Da das Ziel der Iteration aber die Lösung von (9.6) ist, erscheint es sinnvoller, die Iteration so lange durchzuführen, bis mit θ_{l+1} und θ_l für $\hat{\theta}$ gilt:

$$|R(\theta_l) - R(\theta_{l+1})| < \varepsilon$$

In der ursprünglichen Form der Gauß-Newton-Iteration wurde $v_l = 1$ ($l = 0, 1, \ldots$) gesetzt. Das hat jedoch den Nachteil, dass die Konvergenz nicht gesichert ist oder sehr langsam sein kann. Es gibt mehrere Vorschläge, das Gauß-Newton-Verfahren zu modifizieren, z. B. von Levenberg (1944) und Hartley (1961), von denen wir den letzteren beschreiben wollen.

Die Methode von Hartley hat neben einer beschleunigten Konvergenz den Vorteil, dass Voraussetzungen, unter denen die Konvergenz gesichert ist, angegeben werden können.

Folgende Voraussetzungen mögen erfüllt sein:

V1: $f(x, \theta)$ besitzt für alle x stetige erste und zweite Ableitungen bezüglich θ.

V2: Für alle $\theta_0 \in \Omega_0 \subset \Omega$ (Ω_0 beschränkt, konvex) ist mit $F = [\eta_1(\theta), \ldots, \eta_p(\theta)]$ die Matrix $F^{\mathrm{T}}F$ positiv definit.

V3: Es existiert ein $\theta_0 \in \Omega_0 \subset \Omega$ derart, dass

$$R(\theta_0) < \inf_{\theta \in \Omega \setminus \Omega_0} R(\theta)$$

ist.

Die Hartleysche Modifikation des Gauß-Newton-Verfahrens besteht nun darin, die v_l in (9.11) so zu wählen, dass $R(\theta_l + v_l \Delta\theta_l)$ bei gegebenen θ_l als Funktion von v_l für $0 \leq v_l \leq 1$ minimal wird.

Hartley zeigte die Gültigkeit folgender Sätze, die wir ohne Beweis mitteilen:

Satz 9.1 Existenzsatz
Unter V1–V3 existiert immer eine Teilfolge $\{\theta_u\}$ der Folge $\{\theta_l\}$ von Vektoren nach (9.11) mit einem v_l, das $R(\theta_l + v_l \Delta\theta_l)$ bei gegebenem θ_l *für* $0 \leq v_l \leq 1$ minimiert, die gegen eine Lösung von

$$R(\theta^*) = \min_{\theta \in \Omega_0} R(\theta)$$

konvergiert.

Für beschränktes und konvexes Ω_0 konvergiert das Hartleysche Verfahren damit gegen eine Lösung von (9.6).

Satz 9.2 Eindeutigkeitssatz
Ist unter den Voraussetzungen von Satz 9.1 und mit den Bezeichnungen dieses Abschnittes die quadratische Form $a^{\mathrm{T}}Ra$ mit $R = (R_{ij}(\theta))$ und $R_{ij}(\theta) = \frac{\partial^2 R(\theta)}{\partial\theta_i \partial\theta_j}$ positiv definit in Ω_0, so gibt es höchstens einen stationären Punkt von $R(\theta)$.

Ein Problem des Hartleyschen Verfahrens besteht in der geeigneten Wahl eines Punktes θ_0 aus einer beschränkten konvexen Menge Ω_0. Numerisch ist die Bestimmung von v_{l+1} oft aufwendig. Näherungsweise kann man v_{l+1} durch quadratische Interpolation mit den Werten $v^*_{l+1} = 0$, $v^{**}_{l+1} = \frac{1}{2}$ und $v^{***}_{l+1} = 1$ aus

$$v_{l+1} = \frac{1}{2} + \frac{1}{4} \frac{R(\theta_l) - R(\theta_l + \Delta\theta_l)}{R(\theta_l + \Delta\theta_l) - 2R\left(2\theta_l + \frac{1}{2}\Delta\theta_l\right) + R(\theta_l)} \tag{9.12}$$

bestimmen.

Weitere Modifikationen des Gauß-Newton-Verfahrens stammen u. a. von Marquardt (1963, 1970) und Nash (1979).

Programmhinweis

Mit SPSS kann man MKS wie folgt erhalten. Wenn eine Datei mit (x, y)-Wertepaaren, wie z. B. die für das Wachstum von Hanfpflanzen nach Barath *et al.* (1996) in Abb. 9.1 vorliegt (x: Alter, y: Höhe), wählt man zunächst:

```
Analysieren
  Regression
    Nichtlinear
```

und erhält das Fenster der Abb. 9.2.

In diesem Fenster muss man zunächst die Parameter mit ihren Anfangswerten eingeben und die Regressionsfunktion programmieren, hierfür stehen im Fenster Hilfsmittel zur Verfügung. Wir wählen die logistische Regression aus Abschn. 9.6.3. Die programmierte Funktion $y = \frac{\alpha}{(1+\beta e^{\gamma x})}$ und Anfangswerte $(\alpha = 5, \beta = 5, \gamma = 5)$ findet man in Abb. 9.3.

Als Ergebnis der Berechnungen erhält man nach vielen Iterationen das unbefriedigende Ergebnis aus der folgenden ersten Tabelle mit einem Fehler-DQ von 506,9.

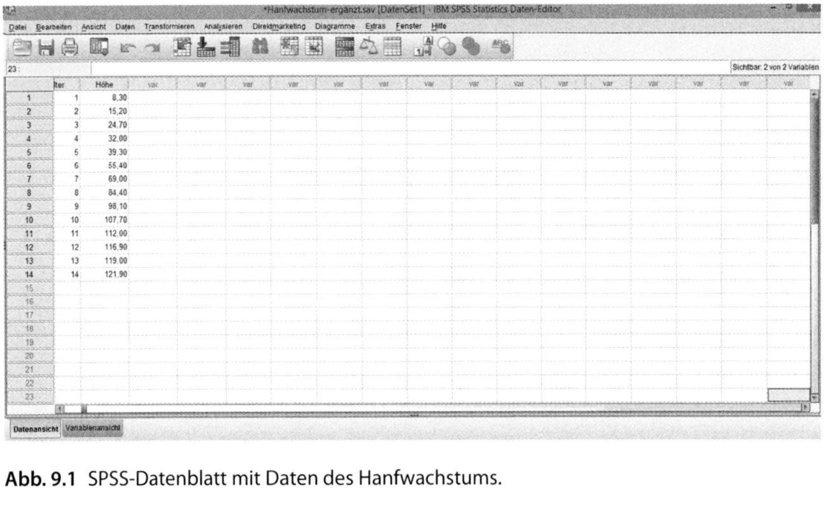

	lter	Höhe
1	1	8,30
2	2	15,20
3	3	24,70
4	4	32,00
5	5	39,30
6	6	55,40
7	7	69,00
8	8	84,40
9	9	98,10
10	10	107,70
11	11	112,00
12	12	116,90
13	13	119,00
14	14	121,90

Abb. 9.1 SPSS-Datenblatt mit Daten des Hanfwachstums.

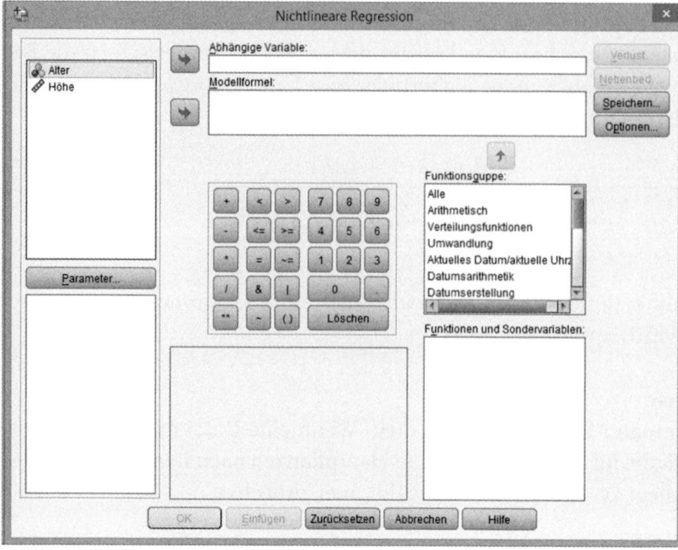

Abb. 9.2 SPSS-Fenster „Nichtlineare Regression".

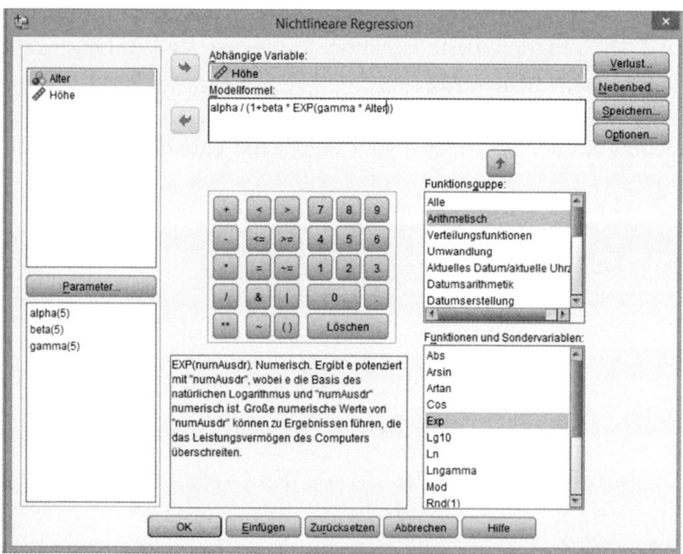

Abb. 9.3 SPSS-Fenster „Nichtlineare Regression" mit programmierter logistischer Regression.

Parameterschätzer

Parameter	Schätzer	Standardfehler	95 %-Konfidenzintervall Untere Grenze	95 %-Konfidenzintervall Obere Grenze
alpha	0,003	0,773	−1,697	1,704
beta	−1,000	0,020	−1,043	−0,957
gamma	4,591E-6	0,001	−0,002	0,002

Wir haben also durch schlechte Wahl der Anfangswerte ein relatives Minimum von $R(\theta)$ erreicht.

Wir wählen nun andere Anfangswerte mithilfe der Daten. Für $x = \infty$ hat die Funktion für negatives γ den Wert α, den wir durch den gerundeten Höchstwert 122 ersetzen. Bei Beginn des Wachstums ($x = 0$) ist der Funktionswert etwa $\frac{122}{1+\beta}$. Wir setzen dafür den gerundeten kleinsten Wert 8 ein und erhalten als Anfangswert für β den Wert 14,25. Nun wählen wir noch als Anfangswert von γ die Zahl −0,1 und ändern im Programm (siehe Abb. 9.3) die Anfangswerte entsprechend. Nun ergibt sich ein globales Minimum mit einem Rest-DQ von 3,71 (siehe zweite Tabelle).

Parameterschätzer

Parameter	Schätzer	Standardfehler	95 %-Konfidenzintervall Untere Grenze	95 %-Konfidenzintervall Obere Grenze
alpha	126,223	1,667	122,555	129,892
beta	19,681	1,694	15,952	23,410
gamma	−0,460	0,016	−0,496	−0,424

9.1.2 Innere Regression

Das Prinzip der inneren Regression geht auf Hotelling (1927) zurück. Hartley (1948) entwickelte für die einfache eigentlich nichtlineare Regression mit äquidistanten x_i eine Methode, die anwendbar ist, wenn $f(x)$ das Integral einer linearen Differentialgleichung erster Ordnung ist. Dabei wird an die Beobachtungswerte y_i nicht die Funktion selbst, sondern die erzeugende Differentialgleichung approximativ angepasst, indem die Differentialquotienten approximiert werden. Dieses Verfahren wurde auf solche eigentlich nichtlineare Regressionsfunktionen erweitert, die Integral einer linearen homogenen Differentialgleichung höherer Ordnung mit konstanten Koeffizienten bzw. auch von nichtlinearen Differentialgleichungen sind (Scharf, 1970).

Wir beschränken uns in der folgenden Darstellung auf die verallgemeinerte Methode der inneren Regression für homogene lineare Differentialgleichungen k-ter

Ordnung der Form

$$f^{(k)} + \sum_{l=1}^{k} b_l f^{(l-1)} = 0 \quad (k > 0,\ \text{ganz}) \tag{9.13}$$

mit $f^{(l)} = \frac{\mathrm{d}^l f(x)}{\mathrm{d}x^l}$, unbekannten reellen b_l und k-mal stetig differenzierbarer Funktion $f(x, \theta) = f^{(0)}$ (o. B. d. A. wurde ein Absolutglied weggelassen). Zur Ermittlung der allgemeinen Lösung dieser Differentialgleichung muss man zunächst die Wurzeln der charakteristischen Gleichung

$$r^k + \sum_{l=1}^{k} b_l r^{l-1} = 0 \tag{9.14}$$

bestimmen. Jeder reellen Wurzel r^* von (9.14) mit der Vielfachheit ν entsprechen die ν Lösungen

$$x^l \mathrm{e}^{r^* x} \quad (l = 0, \ldots, \nu - 1) \tag{9.15}$$

von (9.13). Da die b_l reell sein sollten, können komplexe Wurzeln der charakteristischen Gleichung nur paarweise konjugiert komplex auftreten. Wir wollen uns aber im Folgenden auf solche Fälle beschränken, in denen (9.14) nur einfache reelle Wurzeln $r_1, \ldots, r_t$ ($\nu = 1, t = k$) hat, sodass die allgemeine Lösung von (9.13) als Linearkombination der speziellen Lösungen (9.15) mit den reellen Koeffizienten c_i $(i = 1, \ldots, t)$ die Form

$$f(x, \theta) = f(x) = \sum_{l=1}^{t} c_l \mathrm{e}^{r_l x} \tag{9.16}$$

hat ($\theta = (c_1, \ldots, c_t, r_1, \ldots, r_t)^{\mathrm{T}}$).

Wir wollen nun die Koeffizienten b_l in (9.13) anstelle der Parameter von $f(x, \theta) = f(x)$ in (9.16) schätzen und schreiben das stochastische Modell als

$$f^{(t)}(x_i) + \sum_{l=1}^{t} b_l f^{(l-1)}(x_i) = \tilde{\boldsymbol{e}}_i \quad (i = 1, \ldots, n)\,, \qquad n > t \tag{9.17}$$

Wir setzen voraus, dass der Vektor der $\tilde{\boldsymbol{e}}_i$ nach $N(0_n, \tilde{\boldsymbol{\sigma}}^2 E_n)$ verteilt ist, und wollen MKS $\hat{\boldsymbol{b}}_l$ der b_l in (9.17) bestimmen. Damit betrachten wir natürlich ein von (9.2) verschiedenes Modell, wir unterstellen jetzt additive Fehlerglieder in der Differentialgleichung und nicht, wie in (9.2), für das Integral. Die Anwendbarkeit der inneren Regression hängt also auch davon ab, ob die Modellannahme (9.17) zumindest näherungsweise vertretbar ist. Die $\hat{b}_l$ werden so bestimmt, dass

$$\sum_{i=1}^{n} \left[f^{(t)}(x_i) + \sum_{l=1}^{t} \hat{b}_l f^{(l-1)}(x_i) \right]^2 = \min_{-\infty < b_l < \infty} \sum_{i=1}^{n} \left[f^{(t)}(x_i) + \sum_{l=1}^{t} b_l f^{(l-1)}(x_i) \right]^2 \tag{9.18}$$

gilt.

Um die Differentialquotienten durch die Differenzenquotienten ersetzen zu können, führen wir zunächst folgende Bezeichnungen ein, wobei $x_1 < x_2 < \ldots$ vorausgesetzt wird und $[p]$ das größte Ganze der Zahl p bezeichnet:

$$\Delta_i^0 = y_i$$

$$\Delta_i^s = \frac{\Delta_{i+1}^{s-1} - \Delta_{i-1}^{s-1}}{x_{i+1} - x_{i-1}}$$

$$\left(i = \left[\frac{s-2}{2}\right] + 1, \ldots, n - \left[\frac{s+2}{2}\right]\;;\quad s = 1, \ldots, k\right) \tag{9.19}$$

Die y_i sind die Beobachtungswerte bzw. bei mehrfachen Messungen die Mittelwerte der Beobachtungswerte an den Stellen x_i. Aus der Forderung (9.18) erhält man durch Ableitung der entsprechenden Funktion auf der rechten Seite nach den b_i, anschließendes Nullsetzen dieser Ableitung und der Approximation

$$f^{(u)}(x_i) \sim \Delta_i^u \tag{9.20}$$

das approximierte Normalgleichungssystem für die $\hat{b}_l$:

$$\sum_{i=t+1}^{n-t} \left(\Delta_i^t + \sum_{l=1}^{t} \hat{b}_l \Delta_i^{l-1} \right) \Delta_i^{h-1} = 0 \quad (h = 1, \ldots, t) \tag{9.21}$$

Dieses lineare Gleichungssystem in den $\hat{b}_l$ kann einfach gelöst werden. Aus (9.14) erhält man mit den $\hat{b}_l$ Werte $\hat{r}_1, \ldots, \hat{r}_t$ für r und damit entsprechend (9.16) das Resultat

$$\widehat{f(x_i)} = \sum_{l=1}^{t} c_l e^{\hat{r}_l x_i}$$

Mit $z_{li} = e^{\hat{r}_l x_i}$ werden die c_l als Regressionskoeffizienten eines multiplen linearen Regressionsproblems mit dem Modellansatz

$$\boldsymbol{y}_i = \sum_{l=1}^{t} c_l z_{li} + \boldsymbol{e}_i^* \tag{9.22}$$

geschätzt. Damit ist nach Übergang zu Zufallsvariablen

$$\hat{\boldsymbol{\theta}} = (\hat{\boldsymbol{c}}_1, \ldots, \hat{\boldsymbol{c}}_t, \hat{\boldsymbol{r}}_1, \ldots, \hat{\boldsymbol{r}}_t)^{\mathrm{T}}$$

die Schätzung für θ nach der Methode der inneren Regression.

9.1.3 Bestimmung von Anfangswerten für Iterationsverfahren

Das Konvergenzverhalten und die Konvergenzgeschwindigkeit von Iterationsverfahren zur Minimierung nichtlinearer Funktionen und zur Lösung nichtlinearer

Gleichungssysteme hängt wesentlich von der Wahl der Anfangswerte ab. Wenn man die Parameter für ein praktisches Problem gut interpretieren kann oder wenn sich die Parameterwerte aus der grafischen Darstellung der (y_i, x_i) abschätzen lassen, kann man einen Anfangswert θ_0 für θ für die Iteration heuristisch vorgeben. Oft hat man aber die Daten (y_i, x_i) im Rechner und möchte die Anfangswerte ohne die (mitunter auch zweifelhafte) Hilfe eines Fachmanns numerisch bestimmen. Hierfür stehen einige Verfahren zur Verfügung. Manche dieser Verfahren, wie die Trapezmethode nach Verhagen (1960), sind nur für spezielle Funktionen anwendbar, sie werden dann auch in Abschn. 9.6 bei einer dieser Funktionen behandelt. Andere Verfahren, wie das Verfahren der inneren Regression, sind für ganze Funktionenklassen einsetzbar. Es ist auf jeden Fall günstig, die nach der Methode der inneren Regression ermittelten Schätzwerte als Anfangswerte für die iterative Bestimmung der MKS zu verwenden.

Wir wollen σ^2 entweder durch

$$\boldsymbol{s}^2 = \frac{1}{n-p} R(\hat{\boldsymbol{\theta}})$$

oder durch

$$\tilde{\boldsymbol{\sigma}}^2 = \frac{1}{n} R(\hat{\boldsymbol{\theta}})$$

schätzen (zur Begründung siehe Abschn. 9.4.2).

9.2
Geometrische Betrachtungen

In diesem Abschnitt wollen wir die Probleme der Minimierung von $R(\theta)$ in (9.5) geometrisch veranschaulichen. Für ein festes n-Tupel $(x_1, \dots, x_n)$ in (9.4) definiert $\eta(\theta)$ als Funktion von $\theta \in \Omega$ eine sogenannte Lösungsfläche LF im R^n.

9.2.1
Lösungsfläche und Tangentenebene

Definition 9.3
Die Menge

$$\text{LF} = \{Y^* | \exists \theta : Y^* = \eta(\theta)\} \tag{9.23}$$

heißt *Lösungsfläche* der Funktion $\eta(\theta)$ im R^n.

Mit Wahrscheinlichkeit 1 ist (für eine Varianz $\sigma^2 > 0$) ein Beobachtungsvektor $Y \notin \text{LF}$.

Nach Definition 9.2 ist der Schätzwert $\hat{\theta}$ nach der Methode der kleinsten Quadrate gerade der Wert aus Ω, für den der Abstand zwischen Y und $\eta(\theta)$ minimal

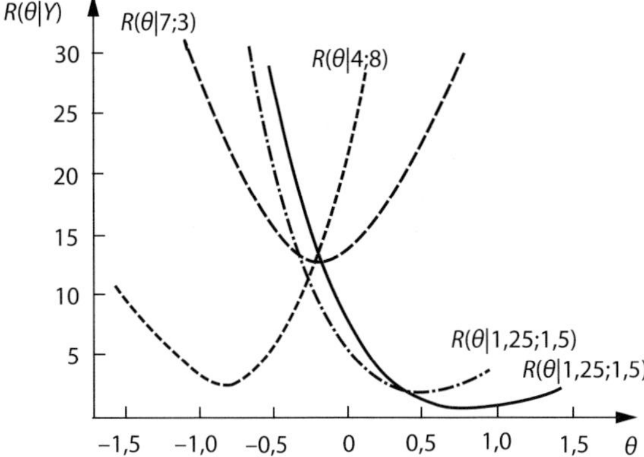

Abb. 9.4 Graphen von $R(\theta|Y)$ nach Tab. 9.1.

wird, oder anders ausgedrückt, $f(x, \hat{\theta}) = \hat{f}$ ist die orthogonale Projektion von Y auf LF.

Der Abstand ist die Länge des Vektors, der senkrecht zur Tangentenebene an die Lösungsfläche im Punkt $\eta(\theta)$ steht, und hat also an der Stelle $\eta(\hat{\theta})$ ein Minimum. Dieses Minimum ist nicht notwendig eindeutig bestimmt.

Beispiel 9.3

Es sei $\theta \in \Omega = R^1$ (d. h. $p = 1, x \in R^+$) und

$$f(x, \theta) = \frac{10}{1 + 2e^{\theta x}} \tag{9.24}$$

Ferner sei $n = 2, x_1 = 1, x_2 = 2$, und für

$$\boldsymbol{Y} = \begin{pmatrix} y_1 \\ y_2 \end{pmatrix} \quad \text{und} \quad \eta(\theta) = \begin{pmatrix} \frac{10}{1+2e^{\theta}} \\ \frac{10}{1+2e^{2\theta}} \end{pmatrix}$$

betrachten wir die vier Fälle $(y_{11}; y_{21}) = (4; 8)$, $(y_{12}; y_{22}) = (7; 3)$, $(y_{13}; y_{23}) = (1,25; 2,5)$ und $(y_{14}; y_{24}) = (1,25; 1,5)$.

Für jeden Fall $i = 1, 2, 3, 4$, wurde $R(\theta | y_{1i}, y_{2i})$ als Funktion von θ berechnet (Tab. 9.1), die Graphen der vier Funktionen $R(\theta | y_{1i}, y_{2i})$ enthält Abb. 9.4.

Die Koordinaten der Lösungsfläche im R^2, die wegen $p = 1$ eine Lösungskurve ist (folglich ist die Tangentenebene hier eine Tangente), sind in Tab. 9.2 angegeben. Aus Definition 9.3 wird klar, dass die Lösungsfläche nicht von dem beobachteten Punkt Y abhängt. Die Lösungskurve, Beobachtungspunkte Y_i (i =1, 2,3,4) und zwei Tangenten sind in Abb. 9.5 zu finden.

Die θ-Skala auf der Lösungskurve ist in der ersten Spalte von Tab. 9.2 enthalten. Für in θ nichtlineare Regressionsfunktionen $f(y, \theta)$ ist die Lösungsfläche gekrümmt, die Krümmung hängt von θ ab und kann in einer Umgebung $U(\theta_0)$ von θ_0 als Grad der Abweichung der Lösungsfläche von der Tangentenebene an der

Tab. 9.1 Werte des zu minimierenden Funktionals $R(\theta)$ für vier Wertepaare von Beispiel 9.3 (Werte über 30 werden nicht aufgeführt).

θ	$R(\theta\|y_{11}, y_{21})$	$R(\theta\|y_{12}, y_{22})$	$R(\theta\|y_{13}, y_{23})$	$R(\theta\|y_{14}, y_{24})$
−1,5	9,69			
−1,4	8,1			
−1,3	6,61			
−1,2	5,24			
−1,1	4,05	27,9		
−1,0	3,12	25,3		
−0,9	2,53	22,6		
−0,8	2,37	20,0		
−0,7	2,73	17,6		
−0,6	3,68	15,5	26,4	
−0,5	5,28	13,8	21,3	28,8
−0,4	7,54	12,6	16,8	23,3
−0,3	10,45	11,9	12,9	18,4
−0,2	13,94	11,9	9,60	14,1
−0,1	17,91	12,5	7,00	10,6
0	22,22	13,6	5,03	7,70
0,1	26,75	15,1	3,64	5,45
0,2		17,0	2,74	3,76
0,3		19,2	2,23	2,54
0,4		21,5	2,03	1,70
0,5		23,9	2,06	1,16
0,6		26,4	2,23	0,85
0,7		28,7	2,51	0,71
0,8			2,85	0,68
0,9			3,21	0,74
1			3,57	0,84
1,2				1,31

Stelle θ_0 definiert werden. Das Koordinatensystem auf der Lösungsfläche ist nicht gleichförmig, d. h., es folgt mit $\theta_3 \neq \theta_4$ aus

$$\theta_4 - \theta_3 = \theta_2 - \theta_1 , \quad \theta_i \in \Omega \quad (i = 1, 2, 3, 4)$$

im Allgemeinen nicht

$$\|\eta(\theta_4) - \eta(\theta_3)\| = \|\eta(\theta_2) - \eta(\theta_1)\|$$

Man kann sich nun leicht eine Lösungsfläche vorstellen, zu der Y so im R^n liegt, dass es zu mehreren Punkten der Lösungsfläche den gleichen Abstand hat. Es ist sogar denkbar, z. B. wenn $\eta(\theta)$ eine Kugel und Y ihr Mittelpunkt ist, dass es

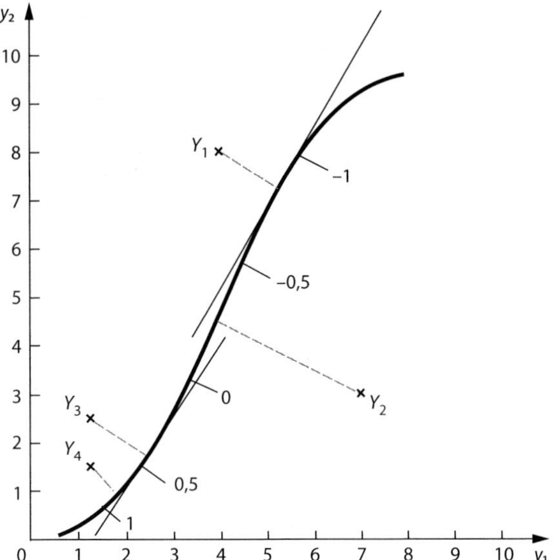

Abb. 9.5 Lösungsvektoren der Funktion $\eta(x) = \frac{10}{1+2e^{\theta x}}$ für $x_1 = 1, x_2 = 2$ mit vier Beobachtungsvektoren Y_i $(i = 1, 2, 3, 4)$ und zwei Tangenten.

unendlich viele solcher Punkte gibt, und dann ist die Suche nach dem Minimum von $R(\theta)$ sinnlos.

Wir setzen in diesem Kapitel voraus, dass $R(\theta)$ für alle Y ein eindeutig bestimmtes Minimum hat.

Die Lösungsfläche ist unabhängig von der Parametrisierung der Funktion im Sinne der folgenden

Definition 9.4

Wir sagen, dass wir eine Regressionsfunktion $f(x, \theta)$ anders parametrisieren, wenn wir eine umkehrbar eindeutige Transformation $g\colon \Omega \to \Omega^*$ auf θ anwenden und $f(x, \theta)$ in der Form

$$f(x, \theta) = \psi[x, g(\theta)] = \psi(x, \theta^*) \tag{9.25}$$

mit $\theta^* = g(\theta)$ bzw. $\theta = g^{-1}(\theta^*)$ schreiben.

Wir wollen hierfür ein Beispiel betrachten.

Beispiel 9.4

Die Funktion

$$f(x, \theta) = \frac{\alpha}{1 + \beta e^{\gamma x}} \quad \text{mit} \quad \theta = (\alpha, \beta, \gamma)^{\mathrm{T}}\,, \quad \beta > 0 \tag{9.26}$$

Tab. 9.2 Koordinaten der Lösungskurve von Beispiel 9.3.

θ	$\frac{10}{1+2e^{\theta}}$	$\frac{10}{1+2e^{2\theta}}$
−1,9	7,70	9,57
−1,7	7,32	9,37
−1,5	6,91	9,09
−1,3	6,47	8,71
−1,1	6,00	8,18
−0,9	5,52	7,52
−0,82	5,32	7,20
−0,7	5,02	6,70
−0,5	4,52	5,76
−0,3	4,03	4,77
−0,24	3,89	4,47
−0,1	3,56	3,79
0	3,33	3,33
0,2	2,90	2,51
0,4	2,51	1,83
0,44	2,44	1,72
0,6	2,15	1,31
0,78	1,86	0,95
1,0	1,55	0,63
2,0	0,63	0,09

wird logistische Funktion genannt. Es sei $\alpha\beta\gamma \neq 0$. Die beiden ersten Ableitungen nach x sind

$$\frac{\mathrm{d} f(x,\theta)}{\mathrm{d}x} = -\frac{\alpha\beta\gamma \mathrm{e}^{\gamma x}}{(1+\beta \mathrm{e}^{\gamma x})^2}$$

bzw.

$$\begin{aligned}\frac{\mathrm{d}^2 f(x,\theta)}{\mathrm{d}x^2} &= -\alpha\beta\gamma \frac{(1+\beta\mathrm{e}^{\gamma x})^2\gamma \mathrm{e}^{\gamma x} - 2\mathrm{e}^{\gamma x}(1+\beta \mathrm{e}^{\gamma x})\beta\gamma \mathrm{e}^{\gamma x}}{(1+\beta \mathrm{e}^{\gamma x})^4} \\ &= -\alpha\beta\gamma^2 \mathrm{e}^{\gamma x}\frac{1-\beta \mathrm{e}^{\gamma x}}{(1+\beta \mathrm{e}^{\gamma x})^3}\end{aligned}$$

Die Parameter seien auf einen Teilraum Ω_0 von Ω eingeschränkt, in dem $f(x,\theta)$ einen Wendepunkt (x_ω, η_ω) besitzt. Da in diesem Punkt der Zähler der zweiten Ableitung verschwinden muss, folgt

$$1-\beta \mathrm{e}^{\gamma x_\omega} = 0 \quad \text{sowie} \quad \beta = \mathrm{e}^{-\gamma x_\omega} \quad \text{bzw.} \quad x_\omega = -\frac{1}{\gamma}\ln\beta$$

bzw.

$$f_\omega = \frac{\alpha}{2} = \eta_\omega$$

Da $\frac{\mathrm{d}^2 f(x,\theta)}{\mathrm{d}x^2}$ an der Stelle x_ω das Vorzeichen wechselt, handelt es sich tatsächlich um einen Wendepunkt.

Nun ist wegen $\beta = \mathrm{e}^{-\gamma x_\omega}$

$$\begin{aligned} f(x,\theta) &= \frac{\alpha}{1+\beta \mathrm{e}^{\gamma x}} = \alpha \frac{\mathrm{e}^{\gamma x_\omega}}{\mathrm{e}^{\gamma x_\omega} + \mathrm{e}^{\gamma x}} = \frac{\alpha}{2}\left\{1 + \frac{\mathrm{e}^{-\gamma x}\mathrm{e}^{\gamma x_\omega} - 1}{\mathrm{e}^{-\gamma x}\mathrm{e}^{\gamma x_\omega} + 1}\right\} \\ &= \frac{\alpha}{2}\left\{1 + \tanh\left[-\frac{\gamma}{2}(x - x_\omega)\right]\right\} = a\,\{1 + \tanh[b(x-c)]\} \\ &= \psi(x,\theta^*) \end{aligned} \tag{9.27}$$

mit

$$\theta^{*\mathrm{T}} = (a,b,c)\,, \quad a = \frac{\alpha}{2}\,, \quad b = -\frac{\gamma}{2}\,, \quad c = -\frac{1}{\gamma}\ln\beta$$

Damit kann die logistische Funktion auch als dreiparametrische Tangens-hyperbolicus-Funktion geschrieben werden, der Parameter c ist der Abszissenwert des Wendepunktes und $\alpha/2$ der Ordinatenwert des Wendepunktes.

Natürlich erzeugt $f(x,\theta)$ für beide Schreibweisen die gleiche Lösungskurve. Die Funktion von Beispiel 9.3 hat in der Schreibweise (9.27) die Form

$$f(x,\theta) = 5\left\{1 + \tanh\left[-\frac{\theta}{2}x - \frac{\ln 2}{2}\right]\right\}$$

und der Vektor der Koordinaten der Lösungskurve ist

$$\eta(\theta) = \left\{5\left(1 + \tanh\left[-\frac{1}{2}(\ln 2 + \theta)\right]\right), 5\left(1 + \tanh\left[-\frac{1}{2}(\ln 2 + 2\theta)\right]\right)\right\}^{\mathrm{T}}$$

Hängt ein neuer Parameter nichtlinear vom ursprünglichen Parameter ab, so verändert sich die „Nichtlinearität“ der Parameterskala auf der Lösungskurve.

Hierzu betrachten wir das

Beispiel 9.5

Die Funktion

$$f(x,\theta) = (\alpha + \beta \mathrm{e}^{\gamma x})^{\delta} \quad (\theta = (\alpha,\beta,\gamma,\delta)^{\mathrm{T}}, \alpha\beta < 0, \gamma > 0, \delta > 0) \tag{9.28}$$

wurde von Richards (1959) zur Beschreibung des Wachstums von Pflanzen vorgeschlagen, wenn der Parameterraum geeignet eingeschränkt wird. Sie wird oft kurz Richards-Funktion genannt. Wir schreiben die Funktion in der Form

$$\psi(x,\theta^*) = A\left\{1 + B\exp[(D-x)]\frac{C}{A}(B+1)^{1+1/B}\right\}^{-1/B}$$

Zwischen θ und $\theta^* = (A,B,C,D)^{\mathrm{T}}$ besteht folgender Zusammenhang ($\theta = g^{-1}(\theta^*)$):

$$\begin{aligned} &\alpha = A^{-B}\,, \quad \beta = BA^{-B}\exp\left[\frac{C}{A}D(B+1)^{1+1/B}\right] \\ &\gamma = -\frac{C}{A}(B+1)^{1+1/B}\,, \quad \delta = -\frac{1}{B} \end{aligned}$$

bzw. ($\theta^* = g(\theta)$)

$$A = \alpha^\delta\,, \quad B = -\frac{1}{\delta}\,, \quad C = -\gamma\alpha^\delta\left(1-\frac{1}{\delta}\right)^{\delta-1}\,, \quad D = -\frac{1}{\gamma}\ln\left(\frac{-\beta\delta}{\alpha}\right)$$

Die Parameter A, C und D lassen sich wie folgt interpretieren:

A: Endgröße ($A = \lim\limits_{x\to\infty} \psi(x,\theta^*)$),
D: Abszissenwert des Wendepunktes der Kurve,
C: Ordinatenwert von $\frac{\mathrm{d}\psi(x,\theta^*)}{\mathrm{d}x}$ an der Stelle $x = D$ (maximaler Zuwachs).

Damit erhält man Anhaltspunkte für die Angabe von Anfangswerten für die iterative Ermittlung von MKQ-Schätzwerten.

Hougaard (1982) konnte für den Fall $p = 1$ zeigen, dass es eine Parametertransformation $\tilde{g}$ gibt, die zu einem Parameter $\alpha = \tilde{g}(\theta)$ führt, für den die asymptotische Varianz nahezu unabhängig von θ ist, asymptotische Schiefe und asymptotische Verzerrung von $\hat{\boldsymbol{\alpha}}$ verschwinden und die Likelihood-Funktion von $\hat{\boldsymbol{\alpha}}$ näherungsweise die einer Normalverteilung ist, sofern die Fehler $\boldsymbol{e}$ in (9.2) normalverteilt sind (diese Parametrisierung führt außerdem zu verschwindenden parameterabhängigen Krümmungsmaßen nach Beale sowie Bates und Watts – siehe Abschn. 9.2.2).

Diese Transformation ist durch

$$\frac{\partial g(\theta)}{\partial\theta} = c\sqrt{F^{\mathrm{T}}F} \tag{9.29}$$

mit einer beliebigen Konstanten c und F aus (9.4) gegeben.

Verallgemeinerungen dieser Ergebnisse für $p > 1$ wurden von Holland (1973); Hougaard (1984) vorgenommen.

Satz 9.3
Ist $\eta = \eta(\theta)$ aus (9.2) in Ω dreimal stetig (bezüglich θ) differenzierbar und Ω zusammenhängend, so ist eine kovarianzstabilisierende Transformation $g = g(\theta_1, \dots, \theta_p)$ Lösung von

$$\frac{\partial g}{\partial\theta_i\partial\theta_j} = \left(\frac{\partial g}{\partial\theta_1}, \dots, \frac{\partial g}{\partial\theta_p}\right)(F^{\mathrm{T}}F)^{-1}\left(\frac{\partial g}{\partial\theta_1}, \dots, \frac{\partial g}{\partial\theta_p}\right)^{\mathrm{T}} k_{ij}$$

mit k_{ij} und F aus (9.4).

Hougaard (1984) zeigte, dass für Funktionen vom Typ $f(x_i,\theta) = \theta_1 + \theta_2 h(x_i,\theta_3)$ eine solche Parametertransformation existiert.

9.2.2
Nichtlinearitätsmaße

Wie wir in Beispiel 9.4 gesehen haben, können wir für dieselbe Funktion mehrere Schreibweisen angeben. Die Parameter können eindeutig ineinander überführt werden.

Definition 9.5
Gegeben seien zwei stetig differenzierbare Funktionen $f(x, \theta)$ und $h(x, \delta)$, $\theta \in \Omega$, $\delta \in \Delta$. Ferner sei g eine eineindeutige Abbildung von Ω auf Δ, und für alle $x \in R$ gelte $f(x, g(\theta)) = h(x, \delta)$. Dann nennen wir $h(x, \delta)$ eine Reparametrisierung von $f(x, \theta)$ (und umgekehrt).

In diesem Zusammenhang kann man sich fragen, ob es Unterschiede in den Eigenschaften der Schätzfunktionen in einem nichtlinearen Regressionsmodell gibt, wenn man verschiedene Reparametrisierungen wählt. Gibt es z. B. eine Reparametrisierung, die zu einer kleineren Verzerrung führt als bei der Ausgangsfunktion? Solche Fragen reduzieren sich dann darauf, ob sich der Grad der Nichtlinearität durch Reparametrisierung beeinflussen lässt. Natürlich muss man, um diese Frage beantworten zu können, zunächst ein Nichtlinearitätsmaß definieren. Das soll in diesem Abschnitt geschehen.

Nichtlinearitätsmaße werden oft über die zweite Ableitung der Regressionsfunktion (nach dem Parametervektor), also über die Krümmung definiert, wobei solch ein lokales Maß (weil vom Parameter abhängig) noch geeignet zu globalisieren ist, z. B. durch eine Supremumbildung, siehe Beale (1960); Bates und Watts (1988). Einen Vorschlag eines statistisch motivierten Nichtlinearitätsmaßes, basierend auf höheren Momenten einer symmetrischen Modellfehlerverteilung, unterbreitete Morton (1987), auf dessen Arbeit wir uns im Folgenden beziehen.

Wir gehen von Modellgleichung (9.2) aus, wobei wir nicht nur voraussetzen, dass die Fehlerglieder $\boldsymbol{e}_i$ identisch und voneinander unabhängig mit Erwartungswert 0 und positiver endlicher Varianz σ^2 verteilt sind, sondern zusätzlich fordern, dass diese Verteilung symmetrisch ist. Die MKQ-Schätzung $\hat{\boldsymbol{\theta}} = (\hat{\boldsymbol{\theta}}_1, \ldots, \hat{\boldsymbol{\theta}}_p)^{\mathrm{T}}$ schreiben wir jetzt in Abhängigkeit von den Fehlergliedern in der Form

$$\hat{\boldsymbol{\theta}} = \hat{\boldsymbol{\theta}}(\boldsymbol{e}) = (\hat{\boldsymbol{\theta}}_1(\boldsymbol{e}), \ldots, \hat{\boldsymbol{\theta}}_p(\boldsymbol{e}))^{\mathrm{T}}$$

Mit

$$\boldsymbol{u}_j = \frac{1}{2}\left\{\hat{\boldsymbol{\theta}}_j(\boldsymbol{e}) - \hat{\boldsymbol{\theta}}_j(-\boldsymbol{e})\right\} \tag{9.30}$$

$$\boldsymbol{v}_j = \frac{1}{2}\left\{\hat{\boldsymbol{\theta}}_j(\boldsymbol{e}) + \hat{\boldsymbol{\theta}}_j(-\boldsymbol{e})\right\} - \theta_j \tag{9.31}$$

ergibt sich die Darstellung

$$\hat{\boldsymbol{\theta}}_j = \theta_j + \boldsymbol{u}_j + \boldsymbol{v}_j$$

Aus den Voraussetzungen folgt $E[\{\hat{\boldsymbol{\theta}}_j(\hat{\boldsymbol{e}})\}] = E[\{\hat{\boldsymbol{\theta}}_j(-\hat{\boldsymbol{e}})\}]$ und damit $E(\boldsymbol{u}_j) = 0$ und daraus für die Verzerrung der j-ten Komponente des MKQ-Vektors

$$b_j = E(\hat{\boldsymbol{\theta}}_j - \theta) = E(\boldsymbol{v}_j)$$

Damit können Nichtlinearitätsmaße für die Komponenten von θ definiert werden.

Definition 9.6
Ein Maß für die Nichtlinearität der j-ten Komponente $\theta_j (j = 1, \dots, p)$ von θ in (9.2) ist mit den in (9.30) und (9.31) eingeführten Symbolen durch

$$N_j = \frac{\text{var}(\boldsymbol{v}_i)}{\text{var}(\hat{\boldsymbol{\theta}}_j)} = \frac{\text{var}(\boldsymbol{v}_i)}{\text{var}(\boldsymbol{u}_i) + \text{var}(\boldsymbol{v}_i)}$$

gegeben.

Wir definieren nun durch lineare Regression von $\boldsymbol{v}_j$ auf alle $\binom{p}{2}$ Produkte $\boldsymbol{u}_k \boldsymbol{u}_l$ für jedes j eine $(p \times p)$-Matrix C_j derart, dass $\text{cov}(\boldsymbol{u}_k \boldsymbol{u}_l, \boldsymbol{v}_{2j}) = 0$ für jedes Paar (k, l) gilt, wobei

$$\boldsymbol{v}_{2j} = \boldsymbol{v}_j - \boldsymbol{v}_{1j} \quad \text{und} \quad \boldsymbol{v}_{1j} = \frac{1}{2} \boldsymbol{u}^{\text{T}} C_j \boldsymbol{u}$$

mit $\boldsymbol{u} = (\boldsymbol{u}_1, \dots, \boldsymbol{u}_p)^{\text{T}}$ ist. Die spezielle Wahl von C_j hat zur Folge, dass die beiden Komponenten $\boldsymbol{v}_{1j}$ und $\boldsymbol{v}_{2j}$, in die $\boldsymbol{v}_j$ zerlegt wurde, unkorreliert sind. Damit gilt aber

$$\text{var}(\boldsymbol{v}_j) = \text{var}(\boldsymbol{v}_{1j}) + \text{var}(\boldsymbol{v}_{2j})$$

In der folgenden Definition zerlegen wir das in Definition 9.6 eingeführte Nichtlinearitätsmaß in zwei Teile, von denen der erste durch eine geschickte Reparametrisierung klein (theoretisch zu 0) gemacht werden kann.

Definition 9.7
Wir nennen

$$N_{1j} = \frac{\text{var}(\boldsymbol{v}_{1j})}{\text{var}(\hat{\boldsymbol{\theta}}_j)} \tag{9.32}$$

reparametrisierungsabhängige Nichtlinearität der Komponente θ_j von f und

$$N_{2j} = \frac{\text{var}(\boldsymbol{v}_{2j})}{\text{var}(\hat{\boldsymbol{\theta}}_j)} \tag{9.33}$$

eigentliche Nichtlinearität der Komponente θ_j von f.

Wie man leicht sieht, ist $N_j = N_{1j} + N_{2j}$.

Morton (1987) macht auch einen Vorschlag, wie man eine günstige Reparametrisierung finden kann. Mithilfe der in (9.4) definierten Matrix F schreiben wir:

$$\frac{1}{n} F^{\text{T}}(\theta) F(\theta) = I_n(\theta) = (m_{ij}) \quad \text{und} \quad I_n^{-1}(\theta) = (m^{ij})$$

Eine Matrix L sei durch $L^{\mathrm{T}} I_n(\theta) L = E_p$ (mit der Einheitsmatrix E_p der Ordnung p) gegeben. Mithilfe der in (9.4) definierten Symbole führen wir folgende Größen ein:

$$t_{uvj} = \sum_{i=1}^{n} k_{uv}(x_i, \theta) f_j(x_i, \theta) \, , \quad t_{uvjl} = \sum_{i=1}^{n} k_{uv}(x_i, \theta) k_{jl}(x_i, \theta)$$

$$D_j = (d_{uvj}) \quad \text{mit} \quad d_{uvj} = \sum_{l=1}^{n} m^{jl} t_{uvl}$$

und

$$a_j = \sqrt{N_{1j}} \frac{\operatorname{cov}\left(\boldsymbol{u}_j^2, \boldsymbol{v}_j\right)}{\sqrt{\operatorname{var}(\boldsymbol{u}_j^2) \operatorname{var}(\boldsymbol{v}_j)}}$$

Morton konnte zeigen, dass folgende Approximationen erster Ordnung gelten:

$$N_{1j} \approx \frac{\sigma^2}{2nm^{jj}} \operatorname{Sp}\left\{ \left(L^{\mathrm{T}} D_j L\right)^2 \right\}$$

$$N_{2j} \approx \frac{\sigma^2}{nm^{jj}} \sum_{u,v,k,l} m^{ju} m^{jv} m^{kl} \left\{ t_{kluv} + \sum_s t_{kus} d_{lvs} \right\}$$

$$b_j \approx -\frac{\sigma^2}{2n} \operatorname{Sp}\left\{ L^{\mathrm{T}} D_j L \right\}$$

Approximiert man noch

$$\operatorname{var}(\boldsymbol{u}_j) \approx \frac{\sigma^2}{n} m^{jj}$$

$$\operatorname{var}(\boldsymbol{v}_{1j}) \approx \frac{\sigma^4}{2n^2} \operatorname{Sp}\left\{ \left(L^{\mathrm{T}} D_j L\right)^2 \right\}$$

$$\operatorname{var}(\boldsymbol{v}_{2j}) \approx \frac{\sigma^2}{n^2} \sum_{u,v,k,l} m^{ju} m^{jv} m^{kl} \left\{ t_{kluv} + \sum_s t_{kus} d_{lvs} \right\}$$

so können wir folgende Definition geben:

Definition 9.8
Der transformierte Parametervektor $\theta^* = (\theta_1^*, \dots, \theta_p^*)^{\mathrm{T}}$ mit

$$\theta_j^* = \frac{a_j}{\sqrt{2\left\{\operatorname{var}(\boldsymbol{u}_j) - \operatorname{var}(\boldsymbol{v}_{1j}) - \operatorname{var}(\boldsymbol{v}_{2j})\right\}}} \qquad (j = 1, \dots, p)$$

heißt N_{1j}-optimale Reparametrisierung von f in (9.3) für alle j.

Die in Definition 9.8 eingeführte Reparametrisierung minimiert alle N_{1j}.

9.3 Asymptotische Eigenschaften und die Verzerrung der MKQ-Schätzung

Die Situation in der eigentlich nichtlinearen Regression ist von der der linearen (und quasilinearen) Regression sehr verschieden. Über die Verteilung von $\hat{\boldsymbol{\theta}} = \hat{\boldsymbol{\theta}}_n$ weiß man wenig, ebenso über die Verteilung von $\boldsymbol{s}^2$ bzw. von $\tilde{\boldsymbol{\sigma}}^2$.

Die Größe

$$\frac{1}{\sigma^2}\boldsymbol{s}^2(n-p) = \frac{1}{\sigma^2}\tilde{\boldsymbol{\sigma}}^2 \cdot n$$

ist nicht χ^2-verteilt, $\hat{\boldsymbol{\theta}}$ ist nicht normalverteilt, selbst wenn die $\boldsymbol{e}_i$ in der Modellgleichung nach $N(0, \sigma^2)$ verteilt sind.

Auch die Verzerrung

$$v_n(\theta) = E[\hat{\boldsymbol{\theta}}_n - \theta] \tag{9.34}$$

können wir nur näherungsweise ermitteln. Trotzdem werden wir im nächsten Abschnitt Konfidenzschätzungen und Tests angeben, die näherungsweise die vorgegebenen Risiken einhalten und das umso besser, je größer der Versuchsumfang n ist. Im ersten Teil dieses Abschnitts wollen wir asymptotische Aussagen angeben, die im Wesentlichen auf Jennrich (1969) zurückgehen, dessen Arbeit auch nach über 45 Jahren noch sehr aktuell ist. In der verkürzten Darstellung lehnen wir uns an Johansen (1984) an. Am Ende dieses Abschnitts wollen wir ein Ergebnis von Box (1971) über die Verzerrung $v_n(\theta)$ geben.

Wir setzen voraus, dass der Parameterraum $\Omega \subset R^p$ kompakt und $f(x, \theta)$ zweimal stetig bezüglich θ differenzierbar ist.

Zunächst führen wir die Jennrichschen reinen und gemischten Grenzprodukte ein, deren Verwendung die Darstellung wesentlich vereinfacht.

Für endliche n kann die Gesamtheit der Messpunkte $(x_1, \dots, x_n)$ (also der diskrete Versuchsplan) als diskretes Wahrscheinlichkeitsmaß mit einer Verteilungsfunktion $F_n(x)$ betrachtet werden (auch wenn hier keine Zufallsvariable $\boldsymbol{x}$ vorliegt). Wenn wir nun n gegen ∞ streben lassen, möge $F_n(x)$ gegen die Grenzverteilungsfunktion $F(x)$ streben. Dann definieren wir im Folgenden für bestimmte beschränkte stetige Funktionen s und t mit $s, t : R \otimes \Omega \to R$ und $(\theta, \theta^*) \in \Omega \otimes \Omega$

$$\int_x s(x,\theta)t(x,\theta^*)\,\mathrm{d}F(x) = (s(\theta), t(\theta^*)) \tag{9.35}$$

Definition 9.9

Wir sagen, die Folge $\{g_i\}$ $(i = 1, 2, \dots)$ von Funktionen $g_i : R \otimes \Omega \to R$ besitze ein reines Grenzprodukt (g, g) im Sinne von (9.35), wenn

$$\frac{1}{n}\sum_{i=1}^{n} g_i(\theta)g_i(\theta^*)\,, \quad \theta, \theta^* \in \Omega$$

für $n \to \infty$ gleichmäßig in $(\theta, \theta^*) \in \Omega \times \Omega$ gegen (g, g) konvergiert. Sind $\{g_i\}$ und $\{h_i\}$ zwei Funktionenfolgen $g_i : R \otimes \Omega \to R$, $h_i : R \otimes \Omega \to R$, so sagen wir, dass diese Folgen ein gemischtes Grenzprodukt (g, h) besitzen, falls

$$\frac{1}{n} \sum_{i=1}^{n} g_i(\theta) h_i(\theta^*) , \quad \theta, \theta^* \in \Omega$$

gleichmäßig für alle $(\theta, \theta^*) \in \Omega \otimes \Omega$ für $n \to \infty$ gegen (g, h) konvergiert.

Es ist klar, dass aus der Stetigkeit aller g_i und h_i und der gleichmäßigen Konvergenz die Stetigkeit von (g, g) und (g, h) folgt.

Für das Verständnis der folgenden Sätze werden Begriffe und Aussagen benötigt, die über die übliche Konvergenz von Zufallsvariablen hinausgehen. Wir benötigen vor allem eine Erweiterung der Definition der fast sicheren Konvergenz für den Fall, dass wir eine von einem Parameter θ abhängige Folge zufälliger Funktionen vorliegen haben. Im nicht stochastischen Fall definiert man gleichmäßige Konvergenz (für alle $\theta \in \Omega$), indem man fordert, dass für eine Funktionenfolge $\{f_i(\theta)\}$

$$\sup_{\theta \in \Omega} |f_i(\theta) - f(\theta)|$$

für $i \to \infty$ gegen 0 strebt.

Das ist nun nicht ohne Weiteres auf zufällige Funktionen übertragbar, da eine analoge Definition zur Voraussetzung haben müsste, dass

$$\sup_{\theta \in \Omega} |\boldsymbol{f}_i(\theta) - \boldsymbol{f}(\theta)|$$

für jedes i eine Zufallsvariable ist. Das ist aber nicht notwendig der Fall. Wir geben daher die

Definition 9.10
Sind $\boldsymbol{f}(\theta)$ und $\boldsymbol{f}_i(\theta)$ $(i = 1, 2, \ldots)$ zufällige Funktionen für $\theta \in \Omega \subset R^p$ und ist $(\{Y\}, \Omega, P)$ der gemeinsame Wahrscheinlichkeitsraum der Argumente von $\boldsymbol{f}$ und allen $\boldsymbol{f}_i$, so sagen wir, die $\boldsymbol{f}_i$ konvergieren gleichmäßig in Ω fast sicher gegen $\boldsymbol{f}$, falls alle

$$\sup_{\theta \in \Omega} |\boldsymbol{f}_i(\theta) - \boldsymbol{f}(\theta)| \quad \text{für} \quad i = 1, 2, \ldots$$

Zufallsvariablen sind und bis auf eine Menge vom P-Maß 0 für alle Elemente $Y \in \{Y\}$ (d. h. für alle $Y \in \{Y\} \backslash N$ mit einer P-Nullmenge N) und für alle $\varepsilon > 0$ ein $n_0(Y, \varepsilon)$ existiert, sodass für $i \geq n_0(Y, \varepsilon)$

$$\sup_{\theta \in \Omega} |\boldsymbol{f}_i(\theta, Y) - \boldsymbol{f}(\theta, Y)| \leq \varepsilon$$

gilt.

Der Beweis des nächsten Satzes basiert auf

Lemma 9.1 Borel-Cantelli
Sind $\boldsymbol{y}$ und $\boldsymbol{y}_1, \boldsymbol{y}_2, \ldots$ Zufallsvariablen mit dem gemeinsamen Wahrscheinlichkeitsraum $(\{Y\}, \Omega, P)$ und gilt für alle $\varepsilon > 0$

$$\sum_i P\{|\boldsymbol{y}_i - \boldsymbol{y}| > \varepsilon\} < \infty$$

so konvergiert die Folge $\{\boldsymbol{y}_i\}$ fast sicher gegen $\boldsymbol{y}$.

Den Beweis findet man z. B. bei Bauer (1978, S. 168) oder in der Taschenbuchausgabe 2002.

Wir benötigen ferner ein Lemma, dessen Beweis man bei Jennrich (1969, S. 637) oder Witting und Nölle, Hilfssatz 2.30, S.75 findet.

Lemma 9.2
Es sei $\boldsymbol{R} = R(\boldsymbol{Y}, \theta)$ eine auf $R^n \otimes \Omega$ definierte, reellwertige Funktion, wobei Ω eine kompakte Teilmenge des R^p ist, und es sei ferner $R(\boldsymbol{Y}, \theta)$ für alle $\theta \in \Omega$ eine messbare Funktion von $\boldsymbol{Y}$, die für alle $Y \in \{Y\}$ in θ stetig ist. Dann existiert eine messbare Abbildung $\hat{\theta}$ von $\{Y\}$ in Ω derart, dass für alle $Y \in \{Y\}$

$$R[Y, \hat{\theta}(Y)] = \inf_{\theta \in \Omega} R(Y, \theta)$$

gilt.

Aus diesem Lemma folgt, dass die MKQ-Schätzung tatsächlich eine Zufallsvariable ist.

Satz 9.4
Es sei $g_i \colon \Omega \to R$ eine stetige Abbildung des Parameterraumes Ω in R, und die Folge $\{g_i\}$ besitze ein reines Grenzprodukt. Ist ferner $\{\boldsymbol{u}_i\}$ eine Folge unabhängig nach $N(0, \sigma^2)$ verteilter Zufallsvariablen, so konvergiert

$$\boldsymbol{z}_n = \frac{1}{n} \sum_{i=1}^{n} \boldsymbol{u}_i g_i(\theta) \quad (n = 1, 2, \ldots)$$

fast sicher gleichmäßig in Ω gegen 0.

Satz 9.5 Jennrich
Es seien mit den Bezeichnungen von (9.2) bis (9.5) die $\boldsymbol{e}_i$ voneinander unabhängig und identisch mit $E(\boldsymbol{e}_i) = 0$ und $\operatorname{var}(\boldsymbol{e}_i) = \sigma^2$ normalverteilt, Ω sei kompakt. Wir schreiben die in Definition 9.2 eingeführte MKS $\hat{\boldsymbol{\theta}}$ als $\hat{\boldsymbol{\theta}} = \hat{\boldsymbol{\theta}}_n$ (sie ist nach den

obigen Voraussetzungen eine MLS) und mit $R(\theta)$ aus (9.5)

$$\tilde{\boldsymbol{\sigma}}_n^2 = \frac{1}{n} R(\hat{\boldsymbol{\theta}}_n)$$

Besitzt die Folge

$$(f_i) = (f_i(\theta)) = (f(x_i, \theta))$$

ein reines Grenzprodukt und hat

$$S(\theta^*) = |(f(\theta^*), f(\theta))|^2 , \quad (\theta, \theta^*) \in \Omega \otimes \Omega$$

ein eindeutiges Minimum an der Stelle $\theta^* = \theta$, so konvergiert $\hat{\boldsymbol{\theta}}_n$ gleichmäßig in θ fast sicher gegen θ und $\tilde{\boldsymbol{\sigma}}_n^2$ konvergiert gleichmäßig in θ fast sicher gegen σ^2.

Besonders wichtig für die Prüfung von Hypothesen und für Konfidenzschätzungen ist der folgende, ebenfalls von Jennrich stammende

Satz 9.6

Es mögen die Voraussetzungen von Satz 9.5 erfüllt und $f(Y, \theta)$ zweimal stetig bezüglich θ differenzierbar sein. Die Funktionenfolgen $\{f(\boldsymbol{y}_i, \theta)\}$, $\{f_j(\boldsymbol{y}_i, \theta)\}$ $(j = 1, \dots, p)$ und $\left\{k_{jl}(\boldsymbol{y}_i, \theta)\right\}$ $(j, l = 1, \dots, p)$ aus (9.4) mögen ferner reine und gemischte Grenzprodukte besitzen, und außerdem sei

$$I(\theta) = \lim_{n\to\infty} \frac{1}{n} \sum_{i=1}^{n} F_i^{\mathrm{T}}(\theta) F_i(\theta) \tag{9.36}$$

nichtsingulär. Dann ist für jedes θ aus dem Inneren von Ω

$$\sqrt{n}(\hat{\boldsymbol{\theta}}_n - \theta) \tag{9.37}$$

asymptotisch nach $\mathrm{N}(0_p, \sigma^2 I^{-1}(\theta))$ verteilt.

Bezüglich der Beweise verweisen wir auf Jennrich (1969, S. 639 f.).

Wir formulieren die Aussage von Satz 9.6 auch so, dass $\hat{\boldsymbol{\theta}}_n$ asymptotisch nach $N(\theta, \Sigma)$ verteilt ist, wobei $\Sigma = \lim_{n\to\infty} n \cdot \mathrm{var}_{\mathrm{A}}(\theta)$ ist mit

$$\mathrm{var}_{\mathrm{A}}(\theta) = \sigma^2 [F^{\mathrm{T}}(\theta) F(\theta)]^{-1} = \sigma^2 \left[\sum_{i=1}^{n} F_i^{\mathrm{T}}(\theta) F_i(\theta)\right]^{-1} \tag{9.38}$$

Wir nennen $\mathrm{var}_{\mathrm{A}}(\theta)$ die asymptotische Kovarianzmatrix von $\hat{\boldsymbol{\theta}}_n$ und

$$\widehat{\mathrm{var}_{\mathrm{A}}(\hat{\theta}_n)} = \frac{1}{n-p} R(\hat{\theta}_n) [F^{\mathrm{T}}(\hat{\theta}_n) F(\hat{\theta}_n)]^{-1} = s_n^2 [F^{\mathrm{T}}(\hat{\theta}_n) F(\hat{\theta}_n)]^{-1} \tag{9.39}$$

die geschätzte asymptotische Kovarianzmatrix von $\hat{\boldsymbol{\theta}}_n$. Dabei ist

$$s_n^2 = \frac{1}{n-p} R(\hat{\boldsymbol{\theta}}_n) \tag{9.40}$$

eine zu $\tilde{\boldsymbol{\sigma}}_n^2$ asymptotisch äquivalente Schätzung von σ^2.

Zahlreiche Simulationsergebnisse (siehe Rasch und Schimke, 1983) zeigen aber, dass $\boldsymbol{s}_n^2$ eine geringere Verzerrung hat als $\tilde{\boldsymbol{\sigma}}_n^2$. Unabhängig von Jennrich zeigte Malinvaud (1970), dass $\hat{\boldsymbol{\theta}}_n$ eine konsistente Schätzung bezüglich θ ist. Verallgemeinerungen der Ergebnisse von Jennrich (vor allem hinsichtlich allgemeinerer Fehlerverteilungen) geben Wu (1981) sowie Ivanov und Zwanzig (1983).

Wir wollen uns nun der Verzerrung $v_n(\theta)$ von $\hat{\boldsymbol{\theta}}_n$ zuwenden.

Satz 9.7 Box (1971)
Unter den Voraussetzungen des Satzes 9.6 und falls

$$\Delta = \hat{\theta}_n - \theta$$

näherungsweise (in erster Ordnung) die Form

$$\Delta = A_{p,n} e + (e^{\mathrm{T}} B_{n,n}^{(1)} e, \dots , e^{\mathrm{T}} B_{n,n}^{(p)} e)^{\mathrm{T}} \tag{9.41}$$

mit $e = Y - \eta(\theta)$ und $\eta(\theta)$ aus (9.4) mit bestimmten Matrizen $A_{p,n}, B_{n,n}^{(1)}, \dots , B_{n,n}^{(p)}$ hat, gilt (bis auf Glieder höherer Ordnung) näherungsweise (mit den Bezeichnungen in (9.4))

$$v_n(\theta) = \frac{1}{2\sigma^2} \operatorname{var}_{\mathrm{A}}(\theta) \sum_{i=1}^{n} F_i^{\mathrm{T}}(\theta) \operatorname{Sp} \left\{ \left[F^{\mathrm{T}}(\theta) F(\theta)\right]^{-1} K_i(\theta) \right\} \tag{9.42}$$

Auch hier verweisen wir hinsichtlich des Beweises auf die Originalarbeit von Box, in der auch gezeigt wird, wie die Matrizen $A_{p,n}, B_{n,n}^{(1)}, \dots , B_{n,n}^{(p)}$ geeignet gewählt werden können.

Enge Beziehungen bestehen zwischen dem Boxschen Verzerrungsmaß und den Nichtlinearitätsmaßen, siehe hierzu Morton (1987).

9.4
Konfidenzschätzungen und Tests

Konfidenzschätzungen und Tests für die Parameter nichtlinearer Regressionsfunktionen oder für die Regressionsfunktionen selbst können nicht so einfach wie im linearen Fall konstruiert werden. Das liegt vor allem daran, dass die Schätzfunktionen von θ und von Funktionen von θ nicht explizit darstellbar sind und damit ihre Verteilung unbekannt ist. Wir wollen hier einige Möglichkeiten vorstellen.

9.4.1 Einführung

Da viele der speziellen eigentlich nichtlinearen Regressionsfunktionen traditionell einen Parameter α enthalten, bezeichnen wir das Risiko erster Art mit α^* und sprechen folglich auch von $(1-\alpha^*)$-Konfidenzintervallen.

Über die Eigenschaften von $(1-\alpha^*)$-Konfidenzintervallen und α^*-Tests können wir wenig aussagen; es ist schon viel erreicht, wenn wir sie exakt konstruieren können. Wir beschränken uns zunächst auf die Konstruktion von Konfidenzschätzungen $K(\boldsymbol{Y})$ bezüglich θ und definieren einen Test von $H_0 : \theta = \theta_0$ mithilfe von $K(\boldsymbol{Y})$ durch

$$k(\boldsymbol{Y}) = \begin{cases} 1, & \text{falls} \quad \theta_0 \in K(\boldsymbol{Y}) \\ 0, & \text{sonst} . \end{cases}$$

Hinsichtlich der Konfidenzschätzung bezüglich $\eta(\theta)$ verweisen wir auf Maritz (1962).

Williams (1962) entwickelte eine Methode zur Konstruktion von Konfidenzintervallen für den Parameter γ nichtlinearer Funktionen vom Typ

$$f(x,\theta) = \alpha + \beta g(x,\gamma) , \quad \theta = (\alpha,\beta,\gamma)^{\mathrm{T}} \tag{9.43}$$

mit einer reellen Funktion g, die bezüglich γ zweimal stetig differenzierbar ist. Halperin (1963) hat diese Methode verallgemeinert und so modifiziert, dass Konfidenzintervalle für alle Komponenten von θ konstruiert werden können.

Wir führen den Vektor

$$[f(x_1,\theta),\ldots,f(x_n,\theta)]^{\mathrm{T}} = B\gamma \tag{9.44}$$

ein, wobei

$$\theta = (\lambda_1,\ldots,\lambda_{p-r},\varphi_1,\ldots,\varphi_r)^{\mathrm{T}} \in \Omega = \Lambda \otimes \Gamma$$
$$\varphi = (\varphi_1,\ldots,\varphi_r)^{\mathrm{T}} \in \Lambda , \quad \lambda = (\lambda_1,\ldots,\lambda_{p-r})^{\mathrm{T}} \in \Gamma$$

und $p < n$ ist und die $(n \times (p-r))$-Matrix B die Elemente $b_j(x_i,\varphi)$ enthält. Die b_j mögen nicht von λ abhängen und bezüglich φ zweimal stetig differenzierbar sein. Die Matrix B habe für $\varphi \neq 0_r$ den Rang r.

Wir gehen von dem Modell

$$\boldsymbol{Y} = B\lambda + \boldsymbol{e} , \quad \boldsymbol{e} \sim N\left(0_n, \sigma^2 E_n\right) \tag{9.45}$$

aus, das wir mit $\beta^{\mathrm{T}} = (\lambda^{\mathrm{T}}, 0_r^{\mathrm{T}}) = (\theta_{\mathrm{I}}^{\mathrm{T}}, 0_r^{\mathrm{T}})$ und einer $(n \times r)$-Matrix D, die so beschaffen ist, dass (B,D) den Rang p hat, in der Form

$$\boldsymbol{Y} = (B,D)\beta + \boldsymbol{e} \tag{9.46}$$

schreiben. Nach Satz 8.1 erhält man die MKQ-Schätzungen von θ_l und 0_r aus

$$\hat{\boldsymbol{\theta}}_l = (B^{\mathrm{T}}B)^{-1}B^{\mathrm{T}}\boldsymbol{Y} - (B^{\mathrm{T}}B)^{-1}(B^{\mathrm{T}}D)(U^{\mathrm{T}}U)^{-1}U^{\mathrm{T}}\boldsymbol{Y}$$

bzw.

$$\hat{\mathbf{0}}_r = (U^{\mathrm{T}}U)^{-1}U^{\mathrm{T}}\boldsymbol{Y}$$

mit

$$U^{\mathrm{T}} = D^{\mathrm{T}}(E_n - B(B^{\mathrm{T}}B)^{-1}B^{\mathrm{T}})$$

als Lösungen

$$\hat{\boldsymbol{\beta}} = \begin{pmatrix} B^{\mathrm{T}}B & B^{\mathrm{T}}D \\ D^{\mathrm{T}}B & D^{\mathrm{T}}D \end{pmatrix}^{-1} \cdot \begin{pmatrix} B^{T} \\ D^{\mathrm{T}} \end{pmatrix} \boldsymbol{Y}$$

des Normalgleichungssystems. Diese Schätzungen hängen natürlich von φ ab.

Aus Satz 8.2 folgt, dass $\hat{\boldsymbol{\theta}}_{\mathrm{I}}$ und $\hat{\mathbf{0}}_r$ bei bekannten λ BLES (und wegen der vorausgesetzten Normalverteilung sogar GVES) bezüglich θ_{I} und 0_r sind. Aus Satz 8.6 folgt, dass

$$\boldsymbol{F}_1 = \frac{n-p}{p} \frac{(\hat{\boldsymbol{\beta}} - \beta)^{\mathrm{T}}(B, D)^{\mathrm{T}}(B, D)(\hat{\boldsymbol{\beta}} - \beta)}{\boldsymbol{Y}^{\mathrm{T}}\boldsymbol{Y} - \hat{\boldsymbol{\beta}}^{\mathrm{T}}(B, D)^{\mathrm{T}}(B, D)\hat{\boldsymbol{\beta}}} \tag{9.47}$$

nach $F(p, n-p)$ und

$$\boldsymbol{F}_2 = \frac{n-p}{r} \frac{\hat{\mathbf{0}}_r^{\mathrm{T}} U^{\mathrm{T}} U \hat{\mathbf{0}}_r}{\boldsymbol{Y}^{\mathrm{T}}\boldsymbol{Y} - \hat{\boldsymbol{\beta}}^{\mathrm{T}}(B, D)^{\mathrm{T}}(B, D)\hat{\boldsymbol{\beta}}} \tag{9.48}$$

nach $F(r, n-p)$ verteilt ist.

Damit können mithilfe von $\boldsymbol{F}_1$ Konfidenzbereiche bezüglich θ und mithilfe von $\boldsymbol{F}_2$ bezüglich φ konstruiert werden, denn es gilt der

Satz 9.8

Durch die Menge aller $\theta \in \Omega$ des Modells (9.45), für die

$$F_1 \leq F(p, n-p|1-\alpha^*) \tag{9.49}$$

gilt, ist ein $(1-\alpha^*)$-Konfidenzbereich bezüglich θ und durch die Menge aller $\varphi \in \Gamma$, für die

$$F_2 \leq F(r, n-p|1-\alpha^*) \tag{9.50}$$

gilt, ein $(1-\alpha^*)$-Konfidenzbereich bezüglich φ gegeben, sofern D von λ unabhängig ist.

Dieser Satz gilt zunächst für alle D, die von λ unabhängig so gewählt sind, dass die weiter oben geforderte Rangbedingung für (B, D) gilt.

Williams (1962) und Halperin (1963) schlugen vor, D so zu wählen, dass F_2 verschwindet, wenn $\varphi = \hat{\varphi}$, d. h. φ gleich dem MKQ-Schätzwert von φ, ist. Nach (9.7) ist $\hat{\varphi}$ Lösung von

$$\left.\begin{aligned} &\lambda^{\mathrm{T}} \frac{\partial B^{\mathrm{T}}}{\partial \varphi_j}(Y - B\lambda) = 0 \quad (j = 1, \dots, r) \\ &e_l(B^{\mathrm{T}} Y - B^{\mathrm{T}} B\lambda) = 0 \end{aligned}\right\} \tag{9.51}$$

Unter der zusätzlichen Voraussetzung, dass in jeder Spalte von B genau eine Komponente von φ auftritt, sodass

$$\frac{\partial b_k(x_j, \varphi)}{\partial \varphi_j}$$

für genau ein $k^* = k(j)$ ungleich 0 ist, folgt aus (9.51)

$$\frac{\partial B^{\mathrm{T}}}{\partial \varphi_j}(Y - B\lambda) = 0 \,, \quad e_l(B^{\mathrm{T}} Y - B^{\mathrm{T}} B\lambda) = 0$$

und wir wählen für D (unabhängig von λ, was ohne die Zusatzvoraussetzung nicht möglich wäre)

$$d = (d_{ij}) = \left(\sum_{k=1}^{p-r} \frac{\partial b_k(x_i, \varphi)}{\partial \varphi_j} \right) \tag{9.52}$$

In (9.52) besteht jede Summe aus genau einem von 0 verschiedenen Summanden. Dass die Berechnung des Konfidenzbereiches recht umständlich ist, zeigt das folgende

Beispiel 9.6 Williams (1962)
Es sei

$$f(x_i, \theta) = \alpha + \beta \mathrm{e}^{\gamma x_i}$$

Mit

$$g(x, \gamma) = \mathrm{e}^{\gamma x} \,, \quad B^{\mathrm{T}} = \begin{pmatrix} 1 & 1 & \dots & 1 \\ \mathrm{e}^{\gamma x_1} & \mathrm{e}^{\gamma x_2} & \dots & \mathrm{e}^{\gamma x_n} \end{pmatrix} \quad \text{und} \quad \beta^{\mathrm{T}} = (\alpha, \beta, 0)$$

hat das Modell die Form (9.46) ($p = 3, r = 1, n > 3$). Wegen

$$d_{il} = d_i = \frac{\partial}{\partial \gamma} 1 + \frac{\partial}{\partial \gamma} \mathrm{e}^{\gamma x_i} = x_i \mathrm{e}^{\gamma x_i}$$

ist nun

$$\begin{aligned} D^{\mathrm{T}} &= (x_1 \mathrm{e}^{\gamma x_1}, \dots, x_n \mathrm{e}^{\gamma x_n}) \\ B^{\mathrm{T}} B &= \begin{pmatrix} n & \sum \mathrm{e}^{\gamma x_i} \\ \sum \mathrm{e}^{\gamma x_i} & \sum \mathrm{e}^{2\gamma x_i} \end{pmatrix} , \quad B^{\mathrm{T}} D = \left(\sum x_i \mathrm{e}^{\gamma x_i} \quad \sum x_i \mathrm{e}^{2\gamma x_i} \right) \\ D^{\mathrm{T}} D &= \sum x_i^2 \mathrm{e}^{2\gamma x_i} \\ (B^{\mathrm{T}} B)^{-1} &= \frac{1}{n \sum \mathrm{e}^{2\gamma x_i} - \left(\sum \mathrm{e}^{\gamma x_i} \right)^2} \begin{pmatrix} \sum \mathrm{e}^{2\gamma x_i} & -\sum \mathrm{e}^{\gamma x_i} \\ -\sum \mathrm{e}^{\gamma x_i} & n \end{pmatrix} \end{aligned}$$

Die Elemente u_{lk} von U sind durch

$$u_{lk} = x_l e^{\gamma x_i} - \frac{\sum e^{2\gamma x_i} - (x_l + x_k)\sum e^{\gamma x_i} + x_l x_k}{n\sum e^{2\gamma x_i} - \left(\sum e^{\gamma x_i}\right)^2}$$

gegeben. Setzen wir die entsprechenden Ausdrücke in F_2 ein, so können wir iterativ die Werte $\gamma_u(1-\alpha)$, $\gamma_0(1-\alpha)$, die die untere bzw. obere Grenze eines realisierten $(1-\alpha^*)$-Konfidenzintervalles bilden, berechnen.

9.4.2 Auf der asymptotischen Kovarianzmatrix basierende Tests und Konfidenzschätzungen

Für praktische Anwendungen sind die oben angegebenen Lösungen mit zu vielen Einschränkungen versehen und unhandlich. Es liegt nun nahe, die asymptotische Kovarianzmatrix (9.38) oder auch die geschätzte Kovarianzmatrix (9.39) zu benutzen, um in Analogie zum linearen Fall einfache Tests und Konfidenzschätzungen mithilfe der Quantile der zentralen t-Verteilung oder auch mithilfe der Normalverteilung zu konstruieren, was Bliss und James (1966) für hyperbolische Ansätze taten. Unklar ist dabei allerdings, ob diese Tests überhaupt α^*-Tests bzw. die Konfidenzintervalle $(1-\alpha^*)$-Konfidenzintervalle sind und wie die Güte der Tests ist. Solche Fragen können nur mit Simulationsexperimenten beantwortet werden. Wir wollen hier zunächst die Verfahren und im nächsten Abschnitt die Simulationsexperimente zu ihrer Überprüfung beschreiben.

In Abschn. 9.6 folgen dann Resultate von Simulationsexperimenten für spezielle Funktionen. Bei den heuristisch von Rasch und Schimke (1983) eingeführten und durch Simulationsexperimente überprüften Tests und Konfidenzschätzungen geht man von der asymptotischen Kovarianzmatrix $\text{var}_\text{A}(\theta)$ der MKQ-Schätzung $\hat{\boldsymbol{\theta}}$ aus.

Es sei

$$\text{var}_\text{A}(\theta) = \left(\sigma^2 v_{jk}\right) \quad (j,k = 1,\dots,p)$$

Zunächst ersetzen wir θ durch die MKQ-Schätzung $\hat{\boldsymbol{\theta}}$ und schätzen σ^2 durch

$$\boldsymbol{s}^2 = \frac{R(\hat{\boldsymbol{\theta}})}{n-p}$$

mit $R(\theta)$ aus (9.5). Das führt zur geschätzten asymptotischen Kovarianzmatrix in (9.39) bzw. jetzt in der Form

$$\text{var}_\text{A}(\hat{\boldsymbol{\theta}}) = (\boldsymbol{s}^2 \hat{\boldsymbol{v}}_{jk}) \tag{9.53}$$

Um für ein beliebiges $j(j = 1,\dots,p)$ die Nullhypothese $H_{0j}: \theta_j = \theta_{j0}$ gegen $H_{\text{A}j}: \theta_j \neq \theta_{j0}$ zu prüfen, wird in Analogie zum linearen Fall empfohlen, die Prüfzahl

$$\boldsymbol{t}_j = \frac{\hat{\boldsymbol{\theta}}_j - \theta_{j0}}{\boldsymbol{s}\sqrt{\hat{\boldsymbol{v}}_{jj}}} \tag{9.54}$$

zu verwenden und einen Test mit einem nominellen Risiko erster Art α_N wie folgt zu definieren

$$k_j(Y) = \begin{cases} 1, & \text{falls} \quad |t_j| > t\left(n-p|1-\frac{\alpha_N}{2}\right) \\ 0, & \text{sonst} \end{cases} \tag{9.55}$$

Ein Konfidenzintervall bezüglich der Komponente θ_j von θ ist dann analog durch

$$\left[\hat{\boldsymbol{\theta}}_j - \boldsymbol{s}\sqrt{\hat{\boldsymbol{v}}_{jj}}t\left(n-p|1-\frac{\alpha_N}{2}\right); \hat{\boldsymbol{\theta}}_j + \boldsymbol{s}\sqrt{\hat{\boldsymbol{v}}_{jj}}t\left(n-p|1-\frac{\alpha_N}{2}\right)\right] \tag{9.56}$$

gegeben.

Schmidt (1979) empfahl anstelle von (9.54) die Verwendung einer u-Prüfzahl

$$\boldsymbol{u}_j = \frac{\hat{\boldsymbol{\theta}}_j - \theta_{j0}}{\sigma\sqrt{v_{jj}}} \tag{9.57}$$

der entsprechende Test ist aber oft nicht empfehlenswert, wenn $n < 20$ ist. Gerade auf solche Fälle kam es uns aber an. Für den Fall der exponentiellen Regression fanden Rasch und Schimke (1983) mithilfe von Simulationsuntersuchungen Ergebnisse, die die Verwendung von (9.54) mit (9.55) bzw. von (9.56) sinnvoll erscheinen lassen. So zeigte sich für $n = 4, 6, 14$ auch bei recht extremen Parametervektoren $(\theta_1, \theta_2, \theta_3) = (\alpha, \beta, \gamma)$, dass $\frac{s^2(n-p)}{\sigma^2}$ näherungsweise $CQ(n-p)$-verteilt und $\boldsymbol{s}\sqrt{\hat{\boldsymbol{v}}_{jj}}(j = 1, 2, 3)$ und die $\hat{\boldsymbol{\theta}}_j$ nahezu unkorreliert sind. Die empirischen Varianzen von $\hat{\boldsymbol{\theta}}_j$ stimmten außerdem recht gut mit den Werten $\boldsymbol{s}^2\hat{\boldsymbol{v}}_{jj}$ überein. Daraufhin wurde im Rahmen eines umfangreichen Forschungsprojektes eine systematische Untersuchung von Tests und Konfidenzschätzungen für verschiedene Funktionen vorgenommen. Alle Arbeiten wurden nach dem im nächsten Abschnitt beschriebenen einheitlichen Schema durchgeführt.

9.4.3 Simulationsexperimente zur Überprüfung der Tests und Konfidenzschätzungen

Wenn auf analytischem Wege Aussagen über Eigenschaften statistischer Verfahren nicht erhalten werden können, muss man auf Methoden der empirischen Wissenschaften zurückgreifen. Das wichtigste Mittel der Erkenntnisgewinnung in den Naturwissenschaften ist das Experiment (der Versuch). Um aus Experimenten Aussagen mit vorgegeben Genauigkeiten erhalten zu können, muss man die Versuche planen; will man die Genauigkeiten mit minimalem Aufwand erreichen, verwendet man optimale Versuchspläne. Die Versuche in der Statistik werden mithilfe simulierter Stichproben durchgeführt. Die Anzahl solcher Simulationen wird aber ebenso in Abhängigkeit von den Genauigkeitsforderungen berechnet wie bei realen Experimenten. Um Stichproben zu simulieren, verwendet man heute Pseudozufallszahlen (kurz Zufallszahlen genannt) und schnelle Rechner.

Ziel der Simulationsexperimente soll es hier sein, das Risiko erster Art α^* von Tests oder das Konfidenzniveau $1 - \alpha^*$ von Konfidenzschätzungen, die auf asymptotischen Verteilungen beruhen, zu schätzen. Wir geben durch den α_N-Wert (nominelles α^*) im t-Quantil des Tests bzw. der Konfidenzschätzung ein angestrebtes Risiko erster Art vor. Wir bezeichnen ein statistisches Verfahren (Test oder Konfidenzintervall) als akzeptabel, wenn das reale Risiko α_{R} um höchstens 20 % von α_N abweicht, d. h., wenn $|\alpha_{\text{R}} - \alpha_N| < 0{,}2\alpha_N$ ist.

Wir wollen α_{R} durch die relative Häufigkeit fälschlicher Ablehnungen in einer Menge $T_1, \dots, T_N$ unabhängiger Tests schätzen. Der Schätzwert sei $\hat{\alpha}_{\text{R}}$. Soll eine Wahrscheinlichkeit α_{R} durch ein $(1 - \alpha_c)$-Konfidenzintervall derart geschätzt werden, dass die halbe erwartete Breite des Intervalls nicht größer als 0,005 ist, so benötigt man etwa $N = 10\,000$ Simulationen, wenn $\alpha_{\text{R}} = 0{,}05$ ist. Alle Simulationsexperimente, über die in diesem Kapitel berichtet wird, wurden daher mit 10 000 Stichproben durchgeführt. Im Raum Ω werden extreme praktisch gerade noch bedeutsame Parameterwerte $\theta^{(r)}$ festgelegt ($r = 1, \dots, R$), und für jedes r wird ein Simulationsexperiment vom Umfang $N = 10\,000$ durchgeführt (Komponenten von θ die keinen Einfluss auf die Verfahren haben, wie z. B. der Parameter α der exponentiellen Regression, werden auf einen Wert fixiert). Ergibt sich Akzeptanz für die R extremen Punkte von Ω, so ist anzunehmen, dass dies auch im Inneren des praktisch relevanten Teils von Ω der Fall ist.

Es sei nun θ^* ein beliebiger dieser $\theta^{(r)}$-Vektoren mit $\theta^* = (\theta_1^*, \dots, \theta_p^*)^{\text{T}}$. Wir beschreiben im Folgenden nur den Test aufgrund des in Kapitel 3 beschriebenen Zusammenhanges zwischen Konfidenzschätzungen und Test sind die Akzeptanzaussagen auf Konfidenzschätzungen übertragbar.

Es soll

$$H_{0j} : \theta_j = \theta_j^* = \theta_{j0} \quad \text{gegen} \quad H_{\text{A}j} : \theta_j = \theta_j^* \neq \theta_{j0}$$

mithilfe der Prüfzahl (9.54) getestet werden. Da wir wissen, dass H_0 gilt, sind alle Ablehnungen von H_{0j} Fehlentscheidungen. Wir legen für jeden der 10 000 Simulationsläufe den gleichen Stichprobenumfang $n \geq p + 1$ für den Test fest und addieren zu den Funktionswerten $f(x_i, \theta^*)$ $(i = 1, \dots, n)$ an n im Intervall $[x_{\text{u}}, x_{\text{o}}]$ vorgegebenen Messstellen x_i Pseudozufallszahlen e_i aus einer Verteilung mit Erwartungswert 0 und Varianz σ^2. Dann ist für jedes i

$$y_i = f(x_i, \theta^*) + e_i \quad (i = 1, \dots, n; x_i \in [x_{\text{u}}, x_{\text{o}}])$$

ein simulierter Beobachtungswert. Wir berechnen aus den n Beobachtungswerten den MKQ-Schätzwert $\hat{\theta}$ und den Schätzwert s^2 von σ^2 sowie die Prüfzahl (9.54). Wir erhalten 10 000 Schätzwerte $\hat{\theta}$ und s^2, aus denen empirische Mittelwerte, Varianzen, Kovarianzen, Schiefe und Exzess für die Komponenten von $\hat{\theta}$ und von s^2 berechnet werden. Außerdem wird registriert, wie oft für eine Prüfzahl t_j aus (9.54) die Fälle

$$t_j < -t\left(n - 1|1 - \frac{\alpha_N}{2}\right) ;$$

$$-t\left(n - 1|1 - \frac{\alpha_N}{2}\right) \leq t_j \leq t\left(n - 1|1 - \frac{\alpha_N}{2}\right)$$

bzw.

$$t_j > t\left(n-1|1-\frac{\alpha_N}{2}\right) \quad (j = 1,\dots,10\,000)$$

jeweils auftreten. Außerdem wurden in vielen Fällen weitere Sätze von 10 000 Läufen zur Prüfung von $H_0 : \theta_j = \theta_j^* + \Delta_l$ mit drei Δ_l-Werten durchgeführt, um Aussagen über die Güte des Tests machen zu können. Die meisten Simulationsexperimente wurden für normalverteilte $\boldsymbol{e}_i$ und für $\boldsymbol{e}_i$ mit folgenden Paaren

γ_1	0	1	0	1,5	0	2
γ_2	1,5	1,5	3,75	3,75	7	7

mit Schiefe γ_1 und Exzess γ_2 durchgeführt, die in der (γ_1, γ_2)-Parabel ein Gebiet einschließen, in dem die meisten empirischen (Schiefe, Exzess)-Paare praktischer Untersuchungen liegen. Ergebnisse verschiedener an diesen Untersuchungen beteiligter Autoren findet man in Abschn. 9.6.

9.5 Optimale Versuchsplanung

Die allgemeine Problematik der Versuchsplanung soll entsprechend der Darstellung in Abschn. 1.5 formuliert sein. Kosten sollen in diesem Kapitel nicht berücksichtigt werden. Verwendet man eine auf $R(\theta)$ in (9.5) basierende quadratische Verlustfunktion und beschränken wir uns auf Versuchsplanungsprobleme für die Punktschätzung bezüglich θ mithilfe der MKQ-Schätzung $\hat{\boldsymbol{\theta}}$, so ergibt sich zunächst die Frage nach der Wahl einer geeigneten Risikofunktion. Einen guten Überblick über dieses Gebiet gibt Melas (2008).

Ein Funktional der Kovarianzmatrix von $\hat{\boldsymbol{\theta}}$ können wir nicht verwenden, da diese Kovarianzmatrix unbekannt ist. Wir können eine Risikofunktion entweder über die asymptotische Kovarianzmatrix $\text{var}_A(\theta)$ in (9.39) oder über die approximierte Kovarianzmatrix von Clarke (1980) oder über eine durch asymptotische Entwicklung höherer Ordnung hergeleitete asymptotische Kovarianzmatrix etwa im Sinne von Pazman (1985) definieren.

Wir wollen hier den ersten Weg beschreiten, da mit den entsprechenden Risikofunktionen schon viele Ergebnisse erzielt wurden. Zunächst beschäftigen wir uns mit der optimalen Wahl der Messstellen bei fester Anzahl n von Messungen und geben anschließend Hinweise zur minimalen Wahl von n derart, dass der Wert der Risikofunktion unterhalb einer vorgegebenen Schranke liegt. Ein Nachteil der Versuchsplanung im nichtlinearen Fall besteht darin, dass der optimale Plan vom Wert des unbekannten Parameters θ abhängt. Für praktische Zwecke gehe man daher folgendermaßen vor. Man nutze Vorinformationen über θ in Form eines a-priori-Wertes θ_0 und gebe einen Bereich $U(\theta_0)$ an, von dem man annimmt, dass er den Wert θ des Parameters enthält. Als Versuchsplan wähle man den optimalen

Plan an der Stelle $\theta \in U(\theta_0)$, die zum maximalen Risiko der optimalen Pläne in $U(\theta_0)$ führt. Der Versuchsumfang N, der sich an dieser Stelle ergibt, beschränkt dann das Risiko in $U(\theta_0)$, da die Lage der Messpunkte oft nicht allzu stark von θ abhängt (siehe Rasch, 1993). Dies muss allerdings für jeden Funktionstyp gesondert untersucht werden. Daher wird hinsichtlich der Anwendungsproblematik auf Abschn. 9.6. verwiesen.

Definition 9.11
Ein Schema

$$V_n = \begin{pmatrix} x_1, \ldots, x_m \\ n_1, \ldots, n_m \end{pmatrix}, \quad x_i \in (x_\mathrm{u}, x_\mathrm{o}), \quad n_i > 0 \quad \text{ganz}, \quad \sum_{i=1}^{m} n_i = n$$

heißt ein konkreter m-Punkt-Versuchsplan (kurz m-Punktplan) mit dem Spektrum $S_m = (x_1, \ldots, x_m)$ und der Belegung $N_m = (n_1, \ldots, n_m)$. Betrachten wir eine bestimmte Regressionsfunktion

$$f(x, \theta), x \in (x_\mathrm{u}, x_\mathrm{o}), \theta \in \Omega \subset R^p$$

so soll $V_{m,n}$ in $\mathcal{V}_n$, der Menge aller zugelassenen konkreten Versuchspläne, liegen, wobei

$$\mathcal{V}_n = \left\{ V_{n,m} : p \le m \le n \ , \ \mathrm{card}(S_m) = m \ , \ \sum_{j=1}^{m} n_j = n \ , \ n_j \ge 0 \right\}$$

ist. Ist nun $Z\colon \mathcal{V}_n \to R^+$ eine Abbildung der Form $Z_0(V_n) = Z[\mathrm{var}_\mathrm{A}(\theta_0 | V_n)]$ mit $\theta_0 \in \Omega$, $V_n \in \mathcal{V}_n$, $Z\colon R^{p\times p} \to R^1$ und einer (um die Abhängigkeit von θ_0 und V_n zu symbolisieren) als

$$\mathrm{var}_\mathrm{A}(\theta) = \mathrm{var}_\mathrm{A}(\theta_0 | V_n)$$

geschriebenen asymptotischen Kovarianzmatrix nach (9.38), so heißt $V^*_{n,m}$ lokal Z-optimaler m-Punktplan, an der Stelle $\theta = \theta_0$, falls

$$Z_0(V^*_{n,m}) = \inf_{V_{n,m} \in \mathcal{V}_n} Z_0(V_{n,m}) \tag{9.58}$$

ist. Ist $\mathcal{V}_{n,m}$ die Menge konkreter m-Punktpläne, so heißt $V^*_{n,m}$ konkreter lokal Z-optimaler m-Punktplan, falls

$$Z_0(V^*_{n,m}) = \inf_{V_{n,m} \in \mathcal{V}_n} \{Z_0(V_{n,m})\} \tag{9.59}$$

gilt.

Da die Abbildung $V_n \to \mathrm{var}_\mathrm{A}(\theta_0 | V_n)$ völlig symmetrisch bezüglich S_m ist, können wir uns auf geordnete Spektren mit $x_1 < x_2 < \ldots < x_m$ beschränken.

Speziell heißt V_N^* für $r = 1, \ldots, p+2$ mit den Funktionalen Z_r und der $(p \times p)$-Matrix $M = (m_{ij})$ für

$$\begin{aligned} Z_r(M) &= m_{rr} \quad (r = 1, \ldots, p) && \text{lokal } C_{\theta_r}\text{-optimal,} \\ Z_{p+1}(M) &= |M| && \text{lokal } D\text{-optimal,} \\ Z_{p+2}(M) &= \mathrm{Sp}(M) && \text{lokal } A\text{-optimal} \end{aligned}$$

und allgemein für $r = 1, \ldots, p+2$ dann Z_r-optimal.

Für einige Funktionen und Optimalitätskriterien wurden analytische Lösungen der entsprechenden Optimierungsprobleme gefunden. Für Funktionen und Kriterien, für die derartige Lösungen noch nicht vorliegen, wurden Suchverfahren entwickelt. Die ersten analytischen Lösungen stammen von Box und Lucas (1959), so z. B. die im folgenden Satz.

Satz 9.9 Box und Lucas (1959)
Für den Regressionsansatz

$$f(x, \theta) = \alpha + \beta e^{\gamma x} \tag{9.60}$$

mit $n = 3$, $\theta = (\alpha, \beta, \gamma)^T$ und $x \in [x_u, x_o]$ hängt der lokal D-optimale konkrete Versuchsplan V_3 nur von der Komponente γ_0 von $\theta_0 = (\alpha_0, \beta_0, \gamma_0)^T$ ab und hat die Form

$$V_3 = \begin{pmatrix} x_u & x_2 & x_o \\ 1 & 1 & 1 \end{pmatrix}$$

mit

$$x_2 = -\frac{1}{\gamma_0} + \frac{x_u e^{\gamma_0 x_u} - x_o e^{\gamma_0 x_o}}{e^{\gamma_0 x_u} - e^{\gamma_0 x_o}} \tag{9.61}$$

Atkinson und Hunter (1968) gaben hinreichende und für $n = kp$ auch notwendige Bedingungen für die Funktion f dafür an, dass die Mächtigkeit des Spektrums eines lokal D-optimalen Versuchsplanes vom Umfang n gerade $p = \dim(\Omega)$ ist. Diese Bedingungen sind für $p > 2$ sehr schwer überprüfbar. Es gilt der

Satz 9.10
Das Spektrum eines konkreten lokal D-optimalen p-Punktplanes vom Umfang n ist unabhängig von n; die n_i dieses Planes sind so gleich wie möglich.

Den Beweis findet man bei Rasch (1990). Dort sind auch weitere Sätze zur D-Optimalität zu finden.

Aus der Tatsache, dass für quadratische Matrizen A und B gleicher Ordnung stets $|AB| = |A||B|$ gilt, ergeben sich die Beweise der beiden folgenden Sätze:

Satz 9.11
Es sei $f(x,\theta)$ eine eigentlich nichtlineare Regressionsfunktion, $x \in R, \theta \in \Omega \subset R^p$ mit dem Nichtlinearitätsparameter $\varphi = (\theta_{i_1}, \dots, \theta_{i_r})^{\mathrm{T}}, 0 < r < p$ aus Definition 9.1 und F nichtsingulär. Dann hängt der konkrete D-optimale Plan vom Umfang $n \geq p$ nur über φ von dem Parameter θ ab.

Beweis: Nach Definition 9.1 ist

$$\frac{\partial f(x,\theta)}{\partial \theta} = C(\theta) g(x,\varphi)$$

mit $g^{\mathrm{T}}(x,\varphi) = (g_1(x,\varphi), \dots, g_p(x,\varphi))$. Setzen wir $G = (g_j(x_i,\varphi))$, so gilt

$$|F^{\mathrm{T}} F| = |C(\theta) G^{\mathrm{T}} G C^{\mathrm{T}}(\theta)| = |C(\theta)||C^{\mathrm{T}}(\theta)||G^{\mathrm{T}} G| = |C(\theta)|^2 |G^{\mathrm{T}} G|$$

$|F^{\mathrm{T}} F|$ wird genau dann maximal, wenn $|G^{\mathrm{T}} G|$ maximal ist, und G hängt nur von φ ab.

Satz 9.12
Es sei $x \in B \subset R^1$ und $\mathcal{V}_{n,p}$ die Menge der p-Punkt-Versuchspläne

$$V_{n,p} = \begin{pmatrix} x_1, \dots, x_p \\ n_1, \dots, n_p \end{pmatrix}$$

mit $n_j > 0$, $\sum_{j=1}^{p} n_j = n$ und dem Spektrum $(x_1, \dots, x_p)$ voneinander verschiedener x_i des Versuches. Dann hängt das Spektrum des in $\mathcal{V}_{n,p}$ D-optimalen Versuchsplanes

$$\begin{pmatrix} x_1^*, \dots, x_p^* \\ n_1^*, \dots, n_p^* \end{pmatrix}$$

nicht von n ab, die Belegung ist invariant gegenüber Permutationen der n_j^*, und letztere sind so gleich wie möglich, d. h., ist $n = ap$, so gilt $n_j^* = a$ ($j = 1, \dots, p$; a natürliche Zahl) und sonst weichen die n_i^* um maximal 1 voneinander ab.

Beweis: Ist

$$H = (f_j(x_i,\theta)) \quad (i,j = 1, \dots, p)$$

und

$$N = \mathrm{diag}(n_1, \dots, n_p)$$

so gilt

$$|F^{\mathrm{T}} F| = |H^{\mathrm{T}} H N| = |H|^2 \prod_{i=1}^{p} n_i$$

Da H nicht von den n_i und N nicht von den x_i abhängt, können die x_i^* (durch Maximierung von $|H|$) und die n_i^* (durch Maximierung von $\prod n_i$) unabhängig voneinander optimal gewählt werden, und damit folgt die Behauptung.

Ist $n > 2p$, so sind die D-optimalen konkreten Versuchspläne näherungsweise G-optimal in dem Sinne, dass sich der Wert des G-Kriteriums für den konkreten D-optimalen p-Punktplan auch für $n \neq tp$ (t natürliche Zahl) kaum von dem des konkreten G-optimalen Versuchsplanes unterscheidet.

Für die in Abschn. 9.6 untersuchten Funktionen ergaben sich bei den durch Suchverfahren bestimmten D-optimalen Plänen sehr oft und für $n > p + 2$ immer p-Punktpläne, also Pläne, deren Spektrum die Mächtigkeit p (Anzahl der Komponenten von θ) hatte. Sucht man D-optimale Pläne in der Klasse der p-Punktpläne, so wird $\operatorname{var}_A(\theta)$ in (9.39) wegen

$$V_n = \begin{pmatrix} x_1, \dots, x_p \\ n_1, \dots, n_p \end{pmatrix}, \quad F^T F = \left(\sum_{i=1}^{n} f_j(x_i, \theta) f_k(x_i, \theta) \right) \quad (j, k = 1, \dots, p)$$

und

$$\sum_{i=1}^{n} f_j(x_i, \theta) f_k(x_i, \theta) = \sum_{l=1}^{p} n_l f_j(x_l, \theta) f_k(x_l, \theta)$$

mit

$$B = (f_j(x_i, \theta)) \quad (i, j = 1, \dots, p)$$

zu

$$\operatorname{var}_A(\theta) = \left[B^T \operatorname{diag}(n_1, \dots, n_p) B\right]^{-1} \sigma^2$$

Satz 9.13
Für D-optimale p-Punktpläne gilt

$$|\operatorname{var}_A(\theta)| = \frac{\sigma^2}{|B|^2 \prod_{i=1}^{p} n_i}$$

und der minimale Stichprobenumfang $n_{\min}$, für den mit einem gewissen $K > 0$

$$|\operatorname{var}_A(\theta)| \leq K|B|^2$$

gilt, ergibt sich wie folgt: Man bestimme die kleinste positive ganze Zahl z, für die

$$z \geq \sqrt{\frac{1}{\sqrt[p]{K}}}$$

erfüllt ist. Gilt das Gleichheitszeichen, so ist $n_{\min} = pz$. Anderenfalls bestimme man die größte ganze Zahl r, für die

$$\frac{1}{z^{p-r}(z-1)^r} \leq K$$

gilt. Dann ist

$$n_{\min} = pz - r$$

Beweis: Die erste Aussage folgt aus Satz 9.11. Da die n_j nach Satz 9.12 so gleich wie möglich sind, d. h., sie sind entweder gleich oder differieren maximal um 1, folgt der zweite Teil der Behauptung.

9.6
Spezielle Regressionsfunktionen

In den bisherigen Abschnitten haben wir einige allgemeine Verfahren und Ergebnisse zusammengestellt, die bei der Behandlung von eigentlich nichtlinearen Regressionen nützlich sein können. Auf diesem Gebiet hängt aber auch viel von der speziellen Gestalt der Funktion ab. Daher wollen wir die für die Anwendungen wichtigsten Funktionen einzeln diskutieren. Dabei gehen wir nach einem einheitlichen Schema vor und bestimmen u. a. die asymptotische Kovarianzmatrix und machen Aussagen über den Wert n_0 und den Parameterbereich, für den das reale Risiko erster Art eines Tests zwischen 0,04 und 0,06 liegt, wenn das nominale Risiko $\alpha_N = 0{,}05$ gewählt wurde. Ferner werden Aussagen über Versuchspläne gemacht. Die Symbolik ist abschnittsspezifisch (vor allem die Bezeichnung der Parameter).

9.6.1
Exponentielle Regression

Die exponentielle Regression wird besonders ausführlich, weitere Funktionen werden dann nach dem gleichen Grundprinzip kürzer behandelt.

Wir nennen (9.2) Modell der exponentiellen Regression, wenn $f_E(x,\theta)$ durch (9.60) gegeben ist. Die Ableitung von $f_E(x,\theta)$ nach θ ergibt ($\theta = (\alpha, \beta, \gamma)^{\mathrm{T}}$)

$$\frac{\partial f_E(x,\theta)}{\partial \theta} = \begin{pmatrix} 1 \\ \mathrm{e}^{\gamma x} \\ \beta x \mathrm{e}^{\gamma x} \end{pmatrix} = \begin{pmatrix} 1 & 0 & 0 \\ 0 & 1 & 0 \\ 0 & 0 & \beta \end{pmatrix} \begin{pmatrix} 1 \\ \mathrm{e}^{\gamma x} \\ x \mathrm{e}^{\gamma x} \end{pmatrix} \tag{9.62}$$

sodass γ nach Definition 9.1 ein Nichtlinearitätsparameter ist.

9.6.1.1 Punktschätzung

Für $R(\theta)$ in (9.5) erhalten wir

$$R(\theta) = \sum_{i=1}^{n} \left(y_i - \alpha - \beta \mathrm{e}^{\gamma x_i} \right)^2$$

Wir bestimmen nun $\hat{\theta}$ aus

$$R(\hat{\theta}) = \min_{\theta \in \Omega} R(\theta)$$

Da mit

$$\left.\begin{aligned} A &= \sum_{i=1}^{n} e^{\gamma x_i}\,, & B &= \sum_{i=1}^{n} x_i e^{\gamma x_i}\,, & C &= \sum_{i=1}^{n} e^{2\gamma x_i} \\ D &= \sum_{i=1}^{n} x_i e^{2\gamma x_i}\,, & E &= \sum_{i=1}^{n} x_i^2 e^{2\gamma x_i} \end{aligned}\right\} \tag{9.63}$$

die Beziehung

$$|F^{\mathrm{T}}F| = \beta^2\{n(CE - D^2) + 2ABD - B^2C - A^2E\} = \beta^2\Delta$$

gilt, darf β nicht gleich 0 sein. Für die Festlegung von Ω_0 könnte man sich entweder auf $\beta < 0$ oder $\beta > 0$ beschränken. Das wird vom speziellen Problem abhängen. Bei Wachstumsprozessen folgt wegen $\gamma < 0$ z. B. sofort $\beta < 0$, somit wäre in diesem Fall

$$\Omega_0 \subset R^1 \otimes R^- \otimes R^- \subset \Omega \subset R^3$$

Der Bereich Ω_0 ist so zu wählen, dass die Voraussetzungen $V2$ und $V3$ von Abschn. 9.1.1 erfüllt sind. Da die Überprüfung der Voraussetzungen nicht einfach ist, wählt man in der Praxis häufig einen Anfangswert in der Hoffnung, dass für ihn das Verfahren konvergiert.

Die Inverse von $F^{\mathrm{T}}F$ hat die Form

$$(F^{\mathrm{T}}F)^{-1} = \frac{1}{\Delta}\begin{pmatrix} CE - D^2 & BD - AE & \frac{1}{\beta}(AD - BC) \\ BD - AE & nE - B^2 & \frac{1}{\beta}(AD - nD) \\ \frac{1}{\beta}(AD - BC) & \frac{1}{\beta}(AB - nD) & \frac{1}{\beta^2}(nC - A^2) \end{pmatrix} \tag{9.64}$$

Im Folgenden wird ein Verfahren beschrieben, mit dem man Näherungswerte für die MKQ-Schätzung bzw. Anfangswerte für die Gauß-Newton-Iteration erhalten kann. Nach Verhagen (1960) geht man von den Integralen

$$J(x_i) = \int_0^{x_i} (\alpha + \beta e^{\gamma\tau})\,d\tau = \alpha x_i + \frac{\eta_i - \alpha}{\gamma} - \frac{\beta}{\gamma}$$

mit $\eta_i = \alpha + \beta e^{\gamma x_i}$ $(i = 1, \dots, n)$ aus, die man durch die Trapezsummen

$$T_i = T(x_i) = \frac{1}{2}\sum_{j=2}^{i}(y_{j-1} + y_j)(x_j - x_{j-1}) \quad (i = 2, \dots, n)$$

approximiert, d. h., man setzt

$$\eta_i \sim \gamma T_i - \alpha\gamma x_i + \alpha + \beta \quad (i = 2, \dots, n)$$

und schätzt mit den Methoden von Kapitel 8 die Parameter des approximativen linearen Modells

$$\boldsymbol{y}_i = \gamma \boldsymbol{T}_i - \alpha\gamma x_i + \alpha + \beta + \boldsymbol{e}_i^* \quad (i = 2, \dots, n)$$

Als MKS erhält man

$$\boldsymbol{c}_\nu = \hat{\boldsymbol{\gamma}}_\nu = \frac{\boldsymbol{SP}_{Ty}\boldsymbol{SQ}_x - \boldsymbol{SP}_{Tx}\boldsymbol{SP}_{xy}}{\boldsymbol{SQ}_T\boldsymbol{SQ}_x - \boldsymbol{SP}^2_{Tx}}$$

$$\boldsymbol{a}_\nu = \hat{\boldsymbol{\alpha}}_\nu = \frac{\boldsymbol{c}_\nu\boldsymbol{SP}_{Tx} - \boldsymbol{SP}_{xy}}{\boldsymbol{c}_\nu\boldsymbol{SQ}_x}$$

und

$$\boldsymbol{b}_\nu = \hat{\boldsymbol{\beta}}_\nu = \bar{\boldsymbol{y}}. - \boldsymbol{c}_\nu\bar{\boldsymbol{T}}. - \boldsymbol{a}_\nu(\boldsymbol{c}_\nu\bar{\boldsymbol{x}}. - 1)$$

Dabei bedeutet

$$\boldsymbol{SP}_{uv} = \sum_{i=2}^{n} u_i v_i - \frac{1}{n-1}\left(\sum_{i=2}^{n} u_i\right)\left(\sum_{i=2}^{n} v_i\right), \quad \boldsymbol{SQ}_u = \boldsymbol{SP}_{uu}$$

und $\bar{y}.$, $\bar{T}.$ bzw. $\bar{x}.$ sind die arithmetischen Mittel aus den $n-1$ Werten y_i, T_i bzw. x_i für $i = 2, \dots, n$.

9.6.1.2 Konfidenzschätzung und Tests

Da auch die Voraussetzungen von Abschn. 9.3 erfüllt sind, soll die asymptotische Kovarianzmatrix

$$\text{var}_\text{A}(\theta) = \sigma^2(F^\text{T}F)^{-1}$$

mit $(F^\text{T}F)^{-1}$ aus (9.64) und den Abkürzungen (9.63) zur Konstruktion von Konfidenzintervallen für α, β bzw. γ und Tests für Hypothesen über α, β bzw. γ benutzt werden.

Nach Abschn. 9.5 wird

$$H_{0\alpha} : \alpha = \alpha_0 \quad \text{gegen} \quad H_{\text{A}\alpha} : \alpha \neq \alpha_0$$

mithilfe der Prüfzahl

$$\boldsymbol{t}_\alpha = \frac{(\boldsymbol{a} - \alpha_0)\sqrt{\hat{\boldsymbol{\Delta}}}}{\boldsymbol{s}\sqrt{\hat{\boldsymbol{C}}\hat{\boldsymbol{E}} - \hat{\boldsymbol{D}}^2}} \tag{9.65}$$

getestet. Ferner wird

$$H_{0\beta} : \beta = \beta_0 \quad \text{gegen} \quad H_{\text{A}\beta} : \beta \neq \beta_0$$

mit der Prüfzahl

$$\boldsymbol{t}_\beta = \frac{(\boldsymbol{b} - \beta_0)\sqrt{\hat{\boldsymbol{\Delta}}}}{\boldsymbol{s}\sqrt{n\hat{\boldsymbol{E}} - \hat{\boldsymbol{B}}^2}} \tag{9.66}$$

und

$$H_{0\gamma} : \gamma = \gamma_0 \quad \text{gegen} \quad H_{\text{A}\gamma} : \gamma \neq \gamma_0$$

mit der Prüfzahl

$$\boldsymbol{t}_\gamma = \frac{(\boldsymbol{c} - \gamma_0)\boldsymbol{b}\sqrt{\hat{\Delta}}}{\boldsymbol{s}\sqrt{n\hat{\boldsymbol{C}} - \hat{\boldsymbol{A}}^2}} \tag{9.67}$$

getestet.

In den Formeln der Prüfzahlen sind $\hat{\boldsymbol{A}}, \dots, \hat{\boldsymbol{E}}$ die aus $A, \dots, E$ in (9.63) entstandenen Größen, indem man in $A, \dots, E$ den Parameter γ durch seine Schätzung $\hat{\gamma} = \boldsymbol{c}$ ersetzt. Ferner ist wieder

$$\Delta = n(CE - D^2) + 2ABD - A^2E - B^2C$$

und $\hat{\boldsymbol{\Delta}}$ entsteht aus Δ durch Ersetzen von γ durch $\boldsymbol{c}$. Schließlich ist $\boldsymbol{s}$ die Wurzel aus

$$\boldsymbol{s}^2 = \frac{1}{n-3}\sum_{i=1}^{n}\left(\boldsymbol{y}_i - \boldsymbol{a} - \boldsymbol{b}\mathrm{e}^{\boldsymbol{c}x_i}\right)^2$$

die Schätzung von σ^2.

Die Tests haben die Form

$$k_l(Y) = \begin{cases} 1, & \text{falls} \quad |t_l| > t\left(n-3|1-\frac{\alpha_N}{2}\right) \\ 0, & \text{sonst} \end{cases} \qquad (l = \alpha, \beta, \gamma)$$

mit dem $(1 - \frac{\alpha_N}{2})$-Quantil der zentralen t-Verteilung mit $n-3$ Freiheitsgraden. Dabei ist α_N das angestrebte (nominelle) Risiko erster Art des Tests. Konfidenzintervalle mit einem nominellen Konfidenzkoeffizienten $1 - \alpha_N$ sind dann wie folgt definiert, wenn wir $t(n-3|1-\frac{\alpha_N}{2}) = T(n, \alpha_N)$ setzen:

Parameter α:

$$\left[\boldsymbol{a} - \boldsymbol{s}\frac{\sqrt{\hat{\boldsymbol{C}}\hat{\boldsymbol{E}} - \hat{\boldsymbol{D}}^2}}{\sqrt{\hat{\Delta}}}T(n, \alpha_N),\ \boldsymbol{a} + \boldsymbol{s}\frac{\sqrt{\hat{\boldsymbol{C}}\hat{\boldsymbol{E}} - \hat{\boldsymbol{D}}^2}}{\sqrt{\hat{\Delta}}}T(n, \alpha_N)\right]$$

Parameter β:

$$\left[\boldsymbol{b} - \boldsymbol{s}\frac{\sqrt{n\hat{\boldsymbol{E}} - \hat{\boldsymbol{B}}^2}}{\sqrt{\hat{\Delta}}}T(n, \alpha_N),\ \boldsymbol{b} + \boldsymbol{s}\frac{\sqrt{n\hat{\boldsymbol{E}} - \hat{\boldsymbol{B}}^2}}{\sqrt{\hat{\Delta}}}T(n, \alpha_N)\right]$$

Parameter γ:

$$\left[\boldsymbol{c} - \frac{\boldsymbol{s}}{\boldsymbol{b}}\frac{\sqrt{n\hat{\boldsymbol{C}} - \hat{\boldsymbol{A}}^2}}{\sqrt{\hat{\Delta}}}T(n, \alpha_N),\ \boldsymbol{c} + \frac{\boldsymbol{s}}{\boldsymbol{b}}\sqrt{\frac{n\hat{\boldsymbol{C}} - \hat{\boldsymbol{A}}^2}{\hat{\Delta}}}T(n, \alpha_N)\right]$$

Tab. 9.3 Empirische Verzerrungen $v_{E,n}$ aus 5000 simulierten Stichproben vom Umfang n und approximierte Verzerrungen v_n nach (9.42) der MKQ-Schätzungen der Parameter α, β und γ der exponentiellen Regression für $n = 4, 6$ und 14 und $\sigma^2 = 1$.

			α		β		γ	
$-\beta$	$-10^2\gamma$	n	$v_{E,n}$	v_n	$-v_{E,n}$	$-v_n$	$-10^3 v_{E,n}$	$-10^3 v_n$
30	3	4	0,520	0,523	0,252	0,526	0,419	0,251
		6	0,644	0,614	0,625	0,622	0,131	0,134
		14	0,263	0,238	0,287	0,248	0,003	0,055
	5	4	0,147	0,137	0,135	0,139	0,441	0,470
		6	0,125	0,102	0,142	0,107	0,096	0,215
		14	0,128	0,057	0,166	0,066	−0,170	0,084
	7	4	0,055	0,070	0,059	0,071	1,139	0,990
		6	0,052	0,048	0,048	0,052	0,338	0,363
		14	0,027	0,026	0,035	0,035	0,120	0,129
	9	4	0,035	0,047	0,035	0,048	2,821	2,184
		6	0,002	0,031	0,019	0,033	0,685	0,610
		14	0,012	0,016	−0,025	0,025	0,320	0,189
50	3	4	0,310	0,314	0,323	0,316	0,117	0,091
		6	0,279	0,249	0,307	0,253	0,048	0,048
		14	0,210	0,143	0,190	0,149	0,058	0,020
	5	4	0,070	0,082	0,041	0,083	0,236	0,169
		6	0,077	0,061	0,090	0,064	0,050	0,077
		14	0,025	0,034	0,042	0,040	0,035	0,030
	7	4	0,030	0,042	0,048	0,042	0,358	0,356
		6	0,045	0,029	0,033	0,031	0,011	0,131
		14	0,010	0,016	0,032	0,021	0,122	0,047
	9	4	0,023	0,028	0,039	0,029	0,888	0,786
		6	0,020	0,018	0,023	0,020	0,182	0,219
		14	0,001	0,010	0,021	0,015	0,077	0,068
70	3	4	0,301	0,224	0,297	0,225	0,015	0,045
		6	0,124	0,178	0,125	0,181	0,054	0,025
		14	0,021	0,102	0,173	0,106	0,106	0,010
	5	4	0,075	0,059	0,081	0,059	0,079	0,086
		6	0,054	0,044	0,154	0,046	0,000	0,040
		14	0,022	0,025	0,061	0,028	0,044	0,015
	7	4	0,027	0,029	0,054	0,030	0,194	0,182
		6	0,020	0,021	0,014	0,022	0,043	0,067
		14	0,038	0,011	0,027	0,015	0,008	0,024
	9	4	0,020	0,020	0,018	0,021	0,462	0,401
		6	0,026	0,013	0,020	0,014	0,071	0,112
		14	0,029	0,007	0,038	0,011	0,060	0,035

9.6.1.3 **Ergebnisse der Simulationsexperimente**

Für die exponentielle Regression haben wir vor dem eigentlichen in Abschn. 9.4.3 beschriebenen Simulationsexperiment zur Überprüfung der Einhaltung des Risikos α_N weitere Simulationen durchgeführt, die uns die Verwendung der Prüfzahlen $\boldsymbol{t}_\alpha$, $\boldsymbol{t}_\beta$ bzw. $\boldsymbol{t}_\gamma$ nahelegten. Mithilfe dieser Simulationen sollten folgende Fragen beantwortet werden:

- Ist die Verzerrung von $\boldsymbol{a}, \boldsymbol{b}$ bzw. $\boldsymbol{c}$ von Bedeutung?
- Weichen die asymptotischen Varianzen stark von den empirischen ab?
- Ist der Nenner $n-3$ (bzw. allgemein $n-p$) bei der Schätzung von σ^2 sinnvoll gewählt?

Die von Rasch *et al.* (2008) und Rasch und Schimke (1983) beschriebenen Ergebnisse mit n äquidistanten $x_i \in [0{,}65]$, $i = 1, \dots, n, n = 4$, 6, 14 sowie 12 (β, γ)-Kombinationen wollen wir hier zusammenfassend darstellen. Ohne Beschränkung der Allgemeinheit wählten wir $\alpha = 0$ und ferner $\sigma^2 = 1$. Der Umfang dieser vorbereitenden Simulationen betrug 5000 Stichproben. Aus jeder Stichprobe wurden α, β und γ geschätzt und aus den 5000 Schätzwerten die empirischen Mittelwerte $\bar{a}, \bar{b}$ und $\bar{c}$ sowie die empirischen Varianzen s_a^2, s_b^2 und s_c^2 und die Kovarianzen berechnet.

Tabelle 9.3 zeigt die empirischen Verzerrungen $v_{E,n} = \bar{a} - \alpha, \bar{b} - \beta$ und $\bar{c} - \gamma$ für $n = 4, 6$ und 14 und zum Vergleich die nach der Näherungsformel (9.42) berechneten Verzerrungen v_n.

Zur Berechnung von $v_n(\theta)$ nach (9.42) können wir mit den Bezeichnungen von (9.4) den Vektor $F_i(\theta) = (1, \mathrm{e}^{\gamma x_i}, \beta x_i \mathrm{e}^{\gamma x_i})^\mathrm{T}$ und die Inverse $(F^\mathrm{T} F)^{-1}$ aus (9.64) verwenden. Für $K_i(\theta)$ ergibt sich

$$K_i(\theta) = \begin{pmatrix} 0 & 0 & 0 \\ 0 & 0 & x_i \mathrm{e}^{\gamma x_i} \\ 0 & x_i \mathrm{e}^{\gamma x_i} & \beta x_i^2 \mathrm{e}^{\gamma x_i} \end{pmatrix}$$

Führen wir zusätzlich zu (9.63) die Abkürzungen

$$G = \sum_{i=1}^n x_i^2 \mathrm{e}^{\gamma x_i}, \quad H = \sum_{i=1}^n x_i^3 \mathrm{e}^{2\gamma x_i}$$

ein, so ist wegen $\sigma^2 = 1$ und (9.64) zunächst

$$\mathrm{Sp}\left\{(F^\mathrm{T} F)^{-1} K_i(\theta)\right\} = \frac{1}{\Delta\beta}\left(2(AB - nD)x_i \mathrm{e}^{\gamma x_i} + (nC - A^2)x_i^2 \mathrm{e}^{\gamma\gamma x_i}\right)$$

und schließlich

$$v_n(\theta) \approx \frac{1}{2\Delta\beta}(F^\mathrm{T} F)^{-1} \begin{pmatrix} 2B(AB - nD) + G(nC - A^2) \\ 2D(AB - nD) + E(nC - A^2) \\ 2\beta E(AB - nD) + H\beta(nC - A^2) \end{pmatrix} \tag{9.68}$$

Wie man aus den Tab. 9.4 und 9.5 ersehen kann, stimmen die empirischen Varianzen mit den Hauptdiagonalelementen der asymptotischen Kovarianzmatrix schon für $n = 4$ recht gut überein.

Die Wahl des Nenners $n-3$ in der Schätzgleichung s^2 für σ^2 wurde analog zum linearen Fall gewählt. Dort war $n-3$ (bzw. $n-p$) die Anzahl der Freiheitsgrade

Tab. 9.4 Vergleich empirischer Varianzen s_a^2 und s_b^2 mit den asymptotischen Varianzen $\text{var}_A(a)$ und $\text{var}_A(b)$ der Schätzungen von α und β ($\sigma^2 = 1$) für $n = 4$ und $n = 6$.

$-10^2\gamma$	n	$10^5 s_a^2$	$10^5\,\text{var}_A(a)$	$10^5 s_b^2$	$10^5\,\text{var}_A(b)$
3	4	878 224	800 768	853 658	780 404
	6	680 837	613 678	611 028	547 540
5	4	197 339	187 157	266 298	260 565
	6	130 694	129 982	178 729	182 512
7	4	105 017	98 990	197 639	191 016
	6	64 415	63 300	145 588	144 533
9	4	71 968	73 079	170 001	170 312
	6	44 366	44 152	137 567	135 566

Tab. 9.5 Vergleich der empirischen Varianzen (oberer Wert) mit den asymptotischen Varianzen (unterer Wert) der Schätzung von γ für $n = 4$ (beide Werte mit 10^9 multipliziert, $\sigma^2 = 1$).

$-10^2\gamma$	$\beta = -70$	$\beta = -50$	$\beta = -30$
3	7751	15 535	42 825
	7512	14 723	40 897
5	10 475	20 416	57 989
	10 199	19 989	55 251
7	19 087	38 258	117 038
	18 873	36 992	102 754
9	39 407	80 225	281 944
	39 407	77 238	214 550

der χ^2-Verteilung des Zählers von s^2. Vergleicht man Erwartungswert, Varianz, Schiefe und Exzess einer χ^2-Verteilung mit $n-3$ Freiheitsgraden mit den entsprechenden empirischen Maßzahlen aus dem Simulationsexperiment, so ergibt sich bereits für $n = 4$ eine sehr gute Übereinstimmung, was die Verwendung des Nenners $n-3$ zu rechtfertigen scheint.

Es sollen hier noch beispielhaft für $n = 4$ die Werte für $\beta = -70$ und $\gamma = -0{,}05$ gegenübergestellt werden. Erwartungswert, Varianz, Schiefe und Exzess von $\boldsymbol{s}^2$ für $n = 4$ sind gleich 1; 0,666 67; 1,632 99 bzw 4, und die entsprechenden empirischen Maßzahlen aus den 5000 simulierten Stichproben für die oben angegebenen Parameter sind gleich 1,0004; 0,665 40; 1,650 23 bzw. 3,982 78. Das alles sind natürlich nur Anzeichen dafür, dass die Tests und Konfidenzschätzungen in Abschn. 9.6.1.2 die vorgegebenen Risiken α_N einigermaßen einhalten. Daher wurden, wie bereits in Abschn. 9.4.3 beschrieben, Simulationsexperimente für alle (β, γ)-Kombinationen zunächst für $\sigma^2 = 1$ und äquidistante $x_i \in [0{,}65]$ für

Tab. 9.6 Prozentualer Anteil von 10 000 simulierten Stichproben für die Ablehnung (linksseitig n_u, rechtsseitig n_o) bzw. für die Annahme (n_M) von H_0 für die exponentielle Regression mit $\alpha = 0, \beta = -50, \gamma = -0{,}05, n = 10(-1)4$ sowie $\alpha_N = 0{,}05$ und $\alpha_N = 0{,}10$.

$H_{0\alpha}: \alpha = 0$						
	$\alpha_N = 0{,}05$			$\alpha_N = 0{,}10$		
n	n_u	n_o	n_M	n_u	n_o	n_M
10	2,71	2,03	95,26	5,36	4,01	90,63
9	3,17	2,07	94,76	6,23	4,44	89,33
8	2,51	2,03	95,46	5,06	4,28	90,66
7	2,59	2,03	95,38	5,24	4,54	90,22
6	2,98	2,04	94,98	5,52	4,26	90,22
5	2,80	2,19	95,01	5,57	4,22	90,21
4	2,66	2,41	94,93	5,12	4,96	89,92
$H_{0\beta}: \beta = -50$						
10	2,44	2,31	95,25	4,97	4,48	90,55
9	2,43	2,44	95,13	5,11	4,85	90,04
8	2,46	2,21	95,33	5,01	4,38	90,61
7	2,74	2,01	95,25	5,26	4,46	90,28
6	2,63	2,48	94,89	5,32	4,92	89,76
5	2,37	2,49	95,14	4,87	5,03	90,10
4	2,59	2,27	95,14	5,34	4,80	89,86
$H_{0\gamma}: \gamma = -0{,}05$						
10	2,50	2,26	95,24	4,99	4,48	90,53
9	2,76	2,52	94,72	5,72	4,90	89,38
8	2,85	2,08	95,07	5,39	4,40	90,21
7	2,79	1,82	95,39	5,26	4,33	90,41
6	2,68	2,39	94,93	5,17	4,59	90,24
5	2,63	2,43	94,94	4,80	4,97	90,23
4	2,56	2,35	95,09	5,42	4,72	89,86

$n = 4(1)10$ mit $\beta = -70; -50; -30; \gamma = -0{,}09; -0{,}07; -0{,}05; -0{,}03$ und mit normalverteilten $\boldsymbol{e}_i$ durchgeführt.

Wir geben Ergebnisse für Konfidenzschätzungen in Tab. 9.6 (mit $\alpha_N = 0{,}05$ und $\alpha_N = 0{,}10$) für eine Parameterkonfiguration an. Wie man sieht, gibt es bereits bei $n = 4$ eine ausreichende Übereinstimmung zwischen α_N und α_R. Folglich kann man die Tests in Abschn. 9.6.1.2 als approximative α_N-Tests und die Konfidenzintervalle als approximative $(1 - \alpha_N)$-Konfidenzintervalle ansehen. Die Gütefunktionen der Tests wurden in den oben erwähnten Arbeiten ebenfalls empirisch ermittelt. Rasch und Schimke (1983) konnten zeigen, dass sich analoge Ergebnisse auch für $\sigma^2 > 1$ ergeben. Es konnte ferner durch Simulationsexperimente mit verschiedenen nicht äquidistanten Quadrupeln von x-Werten gezeigt werden, dass die äquidistante Wahl der x_i nicht notwendig ist.

9.6.1.4 Versuchsplanung

Die Suche nach lokal optimalen Plänen wird im Fall der lokalen D-Optimalität durch Satz 9.12 erleichtert. Wir haben eine große Anzahl von Suchläufen durchgeführt, die den optimalen Plan nicht nur in der Klasse der Dreipunktpläne suchten, es kam aber immer ein Dreipunktplan der Form von Satz 9.12 heraus. Mit den Suchverfahren ergab sich hinsichtlich der lokalen C_α-, C_γ- und A-Optimalität, dass die optimalen Pläne in den untersuchten Parameterbereichen und x-Intervallen $[x_u, x_o]$ stets Dreipunktpläne waren mit $x_1 = x_u$ und $x_3 = x_o$. Bei der C_β-Optimalität gehörte meist einer der Randpunkte nicht zum Spektrum lokaler C_β-optimaler Pläne, die ebenfalls Dreipunktpläne waren.

9.6.2 Die Bertalanffy-Funktion

Die Regressionsfunktion $f_B(x)$ des Modells

$$\boldsymbol{y}_i = (\alpha + \beta e^{\gamma x_i})^3 + \boldsymbol{e}_i = f_B(x_i) + \boldsymbol{e}_i, \quad i = 1, \dots, n, \quad n > 3 \tag{9.69}$$

wird Bertalanffy-Funktion genannt, da sie von Bertalanffy (1929) zur Beschreibung des Massewachstums von Tieren verwendet wurde. Diese Funktion hat zwei Wendepunkte; wenn α und β verschiedene Vorzeichen haben, liegen diese an den Stellen

$$x_{w1} = \frac{1}{\gamma} \ln\left(-\frac{\alpha}{\beta}\right) \quad \text{bzw.} \quad x_{w2} = \frac{1}{\gamma} \ln\left(-\frac{\alpha}{3\beta}\right)$$

und dabei ist

$$f_B(x_{w1}) = 0 \quad \text{und} \quad f_B(x_{w2}) = \left(\frac{2}{3}\alpha\right)^3$$

Mit $\theta = (\theta_1, \theta_2, \theta_3)^{\mathrm{T}} = (\alpha, \beta, \gamma)^{\mathrm{T}}$ erhält man

$$\frac{\partial f_B(x,\theta)}{\partial \theta} = \begin{pmatrix} 3(\alpha + \beta e^{\gamma x})^2 \\ 3(\alpha + \beta e^{\gamma x})^2 e^{\gamma x} \\ 3(\alpha + \beta e^{\gamma x})^2 e^{\gamma x} \beta x \end{pmatrix}$$

und folglich sind nach Definition 9.1 alle Komponenten von θ Nichtlinearitätsparameter. Analog zu (9.63) führen wir folgende Abkürzungen ein:

$$z_i = (\alpha + \beta e^{\gamma x_i})^4$$

$$A = \sum_{i=1}^{n} z_i\,, \qquad B = \sum_{i=1}^{n} z_i e^{\gamma x_i}\,, \qquad C = \sum_{i=1}^{n} x_i z_i e^{\gamma x_i}$$

$$D = \sum_{i=1}^{n} z_i e^{2\gamma x_i}\,, \qquad E = \sum_{i=1}^{n} z_i x_i e^{2\gamma x_i}\,, \qquad G = \sum_{i=1}^{n} z_i x_i^2 e^{2\gamma x_i}$$

Damit wird

$$F^{\mathrm{T}}F = 9\begin{pmatrix} A & B & \beta C \\ B & ED & \beta E \\ \beta C & \beta E & \beta^2 G \end{pmatrix}$$

und

$$F^{\mathrm{T}}F = 9^3\beta^2[ADG + 2BCE - C^2D - E^2A - B^2G] = 9^3\beta^2\Delta$$

Die asymptotische Kovarianzmatrix ist damit

$$\begin{aligned} \mathrm{var}_{\mathrm{A}}(\theta) &= \sigma^2(F^{\mathrm{T}}F)^{-1} \\ &= \frac{\sigma^2}{9\Delta}\begin{pmatrix} DG - E^2 & EC - BG & \frac{1}{\beta}(BE - CD) \\ EC - BG & AG - C^2 & \frac{1}{\beta}(BE - AE) \\ \frac{1}{\beta}(BE - CD) & \frac{1}{\beta}(BC - AE) & \frac{1}{\beta^2}(AD - B^2) \end{pmatrix} \end{aligned} \tag{9.70}$$

Für die Anfangswertbestimmung empfiehlt es sich, die y_i-Werte der Wertepaare (x_i, y_i) $(i = 1, \ldots, n)$ mittels

$$v_i = \sqrt[3]{y_i}$$

zu transformieren und für die Wertepaare (x_i, v_i) die Parameter α, β, γ einer exponentiellen Regression nach Abschn. 9.6.1 mit der MKQ-Methode zu schätzen und diese Schätzwerte a^*, b^*, c^* als Anfangswerte einer Iteration zur Bestimmung der MKQ-Schätzwerte a, b, c aus den sich mithilfe von $(F^{\mathrm{T}}F)^{-1}$ in (9.70) ergebenden Normalgleichungen zu verwenden.

Bezüglich der Hypothesenprüfung mithilfe von (9.70) ergeben sich für $n > 3$ folgende Prüfzahlen:

$$\text{für } H_{0\alpha}: \alpha = \alpha_0 \text{ gegen } H_{\mathrm{A}\alpha}: \alpha \neq \alpha_0 \quad \text{ist} \quad \boldsymbol{t}_\alpha = \frac{(\boldsymbol{a} - \alpha_0)3\sqrt{\hat{\boldsymbol{\Delta}}}}{\boldsymbol{s}\sqrt{\hat{\boldsymbol{D}}\hat{\boldsymbol{G}} - \hat{\boldsymbol{E}}^2}}$$

$$\text{für } H_{0\beta}: \beta = \beta_0 \text{ gegen } H_{\mathrm{A}\beta}: \beta \neq \beta_0 \quad \text{ist} \quad \boldsymbol{t}_\beta = \frac{(\boldsymbol{b} - \beta_0)3\sqrt{\hat{\boldsymbol{\Delta}}}}{\boldsymbol{s}\sqrt{\hat{\boldsymbol{A}}\hat{\boldsymbol{G}} - \hat{\boldsymbol{C}}^2}}$$

$$\text{für } H_{0\gamma}: \gamma = \gamma_0 \text{ gegen } H_{\mathrm{A}\gamma}: \gamma \neq \gamma_0 \quad \text{ist} \quad \boldsymbol{t}_\gamma = \frac{(\boldsymbol{c} - \gamma_0)3\boldsymbol{b}\sqrt{\hat{\boldsymbol{\Delta}}}}{\boldsymbol{s}\sqrt{\hat{\boldsymbol{A}}\hat{\boldsymbol{D}} - \hat{\boldsymbol{B}}^2}}$$

und wie in Abschn. 9.4 beschrieben, Konfidenzintervalle. Hierbei wurden die Symbole $\hat{\boldsymbol{A}}, \dots, \hat{\boldsymbol{\Delta}}$ wie in Abschn. 9.6.1 verwendet und $\boldsymbol{s}$ durch

$$\boldsymbol{s}^2 = \frac{1}{n-3} \sum_{i=1}^{n} \left[y_i - (\boldsymbol{a} + \boldsymbol{b}\mathrm{e}^{\boldsymbol{c}x_i})^3 \right]^2 \quad (n > 3)$$

definiert. Die Handhabung der Tests wurde in Abschn. 9.5 beschrieben.

Schlettwein (1987) führte die in Abschn. 9.4.3 beschriebenen Simulationsexperimente mit normalverteilten $\boldsymbol{e}_i$ und für mehrere Parameterkombinationen und n-Werte durch, aus denen einige Ergebnisse mitgeteilt werden.

Die Tab. 9.7 enthält für $n = 4$ äquidistante $x_i \in [0{,}65]$ die Ergebnisse der Konfidenzschätzungen und Tests für eine dieser Kombinationen für $\alpha_N = 0{,}01$, $\alpha_N = 0{,}05$ und $\alpha_N = 0{,}10$. Diese und die anderen Ergebnisse von Schlettwein lassen den Schluss zu, dass für normalverteilte $\boldsymbol{e}_i$ in Modell (9.69) die oben beschriebenen Tests bzw. Konfidenzschätzungen approximative α_N-Tests bzw. approximative $(1 - \alpha_N)$-Konfidenzintervalle für alle $n \geq 4$ darstellen. Kleinere n-Werte sind für die Schätzung von σ^2 ja ohnehin nicht zulässig. Nach den Suchverfahren ergaben sich für die lokal D-optimalen Pläne stets Dreipunktpläne (siehe Rasch, 1993).

Beispiel 9.7

Die Tab. 9.8 enthält Messergebnisse von Blattoberflächen von Ölpalmen, die auf der Bah Lias Research Station in Indonesien innerhalb von 12 Jahren gewonnen wurden (siehe Rasch, 1993). Bei der Modellwahl (siehe Abschn. 9.6.8) wurde die Bertalanffy-Funktion als am besten angepasst ausgewählt. In Abb. 9.6 finden wir den Graphen der angepassten Funktion $(2{,}33 - 1{,}45\mathrm{e}^{-0{,}3069x})^3$ und die Darstellung der Beobachtungen aus Tab. 9.8.

9.6.3
Die logistische (dreiparametrische Tangens-hyperbolicus-)Funktion

Die Funktion $f_\mathrm{L}(x, \theta)$ des Modells

$$\boldsymbol{y}_i = \frac{\alpha}{1 + \beta\mathrm{e}^{\gamma x_i}} + e_i = f_\mathrm{L}(x_i, \theta) + \boldsymbol{e}_i$$

$$i = 1, \dots, n\,, \quad n > 3\,, \quad \alpha \neq 0\,, \quad \beta > 0\,, \quad \gamma \neq 0 \tag{9.71}$$

mit $\theta = (\alpha, \beta, \gamma)^\mathrm{T}$ heißt logistische Funktion. Sie besitzt einen Wendepunkt an der Stelle

$$x_w = -\frac{1}{\gamma} \ln \beta$$

mit $f_\mathrm{L}(x_w, \theta) = \alpha/2$.

Die Funktion f_L in (9.71) kann auch als dreiparametrische Tangens-hyperbolicus-Funktion geschrieben werden mit den Parametern

$$\alpha_T = \frac{\alpha}{2}\,, \quad \beta_T = -\frac{1}{\gamma} \ln \beta \quad \text{und} \quad \gamma_T = -\frac{\gamma}{2}$$

Tab. 9.7 Prozentualer Anteil von 10 000 simulierten Stichproben vom Umfang $n = 4$ für die Ablehnung (linksseitig n_u, rechtsseitig n_o) bzw. für die Annahme (n_M) der Nullhypothese H_0 für die Parameter der Bertalanffy-Funktion bei normalverteilten Fehlern und drei nominalen Risiken erster Art α_N.

H_0	$\alpha_N = 0{,}01$			$\alpha_N = 0{,}05$			$\alpha_N = 0{,}10$		
	n_u	n_o	n_M	n_u	n_o	n_M	n_u	n_o	n_M
$\alpha = 5$	0,46	0,48	99,06	2,32	2,40	95,28	4,73	5,07	90,20
$\beta = -2$	0,43	0,44	99,13	2,48	2,26	95,26	5,10	4,81	90,09
$\gamma = -0{,}05$	0,54	0,42	99,04	2,55	2,39	95,06	5,06	4,51	90,43
$\alpha = 5$	0,51	0,58	98,91	2,53	2,59	94,88	5,08	4,96	89,96
$\beta = -2$	0,61	0,57	98,82	2,65	2,34	95,01	4,98	4,75	90,27
$\gamma = -0{,}06$	0,49	0,44	99,07	2,64	2,26	95,10	5,16	5,78	90,06
$\alpha = 5$	0,53	0,59	98,88	2,61	2,60	94,79	5,02	5,28	89,70
$\beta = -3$	0,49	0,69	98,82	2,46	2,88	94,66	4,97	5,40	89,63
$\gamma = -0{,}05$	0,57	0,66	98,77	2,59	2,64	94,77	5,18	5,17	89,65
$\alpha = 5$	0,44	0,57	98,99	2,33	2,53	95,14	4,62	5,51	89,87
$\beta = -3$	0,47	0,59	98,94	2,32	2,60	95,08	4,81	5,28	89,91
$\gamma = -0{,}06$	0,52	0,58	89,90	2,47	2,40	95,13	5,24	4,72	90,04
$\alpha = 6$	0,51	0,51	98,98	2,52	2,75	94,73	4,88	5,30	89,82
$\beta = -4$	0,50	0,53	98,97	2,38	2,75	94,87	4,47	5,34	90,19
$\gamma = -0{,}07$	0,49	0,52	98,99	2,65	2,38	94,97	5,16	4,85	89,99
$\alpha = 6$	0,47	0,53	99,00	2,32	2,37	95,31	4,73	4,62	90,65
$\beta = -2$	0,54	0,50	98,96	2,54	2,20	95,26	5,04	4,82	90,14
$\gamma = -0{,}06$	0,57	0,57	98,86	2,37	2,33	95,30	4,98	4,78	90,24

Tab. 9.8 Blattoberfläche y_i in m^2 von Ölpalmen auf einer Versuchsfläche in Abhängigkeit vom Alter x_i in Jahren.

x_i	1	2	3	4	5	6	7	8	9	10	11	12
y_i	2,02	3,62	5,71	7,13	8,33	8,29	9,81	11,30	12,80	12,67	10,62	12,01

Das sieht man aus Beispiel 9.4. Somit ist mit $\theta_1 = \alpha_T, \theta_2 = \beta_T$ und $\theta_3 = \gamma_T$

$$\begin{aligned} \boldsymbol{y}_i &= \alpha_T\{1 + \tanh[\gamma_T(x_i - \beta_T)]\} + \boldsymbol{e}_i \\ i &= 1, \ldots, n\,, \quad n \geq 3\,, \quad \alpha_T \neq 0\,, \quad \beta_T \neq 0\,, \quad \gamma_T \neq 0 \end{aligned} \tag{9.72}$$

das Regressionsmodell der dreiparametrischen Tangens-hyperbolicus-Funktion.

Aus Abschn. 9.2 folgt, dass eine andere Schreibweise der gleichen Funktion zu anderen Nichtlinearitätseigenschaften führen kann, und es ist daher sinnvoll, nach einer möglichst günstigen Schreibweise zu suchen, um entweder das Nichtlinearitätsmaß möglichst klein zu halten oder möglichst günstige Voraussetzungen für die Anwendung der asymptotischen Kovarianzmatrix bei Tests und Konfidenzschätzungen zu schaffen. Wir behandeln zunächst Modell (9.71) und

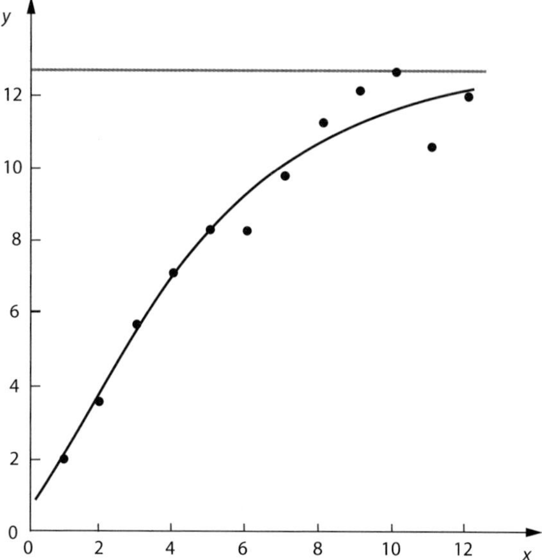

Abb. 9.6 Blattoberfläche von Ölpalmen (y) in m^2 in Abhängigkeit von ihrem Alter (x) in Jahren.

erhalten

$$\frac{\partial f_{\mathrm{L}}(x,\theta)}{\partial \theta} = \begin{pmatrix} \dfrac{1}{1+\beta \mathrm{e}^{\gamma x}} \\ \dfrac{-\alpha \mathrm{e}^{\gamma x}}{(1+\beta \mathrm{e}^{\gamma x})^2} \\ \dfrac{-\alpha\beta x \mathrm{e}^{\gamma x}}{(1+\beta \mathrm{e}^{\gamma x})^2} \end{pmatrix}$$

und das lässt sich mit

$$C(\theta) = \begin{pmatrix} 1 & 0 & 0 \\ 0 & -\alpha & 0 \\ 0 & 0 & -\alpha \end{pmatrix}$$

in der Form (9.1) schreiben, sodass β und γ Nichtlinearitätsparameter sind. Analog ergibt sich diese Aussage auch für die Funktion in (9.72). Die Informationsmatrix für das Modell (9.71) ist

$$F^{\mathrm{T}} F = \begin{pmatrix} A & -\alpha B & -\alpha\beta C \\ -\alpha B & \alpha^2 D & \alpha^2 \beta E \\ -\alpha\beta C & \alpha^2 \beta E & \alpha^2 \beta^2 G \end{pmatrix}$$

mit

$$Z_i = (1+\beta \mathrm{e}^{\gamma x_i})^{-1}$$

und

$$A = \sum_{i=1}^{n} Z_i^2 \,, \qquad B = \sum_{i=1}^{n} Z_i^3 \mathrm{e}^{\gamma x_i} \,, \qquad C = \sum_{i=1}^{n} Z_i^3 x_i \mathrm{e}^{\gamma x_i}$$

$$D = \sum_{i=1}^{n} Z_i^4 \mathrm{e}^{2\gamma x_i} \,, \quad E = \sum_{i=1}^{n} Z_i^4 x_i \mathrm{e}^{2\gamma x_i} \,, \quad G = \sum_{i=1}^{n} Z_i^4 x_i^2 \mathrm{e}^{2\gamma x_i}$$

Damit wird

$$|F^{\mathrm{T}} F| = \alpha^4 \beta^2 [ADG + 2BCE - C^2 D - AE^2 - B^2 G] = \alpha^4 \beta^2 \Delta$$

und die asymptotische Kovarianzmatrix ist

$$\begin{aligned} \mathrm{var}_{\mathrm{A}}(\theta) &= (F^{\mathrm{T}} F)^{-1} \\ &= \frac{\sigma^2}{\Delta} \begin{pmatrix} DG - E^2 & -\frac{1}{\alpha}(EC - BG) & -\frac{1}{\alpha\beta}(BE - CD) \\ -\frac{1}{\alpha}(EC - BG) & \frac{1}{\alpha^2}(AG - C^2) & \frac{1}{\alpha^2\beta}(BC - AE) \\ -\frac{1}{\alpha\beta}(BE - CD) & \frac{1}{\alpha^2\beta}(BC - AE) & \frac{1}{\alpha^2\beta^2}(AD - B^2) \end{pmatrix} \end{aligned}$$

Die Anfangswertbestimmung für die Lösung des Normalgleichungssystems führt man günstig mit der inneren Regression (siehe Abschn. 9.1.2) durch. Die Differentialgleichung, deren Integral $f_{\mathrm{L}}(x, \theta)$ ist, hat die Form

$$\frac{\partial f_{\mathrm{L}}(x, \theta)}{\partial \theta} = -\gamma f_{\mathrm{L}}(x, \theta) \left(1 - \frac{1}{\alpha} f_{\mathrm{L}}(x, \theta)\right)$$

Minimiert man mit $y_i^* = \frac{y_{i+1} - y_i}{x_{i+1} - x_i}$ $(i = 1, \ldots, n-1)$

$$S_1 = \sum_{i=1}^{n-1} \left(c_1 y_i + c_2 y_i^2 + y_i^*\right)^2 \,, \quad c_1 \neq 0 \,, \quad c_2 \neq 0$$

nach der MKQ-Methode, wobei sich $\hat{c}_1$ und $\hat{c}_2$ ergeben, so erhält man Anfangswerte $\hat{a}$ und $\hat{c}$ für die Schätzung von α und γ aus

$$\hat{c} = \hat{c}_1 \,, \quad \hat{a} = -\frac{\hat{c}_1}{\hat{c}_2}$$

Schließlich ist der Anfangswert $\hat{\beta}$ für die Schätzung von β die Größe $b = \hat{b}$, die

$$S_2 = \sum_{i=1}^{n-1} \left(y_i^* + b \frac{\hat{c}}{\hat{a}} y_i^2 \mathrm{e}^{\hat{c} x_i} \right)^2$$

minimiert.

Die Anfangswerte a_T, b_T und c_T für den Tangens-hyperbolicus-Ansatz errechnet man aus diesen Anfangswerten über die Parametertransformation zwischen beiden Darstellungsweisen.

Die Informationsmatrix $F^{\mathrm{T}}F$ des Ansatzes (9.72) hat mit $\alpha = \alpha^{\mathrm{T}}, \beta = \beta^{\mathrm{T}}, \gamma = \gamma^{\mathrm{T}}$ und den Abkürzungen

$$u_i = \tanh[\gamma(x_i - \beta)]$$

$$A_T = \sum_{i=1}^{n} u_i^2\,, \quad B_T = \sum_{i=1}^{n} \left(1 - u_i^2\right) u_i\,, \quad C_T = \sum_{i=1}^{n} (x_i - \beta)\left(1 - u_i^2\right) u_i$$

$$D_T = \sum_{i=1}^{n} \left(1 - u_i^2\right)^2\,, \quad E_T = \sum_{i=1}^{n} (x_i - \beta)\left(1 - u_i^2\right)^2$$

$$G_T = \sum_{i=1}^{n} (x_i - \beta)^2 (1 - u_i^2)^2$$

die Form

$$F^{\mathrm{T}}F = \begin{pmatrix} A_T & -\alpha\gamma B_T & \alpha C_T \\ -\alpha\gamma B_T & \alpha^2\gamma^2 D_T & -\alpha^2\gamma E_T \\ \alpha C_T & -\alpha^2\gamma E_T & \alpha^2 G_T \end{pmatrix}$$

mit

$$|F^{\mathrm{T}}F| = \alpha^4\gamma^2 \left[A_T D_T G_T + 2B_T C_T E_T - C_T^2 D_T - A_T^2 E_T - B_T^2 G_T\right] = \alpha^4\gamma^2 \Delta_T$$

Die asymptotische Kovarianzmatrix der Schätzung $\hat{\theta}_T^{\mathrm{T}}$ von $\theta_T^{\mathrm{T}} = (\alpha_T, \beta_T, \gamma_T)$ ist damit durch

$$\mathrm{var}_{\mathrm{A}}(\theta_T) =$$

$$\frac{\sigma^2}{\Delta_T} \begin{pmatrix} D_T G_T - E_T^2 & -\frac{1}{\alpha\gamma}(E_T C_T - B_T G_T) & \frac{1}{\alpha}(B_T E_T - D_T C_T) \\ -\frac{1}{\alpha\gamma}(E_T C_T - B_T G_T) & \frac{1}{\alpha^2\gamma^2}(A_T G_T - C_T^2) & -\frac{1}{\alpha^2\gamma}(B_T C_T - A_T E_T) \\ \frac{1}{\alpha}(B_T E_T - C_T D_T) & -\frac{1}{\alpha^2\gamma}(B_T C_T - A_T E_T) & \frac{1}{\alpha^2}(A_T D_T - B_T^2) \end{pmatrix}$$

gegeben. Damit können die Normalgleichungen für beide Schreibweisen, ausgehend von den jeweiligen Anfangswerten, iterativ gelöst werden.

Für $n > 3$ können wir Hypothesen mithilfe von Prüfzahlen testen, die entsprechend den vorigen Abschnitten zu definieren sind.

Außerdem ist s_T mit den Schätzwerten $a^{\mathrm{T}}, b^{\mathrm{T}}, c^{\mathrm{T}}$ für $\alpha = \alpha^{\mathrm{T}}, \beta = \beta^{\mathrm{T}}, \gamma = \gamma^{\mathrm{T}}$ durch

$$s_T^2 = \frac{1}{n-3} \sum_{i=1}^{n} (y_i - a_T - a_T \tanh[c_T(x_i - b_T)])^2$$

definiert.

Wir hielten es für ausreichend, die Anwendbarkeit der Tests und Konfidenzschätzungen für die logistische Schreibweise zu überprüfen. Simulationsuntersuchungen wurden nach Abschn. 9.4.3 für 15 verschiedene (α, β, γ)-Kombinationen (mit Wendepunkten bei 10, 30 bzw. 50), x_i-Werten aus [0,65], normalverteilten $\boldsymbol{e}_i$ und $\alpha_N = 0{,}01; 0{,}05$ und 0,10 durchgeführt.

Für alle Parameterkombinationen erhielt man das Ergebnis, dass die Verwendung von Tests und Konfidenzschätzungen bereits ab $n = 4$ empfohlen werden kann, wenn die $\boldsymbol{e}_i$ normalverteilt, aber auch wenn sie nicht normalverteilt sind.

Die in zahlreichen Suchläufen gefundenen konkreten lokaloptimalen Versuchspläne waren stets Dreipunktpläne.

9.6.4 **Die Gompertz-Funktion**

Die Regressionsfunktion $f_G(x, \theta)$ des Modells

$$y_i = \alpha e^{\beta e^{\gamma x_i}} + e_i = f_G(x_i, \theta) + e_i$$
$$(i = 1, \dots, n, n > 3, \alpha \neq 0, \gamma \neq 0, \beta < 0) \tag{9.73}$$

heißt Gompertz-Funktion. Sie wurde von Gompertz (1825) zur Beschreibung des Bevölkerungswachstums verwendet. Die Funktion besitzt einen Wendepunkt an der Stelle

$$x_w = -\frac{\ln(-\beta)}{\gamma} \quad \text{mit} \quad f_G(x_w) = \frac{\alpha}{e}$$

Der Vektor

$$\frac{\partial f_G(x, \theta)}{\partial \theta} = \begin{pmatrix} \frac{1}{\alpha} f_G(x) \\ f_G(x) e^{\gamma x} \\ f_G(x) \beta x e^{\gamma x} \end{pmatrix}, \quad \theta^T = (\alpha, \beta, \gamma)$$

lässt sich mit

$$C(\theta) = \begin{pmatrix} 1 & 0 & 0 \\ 0 & 1/\alpha & 0 \\ 0 & 0 & 1/\alpha \end{pmatrix}$$

in der Form (9.1) schreiben, sodass β und γ Nichtlinearitätsparameter sind. Wir führen folgende Abkürzungen ein:

$$A = \sum_{i=1}^{n} e^{2\beta e^{\gamma x_i}}, \quad B = \sum_{i=1}^{n} e^{\gamma x_i} e^{2\beta e^{\gamma x_i}}, \quad C = \sum_{i=1}^{n} x_i e^{\gamma x_i} e^{2\beta e^{\gamma x_i}}$$
$$D = \sum_{i=1}^{n} e^{2\gamma x_i} e^{2\beta e^{\gamma x_i}}, \quad E = \sum_{i=1}^{n} x_i e^{2\gamma x_i} e^{2\beta e^{\gamma x_i}}, \quad G = \sum_{i=1}^{n} x_i^2 e^{2\gamma x_i} e^{2\beta e^{\gamma x_i}}$$

Damit wird

$$F^T F = \begin{pmatrix} A & \alpha B & \alpha\beta C \\ \alpha B & \alpha^2 D & \alpha^2 \beta E \\ \alpha\beta C & \alpha^2 \beta E & \alpha^2 \beta^2 G \end{pmatrix}$$

und

$$|F^{\mathrm{T}}F| = \alpha^4\beta^2\Delta = \alpha^4\beta^2[ADG + 2BCE - C^2D - AE^2 - B^2G] \neq 0$$

Damit ist die asymptotische Kovarianzmatrix

$$\operatorname{var}_{\mathrm{A}}(\theta) = \sigma^2(F^{\mathrm{T}}F)^{-1} = \frac{\sigma^2}{\Delta}\begin{pmatrix} DG - E^2 & \frac{1}{\alpha}(EC - BG) & \frac{1}{\alpha\beta}(BE - CD) \\ \frac{1}{\alpha}(EC - BG) & \frac{1}{\alpha^2}(AG - C^2) & \frac{1}{\alpha^2\beta}(BC - AE) \\ \frac{1}{\alpha\beta}(BE - CD) & \frac{1}{\alpha^2\beta}(BC - AE) & \frac{1}{\alpha^2\beta^2}(AD - B^2) \end{pmatrix}$$

Bei der Bestimmung der Anfangswerte für die iterative Lösung der Normalgleichungen wurden gute Erfahrungen mit der Zurückführung des Problems auf die in Abschn. 9.6.1 für die exponentielle Regression beschriebenen Verfahren für $z_i = \ln y_i$ gemacht.

Wegen

$$\ln f_{\mathrm{G}}(x, \theta) = \ln\alpha + \beta \mathrm{e}^{\gamma x} = \alpha_E + \beta\mathrm{e}^{\gamma x} \quad \text{mit} \quad \alpha_E = \ln\alpha$$

kann man aus den Anfangswerten (oder auch aus den MKQ-Schätzwerten) a_E, b_E, c_E der exponentiellen Regression für die (z_i, x_i) die Anfangswerte $a' = \mathrm{e}^{a_E}$, $b' = b_E$ und $c' = c_E$ für die Gompertz-Funktion erhalten.

Für die Hypothesenprüfung ergeben sich aus den MKQ-Schätzungen analog zu Abschn. 9.6.1. die entsprechenden Prüfzahlen.

Ähnlich wie für die Funktionen der vorhergehenden Abschnitte wurden vom ersten Autor, wie in Abschn. 9.4.3 beschrieben, Simulationsexperimente zur Überprüfung der Brauchbarkeit der Tests durchgeführt. Tabelle 9.9 enthält die Resultate für mehrere Parameterkonfigurationen für $n = 4$. Die Resultate für $n > 4$ sind wie erwartet keinesfalls schlechter, sodass wir auf ihre Angabe verzichten können. Aus Tab. 9.9 ist abzulesen, dass auch im Fall der Gompertz-Funktion die oben genannten Tests approximative α_N-Tests und die analog zu bildenden Konfidenzintervalle approximative $(1 - \alpha_N)$-Konfidenzintervalle sind $(\alpha_N = 0{,}01; 0{,}05; 0{,}1)$. Mittels des von Rasch *et al.* (2008) beschriebenen Suchverfahrens wurden lokal D-optimale Versuchspläne berechnet. Es ergaben sich Dreipunktpläne, deren Spektren vom Versuchsumfang n unabhängig sind.

9.6.5 Die vierparametrische Tangens-hyperbolicus-Funktion

Wir betrachten für die entsprechende Funktion $f_T(x, \theta)$ das Regressionsmodell

$$\boldsymbol{y}_i = \alpha + \beta\tanh(\gamma + \delta x_i) + \boldsymbol{e}_i = f_T(x_i, \theta) + \boldsymbol{e}_i$$
$$(i = 1, \ldots, n, n > 4, \beta > 0,\ \delta > 0) \qquad (9.74)$$

Tab. 9.9 Prozentualer Anteil von 10 000 simulierten Stichproben ($\sigma^2 = 1$) vom Umfang $n = 4$ für die Ablehnung (linksseitig n_u, rechtsseitig n_o) bzw. für die Annahme (n_M) der Nullhypothese H_0 für die Parameter der Gompertz-Funktion bei normalverteilten Fehlern und drei nominalen Risiken erster Art α_N.

H_0		$\alpha_N = 0{,}01$			$\alpha_N = 0{,}05$			$\alpha_N = 0{,}10$	
	n_u	n_o	n_M	n_u	n_o	n_M	n_u	n_o	n_M
$\alpha = 33{,}33$	0,56	0,48	98,96	2,58	2,03	95,39	5,27	4,17	90,56
$\beta = -6{,}05$	0,58	0,46	98,96	3,33	2,44	94,23	6,11	4,75	89,14
$\gamma = -0{,}06$	0,45	0,52	99,03	2,26	2,73	95,01	4,76	5,65	89,59
$\alpha = 33{,}33$	0,47	0,41	99,12	2,61	2,07	95,32	5,01	4,22	90,77
$\beta = -11{,}023$	0,46	0,53	99,01	2,46	2,16	95,38	4,84	4,54	90,62
$\gamma = -0{,}08$	0,50	0,45	99,05	2,17	2,36	95,47	4,47	4,77	90,76
$\alpha = 33{,}33$	0,49	0,50	99,01	2,65	2,53	94,82	5,07	5,11	89,82
$\beta = -20{,}09$	0,46	0,45	99,09	2,41	2,80	94,79	4,77	5,28	89,95
$\gamma = -0{,}10$	0,44	0,43	99,13	2,64	2,46	94,90	5,24	4,85	89,91
$\alpha = 100$	0,61	0,51	98,88	2,77	2,49	94,74	5,35	4,53	90,12
$\beta = -36{,}6$	0,49	0,47	99,04	2,68	2,37	94,95	5,21	5,01	89,78
$\gamma = -0{,}06$	0,50	0,56	98,94	2,48	2,55	94,97	4,77	5,20	90,03
$\alpha = 25$	0,52	0,39	99,09	2,67	1,96	95,37	5,89	3,75	90,36
$\beta = -6{,}05$	0,65	0,43	98,92	2,93	2,43	94,64	6,13	4,73	89,14
$\gamma = -0{,}06$	0,44	0,60	98,96	2,46	2,69	94,85	4,70	5,29	90,01
$\alpha = 25$	0,59	0,50	98,91	2,59	2,12	95,29	5,26	4,39	90,35
$\beta = -11{,}023$	0,47	0,50	99,03	2,68	2,19	95,13	5,20	4,61	90,19
$\gamma = -0{,}08$	0,51	0,47	99,02	2,19	2,43	95,38	4,35	4,86	90,79
$\alpha = 25$	0,55	0,44	99,01	2,69	1,98	95,33	5,28	4,24	90,48
$\beta = -20{,}09$	0,43	0,50	99,07	2,16	2,24	95,60	4,61	4,39	91,00
$\gamma = -0{,}10$	0,58	0,47	98,95	2,27	2,13	95,60	4,48	4,52	91,00

$f_T(x,\theta)$ hat einen Wendepunkt an der Stelle $x_w = -\gamma/\delta$ mit $f_T(x_w,\theta) = \alpha$ und zwei horizontale Asymptoten $y = \alpha + \beta$ bzw. $y = \alpha - \beta$.

Da

$$\frac{\partial f_T(x,\theta)}{\partial \theta} = \begin{pmatrix} 1 \\ \tanh(\gamma + \delta x) \\ \beta[1 - \tanh^2(\gamma + \delta x)] \\ \beta x[1 - \tanh^2(\gamma + \delta x)] \end{pmatrix}$$

ist, kann man $C(\theta)$ in (9.1) so wählen, dass γ und δ als Nichtlinearitätsparameter erscheinen.

Setzen wir $v_i = \tanh(\gamma + \delta x_i)$ und

$$A = \sum_{i=1}^{n} v_i\,, \quad B = \sum_{i=1}^{n} v_i^2\,, \quad C = \sum_{i=1}^{n} x_i\,, \quad D = \sum_{i=1}^{n} x_i v_i^2\,, \quad E = \sum_{i=1}^{n} v_i^3$$

$$G = \sum_{i=1}^{n} v_i^4\,, \quad H = \sum_{i=1}^{n} x_i v_i^4\,, \quad I = \sum_{i=1}^{n} x_i v_i\,, \quad K = \sum_{i=1}^{n} x_i^2$$

$$L = \sum_{i=1}^{n} x_i^2 v_i^2\,, \quad M = \sum_{i=1}^{n} x_i v_i^3\,, \quad N = \sum_{i=1}^{n} x_i^2 v_i^4$$

so hat $F^{\mathrm{T}}F$ die Gestalt

$$F^{\mathrm{T}}F = \begin{pmatrix} n & A & \beta(n-B) & \beta(C-D) \\ A & B & \beta(A-E) & \beta(I-M) \\ \beta(n-B) & \beta(A-E) & \beta^2(n-2B+G) & \beta^2(C-B-D+H) \\ \beta(C-D) & \beta(I-M) & \beta^2(C-B-D+H) & \beta^2(K-2L+N) \end{pmatrix}$$

$$= \begin{pmatrix} n & A & \beta P & \beta Q \\ A & B & \beta R & \beta S \\ \beta P & \beta R & \beta^2 T & \beta^2 U \\ \beta Q & \beta S & \beta^2 U & \beta^2 W \end{pmatrix}$$

und wir erhalten die geschätzte asymptotische Kovarianzmatrix

$$\mathrm{var}_{\mathrm{A}}(\theta) = \sigma^2 (F^{\mathrm{T}}F)^{-1} = (\sigma_{\xi\eta})\,, \quad \xi, \eta = a, b, c, d$$

mit den MKQ-Schätzungen a, b, c, d für die Parameter $\alpha, \beta, \gamma, \delta$. Es ist aus Gründen der numerischen Stabilität und der Rechnergeschwindigkeit im Simulationsexperiment günstig, $F^{\mathrm{T}}F$ analytisch zu invertieren und erst dann die jeweiligen x_i-Werte einzusetzen. Die Formeln für die Elemente von $\mathrm{var}_{\mathrm{A}}(\theta)$ findet man bei Gretzebach (1986). Wir geben die Hauptdiagonalelemente $\sigma_{\xi\xi} = \sigma_\xi$ ($\xi = a, b, c, d$), d. h. die asymptotischen Varianzen der MKQ-Schätzungen a, b, c bzw. d an, wobei

$$\Delta = \frac{1}{\beta^4} |F^{\mathrm{T}}F|$$

gesetzt wurde:

$$\sigma_a^2 = \frac{\sigma^2}{\Delta} [BTW + 2RSU - R^2 W - S^2 T - U^2 B]$$

$$\sigma_b^2 = \frac{\sigma^2}{\Delta} [nTW + 2QPU - RQ^2 - P^2 W - nU^2]$$

$$\sigma_c^2 = \frac{\sigma^2}{\Delta\beta^2} [nBW + 2AQS - BQ^2 - A^2 W - nS^2]$$

$$\sigma_d^2 = \frac{\sigma^2}{\Delta\beta^2} [nBT + 2ARP - BP^2 - A^2 T - nS^2]$$

Die Anfangswerte können durch innere Regression berechnet werden. Daraus erhält man a, b, c und d. Prüfzahlen und Konfidenzschätzungen ergeben sich wie oben beschrieben.

Die in Abschn. 9.4.3 beschriebenen Simulationsexperimente zur Überprüfung dieser Tests und Konfidenzschätzungen wurden für $\alpha = \beta = 50$ und

$\delta = 0{,}15$ kombiniert mit $\gamma = -2{,}25; -4{,}5$ und $-6{,}75$, sowie
$\delta = 0{,}1$ kombiniert mit $\gamma = -1{,}5; -3$ und $-4{,}5$, sowie
$\delta = 0{,}05$ kombiniert mit $\gamma = -0{,}75; -1{,}5$ und $-2{,}25$,

normalverteilten $\boldsymbol{e}_i$ und n äquidistanten x_i-Werte aus dem Intervall [0,65] mit $n = 5(1)15$ durchgeführt.

Aus dieser Untersuchung geht hervor, dass die Tests und Konfidenzschätzungen in ihren realen Risiken α_R um maximal 20 % von $\alpha_N = 0{,}05$ abweichen, wenn mindestens $n = 10$ Messungen vorliegen. Für $\alpha_N = 0{,}10$ haben die Verfahren bereits ab $n = 9$ diese Eigenschaft. Für $\alpha_N = 0{,}01$ sind mindestens 25 Messungen Voraussetzung.

Diese Ergebnisse lassen vermuten, dass die auf der asymptotischen Kovarianzmatrix aufbauenden Tests und Konfidenzschätzungen von vierparametrischen Funktionen nicht wie bei den dreiparametrischen Funktionen ab $n = p + 1$ empfohlen werden können. Diese Vermutung wird in den beiden folgenden Abschnitten bestätigt.

9.6.6 Die vierparametrische Arcustangens-Funktion

Wir betrachten das Regressionsmodell

$$\boldsymbol{y}_i = \alpha + \beta \arctan[\gamma(x_i - \delta)] + \boldsymbol{e}_i = f_A(x_i, \theta) + \boldsymbol{e}_i$$
$$(i = 1, \dots, n\,, \quad n > 4\,, \beta \neq 0, \gamma > 0\,, \delta \neq 0) \tag{9.75}$$

Die Funktion $f_A(x, \theta)$ hat einen Wendepunkt an der Stelle $x_w = \delta$, für den $f_A(x_w, \theta) = \alpha$ ist. Weiterhin hat $f_A(x, \theta)$ zwei horizontale Asymptoten durch $\alpha + \beta\pi/2$ bzw. $\alpha - \beta\pi/2$. Da

$$\frac{\partial f_A(x, \theta)}{\partial \theta} = \begin{pmatrix} 1 \\ \arctan[\gamma(x - \delta)] \\ \dfrac{\beta(x - \delta)}{1 + \gamma^2(x - \delta)^2} \\ \dfrac{-\beta\gamma}{1 + \gamma^2(x - \delta)^2} \end{pmatrix}$$

ist, kann man $\frac{\partial f_A(x,\theta)}{\partial \theta}$ in der Form (9.1) so schreiben, dass nur γ und δ Nichtlinearitätsparameter sind.

Wir setzen

$$u_i = x_i - \delta\,, \quad v_i = 1 + \gamma^2(x_i - \delta)^2\,, \quad w_i = \arctan[\gamma(x_i - \delta)]$$

und erhalten

$$F^{\mathrm{T}}F = \begin{pmatrix} n & A & \beta C & -\beta\gamma D \\ A & B & \beta E & -\beta\gamma G \\ \beta C & \beta E & \beta^2 H & -\beta^2\gamma J \\ -\beta\gamma D & -\beta\gamma G & -\beta^2\gamma J & \beta^2\gamma^2 K \end{pmatrix}$$

mit

$$A = \sum_{i=1}^{n} w_i\,, \quad B = \sum_{i=1}^{n} w_i^2\,, \quad C = \sum_{i=1}^{n} \frac{u_i}{v_i}$$

$$D = \sum_{i=1}^{n} \frac{1}{v_i}\,, \quad E = \sum_{i=1}^{n} \frac{u_i w_i}{v_i}\,, \quad G = \sum_{i=1}^{n} \frac{w_i}{v_i}$$

$$H = \sum_{i=1}^{n} \frac{u_i^2}{v_i^2}\,, \quad J = \sum_{i=1}^{n} \frac{u_i}{v_i^2}\,, \quad K = \sum_{i=1}^{n} \frac{1}{v_i^2}$$

Die asymptotische Kovarianzmatrix

$$\mathrm{var}_{\mathrm{A}}(\theta) = \sigma^2(F^{\mathrm{T}}F)^{-1}$$

wird geschätzt durch

$$\boldsymbol{V} = \boldsymbol{s}^2(\hat{\boldsymbol{F}}^{\mathrm{T}}\hat{\boldsymbol{F}})^{-1} = \boldsymbol{s}^2(\mathbf{k}_{ij})$$

Dabei entsteht $\hat{\boldsymbol{F}}^{\mathrm{T}}\hat{\boldsymbol{F}}$ aus $F^{\mathrm{T}}F$, indem man γ durch seine MKQ-Schätzung $\boldsymbol{c}$ und δ durch seine MKQ-Schätzung $\boldsymbol{d}$ und außerdem β durch seine MKQ-Schätzung $\boldsymbol{b}$ ersetzt. Ferner ist mit der MKQ-Schätzung $\boldsymbol{a}$ von α

$$\boldsymbol{s}^2 = \frac{1}{n-4}\sum_{i=1}^{n}\left\{\boldsymbol{y}_i - \boldsymbol{a} - \boldsymbol{b}\arctan[\boldsymbol{c}(x_i - \boldsymbol{d})]\right\}^2$$

Anfangswerte für die Bestimmung der MKQ-Schätzwerte erhält man entsprechend durch innere Regression.

Die in Abschn. 9.4.3 beschriebenen Simulationsuntersuchungen zur Überprüfung der Tests und Konfidenzschätzungen wurden für $\alpha = 40$ (o. B. d. A.), $\beta = 20$ und alle Kombinationen von $\gamma = 0{,}05; 0{,}1; 0{,}2$ mit $\delta = -50; -30; -10$ durchgeführt und dabei die $x_i \in [0{,}65]$ äquidistant gewählt und die $\boldsymbol{e}_i$ $N(0; 1)$-verteilt erzeugt. Die Simulationen wurden für $n = 4(1)20$ durchgeführt, und es zeigte sich, dass im Sinne der Forderung $|\alpha_N - \alpha_{\mathrm{R}}| < 0{,}2\alpha_N$ von Abschn. 9.4.3 die Tests und Konfidenzschätzungen approximativ das Risiko α_N besitzen, wenn $n > 9$ für $\alpha_N = 0{,}1$ und $n > 10$ für $\alpha_N = 0{,}05$ gilt.

9.6.7
Die Richards-Funktion

Die Funktion $f_R(x, \theta)$ des Regressionsmodells

$$\boldsymbol{y}_i = \alpha \left[1 + e^{\frac{\gamma}{\alpha}(\beta - x_i)(\delta+1)^{1+1/\delta}}\right]^{-1/\delta} + e_i = f_R(x_i) + \boldsymbol{e}_i$$
$$(i = 1, \dots, n\,, \quad n > 4\,, \quad \alpha \neq 0\,, \quad \gamma \neq 0\,, \quad \delta < 0) \tag{9.76}$$

wurde von Richards (1959) zur Beschreibung des Wachstums bei Pflanzen berechnet; die in (9.76) verwendete Parametrisierung hat nach Schönfelder (1987) günstige Folgen für die iterative Bestimmung der MKQ-Schätzungen und die Anwendbarkeit der asymptotischen Kovarianzmatrix für Tests und Konfidenzschätzungen. Außerdem sind einige Parameter einfach interpretierbar, denn α ist der Wert der Asymptote und β die Abszisse des Wendepunktes.

Alle Parameter außer α sind Nichtlinearitätsparameter. Schreibt man $f_R(x, \theta)$ in der Form $f_R(x, \theta) = (\alpha^* + \beta^* e^{\gamma^* x})^{\delta^*}$, so sind alle Parameter Nichtlinearitätsparameter.

Es wäre wenig hilfreich, Anfangswertbestimmung und iterative Ermittlung der MKQ-Schätzung kurz zu beschreiben, da große numerische Schwierigkeiten auftreten, die sorgfältig behandelt werden müssen, und für eine ausführliche Beschreibung ist hier nicht der geeignete Ort. Wir verweisen daher auf Schönfelder (1987), wo man auch FORTRAN-Programme findet. Tests und Konfidenzschätzungen wurden von Schönfelder durch das in Abschn. 9.4.3 beschriebene Simulationsexperiment überprüft. Dabei wurden für äquidistante x_i bzw. für die x_i eines lokal D-optimalen Planes aus [0,65] und die Parameterkombinationen:

$$(35; 27; 1; 0,7), (20; 27; 1; 0,7), (35; 15; 1; 0,7), (35; 27; 05; 0,7), (35; 27; 1; -0,5),$$
$$(50; 27; 1; 0,7), (35; 45; 1; 0,7), (35; 27; 3; 0,7), (35; 27; 1; 10)$$

von $(\alpha, \beta, \gamma, \delta)$ für normalverteilte $\boldsymbol{e}_i$ folgende Ergebnisse erhalten:

Die Tests und Konfidenzschätzungen, die auf der asymptotischen Kovarianzmatrix basieren, können als approximative Tests empfohlen werden, wenn $\alpha_N = 0{,}05$ und $n > 14$ ist, wobei bei Tests von Hypothesen über α bzw. δ bei 2 bzw. einer Parameterkombination aktuelle α_R-Werte über 6 % auftraten, als $\alpha_N = 0{,}05$ war, und α_R in je einem Fall über 12 % lag, wenn $\alpha_N = 0{,}1$ gesetzt wurde. Für die lokal D-optimalen Pläne mit $n > 8$ ergeben sich stets befriedigende Ergebnisse.

9.6.8
Fragen der Modellwahl

Oft ist es schwierig, anhand einer Grafik mit beobachteten Wertepaaren (x_i, y_i) eine Funktion heuristisch auszuwählen. Daher wurden (ursprünglich zur Auswahl der Regressoren in der linearen Regression) numerische Modellwahlkriterien entwickelt, die die Auswahl einer Regressionsfunktion aus einer vorgegebenen Klasse $F = \{f_1(x, \theta), \dots, f_r(x, \theta)\}$ erleichtern sollen. Natürlich erhebt sich die Frage, welches dieser Kriterien man verwenden soll. Auch für die Beantwortung dieser Frage können Simulationsuntersuchungen hilfreich sein. Derartige Untersuchungen wurden von Rasch und van Wijk (1994) für $r = 8$ mit den in Abschn. 9.6.1–9.6.7 beschriebenen Funktionen durchgeführt.

Die zu minimierenden Kriterien sind ($n > p$ vorausgesetzt, $j = 1, \dots, r$):

K1: s_j^2 (Restvarianz bei Anpassung von $f_j(x, \theta) \in F$) mit

$$s_j^2 = \frac{1}{n - p_j} \sum_{i=1}^{n} [y_i - \hat{f}_j(x_i, \theta)]^2$$

wobei die $\hat{f}_j(x_i, \theta)$ die nach der MKQ-Methode an die Wertepaare (x_i, y_i) angepassten Funktionswerte von $f_j(x, \theta) \in F$ sind, p_j ist die Anzahl der geschätzten Parameter ($p_j = 3$, $p_j = 4$).

K2: $C_{pj} = \frac{(n-p_j)s_j^2}{n\hat{\sigma}_j^2} + 2p_j - n$ (C_p-Kriterium von Mallows 1973)
Hier ist $\hat{\sigma}_j^2$ ein weiterer Schätzwert für σ^2. Diesen kann man z. B. als DQ_{I} einer einfachen Varianzanalyse erhalten, wenn mehrere Messungen an der gleichen Messstelle vorliegen.

K3: Jackknife-Kriterium
Aus der Menge der Wertepaare (x_i, y_i) $(i = 1, \dots, n)$ wird das l-te Paar weggelassen $(l = 1, \dots, n)$. Mit den $n - 1$ verbleibenden Paaren werden die Funktionen von F angepasst. Es sei $\hat{y}_l(j) = \hat{f}_j^{(l)}(x_l, \theta)$ der Wert der angepassten j-ten Funktion an der Stelle x_l (also die Vorhersage des nicht mitbenutzten y_l-Wertes). Dann ist

$$JK_j = \frac{1}{n} \sum_{i=1}^{n} [y_i - \hat{y}_i(j)]^2$$

der Wert des Jackknife-Kriteriums. Der Name rührt von gewissen Analogien zum Jackknife-Schätzen (Kapitel 4) her.

K4: Modifiziertes Akaike-Kriterium (Akaike, 1974)
Mit $S_j^2 = \frac{n-p_j}{n} s_j^2$ ist

$$AIC_j = n \ln\left(S_j^2\right) + \frac{n(n + p_j)}{n - p_j - 2}$$

K5: Schwarz-Kriterium (Schwarz, 1978)
Mit $T_j^2 = \frac{n-p_j}{n} s_j^2$ ist

$$SC_j = n \ln(T_j^2) + p_j \ln(n)$$

Die Jackknife-Version des modifizierten Akaike-Kriteriums erwies sich bei den von Rasch und van Wijk (1994) durchgeführten Simulationen als dasjenige Kriterium, das vorgegebene Funktionen am häufigsten auswählt.

9.7 Übungsaufgaben

Aufgabe 9.1

Welche von den folgenden Regressionsfunktionen sind linear, quasilinear bzw. eigentlich nichtlinear?

a) $f(x,\theta) = \theta_1 + \theta_2 x + \theta_3 x^2$
b) $f(x,\theta) = \theta_1 \frac{1}{x} + \theta_2 x$
c) $f(x,\theta) = \theta_0 + \theta_1 x_1 + \theta_2 x_2$
d) $f(x,\theta) = \theta_1 x^{\theta_2}$
e) $f(x,\theta) = \theta_1 x_1 + \theta_2 x_2 + \theta_3 x_1 x_2$
f) $f(x,\theta) = \theta_1 + \mathrm{e}^{\theta_2 x}$
g) $f(x,\theta) = \theta_1 + \frac{\theta_2 x}{\theta_3 x^2 + 1}$

Aufgabe 9.2

Bestimmen Sie von den folgenden Regressionsfunktionen die Nichtlinearitätsparameter:

a) $f(x,\theta) = \theta_1 + \sin(\theta_2 x + \theta_3)$
b) $f(x,\theta) = \frac{\theta_1 x}{\theta_2 + x}$
c) $f(x,\theta) = \theta_1 \mathrm{e}^{\theta_2 x + \theta_3}$
d) $f(x,\theta) = \theta_1 + \theta_2 2^{\theta_3}$
e) $f(x,\theta) = \theta_1 + \theta_2 \frac{1}{x} + \theta_3 (1 + \mathrm{e}^{2\theta_4})^2$

Aufgabe 9.3

Für die Wertetabelle

Zeit	0	1	2	3	4	5	6	7	8	9	10
Wert	77,2	94,5	107,2	116,0	122,4	126,7	129,2	129,9	130,4	130,8	131,2

soll die exponentielle Regressionsfunktion

$$y = f(x,\theta) = \alpha + \beta \mathrm{e}^{\gamma x}\,, \quad \theta = (\alpha, \beta, \gamma)^{\mathrm{T}}\,, \quad \gamma < 0$$

angepasst werden. Gesucht sind Schätzwerte a, b, c für die Parameter nach der Methode der kleinsten Quadrate. Geben Sie außerdem eine Schätzung für die Varianz an.

Aufgabe 9.4

Für den Leerlaufverlust eines Generators in Abhängigkeit von der Spannung liegen folgende Messdaten vor:

X Spannung U (V)	230	295	360	425	490	555	620
Verlust L (kW)	64,0	66,0	69,5	74,0	80,8	91,0	103,5

Welches Modell passt am besten, wenn man aus den in Abschn. 9.6 beschriebenen Funktionen wählen kann?
Gesucht sind für diese Funktion Schätzwerte für die Parameter nach der Methode der kleinsten Quadrate. Geben Sie außerdem eine Schätzung für die Restvarianz an.

Literatur

Akaike, H. (1974) A new look at the statistical model identification. *IEEE Trans. Autom. Control*, **19**, 716–723.

Atkinson, A.C. und Hunter, W.G. (1968) The design of experiments for parameter estimations. *Technometrics*, **10**, 271–289.

Barath, C.S., Rasch, D. und Szabo, T. (1996) Összefügges a kiserlet pontossaga es az ismetlesek szama között. *Allatenyesztes es takarmanyozas*, **45**, 359–371.

Bates, D.M. und Watts, D.G. (1988) *Nonlinear Regression Analysis and its Applications*, John Wiley & Sons, New York.

Bauer, H. (1978) *Wahrscheinlichkeitstheorie und Grundzüge der Maßtheorie*, de Gruyter, Berlin.

Beale, E.M.L. (1960) Confidence regions in nonlinear regression. *J. R. Stat. Soc. B*, **22**, 41–88.

Bertalanffy, L. von (1929) Vorschlag zweier sehr allgemeiner biologischer Gesetze. *Biol. Zbl.*, **49**, 83–111.

Bliss, C.L. und James, A.T. (1966) Fitting on the rectangular hyperbola. *Biometrics*, **22**, 573–603.

Box, G.E.P. und Draper, N.R. (1963) The choice of a second order rotatable design. *Biometrika*, **50**, 77–96.

Box, G.E.P. und Lucas, H.L. (1959) Design of experiments in nonlinear statistics. *Biometrics*, **46**, 77–96.

Box, M.J. (1971) Bias in nonlinear estimation (with discussion). *J. R. Stat. Soc. B*, **46**, 171–201.

Bunke, H. (1973) Approximation of regression functions. *Math. Operationsforsch. Stat.*, **4**, 315–325.

Clarke, G.P.Y. (1980) Moments of the least squares estimators in a nonlinear regression model. *J. R. Stat. Soc. B*, **42**, 227–237.

Ermakoff, S.M. (1970) Ob optimalnich nesmeschtschennich planach regressionnich eksperimentov. *Trudy Nat. Inst. Steklowa*, **111**, 25–257.

Gompertz, B. (1825) On the nature of the function expressive of the law of human mortality, and on a new method determining the value of life contingencies. *Philos. Trans. R. Soc. B London*, **115**, 513–585.

Gretzebach, L. (1986) Simulationsuntersuchungen zum t-Test für die Parameter der Funktion $\alpha + \beta \tanh(\gamma + \delta x)$, Sektion Mathematik, Universität Rostock.

Halperin, M. (1963) Confidence interval estimation in nonlinear regression. *J. R. Stat. Soc. B*, **25**, 330–333.

Hartley, H.O. (1948) The estimation of non-linear parameters by „internal least squares“. *Biometrika*, **35**, 32–48.

Hartley, H.O. (1961) The modified Gauss–Newton method for the fitting of nonlinear regression functions by least squares. *Technometrics*, **3**, 269–280.

Holland, P.W. (1973) Covariance stabilizing transformations. *Ann. Stat.*, **1**, 84–92.

Hotelling, H. (1927) Differential equations subject to error and population estimates. *J. Am. Stat. Assoc.*, **2**, 283–314.

Hougaard, P. (1982) Parametrizations of nonlinear models. *J. R. Stat. Soc. B*, **44**, 244–282.

Hougaard, P. (1984) *Parameter Transformations in Multiparameter Nonlinear Regression Models*, Inst. Math. Stat., Univ. Copenhagen, Preprint 2/84.

Ivanov, A.V. und Zwanzig, S. (1983) An asymptotic expansion oft the distribution of least squares estimators in the nonlinear regression model. *Math. Operationsforsch. Stat.*, **14**, 7–27.

Jennrich, R.J. (1969) Asymptotic properties of nonlinear least squares estimation. *Ann. Math. Stat.*, **40**, 633–643.

Johansen, S. (1984) *Functional Relations, Random Coefficients and Nonlinear Re-*

gression with Applications to Kinetic Data, Springer, New York.

Karson, M.G., Manson, A.R. und Hader R.G. (1969) Minimum bias estimation and experimental design for regression surface. *Technometrics*, **11**, 461–475.

Levenberg, K. (1944) A method for the solution of certain non-linear problems in least squares. *Quart. Appl. Math.*, **2**, 164–168.

Malinvaud, E. (1970) The consistency of nonlinear regression. *Ann. Math. Stat.*, **41**, 56–64.

Mallows, C.L. (1973) Some comments on C_p. *Technometrics*, **15**, 661–675.

Maritz, J.S. (1962) Confidence regions for regression parameters. *Aust. J. Stat.*, **4**, 4–10.

Marquardt, D.W. (1963) An algorithm for least squares estimation of non-linear parameters. *SIAM J. Appl. Math.*, **11**, 431–441.

Marquardt, D.W. (1970) Generalized inverse, ridge regression, biased linear estimation and non-linear estimation. *Technometrics*, **13**, 591–612.

Melas, V.B. (2008) *Functional Approach to Optimal Experimental Design*, Springer, New York.

Morton, R. (1987) A symmetry of estimators in nonlinear regression. *Biometrika*, **74**, 679–685.

Nash, J.C. (1979) *Compact Numerical Methods for Computers – Linear Algebra and Function Minimization*, Adam Hilger Ltd., Bristol.

Pazman, A. (1985) *Foundations of Optimum Experimental Design*, Reidel, Dordrecht.

Petersen, J. (1973) Linear minimax estimation for inadequate models. *Math. Operationsforsch. Stat.*, **4**, 463–471.

Rasch, D. (1990) Optimum experimental design in nonlinear regression. *Commun. Stat. Theory Methods*, **19**, 4789–4806.

Rasch, D. (1993) The robustness against parameter variation of exact locally optimum experimental designs in growth models – a case study. Techn. Note 93-3, Department of Mathematics, Wageningen Agricultural University.

Rasch, D. und Schimke, E. (1983) Distribution of estimators in exponential regression – a simulation study. *Skand. J. Stat.*, **10**, 293–300.

Rasch, D., Herrendörfer, G., Bock, J., Victor, N. und Guiard, V., Hrsg. (2008) *Verfahrensbibliothek Versuchsplanung und -auswertung*, 2. verbesserte Auflage in einem Band mit CD, R. Oldenbourg Verlag München Wien (frühere Auflagen mit den Herausgebern Rasch, Herrendörfer, Bock, Busch (1978, 1981), Deutscher Landwirtschaftsverlag Berlin und (1995, 1996) Oldenbourg Verlag München Wien).

Rasch, D. und van Wijk, H. (1994) The evaluation of criteria for model selection in growth curve analysis, Proc. XVIIth Int. Biometric Conf., Hamilton, Ontario, Canada.

Richards, F.J. (1959) A flexible growth function for empirical use. *J. Exp. Bot.*, **10**, 290–300.

Scharf, J.H. (1970) Innere Regressionsrechnung mit nichtlinearen Differentialgleichungen. *Biometr. Z.*, **12**, 228–241.

Schlettwein, K. (1987) Beiträge zur Analyse von vier speziellen Wachstumsfunktionen, Dipl.-Arbeit, Sektion Mathematik, Univ. Rostock.

Schmidt, W.H. (1979) Asymptotic results for estimations and testing variances in regression models. *Math. Operationsforsch. Stat.*, **10**, 209–236.

Schönfelder, E. (1987) Eigenschaften der Schätzungen für Parameter in nichtlinearen Regressionsfunktionen – dargestellt am Beispiel der vierparametrigen Richards-Funktion. Diss. Sektion Mathematik, Univ Rostock.

Schwarz, G. (1978) Estimating the dimension of a model. *Ann. Stat.*, **2**, 461–464.

Verhagen, A.W.M. (1960) Growth curves and their functional form. *Aust. J. Stat.*, **2**, 122–127.

Williams, E.J. (1962) Exact fiducial limits in nonlinear estimation. *J. R. Stat. Soc. B*, **24**, 125–139.

Witting, H. und Nölle, G. (1970) *Angewandte mathematische Statistik*, Teubner, Leipzig, Stuttgart.

Wu, C.F. (1981) Asymptotic theory of nonlinear least squares estimation. *Ann. Stat.*, **9**, 501–513.

10 Kovarianzanalyse

10.1 Einführung

Unter dem Begriff Kovarianzanalyse fasst man in der angewandten Statistik Verfahren mit unterschiedlicher Zielstellung zusammen. Ihnen ist gemeinsam, dass das Beobachtungsmaterial von mindestens zwei Faktoren beeinflusst wird, von denen mindestens einer in verschiedenen Stufen auftritt, nach denen das Material in Klassen eingeteilt wird, während mindestens ein Faktor als Regressor eines Regressionsmodells dargestellt wird. Ein solcher Faktor wird Kovariable genannt. Eine Richtung in der Kovarianzanalyse besteht in dem Bestreben, den Einfluss des Regressors auf Signifikanz zu testen und bei Vorliegen von Signifikanz auszuschalten („herauszukorrigieren"). In manchen dieser Fälle könnte dieses Ziel aber einfacher durch die Behandlung des Materials mit einer (unvollständigen) Kreuzklassifikation, d. h. durch Blockbildung, erreicht werden; außerdem gibt es, wie im Folgenden gezeigt wird, Modellprobleme. Eine andere Richtung in der Kovarianzanalyse besteht darin, die Regression „innerhalb der Klassen" des Klassifikationsfaktors zu schätzen.

Für den Fall eines Klassifikationsfaktors und eines Regressors gibt es vier verschiedene Modelle der Kovarianzanalyse:

Modell I–I: Stufen des Klassifikationsfaktors fest und Modell I der Regression,
Modell I–II: Stufen des Klassifikationsfaktors fest und Modell II der Regression,
Modell II–I: Stufen des Klassifikationsfaktors zufällig und Modell I der Regression,
Modell II–II: Stufen des Klassifikationsfaktors zufällig und Modell II der Regression.

In der mathematischen Literatur wurde theoretisch vor allem Modell I–I behandelt. In den praktischen Anwendungen, aber auch in den Beispielen dagegen, findet man für die erste Richtung der Kovarianzanalyse fast ausschließlich Fälle, denen Modell I–II zugrunde zu legen wäre. Dabei werden die für Modell I–I abgelei-

Mathematische Statistik, 1. Auflage. Dieter Rasch und Dieter Schott.

teten Ergebnisse übertragen. Echte praktische Beispiele für Modell I–I lassen sich schwer finden, und wenn man sie findet, lassen sie sich oft auch mit einer reinen Varianzanalyse behandeln. Graybill (1961) umgeht die Problematik, indem er ein fiktives Zahlenbeispiel einführt. Searle (2012) verwendet als Stufen des Klassifikationsfaktors drei Arten der Schulbildung von Familienvätern und als Kovariable die Anzahl der Kinder in der Familie. Das untersuchte Merkmal ist die Höhe der Ausgaben. Man könnte hier sicher auch ein Modell einer zweifachen unvollständigen Kreuzklassifikation zugrunde legen, und die Frage, ob die Kovariable „Zahl der Kinder" zu Modell I oder II der Regressionsanalyse führt, hängt ganz von der Art der Gewinnung des Materials ab. Scheffé (1953) betrachtet als einleitendes Beispiel das Verhalten verschiedener Stärkesorten und verwendet als Kovariable die Dicke der Stärkeschichten – ein Beispiel, für das Modell I–II anzusetzen wäre; erläutert wird anschließend jedoch Modell I–I. Scheffé weist aber als einer der wenigen auf die Problematik der beiden Modelle hin und begründet heuristisch die Anwendung der Ergebnisse, die für Modell I–I abgeleitet wurden, auf Fälle, denen Modell I–II zugrunde liegt.

Die Liste lässt sich noch weiterführen; man findet z. B. die Masse bei Versuchsbeginn in Tierversuchen als Kovariable. Man kann in den vorher erwähnten Fällen eine Berechtigung für die Anwendung der Ergebnisse von Modell I–I auf Beispiele nach Modell I–II (intuitiv-heuristisch) mit der weitgehenden Übereinstimmung der Schätz- und Testmethoden von Modell I und Modell II der Regression begründen. Mit diesen Hinweisen soll der Leser angeregt werden, vor der Durchführung einer Kovarianzanalyse seine Fragestellung genau zu überdenken und sich Gedanken über sein Modell zu machen. Man sollte genau prüfen, ob man einen störenden Faktor, der das zu beobachtende Merkmal zwar beeinflussen kann, aber nicht Ziel der Untersuchungen ist, über eine Blockbildung oder über die Wahl dieses Faktors als Kovariable berücksichtigt. In den folgenden Abschnitten wird ausschließlich Modell I–I als Spezialfall von Modellgleichung (5.1) behandelt. Modell II–II führt zu Fragestellungen und Lösungswegen, die denen des Kapitels 6 entsprechen, nämlich zur Schätzung von Varianz- und Kovarianzkomponenten.

Modell I–II kann auch als mehrdimensionale Varianzanalyse (Modell I) behandelt werden, in der Beobachtungsmerkmal und Kovariable als Komponenten einer mehrdimensionalen Zufallsvariablen aufgefasst werden. Zur mehrdimensionalen Varianzanalyse siehe Ahrens und Läuter (1974) sowie Backhaus *et al.* (2011).

10.2
Allgemeines Modell I–I der Kovarianzanalyse

Wir betrachten den folgenden Spezialfall von Definition 4.1 bzw. des allgemeinen linearen Modells von Kapitel 4.

Definition 10.1
Kann unter den Voraussetzungen von Definition 5.1 die Größe $X\beta$ von (5.1) in der Form

$$X\beta = W\alpha + Z\gamma$$

mit

$$X = (W, Z)\,, \quad \beta^{\mathrm{T}} = (\alpha^{\mathrm{T}}, \gamma^{\mathrm{T}})$$
$$X: \quad [N \times (k+1)]\text{-Matrix vom Rang } p < k+1$$
$$W: \quad [N \times (t+1)]\text{-Matrix vom Rang } r,\, 0 < r < t+1 < k+1$$
$$W = \left(e_N, W^*\right)$$
$$Z: \quad [N \times s]\text{-Matrix vom Rang } s \text{ mit } 0 < s \leq p < k+1$$
$$\alpha = (\mu, \alpha_1, \dots, \alpha_t)^{\mathrm{T}}\,, \quad \gamma = (\gamma_1, \dots, \gamma_s)^{\mathrm{T}} \quad (t+s=k, r+s=p)$$

geschrieben werden, so wird die Modellgleichung

$$\boldsymbol{Y} = W\alpha + Z\gamma + \boldsymbol{e}\,, \quad \Omega = R[W] \oplus R[Z] \tag{10.1}$$

unter der Verteilungsannahme

$$\boldsymbol{Y}: \quad N\left(W\alpha + Z\gamma, \sigma^2 E_N\right)\,, \quad \boldsymbol{e}: N\left(0, \sigma^2 E_N\right) \tag{10.2}$$

Modell I–I der Kovarianzanalyse genannt. Die Spalten von Z definieren die sogenannten Kovariablen.

Bevor Formeln für den allgemeinen Fall der Definition 10.1 abgeleitet werden, betrachten wir

Beispiel 10.1
Aus k Grundgesamtheiten $G_1, \dots, G_k$ mögen voneinander unabhängige Zufallsvektoren $\boldsymbol{Y}_1, \dots, \boldsymbol{Y}_k$ vom Umfang $n_1, \dots, n_k$ vorliegen. Es sei $\boldsymbol{Y}_i = (\boldsymbol{y}_{i1}, \dots, \boldsymbol{y}_{in_i})^{\mathrm{T}}$. Die $\boldsymbol{Y}_i$ sollen in den G_i nach $N(\{\mu_i\}, \sigma^2 E_{n_i})$ verteilt sein mit $\{\mu_i\} = (\mu_{i1}, \dots, \mu_{in_i})^{\mathrm{T}}$.

Fall (a) Die μ_{ij} mögen die Form

$$\mu_{ij} = \mu + \alpha_i + \gamma z_{ij}$$

haben, wobei die z_{ij} vorgebbare Werte einer reellen (Einfluss-)Variablen z, des Regressors oder der Kovariablen des Modells, sind.

Fall (b) Die μ_{ij} mögen die Form

$$\mu_{ij} = \mu + \alpha_i + \gamma_i z_{ij} \quad (i = 1, \dots, k; j = 1, \dots, n_i)$$

haben. Dann hat (10.1) die spezielle Form
Fall a):

$$\boldsymbol{y}_{ij} = \mu + \alpha_i + \gamma z_{ij} + \boldsymbol{e}_{ij} \quad (i = 1, \dots, k; j = 1, \dots, n_i) \tag{10.3}$$

Fall b):

$$y_{ij} = \mu + \alpha_i + \gamma_i z_{ij} + e_{ij} \quad (i = 1, \dots, k; j = 1, \dots, n_i) \tag{10.4}$$

In (10.3) und (10.4) ist (als Spezialfall von (10.1))

$$W^{\mathrm{T}} = \begin{pmatrix} 1 & 1 & \dots & 1 & 1 & 1 & \dots & 1 & \dots & 1 & 1 & \dots & 1 \\ 1 & 1 & \dots & 1 & 0 & 0 & \dots & 0 & \dots & 0 & 0 & \dots & 0 \\ 0 & 0 & \dots & 0 & 1 & 1 & \dots & 1 & \dots & 0 & 0 & \dots & 0 \\ \vdots & \vdots & & \vdots & \vdots & \vdots & & \vdots & & \vdots & \vdots & & \vdots \\ \underbrace{0 \quad 0}_{} & & \underbrace{\dots \quad 0}_{n_1} & \underbrace{0 \quad 0}_{} & & \underbrace{\dots \quad 0}_{n_2} & & \dots & \underbrace{1 \quad 1}_{} & & \underbrace{\dots \quad 1}_{n_k} \end{pmatrix}$$

$$\alpha = (\mu, \alpha_1, \dots, \alpha_k)^{\mathrm{T}}, \quad \boldsymbol{Y}^{\mathrm{T}} = (\boldsymbol{Y}_1^{\mathrm{T}}, \dots, \boldsymbol{Y}_k^{\mathrm{T}}) \quad \text{und} \quad \boldsymbol{e} = (\boldsymbol{e}_{11}, \dots, \boldsymbol{e}_{kn_k})^{\mathrm{T}}$$

In (10.3) ist außerdem $Z^{\mathrm{T}} = (z_{11}, \dots, z_{kn_k})$ und γ ein Skalar. In (10.4) ist $\gamma^{\mathrm{T}} = (\gamma_1, \dots, \gamma_k)$ und

$$Z = \begin{pmatrix} z_{11} & 0 & \dots & 0 \\ \vdots & \vdots & & \vdots \\ z_{1n_1} & 0 & \dots & 0 \\ 0 & z_{21} & \dots & 0 \\ \vdots & \vdots & & \vdots \\ 0 & z_{2n_2} & \dots & 0 \\ \vdots & \vdots & & \vdots \\ 0 & 0 & \dots & z_{k1} \\ \vdots & \vdots & & \vdots \\ 0 & 0 & \dots & z_{kn_k} \end{pmatrix}$$

Im nächsten Beispiel betrachten wir eine Verallgemeinerung von Fall (a) aus Beispiel 10.1, und zwar den Fall, dass der Einfluss der z_{ij} auf $\boldsymbol{y}$ quasilinear (im Sinne von Kapitel 8) ist.

Beispiel 10.2
Wir betrachten noch einmal die Situation von Beispiel 10.1 mit k Grundgesamtheiten, postulieren jedoch für μ_{ij} die Modellgleichung

$$\mu_{ij} = \mu + \alpha_i + \gamma_1 z_{ij} + \gamma_2 z_{ij}^2 + \dots + \gamma_s z_{ij}^s$$
$$(i = 1, \dots, k; j = 1, \dots, n_i)$$

sodass (10.1) die spezielle Form

$$y_{ij} = \mu + \alpha_i + \gamma_1 z_{ij} + \gamma_2 z_{ij}^2 + \dots + \gamma_s z_{ij}^s + e_{ij} \tag{10.5}$$

hat, wobei $\boldsymbol{Y}$, α und $\boldsymbol{e}$ wie in Beispiel 10.1 beschaffen sind sowie $\gamma = (\gamma_1, \dots, \gamma_s)^{\mathrm{T}}$ und

$$Z = \begin{pmatrix} z_{11} & z_{11}^2 & \dots & z_{11}^s \\ z_{12} & z_{12}^2 & \dots & z_{12}^s \\ \vdots & \vdots & & \vdots \\ z_{kn_k} & z_{kn_k}^2 & \dots & z_{kn_k}^s \end{pmatrix}$$

zu setzen ist.

An den Beispielen 10.1 und 10.2 kann man alle typischen Fragestellungen der Kovarianzanalyse Modell I–I veranschaulichen. Wichtige Aufgabenstellungen der Kovarianzanalyse sind:

- Prüfung der Hypothese $H_0 : \alpha_1 = \dots = \alpha_k$,
- Prüfung der Hypothese $H_0 : \gamma = 0$ (Beispiel 10.1, Fall (a)),
- Prüfung der Hypothese $H_0 : \gamma_1 = \dots = \gamma_s$ (Beispiel 10.1, Fall (b)),
- Prüfung der Hypothese $H_0 : \gamma_r = \gamma_{r+1} = \dots = \gamma_s = 0$ für $2 \le r \le s-1$ (Beispiel 10.2),
- Schätzung von γ oder $\gamma_1, \dots, \gamma_s$ bzw. von $\gamma_r, \dots, \gamma_s$.

Wir kehren nun zum allgemeinen Fall zurück. Mit W ist auch X nicht vom vollen Rang, sodass $X^{\mathrm{T}}X$ singulär ist. Daher haben die Normalgleichungen aus Abschn. 4.1.

$$X^{\mathrm{T}}X\boldsymbol{\beta}^* = X^{\mathrm{T}}\boldsymbol{Y}$$

keine eindeutige Lösung.

Für Modell I–I der Kovarianzanalyse haben die Normalgleichungen wegen $X = (W, Z), \beta^{\mathrm{T}} = (\alpha^{\mathrm{T}}, \gamma^{\mathrm{T}})$ die Form

$$\begin{pmatrix} W^{\mathrm{T}}W & W^{\mathrm{T}}Z \\ Z^{\mathrm{T}}W & Z^{\mathrm{T}}Z \end{pmatrix} \begin{pmatrix} \boldsymbol{\alpha}^* \\ \boldsymbol{\gamma}^* \end{pmatrix} = \begin{pmatrix} W^{\mathrm{T}}\boldsymbol{Y} \\ Z^{\mathrm{T}}\boldsymbol{Y} \end{pmatrix} \tag{10.6}$$

Wir bezeichnen mit G_W eine verallgemeinerte Inverse von $W^{\mathrm{T}}W$ und erhalten aus (10.6)

$$\boldsymbol{\alpha}^* = G_W(W^{\mathrm{T}}\boldsymbol{Y} - W^{\mathrm{T}}Z\boldsymbol{\gamma}^*) \tag{10.7}$$

Bezeichnen wir mit $\boldsymbol{\alpha}^{**}$ die Lösung der Normalgleichungen von Modellgleichung (10.1) für $\gamma = 0_s$ (ohne Kovariable), so können wir für $\boldsymbol{\alpha}^*$

$$\boldsymbol{\alpha}^* = \boldsymbol{\alpha}^{**} - G_W W^{\mathrm{T}}Z\boldsymbol{\gamma}^* \tag{10.8}$$

schreiben, wobei $\boldsymbol{\alpha}^{**} = G_W W^{\mathrm{T}}\boldsymbol{Y}$ die Lösung der Normalgleichungen für eine Varianzanalyse (Modell I) nach Modellgleichung (5.1) ist. Die Formel für $\boldsymbol{\alpha}^{**}$ ist bis auf die Bezeichnung identisch mit (5.3). Setzen wir $\boldsymbol{\alpha}^*$ in (10.6) ein, so erhalten wir Formel (10.10) für $\boldsymbol{\gamma}^*$. Im folgenden Satz wird gezeigt, dass $\boldsymbol{\gamma}^*$ eindeutig bestimmt und BLES der schätzbaren Funktion γ ist.

Satz 10.1
Für $\boldsymbol{Y}$ gelte Modellgleichung (10.1) unter der Verteilungsannahme (10.2). Dann ist γ schätzbar und die Lösung $\boldsymbol{\gamma}^*$ der Normalgleichungen (10.6) eindeutig (d. h. unabhängig von der speziellen Wahl von G_W) und BLES von γ. Wir schreiben daher $\boldsymbol{\gamma}^* = \hat{\boldsymbol{\gamma}}$.

Beweis: Wir zeigen zunächst die Eindeutigkeit von $\boldsymbol{\gamma}^*$ und schreiben (10.6) ausführlich in der Form

$$W^{\mathrm{T}} W \boldsymbol{\alpha}^* + W^{\mathrm{T}} Z \boldsymbol{\gamma}^* = W^{\mathrm{T}} \boldsymbol{Y}$$
$$Z^{\mathrm{T}} W \boldsymbol{\alpha}^* + Z^{\mathrm{T}} Z \boldsymbol{\gamma}^* = Z^{\mathrm{T}} \boldsymbol{Y}$$

bzw. unter Verwendung von (10.8) und der Identität $W^{\mathrm{T}}\, W\, G_W\, W^{\mathrm{T}} = W^{\mathrm{T}}$ in der Form

$$\left.\begin{aligned} &W^{\mathrm{T}} W \boldsymbol{\alpha}^{**} = W^{\mathrm{T}} \boldsymbol{Y} \\ &Z^{\mathrm{T}} W \boldsymbol{\alpha}^{**} - Z^{\mathrm{T}} W\, G_W\, W^{\mathrm{T}} Z \boldsymbol{\gamma}^* + Z^{\mathrm{T}} Z \boldsymbol{\gamma}^* = Z^{\mathrm{T}} \boldsymbol{Y} \end{aligned}\right\} \tag{10.9}$$

Aus der ersten Gleichung von (10.9) folgt die Beziehung $\boldsymbol{\alpha}^{**} = G_W\, W^{\mathrm{T}}\, \boldsymbol{Y}$, und das ergibt – eingesetzt in die zweite Gleichung von (10.9) –

$$Z^{\mathrm{T}} W\, G_W\, W^{\mathrm{T}} \boldsymbol{Y} - Z^{\mathrm{T}} W\, G_W\, W^{\mathrm{T}} Z \boldsymbol{\gamma}^* + Z^{\mathrm{T}} Z \boldsymbol{\gamma}^* = Z^{\mathrm{T}} \boldsymbol{Y}$$

und weiter mit der idempotenten Matrix $A = E_N - W G_W\, W^{\mathrm{T}}$ schließlich die Lösung

$$\boldsymbol{\gamma}^* = (Z^{\mathrm{T}} A Z)^{-} Z^{\mathrm{T}} A \boldsymbol{Y}$$

Da A idempotent ist, ist $\mathrm{Rg}(AZ) = \mathrm{Rg}(Z^{\mathrm{T}} A Z)$. Weiter hat AZ vollen Spaltenrang, sodass $Z^{\mathrm{T}} A Z$ nichtsingulär und $(Z^{\mathrm{T}} A Z)^{-} = (Z^{\mathrm{T}} A Z)^{-1}$ ist. Also ist

$$\boldsymbol{\gamma}^* = \hat{\boldsymbol{\gamma}} = (Z^{\mathrm{T}} A Z)^{-1} Z^{\mathrm{T}} A \boldsymbol{Y} \tag{10.10}$$

die eindeutige Lösungskomponente von (10.6).

Damit γ schätzbar ist, muss es sich als lineare Funktion von $E(\hat{\boldsymbol{\gamma}})$ darstellen lassen. Nun gilt aber

$$E(\hat{\boldsymbol{\gamma}}) = (Z^{\mathrm{T}} A Z)^{-1} Z^{\mathrm{T}} A E(\boldsymbol{Y}) = (Z^{\mathrm{T}} A Z)^{-1} Z^{\mathrm{T}} A (W \alpha + Z \gamma)$$

Wegen $AW = (E_N - W G_W\, W^{\mathrm{T}}) W = W - W = 0$ wird das zu $E(\hat{\boldsymbol{\gamma}}) = \gamma$. Damit ist $\hat{\boldsymbol{\gamma}}$ BLES von γ, und das vervollständigt den Beweis.

Korollar 10.1
Die Schätzfunktion $\hat{\boldsymbol{\gamma}}$ von γ in Modellgleichung (10.1) ist BLES bezüglich γ in der Modellgleichung

$$\boldsymbol{Y} = A Z \gamma + \boldsymbol{e} \tag{10.11}$$

mit $A = E_N - W\, G_W\, W^{\mathrm{T}}$, wobei $\boldsymbol{Y}, W, Z$ und $\boldsymbol{e}$ die Bedingungen von Definition 10.1 erfüllen.

Das folgt aus der Idempotenz von A und den Ergebnissen von Kapitel 8.

Nachdem Schätzfunktionen für α und γ angegeben wurden, sollen die Hypothesen

$$H_0 : M^{\mathrm{T}}\gamma = c\,, \quad \mathrm{Rg}(M^{\mathrm{T}}) = v < s$$

und

$$H_0 : L^{\mathrm{T}}\alpha = R\,, \quad \mathrm{Rg}(L^{\mathrm{T}}) = u < r$$

geprüft werden. Da γ schätzbar ist, ist

$$H_0 : M^{\mathrm{T}}\gamma = c$$

prüfbar. Für den zweiten Fall sollen nur solche Matrizen zugelassen werden, für die die Zeilen von $L^{\mathrm{T}}\alpha$ schätzbar sind. Aus (10.8) folgt, dass $q\alpha$ mit α in (10.1) genau dann schätzbar ist, wenn $q\alpha$ in dem entsprechenden Modell der Varianzanalyse (mit $\gamma = 0$) schätzbar ist.

Als Prüfzahl der Hypothese $H_0 : \gamma = 0_s$ wurde in Kapitel 4 die F-Prüfzahl (4.36) eingeführt. Wir wollen eine Prüfzahl für die allgemeinere (nichtlineare) Hypothese $H_0 : M^{\mathrm{T}}\gamma = c$, in der M^{T} eine $(v \times s)$-Matrix $(v < s)$ vom Rang v ist, aus den Ergebnissen von Kapitel 4 herleiten. Der Hypothese $H_0 : M^{\mathrm{T}}\gamma = \boldsymbol{c}$ entspricht ein Teilraum $\omega_\gamma \subset \Omega$, dessen Dimension $s - v$ ist.

Wir werden $M^{\mathrm{T}}\gamma = c$ als Spezialfall der allgemeinen Hypothese $K^{\mathrm{T}}\beta = a$ in (4.29) schreiben. Zur Prüfung dieser Hypothese erhalten wir mit $N - p$ und $q = \mathrm{Rg}(K)$ unter $H_0 : K^{\mathrm{T}}\beta = a$ die F-verteilte Prüfzahl

$$\boldsymbol{F} = \frac{(K^{\mathrm{T}}\boldsymbol{\beta}^* - a)^{\mathrm{T}}[K^{\mathrm{T}}(X^{\mathrm{T}}X)^- K]^{-1}(K^{\mathrm{T}}\boldsymbol{\beta}^* - a)}{\boldsymbol{Y}^{\mathrm{T}}(E_N - X(X^{\mathrm{T}}X)^- X^{\mathrm{T}})\boldsymbol{Y}} \cdot \frac{N-p}{q} \tag{10.12}$$

Wir setzen nun

$$K^{\mathrm{T}} = (0_{v,t+1}, M^{\mathrm{T}})\,, \quad \beta = \begin{pmatrix} \alpha \\ \gamma \end{pmatrix}\,, \quad X = (W, Z)\,, \quad a = \begin{pmatrix} 0_{t+1} \\ c \end{pmatrix}$$

M^{T} ist eine $(v \times s)$-Matrix vom Rang v. Für $(X^{\mathrm{T}}X)^-$ schreiben wir

$$(X^{\mathrm{T}}X)^- = \begin{pmatrix} W^{\mathrm{T}}W & W^{\mathrm{T}}Z \\ Z^{\mathrm{T}}W & Z^{\mathrm{T}}Z \end{pmatrix}^- \tag{10.13}$$

und das ist mit $G_W = (W^{\mathrm{T}}W)^-$ und $D = Z^{\mathrm{T}}(E_N - W\,G_W W^{\mathrm{T}})Z = Z^{\mathrm{T}}AZ$

$$(X^{\mathrm{T}}X)^- = \begin{pmatrix} G_W + G_W\,W^{\mathrm{T}}ZD^{-1}Z^{\mathrm{T}}W\,G_W^{\mathrm{T}} & -G_W\,W^{\mathrm{T}}ZD^{-1} \\ -D^{-1}Z^{\mathrm{T}}W\,G_W^{\mathrm{T}} & D^{-1} \end{pmatrix} \tag{10.14}$$

Daher ist

$$K^{\mathrm{T}}(X^{\mathrm{T}}X)^- K = M^{\mathrm{T}}(Z^{\mathrm{T}}AZ)^{-1}M$$

nichtsingulär (M hat vollen Zeilenrang). Außerdem ist

$$X(X^{\mathrm{T}}X)^{-}X^{\mathrm{T}} = W\,G_W W^{\mathrm{T}} + AZ(Z^{\mathrm{T}}AZ)^{-1}Z^{\mathrm{T}}A \tag{10.15}$$

Somit wird (10.12) für unseren Spezialfall zu

$$\boldsymbol{F} = \frac{(M^{\mathrm{T}}\hat{\boldsymbol{\gamma}} - c)^{\mathrm{T}}[M^{\mathrm{T}}(Z^{\mathrm{T}}AZ)^{-1}M]^{-1}(M^{\mathrm{T}}\hat{\boldsymbol{\gamma}} - c)}{\boldsymbol{Y}^{\mathrm{T}}(E_N - X(X^{\mathrm{T}}X)^{-}X^{\mathrm{T}})\boldsymbol{Y}} \cdot \frac{N-r-s}{v} \tag{10.16}$$

$\boldsymbol{F}$ ist also nach $F(N-r-s, v, \lambda)$ verteilt mit dem Nichtzentralitätsparameter

$$\lambda = \frac{1}{\sigma^2}(M^{\mathrm{T}}\gamma - c)^{\mathrm{T}}[M^{\mathrm{T}}(Z^{\mathrm{T}}AZ)^{-1}M]^{-1}(M^{\mathrm{T}}\gamma - c)$$

Ganz analog erhalten wir die Prüfzahl für die spezielle Hypothese $H_0 : L^{\mathrm{T}}\alpha = R$ in der Form

$$\boldsymbol{F} = \frac{(L^{\mathrm{T}}\boldsymbol{\alpha}^* - R)^{\mathrm{T}}\left\{L^{\mathrm{T}}\left[G_W + G_W W^{\mathrm{T}}Z(Z^{\mathrm{T}}AZ)^{-1}Z^{\mathrm{T}}WG_W^{\mathrm{T}}\right]L\right\}^{-1}(L^{\mathrm{T}}\boldsymbol{\alpha}^* - R)}{\boldsymbol{Y}^{\mathrm{T}}(E_N - X(X^{\mathrm{T}}X)^{-}X^{\mathrm{T}})\boldsymbol{Y}} \times \frac{N-r-s}{u} \tag{10.17}$$

wenn wir $K^{\mathrm{T}} = (L^{\mathrm{T}}, 0_{v,s})$ usw. setzen, wobei $\mathrm{Rg}(L^{\mathrm{T}}) = u < r$ ist. Der Hypothese $H_0 : L^{\mathrm{T}}\alpha = R$ entspricht ein Teilraum $\omega_\alpha \subset \Omega$, dessen Dimension $r-u$ ist. Folglich ist $\boldsymbol{F}$ in (10.17) nach $F(N-r-s, u, \lambda)$ verteilt mit dem Nichtzentralitätsparameter

$$\lambda = \frac{1}{\sigma^2}(L^{\mathrm{T}}\alpha - R)^{\mathrm{T}}\left\{L^{\mathrm{T}}\left[G_W + G_W W^{\mathrm{T}}Z(Z^{\mathrm{T}}AZ)^{-1}Z^{\mathrm{T}}WG_W^{\mathrm{T}}\right]L^{\mathrm{T}}\right\}^{-1}(L^{\mathrm{T}}\alpha - R)$$

Bevor wir zu speziellen Modellen übergehen, soll eine weitere allgemein gültige Beziehung gezeigt werden. Wir wollen (10.12) für den Spezialfall $R = 0_v$ in der Schreibweise dieses Abschnittes für eine Modellgleichung (10.1) angeben, wobei $\mathrm{Rg}(L^{\mathrm{T}}) = r-1$ sein soll mit $\gamma = 0_s$. Wir ersetzen folglich in (10.12) X durch W, K durch L, $\boldsymbol{\beta}$ durch $\boldsymbol{\alpha}^{**}$, a durch 0_v, q durch $r-1$, und p durch r und erhalten

$$\boldsymbol{F} = \frac{\boldsymbol{\alpha}^{**\mathrm{T}}L^{\mathrm{T}}(L^{\mathrm{T}}G_W L)^{-1}L^{\mathrm{T}}\boldsymbol{\alpha}^{**}}{\boldsymbol{Y}^{\mathrm{T}}(E_N - WG_W W^{\mathrm{T}})\boldsymbol{Y}} \cdot \frac{N-r}{r-1} \tag{10.12a}$$

als Prüfzahl für den Test der Nullhypothese $H_0 : L^{\mathrm{T}}\alpha = 0$ in Modell (10.1), falls $\gamma = 0_s$ gilt.

Betrachten wir nun andererseits die Hypothese

$$H_0 : L^{\mathrm{T}}(\alpha + G_W W^{\mathrm{T}}Z\gamma) = 0$$

für das allgemeine Modell (10.1), so erhalten wir wegen

$$L^{\mathrm{T}}(\alpha + G_W W^{\mathrm{T}}Z\gamma) = K^{\mathrm{T}}\begin{pmatrix}\alpha\\ \gamma\end{pmatrix} = K^{\mathrm{T}}\beta = 0$$

mit $K^{\mathrm{T}} = L^{\mathrm{T}}(E_{t+1}, G_W W^{\mathrm{T}} Z)$ aus (10.12) für $a = 0_{k+1}$ eine Prüfzahl mit den Zähler-SQ

$$\boldsymbol{\beta}^{*\mathrm{T}} K[K^{\mathrm{T}}(X^{\mathrm{T}}X)^{-1}K]^{-1}K^{\mathrm{T}}\boldsymbol{\beta}^*$$

und dieser Ausdruck hat wegen $K^{\mathrm{T}}(X^{\mathrm{T}}X)^{-}K = L^{\mathrm{T}}G_W L$, was unter Benutzung der nach (10.13) vorgenommenen Zerlegung von $(X^{\mathrm{T}}X)^{-}$ leicht zu zeigen ist, und wegen

$$(\boldsymbol{\alpha}^{*\mathrm{T}}, \hat{\boldsymbol{\gamma}}^{\mathrm{T}})K^{\mathrm{T}} = (\boldsymbol{\alpha}^{*\mathrm{T}}, \hat{\boldsymbol{\gamma}}^{\mathrm{T}}) \begin{pmatrix} E_{t+1} \\ Z^{\mathrm{T}} W G_W \end{pmatrix} L = (\boldsymbol{\alpha}^{*\mathrm{T}}, \hat{\boldsymbol{\gamma}}^{\mathrm{T}})(Z^{\mathrm{T}} W G_W)L = \boldsymbol{\alpha}^{**\mathrm{T}} L$$

(nach (10.8)) den Wert $\boldsymbol{\alpha}^{**\mathrm{T}} L(L^{\mathrm{T}} G_W L)^{-1} L^{\mathrm{T}} \boldsymbol{\alpha}^{**}$. Damit haben die F-Prüfzahlen zur Prüfung der Hypothese $H_0 : L^{\mathrm{T}}\alpha = 0$, falls in (10.1) $\gamma = 0_s$ ist, in (10.12a) und zur Prüfung der Hypothese $H_0 : L^{\mathrm{T}}(\alpha + G_W W^{\mathrm{T}} Z) = 0$ für Modell (10.1) dieselben Zähler-SQ.

Wir werden das im folgenden Abschnitt ausnutzen.

10.3 Spezielle Modelle der Kovarianzanalyse für die einfache Klassifikation

Um dem Leser die Anwendung der in Abschn. 10.2 abgeleiteten Formeln für häufig auftretende Spezialfälle zu erleichtern, sollen sie für diese Fälle aufgeschrieben werden.

Definition 10.2

Modellgleichung (10.1) einschließlich der Nebenbedingungen (10.2) wird Modell der einfachen Klassifikation der Kovarianzanalyse genannt, wenn in (10.1)

$$W^{\mathrm{T}} = \begin{pmatrix} 1 & 1 & \dots & 1 & 1 & 1 & \dots & 1 & \dots & 1 & 1 & \dots & 1 \\ 1 & 1 & \dots & 1 & 0 & 0 & \dots & 0 & \dots & 0 & 0 & \dots & 0 \\ 0 & 0 & \dots & 0 & 1 & 1 & \dots & 1 & \dots & 0 & 0 & \dots & 0 \\ \vdots & & & \vdots & \vdots & \vdots & & \vdots & & \vdots & \vdots & & \vdots \\ 0 & 0 & \dots & 0 & 0 & 0 & \dots & 0 & \dots & 1 & 1 & \dots & 1 \end{pmatrix}$$

und $\alpha^{\mathrm{T}} = (\mu, \alpha_1, \dots, \alpha_a)$ gesetzt wird.

Damit ist nach Satz 5.3 der Nenner von (10.12)

$$\boldsymbol{Y}^{\mathrm{T}} A \boldsymbol{Y} = \boldsymbol{Y}^{\mathrm{T}}(E_N - W G_W W^{\mathrm{T}})\boldsymbol{Y} = \sum_{i=1}^{a}\sum_{j=1}^{n_i} \boldsymbol{y}_{ij}^2 - \sum_{i=1}^{a} \frac{1}{n_i} \boldsymbol{Y}_{i.}^2 = \boldsymbol{SQ}_{\mathrm{I}y} \quad (10.18)$$

Analog schreiben wir mit $Z = (z_{11}, \dots, z_{an_a})^{\mathrm{T}}$

$$Z^{\mathrm{T}} A Z = \sum_{i=1}^{a}\sum_{j=1}^{n_i} \boldsymbol{z}_{ij}^2 - \sum_{i=1}^{a} \frac{1}{n_i} Z_{i.}^2 = SQ_{\mathrm{I}z} \quad (10.19)$$

und

$$Z^{\mathrm{T}}A\boldsymbol{Y} = \sum_{i=1}^{a}\sum_{j=1}^{n_i} \boldsymbol{y}_{ij}z_{ij} - \sum_{i=1}^{a}\frac{1}{n_i}\boldsymbol{Y}_{i.}Z_{i.} = \boldsymbol{SP}_{\mathrm{I}} \tag{10.20}$$

Man sieht leicht, dass auch

$$SQ_{Gz} = Z^{\mathrm{T}}Z = Z^{\mathrm{T}}AZ + \sum_{i=1}^{a}\frac{1}{n_i}Z_{i.}^2 - \frac{1}{N}Z_{..}^2 = SQ_{\mathrm{I}z} + SQ_{Zz} \tag{10.21}$$

und

$$\boldsymbol{SP}_G = Z^{\mathrm{T}}\boldsymbol{Y} = Z^{\mathrm{T}}A\boldsymbol{Y} + \sum_{i=1}^{a}\frac{1}{n_i}Z_{i.}\boldsymbol{Y}_{i.} - \frac{1}{N}Z_{..}\boldsymbol{Y}_{..} = \boldsymbol{SP}_{\mathrm{I}} + \boldsymbol{SP}_Z \tag{10.22}$$

gilt. Dabei soll $\boldsymbol{Y} = (\boldsymbol{Y}_1^{\mathrm{T}}, \dots, \boldsymbol{Y}_a^{\mathrm{T}})^{\mathrm{T}}$ ein Vektor sein, der aus a unabhängigen Zufallsstichproben $\boldsymbol{Y}_i$ zusammengesetzt ist, wobei die Elemente der i-ten Stichprobe nach $N(\mu + \alpha_i, \sigma^2)$ verteilt sind.

Definition 10.2 ist noch ziemlich allgemein, da durch sie nur W und α in (10.1) spezifiziert werden. Im Folgenden sollen Spezialfälle aus Beispiel 10.1 besprochen werden.

Ist γ ein Skalar und $Z^{\mathrm{T}} = (z_{11}, \dots, z_{1n_1}, \dots, z_{a1}, \dots, z_{an_a})$ ein Zeilenvektor, so wird (10.1) zu (10.3). Ist $\gamma = (\gamma_1, \dots, \gamma_k)^{\mathrm{T}}$ und

$$Z = \bigoplus_{i=1}^{a} z_i \quad \text{mit} \quad Z_i = (z_{i1}, \dots, z_{in_i})^{\mathrm{T}} \quad (i = 1, \dots, a)$$

so wird (10.1) zu (10.4). Ist $\gamma = (\gamma_{11}, \dots, \gamma_{1n_1}, \dots, \gamma_{a1}, \dots, \gamma_{an_a})^{\mathrm{T}}$ und

$$Z = \bigoplus_{i=1}^{a}\left[\bigoplus_{j=1}^{n_i} z_{ij}\right]$$

so wird (10.1) zu

$$\boldsymbol{y}_{ij} = \mu + \alpha_i + \gamma_{ij}z_{ij} + \boldsymbol{e}_{ij} \tag{10.23}$$

Ist

$$Z^{\mathrm{T}} = \begin{pmatrix} u_{11} & \dots & u_{1n_1} & \dots & u_{a1} & \dots & u_{an_a} \\ v_{11} & \dots & v_{1n_1} & \dots & v_{a1} & \dots & v_{an_a} \end{pmatrix} \quad \text{und} \quad \gamma = \begin{pmatrix} \gamma_1 \\ \gamma_2 \end{pmatrix}$$

so wird (10.1) zu

$$\boldsymbol{y}_{ij} = \mu + \alpha_i + \gamma_1 u_{ij} + \gamma_2 v_{ij} + \boldsymbol{e}_{ij} \tag{10.24}$$

Schließlich betrachten wir noch den Fall von Beispiel 10.2. Mit den dort angegebenen Z und γ wird (10.1) zu (10.5). In der Praxis treten vor allem die Fälle (10.3) und (10.4) auf, die im Folgenden etwas ausführlicher behandelt werden.

10.3.1 Eine Kovariable mit konstantem γ

In der Modellgleichung (10.3) tritt eine Kovariable z auf, der Faktor ist für alle Werte z_{ij} dieser Kovariablen gleich. Die BLES $\hat{\gamma}$ für γ ist nach (10.10) wegen (10.18) bis (10.20) durch

$$\hat{\gamma} = \frac{\sum_{i=1}^{a}\sum_{j=1}^{n_i} \boldsymbol{y}_{ij}z_{ij} - \sum_{i=1}^{a}\frac{1}{n_i}\boldsymbol{Y}_{i.}Z_{i.}}{\sum_{i=1}^{a}\sum_{j=1}^{n_i} z_{ij}^2 - \sum_{i=1}^{a}\frac{1}{n_i}Z_{i.}^2} = \frac{\boldsymbol{SP}_{\text{I}}}{SQ_{\text{Iz}}} \tag{10.25}$$

gegeben; diese Formel entspricht der Schätzung eines Regressionskoeffizienten innerhalb von Klassen.

Wir wollen (a) die Nullhypothese $H_0 : \gamma = 0$, (b) die Nullhypothese $H_0 : \alpha_1 = \dots = \alpha_a$ und (c) die Nullhypothese $H_0 : \alpha_1 + \gamma\bar{z}_1 = \dots = \alpha_a + \gamma\bar{z}_a$ prüfen.

1. Zur Prüfung der Hypothese $H_0 : \gamma = 0$ verwenden wir die Prüfzahl (10.16) mit $M = 1, c = 0$; der Nenner ist durch (10.18) gegeben. Damit wird aus (10.16), wenn $\hat{\gamma}$ aus (10.25) verwendet wird, wegen $Z^{\text{T}}AZ = SQ_{\text{Iz}}$

   $$\boldsymbol{F} = \frac{\hat{\gamma}Z^{\text{T}}AZ\hat{\gamma}(N-a-1)}{\boldsymbol{SQ}_{\text{I}y}} = \frac{\boldsymbol{SP}_{\text{I}}^2(N-a-1)}{SQ_{\text{Iz}}\boldsymbol{SQ}_{\text{I}y}} = \boldsymbol{t}^2 \tag{10.26}$$

   $\boldsymbol{F}$ in (10.26) ist nach $F(1, N-a-1, \lambda)$ mit $\lambda = (\gamma^2/\sigma^2)SQ_{\text{Iz}}$ verteilt. Wenn H_0 richtig ist, ist $\boldsymbol{t} = \sqrt{\boldsymbol{F}}$ nach $t(N-a-1)$ verteilt.
2. Um $H_0 : \alpha_1 = \dots = \alpha_a$ zu prüfen, verwenden wir einen Spezialfall von (10.17) mit $r = 0_{a-1}$ und

   $$L^{\text{T}} = \begin{pmatrix} 1 & -1 & 0 & \dots & 0 \\ 1 & 0 & -1 & \dots & 0 \\ \vdots & \vdots & \vdots & & \vdots \\ 1 & 0 & 0 & \dots & -1 \end{pmatrix} \tag{10.27}$$

   Dabei ist L^{T} eine $[(a-1)\times a]$-Matrix vom Rang $a-1(=u)$. Nun ist wegen $(W^{\text{T}}\boldsymbol{Y})^{\text{T}} = (\bar{\boldsymbol{y}}_{..}, \bar{\boldsymbol{y}}_{1.}, \dots, \bar{\boldsymbol{y}}_{a.})$ und entsprechend $(W^{\text{T}}\boldsymbol{Z})^{\text{T}} = (\bar{z}_{..}, \bar{z}_{1.}, \dots, \bar{z}_{a.})$ unter Beachtung von (10.8)

   $$\boldsymbol{a}^{**\text{T}} = (\bar{\boldsymbol{y}}_1 - \hat{\gamma}\bar{z}_{1.}, \dots, \bar{\boldsymbol{y}}_{a.} - \hat{\gamma}\bar{z}_{a.})$$

   sodass (10.17) zu

   $$\boldsymbol{F} = \frac{\boldsymbol{SQ}_{Gy} - \frac{\boldsymbol{SP}_G}{\boldsymbol{SQ}_{Gz}} - \left(\boldsymbol{SQ}_{Zy} - \frac{\boldsymbol{SP}_{\text{I}}^2}{\boldsymbol{SQ}_{\text{Iz}}}\right)}{\boldsymbol{SQ}_{Zy} - \frac{\boldsymbol{SP}_{\text{I}}^2}{\boldsymbol{SQ}_{\text{Iz}}}} \cdot \frac{N-a-1}{a-1} \tag{10.28}$$

   wird. $\boldsymbol{F}$ ist im Fall der Gültigkeit der Nullhypothese $H_0 : \alpha_1 = \dots = \alpha_a$ nach $F(a-1, N-a-1)$ verteilt.

3. Häufig soll die Nullhypothese $H_0 : \alpha_1 + \gamma \bar{z}_1 = \cdots = \alpha_a + \gamma \bar{z}_a = 0$ geprüft werden. Wir schreiben H_0 mit L^{T} aus (10.27) in der Form

$$H_0 : L^{\mathrm{T}}(\alpha + G_W W^{\mathrm{T}} Z\gamma) = 0_{a-1}$$

Die Prüfzahl dieser Hypothese hat, wie in Abschn. 10.2 gezeigt wurde, die durch (10.12a) gegebenen Zähler-SQ, und damit ist wegen $\mathrm{Rg}(L^{\mathrm{T}}) = a - 1$

$$\boldsymbol{F} = \frac{\sum_{i=1}^{a} \frac{1}{n_i} \boldsymbol{Y}_{i.}^2 - \frac{1}{N} \boldsymbol{Y}_{..}^2}{\sum_{i=1}^{a} \sum_{j=1}^{n_i} \boldsymbol{y}_{ij}^2 - \sum_{i=1}^{a} \frac{1}{n_i} \boldsymbol{Y}_{i.}^2 \frac{\boldsymbol{SP}_{\mathrm{I}}^2}{\boldsymbol{SQ}_{\mathrm{Iz}}}} \cdot \frac{N-a-1}{a-1} \tag{10.29}$$

mit $\boldsymbol{SP}_{\mathrm{I}}$ nach (10.20) und $\boldsymbol{SQ}_{\mathrm{Iz}}$ nach (10.19). Gilt $H_0 : L^{\mathrm{T}}(\alpha + G_W W^{\mathrm{T}} Z\gamma) = 0_{a-1}$, so ist $\boldsymbol{F}$ in (10.29) zentral nach $F(a-1, N-a-1)$ verteilt.

In Tab. 10.2 findet man die Varianztabelle für Modellgleichung (10.3), die ein Spezialfall von Tab. 10.1 ist.

Tab. 10.1 Zerlegung der *SQ* und *FG* für Modell (10.1) der Kovarianzanalyse.

Variationsursache	***SQ***	***FG***	***DQ***
Komponenten von α	$\boldsymbol{Y}^{\mathrm{T}} W G_W W^{\mathrm{T}} \boldsymbol{Y} - \frac{1}{N} \boldsymbol{Y}_{..}^2 = \boldsymbol{SQ}_\alpha$	$r-1$	$\boldsymbol{DQ}_\alpha = \frac{\boldsymbol{SQ}_\alpha}{r-1}$
Kovariable	$\boldsymbol{Y}^{\mathrm{T}} A Z (Z^{\mathrm{T}} A Z)^{-1} Z^{\mathrm{T}} A \boldsymbol{Y} = \boldsymbol{SQ}_K$	s	$\boldsymbol{DQ}_K = \frac{\boldsymbol{SQ}_K}{s}$
Rest	$\boldsymbol{Y}^{\mathrm{T}} \boldsymbol{Y} - \boldsymbol{Y}^{\mathrm{T}} W G_W W^{\mathrm{T}} \boldsymbol{Y} - \boldsymbol{SQ}_K = \boldsymbol{SQ}_{\mathrm{Rest}}$	$N-r-s$	$\boldsymbol{DQ}_{\mathrm{Rest}} = \frac{\boldsymbol{SQ}_{\mathrm{Rest}}}{N-r-s}$
Gesamt	$\boldsymbol{Y}^{\mathrm{T}} \boldsymbol{Y} - \frac{1}{N} \boldsymbol{Y}_{..}^2 = \boldsymbol{SQ}_{\mathrm{G}}$	$N-1$	

Tab. 10.2 Varianztabelle für Modellgleichung (10.3) der einfachen Kovarianzanalyse.

Variationsursache	***SQ***	***FG***	***DQ***
Faktor A	$\sum_{i=1}^{a} \frac{\boldsymbol{Y}_{i.}^2}{n_i} - \frac{\boldsymbol{Y}_{..}^2}{N} = \boldsymbol{SQ}_{Zy}$	$a-1$	$\boldsymbol{DQ}_A = \frac{\boldsymbol{SQ}_{Zy}}{a-1}$
γ	$\frac{\boldsymbol{SP}_{\mathrm{I}}^2}{\boldsymbol{SQ}_{\mathrm{Iz}}}$	1	$\boldsymbol{DQ}_\gamma = \frac{\boldsymbol{SQ}_{\mathrm{I}}^2}{\boldsymbol{SQ}_{\mathrm{Iz}}}$
Rest	$\boldsymbol{SQ}_{\mathrm{I}y} = \frac{\boldsymbol{SP}_{\mathrm{I}}^2}{\boldsymbol{SQ}_{\mathrm{Iz}}}$	$N-a-1$	$\boldsymbol{DQ}_{\mathrm{Rest}} = \frac{\boldsymbol{SQ}_{\mathrm{I}y} - \frac{\boldsymbol{SP}_{\mathrm{I}}^2}{\boldsymbol{SQ}_{\mathrm{Iz}}}}{N-a-1}$
Gesamt	$\boldsymbol{SQ}_{Gy} = \sum_{i=1}^{a} \sum_{j=1}^{n_i} \boldsymbol{y}_{ij}^2 - \frac{\boldsymbol{Y}_{..}^2}{N}$	$N-1$	

10.3.2 Eine Kovariable mit von den Stufen des Klassifikationsfaktors abhängigen Regressionskoeffizienten γ_i

Ähnlich wie in Abschn. 10.3.1 gezeigt wurde, können die allgemeinen Formeln für spezielle Modelle häufig vereinfacht geschrieben werden. Wir werden diese Spezialfälle im Folgenden ausführen und überlassen die Nachprüfung dem Leser.

Für Modellgleichung (10.4) sind u. a. folgende Nullhypothesen von Interesse:

$$H_0: \quad \gamma_1 = \dots = \gamma_a$$
$$H_0: \quad \gamma_1 = \dots = \gamma_a = 0$$
$$H_0: \quad \alpha_1 = \dots = \alpha_a$$

Wir setzen

$$SQ_{\mathrm{Iz},i} = \sum_{j=1}^{n_i} z_{ij}^2 - \frac{1}{n_i} Z_{i.}^2, \quad \boldsymbol{SP}_{\mathrm{I},i} = \sum_{j=1}^{n_i} z_{ij}\boldsymbol{y}_{ij} - \frac{1}{n_i} Z_{i.}\boldsymbol{Y}_{i.}$$

Dann schätzt man die Komponenten γ_i von $\gamma = (\gamma_1, \dots, \gamma_a)^{\mathrm{T}}$ nach (10.10) durch

$$\hat{\boldsymbol{\gamma}}_i = \frac{\boldsymbol{SP}_{\mathrm{I},i}}{SQ_{\mathrm{Iz},i}} \tag{10.30}$$

Da

$$\boldsymbol{SQ}_{\mathrm{Rest}} = \boldsymbol{SQ}_{\mathrm{I}y} - \sum_{i=1}^{a} \frac{\boldsymbol{SP}_{\mathrm{I},i}^2}{SQ_{\mathrm{I},zi}}$$

eine quadratische Form vom Rang $N - 2a$ ist, ist

$$\boldsymbol{F} = \frac{\sum_{i=1}^{a} \frac{\boldsymbol{SP}_{\mathrm{I},i}^2}{SQ_{\mathrm{Iz},i}} - \frac{\boldsymbol{SP}_{\mathrm{I}}^2}{SQ_{\mathrm{Iz}}}}{\boldsymbol{SQ}_{\mathrm{Rest}}} \cdot \frac{N-2a}{a-1} \tag{10.31}$$

bei Gültigkeit von $H_0: \gamma_1 = \dots = \gamma_a$ nach $F(a-1, N-2a)$ verteilt und kann als Prüfzahl für den Test dieser Hypothese verwendet werden. Wird diese Hypothese

Tab. 10.3 Varianztabelle für Modellgleichung (10.4) der einfachen Kovarianzanalyse.

Variationsursache	***SQ***	***FG***	***DQ***
Faktor A	$\boldsymbol{SQ}_{Zy}$	$a-1$	$\boldsymbol{DQ}_A = \frac{1}{a-1}\boldsymbol{SQ}_{Zy}$
γ innerhalb A	$\sum_{i=1}^{a} \frac{\boldsymbol{SP}_{\mathrm{I},i}^2}{SQ_{\mathrm{Iz},i}} = \boldsymbol{SQ}_{\gamma \text{ in } A}$	a	$\boldsymbol{DQ}_{\gamma \text{ in } A} = \frac{1}{a}\boldsymbol{SQ}_{\gamma \text{ in } A}$
γ (Gesamt)	$\frac{\boldsymbol{SP}_{\mathrm{I}}^2}{SQ_{\mathrm{Iz}}} = \boldsymbol{SQ}_\gamma$	1	$\boldsymbol{DQ}_\gamma = \boldsymbol{SQ}_\gamma$
Rest	$\boldsymbol{SQ}_{\mathrm{Rest}} = \boldsymbol{SQ}_{\mathrm{I}y} - \boldsymbol{SQ}_{\gamma \text{ in } A} - \boldsymbol{SQ}_\gamma$	$N-2a$	$\boldsymbol{s}^2 = \frac{\boldsymbol{SQ}_{\mathrm{Rest}}}{N-2a}$

nicht abgelehnt, so kann $H_0 : \alpha_1 = \cdots = \alpha_a$ mit der Prüfzahl aus (10.28) geprüft werden (allerdings sind die beiden Tests nicht unabhängig).

Die Zerlegung der *SQ* und *FG* findet man in Tab. 10.3.

10.4 Übungsaufgaben

Aufgabe 10.1

Verwenden Sie für die folgenden Daten aus Beispiel 8.1 den Karotingehalt y (in mg/100 g Trockenmasse) von Mähweidegras in Abhängigkeit von der Dauer der Lagerung x (in Tagen) als Kovariable für zwei Lagerungsarten.

j	x_j	Lagerung im Sack auf dem Boden y_{1j}	Lagerung im Glas im Kühlschrank y_{2j}
1	1	31,25	31,25
2	60	28,71	30,47
3	124	23,67	20,34
4	223	18,13	11,84
5	303	15,53	9,45
$\sum$	711	117,29	103,35

Schreiben Sie das Modell einer Kovarianzanalyse auf.

Aufgabe 10.2

Führen Sie zu Aufgabe 10.1 eine Kovarianzanalyse mit SPSS durch.

Literatur

Ahrens, H. und Läuter, J. (1974) *Mehrdimensionale Varianzanalyse*, Akademie Verlag, Berlin.

Backhaus, K., Erichson, B., Plinke, W. und Weiber, R. (2011) *Multivariate Analysemethoden. Eine anwendungsorientierte Einführung*, 13. überarbeitete Aufl., Springer, Berlin u. a.

Graybill, F.A. (1961) *An Introduction to Linear Statistical Methods*, McGraw Hill Book Comp., New York.

Scheffé, H. (1953) A method for judging all contrasts in the analysis of variance. *Biometrika*, **40**, 87–104.

Searle, S.R. (1971, 2012) *Linear Models*, John Wiley & Sons, New York.

11
Statistische Mehrentscheidungsprobleme

Von Mehrentscheidungsproblemen sprechen wir, wenn eine Entscheidungsfunktion zwei oder mehr Werte annehmen kann. Einen Überblick geben Gupta und Huang (1981). Dabei interessiert uns vor allem der Fall von mehr als zwei Entscheidungen, die wir echte Mehrentscheidungsprobleme nennen wollen; Zweientscheidungsprobleme treten in diesem Kapitel nur bei einigen Fragestellungen (z. B. für $a = 2$) auf. Entscheidungen, die bei unbekannten Verteilungsparametern anhand von Beobachtungen getroffen werden, heißen bekanntlich statistische Entscheidungen. Die statistischen Tests können als statistische Zweientscheidungsprobleme angesehen werden. Dabei kann die Entscheidungsfunktion zu den „Werten“ Annahme von H_0 bzw. Ablehnung von H_0 führen.

In diesem Kapitel gehen wir davon aus, dass Aussagen über $a \geq 2$ Grundgesamtheiten (Verteilungen) einer Menge $G = \{P_1, \dots P_a\}$ zu machen sind. Diesen Grundgesamtheiten entsprechen Zufallsvariablen $\boldsymbol{Y}_i$ mit den Verteilungsfunktionen $F(y, \theta_i), i = 1, \dots, a$, wobei für jedes i wenigstens eine Komponente θ_{ij} von $\theta_i^{\mathrm{T}} = (\theta_{i1}, \dots, \theta_{ip}) \in \Omega \subset R^p, p \geq 1$ unbekannt ist. Durch eine reellwertige Bewertungsfunktion $g^*(\theta_i) = g_i^*$ werden die θ_i in den R^1 abgebildet. Anhand von unabhängigen Zufallsstichproben $\boldsymbol{Y}_i^{\mathrm{T}} = (\boldsymbol{y}_{i1}, \dots, \boldsymbol{y}_{in_i})$ mit positiven ganzen n_i sollen Entscheidungen über die g_i^* getroffen werden. Wir haben bereits statistische Tests für den beschriebenen Fall kennengelernt. Zum Beispiel kann man bei der einfachen Varianzanalyse Modell I für den Fall, dass die $\boldsymbol{y}_i$ nach $N(\mu_i, \sigma^2)$ eindimensional normalverteilt sind, mit $\theta_i^{\mathrm{T}} = (\mu_i, \sigma^2)$ für $g^*(\theta_i) = g_i^* = \mu_i$ die Nullhypothese

$$H_0: \quad \mu_1 = \mu_2 = \dots = \mu_a$$

gegen

$$H_A: \quad \text{es existiert wenigstens ein Paar } i, i' \text{ mit } i \neq i' \\ (i, i' = 1, \dots, a), \text{ sodass } \mu_i \neq \mu_{i'} \text{ ist}$$

mithilfe der Prüfzahl

$$\boldsymbol{F} = \frac{\boldsymbol{DQ}_Z}{\boldsymbol{DQ}_{\mathrm{I}}}$$

Mathematische Statistik, 1. Auflage. Dieter Rasch und Dieter Schott.

prüfen (Kapitel 5). Ist $F(f_Z, f_I|1-\alpha) < F$ mit den Freiheitsgraden f_Z bzw. f_I von $\boldsymbol{DQ}_Z$ bzw. $\boldsymbol{DQ}_I$, so wird H_0 abgelehnt, sonst angenommen. Diese Prozedur ist ein α-Test oder die Lösung eines statistischen Zweientscheidungsproblems.

Echte Mehrentscheidungsprobleme wären in diesem Fall z. B.:

- Ordne die $g^*(\theta_i)$ der Größe nach.
- Wähle die $t < a$ größten (kleinsten) der $g^*(\theta_i)$ aus.
- Entscheide, welche der Differenzen $g^*(\theta_i) - g^*(\theta_j), (i \neq j; i, j = 1, \dots, a)$ von 0 verschieden sind.
- Entscheide, welche der Differenzen $g^*(\theta_1) - g^*(\theta_i), (i = 2, \dots, a)$ von 0 verschieden sind.

Die Anzahl der möglichen Entscheidungen ist in den vier genannten Beispielen unterschiedlich, aber für $a > 2$ stets größer als 2, und zwar gleich $a!$ (Anzahl der möglichen Rangordnungen von a Grundgesamtheiten), $\binom{a}{t}$, $2^{\binom{a}{2}}$ bzw. 2^{a-1}.

11.1 Auswahlverfahren

Um Auswahlverfahren sinnvoll definieren zu können, müssen die in G enthaltenen Grundgesamtheiten in eine Rangordnung gebracht werden können, d. h., wir benötigen eine Ordnungsrelation.

11.1.1 Grundbegriffe

Definition 11.1
Eine Grundgesamtheit P_k heißt besser als eine Grundgesamtheit P_j $(j, k = 1, \dots, a, j \neq k)$, falls $g_k^* = g^*(\theta_k) > g^*(\theta_j) = g_j^*$ gilt. P_k heißt nicht schlechter als P_j, falls $g_k^* \geq g_j^*$ ist.

Die Werte $g_1^*, \dots, g_a^*$ können dann ebenso wie die a Grundgesamtheiten geordnet werden; ist $g_{(i)}^*$ der i-te der Größe nach geordnete g^*-Wert, dann gilt $g_{(1)}^* \leq g_{(2)}^* \leq \dots \leq g_{(a)}^*$.

Wir wollen zur Erleichterung der Schreibweise die Grundgesamtheiten umnummerieren, d. h., wir führen eine Permutation der Indizes $1, \dots, a$ durch. Damit es keine Verwechslungen zwischen den ursprünglichen und den permutierten Indizes geben kann, wollen wir die Grundgesamtheiten, die Zufallsvariablen, die Parameter und die Bewertungsfunktionen neu bezeichnen. Die Permutation

$$\begin{pmatrix} (1) & (2) & \dots & (a) \\ 1 & 2 & \dots & a \end{pmatrix}$$

führt die zu $g_{(j)}^*$ gehörende Grundgesamtheit P_j mit der ihr zugeordneten Zufallsvariablen $\boldsymbol{y}_j$ und dem Parameter θ_j in die Grundgesamtheit A_j, die Zufallsvariable

$\boldsymbol{x}_j$ mit dem Parameter η_j über. Wir setzen $g^*(\theta_{(i)}) = g(\eta_i) = g_i$ und haben damit die Rangreihenfolge

$$g(\eta_1) \leq g(\eta_2) \leq \cdots \leq g(\eta_a) \tag{11.1}$$

und A_i ist nicht schlechter als A_{i*}, falls $i \geq i^*$ ist. Wir dürfen bei dieser Schreibweise nicht vergessen, dass wir die Permutation nicht kennen.

Definition 11.2
Soll die Menge $G = \{A_1, \dots, A_a\} = \{P_1, \dots, P_a\}$ in mindestens zwei Teilmengen zerlegt werden, wobei in einer dieser Teilmengen die besseren Elemente von G im Sinne von Definition 11.1 enthalten sind, so sprechen wir von einem Auswahlproblem (Selektionsproblem). Eine Entscheidungsfunktion(-regel), nach der eine solche Zerlegung vorgenommen werden kann, heißt Auswahlregel oder Auswahlverfahren.

Definition 11.3
Sind bei einem Auswahlproblem die Elemente von G fest vorgegeben, so sprechen wir von Modell I der Selektion. Sind andererseits die Elemente durch einen Zufallsprozess aus einer größeren Stufengesamtheit entnommen, so ist von Modell II der Selektion die Rede.

Wir werden in diesem Buch Modell I behandeln. Modell II tritt vor allem in der züchterischen Selektion auf.

Die Theorie von Modell I ist bei Erscheinen dieses Buches über 60 Jahre alt, siehe auch Miescke und Rasch (1996).

Wir beschränken uns darauf, dass G in genau zwei Teilmengen G_1 und G_2 so zu zerlegen ist, dass $G = G_1 \cup G_2$, $G_1 \cap G_2 = \emptyset$, $G_1 = \{A_1, \dots, A_{a-t}\}$ und $G_2 = \{A_{a-t+1}, \dots, A_a\}$ ist.

Problem 11.1 Bechhofer (1954)
Bei vorgegebenem Risiko für eine Fehlentscheidung β mit $\binom{a}{t}^{-1} < 1 - \beta < 1$ und $d > 0$ ist aus G eine Teilmenge $\boldsymbol{M}_B$ vom Umfang t anhand von Zufallsstichproben $(\boldsymbol{x}_{i1}, \dots, \boldsymbol{x}_{in_i})$ aus A_i mit wie $\boldsymbol{x}_i$ verteilten Komponenten so auszuwählen, dass stets gilt:

$$P_R = P(\boldsymbol{M}_B = G_1 | d(G_1, G_2) \geq d) \geq 1 - \beta \tag{11.2}$$

wobei bezüglich eines durch $d = d(g_{a-t+1}, g_{a-t})$ definierten Abstandes zwischen A_{a-t+1} und A_{a-t} der Abstand $d(G_1, G_2) = d(g_{a-t+1}, g_{a-t})$ zwischen G_1 und G_2 mindestens gleich dem vorgegebenen d ist.

Eine etwas modifizierte Forderung enthält

Problem 11.1a
Wähle eine Teilmenge $\boldsymbol{M}_B$ vom Umfang t entsprechend Problem 11.1 so aus, dass anstelle von (11.2)

$$P_R^* = P(\boldsymbol{M}_B \subset G_1^*) \geq 1 - \beta \tag{11.3}$$

gilt. Dabei ist G_1^* die Menge aus G, die alle A_i mit $g_i \geq g_{a-t+1} - d$ enthält.

Die Bedingung $\binom{a}{t}^{-1} < 1 - \beta$ ist sinnvoll, da für $1 - \beta \leq \binom{a}{t}^{-1}$ kein statistisches Problem vorliegt. Man kann dann, ohne einen Versuch durchzuführen, irgendeine der $\binom{a}{t}^{-1}$ Teilmengen vom Umfang t mit $\boldsymbol{M}_B$ bezeichnen und würde damit (11.2) bzw. (11.3) erfüllen.

Problem 11.2 Gupta (1956)
Bei vorgegebenem Risiko für eine Fehlentscheidung β mit $\binom{a}{t}^{-1} < 1 - \beta < 1$ ist aus G eine Teilmenge $\boldsymbol{M}_G$ vom zufälligen Umfang $\boldsymbol{r}$ so auszuwählen, dass

$$P\{G_2 \subset \boldsymbol{M}_G\} \geq 1 - \beta \tag{11.4}$$

gilt. Dabei ist ein Optimalitätskriterium zu berücksichtigen. Zum Beispiel könnte man fordern, dass

- $E(\boldsymbol{r}) \Rightarrow \min$,
- $E(\boldsymbol{w}) \Rightarrow \min$, wobei $\boldsymbol{w}$ die Anzahl der fälschlich ausgewählten Grundgesamtheiten ist $\boldsymbol{w} = |\boldsymbol{M}_G \setminus G_1|$,
- die Versuchskosten (z. B. Stichprobenumfänge) minimal werden.

In Problem 11.1 bzw. 11.1a wird eine Auswahl nicht als falsch bezeichnet, sofern ein Mindestwert d für den Abstand zwischen der schlechtesten der t besten Grundgesamtheiten und einer ausgewählten schlechteren Grundgesamtheit nicht überschritten wird. Der Bereich $[g_{a-t+1} - d, g_{a-t+1}]$ heißt Indifferenzbereich, und Problem 11.1 wird oft Indifferenzbereichsformulierung des Auswahlproblems, Problem 11.2 dagegen Teilmengenformulierung des Auswahlproblems genannt.

Natürlich tritt die Frage auf, welches Problem für praktische Aufgaben am besten geeignet ist. Zunächst kann darauf hingewiesen werden, dass Versuche mit a Technologien (Fertigungsverfahren, Fangverfahren, Melkverfahren), a Sorten, Düngemitteln, Futtermitteln, ärztlichen Behandlungsmethoden u. a. häufig auf ein Auswahlproblem, meist eines besten Verfahrens (d. h. $t = 1$) usw., hinauslaufen. Dabei stehen z. B. im Fall der Pharmakaentwicklung am Anfang sehr viele Möglichkeiten (etwa $a \approx 500$) zur Verfügung. Dann ist es bei $t = 1$ zweckmäßig, zunächst mit einem auf der Teilmengenformulierung aufbauenden Verfahren zu arbeiten, bis $r \leq 20$ (oder $r \leq 50$) ist, und dann mit $a = r$ erneut nach Problem 11.1 auszuwählen.

Bevor Spezialfälle diskutiert werden, erfolgt der Hinweis, dass anstelle von Problem 11.1 stets Problem 11.1a verwendet werden kann. Das hat Vorteile bei der Anwendung. Der Anwender könnte fragen, was über die Wahrscheinlichkeit, dass man wirklich die t bezüglich $g(\eta)$ besten Grundgesamtheiten ausgewählt hat, gesagt werden kann, falls $d(g_{a-t+1}, g_{a-t}) < d$ ist. Darauf muss man dann die Antwort schuldig bleiben bzw. sich doch auf Problem 11.1a zurückziehen, das viel besser interpretierbar ist. Man weiß, dass man mindestens mit Wahrscheinlichkeit $1-\beta$ solche t Grundgesamtheiten ausgewählt hat, von denen keine um mehr als d schlechter als A_{a-t+1} ist.

Von Guiard (1994) wurde gezeigt, dass die ungünstigsten Fälle bezüglich der Größe des Werts von P_R bzw. P_{R^*} für Problem 11.1 bzw. 11.1a identisch sind. Damit ist bei gleichem d die untere Grenze $1-\beta$ in (11.2) und (11.3) gleich, und es ergibt sich z. B. der gleiche minimale Stichprobenumfang. Wir nennen P_{R^*} auch Wahrscheinlichkeit für eine d-genaue Auswahl.

11.1.2 Indifferenzbereichsformulierung für Erwartungswerte

Wir wollen in diesem Abschnitt von Problem 11.1a ausgehen und uns auf eindimensionale Zufallsvariable $\boldsymbol{y}_i$ bzw. $\boldsymbol{x}_i$ beschränken. Außerdem sei $g^*_{(i)} = g^*(\theta_{(i)}) = g(\eta_i) = E(\boldsymbol{x}_i) = \mu_i$. Dann ist $d(g_j, g_{a-t+1}) = |\mu_j - \mu_{a-t+1}|$ (bzw. $d(g_{a-t+1}, g_{a-t}) = \mu_{a-t+1} - \mu_{a-t}$ in Problem 11.1). Für die Auswahl möge aus jeder der a Grundgesamtheiten je eine Zufallsstichprobe $(\boldsymbol{x}_{i1}, \dots, \boldsymbol{x}_{in_i})$ entnommen worden sein, diese Zufallsstichproben seien voneinander stochastisch unabhängig, ihre Komponenten $\boldsymbol{x}_{ij}$ sind wie die $\boldsymbol{x}_i$ verteilt. Wir wollen uns auf solche Entscheidungsverfahren beschränken, die die Auswahl anhand der Schätzfunktionen entsprechend folgender Auswahlregel vornehmen.

Auswahlregel 11.1
Man berechne aus den a unabhängigen Zufallsstichproben die Stichprobenmittelwerte $\bar{\boldsymbol{x}}_{1.}, \dots, \bar{\boldsymbol{x}}_{a.}$ und wähle die t Grundgesamtheiten mit den t größten dieser Werte als $\boldsymbol{M}_B$ aus, siehe Bechhofer (1954).

Auswahlregel 11.1 ist anwendbar, wenn die μ_i die einzigen unbekannten Komponenten von η_i sind. Sind weitere Komponenten unbekannt, so kann ein mehrstufiges Auswahlverfahren sinnvoll sein (siehe hierzu Abschn. 11.1.2.1).

11.1.2.1 Auswahl von Grundgesamtheiten mit Normalverteilung

Wir gehen jetzt davon aus, dass die $\boldsymbol{x}_i$, die am Anfang von Abschn. 11.1.2 eingeführt wurden, nach $N(\mu_i, \sigma_i^2)$ verteilt sind (d. h., es ist $p = 2$). Nach unserer Vereinbarung wurden die $\boldsymbol{x}_i$ so nummeriert, dass

$$\mu_i \le \mu_2 \le \cdots \le \mu_a \tag{11.5}$$

gilt. Zunächst gehen wir davon aus, dass die σ_i^2 bekannt und alle gleich σ^2 sind. Dann gilt

Satz 11.1 Bechhofer (1954)
Unter den Voraussetzungen dieses Abschnitts gilt für $n_i = n \; (i = 1, \dots, a)$ mit

$$P_0 = P\{\max(\bar{\boldsymbol{x}}_{1.}, \dots, \bar{\boldsymbol{x}}_{a-t.}) < \min(\bar{\boldsymbol{x}}_{a-t+1.}, \dots, \bar{\boldsymbol{x}}_{a.})\} \tag{11.6}$$

und $d^* = \frac{d\sqrt{n}}{\sigma}$ stets

$$P_0 \geq t \int_{-\infty}^{\infty} [\Phi(z + d^*)]^{a-t}[1 - \Phi(z)]^{t-1}\varphi(z)\,\mathrm{d}z \tag{11.7}$$

falls $\mu_{a-t+1} - \mu_{a-t} > d$ ist. Bei Anwendung von Auswahlregel 11.1 kann in (11.7) P_0 durch P_R ersetzt werden.

Beweis: P_0 nimmt seinen kleinsten Wert an, falls

$$\mu_1 = \cdots = \mu_{a-t} = \mu_{a-t+1} - d = \cdots = \mu_a - d \tag{11.8}$$

ist. Wir betrachten die t einander ausschließenden Ereignisse

$$\max(\bar{\boldsymbol{x}}_{1.}, \dots, \bar{\boldsymbol{x}}_{a-t.}) < \bar{\boldsymbol{x}}_{u.} < \min_{\substack{u \neq v \\ a-t+1 \leq v \leq a}}(\bar{\boldsymbol{x}}_{v.}) \quad (u = a - t + 1, \dots, a) \tag{11.9}$$

Unter (11.8) haben alle diese Ereignisse die gleiche Wahrscheinlichkeit P_1, sodass für $\mu_{a-t+1} - \mu_{a-t} > d$ stets $P_0 \geq t\,P_1$ gilt. Wir schreiben mit f als Dichte von $\bar{x}_{a-t+1.}$

$$P_1 = \int_{-\infty}^{\infty} P\left\{\max(\bar{\boldsymbol{x}}_{1.}, \dots, \bar{\boldsymbol{x}}_{a-t.}) < \bar{\boldsymbol{x}}_{a-t+1.} < \min(\bar{\boldsymbol{x}}_{a-t+2.}, \dots, \bar{\boldsymbol{x}}_{a.})\right\} \times f(\bar{\boldsymbol{x}}_{a-t+1.})\,\mathrm{d}\bar{\boldsymbol{x}}_{a-t+1.}$$

Mit $\varphi(u)$ als Dichtefunktion einer $N(0, 1)$-Verteilung wird das mit

$$A = \frac{\sqrt{n}}{\sigma}(\bar{\boldsymbol{x}}_{a-t+1.} - \mu_{a-t}) \quad \text{und} \quad B = \frac{\sqrt{n}}{\sigma}(\bar{\boldsymbol{x}}_{a-t+1.} - \mu_{a-t+1})$$

zu

$$P_0 \geq tP_1 = t \int_{-\infty}^{\infty} \left[\int_{-\infty}^{A} \varphi(u)\,\mathrm{d}u\right]^{a-t} \left[\int_{B}^{\infty} \varphi(u)\,\mathrm{d}u\right]^{t-1} \frac{1}{\sigma}\sqrt{\frac{n}{2\pi}}\mathrm{e}^{-\frac{B^2}{2}}\,\mathrm{d}\bar{\boldsymbol{x}}_{a-t+1.}$$

Daraus folgt nun wegen

$$A - B = \frac{\sqrt{n}}{\sigma}(\mu_{a-t+1} - \mu_{a-t}) = \frac{\sqrt{n}}{\sigma}d$$

und mit der Verteilungsfunktion Φ der Standardnormalverteilung die Behauptung.

Für den häufig auftretenden Spezialfall $t = 1$ hat (11.7) die Gestalt

$$P_0 \geq \int_{-\infty}^{\infty} [\Phi(z + d^*)]^{a-1} \varphi(z)\,\mathrm{d}z \tag{11.10}$$

die entsprechend Satz 11.2 noch günstiger geschrieben werden kann.

Satz 11.2
Es seien die Voraussetzungen von Satz 11.1 mit $t = 1$ erfüllt. Ferner sei $\mu_a - \mu_j = d_{aj} (j = 1, \ldots, a-1)$. Dann ist (ohne die Bedingung $\mu_{a-t+1} - \mu_{a-t} > d$)

$$P_0 = P\{\max(\bar{\boldsymbol{x}}_{1.}, \ldots, \bar{\boldsymbol{x}}_{a-1.}) < \bar{\boldsymbol{x}}_{a.}\} = \frac{1}{\sqrt{a\pi^{a-1}}} \int_{-D_{a-1}}^{\infty} \cdots \int_{-D_1}^{\infty} \mathrm{e}^{-\frac{1}{2}t^{\mathrm{T}}R^{-1}t}\,\mathrm{d}t$$

$$\text{mit} \quad \frac{d_{a,l}\sqrt{n}}{\sigma\sqrt{2}} = D_l \tag{11.11}$$

sowie $t = (t_1, \ldots, t_{a-1})^{\mathrm{T}}, R = (\rho_{ij})$ und

$$\rho_{ij} = \begin{cases} 1 & \text{für} \quad i = j \\ \frac{1}{2} & \text{für} \quad i \neq j \end{cases} \quad (i, j = 1, \ldots, a-1)$$

Beweis: Mit $\boldsymbol{z}_i = \bar{\boldsymbol{x}}_{(a).} - \bar{\boldsymbol{x}}_{(i).}$ $(i = 1, \ldots, a-1)$ wird P_0 zu

$$P_0 = P\{\boldsymbol{z}_1 > 0, \ldots, \boldsymbol{z}_{a-1} > 0\}$$

Außerdem ist $E(\boldsymbol{z}_i) = d_{a,i}$. Wegen der Unabhängigkeit der a Zufallsstichproben ist

$$\text{var}(\boldsymbol{z}_i) = \frac{2\sigma^2}{n}$$

und für $i \neq j$

$$\text{cov}(\boldsymbol{z}_i, \boldsymbol{z}_j) = \text{var}(\bar{\boldsymbol{x}}_{a.}) = \frac{\sigma^2}{n}$$

Da die $\boldsymbol{x}_{ik}$ als voneinander unabhängig nach $N(\mu_i, \sigma^2)$ verteilt vorausgesetzt wurden, ist $z = (\boldsymbol{z}_1, \ldots, \boldsymbol{z}_{a-1})^{\mathrm{T}}$ dann $(a-1)$-dimensional normalverteilt mit

$$E(\boldsymbol{z}) = (d_{a,1}, \ldots, d_{a,a-1})^{\mathrm{T}} = \Delta \quad \text{und} \quad \text{var}(\boldsymbol{z}) = \Sigma = \frac{\sigma^2}{n}(E_{a-1} + e_{a-1,a-1})$$

Folglich hat P_0 die Form

$$P_0 = \frac{|\Sigma|^{-\frac{1}{2}}}{\sqrt{(2\pi)^{a-1}}} \int_0^{\infty} \cdots \int_0^{\infty} \mathrm{e}^{-\frac{1}{2}(z-\Delta)^{\mathrm{T}}\Sigma^{-1}(z-\Delta)}\,\mathrm{d}z$$

Wegen Lemma 6.1 ist $|\Delta| = a(\frac{\sigma^2}{n})^{a-1}$; folglich erhalten wir für P_0 nach der Substitution $t = \sqrt{n}(z - \Delta)/(\sigma\sqrt{2})$ die Gleichung (11.11) mit $R = (E_{a-1} + e_{a-1,a-1})/2$.

Nun gilt aber $d_{a,a-1} \leq d_{a,a-2} \leq \cdots \leq d_{a,1}$ und somit die Abschätzung

$$P_0 \geq \frac{1}{\sqrt{a\pi^{a-1}}} \int_u^\infty \cdots \int_u^\infty \mathrm{e}^{-\frac{1}{2}t^{\mathrm{T}}R^{-1}t}\,\mathrm{d}t \tag{11.12}$$

mit $u = -\sqrt{n}d_{a,a-1}/(\sigma\sqrt{2})$, d. h. der ungünstigste Fall (Gleichheitszeichen in (11.12)) ist der mit $d_{a,a-1} = d_{a,1}$.

Wir definieren die β-Quantile $u(a-1,\beta) = -u(a-1,1-\beta)$ der $(a-1)$-dimensionalen Normalverteilung mit Erwartungswertvektor 0_{a-1} und Kovarianzmatrix R durch die Forderung

$$\beta = \frac{1}{\sqrt{a\pi^{a-1}}} \int_{-\infty}^{u(a-1,\beta)} \cdots \int_{-\infty}^{u(a-1,\beta)} \mathrm{e}^{-\frac{1}{2}t^{\mathrm{T}}R^{-1}t}\,\mathrm{d}t \tag{11.13}$$

Setzen wir in (11.12)

$$u = \frac{u(a-1,\beta)}{\sqrt{2}} = -\frac{u(a-1,1-\beta)}{\sqrt{2}}$$

so wird $P_0 \geq 1-\beta$. Ist nun $d_{a,a-1} \geq d$ und wählt man n so, dass

$$n \geq \frac{\sigma^2 u^2(a-1,1-\beta)}{d^2} \tag{11.14}$$

ist, so liefert Auswahlregel 11.1 für $t = 1$ mit Mindestwahrscheinlichkeit $1-\beta$ eine richtige Auswahl. Tabelle 11.1 enthält die für die Berechnung von Mindeststichprobenumfängen nach (11.14) benötigten Werte $u(a-1,1-\beta)$ für $a = 2(1)40$.

Einfacher kann man n nach Vorgabe von a, d, β und σ^2 mit dem OPDOE-Programm der Sprache R bestimmen. Es können n-Werte mit dem Aufruf (delta steht für d)

```
> size.selection.bechhofer(a=. beta= ... delta=, sigma=)
```

berechnet werden. Man kann aber auch ein maximal mögliches n vorgeben (zusammen mit σ^2, β und a) und sich das kleinste d ausrechnen.

Für den Fall $t > 1$ muss man n so bestimmen, dass die rechte Seite von (11.7) den vorgegebenen Wert $1-\beta$ mit Sicherheit nicht unterschreitet. Mithilfe von Tab. 11.2 kann man zunächst für einige (a,t)-Kombinationen $\sqrt{n}d/\sigma$ ablesen und aus d, σ und dem abgelesenen Tabellenwert schließlich n berechnen.

In den Beispielen müssen die Grundgesamtheiten entsprechend der ursprünglichen Formulierung mit $P_1, \dots, P_a$ bezeichnet werden.

Tab. 11.1 Werte der Quantile $u(a-1, 1-\beta)$ der $(a-1)$-dimensionalen standardisierten Normalverteilung mit Korrelation 1/2.

	β				
$a-1$	**0,01**	**0,025**	**0,05**	**0,10**	**0,25**
1	2,326	1,960	1,645	1,282	0,675
2	2,558	2,212	1,916	1,577	1,014
3	2,685	2,350	2,064	1,735	1,189
4	2,772	2,442	2,160	1,838	1,306
5	2,837	2,511	2,233	1,916	1,391
6	2,889	2,567	2,290	1,978	1,458
7	2,933	2,613	2,340	2,029	1,514
8	2,970	2,652	2,381	2,072	1,560
9	3,002	2,686	2,417	2,109	1,601
10	3,031	2,716	2,448	2,142	1,636
11	3,057	2,743	2,477	2,172	1,667
12	3,079	2,768	2,502	2,180	1,696
13	3,100	2,790	2,525	2,222	1,724
14	3,120	2,810	2,546	2,244	1,745
15	3,138	2,829	2,565	2,264	1,767
16	3,154	2,846	2,583	2,283	1,787
17	3,170	2,863	2,600	2,301	1,805
18	3,185	2,878	2,616	2,317	1,823
19	3,198	2,892	2,631	2,332	1,839
20	3,211	2,906	2,645	2,347	1,854
21	3,223	2,918	2,658	2,361	1,869
22	3,235	2,930	2,671	2,374	1,883
23	3,246	2,942	2,683	2,386	1,896
24	3,257	2,953	2,694	2,392	1,908
25	3,268	2,964	2,705	2,409	1,920
26	3,276	2,973	2,715	2,420	1,931
27	3,286	2,983	2,725	2,430	1,942
28	3,295	2,993	2,735	2,440	1,953
29	3,303	3,001	2,744	2,450	1,963
30	3,312	3,010	2,753	2,459	1,972
31	3,319	3,018	2,761	2,467	1,982
32	3,327	3,026	2,770	2,476	1,990
33	3,335	3,034	2,777	2,484	1,999
34	3,342	3,041	2,785	2,492	2,007
35	3,349	3,048	2,792	2,500	2,015
36	3,355	3,055	2,800	2,507	2,023
37	3,362	3,062	2,807	2,514	2,031
38	3,368	3,069	2,813	2,521	2,038
39	3,374	3,075	2,820	2,528	2,045

Tab. 11.2 Werte von $\sqrt{n}\frac{d}{\sigma}$ für die Auswahl bezüglich der t besten aus a Grundgesamtheiten mit Normalverteilung bei einer Mindestwahrscheinlichkeit $1-\beta$ für eine richtige Auswahl (Bechhofer, 1954).

$1-\beta$	$a=2$ $t=1$	$a=3$ $t=1$	$a=4$ $t=1$	$a=4$ $t=2$	$a=5$ $t=1$
0,99	3,2900	3,6173	3,7970	3,9323	3,9196
0,98	2,9045	3,2533	3,4432	3,5893	3,5722
0,97	2,6598	3,0232	3,2198	3,3734	3,3529
0,96	2,4759	2,8504	3,0522	3,2117	3,1885
0,95	2,3262	2,7101	2,9162	3,0808	3,0552
0,94	2,1988	2,5909	2,8007	2,9698	2,9419
0,93	2,0871	2,4865	2,6996	2,8728	2,8428
0,92	1,9871	2,3931	2,6092	2,7861	2,7542
0,91	1,8961	2,3082	2,5271	2,7075	2,6737
0,90	1,8124	2,2302	2,4516	2,6353	2,5997
0,88	1,6617	2,0899	2,3159	2,5057	2,4668
0,86	1,5278	1,9655	2,1956	2,3910	2,3489
0,84	1,4064	1,8527	2,0867	2,2873	2,2423
0,82	1,2945	1,7490	1,9865	2,1921	2,1441
0,80	1,1902	1,6524	1,8932	2,1035	2,0528
0,75	0,9539	1,4338	1,6822	1,9038	1,8463
0,70	0,7416	1,2380	1,4933	1,7253	1,6614
0,65	0,5449	1,0568	1,3186	1,5609	1,4905
0,60	0,3583	0,8852	1,1532	1,4055	1,3287
0,55	0,1777	0,7194	0,9936	1,2559	1,1726
$1-\beta$	$a=5$ $t=2$	$a=6$ $t=1$	$a=6$ $t=2$	$a=6$ $t=3$	$a=7$ $t=1$
0,99	4,1058	4,0121	4,2244	4,2760	4,0861
0,98	3,7728	3,6692	3,8977	3,9530	3,7466
0,97	3,5635	3,4528	3,6925	3,7504	3,5324
0,96	3,4071	3,2906	3,5393	3,5992	3,3719
0,95	3,2805	3,1591	3,4154	3,4769	3,2417
0,94	3,1732	3,0474	3,3104	3,3735	3,1311
0,93	3,0795	2,9496	3,2187	3,2831	3,0344
0,92	2,9959	2,8623	3,1370	3,2026	2,9479
0,91	2,9201	2,7829	3,0628	3,1296	2,8694
0,90	2,8505	2,7100	2,9948	3,0627	2,7972
0,88	2,7257	2,5789	2,8729	2,9427	2,6676
0,86	2,6153	2,4627	2,7651	2,8368	2,5527
0,84	2,5156	2,3576	2,6677	2,7411	2,4486
0,82	2,4241	2,2609	2,5784	2,6535	2,3530
0,80	2,3391	2,1709	2,4955	2,5720	2,2639
0,75	2,1474	1,9674	2,3086	2,3887	2,0626
0,70	1,9765	1,7852	2,1421	2,2256	1,8824
0,65	1,8191	1,6168	1,9888	2,0756	1,7159
0,60	1,6706	1,4575	1,8443	1,9342	1,5583
0,55	1,5277	1,3037	1,7054	1,7985	1,4062

Tab. 11.2 (Fortsetzung).

$1-\beta$	$a=7$ $t=2$	$a=7$ $t=3$	$a=8$ $t=1$	$a=8$ $t=2$	$a=8$ $t=3$
0,99	4,3140	4,3926	4,1475	4,3858	4,4807
0,98	3,9917	4,0758	3,8107	4,0669	4,1683
0,97	3,7895	3,8773	3,5982	3,8668	3,9728
0,96	3,6385	3,7293	3,4390	3,7175	3,8270
0,95	3,5164	3,6097	3,3099	3,5968	3,7093
0,94	3,4130	3,5086	3,2002	3,4946	3,6097
0,93	3,3228	3,4203	3,1043	3,4054	3,5229
0,92	3,2423	3,3417	3,0186	3,3258	3,4456
0,91	3,1693	3,2704	2,9407	3,2537	3,3755
0,90	3,1024	3,2051	2,8691	3,1876	3,3113
0,88	2,9824	3,0880	2,7406	3,0691	3,1963
0,86	2,8764	2,9847	2,6266	2,9644	3,0948
0,84	2,7806	2,8915	2,5235	2,8698	3,0032
0,82	2,6929	2,8061	2,4286	2,7832	2,9194
0,80	2,6113	2,7269	2,3403	2,7027	2,8416
0,75	2,4277	2,5485	2,1407	2,5215	2,6666
0,70	2,2641	2,3899	1,9621	2,3601	2,5111
0,65	2,1137	2,2442	1,7970	2,2116	2,3683
0,60	1,9719	2,1071	1,6407	2,0718	2,2340
0,55	1,8355	1,9754	1,4899	1,9374	2,1051

$1-\beta$	$a=8$ $t=4$	$a=9$ $t=1$	$a=9$ $t=2$	$a=9$ $t=3$	$a=9$ $t=4$
0,99	4,5078	4,1999	4,4455	4,5513	4,5950
0,98	4,1972	3,8653	4,1292	4,2423	4,2888
0,97	4,0029	3,6543	3,9308	4,0489	4,0974
0,96	3,8581	3,4961	3,7829	3,9048	3,9548
0,95	3,7412	3,3679	3,6633	3,7885	3,8398
0,94	3,6424	3,2590	3,5620	3,6902	3,7426
0,93	3,5562	3,1637	3,4736	3,6045	3,6579
0,92	3,4794	3,0785	3,3948	3,5280	3,5825
0,91	3,4099	3,0012	3,3234	3,4589	3,5142
0,90	3,3462	2,9301	3,2579	3,3955	3,4516
0,88	3,2322	2,8024	3,1405	3,2820	3,3395
0,86	3,1316	2,6893	3,0368	3,1818	3,2408
0,84	3,0408	2,5868	2,9433	3,0915	3,1518
0,82	2,9577	2,4926	2,8575	3,0088	3,0703
0,80	2,8807	2,4049	2,7778	2,9321	2,9947
0,75	2,7074	2,2067	2,5984	2,7596	2,8249
0,70	2,5535	2,0293	2,4387	2,6064	2,6741
0,65	2,4122	1,8653	2,2919	2,4658	2,5359
0,60	2,2794	1,7102	2,1535	2,3335	2,4059
0,55	2,1520	1,5604	2,0206	2,2066	2,2814

Tab. 11.2 (Fortsetzung).

$1-\beta$	$a = 10$ $t = 1$	$a = 10$ $t = 2$	$a = 10$ $t = 3$	$a = 10$ $t = 4$	$a = 10$ $t = 5$
0,99	4,2456	4,4964	4,6100	4,6648	4,6814
0,98	3,9128	4,1823	4,3037	4,3619	4,3796
0,97	3,7030	3,9854	4,1120	4,1727	4,1911
0,96	3,5457	3,8385	3,9693	4,0319	4,0509
0,95	3,4182	3,7198	3,8541	3,9184	3,9378
0,94	3,3099	3,6193	3,7567	3,8224	3,8422
0,93	3,2152	3,5316	3,6718	3,7387	3,7589
0,92	3,1305	3,4534	3,5962	3,6643	3,6848
0,91	3,0536	3,3826	3,5277	3,5969	3,6177
0,90	2,9829	3,3176	3,4650	3,5351	3,5563
0,88	2,8560	3,2011	3,3526	3,4246	3,4463
0,86	2,7434	3,0983	3,2535	3,3272	3,3494
0,84	2,6418	3,0055	3,1642	3,2395	3,2621
0,82	2,5479	2,9203	3,0824	3,1591	3,1822
0,80	2,4608	2,8413	3,0065	3,0847	3,1082
0,75	2,2637	2,6635	2,8360	2,9174	2,9419
0,70	2,0873	2,5051	2,6845	2,7690	2,7944
0,65	1,9242	2,3595	2,5456	2,6330	2,6592
0,60	1,7700	2,2224	2,4149	2,5052	2,5322
0,55	1,6210	2,0907	2,2896	2,3827	2,4106

$1-\beta$	$a = 11$ $t = 2$	$a = 11$ $t = 3$	$a = 11$ $t = 4$	$a = 11$ $t = 5$	$a = 12$ $t = 3$
0,99	4,5408	4,6602	4,7229	4,7506	4,7039
0,98	4,2286	4,3560	4,4227	4,4522	4,4016
0,97	4,0329	4,1658	4,2353	4,2660	4,2126
0,96	3,8869	4,0242	4,0958	4,1274	4,0719
0,95	3,7689	3,9099	3,9834	4,0158	3,9584
0,94	3,6691	3,8133	3,8883	3,9214	3,8624
0,93	3,5819	3,7291	3,8055	3,8392	3,7788
0,92	3,5042	3,6541	3,7318	3,7661	3,7043
0,91	3,4338	3,5862	3,6652	3,6999	3,6369
0,90	3,3693	3,5239	3,6041	3,6393	3,5751
0,88	3,2536	3,4126	3,4948	3,5309	3,4645
0,86	3,1514	3,3143	3,3984	3,4354	3,3670
0,84	3,0592	3,2258	3,3117	3,3494	3,2791
0,82	2,9747	3,1447	3,2323	3,2707	3,1986
0,80	2,8963	3,0695	3,1587	3,1978	3,1240
0,75	2,7196	2,9006	2,9934	3,0341	2,9563
0,70	2,5624	2,7505	2,8468	2,8890	2,8075
0,65	2,4179	2,6129	2,7125	2,7560	2,6709
0,60	2,2818	2,4835	2,5863	2,6312	2,5426
0,55	2,1510	2,3594	2,4654	2,5117	2,4196

Tab. 11.2 (Fortsetzung).

$1-\beta$	$a = 12$ $t = 4$	$a = 12$ $t = 5$	$a = 13$ $t = 4$	$a = 13$ $t = 5$	$a = 14$ $t = 5$
0,99	4,7725	4,8083	4,8158	4,8576	4,9005
0,98	4,4746	4,5126	4,5197	4,5641	4,6089
0,97	4,2886	4,3281	4,3350	4,3810	4,4271
0,96	4,1502	4,1909	4,1975	4,2449	4,2919
0,95	4,0387	4,0803	4,0867	4,1353	4,1831
0,94	3,9444	3,9870	3,9932	4,4027	4,0911
0,93	3,8623	3,9057	3,9117	3,9521	4,0111
0,92	3,7893	3,8333	3,8391	3,8904	3,9399
0,91	3,7232	3,7678	3,7735	3,8255	3,8756
0,90	3,6626	3,7079	3,7134	3,7661	3,8166
0,88	3,5543	3,6007	3,6059	3,6599	3,7113
0,86	3,4588	3,5063	3,5111	3,5664	3,6185
0,84	3,3729	3,4213	3,4259	3,4822	3,5350
0,82	3,2942	3,3435	3,3478	3,4052	3,4586
0,80	3,2213	3,2715	3,2755	3,3339	3,3879
0,75	3,0577	3,1098	3,1132	3,1739	3,2292
0,70	2,9125	2,9666	2,9693	3,0321	3,0887
0,65	2,7796	2,8354	2,8374	2,9023	2,9600
0,60	2,6547	2,7122	2,7137	2,7805	2,8394
0,55	2,5352	2,5944	2,5952	2,6640	2,7240

Tab. 11.3 Stichprobenmittelwerte von Beispiel 11.1.

Grundgesamtheit	P_1	P_2	P_3	P_4	P_5	P_6	P_7	P_8	P_9	P_{10}
$\bar{y}_{i.}$	138,6	132,2	138,4	122,7	130,6	131,0	139,2	131,7	128,0	122,5

Beispiel 11.1
Aus $a = 10$ vorgegebenen Grundgesamtheiten $P_1, \dots, P_{10}$ sollen die $t = 4$ Grundgesamtheiten mit den größten Erwartungswerten ausgewählt werden.

Zunächst soll angenommen werden, dass aus früheren Versuchen mit ähnlichen Grundgesamtheiten bekannt ist, dass das untersuchte Merkmal als nach $N(\mu_i, \sigma^2)$ verteilt mit $\sigma^2 = 300$ angesehen werden kann. Wie viele Werte sind in jeder der zehn Grundgesamtheiten zu ermitteln, damit entsprechend Problem 11.1 bzw. 11.1a

$$P_R \geq 0{,}95 \quad (P_{R^*} \geq 0{,}95)$$

ist, wenn $d = 22$ gesetzt wird? Aus Tab. 11.2 lesen wir bei $1 - \beta = 0{,}95$, $a = 10$, $t = 4$ den Wert

$$\sqrt{n}\frac{d}{\sigma} = 3{,}9184$$

ab, sodass

$$n = \left\lceil \frac{\sigma^2 \cdot 3{,}9184^2}{d^2} \right\rceil = \left\lceil \frac{300 \cdot 3{,}9184^2}{22^2} \right\rceil = \lceil 9{,}52 \rceil = 10$$

zu wählen ist; diesen Wert erhält man auch mit R. Die Stichprobenmittelwerte sind in Tab. 11.3 enthalten. Nach Auswahlregel 11.1 sind die Grundgesamtheiten P_1, P_2, P_3 und P_7 auszuwählen.

Bechhofer konnte zeigen, dass die Auswahlregel 11.1 bei Normalverteilungen mit bekannter gleicher Varianz für $n_i = n$ bei festem a, t und d zu einer maximalen unteren Grenze für P_R führt.

Falls σ^2 unbekannt ist, kann man für $t = 1$ eine zweistufige Auswahlregel vorschlagen.

Auswahlregel 11.2

Aus den Beobachtungswerten $x_{ij}(i = 1, \ldots, a; j = 1, \ldots, n_0)$ der a Grundgesamtheiten $A_1, \ldots, A_a$ mit $10 \leq n_0 \leq 30$ berechne man $s_0^2 = DQ_\text{I}$ nach Tab. 5.2 mit $f = a(n_0 - 1)$ Freiheitsgraden. Zu vorgegebenen Werten von d und $\beta = 0{,}05;\ 0{,}025$ bzw. 0,01 berechne man mithilfe der Werte $t(a - 1, f, 1 - \beta)$ aus Tab. 11.4 analog zu (11.14) die Größe

$$c = \frac{d}{t(a - 1, f, 1 - \beta)} \tag{11.15}$$

Dann runden wir s_0^2/c^2 auf die nächste ganze Zahl auf (keine Rundung, falls s_0^2/c^2 bereits ganzzahlig ist) und wählen das Maximum von n_0 und diesem gerundeten Wert als Gesamtstichprobenumfang n. Ist $n > n_0$, so sind in jeder der a Grundgesamtheiten weitere $n - n_0$ Beobachtungen vorzunehmen, anderenfalls ist n_0 der endgültige Stichprobenumfang. Mit n bzw. n_0 verfahre man dann weiter wie in Auswahlregel 11.1 für $t = 1$.

11.1.2.2 **Näherungslösungen für nichtnormale Verteilungen und $t = 1$**

Die Zufallsvariablen $\boldsymbol{x}_i$ seien in den Grundgesamtheiten A_i mit der Verteilungsfunktion $F(x_i; \mu_i, \eta_{i2}, \ldots, \eta_{ip})$ verteilt. Die Verteilung von $\boldsymbol{x}_i$ sei derart, dass sie für die Zwecke einer Untersuchung hinreichend genau durch den Erwartungswert μ_i und die Standardabweichung $\sigma(\mu_i)$ charakterisiert werden kann, d. h., es gelte

$$F(x_i; \mu_i, \eta_{i2}, \ldots, \eta_{ip}) \approx G(x_i; \mu_i, \sigma(\mu_i))$$

für die Verteilungsfunktion von $\boldsymbol{x}_i$. Liegen a Zufallsstichproben vom Umfang n vor, so sind die Stichprobenmittelwerte $\bar{\boldsymbol{x}}_{i.}$ mit Erwartungswert μ_i und Varianz $\frac{\sigma^2(\mu_i)}{n}$ approximativ normalverteilt, wobei die Näherung in den meisten Fällen für $n \geq 30$ für praktische Zwecke hinreichend genau ist. Wir erhalten folglich für P_0

Tab. 11.4 Werte $t(a-1, f, 1-\beta)$ der Quantile der $(a-1)$-dimensionalen t-Verteilung mit Korrelation 1/2.

$\beta = 0{,}05$	$a-1$								
f	1	2	3	4	5	6	7	8	9
5	2,02	2,44	2,68	2,85	2,98	3,08	3,16	3,24	3,30
6	1,94	2,34	2,56	2,71	2,83	2,92	3,00	3,07	3,12
7	1,89	2,27	2,48	2,62	2,73	2,82	2,89	2,95	3,01
8	1,86	2,22	2,42	2,55	2,66	2,74	2,81	2,87	2,92
9	1,83	2,18	2,37	2,50	2,60	2,68	2,75	2,81	2,86
10	1,81	2,15	2,34	2,47	2,56	2,64	2,70	2,76	2,81
11	1,80	2,13	2,31	2,44	2,53	2,60	2,67	2,72	2,77
12	1,78	2,11	2,29	2,41	2,50	2,58	2,64	2,69	2,74
13	1,77	2,09	2,27	2,39	2,48	2,55	2,61	2,66	2,71
14	1,76	2,08	2,25	2,37	2,46	2,53	2,59	2,64	2,69
15	1,75	2,07	2,24	2,36	2,44	2,51	2,57	2,62	2,67
16	1,75	2,06	2,23	2,34	2,43	2,50	2,56	2,61	2,65
17	1,74	2,05	2,22	2,33	2,42	2,49	2,54	2,59	2,64
18	1,73	2,04	2,21	2,32	2,41	2,48	2,53	2,58	2,62
19	1,73	2,03	2,20	2,31	2,40	2,47	2,52	2,57	2,61
20	1,72	2,03	2,19	2,30	2,39	2,46	2,51	2,56	2,60
24	1,71	2,01	2,17	2,28	2,36	2,43	2,48	2,53	2,57
30	1,70	1,99	2,15	2,25	2,33	2,40	2,45	2,50	2,54
40	1,68	1,97	2,13	2,23	2,31	2,37	2,42	2,47	2,51
60	1,67	1,95	2,10	2,21	2,28	2,35	2,39	2,44	2,48
120	1,66	1,93	2,08	2,18	2,26	2,32	2,37	2,41	2,45
∞	1,64	1,92	2,06	2,16	2,23	2,29	2,34	2,38	2,42

$\beta = 0{,}025$	$a-1$								
f	1	2	3	4	5	6	7	8	9
5	2,57	3,03	3,39	3,66	3,88	4,06	4,22	4,36	4,49
6	2,45	2,86	3,18	3,41	3,60	3,75	3,88	4,00	4,11
7	2,36	2,75	3,04	3,24	3,41	3,54	3,66	3,76	3,86
8	2,31	2,67	2,94	3,13	3,28	3,40	3,51	3,60	3,68
9	2,26	2,61	2,86	3,04	3,18	3,29	3,39	3,48	3,55
10	2,23	2,57	2,81	2,97	3,11	3,21	3,31	3,39	3,46
11	2,20	2,53	2,76	2,92	3,05	3,15	3,24	3,31	3,38
12	2,18	2,50	2,72	2,88	3,00	3,10	3,18	3,25	3,32
13	2,16	2,48	2,69	2,84	2,96	3,06	3,14	3,21	3,27
14	2,14	2,46	2,67	2,81	2,93	3,02	3,10	3,17	3,23
15	2,13	2,44	2,64	2,79	2,90	2,99	3,07	3,13	3,19
16	2,12	2,42	2,63	2,77	2,88	2,96	3,04	3,10	3,16
17	2,11	2,41	2,61	2,75	2,85	2,94	3,01	3,08	3,13
18	2,10	2,40	2,59	2,73	2,84	2,92	2,99	3,05	3,11
19	2,09	2,39	2,58	2,72	2,82	2,90	2,97	3,04	3,09
20	2,09	2,38	2,57	2,70	2,81	2,89	2,96	3,02	3,07
24	2,06	2,35	2,53	2,66	2,76	2,84	2,91	2,96	3,01
30	2,04	2,32	2,50	2,62	2,72	2,79	2,86	2,91	2,96
40	2,02	2,29	2,47	2,58	2,67	2,75	2,81	2,86	2,90
60	2,00	2,27	2,43	2,55	2,63	2,70	2,76	2,81	2,85
120	1,98	2,24	2,40	2,51	2,59	2,66	2,71	2,76	2,80
∞	1,96	2,21	2,37	2,47	2,55	2,62	2,67	2,71	2,75

Tab. 11.4 (Fortsetzung).

$\beta = 0{,}01$	$a-1$								
f	1	2	3	4	5	6	7	8	9
5	3,37	3,90	4,21	4,43	4,60	4,73	4,85	4,94	5,03
6	3,14	3,61	3,88	4,07	4,21	4,33	4,43	4,51	4,59
7	3,00	3,42	3,66	3,83	3,96	4,07	4,15	4,23	4,30
8	2,90	3,29	3,51	3,67	3,79	3,88	3,96	4,03	4,09
9	2,82	3,19	3,40	3,55	3,66	3,75	3,82	3,89	3,94
10	2,76	3,11	3,31	3,45	3,56	3,64	3,71	3,78	3,83
11	2,72	3,06	3,25	3,38	3,48	3,56	3,63	3,69	3,74
12	2,68	3,01	3,19	3,32	3,42	3,50	3,56	3,62	3,67
13	2,65	2,97	3,15	3,27	3,37	3,44	3,51	3,56	3,61
14	2,62	2,94	3,11	3,23	3,32	3,40	3,46	3,51	3,56
15	2,60	2,91	3,08	3,20	3,29	3,36	3,42	3,47	3,52
16	2,58	2,88	3,05	3,17	3,26	3,33	3,39	3,44	3,48
17	2,57	2,86	3,03	3,14	3,23	3,30	3,36	3,41	3,45
18	2,55	2,84	3,01	3,12	3,21	3,27	3,33	3,38	3,42
19	2,54	2,83	2,99	3,10	3,18	3,25	3,31	3,36	3,40
20	2,53	2,81	2,97	3,08	3,17	3,23	3,29	3,34	3,38
24	2,49	2,77	2,92	3,03	3,11	3,17	3,22	3,27	3,31
30	2,46	2,72	2,87	2,97	3,05	3,11	3,16	3,21	3,24
40	2,42	2,68	2,82	2,92	2,99	3,05	3,10	3,14	3,18
60	2,39	2,64	2,78	2,87	2,94	3,00	3,04	3,08	3,12
120	2,36	2,60	2,73	2,82	2,89	2,94	2,99	3,03	3,06
∞	2,33	2,56	2,68	2,77	2,84	2,89	2,93	2,97	3,00

im Fall $t = 1$ aus (11.10) bzw. der Herleitung von (11.10) unter Berücksichtigung der Varianzhomogenität mit

$$\gamma = \frac{\sigma(\mu_{(a)} - d)}{\sigma(\mu_{(a)})}$$

die Beziehung

$$P_0 \geq \int_{-\infty}^{\infty} \left(\Phi \left\{ \frac{1}{\gamma} \left[y + \frac{d\sqrt{n}}{\sigma(\mu_{(a)})} \right] \right\} \right)^{a-1} \varphi(y)\, \mathrm{d}y \tag{11.16}$$

Die folgende Auswahlregel ist eine Abwandlung von Auswahlregel 11.2 und stammt von Chambers und Jarratt (1964).

Auswahlregel 11.2a

Man entnehme jeder Grundgesamtheit A_i eine Zufallsstichprobe vom Umfang n_0 ($10 \leq n_0 \leq 30$), bestimme den größten Stichprobenmittelwert $\bar{x}^{(0)}_{(a).}$ und verwende ihn als Schätzwert für μ_a. Den Stichprobenumfang n pro Population bestimme man mit $\sigma(\bar{x}_{(a).})$ anstelle von $\sigma(\mu_a)$ so, dass das Integral in (11.16) einen vorgegebenen Wert $1-\beta$ nicht unterschreitet, und beobachte (für $n > n_0$) $n - n_0$

weitere Werte aus jeder Grundgesamtheit. Die Grundgesamtheit mit dem größten Stichprobenmittelwert aus n Beobachtungen wird als beste bezeichnet. Das Verfahren nach Auswahlregel 11.2a setzt voraus, dass die Funktion $\sigma(\mu)$ bekannt ist. Ist z. B. $\boldsymbol{x}$ nach $B(n, p)$ verteilt, so gilt $\sigma(\mu) = \sqrt{\mu(1-\mu)}$; ist $\boldsymbol{x}$ nach $P(\lambda)$ verteilt, so gilt $\sigma(\mu) = \sqrt{\mu}$. Ist $\sigma(\mu)$ nicht bekannt, so kann man es durch Regression von s auf $\bar{\boldsymbol{x}}_.$ schätzen. Man kann jedoch auch für nichtnormale kontinuierliche Verteilungen die in Abschn. 11.1.2.1 beschriebenen Verfahren anwenden, die nach Domröse und Rasch (1987) robust gegen Nichtnormalität sind. Die Werte $\frac{d\sqrt{n}}{\sigma(\mu_{(a)})}$ aus (11.16) für Auswahlregel 11.2a findet man in Tab. 11.5.

11.1.3 Auswahl einer Untermenge, die die beste Grundgesamtheit mit vorgegebener Wahrscheinlichkeit enthält

In diesem Abschnitt wird Problem 11.2 von Abschn. 11.1.1 für $t = 1$, $\boldsymbol{Y} = \boldsymbol{y}_1 = \boldsymbol{y}$ und $\Omega = R^1$ (reelle Achse) betrachtet. In P_i sei $\boldsymbol{y}_i$ kontinuierlich mit der Verteilungsfunktion $F(y, \theta)$ und der Dichtefunktion $f(y, \theta)$ verteilt. F und f seien dem Funktionstyp nach bekannt, die θ_i in den P_i jedoch unbekannt. Wir nehmen im Folgenden an, dass $g^*(\theta) = \theta$ ist.

In Problem 11.2 ist es unser Ziel, eine (nicht leere) Teilmenge $(A_{i_1}, \dots, A_{i_r}) = \boldsymbol{M}_G$ der Grundgesamtheiten $A_1, \dots, A_a$ so auszuwählen, dass die Wahrscheinlichkeit für eine richtige Auswahl $P(RA)$ dafür, dass die beste Population (mit dem Parameter $\theta_{(a)}$) in der Teilmenge enthalten ist, einen vorgegebenen Wert $1 - \beta$ nicht überschreitet. Dabei ist wie in Abschn. 11.1.2 die Bedingung $\frac{1}{a} < 1 - \beta < 1$ erfüllt. Falls mehrere P_i den Parameterwert $\theta_{(a)} = \eta_a$ haben, gilt irgendeine von ihnen als beste.

Folgende Auswahlregel stammt von Gupta und Panchapakesan (1970, 1979); es handelt sich eigentlich um eine ganze Klasse von Auswahlregeln.

Auswahlregel 11.3
Wir wählen zunächst je nach Art des unbekannten Parameters η (bzw. θ) eine geeignete Schätzfunktion $\hat{\boldsymbol{\eta}}$; mit $H(\hat{\eta}, \eta)$ bzw. $h(\hat{\eta}, \eta)$ bezeichnen wir die Verteilungs- bzw. Dichtefunktion von $\hat{\boldsymbol{\eta}}_i$. Es gelte für $\eta > \eta'$ stets $H(\hat{\eta}, \eta) \le H(\hat{\eta}, \eta')$ und für mindestens ein $\hat{\eta}$ auch $H(\hat{\eta}, \eta) < H(\hat{\eta}, \eta')$.

Es sei ferner $d_{u,v}(x)$ jeweils eine reelle differenzierbare Funktion mit den Parametern $u \ge 1, v \ge 0$, die für jedes x aus dem Definitionsbereich Ω von $H(x, \eta)$ die folgenden Bedingungen erfüllt:

- $d_{u,v}(x) \ge x$,
- $d_{1,0}(x) = x$,
- $d_{u,v}(x)$ ist stetig in u und v,

Tab. 11.5 Approximative Werte von $\sqrt{n}d/\sigma(\mu)$ für die Auswahl der Grundgesamtheit mit den größten Erwartungswerten aus a Grundgesamtheiten bei vorgegebener Mindestwahrscheinlichkeit $1-\beta$ für eine richtige Auswahl mit $\gamma = \frac{\sigma(\mu_{(a)}-d)}{\sigma(\mu_{(a)})}$.

$1-\beta = 0{,}90$	γ								
a	0,6	0,7	0,8	0,9	1	1,1	1,2	1,3	1,4
2	1,495	1,564	1,641	1,724	1,812	1,905	2,002	2,102	2,205
3	1,770	1,877	1,990	2,108	2,230	2,357	2,487	2,620	2,757
4	1,914	2,041	2,173	2,310	2,452	2,597	2,745	2,896	3,050
5	2,010	2,150	2,296	2,446	2,600	2,757	2,918	3,081	3,247
6	2,081	2,231	2,387	2,547	2,710	2,877	3,047	3,219	3,394
7	2,136	2,295	2,459	2,626	2,797	2,971	3,149	3,329	3,511
8	2,182	2,348	2,518	2,692	2,869	3,050	3,233	3,419	3,607
9	2,221	2,393	2,568	2,747	2,930	3,116	3,304	3,496	3,689
10	2,255	2,431	2,611	2,796	2,983	3,173	3,366	3,562	3,760

$1-\beta = 0{,}95$									
a	0,6	0,7	0,8	0,9	1	1,1	1,2	1,3	1,4
2	1,918	2,008	2,106	2,213	2,326	2,445	2,569	2,698	2,830
3	2,178	2,300	2,430	2,567	3,710	2,858	3,011	3,169	3,329
4	2,315	2,456	2,603	2,757	2,916	3,081	3,249	3,422	3,599
5	2,407	2,560	2,719	2,885	3,055	3,231	3,410	3,594	3,781
6	2,475	2,637	2,806	2,980	3,159	3,343	3,531	3,723	3,918
7	2,528	2,699	2,875	3,056	3,242	3,432	3,621	3,825	4,027
8	2,572	2,749	2,931	3,118	3,310	3,506	3,706	3,910	4,117
9	2,610	2,792	2,979	3,171	3,368	3,569	3,774	3,982	4,194
10	2,642	2,829	3,021	3,217	3,418	3,623	3,832	4,045	4,260

$1-\beta = 0{,}99$									
a	0,6	0,7	0,8	0,9	1	1,1	1,2	1,3	1,4
2	2,713	2,840	2,979	3,130	3,290	3,458	3,634	3,816	4,002
3	2,945	3,097	3,261	3,435	3,617	3,808	4,005	4,209	4,418
4	3,070	3,237	3,415	3,602	3,797	4,000	4,210	4,426	4,647
5	3,155	3,332	3,519	3,715	3,920	4,131	4,350	4,574	4,804
6	3,218	3,403	3,598	3,801	4,012	4,231	4,455	4,686	4,922
7	3,268	3,460	3,660	3,869	4,086	4,310	4,540	4,776	5,017
8	3,309	3,506	3,712	3,926	4,147	4,376	4,611	4,851	5,096
9	3,344	3,546	3,756	3,974	4,200	4,432	4,671	4,915	5,164
10	3,375	3,581	3,795	4,017	4,246	4,481	4,723	4,971	5,223

- es gilt wenigstens eine der Limesbeziehungen

$$\lim_{v\to\infty} d_{u,v}(x) = \infty \quad \text{für festes } u\,,$$
$$\lim_{u\to\infty} d_{u,v}(x) = \infty \quad \text{für festes } v \text{ und } x \neq 0$$

Dann bilde man $\boldsymbol{M}_G$ aus allen Grundgesamtheiten A_i, für die

$$d_{u,v}(\hat{\eta}_i) \geq \eta_a$$

gilt.

Analog zu (11.10) ergibt sich für $P(RA)$ nach Auswahlregel 11.3

$$P(RA) \geq \int_{\Omega} \{H[d_{u,v}(\hat{\eta}), \eta_a]\}^{a-1} h(\hat{\eta}, \eta_a)\,\mathrm{d}\hat{\eta} \tag{11.17}$$

Wir setzen

$$\int_{\Omega} \{H[d_{u,v}(\hat{\eta}), \eta]\}^{i} h(\hat{\eta}, \eta)\,\mathrm{d}\hat{\eta} = I(\eta, u, v, i+1) \tag{11.18}$$

sodass (11.17) als $P(RA) \geq I(\eta_a, u, v, a)$ geschrieben werden kann. Für I in (11.18) folgt aus den Bedingungen von Auswahlregel 11.3:

$$\left.\begin{array}{l} I(\eta, u, v, a) \geq \frac{1}{a} \\ I(\eta, 1, 0, a) = \frac{1}{a} \\ \lim\limits_{v\to\infty} I(\eta, u, v, a) = 1 \text{ für festes } u \\ \text{oder } \lim\limits_{u\to\infty} I(\eta, u, v, a) = 1 \text{ für festes } v \end{array}\right\} \tag{11.19}$$

Aus (11.19) folgt aber, dass bei geeigneter Wahl von u und v die Forderung $P(RA) > 1 - \beta$ für jedes β erfüllbar ist; es gilt also

Satz 11.3
Für kontinuierliche Zufallsvariable $\boldsymbol{\eta}$ mit $H(\hat{\eta}, \eta) \geq H(\hat{\eta}, \eta')$ für $\eta < \eta' \in \Omega = R^1$ und $t = 1$ ist Problem 11.2 von Abschn. 11.1.1 mit Auswahlregel 11.3 für alle β, für die $\frac{1}{a} < \beta < 1$ gilt, lösbar.

Von Gupta und Panchapakesan (1970) wurde der Beweis des folgenden Satzes unter der Voraussetzung, dass ($\eta_i \leq \eta_j$)

$$\frac{\partial}{\partial \eta_i} H[d_{u,v}(\hat{\eta}), \eta_i] h(\hat{\eta}, \eta_j) - \frac{\partial}{\partial \hat{\eta}} d_{u,v}(\hat{\eta}) \frac{\partial}{\partial \eta_i} H(\hat{\eta}, \eta_i) h[d_{u,v}(\hat{\eta}), \eta_j] \geq 0 \tag{11.20}$$

gilt, gegeben.

Satz 11.4 Gupta und Panchapakesan (1970)
Nach Auswahlregel 11.3 wird unter den Voraussetzungen von Satz 11.3 und der Gültigkeit von (11.20) das Supremum der Erwartungswerte $E(\boldsymbol{r})$ und $E(\boldsymbol{w})$ für $\eta_1 = \cdots = \eta_a$ angenommen; dabei ist $\boldsymbol{w}$ die Anzahl derjenigen A_i in $\boldsymbol{M}_G$ nach Auswahlregel 11.3, die nicht den größten Parameterwert η_a haben.

Folglich ist der Fall $\eta_1 = \cdots = \eta_a$ die ungünstigste Parameterkonstellation.

Wir betrachten den Spezialfall, dass θ ein Lageparameter ist; dann ist oft $\Omega = (-\infty, \infty)$. In diesem Fall ergeben sich wesentliche Vereinfachungen, da $H(\hat{\eta}, \eta) = G(\hat{\eta} - \eta)$ $(-\infty < \eta < \infty)$ geschrieben werden kann. Damit wird (11.20) mit

$$d^*_{u,v}(\hat{\eta}) = \frac{\partial d_{u,v}(\hat{\eta})}{\partial \hat{\eta}}$$

zu

$$d^*_{u,v}(\hat{\eta}) h(\hat{\eta}, \eta_i) h[d_{u,v}(\hat{\eta}), \eta_j] - h(\hat{\eta}, \eta_i) h[d_{u,v}(\hat{\eta}), \eta_i] \geq 0$$

Wenn die Verteilung von $\hat{\boldsymbol{\eta}}$ einen monotonen Likelihood-Quotienten in $\hat{\eta}$ hat, ist (11.20) erfüllt. Eine passende Wahl für $d_{u,v}(\hat{\eta})$ wäre dann $d(\hat{\eta}) = \hat{\eta} + d$ $(u = 1, v = d)$, mit $\hat{\boldsymbol{\eta}} = \bar{\boldsymbol{x}}_.$ und $\eta = \mu$, sodass nach Auswahlregel 11.3 alle die A_i in $\boldsymbol{M}_G$ einzuordnen sind, für die

$$\bar{x}_{i.} \geq \bar{x}_{(a).} - d \quad (\bar{x}_{(a).} \text{ größter Stichprobenmittelwert}) \tag{11.21}$$

gilt. Wir müssen d so wählen, dass

$$\int_{-\infty}^{\infty} [H(\bar{x}_. + d, \mu)]^{a-1} h(\bar{x}_., \mu)\, \mathrm{d}\bar{x}_. = 1 - \beta \tag{11.22}$$

erfüllt ist.

Ein anderer wichtiger Spezialfall ist der, dass θ ein Skalenparameter ist und $H(\hat{\eta}, \eta)$ als $G(\frac{\hat{\eta}}{\eta})$ geschrieben werden kann. Dann ist $\Omega = [0, \infty)$ und $\eta \geq 0$, und (11.20) wird mit $\hat{\eta} = s^2, \eta = \sigma^2$ zu

$$s^2 d^*_{u,v}(s^2) h\left(s^2, \sigma_i^2\right) h\left[d_{u,v}(s^2), \sigma_j^2\right] - d_{u,v}(s^2) h\left[d_{u,v}(s^2), \sigma_i^2\right] h\left(s^2, \sigma_j^2\right) \geq 0$$

Hat die Verteilung von $\boldsymbol{y}$ einen monotonen Likelihood-Quotienten und gilt

$$s^2 d^*_{u,v}(s^2) \geq d_{u,v}(s^2) \geq 0$$

so ist (11.20) erfüllt. Folglich ist

$$d_{u,v}(s^2) = us^2 \quad (u > 1)$$

eine mögliche (und die gebräuchlichste) Wahl der Funktion $d_{u,v}(s^2)$.

11.1.3.1 Auswahl der Normalverteilung mit dem größten Erwartungswert

Wir betrachten den wichtigsten Spezialfall, dass $\boldsymbol{x}$ nach $N(\mu, \sigma^2)$ verteilt ist, wobei σ^2 unbekannt sein kann. Anhand von n Beobachtungen in jeder der $A_i (i = 1, \dots, a)$ werden die Stichprobenmittelwerte $\bar{x}_{i.}$ berechnet. Da die Likelihood-Quotienten der Normalverteilung und der t-Verteilung monoton sind, ist sowohl für bekannte als auch für unbekannte σ^2 eine Auswahlregel der Form: „Wähle für $\boldsymbol{M}_G$ alle A_i, für die $\bar{x}_{i.} \geq \bar{x}_{(a).} - d$ gilt" verwendbar. Hierbei ist $\bar{x}_{(a).}$ der größte Stichprobenmittelwert. Wir beschränken uns auf den Fall, dass σ^2 unbekannt ist, setzen $d = D\sigma/\sqrt{n}$ und wählen dabei D so, dass (entsprechend (11.22))

$$1 - \beta = \int_{-\infty}^{\infty} [\Phi(u + D)]^{a-1} \varphi(u) \, \mathrm{d}u \tag{11.23}$$

gilt, wobei Φ und φ die Verteilungs- und Dichtefunktionen der standardisierten Normalverteilung sind. Bei unbekanntem σ^2 ist näherungsweise $d \approx Ds/\sqrt{n}$ zu setzen, wobei s^2 ein Schätzwert für σ^2, basierend auf f Freiheitsgraden, ist. An die Stelle von (11.23) tritt

$$1 - \beta = \int_{0}^{\infty} \int_{-\infty}^{\infty} [\Phi(u + Dy)]^{a-1} \varphi(u) h_f(y) \, \mathrm{d}u \, \mathrm{d}y \tag{11.24}$$

wobei $h_f(y)$ die Dichtefunktion einer Variablen $\sqrt{\chi_f^2}/f$ ist und χ_f^2 nach $CQ(f)$ verteilt ist.

Aus Tab. 11.2 können die Werte von $D = d$, die (11.23) erfüllen, in Abhängigkeit von α und β für $t = 1$ abgelesen werden. Wurden vom Experimentator Werte d, α und β vorgegeben, so kann n aus (11.14) berechnet werden; bei unabhängigen Zufallsstichproben aus a Populationen mit Normalverteilung und bekannter Varianz führt Problem 11.1 für $t = 1$ nach Auswahlregel 11.1 und Problem 11.2 nach Auswahlregel 11.3 zum gleichen Stichprobenumfang.

11.1.3.2 Auswahl der Normalverteilung mit der kleinsten Varianz

Die Zufallsvariable $\boldsymbol{x}$ sei in P_i nach $N(\mu_i, \sigma_i^2)$ verteilt. Anhand von n Beobachtungen in jeder der Populationen P_i $(i = 1, \dots, k)$ werden bei bekannten μ_i die Größen

$$y_i = \frac{1}{n} \sum_{j=1}^{n} (x_{ij} - \mu_i)^2$$

und bei unbekannten μ_i die Größen

$$y_i = \frac{1}{n-1} \sum_{j=1}^{n} (x_{ij} - \bar{x}_{i.})^2 , \quad (i = 1, \dots, k)$$

gebildet. Die Größen y_i sollen zur Auswahl der Population mit der kleinsten Varianz verwendet werden; dabei hat jedes der y_i die gleiche Anzahl f von Freiheitsgraden (bei bekannten μ_i ist $f = n$, bei unbekannten μ_i ist $f = n - 1$).

Da σ^2 ein Skalenparameter ist, wählen wir $d_{u,v}(y) = u\,y$ und die auf die Auswahl der *kleinsten* Varianz variierte Auswahlregel 11.3, nämlich

Auswahlregel 11.4
Wähle für $\boldsymbol{M}_G$ alle A_i, für die

$$s_i^2 \le \frac{s_{(1)}^2}{u^*} \quad (u^{-1} = u^* \le 1)$$

gilt. Hierbei ist $s_{(1)}^2$ die kleinste Stichprobenvarianz. Nun hängt $u^* = u(f, a, \beta)$ von der Anzahl der Freiheitsgrade f, der Anzahl a der Populationen und von $1 - \beta$ ab.

Für u^* wird die größtmögliche Zahl gewählt, sodass die rechte Seite von (11.17) gleich dem vorgegebenen $1 - \beta$ ist. Um $P(RA)$ für den ungünstigsten Fall, der hier durch $s_{(2)}^2 = \cdots = s_{(k)}^2$ gegeben ist (die Monotonie des Likelihood-Quotienten ist gesichert), zu berechnen, bezeichnen wir die zu σ_i^2 gehörenden Schätzwerte mit s_i^2.

Satz 11.5
Es seien die $\boldsymbol{y}_i$ in a gegebenen Populationen nach $N(\mu_i, \sigma_i^2)$ verteilt, und es mögen unabhängige Schätzungen $\boldsymbol{s}_i^2$ für σ_i^2 mit je f Freiheitsgraden vorliegen. Aus den a Populationen ist eine Teilmenge N_G auszuwählen, die mit vorgegebener Mindestwahrscheinlichkeit $1 - \beta$ die kleinste Varianz σ_1^2 enthält.

Wird Auswahlregel 11.4 mit einem geeignet gewählten $u^* = u(f, a, \beta)$ verwendet, so gilt für die Wahrscheinlichkeit einer richtigen Auswahl $P(RA)$, wobei G_f und g_f die Verteilungs- bzw. Dichtefunktionen der zentralen χ^2-Verteilung mit f Freiheitsgraden sind,

$$P(RA) \ge \int_0^\infty [1 - G_f(u^* v)]^{a-1} g_f(v)\,\mathrm{d}v \tag{11.25}$$

Beweis: Ist s_i^2 die zu σ_i^2 gehörende Schätzung, so gilt (da $u^* < 1$ ist)

$$\begin{aligned}
P(RA) &= P\left\{\boldsymbol{s}_1^2 \le \frac{1}{u^*} \min\left(\boldsymbol{s}_2^2, \ldots, \boldsymbol{s}_a^2\right)\right\} \\
&= P\left\{\frac{u^* f \boldsymbol{s}_1^2}{\sigma_2^2} \le \frac{f \boldsymbol{s}_2^2}{\sigma_2^2}, \ldots, \frac{u^* f \boldsymbol{s}_1^2}{\sigma_a^2} \le \frac{f \boldsymbol{s}_a^2}{\sigma_a^2}\right\} \\
&= \prod_{j=2}^{a} P\left\{\frac{f \boldsymbol{s}_j^2}{\sigma_j^2} \ge \frac{u^* \sigma_1^2}{\sigma_j^2} \cdot \frac{f \boldsymbol{s}_1^2}{\sigma_1^2}\right\}
\end{aligned}$$

und das gibt

$$P(RA) = \int_0^\infty g_f(v) \prod_{j=2}^{a} \left[1 - G_f\left(\frac{u^* \sigma_1^2}{\sigma_j^2} v\right)\right] \mathrm{d}v \tag{11.26}$$

Für $\sigma_1^2 = \sigma_2^2 = \cdots = \sigma_a^2$ nimmt $P(RA)$ den kleinsten Wert an, und damit folgt die Behauptung.

Tabelle 11.6 enthält die Werte $u^* = u(f, a, \beta)$, für die die rechte Seite von (11.25) den Wert $1 - \beta$ annimmt. Näherungsweise kann u^* auch aus Tab. 11.2 über die folgende Approximationsformel erhalten werden:

$$\sqrt{n}\frac{d}{\sigma} = \sqrt{\frac{1}{2}(f-1)\ln\frac{1}{u^*}}$$

11.2 Multiple Vergleichsprozeduren

Bei einem statistischen Test über einen Parameter $\theta \in \Omega$ steht einer Nullhypothese $H_0 : \theta \in \omega$ eine Alternativhypothese $H_\mathrm{A} : \theta \in \Omega \backslash \omega$ gegenüber, und man hat zwischen H_0 und H_A in einem Zweientscheidungsproblem zu wählen. Zerlegen wir den Parameterraum Ω dagegen in mehr als zwei elementfremde Teilmengen $\omega_1, \ldots, \omega_r, \bigcup_{i=1}^{r} \omega_i = \Omega$, so können wir auch eine der Hypothesen $H_i : \theta \in \omega_i$ als Nullhypothese bezeichnen. Zum Beispiel kann man eine Nullhypothese annehmen ($H_1 : \theta \in \omega_1$), ablehnen ($H_2 : \theta \in \omega_2$) oder keine Aussage machen ($H_3 : \theta \in \omega_3$) ($\omega_3$ heißt dann Indifferenzbereich). Echte Mehrentscheidungsprobleme (mit mehr als zwei Entscheidungen) liegen auch vor, wenn Ergebnisse mehrerer Tests simultan betrachtet und in ihren Risiken gemeinsam abgeschätzt werden sollen. Wir wollen uns hier auf Hypothesen über Erwartungswerte aus Normalverteilungen beschränken. Die eingangs beschriebene Menge von Grundgesamtheiten $G = (P_1, \ldots, P_a)$ interpretieren wir z. B. als Stufen einer einfachen Varianzanalyse Modell I oder als Stufenkombinationen einer mehrfachen Varianzanalyse.

In P_i sei die Zufallsvariable $\boldsymbol{y}_i$ nach $N(\mu_i, \sigma^2)$ verteilt. Aus den Grundgesamtheiten P_i mögen als Ergebnisse eines Versuches unabhängige Zufallsstichproben $\boldsymbol{Y}_i^\mathrm{T} = (\boldsymbol{y}_{i1}, \ldots, \boldsymbol{y}_{in_i})(i = 1, \ldots, a)$ vom Umfang n_i vorliegen. Bezüglich der μ_i betrachten wir folgende Fragestellungen:

Fragestellung 1
Die Nullhypothese

$$H_0 : \mu_1 = \mu_2 = \cdots = \mu_a$$

ist gegen die Alternativhypothese

$$H_\mathrm{A} : \text{es existiert wenigstens ein Paar } (i, j) \text{ mit } i \neq j, \mu_i \neq \mu_j$$

bei vorgegebenem Risiko erster Art α_v zu prüfen.

Tab. 11.6 Werte von $10^4 u = 10^4 u(f, a, \beta)$, für die die rechte Seite von (11.25) den Wert $1 - \beta$ annimmt.

$1 - \beta = 0{,}75$	$a - 1$									
f	1	2	3	4	5	6	7	8	9	10
2	3333	1667	1111	0833	0667	0556	0476	0417	0310	0333
4	4844	3168	2494	2112	1860	1678	1540	1530	1340	1264
6	5611	4040	3369	2973	2704	2505	2350	2225	2121	2033
8	6099	4628	3978	3587	3317	3116	2957	2828	2720	2627
10	6446	5060	4434	4054	3788	3588	3430	3301	3192	3098
12	6711	5395	4794	4424	4165	3968	3813	3684	3576	3483
14	6921	5667	5087	4728	4475	4283	4130	4004	3898	3806
16	7094	5892	5332	4984	4737	4550	4400	4276	4171	4081
18	7239	6084	5542	5203	4963	4779	4633	4511	4408	4319
20	7364	6250	5724	5394	5160	4980	4837	4718	4616	4529
22	7472	6395	5883	5562	5333	5158	5017	4900	4801	4715
24	7568	6523	6026	5712	5488	5317	5179	5064	4967	4882
26	7653	6635	6153	5847	5628	5460	5325	5212	5117	5034
28	7729	6742	6268	5969	5754	5590	5457	5347	5253	5171
30	7798	6836	6373	6080	5870	5708	5578	5470	5377	5297
32	7861	6922	6469	6182	5976	5817	5689	5583	5492	5413
34	7919	7001	6558	6276	6074	5918	5792	5687	5598	5520
36	7972	7074	6640	6363	6164	6011	5887	5784	5696	5619
38	8021	7142	6715	6444	6248	6098	5976	5874	5788	5712
40	8067	7205	6786	6519	6327	6178	6058	5958	5873	5799
42	8109	7264	6852	6590	6400	6254	6136	6038	5952	5880
44	8149	7319	6914	6656	6470	6326	6209	6112	6029	5957
46	8186	7371	6973	6718	6534	6393	6278	6182	6100	6029
48	8221	7420	7028	6777	6596	6456	6343	6248	6167	6097
50	8254	7466	7080	6832	6654	6516	6404	6311	6231	6162

$1 - \beta = 0{,}90$	$a - 1$									
f	1	2	3	4	5	6	7	8	9	10
2	1111	0556	0370	0278	0222	0185	0159	0139	0123	0111
4	2435	1630	1297	1106	0979	0886	0816	0759	0713	0674
6	3274	2417	2039	1813	1657	1541	1450	1377	1315	1263
8	3862	3002	2610	2370	2202	2076	1976	1894	1826	1766
10	4306	3457	3062	2818	2645	2515	2410	2325	2252	2190
12	4657	3825	3433	3188	3014	2881	2775	2688	2613	2549
14	4944	4132	3744	3501	3327	3194	3087	2999	2924	2859
16	5186	4392	4011	3770	3597	3464	3358	3270	3194	3129
18	5394	4618	4243	4004	3833	3702	3596	3508	3433	3368
20	5575	4816	4447	4112	4043	3913	3808	3720	3646	3581
22	5734	4992	4629	4397	4230	4101	3997	3911	3837	3772
24	5876	5149	4792	4564	4399	4272	4169	4083	4010	3946
26	6004	5291	4940	4715	4553	4427	4325	4240	4168	4104
28	6119	5420	5076	4854	4693	4569	4468	4384	4312	4250
30	6225	5539	5199	4981	4822	4700	4600	4517	4446	4384
32	6322	5648	5314	5098	4942	4820	4722	4640	4570	4508
34	6411	5749	5419	5207	5052	4933	4836	4754	4684	4624
36	6493	5842	5518	5308	5156	5037	4941	4861	4792	4732
38	6570	5929	5609	5402	5252	5135	5040	4960	4892	4833
40	6642	6011	5695	5491	5342	5227	5133	5054	4987	4928
42	6709	6087	5776	5574	5427	5313	5220	5142	5076	5017
44	6772	6159	5852	5653	5508	5394	5303	5226	5160	5102
46	6831	6227	5924	5727	5583	5472	5381	5304	5239	5182
48	6887	6291	5992	5797	5655	5544	5454	5379	5314	5258
50	6940	6352	6056	5863	5723	5614	5525	5450	5386	5330

Tab. 11.6 (Fortsetzung).

$1-\beta = 0{,}95$	$a-1$									
f	1	2	3	4	5	6	7	8	9	10
2	0526	0263	0175	0132	0105	0088	0075	0066	0058	0053
4	1565	1062	0851	0728	0646	0586	0540	0504	0473	0448
6	2334	1749	1486	1327	1217	1134	1069	1017	0972	0935
8	2909	2293	2007	1830	1706	1612	1573	1476	1424	1379
10	3358	2732	2436	2250	2119	2018	1938	1872	1815	1767
12	3722	3096	2796	2606	2470	2366	2283	2214	2155	2104
14	4026	3405	3103	2911	2774	2668	2583	2512	2452	2399
16	4285	3671	3370	3178	3039	2933	2847	2775	2714	2661
18	4510	3903	3604	3413	3274	3168	3081	3009	2947	2894
20	4708	4109	3813	3622	3484	3378	3291	3219	3157	3104
22	4883	4294	4000	3811	3674	3568	3481	3409	3348	3294
24	5041	4460	4170	3982	3846	3740	3654	3582	3521	3467
26	5184	4611	4324	4138	4003	3898	3812	3741	3680	3626
28	5313	4749	4465	4281	4147	4043	3958	3887	3826	3773
30	5432	4876	4595	4413	4280	4177	4093	4022	3962	3909
32	5542	4993	4716	4536	4404	4302	4218	4148	4088	4036
34	5643	5102	4828	4649	4519	4418	4335	4265	4206	4154
36	5737	5203	4932	4756	4627	4526	4444	4375	4316	4264
38	5825	5298	5030	4855	4728	4628	4546	4478	4419	4368
40	5907	5387	5122	4949	4822	4724	4643	4575	4517	4466
42	5984	5470	5208	5037	4912	4814	4734	4667	4609	4558
44	6057	5549	5290	5120	4996	4899	4820	4753	4696	4646
46	6126	5624	5367	5199	5076	4980	4901	4835	4778	4729
48	6190	5694	5440	5274	5152	5057	4979	4913	4857	4808
50	6252	5761	5510	5345	5224	5130	5053	4988	4932	4883

$1-\beta = 0{,}99$	$a-1$									
f	1	2	3	4	5	6	7	8	9	10
2	0101	0051	0034	0025	0020	0017	0014	0013	0011	0010
4	0626	0434	0351	0302	0269	0245	0226	0211	0199	0189
6	1181	0907	0779	0701	0646	0605	0572	0545	0522	0503
8	1659	1339	1186	1089	1024	0968	0926	0891	0862	0837
10	2062	1717	1548	1440	1362	1303	1255	1215	1181	1152
12	2407	2046	1867	1752	1668	1604	1552	1508	1472	1439
14	2704	2334	2149	2029	1942	1874	1820	1774	1734	1700
16	2966	2590	2401	2278	2188	2118	2061	2014	1973	1937
18	3197	2819	2627	2501	2410	2338	2280	2232	2190	2153
20	3404	3025	2831	2704	2612	2539	2480	2431	2388	2351
22	3591	3212	3017	2890	2796	2723	2663	2613	2570	2532
24	3761	3382	3188	3060	2966	2892	2832	2782	2738	2700
26	3916	3539	3344	3216	3122	3048	2988	2937	2894	2855
28	4059	3684	3490	3362	3268	3194	3133	3082	3038	3000
30	4191	3818	3635	3497	3403	3329	3268	3217	3173	3135
32	4314	3943	3750	3623	3529	3455	3395	3344	3300	3261
34	4428	4060	3868	3741	3648	3574	3513	3462	3418	3380
36	4535	4169	3979	3852	3759	3685	3625	3574	3530	3492
38	4636	4272	4089	3957	3864	3791	3730	3680	3636	3598
40	4730	4369	4181	4056	3963	3890	3830	3780	3736	3698
42	4819	4461	4274	4149	4057	3984	3925	3874	3831	3793
44	4903	4548	4362	4238	4146	4074	4014	3964	3921	3883
46	4983	4630	4445	4322	4231	4159	4100	4050	4007	3969
48	5059	4709	4525	4402	4312	4240	4181	4132	4089	4051
50	5131	4784	4601	4479	4389	4318	4259	4210	4167	4129

Fragestellung 2
Jede der $\binom{a}{2}$ Nullhypothesen

$$H_{0ij}: \mu_i = \mu_j \quad (i \neq j; i, j = 1, \dots, a)$$

ist gegen die entsprechende Alternative

$$H_{Aij}: \mu_i \neq \mu_j$$

zu prüfen. Dabei kann man die Risiken erster Art α_{ij} vorgeben. Oft wählt man $\alpha_{ij} = \alpha$. Führt man $\binom{a}{2}$ t-Tests durch, so bezeichnet man dies als multiple t-Prozedur.

Gilt für jedes $i \neq j$ die Nullhypothese H_{0ij}, so gilt auch H_0 aus Fragestellung 1. Daher fragt man oft nach der Wahrscheinlichkeit $1 - \alpha_v$, dass keine der $\binom{a}{2}$ Nullhypothesen H_{0ij} zu Unrecht abgelehnt wird. Während die α_{ij} vergleichsbezogene Irrtumswahrscheinlichkeiten genannt werden, heißt α_v versuchsbezogene (globale) Irrtumswahrscheinlichkeit.

Fragestellung 3
Eine der Grundgesamtheiten (o. B. d. A. sei es P_a) ist ausgezeichnet (ein Standardverfahren, eine Kontrollbehandlung usw.). Jede der $a - 1$ Nullhypothesen

$$H_{0i}: \mu_i = \mu_a \quad (i = 1, \dots, a - 1)$$

ist gegen die entsprechende Alternative

$$H_{Ai}: \mu_i \neq \mu_a$$

zu prüfen.

Dabei kann man die Risiken erster Art α_i vorgeben. Oft wählt man $\alpha_i = \alpha$. Häufig fragt man aber wie bei Fragestellung 2 nach der Wahrscheinlichkeit $1 - \alpha_v$, dass keine der $a - 1$ Nullhypothesen zu Unrecht abgelehnt wurde; auch hier wird α_v versuchsbezogene Irrtumswahrscheinlichkeit genannt.

Bei dem Begriff „versuchsbezogene Irrtumswahrscheinlichkeit" in Zusammenhang mit den Fragestellungen 2 und 3 ist darauf zu achten, dass er kein Risiko erster Art eines Tests ist. Vielmehr ist α_v die Wahrscheinlichkeit dafür, dass mindestens eine der $\binom{a}{2}$ bzw. $a - 1$ Nullhypothesen zu Unrecht abgelehnt wurde. Betrachten wir die Gesamtheit aller möglichen Nullhypothesen-Alternativhypothesen-Paare der Fragestellung 2 oder 3 und deren Beurteilung als ein statistisches Entscheidungsproblem, so liegt ein Mehrentscheidungsproblem mit mehr als zwei möglichen Entscheidungen für $a > 2$ vor.

Im Allgemeinen kann man α_v und α nicht elementar ineinander umrechnen. Wie schnell aber α_v wachsen kann, wenn die Anzahl der Hypothesenpaare k in

Tab. 11.7 Asymptotischer Zusammenhang zwischen vergleichsbezogenen (α) und versuchsbezogenen (α_v) Irrtumswahrscheinlichkeiten für k orthogonale Kontraste.

k	$10^4\alpha_v$ für $\alpha = 0{,}05$	$10^5\alpha$ für $\alpha_v = 0{,}05$	k	$10^4\alpha_v$ für $\alpha = 0{,}05$	$10^5\alpha$ für $\alpha_v = 0{,}05$
1	500	5000	15	5367	341
2	975	2532	20	6415	256
3	1426	1695	30	7854	171
4	1855	1274	50	9231	103
5	2262	1021	80	9835	64
6	2649	851	100	9941	51
7	3017	730	200	9999,6	26
8	3366	639	500	10 000	10
9	3698	568	1000	10 000	5
10	4013	512	5000	10 000	1
12	4596	427			

Fragestellung 2 oder 3 wächst, sieht man aus Tab. 11.7, in der die asymptotisch (d. h. für bekanntes σ^2) geltenden Beziehungen für k orthogonale Kontraste

$$\alpha_v = 1 - (1 - \alpha)^k \tag{11.27}$$

$$\alpha = 1 - (1 - \alpha_v)^{1/k} \tag{11.28}$$

verwendet wurden. (11.27) und (11.28) folgen aus elementaren Regeln der Wahrscheinlichkeitsrechnung, da den unabhängigen Kontrasten wegen des konstanten Nenners unabhängige F-Tests (transformierte u-Tests) mit $f_1 = 1$, $f_2 = \infty$ zugeordnet werden können.

Ein (linearer) Kontrast L_r ist eine lineare Funktion

$$L_r = \sum_{i=1}^{a} c_{ri}\mu_i \text{ mit der Bedingung } \sum_{i=1}^{a} c_{ri} = 0$$

Zwei Kontraste L_u und L_v heißen orthogonal, wenn $\sum_{i=1}^{a} c_{ui}c_{vi} = 0$ gilt.

Wir wollen die Fragestellungen 1–3 zunächst zurückstellen und Konfidenzbereiche für Erwartungswertdifferenzen und lineare Kontraste in den Erwartungswerten konstruieren. Mithilfe dieser Konfidenzbereiche lassen sich Methoden zur Beantwortung der Fragestellungen formulieren.

11.2.1 Konfidenzbereiche für alle Kontraste – die Scheffé-Methode

Wie wir aus Kapitel 5 wissen, wird Fragestellung 1 mit dem F-Test der einfachen Varianzanalyse behandelt.

In der Schreibweise von Kapitel 5 ist diese Fragestellung mit $\beta^{\mathrm{T}} = (\mu, \alpha_1, \ldots, \alpha_a)$ und X aus Beispiel 5.1 ein Spezialfall von

$$H_0 : X\beta \in \omega \subset \Omega \quad \text{mit} \quad \dim(\omega) = 1 \,, \quad \dim(\Omega) = a \,, \quad \Omega = R[X]$$

gegen

$$H_{\mathrm{A}} : X\beta \notin \omega$$

Um die Wahl von α_v zu veranschaulichen, wird die Fragestellung als Problem zur Konstruktion von Konfidenzintervallen formuliert. Wenn H_0 richtig ist, sind alle linearen Kontraste in den $\mu_i = \mu + \alpha_i$ gleich 0. Umgekehrt folgt aus der Tatsache, dass alle linearen Kontraste verschwinden, die Gültigkeit von H_0 (siehe auch Abschn. 4.1.4).

Man kann folglich Konfidenzintervalle $\boldsymbol{K}_r$ für alle linearen Kontraste L_r derart konstruieren, dass die Wahrscheinlichkeit dafür, dass $L_r \in \boldsymbol{K}_r$ für alle r gilt, größer oder gleich $1 - \alpha_v$ ist. Wir lehnen dann H_0 bei einem Risiko erster Art α_v ab, wenn wenigstens ein $\boldsymbol{K}_r$ den Wert nicht enthält.

Die von Scheffé (1953) entwickelte Methode gestattet die Berechnung simultaner Konfidenzintervalle für alle linearen Kontraste in β aus Modellgleichung (5.1), die in einem Teilraum $\omega \subset \Omega$ liegen (dabei ist Ω der Rangraum $R[X]$ von X in (5.1)). Der Konfidenzkoeffizient $1 - \alpha_v$ gibt die Wahrscheinlichkeit dafür an, dass alle linearen Kontraste aus ω in dem entsprechenden Konfidenzbereich liegen. Dieser Konfidenzbereich lässt sich aus den Sätzen 4.6 und 4.9 in Verbindung mit Beispiel 4.4 leicht herleiten.

Satz 11.6

Gegeben sei Modell I der Varianzanalyse nach Definition 5.1. Ferner seien $k_i^{\mathrm{T}}\beta (i = 1, \ldots, q)$ mit $k_i^{\mathrm{T}} = (k_{i1}, \ldots, k_{i,k+1})$ schätzbare Funktionen derart, dass mit der Matrix $K = (k_1, \ldots, k_q)^{\mathrm{T}} = X^{\mathrm{T}} T$ durch $K^{\mathrm{T}}\beta = 0$ eine Nullhypothese gegeben ist. Dann ist für alle Vektoren $c \in R[K]$ mit $\mathrm{Rg}(K) = q$ und $\mathrm{Rg}(X) = \dim(\Omega) = p$

$$\{[c^{\mathrm{T}}\boldsymbol{\beta}^* - \boldsymbol{G}, c^{\mathrm{T}}\boldsymbol{\beta}^* + \boldsymbol{G}]\} \tag{11.29}$$

eine Klasse simultaner Konfidenzintervalle für die $c^{\mathrm{T}}\beta$ zum Konfidenzkoeffizienten $1 - \alpha_v$, falls

$$\boldsymbol{G}^2 = qF(q, N - p|1 - \alpha_v)\boldsymbol{s}^2 c^{\mathrm{T}}(X^{\mathrm{T}}X)^- c$$

gesetzt wird mit

$$\boldsymbol{s}^2 = \frac{1}{n - p}\boldsymbol{Y}^{\mathrm{T}}[E_N - X(X^{\mathrm{T}}X)^- X^{\mathrm{T}}]\boldsymbol{Y}$$

Beweis: Wir verwenden Satz 4.10 und Formel (4.23) und setzen $\theta = X\beta$ (nach (5.1)). Dann ist mit $T^{\mathrm{T}}X = K^{\mathrm{T}}$ und $\boldsymbol{\beta}^*$ aus (5.3) durch

$$\begin{aligned}(\boldsymbol{\beta}^{*\mathrm{T}}X^{\mathrm{T}}T - \beta^{\mathrm{T}}X^{\mathrm{T}}T)[T^{\mathrm{T}}X(X^{\mathrm{T}}X)^- X^{\mathrm{T}}T]^{-1}(T^{\mathrm{T}}X\boldsymbol{\beta}^* - T^{\mathrm{T}}X\beta)\\ \leq q\boldsymbol{s}^2 F(q, N - p|1 - \alpha_v)\end{aligned}$$

ein Konfidenzbereich zum Konfidenzkoeffizienten $1 - \alpha_\nu$ für $K^T\beta$ gegeben. Folglich liegen alle (schätzbaren) Linearkombinationen $c^T\beta$ mit Wahrscheinlichkeit $1 - \alpha_\nu$ in einem durch (11.29) gegebenen Bereich.

Beispiel 11.2
Wir wollen die Scheffé-Methode zur Prüfung der Nullhypothese der ersten Fragestellung für den Fall der einfachen Varianzanalyse nach Beispiel 5.1 anwenden. Wir haben $q = a - 1$, $p = a = \mathrm{Rg}(X)$, $\beta = (\mu, \alpha_1, \dots, \alpha_a)$ und betrachten alle linearen Kontraste L_r in den μ_i. Damit wird (11.29) zu

$$\left[\hat{\boldsymbol{L}}_r - \boldsymbol{s}\sqrt{(a-1)F(a-1, N-a|1-\alpha_\nu)}\sqrt{\sum_{i=1}^{a}\frac{c_{ri}^2}{n_i}}\,,\right.$$

$$\left.\hat{\boldsymbol{L}}_r + \boldsymbol{s}\sqrt{(a-1)F(a-1, N-a|1-\alpha_\nu)}\sqrt{\sum_{i=1}^{a}\frac{c_{ri}^2}{n_i}}\right] \tag{11.30}$$

und (11.30) enthält alle L_r mit $\sum_{i=1}^{a} c_{ri} = 0$ mit Wahrscheinlichkeit $1 - \alpha_\nu$. Dabei ist $\boldsymbol{s}^2 = \boldsymbol{DQ}_\mathrm{I}$ (aus Tab. 5.2).

Aus Kapitel 4 folgt, dass alle Differenzen $\mu_i - \mu_{i'}$ und die linearen Kontraste in $\mu + \alpha_i$ schätzbar sind. Verwendet man (11.30) nur, um Konfidenzintervalle für alle $\binom{a}{2}$ Mittelwertdifferenzen anzugeben, so ist das in (11.30) angegebene Konfidenzintervall zu groß, es enthält die Mittelwertdifferenzen mit einer Wahrscheinlichkeit $\geq 1 - \alpha_\nu$. Wir sagen in solchen Fällen, die Konfidenzintervalle und die entsprechenden Tests sind konservativ.

Beispiel 11.3
Wir betrachten den Fall der zweifachen Kreuzklassifikation der Modellgleichung (5.13), d. h. den Fall mit Wechselwirkungen, und fordern der Einfachheit halber $n_{ij} = n$ für alle $i = 1, \dots, a$; $j = 1, \dots, b$. Wir bezeichnen die Größen $\mu + \alpha_i (i = 1, \dots, a)$ als Zeilenmittel, die Größen $\mu + \beta_j (j = 1, \dots, b)$ als Spaltenmittel. Soll die in Fragestellung 1 formulierte Nullhypothese gegen die dort ebenfalls formulierte Alternativhypothese für die Zeilenmittel geprüft werden, so erhält man aus (11.29) den Konfidenzbereich zum Koeffizienten $1 - \alpha_\nu$

$$\left.\begin{aligned} &[\hat{\boldsymbol{L}}_{zr} - \boldsymbol{A}, \hat{\boldsymbol{L}}_{zr} + \boldsymbol{A}] \\ &\text{mit} \quad \boldsymbol{A} = \boldsymbol{s}\sqrt{(a-1)F[a-1, ab(n-1)|1-\alpha_\nu]}\sqrt{\tfrac{1}{bn}\textstyle\sum_{i=1}^{a} c_{ri}^2} \end{aligned}\right\} \tag{11.31}$$

für einen beliebigen (aber festen) linearen Kontrast

$$L_{zr} = \sum_{i=1}^{a} l_{ri}(\mu + \alpha_i)$$

in den Zeilenmitteln. Bezeichnen wir mit

$$L_{sr} = \sum_{j=1}^{b} l_{sj}(\mu + \beta_j)$$

alle linearen Kontraste in den Spaltenmitteln, so ist analog zu (11.31)

$$\left.\begin{array}{l}[\hat{\boldsymbol{L}}_{sr} - \boldsymbol{B}, \hat{\boldsymbol{L}}_{sr} + \boldsymbol{B}] \\ \text{mit} \quad \boldsymbol{B} = \boldsymbol{s}\sqrt{(b-1)F[b-1, ab(n-1)|1-\alpha_v]}\sqrt{\frac{1}{an}\sum_{j=1}^{b} c_{sj}^2}\end{array}\right\} \quad (11.32)$$

ein Konfidenzbereich für ein beliebiges L_{sr} zum Koeffizienten $1 - \alpha_v$.

Analog könnte man auch für schätzbare Funktionen in den (a, b) Konfidenzbereiche angeben.

In (11.31) und (11.32) ist $\boldsymbol{s}^2 = \boldsymbol{DQ}_R$ Tab. 5.13 zu entnehmen. Da alle Differenzen und linearen Kontraste zwischen den Zeilenmitteln oder zwischen den Spaltenmitteln schätzbare Funktionen sind, können wir (11.31) bzw. (11.32) verwenden. Wenn nur die Differenzen für die Zeilen- oder Spaltenmittel interessieren, gelten sinngemäß die Ausführungen am Schluss von Beispiel 11.2.

Aus Satz 11.6 folgt, dass die Scheffé-Methode gestattet, simultane Konfidenzintervalle für alle Linearkombinationen $\boldsymbol{c}^{\mathrm{T}}\beta$ mit $\boldsymbol{c} \in R[K]$ anzugeben. Das ist mitunter nützlich, weil nicht alle Fragestellungen mit linearen Kontrasten beschrieben werden können, vor allem, wenn Versuchsansteller Hypothesen formulieren, die nicht auf Mittelwertdifferenzen hinauslaufen.

Natürlich sind die Konfidenzintervalle nach der Scheffé-Methode zu groß bzw. ist die Güte der entsprechenden Signifikanztests zu klein, falls ausschließlich Mittelwertdifferenzen (d. h. ganz spezielle Kontraste) zu beurteilen sind. Wir werden daher die Scheffé-Methode in diesen Fällen nicht anwenden.

11.2.2
Konfidenzintervalle für bestimmte Kontraste – die Methode von Dunn

Die Konfidenzintervalle nach der Scheffé-Methode sind zu weit (d. h. haben eigentlich einen größeren als den angegebenen nominellen Konfidenzkoeffizienten $1 - \alpha_v$), wenn es um die Konfidenzschätzung für k vorgegebene Kontraste geht. Mitunter lassen sich die Aussagen verschärfen, wenn man für diese speziellen Kontraste andere konservative Konfidenzintervalle unter Verwendung der Bonferroni-Ungleichung ableitet.

Satz 11.7
Falls die k Komponenten $\boldsymbol{x}_i$ einer k-dimensionalen Zufallsvariablen $\boldsymbol{x} = (\boldsymbol{x}_1, \dots, \boldsymbol{x}_k)$ mit der Verteilungsfunktion $F(x_1, \dots, x_k)$ die gleichen Randvertei-

lungsfunktionen $F(x)$ haben, so gilt allgemein die Bonferroni-Ungleichung

$$1 - F(x_1, \dots, x_k) \leq \sum_{i=1}^{k} [1 - F(x_i)] \tag{11.33}$$

Beweis: Gegeben seien k Ereignisse $A_1, A_2, \dots, A_k$ eines Wahrscheinlichkeitsraumes (A, B_A, P), d. h., es sei $A_i \in \mathrm{B}_A (i = 1, \dots, k)$. Dann folgt durch vollständige Induktion aus dem Additionssatz der Wahrscheinlichkeitsrechnung

$$P\left(\bigcup_{i=1}^{k} A_i\right) \leq \sum_{i=1}^{k} P(A_i)$$

Setzen wir $A_i = \{\boldsymbol{x}_i < x_i\}$, so folgt wegen $\overline{\bigcap_{i=1}^{k} A_i} = \bigcup_{i=1}^{k} \overline{A_i}$ Beziehung (11.33).

Sind k spezielle lineare Kontraste $L_r = \sum_{j=1}^{a} c_{rj}\mu_j$ $(r = 1, \dots, k)$ gegeben, so ist unter unseren Voraussetzungen die Schätzung $\hat{\boldsymbol{L}}_r = \sum c_{rj}\bar{\boldsymbol{y}}_j$ für jedes r nach $N(L_r, k_r\sigma^2)$ mit $k_r = \sum_{i=1}^{a} \frac{c_{ri}^2}{n_i}$ verteilt. Die Größen

$$\boldsymbol{t}_r = \frac{\hat{\boldsymbol{L}}_r - L_r}{\sqrt{k_r}\boldsymbol{s}} \quad (r = 1, \dots, k) \tag{11.34}$$

mit $\boldsymbol{s}^2 = \boldsymbol{DQ}_\mathrm{I}$ sind Komponenten einer k-dimensionalen Zufallsvariablen, deren Randverteilungen zentrale t-Verteilungen mit $\nu = \sum_{i=1}^{a}(n_i - 1)$ Freiheitsgraden und der Dichte $f(t, \nu)$ sind.

Die Bonferroni-Ungleichung gestattet es nun, die Wahrscheinlichkeit dafür, dass alle t_r-Werte $(r = 1, \dots, k)$ zwischen $-w$ und w $(w > 0)$ liegen, nach unten abzuschätzen, und zwar gilt wegen der Symmetrie der t-Verteilung und Satz 11.7

$$P = P\{-w \leq \boldsymbol{t}_r < w | r = 1, \dots, k\} \geq 1 - 2k \int_{w}^{\infty} f(t, \nu)\,\mathrm{d}t \tag{11.35}$$

Wir wählen w so, dass die rechte Seite von (11.35) gleich $1 - \alpha_\nu$ wird, und erhalten simultane $(1 - \alpha_\nu)$-Konfidenzintervalle für die L_r zu

$$\left[\hat{\boldsymbol{L}}_r - w\sqrt{k_r}\boldsymbol{s}, \hat{\boldsymbol{L}}_r + w\sqrt{k_r}\boldsymbol{s}\right]$$

Das bedeutet, w ist so zu bestimmen, dass

$$\int_{w}^{\infty} f(t, \nu)\,\mathrm{d}t = \frac{\alpha_\nu}{2k} = \alpha \tag{11.36}$$

ist bzw. die Ungleichung (11.35) die Form

$$P > 1 - \alpha_\nu \geq 1 - 2k\alpha \tag{11.37}$$

hat.

Tab. 11.8 $(1 - \frac{0{,}05}{2k})$-Quantile der zentralen t-Verteilung mit f Freiheitsgraden.

f	k 2	3	4	5	6	7	8	9	10
5	3,163	3,534	3,810	4,032	4,219	4,382	4,526	4,655	5,773
6	2,969	3,287	3,521	3,707	3,863	3,997	4,115	4,221	4,317
7	2,841	3,128	3,335	3,499	3,636	3,753	3,855	3,947	4,029
8	2,752	3,016	3,206	3,355	3,479	3,584	3,677	3,759	3,832
9	2,685	2,933	3,111	3,250	3,364	3,462	3,547	3,622	3,690
10	2,634	2,870	3,038	3,169	3,277	3,368	3,448	3,518	3,581
11	2,593	2,820	2,981	3,106	3,208	3,295	3,370	3,437	3,497
12	2,560	2,779	2,934	3,055	3,153	3,236	3,308	3,371	3,428
15	2,490	2,694	2,837	2,947	3,036	3,112	3,177	3,235	3,286
20	2,423	2,613	2,744	2,845	2,927	2,996	3,055	3,107	3,153
30	2,360	2,536	2,657	2,750	2,825	2,887	2,941	2,988	3,030
40	2,329	2,499	2,616	2,704	2,776	2,836	2,887	2,931	2,971
50	2,311	2,477	2,591	2,678	2,747	2,805	2,855	2,898	2,937
60	2,299	2,463	2,575	2,660	2,729	2,786	2,834	2,877	2,915
80	2,284	2,445	2,555	2,639	2,705	2,761	2,809	2,850	2,887
100	2,276	2,435	2,544	2,626	2,692	2,747	2,793	2,834	2,871
∞	2,241	2,394	2,498	2,579	2,638	2,690	2,734	2,773	2,807

Für $\alpha_v = 0{,}05$ sind die w-Werte $w(k, f, 0{,}95)$ für einige k und f in Tab. 11.8 angegeben. Dunn (1961) gab eine Tabelle an, aus der zu ersehen ist, für welche Fälle seine Methode der Scheffé-Methode überlegen ist. Falls unter den k Kontrasten alle $\binom{a}{2}$ Mittelwertdifferenzen enthalten sind, geben Ury und Wiggens (1971, 1974) eine Modifikation und entsprechende Tabellen an (siehe aber Rodger, 1973). Die Beziehungen (11.36) bzw. (11.37) enthalten ein zweiseitiges α_v, aber ein einseitiges α für einen Einzelvergleich.

11.2.3 Konfidenzbereiche für alle Kontraste für $n_i = n$ – die Tukey-Methode

Definition 11.4
Ist $\boldsymbol{Y} = (\boldsymbol{y}_1, \dots, \boldsymbol{y}_a)^{\mathrm{T}}$ eine Zufallsstichprobe, deren Komponenten (unabhängig) voneinander nach $N(\mu, \sigma^2)$ verteilt sind, und ist $\nu \boldsymbol{s}^2/\sigma^2$ unabhängig von $\boldsymbol{Y}$ nach $CQ(\nu)$ verteilt, so wird die Zufallsvariable

$$\boldsymbol{q}_{a,\nu} = \frac{\boldsymbol{w}}{\boldsymbol{s}}$$

studentisierte Spannweite von $\boldsymbol{Y}$ und $\boldsymbol{s}^2$ genannt, wenn $\boldsymbol{w} = \max_{i=1,\dots,a}(\boldsymbol{y}_i) - \min_{i=1,\dots,a}(\boldsymbol{y}_i)$ die Spannweite von $\boldsymbol{Y}$ ist. Das Maximum bzw. Minimum von Zufallsvariablen bedeutet die größte bzw. kleinste Ordnungsmaßzahl.

Unter erweiterter studentisierter Spannweite versteht man die Zufallsvariable

$$\boldsymbol{q}^*_{a,v} = \frac{1}{\boldsymbol{s}}[\max(\boldsymbol{w}, \max_i\{|\boldsymbol{y}_i - \mu|\})]$$

Die Methode von Tukey (1953) fußt vor allem auf der Ausnutzung der Verteilung von $\boldsymbol{q}_{a,v}$. Mithilfe der Grundlagen und Kapitel 1 kann man zeigen, dass die Verteilungsfunktion von $\boldsymbol{q}_{a,v}$ durch

$$\frac{2a}{\Gamma\left(\frac{v}{2}\right)}\left(\frac{v}{2}\right)^{\frac{v}{2}}\int_0^{\infty}\int_{-\infty}^{\infty}\varphi(u)[\Phi(u) - \Phi(u - q_{a,v}x)]^{a-1}x^{v-1}\mathrm{e}^{-\frac{vx^2}{2}}\,\mathrm{d}u\,\mathrm{d}x \quad (11.38)$$

gegeben ist. In (11.38) ist $x = s/\sigma$, $\varphi(u)$ die Dichtefunktion und $\Phi(u)$ die Verteilungsfunktion der standardisierten Normalverteilung.

Wir bezeichnen das $(1-\alpha)$-Quantil der Verteilungsfunktion (11.38) von $\boldsymbol{q}_{a,v}$ in Abhängigkeit von der Anzahl a der Komponenten von $\boldsymbol{Y}$ und der Freiheitsgrade von $\boldsymbol{s}^2$ in Definition 11.4 mit $q(a, v|1-\alpha_v)$.

Die Methode von Tukey (1953) zur Konstruktion von Konfidenzintervallen für die Differenzen $\mu_i - \mu_{i'}$ der Mittelwerte von a unabhängig voneinander nach $N(\mu_i, \sigma^2)$ verteilten Zufallsvariablen $\boldsymbol{y}_i$ $(i = 1, \dots, a)$ beruht auf der Äquivalenz der Wahrscheinlichkeiten

$$P\left\{\frac{1}{\boldsymbol{s}}[(\boldsymbol{y}_i - \boldsymbol{y}_k) - (\mu_i - \mu_k)] \le K \quad \text{für alle } i \ne k; i, k = 1, \dots, a\right\}$$

und

$$P\left\{\frac{1}{\boldsymbol{s}}\max_{i,k}[\boldsymbol{y}_i - \mu_i - (\boldsymbol{y}_k - \mu_k)] \le K \quad (i, k = 1, \dots, a)\right\}$$

Diese Äquivalenz ist unmittelbar einzusehen, wenn man sich klar macht, dass die Gültigkeit der Ungleichung im zweiten Ausdruck notwendig und hinreichend für die Gültigkeit der Ungleichung im ersten Ausdruck ist. Nun ist aber (unter dem Maximum einer Menge von Zufallsvariablen verstehen wir wie schon erwähnt ihre größte Ordnungsmaßzahl)

$$\max_{\substack{i,k \\ i,k=1,\dots,a}} [\boldsymbol{y}_i - \mu_i - (\boldsymbol{y}_k - \mu_k)]$$

die Spannweite $\boldsymbol{w}$ von a nach $N(0, \sigma^2)$ verteilten Zufallsvariablen, wenn die $\boldsymbol{y}_i$ unabhängig voneinander nach $N(\mu_i, \sigma^2)$ verteilt sind. Also folgt

Satz 11.8
Sind $\boldsymbol{y}_1, \dots, \boldsymbol{y}_a$ unabhängig voneinander mit $\sigma_i^2 = \sigma^2$ nach $N(\mu_i, \sigma_i^2)$ $(i = 1, \dots, a)$ verteilte Zufallsvariable und ist $\boldsymbol{s}^2/\sigma^2$ unabhängig von den $\boldsymbol{y}_i$ $(i = 1, \dots, a)$ nach $CQ(f)$ verteilt, so gilt

$$P\{|(\boldsymbol{y}_i - \boldsymbol{y}_k) - (\mu_i - \mu_k)| \le q(a, f|1-\alpha_v)\boldsymbol{s} \quad (i, k = 1, \dots, a)\} = 1 - \alpha_v \quad (11.39)$$

Damit ist durch (11.39) eine Klasse simultaner Konfidenzintervalle zum Koeffizienten $1 - \alpha_v$ gegeben.

Wir wollen für die Anwendung der Ergebnisse von Satz 11.8 zwei Beispiele geben.

Beispiel 11.4

Die Tukey-Methode soll zur Konstruktion von Konfidenzintervallen für Mittelwertdifferenzen und zur Prüfung der ersten Fragestellung für den Fall der einfachen Varianzanalyse nach Beispiel 5.1 verwendet werden. Wir müssen, um die Methode anwenden zu können, $n_i = n$ fordern (andernfalls wäre die Varianz nicht für alle $\bar{y}_{i.}$ gleich). Mit $\bar{y}_{1.}, \dots, \bar{y}_{a.}$ werden die Mittelwerte der Werte der $\boldsymbol{y}_{ij}$ für die einzelnen Faktorstufen bezeichnet. Für die Differenzen $\mu + \alpha_i - (\mu + \alpha_k) = \alpha_i - \alpha_k$ sollen simultane Konfidenzintervalle mithilfe von (11.39) angegeben werden. Für $i = 1, \dots, n$ gilt $\text{var}(\bar{\boldsymbol{y}}_{i.}) = \frac{1}{n}\sigma^2$. Wir schätzen σ^2 durch $\boldsymbol{DQ}_\text{I} = \boldsymbol{s}^2$ nach Tab. 5.2 (für $n_i = n$) durch

$$\boldsymbol{s}^2 = \frac{1}{a(n-1)} \left[\sum_{i=1}^{a} \sum_{j=1}^{n} \boldsymbol{y}_{ij}^2 - \frac{1}{n} \sum_{i=1}^{a} \boldsymbol{Y}_{i.}^2 \right]$$

Wie wir wissen, ist $\frac{a(n-1)}{\sigma^2}\boldsymbol{s}^2$ nach $CQ[a(n-1)]$ und unabhängig von den $\bar{\boldsymbol{y}}_{i.} - \bar{\boldsymbol{y}}_{k.}$ verteilt. Nach Satz 11.8 mit $f = a(n-1)$ und $\frac{\sigma^2}{n}$ für σ^2 erhalten wir die Klasse simultaner Konfidenzintervalle zum Koeffizienten $1 - \alpha_v$ für $\mu_i - \mu_k$ in der Form

$$\left[\bar{\boldsymbol{y}}_{i.} - \bar{\boldsymbol{y}}_{k.} - q[a, a(n-1)|1-\alpha_v]\frac{\boldsymbol{s}}{\sqrt{n}}, \right.$$
$$\left. \bar{\boldsymbol{y}}_{i.} - \bar{\boldsymbol{y}}_{k.} + q[a, a(n-1)|1-\alpha_v]\frac{\boldsymbol{s}}{\sqrt{n}} \right]$$
$$(i \neq k;\ i, k = 1, \dots, a) \tag{11.40}$$

Beispiel 11.5

Analog zu Beispiel 11.3 betrachten wir den Fall der zweifachen Kreuzklassifikation der Modellgleichung (5.15) und wollen simultane Konfidenzintervalle für die Differenzen zwischen den in Beispiel 11.3 eingeführten Zeilenmitteln bzw. Spaltenmitteln angeben. Als Voraussetzung müssen wir wieder $n = n_{ij}$ für alle (i, j) fordern. Hier liegt eine starke Einschränkung der Anwendbarkeit der Methode.

Für die Zeilenmittel gilt $\text{var}(\bar{\boldsymbol{y}}_{i..}) = \sigma^2/(bn)$ und für die Spaltenmittel $\text{var}(\bar{\boldsymbol{y}}_{.j.}) = \sigma^2/(an)$. Mit $\boldsymbol{s}^2$ aus Tab. 5.13 und $f = ab(n-1)$ erhalten wir aus Satz 11.8 damit die Klasse simultaner Konfidenzintervalle für $\mu + \alpha_i - (\mu + \alpha_k) = \alpha_i - \alpha_k$ zum

Koeffizienten $1 - \alpha_v$

$$\left[\bar{y}_{i..} - \bar{y}_{k..} - q[a, ab(n-1)|1-\alpha_v]\frac{s}{\sqrt{bn}},\right.$$
$$\left.\bar{y}_{i..} - \bar{y}_{k..} + q[a, ab(n-1)|1-\alpha_v]\frac{s}{\sqrt{bn}}\right]$$
$$(i \neq k;\ i, k = 1, \dots, a) \tag{11.41}$$

und analog für die Spaltenmittel die Klasse von Konfidenzintervallen

$$\left[\bar{y}_{.j.} - \bar{y}_{.k.} - q[b, ab(n-1)|1-\alpha_v]\frac{s}{\sqrt{an}},\right.$$
$$\left.\bar{y}_{.j.} - \bar{y}_{.k.} + q[b, ab(n-1)|1-\alpha_v]\frac{s}{\sqrt{an}}\right]$$
$$(j \neq k; j, k = 1, \dots, b) \tag{11.42}$$

Analog kann man zeigen, dass auch für beliebige Kontraste $L = \sum_{i=1}^{a} c_i\mu_i, c_i$ reell, in Verallgemeinerung von (11.39) mit

$$\hat{L} = \sum_{i=1}^{a} c_i\bar{y}_{i.}$$

die Beziehung

$$P\left\{\hat{L} - \frac{s}{\sqrt{n}}q(a, f|1-\alpha_v)\frac{1}{2}\sum_{i=1}^{a}|c_i| < L < \hat{L} + \frac{s}{\sqrt{n}}q(a, f|1-\alpha_v)\frac{1}{2}\sum_{i=1}^{a}|c_i|\right\}$$
$$= 1 - \alpha_v \tag{11.43}$$

für alle L gilt.

Wird nur die Menge der $\binom{a}{2}$ Mittelwertdifferenzen $\mu_i - \mu_j$ $(i \neq j; i, j = 1, \dots, a)$ betrachtet, so liefert die Tukey-Methode kleinere simultane Konfidenzintervalle als die Scheffé-Methode. Die Tukey-Methode ist daher dann vorzuziehen, aber an die Voraussetzung $n_i = n$ gebunden. Im folgenden Abschnitt wird eine verallgemeinerte Tukey-Methode vorgestellt.

11.2.4 Konfidenzintervalle für alle Kontraste – verallgemeinerte Tukey-Methode

Spjøtvoll und Stoline (1973) verallgemeinerten die Tukey-Methode von Abschn. 11.2.3 auf den Fall ungleicher Stichprobenumfänge und schlugen ein praktikables Näherungsverfahren vor.

Satz 11.9 Spjøtvoll und Stoline (1973)
Gelten bis auf die Bedingung $\sigma_i^2 = \sigma^2$ die Voraussetzungen von Satz 11.8, so werden alle linearen Kontraste $L = \sum_{i=1}^{a} c_i \mu_i$ simultan mit Wahrscheinlichkeit $1 - \alpha_v$ durch Intervalle der Form

$$\left[\hat{\boldsymbol{L}} - \frac{1}{2}\sum |c_i| q^*(a, f|1-\alpha_v)\boldsymbol{s}\,,\quad \hat{\boldsymbol{L}} + \frac{1}{2}\sum |c_i| q^*(a, f|1-\alpha_v)\boldsymbol{s}\right] \tag{11.44}$$

überdeckt. Dabei bedeutet $\hat{\boldsymbol{L}} = \sum_{i=1}^{a} c_i \boldsymbol{y}_{i.}$, und $q^*(a, f|1-\alpha)$ ist das $(1-\alpha)$-Quantil der Verteilung der studentisierten erweiterten Spannweite $\boldsymbol{q}^*_{a,f}$ entsprechend Definition 11.4.

Den Beweis findet man in der Arbeit von Spjøtvoll und Stoline (1973). Er beruht darauf, das Problem durch Übergang zu den Zufallsvariablen $\boldsymbol{x}_i = \frac{1}{\sigma_i}\boldsymbol{y}_i$, die gleiche Varianz haben, auf den Fall von Abschn. 11.2.3 zurückzuführen. Spjøtvoll und Stoline schlagen dann vor, die Quantile $q^*(a, f|1-\alpha_v)$ der erweiterten studentisierten Spannweite durch die Quantile $q(a, f|1-\alpha_v)$ der studentisierten Spannweite zu approximieren, wobei sie sich auf Miller (1966) berufen, der, einer unveröffentlichten Arbeit von Tukey zufolge, die Näherung als hinreichend gut bewertet. Stoline (1978) tabellierte $q^*(a, f|1-\alpha_v)$, sodass die verallgemeinerte Tukey-Methode auch praktisch durchführbar ist.

Die verallgemeinerte Tukey-Methode führt teilweise zu kürzeren und teilweise zu längeren Konfidenzintervallen als die Scheffé-Methode, und zwar hängt das Ergebnis eines Vergleiches vom Grad der Unbalanciertheit und bei Mittelwertdifferenzen von der Anzahl der Mittelwerte a ab.

Eine andere Verallgemeinerung der Tukey-Methode stammt von Hochberg (1974). Er bewies (siehe auch Hochberg und Tamhane, 1987) den

Satz 11.10
Der Satz 11.9 gilt auch, wenn (11.44) durch

$$\left[\hat{\boldsymbol{L}} - \boldsymbol{s}\sum \frac{|c_i|}{\sqrt{2n_i}} q^{**}\left(\binom{a}{2}, f|1-\alpha_v\right),\right.$$
$$\left.\hat{\boldsymbol{L}} + \boldsymbol{s}\sum \frac{|c_i|}{\sqrt{2n_i}} q^{**}\left(\binom{a}{2}, f|1-\alpha_v\right)\right] \tag{11.45}$$

ersetzt wird, wobei $q^{**}\left[\binom{a}{2}, f|1-\alpha_v\right]$ das Quantil der Verteilung des studentisierten maximalen Betrages $q^{**}\left(\binom{a}{2}, f\right)$ entsprechend den folgenden Definition 11.5 ist.

Diese Quantile q^{**} sind bei Stoline und Ury (1979) tabelliert.

Definition 11.5
Gegeben seien a unabhängige Zufallsvariable $\boldsymbol{y}_i (i = 1, \dots, a)$, die nach $N(\mu, \sigma^2)$ verteilt sind, $\boldsymbol{s}^2$ sei eine von den $\boldsymbol{y}_i$ unabhängige Schätzung bezüglich σ^2 mit ν Freiheitsgraden. Dann heißt die Zufallsvariable

$$\frac{\max\limits_{1 \le i \le a} \{|\boldsymbol{y}_i - \mu|\}}{\boldsymbol{s}} = \boldsymbol{q}^{**}(a, \nu)$$

studentisierter maximaler Betrag der $\boldsymbol{y}_i$ mit ν Freiheitsgraden.

11.2.5 Konfidenzintervalle für die Mittelwertdifferenzen zu einem Standard – die Dunnett-Methode

Es sollen simultane $(1 - \alpha_\nu)$-Konfidenzintervalle für die $a - 1$ Differenzen

$$\mu_i - \mu_a \quad (i = 1, \dots, a - 1)$$

angegeben werden (durch Umnummerieren wird das Vergleichsmittel stets mit μ_a bezeichnet).

Wir gehen wieder von a unabhängig nach $N(\mu_i, \sigma^2)$ verteilten Zufallsvariablen $\boldsymbol{y}_i$ und von einer davon unabhängig nach $CQ(f)$ verteilten Zufallsvariablen $\frac{f\boldsymbol{s}^2}{\sigma^2}$ aus.

Dunnett (1955) leitete die mehrdimensionale Verteilung von

$$\left(\frac{\boldsymbol{y}_1 - \boldsymbol{y}_a}{\boldsymbol{s}}, \dots, \frac{\boldsymbol{y}_{a-1} - \boldsymbol{y}_a}{\boldsymbol{s}}\right)$$

her und tabellierte (Dunnett, 1964; Bechhofer und Dunnett, 1988) die Quantile $d(a - 1, f|1 - \alpha_\nu)$ der Verteilung von

$$\boldsymbol{d} = \frac{\max\limits_{1 \le i \le a-1} [|\boldsymbol{y}_i - \boldsymbol{y}_a - (\mu_i - \mu_a)|]}{\boldsymbol{s}\sqrt{2}}$$

Da $\boldsymbol{d} \le d(a - 1, f|1 - \alpha_\nu)$ notwendig und hinreichend für

$$\frac{1}{\boldsymbol{s}\sqrt{2}} |\boldsymbol{y}_i - \boldsymbol{y}_a - (\mu_i - \mu_a)| \le d(a - 1, f|1 - \alpha_\nu)$$

für alle i ist, ist durch

$$\left[\boldsymbol{y}_i - \boldsymbol{y}_a - d(a - 1, f|1 - \alpha_\nu)\boldsymbol{s}\sqrt{2}\,, \quad \boldsymbol{y}_i - \boldsymbol{y}_a + d(a - 1, f|1 - \alpha_\nu)\boldsymbol{s}\sqrt{2}\right] \tag{11.46}$$

eine Klasse von Konfidenzintervallen gegeben, die mit Wahrscheinlichkeit $1 - \alpha_\nu$ alle Differenzen $\mu_i - \mu_a$ enthält.

Für die Fälle der einfachen Klassifikation und der zweifachen Kreuzklassifikation (Modell (5.15)) erhält man mit den Bezeichnungen der Beispiele 11.4 und 11.5 bei gleicher Klassenbesetzung beispielsweise die Klassen von Konfidenzintervallen

$$\left[\boldsymbol{y}_{i.} - \boldsymbol{y}_{a.} - d(a-1, a(n-1)|1-\alpha_\nu)\boldsymbol{s}\frac{\sqrt{2}}{n}\,,\right.$$
$$\left.\boldsymbol{y}_{i.} - \boldsymbol{y}_{a.} + d(a-1, a(n-1)|1-\alpha_\nu)\boldsymbol{s}\frac{\sqrt{2}}{n}\right]$$
$$(i = 1, \dots, a-1) \tag{11.47}$$

für die einfache Klassifikation,

$$\left[\bar{\boldsymbol{y}}_{i..} - \bar{\boldsymbol{y}}_{a..} - d(a-1, ab(n-1)|1-\alpha_\nu)\boldsymbol{s}\frac{\sqrt{2}}{bn}\,,\right.$$
$$\left.\bar{\boldsymbol{y}}_{i..} - \bar{\boldsymbol{y}}_{a..} + d(a-1, ab(n-1)|1-\alpha_\nu)\boldsymbol{s}\frac{\sqrt{2}}{bn}\right]$$
$$(i = 1, \dots, a-1) \tag{11.48}$$

für die Zeilenmittel und

$$\left[\bar{\boldsymbol{y}}_{.i.} - \bar{\boldsymbol{y}}_{.b.} - d(b-1, ab(n-1)|1-\alpha_\nu)\boldsymbol{s}\frac{\sqrt{2}}{an}\,,\right.$$
$$\left.\bar{\boldsymbol{y}}_{.i.} - \bar{\boldsymbol{y}}_{.b.} + d(b-1, ab(n-1)|1-\alpha_\nu)\boldsymbol{s}\frac{\sqrt{2}}{an}\right]$$
$$(i = 1, \dots, b-1) \tag{11.49}$$

für die Spaltenmittel.

Die Tabellen für $d(a-1, f|1-\alpha_\nu)$ findet man bei Rasch *et al.* (2008) in Verfahren 3/24/1151.

Wenn die Daten als SPSS-Datei vorliegen, kann man viele der angegebenen multiplen Vergleichsprozeduren und noch einige andere nach

„Analysieren – Mittelwerte vergleichen – einfaktorielle ANOVA"

aber auch über

„Analysieren – allgemeines lineares Modell – univariat"

mit dem Schalter post hoc erreichen. Die von uns hier beschriebenen Methoden wurden in der entstehenden Abb. 11.1 mit einem Häkchen versehen. Der Duncan-Test sollte nicht verwendet werden, da hier die Bedeutung der Risiken unklar ist. Hier findet man die multiple t-Prozedur als LSD. S-N-K ist der Student-Newman-Keuls-Test, den wir hier nicht besprochen haben.

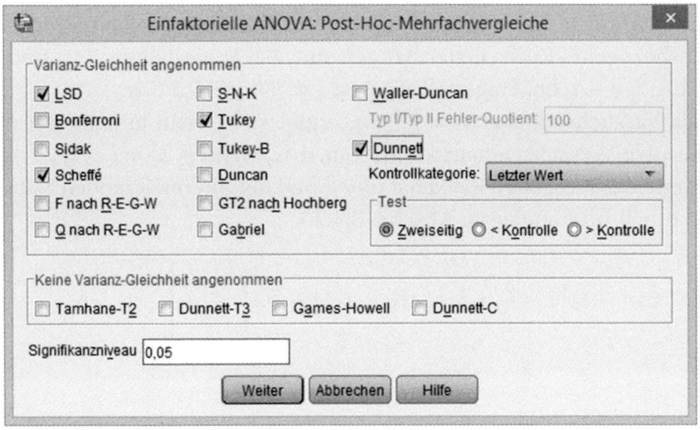

Abb. 11.1 Multiple Vergleichsprozeduren in SPSS.

11.2.6 Multiple Vergleichsprozeduren und Konfidenzbereiche

In diesem Abschnitt sollen die am Anfang von Abschn. 11.2 angegebenen Fragestellungen behandelt werden. Wir betrachten die P_i als die a Stufen eines Faktors einer einfachen Varianzanalyse Modell I. Die Komponenten der a unabhängigen Zufallsstichproben $\boldsymbol{Y}_i$ genügen damit der Modellgleichung

$$\boldsymbol{y}_{ij} = \mu_i + \boldsymbol{e}_{ij} \quad (i = 1, \dots, a; j = 1, \dots, n_i) \tag{11.50}$$

mit nach $N(0, \sigma^2)$ verteilten Fehlergrößen $\boldsymbol{e}_{ij}$.

Mit $\boldsymbol{s}^2 = \boldsymbol{DQ}_\text{I}$ nach Tab. 5.2 ist eine von den a Stichprobenmittelwerten $\bar{\boldsymbol{y}}_{i.}$ unabhängige Schätzung für σ^2 gegeben. Die Freiheitsgrade von $\boldsymbol{DQ}_\text{I}$ sind daher $\sum_{i=1}^{a}(n_i - 1) = N - a$, und $\frac{1}{\sigma^2}(N - a)\boldsymbol{s}^2$ ist nach $CQ(N - a)$ verteilt.

Während wir, wie in Kapitel 5 beschrieben, Fragestellung 1 mit dem F-Test behandeln und H_0 ablehnen, falls

$$\boldsymbol{F} = \frac{\boldsymbol{DQ}_Z}{\boldsymbol{DQ}_\text{I}} > F(a - 1, N - a \,|1 - \alpha_\nu) \tag{11.51}$$

gilt, können die Fragestellungen 2 bzw. 3 mithilfe der Methoden zur Konstruktion von Konfidenzbereichen behandelt werden.

Sind die $\binom{a}{2}$ bzw. $a - 1$ Nullhypothesen der Fragestellungen 2 und 3 einzeln und nicht als Gesamtheit betrachtet so zu prüfen, dass für jedes Hypothesenpaar $(H_{0ij}, H_{\text{A}ij})$ das Risiko erster Art der fälschlichen Ablehnung von H_{0ij} gleich einem vorgegebenen Wert $\alpha_{ij} = \alpha$ ist, so verwendet man die multiple t-Prozedur: Man lehnt danach H_{0ij} ab, falls

$$|\boldsymbol{t}_{ij}| = \frac{|\bar{\boldsymbol{y}}_{i.} - \bar{\boldsymbol{y}}_{j.}|}{\boldsymbol{s}}\sqrt{\frac{n_i n_j}{n_i + n_j}} > t\left(N - a|1 - \frac{\alpha}{2}\right) \tag{11.52}$$

gilt. Das gewählte α gilt für jeden der $\binom{a}{2}$ bzw. $a-1$ Einzelvergleiche und wird daher vergleichsbezogenes Risiko erster Art genannt. Bei Fragestellung 3 ist stets $i = a$ und $j = 1, \dots, a-1$; bei Fragestellung 2 ist $i \neq j; i, j = 1, \dots, a$.

Der minimale Versuchsumfang $N = \sum_{i=1}^{a} n_i$ ergibt sich, wenn in jeder der a Gruppen gleich viele Versuchseinheiten auftreten, d. h., wenn $n_i = n; i = 1, \dots, a$ gilt. Mit den vergleichsbezogenen Risiken α und β und der interessierenden Mindestdifferenz δ erhält man analog zu Abschn. 3.4.2.1

$$n = \left\lceil \left[t\left(a(n-1) \middle| 1 - \frac{\alpha}{2} \right) + t\left(a(n-1) \middle| 1 - \beta \right) \right]^2 \frac{2\sigma^2}{\delta^2} \right\rceil$$

Beispiel 11.6

Wir wollen paarweise Vergleiche für $a = 8$ Faktorstufen durchführen und geben $\alpha = 0{,}05$; $\beta = 0{,}1$ und $\delta = \sigma$ vor. Wir beginnen wieder mit unendlich vielen Freiheitsgraden und berechnen iterativ

$$n_1 = \lceil 2[t(\infty|0{,}975) + t(\infty|0{,}9)]^2 \rceil = \lceil 2(1{,}96 + 1{,}2816)^2 \rceil = 21$$

und im zweiten Schritt

$$n_2 = \lceil 2[t(96|0{,}975) + t(96|0{,}9)]^2 \rceil = \lceil 2(1{,}9748 + 1{,}2864)^2 \rceil = 22$$

und dieser Wert ändert sich nicht mehr, also ist $n = 22$ zu wählen.

Sollen dagegen die Risiken erster Art $\alpha_{ij} = \alpha$ so gewählt werden, dass die Wahrscheinlichkeit dafür, dass mindestens eine der Nullhypothesen H_{0ij} zu Unrecht abgelehnt wurde, höchstens gleich einem vorgegebenen Wert α_v ist, so ist wie folgt zu verfahren:

Fragestellung 2

Sind alle $n_i = n$, so verwenden wir die Tukey-Prozedur. Für alle Paare $\mu_i - \mu_j$ $(i \neq j; i, j = 1, \dots, a)$ berechnen wir ein Konfidenzintervall nach (11.40).

Ist in dem entsprechenden realisierten Konfidenzintervall der Wert 0 enthalten, so wird H_{0ij} abgelehnt. Das heißt, wir lehnen H_{0ij} ab, falls

$$\frac{|\bar{y}_{i.} - \bar{y}_{j.}|\sqrt{n}}{s} > q(a, a(n-1)|1 - \alpha_v) \tag{11.53}$$

gilt. Sind nicht alle n_i gleich $(i = 1, \dots, a)$, so berechnen wir anstelle von (11.53) ein Konfidenzintervall mit $M_{ij} = \min(\sqrt{n_i}, \sqrt{n_j})$ und $f = N - a$ nach

$$\left[\bar{y}_{i.} - \bar{y}_{j.} - q^*(a, f|1 - \alpha_v)\frac{s}{M_{ij}}, \quad \bar{y}_{i.} - \bar{y}_{j.} + q^*(a, f|1 - \alpha_v)\frac{s}{M_{ij}} \right] \tag{11.54}$$

und verfahren in analoger Weise, d. h., wir lehnen H_{0ij} ab, falls

$$\frac{|\bar{y}_{i.} - \bar{y}_{j.}|M_{ij}}{s} > q^*(a, N - a|1 - \alpha_v) \tag{11.55}$$

gilt. Näherungsweise kann man, ohne allzu große Fehler zu begehen,

$$q^*(a, N - a\,|1 - \alpha_v) \approx q(a, N - a\,|1 - \alpha_v)$$

setzen (Spjøtvoll-Stoline-Prozedur analog zu Satz 11.9 wegen $\text{var}(\bar{y}_{i.}) = \sigma^2/n_i = \sigma_i^2$).

Der minimale Versuchsumfang $N = \sum_{i=1}^{a} n_i$ ergibt sich, wenn in jeder der a Gruppen gleich viele Versuchseinheiten auftreten, d. h., wenn $n_i = n; i = 1, \dots, a$ gilt. Mit dem versuchsbezogenem Risiko α und dem vergleichsbezogenen Risiko β erhält man

$$n = \left\lceil 2 \left[\frac{q(a, N - a|1 - \alpha_v)}{\sqrt{2}} + t(a(n-1)|1 - \beta) \right]^2 \right\rceil$$

Als Alternative zu (11.55) kann man mit $R_{ij} = \sqrt{\frac{1}{n_i} + \frac{1}{n_j}}$ an Stelle von (11.54)

$$\begin{aligned} &\left[\bar{y}_{i.} - \bar{y}_{j.} - q^{**}\left(\binom{a}{2}, f|1 - \alpha_v \right) R_{ij}s, \right. \\ &\quad \left. \bar{y}_{i.} - \bar{y}_{j.} + q^{**}\left(\binom{a}{2}, f|1 - \alpha_v \right) R_{ij}s \right] \end{aligned} \tag{11.56}$$

verwenden und H_{0ij} ablehnen, falls

$$\frac{|\bar{y}_{i.} - \bar{y}_{j.}|}{sR_{ij}} > q^{**}\left(\binom{a}{2}, N - a|1 - \alpha_v \right) \tag{11.57}$$

gilt (Hochberg-Prozedur).

Fragestellung 3

Sind alle $n_i = n$, so verwenden wir die Dunnett-Prozedur, die auf den Konfidenzintervallen der Dunnett-Methode basiert. H_{0i} wird danach abgelehnt, falls

$$\sqrt{n}\frac{|\bar{y}_{i.} - \bar{y}_{a.}|}{\sqrt{2}s} > d(a - 1, a(n-1)|1 - \alpha_v) \tag{11.58}$$

ist. Sind die n_i verschieden, so gibt es ein von Dunnett vorgeschlagenes Verfahren mit korrigierten Quantilen, das in Verfahren 3/24/1151 bei Rasch *et al.* (2008) einschließlich der Bestimmung der Versuchsumfänge beschrieben ist. Dort findet man auch eine Tabelle der Korrekturfaktoren. Andererseits ist auch hier die Scheffé-Prozedur bzw. das auf der Bonferroni-Ungleichung basierende Verfahren von Dunn anwendbar.

Zur Bestimmung des minimalen Stichprobenumfanges bei multiplen Vergleichsprozeduren, bei Vorgabe von α bzw. α_v, einer oberen Grenze β_0 für die Risiken zweiter Art β_{ij} bzw. β_i der Hypothesenpaare (H_{0ij}, H_{Aij}) bzw. (H_{0i}, H_{Ai}) und $|\mu_i - \mu_j| > \Delta_{ij}$, verweisen wir auf die Befehle

```
> size.multiple_t.test.
```

für Fragestellung 1 bzw.

```
> size.multiple_t.test.comp_standard.
```

oder

```
> sizees.dunnett.exp_wise.
```

für Vergleiche mit einem Standard im Programm OPDOE in R.

11.2.7
Vergleich multipler Vergleichsprozeduren

Häufig wird beim paarweisen Vergleich von Erwartungswerten die Frage gestellt, welches Verfahren anzuwenden ist. Zunächst muss klar sein, welche der drei obigen Fragestellungen vorliegt.

Da Fragestellung 1 zu einem Zweientscheidungsproblem führt, das unter den Voraussetzungen von Abschn. 11.2. mit dem F-Test bearbeitet wird, sind α_v und $1 - \beta_v$ versuchsbezogene Größen.

Liegt Fragestellung 2 vor, so ist zunächst zu entscheiden, ob ein vorgegebenes (vergleichsbezogenes) Risiko erster Art α für jeden einzelnen Test eingehalten werden soll oder ob die Wahrscheinlichkeit dafür, dass keine der Nullhypothesen H_{0ij} zu Unrecht abgelehnt wird, einen vorgegebenen Wert $1 - \alpha_v$ nicht unterschreiten soll (α_v heißt vergleichsbezogene Irrtumswahrscheinlichkeit, α_v ist aber nicht Risiko erster Art eines Tests). Im ersten Fall verwenden wir die multiple t-Prozedur, im zweiten Fall für $n_i = n$ die Tukey-Prozedur und sonst entweder die Spjøtvoll-Stoline-Prozedur oder die Hochberg-Prozedur. Nach Ury (1976) ist es empfehlenswert, die Spjøtvoll-Stoline-Prozedur vor allem für nur gering voneinander abweichende n_i zu wählen. Liegen zwischen den n_i sehr große Abweichungen vor, so ist die Hochberg-Prozedur vorzuziehen.

Liegt Fragestellung 3 vor, so wählt man, wenn ein vergleichsbezogenes α einzuhalten ist, ebenfalls eine multiple t-Prozedur; sonst ist die Dunnett-Prozedur zu empfehlen.

Sind alle bzw. sehr viele der linearen Kontraste zu bewerten, so empfiehlt sich die Scheffé-, die Spjøtvoll-Stoline- oder die Hochberg-Prozedur. Mitunter gibt auch die Methode von Dunn brauchbare Intervalle. Ein Teil der bereits zitierten Arbeiten enthält analytische und Monte-Carlo-Resultate für den Vergleich dieser Prozeduren im Fall allgemeiner Kontraste. Die Bonferroni-Prozedur ist vorzuziehen, wenn nur wenige Kontraste simultan zu bewerten sind. Die Bonferroni- und die Scheffé-Prozedur sind auch bei korrelierten Zufallsvariablen anwendbar.

11.3 Veranschaulichung der Methoden an einem Zahlenbeispiel

Wir wollen die Verfahren dieses Kapitels an einem Zahlenbeispiel veranschaulichen.

Beispiel 11.7

Es wurden zehn Stichproben vom Umfang fünf mit einem Zufallszahlengenerator erzeugt. Die Werte der Stichproben 1–8 sind Realisationen einer nach $N(50, 64)$ normalverteilten Zufallsvariablen; die der neunten bzw. zehnten Stichprobe haben lediglich andere Erwartungswerte, und zwar $\mu_9 = 52$ bzw. $\mu_{10} = 56$. Die Zahlenwerte mit den Stichprobenmittelwerten enthält Tab. 11.9, die Ergebnisse einer einfachen Varianzanalyse mit den zehn Stichproben als Faktorstufen findet man in Tab. 11.10. Wegen $F = 1{,}041 < F(9{,}40|0{,}95)$ wird (bei $\alpha_\nu = 0{,}05$) H_0 aus Fragestellung 1 angenommen.

Tab. 11.9 Simulierte Versuchsergebnisse von Beispiel 11.7.

	Nummer der Stichprobe									
	1	**2**	**3**	**4**	**5**	**6**	**7**	**8**	**9**	**10**
y_{i1}	63,4	49,6	50,3	55,5	62,5	30,7	56,7	64,5	44,4	55,7
y_{i2}	46,7	48,4	52,8	36,1	45,8	48,6	46,2	42,2	38,2	64,7
y_{i3}	59,1	49,3	52,5	54,0	52,8	45,8	41,9	49,6	64,8	61,8
y_{i4}	60,7	48,3	58,6	55,9	44,9	44,9	55,8	48,9	43,7	38,9
y_{i5}	54,9	51,5	48,0	52,9	51,3	52,9	48,9	40,7	61,3	61,8
$Y_{i.}$	284,8	247,1	262,2	254,4	257,3	222,9	249,5	245,9	252,4	282,9
$\bar{y}_{i.}$	56,96	49,42	52,44	50,88	51,46	44,58	49,90	49,18	50,48	56,58
s_i^2	42,39	1,67	15,59	69,70	49,69	69,91	39,94	88,9	138,97	108,45

Tab. 11.10 Varianztabelle für Beispiel 11.7.

Variationsrate	***SQ***	***FG***	***DQ***	***F***
Zwischen den Stichproben	585,5488	9	65,06	1,041
Innerhalb der Stichproben	2500,784	40	62,52	–
Gesamt	3086,3328	49	–	–

a) Es sind die Nullhypothesen H_{0ij} gegen H_{Aij} zu prüfen. Bei Fragestellung 3 soll die zehnte Stichprobe dem Standard entsprechen. Dabei sind alle infrage kommenden Verfahren anzuwenden ($\alpha_\nu = 0{,}05$; $\alpha = 0{,}05$).
b) Es sind simultane (1 – 0,05)-Konfidenzintervalle für Kontraste anzugeben:

$$L_1 = 9\mu_{10} - \sum_{i=1}^{9} \mu_i \,, \quad L_2 = 3\mu_1 - \mu_2 - \mu_3 - \mu_4$$

$$L_3 = 5\mu_1 - 3\mu_2 - 2\mu_3 \,, \quad L_4 = 25\mu_1 - 15\mu_2 - 8\mu_3 - 2\mu_4$$

und weiter für die Mittelwertdifferenzen $\mu_i - \mu_{10} (i = 4, \dots, 9)$, die wir mit L_5 bis L_{10} bezeichnen.
c) Es ist die Grundgesamtheit bzw. es sind die 2, 3, 4, 5 Grundgesamtheiten mit dem kleinsten (größten) Erwartungswert bzw. mit den größten Erwartungswerten auszuwählen, und P_0 aus (11.6) ist abzuschätzen.

Zu a)
Bei vorgegebenem Risiko erster Art $\alpha = 0{,}05$ wird jedes H_{0ij} wegen (11.52) abgelehnt, sofern

$$|\bar{y}_{i.} - \bar{y}_{j.}| > s \cdot t(40|0{,}975)\sqrt{\frac{2}{5}} = 10{,}107$$

ist, wobei s nach Tab. 11.10 gleich $s = \sqrt{62{,}52} = 7{,}907$ ist und $t(40|0{,}975) = 2{,}0211$ eingesetzt wurde. Nach Tab. 11.11 werden bei Fragestellung 2 bei der multiplen t-Prozedur die Nullhypothesen $H_{01,6}$ zu Unrecht und $H_{06,10}$ zu Recht abgelehnt. Von den 43 angenommenen Nullhypothesen werden 16 zu Unrecht angenommen. Für Fragestellung 3 wird H_{06} zu Unrecht abgelehnt, die übrigen acht Nullhypothesen werden zu Unrecht angenommen. Da die Stichprobenumfänge gleich sind, ist die Tukey-Prozedur anwendbar.

Wegen $q(10, 40|0{,}95) = 4{,}735$ sind alle H_{0ij} der Fragestellung 2 abzulehnen, für die

$$|\bar{y}_{i.} - \bar{y}_{j.}| > \frac{7{,}907}{\sqrt{5}} \cdot 4{,}735 = 16{,}744$$

ist; das ist für kein Paar (i, j) unseres Beispiels der Fall.

Für Fragestellung 3 wird $H_{0i} (i = 1, \dots, 9)$ abgelehnt, falls mit $q(9{,}40|0{,}95) = 2{,}81$

$$|\bar{y}_{i.} - \bar{y}_{j.}| > \frac{\sqrt{2} \cdot 7{,}907}{\sqrt{5}} \cdot 2{,}81 = 14{,}05$$

ist; dieser Fall tritt aber im Beispiel nicht auf.

Es fällt auf, dass in unserem Beispiel, für das wir ja den wahren Sachverhalt kennen, zahlreiche falsche Entscheidungen (vor allem bei der Annahme von H_0)

Tab. 11.11 Beträge der Mittelwertdifferenzen $(\bar{y}_{i.} - \bar{y}_{j.})$ aus Beispiel 11.7.

i \ *j*	2	3	4	5	6	7	8	9	10
1	7,54	4,52	6,08	5,50	12,38	7,06	7,78	6,48	0,38
2		−3,02	−1,46	−2,04	4,84	−0,48	0,24	−1,06	−7,16
3			1,56	0,98	7,86	2,54	3,26	1,96	−4,14
4				−0,58	6,30	0,98	1,70	0,40	−5,70
5					6,88	1,56	2,28	0,98	−5,12
6						−5,32	4,60	−5,90	−12,00
7							0,72	−0,58	−6,68
8								−1,30	−7,40
9									−6,10

getroffen wurden. Um Unterschiede von zwei bzw. sechs Einheiten in der neunten und zehnten Grundgesamtheit erkennen zu können, hätte es eines größeren Versuchsumfangs bedurft. Wir wollen den Versuchsumfang, der erforderlich gewesen wäre, um bei den verwendeten α- bzw. α_v-Werten zu garantieren, dass eine Differenz $|\mu_i - \mu_j| > 8$ höchstens mit Wahrscheinlichkeit $\beta = 0{,}10$ übersehen wird, mithilfe von R berechnen.

Fragestellung 1 Entsprechend dem Ergebnisbild von R hätten bei der uns bekannten Parameterkonstellation ($\mu_1 = \cdots = \mu_8 = 50, \mu_9 = 52, \mu_{10} = 56$) zwischen 9 und 21 Beobachtungen pro Grundgesamtheit durchgeführt werden müssen. Wir wählen $n = 15$.

Fragestellung 2 Multiple t-Prozedur: Nach dem Ergebnis von R sind $n = 22$ Beobachtungen pro Grundgesamtheit erforderlich.

Tukey-Prozedur: Für dieses Verfahren ergibt sich mit R der Wert $n = 36$.

Fragestellung 3 Dunnett-Prozedur: Mit R ergibt sich $n_{10} = n_0 = 63$ (für den Standard) und $n_i = 23$ $(i < 10)$.

Multiple t-Prozedur: Wir erhalten analog $n_{10} = n_0 = 45$ und $n_i = 14$ $(i < 10)$.

Zu b)

Zunächst werden die Schätzwerte der Kontraste aus den Mittelwerten $\bar{y}_{i.}$ der Tab. 11.9 berechnet:

$$\hat{L}_1 = 53{,}92\,, \quad \hat{L}_2 = 18{,}14\,, \quad \hat{L}_3 = 31{,}66\,, \quad \hat{L}_4 = 161{,}42$$

Scheffé-Methode: Nach (11.30) benötigen wir für jeden Kontrast die Größe $\sqrt{\sum_{i=1}^{a} \frac{c_{ri}^2}{n_i}} = w_r$. Wir erhalten

$$w_1 = 4{,}2426\,, \quad w_2 = 1{,}5492\,, \quad w_3 = 2{,}7568\,, \quad w_4 = 13{,}5499$$

Für alle Kontraste $L_{4+i} = \mu_{3+i} - \mu_{10}$ $(i = 1, \dots, 6)$ ergibt sich $w_{4+i} = 0{,}6325$. Da $F(9{,}40|0{,}95) = 2{,}1240$ ist, wird

$$s\sqrt{(a-1)F(a-1, N-a|0{,}95)} = 34{,}5709$$

Die Konfidenzintervalle der Kontraste haben die Form $\hat{L}_r \pm D_r^{\mathrm{s}}$ $(r = 1, \dots, 10$, s steht für Scheffé) mit

$$D_1^{\mathrm{s}} = 146,67, \quad D_2^{\mathrm{s}} = 54,56, \quad D_3^{\mathrm{s}} = 95,30, \quad D_4^{\mathrm{s}} = 468,43$$
$$D_{4+i}^{\mathrm{s}} = 21,86 \quad (i = 1, \dots, 6)$$

Alle diese Konfidenzintervalle enthalten den Wert 0, und daher würde keine der Hypothesen $H_{0r} : L_r = 0$ $(r = 1, \dots, 10)$ abgelehnt werden.

Dunn-Methode: Nach Abschn. 11.2.2 haben die Konfidenzintervalle die Form $\hat{L}_r \pm D_r^{\mathrm{D}}$ mit $D_r^{\mathrm{D}} = w_r \cdot s \cdot w$, wobei w aus Tab. 11.8 abzulesen ist. Da die Anzahl der Kontraste gleich 10 ist, ist $w = 2{,}97$. Würden nur für L_1 bis L_4 Konfidenzintervalle zu berechnen sein, so wäre $w = 2{,}62$. Wir erhalten analog

$$D_1^{\mathrm{D}} = 99{,}63\,, \quad D_2^{\mathrm{D}} = 36{,}38\,, \quad D_3^{\mathrm{D}} = 64{,}74\,, \quad D_4^{\mathrm{D}} = 318,20$$
$$D_{4+i}^{\mathrm{D}} = 14{,}85 \quad (i = 1, \dots, 6)$$

Sollen simultane 0,95-Konfidenzintervalle nur für L_1 bis L_4 angegeben werden, so ändern sich die D_r^{D} zu

$$D_1^{\mathrm{D}^*} = 87{,}89\,, \quad D_2^{\mathrm{D}^*} = 32{,}09\,, \quad D_3^{\mathrm{D}^*} = 57{,}11\,, \quad D_4^{\mathrm{D}^*} = 280{,}70$$

Tukey-Methode: Nach 11.2.3 haben die simultanen 0,95-Konfidenzintervalle die Gestalt $L_r \pm D_r^{\mathrm{T}} (r = 1, \dots, 10)$ mit

$$D_r^{\mathrm{T}} = \frac{s}{2 \cdot \sqrt{5}} q(10{,}40|0{,}95) \sum_{i=1}^{a} |c_i|$$

Wegen $q(10, 40|0{,}95) = 4{,}735$ erhalten wir

$$D_1^{\mathrm{T}} = 150{,}69\,, \quad D_2^{\mathrm{T}} = 50{,}23\,, \quad D_3^{\mathrm{T}} = 83{,}72\,, \quad D_4^{\mathrm{T}} = 418{,}59$$
$$D_{4+i}^{\mathrm{T}} = 16,74 \quad (i = 1, \dots, 6)$$

Nicht simultane Konfidenzintervalle zum individuellen Konfidenzkoeffzienten 0,95 nach der multiplen t-Methode sind natürlich kürzer, aber auch nicht vergleichbar.

Wie man der Tab. 11.12 entnehmen kann, ist außer der Methode von Dunn keine Methode zur Konstruktion simultaner Konfidenzintervalle gleichmäßig besser als eine andere. Dass die auf der Bonferroni-Ungleichung basierende Methode von Dunn besser abschneidet, hängt mit der geringen Anzahl von Kontrasten zu-

Tab. 11.12 Halbe Breiten simultaner Konfidenzintervalle für die Kontraste von Beispiel 11.7.

Methode	L_1	L_2	L_3	L_4	L_5 bis L_{10}
Scheffé	146,67	54,56	95,30	468,43	21,86
Dunn	99,63	36,38	64,74	318,20	14,85
Tukey	150,69	50,23	83,72	418,59	16,74

sammen. Allgemein gilt nach neuesten Untersuchungen (siehe die in den vorigen Abschnitten zitierte Literatur) für simultane Konfidenzintervalle, die nicht nur für Mittelwertdifferenzen, sondern auch für andere Kontraste berechnet werden sollen, Folgendes:

Ist die Anzahl der Kontraste klein (z. B. kleiner als die Anzahl a der P_i), so verwende man generell die Methode von Dunn. Sind einige der c_{ri} relativ groß gegenüber den anderen und sind viele Kontraste zu beurteilen, so empfiehlt sich die Scheffé-Methode gegenüber der Tukey-Methode bzw. ihren Verallgemeinerungen für ungleiche n_i, sonst wähle man die Tukey-, die Spjøtvoll-Stoline- oder die Hochberg-Methode.

Zu c)

Nach Auswahlregel 11.1 heißt die zur ersten Stichprobe

$$\bar{y}_{(10).} = \bar{y}_{1.} = 56{,}96 = \max_{1\le i\le 10}(\bar{y}_{i.})$$

gehörende Grundgesamtheit die mit dem größten Erwartungswert. Diese Auswahl ist, wie wir wissen, falsch. Für unseren Fall ist $n = 5$, wir verwenden das bekannte $\sigma = 8$, ferner ist $d = \mu_{10} - \mu_9 = 4$. Damit ist $\sqrt{n}d/\sigma = \sqrt{5}/2 = 1{,}12$. Wir sehen, dass wir bei $a = 10, t = 1$ für diesen Wert als Mindestwahrscheinlichkeit $1 - \beta$ für eine d-richtige Auswahl mit $d = 4$ eine Zahl zwischen 0,35 und 0,40 finden, d. h., β ist etwa 0,6. Um $1 - \beta = 0{,}95$ zu erreichen, hätten wir n wegen

$$3{,}4182 = \frac{\sqrt{n}}{2}$$

auf $n = 47$ festlegen müssen. Für $d = 8$ wäre $n = 12$ zu fordern. Weitere ausgewählte Teilmengen M_1 wären für

$$\begin{aligned}
&t = 2\colon M_1 = (P_1, P_{10}) && (n = 14)\\
&t = 3\colon M_2 = (P_1, P_{10}, P_3) && (n = 15)\\
&t = 4\colon M_3 = (P_1, P_{10}, P_3, P_5) && (n = 16)\\
&t = 5\colon M_4 = (P_1, P_{10}, P_3, P_5, P_4) && (n = 16)
\end{aligned}$$

und P_9 würde erst für $t = 6$ mit ausgewählt werden (erst dann wäre eine richtige Auswahl erfolgt). Die erforderlichen Stichprobenumfänge einer d-genauen Auswahl für $d = 8$ und $1 - \beta = 0{,}95$ sind in Klammern angegeben.

Nach Auswahlregel 11.3 (Abschn. 11.1.3) wäre eine Teilmenge auszuwählen, die mit Wahrscheinlichkeit 0,95 die Verteilung P_i mit dem größten Erwartungswert μ_i enthält. Für $\sigma = 8$ und $D = 0{,}5013$ ist

$$d = \frac{0{,}5013 \cdot 8}{\sqrt{5}} = 1{,}79$$

und alle Grundgesamtheiten, deren Stichprobenmittelwerte größer als $56{,}96 - 1{,}79 = 55{,}17$ sind, bilden die ausgewählte Teilmenge. Damit ist

$$M_G = \{P_1, P_{10}\}$$

ist eine richtige Auswahl.

Wir wollen abschließend die erforderlichen Stichprobenumfänge der einzelnen Verfahren von Beispiel 11.7 zur Beurteilung der $\mu_i - \mu_j$ gegenüberstellen:

Verfahren	**n für $\alpha = 0{,}05$, $\alpha_v = 0{,}05$ bzw. $\beta = 0{,}05$; $d = \sigma$**	**Bemerkungen**
Auswahlregel 11.1 ($t = 1$)	12	
Tukey-Prozedur	40	45 Vergleiche
Dunnett-Prozedur	27 gemittelt[a)]	9 Vergleiche
multiple t-Prozedur	17,1 gemittelt[a)]	α vergleichsbezogen
F-Test	15	ein Test

a) Gemittelt heißt hier $\bar{n} = \frac{1}{10}(9n_1 + n_{10})$.

11.4 Übungsaufgaben

Aufgabe 11.1

Wie viele Werte sind in jeder von acht Grundgesamtheiten zu ermitteln, damit entsprechend Problem 11.1 bzw. 11.1a

$$P_R \geq 0{,}99 \quad (P_{R^*} \geq 0{,}99)$$

für die Auswahl der $t = 1, 2, 3, 4$ Besten ist, wenn $\frac{d}{\sigma} = 0{,}1; 0{,}2; 0{,}5$ und 1 gesetzt wird?

Aufgabe 11.2

Der minimale Versuchsumfang für den multiplen t-Test ist für fünf Gruppen und den vergleichsbezogenen Risiken $\alpha = 0{,}05$ sowie $\beta = 0{,}05; 0{,}1$ und $0{,}2$ für $\delta = \sigma$ und $\delta = 0{,}5\sigma$ zu bestimmen.

Aufgabe 11.3
Der minimale Versuchsumfang für den Tukey-Test ist für $a = 3, 4, 5, 10, 20$ Gruppen und dem versuchsbezogenem Risiko $\alpha = 0{,}05$ bzw. 0,10 sowie dem vergleichsbezogenen Risiko $\beta = 0{,}05$; 0,1 bzw. 0,2 für $\delta = \sigma$ und $\delta = 0{,}5\sigma$ zu bestimmen.

Literatur

Bechhofer, R.E. (1954) A single sample multiple decision procedure for ranking means of normal populations with known variances. *Ann. Math. Stat.*, **25**, 16–39.

Bechhofer, R.E. und Dunnett, C.W (1988) *Percentage Points of Multivariate Student t-Distribution in Selected Tables in Mathematical Statistics*, Bd. 11, Amer. Math. Soc., Rhode Island.

Chambers, M.L. und Jarratt, P. (1964) Use of double sampling for selecting best populations. *Biometrika*, **51**, 49–64.

Domröse, H. und Rasch, D. (1987) Robustness of selection procedures. *Biometrics*, **5**, 541–553.

Dunn, G.J. (1961) Multiple comparisons among means. *J. Am. Stat. Assoc.*, **56**, 52–64.

Dunnett, C.W. (1955) A multiple comparison procedure for comparing several treatments with a control. *J. Am. Stat. Assoc.*, **50**, 1096–1121.

Dunnett, C.W. (1964) New tables for multiple comparisons with a control. *Biometrics*, **20**, 482–491.

Guiard, V. (1994) Different definitions of Δ – correct selection for the indifference zone formulation, in: Miescke, K.J. und Rasch, D. (Hrsg.) (1996) Special Issue on 40 Years of Statistical Selection Theory, *J. Stat. Plan. Inference* **54**, 176–199.

Gupta, S.S. (1956) On a Decision Rule for a Problem in Ranking Means. Mim. Ser., No. 150, Univ. North Carolina.

Gupta, S.S. und Huang, D.Y. (1981) *Multiple Statistical Decision Theory: Recent Developments*, Springer, New York.

Gupta, S.S. und Panchapakesan, S. (1970) *On a class of subset selection procedures*, Mim. Ser. 225, Purdue Univ.

Gupta, S.S. und Panchapakesan, S. (1979) *Multiple Decision Procedures: Theory and Methodology of Selecting and Ranking Populations*, John Wiley & Sons, New York.

Hochberg, Y. (1974) Some generalization of the T-method in simultaneous inference. *J. Multivar. Anal.*, **4**, 224–234.

Hochberg, Y. und Tamhane, A.C. (1987) *Multiple Comparison Procedures*, John Wiley & Sons, New York.

Miescke, K.J. und Rasch, D. (Hrsg.) (1996) Special Issue on 40 Years of Statistical Selection Theory, Part I. *J. Stat. Plan. Inference*, **54** (2); Part II. *J. Stat. Plan. Inference*, **54** (3).

Miller, R.G. (1966) *Simultaneous Statistical Inference*. Springer Verlag, New York.

Rasch, D., Herrendörfer, G., Bock, J., Victor, N. und Guiard, V. (Hrsg.) (2008) *Verfahrensbibliothek Versuchsplanung und -auswertung*, 2. verbesserte Auflage in einem Band mit CD, R. Oldenbourg Verlag, München, Wien. (frühere Auflagen mit den Herausgebern Rasch, Herrendörfer, Bock, Busch (1978, 1981, Deutscher Landwirtschaftsverlag Berlin und (1995, 1996) Oldenbourg Verlag, München, Wien).

Rodger, R.S. (1973) Confidence intervals for multiple comparisons and the misuse of the Bonferroni inequality. *Br. J. Math. Stat. Psychol.*, **26**, 58–50.

Scheffé, H. (1953) A method for judging all contrasts in the analysis of variance. *Biometrika*, **40**, 87–104.

Spjøtvoll, E. und Stoline, M.R. (1973) An extension of the T-method of multiple comparisons to include the cases with unequal sample size. *J. Am. Stat. Assoc.*, **68**, 975-978.

Stoline, M.R. und Ury, H.K. (1979) Tables of studentized maximum moduls and an applications to problems of multiple comparisons. *Technometrics*, **21**, 87–93.

Stoline, M.R. (1978), Tables of the studentized augmented range and applications to problems of multiple comparison. J. Am. Stat. Assoc., 33, 656-660.

Tukey, J.W. (1953) Multiple comparisons. *J. Am. Stat. Assoc.*, **48**, 624–625.

Ury, H.K, (1976) A comparison of four procedures for multiple comparisons among means (pairwise contrasts) for arbitrary sample size. *Technometrics*, **18**, 89–97.

Ury, H.K. und Wiggens, A.D. (1971) Large sample and other multiple comparisons among means. *Br. J. Math. Stat. Psychol.*, **24**, 174–194.

Ury, H.K. und Wiggens, A.D. (1974) Use oft the Bonferroni inequality for comparisons among means with posthoc contrasts. *Br. J. Math. Stat. Psychol.*, **27** 176–178.

12
Versuchsanlagen

Versuchsanlagen entstanden zu Beginn des vorigen Jahrhunderts vor allem im landwirtschaftlichen Feldversuchswesen im Zusammenhang mit Sortenprüfungen im Freiland. Ein Zentrum war Rothamsted Experimental Station nahe London, wo die statistische Abteilung unter Leitung von Fisher (1926) stand. Dort entstand auch eines der ersten Bücher über statistische Versuchsplanung von Fisher (1935). Da Bodenbeschaffenheit und -qualität auf den Versuchsfeldern stark schwanken, wurde das Feld in sogenannte Blocks unterteilt, die in Teilstücke zerlegt wurden. Man ging davon aus, dass der Boden innerhalb der Blocks relativ homogen ist, sodass für Unterschiede der Erträge von Sorten, die auf den Teilstücken eines Blocks angebaut wurden, lediglich die Sorten und nicht Bodenunterschiede verantwortlich waren. Um Homogenität des Bodens innerhalb der Blocks zu gewährleisten, durften die Blocks nicht zu groß sein. Andererseits mussten die Teilstücke für das Abernten (vor allem mit Maschinen) eine gewisse Größe haben. Folglich gab es nur eine begrenzte Anzahl von Teilstücken innerhalb der Blocks und man konnte nur eine begrenzte Anzahl von Sorten in einem Block prüfen. Konnten alle Sorten in jedem der Blocks angebaut werden, hatte man eine vollständige Blockanlage. Oft war aber die Anzahl der Sorten größer als die Anzahl der Teilstücke im Block. Das führte zur Entwicklung von unvollständigen Blockanlagen, darunter vor allem von vollständig balancierten unvollständigen Blockanlagen, die garantierten, dass alle Sortendifferenzen mit gleicher Varianz nach Modellen der Varianzanalyse geschätzt werden können.

In Fällen, in denen störende Einflüsse in zwei Richtungen zu berücksichtigen waren (etwa Feuchtigkeitsgefälle von Nord nach Süd und Bodenfruchtbarkeitsänderungen von West nach Ost), wurden sogenannte Zeilen-Spalten-Anlagen entwickelt, vor allem kamen lateinische Quadrate zur Anwendung.

Die so entstandenen Versuchsanlagen fanden bald auch in anderen Bereichen Anwendung wie etwa in der Medizin, im Ingenieurswesen oder allgemein in allen empirischen Wissenschaften, die mit Versuchen arbeiten und störende Einflüsse ausschalten müssen. Sorten wurden verallgemeinert in Behandlungen, aus den Teilstücken wurden Versuchseinheiten. An den Ursprung erinnern aber auch heute noch die Anzahl v von Behandlungen (Anfangsbuchstabe von variety, dem englischen Wort für Sorte) oder die Bezeichnung y in den Modellen der Varianzanalyse (Anfangsbuchstabe von yield, dem englischen Wort für Ertrag).

Mathematische Statistik, 1. Auflage. Dieter Rasch und Dieter Schott.

Dann wurden Versuchsanlagen zunehmend nicht mehr innerhalb der Statistik, sondern im Rahmen der Kombinatorik entwickelt, und die Publikationen verlagerten sich von statistischen Zeitschriften (wie der Biometrika) zu den kombinatorischen.

12.1 Einführung

Die Versuchsanlagen sind ein wichtiger Bestandteil der Versuchsplanung. Deren Prinzipien sind:

1. Wiederholung,
2. Randomisierung,
3. Reduktion möglicher Einflüsse bekannter Störfaktoren.

Wissenschaftliche Aussagen kann man schwerlich aus einem Versuch mit nur einem Messwert ableiten. Da wir oft auch die Varianz als Maß der Variabilität des beobachteten Merkmals schätzen wollen, benötigen wir ebenfalls mindestens zwei Messungen (Wiederholungen). Wie groß der Stichprobenumfang – die Anzahl der Wiederholungen – in speziellen Fällen sein muss, um gewisse Risiken nicht zu überschreiten, wurde in früheren Kapiteln beschrieben.

Versuchsanlagen dienen vor allem der Reduktion möglicher Einflüsse bekannter Störfaktoren. Darauf gehen wir hier besonders ein. Wenn Störfaktoren nicht bekannt oder erfassbar sind, versucht man durch Randomisieren, hier also durch uneingeschränkte zufällige Zuordnung der Versuchseinheiten zu den Behandlungen, den Einfluss dieser Störfaktoren möglichst gering zu halten. Unter Randomisierung versteht man ganz allgemein die zufällige Auswahl von Versuchseinheiten aus einer Grundgesamtheit, also die Zufallsauswahl, aber vor allem bei Versuchen die zufällige Zuordnung von Versuchseinheiten oder Blocks zu den Behandlungen. Die Randomisierung dient dazu, die Wahrscheinlichkeit von Verzerrungen bei einer Erhebung oder der Vermengung der zu beobachteten Behandlungseffekte mit Effekten bekannter oder unbekannter Störfaktoren so klein wie nur möglich zu halten. Die Randomisierung soll vor allem gewährleisten, dass statistische Modelle, die die Basis für alle Planungen und Auswertungen darstellen, den Sachverhalt bei Versuchen möglichst adäquat widerspiegeln und die Auswertung mit statistischen Methoden gerechtfertigt ist. Wir unterscheiden bei den Versuchsanlagen reine und eingeschränkte Formen der Randomisierung. Wir setzen zunächst voraus, dass unser Versuchsmaterial nicht strukturiert ist, dass also keine Blockbildung vorgenommen wird. Das ist die einfachste Versuchsanlage. Falls in einer Versuchsanlage lediglich genau n_i Versuchseinheiten zufällig der i-ten von v Behandlungen ($\Sigma n_i = N$) zuzuordnen sind, nennen wir dies eine vollständige oder uneingeschränkte Randomisierung, und wir nennen die Versuchsanlage eine einfache oder eine vollständig randomisierte Versuchsanlage. Solche Anlagen wurden in den meisten der früheren Kapitel vorausgesetzt.

Wir wollen Versuchsanlagen modellunabhängig (also unabhängig z. B. von den Auswertungsmodellen der Varianzanalyse) definieren und betrachten Versuche mit N Versuchseinheiten, die wir von 1 bis N fortlaufend durchnummerieren und damit auch bezeichnen. Im Versuch sollen die Effekte von p Prüffaktoren $A^{(1)}, \ldots, A^{(p)}$ untersucht (geschätzt oder getestet) und die Effekte von q Störfaktoren $B^{(1)}, \ldots, B^{(q)}$ ausgeschaltet werden. Die Werte, die ein Faktor annehmen kann, heißen Stufen.

Die Größen N und p sind positive ganze Zahlen, und q ist nichtnegativ ganz. Ein Versuch ist immer die Kombination einer Versuchsanlage mit einer Randomisierungsvorschrift.

Definition 12.1

Die Zuordnung einer gegebenen Anzahl $N > 1$ von Versuchseinheiten zu den Stufen $A_i^{(h)} (i = 1, \ldots, v_h, h = 1, \ldots, p)$ von $p \geq 1$ Prüffaktoren $A^{(1)}, \ldots, A^{(p)}$ und den Stufen $B_j^{(c)} (j = 1, \ldots, b_c, c = 1, \ldots, q)$ von $q \geq 0$ Störfaktoren (Blockfaktoren) $B^{(1)}, \ldots, B^{(q)}$ heißt p-faktorielle Versuchsanlage mit q Blockfaktoren. Ist $p = 1$, so heißt die einfaktorielle Versuchsanlage einfache Versuchsanlage, ist $p > 1$, so spricht man kurz auch von einem faktoriellen Versuch. Ist $q = 0$, so spricht man von einer vollständig randomisierten oder einfachen Versuchsanlage.

Einfache Versuchsanlagen liegen z. B. den Verfahren der Kapitel 2 und 3 zugrunde. Die Randomisierung erfolgt in diesen Versuchsanlagen so, dass N Versuchseinheiten zufällig (z. B. mit Zufallszahlengeneratoren) den v Stufenkombinationen der Prüffaktoren oder den v Stufen eines Prüffaktors zugeordnet werden.

Um die Zuordnungsvorschrift der Definition 12.1 zu veranschaulichen, verwenden wir Matrizen U_h und Z_c, die wir zur Matrix

$$Z = (U_1, \ldots, U_p, Z_1, \ldots, Z_q) \tag{12.1}$$

zusammenfassen. Die Elemente der Teilmatrizen U_h und Z_c werden wie folgt definiert:

$$u_{lk}^{(h)} = \begin{cases} 1\,, & \text{falls die } l\text{-te Versuchseinheit der } k\text{-ten Stufe von } A^{(h)} \\ & \text{zugeordnet ist} \\ 0\,, & \text{sonst} \end{cases}$$

bzw.

$$z_{lk}^{(c)} = \begin{cases} 1\,, & \text{falls die } l\text{-te Versuchseinheit der } k\text{-ten Stufe von } B^{(c)} \\ & \text{zugeordnet ist} \\ 0\,, & \text{sonst} \end{cases}$$

Das Folgende gilt:

$$\begin{aligned} U_h^{\mathrm{T}} e_N &= r^{(h)}, r^{(h)\mathrm{T}} = \left(r_1^{(h)}, \ldots, r_{v_h}^{(h)}\right) \\ Z_c^{\mathrm{T}} e_N &= k^{(c)}, k^{(c)\mathrm{T}} = \left(k_1^{(c)}, \ldots, k_{b_c}^{(c)}\right) \end{aligned} \tag{12.2}$$

Wir betrachten vor allem einfaktorielle Versuchsanlagen und schreiben $A^{(1)} = A$ und $v_1 = v$ sowie

$$r^{\mathrm{T}} = r^{(1)^{\mathrm{T}}} = \left(r_1^{(h)}, \dots, r_{v_h}^{(h)}\right) = \left(r_1, \dots, r_v\right)$$

mit $r_i \geq 1$ und $N = \sum_{i=1}^{v} r_i \geq v + 1$.

Beispiel 12.1
Wir betrachten die Struktur des Beispiels 5.12 (siehe auch Tab. 5.14).

	Futterpflanzenart	
Lagerungsart	**Grünroggen**	**Luzerne**
Glas	8,39	9,44
	7,68	10,12
	9,46	8,79
	8,12	8,89
Sack	5,42	5,56
	6,21	4,78
	4,98	6,18
	6,04	5,91

Dort ist $N = 16$, $q = 0$ und $p = 2$. In der ersten Spalte stehen die Elemente 1 bis 8, in der zweiten Spalte die Elemente 9 bis 16 (von oben nach unten nummeriert).

Die Faktoren sind $A^{(1)}$ und $A^{(2)}$ und weiter ist

$$U_1^{\mathrm{T}} = \begin{pmatrix} 1 & 1 & 1 & 1 & 1 & 1 & 1 & 1 & 0 & 0 & 0 & 0 & 0 & 0 & 0 & 0 \\ 0 & 0 & 0 & 0 & 0 & 0 & 0 & 0 & 1 & 1 & 1 & 1 & 1 & 1 & 1 & 1 \end{pmatrix}$$

und

$$U_2^{\mathrm{T}} = \begin{pmatrix} 1 & 1 & 1 & 1 & 0 & 0 & 0 & 0 & 1 & 1 & 1 & 1 & 0 & 0 & 0 & 0 \\ 0 & 0 & 0 & 0 & 1 & 1 & 1 & 1 & 0 & 0 & 0 & 0 & 1 & 1 & 1 & 1 \end{pmatrix}$$

Ferner ist $v_1 = 2$, $v_2 = 2$ und $r^{(h)^{\mathrm{T}}} = (8{,}8)$ mit $h = 1, 2$.

Definition 12.2
Eine einfaktorielle Versuchsanlage heißt K-balanciert von der Ordnung t, wenn ein gegebener Operator K die spezielle Matrix $Z = (U_1, Z_1)$ aus (12.1) in eine $v \times v$-Matrix mit identischen Elementen in der Hauptdiagonalen und genau t verschiedenen Elementen außerhalb überführt.

12.2 Blockanlagen

Blockanlagen sind Versuchsanlagen zur Ausschaltung einer Störgröße. Bei einem quantitativen Störfaktor kann man auch die Kovarianzanalyse anwenden, hier muss aber der Typ der die Abhängigkeit beschreibenden Funktion bekannt sein (z. B. linear oder quadratisch), die Parameter werden aus den Beobachtungen der Wertepaare für das interessierende Merkmal und des Störfaktors geschätzt. Darauf sind wir bereits in Kapitel 10 eingegangen. Eine allgemein, d. h. auch für qualitative Störfaktoren, anwendbare Methode besteht in der Bildung von Blocks oder Schichten nach den Stufen des Störfaktors. Wir wollen uns im Folgenden auf den Fall eines Prüffaktors beschränken. Das bedeutet keine wesentliche Einschränkung der Allgemeinheit. Falls mehrere Prüffaktoren vorliegen, betrachten wir alle Stufenfaktoren dieser Prüffaktoren als Behandlungen eines neuen Faktors.

Eine Blockanlage dient zur Ausschaltung einer Störgröße, d. h. die Matrix Z in (12.1) enthält in unserem Fall nur eine Matrix Z_1 und ist daher von der Form $Z = (U_1, \dots, U_p, Z_1) = (Z_0, Z_1)$ mit $Z_0 = (U_1, \dots, U_p)$. Wir bilden

$$Z^{\mathrm{T}} Z = \begin{pmatrix} Z_0^{\mathrm{T}} Z_0 & Z_0^{\mathrm{T}} Z_1 \\ Z_1^{\mathrm{T}} Z_0 & Z_1^{\mathrm{T}} Z_1 \end{pmatrix}$$

$Z_0^{\mathrm{T}} Z_0$ ist eine Diagonalmatrix und hat im Falle eines Prüffaktors die Form $U_1^{\mathrm{T}} U_1 = D(r_1, \dots, r_v)$ mit den in Klammern stehenden Diagonalelementen. Auch $Z_1^{\mathrm{T}} Z_1 = D(k_1, \dots, k_b)$ ist eine Diagonalmatrix. Wir haben also jetzt

$$Z^{\mathrm{T}} Z = \begin{pmatrix} U_1^{\mathrm{T}} U_1 & U_1^{\mathrm{T}} Z_1 \\ Z_1^{\mathrm{T}} U_1 & Z_1^{\mathrm{T}} Z_1 \end{pmatrix}$$

Die Teilmatrix $U_1^{\mathrm{T}} Z_1 = \mathcal{N}$ heißt Inzidenzmatrix, damit hat $Z^{\mathrm{T}} Z$ nun die Form

$$Z^{\mathrm{T}} Z = \begin{pmatrix} D(r_1, \dots, r_v) & \mathcal{N} \\ \mathcal{N}^{\mathrm{T}} & D(k_1, \dots, k_b) \end{pmatrix}$$

Eine Blockanlage ist also eine endliche Inzidenzstruktur bestehend aus einer Inzidenzmatrix, einer endlichen Menge $\{1, 2, \dots, v\}$ von v Elementen, genannt Behandlungen, und einer endlichen Menge $\{B_1, B_2, \dots, B_b\}$ von b Mengen, genannt Blocks, sie sind die Stufen des Störfaktors. Die Elemente der sogenannten Inzidenzmatrix $\mathcal{N} = (n_{ij})$ ergeben die beiden Diagonalmatrizen, es ist nämlich $\mathcal{N} e_b = D(r_1, \dots, r_v)$ und $\mathcal{N}^{\mathrm{T}} e_v = D(k_1, \dots, k_b)$. Die Stufen des Blockfaktors nennen wir Blocks.

Definition 12.3
Die Elemente der Inzidenzmatrix $\mathcal{N} = (n_{ij})$ mit v Zeilen und b Spalten geben an, wie oft die die i-te Zeile repräsentierende i-te Behandlung im die j-te Spalte definierenden j-ten Block auftritt. Sind alle n_{ij} entweder 0 oder 1, so heißen

die Inzidenzmatrix und die ihr entsprechende Blockanlage binär. Die b Spaltensummen k_j der Inzidenzmatrix, also die Elemente von $D(k_1, \dots, k_b)$, heißen Blockgrößen. Die v Zeilensummen r_i der Inzidenzmatrix, also die Elemente von $D(r_1, \dots, r_v)$, heißen Wiederholungen. Eine Blockanlage heißt vollständig, wenn die Elemente der Inzidenzmatrix alle positiv ($n_{ij} \geq 1$) sind. Eine Blockanlage heißt unvollständig, falls die Inzidenzmatrix wenigstens eine Null aufweist. Blocks heißen unvollständig, wenn in der entsprechenden Spalte der Inzidenzmatrix wenigstens eine Null steht.

In Blockanlagen ist die Randomisierung wie folgt durchzuführen: Die Versuchseinheiten in jedem Block sind zufällig den Behandlungen, die in diesem Block auftreten, zuzuweisen. Dabei wird die Randomisierung für jeden Block einzeln angewendet; wir müssen bei der vollständigen Randomisierung (siehe Abschn. 12.1) lediglich N durch die Blockgröße k und v durch die Anzahl der im Block auftretenden Behandlungen ersetzen.

Für vollständige Blockanlagen mit v Versuchseinheiten pro Block, von denen jede genau einer der v Behandlungen zugeordnet wird, ist die Randomisierung damit beendet. Anders verhält es sich im Fall $k < v$. Bei unvollständigen Blockanlagen sind die abstrakten Blocks, wie sie durch die mathematische Konstruktion entstehen, den realen Blocks zufällig zuzuordnen, dies geschieht ebenfalls mit dem in Abschn. 12.1 beschriebenen Verfahren für $N = b$, wobei b die Anzahl der Blocks bezeichnet.

Vor allem bei unvollständigen binären Blockanlagen ist es sinnvoll, anstelle der Inzidenzmatrix eine Kompaktschreibweise zur Charakterisierung zu verwenden. Dabei entspricht jedem Block ein Klammerausdruck, in dem die Nummern der im Block enthaltenen Behandlungen stehen.

Beispiel 12.2

Eine Blockanlage mit $v = 4$ Behandlungen und $b = 6$ Blocks sei durch folgende Inzidenzmatrix definiert:

$$\begin{pmatrix} 1 & 0 & 1 & 0 & 0 & 0 \\ 0 & 1 & 0 & 1 & 1 & 1 \\ 1 & 0 & 1 & 0 & 0 & 0 \\ 0 & 1 & 0 & 1 & 1 & 1 \end{pmatrix}$$

Da diese Matrix Nullen enthält, handelt es sich um eine unvollständige Blockanlage. In Kompaktschreibweise lässt sie sich in der Form

$$\{(1,3), (2,4), (1,3), (2,4), (2,4), (2,4)\}$$

schreiben. Wie vereinbart repräsentiert z. B. die erste Klammer den Block 1, in dem die Behandlungen 1 und 3 auftreten, da die den ersten Block definierende Spalte eine 1 in den Zeilen 1 und 3 hat und diese entsprechen den Behandlungen 1 und 3.

Definition 12.4 Tocher (1952)
Eine Blockanlage, bei der in Definition 12.2 der Operator K die Matrix Z in die Matrix $\mathcal{N}\mathcal{N}^{\mathrm{T}}$ überführt, heißt $\mathcal{N}\mathcal{N}^{\mathrm{T}}$-balanciert. Eine $\mathcal{N}\mathcal{N}^{\mathrm{T}}$-balancierte unvollständige Blockanlage der Ordnung t heißt teilweise balanciert mit t Assoziationsklassen.

Definition 12.5
Eine Blockanlage mit symmetrischer Inzidenzmatrix heißt symmetrische Blockanlage. Treten in einer Blockanlage alle Behandlungen gleich oft auf, d. h., ist die Anzahl der Wiederholungen $r_i = r$, so heißt diese Anlage wiederholungsgleich. Ist in einer Blockanlage die Anzahl der Versuchseinheiten je Block gleich, d. h., gilt $k_j = k$, so heißt diese Anlage blockgleich.

Man kann nun leicht einsehen, dass sowohl die Summe aller Wiederholungen r_i als auch die Summe aller Blockgrößen k_j gleich der Anzahl N der Versuchseinheiten einer Blockanlage sein muss. Damit gilt für jede Blockanlage:

$$\sum_{i=1}^{v} r_i = \sum_{j=1}^{b} k_j = N \tag{12.3}$$

Speziell folgt daraus für wiederholungs- und blockgleiche Blockanlagen ($r_i = r$ und $k_j = k$):

$$vr = bk \tag{12.4}$$

In symmetrischen Blockanlagen ist $b = v$ und $r_i = k_i$ $(i = 1, \dots, v)$.

Definition 12.6
Eine unvollständige Blockanlage ist zusammenhängend, falls es für jedes Paar (A_k, A_l) von Behandlungen $A_1, \dots, A_v$ eine Kette von Behandlungen gibt, die mit A_k beginnt und mit A_l endet, sodass aufeinanderfolgende Behandlungen in dieser Kette in mindestens einem Block gemeinsam auftreten. Anderenfalls heißt die Blockanlage unzusammenhängend. Alternativ kann man auch sagen: Eine Blockanlage ist unzusammenhängend, falls man die Inzidenzmatrix $\mathcal{N}$ dieser Blockanlage durch Permutation ihrer Zeilen bzw. Spalten in eine Matrix transformieren kann, die die direkte Summe von mindestens zwei Matrizen ist, anderenfalls ist sie zusammenhängend.

Diese Definition erscheint sehr abstrakt, und ihre Bedeutung mag nicht klar sein. Die Eigenschaft „zusammenhängend“ ist aber von großer Bedeutung für die Auswertung. Unzusammenhängende Blockanlagen können nämlich (z. B. mit der Varianzanalyse) nicht als Ganzes ausgewertet werden, sie werden wie zwei oder mehrere unabhängige Versuchsanlagen ausgewertet.

Beispiel 12.2 Fortsetzung
In der Anlage des Beispiels 12.2 treten die erste und die zweite Behandlung nicht gemeinsam in einem der sechs Blocks auf. Zwischen ihnen lässt sich auch keine Behandlungskette im Sinne von Definition 12.6 finden, folglich ist die Anlage eine unzusammenhängende Blockanlage. Was dies bedeutet, wird deutlich, wenn wir die Blocks und die Behandlungen umnummerieren oder, was auf das gleiche hinausläuft, die Spalten und die Zeilen der Inzidenzmatrix geeignet vertauschen. Wir vertauschen die Blocks 2 und 3 und die Behandlungen 1 und 4. In der Inzidenzmatrix vertauschen sich damit die Spalten 2 und 3 und die Zeilen 1 und 4. Das Ergebnis ist die folgende Matrix:

$$\begin{pmatrix} 0 & 0 & 1 & 1 & 1 & 1 \\ 0 & 0 & 1 & 1 & 1 & 1 \\ 1 & 1 & 0 & 0 & 0 & 0 \\ 1 & 1 & 0 & 0 & 0 & 0 \end{pmatrix}$$

Man sieht nun, dass diese Versuchsanlage die direkte Summe zweier Matrizen ist und damit aus zwei Anlagen mit zwei getrennten Teilmengen von Behandlungen besteht. In der ersten Anlage haben wir zwei Behandlungen (1 und 2) in vier Blocks, in der zweiten Anlage zwei weitere Behandlungen (3 und 4) in zwei anderen Blocks.

Wir wollen für den Rest dieses Kapitels lediglich vollständige (und damit zusammenhängende) oder zusammenhängende unvollständige Blockanlagen betrachten. Außerdem beschränken wir uns auf die für die Anwendungen wichtigen block- und wiederholungsgleichen Blockanlagen.

Definition 12.7
Es seien $\mathcal{N}_i; i = 1, 2$ Inzidenzmatrizen zweier Blockanlagen mit den Parametern v_i, b_i, k_i, r_i. Das Kronecker-Produkt $\mathcal{N} = \mathcal{N}_1 \otimes \mathcal{N}_2$ ist Inzidenzmatrix einer Kronecker-Produkt-Anlage mit den Parametern $v = v_1 v_2, b = b_1 b_2, k = k_1 k_2, r = r_1 r_2$.

Satz 12.1
Sind die $\mathcal{N}_i$; $i = 1, 2$ binär, so ist die Kronecker-Produkt-Anlage mit der Inzidenzmatrix $\mathcal{N} = \mathcal{N}_1 \otimes \mathcal{N}_2$ ebenfalls binär und es gilt $\mathcal{N}\mathcal{N}^{\mathrm{T}} = \mathcal{N}_1\mathcal{N}_1^{\mathrm{T}} \otimes \mathcal{N}_2\mathcal{N}_2^{\mathrm{T}}$. Sind die Kronecker-Produkt-Anlagen mit den Inzidenzmatrizen $\mathcal{N}_i; i = 1, 2$ beide $\mathcal{N}_i\mathcal{N}_i^{\mathrm{T}}$-balanciert von der Ordnung t_i, so sind $\mathcal{N} = \mathcal{N}_1 \otimes \mathcal{N}_2$ bzw. $\mathcal{N}^* = \mathcal{N}_2 \otimes \mathcal{N}_1$ Inzidenzmatrizen von $\mathcal{N}\mathcal{N}^{\mathrm{T}}$-balancierten bzw. $\mathcal{N}^*\mathcal{N}^{*\mathrm{T}}$-balancierten Blockanlagen der Ordnung $t^* \leq (t_1 + 1)(t_2 + 1) - 1$.

Beweis: Der erste Teil des Satzes folgt aus der Definition von Kronecker-Produkten. Da die Anlagen $\mathcal{N}_i\mathcal{N}_i^{\mathrm{T}}$-balanciert von der Ordnung t_i sind, haben diese Matrizen genau $t_i + 1$ (mit dem Hauptdiagonalelement) verschiedene Elemente. Wegen $\mathcal{N}\mathcal{N}^{\mathrm{T}} = \mathcal{N}_1\mathcal{N}_1^{\mathrm{T}} \otimes \mathcal{N}_2\mathcal{N}_2^{\mathrm{T}}$ treten in $\mathcal{N}\mathcal{N}^{\mathrm{T}}$ (oder $\mathcal{N}^*\mathcal{N}^{*\mathrm{T}}$) alle $(t_1 + 1)(t_2 + 1)$

Produkte auf. Da aber alle Elemente in der Hauptdiagonalen von $\mathcal{N}\mathcal{N}^{\mathrm{T}}$ gleich sind, gibt es maximal $(t_1 + 1)(t_2 + 1) - 1$ verschiedene Werte in $\mathcal{N}\mathcal{N}^{\mathrm{T}}$ (oder $\mathcal{N}^*\mathcal{N}^{*\mathrm{T}}$).

12.2.1 Vollständig balancierte unvollständige Blockanlagen

Definition 12.8
Eine (vollständig) balancierte unvollständige Blockanlage (BUB) ist eine block- und wiederholungsgleiche unvollständige Blockanlage mit der zusätzlichen Eigenschaft, dass jedes Paar von Behandlungen in gleich vielen, sagen wir in λ, Blocks auftritt. Sie ist im Sinne von Definition 12.4 eine $\mathcal{N}\mathcal{N}^{\mathrm{T}}$-balancierte unvollständige Blockanlage mit $t = 1$. Besitzt eine BUB v Behandlungen mit r Wiederholungen in b Blocks der Größe $k < v$, so nennen wir sie $B(v, k, \lambda)$-Anlage. Eine BUB für ein Paar (v, k) heißt elementar, falls man sie nicht in mindestens zwei BUB für dieses Paar (v, k) zerlegen kann. Eine BUB für ein Paar (v, k) heißt kleinste BUB für dieses Paar (v, k), falls r (und damit auch b und λ) minimal ist.

Im Symbol $B(v, k, \lambda)$ treten nur drei der fünf Parameter v, b, k, r, λ einer BUB auf. Dies ist ausreichend, da nur drei der fünf Parameter frei wählbar sind, die beiden anderen liegen dann automatisch fest. Das sieht man wie folgt: Die Anzahl von möglichen Behandlungspaaren in der Anlage ist gleich $\binom{v}{2} = \frac{v(v-1)}{2}$. Andererseits gibt es in jedem der b Blocks genau $\binom{k}{2} = \frac{k(k-1)}{2}$ Behandlungspaare und daher gilt $\lambda v(v - 1) = bk(k - 1)$, wenn jedes der $\binom{v}{2}$ Behandlungspaare λ-mal in dem Versuch auftritt (nach Definition muss dies in einer BUB eine Konstante sein). Nach Formel (12.4) ersetzen wir bk durch vr und erhalten (nach Division durch v):

$$\lambda(v - 1) = r(k - 1) \tag{12.5}$$

Die Gleichungen (12.4) und (12.5) sind notwendige Bedingungen für die Existenz einer BUB. Diese notwendigen Bedingungen reduzieren die Menge möglicher Quintupel ganzer Zahlen v, b, r, k, λ auf eine Teilmenge solcher ganzer Zahlen, für die die Bedingungen (12.4) und (12.5) erfüllt sind. Charakterisieren wir eine BUB durch drei dieser Parameter, z. B. durch $\{v, k, \lambda\}$, so können die restlichen Parameter mithilfe dieser Gleichungen berechnet werden.

Wir weisen darauf hin, dass die notwendigen Bedingungen nicht immer hinreichend für die Existenz einer BUB sind. Um das zu zeigen, reicht ein Gegenbeispiel.

Beispiel 12.3
Wir zeigen, dass die Bedingungen, die für die Existenz einer BUB notwendig sind, nicht auch hinreichend sein müssen. Die Werte

$$v = 16\,, \quad r = 3\,, \quad b = 8\,, \quad k = 6\,, \quad \lambda = 1$$

erfüllen wegen $16 \cdot 3 = 8 \cdot 6$ und $1 \cdot 15 = 3 \cdot 5$ die notwendigen Bedingungen, trotzdem gibt es keine BUB mit dieser Parameterkombination.

Neben (12.4) und (12.5) gibt es eine weitere notwendige Bedingung, die Fishersche Ungleichung, nach der stets

$$b \geq v \tag{12.6}$$

gelten muss.

Diese Ungleichung ist in Beispiel 12.3 nicht erfüllt. Aber auch wenn (12.4), (12.5) und (12.6) gelten, muss nicht immer eine BUB existieren, z. B. ist dies für

$$v = 22\,, \quad k = 8\,, \quad b = 33\,, \quad r = 12\,, \quad \lambda = 4$$

und

$$v = 34\,, \quad k = 12\,, \quad b = 34\,, \quad r = 12\,, \quad \lambda = 4$$

der Fall. Die kleinsten BUB, die für

$$v = 22\,, \quad k = 8 \quad \text{und} \quad v = 34 \quad \text{und} \quad k = 12$$

existieren, haben die Parameter

$$\begin{aligned} &v = 22\,, \quad k = 8\,, \quad b = 66\,, \quad r = 24\,, \quad \lambda = 8 \quad \text{bzw.} \\ &v = 34\,, \quad k = 12\,, \quad b = 51\,, \quad r = 18\,, \quad \lambda = 6 \end{aligned}$$

Man kann stets eine BUB (eine sogenannte unreduzierte oder triviale BUB) für beliebige positive ganze Zahlen v und $k < v$ erhalten, indem man alle möglichen Kombinationen von v Elementen in k Klassen aufschreibt. Folglich ist dann $b = \binom{v}{k}$, $r = \binom{v-1}{k-1}$ und $\lambda = \binom{v-2}{k-2}$.

Meist lässt sich eine BUB mit weniger Blocks als Teilmenge einer solchen trivialen BUB finden, wir nennen diese kleinere BUB. Ein Fall, für den eine solche Reduktion nicht möglich ist, ist der mit $v = 8$ und $k = 3$. Dies ist der einzige Fall für $v \leq 25$ und $2 < k < v - 1$, für den keine kleinere BUB als die triviale existiert. Rasch *et al.* (2014) äußern und stützen die Vermutung, dass dies der einzige Fall mit $k > 2$ und $k < v - 2$ ist, diese Vermutung ist bis heute weder bestätigt noch widerlegt. Es gilt lediglich der folgende Satz, der in dieser Arbeit bewiesen wurde.

Satz 12.2
Die obige Vermutung ist richtig, wenn wenigstens eine der folgenden Bedingungen erfüllt ist:

a) $v < 26, 2 < k < v - 1, (v, k) \neq (8{,}3)$,
b) $k < 6$,
c) $v > 8$, falls v Primzahl oder Primzahlpotenz ist.

Beweis: Für die Fälle a) und b) ist der Satz konstruktiv bewiesen, es existieren für alle Parameterkombinationen nichttriviale BUB.

Falls $v > 8$ Primzahl oder Primzahlpotenz ist, existieren BUB mit $b = v(v-1)$. Für jedes $k \leq v/2$ schreiben wir

$$\binom{v}{k} = v(v-1)\frac{(v-2)}{6} \dots \frac{(v-k+1)}{k}$$

Alle Faktoren von $v(v-1)\frac{(v-2)}{6} \dots \frac{(v-k+1)}{k}$ sind größer als 1, sodass $v(v-1) < \binom{v}{k}$ ist.

Die Blockanlagen mit $b = v(v-1)$ Blocks sind oft nicht die kleinsten. Ein Grund ist, dass in einigen davon jeder Block w mal vorkommt. Entfernt man $w-1$ Kopien jedes Blocks, erhält man eine BUB mit $\frac{v(v-1)}{w}$ Blocks.

Bei der Konstruktion von BUB können wir uns auf die Fälle mit $k \leq \frac{v}{2}$ beschränken. Um das zu zeigen, geben wir die

Definition 12.9
Eine komplementäre Blockanlage zu einer gegebenen BUB für ein Paar (v, k) ist eine Blockanlage für das Paar $(v, v-k)$ mit der gleichen Anzahl von Blocks, sodass jeder Block der komplementären Blockanlage die Behandlungen enthält, die nicht im entsprechenden Block der originalen BUB enthalten sind.

Wir haben (Parameter der komplementären Anlage mit Sternen)

$$v^* = v\,, \quad b^* = b\,, \quad k^* = v - k\,, \quad r^* = b - r$$

Die Inzidenzmatrix der komplementären Anlage ist $\mathcal{N}^* = e_{vb} - \mathcal{N}$, und das ergibt

$$\begin{aligned}\mathcal{N}^*\mathcal{N}^{*\mathrm{T}} &= (e_{vb} - \mathcal{N})(e_{vb} - \mathcal{N})^{\mathrm{T}} = be_{vv} - re_{vv} - re_{vv} + \mathcal{N}\mathcal{N}^{\mathrm{T}} \\ &= (r - \lambda)I_v + (b - 2r + \lambda)e_{vv}\end{aligned}$$

Das bedeutet, dass die komplementäre Blockanlage einer BUB ebenfalls eine BUB ist mit $\lambda^* = b - 2r + \lambda$.

Jetzt folgt

Satz 12.3
Die komplementäre Blockanlage zu einer gegebenen BUB für ein Paar (v, k) ist eine BUB für $(v, v-k)$ mit den Parametern $v^* = v$, $b^* = b$, $k^* = v - k$, $r^* = b - r$, $\lambda^* = b - 2r + \lambda$.

Daraus folgt, dass eine BUB nicht komplementär zu einer Blockanlage sein kann, die nicht selbst eine BUB ist.

Natürlich sind kleinste (v, k)-BUB elementar, aber nicht alle elementaren BUB sind kleinste, wie wir in Beispiel 12.4 zeigen werden.

In den Anwendungen ist oft die Anzahl v der Behandlungen und die Blockgröße k gegeben, und es ist interessant, die kleinste Blockanlage für ein Paar (v, k) zu kennen. Diese können mit dem R-Programm in OPDOE (Rasch *et al.*, 2011) gefunden werden.

Für $k = 1$ definiert jedes der v Elemente einen Block einer degenerierten BUB mit $v = b$, $r = 1$ und $\lambda = 0$. Diese BUB sind trivial und elementar. Dasselbe gilt für deren komplementäre BUB mit $v = b$, $r = k = v - 1$ und $\lambda = v - 2$. Hier fehlt in jedem Block eine andere Behandlung. Auch für $k = 2$ sind alle BUB und ihre komplementären BUB sowohl trivial als auch elementar. Deshalb beschränken wir uns im Folgenden auf $3 \le k \le v/2$.

Definition 12.10
Eine BUB heißt α-zerlegbar oder kurz eine α-ZBUB, falls die Menge der Blocks in Teilmengen, sogenannte Zerlegungsklassen, zerlegt werden kann, sodass jede Behandlung genau α-mal in jeder Zerlegungsklasse auftritt. Wir schreiben $ZB(v, k, \lambda)$. Eine α-ZBUB heißt affin α-zerlegbar, wenn in je zwei Blocks aus verschiedenen Zerlegungsklassen genau α Behandlungen gemeinsam auftreten. Eine 1-zerlegbare BUB heißt kurz zerlegbar oder eine ZBUB.

Für affine α-zerlegbare ZBUB gilt $b = v + r - 1$ und $\alpha = \frac{k^2}{v}$.

Beispiel 12.4
Die BUB mit $v = 9$, $k = 3$, $\lambda = 1$ und $b = 12$ ist affin 1-zerlegbar in 4 Klassen (die Spalten des Schemas)

$$\left\{\begin{matrix} (1,2,3) & (1,4,7) & (1,5,9) & (1,6,8) \\ (4,5,6) & (2,5,8) & (2,6,7) & (3,5,7) \\ (7,8,9) & (3,6,9) & (3,4,8) & (2,4,9) \end{matrix}\right\}$$

denn es gilt $\alpha = \frac{3^2}{9} = 1$.

Definition 12.11
Ist $\mathcal{N}$ die Inzidenzmatrix einer BUB, so heißt die BUB mit der Inzidenzmatrix $\mathcal{N}^{\mathrm{T}}$ duale BUB, diese entsteht also durch formale Vertauschung von Zeilen und Spalten der Inzidenzmatrix einer BUB.

Die Parameter der dualen BUB zu einer BUB mit Parametern v, b, r, k, und λ sind

$$v^* = b\,, \quad b^* = v\,, \quad r^* = k\,, \quad k^* = r \quad \text{und} \quad \lambda = \lambda^*$$

Beispiel 12.5

Für $v = 7$ und $k = 3$ ist die triviale BUB gegeben durch:

$$\begin{array}{ccccc}
(1,2,3) & (1,3,6) & (1,6,7) & (2,4,7) & \mathit{(3,5,6)} \\
\boldsymbol{(1,2,4)} & \boldsymbol{(1,3,7)} & (2,3,4) & (2,5,6) & (3,5,7) \\
(1,2,5) & (1,4,5) & \boldsymbol{(2,3,5)} & (2,5,7) & (3,6,7) \\
\mathit{(1,2,6)} & (1,4,6) & (2,3,6) & \boldsymbol{(2,6,7)} & (4,5,6) \\
(1,2,7) & (1,4,7) & \mathit{(2,3,7)} & (3,4,5) & \boldsymbol{(4,5,7)} \\
\mathit{(1,3,4)} & \boldsymbol{(1,5,6)} & \mathit{(2,4,5)} & \boldsymbol{(3,4,6)} & \mathit{(4,6,7)} \\
(1,3,5) & \mathit{(1,5,7)} & (2,4,6) & (3,4,7) & (5,6,7)
\end{array}$$

Eine elementare BUB hat die Parameter $b = 7$, $r = 3$, $\lambda = 1$ und die Blocks $\{(1,2,4);(1,3,7),(1,5,6),(2,3,5),(2,6,7),(4,5,7),(3,4,6)\}$ – sie sind im obigen Schema fett und kursiv gedruckt. Die Inzidenzmatrix ist

$$\begin{pmatrix}
1 & 1 & 1 & 0 & 0 & 0 & 0 \\
1 & 0 & 0 & 1 & 1 & 0 & 0 \\
0 & 1 & 0 & 1 & 0 & 0 & 1 \\
1 & 0 & 0 & 0 & 0 & 1 & 1 \\
0 & 0 & 1 & 1 & 0 & 1 & 0 \\
0 & 0 & 1 & 0 & 1 & 0 & 1 \\
0 & 1 & 0 & 0 & 1 & 1 & 0
\end{pmatrix}$$

Die komplementäre BUB ist $\{(1,2,3,6),(1,3,4,5),(1,4,6,7),(1,2,5,7),(2,4,5,6),(2,3,4,7),(3,5,6,7)\}$.

Eine weitere elementare BUB mit Parametern $b = 7$, $r = 3$, $\lambda = 1$ ist das Septupel kursiv (aber nicht fett) gedruckter Blocks (Zahlentripel) in der trivialen BUB. Sie ist isomorph zur BUB mit den kursiv und fett gedruckten Blocks. Die Menge der übrigen 21 von den 35 Blocks kann nicht weiter in kleinere BUB zerlegt werden, sie stellt eine weitere elementare BUB dar, die aber natürlich nicht kleinste ist. Um zu zeigen, dass es keine weitere BUB mit sieben Blocks geben kann (und damit auch keine mit 14 Blocks), betrachten wir einen der restlichen Blocks, nämlich $(1,2,3)$. Es muss wegen $r = 3$ zwei weitere Blocks mit einer 1 geben, in denen $(1,4),(1,5),(1,6)$ und $(1,7)$ enthalten sind. Die einzige Möglichkeit ist $(1,4,5)$ und $(1,6,7)$, andere Möglichkeiten sind schon in den beiden entnommenen Blockanlagen verbraucht oder widersprechen $\lambda = 1$. Die gesuchte Blockanlage muss also mit $(1,2,3)$, $(1,4,5)$ und $(1,6,7)$ beginnen. Nun brauchen wir noch zwei weitere Blocks mit einer 2 mit den Paaren $(2,4)$, $(2,5)$, $(2,6)$, und $(2,7)$. Möglichkeiten sind $(2,4,6)$ mit $(2,5,7)$ oder $(2,4,7)$ mit $(2,5,6)$.

Damit haben wir zwei Möglichkeiten für die fünf ersten Blocks:

$$\begin{array}{lll} (1,2,3) & \text{oder} & (1,2,3) \\ (1,4,5) & & (1,4,5) \\ (1,6,7) & & (1,6,7) \\ (2,4,6) & & (2,4,7) \\ (2,5,7) & & (2,5,6) \end{array}$$

Zu beiden Möglichkeiten müssen noch zwei Blocks mit je einer 3 hinzugefügt werden. Die Blocks $(3,6,7)$ und $(3,4,5)$ sind nicht zulässig, Die Paare $(4,5)$ und $(6,7)$ sind jeweils in den ersten fünf Blocks vorhanden. $(3,4,7)$ wäre im ersten Quintupel zulässig, aber der Partner $(3,5,6)$ ist nicht mehr verfügbar. Damit scheidet das erste Quintupel aus. Im zweiten könnten wir mit $(3,5,7)$ fortsetzen, aber auch hier ist der Partner $(3,4,6)$ bereits verbraucht. Folglich sind die verbleibenden 35 Blocks eine elementare BUB.

Die duale BUB dieses Beispiels hat die Inzidenzmatrix

$$\begin{pmatrix} 1 & 1 & 0 & 1 & 0 & 0 & 0 \\ 1 & 0 & 1 & 0 & 0 & 0 & 1 \\ 1 & 0 & 0 & 0 & 1 & 1 & 0 \\ 0 & 1 & 1 & 0 & 1 & 0 & 0 \\ 0 & 1 & 0 & 0 & 0 & 1 & 1 \\ 0 & 0 & 0 & 1 & 1 & 0 & 1 \\ 0 & 0 & 1 & 1 & 0 & 1 & 0 \end{pmatrix}$$

entstanden durch Vertauschung von Zeilen und Spalten der Originalinzidenzmatrix. Die zugehörige BUB

$$\{(1,2,3);(1,4,5),(1,6,7),(2,4,7),(2,5,6),(3,4,6),(3,5,7)\}$$

ist natürlich auch elementar.

Im Folgenden geben wir einige Ergebnisse für Fälle, in denen die notwendigen Bedingungen (12.4), (12.5) und (12.6) auch hinreichend sind.

Satz 12.4 Hanani (1961, 1975); Abel und Greig (1998); Abel *et al.* (2001)
Die notwendigen Bedingungen (12.4) bis (12.6) sind hinreichend, falls:

- $k = 3$, und $k = 4$ für alle $v \geq 4$ und für alle λ;
- $k = 5$ mit Ausnahme von $v = 15$ und $\lambda = 2$;
- $k = 6$ für alle $v \geq 7$ und $\lambda > 1$ mit Ausnahme von $v = 21$ und $\lambda = 2$;
- $k = 7$ für alle $v \geq 7$ und $\lambda = 0, 6, 7, 12, 18, 24, 30, 35, 36$ (mod(42)) und alle $\lambda > 30$, die nicht teilbar durch 2 oder 3 sind;

- $k = 8$, für $\lambda = 1$ mit 38 möglichen Ausnahmen für v, nämlich die Werte 113, 169, 176, 225, 281, 337, 393, 624, 736, 785, 1065, 1121, 1128, 1177, 1233, 1240, 1296, 1345, 1401, 1408, 1457, 1464, 1513, 1520, 1569, 1576, 1737, 1793, 1905, 1961, 2185, 2241, 2577, 2913, 3305, 3417, 3473, 3753.

Für diese 38 Werte von v existieren $(v, 8, 2)$-BUB bis auf $v = 393$. (Es gibt aber für $\lambda = 2$ folgende weitere Werte von v: 29, 36, 365, 477, 484, 533, 540, 589, für die die Existenz nicht nachgewiesen werden konnte. Speziell sind die notwendigen Bedingungen hinreichend für alle $\lambda > 5$ und für $\lambda = 4$, falls $v \neq 22$).

Da der Beweis dieses Satzes sehr umfangreich ist, verweisen wir auf die Originalliteratur. Für $\lambda = 4$ und $v = 22$ existiert tatsächlich keine BUB, die kleinste BUB für $v = 22$ und $k = 8$, die das R-Programm OPDOE ausgibt, ist die für $\lambda = 8$, $b = 66$ und $r = 24$.

Satz 12.5 Theorem 1.2 in Abel *et al.* (2002a, 2004)
Die notwendigen Bedingungen für die Existenz einer $(v, k = 9, \lambda)$-BUB sind in folgenden Fällen hinreichend:

a) Für $\lambda = 2$ (notwendige Bedingungen: $v \equiv 1, 9 \pmod{36}$) mit den möglichen Ausnahmen $v = 189, 253, 505, 765, 837, 1197, 1837$ und 1845;
b) für $\lambda = 3$ (notwendige Bedingungen: $v \equiv 1, 9 \pmod{24}$) mit den möglichen Ausnahmen $v = 177, 345$ und 385;
c) für $\lambda = 4$ (notwendige Bedingungen: $v \equiv 1, 9 \pmod{18}$) mit den möglichen Ausnahmen $v = 315, 459$ und 783;
d) für $\lambda = 6$ (notwendige Bedingungen: $v \equiv 1, 9 \pmod{12}$) mit der möglichen Ausnahme $v = 213$;
e) für $\lambda = 8$ (notwendige Bedingungen: $v \equiv 0, 1 \pmod 9$);
f) für $\lambda = 9$ (notwendige Bedingungen: $v \equiv 1 \pmod 8$);
g) für $\lambda = 12$ (notwendige Bedingungen: $v \equiv 1, 3 \pmod 6$ mit $v \geq 9$);
h) für $\lambda = 18, 24, 36, 72$ und alle weiteren Werte von λ, die nicht Teiler von 72 sind.

Auch hier verzichten wir auf den Beweis und verweisen auf die drei Arbeiten von Abel *et al.* (2002a,b, 2004), dort wird darauf hingewiesen, dass die möglichen Ausnahmen nicht definitiv als Ausnahmen festgestellt werden konnten. Für alle anderen Blockanlagen wurde die Existenz konstruktiv bewiesen. Die noch nicht geklärten Fälle sind in den Tab. 12.1 und 12.2 zu finden.

Weiter konnte Hanani (1989) zeigen, dass die notwendigen Bedingungen (12.4), (12.5) und (12.6) auch hinreichend für die Existenz einer BUB mit $k = 7$, $\lambda = 3$ und $\lambda = 21$ sind mit den möglichen Ausnahmen für die Werte $\lambda = 3$ und $v = 323$, 351, 407, 519, 525, 575, 665.

Sun (2012) zeigte, dass, falls die Anzahl von Behandlungen eine Primzahlpotenz ist, in vielen Fällen die notwendigen Bedingungen auch hinreichend für die Existenz einer BUB sind.

Zur Existenz symmetrischer BUB enthält der folgende Satz Ergebnisse.

Tab. 12.1 Werte von v in nicht konstruierten $(v, k = 9, \lambda)$-BUB mit $\lambda = 1$.

145 153 217 225 289 297 361 369 505 793 865 873 945 1017 1081 1305 1441 1513 1585 1593 1665 1729 1809 1881 1945 1953 2025 2233 2241 2305 2385 2449 2457 2665 2737 2745 2881 2889 2961 3025 3097 3105 3241 3321 3385 3393 3601 3745 3753 3817 4033 4257 4321 4393 4401 4465 4473 4825 4833 4897 4905 5401 5473 5481 6049 6129 6625 6705 6769 6777 6913 7345 7353 7425 9505 10 017 10 665 12 529 12 537 13 185 13 753 13 833 13 969 14 113 14 473 14 553 14 625 14 689 15 049 15 057 16 497

Tab. 12.2 Noch nicht konstruierte $(v, k = 9, \lambda)$-BUB mit $\lambda > 1$.

(177,9,3) (189,9,2) (213,9,6) (253,9,2) (315,9,4) (345,9,3) (385,9,3) (459,9,4) (505,9,2) (765,9,2) (783,9,4) (837,9,2) (1197,9,2) (1837,9,2) (1845,9,2)

Satz 12.6 Bruck-Ryser-Chowla Dieorem, Mohan *et al.* (2004)
Genügen die Parameter $v; k; \lambda$ einer BUB der Existenzbedingung (12.5) für $k = r$, so ist für die Existenz einer symmetrischen BUB notwendig, dass

a) v gerade und $k - \lambda$ eine Quadratzahl ist,
b) v ungerade ist und $z^2 = (k - \lambda)x^2 + (-1)^{\frac{v-1}{2}} \lambda y^2$ eine nichttriviale ganzzahlige Lösung $x; y; z$ hat.

Verschiedene Autoren veröffentlichten Tabellen von BUB, die erste für $r \leq 10$ stammt von Fisher und Yates (1949, 1963). Für $11 \leq r \leq 15$ findet man eine Tabelle in Rao (1961) und für $16 \leq r \leq 20$ in Sprott (1962). Weitere Tabellen gibt Takeuchi (1962) für $v \leq 100$, $k \leq 30$, $\lambda \leq 14$. DiPaola, Williams und Williams (1973) kombinieren und ergänzen diese Tabellen für $6 \leq r \leq 30$. Die Parameterkombinationen weiterer Tabellen sind bei Raghavarao (1971) $v \leq 100$, $k \leq 15$, $\lambda \leq 15$; bei Collins (1976) $v \leq 50$, $k \leq 23$, $\lambda \leq 11$; bei Mathon und Rosa (2006) $r \leq 41$ und bei Mohan *et al.* (2004) $v \leq 111$, $k \leq 55$, $\lambda \leq 30$.

12.2.2 Methoden zur Konstruktion von BUB

Im Folgenden werden einige Konstruktionsmethoden für BUB aufgeführt, um dem Leser ein Gefühl für die Vielfalt dieser Methoden zu geben. Wir streben hier keine Vollständigkeit an, weitere Methoden findet man z. B. bei Abel *et al.* (2004) oder bei Rasch *et al.* (2011). Dort findet man auch entsprechende R-Programme sowie Verfahren, die Differenzmengen und Differenzfamilien verwenden, die hier nicht beschrieben werden.

Definition 12.12
Es sei p eine Primzahl. Für ein ganzzahliges h ist dann $s = p^h$. Jede geordnete Menge $X = (x_0, \ldots, x_n)$ von $n + 1$ Elementen x_i eines Galoiskörpers GK(s) ist ein Punkt einer (endlichen) projektiven Geometrie PG(n, s). Zwei Mengen

$Y = (y_0, \dots, y_n)$ und $X = (x_0, \dots, x_n)$ mit $y_i = qx_i$ $(i = 0, \dots, n)$ und einem Element q des GK(s), das ungleich 0 ist, repräsentieren den gleichen Punkt. Die Elemente x_i $(i = 0, \dots, n)$ von X heißen Koordinaten von X. Alle Punkte einer PG(n, s), die $n-m$ linear unabhängige homogene Gleichungen $\sum_{i=0}^{n} a_{ji}x_i = 0$; $j = 1, \dots, n-m$; $a_{ji} \in$ GF(s) erfüllen, bilden einen m-dimensionalen Unterraum der PG(n, s). Unterräume mit $x_0 = 0$ sind Unterräume im Unendlichen.

In einer PG(n, s) gibt es $Q_n = \frac{s^{n+1}-1}{s-1}$ verschiedene Punkte und $Q_m = \frac{s^{m+1}-1}{s-1}$ Punkte in jedem m-dimensionalen Unterraum. Die Anzahl m-dimensionaler Unterräume einer PG(n, s) ist

$$\varphi(n, m, s) = \frac{(s^{n+1}-1)(s^n-1)\cdots(s^{n-m+1}-1)}{(s^{m+1}-1)(s^m-1)\cdots(s-1)} \quad (m \geq 0; n \geq m) \qquad (12.7)$$

Die Anzahl verschiedener m-dimensionaler Unterräume einer PG(n, s), die keinen festen Punkt gemeinsam haben, ist

$$\varphi(n, m, s)\frac{s^{m+1}-1}{s^{n+1}-1} \quad (= \varphi(n-1, m-1, s)\,, \quad \text{falls} \quad m \geq 1)$$

Die Anzahl von verschieden m-dimensionalen Unterräumen einer PG(n, s) mit zwei verschiedenen festen Punkten gemeinsam ist

$$\varphi(n, m, s)\frac{(s^{m+1}-1)(s^m-1)}{(s^{n+1}-1)(s^n-1)} \quad (= \varphi(n-2, m-2, s)\,, \quad \text{falls} \quad m \geq 2)$$

Methode 12.1

Man konstruiere eine projektive Geometrie PG(n, s) und betrachte ihre Punkte als v Behandlungen und, für jedes m, den m-dimensionalen Unterraum als einen Block. Das ergibt eine BUB mit:

$$\begin{aligned}
v &= \frac{s^{n+1}-1}{s-1}\\
b &= \varphi(n, m, s)\\
r &= \frac{s^{m+1}-1}{s^{n+1}-1}\varphi(n, m, s)\\
k &= \frac{s^{m+1}-1}{s-1}\\
\lambda &= \frac{(s^{m+1}-1)\cdot(s^m-1)}{(s^{n+1}-1)\cdot(s^n-1)}\varphi(n, m, s)
\end{aligned}$$

$\varphi(n, m, s)$ ist in Definition 12.12 erklärt (siehe auch (12.7)).

Beispiel 12.6

Wir konstruieren eine PG(3, 2) mit $s = p = 2$; $h = 1$ und $n = 3$. Der GK(2) ist $\{0, 1\}$. Eine Minimalfunktion (ein irreduzibles Polynom) benötigen wir wegen $h =$

1 nicht. Die 15 Elemente (Behandlungen) der PG(3,2) sind alle Kombinationen von (0;1)-Werten in $X = (x_0, \dots, x_3)$ außer $(0, 0, 0, 0)$, also ergibt sich:

$$\{(1,0,0,0),(0,1,0,0),(0,0,1,0),(0,0,0,1),(1,1,0,0),(1,0,1,0),\\ (1,0,0,1),(0,1,1,0),(0,1,0,1),(0,0,1,1),(1,1,1,0),(1,1,0,1),\\ (1,0,1,1),(0,1,1,1),(1,1,1,1)\}$$

Mit $m = 2$ ist die Gleichung $(n - m = 1)$ für die zweidimensionalen Unterräume $a_0 + a_1x_1 + a_2x_2 + a_3x_3 = 0$ mit allen Kombinationen von Koeffizienten des GK(2) (außer $(0, 0, 0, 0)$). Das sind gerade die gleichen Quadrupel wie die der 15 Punkte. Wir bilden jetzt eine 15×15-Matrix mit Zeilen definiert durch die Behandlungen und Spalten definiert durch die Unterräume (Blocks). In jede Zelle der Matrix setzen wir eine 1, falls der Punkt im Block liegt, und sonst eine 0. Wir betrachten den ersten Block definiert durch $a_0 = 0$. Alle Punkte mit a_0 an erster Stelle liegen in diesem Block. Das sind die Punkte 2; 3; 4; 8; 9; 10 und 14. Die zweite Gleichung ist $x_1 = 0$. In diesem Block finden wir alle Punkte mit a_0 als zweitem Eintrag. Das sind die Punkte 1; 3; 4; 6; 7; 10; 13. So verfahren wir mit allen 15 Blocks und erhalten die symmetrische BUB mit $v = b = 15$, $r = k = 7$ und $\lambda = 3$.

Block	Behandlungen					
1	1	2	4	5	8	10	15
2	2	3	5	6	9	11	1
3	3	4	6	7	10	12	2
4	4	5	7	8	11	13	3
5	5	6	8	9	12	14	4
6	6	7	9	10	13	15	5
7	7	8	10	11	14	1	6
8	8	9	11	12	15	2	7
9	9	10	12	13	1	3	8
10	10	11	13	14	2	4	9
11	11	12	14	15	3	5	10
12	12	13	15	1	4	6	11
13	13	14	1	2	5	7	12
14	14	15	2	3	6	8	13
15	15	1	3	4	7	9	14

Definition 12.13
Es sei p eine Primzahl. Für ein ganzzahliges h bilden wir $s = p^h$. Jede geordnete Menge $X^* = (x_1, \dots, x_n)$ von n Elementen x_i aus GK(s) ist ein Punkt einer Euklidischen Geometrie EG(n, s). Zwei Mengen $Y^* = (y_1, \dots, y_n)$ und $X^* = (x_1, \dots, x_n)$ sind genau dann gleich, wenn $x_i = y_i$; $i = 1, \dots, n$ gilt. Die Elemente $x_i (i = 1, \dots, n)$ von X^* heißen Koordinaten von X^*. Alle Punkte einer EG(n, s), die $n - m$ widerspruchsfreie und linear unabhängige Gleichungen

$$\sum_{i=0}^{n} a_{ji}x_i = 0; \quad j = 1, \dots, n - m; \quad a_{ji} \in \mathrm{GF}(s); \quad x_0 = 1$$

erfüllen, bilden einen m-dimensionalen Unterraum der EG(n, s).

Methode 12.2
Man konstruiere eine Euklidische Geometrie EG(n, s) und betrachte ihre Punkte als v Behandlungen und für jedes m den m-dimensionalen Unterraumes als Block. Das führt zu einer BUB mit:

$$\begin{aligned}
v &= s^n \\
b &= \varphi(n, m, s) - \varphi(n-1, m, s) \\
r &= \frac{s^{m+1}-1}{s^{n+1}-1}\varphi(n, m, s) \\
k &= s^m \\
\lambda &= \frac{(s^{m+1}-1)\cdot(s^m-1)}{(s^{n+1}-1)\cdot(s^n-1)}\varphi(n, m, s)
\end{aligned}$$

In einer EG(n, s) gibt es s^n Punkte und s^m Punkte in jedem m-dimensionalen Unterraum. Die Anzahl der m-dimensionalen Unterräume einer EG(n, s) ist

$$\varphi(n, m, s) - \varphi(n-1, m, s)$$

Die Anzahl von verschiedenen m-dimensionalen Unterräumen einer EG(n, s), die einen festen Punkt gemeinsam haben, ist

$$\varphi(n-1, m-1, s)$$

Die Anzahl von verschieden m-dimensionalen Unterräume einer EG(n, s), die zwei verschiedene festen Punkten gemeinsam haben, ist

$$\varphi(n-2, m-2, s)$$

Beispiel 12.7
Man konstruiere eine Euklidischen Geometrie EG(3,2) mit $s = p = 2, h = 1, n = 3$ und $m = 2$. Die Parameter der Blockanlage sind:

$$\begin{aligned}
v &= 2^3 = 8 \\
b &= \varphi(3, 2, 2) - \varphi(2, 2, 2) = 15 - 1 = 14 \\
r &= \frac{s^3-1}{s^4-1}\cdot 15 = 7 \\
k &= s^2 = 4 \\
\lambda &= \frac{(s^3-1)\cdot(s^2-1)}{(s^4-1)\cdot(s^3-1)}\cdot 15 = 3
\end{aligned}$$

und die Blockanlage ist:

Block	Behandlungen			
1	1	3	5	7
2	1	2	5	6
3	1	4	5	8
4	1	2	3	4
5	1	3	6	8
6	1	2	7	8
7	1	4	6	7
8	2	4	6	8
9	3	4	7	8
10	2	3	6	7
11	5	6	7	8
12	2	4	5	7
13	3	4	5	6
14	2	3	5	8

Methode 12.3
Ist $\mathcal{N}$ Inzidenzmatrix einer BUB mit Parametern

$$v = b = 4l + 3\,, \quad r = k = 2l + 1 \quad \text{und} \quad \lambda = l \quad (l = 1, 2, \dots)$$

und ist $\tilde{\mathcal{N}}$ Inzidenzmatrix der komplementären BUB, dann ist die Matrix $\mathcal{N}^* = \begin{pmatrix} \mathcal{N} & \tilde{\mathcal{N}} \\ 0_v^{\mathrm{T}} & e_v^{\mathrm{T}} \end{pmatrix}$ die Inzidenzmatrix einer BUB $(4l + 4, 8l + 6, 4l + 3, 2l + 2, 2l + 1)$.

Beispiel 12.8
Es sei $l = 1$. Dann folgt

$$\mathcal{N} = \begin{pmatrix} 1 & 1 & 1 & 0 & 0 & 0 & 0 \\ 1 & 0 & 0 & 1 & 1 & 0 & 0 \\ 0 & 1 & 0 & 1 & 0 & 1 & 0 \\ 1 & 0 & 0 & 0 & 0 & 1 & 1 \\ 0 & 0 & 1 & 1 & 0 & 0 & 1 \\ 0 & 0 & 1 & 0 & 1 & 1 & 0 \\ 0 & 1 & 0 & 0 & 1 & 0 & 1 \end{pmatrix} \quad \text{und} \quad \tilde{\mathcal{N}} = \begin{pmatrix} 0 & 0 & 0 & 1 & 1 & 1 & 1 \\ 0 & 1 & 1 & 0 & 0 & 1 & 1 \\ 1 & 0 & 1 & 0 & 1 & 0 & 1 \\ 0 & 1 & 1 & 1 & 1 & 0 & 0 \\ 1 & 1 & 0 & 0 & 1 & 1 & 0 \\ 1 & 1 & 0 & 1 & 0 & 0 & 1 \\ 1 & 0 & 1 & 1 & 0 & 1 & 0 \end{pmatrix}$$

Das ergibt

$$\mathcal{N}^* = \begin{pmatrix} 1&1&1&0&0&0&0&0&0&0&1&1&1&1\\ 1&0&0&1&1&0&0&0&1&1&0&0&1&1\\ 0&1&0&1&0&1&0&1&0&1&0&1&0&1\\ 1&0&0&0&0&1&1&0&1&1&1&1&0&0\\ 0&0&1&1&0&0&1&1&1&0&0&1&1&0\\ 0&0&1&0&1&1&0&1&1&0&1&0&0&1\\ 0&1&0&0&1&0&1&1&0&1&1&0&1&0\\ 1&1&1&1&1&1&1&0&0&0&0&0&0&0 \end{pmatrix}$$

die Inzidenzmatrix einer BUB mit $v = 8$, $b = 14$, $r = 7$, $k = 4$ und $\lambda = 3$, und die ist isomorph zu der in Beispiel 12.6.

Wie man sieht, können verschiedene Methoden zur gleichen Blockanlage führen.

Wir benötigen für einige der folgenden Methoden die Minimalfunktionen von $\mathrm{GK}(p^h)$ und geben hierfür Tab. 12.3.

Eine Minimalfunktion $P(x)$ kann dazu dienen, die Elemente von $\mathrm{GK}(p^h)$ zu erzeugen. Dazu brauchen wir die Funktion

$$f(x) = a_0 + a_1x + \cdots + a_{h-1}x^{h-1}$$

mit ganzzahligen Koeffizienten a_i $(i = 0, \ldots, h-1)$, den Elemente von $\mathrm{GK}(p)$. Die Funktionen

$$F(x) = f(x) + pq(x) + P(x)Q(x) \tag{12.8}$$

mit der Minimalfunktion $P(x)$ und gewissen Polynomen $q(x)$ und $Q(x)$ bilden eine Klasse, die Residuen modulo p und $P(x)$. Wir schreiben

$$F(x) \equiv f(x) \pmod{p; P(x)} \tag{12.9}$$

Tab. 12.3 Minimalfunktionen $P(x)$ von $\mathrm{GK}(p^h)$.

p	h	P(x)	p	h	P(x)	p	h	P(x)
2	2	x^2+x+1	5	2	x^2+2x+3	11	2	x^2+x+7
	3	x^3+x^2+1		3	x^3+x^2+2		3	x^3+x^2+3
	4	x^4+x^3+1		4	$x^4+x^3+2x^2+2$		4	x^4+4x^3+2
	5	x^5+x^3+1		5	x^5+x^2+2		5	$x^5+x^3+x^2+9$
	6	x^6+x^5+1		6	x^6+x^5+2	13	2	x^2+x+2
3	2	x^2+x+2	7	2	x^2+x+3		3	x^3+x^2+2
	3	x^3+2x+1		3	x^3+x^2+x+2		4	$x^4+x^3+3x^2+2$
	4	x^4+x+2		4	$x^4+x^3+x^2+3$	17	2	x^2+x+3
	5	x^5+2x^4+1		5	x^5+x^4+4		3	x^3+x+3
	6	x^6+x^5+2		6	$x^6+x^5+x^4+3$		4	x^4+4x^2+x+3

Sind p, $P(x)$ fest und ist $f(x)$ variabel, so ergibt $F(x)$ gerade p^h Klassen (Funktionen), die einen Galoiskörper GK(p^h) genau dann darstellen, wenn p eine Primzahl und $P(x)$ eine Minimalfunktion von GK(p^h) ist.

Methode 12.4
Es sei $v = p^m$, p eine Primzahl und m eine natürliche Zahl. Mit den Elementen eines Galoiskörpers $\{a_0 = 0; a_1 = 1; \ldots, a_{v-1}\}$ konstruieren wir $v-1$ lateinische Quadrate (siehe Abschn. 12.3) $A_l = (a_{ij}^{(l)})$; $l = 1, \ldots, v-1$ auf folgende Weise: $A_1 = (a_{ij}^{(1)})$ ist Additionstafel einer Gruppe, die Elemente von $A_1 = (a_{ij}^{(1)})$; $t = 2, \ldots, v-1$ sind $a_{ij}^{(t)} = a_{ij}^{(1)} \cdot a_t$. Dann konstruieren wir die $[v \times (v-1)]$-Matrix $A = (A_1, \ldots, A_{v-1})$. Mit der gewünschten Blockgröße k wählen wir k verschiedene Elemente aus dem Galoiskörper. Dann definiert jede Spalte von A einen Block der BUB, seine Elemente sind gerade die Zeilennummern von A von den k ausgewählten Elementen des Galoiskörpers. Falls jeder Block $w \geq 2$-mal auftritt, streichen wir $w-1$ Kopien. Um herauszufinden, ob Blocks mehr als einmal auftreten, ordnen wir die Elemente in den Blocks zunächst lexikografisch der Größe nach. Die Parameter der Original-BUB sind:

$$v = p^m\,; \quad b = v(v-1)\,; \quad r = k(v-1)\,; \quad k\,; \quad \lambda = k(k-1)$$

Die reduzierte BUB hat dann die Parameter:

$$v^* = v\,, \quad b^* = \frac{b}{w}\,; \quad r^* = \frac{r}{w}\,; \quad k^* = k\,; \quad \lambda^* = \frac{\lambda}{w}$$

Beispiel 12.9
Versuchen wir, eine BUB mit $v = 9$ zu konstruieren. Für $v = 9 = 3^2$ ist $p = 3$; $m = 2$. Die Minimalfunktion ist $x^2 + x + 2$ und $f(x) = \alpha_0 + \alpha_1 x$ mit Koeffizienten $\alpha_i; i = 0, 1$ aus GK(3) $= \{0, 1, 2\}$. Die Funktion $F(x) \equiv f(x) (\text{mod } 3; x^2 + x + 2)$ ergibt für alle Werte von $f(x)$ die neun Elemente von GK(9):

α_0	α_1	$F(x)$
0	0	$a_0 = 0$
0	1	$a_2 = x$
0	2	$a_3 = 2x$
1	0	$a_1 = 1$
1	1	$a_4 = 1 + x$
1	2	$a_5 = x^2 = 1 + 2x$
2	0	$a_6 = 2$
2	1	$a_7 = 2 + x$
2	2	$a_8 = 2 + 2x$

Die Additionstafel von GK(9) ist ein lateinisches Quadrat:

$$\begin{pmatrix} 0 & 1 & x & 2x & 1+x & 1+2x & 2 & 2+x & 2+2x \\ 1 & 2 & 1+x & 1+2x & 2+x & 2+2x & 0 & x & 2x \\ x & 1+x & 2x & 0 & 1+2x & 1 & 2+x & 2+2x & 2 \\ 2x & 1+2x & 0 & x & 1 & 1+x & 2+2x & 2 & 2+x \\ 1+x & 2+x & 1+2x & 1 & 2+2x & 2 & x & 2x & 0 \\ 1+2x & 2+2x & 1 & 1+x & 2 & 2+x & 2x & 0 & x \\ 2 & 0 & 2+x & 2+2x & x & 2x & 1 & 1+x & 1+2x \\ 2+x & x & 2+2x & 2 & 2x & 0 & 1+x & 1+2x & 1 \\ 2+2x & 2x & 2 & 2+x & 0 & x & 1+2x & 1 & 1+x \end{pmatrix}$$

Die sieben anderen Matrizen sind (zuerst multiplizieren wir mit $a_2 = x$):

$$\begin{pmatrix} 0 & x & 1+2x & 2+x & 1 & 2+2x & 2x & 1+x & 2 \\ x & 2x & 1 & 2+2x & 1+x & 2 & 0 & 1+2x & 2+x \\ 1+2x & 1 & 2+x & 0 & 2+2x & x & 1+x & 2 & 2x \\ 2+x & 2+2x & 0 & 1+2x & x & 1 & 2 & 2x & 1+x \\ 1 & 1+x & 2+2x & x & 2 & 2x & 1+2x & 2+x & 0 \\ 2+2x & 2 & x & 1 & 2x & 1+x & 2+x & 0 & 2+2x \\ 2x & 0 & 1+x & 2 & 1+2x & 2+x & x & 1 & 2+2x \\ 1+x & 1+2x & 2 & 2x & 2+x & 0 & 1 & 2+2x & x \\ 2 & 2+x & 2x & 1+x & 0 & 2+2x & 2+2x & x & 1 \end{pmatrix}$$

$$\begin{pmatrix} 0 & 2x & 2+x & 1+2x & 2 & 1+x & x & 2+2x & 1 \\ 2x & x & 2 & 1+x & 2+2x & 1 & 0 & 2+x & 1+2x \\ 2+x & 2 & 1+2x & 0 & 1+x & 2x & 2+2x & 1 & x \\ 1+2x & 1+x & 0 & 2+x & 2x & 2 & 1 & x & 2+2x \\ 2 & 2+2x & 1+x & 2x & 1 & x & 2+x & 1+2x & 0 \\ 1+x & 1 & 2x & 2 & x & 2+2x & 1+2x & 0 & 2+x \\ x & 0 & 2+2x & 1 & 2+x & 1+2x & 2x & 2 & 1+x \\ 2+2x & 2+x & 1 & x & 1+2x & 0 & 2 & 1+x & 2x \\ 1 & 1+2x & x & 2+2x & 0 & 2+x & 1+x & 2x & 2 \end{pmatrix}$$

$$\begin{pmatrix} 0 & 1+x & 1 & 2 & 2+x & x & 2+2x & 2x & 1+2x \\ 1+x & 2+2x & 2+x & x & 2x & 1+2x & 0 & 1 & 2 \\ 1 & 2+x & 2 & 0 & x & 1+x & 2x & 1+2x & 2+2x \\ 2 & x & 0 & 1 & 1+x & 2+x & 1+2x & 2+2x & 2x \\ 2+x & 2x & x & 1+x & 1+2x & 2+2x & 1 & 2 & 0 \\ x & 1+2x & 1+x & 2+x & 2+2x & 2x & 2 & 0 & 1 \\ 2+2x & 0 & 2x & 1+2x & 1 & 2 & 1+x & 2+x & x \\ 2x & 1 & 1+2x & 2+2x & 2 & 0 & 2+x & x & 1+x \\ 1+2x & 2 & 2+2x & 2x & 0 & 1 & x & 1+x & 2+x \end{pmatrix}$$

$$\begin{pmatrix} 0 & 1+2x & 2+2x & 1+x & x & 2 & 2+x & 1 & 2x \\ 1+2x & 2+x & x & 2 & 1 & 2x & 0 & 2+2x & 1+x \\ 2+2x & x & 1+x & 0 & 2 & 1+2x & 1 & 2x & 2+x \\ 1+x & 2 & 0 & 2+2x & 1+2x & x & 2x & 2+x & 1 \\ x & 1 & 2 & 1+2x & 2x & 2+x & 2+2x & 1+x & 0 \\ 2 & 2x & 1+2x & x & 2+x & 1 & 1+x & 0 & 2+2x \\ 2+x & 0 & 1 & 2x & 2+2x & 1+x & 1+2x & x & 2 \\ 1 & 2+2x & 2x & 2+x & 1+x & 0 & x & 2 & 1+2x \\ 2x & 1+x & 2+x & 1 & 0 & 2+2x & 2 & 1+2x & x \end{pmatrix}$$

$$\begin{pmatrix} 0 & 2 & 2x & x & 2+2x & 2+x & 1 & 1+2x & 1+x \\ 2 & 1 & 2+2x & 2+x & 1+2x & 1+x & 0 & 2x & x \\ 2x & 2+2x & x & 0 & 2+x & 2 & 1+2x & 1+x & 1 \\ x & 2+x & 0 & 2x & 2 & 2+2x & 1+x & 1 & 1+2x \\ 2+2x & 1+2x & 2+x & 2 & 1+x & 1 & 2x & x & 0 \\ 2+x & 1+x & 2 & 2+2x & 1 & 1+2x & x & 0 & 2x \\ 1 & 0 & 1+2x & 1+x & 2x & x & 2 & 2+2x & 2+x \\ 1+2x & 2x & 1+x & 1 & x & 0 & 2+2x & 2+x & 2 \\ 1+x & x & 1 & 1+2x & 0 & 2x & 2+x & 2 & 2+2x \end{pmatrix}$$

$$\begin{pmatrix} 0 & 2+x & 1+x & 2+2x & 2x & 1 & 1+2x & 2 & x \\ 2+x & 1+2x & 2x & 1 & 2 & x & 0 & 1+x & 2+2x \\ 1+x & 2x & 2+2x & 0 & 1 & 2+x & 2 & x & 1+2x \\ 2+2x & 1 & 0 & 1+x & 2+x & 2x & x & 1+2x & 2 \\ 2x & 2 & 1 & 2+x & x & 1+2x & 1+x & 2+2x & 0 \\ 1 & x & 2+x & 2x & 1+2x & 2 & 2+2x & 0 & 1+x \\ 1+2x & 0 & 2 & x & 1+x & 2+2x & 2+x & 2x & 1 \\ 2 & 1+x & x & 1+2x & 2+2x & 0 & 2x & 1 & 2+x \\ x & 2+2x & 1+2x & 2 & 0 & 1+x & 1 & 2+x & 2x \end{pmatrix}$$

$$\begin{pmatrix} 0 & 2+2x & 2 & 1 & 1+2x & 2x & 1+x & x & 2+x \\ 2+2x & 1+x & 1+2x & 2x & x & 2+x & 0 & 2 & 1 \\ 2 & 1+2x & 1 & 0 & 2x & 2+2x & x & 2+x & 1+x \\ 1 & 2x & 0 & 2 & 2+2x & 1+2x & 2+x & 1+x & x \\ 1+2x & x & 2x & 2+2x & 2+x & 1+x & 2 & 1 & 0 \\ 2x & 2+x & 2+2x & 1+2x & 1+x & x & 1 & 0 & 2 \\ 1+x & 0 & x & 2+x & 2 & 1 & 2+2x & 1+2x & 2x \\ x & 2 & 2+x & 1+x & 1 & 0 & 1+2x & 2x & 2+2x \\ 2+x & 1 & 1+x & x & 0 & 2 & 2x & 2+2x & 1+2x \end{pmatrix}$$

Wir wählen nun die vier Elemente $0; 1; 2; x$ und erhalten die Blocks [aus der ersten Reihe der Additionstafel]:

$$(1,2,3,7);(1,2,7,8);(1,4,6,9);(3,4,5,8);(4,6,7,9);(3,5,8,9);(1,2,5,7);$$
$$(2,4,6,9);(3,5,6,8)$$

Aus der nächsten Matrix erhalten wir:

$$(1,2,5,9);(1,3,6,7);(2,4,6,8);(3,5,6,7);(1,4,5,9);(2,3,4,8);(2,3,7,8);$$
$$(3,6,7,9);(1,5,8,9)$$

Wir fahren so fort und erhalten:

$$(1,5,7,9);(2,3,6,7);(2,4,8,9);(3,6,7,8);(1,5,6,9);(2,4,5,8);(1,2,4,8);$$
$$(3,4,6,7);(1,3,5,9);(1,3,4,6);(4,7,8,9);(1,3,4,5);(1,2,3,4);(3,7,8,9);$$
$$(1,7,8,9);(2,5,6,9);(2,5,6,8);(2,5,6,7);(1,5,6,8);(3,4,5,7);(2,4,5,7);$$
$$(2,3,6,9);(1,2,3,9);(1,4,6,8);(2,3,8,9);(1,6,7,8);(4,5,7,9);(1,2,4,7);$$
$$(1,2,7,9);(3,4,6,9);(1,3,5,8);(4,6,8,9);(3,5,7,8);(1,2,6,7);(4,5,6,9);$$
$$(2,3,5,8);(1,6,8,9);(4,5,6,7);(4,5,7,8);(2,3,7,9);(2,3,5,9);(1,2,6,8);$$
$$(2,3,4,9);(1,3,6,8);(1,4,5,7);(1,3,4,8);(5,7,8,9);(1,3,4,7);(1,3,4,9);$$
$$(2,7,8,9);(6,7,8,9);(2,3,5,6);(1,2,5,6);(2,4,5,6)$$

Da alle Blocks verschieden sind, ist $w = 1$ und $v = 9; b = 72; r = 32; k = 4; \lambda = 12$.

Nach Satz 12.3 existiert für $k = 4$ eine BUB , deren Parameter die notwendigen Bedingungen erfüllen, d. h. $v = 9; b = 18; r = 8; k = 4; \lambda = 3$. Das zeigt, dass Methode 12.4 selbst für $w = 1$ nicht zur kleinsten BUB führen muss. Wir empfehlen daher, diese Methode nur dann anzuwenden, wenn keine andere Methode für das Paar (v, k) verfügbar ist.

Methode 12.5
Eine BUB mit Parametern $v = s^2, b = s(s+1), k = s$ kann in $s + 1$ Gruppen mit je s Blocks unterteilt werden. Die Blocks der Gruppen 2 bis $s + 1$ werden $(s - 1)$-mal in die zu konstruierende BUB aufgenommen, die Blocks aus Gruppe 1 nur einmal. Ergänzt wird nun diese Menge um alle $(s-1)$-Tupel aus den Blocks der Gruppe 1, jeweils ergänzt um die Behandlung $v + 1$. Die so entstandene BUB hat die Parameter

$$v = s^2 + 1\,; \quad k = s\,; \quad b = s(s^2+1)\,; \quad r = s^2\,; \quad \lambda = s - 1$$

Beispiel 12.10

Die BUB mit den Parametern $v = 9; k = 3; b = 12; r = 4; \lambda = 1$ ($s = 3$) schreiben wir in vier Gruppen

$$\text{Gruppe 1:} \quad \begin{Bmatrix} (1,2,6) \\ (3,4,5) \\ (7,8,9) \end{Bmatrix}; \qquad \text{Gruppe 2:} \quad \begin{Bmatrix} (1,3,7) \\ (2,4,9) \\ (5,6,8) \end{Bmatrix}$$

$$\text{Gruppe 3:} \quad \begin{Bmatrix} (1,4,8) \\ (2,5,7) \\ (3,6,9) \end{Bmatrix}; \qquad \text{Gruppe 4:} \quad \begin{Bmatrix} (1,5,9) \\ (2,3,8) \\ (4,6,7) \end{Bmatrix}$$

Die Blocks der Gruppen 2 bis 4 kommen je zweimal in die zu konstruierende BUB und die der Gruppe 1 einmal und bilden dort 21 Blocks. Die neun Paare (1,2), (1,6), (2,6), (3,4), (3,5), (4,5), (7,8), (7,9) und (8,9) aus den Blocks der Gruppe 1 werden um die Behandlung 10 ergänzt und sind damit die neun weiteren Blocks der Anlage mit $v = 10; k = 3; b = 30; r = 9; \lambda = 2$.

Diese Blockanlagen enthalten einige (aber nicht alle) Blocks mehrfach.

Definition 12.14

Eine quadratische Matrix H_n der Ordnung n mit Elementen -1 und $+1$ ist eine Hadamard-Matrix, falls $H_n H_n^{\mathrm{T}} = nE_n$ mit der Einheitsmatrix E_n der Ordnung n gilt.

Eine notwendige Bedingung für die Existenz einer Hadamard-Matrix für $n > 2$ ist $n \equiv 0 \pmod 4$. Die notwendigen Bedingungen sind hinreichend für alle $n < 201$ (Hedayat und Wallis, 1978). Trivialerweise ist

$$H_1 = (1)\,; \; H_2 = \begin{pmatrix} 1 & 1 \\ 1 & -1 \end{pmatrix}$$

Eine Hadamard-Matrix können wir o. B. d. A. in Normalform schreiben, sodass die erste Zeile und die erste Spalte nur die Elemente +1 enthalten. Das Kronecker-Produkt $H_{n_1} \otimes H_{n_2} = H_{n_1 n_2}$ zweier Hadamard-Matrizen H_{n_1}, H_{n_2} ist eine Hadamard-Matrix der Ordnung $n_1 \cdot n_2$.

Methode 12.6

Es sei H eine Hadamard-Matrix der Ordnung $n = 4t$ in Normalform, und es sei B die Matrix die aus H entsteht, indem man die erste Zeile und die erste Spalte von H weglässt. Dann ersetzen wir die Elemente -1 durch 0 und erhalten die Inzidenzmatrix einer BUB mit $v = b = 4t - 1; r = k = 2t - 1, \lambda = t - 1$.

Beispiel 12.11
Eine BUB mit $v = b = 15; r = k = 7, \lambda = 3$ erhalten wir aus einer Hadamard-Matrix der Ordnung 16 ($t = 4$) in Normalform

$$\begin{pmatrix}
1 & 1 & 1 & 1 & 1 & 1 & 1 & 1 & 1 & 1 & 1 & 1 & 1 & 1 & 1 & 1 \\
1 & -1 & 1 & -1 & 1 & -1 & 1 & -1 & 1 & -1 & 1 & -1 & 1 & -1 & 1 & -1 \\
1 & 1 & -1 & -1 & 1 & 1 & -1 & -1 & 1 & 1 & -1 & -1 & 1 & 1 & -1 & -1 \\
1 & -1 & -1 & 1 & 1 & -1 & -1 & 1 & 1 & -1 & -1 & 1 & 1 & -1 & -1 & 1 \\
1 & 1 & 1 & 1 & -1 & -1 & -1 & -1 & 1 & 1 & 1 & 1 & -1 & -1 & -1 & -1 \\
1 & -1 & 1 & -1 & -1 & 1 & -1 & 1 & 1 & -1 & 1 & -1 & -1 & 1 & -1 & 1 \\
1 & 1 & -1 & -1 & -1 & -1 & 1 & 1 & 1 & 1 & -1 & -1 & -1 & -1 & 1 & 1 \\
1 & -1 & -1 & 1 & -1 & 1 & 1 & -1 & 1 & -1 & -1 & 1 & -1 & 1 & 1 & -1 \\
1 & 1 & 1 & 1 & 1 & 1 & 1 & 1 & -1 & -1 & -1 & -1 & -1 & -1 & -1 & -1 \\
1 & -1 & 1 & -1 & 1 & -1 & 1 & -1 & -1 & 1 & -1 & 1 & -1 & 1 & -1 & 1 \\
1 & 1 & -1 & -1 & 1 & 1 & -1 & -1 & -1 & -1 & 1 & 1 & -1 & -1 & 1 & 1 \\
1 & -1 & -1 & 1 & 1 & -1 & -1 & 1 & -1 & 1 & 1 & -1 & -1 & 1 & 1 & -1 \\
1 & 1 & 1 & 1 & -1 & -1 & -1 & -1 & -1 & -1 & -1 & -1 & 1 & 1 & 1 & 1 \\
1 & -1 & 1 & -1 & -1 & 1 & -1 & 1 & -1 & 1 & -1 & 1 & 1 & -1 & 1 & -1 \\
1 & 1 & -1 & -1 & -1 & -1 & 1 & 1 & -1 & -1 & 1 & 1 & 1 & 1 & -1 & -1 \\
1 & -1 & -1 & 1 & -1 & 1 & 1 & -1 & -1 & 1 & 1 & -1 & 1 & -1 & -1 & 1
\end{pmatrix}$$

Wir lassen die erste Zeile und die erste Spalte weg und ersetzen -1 durch 0:

$$\begin{pmatrix}
0 & 1 & 0 & 1 & 0 & 1 & 0 & 1 & 0 & 1 & 0 & 1 & 0 & 1 & 0 \\
1 & 0 & 0 & 1 & 1 & 0 & 0 & 1 & 1 & 0 & 0 & 1 & 1 & 0 & 0 \\
0 & 0 & 1 & 1 & 0 & 0 & 1 & 1 & 0 & 0 & 1 & 1 & 0 & 0 & 1 \\
1 & 1 & 1 & 0 & 0 & 0 & 0 & 1 & 1 & 1 & 1 & 0 & 0 & 0 & 0 \\
0 & 1 & 0 & 0 & 1 & 0 & 1 & 1 & 0 & 1 & 0 & 0 & 1 & 0 & 1 \\
1 & 0 & 0 & 0 & 0 & 1 & 1 & 1 & 1 & 0 & 0 & 0 & 0 & 1 & 1 \\
0 & 0 & 1 & 0 & 1 & 1 & 0 & 1 & 0 & 0 & 1 & 0 & 1 & 1 & 0 \\
1 & 1 & 1 & 1 & 1 & 1 & 1 & 0 & 0 & 0 & 0 & 0 & 0 & 0 & 0 \\
0 & 1 & 0 & 1 & 0 & 1 & 0 & 0 & 1 & 0 & 1 & 0 & 1 & 0 & 1 \\
1 & 0 & 0 & 1 & 1 & 0 & 0 & 0 & 0 & 1 & 1 & 0 & 0 & 1 & 1 \\
0 & 0 & 1 & 1 & 0 & 0 & 1 & 0 & 1 & 1 & 0 & 0 & 1 & 1 & 0 \\
1 & 1 & 1 & 0 & 0 & 0 & 0 & 0 & 0 & 0 & 0 & 1 & 1 & 1 & 1 \\
0 & 1 & 0 & 0 & 1 & 0 & 1 & 0 & 1 & 0 & 1 & 1 & 0 & 1 & 0 \\
1 & 0 & 0 & 0 & 0 & 1 & 1 & 0 & 0 & 1 & 1 & 1 & 1 & 0 & 0 \\
0 & 0 & 1 & 0 & 1 & 1 & 0 & 0 & 1 & 1 & 0 & 1 & 0 & 0 & 1
\end{pmatrix}$$

Nun schreiben wir von jeder Spalte (jedem Block) die Zeilennummer (Behandlung) mit einer 1 in eine Klammer und erhalten:

$$(2,4,6,8,10,12,14);(1,4,5,8,9,12,13);(3,4,7,8,11,12,15);$$
$$(1,2,3,8,9,10,11);(2,5,7,8,10,13,15);(1,6,7,8,9,14,15);$$
$$(3,5,6,8,11,13,14);(1,2,3,4,5,6,7);(2,4,6,9,11,13,15);$$
$$(1,4,5,10,11,14,15);(3,4,7,9,10,13,14);(1,2,3,12,13,14,15);$$
$$(2,5,7,9,11,12,14);(1,6,7,10,11,12,13);(3,5,6,9,10,12,15)$$

Wir können leicht nachprüfen, dass alle Paare dreimal vorkommen und jedes Element siebenmal vorkommt, damit sind die notwendigen Bedingungen erfüllt.

Methode 12.7
Es sei $v = p^n = m(\lambda - 1) + 1$, p eine Primzahl, $m \geq 1$ und x ein primitives Element von GK(v). Die Blocks $(0, x^i, x^{i+m}, x^{i+2m}, \dots, x^{i+(\lambda-2)m})$, $i = 0, \dots, m-1$ sind sogenannte Ausgangsblocks, aus denen die einer BUB mit v; $b = mv$; $k = \lambda$; $r = mk$ und λ durch Addition modulo p entstehen, nachdem wir alle Elemente um 1 erhöht haben (so wird aus 0 die 1).

Beispiel 12.12
Wir konstruieren eine BUB mit $v = p = 29 = 7 \cdot 4 + 1$ und $m = 7, \lambda = 5$. Die Ausgangsblocks sind $(0, x^i, x^{i+7}, x^{i+14}, x^{i+21})$, $i = 0, \dots, 6$. Ein primitives Elemente von GK(29) ist $x = 2$. Wir erhalten eine BUB mit $b = 203$ Blocks, $k = \lambda = 5$ und $r = 35$. Der Ausgangsblock für $i = 0$ ist z. B. $(0, 1, 2^7 = 128 = 12, 2^{14} = 28, 2^{21} = 17)$. Addieren wir zu allen Behandlungen 1, erhalten wir den nächsten von insgesamt 29 Blocks zu diesem Ausgangsblock, also $(1, 2, 13, 0, 18)$. Addieren wir nun zu allen Behandlungen eine 1, so ergeben sich in unserer üblichen Schreibweise (geordnet) die beiden ersten Blocks $(1, 2, 13, 18, 29)$ und $(1, 2, 3, 14, 19)$. Auf diese Weise kann man alle 203 Blocks erzeugen.

Methode 12.8
Von einer symmetrischen BUB mit Parametern $v = b$, $k = r$ und λ streichen wir einen Block und von allen anderen Blocks alle die Elemente, die in dem gestrichenen Block enthalten waren. Dann erhalten wir eine BUB mit Parametern

$$v^* = v - k\,, \quad b^* = v - 1\,, \quad k^* = k - \lambda\,, \quad r^* = k\,, \quad \lambda^* = \lambda$$

Gilt speziell $v = b = 4t - 1$; $r = k = 2t - 1$, $\lambda = t - 1$, so ergibt sich die BUB mit

$$v^* = 2t\,, \quad b^* = 4t - 2\,, \quad k^* = t\,, \quad r^* = 2t - 1\,, \quad \lambda^* = t - 1$$

Die so entstandene BUB heißt eine Restanlage der Ausgangs-BUB.

Beispiel 12.13

Von der symmetrischen BUB des Beispiels 12.6 mit $v = b = 15$, $r = k = 7$ und $\lambda = 3$ streichen wir den ersten Block und dann alle Behandlungen aus diesem Block (sind im Schema fett gedruckt):

Block	Behandlungen						
1	**1**	**2**	**4**	**5**	**8**	**10**	**15**
2	**2**	3	**5**	6	9	11	**1**
3	3	**4**	6	7	**10**	12	**2**
4	**4**	**5**	7	**8**	11	13	3
5	**5**	6	**8**	9	12	14	**4**
6	6	7	9	**10**	13	**15**	**5**
7	7	**8**	**10**	11	14	**1**	6
8	**8**	9	11	12	**15**	**2**	7
9	9	**10**	12	13	**1**	3	**8**
10	**10**	11	13	14	**2**	**4**	9
11	11	12	14	**15**	3	**5**	**10**
12	12	13	**15**	**1**	**4**	6	11
13	13	14	**1**	**2**	**5**	7	12
14	14	**15**	**2**	3	6	**8**	13
15	**15**	**1**	3	**4**	7	9	14

Nun bezeichnen wir die verbleibenden acht Behandlungen um und zwar: 3 in 1, 6 in 2, 7 in 3, 9 in 4, 11 in 5, 12 in 6, 13 in 7, 14 in 8 und erhalten die folgende BUB:

Block	Behandlungen			
1	1	2	4	5
2	1	2	3	6
3	3	5	7	1
4	2	4	6	8
5	2	3	4	7
6	3	5	8	2
7	4	5	6	3
8	4	6	7	1
9	5	7	8	4
10	5	6	8	1
11	6	7	2	5
12	7	8	3	6
13	8	1	2	7
14	1	3	4	8

Methode 12.9

Aus einer symmetrischen BUB mit Parametern $v = b$, $k = r$ und λ streichen wir einen Block, und aus allen übrigen Blocks streichen wir die Behandlungen, die nicht in diesem Block vorkommen. Damit entsteht eine BUB mit Parametern $v^* = k$, $b^* = v - 1$, $k^* = \lambda$, $r^* = k - 1$, $\lambda^* = \lambda - 1$.

Beispiel 12.14
Wir wählen die Ausgangsanlage von Beispiel 12.13, streichen wieder Block 1, lassen aber jetzt nur die fett gedruckten Behandlungen in den verbleibenden 14 Blocks stehen und nummerieren wieder um.

Wir erhalten die Blocks:

$$(1,2,4),(2,3,6),(3,4,5),(3,4,5),(4,6,7),(1,5,6),(2,5,7),(1,5,6),$$
$$(2,3,6),(4,6,7),(1,3,7),(1,2,4),(2,5,7),(1,3,7)$$

Das ist aber eine BUB , in der jeder Block zweimal vorkommt, wir können ihn auf eine BUB mit sieben Blocks reduzieren, indem wir die doppelt vorkommenden Blocks streichen. Es bleibt die BUB

$$(1,2,4),(1,3,7),(1,5,6),(2,3,6),(2,5,7),(3,4,5),(4,6,7)$$

mit $v = 7$, $b = 7$, $k = r = 3$ und $\lambda = 1$. Rechnerprogramme zur Konstruktion von BUB sind ein CRAN R-Programm OPDOE (Rasch *et al.*, 2011) und das CRAN R Paket agricolae, das aber nur triviale BUB konstruiert.

12.2.3
Teilweise balancierte unvollständige Blockanlagen

Teilweise balancierte unvollständige Blockanlagen sind praktisch weniger interessant als die vollständig balancierten. Hier können nicht alle Behandlungsdifferenzen mit gleicher Genauigkeit geschätzt werden.

Definition 12.15
Gegeben seien v Behandlungen $1, 2, \ldots, v$. Ein Assoziationsschema mit m Klassen erfüllt folgende Bedingungen:

1. Je zwei Behandlungen sind entweder erste, zweite, … oder m-te Assoziierte.
2. Jede Behandlung w aus $\{1, 2, \ldots, v\}$ hat n_i i-te Assoziierte ($i = 1, \ldots, m$), die Anzahl n_i hängt dabei nicht von w ab.
3. Sind Behandlungen w und z nun i-te Assoziierte, so ist die Anzahl von Behandlungen, die j-te Assoziierte von w und l-te Assoziierte von z, gerade p^i_{jl}, und diese ist unabhängig von w und z. Wir schreiben diese Symbole in Form der Matrizen

$$P_1 = \begin{pmatrix} p^1_{11} & p^1_{12} \\ p^1_{21} & p^1_{22} \end{pmatrix} \quad \text{und} \quad P_2 = \begin{pmatrix} p^2_{11} & p^2_{12} \\ p^2_{21} & p^2_{22} \end{pmatrix}$$

Die Anzahlen v, n_i und p^i_{jl} heißen Parameter des Assoziationsschemas.

Definition 12.16
Eine unvollständige block- und wiederholungsgleiche Blockanlage mit v Behandlungen in b Blocks mit je $k < v$ Elementen ist eine teilweise balancierte unvollständige Blockanlage TBUB, falls für den Fall, dass die Behandlungen w und z

gerade i-te Assoziierte sind, diese Behandlungen in genau λ_i der Blocks gemeinsam auftreten, unabhängig von dem Paar w und z.

Für TBUB gilt neben (12.4)

$$\sum_{i=1}^{m} n_i = v - 1 \tag{12.10}$$

und anstelle von (12.5)

$$\sum_{i=1}^{m} n_i \lambda_i = r(k - 1) \tag{12.11}$$

Eine BUB ist der Spezialfall einer TBUB mit $m = 1$, dann wird aus (12.10) und (12.11) gerade (12.5). Von besonderem Interesse sind im landwirtschaftlichen Versuchswesen auch heute noch TBUB(2) mit zwei Assoziationsklassen. Ein Teil der Behandlungspaare kommt dann in genau λ_1 und die restlichen kommen in genau λ_2 Blocks gemeinsam vor. Das verdeutlicht

Beispiel 12.15
Wir geben hier eine TBUB mit $m = 2$ und den Parametern

$$v = 8\,, \quad k = 3\,, \quad b = 16\,, \quad r = 6\,, \quad \lambda_1 = 2\,, \quad \lambda_2 = 1\,, \quad n_1 = 5\,, \quad n_2 = 2$$

an:

Block	Behandlungen		
1	1	2	4
2	2	3	5
3	3	4	6
4	4	5	7
5	5	6	8
6	6	7	1
7	7	8	2
8	8	1	3
9	1	2	5
10	2	3	6
11	3	4	7
13	5	6	1
14	6	7	2
15	7	8	3
16	8	1	4

Hier kommt z. B. das Paar $(1, 2)$ zweimal vor, das Paar $(1, 7)$ dagegen nur einmal. Die fünf ersten Assoziierten von 1 sind 2, 4, 5, 6, 8 und die zwei zweiten Assoziierten sind 3 und 7. Die Paare mit 1, wie das Paar $(1, 2)$, wo der Partner erster Assoziierter von 1 ist, kommen zweimal vor, das Paar $(1, 7)$ dagegen nur einmal. Die Paare mit 1, wie das Paar $(1, 7)$, wo der Partner zweiter Assoziierter von 1 ist, kommen einmal vor. Die TBUB(2) mit $v = 8$, $k = 3$ hat nur 16 Blocks, die BUB dagegen 56.

In Rasch *et al.* (2008) werden TBUB(2) angegeben, sodass wir hier (bis auf eine Ausnahme) auf Konstruktionsmethoden verzichten, wir geben für die folgenden Spezialfälle je ein Beispiel.

Beispiel 12.16
Es seien

$$\mathcal{N}_1 = \mathcal{N}_2 = \begin{pmatrix} 1 & 1 & 0 \\ 1 & 0 & 1 \\ 0 & 1 & 1 \end{pmatrix}$$

Inzidenzmatrizen zweier (identischer) BUB mit Parametern $v = 3, b = 3, k = 2, r = 2$ und $\lambda = 1$. Dann ist die Inzidenzmatrix der Kronecker-Produkt-Anlage

$$\mathcal{N} = \mathcal{N}_1 \otimes \mathcal{N}_2 = \begin{pmatrix} 1 & 1 & 0 & 1 & 1 & 0 & 0 & 0 & 0 \\ 1 & 0 & 1 & 1 & 0 & 1 & 0 & 0 & 0 \\ 0 & 1 & 1 & 0 & 1 & 1 & 0 & 0 & 0 \\ 1 & 1 & 0 & 0 & 0 & 0 & 1 & 1 & 0 \\ 1 & 0 & 1 & 0 & 0 & 0 & 1 & 0 & 1 \\ 0 & 1 & 1 & 0 & 0 & 0 & 0 & 1 & 1 \\ 0 & 0 & 0 & 1 & 1 & 0 & 1 & 1 & 0 \\ 0 & 0 & 0 & 1 & 0 & 1 & 1 & 0 & 1 \\ 0 & 0 & 0 & 0 & 1 & 1 & 0 & 1 & 1 \end{pmatrix}$$

Diese Matrix ist symmetrisch, und das Produkt $\mathcal{N}\mathcal{N}$ ist gleich

$$\mathcal{N}\mathcal{N} = \begin{pmatrix} 4 & 2 & 2 & 2 & 1 & 1 & 2 & 1 & 1 \\ 2 & 4 & 2 & 1 & 2 & 1 & 1 & 2 & 1 \\ 2 & 2 & 4 & 1 & 1 & 2 & 1 & 1 & 2 \\ 2 & 1 & 1 & 4 & 2 & 2 & 2 & 1 & 1 \\ 1 & 2 & 1 & 2 & 4 & 2 & 1 & 2 & 1 \\ 1 & 1 & 2 & 2 & 2 & 4 & 1 & 1 & 2 \\ 2 & 1 & 1 & 2 & 1 & 1 & 4 & 2 & 2 \\ 1 & 2 & 1 & 1 & 2 & 1 & 2 & 4 & 2 \\ 1 & 1 & 2 & 1 & 1 & 2 & 2 & 2 & 4 \end{pmatrix}$$

Folglich ist die Inzidenzmatrix des Kronecker-Produkt-Planes die einer TBUB(2) mit den Parametern $v = 9, b = 9, k = 4, r = 4, \lambda_1 = 1, \lambda_2 = 2$, und die notwendigen Bedingungen (12.10) und (12.11) sind erfüllt.

Wir wollen nun einige Untergruppen von TBUB(2) betrachten.

Definition 12.17
Eine TBUB(2) heißt teilbar, wenn $v = qw$ ist und die Behandlungen in q Gruppen mit je w Elementen so aufgeteilt werden können, dass Behandlungspaare, die in der gleichen Gruppe stehen, in λ_1 Blocks auftreten und Behandlungspaare, die nicht gemeinsam in einer der Gruppen vorkommen, in λ_2 Blocks auftreten.

Beispiel 12.17
Eine Versuchsanlage mit $v = 6, b = 4, k = 3, r = 2$ und den Blocks $(1, 3, 5)$; $(1, 4, 6)$ und $(2, 3, 6)$ ist eine teilbare TBUB(2) mit $q = 3, \lambda_1 = 0, \lambda_2 = 1$ und den drei Gruppen $[1, 2]; [3, 4]; [5, 6]$.

Definition 12.18
Eine TBUB(2) heißt einfach, wenn eines der $\lambda_i (i = 1, 2)$ gleich null ist.

Wir erkennen, dass die in Definition 12.17 und 12.18 eingeführten Klassen von TBUB(2) nicht elementefremd sind (das gilt auch für die folgenden Definitionen). Die Versuchsanlage des nächsten Beispiels ist auch eine einfache Versuchsanlage.

Beispiel 12.18
In der TBUB(2) mit den Blocks

$$(1, 2, 3); (4, 5, 6); (7, 8, 9); (1, 4, 7); (2, 5, 8); (3, 6, 9); (1, 5, 9); (2, 6, 7); (3, 4, 8)$$

kommt jede der $v = 9$ Behandlungen in drei Blocks vor $(r = 3)$, die $b = 9$ Blocks bestehen aus $k = 3$ Versuchseinheiten. Behandlungspaare treten entweder einmal $(\lambda_1 = 1)$ oder keinmal $(\lambda_2 = 0)$ gemeinsam in einem Block auf. Daher handelt es sich um eine einfache TBUB(2).

Definition 12.19
Eine TBUB(2) heißt Dreiecksplan, wenn $v = \frac{u(u-1)}{2}$ ist und die Behandlungen sich so in eine obere Dreiecksmatrix einer quadratischen $(u \times u)$-Matrix anordnen lassen, dass, falls man die Dreiecksmatrix zu einer „symmetrischen Matrix“ ohne Hauptdiagonale ergänzt, zwei Behandlungen, die in der gleichen Zeile oder Spalte stehen, λ_1-mal und zwei Behandlungen, die in verschiedenen Zeilen und Spalten stehen, λ_2-mal gemeinsam in einem Block auftreten.

Dreieckspläne existieren nur für $v \geq 6$.

Beispiel 12.19
Die Blocks

$$(1,2,7,8,10),(1,3,5,9,10),(1,4,6,8,9),(2,3,6,7,9),(2,4,5,6,10),$$
$$(3,4,5,7,8)$$

sind die eines Dreiecksplans mit den Parametern $v = 10$, $b = 6$, $k = 5$, $r = 3$, $\lambda_1 = 1$, $\lambda_2 = 2$ und $u = 5$. Man sieht das, wenn man die Behandlungen entsprechend anordnet:

	1	2	3	4
1		5	6	7
2	5		8	9
3	6	8		10
4	7	9	10	

Behandlungspaare, die in der gleichen Zeile oder Spalte dieser Anordnung stehen, treten in einem Block auf, alle andern in zwei Blocks.

Definition 12.20
Eine TBUB(2) heißt zyklischer Plan, wenn $v \geq 5$ ist, die TBUB(2) kein teilbarer Plan ist und

$$v = 4t + 1 \quad \text{und} \quad n_1 = n_2 = 2t$$

gilt.

Für zyklische Pläne sind die Assoziationsmatrizen $P_1 = \begin{pmatrix} t-1 & t \\ t & t \end{pmatrix}$ und $P_2 = \begin{pmatrix} t & t \\ t & t-1 \end{pmatrix}$.

Beispiel 12.20
Wir wählen $t = 3$, sodass $v = 13$ ist. Damit sind die Assoziationsmatrizen

$$P_1 = \begin{pmatrix} 2 & 3 \\ 3 & 3 \end{pmatrix} \quad \text{und} \quad P_2 = \begin{pmatrix} 3 & 3 \\ 3 & 2 \end{pmatrix}$$

Ferner ist $n_1 = n_2 = 6$. Die Bedingung (12.11) lautet

$$n_1\lambda_1 + n_2\lambda_2 = 6(\lambda_1 + \lambda_2) = r(k-1)$$

Es gibt für die Lösungen ($\lambda_1 = \lambda_2$ scheidet aus, da dies eine BUB ist) $(\lambda_1 + \lambda_2) = 1, r = k = 3; (\lambda_1 + \lambda_2) = 5, r = k = 6$ und $(\lambda_1 + \lambda_2) = 7, r = k = 7$ zyklische TBUB(2). Wir geben den Plan für $\lambda_1 = 1, \lambda_2 = 0$ und $r = k = 3$ an. Die 13 Blocks sind:

$$(1,3,9);(1,6,8);(1,7,12);(2,4,10);(2,7,9);(2,8,13);(3,5,11);(3,8,10);$$
$$(4,6,12);(4,9,11);(5,7,13);(5,10,12);(6,11,13)$$

Die 39 Paare

$$1,3;1,6;1,7;1,8;1,9;1,12;2,4;2,7;2,8;2,9;2,10;2,13;3,5;3,8;3,9;$$
$$3,10;3,11;4,6;4,9;4,10;4,11;4,12;5,7;5,10;5,11;5,12;5,13;6,8;6,11;$$
$$6,12;6,13;7,9;7,12;7,13;8,10;8,13;9,11;10,12;11,13$$

sind erste Assoziierte und kommen einmal in der Anlage vor, alle anderen 39 treten nicht auf.

12.3 Zeilen-Spalten-Anlagen

Neben den in Abschn. 12.2 beschriebenen Blockanlagen wollen wir nun auf einige Zeilen-Spalten-Anlagen eingehen.

Eine Zeilen-Spalten-Anlage (ZSA) ist eine Versuchsanlage zur Ausschaltung von zwei Störfaktoren durch Blockbildung in zwei Richtungen (bzw. in zweierlei Hinsicht bei fehlender räumlicher Interpretation). Der Name wird aus der Tatsache abgeleitet, dass man die Anlage durch eine Matrix beschreiben kann, deren z Zeilen den Stufen des einen und deren s Spalten den Stufen des anderen Störfaktors entsprechen, und deren Elemente die Behandlungen repräsentieren. Konstruktion und Auswertung hängen von dem speziellen Typ der ZSA ab, z. B. davon, ob die Blocks der Zeilen und/oder Spalten vollständig oder unvollständig sind. Das folgende Schema gibt einen Überblick über die wichtigsten ZSA.

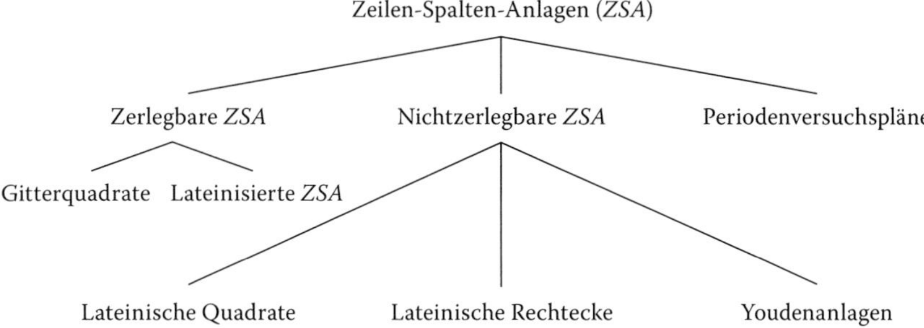

Definition 12.21
Zerlegbare ZSA sind Versuchsanlagen, in denen v Behandlungen in r Matrizen mit je z Zeilen und s Spalten angeordnet sind, sodass $v = zs$ gilt und alle v Behandlungen in jeder Matrix auftreten. Dabei werden die Matrizen nicht als Stufen eines dritten Störfaktors angesehen, sie sind damit Wiederholungen mit abgeänderter Anordnung der Behandlungen in den Matrizen. Eine wichtige Gruppe von ZSA sind die Gitterquadrate, hier ist $z = s$ und v folglich eine Quadratzahl. Sie sind balanciert, wenn sowohl die Zeilen- als auch die Spaltenblocks eine BUB bilden. Analog spricht man von teilweise balancierten Gitterquadraten. Eine weitere Gruppe bilden die lateinisierten ZSA. Eine aus den r Wiederholungen einer zer-

legbaren ZSA zusammengesetzte Versuchsanlage mit zr Zeilen und $s > r$ Spalten heißt spaltenweise lateinisiert, wenn keine Behandlung mehr als einmal in einer Spalte auftritt. Analog heißt eine aus den r Wiederholungen einer zerlegbaren ZSA zusammengesetzte Versuchsanlage mit sr Spalten und $z > r$ Zeilen zeilenweise lateinisiert, wenn keine Behandlung mehr als einmal in einer Zeile auftritt.

Beispiel 12.21
Ein balanciertes Gitterquadrat mit $z = s = 3, v = 9, r = 3$ ist gegeben durch die Wiederholungen 1 bis 4 in folgendem Schema

1			**2**			**3**			**4**		
1	2	3	1	4	7	1	6	8	1	9	5
4	5	6	2	5	8	9	2	4	6	2	7
7	8	9	3	6	9	5	7	3	8	4	3

Zu den nicht zerlegbaren ZSA gehören die lateinischen Quadrate und Rechtecke sowie die Youdenanlagen. Wir wenden uns zunächst den lateinischen Quadraten zu.

Definition 12.22
In einem Versuch seien v Behandlungen zu untersuchen. Eine quadratische Matrix der Ordnung v, in der jede der v Behandlungen $A_1, \dots, A_v$ genau einmal in jeder Zeile und in jeder Spalte auftritt, heißt lateinisches Quadrat (LQ) der Ordnung v. Existiert für die Behandlungen eine natürliche oder festgelegte Reihenfolge, so heißt ein LQ, in dem die A_i in der ersten Zeile und Spalte in dieser Reihenfolge stehen, ein LQ in Standardform; treten die A_i nur in der ersten Zeile in dieser Reihenfolge auf, so liegt ein LQ in Semistandardform vor. In den LQ bezeichnet man die Behandlungen meist mit den Buchstaben $A, B, C, \dots$

Beispiel 12.22
Ein LQ siebenter Ordnung ist gegeben durch

D	E	A	B	C	G	F
B	D	E	F	A	B	C
A	B	C	D	E	F	G
E	C	B	G	F	D	A
C	G	F	E	B	A	D
F	A	G	C	B	E	D
G	F	D	A	C	B	E

Jedes ausgefüllte Sudoku-Schema ist ein lateinisches Quadrat der Ordnung 9 mit Zusatzforderungen.

Zur Randomisierung von LQ muss man aus den M möglichen standardisierten LQ einer bestimmten Ordnung eines zufällig auswählen. Manche dieser LQ gehen durch Permutationen von Zeilen, Spalten und Behandlungen auseinander hervor, andere gehören zu verschiedenen Klassen. Elemente verschiedener Klassen sind nicht durch Permutationen ineinander überführbar, aber einige sind konjugiert, was bedeutet, dass sie durch Vertauschung der Zeilen mit den Spalten aus bestehenden erzeugt werden können. Zum Beispiel gibt es für $v = 6$ gerade $M = 9408$ verschiedene standardisierte LQ in 22 Klassen. Von zehn dieser Klassen sind je zwei konjugiert. Man muss das aber für die Randomisierung nicht wissen, es reicht aus, eines dieser 9408 LQ zufällig auszuwählen.

Definition 12.23
Zwei LQ der Ordnung v heißen orthogonal, falls die geordneten Paare der an entsprechender Position stehenden Symbole genau einmal vorkommen. Betrachtet man mehr als zwei LQ gleicher Ordnung und sind je zwei von ihnen orthogonal zueinander, so heißen diese LQ paarweise orthogonal (POLQ).

Es kann höchstens $v - 1$ POLQ geben, wie viele es genau gibt, ist noch nicht völlig geklärt, bis $\boldsymbol{v} = 13$ ist folgendes bekannt:

v	3	4	5	6	7	8	9	10	11	12	13
Anzahl POLQ	2	3	4	1	6	7	8	≥ 2	10	≥ 5	12

Der Fall $v = 6$ wurde bereits von Leonard Euler untersucht. Zarin Katharina die Große stellte ihm die Aufgabe, 36 Offiziere aus sechs verschiedenen Regimentern mit sechs unterschiedlichen Dienstgraden, wobei jeder Dienstgrad in jedem Regiment auftritt, so anzuordnen, dass in jeder Zeile und in jeder Spalte eines 6×6-Quadrates je ein Offizier von jedem Regiment und von jedem Dienstgrad vorkommt. Dazu hätte man zwei orthogonale LQ der Ordnung 6 konstruieren müssen und diese dann zu einem sogenannten griechisch-lateinischen Quadrat übereinander legen müssen. Dass dies unmöglich ist, konnte Euler zeigen. Die von Euler daraufhin aufgestellte Vermutung, dass es keine orthogonalen LQ der Ordnung $v = 4t + 2$ gäbe, konnte durch Gegenbeispiele widerlegt werden. So zeigten Bose und Shrikhande (1960), dass es u. a. zwei orthogonale LQ der Ordnung 10 gibt.

Definition 12.24
Eine ZSA mit v Behandlungen zur Ausschaltung von zwei Störgrößen mit z bzw. s Stufen heißt lateinisches Rechteck (LR), falls $2 \leq z \leq v$; $2 \leq s \leq v$ ist und sich das Anlagenschema als $(z \times s)$-Matrix mit v verschiedenen Elementen $(1, \ldots, v)$ derart

schreiben lässt, dass in jeder Zeile bzw. Spalte jedes der v Elemente höchstens einmal vorkommt.

Spezialfälle sind das lateinische Quadrat und die Youdenanlage. Wir verzichten daher hier auf ein Beispiel.

Definition 12.25
Eine Youdenanlage (YA) ist eine Versuchsanlage zur Ausschaltung von zwei Störgrößen, also eine ZSA, die durch Weglassen von mindestens einer Spalte eines LQ entsteht. Damit hat eine YA genau v Zeilen und $s < v$ Spalten. Zusätzlich muss gesichert sein, dass die Behandlungen in den Zeilen balanciert sind. Lässt man eine Spalte weg, entsteht aus dem LQ mit Sicherheit eine YA, bei mehreren Spalten ist dies nicht sicher, und eine Nachprüfung der Balanciertheit ist erforderlich.

Definition 12.26
Eine Gruppen-Perioden-Versuchsanlage (GPV) ist eine ursprünglich für Tierversuche verwendete Versuchsanlage, in der die Versuchseinheiten Gruppen von Tieren waren, die in aufeinanderfolgenden Perioden unterschiedlich gefüttert wurden. Den Gruppen entsprechen die Zeilen und den Perioden die Spalten einer ZSA. Allgemein ist eine GPV eine ZSA mit den Versuchseinheiten als Zeilen und Beobachtungszeitpunkten als Spalten, zu denen unterschiedliche Behandlungen zugeordnet werden. Einen guten Überblick über derartige Anlagen geben Johnson (2010) sowie Raghavarao und Padgett (2014).

Definition 12.27
Ein Versuch, in dem $p \geq 2$ (Prüf-)Faktoren F_i $(i = 1, \dots, p)$ bezüglich ihres Einflusses auf ein Merkmal untersucht werden sollen, und der so angelegt wird, dass diese p Faktoren gleichzeitig in verschiedenen vorgebbaren Stufen auftreten, heißt faktorieller Versuch mit p Faktoren. Es sei $s_i \geq 2$ die Anzahl der Stufen des i-ten Faktors im Versuch $(i = 1, \dots, p)$, dann wird der faktorielle Versuch mit p Faktoren als $s_1 s_2 \dots s_p$-faktorieller Versuch bezeichnet. Versuche, in denen $s_1 = s_2 = \cdots = s_p = s$ ist, heißen symmetrisch, alle übrigen Versuche heißen asymmetrisch. Symmetrische Versuche mit s Stufen von p Faktoren nennt man kurz s^p-Versuche. Werden in einen faktoriellen Versuch N Versuchsobjekte einbezogen und wird als Versuchsergebnis ermittelt, wie viele der Versuchsobjekte den einzelnen Faktorstufenkombinationen zuzuordnen sind, so hat das Versuchsergebnis die Form einer Kontingenztafel.

Sind die Faktoren qualitativ und das Merkmal quantitativ, können die Methoden der Varianzanalyse angewendet werden. Spezielle Konstruktionsverfahren kommen für den Fall, dass bei Kreuzklassifikation der Faktoren nicht alle Behandlungskombinationen aus Kapazitätsgründen untersucht werden können, zur Anwendung. Das führt zu fraktionierten faktoriellen Plänen. Hierzu verweisen wir auf Rasch *et al.* (2011) und auf Rasch *et al.* (2008).

Sind sowohl das Merkmal als auch die Faktoren quantitativ, bieten sich Verfahren der Regressionsanalyse an.

12.4 Programme zur Konstruktion von Versuchsanlagen

Im R-Programm OPDOE in CRAN können vollständig und teilweise balancierte Blockanlagen und fraktionierte faktorielle Pläne konstruiert werden. Wir geben ein Beispiel zur Konstruktion einer BUB mit

$$v = b = 15\,, \quad k = r = 7\,, \quad \lambda = 3$$

Der Befehl lautet

```
> make.BIBD (s=2,n=3,m=2,method=3)
```

und als Ergebnis erhält man

```
Balanced Incomplete Block Design: BIBD(15,15,7,7,3)
( 1, 2, 3, 4, 5, 6, 7)    ( 1, 2, 3, 8, 9,10,11)
( 1, 2, 3,12,13,14,15)    ( 1, 4, 5, 8, 9,12,13)
( 1, 4, 5,10,11,14,15)    ( 1, 6, 7, 8, 9,14,15)
( 1, 6, 7,10,11,12,13)    ( 2, 4, 6, 8,10,12,14)
( 2, 4, 6, 9,11,13,15)    ( 2, 5, 7, 8,10,13,15)
( 2, 5, 7, 9,11,12,14)    ( 3, 4, 7, 8,11,12,15)
( 3, 4, 7, 9,10,13,14)    ( 3, 5, 6, 8,11,13,14)
( 3, 5, 6, 9,10,12,15)
```

Die im Programm genannte Methode 3 entspricht in diesem Buch der Methode 1.

12.5 Übungsaufgaben

Aufgabe 12.1

Führen Sie eine Randomisierung für die folgende triviale BUB durch:

$$\begin{array}{ccccc}
(1,2,3) & (1,3,6) & (1,6,7) & (2,4,7) & (3,5,6) \\
(1,2,4) & (1,3,7) & (2,3,4) & (2,5,6) & (3,5,7) \\
(1,2,5) & (1,4,5) & (2,3,5) & (2,5,7) & (3,6,7) \\
(1,2,6) & (1,4,6) & (2,3,6) & (2,6,7) & (4,5,6) \\
(1,2,7) & (1,4,7) & (2,3,7) & (3,4,5) & (4,5,7) \\
(1,3,4) & (1,5,6) & (2,4,5) & (3,4,6) & (4,6,7) \\
(1,3,5) & (1,5,7) & (2,4,6) & (3,4,7) & (5,6,7)
\end{array}$$

Aufgabe 12.2
Konstruieren Sie die duale BUB zu der BUB mit den Parametern $b = 7, r = 3, \lambda = 1$ und der Inzidenzmatrix

$$\begin{pmatrix} 1 & 1 & 1 & 0 & 0 & 0 & 0 \\ 1 & 0 & 0 & 1 & 1 & 0 & 0 \\ 0 & 1 & 0 & 1 & 0 & 0 & 1 \\ 1 & 0 & 0 & 0 & 0 & 1 & 1 \\ 0 & 0 & 1 & 1 & 0 & 1 & 0 \\ 0 & 0 & 1 & 0 & 1 & 0 & 1 \\ 0 & 1 & 0 & 0 & 1 & 1 & 0 \end{pmatrix}$$

Stellen Sie die entstandene BUB in Klammerschreibweise dar.

Aufgabe 12.3
Geben Sie die Parameter einer BUB konstruiert aus einer PG(3, 4) an.

Aufgabe 12.4
Geben Sie die Parameter einer BUB konstruiert aus einer EG(3, 4) an.

Aufgabe 12.5
Konstruieren Sie eine BUB nach Methode 12.3 mit $l = 2$.

Aufgabe 12.6
Geben Sie die Parameter einer BUB nach Methode 12.4 mit $m = 4$ an.

Aufgabe 12.7
Formen Sie das LQ von Beispiel 12.21 durch Vertauschung von Zeilen in ein semistandardisiertes LQ um.

Aufgabe 12.8
Streichen Sie in dem LQ von Beispiel 12.21 die beiden letzten Spalten und prüfen Sie, ob die entstehende Versuchsanlage eine Youdenanlage ist.

Literatur

Abel, R.J.R. und Greig, M. (1998) Balanced incomplete block designs with block size 7. *J. Des. Codes Cryptogr.*, **13**, 5–30.

Abel, R.J.R., Bluskov, I. und Greig, M. (2001) Balanced incomplete block designs with block size 8. *J. Comb. Des.*, **9**, 233–268.

Abel, R.J.R., Bluskov, I. und Greig, M. (2002a) Balanced incomplete block designs with block size 9 and $\lambda = 2, 4, 8$. *J. Des. Codes Cryptogr.*, **26**, 33–59.

Abel, R.J.R., Bluskov, I. und Greig, M. (2002b) Balanced Incomplete Block Des. with block size 9, III., *Aust. J. Comb.*, **30**, 57–73.

Abel, R.J.R., Bluskov, I. und Greig, M. (2004) Balanced incomplete block designs with block size 9, II. *Discret. Math.*, **279**, 5–32.

Bose, R.C. und Shrikhande, S.S. (1960) On the construction of sets of mutually orthogonal Latin squares and Die falsity of a conjecture of Euler. *Trans. Am. Math. Soc.*, **95**, 191–209.

Colbourn, C.J. und Dinitz, J.H. (2006) *The CRC Handbook of Combinatorial Des.*, Chapman and Hall, Boca Raton.

Collins, R.J. (1976) Constructing BIBDs with a computer. *Ars combinatoria*, **2**, 187–231.

di Paola, J.W., Williams, J.S. und Williams W.T. (1973) A list of (v, b, r, k, λ) designs for $r \leq 30$, in: Hoffman, F., Levow, R.B. und Thomas, R.S.D. (Hrsg.) (1973) *Proc. 4th S-E Conf. Combinatorics, Graph Theory and Computing*, 249–258.

Fisher, R.A. (1926) The arrangement of field experiments. *J. Min. Agric. G. Br.*, **33**, 503–513.

Fisher, R.A. (1935) *The Design of Experiments*, Oliver & Boyd, Edinburgh.

Fisher, R.A. und Yates, F. (1949) *Statistical-Tables for Biological, Agricultural and Medical Research*, 1. Aufl., Oliver and Boyd, Edinburgh.

Fisher, R.A. und Yates, F. (1963) *Statistical Tables for Biological, Agricultural and Medical Research*, 6. Aufl., Oliver and Boyd, Edinburgh.

Hedayat, A.S. and Wallis, W.D. (1978) Hadamard matrices and their applications. *Ann. Stat.*, **6**, 1184–1238.

Hanani, H. (1961) The existence and construction of balanced incomplete block designs. *Ann. Math. Stat.*, **32**, 361–386.

Hanani, H. (1975) Balanced incomplete block designs and related designs. *Discret. Math.*, **11**, 275–289.

Hanani, H. (1989) BIBD's with block-size seven. *Discret. Math.*, **77**, 89–96.

Johnson, D.E. (2010) *Crossover Experiments*, Wiley Interdisciplinary Reviews, Computational Statistics, Bd. 2, John Wiley & Sons, Hoboken, S. 620–625.

Marhon, R.A. und Rosa, A. (2006) $2-(v;k;\lambda)$ designs of small order, in: *The CRC Handbook of Combinatorial Des.* (Hrsg. C.J. Colbourn und J.H. Dinitz), Chapman and Hall, Boca Raton, S. 25–58.

Mohan, R.N., Kageyama, S. und Nair, M.N. (2004) On a characterization of symmetric balanced incomplete block designs. *Discuss. Math. Probab. Stat.*, **24**, 41–58.

Raghavarao, D. (1971) *Constructions and Combinatorial Problems in Design of Experiments*, John Wiley & Sons, New York.

Raghavarao, D. und Padgett, L. (2014) *Repeated Measurements and Cross-Over Des.*, John Wiley & Sons, Hoboken.

Rao, C.R. (1961) A study of BIB designs with replications 11 to 15, *Sankhya Ser. A*, **23**, 117–129.

Rasch, D., Herrendörfer, G., Bock, J., Victor, N. und Guiard, V. (Hrsg.) (2008) *Verfahrensbibliothek Versuchsplanung und -auswertung*, 2. verbesserte Aufl. in einem Band mit CD, R. Oldenbourg Verlag München, Wien.
(frühere Auflagen mit den Herausgebern Rasch, Herrendörfer, Bock, Busch (1978, 1981), Deutscher Landwirtschaftsverlag Berlin und (1995, 1996) Oldenbourg Verlag, München Wien).

Rasch, D., Pilz, J., Verdooren, R.L. und Gebhardt, A. (2011) *Optimal Experimental Design with R*, Chapman and Hall, Boca Raton.

Rasch, D., Teuscher, F. und Verdooren, R.L. (2014) A conjecture about BIBDs. *Commun. Stat. Comput. Simul.*, doi:10.1080/03610918.2014.955111.

Sprott, D.A. (1962) A list of BIB designs with $r = 16$ to 20, *Sankhya Ser. A*, **24**, 203–204.

Sun, H.M. (2012) On the existence of simple BIBDs with number of elements a prime power. *J. Comb. Des.*, **21**, 47–59.

Takeuchi, K. (1962) A table of difference sets generating balanced incomplete block designs. *Rev. Int. Stat. Inst.*, **30**, 361–366.

Tocher, K.D. (1952) The design and analysis of block experiments, *J. R. Stat. Soc. B*, **14**, 45–91.

13
Lösungen und Lösungsansätze zu den Übungsaufgaben

Kapitel 1

Lösung 1.1 Nein, da Einwohner ohne Eintrag im Telefonbuch nicht ausgewählt werden können.

Lösung 1.2 Man trage die 81 Viereranordnungen der Zahlen 1, 2, 3 in den Spalten y_1, y_2, y_3, y_4 in ein SPSS-Datenblatt ein. In der Befehlsfolge „Transformieren – Variable berechnen" bezeichne man die Zielvariable mit „Mittel" und bilde $(y_1 + y_2 + y_3 + y_4)/4$, in Spalte 5 des Datenblattes erscheinen nun die Mittelwerte. Mit „Analysieren – Deskriptive Statistiken – Deskriptive Statistiken" werden nun aus den Mitteln der Mittelwert und die Varianz berechnet (unter Optionen einstellen). Da die Varianz einer Grundgesamtheit mit N Elementen bei Entnahme mit Zurücklegen erwartungstreu durch das $\frac{N-1}{N}$-fache der gewöhnlichen Stichprobenvarianz geschätzt wird, multipliziert man die ausgegebene Varianz noch mit 2/3. Die gewünschten Grafiken erhält man über „Diagramme".

Lösung 1.3

a) $P(\boldsymbol{Y} = Y \mid M(\boldsymbol{Y}) = t) = \dfrac{t!}{n^t \prod_{i=1}^n y_i!} I_{\{Y:\ \sum y_i = t\}}$

b) $f(Y|M) = \dfrac{I_{\{y_{(1)} = \min y_i,\, y_{(n)} = \max y_i\}}}{n(n-1)(y_{(n)} - y_{(1)})^{n-2}}$

c) $f(Y|M) = \dfrac{I_{\{0 < \min y_i \le \max y_i = y_{(n)}\}}}{n y_{(n)}^{n-1}}$

d) $M(\boldsymbol{Y})$ ist γ-verteilt.

Lösung 1.4

a) $\boldsymbol{M} = \ln \prod_{i=1}^n \boldsymbol{y}_i$

b) $\boldsymbol{M} = \sum_{i=1}^n \boldsymbol{y}_i^a$

c) $\boldsymbol{M} = \ln \prod_{i=1}^n \boldsymbol{y}_i$

Mathematische Statistik, 1. Auflage. Dieter Rasch und Dieter Schott.

Lösung 1.5

a) $\boldsymbol{M} = \sum_{i=1}^{n} \boldsymbol{y}_i$
b) $\boldsymbol{M} = (y_{(1)}, \dots, y_{(n)})$
c) (i) $\boldsymbol{M} = \sum_{i=1}^{n} \boldsymbol{y}_i$
   (ii) $\boldsymbol{M} = (\boldsymbol{y}_{(1)}, \dots, \boldsymbol{y}_{(n)})$
d) (i) $\boldsymbol{M} = \prod_{i=1}^{n} \boldsymbol{y}_i$
   (ii) $\boldsymbol{M} = \prod_{i=1}^{n}(1 - \boldsymbol{y}_i)$

Lösung 1.6

a) Man benutze den Eindeutigkeitssatz für Potenzreihen.
b) Gilt $\int_{\theta_1}^{\theta_2} h(y)\mathrm{d}y = 0$ für jedes Intervall $(\theta_1, \theta_2) \subset R^1$, so muss die integrierbare Funktion $h(y)$ fast überall $\equiv 0$ sein.

Lösung 1.7 $y_{(n)}$ hat die Dichte $f(t) = \frac{n}{\theta^n} t^{n-1}, 0 < t < \theta$. Die Familie dieser Verteilungen $(\theta \in R^+)$ ist vollständig.
Das beweist man wie in Aufgabe 1.6 b).

Lösung 1.8 $h(y)$ sei eine beliebige Funktion mit $E(h(\boldsymbol{y})) = 0$ für alle $\theta \in \langle 0, 1\rangle$. Für $\theta = 0$ folgt $h(0) = 0$ und weiter $\sum_{k=1}^{\infty} h(k)\theta^{k-1} = -\frac{h(-1)}{(1-\theta)^2} = -h(-1)\sum_{k=1}^{\infty} k\theta^{k-1}$, $\theta \in (0, 1)$.
Aufgrund des Identitätssatzes für Potenzreihen ergibt sich $h(k) = -kh(-1), k = 1, 2, \dots$ Ist $h(y)$ beschränkt, dann ist $h(-1) = 0$ und damit $h(y) \equiv 0$. Dagegen ist z. B. mit $k(-1) = -1$ die Funktion

$$h(\boldsymbol{y}) = \begin{cases} k & \text{für} \quad y = -1, 0, 1, \dots \\ 0 & \text{sonst} \end{cases}$$

eine erwartungstreue Schätzfunktion der Null.

Lösung 1.9

a) $I(\theta) = B''(\theta) - \frac{\eta''(\theta)B'(\theta)}{\eta'(\theta)}$
b) (i) $I(p) = \frac{n}{p(1-p)}$
   (ii) $I(\lambda) = \frac{1}{\lambda}$
   (iii) $I(\theta) = \frac{1}{\theta^2}$
   (iv) $I(\sigma) = \frac{2}{\sigma^2}$

Lösung 1.10

a) Dies folgt wegen $E\left[\frac{\partial}{\partial\theta_i} L(\boldsymbol{y}, \theta)\right] = 0, i = 1, 2, \dots, p$.
b) Analog dem Beweis von $I(\theta) = E\left[\frac{\partial^2}{\partial\theta^2} \ln L(\boldsymbol{y}, \theta)\right]$ im Anschluss an Definition 1.10.

Lösung 1.11

a) $E(\boldsymbol{M}) = \mathrm{e}^{-\theta}$, $\operatorname{var}(\boldsymbol{M}) = \mathrm{e}^{-\theta}(1-\mathrm{e}^{-\theta})$, $I(\theta) = \frac{1}{\theta}$, $\operatorname{var}(\boldsymbol{M}) > \theta\mathrm{e}^{-2\theta}$

b) $n\bar{\boldsymbol{y}}$ ist $P(n\theta)$-verteilt (Poisson-Verteilung).
$E(\boldsymbol{M}) = \mathrm{e}^{-\theta}$, $\operatorname{var}(\boldsymbol{M}) = \mathrm{e}^{-2\theta}(\mathrm{e}^{\theta/n}-1)$, $I(\theta) = \frac{n}{\theta}$, $\operatorname{var}(\boldsymbol{M}(y,\theta)) > \frac{\theta\mathrm{e}^{-2\theta}}{n}$

c) $E(\boldsymbol{M}) = \frac{1}{\theta}$, $\operatorname{var}(\boldsymbol{M}) = \frac{1}{n\theta^2}$, $I(\theta) = \frac{n}{\theta^2}$, $\operatorname{var}(\boldsymbol{M}(y)) = \frac{\left(\frac{dg}{d\theta}\right)^2}{I(\theta)} = \frac{1}{n\theta^2}$
mit $g(\theta) = E(\boldsymbol{M}) = \frac{1}{\theta}$

Lösung 1.12

a)

i	1	2	3	4	5	6	7	8	9
$R(d_i(\boldsymbol{y}),\theta_1)$	0	7	3,5	3	10	6,5	1,5	8,5	5
$R(d_i(\boldsymbol{y}),\theta_2)$	12	7,6	9,6	5,4	1	3	8,4	4	6

wobei $R(d(\boldsymbol{y}),\theta) = L(d(0),\theta)p_\theta(0) + L(d(1),\theta)p_\theta(1)$ gilt.

b)

i	1	2	3	4	5	6	7	8	9
$\max_{j=1,2}\{R(d_i,\theta_j)\}$	12	7,6	9,6	5,4	10	6,5	8,4	8,5	6

$\min_i \max_j\{R(d_i,\theta_j)\} = R(d_4,\theta_2) = 5,4$; Minimax-Entscheidungsfunktion $d_\mathrm{M} = d_4(\boldsymbol{y})$.

c) $r(d_i,\pi) = E[R(d_i(\boldsymbol{y}),\theta)] = R(d_i(\boldsymbol{y}),\theta_1)\pi(\theta_1) + R(d_i(\boldsymbol{y}),\theta_2)\pi(\theta_2)$

i	1	2	3	4	5	6	7	8	9
$r(d_i,\pi)$	9,6	7,48	8,38	4,92	2,8	3,7	7,02	4,9	5,8

$\min\{r(d_i,\pi)\} = 2,8$; Bayessche Entscheidungsfunktion $d_\mathrm{B} = d_5(\boldsymbol{y})$.

Lösung 1.13

a)

$$R(d_{r,s}(\bar{Y}),\theta) = \begin{cases} c\Phi\left((\theta-r)\sqrt{n}\right) + b\Phi\left((\theta-s)\sqrt{n}\right) & \text{für } \theta < 0 \\ b\left[1-\Phi\left(\sqrt{n}\,s\right) + \Phi\left(\sqrt{n}\,r\right)\right] & \text{für } \theta = 0 \\ b\Phi\left(\sqrt{n}(r-\theta)\right) + c\Phi\left((s-\theta)\sqrt{n}\right) & \text{für } \theta > 0 \end{cases}$$

b) (i)

$$R(d_{-1,1}(\bar{Y}),\theta) = \begin{cases} \Phi(\theta+1) + \Phi(\theta-1) & \text{für } \theta < 0 \\ 2\Phi(-1) & \text{für } \theta = 0 \\ 2 - \Phi(\theta+1) - \Phi(\theta-1) & \text{für } \theta > 0 \end{cases}$$

(ii)
$$R(d_{-1,2}(\bar{Y}),\theta)=\begin{cases}\Phi(\theta+1)+\Phi(\theta-2) & \text{für} \quad \theta<0\\ \Phi(-2)+\Phi(-1) & \text{für} \quad \theta=0\\ 2-\Phi(\theta+1)-\Phi(\theta-2) & \text{für} \quad \theta>0\end{cases}$$

$d_{-1,1}(\bar{Y})$ ist für $\theta > 0$ „besser“ (im Sinne kleineren Risikos) als $d_{-1,2}(\bar{Y})$.

Kapitel 2

Lösung 2.1

a) $\sum_{k=-1}^{3} P(y = k) = 1$

b)
$$U(y)=\begin{cases} a & \text{für} \quad y=-1\\ 0 & \text{für} \quad y=0,3\\ -2a & \text{für} \quad y=1\\ 2a & \text{für} \quad y=2\end{cases} \qquad a\in R^1$$

c) (i)
$$S_0(y)=\begin{cases}0 & \text{für} \quad y=-1,0\\ 1 & \text{für} \quad y=1,3\\ 2 & \text{für} \quad y=2\end{cases} \qquad E(S_0)=p$$

$$\tilde{S}_1(y)=\begin{cases}-a & \text{für} \quad y=-1\\ 0 & \text{für} \quad y=0\\ 1+2a & \text{für} \quad y=1\\ 2+2a & \text{für} \quad y=2\\ 1 & \text{für} \quad y=3\end{cases} \qquad \text{mit} \quad a=-\frac{1+p}{3}$$

(ii)
$$S_0(y)=\begin{cases}\frac{1}{2} & \text{für} \quad y=-1\\ 0 & \text{für} \quad y=0,1,2,3\end{cases} \qquad E(S_0(y))=p(1-p)$$

$$\tilde{S}_2(y)=\begin{cases}\frac{1}{2}-a & \text{für} \quad y=-1\\ 0 & \text{für} \quad y=0,3\\ 2a & \text{für} \quad y=1\\ -\ 2a & \text{für} \quad y=2\end{cases} \qquad \text{mit} \quad a=\frac{1}{6}$$

d) $\tilde{S}_1(y)$ ist nur LVES, $\tilde{S}_2(y)$ ist GVES mit $E[\tilde{S}_2(y)U(y)] = 0$

Lösung 2.2

a) $\hat{\psi}(Y) = \frac{1}{Nn}M(Y) = \frac{1}{N}\bar{Y}$ mit $E(\hat{\psi}(Y)) = p$ ist nach Satz 2.4 GVES.

b) $S(Y) = \frac{1}{nN}M(Y)$ ist vollständig suffizient, also auch $\hat{\psi}(Y) = \frac{nN}{Nn-1}S(Y)(1 - S(Y))$, mit $E(\hat{\psi}(Y)) = p(1 - p)$. Nach Satz 2.4 ist $\hat{\psi}(Y)$ GVES.

Lösung 2.3

a) $\frac{1}{\sigma^2}\sum_{i=1}^n(\boldsymbol{y}_i - \bar{\boldsymbol{y}})^2$ ist nach $CQ(n-1)$-verteilt und hat daher den Erwartungswert $n-1$ und daraus folgt die Behauptung.
b) Es gilt $S(\boldsymbol{Y}) = \frac{n}{n-1}(1-\bar{\boldsymbol{y}})\bar{\boldsymbol{y}}$ und daraus folgt die Behauptung.

Lösung 2.4

a) $S_{\text{ML}}(\boldsymbol{Y}) = \boldsymbol{y}_{(n)}, \quad S_{\text{M}}(\boldsymbol{Y}) = 2\bar{\boldsymbol{y}}$
b) $S_{\text{ML}}(\boldsymbol{Y}) = \frac{1}{2}\boldsymbol{y}_{(n)}, \quad S_{\text{M}}(\boldsymbol{Y}) = \frac{2}{3}\bar{\boldsymbol{y}}$
c) Jeder Wert des Intervalls $[y_{(n)} - 1, y_{(1)}]$ (ML-Schätzung nicht eindeutig bestimmt!), $S_{\text{M}}(\boldsymbol{Y}) = \bar{\boldsymbol{y}} - \frac{1}{2}$.

Lösung 2.5

a) Es gilt $\check{S}_{ML}(\boldsymbol{Y}) = \left(1+\frac{1}{n}\right)S_{\text{ML}}(\boldsymbol{Y}) = \left(1+\frac{1}{n}\right)\boldsymbol{y}_{(n)}, \quad \tilde{S}_M(\boldsymbol{Y}) = S_{\text{M}}(\boldsymbol{Y})$
b) $\check{S}_{ML}(\boldsymbol{Y})$ ist vollständig suffizient und erwartungstreu, d. h. GVES.

$$S_0(\boldsymbol{Y}) = \check{S}_{ML}(\boldsymbol{Y})$$

$$E_0(\check{S}_{ML}(\boldsymbol{Y})) = 1, \quad E_0(\tilde{S}_{\text{M}}(\boldsymbol{Y})) = \frac{3}{n+2}$$

Lösung 2.6

a) $\hat{\boldsymbol{a}} = \bar{\boldsymbol{x}}, \quad \hat{\boldsymbol{b}} = \bar{\boldsymbol{y}}, \quad \hat{\boldsymbol{c}} = \bar{\boldsymbol{z}}$
b) $\hat{\boldsymbol{a}}^* = \bar{\boldsymbol{x}}(1-\lambda_a^2) + \lambda_a^2(\bar{\boldsymbol{z}} - \bar{\boldsymbol{y}}), \quad \hat{\boldsymbol{b}}^* = \bar{\boldsymbol{y}}(1-\lambda_b^2) + \lambda_b^2(\bar{\boldsymbol{z}} - \bar{\boldsymbol{x}}), \quad \hat{\boldsymbol{c}}^* = \bar{\boldsymbol{z}}(1-\lambda_c^2) + \lambda_c^2(\bar{\boldsymbol{x}} + \bar{\boldsymbol{y}})$ mit $\sigma^2 = \sigma_a^2 + \sigma_b^2 + \sigma_c^2$ und $\lambda_a^2 = \frac{\sigma_a^2}{\sigma^2}, \; \lambda_b^2 = \frac{\sigma_b^2}{\sigma^2}, \; \lambda_c^2 = \frac{\sigma_c^2}{\sigma^2}$
c) $E(\hat{\boldsymbol{a}}) = a, \quad E(\hat{\boldsymbol{b}}) = b, \quad E(\hat{\boldsymbol{c}}) = c, \quad \text{var}(\hat{\boldsymbol{a}}) = \frac{\sigma_a^2}{n}, \quad V(\hat{\boldsymbol{b}}) = \frac{\sigma_b^2}{n}, \quad \text{var}(\hat{\boldsymbol{c}}) = \frac{\sigma_c^2}{n}$, $E(\hat{\boldsymbol{a}}^*) = a, \quad E(\hat{\boldsymbol{b}}^*) = b, \quad E(\hat{\boldsymbol{c}}^*) = c, \quad \text{var}(\hat{\boldsymbol{a}}^*) = \frac{1}{n}\sigma_a^2(1-\lambda_a^2), \quad \text{var}(\hat{\boldsymbol{b}}^*) = \frac{1}{n}\sigma_b^2(1-\lambda_b^2), \quad \text{var}(\hat{\boldsymbol{c}}^*) = \frac{1}{n}\sigma_c^2(1-\lambda_c^2)$

Lösung 2.7 Die Aufgabenstellungen

$$L(Y) = \frac{1}{(2\pi)^{n/2}\sigma^n}\exp\left\{-\frac{1}{2\sigma^2}\sum_{i=1}^n(y_i - f_i(x_i,\theta))^2\right\} \to \max$$

und

$$\sum_{i=1}^n(y_i - f_i(x_i,\theta))^2 \to \min$$

sind äquivalent.

Lösung 2.8

a) $\hat{\theta}_M = \bar{y}$;
b) $\hat{\alpha}_M = \bar{y} - \hat{\beta}_M \bar{x}, \quad \hat{\beta}_M = \frac{\sum_{i=1}^n x_i y_i - n\bar{x}\bar{y}}{\sum_{i=1}^n x_i^2 - n\bar{x}^2}$

Lösung 2.9 $v_n(\theta, \boldsymbol{y}_{(n)}) = -\frac{\theta}{n+1}$

Lösung 2.10 Entwickelt man $\bar{x}/\bar{y}$ an der Stelle (η, μ) nach der Taylor-Formel, so ergibt sich

$$E(\hat{\boldsymbol{g}}) = \frac{\eta}{\mu} + \frac{\sigma^2 \eta}{n\mu^3} - \frac{\rho\sigma\tau}{n\mu^2} + O\left(\frac{1}{n^2}\right) = \frac{\eta}{\mu} + O\left(\frac{1}{n}\right)$$

$$E(J[\hat{\boldsymbol{g}}]) = \frac{\eta}{\mu} + O\left(\frac{1}{n(n-1)}\right) = \frac{\eta}{\mu} + O\left(\frac{1}{n^2}\right)$$

Lösung 2.11

a) Mit (2.33) ist $E(\boldsymbol{y}_{(j)}) = \mu + \left(\frac{2j}{n+1} - 1\right)\alpha, \quad j = 1, \ldots, n.$
b) Die Behauptung folgt mit dem Ergebnis von a).

Lösung 2.12

a) $I(\alpha) = \frac{1}{\alpha^2}, \quad e(S(\boldsymbol{Y})) = \frac{\alpha^2}{n \operatorname{var}(S(\boldsymbol{Y}))}$ nach (2.44).
b) $n\hat{\alpha}_{ML}(\boldsymbol{Y}) = n/\bar{\boldsymbol{y}}$ ist γ-verteilt mit den Parametern n, α, sodass $\tilde{\alpha}(\boldsymbol{Y}) = \frac{n-1}{n\bar{\boldsymbol{y}}}$ mit $\operatorname{var}(\tilde{\alpha}(\boldsymbol{Y})) = \frac{\alpha^2}{n-2}$ gilt. Schließlich ist

$$e(\tilde{\alpha}(\boldsymbol{Y})) = 1 - \frac{2}{n}$$

Lösung 2.13

$$E(\hat{\alpha}_{ML}(\boldsymbol{Y})) = E\left(\frac{1}{\bar{\boldsymbol{y}}}\right) = \frac{n}{n-1}\alpha \to \alpha \quad \text{für} \quad n \to \infty$$

Zum Beweis der Konsistenz führe man das Problem z. B. auf die Tschebyscheff-Ungleichung zurück.

Lösung 2.14

$$\hat{\boldsymbol{\theta}}_{ML} = \sqrt{1 + \frac{1}{n}\sum_{i=1}^n y_i^2} - 1$$

nach dem (schwachen) Gesetz der großen Zahlen gilt

$$\frac{1}{n}\sum_{i=1}^n \boldsymbol{y}_i^2 \xrightarrow{P} E\left(\boldsymbol{y}_i^2\right) = 2\theta + \theta^2 \quad \text{für} \quad n \to \infty$$

Kapitel 3

Lösung 3.1

a) $E(k_1(\boldsymbol{y}) \mid H_0) = E(k_2(\boldsymbol{y}) \mid H_0) = \alpha, \quad \pi_{k_1}(H_A) = \pi_{k_2}(H_A) = 1$

b)

$$k_1(y) = \begin{cases} \alpha & \text{für} \quad L(y|H_A) = cL(y|H_0) \\ 1 & \text{für} \quad L(y|H_A) > cL(y|H_0) \end{cases}$$

mit $c = 0$ ist randomisiert; $k_2(y)$ lässt sich nicht in der Form (3.5) darstellen.

Lösung 3.2 Wir setzen

a)

$$A = 1 + \frac{\ln c_\alpha - n \ln \frac{1-p_1}{1-p_0}}{n \ln \frac{p_1}{p_0}}$$

(i)

$$k(Y) = \begin{cases} 1 & \text{für} \quad \bar{y} > A \,, \\ \gamma(Y) & \text{für} \quad \bar{y} = A \,, \\ 0 & \text{für} \quad \bar{y} < A \,, \end{cases} \quad \text{falls} \quad p_1 > p_0$$

(ii)

$$k(Y) = \begin{cases} 1 & \text{für} \quad \bar{y} < A, \\ \gamma(Y) & \text{für} \quad \bar{y} = A, \\ 0 & \text{für} \quad \bar{y} > A; \end{cases} \quad \text{falls} \quad p_1 < p_0$$

b) $c_\alpha = 1{,}8, \quad \gamma(y) = 0{,}1, \quad \beta = 0{,}91$

Lösung 3.3

$$k(Y) = \begin{cases} 1 & \text{für} \quad T > 4 \,, \\ 0{,}413 & \text{für} \quad T = 4 \,, \\ 0 & \text{für} \quad T < 4 \end{cases} \quad \text{mit} \quad T = \sum_{i=1}^{10} y_i \,, \quad \beta = 0{,}0214$$

Lösung 3.4

$$\lambda_0 < \lambda_1 : \quad k(Y) = \begin{cases} 1 & \text{für} \quad 2n\bar{y}\lambda_0 < CQ(2n \mid \alpha) \\ 0 & \text{für} \quad 2n\bar{y}\lambda_0 > CQ(2n \mid \alpha) \end{cases}$$

$$\lambda_0 > \lambda_1 : \quad k(Y) = \begin{cases} 1 & \text{für} \quad 2n\bar{y}\lambda_0 > CQ(2n \mid 1-\alpha) \\ 0 & \text{für} \quad 2n\bar{y}\lambda_0 < CQ(2n \mid 1-\alpha) \end{cases}$$

Lösung 3.5

$$k(Y) = k^*(M) = \begin{cases} 1 & \text{für} \quad M < M_\alpha \\ \gamma_\alpha & \text{für} \quad M = M_\alpha \\ 0 & \text{für} \quad M > M_\alpha \end{cases}$$

statt (3.24) und α statt $1-\alpha$ in der Ungleichung für M_0^α sowie M_α statt $M_{1-\alpha}$. Der Beweis erfolgt analog zum Beweis von Satz 3.8.

Lösung 3.6

a)
$$k(Y) = \begin{cases} 1 & \text{für} \quad 2\lambda_0 n\bar{y} > CQ(2n \mid \alpha) \\ 0 & \text{für} \quad 2\lambda_0 n\bar{y} < CQ(2n \mid \alpha) \end{cases}$$

b) $\pi(\lambda) = F_{Y^2_{(2n)}}\left(\frac{\lambda}{\lambda_0} CQ(2n \mid \alpha)\right)$
$F_{Y^2_{(2n)}}$ ist die Verteilungsfunktion der $CQ(2n)$-Verteilung.

c) H_0 annehmen.

Lösung 3.7

a) $\pi(\theta) = 1 - \min\left(1, \left(\frac{c}{\theta}\right)^n\right)$

b) $c = \sqrt[n]{0{,}95}$

c) $c = 0{,}4987$

d) $\beta = 0{,}02; \quad n = 9$

Lösung 3.8

a) Die Existenz folgt aus Satz 3.8. Mit $M(Y) = \sum_{i=1}^n y_i^2$ ist

$$k(Y) \approx \begin{cases} 1 & \text{für} \quad M(Y) > 2\sqrt{n}\left(u_{1-\alpha} + \sqrt{n}\right) \\ 0 & \text{für} \quad M(Y) < 2\sqrt{n}\left(u_{1-\alpha} + \sqrt{n}\right) \end{cases}$$

b) $\pi(\theta) \approx 1 - \Phi\left(\frac{1}{\theta^2}\left(u_{1-\alpha} + \sqrt{n}\right) - \sqrt{n}\right)$

Lösung 3.9

a) Die Existenz folgt aus Satz 3.11.

b) $e^{-\lambda_0 c_1} - e^{-\lambda_0 c_2} = 1 - \alpha, \quad c_1 e^{-\lambda_0 c_1} - c_2 e^{-\lambda_0 c_2} = 0$

c)
$$k^*(y) = \begin{cases} 1 & \text{für} \quad y < 0{,}002\,53 \quad \text{oder} \quad y > 0{,}3689 \\ 0 & \text{sonst} \end{cases}$$

$$\pi(10, 1) = 0{,}049\,36 < \alpha = 0{,}05$$

Lösung 3.10

a)
$$k(Y) = \begin{cases} 1 & \text{für} \quad h_n \lesseqgtr np \mp \sqrt{np_0(1-p_0)}u_{1-\frac{\alpha}{2}} \\ 0 & \text{sonst.} \end{cases}$$

b) $H_0\colon p = \frac{1}{2}$ ist abzulehnen.
c) $H_0\colon p = \frac{1}{6}$ ist zu akzeptieren.

Lösung 3.11

a) $H_0\colon \mu = 3{,}5$ ist abzulehnen.
b) 0,68
c) $\delta \geq 0{,}065$
d) $H_0\colon \mu = 3{,}5$ ist abzulehnen.

Lösung 3.12 $H_0\colon \mu \leq 9{,}5$ ist zu akzeptieren; $H_0\colon \sigma^2 \leq 6{,}25$ ist abzulehnen.

Lösung 3.13 In beiden Fällen wird H_0 akzeptiert.

Lösung 3.14 $n = 15$

Lösung 3.15

a)

$$K_1 = \left[\frac{y_{(n)}}{\sqrt[n]{1-\alpha_1}}, \frac{y_{(n)}}{\sqrt[n]{\alpha_2}}\right], \quad K_2 = \left[y_{(n)}, \frac{y_{(n)}}{\sqrt[n]{\alpha}}\right], \quad K_3 = \left[\frac{y_{(n)}}{\sqrt[n]{1-\alpha}}, \infty\right)$$

b)

$$l_1 = \frac{n\theta_0}{n+1}\left(\frac{1}{\sqrt[n]{\alpha_2}} - \frac{1}{\sqrt[n]{1-\alpha_1}}\right), \quad l_2 = \frac{n\theta_0}{n+1}\left(\frac{1}{\sqrt[n]{\alpha}} - 1\right), \quad l_3 = \infty$$

K_2 hat die kleinste mittlere Länge.

c)

$$W_1(\theta \mid \theta_0) = \begin{cases} 0 & \text{für} \quad \theta \leq 0 \quad \text{oder} \quad \theta \geq \frac{\theta_0}{\sqrt[n]{\alpha_2}} \\ \left(\frac{\theta}{\theta_0}\right)^n (1-\alpha) & \text{für} \quad 0 \leq \theta \leq \frac{\theta_0}{\sqrt[n]{1-\alpha_1}} \\ 1 - \left(\frac{\theta}{\theta_0}\right)^n \alpha_2 & \text{für} \quad \frac{\theta_0}{\sqrt[n]{1-\alpha_1}} \leq \theta \leq \frac{\theta_0}{\sqrt[n]{\alpha_2}} \end{cases}$$

$$W_2(\theta \mid \theta_0) = \begin{cases} 0 & \text{für} \quad \theta \leq 0 \quad \text{oder} \quad \theta \geq \frac{\theta_0}{\sqrt[n]{\alpha}} \\ \left(\frac{\theta}{\theta_0}\right)^n (1-\alpha) & \text{für} \quad 0 \leq \theta \leq \theta_0 \\ 1 - \left(\frac{\theta}{\theta_0}\right)^n \alpha & \text{für} \quad \theta_0 \leq \theta \leq \frac{\theta_0}{\sqrt[n]{\alpha}} \end{cases}$$

$$W_3(\theta|\theta_0) = \begin{cases} 0 & \text{für} \quad \theta \leq 0 \\ \left(\frac{\theta}{\theta_0}\right)^n (1-\alpha) & \text{für} \quad 0 \leq \theta \leq \frac{\theta_0}{\sqrt[n]{1-\alpha}} \\ 1 & \text{für} \quad \theta \geq \frac{\theta_0}{\sqrt[n]{1-\alpha}} \end{cases}$$

Nur K_2 ist unverzerrt.

Lösung 3.16

a)
$$K_L = \left[\frac{CQ(2n \mid \alpha)}{2n\bar{y}}; \infty\right), \quad K_R = \left[0; \frac{CQ(2n \mid 1-\alpha)}{2n\bar{y}}\right]$$

b)
$$K_L = [0{,}0065; \infty), \quad K_R = [0; 0{,}0189]$$

Lösung 3.17

$$\left[\frac{s_1^2}{s_2^2 F\left(n_1 - 1, n_2 - 1 \middle| 1 - \frac{\alpha}{2}\right)}; \frac{s_1^2 F\left(n_1 - 1, n_2 - 1 \middle| 1 - \frac{\alpha}{2}\right)}{s_2^2}\right]$$

Lösung 3.18

a) $\pi(p) = 1 - (1-p)^{n_0}$
b) $E(\boldsymbol{n} \mid p) = \frac{1}{p}(1 - (1-p)^{n_0})$
c) $\alpha = 0{,}0956, \quad \beta = 0{,}3487, \quad E(\boldsymbol{n} \mid p_0) = 9{,}56, \quad E(\boldsymbol{n} \mid p_1) = 6{,}51$

Lösung 3.19

a) $n = 139$
b) $n = 45$

Lösung 3.20

a) Die Prüfzahl

$$\boldsymbol{t}^* = \frac{\bar{\boldsymbol{y}}_1 - \bar{\boldsymbol{y}}_2}{\sqrt{\frac{s_1^2}{n_1} + \frac{s_2^2}{n_2}}}$$

des Welch-Tests ist zu verwenden.

b) (i) $n_1 = 206; \quad n_2 = 103$
(ii) $n_1 = 64; \quad n_2 = 32$

Lösung 3.21 Man kann zeigen, dass der gesuchte GBU-α-Test ein einseitiger t-Test ist.

Kapitel 4

Lösung 4.1 Durch $C^T\theta = 0_{n-p}$ wird der Nullraum von C^T festgelegt. Dabei sind die Spalten von C ein Orthonormalsystem von Ω. Daher ist Ω der Rangraum von C und der Nullraum von C^T sein orthogonales Komplement.

Lösung 4.2 Wir wissen, dass die $n \times p$-Matrix X den Rang $p > 0$ hat. Die zweite Ableitung von $\|Y - X\beta\|^2$ ist $2X^TX$ und damit positiv definit. Daraus folgt die Behauptung.

Lösung 4.3 Wir setzen $B = X - XGX^TX$ und erhalten $B^TB = (X - XGX^TX)^T(X - XGX^TX) = X^TXG^TX^TXGX^TX - X^TXG^TX^TX = 0$ und daraus folgt die Behauptung.

Lösung 4.4 Wegen $X^T(E_n - XGX^T) = X^T - X^TXGX^T$ geht es weiter wie in Aufgabe 4.3.

Lösung 4.5 Da

$$A = \begin{pmatrix} \frac{1}{n} & \cdots & \frac{1}{n} \\ \vdots & & \vdots \\ \frac{1}{n} & \cdots & \frac{1}{n} \end{pmatrix}$$

symmetrisch und idempotent ($A^2 = A$) ist, folgt die Behauptung durch Ausmultiplizieren.

Kapitel 5

Lösung 5.1 Wegen der vorausgesetzten Normalverteiltheit reicht es aus, zu zeigen, dass die Kovarianzen verschwinden. Wir zeigen das kurz für $\text{cov}(\bar{\boldsymbol{y}}_{..}, \bar{\boldsymbol{y}}_{i.} - \bar{\boldsymbol{y}}_{..})$, die anderen Fälle b) bis d) folgen analog

a)

$$\begin{aligned}\text{cov}(\bar{\boldsymbol{y}}_{..}, \bar{\boldsymbol{y}}_{i.} - \bar{\boldsymbol{y}}_{..}) &= \text{cov}\left(\frac{\sum_{i=1}^{a}\sum_{j=1}^{b}\boldsymbol{y}_{ij}}{ab}, \frac{\sum_{j=1}^{b}\boldsymbol{y}_{ij}}{b} - \frac{\sum_{i=1}^{a}\sum_{j=1}^{b}\boldsymbol{y}_{ij}}{ab}\right) \\ &= \text{cov}\left(\frac{\sum_{i=1}^{a}\sum_{j=1}^{b}\boldsymbol{y}_{ij}}{ab}, \frac{a\sum_{j=1}^{b}\boldsymbol{y}_{ij}}{ab} - \frac{\sum_{i=1}^{a}\sum_{j=1}^{b}\boldsymbol{y}_{ij}}{ab}\right) = 0\end{aligned}$$

Lösung 5.2 So geben Sie die Daten ein

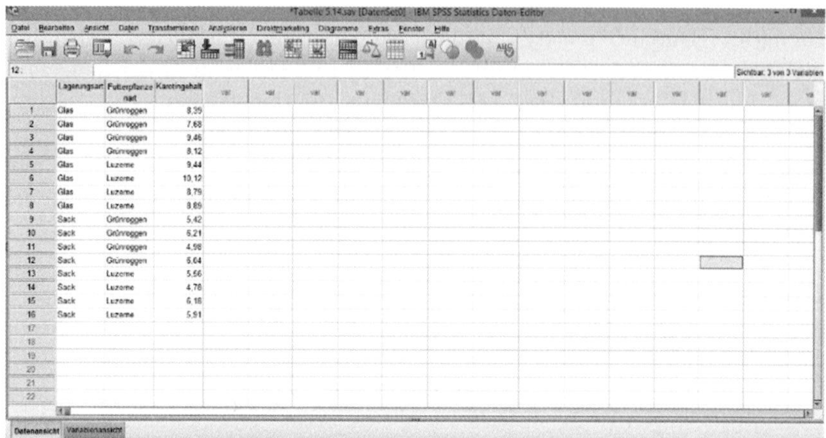

Dann rufen Sie Analysieren – allgemeines lineares Modell – univariat auf und bearbeiten das Menüfenster wie folgt:

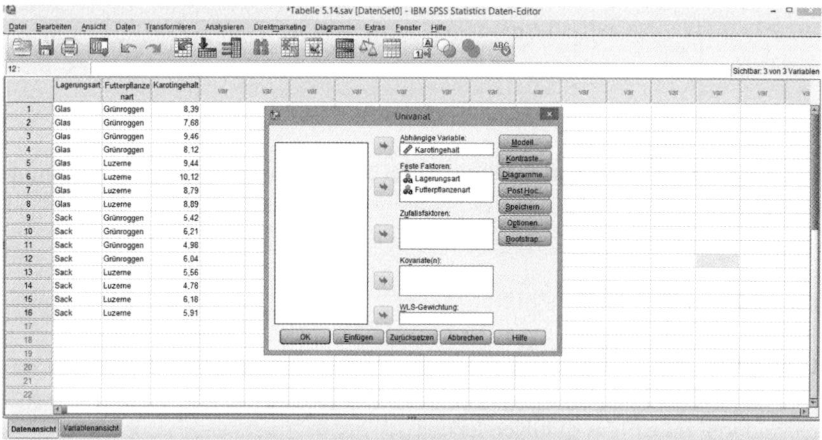

Nun führt „Ok“ zum Ergebnis (die Originalausgabe wurde an den Buchtext angepasst. Näheres dazu in SPSS unter Arbeit mit Pivottabellen):

Tab. 13.1 Tests der Zwischensubjekteffekte.

Abhängige Variable: Karotingehalt

Quelle	**Quadratsumme vom Typ III**	***df***	**Mittel der Quadrate**	***F***	**Sig.**
Lagerungsart	41,635	1	41,635	101,696	0,000
Futterpflanzenart	0,710	1	0,710	1,734	0,213
Lagerungsart × Futterpflanzenart	0,907	1	0,907	2,216	0,162
Fehler	4,913	12	0,409		
Gesamtvariation	48,165	15			

Lösung 5.3 Gehen Sie analog zu Aufgabe 5.2 vor.

Lösung 5.4 Siehe Lösung von Aufgabe 4.3.

Lösung 5.5 Offensichtlich sind alle drei Matrizen symmetrisch, die Idempotenz zeigt man durch Bilden der Produkte $(B_2 - B_3)(B_2 - B_3)$; $(B_1 - B_2)(B_1 - B_2)$ und $(E_n - B_1)(E_n - B_1)$. Die übrigen Behauptungen ergeben sich leicht durch Nachrechnen.

Lösung 5.6 Mit den neueren R-Paketen kann man nach Aufrufen von R (vorher Herunterladen) auf R-Konsole doppelklicken und erhält

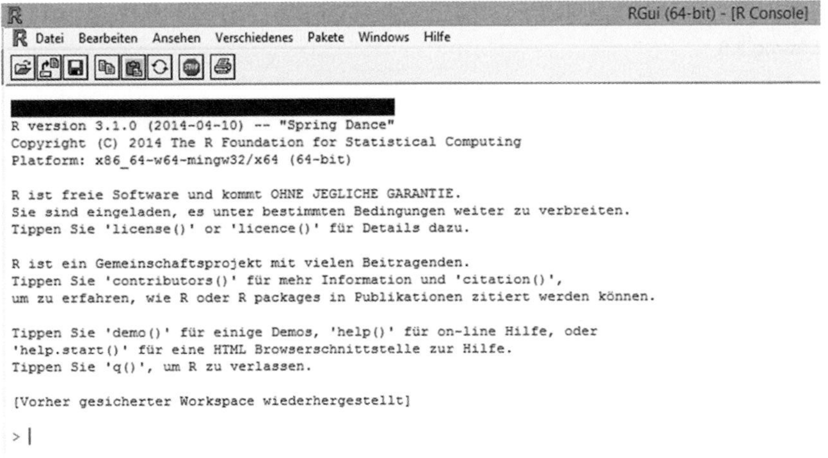

Nun aktiviert man in der Kopfzeile „Pakete“ und dann gehe man zu „Installiere Pakete“. Dann erscheint eine Liste mit R-Paketen, in der auch OPDOE steht, dieses ruft man auf.

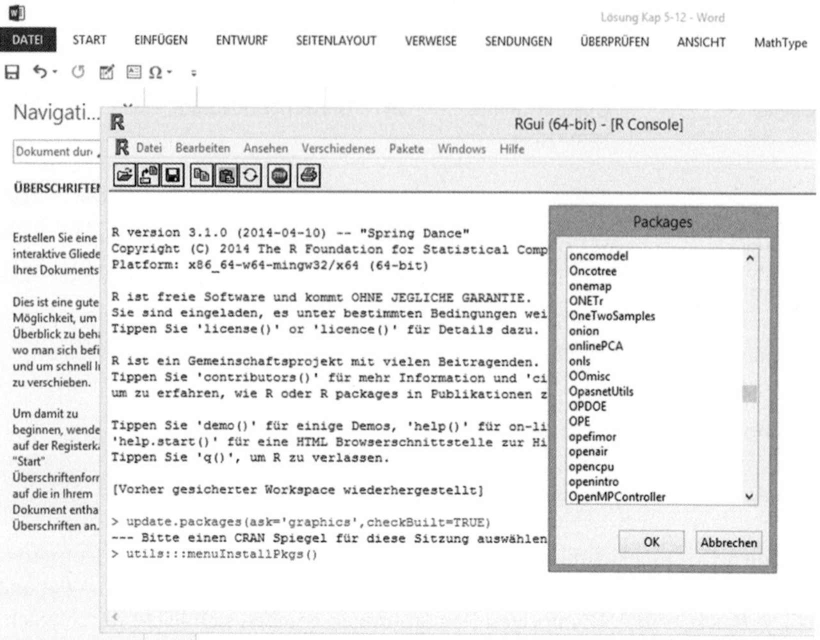

Lösung 5.7

maximin 40
minimin 14

Lösung 5.8

maximin 9
minimin 4

Lösung 5.9

Faktor A
maximin 9
minimin 4

Faktor B
maximin 51
minimin 5

Lösung 5.10

maximin 48
minimin 5

Lösung 5.11

maximin 7

minimin 3

Kapitel 6

Lösung 6.1 Zunächst bringen wir die Daten in ein SPSS-Datenblatt und wählen: „Analysieren – allgemeines lineares Modell – univariat" und erhalten nach Eingabe unseres Falles:

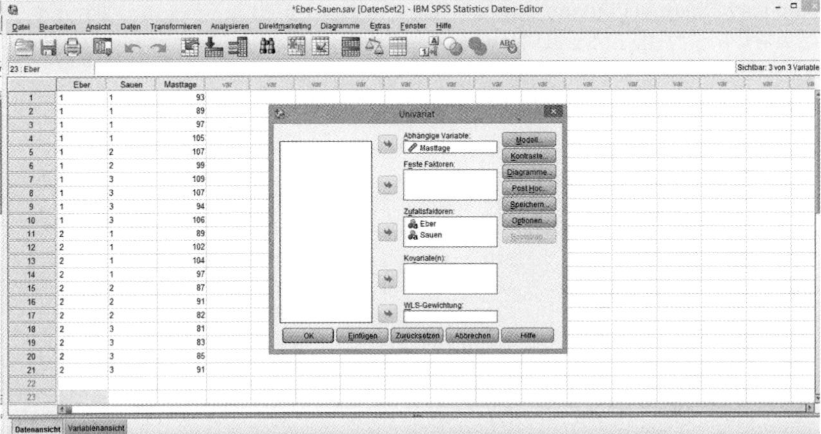

Nun gehen wir zu „einfügen" und nehmen, wie in Kapitel 5 bei der hierarchischen Klassifikation beschrieben eine Programmänderung vor. Wir drücken dann auf „ausführen" und erhalten die folgenden Ergebnisse:

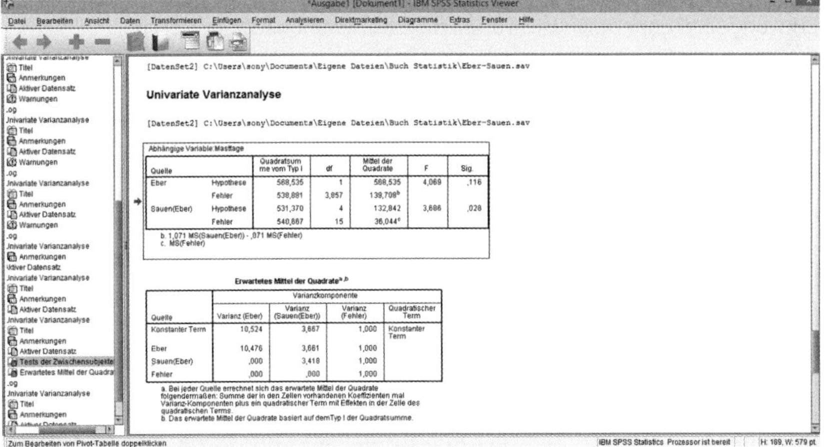

[DatenSet2] C:\Users\sony\Documents\Eigene Dateien\Buch Statistik\Eber-Sauen.sav

Univariate Varianzanalyse

[DatenSet2] C:\Users\sony\Documents\Eigene Dateien\Buch Statistik\Eber-Sauen.sav

Abhängige Variable:Masttage

Quelle		Quadratsumme vom Typ I	df	Mittel der Quadrate	F	Sig.
Eber	Hypothese	568,535	1	568,535	4,069	,116
	Fehler	538,881	3,857	139,708[b]		
Sauen(Eber)	Hypothese	531,370	4	132,842	3,686	,028
	Fehler	540,667	15	36,044[c]		

b. 1,071 MS(Sauen(Eber)) - ,071 MS(Fehler)
c. MS(Fehler)

Erwartetes Mittel der Quadrate[a,b]

Quelle	Varianzkomponente			
	Varianz (Eber)	Varianz (Sauen(Eber))	Varianz (Fehler)	Quadratischer Term
Konstanter Term	10,524	3,667	1,000	Konstanter Term
Eber	10,476	3,661	1,000	
Sauen(Eber)	,000	3,418	1,000	
Fehler	,000	,000	1,000	

a. Bei jeder Quelle errechnet sich das erwartete Mittel der Quadrate folgendermaßen: Summe der in den Zellen vorhandenen Koeffizienten mal Varianz-Komponenten plus ein quadratischer Term mit Effekten in der Zelle des quadratischen Terms.
b. Das erwartete Mittel der Quadrate basiert auf demTyp I der Quadratsumme.

Lösung 6.2 Zunächst ergibt sich $a_2 = 83{,}67$.
Für $a_2 = 83$ wird

$$A(200, 83) = \left\{ \frac{2}{82}\left(0{,}5 + \frac{0{,}5}{200}\right)^2 + \frac{4}{117}0{,}5^2 + 2\frac{0{,}5}{200}\left[1 - \frac{0{,}5}{200}199\right] \right\} \text{konst.}$$

größer als

$$A(200, 84) = \left\{ \frac{2}{83}\left(0{,}5 + \frac{0{,}5}{200}\right)^2 + \frac{4}{116}0{,}5^2 + 2\frac{0{,}5}{200}\left[1 - \frac{0{,}5}{200}199\right] \right\} \text{konst.}$$

für $a_2 = 84$.
Nun suche man beginnend mit $(a = 83, n = 2)$; $(a = 83, n = 3)$; $(a = 84, n = 2)$; $(a = 84, n = 3)$ die optimale Lösung.

Lösung 6.3 Der ergänzte Datensatz ist

Bulle B_1	B_2	B_3	B_4	B_5	B_6	B_7	B_8	B_9	B_{10}
120	152	130	149	110	157	119	150	144	159
155	144	138	107	142	107	158	135	112	105
131	147	123	143	124	146	140	150	123	103
130	103	135	133	109	133	108	125	121	105
140	131	138	139	154	104	138	104	132	144
140	102	152	102	135	119	154	150	144	129
142	102	159	103	118	107	156	140	132	119
146	150	128	110	116	138	145	103	129	100
130	159	137	103	150	147	150	132	103	115
152	132	144	138	148	152	124	128	140	146
115	102	154	122,70	138	124	100	122	106	108
146	160	139,82	122,70	115	142	135,64	154	152	119

Entweder berechnet man die Varianzkomponenten nach der Varianzanalysemethode mit der Hand oder man verwendet SPSS oder R.

Kapitel 7

Lösung 7.1 Die zufällige Aufteilung kann mit im Intervall (0, 1) gleichverteilten Pseudozufallszahlen geschehen. Ein Bulle wird Gruppe 1 zugeordnet, wenn das Ergebnis $< 0{,}5$ ist, sonst Gruppe 2. Sind einer der beiden Gruppen sechs Bullen zugeordnet, gehören die restlichen Bullen in die andere Gruppe. Es handelt sich um ein gemischtes Modell der zweifachen hierarchischen Klassifikation mit dem festen Faktor Ort und dem zufälligen Faktor Bulle.

Lösung 7.2 Wenn die Lösung der Aufgabe mit SPSS durchgeführt wird, beachte man die in Kapitel 5 beschriebene erforderliche Syntaxänderung für hierarchische Klassifikationen.

Lösung 7.3 Es reicht aus, die Schätzung nach der Varianzanalysemethode ohne Rechner vorzunehmen.

Kapitel 8

Lösung 8.1 Die partiellen Ableitungen von S nach β_0 und β_1 sind:

$$\frac{\partial S}{\partial \beta_0} = -2\sum_{i=1}^{n}(y_i - \beta_0 - \beta_1 x_i)$$

$$\frac{\partial S}{\partial \beta_1} = -2x_i\sum_{i=1}^{n}(y_i - \beta_0 - \beta_1 x_i)$$

Nullsetzen führt zu

$$\sum_{i=1}^{n} y_i - nb_0 - b_1 \sum_{i=0}^{n} x_i = 0$$

bzw.

$$\sum_{i=1}^{n} x_i y_i - b_0 \sum_{i=0}^{n} x_i - b_1 \sum_{i=0}^{n} x_i^2 = 0$$

Die erste Gleichung führt zu (8.10) (realisationsweise), setzen wir $\boldsymbol{b}_0 = \bar{\boldsymbol{y}} - \boldsymbol{b}_1\bar{x}$ in die zweite Gleichung ein und gehen zu Zufallsvariablen über, so ergibt sich nach Umformung die Gleichung (8.9).

Lösung 8.2 Aus $\boldsymbol{b} = \hat{\boldsymbol{\beta}} = (X^{\mathrm{T}}X)^{-1}X^{\mathrm{T}}\boldsymbol{Y}$ (Satz 8.1) folgt

$$E(\boldsymbol{b}) = E\left((X^{\mathrm{T}}X)^{-1}X^{\mathrm{T}}\boldsymbol{Y}\right) = (X^{\mathrm{T}}X)^{-1}X^{\mathrm{T}}E(\boldsymbol{Y}) = (X^{\mathrm{T}}X)^{-1}X^{\mathrm{T}}X\beta = \beta$$

und damit als Spezialfall $E(\boldsymbol{b}_0) = \beta_0$ und $E(\boldsymbol{b}_1) = \beta_1$. Ferner ist

$$\mathrm{var}(\boldsymbol{b}) = (X^{\mathrm{T}}X)^{-1}X^{\mathrm{T}}\,\mathrm{var}(\boldsymbol{Y})X(X^{\mathrm{T}}X)^{-1}$$

und wegen $\mathrm{var}(\boldsymbol{Y}) = \sigma^2 E_n$ wird das zu $\mathrm{var}(\boldsymbol{b}) = \sigma^2(X^{\mathrm{T}}X)^{-1}$.
In unserem Fall ist

$$X = \begin{pmatrix} 1 & x_1 \\ \dots & \dots \\ 1 & x_n \end{pmatrix}$$

und damit

$$X^{\mathrm{T}}X = \begin{pmatrix} n & \sum_{i=1}^{n} x_i \\ \sum_{i=1}^{n} x_i & \sum_{i=1}^{n} x_i^2 \end{pmatrix}$$

sowie

$$
\begin{aligned}
(X^{\mathrm{T}}X)^{-1} &= \frac{1}{n\sum_{i=1}^{n} x_i^2 - (\sum_{i=1}^{n} x_i)^2} \begin{pmatrix} n\sum_{i=1}^{n} x_i^2 & -\sum_{i=1}^{n} x_i \\ -\sum_{i=1}^{n} x_i & n \end{pmatrix} \\
&= \frac{1}{n\sum_{i=1}^{n}(x_i - \bar{x})^2} \begin{pmatrix} \sum_{i=1}^{n} x_i^2 & -\frac{1}{n}\sum_{i=1}^{n} x_i \\ -\frac{1}{n}\sum_{i=1}^{n} x_i & 1 \end{pmatrix} .
\end{aligned}
$$

Daraus folgen (8.14) und (8.15).

Lösung 8.3 Mit $x_1 = \cos(2x)$, $x_2 = \ln(6x)$ ist der Fall auf eine zweifache lineare Regression zurückgeführt. In $\boldsymbol{b} = \hat{\boldsymbol{\beta}} = (X^{\mathrm{T}}X)^{-1}X^{\mathrm{T}}\boldsymbol{Y}$ ist nun

$$
X = \begin{pmatrix} 1 & \cos(2x_1) & \ln(6x_1) \\ 1 & \cos(2x_2) & \ln(6x_2) \\ \dots & \dots & \dots \\ 1 & \cos(2x_{n-1}) & \ln(6x_{n-1}) \\ 1 & \cos(2x_n) & \ln(6x_n) \end{pmatrix}
$$

zu setzen.

Lösung 8.4 Nachdem die Daten von Beispiel 8.3 für die Lagerung im Glas in ein SPSS-Datenblatt (siehe Abbildung) eingegeben wurden, wählen wir „Analysieren – Regression – linear“ und füllen das erscheinende Kästchen entsprechend aus:

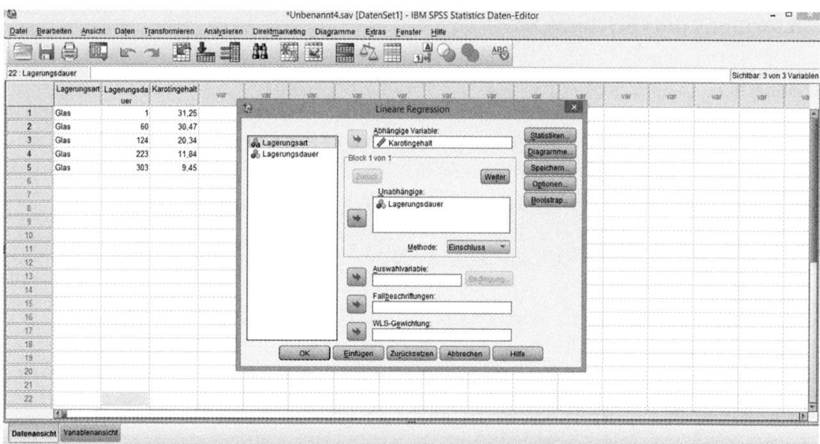

Unter „Statistiken“ fordern wir noch die Kovarianzmatrix der Schätzungen an. Dann führt uns „Ok“ zum Ergebnis, aus dem wir die Korrelationskoeffizienten gelöscht haben, da es sich hier um ein Modell I handelt.

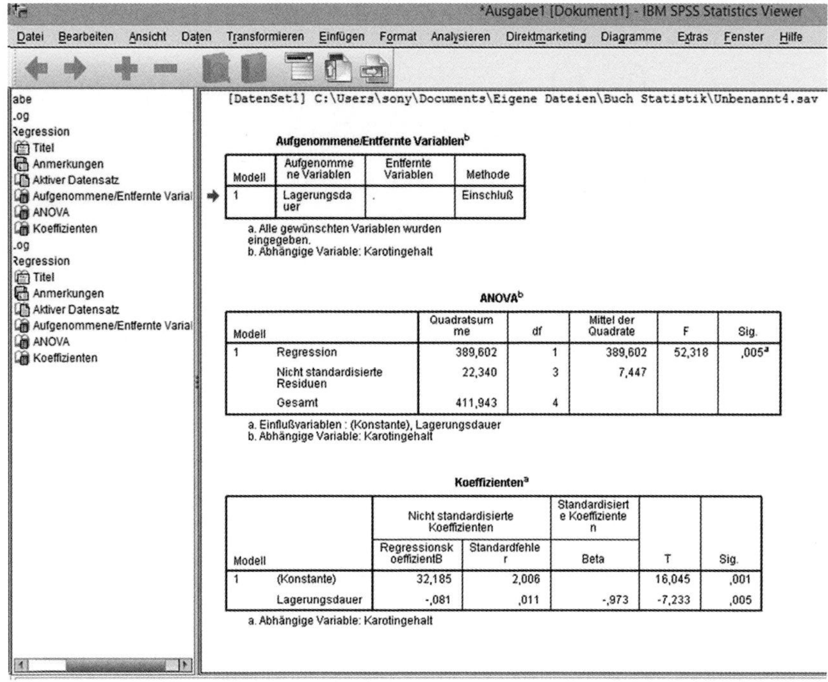

[DatenSet1] C:\Users\sony\Documents\Eigene Dateien\Buch Statistik\Unbenannt4.sav

Aufgenommene/Entfernte Variablen[b]

Modell	Aufgenommene Variablen	Entfernte Variablen	Methode
1	Lagerungsdauer	.	Einschluß

a. Alle gewünschten Variablen wurden eingegeben.
b. Abhängige Variable: Karotingehalt

ANOVA[b]

Modell		Quadratsumme	df	Mittel der Quadrate	F	Sig.
1	Regression	389,602	1	389,602	52,318	,005[a]
	Nicht standardisierte Residuen	22,340	3	7,447		
	Gesamt	411,943	4			

a. Einflußvariablen : (Konstante), Lagerungsdauer
b. Abhängige Variable: Karotingehalt

Koeffizienten[a]

Modell		Nicht standardisierte Koeffizienten		Standardisierte Koeffizienten	T	Sig.
		RegressionskoeffizientB	Standardfehler	Beta		
1	(Konstante)	32,185	2,006		16,045	,001
	Lagerungsdauer	-,081	,011	-,973	-7,233	,005

a. Abhängige Variable: Karotingehalt

Lösung 8.5 Da wir eine ungerade Anzahl (5) von Messpunkten haben, ist nach Satz 8.5 ein konkreter D-optimaler Plan durch

$$\begin{pmatrix} 1 & 303 \\ 3 & 2 \end{pmatrix}$$

und der konkrete G-optimaler Plan durch

$$\begin{pmatrix} 1 & 152 & 303 \\ 2 & 1 & 2 \end{pmatrix}$$

gegeben. Für den D-optimalen Plan

$$X = X_D = \begin{pmatrix} 1 & 1 \\ 1 & 1 \\ 1 & 1 \\ 1 & 303 \\ 1 & 303 \end{pmatrix}$$

und für den G-optimalen Plan ist

$$X = X_G = \begin{pmatrix} 1 & 1 \\ 1 & 1 \\ 1 & 152 \\ 1 & 303 \\ 1 & 303 \end{pmatrix}$$

Daher ist $|X_G^T X_G| = 456\,010$ kleiner als die entsprechende Determinante 547 224 des D-optimalen Planes, der ja $|X^T X|$ für $n = 5$ im Intervall [1; 303] maximiert.

Kapitel 9

Lösung 9.1

a) quasilinear
b) quasilinear
c) linear
d) eigentlich nichtlinear
e) quasilinear
f) eigentlich nichtlinear
g) eigentlich nichtlinear

Lösung 9.2

a) θ_2, θ_3
b) θ_2
c) θ_2, θ_3
d) θ_3
e) θ_4

Lösung 9.3 Das Normalgleichungssystem für die $n = 11$ gegebenen Punkte zur Bestimmung von a, b, c ist nur nichtlinear in c. Löst man die ersten beiden Gleichungen nach a und b auf und setzt diese Werte in die dritte Gleichung ein, so ergibt sich eine nichtlineare Gleichung $g(c) = 0$ für c, die iterativ gelöst werden muss.
Startet man eines der üblichen Iterationsverfahren, z. B. mit $c_0 = -0{,}5$, so folgt nach wenigen Iterationen $c \approx -0{,}406$. Also Gütekontrolle für die iterierten c_k kann die Berechnung der Werte $g(c_k)$ dienen, die nahe an 0 liegen sollten. Aus den Auflösungsformeln für die beiden anderen Parameter erhält man dann $a = 132{,}95$ und $b = -56{,}36$. Die geschätzte Regressionsfunktion ist daher

$$f^*(x, \theta^*) = 132{,}95 - 56{,}36\,\mathrm{e}^{-0{,}406x}$$

Der Schätzwert für die Varianz kann nach der Formel

$$s^2 = \frac{1}{n-3} \sum_{i=1}^{n} \left(y_i - a - be^{cx_i}\right)^2$$

berechnet werden. Man bekommt dann $s^2 = 0{,}021$.

Lösung 9.4 Zunächst führen wir eine Modellwahl nach dem Kriterium der Restvarianz durch. Am besten passt sich die exponentielle Regression an:

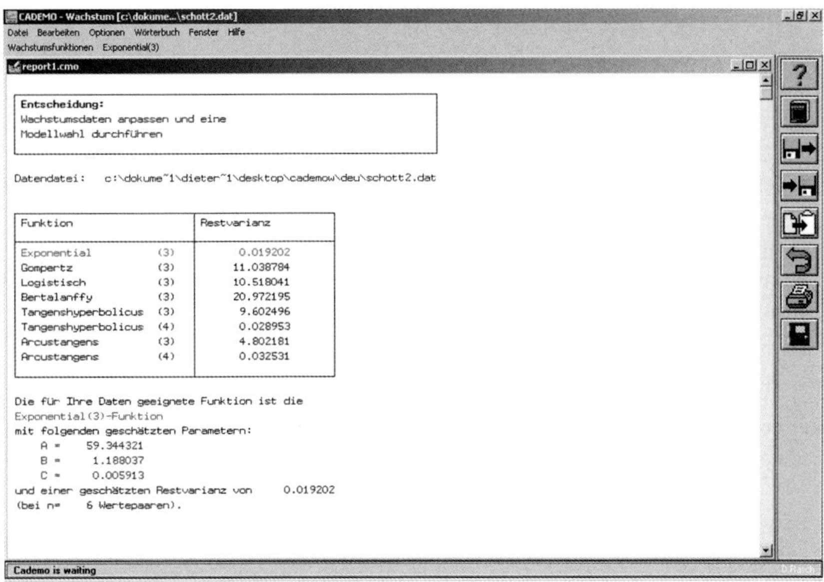

CADEMO - Wachstum [c:\dokume...\schott2.dat]

Datei Bearbeiten Optionen Wörterbuch Fenster Hilfe

Wachstumsfunktionen Exponential(3)

report1.cmo

Entscheidung:
Wachstumsdaten anpassen und eine
Modellwahl durchführen

Datendatei: c:\dokume~1\dieter~1\desktop\cademow\deu\schott2.dat

Funktion		Restvarianz
Exponential	(3)	0.019202
Gompertz	(3)	11.038784
Logistisch	(3)	10.518041
Bertalanffy	(3)	20.972195
Tangenshyperbolicus	(3)	9.602496
Tangenshyperbolicus	(4)	0.028953
Arcustangens	(3)	4.802181
Arcustangens	(4)	0.032531

Die für Ihre Daten geeignete Funktion ist die
Exponential(3)-Funktion
mit folgenden geschätzten Parametern:
A = 59.344321
B = 1.188037
C = 0.005913
und einer geschätzten Restvarianz von 0.019202
(bei n= 6 Wertepaaren).

Cademo is waiting

Ausgehend von

$$\sum_{i} \left(y_i - \alpha - \beta e^{\gamma x_i}\right)^2 \rightarrow \min$$

erhält man die Parameter nach Abschn. 9.6. Wir erhalten $a = 59{,}34$; $b = 1{,}188$ und $c = 0{,}0059$. Die geschätzte Restvarianz ist 0,0192. Die am zweitbesten angepasste Funktion ist die vierparametrische Tangens-hyperbolicus-Funktion. Die angepasste Regressionsfunktion ist folgender Abbildung zu entnehmen.

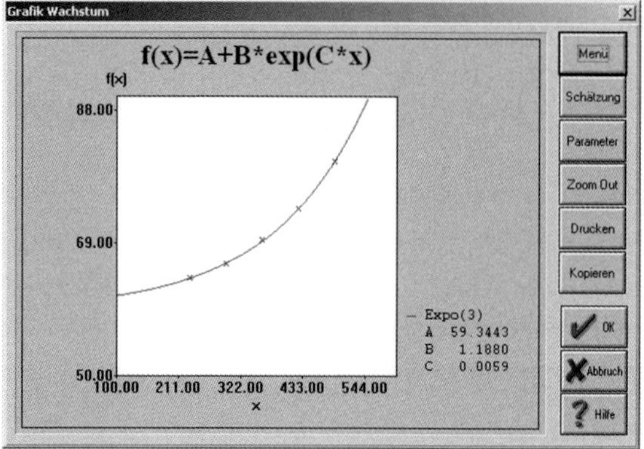

Kapitel 10

Lösung 10.1 Es handelt sich, da die Lagerungsart ein fester Faktor ist und die Zeitpunkte durch den Versuchsansteller festgelegt wurden, um ein Modell I-I der Form

$$\mu_{ij} = \mu + \alpha_i + \gamma z_{ij}\,; \quad i = 1,2\,; \quad j = 1,\ldots,5$$

mit den Haupteffekten α_1 und α_2 für die beiden Lagerungsarten und den Karotingehalten z_{ij}.

Lösung 10.2 Nach der Befehlsfolge „Analysieren – allgemeines lineares Modell – univariat" trägt man, wie in der Abbildung zu sehen, den festen Faktor und die Kovariable ein.

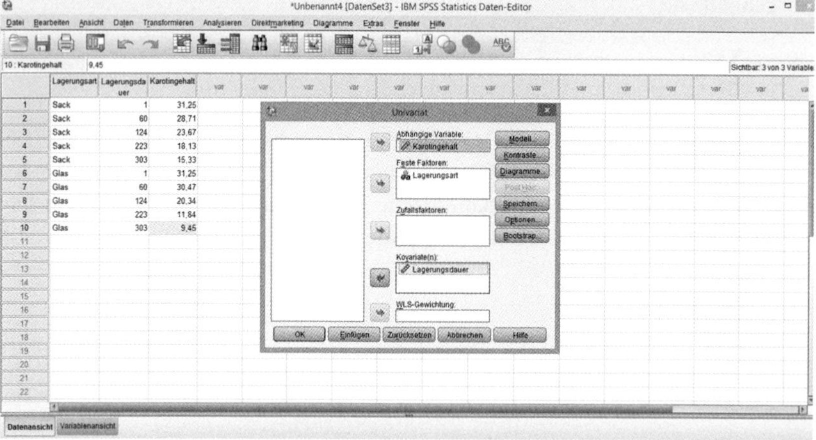

Nach „Ok" erhält man das Ergebnis

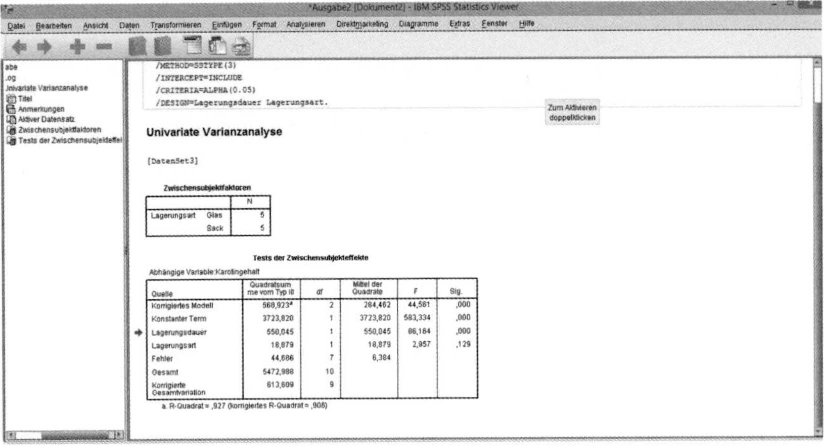


```
/METHOD=SSTYPE(3)
/INTERCEPT=INCLUDE
/CRITERIA=ALPHA(0.05)
/DESIGN=Lagerungsdauer Lagerungsart.
```

Univariate Varianzanalyse

[DatenSet3]

Zwischensubjektfaktoren

		N
Lagerungsart	Glas	5
	Sack	5

Tests der Zwischensubjekteffekte

Abhängige Variable:Karotingehalt

Quelle	Quadratsumme vom Typ III	df	Mittel der Quadrate	F	Sig.
Korrigiertes Modell	568,923[a]	2	284,462	44,561	,000
Konstanter Term	3723,820	1	3723,820	583,334	,000
Lagerungsdauer	550,045	1	550,045	86,164	,000
Lagerungsart	18,879	1	18,879	2,957	,129
Fehler	44,686	7	6,384		
Gesamt	5472,988	10			
Korrigierte Gesamtvariation	613,609	9			

a. R-Quadrat = ,927 (korrigiertes R-Quadrat = ,906)

Kapitel 11

Lösung 11.1

		t			
		1	2	3	4
d/σ	0,1	1721	1654	1738	1762
	0,2	431	414	435	441
	0,5	69	67	70	71
	1	18	17	18	18

Lösung 11.2

		β		
		0,05	0,1	0,2
δ	0,5	105	85	64
	1	27	22	17

Lösung 11.3

		a				
		3	4	5	10	20
α	0,05	28	31	33	40	47
	0,1	23	27	29	36	43

Kapitel 12

Lösung 12.1 Ohne Rechner können Sie die 35 Blocks in die Zahlen 1 bis 35 umcodieren, diese Zahlen auf Zettel schreiben, diese in eine Schale legen und ohne Zurücklegen zufällig ziehen. Der zur ersten gezogenen Zahl gehörige Block steht nun an erster Stelle usw. Die Randomisierung innerhalb der Blocks kann durch Würfeln erfolgen. Für jede Behandlung wird einmal geworfen: 1 oder 4 bedeutet Position 1; 2 oder 5 Position 2; und 3 oder 6 Position 3. Das kann zu mehrmaligem Umordnen innerhalb der Blocks führen.

Lösung 12.2 Die duale BUB hat die Parameter $k = r = 4$ und $\lambda = 2$. Die Anlage ist:

$$(1, 2, 4, 6)\ ; \quad (1, 2, 5, 7)\ ; \quad (1, 3, 4, 7)\ ; \quad (1, 3, 5, 6)\ ;$$
$$(2, 3, 4, 5)\ ; \quad (2, 3, 6, 7)\ ; \quad (4, 5, 6, 7)$$

Lösung 12.3 Wir wählen $m = 2$ und erhalten:

$$v = 85\ , \quad b = 85\ , \quad r = 21\ , \quad k = 21\ , \quad \lambda = 5$$

Lösung 12.4 Wir wählen $m = 1$, das ergibt:

$$v = 64\ , \quad b = 336\ , \quad r = 21\ , \quad k = 4\ , \quad \lambda = 1$$

Lösung 12.5 Es ergibt sich analog zu Beispiel 12.3 eine BUB mit den Parametern

$$v = 12\ , \quad b = 22\ , \quad r = 11\ , \quad k = 6\ , \quad \lambda = 5$$

Lösung 12.6 Die Parameter der Original-BUB sind:

$$v = 8\ , \quad b = 56\ , \quad r = 21\ , \quad k = 3\ , \quad \lambda = 6$$

Lösung 12.7 Im LQ

D	E	A	B	C	G	F
B	D	E	F	A	B	C
A	B	C	D	E	F	G
E	C	B	G	F	D	A
C	G	F	E	B	A	D
F	A	G	C	B	E	D
G	F	D	A	C	B	E

vertausche man die Spalten so, dass in der ersten Zeile die Folge A, B, C, D, E, F, G zu stehen kommt.

Lösung 12.8 Wenn wir im LQ der Aufgabe 12.8 die beiden letzten Spalten weglassen, erhalten wir die Anlage

D	E	A	B	C
B	D	E	F	A
A	B	C	D	E
E	C	B	G	F
C	G	F	E	B
F	A	G	C	B
G	F	D	A	C

Sie ist keine Youdenanlage, da z. B. das Paar (A, B) viermal, aber (A, E) nur dreimal vorkommt.

Anhang A
Symbolik

In der Symbolik unterscheiden wir uns teilweise von Schreibweisen aus anderen mathematischen Disziplinen. So verwenden wir die in der Wahrscheinlichkeitsrechnung übliche Großschreibung der Symbole für Zufallsvariablen nicht, sondern schreiben diese fett, und dies nicht nur, um zwischen einer Zufallsvariablen mit F-Verteilung $\boldsymbol{F}$ und ihrer Realisation F unterscheiden zu können, sondern vor allem, weil lineare Modelle in diesem Buch einen großen Raum einnehmen. In einem gemischten Modell der zweifachen Kreuzklassifikation der Varianzanalyse mit einem festen Faktor A und einem zufälligen Faktor $\boldsymbol{B}$ z. B., müsste bei Großschreibung die Modellgleichung lauten:

$$Y_{ijk} = \mu + a_i + B_j + (aB)_{ij} + E_{ijk}$$

Dies ist äußerst ungewöhnlich und ungebräuchlich. Wir verwenden stattdessen

$$\boldsymbol{y}_{ijk} = \mu + a_i + \boldsymbol{b}_j + (\boldsymbol{ab})_{ij} + \boldsymbol{e}_{ijk}$$

Funktionen schreiben wir nie ohne Argument, da das Funktionssymbol allein meist eine andere Bedeutung hat, so ist $p(y)$ meist eine Wahrscheinlichkeitsfunktion, p aber eine Wahrscheinlichkeit. Weitere Beispiele sind: $f(y)$ steht für Dichtefunktion, f für Freiheitsgrade, $F(y)$ für Verteilungsfunktion, F für die Realisation einer F-verteilten Zufallsvariablen $\boldsymbol{F}$.

Bedeutung	**Symbol**
Aufrundungsfunktion	$\lceil x \rceil$: kleinste ganze Zahl $\geq x$
Binomialverteilung mit Parametern n, p	$B(n, p)$
Chi-Quadrat (χ^2)-Verteilung mit f Freiheitsgraden	$CQ(f)$
Determinante der Matrix A	$\|A\|$
Diagonalmatrix der Ordnung n mit Diagonalelementen $a_1, \dots, a_n$	$D(a_1, \dots, a_n)$
Dichtefunktion der $N(0, 1)$-Verteilung	$\varphi(x)$

Mathematische Statistik, 1. Auflage. Dieter Rasch und Dieter Schott.

Bedeutung	Symbol
Direktes Produkt der Mengen A und B	$A \otimes B$
Direkte Summe der Mengen A und B	$A \oplus B$
Einheitsmatrix der Ordnung n	E_n
Einsvektor (Vektor mit n Einsen)	e_n
Euklidischer Raum der Dimension n bzw. 1 (reelle Achse), positive reelle Achse	R^n bzw. $R^1 = R$, R^+
Indikatorfunktion einer Menge A	$I_A(x) = \begin{cases} 1, & \text{falls} \quad x \in A \\ 0, & \text{falls} \quad x \notin A \end{cases}$
Intervall auf der x-Achse	
offen	(a, b): $a < x < b$
halboffen	$[a, b)$: $a \leq x < b$; $(a, b]$: $a < x \leq b$
geschlossen	$[a, b]$: $a \leq x \leq b$
i-te Ordnungsmaßzahl einer Zufallsstichprobe	$\boldsymbol{y}_{(i)}$
Kardinalität (Anzahl) der Elemente einer Menge S	card(S), auch $\|S\|$
Konstante in Formeln	konst.
Kronecker-Produkt der Matrizen $\mathcal{N}_1$ und $\mathcal{N}_2$	$\mathcal{N} = \mathcal{N}_1 \otimes \mathcal{N}_2$
Leere Menge	$\emptyset$
Normalverteilung mit Erwartungswertvektor μ und Kovarianzmatrix Σ	$N(\mu, \Sigma)$
Normalverteilung mit Erwartungswert μ und Varianz σ^2	$N(\mu, \sigma^2)$
Nullvektor mit n Elementen	0_n
Parameterraum	Ω
Poisson-Verteilung mit Parameter λ	$P(\lambda)$
P-Quantil der $N(0, 1)$-Verteilung	$u(P)$ oder u_P
P-Quantil der χ^2-Verteilung mit f Freiheitsgraden	$CQ(f \mid P)$
P-Quantil der t-Verteilung mit f Freiheitsgraden	$t(f \mid P)$
P-Quantil der F-Verteilung mit f_1 und f_2 Freiheitsgraden	$F(f_1, f_2 \mid P) = F_P(f_1, f_2)$
Rang der Matrix A	Rg(A)
Rangraum der Matrix A	R[A]
Standardnormalverteilung mit Erwartungswert 0, Varianz 1	$N(0, 1)$

Bedeutung	Symbol
Spur der Matrix A	$\mathrm{Sp}(A)$
Transponierter Vektor von Y	Y^{T}
Transponierte Matrix von A	A^{T}
Vektor (Spaltenvektor)	Y
Verteilungsfunktion der $N(0, 1)$-Verteilung	$\Phi(x)$
Zufallsvariable (durch Fettdruck gekennzeichnet)	$\boldsymbol{y}, \boldsymbol{Y}$
Zufallsvariable $\boldsymbol{e}$ ist verteilt nach	$\boldsymbol{e} \sim$

Anhang B
Abkürzungen

BAN	beste asymptotisch normalverteilte (Schätzung)
BLES	beste lineare erwartungstreue Schätzfunktion
BLEV	beste lineare erwartungstreue Vorhersage
BQES	beste quadratische erwartungstreue Schätzfunktion
BUB	balancierte unvollständige Blockanlage
DQ	durchschnittliche Quadrate der Abweichungen
EML	eingeschränkte Maximum-Likelihood-Methode
GB	gleichmäßig bester (Test)
GBU	gleichmäßig bester unverfälschter (Test)
GPV	Gruppen-Perioden-Versuchsanlage
GT	gleichmäßig trennschärfstes (Intervall)
GTU	gleichmäßig trennschärfstes unverzerrtes (Intervall)
GVES	gleichmäßig varianzoptimale Schätzung
LQ	lateinisches Quadrat
LR	lateinisches Rechteck
LVES	lokal varianzoptimale Schätzung
MINQUE	minimale quadratische Norm-Schätzung
ML	Maximum-Likelihood
MLS	Maximum-Likelihood-Schätzung
MKS	Methode-der-kleinsten-Quadrate-Schätzung
MKQ	Methode der kleinsten Quadrate
MSU	mittlerer Stichprobenumfang
MQA	mittlere quadratische Abweichung
SLQT	Sequentieller Likelihood-Quotienten-Test
SP	Summe der Abweichungsprodukte
SQ	Summe der Abweichungsquadrate
TBUB	teilweise balancierte unvollständige Blockanlage
ZBUB	zerlegbare balancierte unvollständige Blockanlage
ZSA	Zeilen-Spalten-Anlage
YA	Youdenanlage

Mathematische Statistik, 1. Auflage. Dieter Rasch und Dieter Schott.

Anhang C
Wahrscheinlichkeits- bzw. Dichtefunktionen von Verteilungen

Bernoulli-Verteilung $p(y, p) = p^y(1-p)^{1-y}, \quad 0 < p < 1, \quad y = 0, 1$

Betaverteilung $f(y, \theta) = \frac{1}{B(a,b)} y^{a-1}(1-y)^{b-1}, \quad 0 < y < 1, \quad 0 < a, b < \infty$

Binomialverteilung $p(y, p) = \binom{n}{y} p^y(1-p)^{n-y}, \quad 0 < p < 1, \quad y = 0, 1, \dots, n$

Exponentialfamilie $f(y, \theta) = h(y)e^{\sum_{i=1}^{k} \eta_i(\theta) \cdot T_i(y) - B(\theta)}$

Exponentialfamilie in kanonischer Form $f(y, \eta) = h(y)e^{\sum_{i=1}^{k} \eta_i \cdot T_i(y) - A(\eta)}$

Exponentialverteilung $f(y, \lambda) = \lambda e^{-\lambda y}, \quad \lambda \in R^+, \quad y \geq 0$

geometrische Verteilung $p(y, p) = p(1-p)^{y-1}, \quad y = 1, 2, \dots, \quad 0 < p < 1$

Gleichverteilung im Intervall [*a*, *b*] $f(y, a, b) = \frac{1}{b-a}, \quad a < b, \quad a \leq y \leq b$

hypergeometrische Verteilung $p(y, M, N, n) = \frac{\binom{M}{y}\binom{N-M}{n-y}}{\binom{N}{n}}, \quad n \in \{1, \dots, N\},$
$y \in \{0, \dots, N\}; \quad M \leq N$ ganz

negative Binomialverteilung $p(y, p, r) = \binom{y-1}{r-1} p^r(1-p)^{y-r}, \quad 0 < p < 1,$
$y \geq r$ ganz, $r \in \{0, 1, \dots\}$

Normalverteilung $f(y, \mu, \sigma^2) = \frac{1}{\sigma\sqrt{2\pi}} e^{-\frac{(y-\mu)^2}{2\sigma^2}}; \quad -\infty < \mu; y < \infty; \quad \sigma > 0$

Pareto-Verteilung $f(y, \theta) = \frac{\theta a^\theta}{y^{\theta+1}}, \quad y > a > 0, \quad \theta \in \Omega = R^+$

Poisson-Verteilung $p(y, \lambda) = \frac{\lambda^y}{y!} e^{-\lambda}, \quad y = 0, 1, 2, \dots, \quad \lambda > 0$

Weibull-Verteilung $f(y, \theta) = \theta a(\theta y)^{a-1} e^{-(\theta y)^a}, \quad a \geq 0, \quad y \geq 0, \quad \theta \in \Omega = R^+$

Mathematische Statistik, 1. Auflage. Dieter Rasch und Dieter Schott.

Anhang D
Tabellen

Tab. D.1 Dichtefunktion $\varphi(u)$ der Standardnormalverteilung ($\varphi(-u) = \varphi(u)$).

u	0,00	0,01	0,02	0,03	0,04	0,05	0,06	0,07	0,08	0,09
0,0	0,398 94	0,398 92	0,398 86	0,398 76	0,398 62	0,398 44	0,398 22	0,397 97	0,397 67	0,397 33
0,1	0,396 95	0,396 54	0,396 08	0,395 59	0,395 05	0,394 48	0,393 87	0,393 22	0,392 53	0,391 81
0,2	0,391 04	0,390 24	0,389 40	0,388 53	0,387 62	0,386 67	0,385 68	0,384 66	0,383 61	0,382 51
0,3	0,381 39	0,380 23	0,379 03	0,377 80	0,376 54	0,375 24	0,373 91	0,372 55	0,371 15	0,369 73
0,4	0,368 27	0,366 78	0,365 26	0,363 71	0,362 13	0,360 53	0,358 89	0,357 23	0,355 53	0,353 81
0,5	0,352 07	0,350 29	0,348 49	0,346 67	0,344 82	0,342 94	0,341 05	0,339 12	0,337 18	0,335 21
0,6	0,333 22	0,331 21	0,329 18	0,327 13	0,325 06	0,322 97	0,320 86	0,318 74	0,316 59	0,314 43
0,7	0,312 25	0,310 06	0,307 85	0,305 63	0,303 39	0,301 14	0,298 87	0,296 59	0,294 31	0,292 00
0,8	0,289 69	0,287 37	0,285 04	0,282 69	0,280 34	0,277 98	0,275 62	0,273 24	0,270 86	0,268 48
0,9	0,266 09	0,263 69	0,261 29	0,258 88	0,256 47	0,254 06	0,251 64	0,249 23	0,246 81	0,244 39
1,0	0,241 97	0,239 55	0,237 13	0,234 71	0,232 30	0,229 88	0,227 47	0,225 06	0,222 65	0,220 25
1,1	0,217 85	0,215 46	0,213 07	0,210 69	0,208 31	0,205 94	0,203 57	0,201 21	0,198 86	0,196 52
1,2	0,194 19	0,191 86	0,189 54	0,187 24	0,184 94	0,182 65	0,180 37	0,178 10	0,175 85	0,173 60
1,3	0,171 37	0,169 15	0,166 94	0,164 74	0,162 56	0,160 38	0,158 22	0,156 08	0,153 95	0,151 83
1,4	0,149 73	0,147 64	0,145 56	0,143 50	0,141 46	0,139 43	0,137 42	0,135 42	0,133 44	0,131 47
1,5	0,129 52	0,127 58	0,125 66	0,123 76	0,121 88	0,120 01	0,118 16	0,116 32	0,114 50	0,112 70
1,6	0,110 92	0,109 15	0,107 41	0,105 67	0,103 96	0,102 26	0,100 59	0,098 93	0,097 28	0,095 66
1,7	0,094 05	0,092 46	0,090 89	0,089 33	0,087 80	0,086 28	0,084 78	0,083 29	0,081 83	0,080 38
1,8	0,078 95	0,077 54	0,076 14	0,074 77	0,073 41	0,072 06	0,070 74	0,069 43	0,068 14	0,066 87
1,9	0,065 62	0,064 38	0,063 16	0,061 95	0,060 77	0,059 59	0,058 44	0,057 30	0,056 18	0,055 08
2,0	0,053 99	0,052 92	0,051 86	0,050 82	0,049 80	0,048 79	0,047 80	0,046 82	0,045 86	0,044 91
2,1	0,043 98	0,043 07	0,042 17	0,041 28	0,040 41	0,039 55	0,038 71	0,037 88	0,037 06	0,036 26
2,2	0,035 47	0,034 70	0,033 94	0,033 19	0,032 46	0,031 74	0,031 03	0,030 34	0,029 65	0,028 98
2,3	0,028 33	0,027 68	0,027 05	0,026 43	0,025 82	0,025 22	0,024 63	0,024 06	0,023 49	0,022 94
2,4	0,022 39	0,021 86	0,021 34	0,020 83	0,020 33	0,019 84	0,019 36	0,018 88	0,018 42	0,017 97
2,5	0,017 53	0,017 09	0,016 67	0,016 25	0,015 85	0,015 45	0,015 06	0,014 68	0,014 31	0,013 94
2,6	0,013 58	0,013 23	0,012 89	0,012 56	0,012 23	0,011 91	0,011 60	0,011 30	0,011 00	0,010 71
2,7	0,010 42	0,010 14	0,009 87	0,009 61	0,009 35	0,009 09	0,008 85	0,008 61	0,008 37	0,008 14
2,8	0,007 92	0,007 70	0,007 48	0,007 27	0,007 07	0,006 87	0,006 68	0,006 49	0,006 31	0,006 13
2,9	0,005 95	0,005 78	0,005 62	0,005 45	0,005 30	0,005 14	0,004 99	0,004 85	0,004 70	0,004 57
3,0	0,004 43	0,003 27	0,002 38	0,001 72	0,001 23	0,000 87	0,000 61	0,000 42	0,000 29	0,000 20
4,0	0,000 13	0,000 09	0,000 06	0,000 04	0,000 02	0,000 02	0,000 01	0,000 01	–	–

Mathematische Statistik, 1. Auflage. Dieter Rasch und Dieter Schott.

Tab. D.2A Verteilungsfunktion $\Phi(u)$ der Standardnormalverteilung.

$-u$	0,00	0,01	0,02	0,03	0,04	0,05	0,06	0,07	0,08	0,09
0,0	0,5000	0,4960	0,4920	0,4880	0,4840	0,4801	0,4761	0,4721	0,4681	0,4641
0,1	0,4602	0,4562	0,4522	0,4483	0,4443	0,4404	0,4364	0,4325	0,4286	0,4247
0,2	0,4207	0,4168	0,4129	0,4090	0,4052	0,4013	0,3974	0,3936	0,3897	0,3859
0,3	0,3821	0,3783	0,3745	0,3707	0,3669	0,3632	0,3594	0,3557	0,3520	0,3483
0,4	0,3446	0,3409	0,3372	0,3336	0,3300	0,3264	0,3228	0,3192	0,3156	0,3121
0,5	0,3085	0,3050	0,3015	0,2981	0,2946	0,2912	0,2877	0,2843	0,2810	0,2776
0,6	0,2743	0,2709	0,2676	0,2643	0,2611	0,2578	0,2546	0,2514	0,2483	0,2451
0,7	0,2420	0,2389	0,2358	0,2327	0,2296	0,2266	0,2236	0,2206	0,2177	0,2148
0,8	0,2119	0,2090	0,2061	0,2033	0,2005	0,1977	0,1949	0,1922	0,1894	0,1867
0,9	0,1841	0,1814	0,1788	0,1762	0,1736	0,1711	0,1685	0,1660	0,1635	0,1611
1,0	0,1587	0,1562	0,1539	0,1515	0,1492	0,1469	0,1446	0,1423	0,1401	0,1379
1,1	0,1357	0,1335	0,1314	0,1292	0,1271	0,1251	0,1230	0,1210	0,1190	0,1170
1,2	0,1151	0,1131	0,1112	0,1093	0,1075	0,1056	0,1038	0,1020	0,1003	0,0985
1,3	0,0968	0,0951	0,0934	0,0918	0,0901	0,0885	0,0869	0,0853	0,0838	0,0823
1,4	0,0808	0,0793	0,0778	0,0764	0,0749	0,0735	0,0721	0,0708	0,0694	0,0681
1,5	0,0668	0,0655	0,0643	0,0630	0,0618	0,0606	0,0594	0,0582	0,0571	0,0559
1,6	0,0548	0,0537	0,0526	0,0516	0,0505	0,0495	0,0485	0,0475	0,0465	0,0455
1,7	0,0446	0,0436	0,0427	0,0418	0,0409	0,0401	0,0392	0,0384	0,0375	0,0367
1,8	0,0359	0,0351	0,0344	0,0336	0,0329	0,0322	0,0314	0,0307	0,0301	0,0294
1,9	0,0287	0,0281	0,0274	0,0268	0,0262	0,0256	0,0250	0,0244	0,0239	0,0233
2,0	0,0228	0,0222	0,0217	0,0212	0,0207	0,0202	0,0197	0,0192	0,0188	0,0183
2,1	0,0179	0,0174	0,0170	0,0166	0,0162	0,0158	0,0154	0,0150	0,0146	0,0143
2,2	0,0139	0,0136	0,0132	0,0129	0,0125	0,0122	0,0119	0,0116	0,0113	0,0110
2,3	0,0107	0,0104	0,0102	0,0099	0,0096	0,0094	0,0091	0,0089	0,0087	0,0084
2,4	0,0082	0,0080	0,0078	0,0075	0,0073	0,0071	0,0069	0,0068	0,0066	0,0064
2,5	0,0062	0,0060	0,0059	0,0057	0,0055	0,0054	0,0052	0,0051	0,0049	0,0048
2,6	0,0047	0,0045	0,0044	0,0043	0,0041	0,0040	0,0039	0,0038	0,0037	0,0036
2,7	0,0035	0,0034	0,0033	0,0032	0,0031	0,0030	0,0029	0,0028	0,0027	0,0026
2,8	0,0026	0,0025	0,0024	0,0023	0,0023	0,0022	0,0021	0,0021	0,0020	0,0019
2,9	0,0019	0,0018	0,0018	0,0017	0,0016	0,0016	0,0015	0,0015	0,0014	0,0014
3,0	0,0013	0,0013	0,0013	0,0012	0,0012	0,0011	0,0011	0,0011	0,0010	0,0010

Tab. D.2B Verteilungsfunktion $\Phi(u)$ der Standardnormalverteilung.

u	0,00	0,01	0,02	0,03	0,04	0,05	0,06	0,07	0,08	0,09
0,0	0,50000	0,50399	0,50798	0,51197	0,51595	0,51994	0,52392	0,52790	0,53188	0,53586
0,1	0,53983	0,54380	0,54776	0,55172	0,55567	0,55962	0,56356	0,56749	0,57142	0,57535
0,2	0,57926	0,58317	0,58706	0,59095	0,59483	0,59871	0,60257	0,60642	0,61026	0,61409
0,3	0,61791	0,62172	0,62552	0,62930	0,63307	0,63683	0,64058	0,64431	0,64803	0,65173
0,4	0,65542	0,65910	0,66276	0,66640	0,67003	0,67364	0,67724	0,68082	0,68439	0,68793
0,5	0,69146	0,69497	0,69847	0,70194	0,70540	0,70884	0,71226	0,71566	0,71904	0,72240
0,6	0,72575	0,72907	0,73237	0,73565	0,73891	0,74215	0,74537	0,74857	0,75175	0,75490
0,7	0,75804	0,76115	0,76424	0,76730	0,77035	0,77337	0,77637	0,77935	0,78230	0,78524
0,8	0,78814	0,79103	0,79389	0,79673	0,79955	0,80234	0,80511	0,80785	0,81057	0,81327
0,9	0,81594	0,81859	0,82121	0,82381	0,82639	0,82894	0,83147	0,83398	0,83646	0,83891
1,0	0,84134	0,84375	0,84614	0,84849	0,85083	0,85314	0,85543	0,85769	0,85993	0,86214
1,1	0,86433	0,86650	0,86864	0,87076	0,87286	0,87493	0,87698	0,87900	0,88100	0,88298
1,2	0,88493	0,88686	0,88877	0,89065	0,89251	0,89435	0,89617	0,89796	0,89973	0,90147
1,3	0,90320	0,90490	0,90658	0,90824	0,90988	0,91149	0,91309	0,91466	0,91621	0,91774
1,4	0,91924	0,92073	0,92220	0,92364	0,92507	0,92647	0,92785	0,92922	0,93056	0,93189
1,5	0,93319	0,93448	0,93574	0,93699	0,93822	0,93943	0,94062	0,94179	0,94295	0,94408
1,6	0,94520	0,94630	0,94738	0,94845	0,94950	0,95053	0,95154	0,95254	0,95352	0,95449
1,7	0,95543	0,95637	0,95728	0,95818	0,95907	0,95994	0,96080	0,96164	0,96246	0,96327
1,8	0,96407	0,96485	0,96562	0,96638	0,96712	0,96784	0,96856	0,96926	0,96995	0,97062
1,9	0,97128	0,97193	0,97257	0,97320	0,97381	0,97441	0,97500	0,97558	0,97615	0,97670
2,0	0,97725	0,97778	0,97831	0,97882	0,97932	0,97982	0,98030	0,98077	0,98124	0,98169
2,1	0,98214	0,98257	0,98300	0,98341	0,98382	0,98422	0,98461	0,98500	0,98537	0,98574
2,2	0,98610	0,98645	0,98679	0,98713	0,98745	0,98778	0,98809	0,98840	0,98870	0,98899
2,3	0,98928	0,98956	0,98983	0,99010	0,99036	0,99061	0,99086	0,99111	0,99134	0,99158
2,4	0,99180	0,99202	0,99224	0,99245	0,99266	0,99286	0,99305	0,99324	0,99343	0,99361
2,5	0,99379	0,99396	0,99413	0,99430	0,99446	0,99461	0,99477	0,99492	0,99506	0,99520
2,6	0,99534	0,99547	0,99560	0,99573	0,99585	0,99598	0,99609	0,99621	0,99632	0,99643
2,7	0,99653	0,99664	0,99674	0,99683	0,99693	0,99702	0,99711	0,99720	0,99728	0,99736
2,8	0,99744	0,99752	0,99760	0,99767	0,99774	0,99781	0,99788	0,99795	0,99801	0,99807
2,9	0,99813	0,99819	0,99825	0,99831	0,99836	0,99841	0,99846	0,99851	0,99856	0,99861
3,0	0,99865	0,99903	0,99931	0,99952	0,99966	0,99977	0,99984	0,99989	0,99993	0,99995

Tab. D.3 *P*-Quantile der *t*-Verteilung mit *FG* Freiheitsgraden (für $FG = \infty$ ergeben sich die *P*-Quantile der Standardnormalverteilung).

FG	*P* 0,60	0,70	0,80	0,85	0,90	0,95	0,975	0,99	0,995
1	0,3249	0,7265	1,3764	1,9626	3,0777	6,3138	12,7062	31,8205	63,6567
2	0,2887	0,6172	1,0607	1,3862	1,8856	2,9200	4,3027	6,9646	9,9248
3	0,2767	0,5844	0,9785	1,2498	1,6377	2,3534	3,1824	4,5407	5,8409
4	0,2707	0,5686	0,9410	1,1896	1,5332	2,1318	2,7764	3,7469	4,6041
5	0,2672	0,5594	0,9195	1,1558	1,4759	2,0150	2,5706	3,3649	4,0321
6	0,2648	0,5534	0,9057	1,1342	1,4398	1,9432	2,4469	3,1427	3,7074
7	0,2632	0,5491	0,8960	1,1192	1,4149	1,8946	2,3646	2,9980	3,4995
8	0,2619	0,5459	0,8889	1,1081	1,3968	1,8595	2,3060	2,8965	3,3554
9	0,2610	0,5435	0,8834	1,0997	1,3830	1,8331	2,2622	2,8214	3,2498
10	0,2602	0,5415	0,8791	1,0931	1,3722	1,8125	2,2281	2,7638	3,1693
11	0,2596	0,5399	0,8755	1,0877	1,3634	1,7959	2,2010	2,7181	3,1058
12	0,2590	0,5386	0,8726	1,0832	1,3562	1,7823	2,1788	2,6810	3,0545
13	0,2586	0,5375	0,8702	1,0795	1,3502	1,7709	2,1604	2,6503	3,0123
14	0,2582	0,5366	0,8681	1,0763	1,3450	1,7613	2,1448	2,6245	2,9768
15	0,2579	0,5357	0,8662	1,0735	1,3406	1,7531	2,1314	2,6025	2,9467
16	0,2576	0,5350	0,8647	1,0711	1,3368	1,7459	2,1199	2,5835	2,9208
17	0,2573	0,5344	0,8633	1,0690	1,3334	1,7396	2,1098	2,5669	2,8982
18	0,2571	0,5338	0,8620	1,0672	1,3304	1,7341	2,1009	2,5524	2,8784
19	0,2569	0,5333	0,8610	1,0655	1,3277	1,7291	2,0930	2,5395	2,8609
20	0,2567	0,5329	0,8600	1,0640	1,3253	1,7247	2,0860	2,5280	2,8453
21	0,2566	0,5325	0,8591	1,0627	1,3232	1,7207	2,0796	2,5176	2,8314
22	0,2564	0,5321	0,8583	1,0614	1,3212	1,7171	2,0739	2,5083	2,8188
23	0,2563	0,5317	0,8575	1,0603	1,3195	1,7139	2,0687	2,4999	2,8073
24	0,2562	0,5314	0,8569	1,0593	1,3178	1,7109	2,0639	2,4922	2,7969
25	0,2561	0,5312	0,8562	1,0584	1,3163	1,7081	2,0595	2,4851	2,7874
26	0,2560	0,5309	0,8557	1,0575	1,3150	1,7056	2,0555	2,4786	2,7787
27	0,2559	0,5306	0,8551	1,0567	1,3137	1,7033	2,0518	2,4727	2,7707
28	0,2558	0,5304	0,8546	1,0560	1,3125	1,7011	2,0484	2,4671	2,7633
29	0,2557	0,5302	0,8542	1,0553	1,3114	1,6991	2,0452	2,4620	2,7564
30	0,2556	0,5300	0,8538	1,0547	1,3104	1,6973	2,0423	2,4573	2,7500
40	0,2550	0,5286	0,8507	1,0500	1,3031	1,6839	2,0211	2,4233	2,7045
50	0,2547	0,5278	0,8489	1,0473	1,2987	1,6759	2,0086	2,4033	2,6778
60	0,2545	0,5272	0,8477	1,0455	1,2958	1,6706	2,0003	2,3901	2,6603
70	0,2543	0,5268	0,8468	1,0442	1,2938	1,6669	1,9944	2,3808	2,6479
80	0,2542	0,5265	0,8461	1,0432	1,2922	1,6641	1,9901	2,3739	2,6387
90	0,2541	0,5263	0,8456	1,0424	1,2910	1,6620	1,9867	2,3685	2,6316
100	0,2540	0,5261	0,8452	1,0418	1,2901	1,6602	1,9840	2,3642	2,6259
300	0,2536	0,5250	0,8428	1,0382	1,2844	1,6499	1,9679	2,3451	2,5923
500	0,2535	0,5247	0,8423	1,0375	1,2832	1,6479	1,9647	2,3338	2,5857
∞	0,2533	0,5244	0,8416	1,0364	1,2816	1,6449	1,9600	2,3263	2,5758

Tab. D.4 *P*-Quantile $CQ(FG; P)$ der χ^2-Verteilung (kritische Werte des Chi-Quadrat-Tests) mit *FG* Freiheitsgraden.

FG	*P* 0,005	0,010	0,025	0,050	0,100	0,250	0,500	0,750	0,900	0,950	0,975	0,990	0,995
1	$3927 \cdot 10^{-8}$	$1571 \cdot 10^{-7}$	$9821 \cdot 10^{-7}$	$3932 \cdot 10^{-6}$	0,015 79	0,1015	0,4549	1,323	2,706	3,841	5,024	6,635	7,879
2	0,010 03	0,020 10	0,050 64	0,1026	0,2107	0,5754	1,386	2,773	4,605	5,991	7,378	9,210	1,60
3	0,071 72	0,1148	0,2158	0,3518	0,5844	1,213	2,366	4,108	6,251	7,815	9,348	11,34	12,84
4	0,2070	0,2971	0,4844	0,7107	1,064	1,923	3,357	5,385	7,779	9,488	11,14	13,28	14,86
5	0,4117	0,5543	0,8312	1,145	1,610	2,675	4,351	6,626	9,236	11,07	12,83	15,09	16,75
6	0,6757	0,8721	1,237	1,635	2,204	3,455	5,348	7,841	10,64	12,59	14,45	16,81	18,55
7	0,9893	1,239	1,690	2,167	2,833	4,255	6,346	9,037	12,02	14,07	16,01	18,48	2,28
8	1,344	1,646	2,180	2,733	3,490	5,071	7,344	10,22	13,36	15,51	17,53	2,09	21,96
9	1,735	2,088	2,700	3,325	4,168	5,899	8,343	11,39	14,68	16,92	19,02	21,67	23,59
10	2,156	2,558	3,247	3,940	4,865	6,737	9,342	12,55	15,99	18,21	2,48	23,21	25,19
11	2,603	3,053	3,816	4,575	5,578	7,584	10,34	13,70	17,28	19,68	21,92	24,72	26,76
12	3,074	3,571	4,404	5,226	6,304	8,438	11,34	14,85	18,55	21,03	23,34	26,22	28,30
13	3,565	4,107	5,009	5,892	7,042	9,299	12,34	15,98	19,81	22,36	24,74	27,69	29,82
14	4,075	4,660	5,629	6,571	7,790	10,17	13,34	17,12	21,06	23,68	26,12	29,14	31,32
15	4,601	5,229	6,262	7,261	8,547	11,04	14,34	18,25	22,31	25,00	27,49	3,58	32,80
16	5,142	5,812	6,908	7,962	9,312	11,91	15,34	19,37	23,54	26,30	28,85	32,00	34,27
17	5,697	6,408	7,564	8,672	10,09	12,79	16,34	2,49	24,77	27,59	3,19	33,41	35,72
18	6,265	7,015	8,231	9,390	10,86	13,68	17,34	21,60	25,99	28,87	31,53	34,81	37,16
19	6,844	7,633	8,907	10,12	11,65	14,56	18,34	22,72	27,20	3,14	32,85	36,19	38,58
20	7,434	8,260	9,591	10,85	12,44	15,45	19,34	23,83	28,41	31,41	34,17	37,57	4,00

Tab. D.4 (Fortsetzung).

FG	*P* 0,005	0,010	0,025	0,050	0,100	0,250	0,500	0,750	0,900	0,950	0,975	0,990	0,995
21	8,034	8,897	10,28	11,59	13,24	16,34	2,34	24,93	29,62	32,67	35,48	38,93	41,40
22	8,643	9,542	10,98	12,34	14,04	17,24	21,34	26,04	8,81	33,92	36,78	4,29	42,80
23	9,260	10,20	11,69	13,09	14,85	18,14	22,34	27,14	32,01	35,17	38,08	41,64	44,18
24	9,886	10,86	12,40	13,85	15,66	19,04	23,34	28,24	33,20	36,42	39,36	42,98	45,56
25	10,52	11,52	13,12	14,61	16,47	19,94	24,34	29,34	34,38	37,65	4,65	44,31	46,93
26	11,16	12,20	1384	15,38	17,29	2,84	25,34	3,43	35,56	38,89	41,92	45,64	48,29
27	11,81	12,88	14,57	16,15	18,11	21,75	26,34	31,53	36,74	4,11	43,19	46,96	49,64
28	12,46	13,56	15,31	16,93	18,94	22,06	27,34	32,62	37,92	41,34	44,46	48,28	5,99
29	13,12	14,26	16,05	17,71	19,77	23,57	28,34	33,71	39,09	42,56	45,72	49,59	52,34
30	13,79	14,95	16,79	18,49	2,60	24,48	29,34	34,80	4,26	43,77	46,98	5,89	53,67
40	2,71	22,16	24,43	26,51	29,05	33,66	39,34	45,62	51,80	55,76	59,34	63,69	66,77
50	27,99	29,71	32,36	34,76	37,69	42,94	49,33	56,33	63,17	67,50	71,42	76,15	79,49
60	35,53	37,48	4,48	43,19	46,46	52,29	59,33	66,98	74,40	79,08	83,30	88,38	91,95
70	43,28	45,44	48,76	51,74	55,33	61,70	69,33	77,58	85,53	9,53	95,02	10,42	104,22
80	51,17	53,54	57,15	6,39	64,28	71,14	79,33	88,13	96,58	101,88	106,63	112,33	116,32
90	59,20	61,75	65,65	69,13	73,29	8,62	89,33	98,65	107,56	113,14	118,14	124,12	128,30
100	67,33	70,06	74,22	77,93	82,36	9,13	99,33	109,14	118,50	124,34	129,56	135,81	14,17

Tab. D.5 95 %-Quantile der F-Verteilung mit f_1 und f_2 Freiheitsgraden.

f_1 / f_2	1	2	3	4	5	6	7	8	9
1	161,4	199,5	215,7	224,6	230,2	234,0	236,8	238,9	240,5
2	18,51	19,00	19,16	19,25	19,30	19,33	19,35	19,37	19,38
3	10,13	9,55	9,28	9,12	9,01	8,94	8,89	8,85	8,81
4	7,71	6,94	6,59	6,39	6,26	6,16	6,09	6,04	6,00
5	6,61	5,79	5,41	5,19	5,05	4,95	4,88	4,82	4,77
6	5,99	5,14	4,76	4,53	4,39	4,28	4,21	4,15	4,10
7	5,59	4,74	4,35	4,12	3,97	3,87	3,79	3,73	3,68
8	5,32	4,46	4,07	3,84	3,69	3,58	3,50	3,44	3,39
9	5,12	4,26	3,86	3,63	3,48	3,37	3,29	3,23	3,18
10	4,96	4,10	3,71	3,48	3,33	3,22	3,14	3,07	3,02
11	4,84	3,98	3,59	3,36	3,20	3,09	3,01	2,95	2,90
12	4,75	3,89	3,49	3,27	3,11	3,00	2,91	2,85	2,80
13	4,67	3,81	3,41	3,18	3,03	2,92	2,83	2,77	2,71
14	4,60	3,74	3,34	3,11	2,96	2,85	2,76	2,70	2,65
15	4,54	3,68	3,29	3,06	2,90	2,79	2,71	2,64	2,59
16	4,49	3,63	3,24	3,01	2,85	2,74	2,66	2,59	2,54
17	4,45	3,59	3,20	2,96	2,81	2,70	2,61	2,55	2,49
18	4,41	3,55	3,16	2,93	2,77	2,66	2,58	2,51	2,46
19	4,38	3,52	3,13	2,90	2,74	2,63	2,54	2,48	2,42
20	4,35	3,49	3,10	2,87	2,71	2,60	2,51	2,45	2,39
21	4,32	3,47	3,07	2,84	2,68	2,57	2,49	2,42	2,37
22	4,30	3,44	3,05	2,82	2,66	2,55	2,46	2,40	2,34
23	4,28	3,42	3,03	2,80	2,64	2,53	2,44	2,37	2,32
24	4,26	3,40	3,01	2,78	2,62	2,51	2,42	2,36	2,30
25	4,24	3,39	2,99	2,76	2,60	2,49	2,40	2,34	2,28
26	4,23	3,37	2,98	2,74	2,59	2,47	2,39	2,32	2,27
27	4,21	3,35	2,96	2,73	2,57	2,46	2,37	2,31	2,25
28	4,20	3,34	2,95	2,71	2,56	2,45	2,36	2,29	2,24
29	4,18	3,33	2,93	2,70	2,55	2,43	2,35	2,28	2,22
30	4,17	3,32	2,92	2,69	2,53	2,42	2,33	2,27	2,21
40	4,08	3,23	2,84	2,61	2,45	2,34	2,25	2,18	2,12
60	4,00	3,15	2,76	2,53	2,37	2,25	2,17	2,10	2,04
120	3,92	3,07	2,68	2,45	2,29	2,17	2,09	2,02	1,96
∞	3,84	3,00	2,60	2,37	2,21	2,10	2,01	1,94	1,88

Tab. D.5 (Fortsetzung).

f_1 / f_2	10	12	15	20	24	30	40	60	120	∞
1	241,9	243,9	245,9	248,0	249,1	250,1	251,1	252,2	253,3	254,3
2	19,40	19,41	19,43	19,45	19,45	19,46	19,47	19,48	19,49	19,50
3	8,79	8,74	8,70	8,66	8,64	8,62	8,59	8,57	8,55	8,53
4	5,96	5,91	5,86	5,80	5,77	5,75	5,72	5,69	5,66	5,63
5	4,74	4,68	4,62	4,56	4,53	4,50	4,46	4,43	4,40	4,36
6	4,06	4,00	3,94	3,87	3,84	3,81	3,77	3,74	3,70	3,67
7	3,64	3,57	3,51	3,44	3,41	3,38	3,34	3,30	3,27	3,23
8	3,35	3,28	3,22	3,15	3,12	3,08	3,04	3,01	2,97	2,93
9	3,14	3,07	3,01	2,94	2,90	2,86	2,83	2,79	2,75	2,71
10	2,98	2,91	2,85	2,77	2,74	2,70	2,66	2,62	2,58	2,54
11	2,85	2,79	2,72	2,65	2,61	2,57	2,53	2,49	2,45	2,40
12	2,75	2,69	2,62	2,54	2,51	2,47	2,43	2,38	2,34	2,30
13	2,67	2,60	2,53	2,46	2,42	2,38	2,34	2,30	2,25	2,21
14	2,60	2,53	2,46	2,39	2,35	2,31	2,27	2,22	2,18	2,13
15	2,54	2,48	2,40	2,33	2,29	2,25	2,20	2,16	2,11	2,07
16	2,49	2,42	2,35	2,28	2,24	2,19	2,15	2,11	2,06	2,01
17	2,45	2,38	2,31	2,23	2,19	2,15	2,10	2,06	2,01	1,96
18	2,41	2,34	2,27	2,19	2,15	2,11	2,06	2,02	1,97	1,92
19	2,38	2,31	2,23	2,16	2,11	2,07	2,03	1,98	1,93	1,88
20	2,35	2,28	2,20	2,12	2,08	2,04	1,99	1,95	1,90	1,84
21	2,32	2,25	2,18	2,10	2,05	2,01	1,96	1,92	1,87	1,81
22	2,30	2,23	2,15	2,07	2,03	1,98	1,94	1,89	1,84	1,78
23	2,27	2,20	2,13	2,05	2,01	1,96	1,91	1,86	1,81	1,76
24	2,25	2,18	2,11	2,03	1,98	1,94	1,89	1,84	1,79	1,73
25	2,24	2,16	2,09	2,01	1,96	1,92	1,87	1,82	1,77	1,71
26	2,22	2,15	2,07	1,99	1,95	1,90	1,85	1,80	1,75	1,69
27	2,20	2,13	2,06	1,97	1,93	1,88	1,84	1,79	1,73	1,67
28	2,19	2,12	2,04	1,96	1,91	1,87	1,82	1,77	1,71	1,65
29	2,18	2,10	2,03	1,94	1,90	1,85	1,81	1,75	1,70	1,64
30	2,16	2,09	2,01	1,93	1,89	1,84	1,79	1,74	1,68	1,62
40	2,08	2,00	1,92	1,84	1,79	1,74	1,69	1,64	1,58	1,51
60	1,99	1,92	1,84	1,75	1,70	1,65	1,59	1,53	1,47	1,39
120	1,91	1,83	1,75	1,66	1,61	1,55	1,50	1,43	1,35	1,25
∞	1,83	1,75	1,67	1,57	1,52	1,46	1,39	1,32	1,22	1,00

Sachverzeichnis

Mathematische Statistik, 1. Auflage. Dieter Rasch und Dieter Schott.

C

D

E

F

G

L

T